国家科学技术学术著作出版基金资助出版

猕猴桃学

王仁才　刘占德　徐小彪 ◎ 主编

中国农业出版社
北　京

内容简介

　　本书是为了全面总结 40 多年来中国猕猴桃领域所取得的

科研成果，促进现代猕猴桃产业科学发展而编写的。主要内容包括：

中国猕猴桃生产与科研现状及发展方向，猕猴桃种质资源与育种，猕猴桃

主要种类与品种，猕猴桃器官的生长发育，猕猴桃苗木繁育，猕猴桃果园建

立，猕猴桃果园土肥水管理、整形修剪、花果管理、病虫害防治、果园灾害

及防御，猕猴桃保护地栽培，猕猴桃"三品一标"及"中医农业"栽培技

术，猕猴桃采后处理与贮藏运输、加工与深加工，猕猴桃市场营销及生产效

益评价等。本书是一部具有中国特色的猕猴桃专著，也是一部培养学生从事

猕猴桃产业综合能力和创新能力的现代教科书。

编者名单

主　编　王仁才　刘占德　徐小彪

副主编　黄春辉　刘艳飞　王　琰

编　委

王仁才（湖南农业大学）　　　　　　刘占德（西北农林科技大学）

徐小彪（江西农业大学）　　　　　　李明章（四川省自然资源科学研究院）

曾云流（华中农业大学）　　　　　　李大卫（中国科学院武汉植物园）

殷学仁（浙江大学/安徽农业大学）　　廖明安（四川农业大学）

岳俊阳（安徽农业大学）　　　　　　辛　广（沈阳农业大学）

王　琰（湖南生物机电职业技术学院）　黄春辉（江西农业大学）

刘艳飞（西北农林科技大学）　　　　姚春潮（西北农林科技大学）

陈梦洁（湖南农业大学）　　　　　　廖光联（江西农业大学）

涂美艳（四川省农业科学院）　　　　龚国淑（四川农业大学）

李洁维（中国科学院广西植物研究所）　张慧琴（浙江省农业科学院）

庄启国（四川省自然资源科学研究院）　卜范文（湖南省农业科学院）

刘世彪（吉首大学）　　　　　　　　李　委（安徽农业大学）

龙友华（贵州大学）

李建军（西北农林科技大学）　　　　王南南（西北农林科技大学）

刘光哲（西北农林科技大学）　　　　贾东峰（江西农业大学）

杨　斌（西北农林科技大学）　　　　张　群（湖南省农业科学院）

石　浩（湖南文理学院）　　　　　　梁曾恩妮（湖南省农业科学院）

姚小洪（中国科学院武汉植物园）　　罗赛男（湖南省农业科学院）

刘存寿（西北农林科技大学）　　　　　钟　敏（江西农业大学）

唐　维（安徽农业大学）　　　　　　　汤佳乐（湖南省农业科学院）

石复习（西北农林科技大学）　　　　　崔永亮（四川省自然资源科学研究院）

陈　明（江西农业大学）　　　　　　　贺浩浩（眉县农业农村局）

韩　飞（中国科学院武汉植物园）　　　张金平（中国农业科学院植物保护研究所）

陈志杰（陕西省生物农业研究所）　　　罗飞雄（湖南农业大学）

丁毓端（西北农林科技大学）　　　　　肖伏莲（湖南省农业科学院）

涂贵庆（奉新县现代农业技术服务中心）　王晓勃（湘西老爹生物有限公司）

高志雄（杨凌梦绿生态农业有限责任公司）　朱　壹（绿萌科技股份有限公司）

审　稿　钟彩虹（中国科学院武汉植物园）

　　　　方金豹（中国农业科学院郑州果树研究所）

序

猕猴桃作为一种新兴水果，维生素 C 含量高，营养丰富，近几十年在世界各地得到广泛种植。我国拥有丰富的猕猴桃种质资源，如今世界栽培的猕猴桃追溯其源头均来自我国。改革开放以来，我国猕猴桃研究和生产进入快速发展阶段，特别是在猕猴桃种质资源调查、优异单株发掘与育种利用方面取得了很好的成绩，选育出一大批品种，有力推动了我国猕猴桃产业发展，我国也很快成为世界第一大猕猴桃生产国。作为一种新兴水果，除了资源和育种外，广大科技人员在栽培技术、采后贮藏以及加工利用等方面开展了大量研究，为猕猴桃产业的高质量发展提供了坚实的科技支撑。猕猴桃从一种不知名的水果在不长的时间内成为一种大众化水果，凝聚了广大科技人员的心血。猕猴桃产业的发展惠及广阔的农村和广大的农民，有力助推乡村振兴。系统整理猕猴桃相关研究成果和生产技术措施，并进一步提炼出有规律性的知识，具有重要的现实意义和理论价值。

本书由长期从事猕猴桃研究的几位同志牵头，组织全国 50 余名一线猕猴桃科技人员编写。系统阐述了猕猴桃的起源与分类、传播与分布、遗传与改良、品质与调控等基础性研究取得的成绩；围绕产业链各环节介绍了苗木繁育、栽培管理、采后处理、贮藏运输、加工利用等技术研发成果和具体措施。整体上，本书具有较好的科学性、逻辑性以及实践性。

我相信，本书的出版对促进我国猕猴桃产业高质量发展，以及推动猕猴桃研究均具有重要的意义，特此作序。

中国工程院院士 邓秀新

2023 年 10 月 26 日

前言

　　猕猴桃（*Actinidia chinensis* Planch.）为猕猴桃科猕猴桃属落叶藤本，是原产于我国的一种古老而新兴的水果。由于果实营养美味，富含维生素 C，并具有良好保健作用而备受消费者青睐，在世界各国得到迅速发展。自 1978 年开始全国性猕猴桃科研协作研究以来，我国在猕猴桃资源调查、野生种质资源研究利用、良种选育、人工驯化及商业化栽培、贮藏加工及其产业化等方面进行了系统深入研究，取得许多显著成果。40 多年来，我国猕猴桃生产突飞猛进，已成为当今我国脱贫攻坚、乡村振兴的重要支柱产业。截至 2022 年，世界猕猴桃总收获面积和产量分别为 28.6 万 hm² 和 453.9 万 t，中国猕猴桃总收获面积和产量分别为 19.9 万 hm² 和 238.0 万 t。中国猕猴桃栽培面积和产量位居世界第一，是全球重要猕猴桃生产大国，但在产业化水平和市场竞争力方面仍与发达国家存在着一定差距。为促进猕猴桃科研成果应用与产业发展，总结 40 多年来我国猕猴桃科研工作者积累的丰厚理论基础与应用研究技术，特组织全国猕猴桃科研与生产一线 50 余名科技工作者，系统集成国内外最新猕猴桃科研与产业技术成果，编写本专著。

　　全书共分 18 章，详细地阐述了猕猴桃的起源、分布、迁移、种质资源、物种变迁、分类和遗传改良；系统收录了国内选育的品种及其利用现状；全面总结了猕猴桃种苗繁育、栽培原理与技术、采后处理与贮藏运输、加工与深加工、果实品质调控及种植效益评估等方面的理论与技术研究成果，并首次融合中医农业栽培技术在猕猴桃生产中的应用。从全产业链的角度，将猕猴桃品种选育、栽培及产业化理论研究与生产实践有机结合。本书作为一本猕猴桃专著既可供广大猕猴桃研究者作重要参考，又可作为猕猴桃育种、栽培及产业从业者的重要技术指导，同时也适合作为大专院校师生的教科书，还可供相关果树生产与管理工作者参考。

　　本书的编著得到了同仁们的大力支持。中国工程院副院长邓秀新院士为本书作序；湖南农业大学邹学校院士、湖南农业大学刘仲华院士、湖南省农业科学院单杨院士对本书进行了大力推荐；中国科学院武汉植物园、中国园艺学会猕猴桃分会理事长钟彩虹研究员，中国农业科学院郑州果树研究所所长、国家猕猴桃科技创新联盟理事长方金豹研究员为本书审稿；湖南农业大学、西北农林科技大学以及江西农业大学分别为本书的三次集中编写讨论、统稿及定稿会议给予了精心组织和大力帮助。同时，中国科学院武汉植物园、中国农业科学院郑州果树研究所、中国科学院广西植物研究所、华中农业大学、沈阳农业大学、四川农业大学、吉首大学、湖南省园艺研究所、四川省自然资源研究院、江西省园艺研究所等单位和个人给予鼎力支持和帮助，中国科学院武汉植物园张琼副研究员为本书提供了部分资料，湖南农业大学猕猴桃课题组研究生吴健笔、黄晗羽、莫沙、田洁、石深深、聂杨君等对本书三校样进行了多次通读校对；中国农业出版社为本书的出版给予了大力支持，为本书的编著、出版付出了很多心血。此外，本书参考、应用了一些国内外同仁的研究成果，在此一并致以衷心的感谢！

虽在编写过程中竭尽全力，对所引用参考资料尽可能标注，但难免有疏漏，敬请谅解。由于编写涉及内容多而广，编者人员多，编者水平有限，加之编写时间仓促，书中难免有疏漏和不妥之处，敬请同行专家及广大读者批评指正。

编　者

2023 年 10 月于长沙

Preface

Actinidia chinensis Planch. , a deciduous vine belonging to the genus *Actinidia* Lindl. of the family Actinidiaceae, is an ancient and popular fruit native to China. Rich in nutrition and vitamin C, and beneficial in health functions, kiwifruit is favored by consumers widely in the world. Since 1978, China has carried out systematic and in‑depth research and has made significant achievements in resources investigation, germplasm resources research and utilization, breeding of improved varieties, artificial domestication and commercial cultivation, storage and processing, as well as kiwifruit industrialization. Over past 40 years, China's kiwifruit production has been in a booming period and has become an important pillar industry today conducive to rural poverty alleviation and rural revitalization. By 2022, the total harvested area and output of kiwifruit across the world reached 286,104 hm^2 and 4. 539 million tons respectively, and the total harvested area and output of kiwifruit in China reached 199,078 hm^2 and 2. 380 million tons respectively, ranking first in the world. There are still shortcomings, however, compared to the developed countries, especially in terms of industrialization level and market competitiveness. In order to enhance the application of scientific achievements and kiwifruit industrialization, and summarize the accumulated results in theories and applied technologies achieved by Chinese kiwifruit researchers over the past 40 years, more than 50 kiwifruit scientific and technological workers in research and production frontiers are convened to compile the monograph by systematically integrating domestic and foreign R&D results and technological achievements.

The book consists of 18 chapters, delineating the origin, distribution, migration, germplasm resources, species evolution, classification and genetic improvement of kiwifruit. The book systematically described the bred varieties and their characteristics, thoroughly reviewed the theoretical and technological achievements regarding kiwifruit breeding and propagation, cultivation principles and technologies, post‑harvest treatment, storage and transportation, in‑depth processing, quality control and benefit evaluation, and for the first time integrated traditional Chinese Medicine principles with kiwifruit cultivation. From the perspective of the whole industry chain, the theoretical research of kiwifruit variety breeding, cultivation and industrialization is closely combined with production practice. As a kiwifruit monograph, this book is an important reference for kiwifruit researchers, technical guidance for kiwifruit breeding, cultivation and industry practitioners, suitable textbook for college teachers and students, and a good reference for related fruit tree production and management workers.

The compilation of this book has received strong support from colleagues. Deng Xiuxin, vice president of the Chinese Academy of Engineering, wrote the preface for this book. Academician Zou Xuexiao and academician Liu Zhonghua, both from Hunan Agricultural University, and academician Shan Yang from Hunan Academy of Agricultural Sciences have strongly recommended the compilation of this book. Professor Zhong Caihong, director of Wuhan Botanical Garden, Chinese Academy of Sciences and Kiwifruit Branch of Chinese Horticultural Society, and Professor Fang Jinbao, director of Zhengzhou Fruit Institute, Chinese Academy of Agricultural Sciences and director of National Kiwifruit Science and Technology Innovation Alliance, kindly reviewed the book manuscript. Hunan Agricultural University, Northwest A&F University and Jiangxi Agricultural University respectively provided well-organized and efficient assistance for the preparation, discussion, compilation and finalization of the book. At the same time, Wuhan Botanical Garden of the Chinese Academy of Sciences, Zhengzhou Fruit Institute of the Chinese Academy of Agricultural Sciences, Guangxi Institute of Botany of the Chinese Academy of Sciences, Huazhong Agricultural University, Shenyang Agricultural University, Sichuan Agricultural University, Jishou University, Hunan Institute of Horticulture, Sichuan Academy of Natural Resources Research, Jiangxi Institute of Horticulture and other units and individuals gave full support and help. China Agriculture Press provided great facilitation for the book publication and director of China Agriculture Press, made a lot of efforts for the compilation and publication of this book. In addition, we would like thank other colleagues home and abroad for their research results as references in writing.

Due to the extensive contents and many authors involved, the book inevitably has omissions in references quoted and academic inadequacies, criticism and correction from peer experts and readers are welcome.

Book compilers
October of 2023
Changsha

目录

序
前言
Preface

第一章　猕猴桃发展概况

第一节　猕猴桃起源与栽培历史

猕猴桃起源于我国，是我国重要的本土果树，发现距今已有数千年。我国对猕猴桃的认识有比较早的历史记载，主要是对中华猕猴桃的记录与描述。据历史考证，《诗经·毛诗卷第七》记载"隰有苌楚，猗傩其枝，夭之沃沃，乐子之无知，隰有苌楚，猗傩其华，夭之沃沃，乐子之无家，隰有苌楚，猗傩其实，夭之沃沃，乐子之无室"。西汉初期，《尔雅》记录了"苌楚"和另一个别名"铫芅"。晋代的郭璞编注《尔雅》时认为"苌楚"和"铫芅"即为当时的"羊桃"。宋代的寇宗奭的《本草衍义》就已经记载了在今天甘肃、陕西、山西和河南等省的山地猕猴桃生长很普遍，猕猴桃依树而生长，在低山的路旁常常能发现有猕猴桃藤蔓，而在深山中，大多数果实被猕猴所食，因猕猴喜食而得名为"猕猴桃"。唐代诗人岑参在诗作《太白东溪张老舍即事，寄舍弟侄等》中描述："中庭井阑上，一架猕猴桃。石泉饭香粳，酒瓮开新槽。爱兹田中趣，始悟世上劳。"由此可见，在1 200年前就有野生猕猴桃引入庭院栽培的记录（崔致学，1993），然而我国对猕猴桃开展系统驯化和广泛栽培却仅有30～40年，1978年，猕猴桃在中国的人工栽培面积仍不足1hm²。

开创猕猴桃规模化种植先河的国家是新西兰。早在1904年，新西兰女教师伊莎贝尔（Isabel Fraser）将从湖北宜昌获赠的一小袋美味猕猴桃种子带到新西兰。从这批种子里面陆续选育了海沃德（Hayward）、布鲁诺（Bruno）、艾利森（Allison）、蒙蒂（Monty）、艾伯特（Abbott）、葛雷西（Gracie）等猕猴桃商业化品种，开创了商业化种植猕猴桃的历史。自1930年新西兰建立第一个猕猴桃栽培果园以来（Ferguson & Bollard，1990），猕猴桃人工栽培迅速扩大。20世纪60年代末和70年代初以来，世界猕猴桃产业快速发展，美国（约1966年）、意大利（1966年）、法国（1969年）、日本（约1977年）开始了猕猴桃产业化栽培，20世纪80年代后猕猴桃商业栽培进一步国际化拓展到南美的智利和中东的伊朗。1978年之后，中国的猕猴桃产业从零起步并得以快速发展。至今，逐步形成了以中国、意大利、新西兰、智利、法国以及希腊为猕猴桃主要生产国的世界格局。

第二节　猕猴桃利用价值

一、营养与医疗保健价值

（一）营养价值丰富

猕猴桃之所以广受欢迎主要是其果实营养十分丰富，含有大量人体所需要的营养物质（表 1-1）。蛋白质含量达 1.06%，可溶性固形物含量为 12%～25%，其中 70% 是糖，主要为果糖和葡萄糖；总酸含量为 0.6%～1.8%，主要为柠檬酸和奎宁酸。果实氨基酸总含量高达果实干重的 3.2%～5.5%，含有除色氨酸以外人体所需的氨基酸 17 种。同时，还含有丰富的维生素，以及磷、铁、钙、镁、钾等多种矿质元素。猕猴桃果实中维生素 C 含量丰富，中华猕猴桃鲜果肉中含维生素 C 达 500～4 200mg/kg，美味猕猴桃达 500～2 400mg/kg，而毛花猕猴桃达 5 610～16 000mg/kg，阔叶猕猴桃则高达 23 000mg/kg 以上，比一般水果高出几十倍。正常情况下，成人每日所需维生素 C 为 50～100mg，每天吃 50～100g 猕猴桃鲜果即可满足人体对维生素 C 需求，且猕猴桃膳食纤维品质优良，是大多数谷物类所含纤维量的数倍。

表 1-1　海沃德猕猴桃成熟果实营养成分（新西兰）

果实中的营养成分	含量（%）	果实中的营养成分	含量（mg/kg）	果实中的营养成分	含量（mg/kg）
水分	83.0	钾	2 640	天门冬氨酸	1 120
可溶性固形物	14.0	钙	350	谷氨酸	1 650
总糖	9.9	磷	340	精氨酸	730
总酸	1.4	镁	157	亮氨酸	590
蛋白质	1.06	铁	2	赖氨酸	550
碳水化合物	12.1	钠	50	甘氨酸	540
果胶	0.8	硒	2	缬氨酸	520

（二）具有多种医疗保健作用

猕猴桃具有很好的医疗保健作用，古人很早就将猕猴桃作为药材用于疾病治疗。唐代《本草拾遗》记录"猕猴桃甘酸无毒，可供药用。主治骨节风、瘫痪不遂、长年白发、痔病等。"明代《本草纲目》一书记载猕猴桃果实具有"止暴渴，解烦热"功能。猕猴桃果汁含有丰富粗纤维，具有润肠通便、解毒的功能，对减肥健美、美容有独特的功效。近代以来，猕猴桃含有有助于预防某些疾病的化合物的医疗保健作用已在体外和体内得到证实（Dwivedi et al.，2021）。猕猴桃果实具有良好的抗氧化活性，已成为重要的增强免疫力的水果之一，并对皮肤、骨骼、心脏、消化、怀孕、改善睡眠、增强免疫力、癌症、糖尿病、抑郁症和贫血症等具有广泛的药用价值和健康益处（Richardson et al.，2018）。

猕猴桃果实维生素 C 含量丰富，诱导胶原蛋白产生，从而有助于皮肤弹性和水分的维持，还可促进血液中铁的吸收，预防贫血（Akhmeteli et al.，2005；Deters et al.，2005）。猕猴桃果实还含有抗氧化剂和植物化学物质，对心脏健康有益，连续 8 周每天食用猕猴桃 100g，高密度脂蛋白（HDL）水平显著增加；连续 28d 每天食用 2～3 个猕猴桃可使甘油三酯水平降低 15%。由于猕猴桃钾含量高，可以排出人体多余钠，从而控制血压。猕猴桃果实含有微量的钙和磷，有助于老年人和孕妇的骨骼健康，是容易患骨质疏松症的人群的理想水果。它含有的维生素 K 在构建骨骼质量方面也有重要作用（王倩等，2020）。猕猴桃独有的蛋白水解酶帮助胃内蛋白质消化，促进胃吸收（Cummings et al.，2004）。猕猴桃中维生素 E 可以保护皮肤免受阳光伤害，并在一定程度上有助于预防皮肤病和皮肤癌。

此外，猕猴桃含有丰富的 5-羟色胺（稳定情绪和诱导睡眠的关键激素）和肌醇，对治疗抑郁症有益；富含叶酸和抗氧化剂（类黄酮、花色苷和类胡萝卜素等），可以促进睡眠，每日食用还可以满足胎儿发育对叶酸的需求（Nødtvedt et al.，2017）。猕猴桃的碳水化合物含量低，血糖指数为 39，属于"低"血糖生成指数（GI）食物（GI＜55）；猕猴桃中的膳食纤维可导致碳水化合物消化和吸收延迟（Suksomboon et al.，2019）。猕猴桃中含有丰富的膳食纤维，有助于降低患结肠癌的概率。它还含有儿茶素，可刺激骨髓增殖，减少活性氧的形成，阻止细胞损伤或癌细胞生长。近年来研究发现猕猴桃汁能有效阻断致癌物质 N-亚硝基化合物在人体内的合成，其阻断率达 95%，且有抑制消化系统癌症和对抗化疗药物环磷酰胺微核形成的功效（Levine et al.，1999；Funk et al.，2007）。

猕猴桃不仅果实对人体有保健功效，它的叶、花、茎、根、种子等也有广泛的医用价值。猕猴桃根可作药用，煎水服可治痢疾，并具有清热利尿、止渴调中、散瘀止血、通淋疗痔作用。近年有研究报道，猕猴桃根入药可辅助治疗胃癌和麻风病，具有抗肿瘤、抗突变、增强机体免疫及降酶保肝作用。猕猴桃叶含有丰富的蛋白质、淀粉、维生素 C，少量咖啡碱和 14 种以上矿质营养元素，具有清热利尿、散瘀活血的功效。

提炼猕猴桃籽油是新的研究热点，猕猴桃种子粗脂肪含量为 22%～35%，属于含大量不饱和双键的干性油，且富含多种生物活性物质如不饱和脂肪酸、维生素、酚类、黄酮类以及硒等，其中不饱和脂肪酸（以亚麻酸、亚油酸为主）占 75% 以上，尤其是亚麻酸的含量高达 60% 以上，具有益智健脑、调节血脂、软化血管、延缓衰老的保健作用。种子还含有 15%～16% 的蛋白质，是上等食品原料，炒熟的种子有芝麻香味。此外，猕猴桃果胶对因铅、汞等剧毒物质引起的中毒，以及由放射性物质导致的辐射病等职业病，也有一定的疗效。猕猴桃开发利用价值高，可在医药品、保健食品和美容护肤品领域广泛使用。

二、经济与综合利用价值

（一）经济价值

猕猴桃为新兴水果，在我国人工集约化栽培时间短，但凭借其丰富的营养与独特口感迅速发展（黄宏文等，2012；钟彩虹等，2020）。在市场中猕猴桃价格居高不下，2021 年我国普通猕猴桃果实市场售价为 4～10 元/kg，优质商品果达 20～60 元/kg，在国外为 1～2 美元/个，经济价值可观。猕猴桃在适宜条件下生长速度快，树体易成型，栽培管理容易，通过嫁接通常第 2 年可开花结果，4～5 年便能进入丰产期，故成为当今果树生产的投资热点，被誉为"绿色金矿"（王仁才，2016）。如湖南主栽优良品种米良 1 号，定植后第 3 年产量可达 15 000～30 000kg/hm²，盛果园产量可达 45 000kg/hm² 以上，在助力乡村振兴、带动农村经济发展中发挥了重要作用。

猕猴桃果实成熟期依种类、品种、海拔高度及地理位置而有不同，差异较大，从 8 月中下旬至 11 月均有成熟，从而避免了鲜果集中上市。猕猴桃果实除鲜食外，还可加工成多种营养保健食品，且口感甚佳（齐秀娟等，2020）。除加工成果汁、果酒、果醋、果酱、果冻、果脯及糖水罐头外，也可加工成果籽饼等，还可制成冰棒、冰激凌及汽水等消暑饮料。各省市充分发挥其独特猕猴桃资源，进行加工利用已形成了特色产品，比如湘西猕猴桃制品已形成产业链，大大带动了湘西地区的经济发展。猕猴桃作为一种营养价值极高的食品有进一步研究开发的价值，随着科技的发展，猕猴桃资源的有效利用率将会大幅提高。

（二）观赏价值

猕猴桃属植物种类繁多，颜色绚丽、芳香宜人，花期长。花瓣颜色主要有白色、黄色、红色、淡绿等，花蕊颜色有黄色、深紫色或黑色，观赏价值较高。目前各国主栽的中华猕猴桃和美味猕猴桃花冠均为白色，其他种类如毛花猕猴桃、网脉猕猴桃等可以开红花。猕猴桃枝蔓攀缘生长，花朵繁密、艳丽，美味猕猴桃新梢鲜红，甚为美观，因此可用于观叶、赏花、绿荫或壁饰等观赏栽培。近些年研究人员通过品种选育先后获得华特、超红、江山娇等观赏品种（钟彩虹等，2009）。在四川、陕西、湖南、上海等省、直辖市结合景观旅游建设，把猕猴桃规划为特色农业、旅游农业和观光果园，每年吸引众多游客观光游玩。以猕猴桃规划建设城市绿地，既可供市民观赏，又可收获果实作为商品出售，城市绿地的建设、维护与果园的生产管理有机结合，城市绿地的养护管理费用可大幅度减少，效果显著，令人赏心悦目。

（三）其他价值

猕猴桃除了在食品中的加工运用，在食品添加剂、工业用品、化妆护肤品等领域利用价值也很大。猕猴桃加工过程中的籽粕、皮渣等可用来提取粗蛋白质、果胶和膳食纤维等。藤蔓含有大量纤维素（含量可达74%）、半纤维素和木质素，是制宣纸的上等原料。藤蔓及根均含有丰富的胶类物质（果胶2%，脂肪及蜡质1.5%），这种胶黏性强、抗风化性好，是修建地坪及粉刷墙壁等工程建筑的好材料，在广西三江地区便可见到用猕猴桃胶粉刷的建筑。

第三节　世界猕猴桃产业发展概况

一、猕猴桃在世界水果中的地位

苹果、柑橘、葡萄和香蕉并称为世界四大水果。2010—2020年，四大水果的收获面积均出现负增长。相比而言，柠檬、猕猴桃、草莓、凤梨等其他水果面积和产量均呈现快速增长，2010—2020年，猕猴桃收获面积和产量的增长速率分别为56.99%和55.34%，均超过柑橘、苹果、梨等其他水果（表1-2）。据联合国粮农组织数据显示，2021年世界猕猴桃收获面积已达286 934hm^2，较2010年增幅66.35%，产量达4 467 099t，较2010年增幅57.44%。总体上来看，世界猕猴桃发展迅速，对于满足人们生活需要、丰富饮食结构、增加劳动就业等方面有着重要的作用。

表1-2　2010年和2020年世界水果发展情况

水果种类	收获面积（hm^2）			产量（t）		
	2010年	2020年	2020年较2010年增幅（%）	2010年	2020年	2020年较2010年增幅（%）
苹果	4 868 805	4 622 366	−5.06	71 187 919	86 442 716	21.43
杏	564 439	562 475	−0.35	3 303 442	3 719 974	12.61

（续）

水果种类	收获面积（hm²）			产量（t）		
	2010 年	2020 年	2020 年较 2010 年增幅（%）	2010 年	2020 年	2020 年较 2010 年增幅（%）
槟榔果	871 891	1 226 122	40.63	1 081 506	1 796 266	66.09
牛油果	432 321	807 469	86.78	3 778 010	8 059 359	113.32
香蕉	5 380 638	5 203 512	−3.29	108 324 763	119 833 677	10.62
蓝莓	76 455	126 144	64.99	327 866	850 886	159.52
樱桃	396 328	445 068	12.30	1 997 615	2 609 550	30.63
柑橘类	1 344 427	1 465 193	8.98	12 417 311	13 735 357	10.61
葡萄	6 971 118	6 950 930	−0.29	66 655 262	78 034 332	17.07
猕猴桃	172 280	270 457	56.99	2 837 310	4 407 407	55.34
柠檬	1 038 840	1 330 603	28.09	14 713 046	21 353 502	45.13
柑橘	4 178 664	3 884 586	−7.04	70 531 970	75 458 588	6.98
木瓜	400 310	468 731	17.09	10 783 440	13 894 705	28.85
桃	1 536 935	1 491 817	−2.94	20 531 684	24 569 744	19.67
梨	1 545 092	1 292 709	−16.33	22 550 681	23 109 219	2.48
凤梨	943 280	1 077 920	14.27	21 324 973	27 816 403	30.44
李	2 411 202	2 637 316	9.38	10 699 871	12 225 073	14.25
草莓	301 292	384 668	27.67	6 284 353	8 861 381	41.01

注：数据来源于 FAO。

二、世界猕猴桃的地理分布

世界猕猴桃种植相对较广，在 23 个国家均有种植记载（齐秀娟等，2020；钟彩虹等，2021）。世界五大洲均有分布，其中亚洲占比最高（面积和产量分别占世界总量的 74.0% 和 59.7%），仍然是世界最大的猕猴桃产区；其次是欧洲，占比分别为 16.6% 和 21.6%；非洲猕猴桃数量很少，面积和产量只占到 0.002% 和 0.001%（图 1-1）。

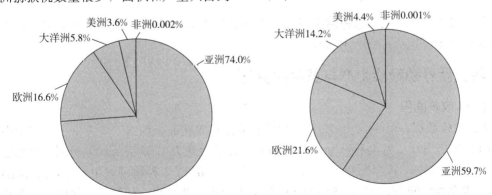

图 1-1　世界五大洲猕猴桃收获面积（左）和产量（右）分布情况

注：数据来源于 FAO。

三、世界猕猴桃的品种结构

世界猕猴桃产业的发展始于新西兰 20 世纪 30 年代驯化的美味猕猴桃海沃德和布鲁诺。至 1975 年，海沃德在世界猕猴桃栽培中的主导作用非常明显，占世界猕猴桃总面积的 95％以上，形成了以海沃德为主导的单一品种的种植业。截至 2020 年，除新西兰外，意大利、智利、伊朗及希腊等国家仍以海沃德为主栽品种，约占总种植面积的 89％；新西兰绿肉品种的种植面积稍高于黄肉品种，二者分别占总面积的 58％和 42％，而产量方面却是绿肉品种（48.8％）低于黄肉品种（51.2％）。而意大利除绿肉和黄肉品种，还有少量的红肉品种，但仅占面积的 0.18％（图 1-2）。而中国猕猴桃品种呈现多样化，但从品种类型来看，以中华猕猴桃和美味猕猴桃为主，绿肉品种约 40％、黄肉品种和红肉品种各 30％（钟彩虹等，2021）。

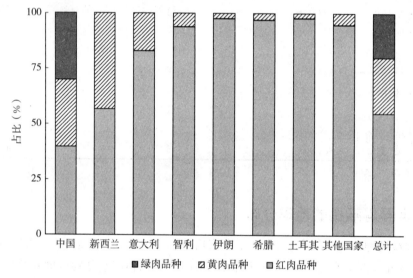

图 1-2　世界主要猕猴桃种植国家的品种结构

注：按种植面积比例统计；数据主要来源于中国园艺学会猕猴桃分会 2020 年统计。

综合世界主要国家的品种结构情况，全世界绿肉猕猴桃占比最大，约为 55％，黄肉和红肉猕猴桃分别约占 25％和 20％。

四、世界猕猴桃生产与贸易的变化

（一）收获面积

据 FAO 数据，至 2020 年 12 月，世界猕猴桃总收获面积约 27.05 万 hm^2，其中中国约为 18.46 万 hm^2、意大利约为 2.49 万 hm^2、新西兰约为 1.55 万 hm^2，分别占世界总收获面积的 68.24％、9.21％和 5.74％（表 1-3）。世界 23 个种植国家中，排名前 10 的国家占世界总面积的 98.38％，排名前 6 的分别为中国、意大利、新西兰、希腊、伊朗和智利，占总面积的 93.83％，而中国占比超过世界一半（68.24％）。

表1-3　2020年世界及排名前10位国家猕猴桃收获面积、年产量及单位面积产量

	收获面积			年产量			单位面积产量	
	国家	数值（hm²）	占比（%）	国家	数值（t）	占比（%）	国家	数值（t/hm²）
1	中国	184 554	68.24	中国	2 230 065	50.60	新西兰	40.26
2	意大利	24 900	9.21	新西兰	624 940	14.18	伊朗	29.61
3	新西兰	15 523	5.74	意大利	521 530	11.83	希腊	27.77
4	希腊	11 070	4.09	希腊	307 440	6.98	土耳其	22.61
5	伊朗	9 782	3.62	伊朗	289 608	6.57	以色列	22.00
6	智利	7 918	2.93	智利	158 919	3.61	意大利	20.95
7	法国	3 780	1.40	土耳其	73 745	1.67	美国	20.39
8	葡萄牙	3 460	1.28	法国	49 770	1.13	智利	20.07
9	土耳其	3 261	1.21	葡萄牙	45 820	1.04	黑山	20.00
10	美国	1 780	0.66	美国	36 290	0.82	西班牙	17.23
	世界	270 457		世界	4 407 407		世界	16.30

从发展速度来看，世界总收获面积从2000—2020年持续增加，2010年较2000年增加了64.02%，2020年较2010年增加了56.99%，说明近10年（2010—2020年）世界猕猴桃发展速度较前10年（2000—2010年）有所减慢（表1-4）；近20年世界猕猴桃总收获面积增长了157.50%，可见发展速度非常迅速。中国与世界猕猴桃的发展趋势相同，近10年增长缓于前10年，但从近20年来看仍然是除伊朗之外发展速度最快的国家。近

表1-4　近20年世界排名前10位国家猕猴桃收获面积的变化

国家	2000年（hm²）	2010年（hm²）	2020年（hm²）	2010年较2000年增加（hm²）	2010年较2000年增幅（%）	2020年较2010年增加（hm²）	2020年较2010年增幅（%）	2020年较2000年增加（hm²）	2020年较2000年增幅（%）
中国	48 000	98 000	184 554	50 000	104.17	86 554	88.32	136 554	284.49
意大利	17 731	24 675	24 900	6 944	39.16	225	0.91	7 169	40.43
新西兰	12 184	13 050	15 523	866	7.11	2 473	18.95	3 339	27.40
希腊	3 785	4 910	11 070	1 125	29.72	6 160	125.46	7 285	192.47
伊朗	1 782	6 935	9 782	5 153	289.17	2 847	41.05	8 000	448.93
智利	7 775	10 922	7 918	3 147	40.48	−3 004	−27.50	143	1.84
法国	4 164	4 045	3 780	−119	−2.86	−265	−6.55	−384	−9.22
葡萄牙	1 021	1 589	3 460	568	55.63	1 871	117.75	2 439	238.88
土耳其	890	1 719	3 261	829	93.15	1 542	89.70	2 371	266.40
美国	2 145	1 700	1 780	−445	−20.75	80	4.71	−365	−17.02
其他	5 556	4 735	4 429	−821	−14.78	−306	−6.46	−1 127	−20.28
世界	105 033	172 280	270 457	67 247	64.02	98 177	56.99	165 424	157.50

注：数据来源于FAO。

10 年发展速度快于前 10 年的国家有希腊、葡萄牙、新西兰。而伊朗和意大利，近 10 年发展速度明显缓于前 10 年，尤其是意大利，近 10 年收获面积基本稳定。法国持续减少；智利前 10 年增长，近 10 年却降低了 27.50%；美国前 10 年降低，近 10 年又有所增长。其他 13 个国家的收获面积近 10 年基本稳定。

（二）产量

根据 FAO 数据显示（表 1-5），2020 年世界猕猴桃总产量 440.74 万 t，其中中国排名第一为 223.01 万 t，新西兰为 62.49 万 t，意大利和希腊分别为 52.15 万 t 和 30.74 万 t，伊朗和智利分别为 28.96 万 t 和 15.89 万 t，这 6 个国家的产量约占世界猕猴桃总产量的 93.76%，其他国家产量仅占 6.24%。

从年产量变化来看（表 1-5），在过去的 20 年，世界猕猴桃总产量持续增长，2010 年较 2000 年增加了 131%，2020 年较 2010 年增加了 55.34%，而 2020 年较 2000 年整体增加了 2.59 倍。从表 1-5 可以看出，除智利外，前 7 个国家均呈现持续增长，其中希腊和土耳其近 10 年分别增长了 2.4 倍和 1.8 倍，中国、伊朗和葡萄牙分别增长了 0.78、0.61 和 0.91 倍。而法国的猕猴桃年产量持续下降，特别是近 10 年，下降了 31.04%；智利相比于前 10 年，近 10 年表现出产量下降；美国年产量近 10 年表现出少量增长。其他国家近 10 年收获面积虽稳定，但产量有所下降，可能是由于猕猴桃种植规模不断缩小，管理水平有限，致使产量逐年下降。

表 1-5　近 20 年间世界排名前 10 位国家猕猴桃年产量的变化

国家	2000 年 （t）	2010 年 （t）	2020 年 （t）	2010 年较 2000 年增加 （t）	2010 年较 2000 年增幅 （%）	2020 年较 2010 年增加 （t）	2020 年较 2010 年增幅 （%）	2020 年较 2010 年增加 （hm²）	2020 年较 2000 年增幅 （%）
中国	190 000	1 250 000	2 230 065	1 060 000	557.89	980 065	78.41	2 040 065	1 073.72
新西兰	261 638	434 120	624 940	172 482	65.92	190 820	43.96	363 302	138.86
意大利	345 692	415 877	521 530	70 185	20.30	105 653	25.40	175 838	50.87
希腊	65 998	89 842	307 440	23 844	36.13	217 598	242.20	241 442	365.83
伊朗	46 458	179 658	289 608	133 200	286.71	109 950	61.20	243 150	523.38
智利	115 500	244 602	158 919	129 102	111.78	−85 683	−35.03	43 419	37.59
土耳其	1 400	26 554	73 745	25 154	1 796.71	47 191	177.72	72 345	5 167.50
法国	81 118	72 174	49 770	−8 944	−11.03	−22 404	−31.04	−31 348	−38.64
葡萄牙	9 050	23 903	45 820	14 853	164.12	21 917	91.69	36 770	406.30
美国	30 844	29 665	36 290	−1 179	−3.82	6 625	22.33	5 446	17.66
其他	80 557	70 915	69 280	−9 642	−11.97	−1 635	−2.31	−11 277	−14.00
世界	1 228 255	2 837 310	4 407 407	1 609 055	131.00	1 570 097	55.34	3 179 152	258.83

注：数据来源于 FAO。

（三）单产

2020 年，世界猕猴桃平均单产为 16.30t/hm²，排在前 10 位的分别是新西兰、希腊、伊朗、美国、智利、以色列、意大利、土耳其、黑山和西班牙，特别是新西兰远超其他国家，平均单产高达 40.26t/hm²（前文表 1-3）。中国虽收获面积和产量均排在世界第一位，但平均单产却排第 17 位，仅 12.08t/hm²，是世界平均单产的 74.11%、新西兰的30.00%，说明中国猕猴桃发展水平仍有很大的提升空间（钟曼茜等，2023）。

2000—2020 年，世界猕猴桃平均单产呈波浪式缓慢上升，2011 年平均单产达14.67t/hm²，2012—2013 年由于溃疡病的大幅暴发，世界猕猴桃平均单产出现明显下降，2014 年开始回升，2019 年平均单产 16.18t/hm²，2020 年 16.30t/hm²，较 2019 年有所增长（图 1-3）。中国、新西兰和意大利是世界猕猴桃三大生产国，中国猕猴桃平均单产与世界的变化趋势相似，2014 年受溃疡病影响后再次回升，2015—2020 年基本稳定在12.00～12.50t/hm²。意大利除了 2010—2013 年受全球性溃疡病影响显著减产，其余年份基本稳定在 18.00～22.00t/hm²。而新西兰收获面积虽排名第三，但平均单产始终居于首位，近 20 年呈现阶梯式增长，其主要原因是由于黄肉猕猴桃 Hort16A 和 G3 的连续推出，促使平均单产相对平稳地增加，尤其是 2020 年，较 2019 年增长明显（钟彩虹等，2021）。

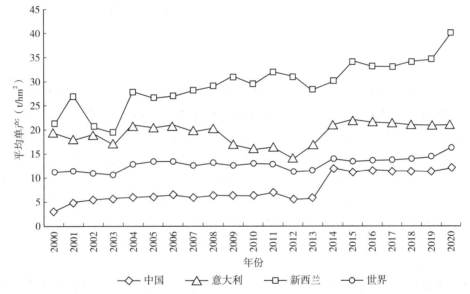

图 1-3　2000—2020 年世界和中国、意大利、新西兰猕猴桃平均单产的变化

注：世界和中国 2000—2013 年数据来源于 Belrose Inc，*World Kiwifruit Review*（2009—2014），其他数据来源于 FAO。

（四）鲜果贸易

1. 世界猕猴桃出口量　对主要猕猴桃生产国而言，国际贸易仍然是最为重要的鲜果贸易形式。据 FAO 数据显示，2020 年世界猕猴桃出口量约 146.59 万 t，新西兰、意大利、希腊和智利是 4 个主要的出口大国，占总出口量的 79.09%（表 1-6）。需要注意的是排名前 10 国家中，比利时和荷兰并不是猕猴桃生产国家，只是中间贸易环节中的国家。伊朗近年来出口量呈现增加趋势，占出口量的 2.97%，而中国的出口量是 1.27 万 t（仅为世界猕猴桃总出口量的 0.87%）。从出口额来看，新西兰、意大利、智利、希腊、比利时等国家相对领先。

表 1-6 2020 年世界及排名前 10 位国家及地区猕猴桃进出口量及进出口额

	出口量和出口额					进口量和进口额			
国家	出口量（万 t）	占比（%）	出口额（亿美元）	占比（%）	国家	进口量（万 t）	占比（%）	进口额（亿美元）	占比（%）
新西兰	57.25	39.06	17.33	52.77	比利时	16.09	10.60	3.15	8.74
意大利	27.33	18.64	5.25	16.00	西班牙	13.81	9.10	2.67	7.40
希腊	16.62	11.34	1.96	5.96	中国	11.69	7.70	4.50	12.50
智利	14.74	10.05	2.05	6.23	日本	11.34	7.48	4.59	12.73
比利时	7.02	4.79	2.47	0.74	德国	9.45	6.23	2.50	6.94
荷兰	5.67	3.87	1.15	7.51	法国	7.89	5.20	2.10	5.83
伊朗	4.35	2.97	0.24	3.52	荷兰	7.77	5.12	2.22	6.15
西班牙	2.86	1.95	0.55	0.60	美国	7.28	4.80	1.82	5.06
中国	1.27	0.87	0.20	1.68	意大利	7.27	4.79	1.39	3.86
美国	1.32	0.90	0.34	1.03	英国	3.46	2.28	0.62	1.71
世界	146.59	100.00	32.84	100.00	世界	151.73	100.00	36.04	100.00

2. 世界猕猴桃进口量 2020 年，世界猕猴桃进口量达 151.73 万 t、进口额达 36.04 亿美元，主要进口国家有中国、比利时、西班牙、德国、日本等 10 个国家，进口量累计达 96.05 万 t，占世界总进口量的 63.30%。2020 年度进口量最高的不再是作为世界猕猴桃第一生产大国的中国（11.69 万 t，排名第三），而是比利时和西班牙，分别是 16.09 万 t 和 13.81 万 t。而从进口额来看，中国和日本排名最前，其次是比利时、意大利和德国。根据每个国家的进口量和进口额来看，日本的进口单价最高，可达 4 043 美元/t，中国紧随其后，进口单价约 3 854 美元/t，其他国家进口单价在 1 783～2 663 美元/t 之间波动。

整体来看，中国不仅是猕猴桃生产大国，而且是进口大国，说明目前中国是世界猕猴桃最大的消费市场，近 4 年平均进口量约 11.8 万 t，而出口量仅为 8 083 t，占年产量的 0.38%，是典型的内销型国家；其次，土耳其也是以内销为主（表 1-7）；其余 8 个国家均有一定规模出口，其中新西兰和智利的出口量比率超过本国生产量的 85%，尤其是新西兰超过 100%，主要是由于 Zespri 公司授权在新西兰以外国家生产的品种进入盛果期。总体来看，欧洲仍然是大部分猕猴桃鲜果出口的主要目标市场。

表 1-7 2017—2020 年 10 个主要猕猴桃生产国的猕猴桃贸易概况

国家	产量（t）		进口量（t）		出口量（t）		出口占比（%）	国内消耗量（t/年）
	4 年累积值	年均值	4 年累积值	年均值	4 年累积值	年均值		
中国	8 562 606	2 140 651.5	471 857	117 964.25	32 335	8 083.75	0.38	2 250 532
意大利	2 149 360	537 340	255 536	63 884	1 192 203	298 050.75	55.47	303 173.25

（续）

国家	产量（t）		进口量（t）		出口量（t）		出口占比（%）	国内消耗量（t/年）
	4年累积值	年均值	4年累积值	年均值	4年累积值	年均值		
新西兰	2 076 550	519 137.5	3 038	759.5	2 098 394	524 598.5	101.05	76 700*
希腊	1 061 043	265 260.75	12 873	3 218.25	602 912	150 728	56.82	117 751
伊朗	1 273 680	318 420	93	23.25	341 903	85 475.75	26.84	232 967.5
智利	735 135	183 783.75	1 376	344	659 898	164 974.5	89.77	19 153.25
法国	213 627	53 406.75	294 790	73 697.5	55 983	13 995.75	26.21	113 108.5
葡萄牙	147 652	36 913	38 588	9 647	80 598	20 149.5	54.59	26 410.5
土耳其	255 626	63 906.5	16 321	4 080.25	14 919	3 729.75	5.84	64 257
美国	147 779	36 944.75	276 380	69 095	52 417	13 104.25	35.47	92 935.5
世界	16 884 830	4 221 207.5	6 310 419	1 577 604.75	6 023 185	1 505 796.25	35.67	

第四节　中国猕猴桃产业发展概况

一、中国猕猴桃产业发展历程

中国猕猴桃产业自1978年开始大规模资源普查与栽培利用，经历40余年发展。从发展速度来看，历经了"起步发展-快速增长-缓慢发展-快速发展"四个阶段（图1-4，图1-5）。

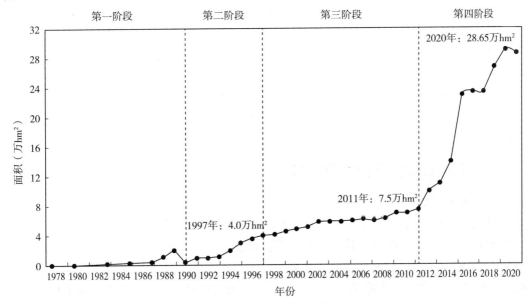

图1-4　1978—2020年中国猕猴桃种植面积变化

注：数据来源于中国园艺学会猕猴桃分会和猕猴桃产业国家创新联盟统计。

（1）起步发展。1978—1989年，是中国猕猴桃产业的起步阶段，种植从无到1989年

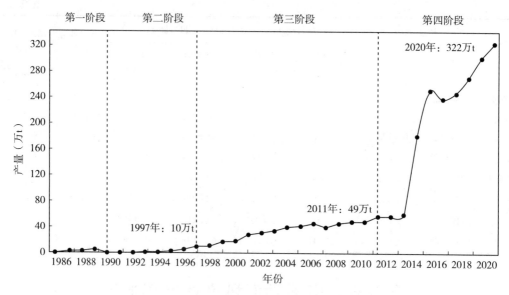

图1-5　1986—2020年中国猕猴桃年产量变化

注：数据来源于中国园艺学会猕猴桃分会和猕猴桃产业国家创新联盟统计。

的近 20 000hm²，而此阶段的果实主要用于加工利用。但因鲜果或加工品市场销路的原因，种植面积于1989—1990年快速降低至 4 000hm² 左右。

（2）快速增长。1990—1997年，中国猕猴桃种植面积又得到快速回升，到1997年达到 40 000hm² 左右，产品基本由起初的以加工利用为主转向以鲜果销售为主。

（3）缓慢发展。1997—2011年，中国猕猴桃产业发展相对缓慢，处于平稳时期，种植面积由1997年的 40 000hm² 逐步增长到 75 000hm²，年均增长约 2 500hm²。

（4）快速发展。2011—2020年，中国猕猴桃产业又一次快速发展，从2011年 7.5 万 hm² 发展到了2020年的 28.65 万 hm²，年均增长约 2.3 万 hm²。

伴随着种植面积的增长，中国猕猴桃年产量自1985年开始也呈现出与种植面积相似的增长模式，至2020年总产量可达约 322 万 t。

二、中国猕猴桃产业发展现状

（一）种植区域

中国猕猴桃种质资源主要集中分布在横断山脉以东、秦岭以南。1978年起，经过 40 多年的发展，随着育种改良步伐，选育出了适宜于不同省份气候条件和地理条件的不同类型猕猴桃品种，种植区域不断扩大（钟彩虹，2020）。据统计，中国猕猴桃从南向北已发展到全国 22 个省份，基本形成了以山系为界的七大猕猴桃产业带：秦岭北麓猕猴桃产业带、伏牛山—大别山—沂蒙山区猕猴桃产业带、巴山—龙门山区猕猴桃产业带、云贵高原猕猴桃产业带、武陵山猕猴桃产业带、南岭—武夷山猕猴桃产业带和东北软枣猕猴桃产业带。

（1）秦岭北麓猕猴桃产业带。陕西省的眉县、周至、武功、岐山、扶风、临渭、商南、丹凤等地区（陕西秦岭北麓、丹江流域）。

（2）伏牛山—大别山—沂蒙山区猕猴桃产业带。河南西峡、山东淄博市博山、安徽金寨、江苏连云港等地区（河南、山东、安徽和江苏）。

（3）巴山—龙门山区猕猴桃产业带。四川的苍溪、蒲江、邛崃、都江堰、绵竹等，重庆市，陕西南部的城固、西乡、洋县、汉台、勉县、岚皋、汉阴、平利等地区（四川、重庆和陕西南部）。

（4）云贵高原猕猴桃产业带。贵州的水城、修文等，云南的石屏、屏边等地区（贵州和云南）。

（5）武陵山猕猴桃产业带。湖南的永顺、凤凰、湘西等，湖北的十堰、赤壁等（湖南和湖北）。

（6）南岭—武夷山猕猴桃产业带。广西桂林、广东和平、福建建宁及江西的奉新、信丰、安远等地区（广西、广东、福建和江西）。

（7）东北软枣猕猴桃产业带。东北的沈阳、丹东等地区。

（二）品种结构

中国猕猴桃品种呈现多样化，自1978年开始栽培驯化和品种培育以来，至2012年全国已审定、鉴定或保护的品种或品系有120余个；截至2023年8月，农业农村部科技发展中心网站数据显示，猕猴桃属共申请293件品种权，授权共121件。但是，当前中国商业化栽培的主栽品种仅20多个（张海晶等，2019；钟彩虹，2020）。

从果肉颜色来看，主要有绿肉、黄肉和红肉三种类型。其中，绿肉猕猴桃品种主要是徐香、海沃德、贵长、翠香、秦美、金魁、金福和翠玉等；黄肉猕猴桃品种主要是金艳、金桃、金圆、农大金猕和金奉等；红肉猕猴桃品种主要是红阳、东红、金红1号和脐红等。整体来说，中国猕猴桃品种类型分布基本表现为，绿肉猕猴桃品种约占40%、黄肉和红肉猕猴桃品种分别约占30%。

种植面积超过1.33万hm²的品种是红阳、徐香、翠香、东红、海沃德和贵长；尤其是红阳和徐香，其种植面积分别为6.67万hm²和5.33万hm²；种植面积0.67万～1.33万hm²的品种主要有金艳、米良1号、金桃等；种植面积0.2万～0.67万hm²的品种主要有秦美、金福、翠玉等，其他品种种植面积基本在0.2万hm²以下。

（三）种植面积、产量

根据中国园艺学会猕猴桃分会及猕猴桃产业国家创新联盟最新调查统计数据显示（前文图1-4，图1-5），2000—2020年，全国猕猴桃的种植面积和产量都呈现连年上升趋势，尤其是2011年以后出现大幅度的增长。截至2020年，全国猕猴桃种植面积28.65万hm²，2021年全国种植面积28.8万hm²，种植面积基本稳定；全国猕猴桃总产量也稳定在322万t。

全国有22个省、自治区、直辖市种植猕猴桃。2020年栽培面积或产量排名前6的是陕西、四川、贵州、江西、湖南和河南（图1-6）。这6个省份的猕猴桃栽培面积占全国总面积的76.67%，产量占全国总产量的85.04%。其中，排名第一的陕西省，栽培面积和产量分别占全国的26.99%和41.89%。

中国排名前6位的省份从2011年到2020年的猕猴桃种植面积和产量变化差异较大

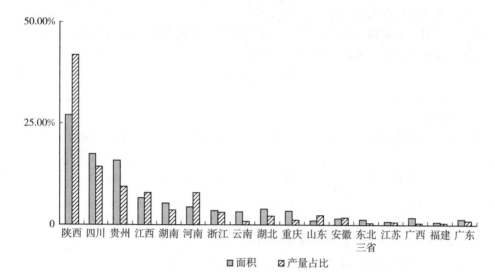

图 1-6 2020 年全国种植猕猴桃省份面积和产量占比

注：数据来源于中国园艺学会猕猴桃分会和猕猴桃产业国家创新联盟统计。

（图 1-7，图 1-8）。其中，属于老产区的陕西、四川、湖南和河南省，种植面积增长相对平稳，分别增长 0.55 倍、1.16 倍、0.53 倍和 0.35 倍；贵州省和江西省近年来面积迅速扩大，2020 年较 2011 年分别增长了 6.56 倍和 6.57 倍。陕西省猕猴桃产量始终排名第一，2017 年最高，随后略有下降，基本保持平稳；其他 5 省产量逐年上升，但是贵州省种植面积位居第三，产量却低于湖南省和河南省，分析主要原因可能是贵州省新建果园较多，平均单产相对较低。

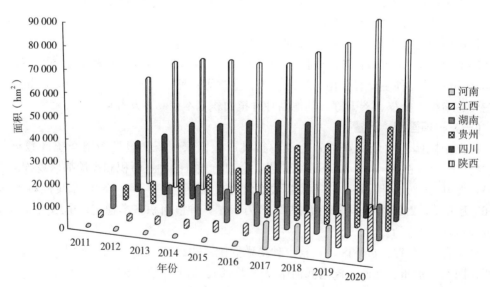

图 1-7 国内猕猴桃种植面积排名前 6 的省份 2011—2020 年变化

注：数据来源于中国园艺学会猕猴桃分会和猕猴桃产业国家创新联盟统计。

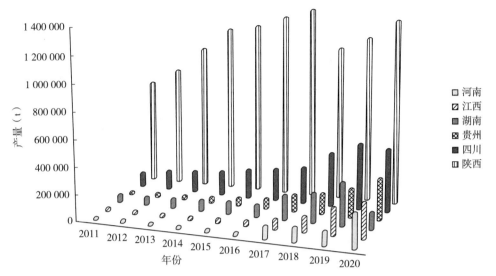

图1-8 国内猕猴桃产量排名前6的省份2011—2020年变化

注：数据来源于中国园艺学会猕猴桃分会和猕猴桃产业国家创新联盟统计。

（四）进出口贸易

近年来，中国猕猴桃进口量快速增长（图1-9），2020年进口总量达到11.68万t，进口额达到31.5亿元，比2011年进口量和进口额分别增长1.71倍和2.85倍。根据联合国商品贸易统计数据库近几年资料显示，新西兰、意大利、智利、希腊是中国猕猴桃主要进口国，占总进口量的99.7%。其中，新西兰是中国猕猴桃最大的进口国，进口量逐年稳步增长。上海、广东和京津区域是中国主要的进口地区，上海的进口量占总进口量的50%以上。

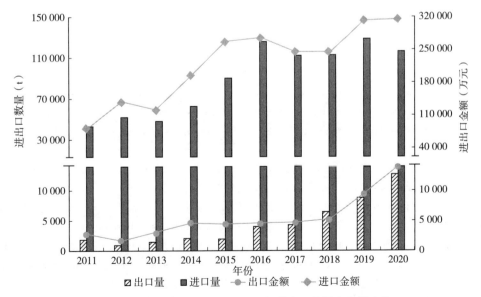

图1-9 中国猕猴桃2011—2020年进出口数量和金额变化

注：来源于中国海关统计数据。

中国猕猴桃出口量相对较少，但总体稳步增长（图1-9），2020年出口量达到1.26万t，出口额达到1.38亿元，出口量和出口金额分别是2011年的5.71倍和3.95倍。随着经济全球化的不断发展，中国猕猴桃出口量虽有所增长，但仍然占比较小，2020年出口率仅为0.39%，与新西兰95%、意大利和智利80%的出口率相比，差距甚大；而且中国猕猴桃主要出口国是俄罗斯、印度尼西亚等周边国家。

参 考 文 献

崔致学，1993. 中国猕猴桃［M］. 济南：山东科学技术出版社.

黄宏文，钟彩虹，姜正旺，等，2012. 猕猴桃属 分类 资源 驯化 栽培［M］. 北京：科学出版社.

齐秀娟，郭丹丹，王然，等，2020. 我国猕猴桃产业发展现状及对策建议［J］. 果树学报，37（5）：754-763.

王倩，赵莉，武艳梅，等，2020. 盘锦市0～6岁儿童骨密度调查及其与血清维生素K的关系研究［J］. 中国实用医药，15（25）：164-165.

王仁才，2016. 猕猴桃优质高效标准化栽培技术［M］. 湖南：湖南科学技术出版社.

张海晶，温雯，杨扬，等，2019. 我国猕猴桃植物新品种权保护现状与分析［J］. 北方园艺（18）：140-145.

钟彩虹，2020. 猕猴桃栽培理论与生产技术［M］. 北京：科学出版社.

钟彩虹，龚俊杰，姜正旺，等，2009. 2个猕猴桃观赏新品种选育和生物学特性［J］. 中国果树（3）：5-7，77.

钟彩虹，黄文俊，李大卫，等，2021. 世界猕猴桃产业发展及鲜果贸易动态分析［J］ 中国果树（7）：101-108.

钟曼茜，翟舒嘉，刘伟，等，2023. 我国即食猕猴桃产业发展现状、问题与对策［J］. 中国果树（2）：122-127.

Akhmeteli K T，TsSh E，Tushurashvili P R，et al.，2005. Vitamins C，B12 and folic acid in latent iron deficiency［J］. Georgian Medical News（128）：109-111.

Cummings J H，Antoine J M，Azpiroz F，et al.，2004. PASSCLAIM-Gut health and immunity［J］. Eur. J. Nutr. 43（Suppl 2）：II/118-II/173.

Deters A M，Schröder K R，Hensel A，2005. Kiwi fruit（*Actinidia chinensis* L.）polysaccharides exert stimulating effects on cell proliferation via enhanced growth factor receptors，energy production，and collagen synthesis of human keratinocytes，fibroblasts，and skin equivalents［J］. J. Cell Physiol，202（3）：717-722.

Dwivedi S，Mishra A K，Priya S，et al.，2021. Potential health benefits of kiwifruits：The King of fruits［J］. Journal of Science and Technology，6（1）：126-131.

Ferguson A R，Bollard E G，1990. Domestication of the kiwifruit［M］//Warrington，I J.，Weston，GC.：Kiwifruit：science and management. Auckland：Ray Richards Publisher.

Funk C，Braune A，Grabber J H，et al.，2007. Model studies of lignified fibre fermentation by human fecal microbiota and its impact on heterocyclic aromatic amine adsorption［J］. Mutat. Res - Fund. Mol. M.，624：41-48.

Levine J，Mishori A，Susnosky M，et al.，1999. Combination of inositol and serotonin reuptake inhibitors in the treatment of depression [J]. Biol. Psychiatry, 45 (3)：270 - 273.

Nødtvedt Ø O，Hansen A L，Bjorvatn B，et al.，2017. The effects of kiwi fruit consumption in students with chronic insomnia symptoms：a randomized controlled trial [J]. Sleep Biol. Rhythms, 15：159 - 166.

Richardson D P，Ansell J，Drummond L N，2018. The nutritional and health attributes of kiwifruit：a review [J]. Eur. J. Nutr, 57 (8)：2659 - 2676.

Suksomboon N，Poolsup N，Lin W，2019. Effect of kiwifruit on metabolic health in patients with cardiovascular risk factors：a systematic review and meta - analysis [J]. Diabet. Metab. Synd. Ob，12：171 - 180.

执笔人：王仁才、刘占德

 第二章 猕猴桃种质资源

第一节 猕猴桃种质资源的分布

一、猕猴桃属植物的种与变种

猕猴桃科（Actinidiaceae）包含水东哥属（*Saurauia*）、藤山柳属（*Clematoclethra*）和猕猴桃属（*Actinidia*）3属。各属原产热带、亚洲热带及美洲热带，少部分分布于亚洲温带及大洋洲。猕猴桃隶属于猕猴桃属，该属主要分布在亚洲和俄罗斯远东地区。根据最新的分类学修订，猕猴桃属植物有54个种21个变种，共约75个分类单元（Li et al.，2007），其中绝大多数种为中国特有种，仅有2个种，尼泊尔猕猴桃（*A. strigosa* Hooker f. and Thomas）和白背叶猕猴桃（*A. hypoleuca* Nakai）是中国周边国家特有（表2-1）。生产中主要栽培利用的有4个分类单元，即中华猕猴桃、美味猕猴桃、软枣猕猴桃和毛花猕猴桃。我国作为猕猴桃属植物的起源和分布中心，拥有丰富的猕猴桃种质资源，为世界猕猴桃产业的发展做出了巨大贡献（黄宏文，2013）。

表2-1 猕猴桃属植物54个种和21个变种（Li et al.，2007）

编号	分布	拉丁名	中文名
	中国		
1		*Actinidia arguta* (Siebold and Zuccarini) Planchon ex Miquel	软枣猕猴桃
2		*A. arguta* var. *giraldii* (Diels) Voroshilov	陕西猕猴桃
3		*A. callosa* Lindley	硬齿猕猴桃
4		*A. callosa* var. *acuminata* C. F. Liang	尖叶猕猴桃
5		*A. callosa* var. *strigillosa* C. F. Liang	毛叶硬齿猕猴桃
6		*A. callosa* var. *henryi* Maximowicz	京梨猕猴桃
7		*A. callosa* var. *discolor* C. F. Liang	异色猕猴桃
8		*A. chengkouensis* C. Y. Chang	城口猕猴桃
9		*A. chinensis* Planchon	中华猕猴桃
10		*A. chinensis* var. *deliciosa* A. Chevalier	美味猕猴桃
11		*A. chinensis* var. *setosa* H. L. Li	刺毛猕猴桃
12		*A. chrysantha* C. F. Liang	金花猕猴桃

（续）

编号	分布	拉丁名	中文名
13		*A. cylindrica* C. F. Liang	柱果猕猴桃
14		*A. cylindrica* var. *reticulata* C. F. Liang	网脉猕猴桃
15		*A. eriantha* Bentham	毛花猕猴桃
16		*A. farinosa* C. F. Liang	粉毛猕猴桃
17		*A. fasciculoides* C. F. Liang	簇花猕猴桃
18		*A. fasciculoides* var. *orbiculata* C. F. Liang	圆叶猕猴桃
19		*A. fasciculoides* var. *cuneata* C. F. Liang	楔叶猕猴桃
20		*A. fortunatii* Finet and Gagnepain	条叶猕猴桃
21		*A. fulvicoma* Hance	黄毛猕猴桃
22		*A. fulvicoma* var. *pachyphylla* （Dunn） H. L. Li	厚叶猕猴桃
23		*A. fulvicoma* var. *hirsuta* Finet and Gagnepain	糙毛猕猴桃
24		*A. fulvicoma* var. *cinerascens* （C. F. Liang） J. Q. Li and D. D. Soejart	灰毛猕猴桃
25		*A. glauco-callosa* C. Y. Wu	粉叶猕猴桃
26		*A. grandiflora* C. F. Liang	大花猕猴桃
27		*A. hemsleyana* Dunn	长叶猕猴桃
28		*A. henryi* Dunn	蒙自猕猴桃
29		*A. holotricha* Finet and Gagnepain	全毛猕猴桃
30		*A. hubeiensis* H. M. Sun and R. H. Huang	湖北猕猴桃
31		*A. indochinensis* Merrill	中越猕猴桃
32		*A. indochinensis* var. *ovatifolia* R. G. Li and L. Mo	卵圆叶猕猴桃
33		*A. kolomikta* （Maximowicz and Ruprecht） Maximowicz	狗枣猕猴桃
34		*A. laevissima* C. F. Liang	滑叶猕猴桃
35		*A. lanceolata* Dunn	小叶猕猴桃
36		*A. latifolia* （Gardner and Champion） Merrill	阔叶猕猴桃
37		*A. latifolia* var. *mollis* （Dunn） Handel-Mazzetti	长绒猕猴桃
38		*A. liangguangensis* C. F. Liang	两广猕猴桃
39		*A. lijiangensis* C. F. Liang and Y. X. Lu	漓江猕猴桃
40		*A. linguiensis* R. G. Li and X. G. Wang	临桂猕猴桃
41		*A. longicarpa* R. G. Li and M. Y. Liang	长果猕猴桃
42		*A. macrosperma* C. F. Liang	大籽猕猴桃
43		*A. macrosperma* var. *mumoides* C. F. Liang	梅叶猕猴桃
44		*A. melanandra* Franchet	黑蕊猕猴桃
45		*A. melanandra* var. *glabrescens* C. F. Liang	无髯猕猴桃
46		*A. melliana* Handel-Mazzetti	美丽猕猴桃

（续）

编号	分布	拉丁名	中文名
47		A. obovata Chun ex C. F. Liang	倒卵叶猕猴桃
48		A. persicina R. G. Li and L. Mo	桃花猕猴桃
49		A. pilosula（Finet and Gagnepain）Stapf ex Handel‐Mazzetti	贡山猕猴桃
50		A. polygama（Siebold and Zuccarini）Maximowicz	葛枣猕猴桃
51		A. rongshuiensis R. G. Li and X. G. Wang	融水猕猴桃
52		A. rubricaulis Dunn	红茎猕猴桃
53		A. rubricaulis var. coriacea（Finet and Gagnepain）C. F. Liang	革叶猕猴桃
54		A. rubus H. Léveillé	昭通猕猴桃
55		A. rudis Dunn	糙叶猕猴桃
56		A. rudis var. glabricaulis C. Y. Wu	光茎猕猴桃
57		A. rufa（Siebold and Zuccarini）Planchon ex Miquel	山梨猕猴桃
58		A. rufotricha C. Y. Wu	红毛猕猴桃
59		A. rufotricha var. glomerata C. F. Liang	密花猕猴桃
60		A. sabiifolia Dunn	清风藤猕猴桃
61		A. sorbifolia C. F. Liang	花楸猕猴桃
62		A. stellato‐pilosa C. Y. Chang	星毛猕猴桃
63		A. styracifolia C. F. Liang	安息香猕猴桃
64		A. suberifolia C. Y. Wu	栓叶猕猴桃
65		A. tetramera Maximowicz	四萼猕猴桃
66		A. trichogyna Franchet	毛蕊猕猴桃
67		A. ulmifolia C. F. Liang	榆叶猕猴桃
68		A. umbelloides C. F. Liang	伞花猕猴桃
69		A. umbelloides var. flabellifolia C. F. Liang	扇叶猕猴桃
70		A. valvata Dunn	对萼猕猴桃
71		A. venosa Rehder	显脉猕猴桃
72		A. vitifolia C. Y. Wu	葡萄叶猕猴桃
73		A. zhejiangensis C. F. Liang	浙江猕猴桃
	以下为周边国家特有		
74	日本	A. hypoleuca Nakai	白背叶猕猴桃
75	尼泊尔	A. strigosa Hooker f. and Thoma	尼泊尔猕猴桃

二、猕猴桃属植物的地理分布

猕猴桃属的自然分布以中国为中心，广泛分布于南起赤道北至寒温带（北纬 $50°$）的亚洲东部广大地区，其分布格局既属于泛北极植物区系，又具有古热带植物区系的组分，体现出中国众多特有属植物的典型特征，即以中国大陆分布为中心，延伸至周边国家。中国虽然是猕猴桃属植物的分布中心，自然资源异常丰富。然而，我国天然森林植被破坏较为严重，导致许多猕猴桃分类群的地理分布呈现间断分布格局。由于猕猴桃藤常被砍伐用作烧柴或者造纸，或者破坏性采收，许多分类群沦为濒危或地方灭绝种，其中包括城口猕猴桃、金花猕猴桃、大花猕猴桃、中越猕猴桃、贡山猕猴桃、栓叶猕猴桃、四萼猕猴桃以及星毛猕猴桃；一些濒危类群仅局限分布在少数地区。猕猴桃属植物在山区及偏僻地区较为常见，山地不仅仅作为其应对极端环境变化的避难所，也可能是其最适宜的生境。猕猴桃属植物自然分布区的地形复杂多样，不同海拔高度地区或同一海拔具有不同的小气候条件，决定了猕猴桃分类群的物种丰富度。软枣猕猴桃、京梨猕猴桃、异色猕猴桃、狗枣猕猴桃、葛枣猕猴桃、革叶猕猴桃和四萼猕猴桃的海拔垂直分布范围幅度较大。黄宏文等（2013）根据生物地理学意义上的分布格局对中国猕猴桃的自然生境和物种的地域分布从西南至东北概括为以下5个大区。

西南地区：主要包括云南、贵州、四川西部和南部、西藏等地区。西南地区独特的地理环境条件，孕育了丰富的猕猴桃属植物类群。以云南猕猴桃资源最为丰富，有42个种或变种，占总的分类群数量的60%（表2-2）。云南地形的复杂多样性与小气候条件孕育了丰富的猕猴桃属植物类群，其中包括很多地方特有分类群，如粉叶猕猴桃、全毛猕猴桃、长绒猕猴桃、糙叶猕猴桃、红毛猕猴桃、栓叶猕猴桃、伞花猕猴桃和扇叶猕猴桃等。贵州的地形也较复杂，小气候环境众多，猕猴桃属植物资源丰富。3/4的猕猴桃属植物分布在黔东南和黔南或黔东的铜仁地区，多分布在海拔600～1 400m，年降水量为1 100～1 400mm的区域。在四川，美味猕猴桃分布最广，广泛分布的还有软枣猕猴桃、狗枣猕猴桃、葛枣猕猴桃、京梨猕猴桃以及显脉猕猴桃；而黑蕊猕猴桃、革叶猕猴桃、昭通猕猴桃、四萼猕猴桃、葡萄叶猕猴桃和硬齿猕猴桃等种类分布范围有限。西藏的气候条件不利于猕猴桃属植物的生长，仅有少数的几个猕猴桃类群，如黄毛猕猴桃、两广猕猴桃、灰毛猕猴桃和显脉猕猴桃有限地分布在喜马拉雅山东段沟谷、江河两岸，雅鲁藏布江中下游及念青唐古拉山的东端峡谷，横断山脉南端深山峡谷的三个生态地理区。

表2-2　中国各省份主要分布的猕猴桃物种

省份	物种数	特有种数	猕猴桃物种
云南	42	10	软枣猕猴桃、陕西猕猴桃、硬齿猕猴桃、尖叶猕猴桃、糙毛猕猴桃、大花猕猴桃、蒙自猕猴桃、全毛猕猴桃*、中越猕猴桃、狗枣猕猴桃、滑叶猕猴桃、异色猕猴桃、京梨猕猴桃、毛叶硬齿猕猴桃、美味猕猴桃、金花猕猴桃、簇花猕猴桃、楔叶猕猴桃、黄毛猕猴桃、阔叶猕猴桃、梅叶猕猴桃、黑蕊猕猴桃、无髯猕猴桃、倒卵叶猕猴桃、葛枣猕猴桃、红茎猕猴桃、革叶猕猴桃、昭通猕猴桃、密花猕猴桃、花楸猕猴桃、四萼猕猴桃、显脉猕猴桃、葡萄叶猕猴桃、粉叶猕猴桃*、长绒猕猴桃*、伞花猕猴桃*、扇叶猕猴桃*、糙叶猕猴桃*、栓叶猕猴桃*、贡山猕猴桃*、光茎猕猴桃*、红毛猕猴桃*
贵州	27	0	软枣猕猴桃、葛枣猕猴桃、狗枣猕猴桃、滑叶猕猴桃、异色猕猴桃、京梨猕猴桃、毛叶硬齿猕猴桃、柱果猕猴桃、网脉猕猴桃、毛花猕猴桃、条叶猕猴桃、黄毛猕猴桃、糙毛猕猴桃、大花猕猴桃、蒙自猕猴桃、小叶猕猴桃、阔叶猕猴桃、中华猕猴桃、美味猕猴桃、黑蕊猕猴桃、无髯猕猴桃、倒卵叶猕猴桃、红茎猕猴桃、革叶猕猴桃、密花猕猴桃、花楸猕猴桃、安息香猕猴桃

（续）

省份	物种数	特有种数	猕猴桃物种
四川	20	1	软枣猕猴桃、陕西猕猴桃、葛枣猕猴桃、四萼猕猴桃、硬齿猕猴桃、异色猕猴桃、京梨猕猴桃、城口猕猴桃、美味猕猴桃、大花猕猴桃、狗枣猕猴桃、阔叶猕猴桃、黑蕊猕猴桃、革叶猕猴桃、昭通猕猴桃、花楸猕猴桃、毛蕊猕猴桃、显脉猕猴桃、葡萄叶猕猴桃、榆叶猕猴桃*
西藏	7	0	狗枣猕猴桃、贡山猕猴桃、黄毛猕猴桃、灰毛猕猴桃、蒙自猕猴桃、两广猕猴桃、显脉猕猴桃
广东	23	0	大籽猕猴桃、对萼猕猴桃、金花猕猴桃、硬齿猕猴桃、异色猕猴桃、京梨猕猴桃、中华猕猴桃、毛花猕猴桃、黄毛猕猴桃、粉毛猕猴桃、灰毛猕猴桃、簇花猕猴桃、楔叶猕猴桃、条叶猕猴桃、糙毛猕猴桃、厚叶猕猴桃、蒙自猕猴桃、中越猕猴桃、小叶猕猴桃、阔叶猕猴桃、两广猕猴桃、美丽猕猴桃、革叶猕猴桃
广西	32	7	软枣猕猴桃、陕西猕猴桃、黑蕊猕猴桃、异色猕猴桃、京梨猕猴桃、毛叶硬齿猕猴桃、红茎猕猴桃、革叶猕猴桃、密花猕猴桃、中华猕猴桃、美味猕猴桃、金花猕猴桃、柱果猕猴桃、网脉猕猴桃、毛花猕猴桃、粉毛猕猴桃、楔叶猕猴桃、条叶猕猴桃、美丽猕猴桃、黄毛猕猴桃、糙毛猕猴桃、蒙自猕猴桃、中越猕猴桃、阔叶猕猴桃、两广猕猴桃、漓江猕猴桃*、卵圆叶猕猴桃*、临桂猕猴桃*、长果猕猴桃*、桃花猕猴桃*、圆叶猕猴桃*、融水猕猴桃*
海南	2	0	阔叶猕猴桃、美丽猕猴桃
浙江	15	0	软枣猕猴桃、黑蕊猕猴桃、葛枣猕猴桃、对萼猕猴桃、大籽猕猴桃、梅叶猕猴桃、硬齿猕猴桃、异色猕猴桃、京梨猕猴桃、中华猕猴桃、毛花猕猴桃、长叶猕猴桃、小叶猕猴桃、阔叶猕猴桃、浙江猕猴桃
江西	22	0	软枣猕猴桃、对萼猕猴桃、大籽猕猴桃、梅叶猕猴桃、黑蕊猕猴桃、异色猕猴桃、京梨猕猴桃、中华猕猴桃、美味猕猴桃、金花猕猴桃、毛花猕猴桃、黄毛猕猴桃、厚叶猕猴桃、长叶猕猴桃、小叶猕猴桃、阔叶猕猴桃、美丽猕猴桃、革叶猕猴桃、清风藤猕猴桃、安息香猕猴桃、毛蕊猕猴桃、浙江猕猴桃
江苏	4	0	软枣猕猴桃、对萼猕猴桃、梅叶猕猴桃、中华猕猴桃
福建	18	0	软枣猕猴桃、对萼猕猴桃、黑蕊猕猴桃、葛枣猕猴桃、异色猕猴桃、京梨猕猴桃、毛叶硬齿猕猴桃、中华猕猴桃、金花猕猴桃、毛花猕猴桃、黄毛猕猴桃、厚叶猕猴桃、长叶猕猴桃、小叶猕猴桃、阔叶猕猴桃、清风藤猕猴桃、安息香猕猴桃、浙江猕猴桃
台湾	5	1	山梨猕猴桃、硬齿猕猴桃、异色猕猴桃、阔叶猕猴桃、刺毛猕猴桃*
湖北	17	1	软枣猕猴桃、陕西猕猴桃、狗枣猕猴桃、大籽猕猴桃、黑蕊猕猴桃、葛枣猕猴桃、京梨猕猴桃、城口猕猴桃、显脉猕猴桃、中华猕猴桃、美味猕猴桃、阔叶猕猴桃、红茎猕猴桃、革叶猕猴桃、四萼猕猴桃、毛蕊猕猴桃、湖北猕猴桃*
重庆	14	1	软枣猕猴桃、陕西猕猴桃、狗枣猕猴桃、葛枣猕猴桃、黑蕊猕猴桃、四萼猕猴桃、异色猕猴桃、京梨猕猴桃、城口猕猴桃、显脉猕猴桃、美味猕猴桃、革叶猕猴桃、毛蕊猕猴桃、星毛猕猴桃*

（续）

省份	物种数	特有种数	猕猴桃物种
湖南	32	0	软枣猕猴桃、陕西猕猴桃、黑蕊猕猴桃、葛枣猕猴桃、对萼猕猴桃、狗枣猕猴桃、硬齿猕猴桃、尖叶猕猴桃、异色猕猴桃、京梨猕猴桃、毛叶硬齿猕猴桃、中华猕猴桃、美味猕猴桃、金花猕猴桃、毛叶猕猴桃、条叶猕猴桃、黄毛猕猴桃、糙毛猕猴桃、厚叶猕猴桃、灰毛猕猴桃、蒙自猕猴桃、小叶猕猴桃、阔叶猕猴桃、两广猕猴桃、无髯猕猴桃、美丽猕猴桃、红茎猕猴桃、革叶猕猴桃、清风藤猕猴桃、花楸猕猴桃、安息香猕猴桃、显脉猕猴桃
安徽	12	0	软枣猕猴桃、狗枣猕猴桃、大籽猕猴桃、梅叶猕猴桃、黑蕊猕猴桃、葛枣猕猴桃、对萼猕猴桃、小叶猕猴桃、中华猕猴桃、毛花猕猴桃、革叶猕猴桃、异色猕猴桃
河南	10	0	软枣猕猴桃、狗枣猕猴桃、黑蕊猕猴桃、葛枣猕猴桃、四萼猕猴桃、对萼猕猴桃、京梨猕猴桃、中华猕猴桃、美味猕猴桃、革叶猕猴桃
陕西	10	0	软枣猕猴桃、陕西猕猴桃、狗枣猕猴桃、黑蕊猕猴桃、葛枣猕猴桃、四萼猕猴桃、京梨猕猴桃、城口猕猴桃、中华猕猴桃、美味猕猴桃
甘肃	8	0	软枣猕猴桃、陕西猕猴桃、狗枣猕猴桃、黑蕊猕猴桃、葛枣猕猴桃、四萼猕猴桃、京梨猕猴桃、中华猕猴桃
辽宁	3	0	软枣猕猴桃、狗枣猕猴桃、葛枣猕猴桃
吉林	3	0	软枣猕猴桃、狗枣猕猴桃、葛枣猕猴桃
黑龙江	3	0	软枣猕猴桃、狗枣猕猴桃、葛枣猕猴桃
河北	3	0	软枣猕猴桃、狗枣猕猴桃、葛枣猕猴桃
北京	3	0	软枣猕猴桃、狗枣猕猴桃、葛枣猕猴桃
山西	2	0	软枣猕猴桃、硬齿猕猴桃
山东	3	0	软枣猕猴桃、狗枣猕猴桃、葛枣猕猴桃
天津	2	0	软枣猕猴桃、狗枣猕猴桃

注：＊代表各省份的特有种。

华南地区：这一地区包括广东、海南、广西和湖南南部，偏热带分布的美丽猕猴桃是该地区特有的猕猴桃物种；华南地区分布有 37 个猕猴桃属植物分类群（表 2-2）。广东为温暖的亚热带气候，冬季温暖，降水丰富，相对湿度高。粤东的乳源、阳山和乐昌等地猕猴桃属植物资源最为丰富，分布有 10～14 种猕猴桃。阔叶猕猴桃在广东的分布范围最广，其他分布较广的种还有毛花猕猴桃、黄毛猕猴桃以及美丽猕猴桃。海南省属于热带季风性气候，其气候条件不利于大部分猕猴桃属植物的生长，因此在海南仅分布有阔叶猕猴桃和美丽猕猴桃两种。无论从植物丰度、特有性还是猕猴桃分类群多样性来看，广西的猕猴桃资源极其丰富。主要分布区在桂东北至湖南和广西交界处，西北至西南走向的越城岭、海洋山和大瑶山以及海拔抬升至 1 500m 的九万大山，以及大明山和都阳山东麓以及漓江以北海拔 500～1 000m 的地区。此外，桂南和桂东南的丘陵和低山地区也有分布；广西分布有漓江猕猴桃、卵圆叶猕猴桃、临桂猕猴桃、长果猕猴桃、桃花猕猴桃、圆叶猕猴桃、融水猕猴桃等特有种。猕猴桃属植物在湖南南部与广西和广东毗邻地区，特别是江华、江永和宜章等县的南岭山分布丰富。分布最为丰富的类群有中华猕猴桃和毛花猕猴桃；京梨猕猴桃、金花猕猴桃、阔叶猕猴桃、两广猕猴桃以及美丽猕猴桃也较常见。

华中地区：湖北、四川东部、重庆、湖南西部、河南南部和西南部、甘肃南部、安徽和陕西南部（前文表2-1，表2-2）。猕猴桃主要分布在山区，如方斗山、武当山、神农架、秦岭及其延伸山脉、大巴山、武陵山、大娄山、米仓山、巫山以及宜昌西部的高山区、大围山、连云山、八大公山、武陵山、雪峰山、桐柏山、鸡公山以及大别山等地。中华猕猴桃和美味猕猴桃的分布占主导，同时分布有京梨猕猴桃、阔叶猕猴桃、软枣猕猴桃、红茎猕猴桃和革叶猕猴桃，城口猕猴桃和星毛猕猴桃为华中地区特有种。

华东和东南地区：江苏、浙江、江西、福建和台湾这一地区有猕猴桃属植物分类群29个，中华猕猴桃分布最为丰富，其次为毛花猕猴桃、异色猕猴桃、软枣猕猴桃和黑蕊猕猴桃。江苏野生猕猴桃资源非常贫乏，主要分布有4个猕猴桃属植物分类群：软枣猕猴桃、中华猕猴桃、对萼猕猴桃和梅叶猕猴桃。浙江近3/4的面积为山地和丘陵，尤其是其西南部山地和丘陵众多。浙江分布有15个猕猴桃属植物分类群，主要分布在天目山、浙皖毗邻的地区、仙霞岭、浙赣毗邻地区、洞宫山、雁荡山、括苍山以及浙西南与福建毗邻的地区。中华猕猴桃、毛花猕猴桃、小叶猕猴桃、黑蕊猕猴桃和异色猕猴桃较为常见，特有类群为浙江猕猴桃，分布极少。江西省三面环山，猕猴桃资源非常丰富，分布有22个分类群，主要分布在九岭山、幕阜山、赣湘交界的山区，与福建交界的武夷山、赣东向浙江延伸的怀玉山。中华猕猴桃分布最广泛，其次为硬齿猕猴桃、毛花猕猴桃、小叶猕猴桃和阔叶猕猴桃。作为沿海省份，福建的海岸带占全省总面积的10%，其他多为山地和丘陵，3/4的山区海拔为500~800m的低山或800m以上的亚高山。福建分布有18个猕猴桃分类群，中华猕猴桃主要分布在闽北，毛花猕猴桃和长叶猕猴桃为全省分布，分布较广的还有硬齿猕猴桃、小叶猕猴桃和阔叶猕猴桃等。台湾2/3的面积为山区，其余为丘陵、高原、高地、沿海平原和盆地。中央山脉纵贯南北，形成东西部河流的自然分水岭；玉山海拔3 952m，是我国东部最高峰。复杂多变的地形和山区隔离的岛屿生境为猕猴桃的生长提供了许多小生境。我国台湾岛低山区的植物是典型的亚热带植物，中海拔地区的植被却与日本和我国大陆北方的植被类似；高海拔地区的植被与喜马拉雅和我国西部的植被相似。台湾分布有8个猕猴桃分类群，其中刺毛猕猴桃为台湾特有，其他一些以前被认为是特有的类群被合并到大陆有分布的类群。

华北地区和东北地区：辽宁、吉林和黑龙江、河北、山东以及山西冬季的气候比较寒冷，因此在这些地区只分布有耐寒性强的猕猴桃分类群，包括软枣猕猴桃、狗枣猕猴桃和葛枣猕猴桃，但在山西也发现有硬齿猕猴桃分布（表2-2）。

三、猕猴桃属植物在中国以外地区的分布

俄罗斯远东地区、阿穆尔州、哈巴罗夫斯克和Primorski边区，主要分布有葛枣猕猴桃、软枣猕猴桃和狗枣猕猴桃。狗枣猕猴桃分布延伸到了北纬52°40′，是猕猴桃属植物中分布最北的物种。库页岛和千岛群岛的狗枣猕猴桃向北延伸到北纬50°30′，葛枣猕猴桃和软枣猕猴桃分布范围更窄，仅分布在该岛南部。日本分布有软枣猕猴桃、狗枣猕猴桃、葛

枣猕猴桃、山梨猕猴桃和白背叶猕猴桃。朝鲜半岛除了引进的商业栽培种美味猕猴桃（主要在南部）以外，还分布有软枣猕猴桃、狗枣猕猴桃和葛枣猕猴桃。阔叶猕猴桃在柬埔寨、老挝、马来西亚和印度尼西亚有分布记录。越南记载有中越猕猴桃、阔叶猕猴桃和糙叶猕猴桃3个种分布。硬齿猕猴桃在缅甸的东部有分布，贡山猕猴桃分布在缅甸北部；缅甸还分布有红茎猕猴桃和阔叶猕猴桃两个种。硬齿猕猴桃在印度北部、尼泊尔和不丹均有分布。尼泊尔猕猴桃分布在尼泊尔地区和锡金地区海拔2 500～3 000m 的地区。

第二节　猕猴桃种质资源分类

一、猕猴桃的植物分类地位

猕猴桃属植物为落叶或常绿木质藤本，攀缘。枝条无毛或有毛，毛被为单毛或星状毛（Li et al.，2007）。枝条髓片层状或实心、表面有线性纵向皮孔。冬芽小，隐藏于叶柄或裸露于外。叶片有长叶柄。托叶小或者退化或无。叶膜质、纸质或革质；叶脉羽状，多数侧脉间有明显的横脉，小脉网状。叶缘锯齿常细小，全缘叶少。花杂性或功能性雌雄异株，白色、粉红色、红色、黄色或绿色。花序为聚伞花序，有时为单花，生于叶腋或短枝下部无叶部分，1～4回分枝，苞片细小，1～3片。萼片2～5片或6片，分离，或基部合生，覆瓦状排列，极少有镊合状排列。花瓣一般5片，有时4片，或者多于5片，覆瓦状排列；雄蕊多数，雄花中的雄蕊数目比雌花中的不育雄蕊多，而且长；花药颜色多样，2室，纵裂，基部开叉，无花盘；子房无毛或有毛，球形、柱形，有时瓶状，多室；胚珠多数，倒生，着生于中轴上，花柱数与心皮数相同（15～30），离生，极少基部稍微连合，通常外弯呈放射状，雌花中雄蕊退化。功能性雄花子房退化，较小；花柱小。果为浆果，成熟时常秃净，有时被毛，球形、卵形、椭圆形、圆柱形，有斑点（皮孔显著）或无斑点（皮孔几不可见），顶端偶尔有喙。种子多数，细小，扁卵形，褐色，悬浸于果瓤中，种皮有网状洼点，胚乳肉质，丰富；圆柱状，胚直，位于胚乳的中央，长度约为种子一半，子叶短，胚根靠近种脐。

猕猴桃属植物种间分类检索表（Li et al.，2007）

1a. 果实无斑点

　2a. 髓实心，白色；花白色；萼片2～5片；花瓣5～12片。

　　3a. 萼片（4）5片；花瓣5片；叶腹面有稀疏糙伏毛。 ·························· 5. 葛枣猕猴桃

　　3b. 萼片2或3片；花瓣5～12片；叶腹面无稀疏糙伏毛。

　　　4a. 果卵形或倒卵形，顶端喙显著；种子长约3mm，直径约2.5mm；萼片2（～3）片；花瓣5～9片；花药长圆形到线形，长2.5～4mm。 ·························· 6. 刘萼猕猴桃

　　　4b. 果实球形，顶端喙不明显；种子长4～4.5mm，直径约3mm；萼片2～3片；花瓣7～12片；花药卵形，长1.5～2.5mm。 ·························· 7. 大籽猕猴桃

　2b. 髓片层，白色或褐色；花绿色、白色，或红色，萼片4～6片；花瓣5片。

　　5a. 子房瓶状；花白色或绿色；果实顶端有喙；髓白色或褐色；叶背面有或无白粉。

　　　6a. 叶背面无白粉，通常阔卵形或圆形，有时长圆形；膜质至纸质。 ·························· 1. 软枣猕猴桃

　　　6b. 叶背面有白粉，长圆形至卵形，有时近圆形，纸质至革质。 ·························· 2. 黑蕊猕猴桃

　　5b. 子房柱状或球形；花白色，红色；果实顶端无喙；髓褐色；叶背无白粉。

　　　7a. 花粉红或白色，5（～6）数；叶背面有略微显著的髯毛。 ·························· 3. 狗枣猕猴桃

　　　7b. 花白色，4（～5）数；叶背面常常有极其显著的髯毛。 ·························· 4. 四萼猕猴桃

1b. 果实有斑点。

  8a. 叶背面无星状毛和不完全的星状毛。

    9a. 小枝和叶柄通常被长硬毛或糙毛，有时为茸毛。

      10a. 子房被硬毛，萼片外面有微硬毛。 ·············· 22. 全毛猕猴桃

      10b. 子房和萼片被茸毛（萼片有时无毛）。

        11a. 叶边缘有大小相间的芒状锯齿。 ·············· 23. 昭通猕猴桃

        11b. 叶边缘常有锯齿或细锯齿。

          12a. 叶圆形至倒卵圆形，顶端钝且微凹或圆尖。 ········ 24. 城口猕猴桃

          12b. 叶长圆形、倒卵状披针形至倒披针形、矩状披针形、倒卵状长圆形，顶端急尖至渐尖。

            13a. 果实椭圆形或球形，直径不超出 1.5cm。

              14a. 叶长圆形、倒卵状披针形至卵形，叶背有白粉。 ···· 28. 长叶猕猴桃

              14b. 叶长卵形至阔卵形，叶背有白粉。 ········· 29. 葡萄叶猕猴桃

            13b. 果实圆柱形，直径不超出 1.0cm。

              15a. 叶被铁锈色长硬毛，叶背白粉极其显著。 ····· 25. 美丽猕猴桃

              15b. 叶被短糙伏毛或柔毛，叶背白粉稍微显著或无白粉。

                16a. 叶两面通常遍被糙毛，偶尔只有两面中脉和侧脉有糙毛，叶背无白粉。 ······ 26. 糙叶猕猴桃

                16b. 叶腹面遍被糙毛或只有主脉上被糙毛，或无毛，背面只有中脉有糙毛或柔毛，或遍被柔毛或无毛，叶背有时白粉。 ·········· 27. 蒙自猕猴桃

    9b. 小枝和叶柄常常无毛，或者被稀疏的卷曲的微柔毛。

      17a. 髓实心。

        18a. 花序几乎无梗，2～6 朵花簇生。 ·············· 8. 簇花猕猴桃

        18b. 花单生或有明显花序梗；花序梗或单花花柄 1～2cm。

          19a. 伞状花序，通常 3～5 朵花。 ·············· 9. 伞花猕猴桃

          19b. 聚伞花序，常常 1 朵花。 ·············· 10. 红茎猕猴桃

      17b. 髓片层状。

        20a. 叶背无白粉。

          21a. 花枝被茸毛；花序一般 3～9 朵或更多。 ······ 11. 山梨猕猴桃

          21b. 花序少被茸毛；花序一般 1～3 朵。

            22a. 当年生叶片边缘有不显著的小尖头或二年生边缘有浅圆齿；髓白色至褐色。 ···· 14. 柱果猕猴桃

            22b. 叶边缘无浅圆齿；髓褐色。

              23a. 枝条皮孔稀疏且不显著；叶背面横脉显著突出，花红色。 ···· 12. 榆叶猕猴桃

              23b. 枝条皮孔密且显著；叶背面横脉稍微突出，花白色。 ···· 13. 硬齿猕猴桃

        20b. 叶背有白粉。

          24a. 花枝的皮孔极其突出，叶成熟时常革质至厚革质。 ···· 15. 滑叶猕猴桃

          24b. 花枝的皮孔略微突出，叶成熟时纸质或薄革质。

            25a. 髓白色，花红色，叶基部浅心形至耳状心形。 ···· 16. 条叶猕猴桃

            25b. 髓褐色，花白色或黄色，叶基部楔形至平截或圆形。

              26a. 幼枝和叶背面有颗粒状茸毛。

                27a. 花黄色，叶边缘常有显著圆锯齿；萼片宿存，反折。 ······ 17. 金花猕猴桃

                27b. 花白色，偶尔黄色，叶边缘上部有细小的锯齿或极浅的圆锯齿；萼片脱落。 ····· 18. 中越猕猴桃

              26b. 幼枝和叶背面无颗粒状茸毛。

                28a. 花枝的叶顶端圆或钝。 ·············· 21. 清风藤猕猴桃

                28b. 花枝的叶顶端不圆或钝。

                  29a. 叶狭卵形至阔卵形，基部常圆形，叶柄长 1.5～2.5cm。 ···· 19. 粉叶猕猴桃

                  29b. 叶常矩状卵形，基部常截形，叶柄长 2.5～5cm。 ···· 20. 毛蕊猕猴桃

  8b. 叶背面至少在幼时被星状毛或不完全的星状毛。

    30a. 叶背面被不完全的星状毛。

      31a. 叶背面被不完全的星状毛或蛛丝茸毛。

        32a. 叶背面毛稀疏，平行横脉较显著。 ·············· 47. 星毛猕猴桃

        32b. 叶背面毛蛛丝样贴伏，平行横脉很显著。 ·············· 48. 显脉猕猴桃

31b. 叶片不完全的长星状毛，可见。

　　33a. 花瓣 5 片，长 1～1.1cm；髓白色或褐色。 ……………………… 46. 贡山猕猴桃

　　33b. 花瓣 5 或 6 片，长 1～1.6cm；髓褐色。

　　　34a. 花序 3～7 朵；花红色；叶卵形至披针形。 ……………… 44. 浙江猕猴桃

　　　34b. 花序 1～3 朵；花黄色；叶倒卵形至披针形。 ……………… 45. 大花猕猴桃

30b. 叶背面被完全的星状毛。

　35a. 叶背面星状毛稀疏，成熟时易脱落。

　　36a. 花序 3～4 回分枝，10 朵花或更多。 ……………………………… 32. 阔叶猕猴桃

　　36b. 花序 1～2 回分枝，1～7 朵花。

　　　37a. 果实成熟时无毛。

　　　　38a. 萼片 3～6 片，花瓣 5～6 片，长 7～9mm。 …………… 40. 湖北猕猴桃

　　　　38b. 萼片 4～6 片，花瓣 5～8 片，长 9～20mm。

　　　　　39a. 花瓣 7～8 片；萼片 5～6 片；叶成熟时薄革质。 …… 41. 花楸猕猴桃

　　　　　39b. 花瓣 5～6 片；萼片 4～5 片；叶成熟时纸质。

　　　　　　40a. 叶倒卵形至倒三角状倒卵形，顶端截平或圆形或为急尖。 …… 42. 倒卵叶猕猴桃

　　　　　　40b. 叶阔卵形至倒阔倒卵形，或倒卵形，顶端急尖或短渐尖。 …… 43. 漓江猕猴桃

　　　37b. 果实成熟时有毛。

　　　　41a. 果实成熟时毛稀疏；叶成熟时矩状卵形至阔卵形。

　　　　　42a. 叶背面边缘有白粉，网脉不突起。 ……………………… 49. 桃花猕猴桃

　　　　　42b. 叶背无白粉，网脉突起。 ……………………………… 50. 融水猕猴桃

　　　　41b. 果实成熟时密被茸毛；叶阔卵形至圆形或团扇状倒卵形。

　　　　　43a. 果实长圆形，长 2～4cm。 ………………………………… 51. 长果猕猴桃

　　　　　43b. 果实卵形至长圆形，长 1.7cm。 ……………………… 52. 临桂猕猴桃

　35b. 叶背面星状毛稠密，不易脱落。

　　44a. 叶两面被毛，腹面至少中脉和侧脉被糙毛。

　　　45a. 花序近无柄；叶背面毛有时呈棉絮状。

　　　　46a. 小枝和叶柄被绵毛或硬毛。 …………………………………… 30. 粉毛猕猴桃

　　　　46b. 小枝和叶柄被硬毛。 ……………………………………… 31. 红毛猕猴桃

　　　45b. 花序柄易见；叶背星状毛不呈棉絮状。

　　　　47a. 花序 3～4 回分枝，10 朵花或更多。 ……………………… 32. 阔叶猕猴桃

　　　　47b. 花序 1～2 回分枝，1～7 朵花。

　　　　　48a. 叶背星状毛稀疏，灰白色，小枝和叶柄被褐色短茸毛。 …… 33. 黄毛猕猴桃

　　　　　48b. 叶背星状毛稠密，小枝和叶柄被茸毛或长硬毛。

　　　　　　49a. 小枝和叶柄被茸毛。 …………………………………… 33. 黄毛猕猴桃

　　　　　　49b. 小枝和叶柄被长硬毛或刺状毛。

　　　　　　　50a. 叶腹面糙毛比较柔软，小枝和叶柄被长硬毛。 …… 33. 黄毛猕猴桃

　　　　　　　50b. 叶腹面糙毛硬，小枝和叶柄的硬毛刺状。 …… 34. 中华猕猴桃

　　44b. 叶腹面的毛在叶成熟时脱落。

　　　51a. 花序 1～3 朵花，背面星状毛长，易观察。

　　　　52a. 小枝、叶柄、花序、成熟的果实常被白色茸毛。 ……… 38. 毛花猕猴桃

　　　　52b. 小枝、叶柄、花序、成熟的果实被褐色毛。

　　　　　53a. 叶长圆形至卵形，顶部渐尖或短尾尖；果实圆柱形，直径1cm。 …… 39. 两广猕猴桃

　　　　　53b. 叶倒卵形，顶部常截形；果实柱状球形或倒卵形。 …… 34. 中华猕猴桃

　　　51b. 花序 2 回分枝或呈总状；叶背的星状毛较短，不易观察。

　　　　54a. 雄花花序为总状花序，长 14～20cm；雌花花序，1～2 回分枝，长 5cm，花柄粗壮。

　　　　　…………………………………………………………………… 35. 栓叶猕猴桃

　　　　54b. 花序为聚伞花序，2 回分枝，长达 6～7cm，花柄纤细。

　　　　　55a. 花梗长 2.5～8.5cm，花序 10 朵花或更多；叶基部钝形至圆形，宽超过 5cm，

　　　　　　　叶柄长超过 3cm。 ………………………………………… 32. 阔叶猕猴桃

　　　　　55b. 花梗长 1.5cm，花序 5～7 朵花；叶基部楔形至钝形，宽 2～4.5cm；叶柄长 1～2cm。

56a. 髓白色；叶宽 4～5cm，顶端短尖，叶背面被星状茸毛；小枝、叶柄和花序被棕色茸毛。
·· 36. 安息香猕猴桃

56b. 髓褐色；叶宽 2～3cm，顶端短尖至渐尖，背面被灰白色星状细茸毛；小枝，叶柄和花序
被黄褐色短茸毛。·· 37. 小叶猕猴桃

二、猕猴桃的分类系统

世界各国学者，自从 1836 年由 Lindley 建立猕猴桃属以来，对猕猴桃属的分类进行了深入研究。猕猴桃属植物的系统分类历史上曾经历过 5 次比较大的分类学修订（Gilg，1893；Dunn，1911；Li，1952；梁畴芬，1984；Li et al.，2007）。Gilg（1893）依据花序类型（单花或花序）将 8 个种分为两组。1911 年，Dunn 对猕猴桃属进行了首次系统的修订，依据毛被程度、果实形状和果面皮孔等性状，将 24 个鉴定的种划分为 4 组，即瓶状组（Sect. *Ampulliferae* Dunn）、净果组（Sect. *Leiocarpae* Dunn）、斑果组（Sect. *Maculatae* Dunn）、被毛组（Sect. *Vestitae* Dunn）。此后，李惠林（1952）进行了第二次修订，确定了 35 个种和 14 个变种；他在强调叶片毛被结构的同时，剔除了非特征性果实性状，将被毛组（*Vestitae*）内物种划分到两个组，即星毛组（Sect. *Stellatae* Li）和糙毛组（Sect. *Strigosae* Li）。另外，保留了斑果组（*Maculatae*），但将原瓶状组（*Ampulliferae*）物种合并入净果组（*Leiocarpae*）。第三次修订，随着野外调查范围的扩大，鉴定物种、变种数量显著增加，共鉴定了 51 个种、35 个变种和 6 个变型。此次修订，梁畴芬（1984）保留了李惠林系统的四组体系并作了进一步细化；依据枝髓结构和星毛类型将净果组分为两个系，即片髓系（Ser. *Lamellatae* Liang）和实髓系（Ser. *Solidae* Liang），将星毛组也分为两个系，即完全星毛系（Ser. *Perfectae* Liang）和不完全星毛系（Ser. *Imperfectae* Liang）。此外，黄宏文等根据 50 个形态特征的聚类分析，建议将该属分成三组：净果组包含所有光滑果皮的种，斑果组包含所有有斑点的种，被毛组包括所有具叶被毛的种，被毛组还可以分成两个系，叶被具星毛的星毛系和具单毛或粗糙叶毛的糙毛系（Huang et al.，1999）。

梁畴芬（1984）的属下分类系统存在一些明显的缺陷。随着新分类群的发现，叶被星毛的有无只是一个相对性状，而且被毛的程度是个主观性状，因此根据叶被星毛的有无将星毛组划分为完全星毛系和不完全星毛系不太恰当。此外，实心木髓也在实髓系以外的一些种中有发现，所以枝髓结构不是一个确定性的性状。另外，糙毛组（*Strigosae*）内的物种缺乏共同的形态特征，并且该组物种的地理分布较分散，因此糙毛组也不是一个好的分组。斑果组中有些种的枝茎既有片髓也有实髓的，果实的皮孔（被用来区分净果组和斑果组）在糙毛组和星毛组中也存在；在单毛和星状毛间也没有一个清晰的区分，而且它们间存在过渡型，例如斑果组的网脉猕猴桃（*A. cylindrica* var. *reticulata*）和清风藤猕猴桃（*A. sabieafolia*）。基于叶表毛的显微结构系统发育分析结果表明净果组是个单系类群，而斑果组和星毛组为多系类群（何子灿等，2000）。此外，猕猴桃属植物种间杂交非常频繁，形成了网状的进化格局（Liu et al.，2017；Tang et al.，2019）。频繁的自然杂交使得很多的物种的界限变得模糊不清，部分新种的发表忽视了猕猴桃属植物的同域分布和自然居群中存在一些种间杂交类型的客观现实，将基于个体变异的类型命名为新种或新

变种。许多主要以局域分布的猕猴桃物种被认为与中华猕猴桃或美味猕猴桃在形态有着相似性，例如城口猕猴桃（*A. chengkouensis*）、湖北猕猴桃（*A. hubeiensis*）、倒卵叶猕猴桃（*A. obovata*）、刺毛猕猴桃（*A. chinensis* var. *setosa*）、花楸猕猴桃（*A. sorbifolia*）和星毛猕猴桃（*A. stellato - pilosa*）。这些物种都被认为可能是自然杂种，例如城口猕猴桃可能是美味猕猴桃和糙毛组的某个种的杂种；星毛猕猴桃可能是美味猕猴桃和毛蕊猕猴桃（*A. trichogyna*）的杂种（梁畴芬，1984）。同样，湖北猕猴桃可能是中华猕猴桃与斑果组的某个种如硬齿猕猴桃的杂种（孙华美和黄仁煌，1994）。刺毛猕猴桃最初和最近的修订均被作为中华猕猴桃的一个变种处理（Li，1952），但是叶绿体 DNA 和线粒体 DNA 序列的研究结果暗示它与中华猕猴桃和美味猕猴桃间存在一定的分化（Chat et al.，2004）。核糖体 DNA 的 ITS（转录间隔区）序列和叶绿体基因的序列分析结果则支持将猕猴桃属分为净果组和斑果组（Li et al.，2002；Chat et al.，2004；Tang et al.，2019）。基于形态特征和分子系统发育分析结果，果皮光滑无毛的净果组始终是一个相当一致类群，但是除净果组外的其他类群都是杂合多系类群。因此，有关猕猴桃的系统分类需要开展更多的工作，尤其是结合物种的野外地理分布，或者考虑采用广义物种概念更为适用。

三、猕猴桃属植物的分类学修订

据 2005 年统计，猕猴桃属被描述的种和种下分类单元多达约 76 种和 50 个种下单元（Huang & Ferguson，2007）。最近李建强等（Li et al.，2007）在新出版的英文版《中国植物志》中对猕猴桃科作了系统的修订。猕猴桃属确认为 54 个种和 21 个变种，原 17 个种、33 个变种和 4 个变形被处理为同物异名，并又提出 2 个新的组合（Li et al.，2007）。李新伟等（2007）认为紫果猕猴桃（*A. arguta* var. *purpurea*）和心叶猕猴桃（*A. arguta* var. *cordifolia*）的果实和叶片形态变异在软枣猕猴桃的变异范围之内，将其归并到软枣猕猴桃。凸脉猕猴桃（*A. arguta* var. *nervosa*）无法和陕西猕猴桃（*A. arguta* var. *giraldii*）区分开来，所以将凸脉猕猴桃予以归并。圆果猕猴桃（*A. globosa*）被处理为黑蕊猕猴桃（*A. melanandra*）的异名，同时将垩叶猕猴桃（*A. melanadra* var. *cretacea*）、褪粉猕猴桃（*A. melanadra* var. *subconcolor*）、无髯猕猴桃（*A. melanandra* var. *glabrescens*）和河南猕猴桃（*Actinidia henanensis*）归并到黑蕊猕猴桃。薄叶猕猴桃（*Actinidia leptophylla*）被处理为狗枣猕猴桃（*A. kolomikta*）的异名。巴东猕猴桃（*A. tetramera* var. *badongensis*）和四萼猕猴桃（*A. tetramera*）的区别在于叶背面叶脉没有髯毛，而叶腹面有糙伏毛，这两个性状没有稳定的相关性，所以将巴东猕猴桃予以归并。麻叶猕猴桃（*A. valvata* var. *boehmeriaefolia*）和长柄对萼猕猴桃（*A. valvata* var. *longipedicellata*）都建立在变异不稳定的性状上，所以被处理为对萼猕猴桃（*A. valvata*）的异名。由于叶片不是稳定的分类学性状，因此将扇叶猕猴桃（*A. umbelloides* var. *flabellifolia*）归并到伞花猕猴桃（*Actinidia umbelloides*）。叶缘锯齿的性状在硬齿猕猴桃中是不稳定的，所以将驼齿猕猴桃予以归并到硬齿猕猴桃（*A. callosa*）。小花猕猴桃（*A. laevissima* var. *floscula*）和江口猕猴桃（*A. jiangkouensis*）归并到滑叶猕猴桃（*A. laevissima*）。纤小猕猴桃（*A. gracilis*）、粗叶猕猴桃（*A. glaucophylla* var. *robusta*）、耳叶猕猴桃（*A. glaucophylla* var. *asymmetrica*）和团叶猕猴桃（*A. glaucophylla* var. *rotunda*）归并到华南猕猴桃（*A. glaucophylla*）。黄花猕猴桃（*Actinidia flavofloris*）归并到中越猕猴桃（*A. indochinensis*），越南猕猴桃（*Actinidia petelotii*）归并到糙叶猕猴桃（*A. rudis*）。多齿猕猴桃（*A. henryi* var. *polyodonta*）、光茎猕猴桃（*A. henryi* var. *glabricaulis*）、肉叶猕猴桃（*A. carnosifolia*）和奶果猕猴桃（*A. carnosifolia* var. *glaucescens*）归并到蒙自猕猴桃（*A. henryi*）。厚叶猕猴桃（*A. pachyphylla*）归并到黄毛猕猴桃（*A. fulvicoma*）。秃果毛花猕猴桃（*A. eriantha* var. *calvescens*）和棕毛毛花猕猴桃（*A. eriantha* var. *brunnea*）与原变种毛花猕猴桃（*A. eriantha*）性状差异不大予以归并。桂林猕猴桃（*A. guilinensis*）和阔叶猕猴桃（*A. latifolia*）的差别仅仅在于叶背面的星状毛稀疏，到花期时基本秃净，但这个性状不足以构成种间的差别，故将桂林猕猴桃予以归并。长果猕猴桃（*A. longicarpa*）和红丝猕猴桃（*A. rubrafilmenta*）没有截然差别，予以合并。繁花猕猴桃（*A. persicina*）归并到浙江猕猴桃（*A. zhejiangensis*）。五瓣猕猴桃（*A. pentapetala*）由于缺乏果实标本因此被定为可疑种；此外，五瓣猕猴桃由于没有制定模式标本，因此这个名字不合法（李新伟，2007）。

第三节　猕猴桃种质资源的收集保存与评价利用

一、猕猴桃种质资源收集的意义与目标

种质资源是人类宝贵的财富，是人类赖以生存的物质，能为生产提供优良的品种（类型）和优良的基因，满足育种的需求。在科学时代发展进步的今天，种质资源尤为重要。收集猕猴桃种质资源不仅是为了了解猕猴桃分布和利用的情况，更是为了发现猕猴桃种质资源开发利用存在的问题，发掘具有经济价值的猕猴桃资源，为今后猕猴桃种质资源研究提供方向。

首先，调查和收集野生猕猴桃种质资源是发现和利用优良基因的基础。种质资源作为基因的载体，可能含有很多的已知或未知的有利基因，如与抗病、耐热、易剥皮、维生素C含量高等优良性状相关或控制其合成代谢途径的基因。猕猴桃种质资源遗传多样性的研究，可以为评估基因资源的开发前景提供重要的信息。猕猴桃长期处在复杂的野生状态下，随着天然种内种间杂交、芽变和自然选择等因素的影响，形成了一个变异性大、遗传多样性高的天然群体。利用分子标记对猕猴桃种质资源遗传多样性进行分析，探究猕猴桃分子遗传水平多样性和种质资源间的差异与亲缘关系，可以引导我们更深刻的认识猕猴桃，同时为猕猴桃种质资源保护和合理开发利用提供理论依据。因此，开展种质资源的调查、收集和保存是果树品种（系）选育和果树生产及资源研究利用中较为重要的内容。

其次，调查和收集野生猕猴桃种质资源不仅是防止资源材料由于自然或人为的因素而丢失，而且可以为今后优良品种（系）的选育提供不同基因型亲本。猕猴桃种类繁多，且不同地区的不同植株之间在植物学性状、抗性、品质等方面存在较大差异，具有高度的适应性和丰富的抗性基因，并且大多数未显性，大大增加了猕猴桃群体的物种多样性和遗传多样性，这为选育综合性状优良的猕猴桃新品种提供了契机。

此外，野生猕猴桃优良单株的筛选是开发和利用种质资源的关键。目前，绝大部分猕

猴桃处于野生状态下，进行了长期的自然选择，产生了许多优良变异，具有很高的抗逆性和适应性。只有品种具备优良特性，才有可能在良好的栽培条件下获得高产优质的产品。因此，在猕猴桃种质资源收集的基础上，以猕猴桃杂交遗传规律为依据，用已知的优良品种和野生品种进行杂交，培育出具有多个优良性状的新品种，才能充分发挥猕猴桃种质资源丰富的优势。

我国对猕猴桃种质资源进行了多次的调查和收集，基本摸清了我国猕猴桃种质资源的分布情况。1978 年，在中国农业科学院的组织下召开了第一次全国猕猴桃科研协作会，协调全国猕猴桃主要分布区 16 个省（自治区、直辖市）的科研、大学等科研机构开展全国范围的猕猴桃野生资源普查工作。至 1992 年，我国除新疆、青海、宁夏外，已有 27 个省（自治区、直辖市）完成了全部或部分地区县市的猕猴桃种质资源调查，基本摸清了我国猕猴桃种质资源的本底状况。1978 年从美味猕猴桃、中华猕猴桃、软枣猕猴桃野生群体中初选和复选筛选了 1 450 多个优良单株，其中单果重在 100g 以上的有 154 株；不少优良单株定名为品种，如秦美、魁蜜、庐山香、通山 5 号等。这些野生资源主要收集和保存于广西植物研究所及中国科学院武汉植物园等单位。

猕猴桃种质资源收集的目标主要有两个：

一是为了保护我国丰富的野生猕猴桃种质资源。我国猕猴桃野生种质资源丰富，但随着经济利益驱使及不合理地开发利用，森林遭到不同程度的破坏，生态平衡失调，越来越多的植物逐渐减少甚至灭绝，再加上人们缺乏对野生种质资源保护的意识，利用野生资源的方式往往是掠夺式的，甚至整株砍伐。此外，由于山区道路的修建，猕猴桃生长环境遭到了不同程度的破坏。因此，对种质资源的收集和保护工作已刻不容缓。可通过建立自然保护区进行就地保护或建立种质资源圃进行迁地保护等多种途径，加强猕猴桃野生种质资源的保护。

二是为了开发和利用猕猴桃种质资源。根据不同类型的猕猴桃生长特性，可将一些生长势旺盛、田间抗性较强但果实无法鲜食的种质资源作为砧木利用；一些具有耐热、易剥皮、高酚、维生素 C 含量高等优异性状的其他物种资源可以作为育种亲本改良现有商业栽培种类；一些具有多花、花期长、花色特异等性状资源可以作为观赏资源；一些鲜食口感不佳但营养价值高的资源可以作为加工资源。同时，部分猕猴桃种类的根可入药、消肿解毒，有清热解毒、活血祛湿功效，根中含有具抗肿瘤活性的三萜类物质，可以用来研制开发抗肿瘤药物用于临床试验。果实营养丰富，可鲜食、加工蜜饯，果实亦可入药，猕猴桃果实中含有很多的抗氧化性物质，如高含量的维生素 C 和酚类物质，从果实中提取这些物质，应用于医疗保健行业研制抗氧化类药物、高档的营养保健食品，以及用于生产护肤产品等。也可以从猕猴桃的叶片中进行抗氧化性等物质的提取研究，叶片还可以用来生产饲料。

二、猕猴桃种质资源的收集与保存策略

（一）猕猴桃种质资源的收集

猕猴桃种质资源调查与收集是一项非常重要的基础性工作。良好的调查与收集可以为后续保护、管理工作及新品种权申报等提供可靠的物质和信息基础；反之，会使得整个工

作陷入混乱无序状态，甚至需要花费更多的时间、做更多的工作去修正。同时，因其工作烦琐、过程漫长、内容零散、无法集中进行，所以对工作条件、工作人员的热情和专业水平都具有一定的挑战性。为了使收集的种质资源材料能够更好地研究与利用，在收集时必须了解其来源，产地的自然条件与栽培特点、适应性和抗逆性以及经济特征。植物资源调查与收集可以分为野外调查和室内鉴定两部分。野外调查要根据不同地区和山体的生态条件、植被特征及自然环境等状况，采用路线踏查、典型样地调查和抽样调查相结合的方法。室内鉴定则要对采集样本进行整理，采用编目结合、点面结合等方式进行鉴定。

种质资源的收集必须根据调查与收集的目的和要求，具体的条件与任务，确定收集的类别和数量，应事先经过调查研究，有计划、有步骤地进行；通过各种途径，如野外调查、专业考察及向当地群众了解访问；收集范围应根据猕猴桃的适宜生长区域来选择；收集工作必须细致周到，分门别类地做好登记核对，避免错误、重复和遗漏；猕猴桃种质资源调查要同时收集雌株和雄株。

种质资源收集最重要的工作是记录，记录可以长久保存。在采集的过程中要对收集的野生猕猴桃种质资源生境、植物学性状等进行记录，为快速记录一些性状，节省户外时间，可以利用相机等拍摄工具，同时根据图片信息，也方便下次回访。具有高清像素的智能手机也是一种较为方便的拍摄方式，可以快速传入云平台，方便永久保存。对于要携带回室内进行鉴定的材料，自封袋上要贴好标签，并注明品种编号、采样日期、采样人，以及调查地点的海拔高度、经度、纬度等。由于猕猴桃在野外多攀缘在阔叶树上，果实和枝蔓多集中分布于树冠上部，野外收集猕猴桃种质资源时需准备高枝剪。采样时间基本在5—6月和10—11月，温度偏高，叶片易萎蔫，果实易失水，需利用冰盒才能保证样品的新鲜度。收集材料尽可能在适合繁育的时期进行收集，收集的枝条应是一年生枝条。收集工作由专人负责，做好从验收、保存、繁殖定植等工作，并标注种质名称、采样地点、日期，做好列表登记。

在野外进行猕猴桃种质资源收集时，我们要巧用外力，通过与当地政府、企业和群众合作等方式进行猕猴桃种质资源的收集，一方面可以收集到当地的大量野生种质资源，另一方面当地政府也会对优异种质进行保护和开发。同时，收集人员也需要具备扎实的猕猴桃知识，了解猕猴桃生长习性，不断对收集的方法进行总结。对于收集到的资源还需要认真观察，仔细加以区分。

（二）猕猴桃种质资源的保存

猕猴桃野生种质资源分布广泛，我国非常重视这种具有开发利用价值的园艺植物种质资源的收集与保护工作，园艺植物种质资源保存的目的是防止其基因多样性的遗失。猕猴桃种质资源的保护方式主要以就地保护、迁地保护为主，此外还有超低温离体保存等，对于优良的栽培种类，生产利用也是一种保存方式。在猕猴桃保护方面，很多猕猴桃使用传统的栽培引种技术，没有充分考虑猕猴桃属植物非常容易出现杂交的情况，在广泛收集猕猴桃属植物物种种群资料的基础上，还应当完善种质资源的保存规范，防止遭受近缘类群的基因干扰。猕猴桃作为中国原产的珍贵种质资源，大多处于野生或半野生状态，由于很多地区生态条件日益恶化，很多野生猕猴桃种质资源已经处于濒危状态，因而急需收集和保存。传统的保存方法是搜集种子、枝条和建立种质资源圃。

1. 就地保存　就地保存又称原生境保存，是指以各种类型的自然保护区和风景名胜区的方式，对有价值的野生生物及其栖息地予以保护，以保持生态系统内生物的繁衍与进化，维持系统内的物质循环、能量流动等生态过程。就地保存是猕猴桃种质资源最理想的保护方式，这是因为就地保存可以维持物种在原栖息地的生存进化，又让其保有足够的种群数量，有利于维持种质的稳定性和种内的多样性。就地保护还可以最大限度地节省人力物力，有利于人与自然的和谐发展，可以更好地利用原始的环境条件来保护生物，动物和植物不需要去适应新环境，有利于保护动物和植物原有的特性。就地保存的原生境未被破坏，使种质不至于随着自然栖息地的消失而灭绝，有利于人类在原始条件下对该物种的生态、群落、进化、适应性等方面进行研究。缺点是需要建立自然保护区或保护小区，容易受到自然灾害、虫害、病害的侵袭，造成种质资源的丧失。

根据猕猴桃自然地理分布的特点，国家和地方政府在猕猴桃等资源集中分布区设立了自然保护区、保护林。如河南省伏牛山区自然保护区保护有野生猕猴桃面积近 1.3 万 hm²，包括中华猕猴桃、美味猕猴桃在内的多个种和变种。位于云南屏边、河口等县市交界处的大围山国家自然保护区气候多样，保存有许多古老特有珍稀植物，该区分布有野生猕猴桃资源约 18 个种和变种，其中近一半为云南特有种。2001 年以来，农业农村部通过十几年的农业野生植物原生境保护点的建设，相继在湖南、湖北、河南、河北、安徽、贵州、江西、陕西、云南等 9 个省建设了 20 个野生猕猴桃保护点。

2. 迁地保存　迁地保存又称易地保存。迁地保存指为了保护生物多样性，把因生存条件不复存在、物种数量极少，且生存和繁衍受到严重威胁的物种迁出原地，移入植物园、濒危植物繁殖中心，进行特殊的保护和管理，它是对就地保护的补充。迁地保存的方法是建立诸如果树种质资源圃、种质库、原始材料圃、品种园、母本园等具一定面积和规模的栽植保存果树种质资源的圃地。迁地保存的优点是可以集中保存较多数量的种质资源，并且便于科研人员对保存的种质资源进行系统的观测、鉴定和评价，可直接为育种和生产提供所需种质材料。迁地保存的资源圃一般采用良好的栽培管理措施，使种质资源免受虫害、病害的侵袭，不会造成种质资源的丧失。迁地保存的缺点是需要建立一定面积的种质资源圃，前期投资较大、成本较高，且每年需要固定资金投入资源圃的维护，同时还需要专业人员参与管理；迁地保存是将种质材料迁离它自然生长的地方进行种植，易遭受自然灾害侵袭而致种质流失；迁地保存不像原生境保存一样可以保有足够的种群数量，一般是保存单一的种或品种，保存植株数量受限，不利于维持种质的稳定性和种内的多样性。此外，在植物园迁地保护过程中存在一系列遗传风险，将严重影响稀有濒危物种的回归和恢复，迁地保护应当重视濒危植物的遗传管理，以降低或避免迁地保护中的遗传风险。

我国国家猕猴桃种质资源圃建在湖北武汉，中国科学院武汉植物园和湖北省农业科学院果树茶叶研究所的基地内。中国科学院武汉植物园资源圃建于 1980 年，园内占地面积 4hm²，同时在大悟建有 7hm² 分圃，于 2010 年与湖北省农业科学院果树茶叶研究所共同获批升级成为国家种质资源圃，2012 年完成改建，新增实验综合大楼 1 200m²、实验低温冷库 50t、智能温室 200m²、阳光温室 400m²、荫棚 400m²；2019 年再次获批扩建，分别在武汉新洲基地新建 17hm² 和湖北省农业科学院果树茶叶研究所内新建 7hm²，至 2022

年国家猕猴桃种质资源圃累计达到 33hm² 田间保存面积，收集保存猕猴桃属植物 54 种和 21 个种下分类单位（新分类系统）中 66 个种及种下分类单位的 1 471 份基因型，包括 150 余个国内外中华猕猴桃、美味猕猴桃及软枣猕猴桃、毛花猕猴桃品种（系），在资源收集数量和保存规模上是目前国内外该属植物遗传多样性涵盖量最大、种质资源最丰富的基因库。除了国家猕猴桃种质资源圃外，我国主要猕猴桃研究机构如中国农业科学院郑州果树研究所、广西壮族自治区中国科学院广西植物研究所等也有规模不等的猕猴桃资源圃，分别承担着不同分布区域猕猴桃资源的收集保存、评价鉴定和分发利用，并制定了相关保存和评价标准。

迁地保护可以分为活体保存和离体保存两种方式。活体保存是指保存植物的完整个体，如将植物通过移栽至种质资源圃加以保存；离体保存是指利用小植株、器官、组织、细胞或原生质体等材料，采用限制、延缓或停止其生长的处理措施使之保存，在需要时可重新恢复其生长，并再生植株的方法。离体保存具有所占空间少，节省人力、物力和土地的优点；有利于国与国之间的种质交流及濒危物种抢救和快繁；如需要该种质资源，可以用离体培养方法快速大量繁殖；同时也可以避免自然灾害引起种质丢失。缺点是组织培养材料继代次数过多，容易发生变异，同时需要专用设备及受过训练的专业技术人员。猕猴桃的离体保存主要利用种子、花粉和茎、叶进行保存。猕猴桃在传统种质资源的保护方式上也是利用种子贮藏方式来保存种质资源。通常短期通过枝条贮藏方式保存猕猴桃种质资源，将木质化的枝条置于低温 $-2 \sim 2 \, ℃$ 和相对湿度 $96\% \sim 98\%$ 条件下暂时保存，以供嫁接繁殖用。近年来，用液氮冻结保存枝条也取得了良好效果，将枝条先通过预冷，再逐渐降至 $-40 \, ℃$，而后置于液氮（$-90 \sim -70 \, ℃$）中冻结保存，经解冻后，嫁接成活率达 80%，并且接芽生长良好以上（白晓雪等，2020）。如果在野外采集需短时间保存，则可以利用花泥保鲜、吸水材料保鲜等方式保存 $5 \sim 7$d。

组织培养也是离体保存的方法之一，主要用茎尖或者其他组织在一定培养基和培养条件下保存，以后能够重新生长分化成新的组织，再生长成小植株，它的繁殖速度快、繁殖系数高，能在较小的场所保存大量的材料。此外，也可用茎段、叶片的愈伤组织和胚状体保存。猕猴桃几乎所有组织都可以进行组织培养，资源保存过程中通常采用茎尖培养。由于猕猴桃种质资源具有广泛的遗传多样性，在不同分布区的猕猴桃种质资源的生态环境存在一定的差异，因此，离体培养过程中不同猕猴桃种质资源对培养基和生长条件的适应性也有所不同。组织培养保存方法需要在愈伤组织老化前继代培养，常温下组织培养材料一般需要 20d 左右就需要继代培养。不同类型的猕猴桃种质资源可以通过茎尖取样时期、剥取方法及保存培养基的优化，降低离体培养的污染率，延长资源保存的继代间隔时间，防止不定芽形成，实现对多种类型的种质资源的保存。

3. 其他方式保存

（1）常温限制生长保存。常温限制生长保存是通过提高渗透压、添加生长延缓剂或抑制剂、干燥保存、减低气压、改变光照条件等，限制培养物的生长，使转移继代的间隔时间延长达到保存种质的方法。在正常的条件下，由于材料生长很快，需经常继代，工作量及所耗费用较大。常用的常温限制生长保存的方法有高渗保存和生长抑制剂保存。

高渗保存，利用培养基的高渗透压，减少离体培养物吸收养分和水分的量，减缓生理代谢过程，从而减缓生长速度，达到抑制离体培养材料生长的种质保存方法，主要的高渗物质有甘露醇、蔗糖、PEG 等。一般高渗保存配合低温效果更明显。生长抑制剂保存，在培养基中加入生长抑制剂以减缓培养材料的生长，达到长期保存种质材料的保存方法，常用的生长抑制剂有 ABA、多效唑、B$_9$ 等。

（2）低温保存。用离体培养的方式在非冻结程度的低温下（一般为 1～9℃）保存种质的方法。低温使植物生长速度受到抑制或减慢，老化程度延缓，因而延长了继代的时间间隔而达到保存种质的目的。这种方法操作简单，种质资源存活率高。

（3）超低温保存。将植物离体材料，包括茎尖（芽）、分生组织、胚胎、花粉、愈伤组织、悬浮细胞、原生质体等，经过一定方法处理后在超低温（－80℃）条件下进行保存的方法。在极端低温条件下，活细胞内的物质代谢和生长活动几乎完全停止。因此，细胞、组织和器官在超低温保存过程中不会引起遗传性状的改变，也不会丢失形态发生的潜能。同时，由于超低温条件，生物的代谢和衰老过程大大减慢，甚至完全停止，因此可以长期保存种质材料。

三、猕猴桃种质资源的评价和利用

（一）植物学性状记载

详细的记载项目和分级标准可参考国家农作物种质资源平台的《猕猴桃种质资源描述规范》和《猕猴桃种质资源数据质量控制规范》。

为方便记载，猕猴桃属生育阶段参考《植物新品种特异性、一致性和稳定性测试指南 猕猴桃属》（NY/T 2351—2013）用代码表示的方法（表 2-3）。

表 2-3 猕猴桃属生育阶段表

生育阶段代码	描述
休眠期	
00	叶片全部脱落的整个时期
萌芽期	
01	冬芽鳞片出现开裂，露出绿色
花蕾期	
02	花蕾膨大
03	萼片出现开裂
开花期	
04	50%以上花开放，即盛花期
05	75%的花瓣脱落，冬芽抽生的新梢伸长期，即落花期
果实生长期和采收期	
06	盛花后 60d 左右
07	采收期

（续）

生育阶段代码	描述
果实贮藏期	
08	果实采后经常温贮藏，品质达最佳
09	10%果实已产生酒精味表现过熟变质
初果期	
10	以嫁接苗定植后10%以上植株开始结果的年份

1. 营养器官　如表2-4和表2-5所示。

表2-4　枝条性状记录

序号	性状	观测时期和方法	性状描述		
			表达状态	标准品种	代码
1	*一年生枝：粗度 QN	00 VG	细	红宝石星	1
			中	海沃德（Hayward）	2
			粗	布鲁诺（Bruno）	3
2	*一年生枝：阳面颜色 PQ	00 VG	绿白	红宝石星	1
			灰白		2
			灰褐	王者（King）	3
			黄褐	光辉（Sparkler）	4
			浅褐	早金（Hort16A）	5
			褐色	米良1号	6
			红褐	秦美	7
			紫褐	布鲁诺（Bruno）	8
			深褐	金魁	9
3	一年生枝：表皮粗糙程度 QN	00 VG	光滑	光辉（Sparkler）	1
			中	流星（Meteor）	2
			粗糙	海沃德（Hayward）	3
4	一年生枝：皮孔形状 PQ	00 VG	长梭形	米良1号	1
			短梭形	金魁	2
			椭圆形	秦美	3
5	*一年生枝：皮孔大小 QN	00 VG	小	蒙蒂（Monty）	3
			中	海沃德（Hayward）	5
			大	早金（Hort16A）	7
6	*一年生枝：皮孔数量 QN	00 VG	少	流星（Meteor）	3
			中	海沃德（Hayward），秦美	5
			多	布鲁诺（Bruno）	7

（续）

序号	性状	观测时期和方法	性状描述		
			表达状态	标准品种	代码
7	一年生枝：皮孔颜色 PQ	00 VG	白	格瑞斯（Gracie）	1
			黄	布鲁诺（Bruno）	2
			褐	早金（Hort16A）	3
8	*一年生枝：芽座的大小 QN	00 VG	小	光辉（Sparkler）	1
			较小	海沃德（Hayward）	2
			中	王者（King）	3
			较大	开迈（Kaimai）	4
			大	魁蜜	5
9	*一年生枝：芽盖 QL	00 VG	无	早金（Hort16A）	1
			有	海沃德（Hayward）	9
10	*一年生枝：芽孔大小 QN	00 VG	小	艾伯特（Abbott）	1
			中	海沃德（Hayward）	2
			大	艾尔木（Elmwood）	3
11	*一年生枝：髓的类型 PQ	00 VG	空髓	魁绿	1
			片状髓	海沃德（Hayward）	2
			实髓	魁蜜	3
12	叶：叶痕 QN	00 VG	平	流星（Meteor）	1
			浅	早金（Hort16A）	2
			深	蒙蒂（Monty）	3
13	*植株：萌芽期 QN	01 VG	极早	早金（Hort16A）	1
			早	桃缪阿（Tomua）	3
			中	海沃德（Hayward），秦美	5
			晚		7
			极晚		9
14	*新梢：顶端花青苷显色 QN	02 VG	无或极弱	早金（Hort16A）	1
			弱	王者（King）	3
			中	桃缪阿（Tomua）	5
			强	金魁	7

注：①＊标注性状为国际植物新品种保护联盟（UPOV）用于统一品种描述所需的重要性状；除非受环境条件限制性状的表达状态无法测试，所有 UPOV 成员都应使用这些性状。

②MG：群体测量；MS：个体测量；VG：群体目测；VS：个体目测；QL：质量性状；QN：数量性状；PQ：假质量性状。

表 2-5 叶片性状记录

序号	性状	观测时期和方法	性状描述		
			表达状态	标准品种	代码
1	叶片：叶柄正面花青苷显色 QN	05 VG	无或极弱	开迈（Kaimai）	1
			弱	光辉（Sparkler）	3
			中	海沃德（Hayward），秦美	5
			强	桃缪阿（Tomua）	7
2	*幼叶：尖端形状 PQ（＋）	05 VG	尾状	魁绿	1
			急尖	开迈（Kaimai），红宝石星	2
			渐尖	海沃德（Hayward）	3
			圆钝	金阳	4
			微凹		5
			凹尖		6
			微缺	魁蜜	7
3	*幼叶：基部交叉情况 QN（＋）	05 VG	无	红宝石星	1
			广开	开迈（Kaimai）	2
			开	马图阿（Matua），魁蜜	3
			相接	早金（Hort16A）	4
			浅重叠	海沃德（Hayward）	5
			深叠	洛阳4号	6
4	植株：树势 QN	06 VG	弱	红宝石星	3
			中	海沃德（Hayward）	5
			强	秦美	7
5	叶片：基部形状 （＋）	06 VG	圆形		1
			心形		2
			楔形		3
			截形		4
5	叶片：边缘锯齿状态 PQ（＋）	06 VG	全缘		3
			波状		5
			锯齿		7
6	叶片：正面茸毛密度 QN	06 VG	无或极稀	早金（Hort16A）	1
			稀	开迈（Kaimai）	3
			中	布鲁诺（Bruno）	5
			密	流星（Meteor）	7
7	叶片：背面茸毛密度 QN	06 VG	无或极稀	红宝石星	1
			稀	魁蜜	3
			中	海沃德（Hayward）	5
			密	Ranger	7

（续）

序号	性状	观测时期和方法	性状描述		
			表达状态	标准品种	代码
8	叶片：正面波皱程度 QN	06 VG	无或极弱	开迈（Kaimai）	1
			弱	旱金（Hort16A）	3
			中	海沃德（Hayward），秦美	5
			强		7
9	*叶片：正面绿色程度 QN	06 VG	浅		3
			中	海沃德（Hayward），秦美	5
			深	布鲁诺（Bruno）	7
10	*叶片：背面颜色 PQ	06 VG	浅白		1
			浅绿		2
			中绿	布鲁诺（Bruno）	3
			黄绿	海沃德（Hayward）	4
			黄褐		5
11	*叶片：叶柄长/叶身长 QN	06 VG	很小	开迈（Kaimai）	1
			小	格瑞斯（Gracie）	3
			中	流星（Meteor）	5
			大	海沃德（Hayward）	7
12	*叶片：形状 PQ（＋）	06 VG	披针形	开迈（Kaimai）	1
			卵圆形	红宝石星，丰绿	2
			心脏形	红美，武植3号	3
			阔卵形	流星（Meteor）	4
			倒卵形	布鲁诺（Bruno）	5
			阔倒卵形	马图阿（Matua）、Topstar	6
			近扇形	通山5号	7
13	*叶片：长/宽	06 VG	小	马图阿（Matua）	3
			中	海沃德（Hayward）	5
			大	开迈（Kaimai）	7

注：①*标注性状为国际植物新品种保护联盟（UPOV）用于统一品种描述所需的重要性状；除非受环境条件限制性状的表达状态无法测试，所有UPOV成员都应使用这些性状。

②MG：群体测量；MS：个体测量；VG：群体目测；VS：个体目测；QL：质量性状；QN：数量性状；PQ：假质量性状。

2. 生殖器官 如表2-6和表2-7所示。

表2-6 花性状记录

序号	性状	观测时期和方法	性状描述		
			表达状态	标准品种	代码
1	植株：自花结实 QL（＋）	03，06 VG	无	海沃德（Hayward）	1
			有	湘吉	9
2	*植株：开花期 QN	04 VG/MG	早	旱金（Hort16A）	3
			中	艾伯特（Abbott）	5
			晚	华特	7

（续）

序号	性状	观测时期和方法	性状描述		
			表达状态	标准品种	代码
3	*植株：花性 QL（+）	04 VG	雌性 雄性 两性	海沃德（Hayward） 马图阿（Matua），太行雄鹰 珍妮（Jenny）	1 2 3
4	花：花序类型 QL（+）	04 VG	单花 二歧聚伞花序 多歧聚伞花序	金魁 金艳 磨山4号、天源红	1 2 3
5	花：花序花朵数 QN	04 MG	很少 少 中 多	海沃德（Hayward） 马图阿（Matua） 华特 江山娇	1 2 3 4
6	花：花柄长 QN	04 MG/MS	短 中 长 极长	马图阿（Matua） 早金（Hort16A） 桃缪阿（Tomua） 翠月（Jade Moon）	3 5 7 9
7	花：萼片数量 QN	04 VG	少 中 多	斯凯尔顿（Skelton） 布鲁斯（Bruce）	1 2 3
8	*花：萼片颜色 PQ	04 VG	白 绿 褐 红褐	 早金（Hort16A） 桃缪阿（Tomua） 	1 2 3 4
9	*花：花冠直径 QN（+）	04 MG/MS	小 中 大 极大	光辉（Sparkler） 马图阿（Matua） 海沃德（Hayward） 米良1号	3 5 7 9
10	*花：花瓣基部排列情况 QN（+）	04 VG	分离 相接 重叠	艾伯特（Abbott） 马图阿（Matua） 海沃德（Hayward）	1 2 3
11	花：花瓣顶部波皱程度 QN	04 VG	无或极弱 弱 强	魁蜜 布鲁诺（Bruno） 海沃德（Hayward），秦美	1 2 3
12	花：花瓣内侧近轴侧颜色 QL	04 VG	单色 双色	徐香 流星（Meteor）	1 2
13	花：花瓣内侧主色 PQ	04 VG	白 绿白 黄白	海沃德（Hayward） 布鲁斯（Bruce）	1 2 3

（续）

序号	性状	观测时期和方法	性状描述		
			表达状态	标准品种	代码
13	花：花瓣内侧主色 PQ	04 VG	黄绿		4
			黄		5
			淡粉红		6
			粉红	江山娇，满天红	7
			红	华特	8
14	花：花瓣内侧次色 PQ	04 VG	白		1
			绿		2
			橙		3
			浅粉红		4
			深粉红	流星（Meteor）	5
15	（适用于双色花品种）花： 次色分布 PQ	04 VG	边缘		1
			斑点状	流星（Meteor）	2
			基部	海沃德（Hayward）	3
16	花：花丝颜色 PQ	04 VG	白		1
			淡绿	马图阿（Matua）	2
			淡粉红		3
			深粉红	华特	4
17	花：花药颜色 PQ	04 VG	黄	海沃德（Hayward）	1
			橙黄	布鲁斯（Bruce）	2
			灰		3
			深紫		4
			黑	红宝石星，天源红	5
18	花：花柱数量 QN	04 VG	少	徐香	1
			中	早金（Hort16A）	2
			多	海沃德（Hayward），金魁	3
19	花：花柱颜色 PQ	04 VG	白	红宝石星	1
			黄白	海沃德（Hayward）	2
			浅绿		3
20	＊花：花柱姿态 PQ（＋）	04 VG	直立		1
			斜生	早金（Hort16A）	2
			水平	布鲁诺（Bruno），徐香	3
			不规则	海沃德（Hayward）	4

注：①＊标注性状为国际植物新品种保护联盟（UPOV）用于统一品种描述所需要的重要性状；除非受环境条件限制性状的表达状态无法测试，所有 UPOV 成员都应使用这些性状。

②MG：群体测量；MS：个体测量；VG：群体目测；VS：个体目测；QL：质量性状；QN：数量性状；PQ：假质量性状。

表 2-7　果实性状记录

序号	性状	观测时期和方法	性状描述		
			表达状态	标准品种	代码
1	*果实：纵径（最长部位） QN（c）（+）	07 VG/MG	短 中 长	魁蜜 海沃德（Hayward） 布鲁诺（Bruno）	3 5 7
2	*果实：横径（最大直径） QN（c）（+）	07 VG/MG	短 中 长	布鲁诺（Bruno） 海沃德（Hayward） 魁蜜	3 5 7
3	*果实：纵径/横径 QN（c）（+）	07 VG/MG	小 中 大	布鲁诺（Bruno） 海沃德（Hayward） 魁蜜	3 5 7
4	*果实：形状 PQ（c）（+）	07 VG	短圆形 扁卵形 圆柱形 圆球形 扁圆形 卵形 倒卵形 椭圆形	丰悦 秦美 红宝石星 魁蜜 早金（Hort16A） 蒙蒂（Monty）、天源红 海沃德（Hayward）	1 2 3 4 5 6 7 8
5	*果实：横截面形状 PQ（c）（+）	07 VG	圆形 椭圆 长椭圆	布鲁诺（Bruno） 海沃德（Hayward）	1 2 3
6	*果实：喙端形状 PQ（c）（+）	07 VG	深凹 浅凹 平 圆 微钝凸 钝凸 微尖凸 尖凸	 翠月（Jade Moon） 海沃德（Hayward） 桃缪阿（Tomua） 斯凯尔顿（Skelton） 早金（Hort16A） 米良1号，天源红	1 2 3 4 5 6 7 8
7	果实：花萼环 QN（c）（+）	07 VG	无或极轻 轻微 明显	布鲁诺（Bruno） 海沃德（Hayward） 早金（Hort16A），秦美	1 2 3
8	*果实：果肩形状 PQ（c）（+）	07 VG	方 圆 斜	 海沃德（Hayward） 斯凯尔顿（Skelton）	1 2 3

（续）

序号	性状	观测时期和方法	性状描述		
			表达状态	标准品种	代码
9	＊果实：果柄长度 QN（c）（＋）	07 VG/MS	极短 短 中 长 极长	 海沃德（Hayward） 	1 3 5 7 9
10	＊果实：果柄/果实纵径 QN（c）（＋）	07 VG/MS	极小 小 中 大 极大	武植3号 布鲁诺（Bruno） 阿利森（Allison） 海沃德（Hayward） 翠月（Jade Moon）	1 3 5 7 9
11	果实：萼片宿存 QL（c）	07 VG	无 有	 	1 9
12	果实：皮孔突出程度 QN（c）	07 VG	弱 中 强	早金（Hort16A） 海沃德（Hayward） 凡提尼极星（Topstar Vantini）	1 2 3
13	＊果实：表皮颜色 PQ（c）（＋）	07 VG	浅绿色 中绿色 浅红绿色 黄色 橙色 绿褐色 褐色 浅褐色 灰褐色 暗褐色 紫红色	丰绿 红阳 葛枣猕猴桃 大籽猕猴桃 海沃德（Hayward），丰悦 哑特 早金（Hort16A） 桃缪阿（Tomua） 红宝石星	1 2 3 4 5 6 7 8 9 10 11
14	＊果实：果皮茸毛 QL（c）	07 VG	无 有	红宝石星 海沃德（Hayward）	1 9
15	＊果实：果皮茸毛密度 QN（c）	07 VG	极稀 稀 中 多	凡提尼极星（Topstar Vantini） 早金（Hort16A） 海沃德（Hayward） 布鲁诺（Bruno）	1 3 5 7
16	果实：果皮茸毛类型 QL（c）（＋）	07 VG	短茸毛 短茸毛 茸毛 硬毛 糙毛	早金（Hort16A） 素香 华特 海沃德（Hayward） 秦美	1 2 3 4 5

（续）

序号	性状	观测时期和方法	性状描述		
			表达状态	标准品种	代码
17	果实：果皮茸毛分布 QL（c）	07 VG	均匀	海沃德（Hayward）	1
			不均匀	凡提尼极星（Topstar Vantini）	2
18	*果实：果皮茸毛脱落难易 QN（c）	07 VG	极易	桃缪阿（Tomua）	1
			易	早金（Hort16A）	3
			中	艾伯特（Abbott）	5
			难	海沃德（Hayward）	7
19	果实：果皮茸毛颜色 PQ（c）	07 VG	灰白	华特	1
			黄	金农	2
			黄褐色	早金（Hort16A）	3
			红褐色	金魁	4
			灰褐色	海沃德（Hayward）	5
			暗褐色	布鲁诺（Bruno）	6
20	果实：脱落难易程度 QN（（c）	07 VS	易	早金（Hort16A）	3
			中	秦美	5
			难	海沃德（Hayward）	7
21	*果实：外层果肉颜色 PQ（d）（＋）	08 VG	浅绿	华美2号	1
			中绿	海沃德（Hayward）	2
			深绿	米良1号	3
			浅黄	红阳	4
			中黄	早金（Hort16A）	5
			深黄	金艳	6
			黄橙色	大籽猕猴桃	7
			橙色		8
			红色	天源红	9
			红紫色	红宝石星	10
22	*果实：内层果肉颜色 PQ（d）（＋）	08 VG	浅绿		1
			中绿	海沃德（Hayward）	2
			深绿	秦美，米良1号	3
			浅黄	红阳	4
			中黄	早金（Hort16A）	5
			深黄	金艳	6
			黄橙色		7
			橙色		8
			红色	天源红	9
			红紫色	红宝石星	10

（续）

序号	性状	观测时期和方法	性状描述		
			表达状态	标准品种	代码
23	果实：后熟后果皮剥离的难易程度 QN（d）	08 MS	易	蜜宝	3
			中	秦美	5
			难	金农、红阳	7
24	＊果实：相对果心大小 QN（d）（＋）	08 VG	小	早金（Hort16A）	3
			中	布鲁诺（Bruno）	5
			大	海沃德（Hayward）	7
25	＊果实：果心横截面形状 PQ（d）（＋）	08 VG	圆形	金桃	1
			椭圆形	早金（Hort16A）	2
			不规则形		3
26	＊果实：果心颜色 PQ（d）（＋）	08 VG	白色		1
			绿白色	海沃德（Hayward）	2
			黄白色	早金（Hort16A）	3
			橙色	大籽猕猴桃	4
			红色	天源红	5
			红紫色	红宝石星	6
27	果实：可溶性固形物 QN（d）（＋）	08 MG	极低	翠月（Jade Moon）	1
			低	海沃德（Hayward）	3
			中	桃缪阿（Tomua）	5
			高	早金（Hort16A）	7
			极高		9

注：①＊标注性状为国际植物新品种保护联盟（UPOV）用于统一品种描述所需要的重要性状；除非受环境条件限制性状的表达状态无法测试，所有 UPOV 成员都应使用这些性状。

②MG：群体测量；MS：个体测量；VG：群体目测；VS：个体目测；QL：质量性状；QN：数量性状；PQ：假质量性状。

（二）生物学性状记录

生物学性状记录主要指物候期记录，如表 2-8 所示。

表 2-8　生物学性状记录表

物候期	判定标准
萌芽期	观测记录植株 5％的冬芽鳞片出现开裂或露绿的时期，以"年月日"表示
展叶期	观测记录植株 5％的芽第一片叶展开的日期，以"年月日"表示
萌芽率	植株萌动前，随机标志 10 个枝条，萌芽期后，观测记录发芽数占总芽数的比例，以百分数表示，精确到 0.1％
初花期	观测记录植株上有 5％的花芽开放的日期，以"年月日"表示
盛花期	观测记录植株上有 50％的花芽开放的日期，以"年月日"表示
谢花期	观测记录植株上有 75％的花芽开放的日期，以"年月日"表示

（续）

物候期	判定标准
成熟期	观测记录植株上有 75％以上的果实达到可采收成熟度的日期，以"年月日"表示
落叶期	观测记录植株上有 75％叶片脱落的日期，以"年月日"表示
休眠期开始期	观测记录植株上全部叶片脱落的日期，以"年月日"表示
其他性状	
成枝力	在休眠期，随机标记 10 个枝条，待枝条萌芽后统计 30cm 以上枝条占总芽数的比例，用百分数表示，精确到 0.1％
果实发育期	计算植株从谢花期至果实成熟期的天数，单位以 d（天）表示
果枝率	在果实成熟期，随机选择植株外围生长正常的 10 个枝条，统计结果枝所占比例，以百分数表示
丰产性	随机选择 3 株生长发育正常的植株，调查总产量，折算成单位面积产量。按照如下标注确定种质的丰产性。弱（低于 75 000kg/hm²）、中（75 000～22 500kg/hm²）、强（大于 22 500kg/hm²）

（三）抗逆性相关性状评价

非生物胁迫抗逆性评价可以根据猕猴桃不同的非生物胁迫和生物胁迫的种类、试材和要求，采取田间自然评价法、恢复生长法、组织细胞结构观察法、电导率法和隶属函数综合评价法等鉴定方式。

1. 田间自然评价法 在逆境发生时期，对受害植物的某一变化进行比较和评价，如脯氨酸、可溶性蛋白、POD 酶活、SOD 酶活及 CAT 酶活等指标。

2. 恢复生长法 恢复生长法是将遭受逆境胁迫后的植株移栽至正常环境中，培养一段时间后观察其萌芽和存活率，通过其恢复正常生长的能力对抗逆性做出评价。

3. 组织细胞结构观察法 通常通过观察与测定植物叶片中的栅栏组织、海绵组织以及角质层等来判断某一植物的抗逆性强弱。

4. 电导率法 通过低温胁迫下测得的植物相对电导率，能够拟合 Logistic 方程，从而可以计算出植物的低温半致死温度。

5. 隶属函数综合评价法 结合多个生理指标对植株的抗寒性进行整体评价。如对高温的反应（记载在炎热季节自然条件下的表现），对干旱的反应（在自然条件下至少 4 周的时间内白天的表现），对水分的反应（在水分胁迫 6h 以上，恢复正常管理后调查种质的恢复情况），对冻害的表现（生存环境低于冰点温度时）。

对生物的胁迫则需要说明病害和虫害侵染的来源（自然、田间接种、离体接种）。根据病情指数（［病级接种点数×代表级数值］/［试验总接种数×接种发病最高代表级数值］），分 5 级打分：1 高抗（HR）、2 抗病（R）、3 耐病（T）、4 感病（S）、5 高感（HS）。具体评价标准如下：

高抗（HR）：病情指数<10

抗病（R）：10≤病情指数<30

耐病（T）：30≤病情指数<50

感病（S）：50≤病情指数<80

高感（HS）：80≤病情指数

（四）细胞学特性观察

猕猴桃属植物的倍性变异十分丰富，在自然界中主要以二倍体（$2n=2x=58$）、四倍体、六倍体的形式出现，已确定猕猴桃属的染色体基数为 29，且染色体较小，少有单倍体形式出现，丰富的倍性水平为猕猴桃的遗传改良提供了优质资源，为新品种、新种质的选育和开发奠定基础。猕猴桃属植物种间和种内存在广泛的倍性变异，一般采用染色体计数和流式细胞仪测定猕猴桃倍性。显微观察染色体数目、倍性水平（$2x$、$4x$、$6x$、$8x$）、形态和结构等其他细胞学特征。对于猕猴桃属植物而言，在进化过程中由于发生了多次古多倍化，具有明显多倍体特征，倍性变异复杂，在种内和种间从二倍体到八倍体呈网状式分布（图 2-1）（黄宏文，2013）。

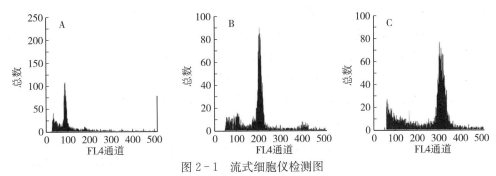

图 2-1　流式细胞仪检测图

注：从左往右依次是 $2x$（红阳）、$4x$（金艳）、$6x$（金魁）。

（五）分子标记

分子标记技术以个体间核苷酸序列变异为基础，是生物个体遗传变异的直接反映，可以检测出生物个体之间在核苷酸序列水平上的差异，与传统的形态学标记、细胞学标记相比，它存在诸多优点：不受气候、环境等因素影响，在植物的各个组织、器官以及各发育阶段都能进行检测，多态性高。目前，该技术被广泛应用于遗传多样性分析、种质资源鉴定、遗传图谱构建、系统进化研究及分子标记辅助育种等方面。对猕猴桃种质资源进行准确鉴定及评价是对其合理利用的前提。在对猕猴桃种质的特殊区分或有用的性状进行指纹图谱和分子标记，需要说明所用的方法，并注明所用引物、特征带的分子大小或序列，以及所用标记的性状和连锁距离。常用的一些方法有：限制性酶切片段多态性标记（RFLP）、扩增片段长度多态性标记（AFLP）、序列相关扩增多态性标记（SRAP）、目标起始密码子多态性标记（SCoT）、简单重复序列单标记（SSR）、单核苷酸序列多态性标记（SNP）等。

RFLP 标记（Restriction Fragment Length Polymorphism）是分子生物学的重要分析方法之一，用于检测 DNA 序列多态性。PCR-RFLP 是将 PCR 技术、RFLP 分析与电泳方法联合应用，先将待测的靶 DNA 片段进行复制扩增，然后应用 DNA 限制性内切酶对扩增产物进行酶切，最后经电泳分析靶 DNA 片段是否被切割而分型。

AFLP 标记（Amplified Fragment Length Polymorphism）是对基因组 DNA 进行双酶切，形成分子量大小不同的随机限制片段，再进行 PCR 扩增，根据扩增片段长度多态性进行比较分析，可用于构建遗传图谱、标定基因和杂种鉴定以辅助育种。

SRAP 标记（Sequence-Related Amplified Polymorphism）是一种基于 PCR 的新型

显性标记，该标记通过对基因的 ORFs（Open Reading Frames，开放阅读框）的特定区域进行扩增，比较不同植物遗传资源的基因型及群体的多样性。

SCoT 标记（Start Codon Targeted Polymorphism）是一种基于翻译起始位点的目的基因标记新技术。该标记具有操作简便、多态性比率高、遗传信息位点丰富等特点，并能对特异性状进行追踪分析。

SSR（Simple Sequence Repeat）分子标记以个体间核苷酸序列变异为基础，可直接反映出生物个体遗传变异，可以检测出生物个体之间在核苷酸序列水平上的差异，极大降低了环境因素的干扰，目前已在遗传多样性分析、指纹图谱构建及分子标记辅助育种等各个方面有广泛的应用。

SNP 标记（Single Nucleotide Polymorphism）指基因组水平上由单个核苷酸的变异所引起的 DNA 序列多态性。单核苷酸多态性（SNP）根据其在基因中的位置，可以分为基因编码区、基因非编码区、基因间隔区（基因之间的区域），其中编码区的单核苷酸多态性（SNP）有同义和非同义两种类型。同义单核苷酸多态性并不影响蛋白质序列，而非同义单核苷酸多态性则会改变蛋白质的氨基酸序列。

目前在猕猴桃上已经开发了许多分子标记用于性别鉴定、种质鉴定及遗传多样性分析，并基于分子标记结果构建指纹图谱数据库（表 2-9）。

表 2-9　猕猴桃上常用分子标记引物

标记类型	引物名称		引物序列 5′—3′	备注
SSR	Primer 000181	F	CTTGGGTGCCATTGTTCAGC	毛花猕猴桃雄性特异（刘嘉艺等，2022）
		R	CTTGGGTGCCATTGTTCAGC	
SSR	A001	F	TCAATGCATTTAGACATTCCTTTGTCCA	
		R	TGGGTAAACATAACCACATGCCAAC	
SSR	A002	F	TACTGACGGTCACTCCCTAATCCC	
		R	CATGGATGGAACTGGTGGAGGAAG	
SSR	A003	F	GCAAGCGGGGGTAAATTTGTACAG	
		R	GGATAGGAGGAGCTTTACGGACCT	
SSR	UDK96-009	F	CACTCACATGCCTTTACACACA	通用性别鉴定（吕正鑫等，2021）
		R	AAGAGGCCACCAAAAACCTT	
SSR	UDK96-013	F	ACGTGACTTGGTTTTTGAAGG	
		R	CACTCCGATCAGCTCTCCTC	
SSR	UDK96-019	F	ATACACTTGAAGCGCCGC	
		R	AAGCAGCCATGTCGATACG	
SSR	UDK97-404	F	CGGCATTTTCTTTTTAATGACC	
		R	TTGCCTTGCTCTTGTTCATG	
SSR	UDK97-408	F	GTGCTCCTCCGTCCATGTAT	
		R	CGTCCTCTCTTCGCCATTTA	

（续）

标记类型	引物名称		引物序列 5′—3′	备注
SCAR	SmY1	F	TCGCAATTCGTTAGGGATGATGCG	雌株特异性 （张坤等，2021）
		R	CATAATCAACCATCCATAAAAACCAT	
SSR	Geo101	F	AGCATCGACAGTTCAGTTGG	准确区分鉴定猕猴桃磨山系列雄性品种 （黄宏文等，2020； 钟彩虹等，2020）
		R	GCAGTTGAATCTTGCCATCA	
SSR	Geo168	F	AAAATCTTACAAAAATATGCCGA	
		R	TGATTTTCACGGGACTCTGC	
SRAP	Me7 – em11	F	TGAGTCCAAACCGGACG	
		R	GACTGCGTACGAATTCTA	
SRAP	Me9 – em2	F	TGAGTCCAAACCGGAGG	鉴定红阳变异材料 （张坤等，2021）
		R	GACTGCGTACGAATTTGC	
SRAP	Me13 – em7	F	TGAGTCCAAACCGGAAG	
		R	GACTGCGTACGAATTCAA	
SCoT	SP49 – SC68	F	CCATGGCTACCACCGGCG	
		R	ACCATGGCTACCAGCGTC	

参 考 文 献

白丹凤，李志，齐秀娟，等，2019.4 种基因型猕猴桃对淹水胁迫的生理响应及耐涝性评价 [J]. 果树学报，36（2）：163 - 173.

白晓雪，秦红艳，韩先焱，等，2020. 软枣猕猴桃休眠芽超低温保存技术研究 [J]. 果树学报，37（08）：1247 - 1255.

陈锦永，方金豹，齐秀娟，等，2015. 猕猴桃砧木研究进展 [J]. 果树学报，32（5）：959 - 968.

陈庆红，1997. 猕猴桃优良新品种"金阳1号" [J]. 果树实用技术与信息（8）：2.

陈庆红，1999. "金魁"猕猴桃 [J]. 农村百事通（18）：20.

陈庆红，2013. 早熟猕猴桃新品种-金怡 [J]. 山西果树（5）：55.

崔丽红，高小宁，张迪，等，2019. 湘西地区猕猴桃细菌性溃疡病抗性资源筛选及其抗性机理研究 [J]. 植物保护，45（3）：158 - 164.

崔致学，1993. 中国猕猴桃 [M]. 济南：山东科学技术出版社.

段眉会，2018.2 种猕猴桃优良砧木株系 [J]. 山西果树（1）：22.

方金豹，钟彩虹，2019. 新中国果树科学研究 70 年-猕猴桃 [J]. 果树学报，36（10）：1352 - 1359.

古咸彬，薛莲，陆玲鸿，等，2019. '浙猕砧1号'对长期湖水处理的响应特征 [J]. 果树学报，36（3）：327 - 337.

郭旭华，朱继红，赵英杰，等，2011. 猕猴桃中晚熟新品种晚红的选育 [J]. 中国果树（3）：8 - 11.

韩飞，李大卫，张琼，等，2018. 早花猕猴桃雄性新品种'磨山雄2号'的选育 [J]. 果树学报，35（4）：512 - 515.

韩飞，刘小莉，李大卫，等，2017. 中华獼猴桃雄性新品种'磨山雄5号'的选育 [J]. 果树学报，34 (3)：386-389.

韩飞，钟彩虹，2019. 优质鲜食黄肉獼猴桃新品种——金圆 [J]. 中国果业信息 (6)：75.

何子灿，钟扬，刘洪涛，等，2000. 中国獼猴桃属植物叶表皮毛微形态特征及数量分类分析 [J]. 植物分类学报，38 (2)：121-136.

扈延伍，2021. 软枣獼猴桃优良品种丹阳 (LD133) 的选育及丰产栽培技术 [J]. 种子科技，39 (4)：47-48.

黄宏文，1989. 中华獼猴桃优良品系"金阳1号""金农1号"选育研究报告 [J]. 果树科学 (1)：52.

黄宏文，2013. 中国獼猴桃种质资源 [M]. 北京：中国林业出版社.

黄宏文，2020-10-16. 用于獼猴桃磨山系列雄性品种鉴定的分子标记 Geo101 引物及应用 [P]：CN107338318B.

黄宏文，王圣梅，姜正旺，等，2005. 黄肉獼猴桃新品种——金桃 [J]. 果农之友 (8)：16.

黄宏文，钟彩虹，姜正旺，等，2013. 獼猴桃属：分类、资源、驯化、栽培 [M]. 北京：科学出版社.

贾兵，王谋才，孙俊，等，2011. 晚熟中华獼猴桃新品种——皖金的选育 [J]. 果树学报，28 (2)：369-370.

贾谭科，党宽录，2011. 獼猴桃新品种晚红的选育 [J]. 山西果树 (4)：11-13.

李国田，王海荣，安淼，等，2018. 獼猴桃栽培新品种新技术 [M]. 济南：山东科学技术出版社.

李洁维，王新桂，莫凌，等，2003. 美味獼猴桃新品系实美的选育 [J]. 中国果树 (1)：25-27.

李洁维，王新桂，莫凌，等，2004. 美味獼猴桃优良株系"实美"的砧木选择研究 [J]. 广西植物，24 (1)：43-48.

李明章，2014. 黄肉獼猴桃新品种——金什1号 [J]. 山西果树 (5)：59.

李明章，董官勇，郑晓琴，等，2014. 红肉獼猴桃新品种'红什2号' [J]. 园艺学报，41 (10)：2153-2154.

李瑞高，梁木源，1995. 獼猴桃优良株系筛选鉴定研究 [J]. 广西植物，15 (1)：73-82.

李新伟，2007. 獼猴桃属植物分类学研究 [D]. 北京：中国科学院研究生院.

李兴华，2002. 獼猴桃早熟新品种——丰悦 [J]. 湖南农业 (12)：8-9.

梁畴芬，1984. 中国植物志 [M]. 北京：科学出版社.

廖光联，朱壹，涂贵庆，等，2018. 中华獼猴桃三种花期优异雄株的选育 [J]. 中国南方果树，47 (2)：110-113.

刘德江，2020. 乌克兰獼猴桃品种选育、繁殖与栽培 [M]. 北京：中国纺织出版社.

刘嘉艺，岳俊阳，刘永胜，2022. 基于毛花獼猴桃基因组的性别相关 SSR 分子标记的开发 [J]. 合肥工业大学学报（自然科学版），45 (8)：1135-1138，1146.

刘健，王彦昌，吴世权，等，2016. 红肉型獼猴桃新品种红昇的选育及栽培技术 [J]. 落叶果树，48 (4)：26-29.

吕俊辉，吕娟莉，陈春晓，2009. 优质早熟獼猴桃新品种翠香 [J]. 西北园艺 (8)：31.

吕正鑫，刘青，廖光联，等，2021. 性别分子标记在毛花獼猴桃中的通用性验证 [J]. 江西农业大学学报，43 (2)：261-269.

莫权辉，叶开玉，龚弘娟，等，2021. 红心中华獼猴桃新品种'桂红'的选育 [J]. 中国果树 (2)：76-78.

穆璐雪，刘永立，2020. 猕猴桃耐盐碱性与耐涝性研究 [J]. 安徽农业科学，48（1）：52-54.

裴昌俊，刘世彪，向远平，等，2011. 中华无籽猕猴桃"湘吉红"新品种选育与栽培技术 [J]. 吉首大学学报（自然科学版），32（6）：87-88.

裴艳刚，马利，岁立云，等，2021. 不同猕猴桃品种对溃疡病菌的抗性评价及其利用 [J]. 果树学报，7：1153-1162.

彭小列，高建有，向小奇，等，2019. 湘西6种猕猴桃属植物的溃疡病抗性检测与评价 [J]. 江西农业（16）：100-102.

齐秀娟，方金豹，韩礼星，等，2010. 全红型软枣猕猴桃品种——'天源红'的选育 [A]. 中国园艺学会猕猴桃分会（Actinidia Section, Chinese Society for Horticultural Science）. 中国园艺学会猕猴桃分会第四届研讨会论文摘要集 [C]. 中国园艺学会猕猴桃分会（Actinidia Section, Chinese Society for Horticultural Science）：中国园艺学会，1.

齐秀娟，韩礼星，李明，等，2011. 全红型软枣猕猴桃新品种'红宝石星' [J]. 果农之友（6）：13.

齐秀娟，徐善坤，林苗苗，等，2014. '天源红'猕猴桃受精及胚胎发育显微观察 [J]. 果树学报，31（6）：1100-1104，1202-1203.

秦红艳，范书田，艾军，等，2015. 软枣猕猴桃雄性新品种'绿王' [J]. 园艺学报，42（S2）：2839-2840.

秦红艳，范书田，艾军，等，2017. 软枣猕猴桃新品种'馨绿' [J]. 园艺学报，44（10）：2029-2030.

秦红艳，杨义明，艾军，等，2015. 软枣猕猴桃新品种——'佳绿'的选育 [J]. 果树学报，32（4）：733-735，520.

沈德绪，2000. 果树育种学第二版 [M]. 北京：中国农业出版社.

石泽亮，李加兴，龙金枚，等，2010. 一种高抗性猕猴桃砧木的培育及其嫁接技术 [P]：CN101790940A.

石泽亮，裴昌俊，刘泓，1992. 美味猕猴桃新品系——'米良1号' [J]. 果树科学（4）：243-245.

宋雅林，林苗苗，钟云鹏，等，2020. 猕猴桃品种（系）溃疡病抗性鉴定及不同评价指标的相关性分析 [J]. 果树学报，37（6）：900-908.

孙华美，黄仁煌，1994. 猕猴桃属一新种——湖北猕猴桃 [J]. 武汉植物研究（4）：321-323.

孙雷明，方金豹，2020. 我国猕猴桃种质资源的保存与研究利用 [J]. 植物遗传资源学报，21（6）：1483-1493.

孙晓荣，2014. 软枣猕猴桃生产栽培技术 [M]. 辽宁：辽宁科技出版社.

王明忠，李兴德，余中树，等，2005. 彩色猕猴桃新品种红美的选育 [J]. 中国果树（4）：7-9.

王仁才，熊兴耀，李顺望，等，2002. 猕猴桃优质新品种沁香的选育 [J]. 湖南农业大学学报（自然科学版），28（2）：112-115.

王圣梅，姜正旺，钟彩虹，等，2009. 观赏猕猴桃新品种超红 [J]. 园艺学报，36（5）：773.

卫行楷，1993. 美味猕猴桃优良品种"徐香" [J]. 中国果树（2）：22-23.

魏荣光，2003. "翠玉"猕猴桃 [J]. 湖南农业（2）：14.

杨义明，范书田，秦红艳，等，2015. 软枣猕猴桃新品种'苹绿' [J]. 园艺学报，42（S2）：2837-2838.

姚春潮，李建军，郁俊谊，等，2017. 黄肉猕猴桃新品种'农大金猕' [J]. 园艺学报，44（9）：1825-1826.

殷展波，2012. "桓优1号"软枣猕猴桃丰产栽培技术 [J]. 河北果树（5）：28-29.

殷展波，崔丽宏，刘玉成，等，2008."桓优1号"软枣猕猴桃品种特性观察［J］. 河北果树（2）：8，19.

郁俊谊，刘占德，2016. 猕猴桃高效栽培［M］. 北京：机械工业出版社.

郁俊谊，刘占德，姚春潮，等，2015. 猕猴桃新品种脐红［J］. 园艺学报，42（7）：1409-1410.

郁俊谊，刘占德，姚春潮，等，2016. 猕猴桃新品种脐红［J］. 果农之友（1）：5-6.

郁俊谊，刘占德，姚春潮，等，2017. 猕猴桃新品种农大猕香的选育［J］. 中国果树（6）：74-75，后插1.

郁俊谊，刘占德，姚春潮，等，2018. 猕猴桃新品种农大郁香［J］. 园艺学报，45（2）：399-400.

张迪，2019. 猕猴桃不同品种对溃疡病的抗性评价及其抗性机理研究［D］. 杨凌：西北农林科技大学.

张洪池，张淼，黄仁煌，2014. 猕猴桃果实红心新品系海霞［J］. 中国果树（1）：16

张慧琴，谢鸣，2019. 黄肉猕猴桃新品种——金喜［J］. 中国果业信息（1）：65.

张坤，江欣瑶，王琰，等，2021. 猕猴桃雌雄株分子标记的收集、评价与应用［J］. 四川农业大学学报，39（4）：541-548.

张坤，周源洁，李尧，等，2021. 基于SRAP和SCoT标记的猕猴桃种质遗传多样性分析及变异材料鉴定［J］. 果树学报，38（12）：2059-2071.

张敏，王贺新，娄鑫，等，2017. 世界软枣猕猴桃品种资源特点及育种趋势［J］. 生态学杂志，36（11）：3289-3297.

张清明，2007. 中熟猕猴桃优良品种——华优［J］. 山西果树（6）：54.

张晓玲，2015. 猕猴桃优质高效栽培新技术［M］. 合肥：安徽科学技术出版社.

张忠慧，黄宏文，姜正旺，等，2007. 中华猕猴桃雄性新品种磨山4号的选育［J］. 中国果树（6）：3-5，9，75.

张忠慧，黄宏文，王圣梅，等，2007. 中华猕猴桃特早熟新品种金早的选育［J］. 中国果树（2）：5-7.

张忠慧，黄仁煌，王圣梅，等，2006. 中华猕猴桃优良新品种金霞的选育研究［J］. 中国果树（5）：11-12.

赵淑兰，1996. 软枣猕猴桃新品种——"丰绿"［J］. 特产研究（3）：51.

赵淑兰，2000. 软枣猕猴桃新品种——魁绿［J］. 柑桔与亚热带果树信息（1）：26.

钟彩虹，2020-10-16. 用于猕猴桃磨山系列雄性品种鉴定的分子标记Geo168引物及应用［P］：CN107326091B.

钟彩虹，卜范文，王中炎，2005. 猕猴桃砧木"凯迈"的生物学特性及繁殖技术研究［C］//湖南省园艺学会. 园艺学文集——湖南省园艺学会第八次会员大会暨学术年会论文集. 湖南省园艺研究所，43-45.

钟彩虹，龚俊杰，姜正旺，等，2009.2个猕猴桃观赏新品种选育和生物学特性［J］. 中国果树（3）：5-7，77.

钟彩虹，韩飞，李大卫，等，2016. 红心猕猴桃新品种东红的选育［J］. 果树学报，33（12）：1596-1599.

钟彩虹，王中炎，卜范文，2005. 猕猴桃红心新品种楚红的选育［J］. 中国果树（2）：6-8.

钟敏，黄春辉，朱博，等，2017. 毛花猕猴桃观赏授粉兼用型优株MG-15［J］. 中国果树（2）：71，83，101.

朱鸿云，2009. 猕猴桃［M］. 北京：中国林业出版社.

Chat J，Jáuregui B，Petit R J，Nadot S，2004. Reticulate evolution in kiwifruit (*Actinidia, Actinidiaceae*) identified by comparing their maternal and paternal phylogenies［J］. Amer J Bot，91：736-747.

Dunn S T，1911. A revision of the genus *Actinidia*，Lindl［J］. J Linn Soc London Bot，39：390 - 410.

Ferguson A R，Bollard E G，1990. Domestication of the kiwifruit［M］//Warrington, I J.，Weston, GC.：Kiwifruit：science and management. Auckland：Ray Richards Publisher.

Gilg E，1893. Dilleniaceae［M］//Engler A.，Prantl K，Die natürlichen Pflanzenfamilien. 2nd ed. Leipzig：Verlag Wilhelm Engelmann.：100 - 128.

Huang H W，Ferguson A R，2007. Genetic resources of kiwifruit：domestication and breeding［J］. Horticultural Reviews，33：1 - 121.

Huang H，Li J，Lang P，et al.，1999. Systematic relationships in *Actinidia* as revealed by cluster analysis of digitized morphological descriptors［J］. Acta Hort，498：71 - 78.

Li H L，1952. A taxonomic review of the genus *Actinidia*［J］. J Arnold Arb，33：1 - 61.

Li J Q，Huang H W，Sang T，2002. Molecular phylogeny and infrageneric classification of *Actinidia* (*Actinidiaceae*)［J］. Syst Bot，27：408 - 415.

Li J Q，Li X W，Soejarto D D，2007. Actinidiaceae［M］//Wu ZY，Raven P H，Hong DY.，Flora of China. Vol. 12. Beijing：Science Press.

Liu Y F，et al.，2017. Rapid radiations of both kiwifruit hybrid lineages and their parents shed light on a two - layer mode of species diversification［J］. New Phytol，215：877 - 890.

Tang P，Xu Q，Shen R N，et al.，2019. Phylogenetic relationship in *Actinidia* (Actinidiaceae) based on four noncoding chloroplast DNA sequences［J］. Plant Syst Evol，305：787 - 796.

Wang Faming，Li Jiewei，Ye Kaiyu，et al.，2019. An in vitro Actinidia Bioassay to Evaluate the Resistance to Pseudomonassyringae pv. *Actinidiae*［J］. Plant Pathol. J，35 (4)：372 - 380.

执笔人：姚小洪、廖光联、汤佳乐

第三章 猕猴桃育种与遗传改良

第一节 猕猴桃育种的历史和现状

一、猕猴桃育种的历史

(一)国外驯化育种历史

1904—1924年：1904年新西兰女教师伊莎贝尔（Isabel Fraser）从我国湖北宜昌带到新西兰的美味猕猴桃种子，于1905年在新西兰育苗成功，随后这些猕猴桃种苗在新西兰进行了引种驯化；1920年，新西兰苗圃商人布鲁诺·贾斯（Bruno Just）偶然发现从湖北宜昌引种的野生猕猴桃种子产生的一个实生苗单株其果实性状优良，遂进行进一步的选育，这就是后来的布鲁诺品种。

1922—1926年：1924年新西兰人海沃德·莱特（Hayward Wright）从实生苗中选择大果型优良雌株培育成以后的Hayward品种，同时这一时期新西兰猕猴桃嫁接苗实现规范生产及商业化。

1930—1940年：1930年，选育的Hayward品种正式命名并在新西兰推广，同年布鲁诺品种也在新西兰进行推广栽培；1937年，吉姆·麦克洛林（Jim Macloughlin）首次建成了面积为4 046.856m² 的商业化猕猴桃园，这是在新西兰建立的第一个商品化意义的猕猴桃果园，随后猕猴桃实现了商品化生产，吉姆·麦克洛林后来被誉为"猕猴桃之父"。

1950—1959年：1950年，猕猴桃商业化品牌的建立，新西兰将早期对猕猴桃的命名"中国醋栗"，又称"中国鹅莓"（Chinese gooseberry）改为"基维果"，又叫"奇异果"（Kiwifruit）开拓美国市场，以致以后很长时间人们误认为猕猴桃这种新兴水果源于新西兰；1950年，新西兰雄性授粉品种汤姆利（Tomuri）由哈洛德·麦特（Harold Mouat）和费莱契（W. A. Fletcher）在堤·普克地区的果园里选育，是Hayward品种的主要授粉品种。另一个雄性授粉品种马图阿（Matua）由哈洛德·麦特（Harold Mouat）等与汤姆利品种同时选育。

1950—1970年：随着新西兰育种的发展和商业品牌的建立，新西兰猕猴桃商业化进一步发展，早期以满足国内市场为主，1952年，新西兰第一批40箱（13t）猕猴桃（时称"中国鹅莓"）出口英国；1954年则增加到563箱；1960年猛增至18 700箱；新西兰成为世界上最早生产出口猕猴桃商品的国家。

1970—2020年：1973年以后，新西兰出口需求剧增，选育的优良品种Hayward因其较高的品质和优良的耐贮性，对新西兰猕猴桃出口需求和猕猴桃栽培集约化、规模产业出现起了决定性作用，其栽培面积从 1968 年占栽培总面积的 50% 提高到 1973 年的 73%，随后在 1980 年进一步提高到 98.5%。在新西兰猕猴桃产业规模化商业化发展的同时，新西兰科学和工业部（后为 Hort Research）于 20 世纪 70 年代开始猕猴桃选育计划。1987 年 10 月，Mark McNeilage 在新西兰的 Kumeu 果园进行杂交试验，亲本为中华猕猴桃 CK - 01（Don Mckenzie 于 1987 年从北京植物园引入的实生后代）和中华猕猴桃 CK - 15［Ron Davison 和 Michael lay Yee 于 1981 年从中国广西（桂林）植物研究所引入的实生后代］。1988 年，在 Hort Research 所属 Te Puke 研究中心种植了 600 株这个杂交组合 F_1 代群体。1991 年，Russel Lowe 和 Hinga Marsh 从中筛选出 Hort16A 优株，并在 1995 年前进行了小规模的试验种植。在初期试验中，该品系的产量、果实大小和感官特征均表现出优越的性状。1995 年，以 Earligold 的名称申请品种权，并获得批准号（批准号"1056"），这个品种名后又被改为 Hort16A。1996 年，开始大面积种植黄金果（Hort16A），1998 年在日本首次大量试销成功，后在国际市场上以 ZESPRI GOLD 品牌销售，新西兰 Zespri 公司拥有这个品种的独家经销权（姜正旺等，2003）。随后，新西兰在本国大量发展的同时，还在意大利、中国、美国和日本进行了授权种植，该品牌以后 10 余年间一直占领国际高端猕猴桃销售市场。2010 年 11 月，溃疡病在新西兰最重要的猕猴桃产区丰盛湾地区出现，疫情随后迅速扩散。全新西兰有超过 2 000 个果园出现病情，将近 70% 的种植面积受到影响。新西兰适时选育抗溃疡病黄肉品种阳光金果替代了 Hort16A，取得良好效果（吴玉琼，2016）。

（二）国内驯化育种历史

中国现代猕猴桃育种及人工驯化最早可追溯到 20 世纪 50 年代。1955—1956 年，中国科学院南京中山植物园和北京植物园对中华猕猴桃进行了引种驯化和生物学特性等方面的研究。其后，南京中山植物园中断了这方面的研究，北京植物园则保留下来一个小型试验园，是目前我国近现代人工栽培树龄最大的猕猴桃园。1957 年和 1961 年，中国科学院植物研究所分别从陕西秦岭太白山和河南伏牛山地区引种美味猕猴桃进行栽培试验和基本生物学研究，较为系统地研究了美味猕猴桃的形态、生长发育、繁殖生物学等特征。相同时期，武汉植物园、庐山植物园、杭州植物园和西北农学院（今西北农林科技大学）等单位也从事过少量的引种栽培试验。1978 年，我国开始重视猕猴桃开发研究工作，由农业部、中国农业科学院主持的全国猕猴桃科研协作座谈会召开，来自全国猕猴桃主要分布区的 16 个省、自治区、直辖市的几十名科研及管理专家学者参加了会议，进行科研及产业发展规划的制定，标志着我国国家层面猕猴桃科研及产业发展的起步（齐秀娟等，2020）。1978—1990 年是我国猕猴桃产业发展的起步阶段，从 1978 年开始，我国开展了为期 10 年之久的全国猕猴桃资源普查、选优。随后，我国科学家从野生中华猕猴桃、美味猕猴桃和软枣猕猴桃中选出 1 450 余个单株（崔致学，1993），经过繁殖、栽培、区试观察，筛选出 50 多个优良品种、200 多个优良株系，有 10 多个优良品种成为当地的主栽品种。值得一提的是，四川省自然资源科学研究院于 1982 年收集野生猕猴桃种子播种，经过 10 多年的努力从自然实生群体后代中成功选育出世界上第一个商业化红肉猕猴桃新品种——红阳，于 1997 年通过品种审定。国内外利用红阳品种育成的红肉品种 12 个，占到世界红肉猕猴桃品种的 80% 以上。目前，红阳品种的栽培已占世界红肉猕猴桃栽培总面积的 70% 以上。

二、猕猴桃育种的现状

育种工作者进行猕猴桃品种选育和改良，最关心的是猕猴桃果实的重要性状变异，包括果实大小、果实性状、果面毛被、果肉颜色、硬度、可溶性固形物含量、干物质含量、果实质地、果实风味、维生素 C 等营养成分，以及贮藏期、货架期、采后品质变化等果实其他特性。通过野生选优、实生选育、杂交育种、芽变选种等方法筛选出性状优良的猕猴桃株系，进一步培育出猕猴桃品种。具有长期竞争优势的猕猴桃品种除了必备的优质、高产外，还必须具有果大、果形美观、耐贮藏、抗逆性强等综合特点。目前，解决生产上急需品种的选育、改良和升级换代，培育高产、优质、抗逆的猕猴桃绿肉、黄肉、红肉和特异性新品种是世界猕猴桃育种的重要方向（廖光联等，2020）。主要包括以下几个育种目标：

1. 培育高产、优质、抗逆的早、中、晚熟配套的黄肉、红肉、绿肉猕猴桃新品种，开发极具竞争优势的猕猴桃商业化品种和品牌 我国尽管选育了许多猕猴桃品种，但与国外相比，大规模商品化栽培、满足市场需求的优质高档、具有自主知识产权的猕猴桃品种却相当少。现有主栽品种都或多或少存在一定的问题和不足，如秦美、红阳、金艳、徐香、哑特等均有各自不同的优点，也有致命的弱点，亟须充分利用我国丰富的猕猴桃种质资源，通过各种育种方法进行品种改良，选育更优良的猕猴桃新品种。同时，在选育猕猴桃优良新品种的基础上，需深入研究配套生产技术，开发出像海沃德、阳光金果这样竞争优势明显的猕猴桃品种和品牌。

（1）红肉猕猴桃育种目标。现有红肉猕猴桃主栽品种红阳果实风味品质均优，但果实较小，极不耐贮，植株抗病性差，急需选育大果、耐贮、抗溃疡病的红肉猕猴桃。由于现有的红华、脐红等品种均是由红阳家系选育出的二倍体红肉猕猴桃品种，无法从根本上克服二倍体红肉猕猴桃存在的果实小、耐贮性和抗病性差等缺点。因此，新西兰育种者通过将二倍体红肉猕猴桃材料进行人工诱变，实现染色体加倍，得到四倍体红肉猕猴桃材料，以期选育出大果、耐贮、抗病的优良四倍体红肉猕猴桃品种。但人工诱变育种同样存在缺点，难以掌握诱导突变的方向，突变体难以集中多种理想性状。四川省自然资源科学研究院通过野生猕猴桃种质资源收集到一个四倍体红肉猕猴桃种质资源，目前已将其作为亲本，期待杂交选育出具有大果、耐贮、抗病等优良性状的四倍体红肉猕猴桃新品种，这是目前红肉猕猴桃育种的重要目标之一。

（2）绿肉猕猴桃育种目标。现有绿肉猕猴桃主栽品种秦美产量高，但有果实风味酸、货架期短等缺点。因此，改良现有品种缺点，选育甜度高、大果、耐贮型的品种是目前绿肉猕猴桃的育种目标。

（3）黄肉猕猴桃育种目标。现有黄肉猕猴桃主栽品种金艳果实外观好、产量高、耐储性好、货架期长，但成熟过晚、花量过大、对溃疡病抗性中等。因此选育质地好、品质佳、果形优、贮藏性能好、货架期长、抗溃疡病强、产量高等综合品质优良的品种是目前黄肉猕猴桃的育种目标。

2. 培育具有特异经济性状的猕猴桃品种 加大对猕猴桃野生资源如软枣、毛花、狗枣、山梨、紫果等猕猴桃种质资源的发掘和开发利用，进一步培育具有特异经济性状的猕猴桃品种。例如，具有红心无籽、两性花、紫色果皮、果肉全红、特早熟、果皮易剥离、维生素 C 含量高等特色的猕猴桃品种。适当考虑培育一些供加工和休闲观光的品种，例如软枣猕猴桃适合采摘或加工，花期长、果实色彩多样的可发展休闲观光果园等，开发具有特色性状的猕猴桃新品种。

3. 重视优良授粉品种和砧木品种选育工作 目前，我国选育并推广栽培的猕猴桃品种虽然很多，但很少有专用授粉品种与之配套，往往存在授粉不亲和、不充分等问题，这也是导致部分果园果实商品性不高的原因之一。另外，我国猕猴桃建园多采用实生苗嫁接目标品种的方法，但实生苗多为野生或未知猕猴桃种子繁育，苗木质量参差不齐，不能适应猕猴桃产业对抗旱、耐湿或耐盐碱砧木的需求。因此，培育优良授粉品种和抗旱、耐湿或耐盐碱等抗逆性更强的专用砧木品种，是促进猕猴桃优质高产和扩大适栽区域的主要方向之一，也是目前生产上急需的育种目标方向。

4. 抗溃疡病应成为猕猴桃新品种选育的必备目标 由于猕猴桃溃疡病侵袭，易感品种的大面积推广、不合理的区域栽培、不规范不科学的园区管理，以及携带病菌的砧木、接穗、花粉及人员的随意流动，造成我国猕猴桃产业面临溃疡病的巨大威胁。因此，高抗猕猴桃新品种的培育及对现有不抗病品种的替换，是减轻溃疡病造成严重损失和促进我国猕猴桃健康持续发展的一个最有效的途径。

5. 加强分子辅助育种等猕猴桃现代育种方法的运用 猕猴桃新品种选育研究要注重常规育种方法和现代育种技术的结合，加强新材料的创新和新理论、新技术的应用，如分子标记技术、胚乳培养、胚培养、原生质体培养与融合、体细胞杂交、转基因技术、基因工程等。目前，新西兰的育种计划大多采用了人工杂交和相应的果实性状评价系统来进行，相关 EST 数据库的构建和部分基因组数据的获得有效支撑了当前的杂交育种计划。近年来中国、日本和意大利的育种计划也开始广泛利用分子标记进行辅助选择，例如针对猕猴桃植株性别的快速分子选择等。新理论、新技术的应用，必将极大地推动猕猴桃功能基因的挖掘和利用，促进猕猴桃品种改良和新品种的培育，加快育种进度，缩短育种时间（姜志强等，2019）。

从 1904 年起，猕猴桃产业经历了从引种驯化到商业化栽培百年历史。经过一个多世纪的发展，猕猴桃育种取得了丰硕的成果。国内外育种家通过实生选育、野生优选、芽变选育和杂交培育等方法选育了一系列优良的绿肉美味猕猴桃、红肉和黄肉中华猕猴桃等商业化栽培的鲜食品种，以及毛花猕猴桃、软枣猕猴桃等特异品种和雄性授粉品种等。根据我国农业农村部植物新品种保护办公室数据统计，自 2003 年 7 月猕猴桃属（*Actinidia* Lindl.）列入我国农业植物新品种保护名录至 2023 年 5 月，20 年间猕猴桃属（*Actinidia* Lindl.）共申请品种权 302 件，授权 122 件，居果树植物新品种权申请的首位。

第二节 猕猴桃育种的细胞学和遗传学基础

一、猕猴桃属植物孢粉学研究

植物花粉携带雄性种质资源，其形态受基因控制，具有极强的遗传保守性。花粉形状独特，外壁结构复杂、纹饰细腻，携带大量的信息，是探讨植物起源演化及亲缘关系的重要依据。花粉形态特征具有重要的分类学价值,很多学者通过观察植物的花粉形态和超微结构来讨论花粉在植物分类学上的意义,将其作为属内种间和科内属级水平的划分依据。我国是猕猴桃的自然分布中心,探索研究花粉特性对于猕猴桃遗传育种具有重要意义。

(一)花粉大小与形态特征

李洁维等(1989)借助光学显微镜对猕猴桃属 23 个分类群的花粉形态进行了观察,发现猕猴桃属植物各分类群花粉粒的形态为近球形或近长球形至长球形或扁球形。极面观大部分为三裂圆形,仅美丽猕猴桃为四裂圆形。花粉粒大小为(15.4~26.6)$\mu m \times$(12.6~25.2)μm,其中清风藤猕猴桃的花粉粒最小,大籽猕猴桃的花粉粒最大。花粉多具三孔沟,偶有四孔沟,花粉的外壁一般分为两层。由于光学显微镜的局限性,仅进行了初步的特征描述,对花粉的表面纹饰并未做详细的表述。

使用扫描电子显微镜对猕猴桃属植物花粉形态进行观察,可以清晰地观察到猕猴桃属植物花粉的特征,猕猴桃花粉均为单粒,花粉大小和外壁纹饰在猕猴桃属不同种植物间差别很大(图 3-1)。猕猴桃正常植株的花粉为长球形、超长球形、近球形和扁球形,少数为圆柱形或纺锤形。花粉具三孔沟或三拟孔沟,沟较长,约为极轴长度的 90%,沟边整齐,边缘加厚或不加厚,沟中央在赤道处缢缩,内孔不明显或很小,一般横长、细窄,少数种类内孔纵长,孔膜通常升高形成沟桥,形成沟桥程度因不同种或变种而异。花粉极面观为三裂圆形、近三角形,少数为四角形。赤道面观为椭圆形、近圆形或扁圆形,在赤道

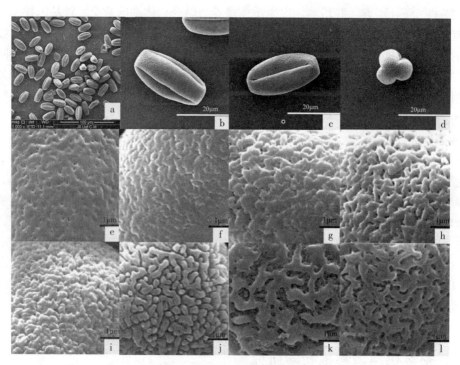

图 3-1 毛花猕猴桃花粉形态

a. 花粉群体观 1 000× b、c. 花粉赤道面观 5 000× d. 花粉极面观 5 000× e~l. 花粉外壁纹饰 15 000×(e、f 为不规则波纹状 h、l、k、j 为脑纹状 i 为疣状)

面可观察到 1～2 条萌发沟，沟长达两端，但不形成合沟，极轴与赤道轴比值平均值在 2 左右。花粉粒两端多为圆弧状，少数种类花粉的两端较平。杂种猕猴桃雄株花粉粒较空瘪，萌发沟宽而深，两端较尖。

猕猴桃属花粉外壁厚度 1～1.6μm，分层明显，外壁外层略厚于内层或等厚。花粉外壁纹饰有以下 5 种：

（1）波纹状纹饰。表面较光滑，由不规则的条带状突起组成，轮廓线为细波浪形。

（2）疣状纹饰（瘤状纹饰）。表面由规则或不规则的块状突起组成，大小不规则，轮廓线为不均匀的波浪形。

（3）脑纹状纹饰。由脑纹状的弯曲短条纹组成，轮廓线为清晰的不均匀波浪形。

（4）颗粒状纹饰。表面分布着颗粒突起或呈颗粒状的图案，轮廓线常为微波浪形。

（5）网状纹饰。由突起的条相联结，呈多边形，或由不规则的网脊和网眼组成，轮廓线为粗瘤状的不平波纹。

各纹饰间有大小不等、深浅不一的穿孔；杂交植株的外壁凸凹较明显，纹饰较大，除具有穿孔外，有的还可见到外壁上粘有很小的圆形颗粒或碎片状颗粒。在透射电镜下猕猴桃花粉外壁明显分为 4 层，包括覆盖层、柱状层、外壁内层和基层。覆盖层完整，柱状层发育弱，呈模糊的颗粒状（张芝玉，1987；康宁等，1993；祝晨蔯等，1995；宁允叶等，2005；王柏青，2008；安成立等，2016；钟敏等，2016；齐秀娟，2017）。

（二）花粉形态与猕猴桃属种间亲缘关系

从花粉形态看，猕猴桃属和藤山柳属花粉十分相似，萌发孔都以三拟孔沟类型为主，内孔不明显，外壁近光滑或颗粒状或皱波状突起纹饰，而水东哥属花粉的萌发孔为三孔沟类型，内孔明显，外壁纹饰近光滑，为细孔状或粗网状穿孔的皱波状纹饰（李璐等，2018）。

孢粉学资料显示水东哥属的花粉比猕猴桃科中猕猴桃属和藤山柳属更为特化，认为将其归属于猕猴桃科不合理，建议采纳 Takhtajan 等的主张，将水东哥属从猕猴桃科中分出，而独立为科，猕猴桃科只应包括猕猴桃属和藤山柳属（杨晨璇等，2014；李璐等，2018）。

猕猴桃属内不同种的花粉形态也可以作为一些重要种类的分类依据，根据对该属 21 种和 6 变种的花粉形态比较，建立了一些分类单元检索表，也与传统分类上亲缘关系较近的种类分布结果基本吻合（姜正旺，2004）。两个主要栽培种中华猕猴桃和美味猕猴桃的花粉粒很相似，仅有花粉粒大小和外壁穿孔上的区别。从分类历史上来看，美味猕猴桃是从中华猕猴桃的变种提升为一个独立的种，阔叶猕猴桃和其亚种提升为种的漓江猕猴桃在宏观形态上叶和花序特征很相似，而花粉外壁纹饰差别很大。净果组的梅叶猕猴桃、大籽猕猴桃、黑蕊猕猴桃和葛枣猕猴桃花粉外壁纹饰较近似，特别是梅叶猕猴桃和大籽猕猴桃在宏观形态上几乎无法区分，在外壁穿孔上仅存在细微差别。

种间杂交后代雄株花粉粒空瘪，萌发孔沟很宽，没有授粉能力，可能与杂交亲本的染色体倍性复杂有关，美味猕猴桃和中华猕猴桃虽有较近的亲缘关系，但在倍性上存在较大差异。美味猕猴桃为六倍体（$2n=2x=174$），中华猕猴桃一般为二倍体（$2n=2x=58$）或四倍体（$2n=2x=116$），六倍体美味猕猴桃和四倍体中华猕猴桃杂交后形成五倍体植株，使花粉母细胞在有丝分裂期间难以形成配子体，花粉粒败育。同样的问题也存在于中华猕猴桃和毛花猕猴桃的杂交后代植株的花粉上。但用大果毛花猕猴桃与中华猕猴桃杂交产生的后代植株有正常花粉，且纹饰类型接近母本植株。花粉外壁纹饰的遗传可能为母性遗传，在扫描电镜观察的物种中，美味猕猴桃的花粉较空瘪，比较接近我们所进行的远缘杂交后代的花粉。在宏观形态上，该种的枝梢和叶片上均有较明显的长刺毛，果实很小，可能是两种果实较小种类的天然杂种，有待进一步核实（姜正旺等，2004）。

（三）孢粉学与其他应用

多数学者认为花粉的大小与进化程度相关，花粉粒变小可以减少对树体营养的竞争，因而体积小的花粉为进化程度较高的类型。为了更容易与外界环境进行物质交换，增加花粉表面积，花粉表面纹饰产生变化，被子植物花粉外壁纹饰为光滑—穴状—条纹的演化方向，据此猕猴桃属植物的花粉粒是由大到小进化的。根据梁畴芬的分类，净果组的软枣猕猴桃和黑蕊猕猴桃属于较原始的种，而大籽猕猴桃和梅叶猕猴桃为衍生进化的种，它们在花粉粒上大小变化不明显，相反后者还大于前者。在比较两个栽培物种及其栽培品种的花粉粒大小时，经人工选择的雄株花粉粒较小于原始种，纹饰也变成较细皱波状或较密的穿孔，这是否与选择的品种注重开花数量和授粉萌发质量有关，尚需进一步研究。一方面因为猕猴桃栽培上要求授粉雄株花量大，势必造成树体营养的竞争和花序变小等方面的变化，从而使花粉粒逐渐变小；另一方面，选育的雄株要有较好的亲和力，而花粉外壁纹饰可能含有一种识别蛋白，较细的皱波状纹饰和较密的穿孔是否有利于授粉受精，目前还不清楚。通过杂交实践，有研究者也认为利用花粉表面纹饰为不规则瘤状纹饰的种类作为父本，其亲和力较强，可以为猕猴桃远缘杂交父本选择提供一定的参考依据（姜正旺等，2004）。

结合对该属植物其他形态的观察，发现在果实大小和花粉粒大小之间存在一定的相关性。栽培的美味猕猴桃的花粉几乎与本次观察中最大的花粉梅叶猕猴桃的花粉一样，其果实也是该属植物最大的果实。其次是栽培的中华猕猴桃的花粉同样较大，作为较原始的净果组中的一些花粉，如葛枣猕猴桃、大籽猕猴桃、软枣猕猴桃、黑蕊猕猴桃等的花粉也较大，目前软枣猕猴桃和黑蕊猕猴桃正在被开发成栽培品种。清风藤猕猴桃、阔叶猕猴桃、密花猕猴桃、美丽猕猴桃、革叶猕猴桃和安息猕猴桃的果实很小（平均果重为 $0.8\sim$ $1.5g$），其花粉粒也几乎是最小或接近最小，果实与花粉粒平均纵横径的相关系数 R 等于 0.7755（姜正旺等，2004；安成立等，2016）。这种相关的程度还有待进一步确定，但我们认为可以用物种雄株花粉粒的大小，作为推断雌株果实大小的指标之一，为今后杂交育种的早期选择提供科学依据。

二、猕猴桃属植物性别变异研究

（一）猕猴桃性别演化及变异研究

之前，科学界认为猕猴桃为雌雄异株植物，即雄株的花中只有雄蕊发育完全，雌蕊败育不形成胚珠；雌株的花虽然是具有雌雄两性器官的完全花，但只有雌蕊发育完全，雄蕊是败育不产生有生活力花粉的，这种花粉有细胞壁，但是没有细胞质，它虽然对蜜蜂仍具有吸引力，并被其采集，但这种花粉很可能是没有营养的（Jay and Jay，1993）。另外雌雄花之间有一个很大的差异，雄花中的雌蕊在早期即已停止发育，而雌花中花粉细胞的发育则是直到非常晚的时期才停止（Brundell et al.，1975；Polito and Grant，1984）。现已知道雌花的雄性不育是由花药绒毡层细胞壁程序性细胞死亡（prolonged cell death，PCD）的推迟所导致的，这种推迟使得花粉细胞不能及时得到所需的钙离子和碳水化合物，从而败育（Falasca et al.，2013）。

从进化角度看，无积极作用的器官或组织一定会被抛弃掉，例如雄花的子房是不发育的。但是雌花的雄蕊却仍然被保留了下来，这说明其仍发挥着一定的生物学功能。对于自身不生产花蜜的猕猴桃雌花来说，想吸引传粉昆虫是较为困难的，因此无活性花粉雄蕊的保留可以提高其虫媒授粉结实率（Kawagoe and Suzuki，2004）。此类雌花对雄花的花态模拟（或者反过来雄花对雌花的花态模拟）被称为隐匿型雌雄异株（cryptic dioecy）。该类型的性别属性可能是在进化过程中为了利于远缘杂交而发展出来的，其目的是促进基因资源的分配流通（Lebel-Hardenack and Grant，1997）。但是时至今日，这一性别属性反而成了育种和栽培应用中必须面临的一大困难。

首先在育种中，虽然已有从开放授粉的野生植株中选育出优秀商品种的案例，但是由于雌雄异株性别属性的存在，在人工杂交选育过程中，不得不通过将雄株与很多种不同的雌株杂交后，对其后代农艺性状进行打分评估来测试雄株对于果实性状方面的影响，而这种后代测试在经济与时间等成本上都是极其高昂的。

在栽培方面，猕猴桃的商业化种植中需要以（4~8）：1的雌雄比例进行配置，种植雄株所产生的经济效益是较低的，这带来了不容忽视的对于土地、人力、物力资源等的浪费（Huang，2014）。历史研究报道了能结果的猕猴桃雄株，这是科学界对猕猴桃属植物性别变异现象的首次发现（Ferguson et al.，1984）。之后在猕猴桃种间杂交的后代群体也发现有雌雄同株（monoecious）现象（Ke et al.，1992）。通常来说，可坐果雄株比可产生具活力花粉的雌株更容易被发现，但即便如此，可坐果雄株通常也仅在一根枝条或少数几根枝条上可孕育出与一般果实相比偏小的果实。这可能是由于可坐果雄株的两性花与雌株的雌花相比，两性花通常其子房偏小，心皮偏少，每心皮的胚珠偏少，花柱的发育也不够充分（Mcneilage et al.，1991a）。但是如果将这种前一年有坐果的枝条嫁接到砧木上，会使得整株猕猴桃产量显著上升（Mcneilage and Steinhagen，1998）。

除了上述的部分性别转化以外，完全性别转化的现象也有报道。1株美味猕猴桃雄株上的一个芽变使得该枝条上坐上了很大的果实，但是其花朵内产生的花粉却无法使雌花完成受精，即该雄株变成了1株完全雌株（Testolin et al.，2004）。

研究者们进而开始对猕猴桃属植物的性别变异和性别表达机理展开了一些研究（Birsch et al.，1990；Messina et al.，1990；Mcneilage et al.，1991a，b）。现有研究发现，猕猴桃在性别表达上并非为跳跃式变异，而是呈现出连续型变异，其至少有6种性别表现型：雌株（female，花形为雌花，其雄蕊内不产生具生活力花粉）、不完全雌株（inconstant female，花形为雌花，部分花的雄蕊内产生具生活力花粉）、完全两性植株（hermaphrodite，花形似雌花，其雄蕊内产生具生活力花粉）、可结果雄株（fruiting male，同时具有雄花和两性花）、雄株（male，只具有雄花）和中性株（neuter，花形似雄花，但其雄蕊内不产生具生活力花粉）。

更进一步的是，这种连续型性别变异现象还在表现型上存在着复杂的变化。例如既存在着猕猴桃属不同种的基因型之间的遗传变异，也表现出不同年份之间的环境变异（McNeilage et al.，1997）。另外一个例子是在一种名为"Tsechelidis"的美味猕猴桃商品种中发现了雄性可育的现象，但这种雄性可育的比例并不稳定，在不同的植株间及同一植株的不同花之间，雄性可育的比例从0%至70%不等（Sakellariou et al.，2016）。

由上可见，从现有可利用基因资源的角度看，培育出两性植株品种的前景是较为可观的，这将对猕猴桃产业产生重要而深远的意义。

现在进行杂交育种亲本的选配时，对于父本的选择上仍存在很大的盲目性，因为父本不结果，导致对于父本在果实农艺性状方面的影响仍不清楚。两性亲本的培育则可以克服目前对于父本选择的盲目性，使得两个优良的雌性品种间的直接杂交变为可能。

在杂交过后的选育过程中，过去需要等待子一代经过漫长的童期（3～4年）后，开出花朵方能明确其性别，然后才能淘汰掉其中占比约一半的雄株，造成大量土地、农资、人力等的浪费。如能利用性别基因连锁分子标记在苗期即提前判断单株性别，便可排除掉所有不需要的雄株，大大提高选育的精准性和效率。

在栽培应用方面，如能选育出完全两性花的优秀商品种来替代目前高配比雄株授粉的栽培方式，将会显著地提高单位面积产量。例如新西兰已经基于两株花粉生活力达95%、单果重约100g的完全两性单株选育出了若干两性株品种，其单果重可达海沃德的水平（Mcneilage et al.，1997）。

由于花粉直感效应的存在，所授花粉的亲本来源会直接影响商品种果实的大小和商品性。而完全两性品种可自花授粉，减少了父本花粉不确定性的影响，保障果实质量的长期生产稳定性。

因此从产业发展来看，将雌雄同花（hermaphroditism）性状的关键基因引入具有优秀农艺性状的品种中会带来巨大收益。未来可能通过诸如基因编辑和定向杂交等技术来实现这一目的，而对于猕猴桃属植物性别决定分子机理的深入理解无疑将加速这一过程。

（二）猕猴桃性别表达遗传研究

目前关于猕猴桃性别表达遗传基础的研究主要分布在两个方面：细胞遗传学领域和群体遗传学领域。在细胞遗传学方面的进展，受限于猕猴桃的染色体多而小且具有多倍性（以二倍体为例 $2n=2x=58$；大小为 $0.7～1.0\mu m$），所以进展较为缓慢。有研究者报道了在二倍体中华猕猴桃雄株的染色体组中有两条染色体无法完全匹配上，因而在它们的卫星区域（satellite regions）存在着较大不同（He et al.，2003）。

在群体遗传学领域内现已取得较多突破：猕猴桃的性别控制符合 XY 染色体决定性别表达的方式，即二倍体猕猴桃中雌性为 XX、雄性为 XY；多倍体猕猴桃中雌性为 Xn、雄性为 XnY，例如六倍体的美味猕猴桃（$2n=6x=174$）的雌雄分别为：XXXXXX 和 XXXXXY（Mcneilage et al.，1997）。

雌株（XX）×可结果雄株（XY）或雌株（XX）×雄株（XY）的后代雌雄比为1:1，而可结果雄株（XY）自交或可结果雄株（XY）×可结果雄株（XY）其后代雌雄比为1:3，以完全两性植株为母本与可结果雄株杂交其后代雌雄也为1:1，并且完全两性植株自交及雌株×完全两性株的杂交后代无雄株的实验结果也进一步证明，雌性为配子同性纯和（homogamety），即拥有完全相同配子，而雄性为配子异性杂和（heterogemety），即拥有不同类型配子。另外，在不同倍型水平上（特指父母本的倍型水平一致）雌雄异株性别属性均可稳定遗传以及杂交后代中1：1的性别分离比，均说明了猕猴桃属植物，像其他大多数植物一样，通过不减数配子发生现象所促成的性别多倍化在该属植物的进化过程中发挥了极为重要的作用（Testolin et al.，1995；Mcneilage et al.，1997）。而当父母本倍型水平不一致时，不减数配子的发生则会导致后代中性别比例的偏离（Seal et al.，2012）。

除此以外，倍型还会影响花朵的雌雄器官数量，例如六倍体植株雄花的雄蕊数显著高于二倍体和四倍体的；二倍体植株雌花的柱头数显著低于四倍体和六倍体的，而四倍体和六倍体雌花的柱头数基本相似（Zhong et al.，2015）。

从上述杂交群体后代的性别分离比似乎可以看出在猕猴桃中性别决定机制似乎是显性-Y（active-Y）类型的（Harvey et al.，1997；Atak et al.，2014），而且可能涉及两个紧密联系的基因，X染色体上一个促雄性因子（M factor）发生功能缺失型突变从而使植物变为雌性，Y染色体上一个雌性抑制子（SuF）发生获得型突变从而使植物变为雄性。并且一个抑制雌蕊发育的显性等位基因和一个促进花粉发育的显性等位基因均存在于Y染色体上（Mcneilage et al.，1991a，b；Fraser et al.，2009）。从雌雄异株性别属性可稳定遗传的结果看，染色体这一区域内的重组事件应该是高度甚至完全被抑制的。

从基因层面破解性别决定之谜的尝试一直在科学界中努力进行着，在定位到关键调控基因之前，一些分子标记（molecular marker）首先被开发出来应用于幼苗期雌雄鉴定。两个在中华猕猴桃被鉴定出来的性别连锁的RAPD（Random Amplified Polymorphic DNA）标记现已被转化为SCAR（Sequence-Characterised Amplified Region）标记，以应用在猕猴桃大规模育种的筛选当中。最初的SCAR引物是从RAPD标记SmX开发而来的，该对引物确实由于和雄性决定位点"Y"之间具有紧密连锁而十分具有实用性，但是其最大的缺点是该对引物没有很好的种间多态性——它仅在中华猕猴桃与美味猕猴桃中适用，而在更远亲缘关系的猕猴桃种中便不适用了（Gill et al.，1998）。

之后不断涌现出不同的分子标记，有研究者专门利用了一个有965株猕猴桃的群体，测试了5对RAPD引物、3对SSR引物和1对SCAR引物在鉴定性别方面的性能。而后发现仅有中华猕猴桃中的SmY引物在幼苗性别鉴定方面的可重复性最好（Atak et al.，2014）。

连锁群（linkage group）是指在染色体中具有不同的连锁程度并按线性顺序排列的一组基因座位，绘制连锁图谱有助于将目的基因初步定位到某一连锁群上。2009年有研究者绘制了单倍体基因组的29个连锁群，并且揭示了在中华猕猴桃中性别决定位点的位置与其决定度。该套连锁图谱提供了用于猕猴桃遗传分析和育种程序的参考信息源（Fraser et al.，2009）。基于连锁群，研究者在软枣猕猴桃中发现了PME基因在雄花中的表达量显著高于雌花，而ACO、MAN1和MYC2基因在雌花中的表达量显著高于雄花（Zhao et al.，2018）。

对于猕猴桃属植物性别调控关键基因的定位工作一直在进行着。该项定位工作于2018年取得了第一个重要突破，Takashi Akagi等以山梨猕猴桃（A. rufa）为母本、以中华猕猴桃（A. chinensis）为父本进行杂交，利用F₁群体中20株雌株和22株雄株构建随机基因组测序文库，通过基因组重测序与雌雄花转录组测序，他们定位到一个C类型的细胞分裂素响应元件，将该基因在其自身启动子的驱动下异源表达在拟南芥和烟草中，会强烈抑制雌蕊发育而对雄蕊发育不产生显著影响，由此该基因得名"害羞的女孩"（Shy Girl，*SyGl*）。更进一步的是研究者选取了与猕猴桃科同属杜鹃花目下的柿子（*Diospyros lotus*）和蓝莓（*Vaccinium corymbosum*）以研究 *SyGl* 基因的保守性，他们发现虽然均存在有 *SyGl* 基因的同源基因，但是在柿子和蓝莓中并未见该基因特异性地表达于雌蕊中。这说明是在猕猴桃科特异性复制事件发生之后，*SyGl* 基因才获得了雌蕊特异性表达的属性（Akagi et al.，2018）。

之后 Takashi Akagi 等继续利用前述 F₁ 群体雄花与雌花的花蕊进行了信使 RNA 测序，在得到的候选基因中只有一个基因展现出雄花特异性表达的特征，他们将该基因命名为友好的男孩（Friendly Boy，*FrBy*）。通过 CRISPR/Cas9 在拟南芥和烟草中敲除 *FrBy* 基因后发现它们雄蕊的育性均受到抑制，而雌蕊均未受影响。通过对猕猴桃雄株进行基因组重测序，研究者发现 *FrBy* 基因与 *SyGl* 基因仅相隔 500kb。将 *FrBy* 基因转入 Hort16A 商品种猕猴桃中后，研究者创制了一个雌雄同株的材料（Akagi et al.，2019）。以上研究为将来向猕猴桃产业引入雌雄同株栽培模式提供了全新的思路。

三、猕猴桃基因组学研究

（一）猕猴桃系统发生关系

猕猴桃属植物在我国具有广泛的地理分布，拥有极高的环境适应性。中国科学院华南植物园刘义飞课题组对分属于 25 个代表性猕猴桃类群的 40 个研究样本进行了比较和系统基因组学研究，发现该属植物中存在着广泛的网状杂交基因流，导致多个杂交后代类群的同时多地出现（Liu et al.，2017）。在整体水平，猕猴桃属植物表现出一种独特的两层次网状进化方式，即快速辐射进化的骨干物种作为杂交亲本，促进进一步的网状基因流导致更多类群的杂交起源，共同形成该属植物当前丰富的物种表型和遗传多样性。

多倍化过程可迅速使物种基因组加倍，产生大量基因冗余，引发大规模的基因组变化，如染色体重排、基因倒位、基因丢失等，进而引起物种进化，产生新物种。大量证据表明猕猴桃属植物基因组含有普遍的染色体重复，无论在种间还是种内，猕猴桃属植物倍性变异广泛。通过染色体计数和流式细胞仪测定，目前已发现的猕猴桃倍性就有二、四、五、六、七、八、十倍体。虽然猕猴桃倍性变异大，但不同倍性猕猴桃的染色体基数却较为一致，为 29 条（Mcneilage et al.，1989；Yan，1996；熊治廷等，1985）。同时，猕猴桃属不同种间的 2C 核 DNA 含量也基本一样，表现为 DNA 核子的数量与倍性成线性相关（Ferguson et al.，1997）。经流式细胞仪测定，猕猴桃的 2C 值在 4.0pg 左右，相当于 6.0×10^8 bp 的 DNA。由此可见，相较于一般植物而言，猕猴桃具有数量较多的染色体基数，同时每条染色体的体积也较小。

（二）基因组测序历史与进展

猕猴桃基因组测序最初是由中国科学家主导并完成。早在 2011 年，合肥工业大学（Hefei University of Technology）、四川大学（Sichuan University）、四川省自然资源科学院（Sichuan Academy of Natural Resource Sciences）、湖北省农业科学院（Huber Academy of Agricultural Sciences）和康奈尔大学（Cornell University）等多个国家和地

区的科研工作者就组建了国际猕猴桃基因组研究团队（the International Kiwifruit Genome Consortium，IKGC），致力于猕猴桃育种和基因功能研究，并计划进行猕猴桃基因组的测序工作，以期把猕猴桃基因组内所有基因的密码解开，绘制出精确的基因组图谱（详见：http：//kir. atcgn. com/news. html）。该项目的启动主要基于下列 5 点考虑：第一，DNA 测序技术的逐步成熟允许以更低的成本和更快的速度对新物种开展从头测序；第二，基因组组装算法的发展和改进为复杂基因组从头组装提供了技术保障；第三，已构建的猕猴桃高密度遗传图谱可以实现猕猴桃染色体水平上的挂载；第四，猕猴桃具有较高的营养价值和经济价值，但目前猕猴桃所在的猕猴桃科乃至杜鹃花目还没有公开发表的基因组；第五，猕猴桃原产于我国，对其进行基因组序列的解析是中国科学家的担当和责任。

在实际测序时，IKGC 团队选择了中华猕猴桃中一个广泛栽培的二倍体（$2n=2x=58$）优良品种红阳植株作为全基因组测序的材料。该团队使用了 Illumina 公司的 HiSeq 2000 测序平台，对提取的核 DNA 进行了高深度和高覆盖度的测序（140X）。经过两年时间的努力，猕猴桃基因组内 29 条染色体全部测序完成，并进行了从头组装。利用包含有 4 301 个 SLAF 标记的高密度遗传图谱辅助基因组组装，最终将拼接得到的 Scaffold 序列成功挂载到 29 条染色体上（挂载率约为 73.4%），获得一个大小为 616.1Mb 的基因组草图，包含 39 040 个预测的蛋白编码基因（Huang et al.，2013）。

通过对基因组的深度分析，IKGC 团队发现了中华猕猴桃类植物的果实风味及营养品质相关基因产生与进化的基因组学基础，公开了第一张完整的猕猴桃遗传图谱和分子标记序列，揭示了中华猕猴桃进化过程中 3 次基因组倍增的历史事件，包括两次四倍化事件，一次在 5 000 万～5 700 万年之前，一次在 1 800 万～2 000 万年之前，更为猕猴桃起源于我国提供了重要的分子证据。两次全基因组复制事件所产生的亚基因组经历了平均的片段化。另外，该团队还发现了猕猴桃多倍化事件促进了维生素 C 生物合成相关基因的扩张，并且探索了类胡萝卜素、花青素等生物活性物质合成相关的基因家族变化，为猕猴桃品质改良和遗传育种奠定了基础。同时，IKGC 团队在其研究结果发表时还将全部原始测序数据及其组装结果上传至 NCBI 数据库并向全世界完全开放，打破了国外公司对猕猴桃基因组序列数据资源的垄断和壁垒，极大地推动了猕猴桃及其近源物种基础学科建设的发展。此外，为便于猕猴桃相关的科研工作者和育种人员浏览和使用上述数据，该团队同时建立了一个免费开放的在线平台，通常称为 Hongyang v1.0（http：//bioinfo. bti. cornell. edu/cgi‐bin/kiwi/home. cgi）。

一方面，猕猴桃参考基因组草图的发布为猕猴桃功能基因在转录水平上的测定提供了参考，也为功能基因的分子克隆提供了依据；另一方面，利用新的数据可以进一步对前期组装的基因组草图进行完善和升级。2015 年，利用猕猴桃多个不同组织部位不同发育时期的转录组测序数据，结合猕猴桃基因组草图数据，IKGC 团队修正了最初版本 Hongyang v1.0 发布时预测获得的 39 040 个蛋白编码基因中的 21 132 个基因的编码框（Yue et al.，2015）。另外，还新增加了 9 547 个蛋白编码基因，这些改动进一步丰富和提升了猕猴桃的基因资源。考虑到这一次对猕猴桃基因组结构和功能注释的修订比较大，同时这两年猕猴桃转录组数据的不断产生和积累，IKGC 团队重新开发了猕猴桃基因组数据库的第二个版本 Kiwifruit Information Resource，简称 KIR。相应地，该版本的基因组及其注释数据通常称为 Hongyang v2.0 (http://kir.atcgn.com/)。

猕猴桃属植物中第二个完成基因组测序并公开发表的物种仍是中华猕猴桃，由新西兰研究团队主导。该团队选取了本地较为流行的红肉猕猴桃品种 Red 5 (A. chinensis Red 5) 作为基因组测序的材料。利用升级后的测序技术和分析方法，并结合 12 个不同组织的转录组测序，最终组装获得一个约 554.0Mb 的基因组 (Pilkington et al.，2018)。通过人工注释的方法，该基因组在基因结构和功能描述等方面都有了不同程度的提升，相比较猕猴桃参考基因组第二个版本 Hongyang v2.0 具有更为完整和准确的基因编码序列。但至今其测序和注释过程中的主要数据仍没有完全开放，对该团队之外的研究人员的使用造成了严重不便，致使该版本的基因组数据在国内和国际上使用都较少。

随着以 PacBio 和 Nanopore 为代表的第三代测序技术的出现和发展，单分子测序技术已越来越多地被用于动植物基因组的从头组装。虽然此前已有两个猕猴桃基因组发布，但都是基于第二代测序技术完成的，由于读长限制，使得组装的基因组存在连续性差、完整性低及大量复杂的重复区域无法准确拼接等诸多局限。三代测序技术有着单条测序序列读长长和对基因组的覆盖广等优势，能够获得更加完整基因组序列。基于上述优点，我国四川大学在 2019 年使用 PacBio Sequel 测序技术对中华猕猴桃品种红阳 (A. chinensis Hongyang) 进行了从头测序和拼接，并借助 HiC 技术对拼接的序列进行了染色体水平的组装，获得了较为理想的结果 (Wu et al.，2019)。最终，组装基因组的 Scaffold N50 达到 1.43Mb，并预测了 40 464 个蛋白编码基因，进一步提升了中华猕猴桃基因组注释的完整度和准确度。相较于同为中华猕猴桃品种红阳测序的基因组及其两次更新版本，该版本通常称为 Hongyang v3.0。

彼时共有 3 个独立的猕猴桃基因组发表，但从所选物种来看，测序的都是中华猕猴桃，包含红阳和 Red 5 两个品种。虽然后期基因组测定使用的测序方法和组装算法不断改进，让最终组装的基因组完整度和准确度不断增加，但由于物种的同一性，基因组中编码基因的遗传信息在整体水平上的差异仍较小。为了探讨猕猴桃种质资源的遗传多样性，IKGC 团队又启动了毛花猕猴桃基因组的测序项目，所选品种为浙江省农业科学院培育的优异毛花猕猴桃品种华特。利用 PacBio 和 HiC 技术，IKGC 团队获得了一个大小为 690.6Mb 的基因组序列，基于生物信息学分析工具预测了 42 988 个蛋白编码基因 (Tang et al.，2019)。由于使用了最新的第三代测序技术，该组装基因组的 Scaffold N50 达到了 23.58Mb，同时染色体挂载率也达到了 98.84%。通过全基因组比较，毛花猕猴桃和中华猕猴桃的分化时间大约发生在 330 万年前。同时，两种猕猴桃基因组都经历了一次古代倍增和两次近代倍增，但毛花猕猴桃有 1 740 个基因家族扩张、1 345 个基因家族收缩。该项研究不仅证实了猕猴桃进化过程中两次近代基因组倍增历史事件对物种分化和物种形成的影响，而且进一步揭示猕猴桃富含的营养成分诸如维生素 C、类胡萝卜素、叶绿素和类黄酮等的基因组学机制，为猕猴桃品质改良和遗传育种奠定了坚实基础。与此同时，湖北中医药大学启动了 1 株野生毛花猕猴桃的基因组测序，并利用比较基因组学分析方法重点关注了其维生素 C 生物合成途径和抗病反应调控的潜在机制，为利用野生猕猴桃种质资源提供了参考价值 (Yao et al.，2022)。此外，江西农业大学整合 Illumina、PacBio HiFi

长读测和 Hi-C 测序等多种测序数据，对团队自主选育的毛花猕猴桃新品种赣绿 1 号的基因组进行从头组装。组装后的基因组大小为 615.95Mb，contigs N50 长度为 20.35Mb，scaffold N50 长度为 27.32Mb，其中 24 条染色体直接由 contigs 组成；所有的染色体（29 条）均检测到了端粒；BUSCO、LAI 和 CV 指数分别为 97.71%、21.34% 和 39.90%，表明组装的基因组完整度、连续性较高，已经达到 gold 参考基因组水平（Liao et al.，2023）。

近两年，PacBio 和 Nanopore 测序技术的进一步发展，特别是高准确性 PacBio HiFi 技术（>99.99%）和高连续性 ONT ultra-long 技术（N50>100Kb）的强强联合，克服了着丝粒和端粒等高重复区域的组装难题，能够实现染色体从端粒到端粒（telomere-to-telomere，T2T）的无缝（no gap 或 gap-free）组装。2022 年，安徽农业大学利用 PacBio HiFi、ONT ultra-long 和 Hi-C 测序技术，并结合自主开发的基因组组装脚本流程，对猕猴桃参考基因组测序材料中华猕猴桃红阳进行了 T2T 水平的从头组装，获得了完全连续、没有缺口的高质量基因组（Yue et al.，2022）。沿用已有猕猴桃参考基因组的版本序号，该 T2T 基因组称为 Hongyang v4.0。相较 Hongyang v3.0，Hongyang v4.0 填补了 Hongyang v3.0 未组装的全部 646 个缺口，鉴定了所有 58 条染色体的着丝粒（Ach-CEN153），组装了除一条染色体中一个末端的所有其他端粒（未组装出来的端粒可能是由于端着丝粒的影响），获得了约为 40Mb 的新基因组序列，并修正了历史版本的可能组装错误。同时，该版本实现了单倍型组装，命名为 HY4P 和 HY4A（其中 P 和 A 为单倍型 primary 和 alternate 的首字母缩写），且每套单倍型组装的质量和准确度都优于已有猕猴桃基因组组装，其 contigs N50 达到 19Mb，几乎接近整个染色体的平均长度。猕猴桃 T2T 参考基因组的完成是猕猴桃基因组测序研究的重大里程碑，是基因组组装的终极目标，也是迄今最为完整的猕猴桃基因组序列。高质量的 T2T 基因组既可以探索一直被称为"基因组黑洞"的着丝粒区域，也可以发现染色体水平上的结构变异，还可以为下游的基因注释提供更好的参考序列。

除核基因组外，猕猴桃细胞器基因组也相继被测序。2015 年，中国科学院武汉植物园黄宏文课题组完成了不同倍性的中华猕猴桃复合体叶绿体基因组测序以及序列解析（Yao et al.，2015）。该研究发现，不同倍性的中华猕猴桃复合体叶绿体基因组在序列结构上不存在差异，共享被子植物叶绿体基因组典型的环形结构。叶绿体基因组大小为 155 446～157 557bp，编码 113 个基因，其中包含 79 个蛋白质编码基因、30 个 tRNA 基因以及 4 个 tRNA 基因。通过与近缘物种比较分析发现，猕猴桃叶绿体基因组的反向重复区发生了较明显的序列收缩。2019 年，黄宏文课题组又完成了猕猴桃线粒体基因组的测序工作（Wang et al.，2019）。相比叶绿体基因组，猕猴桃线粒体基因组具有较高的变异区域。2022 年，用比较基因组学方法对猕猴桃科 5 个线粒体基因组做了系统分析，并发现其中绝大多数的编码基因受到负选择作用（Yang et al.，2022）。

（三）基因组基本构成及其数据库

目前，公开发表的猕猴桃属基因组共有两个种（包括 3 个品种和 1 个野生材料）。其中，使用频率最高和引用次数最多的是中华猕猴桃红阳品种的二代测序基因组，也是猕猴桃属首次公开发表的基因组（截至 2022 年 10 月，Google 学术引用次数为 440 次）。但同时也由于该基因组发布时间早，其间发生了两次大的更新，形成了 Hongyang v1.0 和 Hongyang v2.0 两个不同的版本。两个版本在基因组的结构和注释、基因 ID 的编号、转录基因的表达谱、基因共线性等多个方面都有着较大的改变。根据 KIR 数据库的最新注释，中华猕猴桃基因组 Hongyang v2.0 版本预测了蛋白编码基因 39 761 个，其中 8 245 个基因具有不同形式的可变剪接，产生不同的转录本。所有的转录本的平均长度为 1 123bp 个碱基，共包含 341 944 个外显子，平均每个基因 8.6 个外显子。另外，该版本还注释了来自 52 个家族的 1 358 个转录因子。

值得一提的是，Hongyang v1.0 和 Hongyang v2.0 两个版本使用了两套不同的规则来命名各自预测的蛋白编码基因，使得两个版本内的同一个基因（染色体位置和基因序列都相同）具有不同的 ID。反过来说，不同的基因 ID 却有可能代表的是同一个基因。这种变化曾给数据库使用者带来了一定的困扰，妨碍了不同版本之间的转换和比较。针对这一情况，IKGC 团队在开发 KIR 数据库时就充分考虑了这个需求，在网站上内置了两个版本 ID 转换的功能（http：//kir. atcgn. com/convert. html）。

除了中华猕猴桃品种红阳的基因组外，近几年又陆续发布了 3 个基因组，同时猕猴桃基因组数据库在不断更新和升级。

首先，在 2013 年猕猴桃基因组首次报道时，IKGC 团队同时开发了一个单独的在线平台（http：//bioinfo. bti. cornell. edu/cgi – bin/kiwi/home. cgi），用于存放原始测序数据，并展示组装和注释结果。该数据库只提供了最基本的功能，内容比较简单，几乎没有涉及深度分析的结果（如蛋白质互作网络、基因共线性等），也没有集成任何第三方插件（如基因组浏览器等）。因该数据库发布时间最早，网站下载次数最多，所以在早期发表文章中使用较多。该版本使用的基因编号格式为 AchnXXXXXX，其中 X 代表阿拉伯数字，6 个 "X" 表示由 6 位数组成的基因编号，不区分染色体。因为该数据库没有单独发表文章，所以其使用的网站没有正式的命名，曾被称为 KGD 数据库（注意与新版的 KGD 区分）。目前，该网站在新版数据库 KGD（http：//kiwifruitgenome. org/；详见下文）发布后已停止访问与使用。

随后，IKGC 团队在 2015 年更新了基因组中的基因结构和数量，并重新开发了 KIR 数据库（Yue et al.，2015）。如前所述，KIR 数据库是在第一版数据库的基础上进行的更新和升级。KIR 数据库具有最新的基因组结构信息、更丰富的功能注释、从多个转录组数据推测的基因可变剪接、预测的代谢网络途径，以及蛋白与蛋白的相互作用，还有猕猴桃研究的文献综述。同时，KIR 数据库中还提供了多个在线工具和分析平台，使用更为流畅的 JBrowse 基因组浏览器来展示猕猴桃基因组内多个层次的数据与注释信息，方便用户直观地查看和理解相关的信息。另外，KIR 使用了新的 ID 来命名基因，格式为 AchXXgXXXXXX，其中 X 代表阿拉伯数字，前两个 "X" 表示染色体编号，包含 01～29 条染色体，而用 00 表示暂时没有挂载到染色体上的基因；后面 6 个 "X" 表示由 6 位数组成的基因编号，按照染色体编号递增。新的基因 ID 可以直观地反应基因所在染色体编号及其大概位置。但因 Hongyang v1.0 和 Hongyang v2.0 两个版本的基因总数量发生了变化，两个基因 ID 的 6 位数编号并不完全相同。鉴于此，KIR 内置了两个版本 ID 转换的功能（http：//kir. atcgn. com/convert. html）。然而，KIR 数据库发布之初所使用的域名是合肥工业大学的二级域名（http：//bdg. hfut. edu. cn/kir/index. html），受到学校的统一管理，经常发生被限定在校内访问的情况。考虑此种不便，IKGC 团队租用了商业公司的域名服务（http：//kir. atcgn. com/），并将所有数据迁移到新的服务器。但由于在数据库迁移之后，没有对应的文章发表，致使一般使用者并不知晓这一变更，访问量比较少。目前，该网站仍可正常访问和使用。

最后，IKGC 团队在 2020 年整合了来自猕猴桃属 2 个猕猴桃种 4 个基因组版本的基因组数据，并开发生物信息流程对基因进行了统一详尽的功能注释，以及整合数 10 个猕猴桃种的转录组等多种组学数据，构建了最新版本的猕猴桃基因组数据库 Kiwifruit Genome Database（KGD；http：//kiwifruitgenome. org/）（Yue et al.，2020）。该数据库的系统开发以及各种操作是基于 Tripal 管理系统，Tripal 是 GMOD 社区开发的一款针对基因组遗传数据的内容管理系统，其最大的优势是利用模块化设计，实现了同一个功能模块在不同组学数据库中使用，避免了重复开发，已成功应用于葫芦科基因组数据库、蔷薇科基因组数据库等众多组学数据库。该团队还开发了基因组共线性浏览器 Synteny Viewer，基因富集分析等模块。同时，KGD 内嵌了基于 Apache Solr 的基因组"搜索引擎"，实现对相关组学数据的高度集成、检索、比较和智能分析，不再让大量的猕猴桃生物学数据束之高阁。KGD 是目前猕猴桃属最新的综合性基因组数据库平台，解决了前期每个猕猴桃基因组版本发布内容多样、数据格式不同、存储位置特异等问题，给使用者的访问带来极大的便利。另外，在基因 ID 的使用上，KGD 保留了中华猕猴桃品种 Red 5 基因组、中华猕猴桃品种红阳二代测序基因组、毛花猕猴桃品种华特基因组发布时的 ID，而对中华猕猴桃品种红阳的二代测序基因组使用了 Hongyang v2.0 的数据。

KGD 数据库发布于 2020 年，虽然网站服务器有日常管理和定期维护，但考虑到使用的稳定性，没有做大的持续更新。同时，因时间关系，KGD 未能收录近两年发表的基因组。随着越来越多的猕猴桃基因组的发表，尤其是猕猴桃 T2T 参考基因组的发表，安徽农业大学园艺学院岳俊阳课题组正在收集、整理所有猕猴桃的组学数据，开展系统详尽的整合分析，拟对 KGD 数据库进行一次全面的版本升级。此外，需要说明的是，除了上述猕猴桃基因组的专业数据库外，还有一些综合大型的数据库也收录了猕猴桃基因组数据，如 NCBI、Ensembl Plant 等。

第三节　猕猴桃选种

果树的选种方法很多，包括有性系选种（实生选种）和无性系选种（芽变选种）及现代新技术选种等，芽变选种是一种古老的选种方法，属于无性系选种的范畴。实生选种与芽变选种是猕猴桃新品种选育的重要方式，二者同样都是从自然变异中选择优系，再经过选种培育成新品种，其主要差别在于变异的来源不同。实生选种的变异来源于实生繁殖的群体，可以是自然野生的群体，也可以是在选种圃新建的实生群体，而芽变选种的变异来源于无性繁殖的群体。实生变异与芽变比较起来，具有变异普遍、变异性状多等特点。实生后代通常不会像芽变那样在一个无性系群体中，只有少数枝条或单株发生变异，而实生后代大多数个体会发生不同程度的变异；芽变通常只有一个或少数几个性状发生变异，而且实生变异常常单株许多性状都会发生变异；从性状变异的幅度来看，实生变异也比芽变要大。

一、实生选种

植物的有些种类，因各地生产栽培习惯不同，常分别采用营养繁殖或种子繁殖。通常将种子繁殖称为实生繁殖。按照育种目标在实生繁殖的后代群体中选择优良的自然变异，通过选种程序选育出新品种的过程，称为实生选种。选择的方法有两种，其一是通过逐代的混合选择，按照一定的目标来改进果树群体的遗传组成，形成以实生繁殖为主的群体品种；其二是从实生树群体中选择优株，通过嫁接繁殖以形成营养系品种。实生选种具有悠久的历史，早在 3 000 年前，人们就对野生或半野生的果树进行选择。通过收集猕猴桃资源种子进行播种，或者直接从野外原生境条件进行实生苗选育，也是猕猴桃品种改良的重要途径之一。与传统的杂交育种不一样的是杂交育种是在通过大量基因重组的杂种后代中选育品种；变异范围不同，杂交育种是对母本品种的遗传基础进行个别或少数性状的改良，形成一个新的杂合基因组。

猕猴桃长期处于野生状态，种类交错分布，加上异花授粉的缘故，在自然条件下其遗传变异极其丰富，这为猕猴桃实生选种提供了先决条件。在种子繁殖下，由于遗传物质的交换和重组，产生复杂的变异和强烈的杂种优势，加之猕猴桃种子小、数量多，飞禽、走兽、风力、河流易于传播，生态环境变化较大等因素，加剧了变异程度。因此，从数量大、变异多的野生植株里选择大果、形美、质优的类型，是发展猕猴桃事业不可或缺的一部分。据统计，猕猴桃品种 88.9% 来自野生资源发掘及实生选种（邓秀新等，2019）。实生选种变异普遍，通常在果树实生后代中，很难找到两个个体遗传型是完全相同的；且实生选种变异类型多、变异幅度大，实生后代几乎所有性状都发生不同程度的变异，实生后代对当地气候土壤条件具有较好的适应能力，选出的新类型可以较快地在本地区繁殖推广。

从古代开始，历史上很长时期果树几乎都是实生繁殖的，只是到了近几十年，才大力推广无性繁殖技术，实生繁殖慢慢减少。但在广大的农村，特别是一些非商业化种植地区，农家院前屋后，目前仍然有大量的实生群体存在，可供选择变异，实生选种一直作为果树品种选育的主要方法得到广泛应用。过去大多果树实生选种都采用果选法，即从果实中挑选果形好、色泽好、果实大的果作选种用。此方法存在一定的局限性，单果不能代表全株，不能区分性状变异的原因，无法排除劣株传粉对后代的影响。现大多采用株选法。

（一）野生资源收集选种的技巧

1. 练就"鹰眼" 野生资源调查收集选种工作没有捷径，都要靠踏踏实实的工作，要说有诀窍，就是要不断地观察、学习，练就一双"鹰眼"。资源调查收集选种人员的素质决定了工作的效率，有专业基础又有经验的选种人员可以一眼发现目标。

2. 聊天的艺术 时常与农户及各方面人士聊天，获取有价值的信息。要以老农户为重点走访对象，因为他们比年轻人更注重传统，更怀旧，也不容易随风潮而改变。即使找不到种质实物，这样的聊天也很有意义。因为种质资源与其他东西不同，它往往需要"故事"来支撑，要有可追溯性，否则无法区别是当地老品种，还是新近引入的品种。聊天时应像朋友似的对待调查对象，拉近距离，打消陌生感，要极力避免采取浮夸、高人一等的语气和语调。

3. 巧借外力　依托社会上各种力量，官方的、民间的、个人的、集体的，都各有作用，关键是让他们参与其中的同时有所收获。几年来，调查人员借助当地原有农技推广体系，发动乡镇村农科员、群众等参与到工作中，成效显著。

4. 细心核实　认真观察品种特征，考察其特性（包括适应性和抗逆性等）。观察时要注重比较，品种的特征特性往往是通过比较品种间的差异总结出来的。要仔细加以区分，才能分析出品种间的差异。如资源调查收集选种人员近几年才发现毛花猕猴桃品种类型众多，但有些差异并非显而易见，都要通过不断比较才能得出结论。

（二）实生选种变异类型

突变是产生新基因的唯一来源，没有基因突变造成的基因多样性，就不可能由基因重组产生实生群体遗传的多样性。尽管在实生群体中突变类型所占的比例很小，也应予以重视。

基因重组是实生群体遗传变异的重要来源，对于遗传上杂合程度较高的种类来说，实生群体中个体间的遗传差异绝大多数是由基因重组产生的。实生选种中选拔出的表现优异的基因型，包括基因重组产生的加性效应和新的非加性效应，在无性繁殖下，二者都可以保持和利用，但实生繁殖下则只能稳定遗传其加性效应。

饰变是由环境条件改变所引起的，个体间的显著差异，属于非遗传的变异，但干扰了对基因型优劣的正确选择。通常饰变对质量性状的影响显著小于数量性状。

（三）实生选种程序

实生选种分为对野生种和半野生种的单株进行选择，以及人为的实生后代的选择，前一种与其他果树的选种程序相同，经过报优—初选—复选的程序。

报优是指到毛花猕猴桃的集中产区，向当地群众宣传访问，记录下报优人的姓名和植株所在地。

初选是指与报优人前往单株所在地进行实地考察，最好在花期和果实成熟季节观察，根据初选标准，确定是否入选，对可入选的单株作详细的记录，并采集枝条进行繁殖。

复选是指对初选单株每年进行观察，对其经济性状，如产量、维生素C含量作详细分析，同时对初选单株的无性后代进行观察鉴定，优中选优。将复选出的优良单株进行多点比较试验，通过对母株、无性繁殖及多点试验的多年结果进行评价，经过有关部门鉴定和审定后，优良者命名为品种，可在生产中推广。

（四）猕猴桃优株选育目标

1. 健康（Health）　营养丰富，含有如高维生素C、高钾、高膳食纤维及其他营养成分；防癌、通便、清理肠胃等医疗功效以及无过敏源成分等。

2. 享受（Pleasure）　包括口感、质地、多汁、无涩麻等刺激性口味、视觉愉快等。

3. 方便（Convenience）　方便食用、即买即食、货架期长以及易剥皮、可食皮等。

（五）猕猴桃优株的标准

1. 美味猕猴桃优株的标准　果实更甜更香、更高的果实干物质及可溶性固形物含量、更高维生素 C 含量、无硬果心、果肉翠绿色、果面茸毛更软、果实更早熟、雌雄同株类型，综合品质性状及产量优于海沃德（Hayward）。

2. 中华猕猴桃优株的标准 果实干物质含量＞20%、可溶性固形物含量＞18.0%、香气浓郁、无硬果心、果肉金黄或果心浓红、维生素 C 含量＞850mg/kg、果实贮藏期（冷藏）＞5 个月，果实大小、形状等优于 Hort16A。

3. 毛花猕猴桃优株的标准 果形好看，果实圆柱形或长卵圆形，整齐美观；平均单果重 50g 以上；果肉颜色为翠绿色；维生素 C 含量 6 000mg/kg 以上；果实干物质含量＞20%，可溶性固形物含量＞18.0%，果实风味香甜，易剥皮；丰产，稳产，抗逆性强，果实耐贮藏。

4. 猕猴桃雄株优株的标准 花药数多，花粉量大，花粉萌发率高，与配套雌株花期一致。

（六）实生选种需注意的问题

第一，雌雄株的配套选种。目前，我国在果树上选育的优良品种绝大多数为雌株，而对雄株的选育没有引起重视。因此，在毛花猕猴桃选育中，要加强雄性的品种配套选择，使每个雌性品种具有其最佳的雄性授粉品种，达到高产优质。

第二，果树野生单株经过人工栽培后，果实有变大的趋势。例如，江苏扬州市邗江区红桥引种的中华猕猴桃优良单株庐山香，最大单果重由原来的 175g 增至 226g。这与人工栽培后，授粉条件得到改善及肥水管理更能满足果实的生长发育有关。

（七）猕猴桃实生选种进展

当前国内外大多数猕猴桃栽培品种均来源于实生选种。我国从猕猴桃野生资源中选优实质也是在野生实生群体中进行单株选择。国外的主栽品种大多数来自新西兰，新西兰早期的品种都来自旺阿加努伊（Wangnui）地区的 Allison 农场。1904 年旺阿加努伊女子学院院长 Fraser 从中国带回猕猴桃种子，将其交给一位叫 Thomas Allison 的果园主，再转交给他弟弟 Alexander Allison，然后又将种子、实生苗传到北岛其他果园主或苗圃。1910 年猕猴桃植株开花结果，并被公众所认识，开始了新西兰猕猴桃品种的选育工作。1925—1935 年，有许多重要栽培品种被选出，北帕尔默斯顿的 Bruno Just 从 30 株实生苗中选出了布鲁诺品种，奥克兰市的 Hayward Wright 从 40 株实生苗中选出著名的海沃德（Hayward）与格瑞丽（Gracie）两个品种。由于海沃德果实较大，风味较好且耐贮而得到广泛栽培。为了选育与之相配套的雄性品种，20 世纪 50 年代初，Mouat 与 Fletcher 从 Je Puke 地区果园中选出了两个雄性品种马图阿（Matua）与汤姆利（Tomuri），迄今 Matua 型雄性品种仍在国外广泛应用。20 世纪 70 年代中期，又选择得到了 M 系列雄性品种，如 M51、M52、M54 和 M56 被应用于生产。1989 年通过实生选育为海沃德选育的雄性品种 Chieffain 投放于生产。另外，新西兰定植大量从世界各地引进的美味猕猴桃、中华猕猴桃自然授粉种子的实生苗，从中进行选种。

我国猕猴桃育种工作者在实生选育工作中也做出了辉煌的成绩。从 1978 年猕猴桃资源调查开始到目前为止，从自然野生群体及实生群体中选育出了 1 450 多份优系材料，有 70 多个已被审定，部分品种已被广泛应用于生产，如秦美、米良 1 号、徐香、魁蜜、金魁等。近年来，实生选育工作取得了较大进展，选育出了一批猕猴桃新品种，如太上皇、赣猕 6 号、豫猕猴桃 2 号、江山 90-1、金桃、金圆、天源红等（曹超等，2018）。仲恺农业技术学院生命科学学院和和平县水果研究所选育的和平红阳（梁红等，2006），陕西省宝鸡市陈仓区桑果工作站选育的晚红（伏春侠，2009），湖南省园艺研究所长沙楚源果业有限公司选育的源红（刘虹斌，2011）及中国科学院武汉植物园选育的东红（钟彩虹和黄宏文，2016）均由红阳猕猴桃实生选种而来。我国从野生资源中实生选种得到了较多优异的品种，中国农业科学院郑州果树研究所从河南野生猕猴桃和野生软枣猕猴桃中实生选育了果皮、果肉、果心均为红色的猕猴桃新品种红宝石星和天源红（齐秀娟等，2011）。

据中国知网已发表品种相关论文统计，1978—2022 年，国内共报道了 215 个猕猴桃品种，其中实生选种的 164 个（占 76.28%），芽变选种的 10 个（4.65%），杂交育种的 39 个（18.14%），诱变育种的仅 2 个（0.93%）（表 3-1）。可见改革开放以来我国猕猴桃育种实践中以实生选种应用最广泛，尤其是从野生资源中引种驯化。改革开放初期，我国猕猴桃育种工作者在野生资源中挖掘了大量珍贵的品种，为日后猕猴桃优异种质的培育提供了素材，随着社会经济不断发展，近年来育成的品种数量和质量稳步上升，这些品种具有鲜明的特色和良好的品质，已逐步取代原有老品种。

表 3-1　1978—2022 年我国不同育种途径育成的猕猴桃品种数量

选育方式	育成年份的品种数量					小计
	1978—1988 年	1989—1998 年	1999—2008 年	2009—2022 年	不详	
实生选种	43	24	31	56	10	164
杂交育种	4	/	6	19	10	39
芽变选种	/	/	3	7	/	10
诱变育种	/	/	/	2	/	2
小计	47	24	40	84	20	215

二、芽变选种

芽变选种是对由芽变发生的变异进行选择，再通过无性繁殖方法固定优良性状培育成新品种的选择育种方法。通过芽变可以改善原有品种的个别不良性状，使综合性状进一步提高。芽变选种作为一种快速、有效的方法，省去了人工创制新材料的烦琐环节，方法简单易于掌握，选育时间短，投资少，收效快，在猕猴桃品种选育工作中广泛利用。从其他果树的育种研究中看出，芽变选择育种技术特别适合用于个别性状的改良，通过芽变育种比较容易获得无核、短枝、矮化的果树类型。在以后的矮化类型选育中，这一途径值得尝试，猕猴桃的芽变育种也极具研究前景。

（一）芽变选种的基本概念

芽变是分生组织细胞内遗传物质发生变异后生长成表型发生变异的枝或植株。它是体细胞突变的一种，变异细胞处在芽的分生组织中，所以叫芽变。但是在表型上，变异在芽的阶段往往是看不见的，只有当变异芽萌发长成枝条，或者由变异芽繁育成一个植株时才能发现性状上的变异。为了区分二者，有时把在枝条发现的芽变称为枝变，把整株变异植株称为变异单株或株变。芽变选种是在自然界通过枝变或变异单株发现优良芽变，按照正常的育种程序选育成新品种的过程。芽变是发生在体细胞内的变异，整个芽变选种过程都是一个无性的过程，没有经过任何有性环节，所以，芽变选种也称为营养系选种。芽变主要是核内突变，即由细胞核内遗传物质变化所引起的突变，主要有染色体数目变异、染色体结构变异及基因突变三种形式。

在自然界很多因素会引起植株发生不同程度的变异，如病虫为害、干旱、温度剧烈变化、管理措施变更等都可能引起猕猴桃生长结果出现变异，但这些由环境等外界因素引起的变异不是遗传物质变异引起的，是不能遗传的，即为彷徨变异或饰变。芽变与饰变性质不同，但表现相似，芽变选种的一个重要问题就是正确区分这两类变异，选出真正的优良芽变。

（二）芽变选种的意义

芽变选种通常是把主要栽培品种作为选种群体，其目的是改良现有品种的某一个性状，没有遗传物质的分离重组过程，因此选育的品种很容易推广，对当地猕猴桃品种结构调整起到重要作用。芽变选种与实生选种和杂交育种相比，不经过实生的过程，芽变系通过无性繁殖保存和推广，不具有童期，因而具有早结果早鉴定的优势。芽变品种虽然改良性状不多，但芽变的性状涉及营养生长习性、开花结果特性、果实品质、生态适应性和抗病虫能力等许多方面，这些变异形成大的种质库，极大地丰富了种质资源，为新品种和新种质的创制提供了源泉，也为重要农艺性状的分子机理研究提供良好素材。转基因育种的优势是可以选择性地改良某一个性状，而芽变选种是在大量自然变异中筛选一种可以改良目标性状的变异，然后二者都要经过一个选种过程，获得新品种，但重要的是芽变选种是一种纯自然的过程，不经过任何转基因过程，不存在转基因品种带来的安全隐患。如果有先进的分子标记协助选择变异，可大大提高芽变选种的效率，从而加速芽变品种的选育和更新。

（三）芽变鉴定方法

1. 形态学鉴定　生产上一般采用高接、扦插或嫁接等方法鉴定芽变。通过形态特征、果实性状、物候期及其他农艺性状的比较，判断变异的优劣，确定其利用价值。高接、扦插或嫁接鉴定简单易行，无疑是芽变鉴定的重要手段之一，但表型是遗传与环境相互作用的结果，受环境的影响较大，难以排除饰变的干扰，同时受观察者的实践经验等主观因素影响，仅靠形态指标有时不能完全得到正确结论。虽如此，因其一旦被鉴定出来就可直接应用，形态学指标仍不失为芽变新品种选育和推广的重要依据之一。

2. 细胞学及孢粉学鉴定　细胞学研究可以检测芽变中出现的染色体数目及结构的变化，猕猴桃染色体小，采用细胞学观察较困难。采用流式细胞计数法可以简单而快速地测定细胞的倍性变化。采用石蜡切片观察梢端组织三层细胞的差异，可以同时明确三个组织发生层的变化，且不受时间和试材限制，在个体发育不同时期都可进行，也是鉴定芽变倍性、判断是否为嵌合体的简便方法。花粉的形态特征主要表现在花粉壁纹饰和花粉表面雕纹两个方面，此外还包括花粉的大小、形状和萌发器官特征等。花粉的电镜扫描观察也可作为芽变检测的辅助手段。

3. 蛋白质及同工酶鉴定　蛋白质是基因表达的产物，蛋白质分子的变化反映了基因结构的变化，可以作为突变作用的一种直接量度，是一种有效的分子水平的遗传标记。根据蛋白质分子大小、构象及所带电荷的不同，通过电泳分离、染色后形成不同数目和迁移率的谱带，谱带的差异反映了蛋白质分子的变化。与蛋白质相比，同工酶在芽变鉴定上用得更多。同工酶具有相对稳定性和可变性，即同一个体的不同器官甚至同一器官的不同发育阶段同一种酶的同工酶数目不同，具有器官和发育阶段特异性。利用蛋白质和同工酶电泳谱带分析基因的表达产物，可以推测功能基因的变化，但其检测位点少，加之目前所研究应用的同工酶种类较少，使同工酶在实际应用中受到一定程度的限制，而且性状近似的品种间（包括芽变品种）同工酶谱可能完全一致，因而利用同工酶鉴定芽变时应结合其他分析方法进行。

4. DNA 水平鉴定　生物体各种遗传信息都蕴藏在 DNA 分子中，从 DNA 水平直接检测遗传变异不受取材部位、发育时期、季节、环境的限制，因此，DNA 是最可靠的遗传标记。DNA 分子标记技术发展迅速，相继产生了多种基于 DNA 多态性的遗传标记，如限制性片段长度多态性（RFLP），依赖于聚合酶链式反应（PCR）的随机扩增多态性 DNA（RAPD）、扩增片段长度多态性（AFLP）、简单重复序列（SSR）等，这些技术在果树芽变鉴定中有不同程度的应用。

（四）芽变的特点

1. 芽变的嵌合性　体细胞突变最初只发生于个别细胞，就发生突变的个体、器官或组织而言，芽变是由突变与未突变细胞组成的嵌合体。

2. 芽变的重复性　相同类型的芽变，可以在不同时期、不同地点、不同单株乃至相近的植物种属中重复出现，其实质是基因突变的重复性。

3. 芽变的多样性　突变部位具有多样性，可发生于根、茎、叶、花、果各器官的各部位；突变性状具有多样性，包括根、茎、叶、花、果所有形态、解剖和生理生化特性，从主基因控制的明显的变异到微效多基因控制的不易察觉到的变异；突变类型具有多样性，包括染色体数目和结构的变异，其中较常发生的是多倍性芽变、胞质基因突变及核基因突变。

4. 芽变性状的局限性　芽变是体细胞遗传物质发生的变异，往往基于个别细胞，而同一细胞中同时发生两个以上基因突变的概率极小，芽变性状只局限于单一基因的表型效应。

（五）芽变选种程序

1. 初选　在猕猴桃生长发育的各个时期进行细致观察和选择，重点抓住花期前后、果实成熟期、自然灾害期等芽变最易发生的时期进行集中选择。

对变异进行分析，剔除饰变，可通过检查染色体数目、结构、DNA 遗传物质变化等进行直接鉴定，也可将变异类型与对照通过无性繁殖移植到相同的环境下进行比较鉴定。变异分析的依据：判断变异性状是质量性状还是数量性状；判断是枝变、单株变还是多株变；判断变异是否由环境条件引起；判断变异程度是否在基因型的表现范围内。

2. 复选　对变异性状虽十分优良，但不能肯定其为芽变的个体，要在鉴定圃内与原品种类型进行比较。猕猴桃一般采用高接鉴定，可提早开花结果，在短时期内为鉴定提供一定数量的材料。

3. 决选 选种单位对复选合格品系提出复选报告后,由主管部门组织有关人员进行决选评审。决选时,选种单位应提供完整的资料,包括不少于三年的连续观察数据、不同区域的生产试验结果、选种历史、实物等。

(六) 芽变选种进展

新西兰已从海沃德品种中选出了 30 多个芽变株系,有些株系正在观察之中。其中在 Te Puke 地区 Wilkins 果园通过芽变选育出的 Wilkins Super 新品系,比海沃德的果心小,且果实长形,雄株中还发现有个别坐果的变异。在 Tauranga 果园,Kannedy 选出一个海沃德早熟芽变品系,较海沃德早开花 10~12d,而且果实成熟较早。还有一个少毛芽变 Hayward Douny,其果毛细软,平贴在果实表面,现已作为少毛品种选育的母株材料加以利用。此外,他们还对海沃德的休眠枝进行辐射处理以提高芽变频率。在意大利,猕猴桃芽变选育工作也取得了一定成绩,Top Star 是意大利科研工作者在 Verona 省从海沃德芽变中选出的一个无毛品种,成熟期较海沃德早 1 周。

我国在进行大量野生、实生选育工作同时,通过芽变选种,从海沃德中选育出了皖翠新品种,该品种为海沃德枝变,萌芽期较海沃德早 3~5d,花期提前 3d,坐果率比海沃德高 24%,产量提高 30%。果实柱形,果面被短粗浅褐色茸毛,平均单果重 110~125g,最大 200g,肉翠绿,香味浓,可溶性固形物含量 15.5%~17.5%,果实耐贮藏(朱立武等,2001)。在海沃德上还发现了芽变新品系 93-01。93-01 芽变新品系不仅在新梢茸毛及颜色、混合芽体大小、果实形状等形态特征上与海沃德品种完全不同,而且各器官生长物候期均相应提前,尤其是开花物候期比海沃德提早 3~4d,克服了海沃德品种与配套雄株——陶木里花期不完全相遇的缺点,从而显著提高了授粉受精机会,提高了坐果率,果实生长快,明显提高了品种的丰产性(高林等,2000)。在红肉系也发现了猕猴桃芽变品种,如脐红是红阳的芽变优系,最初在陕西宝鸡党家堡村的红阳猕猴桃群体发现,通过在当地实生苗上嫁接进行区域试验,与红阳相比,果实萼洼处有明显的肚脐状突起,成熟期较晚,耐贮藏,具有质优、早果、丰产等特点。果肉黄绿色,果心周围有放射状红色图案,软熟后可溶性固形物 19.9%。2011 年 8 月经过田间鉴定,2014 年 3 月通过陕西省果树品种审定委员会审定,命名为脐红(郁俊谊和刘占德,2015)。红阳猕猴桃果肉全红型芽变 86-3 是 1997 年广元市苍溪县在红阳的无性繁殖后代中发现的 1 个优良嫁接单株。86-3 果实除外层花青素含量极显著增加外,内层花青素含量也成倍增加(宁允叶等,2005)。通过 RAPD 技术也筛选出来可以鉴别 86-3 与母本红阳的引物,可以用于早期预测(宁允叶等,2003)。

第四节　猕猴桃杂交育种

一、杂交育种的意义和特点

(一) 杂交育种的意义

杂交育种,是指通过两个遗传性不同的个体之间进行有性杂交获得杂种,并对杂种进行选择和培育以获得新品种的育种方法。有性杂交的过程即基因重组的过程,它可以使双亲的基因重新组合,将双亲中控制不同性状的优良基因结合于一体或将同一性状的不同微效基因积累起来，形成不同类型的杂交子代，为选择新品种提供丰富的材料。

（二）杂交育种的特点

杂交育种根据杂交效应的利用方式，可分为组合育种和优势育种。这两种育种方式因任务不同、特点不同，有着不同的育种程序，是两种不同的育种途径。相较于大田作物，对于多年生无性繁殖的猕猴桃来说，组合育种和优势育种却是密切联系的，因为杂交后代优良的基因组合，不需经过分离纯化，通过无性繁殖就可以稳定地传递下去，即不产生分离重组，杂种优势可以稳定地保持下去，不发生解体衰退的问题。因此，无性繁殖的猕猴桃使杂交育种具有组合育种、优势育种两者的特点。

对于多年生无性繁殖的猕猴桃来说，杂交育种既综合来自不同亲本的优良基因，同时又利用了不同基因型配子间的良好组合力形成的杂种优势。相较于其他果树，猕猴桃杂交育种还有以下特点：

（1）猕猴桃果实种子数量多，保证了杂交后代群体数量，有利于杂交效率提高。杂交时无需去雄处理，节省操作步骤，省时省工。

（2）母本可以通过测定果实的相关性状，就能够直观判断其经济性状。

（3）父本因不结果无法直观判断其经济性状，使其杂交选育时父本选择配置杂交组合的盲目性大。创制具有优异性状的父本材料是解决培育猕猴桃优质品种的技术关键。

（4）猕猴桃很多经济性状是由多基因控制的数量性状，果实性状变异尤其多，且变异性大、稳定性差，不同亲本杂交组合的杂交后代，同一性状的遗传倾向可能存在差异，我国猕猴桃杂交育种工作起步晚，一些主要性状的遗传规律还有待深入研究。

（5）猕猴桃存在广泛的染色体倍性变异和多样性，遗传背景复杂，杂交育种时，不同倍性亲本杂交可能会导致杂交失败或后代不育等结果，倍性鉴定是猕猴桃杂交育种亲本选择的前提。

（6）猕猴桃是多年生植株，杂交苗始花始果一般需3~4年，杂交育种周期长，若开展多代杂交或回交，育种年限更长。

（7）猕猴桃种类资源交错分布，遗传变异极其丰富，猕猴桃远缘杂交育种难度大，存在花期不育、杂交不亲和或亲和性差、坐果率低等问题。

二、杂交育种方法

（一）猕猴桃亲本选育

1. 亲本选育的原则 亲本的选择和选配是杂交育种成败的关键。猕猴桃性状的育种值和传递力是杂交亲本选择选配的重要依据。根据育种目标，从育种资源中挑选最适合作为亲本的类型。选择的范围不限于生产中推广的品种，还应包括经过广泛收集和深入研究的野生猕猴桃种质资源和人工创造的杂种资源。通常针对育种目标，选择优点最多、缺点最少的育种材料为亲本，再合理搭配，才能得到符合育种目标的杂种类型。具体选育时应当考虑以下几点：

（1）亲本选择应以重要目标性状为主。根据育种目标，分清主次，如不同果肉颜色猕猴桃的生物学特性和营养品质不同，不同果肉颜色猕猴桃新品种对果形、果实大小、果肉颜色、抗性、丰产性的要求有所不同，所以选育红肉、黄肉、绿肉猕猴桃的亲本时，目标性状一定要权衡轻重，把握重要目标性状。如红肉猕猴桃亲本选择时，与果实大小相比，果肉颜色应放在更重要的位置。黄肉猕猴桃亲本选择时，应着重衡量干物质含量、糖度等重要经济指标。

（2）亲本选择以遗传方式较复杂的多基因控制的综合性状为主。如在开展抗性杂交育种时，多基因控制的病虫害抗性性状必须提前鉴定，得到亲本抗性信息。

（3）亲本选配时父母本应尽可能优缺点互补。性状遗传差异大，有条件可考虑选配在生态地理起源上相距较远的亲本进行远缘杂交，这样杂交后后代遗传差异大，提高了选育效率。

（4）亲本选择和选配时应考虑主要经济性状的遗传规律，分清目标性状是质量性状还是数量性状。根据已报道或研究的性状遗传规律，按性状互补性原则选配亲本，减少育种盲目性。

（5）选择优选率较高的理想组合。在亲本性状遗传规律研究较少时，可以根据育种目标，结合育种材料自身性状特性及主要性状的遗传参数，参考育种前辈实践中最符合育种目标和优选率高的杂交组合，大量试材，积累经验，通过增加杂交组合数或增加杂交后代群体数，提高育种效率。

（6）亲本选择和选配时应考虑影响杂交效率的因素。如从杂交技术的角度看，以早花类型或物候期较早的猕猴桃材料作父本，有利于提前采集花粉，为有性杂交做前期准备。

2. 猕猴桃母本的选择 根据目前猕猴桃产业发展需求，优质猕猴桃新品种需具备干物质含量高、丰产性好、抗性强、耐藏性好等特点。猕猴桃杂交育种时应选择综合性状优良的材料作母本，母本材料可以来源于已有优质栽培品种，也可从野外收集的猕猴桃资源中选择。

（1）红肉猕猴桃母本的选择。红肉猕猴桃母本的选育应重点考虑果肉颜色、干物质、溃疡病抗性等重要性状指标。四川省自然资源科学研究院选育的红肉猕猴桃红阳，不仅成为世界红肉型猕猴桃栽培面积最大的品种，而且因其优良的品质成为世界红肉猕猴桃育种的主要种源。国内外育种单位利用该骨干亲本育成了红华、红什1号、红实2号、东红、脐红、金红50、金红1号、红昇等红肉猕猴桃品种20个。红阳已成为世界红肉猕猴桃育种的骨干亲本材料。四川省自然资源科学研究院以红阳为母本材料，通过多组合杂交和回交创制出一批优异红肉母本材料，平均单果重量≥65g，红色3～5级，红色性状遗传稳定、红色面积大、颜色深，干物质含量≥18%，可溶性固形物含量≥17%，维生素C含量≥1 300mg/kg，果实贮藏期≥60d，生长势强，每株产量20kg以上。优异红肉母本材料的创制为今后红肉猕猴桃育种奠定了重要基础。

（2）黄肉猕猴桃母本的选择。优质黄肉猕猴桃新品种应具有质地好、品质佳、果形优、贮藏性能好、货架期长、抗溃疡病强、产量高等特点，与其他商品化品种相比存在差异。四川省自然资源科学研究院通过多代杂交和回交，创制优异黄肉猕猴桃母本材料26个，干物质含量16%～20%，可溶性固形物含量15%～18%，单果重量70～120g，贮藏期90～150d，抗性强。

（3）绿肉猕猴桃母本的选择。与红肉和黄肉猕猴桃相比，绿肉猕猴桃多为美味系，贮藏性更好,抗性更强。海沃德是从新西兰引进的绿肉美味猕猴桃品种,是世界主栽的猕猴桃品种之一,拥有 90 多年的历史,以它为亲本材料选育了不少耐贮藏品种。以海沃德作为母本材料的猕猴桃品种有 13 个,包括皖翠、徐冠、农大猕香、农大郁香等品种。

(4) 特异猕猴桃母本的选择。目前,我国特异猕猴桃选育主要集中在高抗溃疡病品种、高维生素 C 含量品种、观赏性品种上,大多从野生资源中直接筛选而来。这些已成熟的品种都可作为特异猕猴桃选育的优异母本材料。如选育高维生素 C 含量品种时,可以利用赣猕 6 号、玉玲珑、华特、桂翡等具有高维生素 C 含量特性的品种为母本,为今后猕猴桃加工专用品种的选育奠定基础。

3. 优异猕猴桃父本的创制 猕猴桃雌雄异株的特性导致雄株性状未知,杂交育种中父本对杂交后代的遗传趋势有重要影响,故杂交前父本性状的确定至关重要。可以通过优异母本材料实生播种,得到雄性父本家系,利用雄性父本家系材料杂交,通过杂交后代雌株果实经济性状的分析,判断雄性父本目标经济性状的表现及遗传值,来创制优异的父本材料。

例如在红肉猕猴桃杂交选育过程中,无法判断雄株是否带有红色性状基因,且猕猴桃花青素的合成受多基因调控,增大了红肉猕猴桃杂交选育难度。四川省自然资源科学研究院以创制具有红色基因的父本为关键,率先构建了红肉猕猴桃育种技术体系,解决了猕猴桃雌雄异株、无法直观判断雄株红色性状的技术难题。以红肉猕猴桃红阳实生后代的雄株为父本,与不含红色素的黄肉猕猴桃雌株为母本,通过有性杂交后代果肉颜色推断父本是否具有红色性状基因,从中筛选出具有红色性状基因的雄株材料 SF1998M 和 SF0612M,并分别以此为父本,以红阳为母本杂交,选育出红色性状更稳定、红色面积更大的红肉猕猴桃品种红什 1 号和红实 2 号。

(二) 猕猴桃杂交育种的方式

因猕猴桃杂交育种难度大,育种周期长,为了达到育种目标,加快新品种选育进程,常采用不同杂交方式进行杂交育种,包括简单杂交、回交、多代杂交。

1. 简单杂交 母本和父本进行一次杂交称为简单杂交,对于雌雄异株的猕猴桃其简单杂交不存在正交和反交之说。如四川省自然资源科学研究院以红肉猕猴桃品种红阳为母本,分别以 SF1998M 雄株和 SF0612M 雄株为父本杂交选育出红肉猕猴桃品种红什 1 号和红实 2 号。中国科学院武汉植物园以毛花猕猴桃为母本,以中华猕猴桃为父本杂交选育出黄肉猕猴品种金艳。陕西省农村科技开发中心以美味猕猴桃品种秦美为母本,以 K56 雄株为父本杂交选育出绿肉猕猴桃品种瑞玉。

2. 回交 回交是指由两亲本产生的杂种,再与亲本之一进行杂交的方式。中国科学院武汉植物园在选育出金艳后,利用金艳作回交母本,选育出中熟耐贮的优质新品种金圆和金梅。

3. 多代杂交 多代杂交是指两个以上的品种,经过两次以上的杂交。这种方式可以获得大量具有丰富优良重组基因型、变异大的杂交后代,育种规模大,育种周期长。为了获得综合性状更好的品种,常常需要多代杂交来实现。如四川省自然资源科学研究院先以黄肉猕猴桃品种金丰为母本,以魁蜜实生后代的雄株为父本,杂交选育出 SF813M 优质雄株,再以黄肉猕猴桃品种金实 1 号为母本,以 SF813M 优质雄株为父本,杂交选育出黄肉猕猴桃新品种金实 4 号。新西兰选育出 G3 品种，是利用金丰、魁蜜、Hort16A 多品种的优良基因重组，经过第四代杂交出的优质抗溃疡病的黄肉品种。

（三）猕猴桃杂交育种的方法

1. 杂交前的准备

（1）制定杂交育种计划，包括育种目标、杂交亲本的选配、杂交任务（包括杂交组合数与杂交花数）、杂交进程（如花粉收集和杂交日期）、操作规程（杂交用结果枝与花朵选择标准，去雄、花粉采集和处理、授粉技术要求等）以及记录表格的确定。

（2）熟悉亲本的花期构造和开花习性，掌握亲本开花授粉生物学特性，调查花期，检测花粉生活力，必要时做好花期调节和花粉贮藏。

（3）准备杂交用具，如贮藏花粉的花粉瓶、授粉器、塑料牌、隔离袋等。

2. 杂交育种的步骤

（1）花粉的采集和贮藏。因雌雄花期有差异，为了避免因花期不育影响杂交计划，可在授粉前提前采集花粉。具体操作：选取含苞待放或初开放而花药未开裂的雄花，用小镊子、牙刷、剪刀等取下花药，通过阳光下晾晒或烘箱中干燥等方法脱粉，花药裂开后筛出花粉，装入洁净花粉瓶中，在 4℃条件下短期贮藏或 -20℃条件下长期贮藏。另外，还可以利用海拔差异，选取高海拔地区花期较早的雄株父本材料花粉，给低海拔地区花期较晚的雌株材料授粉。

（2）母本树和花朵的选择。授粉前应合理规划猕猴桃母本树和枝条，选取长势旺盛、枝叶繁茂的母本树。若是同一个母本与不同父本杂交的多个杂交组合时，应提前做好选择与标记，避免混淆。

（3）套袋和授粉。为了尽量避免杂交污染，在人力条件允许的情况下，在开花前将选择的母本树雌花套袋。选择晴天上午，人工授粉杂交，授粉后立即套袋以隔绝外来花粉。授粉后做好标牌标志和记录。

（4）授粉结果。在授粉后 2 周左右，打开授粉套袋，查看是否成功坐果，在授粉一个月后用结实网兜将果实套住，以免掉落或丢失。

（5）果实取种。猕猴桃果实成熟后采收，自然条件下放至软熟，果肉果皮分离后，果肉装在纱布袋中揉搓，洗净种子上附着的果肉，放在室内通风处晾干，充分干燥后装入袋中冷藏保存。

三、杂种的培育

猕猴桃杂种的培育包括种子播种、育苗、幼苗移栽、苗期管理、杂交苗定植等内容。杂种的培育与实生苗的培育方法类似，在本书第六章第二节中有详细阐述。需要注意，因猕猴桃杂种后代群体大和雌雄异株的特点，猕猴桃杂交苗定植时，应根据育种目标，尽可能在早期进行选择淘汰。如新西兰皇家植物与食品研究院利用分子生物学手段在苗期提前鉴定雌雄株，淘汰掉雄株材料，节省育种成本，提高育种效率。在开展抗性育种时，需保证有大量杂交幼苗，可在苗期密植，而后选择高标准的苗木定植。对于某些育种目标，可能需要杂交苗缩短童期提早结果，此时则需调整杂种培育条件，或采取各种农业技术措施来促使杂交苗提前开花结果。杂交选育实践过程中，应紧跟育种目标，以目标为导向，有计划有目的地实施育种方案。

四、杂种的选择

(一) 杂种选择的基本原则

1. 选择应贯穿于杂种培育的全过程 对杂种的选择，首先应从种子开始。种子发芽后，实生苗生长发育到开始结果，直到确定优良的单系成为新品系，进行品种试验等各个阶段，都需要对每一时期性状的表现，根据育种目标进行正确的鉴定和选择。全过程的选择对从发展的角度和综合方面评价一个优良单株有重要作用。

培育杂种的自然条件和栽培条件应该相对相似，而且要达到高水平，使杂种的表现型能够在较大程度上反映出遗传型差异，从而能够做出正确的鉴定和选择。

2. 侧重综合性状，结合重点性状的选择 在对杂种的选择中，在综合性状上表现优良的单株，才有可能成为生产上有价值的品种，这就要求必须既全面又有重点地来评价有希望的杂种，其中包括在本质上具有最重要意义的性状。此外，有些杂种虽然还不能在综合性状上符合要求，但因为具有重要的个别优良性状而有利用价值，可作为进一步育种用的材料，也应该选留，不能轻易淘汰。

3. 直接选择与间接选择相结合 杂种实生苗生长的早期与结果期在某些性状间如果存在相关，而且相关的性状能早期分析鉴定，这样就能在结果前的实生苗阶段进行间接的选择，从而淘汰无希望的单株。间接选择在某些很明确而易鉴别的性状上能够有效地利用，但是其终究有一定的局限性，因此应注重在杂种进入结果期后的直接选择。

4. 经常观察与集中鉴定相结合 杂种在生长发育过程中有动态的变化，不同时期有特定的性状表现，因此必须进行经常性的观察鉴定，尤其是对于所需要记载研究的性状更是如此。然而如在病害或冻害发生时，以及在起苗期和定植期等，就要根据具体情况进行集中性的鉴定，从而进行更有效的比较选择。

(二) 杂种选择的方法

对杂种的选择，应该根据育种目标、性状特性表现的规律、早期选择和预先选择的可靠性，以及杂种数量多少等方面来考虑。

1. 杂交种子的选择 种子是未来苗木生长发育的基础。种子选择的基本要求是生活力高、发芽率高和发芽势强，一般要选择那些充实饱满、发育正常、色泽好、生活力高的种子。这样的种子一般苗期生长好、成苗率高。此外，选择时要注意到与实生苗结果后的经济性状的相关性，要求所选择的种子能预示将来可发育优良的栽培特性。

2. 杂种幼苗的选择 杂交种子播种后，首先可以观察到不同组合间或同组合内的不同杂种苗木间在发芽率和发芽势上所表现的差异。这种差异可能由于生活力的差异，或遗传性的不同所引起。如果种子不充实，发育不良而延迟发芽的，可以淘汰，但对有一些是由于在遗传型上具有萌芽迟特性的幼苗，应该保留而且还应加强注意。主要原因是，种子萌芽迟与开花晚相关，晚花类型一般可避免晚霜危害，是良好的特性，因此不可轻易淘汰。

对苗床期幼苗的选择依据是：子叶大而厚、胚轴粗短、生长健壮，淘汰那些生长弱、发育差、畸形，以及感病的小苗。在移植到田间苗圃时，就根据幼苗的生长情况和形态特征，分等级依次移栽。对于特殊优异的小苗应做出记号分别栽植。这阶段由于幼苗的形态特征差异还不显著，不应强调严格的淘汰。

3. 杂种实生苗的选择 对杂种实生苗的选择，主要是在其定植前的育种苗圃阶段进行选择。育种苗圃是从播种苗床到育种果园之间的过渡阶段，常需1~2年。在杂种苗圃内的选择，可分别在生长期和休眠期进行，选择时主要依据器官的形态特征和某些生长特性所表现的栽培性程度以及相关性，特别注意抗病性和抗寒性的选择。

在定植前的育种苗圃阶段的后期，对杂种实生苗根据历次各项性状的鉴定记录做出单项的和综合的鉴定结果，按各个主要标志的表现程度，选拔出准备定植于育种果园的杂种实生苗。

4. 杂交幼树的选择 从育种苗圃选拔的杂种实生苗，定植到育种果园以后，就开始对杂种幼树进行一系列的选择。为了田间选择鉴定的方便，应绘制栽植图，标上杂种的代号，以便进行田间的记载，对杂种幼树鉴定研究的内容，主要包括生长势，对各种病虫害的抵抗性，以及其他抗逆性，根据研究上的需要，可以鉴定物候期和其他特性；对那些表现有特殊性状的单株应该加强记录，作为重点观察研究对象。所有记录的项目要求少而精，有针对性，并能够适用于统计分析，每年根据每一实生树的记录资料，进行一次综合评价。单项性状如抗病性等要进行组合间和组合内杂种间的比较。

5. 杂种实生树结果期的选择 杂种进入开花结果期后，可以对杂种果实等经济性状进行直接的选择鉴定，因此具有决定性意义。具体方法主要根据中华人民共和国农业行业标准《植物新品种特异性、一致性和稳定性测试指南　猕猴桃属》（NY/T 2351—2013），同时结合新西兰的选择方法来确定。

（1）花期属性。花期属性主要有开花期、花性、花序类型、花序花朵数、花柄长、萼片数量、花冠直径、花瓣颜色、有无畸形花等，如果是雄株选育还要测定花粉生活力。

（2）果实品质。果实品质是决定杂种是否优良的关键性因素，果实品质主要包括外观品质和内在品质，一些重要品质指标如表3-2所示。

表3-2　猕猴桃重要果实品质指标列表

编号	猕猴桃品质	品质判定
1	果皮光滑程度	1＝光滑（如：红阳）；2＝一般（如：金艳）；3＝粗糙，毛较多（如：徐香）
2	果皮去除茸毛难易程度	1＝容易（如：红阳）；2＝一般（如：金艳）；3＝困难（如：徐香）
3	果实形状	短圆形、扁圆形、圆柱形、圆球形、卵形、倒卵形、椭圆形
4	果实横截面形状	圆形、椭圆形、长椭圆形
5	果实顶部形状	深凹、浅凹、平、圆、微钝凸、钝凸、微尖凸、尖凸
6	果实纵径	使用游标卡尺测量
7	果实横径	使用游标卡尺测量
8	果肉颜色	分为10个等级：浅绿、中绿、深绿、浅黄、中黄、深黄、黄橙色、橙色、红色、红紫色

（续）

编号	猕猴桃品质	品质判定
9	果实柄部木质化程度	分3级，0=0～3mm、1=3～6mm、2≥6mm
10	果心大小	根据新西兰的分级标准分为5级（彩图3-1）
11	果心硬度	分为3种，软、微软、硬
12	果心红色横向扩展	0～5级；数值越大，红色扩展越远（彩图3-2）
13	果心红色纵向扩展	0～5级；数值越大，红色扩展越远（彩图3-2）
14	果心直径	使用游标卡尺测量
15	干物质含量	用公式计算，果肉干重/鲜重×100%
16	可溶性固形物含量	用数显测糖仪直接测定，一般认为，优良杂种的糖含量大于等于15%才具有意义，糖含量低于15%的应该直接淘汰

（3）果实贮藏性研究。贮藏性是果实采收后在低温下（0～2℃）贮藏的时间长短，影响猕猴桃果实耐贮性的主要因素是软果率和腐烂果率。果实放入冷库贮藏60d后第一次测定果实压力和腐烂果率，如果果实没有软熟，以后每隔15d测一次，直到果实软熟（硬度达到0.7kg/cm²）为止。

（4）果实丰产性调查。果实丰产性是评价杂种在整个结果期的丰产性高低、决定杂种优劣的一个重要指标。经过连续3～5年的产量鉴定后，可以比较出每年单株间的差异，而且也可以反映出每一单株产量逐年增长的速度和隔年结果的情况。凡是开始结果早而产量上升快的单株，通常结果枝形成好，成花率和着果率高，在繁殖后能表现出早结果早丰产特性，是值得注意选择的对象。如开始开花结果虽然较早，但产量上升很慢的单株，或是进入始果期很迟的单株，通常不作选择利用。

（5）抗性鉴定。杂种抗性是目前猕猴桃研究的热点，抗性包括抗病虫、抗寒、抗旱、抗涝等方面的特性。近年来，由于气候变化、环境变迁，特别是猕猴桃溃疡病在全世界大面积暴发，使得猕猴桃栽培常常遭遇各种困难。为解决生产中的实际问题，并获得丰产，就要对杂种在田间和室内的表现进行观测鉴定，跟同类型的主栽品种进行比较，评价抗性的优劣，选择优良的抗性材料。

（6）市场前景评价。通过猕猴桃业内权威机构进行。根据杂种果实外观、糖酸平衡度、果肉颜色、果汁、质地、口感、消费者喜好度、购买欲望、潜在的商业价值等综合指标进行评价，与其他国内外同类型主栽品种进行比较，选择更具有市场前景的杂种。

经过3～5年对杂种以上性状的全面研究鉴定，获得开花期、成熟期比较确切的资料，可以反映出单株间在遗传上的差异。根据不同成熟期先后将杂种依次排列，在一定的成熟期分期范围中，挑选优级的单株，并将其与同期成熟的标准品种相比较，用米衡量杂种的利用价值，再结合它的产量、生长势、抗病性等重要经济特性，选择出综合性状优良的单株作进一步的比较试验，特别优异的可以先行高接繁殖鉴定。此外，对于有某些优良特点的杂种还需进一步研究。

五、杂交育种程序

在猕猴桃新品种用于大规模生产之前，通常要经过选育阶段、试验阶段和繁殖推广阶段。

（一）选育阶段

通常通过实生选育、杂交育种和人工诱变选育优良的猕猴桃单株，经过选育的单株按照相关规格要求栽入育种果园，在开花结果后，对生长结果习性、产量、品质、耐贮性、抗性等展开全面的评价，并连续评价3～5年，从中选育出符合育种目标的最优材料进入试验阶段。

（二）试验阶段

此阶段是决定品种优劣的关键性阶段。根据相关规定，必须开展品种比较试验和品种适应性试验。具体试验要求如下：

1. 对照品种设置　选择同一栽培类型，且为同一生态区的主栽品种为对照品种。如美味猕猴桃可以选择海沃德为对照品种，红肉二倍体中华猕猴桃可以选择红阳为对照品种。

2. 品种试验要求

（1）试验点选择。试验地点应能代表所属种类生态区的气候、土壤、栽培条件和生产水平，选择无检疫性病虫害及严重土传病害、土壤肥力一致、排灌方便、前作一致的田（地）块。同组试验每年不少于3个有效试验点。

（2）试验周期。结果后不少于连续2个（含2个）生长年限。

（3）田间设计。随机区组排列，不少于3次重复。同一重复安排在同一地块，保护地种植的同一重复应安排在同一温室或大棚。小区形状采用长方形为宜，每个重复不少于30株。同组试验必须有统一对照（CK1），不同生态区试点可增加一个当地对照（CK2）。需嫁接的品种，应采用同一砧木。

（4）田间管理。田间管理一致，同一项技术措施应在同1d完成。栽培方式参照当地大田生产方式，田间管理水平按当地生产中上水平。遵守《中华人民共和国农药管理条例》，严禁使用国家违禁农药。需要比较试验品种的抗病性、抗虫性等，则不应对该病害、虫害进行防治。生长期间不使用催熟剂和膨大剂。

（5）调查记载。观察记载品种主要物候期、植物学特征、生物学特性、产量、品质、抗病性、抗逆性（抗旱性、抗倒性、耐寒性）等。按小区全区收获，各小区分别计产。

（6）试验总结。对每个生长周期的质量性状进行描述，对数量性状如产量等调查记载数据进行统计分析；试验周期完成后，对品种进行综合评价，对适宜区域、种植季节及栽培模式进行准确表述，撰写品种试验报告。

（三）繁殖推广阶段

优良单株经过试验阶段最后确定为优良新品种，新品种可以申请农业农村部植物新品种权保护，或者申请省主要农作物品种审定（认定或鉴定），同时申报单位承担新品种的繁育任务：建立母本园，为繁育推广提供母本材料。在新品种繁育推广过程中，必须遵循良种繁育制度，并采取各种措施，有计划地为发展新品种的地区和单位提供优良的接穗或嫁接苗。

第五节　辐射育种

一、辐射育种的历史和现状

辐射诱变育种即人为利用物理诱变因素，通过照射营养器官、愈伤组织、种子等植物材料，诱发植物产生遗传变异，在短时间内获得具有利用价值的突变体，同时根据育种目标，经过人工选择、鉴定、培育出可以直接生产利用的新品种，或育成新的种质资源作为亲本的育种途径。

辐射诱变育种是继实生选种和杂交育种后发展起来的一项新技术，不但可以大大提高果树基因突变频率，缩短育种年限，而且可以产生少量突变，在改良品种的同时又不会改变原有品种的固有优质性状，从而获得常规育种难以获得的新种质。此外，辐射诱变育种还具有安全、简便，以及突变率高的特点，正符合果树的育种要求。因此，1928 年，植物学家 Stadler 发现了 X 射线对大麦和玉米的诱导效应，之后辐射诱变就开始应用于植物育种的试验研究中（杜若甫，1981）。直至 1934 年，X 射线被用于烟草的辐射诱导，选育出了全世界首份通过辐射诱变技术获得的烟草突变品种（杨兆民和张璐，2011）。

国际上将辐射技术应用于果树的研究始于 1944 年，以瑞典的 Gustavuson 等发表 X 射线对苹果形态学效应的报道为起点，同时该研究还获得了一些果实着色良好的苹果突变材料。随后包括加拿大、法国、美国、日本、荷兰、阿根廷等在内的多个国家均相继开展了果树辐射育种的研究工作，其中效果显著的有：加拿大选育出短枝、浓红、抗病的旭苹果的突变新品种 8F - 2 - 32；阿根廷的大果、浓红、早熟桃品种 Magnif135；法国培育出的无锈金冠新品种金莱斯；美国用热中子处理葡萄柚 Hardson 种子选育出的红肉、无核斯塔尔红宝石；日本采用 γ 慢照射得到的抗黑斑病梨金 20 世纪等。

中国果树辐射诱变育种起步较晚，直至 1964 年，辽宁省熊岳农业科学研究所最先开展了果树的辐射诱变工作（李雅志，1979）。用于辐射诱变的树种有苹果、梨、山楂、板栗、柑橘等，诱变材料包括种子、芽条、花粉等，涉及的诱变源有 $^{60}Co - \gamma$ 射线、快中子、热中子和激光等。获得的果树新种质主要有：矮变优系苹果国光中 7 - 14 和金冠优系 10 - 13、短枝向阳红苹果 80 - 4 - 1、抗寒辐向阳红梨、板栗新品种农大 1 号、少核 418 红橘等。

从 20 世纪 30 年代至今，果树辐射诱变的手段、诱变剂的选择、诱变品种的分离筛选和鉴定技术不断发展创新，果树辐射诱变育种体系日趋完善，有力地促进了果树育种研究。而我国果树的辐射育种工作始于 20 世纪 70 年代（马庆华等，2003），根据发展历程，可以将我国辐射育种进程分为以下四个阶段：

（1）20 世纪 50 年代至 60 年代中期。主要是建立了专门的研究机构。

（2）20 世纪 60 年代后期至 70 年代中期。受"文化大革命"的影响，辐射诱变育种工作停滞。

（3）20 世纪 70 年代后期至 80 年代中期。辐射诱变育种正式起步，并迅速发展。

（4）20 世纪 80 年代以后。随着社会的进步，辐射源得到发展并不断变化，辐射材料和种类多样化，辐射诱变技术和现代生物技术结合，加快了育种工作的速度，成绩斐然。

根据在果树上的应用情况，将常用辐射源物理参数进行总结（表 3-3），其中应用较为广泛的是^{60}Co-γ射线辐射。

表 3-3　常用辐射源物理参数

诱变源种类	辐射源	电荷	波长	特点
X 射线	受激发的电子云	不带电荷	软射线 0.1～1nm；硬 X 射线 0.01nm 以上	高能量电离辐射，直进性、穿透性强，能引起植物电离
γ 射线	放射性同位素	不带电荷	0.000 1～0.01nm	不带电荷，无质量，能量较 X 射线高，具有很强穿透力
中子	核反应堆、中子源或发生器	不带电荷	0.01nm	穿透力极强，包括中子、中能中子、慢中子和热中子
激光	激光发生器	不带电荷	0.377 1～10.6μm	方向性好、单色性好，具有光效应、热效应、压力效应和电磁场效应
电子束	静电加速器或直线加速器	负电荷	5～20MeV	电离辐射，可使空气电离，直接引起化学反应，穿透力较大
离子束	离子源	质量数≥4 的带电粒子	低能＜10MeV/u；中能 10～100MeV/u；高能 100～1 000MeV/u；超高能＞GeV/u	低能注入、高能贯穿，具有能量动量转移、电荷交换及质量沉积三重效应，相对生物效应高

目前，在柑橘、苹果、板栗、山楂、梨、桃、枇杷、香蕉、葡萄及猕猴桃等果树上利用辐射诱变方法先后选育出一批优良种质。但相对于传统的野生猕猴桃驯化、杂交、芽变选择等方法，猕猴桃上的辐射育种技术的应用要薄弱得多。大部分研究还集中在辐射剂量对生长的影响以及辐射后诱变材料的 SSR 多态性分析等，如王存喜等（1900）以中华猕猴桃试管苗叶片为外植体，将组织培养与^{60}Co-γ射线辐射处理相结合，筛选出耐盐突变体幼苗；朱道圩等（2006）通过^{60}Co-γ射线辐射中华猕猴桃种子发现，用辐射处理的组织培养幼苗，根系和真叶生长均受抑制；陈树丰等（2008）发现辐射处理后的嫁接枝条的 SSR 多态性发生了显著性变化；胡延吉等（2009）选用广东产区的 2 个主要猕猴桃品种和平红阳与和平 1 号进行^{60}Co-γ射线辐射处理发现，半致死剂量在 50～75Gy。尽管利用辐射诱变进行猕猴桃新品种选育还未见相关报道，但已经证实，在辐射诱变中，^{60}Co-γ射线辐射处理猕猴桃幼芽与大龄砧高位嫁接结合是进行猕猴桃品种改良的一种有效新途径。

二、辐射育种的机理和方法

（一）辐射育种机理

辐射诱变的机理主要包括两方面：一是辐射后引起遗传物质的突变，如染色体的畸变、DNA 分子的变异；二是 RNA、蛋白质的生物合成受到抑制，生长素及酶等生理活性物质的代谢受到破坏，表现出细胞死亡、细胞突变（杨再强和王立新，2006）。在细胞水平上，辐射育种的机理研究主要集中在染色体畸变和基因突变两方面。染色体畸变是植物辐射损伤典型的表现特征，在辐射处理材料的有丝分裂和减数分裂细胞中都观察到了染色体畸变（杨兆民和张璐，2011）。辐射可诱发染色体结构、数量和行为畸变，染色体数量的变化往往导致重组体的产生、结构重排、单倍体及非整倍体类型的出现、染色体断裂，以及引起染色体行为变异（温贤芳，1999）。染色体在电离辐射作用下产生的变化，是断裂和断裂后的重新连接。如果射线击中染色体则可能导致断裂，再修复时会造成缺失、重复、倒位和易位等染色体畸变。电离辐射诱发的染色体断裂中只有很小一部分能通过细胞世代传下去，成为染色体突变。染色体结构变异是主要的诱变方式，除此之外，电离辐射也能够诱发一定的单基因突变体（张铭堂，1996）。理论上认为，染色体畸变率与辐射剂量呈正相关，但是过高的辐射剂量在提高畸变率的同时也加大了辐射损伤，造成有丝分裂不均分裂和不分裂等异常情况，致使成活率降低，限制了最大辐射剂量；然而辐射剂量过低，畸变率低，且畸变类型少，从而达不到诱变育种的目的（王瑞静，2009）。

在分子水平上，辐射诱变机理的研究主要是围绕 DNA 损伤、修复及其与突变的关系展开的。基因突变一般不像染色体畸变那样会引起细胞学的异常现象。基因突变有移位、颠换和转换、大损伤 3 种。辐射诱变就是使处理材料的 DNA 因发生断裂、损伤或碱基缺失等多种生物学效应而产生大的突变。干扰 DNA 的修复合成可产生更多的突变（王少平，2008）。X 射线和 γ 射线可以激活原子的内层电子并释放，致使原子离子化，可与其他原子和分子结合，造成共价键断裂，从而引起 DNA 链的断裂，修复时不能恢复到原始状态就会产生突变。中子与生物体内的原子核撞击后，可使原子核变换产生射线等能量交换，从而影响染色体和 DNA 的变化。在辐射作用促使细胞染色体发生改变的同时，还会引起生物体与细胞质有关的遗传性核外变异，多种作用的汇聚，即可促成辐射育种中材料奇特的特性变异。

辐射诱变主要有两种作用方式，一种是直接作用，指射线与被照射物质直接发生作用，射线将能量传递给生物分子，引起电离和激发，导致分子结构的改变和生物活性的丧失；另一种是间接作用，即自由基作用理论，指射线处理形成损伤引起的反应，从而导致突变的发生（敖妍，2006）。辐射的生物效应还受温度、有氧情况、含水量等外界环境条件的影响。

（二）辐射育种处理方法

辐射诱变方法采用内外两种照射方式。外照射即将被照射的种子、球茎、鳞茎、块茎、抽穗、花粉、植株等材料放入辐射室，采用某一物理因子进行直接辐照。目前外照射常用的是 X 射线、β 射线、γ 射线、快中子等。外照射又可以细分为分次照射、连续照射、慢性照射以及急性照射；还分为短时间、长时间、多次重复等多种照射方式；不同的方式存在不同的优势。目前辐射诱变最常用的是 γ 射线，早期的 γ 射线处理因受 γ 田、γ 种植房和 γ 温室等辐射设施的限制，多以急性照射为主；近些年随着这些设施的建立，慢性照射开始在国内发展（陈青华等，2005）。

外照射处理种子的方法有处理干种子、湿种子、萌动种子 3 种。目前应用较多的是处理干种子。对于许多无性繁殖的植物，用外照射进行辐射诱变处理是进行品种改良的重要手段，只要得到好的突变体就可以直接繁殖利用。照射花粉比照射种子更有优势，照射花粉很少产生嵌合体，即花粉一旦发生突变，其受精卵便成为异质结合体，将来发育为异质结合的植株，通过自交，其后代可以分离出许多突变体。辐射对卵细胞影响较大，它不仅引起卵细胞突变，亦可影响受精作用，有时可诱发孤雌生殖。该方法具有简单便捷、处理高效等优势，被广泛应用。

内照射是当前较为先进的技术，其照射原理为从内部进行照射，将辐射源引入生物体内部，实现高效的处理，照射源为^{32}P、^{36}S、^{14}C等放射性元素的化合物。内照射的主要方法有浸泡种子或枝条；将照射源注射入植物的茎秆、枝条、芽等部位；将照射源施入土壤中使植物吸收；用放射性的^{14}C供给植物，借助于光合作用所形成的产物来进行内照射等。该方式属于慢性照射类别，辐射源进入生物体内部后，会随着自身的衰变不断放射，对植物产生影响。内照射过程中需要一定的防护，避免放射性同位素的污染，处理过的材料在一定时间内带有放射性。

为提高辐射诱变效果，利用多种诱变因素复合处理能发挥各自的特点，相互配合提高突变频率和诱变效果。在辐射育种中常将电离辐射与化学因子结合进行复合处理。电离辐射能改变植物细胞生物膜的完整性和渗透性，促进后处理的化学物质的渗入。这样可产生累加效应和超累加效应，获得实际效果更好的处理材料。种子在$-78℃$下照射然后立即进行"热冲击"处理（$-60℃$），能减轻子一代幼苗的生理损伤和染色体畸变，但不降低突变率。热冲击的保护作用在于大大提高自由基的活动性，增强自由基的复合，从而减少自由基与氧及靶分子的相互作用。种子在极低温度（$-196℃$）下照射也能减轻子一代的损伤和提高突变率，其效果可能比热冲击更好。因为在$-196℃$的冰晶里，自由基完全不活动，当过渡到常温时自由基突然变得极为活跃，它们的复合活动大大增强，减少了它和氧及生物分子的作用，从而减少了与损伤及不育突变有关的DNA双链断裂或染色体畸变（王旭军等，2007）。还可采用辐射突变与离体培养技术相结合，利用活体照射等以改良品种或创造新的突变类型。辐射与离体培养结合的育种方式可以有效地克服"二倍体选择"，提高突变细胞的显现率，减少嵌合突变体产生的频率；使诱变、选择、快繁同时进行（张冬雪等，2007）。

植物的组织是由组织发生层的三层细胞发育而来，正常情况下，组织发生层具有相同的遗传物质，辐射常造成发生层中的部分遗传物质发生改变，其结果是正常的组织和突变的组织混在一起形成嵌合体。在很多情况下，辐射形成扇形嵌合体（细胞层内遗传物质不相同），如果不及时分离并加以选择，这些突变的嵌合体容易被正常的组织掩盖住，从而失去选择的机会，降低了突变体频率，影响实验效果。因而进行突变的早期分离和选择是获得变异、提高育种效率的重要因素（刘继红等，1999）。

三、辐射材料的培育和选择

野生猕猴桃不良性状改良的确存在一定的难度，加之资源的有限性进一步增加了通过驯化进行品种改良的难度。同时由于猕猴桃品种的基因型是高度杂合的，所以杂交后代可以产生广泛的变异，但杂交育种耗费的时期长，因为杂种后代需经过一个长期的童期过程才能开花结果，而且在童期难以鉴别区分雌雄植株；除此之外，杂交育种还受到诸如种间杂交不亲和性等因素的制约。芽变选择的来源是自然突变，而自然突变率往往很低，限制了这一方法的成效。因此，在猕猴桃上选择辐射诱变育种是一种减少育种周期的可行方法。辐射材料的选择就显得尤为重要，目前果树上用于辐射育种的材料主要有种子、花粉、植株、接穗、愈伤组织等。利用辐照花粉授粉可望解决杂交和远缘杂交不亲和性等问题，是创造新的种质资源最有希望的方法之一。保加利亚的 Angelor 用 γ 射线照射 Duph-ishka 花粉后与 Halle 杂交，获得了高产、大果、优质的桃新品种 Plovdiv6。随着离体培养技术的发展，通过辐射组培苗也成功地获得了新种质，如日本福岛县果树试验场用 γ 射线照射桃品种晓的茎尖培养苗育成了早熟桃品种辐眉。猕猴桃诱变材料一般选择种子、芽、花粉、组织培养物等。种子诱变后培育成实生苗，经历实生过程变异范围较大，选育周期较长。同时，雄性授粉品种（系）对雌性品种（系）授粉后会出现性状分离，很难达到改变个别性状的目的。采集一年生枝条，通过辐射芽，随后进行嫁接是目前最常用的做法，这也是猕猴桃上常用的做法（表 3-4）。这样处理的接芽没有童期，可以较快进入结果，选育周期相对较短。但是，由于芽的顶端分生组织细胞较多，很难使所有细胞发生相同变异，因此易出现嵌合体。花粉辐射也会存在类似问题，花粉处理后再授粉，可以把诱导的基因突变与杂交基因重组相结合，变异范围大，改变性状多，易形成新的品种类型。

表 3-4　猕猴桃辐射育种报道统计

辐射品种	辐射材料	辐射源	剂量（Gy）	剂量率（Gy/min）	报道时间（年）	试验者
中华猕猴桃	种子	^{60}Co-γ 射线	0、50、100、150、200	0.5	2006	朱道圩
红阳、桂海 4 号、长果猕猴桃	枝条	^{60}Co-γ 射线	0、25、50、100、150	50	2012	叶开玉
和平红阳	枝条	^{60}Co-γ 射线	25	4.5	2015	梁红
和平 1 号及和平红阳	枝条	^{60}Co-γ 射线	0、25、50、75	/	2012	胡延吉
和平 1 号及和平红阳	枝条	^{60}Co-γ 射线	25、50、75	/	2008	陈树丰
长果猕猴桃	枝条	^{60}Co-γ 射线	0、40、60、80、100	20	2016	刘平平
东红、红阳、金艳	种子	80MeV/u 高能碳离子束辐射	0、50、100、200、400	/	2019	杨爱红

在进行辐射时，剂量率是一个较为重要的参数。剂量率为单位时间照射和吸收的剂量。根据辐射剂量率的大小，分为急性照射和慢性照射。急性照射采用较高的剂量率进行短时间处理；而慢性照射是用低剂量率进行较长时间的缓慢照射。慢照射比急照射对材料的损伤轻，形态畸变少，而且诱变效果稳定（陈秋芳等，2007）。射线和粒子的选择主要依据辐射设施的可行性选择，各种辐射源特性不同，诱变效果也不同，根据自己的育种目标，按照各种辐射源的特性选择适宜的辐照种类。适宜的辐照剂量是诱变处理的关键因素，可参照前人的同种类材料和辐照源的剂量率选择，如果没有相关报道，则需要设定几个剂量率进行试验。剂量的选择由植物材料、照射种类决定，一般种子的照射剂量较芽

高，低能量的比高能量的照射源高。但是，辐照效果与辐照源、材料的生理状况、辐照速率等因素都密切相关。在开始新的辐照试验时建议先确定辐照的半致死剂量（叶开玉等，2012；梁红等，2015）。一般认为辐照后使50％的处理材料死亡的剂量是半致死剂量，在猕猴桃等无性繁殖的果树中，成活率往往以种子发芽率或嫁接成活率为指标，因此半致死剂量是辐照处理后50％的发芽率、嫁接成活率或组培材料再生率对应的剂量。为了准确表达辐照的剂量，建议用相对半致死剂量表示。每次辐照时设计无辐照对照，以对照的发芽率和成活率为参照，辐照处理后的发芽率和成活率达到对照的50％时为相对半致死剂量。确定相对半致死剂量后，便可以选择处理的剂量，原则上照射剂量不能高于半致死剂量，在照射后代中有较大的变异效应，且有利突变较多。

猕猴桃辐射育种要解决的一个难题是如何获得足够大的筛选群体。虽然辐射诱变可以显著提高突变率，但由于大多数突变是无益突变，要使符合育种目标和生产需要的少量突变得以表现并加以选择，则诱变处理后代的群体要足够大。然而，在常规果园中要获得足够大的群体是很困难的，因为每公顷果园只能种植600～900株猕猴桃。尝试采用大龄砧高位嫁接的方法，即每株砧木树可嫁接50～100个辐射芽，理论上每公顷可产生30 000～45 000个嫁接枝条以供选择，可以有效地解决在大群体中选择少数优良变异的难题。优良变异选择后还需要进行遗传稳定性鉴定。猕猴桃是无性繁殖，变异一旦选择，便可以通过无性繁殖的方法保存下来。为了提高鉴定的准确性，也可以增加组织解剖学和细胞学鉴定，如果发现组织结构、细胞分裂、倍性等发生变化，选择的变异为可遗传变异的可能性很大。变异的本质是基因突变，利用分子技术鉴定变异是最为准确的（刘平平等，2016），但是目前的大多数分子标记是很难检测到基因突变的。

第六节　多倍体育种

一、猕猴桃的染色体和倍性

多倍体是指具有三套或者三套以上完整染色体组的生物体。多倍体普遍存在于植物界，现代研究表明大部分被子植物在进化过程中经历了至少一个多倍化过程，在被子植物中70％以上的类群为多倍体（Soltis et al.，2009；Van et al.，2017）。植物多倍体根据基因组构成的差异可分为同源多倍体和异源多倍体。同源多倍体基因组由二倍体加倍产生，具有相同的基因组；异源多倍体是由两种或多种不同基因组组合而形成（Stebbins，1947）。目前常见的同源多倍体包括马铃薯、甘薯、苜蓿、黑麦草、葡萄和西瓜等；异源多倍体常见小麦、油菜、棉花、花生和草莓（Renny et al.，2014）。

猕猴桃是典型的多倍体植物，多倍化在猕猴桃的物种形成和性状多样化进程中起到了关键作用（Liu et al.，2017）。最新研究表明猕猴桃最近一次古多倍化 Ad‐α 发生在约 2 830 万年前，处于渐新世（Oligocene）中长达 700 万年的逐步气候变化期（stepwise climate，2 250 万～3 250 万年前）（Shi et al.，2010）；在后续漫长的进化历程中，猕猴桃属植物逐步形成了以二倍体、四倍体和六倍体为主，同时包括八倍体、十倍体及少数非整倍体的复杂倍性格局。猕猴桃属植物的染色体基数较大，核型分析发现猕猴桃属染色体基数为 29 条（吕柳新等，1984；熊治廷等，1985，1998），即猕猴桃中常见的二倍体、四倍体和六倍体分别含有 58 条、116 条染色体和 174 条染色体（图 3-2）。因为猕猴桃染色体多而小（$x=29$，$<1\mu m$）（何子灿，1998），早期采用染色体计数方法研究猕猴桃倍性非常困难，极难开展大规模野外猕猴桃资源和育种材料的倍性调查。近年来流式细胞技术的成功研发解决了这一难题，流式细胞仪技术具有高效快速、制样简单、试材用量少且数据重复性高等优势（图 3-2），在新西兰植物与食品研究所及中国科学院武汉植物园等猕猴桃科研单位，每年利用流式细胞仪测定倍性的猕猴桃样本超过 2 000 份，这极大地推动了猕猴桃倍性育种和野外资源发掘的进程。

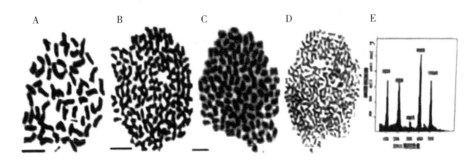

图 3-2　猕猴桃核型分析及流式细胞仪倍性测定

A. $2n=2x=58$（中华猕猴桃）　B. $2n=4x=116$（中华猕猴桃）　C. $2n=6x=174$（美味猕猴桃）

D. $2n=8x=232$（软枣猕猴桃）（图片来源：何子灿）　E. 流式细胞仪分析猕猴桃倍性水平图

猕猴桃属植物倍性复杂，倍性小种的分布频率随着倍性增加呈逐步减少的趋势（黄宏文，2013）：在已经开展倍性分析的猕猴桃种和变种中，40 个种类存在二倍体，20 个存在四倍体，5 个含有六倍体，1 个具有八倍体和十倍体。特别是随着野外猕猴桃资源调查的深入，一些倍性小种和新的倍性水平也不断被发现，其中研究较为明晰的是中华猕猴桃复合体、软枣猕猴桃及其近缘类群。前期研究发现，猕猴桃不同倍性小种呈明显的地域分布差异（Li et al.，2010a；Wang et al.，2021），例如中华猕猴桃复合体倍性变异在整个分布区整体呈现从东部分布的二倍体和四倍体，到江西、湖南、湖北、河南一带的二倍体、四倍体和六倍体混合，再到西部高海拔地区如陕西、贵州、云南、四川和甘肃的六倍体分布格局。中华猕猴桃倍性小种在垂直海拔分布上明显分化，中华猕猴桃二倍体、四倍体和六倍体小种存在从低到高的分布趋势（Li et al.，2010；Wang et al.，2021）。软枣猕猴桃的倍性分布更为复杂多样，在日本的软枣猕猴桃及其近缘种，存在从二倍体到八倍体多个倍性小种，其特有的二倍体小种分布在南部温暖地区，六倍体等高倍性的小种主要分布在日本北部（Kataoka et al.，2010）。猕猴桃不同倍性小种具有的地理分布特征，为深入研究植物多倍体进化相关的地域分布格局及其生态进化机制提供了一个很好研究案例。

目前商业化的猕猴桃品种主要有中华猕猴桃复合体（中华和美味猕猴桃）、软枣猕猴桃和毛花猕猴桃三大类。其中传统的中华猕猴桃和美味猕猴桃品种包括了二倍体、四倍体和六倍体（表 3-5）；软枣猕猴桃品种倍性更为复杂，主要有四倍体、六倍体和八倍体；商业化的毛花猕猴桃倍性只含有二倍体。在中华猕猴桃和美味猕猴桃中，商业化的二倍体类型主要有中国的红阳、东红和新西兰的 Zespri Red 等红肉猕猴桃品种；四倍体类型主要是中国的金艳、华优，新西兰的 G3，意大利的 Soreli 和 Dori 等品种，绝大部分属于黄肉猕猴桃，但也包含少部分绿肉猕猴桃品种（如中国的武植 3 号、新西兰的 G14）；六倍体类型主要有中国的徐香、秦美、米良 1 号、翠香和贵长等，以及新西兰的海沃德和意大利的 Top star，六倍体猕猴桃品种基本属于绿肉猕猴桃（黄宏文，2013；廖光联等，2018）。最近研究表明，不同倍性的中华猕猴桃和美味猕猴桃果实大小差异主要表现在植株抗性、果实大小、果肉颜色和毛被，特别是近年来溃疡病等病害的暴发，猕猴桃多倍体因其具有较好的抗性引起了育种学家的重视（石志军等，2014）。

表 3 - 5　猕猴桃品种主要的来源和倍性水平

倍性	来源	品种名称
二倍体	中国	雌性品种：博山碧玉、川猕 3 号、东红、丰悦、桂海 4 号、红华、红什 2 号、红昇、红阳、华光 2 号、金红 50、金农、金怡、金玉、满天红、满天红 2 号、农大金猕、脐红、晚红、华特、赣绿 1 号、赣猕 6 号、武当 1 号、武植 7 号、炎农 1 号、伊顿 1 号；雄性品种：磨山雄 1 号、磨山雄 2 号、磨山雄 7 号、桂海雄、红阳雄
	新西兰	雌性品种：Hort16A、Zespri Red
四倍体	中国	雌性品种：楚红、翠玉、东玫、桂红、华宝 1 号、华光 3 号、华优、建香、金丰、金梅、金美、金霞、金艳、金阳、金圆、金早、魁蜜、庐山香、赣金 2 号、金奉、庆元秋翠、厦亚 15 号、厦亚 1 号、太上皇、通山 5 号、皖金、武植 3 号、湘麻 6 号、豫皇 1 号、早鲜、豫皇 1 号；雄性品种：磨山雄 4 号、磨山雄 5 号
	意大利	雌性品种：Soreli、Dori
六倍体	中国	雌性品种：川猕 1 号、翠香、贵长、和平 1 号、红美、华美 1 号、华美 2 号、金福、金魁、金硕、龙山红、米良 1 号、农大猕香、秦美、沁香、瑞玉、皖翠、新观 2 号、徐香；雄性品种：磨山雄 3 号、徐香雄
	新西兰	雌性品种：海沃德、布鲁诺；雄性品种：马图阿、汤姆利
	意大利	雌性品种：Top star、Earlygreen

二、猕猴桃倍性育种的意义

植物多倍体在自然界中表现出更好的环境适应性、表型和遗传可塑性，为育种学家开展多倍体育种提供了理论依据。从 1937 年开始，布莱克斯等用秋水仙碱处理曼陀罗（Datura inoxia）成功获得多倍体，育种学家开展了大量的多倍体创新研究。在不到一百年时间里，育种学家创制了大量的农作物、果树（表 3 - 6）、蔬菜和花卉多倍体，不仅拓宽了种质资源多样性，而且培育了大量新型高产高质的新品种。猕猴桃多倍体与二倍体相比，在生理和形态等多方面同样出现了差异。

表 3 - 6　果树多倍体农艺性状的变化

农艺性状改变	主要作物类型及其倍性
大小	苹果（3x，4x）、黑加仑（4x）、番荔枝（3x）、无花果（3x）、葡萄（3x）、猕猴桃（4x）、枇杷（3x，4x）、芒果（4x）、桑葚（3x，4x）、橄榄（4x）、柿（6x）、石榴（4x）
矮化	苹果（3x，4x）、柑橘（4x）、欧洲甜樱桃（3x）
抗性	苹果（4x）、柑橘（4x）
无核	柑橘（3x）、西瓜（4x）、葡萄（3x）
品质	柑橘（3x）
产量	柑橘（3x）、桑葚（3x、4x）

注：①3x 代表三倍体，4x 代表四倍体；
②抗性包括耐旱、耐盐、耐硼过量、耐寒、耐贫瘠和铬毒性。

育种学家利用植株在染色体加倍后出现的细胞和器官巨型化特征，提高了作物的产量。例如，块状根茎类的甜菜和马铃薯，果实类的葡萄和香蕉，蔬菜类的白菜和甘蓝等，粮食作物类的小麦等，均通过多倍化实现了大小或产量的提升（Eng et al.，2019；Zhang et al.，2019；Chen et al.，2020）。猕猴桃多倍体的细胞大于二倍体，例如六倍体的花粉尺寸显著大于二倍体，且六倍体和四倍体猕猴桃品种单果重显著大于二倍体品种（Li et al.，2010b）。秋水仙碱诱变实验结果证实了猕猴桃多倍化后器官巨型化特征（Wu et al.，2012a，b；Wu et al.，2013）：二倍体的 Hort16A 品种在诱变成四倍体后平均果重增加 72.1%～99.39%，其中最高单果重可达到 197g；二倍体红肉猕猴桃加倍成四倍体后果实大小同样发生了显著变化，单果重增加 54.79%～60.6%（彩图 3 - 3）。因为猕猴桃以果实为主要收获对象，通过染色体加倍实现果实巨型化可以解决部分二倍体猕猴桃品种果实较小的缺陷，为果农带来更高的经济效益。

植物多倍化可以改变植物器官的品质性状。植物多倍化后因为细胞体积发生改变，植株的呼吸、蒸腾和光合作用会发生相应的生理和代谢变化，导致植株自身的碳水化合物、蛋白质、维生素、植物碱和单宁等物质的合成和积累发生改变，最终为植物育种提供了大量的变异材料。例如，多倍体西瓜的番茄红素等物质含量比二倍体亲本西瓜高 30%～40%（刘文革等，2008）。前期研究发现在猕猴桃中加倍后果实品质没有得到显著提升，诱导的同源四倍体果实和二倍体果实中维生素 C 含量无明显差异，然而加倍的同源四倍体与二倍体亲本相比果肉硬度和干物质含量降低，果肉颜色较淡（Wu et al.，2013）。因此，在猕猴桃多倍体育种中，为了获得品质更优的优异种质，需要进一步对加倍的材料进行选育和改良。此外，育种学家也可以利用自然界中的多倍体获得更好的产品品质性状，例如八倍体和十倍体的软枣猕猴桃野生个体的维生素 C 和氨基酸等营养成分含量更高，可以为未来选育更营养健康的果品提供育种材料（Zhang et al.，2017）。

多倍体一般茎秆粗壮，叶片较厚，具更好的抗倒伏、抗逆和抗病害等抗性。前期研究表明，苹果同源四倍体表现出抗病的叶片结构和更优良的光合特性。葡萄三倍体长势旺盛，且具有较强的抗病和耐盐碱能力。猕猴桃四倍体茎增粗，叶片变大增厚，叶色浓绿，叶长、叶宽、叶厚分别是二倍体的 1.18 倍、1.48 倍、1.06 倍，叶绿素含量为二倍体的 1.82 倍（张弛，2011）。对四倍体与二倍体的抗旱性及抗热性比较发现，四倍体的叶片持水力高于二倍体，而细胞膜损伤率及渗透率均低于二倍体，表明四倍体的抗旱性及抗热性均强于二倍体（张弛，2011）。然而，笔者对武汉地区东红猕猴桃加倍个体多年调查发现，多倍化的猕猴桃抗热性有所降低，在 40℃ 以上的高温下容易出现叶焦的现象。张弛（2011）对二倍体与株系的四倍体组培苗叶片进行了猕猴桃细菌性溃疡病离体侵染试验，发现四倍体比二倍体表现出晚感病症状，在武汉地区对东红四倍体的抗性调查发现，不同加倍个体的溃疡病抗性出现差异，其中部分四倍体诱变材料溃疡病抗性得到显著提高。

三、多倍体的选育

果树的童期较长，短则 2～3 年，长则 10 年以上，一般来说，猕猴桃从杂交到子代结果需要 3～5 年，且猕猴桃父本果实性状不确定导致杂交子代性状预见性较差；倍性育种可短期内通过多倍化改变果实大小及抗性；特别是猕猴桃可通过嫁接和组培快繁等无性繁殖固定多倍化后植物的优良性状，实现快速推广和利用。因此，倍性育种被认为是猕猴桃育种潜在有效的育种手段。目前，植物倍性育种主要通过人工诱导、自然界筛选及体细胞杂交等多种途径实现。人工诱导途径是植物中主要的多倍体选育途径，主要包括物理诱变和化学诱变。物理诱变方法包括机械损伤、射线、辐射、温度骤变、胁迫等，常用于处理的植物组织包括花器官、芽、幼苗、萌发的种子等。物理诱变的方法因诱变概率低、定向性差、嵌合体严重，且射线和辐射对人体的伤害也较大，目前已经较少使用。

化学诱变是创制植物多倍体最有效途径，主要利用化学药剂处理植物器官或组织，使细胞在分裂时不能形成正常的纺锤丝，从而实现细胞的染色体加倍，后期借助组织培养可获得再生的多倍体植株。目前已发现的化学诱变剂有 200 多种，例如秋水仙碱（Colchine）、甲酰胺草磷（Amiprophose methyl，APM）、氟乐灵（Trifluralin）、氨磺乐灵（Oryzalin）、氨氟乐灵（Pronamide）、硫酸酰胺化物类（Phosphprothioamidates）、常春花碱（Vinblastin）、苯甲酸（Benzamides）等（Dhooghe et al.，2011）。植物多倍体诱变成功率主要由诱变的方法、诱变剂的种类和浓度、诱变时间和诱变植物组织决定。其中诱变剂处理方法通常使用浸泡法、滴加法、混培法和浸渍法等。浸泡法是最简单有效的手段，药剂通过与外植体全面接触，细胞分裂程度高，变异稳定，但对材料伤害大，长时间处理材料的死亡率较高；混培法通过培养基中加入诱变剂诱导植物组织加倍，外植体不直接与药液直接接触，损伤小且节省成本，但在不同植物中诱变成功率变化较大。其次，外植体的选用是诱导工作中的关键环节，植物一般选择幼叶、叶柄、茎尖和不定芽等分裂旺盛的组织作为外植体（Liu et al.，2007）。

秋水仙碱对植物体的伤害较轻，处理后不影响细胞的分裂和植株的再生，且加倍效率较高，目前仍是最高效、最经济和最普遍的化学诱变方法。秋水仙碱对使用浓度、诱导时间、诱导的植物组织都有较严格的要求，例如诱导柚茎段的最适秋水仙碱浓度为 100mg/L，诱导时间一般为 4～12h（Grosser et al.，2014）；诱导苹果四倍体的秋水仙碱浓度为 60mg/L，培养时间为 5d（Xue et al.，2015）。在猕猴桃中，前期已经开展了不同材料和不同组织的诱变。最早在 1998 年，韩礼星等在组培和田间条件下，用秋水仙碱、8－OH 喹啉和对氯代苯对秦美和琼露进行诱变，仅得到嵌合体。2011 年，吴金虎等通过秋水仙碱诱变获得了 Hort16A 和红肉猕猴桃的四倍体。刘丽等（2017）以猕猴桃琼露无菌苗叶柄为材料，以 50mg/L 的秋水仙碱处理 4h 诱导效果最佳，变异率为 28%，诱导的多倍体叶片变大、叶面变厚、节间变短。姚鹏强等（2020）采用秋水仙碱诱导野生猕猴桃，采用离体叶片预培养 3d 后在含有 50mg/L 的秋水仙碱培养基中浸泡 72h，四倍体植株诱导率最高为 18.52%。2020 年，魏卓等采用了混培法，将 Hort16A 开放授粉后代优良单株 SWFU02 的叶片愈伤组织放入加有秋水仙碱的培养基中，在 150mg/L 秋水仙碱中诱导 168h，诱导率可达到 20%；显著高于浸渍法（36h 的处理时间和 150mg/L 的秋水仙碱浓度）6.67% 的最大诱导率。此外，西南大学（张弛，2011）及武汉植物园等单位同样进行了大量的猕猴桃材料化学诱导实验，研究发现猕猴桃的叶柄、叶片及嫩尖均可进行加倍诱导，但处理的秋水仙碱浓度和时间因品种和物种材料不同存在一定差异，加倍的后代果实大小和性状均发生了显著变化（彩图 3－4）。

多倍体植物在自然界中普遍存在（Wood et al.，2009），辐射、雷电、气候环境剧变、机械损伤等因素可能诱发多倍体，此方法比化学诱变的风险小、无毒，处理后无须对材料冲洗，但是这些因素诱发多倍体的频率很低，在自然界中发现的概率较小。此外，果树中的天然多倍体也可以在商业化的果园或者实生苗中芽变或者突变产生，例如天海鸭梨是鸭梨的同源四倍体芽变，在柑橘、枇杷等的实生苗中也发现了三倍体、四倍体和五倍体突变植株。中国拥有丰富的猕猴桃资源，目前商业化栽培的主要是六倍体的美味猕猴桃和四倍体的中华猕猴桃，在自然界中寻找优异的多倍体材料仍然是目前猕猴桃自然选育的一个有效途径。特别是目前商品化的二倍体红肉猕猴桃品种主要是红阳猕猴桃及其子代，遗传基础狭窄，且抗性、果实大小等性状方面仍需改良，在自然界中发掘多倍体资源对拓宽现有猕猴桃遗传多样性具有重要意义（黄宏文，2009）。

第七节　现代生物技术与遗传改良

一、猕猴桃重要性状相关基因克隆与分子鉴定

猕猴桃是雌雄异株多年生木质藤本植物。因其雄株不结果，无法提前判断雄株基因对果实性状的影响，杂交育种盲目性较大；基因组高度杂合，如中华猕猴桃红阳杂合度为 0.76%（Wu et al.，2019）、毛花猕猴桃华特杂合度为 1.21%（Tang et al.，2019）；树体童期长，猕猴桃杂交后代需要 3~5 年才能开花结果。因此，为了提高育种效率，亟待克隆一系列与猕猴桃重要农艺性状相关的基因。经过基因功能验证、阐明具体作用机制后，开发相应的标记可进行分子标记辅助育种。

当前，猕猴桃已经克隆的与重要农艺性状相关基因主要集中在果肉颜色、维生素 C 高效合成和积累、果实成熟、抗逆和开花时间等方面。

（一）果肉颜色相关基因

猕猴桃果肉颜色的研究是当前的热点。猕猴桃栽培品种果肉颜色可分为三类：红色、黄色、绿色。红色果肉富含花青素，黄色果肉富含类胡萝卜素，绿色果肉富含叶绿素。中

华猕猴桃红阳是第一个商业化栽培的内果肉红色的猕猴桃品种，因其口感好、营养丰富、果肉红色，深受消费者喜爱。红色果肉是猕猴桃的重要性状，已经进行了广泛的研究。中华猕猴桃、美味猕猴桃和软枣猕猴桃都含有矢车菊类花青素，而软枣猕猴桃还含有飞燕草类花青素（Mirco 等，2009；刘颖等，2012）。

目前猕猴桃花素合成和调控的研究较多。花青素的生物合成途径在不同植物中大同小异，基本途径（图 3 - 3）为：苯丙氨酸在苯丙氨酸解氨酶（PAL）作用下脱去氨基形成反式肉桂酸，它在肉桂酸- 4 -羟化酶（C4H）作用下形成反式 4 -香豆酸。香豆酸在 4 -香豆酸辅酶 A 连接酶作用下，形成香豆酸辅酶 A。三个丙二酰辅酶 A 与一个香豆酰辅酶 A 在查尔酮合成酶（CHS）和查尔酮异构酶（CHI）作用下形成柚皮素，然后由黄烷酮- 3 -羟化酶（F3H）催化成二氢堪非醇（DHK）。二氢堪非醇在 F3′H 和 F3′5′H 的催化下形成二氢栎皮黄酮（DHQ）和二氢杨梅黄酮（DHM）。无色的 DHK、DHQ 和 DHM 被二羟基黄酮醇还原酶（DFR）还原成不稳定的无色花色素，继而在花色素苷合成酶（ANS）和类黄酮- 3 - O -糖基转移酶（UFGT）的作用下合成各种花色素苷，然后被转运至液泡中贮存。无色花青素和花青素也可以作为无色花青素还原酶（LNR）、花青素还原酶（ANR）的底物生成原花青素。目前已经从 EST 库、基因组数据库和组学分析，克隆了结构基因如 AcCHS、AcF3′H、AcANS、AcUFGT6b、F3GT1 和 F3GGT1 等（Mirco et al.，2011；Man et al.，2015；Li et al.，2017；Li et al.，2019）。

很多猕猴桃品种都有合成花青素的结构基因。而结构基因受到 MBW（MYB - bHLH - WD40）复合体调控，在猕猴桃的特定组织或特定环境下合成花青素。目前主要采用逆向遗传学方法，通过比较转录组学分析或同源序列比对筛选获得候选基因，再进一步进行生化与分子生物学和转基因验证。目前在中华猕猴桃中已报道的 MYB 转录因子有 Ac-MYBF110、AcMYB75、AcMYB123、AcMYB5 - 1、AcMYB5 - 2、MYB10 和 AcMYBA1 - 1 调控花青素的合成；bHLH 转录因子有 AcbHLH42、AcbHLH1、AcbHLH4 和 AcbHLH5；WD40 基因有 AcWDR1（Li et al.，2017a；Li et al.，2017b；Cyril et al.，2017；Wang et al.，2019；Liu et al.，2021）。AcMYBF110、AcMYB75、AcMYB10 蛋白有极高的同源性，只有 1～2 个氨基酸的差异。目前的证据表明 AcMYBF110 有较强的功能，在烟草中瞬时表达 AcMYBF110 即可激活 DFR、ANS 和 UFGT。当 AcMYBF110 和 AcbHLH1、AcWDR1 共注射可以激活结构基因和转运基因的表达，如 AcCHS，AcF3′H，AcANS，AcUFGT3a，AcUFGT6b 和 AcGST1 基因的表达（Liu et al.，2017；Liu et al.，2021）。另外，将 AcMYB110 在软枣猕猴桃中过表达，愈伤呈紫色、转基因植株的叶片呈淡红色（Dinum et al.，2020）。

GST1 属于谷胱甘肽硫转移酶家族（glutathione S - transferase），可以将花青素转运到液泡中储藏（Liu et al.，2019）。AcMYB123 和 AcbHLH42 在红阳内果肉中高表达，但 AcMYB123 或 AcbHLH42 在烟草中单独表达都不能增加花青素的含量，只有当两者共表达才能激活结构基因 AcF3GT1 和 AcANS，花青素含量增加（Wang et al.，2019）。

AcMYB10 受到光照和低温诱导表达，它能与 AcbHLH42 形成复合体激活 AcLDOX 和 AcF3GT 的表达，在有光和低温条件调控花青素的合成（Yu et al.，2019）。在采后贮藏过程中，红阳猕猴桃 MYBA1 - 1 和 MYB5 - 1 受低温诱导表达（Li et al.，2017b），低

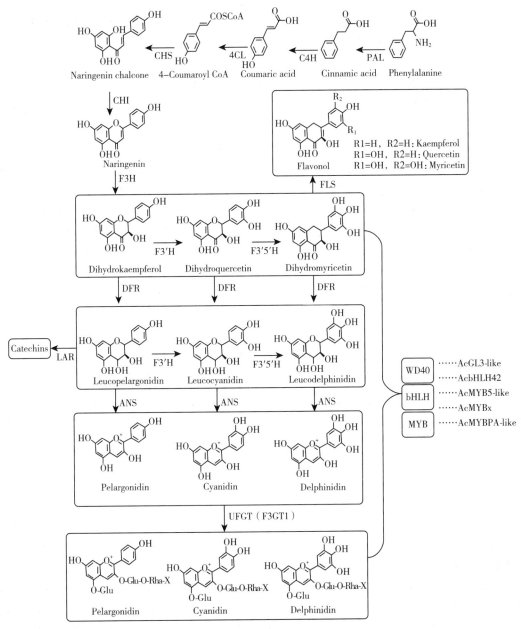

图 3-3 植物花青素合成途径

温储藏红阳花青素含量会增加。在低海拔、夏季温度较高的区域种植的红肉猕猴桃，花青素含量较低。有研究表明高温低海拔区域红肉猕猴桃中 *MYBC1* 的表达受抑制。当碳饥饿时猕猴桃果实海藻糖 6-磷酸合酶基因 *TPS1.1a* 表达量降低，花青素合成抑制子 *MYB27* 表达也增加，花青素含量降低（Simona et al.，2020）。另外 *MYBC1* 和 *WRKY44* 能激活 *F3′5′H* 和原花青素的合成相关基因。而 *AcMYB4-1* 可能是花青素合成的抑制子（Peng et al.，2020）。

在紫果猕猴桃中 *MYB110* 与 *AcMYB110* 高度同源具有相同的功能（Peng et al.，2019）。另外，花青素合成代谢还受到 miRNA 多层次的调控。在软枣猕猴桃中 *AaMY-BC1* 与 *AcMYB123* 高度同源，且能与 *AabHLH42* 相互作用增加花青素含量。miR858 能靶向降解 *AaMYBC1*，负调控花青素的积累（Li et al.，2020）。

黄色果肉和绿色果肉的猕猴桃在果实未成熟时都是绿色的，在成熟后由于叶绿素和类胡萝卜素的含量不同，而颜色有差异。黄肉猕猴桃在成熟过程中，大部分叶绿素降解转变成类胡萝卜素。已有研究表明在美味猕猴桃中 *AdMYB7* 能直接绑定番茄红素 β-环化酶 *AdLCY-β* 启动子激活 *AdLCY-β* 基因表达增加类胡萝卜素积累（Charles et al.，2019）。*SGR1* 和 *SGR2*（stay-green gene）能加速叶绿素的降解，但 *SGR2* 在黄色果肉猕猴桃中表达量较高，可能与黄色果肉的猕猴桃形成有关（Sarah et al.，2012）。

综上所述，猕猴桃果肉花青素的积累机制已经进行了广泛的研究，但猕猴桃果肉花青素积累的决定基因还未被阐明。毛花猕猴桃花红色基因基于杂交群体，证明 *MYB110a* 决定毛花猕猴桃花色（Fraser et al.，2013），因此可设计分子标记提前鉴定猕猴桃花色。目前还没有开发出红色果肉的分子标记，对猕猴桃红色新品种的选育还较盲目。在低海拔夏季高温的区域为何红肉猕猴桃不红，环境因素如何影响猕猴桃果肉花青素积累还未被阐明。已发现有内外果肉全红色的中华猕猴桃单株，全红猕猴桃花青素积累的机制需要进一步研究。绿色果肉和黄色果肉由什么基因控制还未证明。

（二）猕猴桃维生素 C 高效合成和积累相关基因

猕猴桃是维生素 C 之王，而维生素 C 是动植物体内重要的抗氧化物质。植物中主要存在 4 条合成维生素 C 的途径（图 3-4）：L-半乳糖途径、D-半乳糖醛酸途径、L-古洛糖途径和肌醇途径。L-半乳糖途径是植物体维生素 C 合成的主要途径。在该途径中，以光合作用产物葡萄糖-6-磷酸为底物，经过 9 种酶催化合成维生素 C，即葡萄糖-6-磷酸异构酶（PGI）、甘露糖-6-磷酸异构酶（PMI）、甘露糖磷酸变位酶（PMM）、GDP-甘露糖焦磷酸化酶（GMPase）、GDP-甘露糖-3′，5′-差向异构酶（GME）、GDP-L-半乳糖磷酸化酶（GGP）、L-半乳糖-1-磷酸酶（GPP）、L-半乳糖脱氢酶（GalDH）和 L-半乳糖-1，4-内酯脱氢酶（GalLDH）（Wheeler et al.，1998）。根据前人研究，L-半乳糖途径有 3 个限速酶：GDP-甘露糖-3′，5′-差向异构酶（GME）、GDP-L-半乳糖磷酸化酶（GGP）、L-半乳糖-1-磷酸酶（GPP）。

在猕猴桃果实发育过程中，*GME*、*GGP*、*GPP*、*GalDH*、*GalLDH*、*GalUR* 的表达量与维生素 C 含量有较强的相关性（Bulley et al.，2009；Liao et al.，2020）。GalDH、GalLDH、MDHAR 和 DHAR 的酶活性也与维生素 C 含量有较强的相关性。GalDH 和 GalLDH 也可能是维生素 C 合成关键酶，MDHAR 和 DHAR 可能是维生素 C 再生途径的关键酶（Liao et al.，2021），但还需要进一步证明。

猕猴桃的 *GME* 和 *GGP* 共表达可明显提高拟南芥中维生素 C 浓度。L-半乳糖途径多个酶的功能已被证实，而其他途径在维生素 C 合成中的作用还需要更深入的研究。另外，在猕猴桃基因组水平上发生了两次近代倍增，可能是维生素 C 含量高的原因，因此在猕猴桃中维生素 C 代谢过程中的醛酸内酯酶（Alase）、L-抗坏血酸过氧化物酶（APX）、肌醇加氧酶（MIOX）、聚半乳糖醛酸酶（PG）、果胶甲基酯酶（PME）和单脱氢抗坏血酸

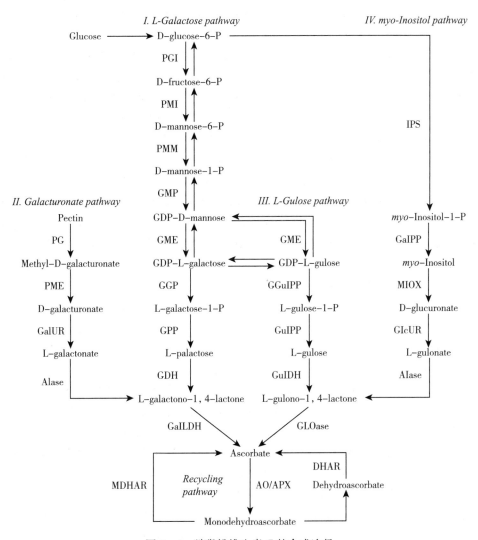

图 3-4 猕猴桃维生素 C 的合成途径

还原酶（MDHAR）等基因家族都发生倍增（Huang et al.，2013；Wang et al.，2018）。但毛花猕猴桃、阔叶猕猴桃与中华猕猴桃、美味猕猴桃、软枣猕猴桃维生素 C 含量有显著差异，具体原因还不明确。有研究报道，在中华猕猴桃与毛花猕猴桃杂交后再与中华猕猴桃回交的群体中，在 26 号染色体上 qAsA26.1 位点与高维生素 C 含量有密切相关，但还未克隆该基因（John et al.，2019）。维生素 C 代谢通路中结构基因研究较多，调控基因研究较少，维生素 C 的合成在果实发育不同时期受何种转录因子调控还未阐明。

（三）果实成熟相关基因克隆

猕猴桃属于呼吸跃变型水果，在猕猴桃后熟软化过程中伴随乙烯的合成、淀粉的水解、糖的积累、香气物质的合成、果胶含量的变化。乙烯由腺苷甲硫氨酸合成酶（S-adenosyl-L-methionine synthetase）、氨基环丙烷-1-羧酸合成酶（AdACS/ACC 1-aminocyclopropane-1-carboxylate synthase）和 1-氨基环丙烷-1-羧酸氧化酶 AdACO（1-

aminocyclopropane－1－carboxylicacid oxidase）合成（Whittaker et al.，1997）。在猕猴桃基因组中有 10 个 *SAM synthetase* 基因，13 个 *ACC* 基因，54 个 *ACO* 基因。还有 EIN3、ERF、SEP4（RIN）和 NAC 等转录因子参与调控。在美味猕猴桃中已经克隆了 4 个 *EIN3* 和 14 个 *ERFs*（McAtee et al.，2015）。*AdEIL2* 和 *AdEIL3* 激活 *AdACO1* 和 *AdXET5*（xyloglucan endotransglycosylase gene）的表达，而 *AdERF9* 可以抑制这两个基因的表达（Yin et al.，2010）。而其他的 *EIL* 和 *ERF* 功能需要进一步研究。

NAC 转录因子与果实的成熟有关。用常规储藏、乙烯和 1－MCP（1-甲基环丙烯，乙烯受体抑制剂）处理猕猴桃果实，经过小 RNA 组、降解组和转录组测序分析，发现 *Ade－miR164b* 的表达量与 *AdNAC6/7* 表达量负相关，*Ade－miR164a/b* 都可以靶向降解 *AdNAC6/7*。*AdNAC6* 和 *AdNAC7* 可以形成同源或异源二聚体激活乙烯合成途径基因 *AdACS1* 和 *AdACO1*、*AdMAN1*（β-甘露聚糖酶 endo－β－mannanase）和香气合成基因萜烯合成酶合成酶 *AaTPS1* 的表达（Wang et al.，2020），促进果实成熟。另外，研究者发现 *AdMsrB1* 基因受乙烯诱导表达量显著增加，可能与猕猴桃成熟有关。*AdMsrB1* 编码甲硫氨酸亚砜还原酶，其能将 R 型甲硫氨酸亚砜（Met－R－SO）还原为甲硫氨酸（Met）。过表达 *AdMsrB1* 猕猴桃植株叶片中 Met 和乙烯合成前体 1－氨基环丙烷羧酸（ACC）的含量显著增加，促进了乙烯的释放量。转录因子 AdNAC2 和 AdNAC72 也受乙烯诱导并能激活 *AdMsrB1* 的表达（Fu et al.，2021）。以上结果表明 NAC 转录因子广泛参与了猕猴桃的成熟调控。

Hu Xiong 等通过比较乙烯处理、1－MCP 处理，常温储藏猕猴桃 1d、4d 的转录组数据分析，发现 *AdBAM3L* 在 4d 时乙烯处理和常温储藏的猕猴桃中高表达。在转 35S∷*AdBAM3L* 的猕猴桃叶片中，淀粉含量显著降低。构建 *AdBAM3L* 启动子驱动的荧光素酶载体，克隆了多个在猕猴桃成熟过程中的转录因子，发现 *AdDof3*（DNA binding with one finger）能绑定 *AdBAM3L* 启动子（Zhang et al.，2018）。

（四）猕猴桃抗逆相关基因

软枣猕猴桃 Ruby－3 与雄株 Kuilv 杂交后，用 F₁ 单株在－30℃ 处理后测定相对电导率。根据电导率在低电导率抗冷组和高电导率不抗冷组中各选 20 个单株，经过 BSR－Seq（Bulked segregant RNA－seq）测序分析，结合软枣猕猴桃全长转录组，筛选到淀粉酶基因 *AaBAM3.1*。该基因受低温诱导表达。在 35 S∷*AaBAM3.1* 转拟南芥和猕猴桃植株中都表现出较强的抗低温能力。分析该基因启动子发现，含有 CBF（C－repeat－binding factor）绑定元件 TCGAC。经过酵母单杂交、双荧光素酶和 GUS 激活实验表明 AaCBF4 能绑定并激活 *AaBAM3.1* 的表达（Sun 等 2021）。

（五）猕猴桃开花时间相关基因的克隆

目前猕猴桃中关于开花时间调控的研究较少。许多研究都在拟南芥中完成，在猕猴桃中的功能验证较少。主要研究结果如下：猕猴桃中有 3 个 *FT－like* 基因。*AcFT1* 在茎尖表达，*AcFT2* 在成熟叶片表达，它们在拟南芥中表达都能促进开花。而 *AcFT* 在冷诱导后萌芽时表达。在拟南芥中用 proSUC2 驱动 *AcFT* 能促进拟南芥早花（Varkonyi－Gasic et al.，2013；Voogd et al.，2017；Moss et al.，2018）。猕猴桃中真正的开花因素需要通过基因敲除等方式在猕猴桃中证明。拟南芥 *fd* 突变体晚花，*AcFD* 能回补拟南芥 *fd* 突变体表型，说明 *AcFD* 与拟南芥中 *FD* 功能相似。猕猴桃中的 *TFL1 - like*/*CEN*（Terminal flower1）基因家族有 5 个成员，分别敲除 *AcCEN*、*AcCEN4* 后猕猴桃童期变短，早开花（Varkonyi - Gasic et al.，2019）。过表达猕猴桃 *FUL*（Fruitfull）和 *FUL - like* 都能促进拟南芥开花，但 *FUL - like* 转基因阳性植株花期更早。过表达 *AcSEP4* 在长日照下促进拟南芥早花（Varkonyi - Gasic 等 2011）。目前在猕猴桃中还未鉴定到促进开花的 *SOC1* 基因，已报道的 *SOC1 - like* 基因（*AcSOC1e*，*AcSOC1i* 和 *AcSOC1f*）参与芽的休眠调控但对花期无显著影响（Charlotte et al.，2015，2017）。在拟南芥中 *svp* 突变体有早花表型，过表达 *AcSVP2* 和 *AcSVP3* 基因能回补拟南芥中的表型（Wu et al.，2015）。

（六）果实香气相关基因

在成熟过程中软枣猕猴桃 Hortgem Tahi 的单萜类化合物总量显著高于中华猕猴桃 Hort16A。*TPS1*（*terpene synthase*1）在单萜类化合物中起重要作用。作者通过序列比对后发现软枣猕猴桃的 *AaTPS1* 和中华猕猴桃 *AcTPS1* 有共同的祖先基因，但在功能上已有分化，*AaTPS1* 能以香叶基二磷酸酯（geranyl diphosphate，GDP）为底物生成环状和非环状单萜化合物，如 α-松油醇烯、β-月桂烯、(S)-柠檬烯；而 *AcTPS1* 以 GDP 为底物生成非环状单萜香叶醇和 β-月桂烯。软枣猕猴桃后熟过程中挥发物含量急剧增加，并与乙烯含量和果实硬度有较强的相关性。在后熟过程软枣猕猴桃的 *AaTPS1* 表达量显著增加，而中华猕猴桃中 *AcTPS1* 无表达。为了探究造成两种猕猴桃 *TPS1* 在后熟过程中表达量的差异原因，作者克隆并分析了两种猕猴桃 *TPS1* 基因启动子差异，发现 *AaTPS1* 启动子中顺式作用元件 ACGTA 能被 *AaNAC2*、*AaNAC3* 和 *AaNAC4* 绑定，而 *AcTPS1* 启动子则突变为 ACATA 不能被 NAC 家族蛋白激活（Nieuwenhuizen et al.，2015）。

二、猕猴桃基因克隆方法

（一）同源序列比对或注释结果从 EST 库中克隆基因

早期猕猴桃基因组遗传信息较少，通过同源序列比对从 EST 文库中，寻找候选基因进行功能验证。如猕猴桃维生素 C 合成关键基因 *GGP* 的克隆，花青素合成的结构基因 *F3H*、*F3GT1* 和 *F3GGT1* 的克隆，乙烯受体相关基因如 *CTR1 - like*、*AdEIL1*、*AdERS1a* 和 *AdETR3* 的克隆。

（二）基于差异表达分析克隆基因

猕猴桃基因组草图公布后，基因克隆的主要思路是：选择重要性状、通过比较组学（RNA　Seq）筛选候选基因，再进行克隆和功能验证。近年来比较转录组分析广泛应用，通过此方法克隆了一系列重要基因，如猕猴桃花青素合成的调控基因主要通过比较转录组学分析果实不同发育时期或不同组织表达差异基因，克隆并证明了 *AcMYBF110*、*AcMYB75*、*AcMYB123*、*AcMYB5 - 1*、*AcMYB5 - 2*、*AcbHLH42*、*bHLH74 - 2* 等转录因子基因。通过转录组分析乙烯处理、1 - MCP 处理、常温储藏的猕猴桃样本发现了 *AdBAM3L* 和 *AdDof3* 在果实后熟中的重要作用。现在已经采用 RNA - Seq 结果和表型变化（如含量、大小等数据）相关联，采用 WGCNA（weighted correlation network analysis）缩小候选基因范围，以便于高效地找到候选基因。

（三）基于杂交群体、自然群体或突变体结合生物信息学分析定位克隆基因

为了克隆毛花猕猴桃红色花的决定基因，用红花和白花杂交构建了群体，通过基因定位找到了 *MYB110a* 是红色花形成的关键原因（Fraser et al.，2013）。软枣猕猴桃中的抗冷基因的克隆，构建了软枣种内杂交群体，选择抗冷与不抗冷的两组材料（分别设 20 个单株）组成极端池，经过 BSR - Seq（bulked segregant RNA - seq）测序分析寻找目的基因 *AaBAM3.1* 和 *AaCBF4*（Sun et al.，2021）。猕猴桃性别基因的克隆，采用中华猕猴桃与山梨猕猴桃杂交构建杂交群体，群体单株分雌雄两组，进行分池测序；结合花发育时期的比较转录组分析，最后克隆了 *Shy Girl* 和 *Friendly boy* 两个性别决定基因（Akagi et al.，2018；Akagi et al.，2019）。这将是克隆猕猴桃重要农艺性状基因的重要方式。

猕猴桃童期长、雌雄异株，雄株性状不明，植株高大，杂交后代雄株比例较高等客观原因造成群体构建困难。另外经逆向遗传学克隆的许多基因，只表明该基因在控制某种性状中起重要作用，而不是决定作用。自然群体和杂交群体的性状与逆向遗传克隆的基因相关性不高，难于开发相应的分子标记。因此，要开发分子标记，克隆重要基因，还需正向遗传与生物信息学相结合。

三、细胞工程与遗传改良

猕猴桃雌雄异株，且童期较长，实生种子播种会引起后代性状变异，无法保留母株的优良性状，因此生产中主要通过嫁接的方式繁殖，但因缺乏专用采穗圃和完整的良繁体系，苗木常带菌传播溃疡病或受病毒侵染。另外猕猴桃基因组杂合度较高、倍性复杂、基础研究进展缓慢；育种和远缘杂交效率较低。植物细胞工程技术基础是植物细胞的全能性。因此猕猴桃细胞工程主要包括快繁技术、猕猴桃花粉和花药离体培养、胚乳培养、原生质体培养、体细胞变异等。

（一）猕猴桃快繁技术

猕猴桃叶片、茎尖、嫩枝、花粉、花药、花丝、果实等都可以进行组织培养（高敏霞等，2017）。茎尖脱毒技术是迄今唯一有效的、能够清除植物体内多种病毒的生物技术。茎尖脱毒的分子机制已经解析，主要原理是干细胞中 WUS 蛋白受病毒诱导表达，并移动干细胞层下部形成保护罩。WUS 蛋白抑制 *MTases* 基因的表达，从而影响核糖体 RNA 的加工过程，阻止病毒蛋白质的合成，保护干细胞和新分化细胞不受病毒侵染（Wu et al.，2020）。

目前已有中华猕猴桃、美味猕猴桃、毛花猕猴桃、软枣猕猴桃、狗枣猕猴桃、葛枣猕猴桃、大籽猕猴桃、对萼猕猴桃、阔叶猕猴桃、硬齿猕猴桃快繁成功（樊军锋等，2002；姜维梅等，2003；高月等，2007；李桂君等，2010；刘坤等，2015；黄宝菊等，2016；吕海燕等，2016；毕海林等，2019）。其中关于中华猕猴桃、美味猕猴桃不同品种的快繁研究较多，为遗传转化打下了坚实基础。快繁的策略主要分为愈伤再分化方式和侧芽再生方式。愈伤再分化是叶片、茎尖、嫩枝、花丝等诱导形成愈伤组织，再经分化、生根形成新的幼苗。实验中发现，叶片的叶脉处比较容易形成愈伤组织。从其他植物组织培养的结果表明，愈伤途径容易产生无性系突变。因猕猴桃童期长，研究论文较少对组培苗的表型进行深入分析和追踪。愈伤组织也可加倍分化形成多倍体，或通过化学、物理诱变筛选优良

突变单株。侧芽再生是选取带腋芽的半木质化嫩枝经消毒后，诱导形成新芽。半木质化嫩枝带菌较少，经次氯酸钠消毒后不易污染和褐化。用侧芽培养方法增殖是获得试管苗高效的方式。我国猕猴桃种苗繁育较落后，主要采用传统嫁接的方式。该方法无法脱毒还可能传播猕猴桃溃疡病病菌。而猕猴桃组培快繁工厂化育苗在软枣猕猴桃生产中开始应用。但中华猕猴桃、美味猕猴桃组培快繁工厂化育苗应用较少，还需要进一步增强，促进猕猴桃产业高质量发展。

（二）猕猴桃花药离体培养

花药离体培养是将发育到一定时期的花粉接种到培养基上，诱导形成愈伤组织，再分化形成植株的过程。花药离体培养是获得单倍体、纯合二倍体、多倍体的重要途径。Fraser 等早在 1986 年以中华猕猴桃和美味猕猴桃的花药成功诱导出愈伤组织并再生成苗。用雄株马丘亚和雌株海沃德使用四分体分裂期和小孢子单核期也成功获得再生植株。但通过染色体计数，发现花药来源再生植株和母株染色体数目一致，没有发现单倍体。Wu（2015）用 6 种基因型的中华猕猴桃（二倍体）花药诱导单倍体，都获得成功。研究发现 4℃预冷或 32℃热激有利于小孢子胚胎发生。但未见再生植株染色体数目和倍性的报道。王广富等（2016）用小孢子处于单核靠边期的花药，低温处理 5d 诱导愈伤组织效率最高。绿王花药在培养基 MS＋2,4－D（1mg/L）＋6－BA（5mg/L）＋蔗糖（30g/L）＋琼脂（5.5g/L）上愈伤组织诱导率最高，为 93.30％；魁绿花药愈伤组织在 MS＋IBA（0.01mg/L）＋ZT（3mg/L）＋蔗糖（30g/L）的培养基上不定芽再生率最高，再生率为 64.55％。用流式细胞仪测定倍性：发现单倍体占 3.36％，四倍体占 56.3％，六倍体占 4.20％，八倍体占 36.13％。而其他猕猴桃未见经过花药离体培养获得单倍体的报道。Pandey 等（1991）用辐照后的花粉给海沃德授粉，经假受精获得了三倍体植株。猕猴桃单倍体或纯合植株的获得，是绘制高精度猕猴桃基因组图谱的关键。

（三）猕猴桃原生质体培养

原生质体（protoplast）指通过质壁分离，能够和细胞壁分开的那部分细胞物质。原生质体可以用于猕猴桃蛋白相互作用验证、猕猴桃蛋白的亚细胞定位等，也可以用于细胞融合后再生形成同源多倍体和异源多倍体植株。在水稻、小麦中用原生质体进行基因编辑，最后经原生质体再生获得 marker free 的基因编辑植株。Cassio 等率先从猕猴桃叶片生成的愈伤组织中分离出原生质体并获得成功（Cassio and Marion，1983）。现已有中华猕猴桃、美味猕猴桃、毛花猕猴桃、软枣猕猴桃、葛枣猕猴桃、狗枣猕猴桃产生原生质体的报道。幼嫩子叶、胚性悬浮细胞及愈伤组织等是分离原生质体的良好材料。猕猴桃原生质体常用酶有纤维素酶 R－10、半纤维素酶、离析酶 R－10、果胶酶 Y－23 和崩溃酶等；常用酶溶液是 CPW，常用的稳定剂是 0.45～0.7mol/L 的甘露醇（肖尊安等，1992；肖尊安等，1993；付鹏跃等，2017；王明明，2019）。如将愈伤组织用 0.3～0.7mol/L 甘露醇进行预处理，预处理时间为 $0 < t \leqslant 90min$，再以酶液组合 2％纤维素酶＋0.5％离析酶＋1mmol/L $CaCl_2 \cdot 2H_2O$＋0.7mmol/L 甘露醇酶解，能提高原生质体得率。获得原生质体后可直接再生，也可以使两种雌株进行体细胞杂交。如中华猕猴桃种内、中华猕猴桃与美味猕猴桃、中华猕猴桃与狗枣猕猴桃种间体细胞杂交，并获得再生植株。原生质体常用浅层培养方式，亦有固体培养和双层培养。低浓度的 NH_4^+－N 利于原生质体的持续分裂。

但原生质体再生植株产生大量的无性系变异（如叶片形态、节间长短及花形态变异），染色体常为非整倍体，存在染色体桥、染色体断裂缺失现象（何于灿等，1995）。

（四）胚培养和胚乳培养

猕猴桃种间杂交常出现不坐果、种子败育、种子空瘪等杂交不亲和性现象，影响了种间杂交的进程，如软枣猕猴桃（$4x$）与美味猕猴桃（$6x$）杂交获得五倍体，花粉育性差、种子活力低、败育。胚拯救技术有效地克服了远缘杂交种胚败育现象。母锡金等（1991）利用胚拯救技术成功获得海沃德猕猴桃（$2n=6x=174$）和毛花猕猴桃（$2n=2x=58$）种间杂交后代植株，并筛选出最适合胚萌发和生长的培养基：MS＋IAA（0.5mg/kg）＋GA（30.5mg/kg）；MS＋2iP（2mg/kg）＋IAA（0.5mg/kg）＋GA（30.5mg/kg）和MS＋2 iP（2mg/kg）＋GA（30.5mg/kg）。胚拯救植株中四倍体约占50%，还有其他倍型和非整倍体。Hirsch等（2001）也通过胚拯救技术成功获得狗枣猕猴桃×中华猕猴桃、狗枣猕猴桃×美味猕猴桃、软枣猕猴桃×葛枣猕猴桃、葛枣猕猴桃×对萼猕猴桃杂交后代。

猕猴桃胚乳培养有望培育出无籽或少籽，大果型优良品种。已有将美味猕猴桃、中华猕猴桃、软枣猕猴桃、硬毛猕猴桃、狗枣猕猴桃进行胚乳培养的研究。桂耀林等（1988）报道胚乳在 MS＋zeatin（3mg/kg）＋2，4 - D（0.5～1mg/kg）＋CH（400mg/kg）的培养基上诱导产生愈伤组织，以及在 MS＋zeatin（1mg/kg）＋CH（400mg/kg）的分化培养基上产生胚状体和长成完整小植株。黄贞光等（1982）用中华猕猴桃胚乳培养获得三倍体植株，根尖组织染色体数 87（$29n×3$）。洪树荣等（1990）用武植 2 号花后 50d 的果实取胚乳诱导愈伤并获得 438 棵再生植株。胚乳植株叶片通常较宽大，但也有少量植株叶片较小；母株果实平均为 78g，胚乳植株果实重量 20～114g。以早金猕猴桃种子的胚乳作为外植体，植物生长调节剂组合 $0.1\mu mol/L$ NAA＋$5\mu mol/L$ 6 - BA 对不定芽的诱导率最大。植物生长调节剂组合 $0.5\mu mol/L$ NAA＋$1\mu mol/L$ 6 - BA 对猕猴桃早金品种胚乳愈伤组织不定根的诱导最为有效（穆瑢雪等 2018）。猕猴桃中开展胚拯救和胚乳培养研究已有数十年，可能是胚拯救和胚乳培养再生植株变异较大，需要有大量的植株才可能选育出有商业价值的品种。

四、基因工程与遗传改良

基因工程又叫 DNA 重组技术。该技术利用分子生物学手段，通过对生物的基因进行改造和重新组合，然后导入并在受体细胞内表达，从而使生物获得新的性状，产生满足人类需要的生物产品。

（一）猕猴桃遗传转化方法

遗传转化主要是将外源基因导入受体细胞中和表达新基因的过程，通常需要构建重组质粒、组织培养、转基因等过程。遗传转化的方法主要有农杆菌介导法、花粉管通道法、电击法、PEG 介导转化法、基因枪法等。

1. 农杆菌介导法　在猕猴桃遗传转化中以农杆菌介导法最常见。根癌农杆菌和发根农杆菌细胞中分别含有 Ti 质粒和 Ri 质粒，其上有一段 T - DNA（transferring DNA），农杆菌通过侵染植物伤口进入细胞后，可将 T - DNA 插入植物基因组中，并且可以通过减数分裂稳定地遗传给后代，这一特性成为农杆菌介导法植物转基因的理论基础。常用到的根癌农杆菌有 G746、LBA4404、A281、C58、EHA101 和 EHA105 等，而发根农杆菌用 ArM123 转化效率较高。已在中华猕猴桃、美味猕猴桃、软枣猕猴桃、毛花猕猴桃、葛枣猕猴桃、阔叶猕猴桃和狗枣猕猴桃中成功建立了遗传转化体系。遗传转化的外植体包括叶片、茎、叶柄、根、子叶下轴和原生质体。农杆菌介导的遗传转化需要注意以下问题：

（1）农杆菌浓度。农杆菌 OD 值太小农杆菌感染的概率下降；OD 值太高导致外植体切口褐化甚至死亡。OD 值为 0.5 左右较适合。

（2）外植体在农杆菌悬浮液中的浸泡时间。农杆菌附着后并不能立刻转化，只有在创伤部位生活超过 16h 的菌株才有转化功能。浸泡时间太短，农杆菌未和伤口充分结合，不能完成转化；时间太长，则农杆菌毒害造成外植体褐化或后期农杆菌暴发造成污染。

（3）共培养时间为 2～3d。

（4）乙酰丁香酮浓度。植物受伤时分泌的酚类化合物如乙酰丁香酮（AS）对根癌农杆菌 Vir 基因的表达有诱导作用，共培养时添加 $200\mu mol/L$ AS 阳性率较高。

（5）猕猴桃遗传转化过程中的褐化问题。在培养基中加入 DTT、PVP 等或暗培养可减少褐化。

（6）愈伤状态。疏松型，分化效率较低。有研究认为，分化中适当增加培养基中的硅浓度，可以提高猕猴桃愈伤组织的再分化率（袁云香等，2013）。

（7）农杆菌的抑制。头孢霉素（Cef）不能抑制农杆菌生长，400mg/L 羧苄西林（Carb）能很好抑制农杆菌生长。

（8）当叶片进行 30d 的暗处理，叶片再生率最高，为 81.67%。

2. 基因枪法　是利用压缩气体（氦或氮等）为动力产生一种冷的气体冲击波进入轰击室，把带有 DNA 的细微金粉打向细胞，穿过细胞壁、细胞膜、细胞质等层层构造到达细胞核，完成基因转移。邱全胜等克隆渗透胁迫条件下脱水蛋白 DHN1 序列，构建 DHN1 - mGFP4 融合蛋白表达载体，采用基因枪转化猕猴桃悬浮细胞。培养 10h 后观察到高效表达的 GFP 绿色荧光，且绿色荧光只出现在细胞核内。基因枪法的优点：受体材料来源广泛，缩短了转基因周期，转基因变异率低，育性正常；缺点：转化效率不高，可能有多拷贝插入。基因枪的转化效率与受体种类、微弹大小、轰击压力、制止盘与金颗粒的距离、受体预处理、受体轰击后培养有直接关系。

3. PEG 介导转化法　朱道圩等（2006）用 PEG 介导法将绿色荧光蛋白（GFP）基因转入软枣猕猴桃原生质体中。如果原生质体质量较好，可经 PEG 介导转化法完成猕猴桃相关生化实验，如亚细胞定位、蛋白相互作用等。如果在原生质体中瞬时表达基因编辑载体，敲除靶基因再经过原生质体培养可能会获得 marker - free 的基因编辑植株。

（二）猕猴桃转基因常用筛选标记和报告基因

猕猴桃转基因实验中常用的筛选标记有 $NptII$、Hpt、$G418$ 等基因。$NptII$ 基因编码新霉素磷酸转移酶，能赋予细胞抗卡那霉素或 G418 的能力。周月（2013）以 $NptII$ 为筛选标记成功将 PBI121 - LJAMP2 载体导入红阳猕猴桃中。汪祖鹏等用 $G418$ 成功筛选出转 CRISPR - Cas9 的猕猴桃基因 $AcPDS$ 编辑载体的阳性植株（Wang et al.，2018）。

苑平等（2019）以 Hpt（潮霉素磷酸转移酶基因）为筛选标记，在 20mg/L 潮霉素筛选压下成功将 pCAMBIA1300 - ACO（ACC oxidase gene）反义链导入红阳猕猴桃，阳性率达 64%。不同猕猴桃品种所用抗生素浓度不同，需要通过预实验来确定最佳筛选浓度。抗生素浓度太低，阳性植株少；抗生素浓度太高会使阳性愈伤褐化，得到植株少。遗传转化的筛选培养基中抗生素浓度梯度增加，最终达半致死浓度即可。另外，常将 GUS 基因和绿色荧光蛋白 GFP 作为报告基因。GUS 基因编码（β-葡萄糖苷酸酶基因）能以 5-溴-4-氯-3-吲哚-β-葡萄糖苷酸（X - Gluc）作为反应底物，水解生成蓝色产物，而 GFP 带绿色荧光。因此在转基因鉴定时可以通过 GUS 染色和显微观察确定阳性植株。

（三）猕猴桃基因编辑技术

基因编辑，指通过对目标序列进行定向改造，实现特定片段的加入、删除、替换等，可以编辑基因内部或调控元件，以实现基因序列或表达量的改变，带给生物体可遗传的变异。目前基因编辑的 DNA 核酸酶主要有锌指核酸酶（zinc finger nucleases，ZFNs）、转录激活因子样效应物核酶（transcription activator - like effector nucleases，TALENs）和成簇规则间隔的短回文重复序列/Cas9 系统（clustered regularly interspaced short palindromic repeats，CRISPRs/Cas9）（时欢等，2018）。在猕猴桃中已成功使用的是 CRISPR - Cas9 基因编辑技术，其基本原理是：某些细菌在病毒入侵后，将病毒的一段序列插入细菌的 CRISPR 中，当同种病毒再次入侵细菌，细菌表达出与病毒序列互补的 RNA，引导核酸酶蛋白 Cas9 切断病毒的核酸，从而抵御病毒。细菌的 CRISPR - Cas9 系统经过改造后，成功地应用于真核生物中。CRISPR/Cas9 系统中，gRNA（guide RNA）引导 Cas9 蛋白在真核基因组的靶向位点进行精准切割造成 DNA 双链断裂（double strand break，DSB）。宿主细胞可启用非同源末端连接（NHEJ）修复或同源重组（homologous end recombination repair，HDR）修复（刘耀光等，2019）。如果细胞启动 NHEJ，因修复过程中通常会发生碱基插入或缺失，造成移码突变，使靶标基因失去功能，从而实现基因敲除。如进行 HDR 修复，基因组断裂部分会依据修复模板进行，从而实现基因敲入。但同源重组的效率远远地低于非同源末端连接。

Erika Varkonyi - Gasic 等（2019）用 35S 驱动 Cas9 和 $NptII$ 基因，以拟南芥 U6 - 26 和 U6 - 29 启动子驱动 gRNA，成功编辑了猕猴桃 $CEN/TFL1 - like$ 基因，促进早开花，缩短了童期。汪祖鹏等（2017）将 CRISPR - Cas9 系统进行优化，拟南芥 U6 - 1 驱动 gRNA 编辑 PDS 基因，发现编辑效率低。将 gRNA 改进，构建多顺反子 tRNA - sgRNA 盒（polycistronic tRNA - sgRNA cassette，PTG）可以同时编辑多个靶点，并且编辑效率提升了 10 倍。Erika Varkonyi - Gasic 等（2021）用中华猕猴桃雄株 Bruce 为受体，通过 PTG 方法同时敲除了 CEN、$CEN4$、$SyGl$，得到了能快速开花雌雄同花的猕猴桃。Gloria De Mori 等也用 CRISPR/Cas9 系统敲除了四倍体雄株的 $SyGl$ 基因（Gloria et al.，2020）。

目前，因条件和技术限制，相对模式植物，猕猴桃基础研究较落后，笔者认为需要从以下 3 方面深入：

（1）创制猕猴桃基因功能研究模式品种。需遗传信息清晰、纯合二倍体、遗传转化效率高、植株矮小适合实验室栽培、并能一年多次开花的自花授粉植株。

（2）打破猕猴桃产业面临的瓶颈——猕猴桃溃疡病和采后果腐病。需要通过正向遗传克隆猕猴桃抗溃疡病基因、抗果腐病和叶斑病基因，再通过分子标记育种导入现有优良品种中。

（3）提升猕猴桃育种效率。将 $Frby$ 转到已有雌性品种中，或将优良雄株 $SyGl$ 敲除，创制雌雄同株的品种。

参 考 文 献

安成立，刘占德，严潇，2016. 猕猴桃充分授粉技术研究与应用［M］. 咸阳：西北农林科技大学出版社.

敖妍，2006. 扶芳藤育种中 ^{60}Co-γ 射线辐射效应与杂交技术的初步研究［D］. 呼和浩特：内蒙古农业大学.

毕海林，吴永斌，杨洪涛，等，2019. 硬齿猕猴桃组织培养和快速繁殖技术研究［J］. 江西农业学报，31（5）：23-27.

曹超，施佳男，吕英，等，2018. 猕猴桃育种研究进展［J］. 农业开发与装备（9）：76-78.

陈青华，姜全，郭继英，等，2005. 落叶果树辐射诱变育种的研究进展［J］. 落叶果树（6）：12-14.

陈秋芳，王敏，何美美，等，2007. 果树辐射诱变育种研究进展［J］. 中国农学通报（1）：240-243.

陈树丰，刘文，杨妙贤，等，2008. ^{60}Co-γ 射线诱变猕猴桃枝条变异的 SSR 研究［J］. 安徽农业科学，36（27）：11679-11681，11687.

崔致学，1993. 中国猕猴桃［M］. 济南：山东科学技术出版社.

邓秀新，王力荣，李绍华，等，2019. 果树育种 40 年回顾与展望［J］. 果树学报，36（04）：514-520.

杜若甫，1981. 作物辐射遗传与育种［M］. 北京：科学出版社.

樊军锋，李玲，韩一凡，等，2002. 秦美猕猴桃叶片最佳再生系统的建立［J］. 西北植物学报（4）：183-188.

伏春侠，2009. 宝鸡育成猕猴桃新品种"晚红"［J］. 中国果业信息，26（9）：59.

付鹏跃，刘德江，申健，等，2017. 软枣猕猴桃原生质体酶解液配方筛选［J］. 安徽农业科学，45（5）：133-134.

高林，高厚强，朱立武，等，2000. 猕猴桃海沃德芽变新品系"93-01"的生物学特性［J］. 安徽农业科学（5）：651-652.

高敏霞，冯新，赖瑞联，等，2017. 猕猴桃组织培养研究进展［J］. 东南园艺，5（3）：50-56.

高月，毕静华，刘永立，2007. 阔叶猕猴桃遗传转化技术参数的优化［J］. 果树学报（4）：553-556＋569.

桂耀林，徐廷玉，顾淑荣，等，1988. 猕猴桃胚乳培养中的胚胎发生［J］. 武汉植物学研究（4）：395-397＋416.

何于灿，蔡起寅，柯善强，等，1995. 美味猕猴桃原生质体再生植株细胞遗传学研究 I. 体细胞染色体的变化［J］. 武汉植物学研究，13（2）：97-101.

何子灿，王圣梅，1998.6 种 1 变种猕猴桃植物染色体数目的研究. 武汉植物学研究［J］. 16（4）：299-301.

洪树荣，黄仁煌，武显维，等，1990. 中华猕猴桃胚乳植株后代的观察［J］. 植物学通报，7（4）：31-36.

胡延吉，梁红，黎鋐昌，等，2009. 猕猴桃辐射诱变效应的初步研究 [J]. 北方园艺 (5)：23 - 26.

黄宝菊，王忠，林梅燕，2016. 中华猕猴桃茎段组培快繁系列技术研究 [J]. 福建农业科技 (10)：1 - 3.

黄宏文，2009. 猕猴桃驯化改良百年启示及天然居群遗传渐渗的基因发掘 [J]. 植物学报，44 (2)：127.

黄宏文，2013. 猕猴桃属分类资源驯化栽培 [M]. 北京：科学出版社.

黄宏文，2013. 中国猕猴桃种质资源 [M]. 北京：中国林业出版社.

黄贞光，皇甫幼丽，徐乐茵，1982. 猕猴桃胚乳培养获得三倍体植株 [J]. 科学通报 (4)：248 - 250.

姜维梅，李凤玉，2003. 大籽猕猴桃 (*Actinidia macrosperma*) 离体再生系统的建立 [J]. 浙江大学学报 (农业与生命科学版) (3)：61 - 65.

姜正旺，王圣梅，张忠慧，等，2004. 猕猴桃属花粉形态及其系统学意义 [J]. 植物分类学报，42 (3)：245 - 260.

姜志强，贾东峰，廖光联，等，2019. 中国育成的猕猴桃品种 (系) 及其系谱分析 [J]. 中国南方果树，48 (6)：142 - 148.

康宁，王圣梅，黄仁煌，等，1993. 猕猴桃属 9 种植物的花粉形态研究 [J]. 武汉植物学研究，11 (2)：111 - 116，201 - 205.

李桂君，宋嘉隆，吴捷，2010. 葛枣猕猴桃组培繁殖的研究 [J]. 中国新技术新产品 (14)：216 - 217.

李洁维，李瑞高，梁木源，等，1989. 猕猴桃属花粉形态研究简报 [J]. 广西植物，9 (4)：335 - 339，391.

李璐，杨晨璇，罗艳，向建英，2018. 5 种水东哥属 (猕猴桃科) 植物的花粉形态及分类学意义 [J]. 西南林业大学学报 (自然科学)，38 (5)：84 - 89.

李雅志，1979. 国内外果树诱发突变的几个问题及其研究的趋向 [J]. 落叶果树 (2)：26 - 36.

梁红，艾伏兵，刘忠平，等，2006. 和平红阳中华猕猴桃高产优质栽培技术 [J]. 中国种业 (10)：62 - 63.

梁红，杨妙贤，刘胜洪，等，2015. ^{60}Co - γ 射线诱变 '和平红阳' 中华猕猴桃筛选大果突变的研究 (英文) [J]. 仲恺农业工程学院学报，28 (3)：5 - 8.

廖光联，陈璐，钟敏，等，2018. 88 个猕猴桃品种 (系) 及近缘野生种的倍性变异分析 [J]. 江西农业大学学报，40 (4)：689 - 698.

廖光联，刘青，贾东峰，等，2020. 基于 Cite Space 的猕猴桃研究热点与趋势分析 [J]. 中国果树 (3)：116 - 120.

刘虹斌，2011. 猕猴桃新品种 "源红" 在湖南问世 [J]. 农村百事通 (16)：13.

刘继红，胡春根，邓秀新，1999. 中国果树辐射诱变育种研究进展 [J]. 中国果树 (4)：48 - 50.

刘坤，李勇，吴易雄，等，2015. 对萼猕猴桃无菌离体再生体系研究 [J]. 园艺与种苗 (10)：35 - 38.

刘丽，林苗苗，方金豹，等，2017. 秋水仙素对 '琼露' 猕猴桃多倍体诱导的影响 [J]. 经济林研究，35 (3)：5.

刘平平，叶开玉，龚弘娟，等，2016. 猕猴桃 ^{60}Co - γ 射线辐射诱变植株变异的 ISSR 分子标记研究 [J]. 西南农业学报，29 (10)：2457 - 2462.

刘文革，程志强，阎志红，等，2008. 不同倍性西瓜果实发育过程中番茄红素、瓜氨酸含量变化 [C]. 2008 年园艺植物染色体倍性操作与遗传改良学术研讨会论文摘要集.

刘耀光，李构思，张雅玲，等，2019. CRISPR/Cas 植物基因组编辑技术研究进展 [J]. 华南农业大学学报，40 (5)：38 - 49.

刘颖，赵长竹，吴丰魁，等，2012. 红肉猕猴桃花色苷组成及浸提研究 [J]. 果树学报，29（3）：493-497.

吕海燕，李大卫，费早霞，等，2021. 软枣猕猴桃高效快繁体系研究 [J]. 湖北农业科学，60（7）：116-119.

吕柳新，陶萌春，潘仰星，1984. 毛花猕猴桃（*Actinidia eriantha* Benth.）的染色体与花粉母细胞减数分裂的观察 [J]. 福建农学院学报（1）：27-32.

马庆华，毛永民，申连英，等，2003. 果树辐射诱变育种研究 [J]. 河北农业大学学报，26（S）：57-63.

穆璐雪，赵丹丹，刘永立，2018. 猕猴桃胚乳培养研究 [J]. 安徽农业科学，46（1）：59-60.

宁允叶，熊庆娥，曾伟光，等，2003. 红阳猕猴桃全红芽变系的 RAPD 分析 [J]. 园艺学报（5）：511-513+640.

宁允叶，熊庆娥，曾伟光，2005.'红阳'猕猴桃全红型芽变（86-3）的果实品质及花粉形态研究 [J]. 园艺学报（3）：486-488.

齐秀娟，方金豹，韩礼星，等，2010. 全红型软枣猕猴桃品种——'天源红'的选育 [M]. 北京：科学出版社.

齐秀娟，郭丹丹，王然，等，2020. 我国猕猴桃产业发展现状及对策建议 [J]. 果树学报，37（5）：754-763.

齐秀娟，韩礼星，李明，等，2011. 全红型猕猴桃新品种'红宝石星'[J]. 园艺学报，38（3）：601-602.

齐秀娟，王然，兰彦平，等，2017.3 个猕猴桃栽培种花粉形态扫描电镜观察 [J]. 果树学报，34（11）：1365-1373.

石志军，张慧琴，肖金平，等，2014. 不同猕猴桃品种对溃疡病抗性的评价 [J]. 浙江农业学报，26（3）：8.

时欢，林玉玲，赖钟雄，等，2018.CRISPR/Cas9 介导的植物基因编辑技术研究进展 [J]. 应用与环境生物学报，24（3）：640-650.

王柏青，2008. 东北猕猴桃属花粉形态的初步研究 [J]. 吉林工程技术师范学院学报，24（11）：92-94.

王存喜，程炳篙，李雅志，等，1990. 中华猕猴桃耐盐变异体筛选 [J]. 核农学报，4（4）：206-212.

王广富，艾军，秦红艳，等，2016. 果树花药培养及单倍体植株鉴定研究进展 [J]. 特产研究，38（4）：68-72.

王明明，2019. 红阳猕猴桃原生质体培养及影响其生长分裂的理化因子分析 [D]. 重庆：西南大学.

王瑞静，2009. 黑杨派 4 个杨树品种 ^{60}Co-γ 辐射效应研究 [D]. 武汉：华中农业大学.

王少平，2008. 辐射育种在园林植物育种中的应用 [J]. 种子，27（12）：63-68.

王旭军，吴际友，程勇，等，2007, 辐射育种及其在林木育种中的应用前景 [J]. 湖南林业科技（2）：13-15+18.

温贤芳，1999. 中国核农学 [M]. 郑州：河南科学技术出版社.

吴玉琼，2016. 新西兰猕猴桃产业发展史研究（1904—2014）[D]. 南京：南京师范大学.

肖尊安，沈德绪，林伯年，1992. 中华猕猴桃原生质体再生植株 [J]. 植物学报，34（10）：736-724.

肖尊安，沈德绪，林伯年，1993. 美味猕猴桃子叶愈伤组织的原生质体培养和再生植株 [J]. 武汉植物学研究，11（3）：247-251.

熊治廷，黄仁煌，武显维，1985. 四种猕猴桃属植物的染色体数目观察 [J]. 植物科学学报，3（3）：219-224.

熊治廷，黄仁煌，武显维，1998. 中华猕猴桃若干株系的染色体数目 [J]. 植物科学学报，16（4）：302-304.

杨晨璇，陈丽，王娟，等，2014. 中国特有属藤山柳属（猕猴桃科）的花粉形态及其分类学意义 [J]. 植物分类与资源学报，36（5）：569-577.

杨再强，王立新，2006. 观赏植物辐射诱变育种研究进展 [J]. 四川林业科技，27（3）：19-23.

杨兆民，张璐，2011. 辐射诱变技术在农业育种中的应用与探析 [J]. 基因组学与应用生物学，30（1）：87-91.

姚鹏强，曲雪莲，程世平，2020. 野生猕猴桃同源四倍体诱导 [J]. 北方园艺，15：42-47.

叶开玉，李洁维，蒋桥生，等，2012. 猕猴桃⁶⁰Co-γ射线辐射诱变育种适宜剂量的研究 [J]. 广西植物，32（5）：694-697.

郁俊谊，刘占德，2015. 猕猴桃新品种——脐红 [J]. 中国果业信息，32（7）：58.

袁云香，侯云云，熊自伟，等，2013. 硅对猕猴桃愈伤组织诱导及再分化的影响 [J]. 湖北农业科学，52（14）：3431-3433.

苑平，田宏现，杨莉颖，等，2019. ACC氧化酶反义基因转化'翠玉'猕猴桃 [J]. 分子植物育种，17（22）：7390-7394.

张弛，2011. 红阳猕猴桃四倍体诱导及其抗溃疡病特性初探 [D]. 重庆：西南大学.

张冬雪，王丹，张志伟，2007. 观赏植物组培与辐射结合育种研究进展 [J]. 福建林业科技，34（1）：137-141，181.

张铭堂，1996. 诱变 [J]. 科学农业，44（1，2）：37-52.

张芝玉，1987. 猕猴桃科的花粉形态及其系统位置的探讨 [J]. 植物分类学报，25（1）：9-23.

钟彩虹，黄宏文，2016. 红心猕猴桃新品种—东红 [J]. 中国果业信息，33（12）：61.

钟敏，谢敏，张文标，等，2016. 野生毛花猕猴桃雄株居群花粉形态观察 [J]. 果树学报，33（10）：1251-1258.

周月，2013. 红阳猕猴桃高效再生体系的建立及抗病基因 *LJAMP2* 的导入 [D]. 重庆：西南大学.

朱道圩，杨宵，理莎莎，等，2006. 60Coγ射线种子辐射对中华猕猴桃组织培养幼苗生长的效应 [J]. 植物生理学通讯，42（5）：987-988.

朱立武，丁士林，王谋才，等，2001. 美味猕猴桃新品种'皖翠'[J]. 园艺学报（1）：86-94.

祝晨蔈，徐国钧，徐珞珊，等，1995. 猕猴桃属12种植物花粉形态研究 [J]. 中国药科大学学报，26（3）：139-143.

Akagi Takashi，Henry Isabelle M，Ohtani Haruka，et al.，2018. A Y-Encoded Suppressor of Feminization Arose via Lineage-Specific Duplication of a Cytokinin Response Regulator in Kiwifruit. [J]. The Plant Cell，30（4）：780-795.

Akagi Takashi，Pilkington Sarah M，Varkonyi-Gasic Erika，et al.，2019. Two Y-chromosome-encoded genes determine sex in kiwifruit. [J]. Nature Plants，5（8）：801-809.

Ampomah-Dwamena Charles，Thrimawithana Amali H，DejnopratSupinya，et al.，2019. A kiwifruit (*Actinidia deliciosa*) R2R3-MYB transcription factor modulates chlorophyll and carotenoid accumulation [J]. New Phytologist，221（1）：309-325.

Atak A，Aydin B，Abdurrahim Kahraman K，2014. Sex determination of kiwifruit seedlings with molecular markers [J]. Acta Hortic. 197-203.

Birsch A M, Fortune D, Blanchet P, 1990. Study of dioecism in kiwifruit, *Actinidia deliciosa*, chevalier [J]. Acta Hortic. 367 – 376.

Brundell D J, 1975. Flower Development of the Chinese Gooseberry (*Actinidia chinensis* Planch.): II. Development of the Flower Bud [J]. New Zealand Journal of Botany (13): 485 – 496.

Bulley Sean M, Rassam Maysoon, Hoser Dana, et al. , 2009. Gene expression studies in kiwifruit and gene over – expression in *Arabidopsis* indicates that GDP – L – galactose guanyltransferase is a major control point of vitamin C biosynthesis [J]. Journal of Experimental Botany, 60 (3): 765 – 778.

Cassio F, Marion G, 1983. Ortoflorofruit [J]. Ital (67): 455 – 464.

Chen J T, Coate J E, Meru G, 2020. Editorial: Artificial Polyploidy in Plants [J]. Frontiers in Plant Science, 11 (7): 1 – 3.

Cyril Brendolise, Richard V Espley, Kui Lin – Wang, et al. , 2017. Multiple Copies of a Simple MYB – Binding Site Confers Trans – regulation by Specific Flavonoid – Related R2R3 MYBs in Diverse Species [J]. Frontiers in Plant Science (8): 1864.

De Mori Gloria, Zaina Giusi, Franco Orozco Barbara, et al. , 2020. Targeted Mutagenesis of the Female – Suppressor SyGI Gene in Tetraploid Kiwifruit by CRISPR/CAS9 [J]. Plants, 10 (1): 62 – 62.

Dhooghe E, Van Laere K, Eeckhaut T, et al. , 2011. Mitotic chromosome doubling of plant tissues in vitro [J]. Plant Cell, Tissue and Organ Culture, 104 (3): 359 – 373.

Dinum Herath, Tianchi Wang, Yongyan Peng, et al. , 2020. An improved method for transformation of *Actinidia arguta* utilized to demonstrate a central role for MYB110 in regulating anthocyanin accumulation in kiwiberry [J]. Plant Cell, Tissue and Organ Culture, 143: 291 – 301.

Eng W H, Ho W S, 2019. Polyploidization using colchicine in horticultural plants: a review [J]. Scientia Horticulturae, 246: 604 – 617.

Falasca G, D'Angeli S, Biasi R, et al. , 2013. Tapetum and middle layer control male fertility in *Actinidia deliciosa* [J]. Annals of Botany, 112: 1045 – 1055. https: //doi. org/10. 1093/aob/mct173

Ferguson A, 1984. Kiwifruit: a botanical review [J]. Hortic Rev (6): 1 – 64.

Ferguson A R, 1997. Kiwifruit (Chinese gooseberry) The brooks and olmo register of fruit & nut varieties (3rd Ed) [M]. Alexandria, VA: ASHS Press.

Fraser Lena G, Seal Alan G, Montefiori Mirco, et al. , 2013. An R2R3 MYB transcription factor determines red petal colour in an *Actinidia* (kiwifruit) hybrid population. [J]. BMC Genomics, 14 (1): 28.

Fraser Lena G, Harvey Catherine F, 1986. Somatic embryogenesis from anther – derived callus in two *Actinidia* species [J]. Scientia Horticulturae, 29 (4): 335 – 346.

Fraser, L G, Tsang G K, Datson P M, et al. , 2009. A gene – rich linkage map in the dioecious species *Actinidia chinensis* (kiwifruit) reveals putative X/Y sex – determining chromosomes [J]. BMC Genomics (10): 102.

Fu Beiling, Wang Wenqiu, Liu Xiaofen, et al. , 2021. An ethylene – hypersensitive methionine sulfoxide reductase regulated by NAC transcription factors increases methionine pool size and ethylene production during kiwifruit ripening [J]. New Phytol. Jun 16. doi: 10. 1111/nph. 17560.

Gill G P, Harvey C F, Gardner R C, et al. , 1998. Development of sex – linked PCR markers for gender identification in *Actinidia* [J]. Theor Appl Genet (97): 439 – 445. https: //doi. org/10. 1007/s 001220050914.

Grosser J W, Kainth D, Dutt M, 2014. Production of colchicine - induced autotetraploids in pummelo (Citrus grandis Osbeck) through indirect organogenesis [J]. HortScience, 49 (7): 944 - 948.

Haijun Wu, Xiaoya Qu, Zhicheng Dong, et al., 2020. WUSCHEL triggers innate antiviral immunity in plant stem cells [J]. Science, 370 (6513): 227 - 231.

Harvey C F, Gill G P, Fraser L G, et al., 1997. Sex determination in *Actinidia*. 1. Sex - linked markers and progeny sex ratio in diploid *A. chinensis* [J]. Sex Plant Reprod 10, 149 - 154. https://doi. org/10. 1007/s 004970050082.

He Z, Huang H, Zhong Y, 2003. Cytogenetic study of diploid *Actinidia chinensis - karyotype*, morphology of sex chromosomes at primary differentiation stage and evolutionary significance [J]. Acta Hortic. 379 - 385. https://doi. org/10. 17660/ActaHortic.

Huang Shengxiong, Ding Jian, Deng Dejing, et al., 2013. Draft genome of the kiwifruit *Actinidia chinensis* [J]. Nature Communications, 4 (1): 2640.

Huang S, Ding J, Deng D, et al., 2013. Draft genome of the kiwifruit *Actinidia chinensis* [J]. Nature Communication, 4: 2640.

Jay S C, Jay D H, 1993. The effect of kiwifruit (*Actinidia deliciosa* A Chev) and yellow flowered broom (Cytisusscoparius Link) pollen on the ovary development of worker honey bees (Apis mellifera L) [J]. Apidologie 24, 557 - 563. https://doi. org/10. 1051/apido.

J - H Wu, 2015. Callus and Plantlets Produced from In Vitro Culture of Anthers of *Actinidia chinensis* [J]. Acta Horticulturae, 1083: 115 - 121.

Wang Jinpeng, Yu Jigao, Li Jing, et al., 2018. Two Likely Auto - Tetraploidization Events Shaped Kiwifruit Genome and Contributed to Establishment of the Actinidiaceae Family [J]. iScience, 7: 230 - 240.

John McCallum, William Laing, Sean Bulley, et al., 2019. Molecular Characterisation of a Supergene Conditioning Super - High Vitamin C in Kiwifruit Hybrids [J]. Plants, 8 (7): 237 - 237.

K Pandey, L Przywara, P M Sanders, 1991. Induced parthenogenesis in kiwifruit (*Actinidia deliciosa*) through the use of lethally irradiated pollen [J]. Euphytica, 51 (1): 1 - 9.

Kataoka I, Mizugami T, Kim J G, et al., 2010. Ploidy variation of hardy kiwifruit (*Actinidia arguta*) resources and geographic distribution in Japan [J]. Scientia horticulturae, 124 (3): 409 -414.

Kawagoe T, Suzuki N, 2004. Cryptic dioecy in Actinidia polygama: a test of the pollinator attraction hypothesis [J]. Can. J. Bot. 82, 214 - 218. https://doi. org/10. 1139/b03 - 150.

Ke S Q, Huang R H, Wang S M, Xion Z T, 1992. Studies of interspecific hybrids of *Actinidia* [J]. Discrete Applied Mathematics, 1: 133 - 133.

Lebel - Hardenack S, Grant S R, 1997. Genetics of sex determination in flowering plants [J]. Trends in Plant Science, 2: 130 - 136. https://doi. org/10. 1016/S1360 - 1385 (97) 01012 - 1.

Li Boqiang, Xia Yongxiu, Wang Yuying, et al., 2017. Characterization of Genes Encoding Key Enzymes Involved in Anthocyanin Metabolism of Kiwifruit during Storage Period. [J]. Frontiers in plant science, 8.

Li D, Liu Y, Zhong C, et al., 2010a. Morphological and cytotype variation of wild kiwifruit (*Actinidia chinensis* complex) along an altitudinal and longitudinal gradient in central - west China [J]. Botanical Journal of the Linnean Society, 164 (1): 72 - 83.

Li D, Zhong C, Liu Y, et al., 2010b. Correlation between ploidy level and fruit characters of the main kiwifruit cultivars in China: implication for selection and improvement [J]. New Zealand Journal of Crop and Horticultural Science, 38 (2): 137 – 145.

Li Wenbin, Ding Zehong, Ruan Mengbin, et al., 2017a. Kiwifruit R2R3 – MYB transcription factors and contribution of the novel AcMYB75 to red kiwifruit anthocyanin biosynthesis [J]. Scientific Reports, 7 (1): 16861.

Li Wenbin, Liu Yifei, Zeng Shaohua, et al., 2017. Correction: Gene Expression Profiling of Development and Anthocyanin Accumulation in Kiwifruit (Actinidia chinensis) Based on Transcriptome Sequencing [J]. PLoS ONE, 10 (9): e0138743.

Li Yukuo, Cui Wen, Qi Xiujuan, et al., 2020. MicroRNA858 negatively regulates anthocyanin biosynthesis by repressing AaMYBC1 expression in kiwifruit (Actinidia arguta) [J]. Plant science: an international journal of experimental plant biology, 296: 110476.

Liao Guanglian, Huang Chunhui, Jia Dongfeng, et al., 2023. High quality genome of Actinidia eriantha provide new insight into ascorbic acid regulation [J]. Journal of Integrative Agriculture, advance online. Doi: 10.1016/j.jia.2023.07.018.

Liao Guanglian, Chen Lu, He Yanqun, et al., 2021. Three metabolic pathways are responsible for the accumulation and maintenance of high AsA content in kiwifruit (Actinidia eriantha) [J]. BMC Genomics, 22 (1).

Liu G, Li Z, Bao M., 2007. Colchicine – induced chromosome doubling in Platanus acerifolia and its effect on plant morphology [J]. Euphytica, 157 (1): 145 – 154.

Liu Y, Li D, Zhang Q, et al., 2017. Rapid radiations of both kiwifruit hybrid lineages and their parents shed light on a two – layer mode of species diversification [J]. The New phytologist, 215: 877 – 890.

Liu Yanfei, Liu Jia, Qi Yingwei, et al., 2019. Identification and characterization of AcUFGT6b, a xylosyltransferase involved in anthocyanin modification in red – fleshed kiwifruit (Actinidia chinensis) [J]. Plant Cell, Tissue and Organ Culture, 138 (2): 257 – 271.

Liu Yanfei, Ma Kangxun, Qi Yingwei, et al., 2021. Transcriptional Regulation of Anthocyanin Synthesis by MYB – bHLH – WDR Complexes in Kiwifruit (Actinidia chinensis) [J]. Journal of Agricultural and Food Chemistry, 69 (12): 3677 – 3691.

Liu Yanfei, Qi Yingwei, Zhang Aling, et al., 2019. Molecular cloning and functional characterization of AcGST1, an anthocyanin – related glutathione S – transferase gene in kiwifruit (Actinidia chinensis) [J]. Plant Molecular Biology, 100 (4 – 5): 451 – 465.

Liu Yanfei, Zhou Bin, Qi Yingwei, et al., 2017. Expression Differences of Pigment Structural Genes and Transcription Factors Explain Flesh Coloration in Three Contrasting Kiwifruit Cultivars [J]. Frontiers in plant science, 8.

Man Yuping, Wang Yanchang, Li Zuozhou, et al., 2015. High – temperature inhibition of biosynthesis and transportation of anthocyanins results in the poor red coloration in red – fleshed Actinidia chinensis [J]. Physiologia Plantarum, 153 (4): 565 – 83.

McAtee Peter A, Richardson Annette C, Nieuwenhuizen Niels J, et al., 2015. The hybrid non – ethylene and ethylene ripening response in kiwifruit (Actinidia chinensis) is associated with differential regulation of MADS – box transcription factors [J]. BMC Plant Biology, 15 (1): 304.

McNeilage M A, 1991a. Sex expression in fruiting male vines of kiwifruit [J]. Sexual Plant Reprod 4,

274 - 278. https：//doi. org/10. 1007/BF00200547.

McNeilage M A, 1991b. Gender variation in *Actinidia deliciosa*, the kiwifruit [J]. Sexual Plant Reprod 4. https：//doi. org/10. 1007/BF00200546.

McNeilage M A, 1997. Progress in breeding hermaphrodite kiwifruit cultivars and understanding the genetics of sex determination [J]. Acta Hortic. 73 - 78. https：//doi. org/10. 17660/ActaHortic. 1997. 444. 8.

McNeilage M A, Steinhagen S, 1998. Flower and fruit characters in a kiwifruit hermaphrodite [J]. Euphytica, 101：69 - 72.

Messina R, Vischi M, Marchetti S, et al., 1990. Observations on subdioeciousness and fertilization in a kiwifruit breeding program [J]. Acta Hortic. 377 - 386. https：//doi. org/10. 17660/ActaHortic. 1990. 282. 47.

Min Yu, Yuping Man, Yanchang Wang, 2019. Light and Temperature - Induced Expression of an R2R3 - MYB Gene Regulates Anthocyanin Biosynthesis in Red - Fleshed Kiwifruit [J]. International Journal of Molecular Sciences, 20 (20)：5228 - 5228.

Montefiori Mirco, Comeskey Daniel J, Wohlers Mark, et al., 2009. Characterization and quantification of anthocyanins in red kiwifruit (*Actinidia* spp.) [J]. Journal of Agricultural and Food Chemistry, 57 (15)：6 856 - 61.

Montefiori Mirco, Espley Richard V, Stevenson David, et al., 2011. Identification and characterisation of F3GT1 and F3GGT1, two glycosyltransferases responsible for anthocyanin biosynthesis in red - fleshed kiwifruit (*Actinidia chinensis*) [J]. The Plant Journal, 65 (1)：106 - 118.

Moss Sarah M A, Wang Tianchi, Voogd Charlotte, et al., 2018. AcFT promotes kiwifruit in vitro flowering when overexpressed and Arabidopsis flowering when expressed in the vasculature under its own promoter [J]. Plant Direct, 2 (7)：e00068.

Mu X J, Tsai D R, An H X, et al., 1991. Embryology and embryo rescue of interspecific hybrids in *Actinidia* [J]. Acta Hort (297)：93 - 98.

Nardozza Simona, Boldingh Helen L, Kashuba M Peggy, et al., 2020. Carbon starvation reduces carbohydrate and anthocyanin accumulation in red - fleshed fruit via trehalose 6 - phosphate and MYB27 [J]. Plant, Cell & Environment, 43 (4)：819 - 835.

Nieuwenhuizen Niels J, Chen Xiuyin, Wang Mindy Y, et al., 2015, Natural variation in monoterpene synthesis in kiwifruit：transcriptional regulation of terpene synthases by NAC and ETHYLENE - INSENSITIVE3 - like transcription factors [J]. Plant Physiology, 167 (4)：1243 - 58.

Peng Yongyan, Lin - Wang Kui, Cooney Janine M, et al., 2019. Differential regulation of the anthocyanin profile in purple kiwifruit (*Actinidia species*) [J]. Horticulture Research, 6 (1)：3.

Peng Yongyan, Thrimawithana Amali H, CooneyJanine M, et al., 2020. The proanthocyanin - related transcription factors MYBC1 and WRKY44 regulate branch points in the kiwifruit anthocyanin pathway [J]. Scientific Reports, 10 (1)：14161 - 14161.

Pilkington Sarah M, Montefiori Mirco, Jameson Paula E, et al., 2012. The control of chlorophyll levels in maturing kiwifruit [J]. Planta, 236 (5)：1615 - 28.

Pilkington S M, Crowhurst R, Hilario E, et al., 2018. A manually annotated *Actinidia chinensis* var. *chinensis* (kiwifruit) genome highlights the challenges associated with draft genomes and gene prediction in plants [J]. BMC Genomics, 19: 257.

Polito, V S, Grant, J A, 1984. Initiation and development of pistillate flowers in *Actinidia chinensis* [J]. Scientia Horticulturae 22, 365 – 371. https: //doi. org/10. 1016/S0304 – 4238（84）80008 – 4.

Renny – Byfield S, Wendel J F, 2014. Doubling down on genomes: polyploidy and crop plants [J]. American journal of botany, 101 (10): 1711 – 1725.

Rongmei Wu, Tianchi Wang, Annette C. Richardson, et al., 2018. Histone modification and activation by SOC1 – like and drought stress – related transcription factors may regulate AcSVP2 expression during kiwifruit winter dormancy [J]. Plant Science, 281: 242 – 250.

Ruiz M, Oustric J, Santini J, et al., 2020. Synthetic polyploidy in grafted crops [J]. Frontiers in Plant Science, 11: 540894.

Sakellariou M A, Mavromatis A G, Adimargono S, et al., 2016. Agronomic, cytogenetic and molecular studies on hermaphroditism and self – compatibility in the Greek kiwifruit (*Actinidia deliciosa*) cultivar 'Tsechelidis' [J]. The Journal of Horticultural Science and Biotechnology (91): 2 – 13.

Seal A G, Ferguson A R, de Silva H N, et al., 2012. The effect of 2n gametes on sex ratios in Actinidia [J]. Sex Plant Reprod (25): 197 – 203. https: //doi. org/10. 1007/s00497 – 012 – 0191 – 6.

Shi T, Huang H, Barker M S, 2010. Ancient genome duplications during the evolution of kiwifruit (*Actinidia*) and related Ericales [J]. Annals of botany, 106 (3): 497 – 504.

Soltis D E, Albert V A, Leebens – Mack J, et al., 2009. Polyploidy and angiosperm diversification [J]. American Journal of Botany, 96 (1): 336 – 348.

Stebbins Jr G L, 1947. Types of polyploids: their classification and significance [J]. Advances in genetics (1): 403 – 429.

Sun Shihang, Hu Chungen, Qi Xiujuan, et al., 2021. The AaCBF4 – AaBAM3. 1 module enhances freezing tolerance of kiwifruit (*Actinidia arguta*) [J]. Horticulture Research, 8 (1): 15.

Tang W, Sun X, Yue J, et al., 2019. Chromosome – scale genome assembly of kiwifruit *Actinidia eriantha* with single – molecule sequencing and chromatin interaction mapping [J]. Gigascience (8): 27.

Testolin R, Cipriani G, Costa G, 1995. Sex segregation ratio and gender expression in the genus Actinidia [J]. Sexual Plant Reprod (8): 129 – 132. https: //doi. org/10. 1007/BF00242255.

Testolin R, Messina R, Lain O, et al., 2004. A natural sex mutant in kiwifruit (*Actinidia deliciosa*) [J]. New Zealand Journal of Crop and Horticultural Science, 32: 179 – 183.

Varkonyi – Gasic Erika, Wang Tianchi, Cooney Janine, et al., 2021. Shy Girl, a kiwifruit suppressor of feminization, restricts gynoecium development via regulation of cytokinin metabolism and signalling [J]. NewPhytologist, 230 (4): 1461 – 1475.

Varkonyi – Gasic Erika, Wang Tianchi, Voogd Charlotte, et al., 2019. Mutagenesis of kiwifruit *CENTRORADIALIS – like* genes transforms a climbing woody perennial with long juvenility and axillary flowering into a compact plant with rapid terminal flowering [J]. Plant Biotechnology Journal, 17 (5): 869 – 880.

Voogd Charlotte, Brian Lara A, Wang Tianchi, et al., 2017. Three FT and multiple CEN and BFT genes regulate maturity, flowering, and vegetative phenology in kiwifruit [J]. Journal of Experimental Botany, 68 (7): 1539 – 1553.

Voogd Charlotte, Wang Tianchi, Varkonyi – Gasic Erika, 2015. Functional and expression analyses of kiwifruit SOC1 - like genes suggest that they may not have a role in the transition to flowering but may affect the duration of dormancy [J]. Journal of Experimental Botany, 66 (15): 4699 - 710.

Wang Lihuan, Tang Wei, Hu Yawen, et al., 2019. A MYB/bHLH complex regulates tissue - specific anthocyanin biosynthesis in the inner pericarp of red - centered kiwifruit *Actinidia chinensis cv. Hongyang* [J]. The Plant Journal, 99 (2): 359 - 378.

Wang Wenqiu, Wang Jian, Wu Yingying, et al., 2020. Genome - wide analysis of coding and non - coding RNA reveals a conserved miR164 - NAC regulatory pathway for fruit ripening. [J]. New Phytologist, 225 (4): 1618 - 1634.

Wang Z, Zhong C, Li D, et al., 2021. Cytotype Distribution and Chloroplast Phylogeography of Actinidia Chinensis Complex [J]. https://europepmc.org/article/ppr/ppr 222546.

Wang Zupeng, Wang Shuaibin, Li Dawei, et al., 2018. Optimized paired - sgRNA/Cas9 cloning and expression cassette triggers high - efficiency multiplex genome editing in kiwifruit [J]. Plant Biotechnology Journal, 16 (8): 1424 - 1433.

Wheeler G L, Jones M A, Smirnoff N, 1998. The biosynthetic pathway of vitamin C in higher plants [J]. Nature, 393 (6683): 365 - 9.

Wang S, Li D, Yao X, et al., 2019. Evolution and diversification of kiwifruit mitogenomes through extensive whole - genome rearrangement and mosaic loss of intergenic sequences in a highly variable region [J]. Genome Biology and Evolution, 11: 1192 - 1206.

Whittaker D J, Smith G S, Gardner R C, 1997. Expression of ethylene biosynthetic genes in *Actinidia chinensis* fruit [J]. Plant Molecular Biology, 34 (1): 45 - 55.

Wood T E, Takebayashi N, Barker M S, et al., 2009. The frequency of polyploid speciation in vascular plants [J]. Proceedings of the national Academy of sciences, 106 (33): 13875 - 13879.

Wu Haolin, Ma Tao, Kang Minghui, et al., 2019. A high - quality *Actinidia chinensis* (kiwifruit) genome [J]. Horticulture Research, 6 (1): 117.

Wu J H, Ferguson A R, Murray B G, et al., 2013. Fruit quality in induced polyploids of *Actinidia chinensis* [J]. HortScience, 48 (6): 701 - 707.

Wu J H, Ferguson A R, Murray B G, et al., 2012a. Induced polyploidy dramatically increases the size and alters the shape of fruit in *Actinidia chinensis* [J]. Annals of botany, 109 (1): 169 - 179.

Wu J H, 2012b. Manipulation of ploidy for kiwifruit breeding and the study of *Actinidia* genomics [J]. Acta Horticulturae, 961: 539.

Wu Rong Mei, Walton Eric F, Richardson Annette C, et al., 2012. Conservation and divergence of four kiwifruit SVP - like MADS - box genes suggest distinct roles in kiwifruit bud dormancy and flowering [J]. Journal of Experimental Botany, 63 (2): 797 - 807.

Wu H, Ma T, Kang M, et al., 2019. A high - quality *Actinidia chinensis* (kiwifruit) genome [J]. Horticulture Research, 6: 117.

Xue H, Zhang F, Zhang Z H, et al., 2015. Differences in salt tolerance between diploid and autotetraploid apple seedlings exposed to salt stress [J]. Scientia Horticulturae, 190: 24 - 30.

Yang J, Ling C, Zhang H, et al., 2022. A comparative genomics approach for analysis of complete mitogenomes of five Actinidiaceae plants [J]. Genes (Basel), 13: 1827.

Yao X, Tang P, Li Z, et al., 2015. The first complete chloroplast genome sequences in Actinidiaceae: genome structure and comparative analysis [J]. PLoS One, 10: e0129347.

Yao X，Wang S，Wang Z，et al.，2022. The genome sequencing and comparative analysis of a wild kiwifruit *Actinidia eriantha* [J]. Molecular Horticulture，2：13.

Yin Xue - Ren，Allan Andrew C，Chen Kun - song，et al.，2010. Kiwifruit EIL and ERF genes involved in regulating fruit ripening [J]. Plant Physiology，153 (3)：1280 - 92.

Yue J，Liu J，Ban R，et al.，2015. Kiwifruit Information Resource (KIR)：a comparative platform for kiwifruit genomics [J]. Database (Oxford)，bav113.

Yue J，Liu J，Tang W，et al.，2020. Kiwifruit Genome Database (KGD)：a comprehensive resource for kiwifruit genomics [J]. Horticulture Research，7：117.

Yue J，Chen Q，Wang Y，et al.，2022. Telomere - to - telomere and gap - free reference genome assembly of the kiwifruit *Actinidia chinensis* [J]. Horticulture Research，11：8.

Zhang Aidi，Wang Wenqiu，Tong Yang，et al.，2018. Transcriptome Analysis Identifies a Zinc Finger Protein Regulating Starch Degradation in Kiwifruit [J]. Plant Physiology，178 (2)：850 - 863.

Zhang K，Wang X，Cheng F，2019. Plant polyploidy：origin，evolution，and its influence on crop domestication [J]. Horticultural Plant Journal，5 (6)：231 - 239.

Zhang Y，Zhong C，Liu Y，et al.，2017. Agronomic trait variations and ploidy differentiation of kiwiberries in Northwest China：implication for breeding [J]. Frontiers in plant science，8：711.

Zhao C，Wang Y，Li J，Liu Z，et al.，2018. Identification and characterization of sex related genes in *Actinidia arguta* by suppression subtractive hybridization [J]. Scientia Horticulturae 233，256 - 263. https：//doi. org/10. 1016/j. scienta. 2018. 01. 054.

Zhong C H，Li D W，Han F，et al.，2015. Impacts of polyploidy on blooming and flower morphological traits of kiwifruit cultivars [J]. Acta Hortic. 229 - 240. https：//doi. org/10. 17660/ActaHortic. 2015. 1096. 25.

执笔人：徐小彪，李明章，李大卫，廖光联，岳俊阳，唐维，钟敏，李委

第四章　猕猴桃主要种类与品种

第一节　中华猕猴桃

中华猕猴桃（*A. chinensis*），广泛分布于中国大陆中部、东南部和西南部各地，以湖南、湖北、河南、江西、安徽南部和西部、浙江西南部、江苏、福建和贵州东部为主要分布地。一年生枝灰绿褐色、无毛，或稀被粉毛，且易脱落，皮孔较大、稀疏，圆形或长圆形、淡黄褐色；二年生枝深褐色、无毛或残存短损的毛，皮孔明显、圆形或长圆形、黄褐色；茎髓片层状、绿色。叶纸质、阔卵圆形、近圆形或阔倒卵形；叶片两侧对称、基部心形、尖端圆形、微钝尖或浅凹；叶面暗绿色、无毛，叶基部全缘无锯齿、中上部具尖刺状齿，主脉和次脉无毛、不明显；叶背密被白色星状毛，叶脉和次脉密被糙毛，7～8 对侧脉；叶柄被灰白色微茸毛、黄褐色糙毛、长硬毛、铁锈色刺毛状硬毛，长 3～11cm。雌花多为单花或聚伞花序、具花 1～3 朵；花序梗长 0.7～2cm、花序柄长 0.9～2.5cm；花萼 3～7 片，萼片阔椭圆形或卵圆形、长 5～10mm、宽 2～7mm、密被黄褐色茸毛；花瓣 3～7 片、近圆形、长约 2cm，表明具放射状条纹，极少重瓣，长 9～20mm、宽 5～13mm；花丝白色至浅绿色、长 5～8mm；花药黄色、长圆形；花柱白色、长约 6mm、柱头稍膨大；子房密被白色或黄褐色茸毛、球形、长约 5mm。雄花多为伞状花序，每花序具花 2～3 朵；花柄长约 3.6cm；花萼 4～6 片，覆瓦状排列；花冠直径约 2.5cm，花瓣多为 4～6 枚，花瓣阔倒卵形、先端钝圆或微凹，花瓣边缘呈波浪状皱纹；花丝 40～47 枚，长短不一；花药黄色；子房退化、密被褐色茸毛。果实多为球形、椭圆形或卵形；果皮暗黄色至褐色，密被褐色茸毛、果实成熟后易脱落；果梗端果肩圆形，萼片宿存反折，长 4～6cm；果肉黄色或黄绿色或红色，果心小、圆形、白色；种子椭圆形、紫红色，种皮表面具凹陷龟纹；果实成熟期通常为 9—10 月，味甜酸、多汁、质细；鲜果维生素 C 含量 0.5～4.2g/kg，可溶性固形物含量 12%～23%，可滴定酸含量 0.9%～1.8%；果实适用鲜食及加工。$2n=58/116$。

（一）中华猕猴桃红肉品种

1. 红阳　红阳（Hongyang）是四川省自然资源科学研究院与四川苍溪县农业局合作利用野生猕猴桃种子播种后，从其实生苗中选育出来的红肉猕猴桃品种（彩图 4-1）。该品种是世界首个红肉猕猴桃新品种，于 2005 年获得农业部颁发的植物新品种权证书（品种权号：CNA20030407.0），是目前国内红肉猕猴桃主栽品种。果实长圆柱形兼倒卵形，果顶凹陷，果皮绿色，果毛柔软易脱，果皮薄，果肉外缘黄绿色，子房鲜红色呈放射状图案，平均单果重 60～100g，最大单果重可达 150g，肉质细嫩，口感鲜美，食之有香气。果实可溶性固形物含量达 19%～23%，总糖含量 13.45%，总酸含量 0.49%，果肉维生素 C 含量 1.36g/kg。果实 8 月底至 9 月上旬成熟。果实较耐贮藏，在常温下可贮藏 15～20d。

2. 红实 2 号 红实 2 号（Hongshi-2）又名红什 2 号，是四川省自然资源科学研究院与德阳市猕猴桃专家大院合作，以红阳为母本、SF0612M 为父本杂交培育的红肉猕猴桃新品种（彩图 4-2），隶属于中华猕猴桃，于 2016 年获得农业部颁发的植物新品种权证书（品种权号：CNA20130213.4）。果实广椭圆形，果实顶部凹陷，果面少量茸毛易脱落，平均单果重 70～100g，最大单果重可达 130g，果肉黄色，子房鲜红色呈放射状，口感好，酸甜适中。果实可溶性固形物含量 15%～20%，干物质含量 18%～22%，果肉维生素 C 含量 1.86g/kg。果实 9 月底至 10 月上旬成熟。果实较耐贮藏，在 0～1℃ 条件下可贮藏 3～4 个月。抗性比红阳强，丰产性好，是优良的红肉猕猴桃升级品种。

3. 东红 东红（Donghong）是中国科学院武汉植物园从红阳实生后代中选育而成的（彩图 4-3）。2012 年 12 月通过国家品种审定（国 S-SV-AC-031-2012），2016 年获得植物新品种权（品种权号：CNA20110624.9）。果实长圆柱形，果面无毛，平均单果重 70～75g。外层果肉金黄色，内层果肉红色，果心四周红色略比红阳窄，肉质细嫩，汁中等多，风味浓甜。果实可溶性固形物含量 15%～21%，总糖含量 10%～14%，有机酸含量 1.0%～1.5%，果肉维生素 C 含量 1.00～1.53g/kg。果实 8 月底至 9 月上中旬成熟。果实耐贮藏，抗果实软腐病能力较强。

4. 脐红 脐红（Qihong）是西北农林科技大学猕猴桃试验站、宝鸡市陈仓区桑果站等单位选育的红肉品种（彩图 4-4）。2012 年通过陕西省果树品种审定委员会审定（050-M09-2012）。果实近圆柱形，大小整齐一致，果顶萼凹处有明显脐状凸起，果皮绿色，果面光净，平均单果重 97.7g，最大单果重 126g。果实软熟后果肉为黄色或黄绿色，果心周围呈鲜艳放射状红色，质细多汁，风味香甜爽口。可溶性固形物含量 19.9%，总糖含量 12.56%，总酸含量 1.14%，果肉维生素 C 含量 1.88g/kg。在陕西产区成熟期为 9 月下旬。果实后熟期 22～32d，室内常温下存放 30d 左右，在（1±0.5）℃ 贮藏条件下，可存放 180d 左右。

5. 红昇 红昇（Hongsheng）是中国科学院武汉植物园与四川苍溪猕猴桃研究所合作，从来自河南的野生中华猕猴桃种子实生苗中选育出来的中熟红肉品种（彩图 4-5）。2015 年通过四川省农作物品种审定委员会审定（川审果 2015013）。果实圆柱形，果皮黄褐色，软毛易脱落，平均单果重 83g，最大单果重 117g。果肉亮黄色，柔滑细腻，内嵌放射红色条纹，有香气，酸甜可口，可溶性固形物含量 18.3%，总酸含量 1.08%，维生素 C 含量 0.75g/kg。果实 9 月中下旬成熟。果实较耐贮藏，常温下可贮藏 3～4 周，标准商业冷库下可贮藏 137～152d。

6. 赣猕 7 号 赣猕 7 号（Ganmi-7）是江西农业大学和奉新县猕猴桃研究所共同选育的一个红阳芽变新品种（彩图 4-6）。2014 年 12 月通过江西省农作物品种审定委员会认定（赣认猕猴桃 2014002）。该品种果肉红色性状稳定一致，早熟。果实长圆柱形或倒卵圆形，果皮绿色。果实中等大，平均单果重 86.5g。果实纵径为 5.41cm，果实横径为

猕猴桃学

4.52cm，果形指数为 1.19。果实中果皮黄色、内果皮鲜红色，中心胎座白色。果实可溶性固形物含量 18.7%，果实可溶性糖与可滴定酸含量分别为 11.4% 和 0.89%，维生素 C 含量为 1.04g/kg。果实生育期约 130d，8 月下旬成熟。果实较耐贮藏，在常温下可贮藏 14～20d。

7. 桂红　桂红（Guihong）是广西植物研究所从野生中华猕猴桃选育而成，2020 年获农业农村部植物新品种授权（品种权号：CNA20171329.9）（彩图 4 - 7）。果实短圆柱形，果顶平或微凸，果皮黄绿色，果毛残存，柔软，果斑黄褐色，平均单果重 94.4g，最大单果重 120g，果肉外缘黄色，中轴白色，子房呈放射状桃红色，肉质细，汁多，清甜，有香味。可溶性固形物含量 16.70%，干物质含量 17.39%，果肉维生素 C 含量 9.94g/kg，含 18 种氨基酸及包括硒在内的 11 种矿物质。果实成熟期在 9 月中旬至下旬。果实耐贮性好，常温下可贮藏 15～20d。

8. 金红 1 号　金红 1 号（Jinhong - 1）是江苏扬州杨氏猕猴桃科学研究院选育的红肉猕猴桃品种（彩图 4 - 8）。2014 年获农业部植物新品种授权（品种权号：CNA20110642.7）。果实长圆柱形，果皮浅黄褐色，果脐凹，果面中上部光滑，脐部毛被细短软稀，果形端正，平均单果重 80.6g，最大单果重 108g，果肉黄色，子房呈红色放射状，肉质细，有韧性，香甜、味浓、纯正。可溶性固形物含量 18%～21%，干物质含量 19%～23%。果肉维生素 C 含量 0.51g/kg。在江苏扬州地区果实 9 月中旬成熟。果实较耐贮藏，常温下贮藏 15～20d，冷库条件下可贮存 5 个月。

9. 金红 50 号　金红 50 号（Jinhong - 50）是江苏扬州杨氏猕猴桃科学研究院于 1999 年以红阳为母本、中华雄性 13 号为父本杂交选育而成的红肉猕猴桃新品种（彩图 4 - 9）。2015 年 11 月获农业部植物新品种权（品种权号：CNA20120001.1）。果实圆柱形，端正，果皮黄褐色有茸毛，脐顶微凸、圆钝，平均单果重 104g，最大单果重 175.3g，果肉黄色，子房呈放射状红色。果肉香甜，汁多，可溶性固形物含量 17%～21%，干物质含量 19%～23%，维生素 C 含量 1.31g/kg。在江苏扬州地区果实 10 月中旬成熟。果实耐贮藏，自然保鲜 4 个月，冷库贮藏 6 个月。

10. 楚红　楚红（Chuhong）是湖南省农业科学院园艺研究所从野生猕猴桃选育而成的（彩图 4 - 10）。2005 年通过湖南省农作物品种审定委员会（XPD00 - 2005）。果实长椭圆形或扁椭圆形，果皮深绿色，果面无毛，平均单果重 70～80g，最大单果重 121g；果肉细嫩，果实近中央部分中轴周围呈艳丽的红色，横切面从外到内的色泽是绿色-红色-浅黄色，极为美观诱人。果实可溶性固形物含量 16.5%，最高可达 21%，总酸含量 1.23%，维生素 C 含量 0.97g/kg。果实 9 月下旬成熟，果实贮藏性一般，常温下贮藏 7～10d 即可开始软熟，15d 天左右开始衰败变质。

11. 红华　红华（Honghua）由四川省自然资源研究院培育（彩图 4 - 11）。2004 年 10 月通过四川省农作物品种审定委员会审定（川审果 2004003），并正式命名为红华，2005 年 4 月获得农业部植物新品种保护办公室保护。果实平均单果重 97g，最大单果重 137g，长椭圆形，果顶平坦，果皮褐色，光滑，有短茸毛，果脐平坦，外表美观。种子外侧呈放射状鲜红色，红色部分不低于横切面的 40%。果实可溶性固形物含量 18.9%，总糖含量 11.94%，总酸含量 1.35%，维生素 C 含量 0.70g/kg。果实 9 月下旬成熟。果实耐贮性好,在 1℃ 条件下可冷藏 4 个月左右。

12. 湘吉红 湘吉红(Xiangjihong)是吉首大学在野生猕猴桃资源调查中发现的红肉无籽猕猴桃单株(彩图 4-12),经多代无性繁殖选育而成,具有单性结实特性,2016 年获国家植物新品种权(品种权号:CNA20100466.1)。果实圆柱形,果面茸毛稀少易脱落,平均单果重 75g,果肉黄绿色,子房呈放射状红色,汁液多,酸甜可口。可溶性固形物含量 18%~20%,果肉维生素 C 含量 0.71g/kg,果实 8 月底至 9 月上旬成熟。果实常温下可贮藏 15d 左右。

13. 海霞 海霞(Haixia)是江苏省海门市三和猕猴桃服务中心与中国科学院武汉植物园和江苏省农业科学院园艺研究所合作选育而成的(彩图 4-13)。2014 年通过江苏农业科学院审定(2014-9-8)。果实长圆形,果皮浅黄绿色,密被细短棕色茸毛,果顶凸出,平均单果重 84.5g,最大单果重 120.0g,果肉黄色,子房呈放射状红色,肉质细嫩,汁液多,香气浓,风味甜。可溶性固形物含量 18.5%~20.5%,果肉维生素 C 含量 1.14g/kg。果实 9 月中下旬成熟。果实较耐贮藏,冷藏条件下贮藏 3 个月以上。

14. 晚红 晚红(Wanhong)是陕西省周至县猕猴桃试验站从红阳自然杂交后代中选育而成的(彩图 4-14)。2009 年通过陕西省果树品种审定委员会审定(031-M08-2009)。果实长圆柱形,果皮绿褐色,果面毛稀,易脱落,单果重 110~140g,果肉黄色或绿黄色,果心周围具红,质细汁多,味浓香甘甜,口感极佳。可溶性固形物含量 20%,果肉维生素 C 含量 1.32g/kg。果实 10 月上旬成熟。果实较耐贮藏,室温下可存放 70d 左右,在 0℃ 条件下可贮藏 5~7 个月。

15. 平原红 平原红(Pingyuanhong)是安徽农业大学通过红阳猕猴桃自然实生后代选育而成(彩图 4-15),2020 年通过安徽省林木品种审定委员会审定(证书号:皖 S-SV-AC-002-2020),2021 年获得国家植物新品种保护授权(证书号:2021019944)。果实呈卵圆形,果脐凹凸,果肉黄色,内果皮着辐射状红色,平原地区着色明显优于红阳,夏季高温仍能稳定着色。果顶平或微凸;果皮黄绿色。平均单果重 80.2g,可溶性固形物含量 20.9%,可溶性糖含量 14.6%,果肉维生素 C 含量 2.75g/kg,可滴定酸含量 0.41%。果实成熟期比红阳早 6~8d。果实常温下可贮藏 1~2 个月,低温下可贮藏 3 个月以上。货架期较长,常温下 15~20d,低温下 30~40d。雄株 2 号为其授粉品种。

(二)中华猕猴桃黄肉品种

1. 金实 1 号 金实 1 号(Jinshi-1)是四川省自然资源科学研究院与四川华胜农业股份有限公司合作,利用在江西收集到的野生中华猕猴桃,将其种子播种后从实生苗中选育出来的黄肉猕猴桃新品种(彩图 4-16)。2016 年获得农业部颁发的植物新品种权证书(品种权号:CNA20130211.6)。果实长梯形,平均单果重 95g,最大单果重 150g;果肉金黄色,口感好,酸甜适中,可溶性固形物含量 17.5%,干物质含量 18%~20%,果肉维生素 C 含量 2.05g/kg;果实成熟期在 10 月下旬至 11 月上旬。果皮粗糙,耐碰撞,耐贮藏,在 0~1℃ 条件下可贮藏 6 个月,货架期 30d 左右;抗性强,丰产性好。

2. 金实 4 号 金实 4 号(Jinshi-4)是四川省自然资源科学研究院通过杂交育种方法选育而成(彩图 4-17),母本为金实 1 号,父本为金丰的杂交后代 SF0813。于 2019 年申请农业部颁发的植物新品种权证书保护,并获得受理(受理编号:20191004963),于

2021 年通过四川省非主要农作物品种认定委员会认定（川认果 2021005）。果实卵形，有中等量的短茸毛均匀分布在果皮表面、颜色呈灰褐色、易脱落，果实大，平均单果重 90～120g，最大单果重约 150g。果实软熟后果肉中黄色，细嫩多汁，香气浓郁，酸甜适度，风味佳；可溶性固形物含量 16%～19%，干物质含量 17%～20%；果肉维生素 C 含量 1.71g/kg，果实 9 月底至 10 月初成熟，果实较耐贮藏，在 0～1℃ 条件下可贮藏 3～4 个月，中高抗溃疡病。

3. 金桃 金桃（Jintao）是中国科学院武汉植物园从江西武宁县野生中华猕猴桃资源中选育而成（彩图 4-18），2005 年通过国家品种审定（国 S－SV－AC－018－2005）。果实长圆柱形，成熟时果面光洁无毛，平均单果重 90g；果肉黄色，质脆多汁，酸甜适中。果实可溶性固形物含量 15%～18%，果肉维生素 C 含量 1.80～2.46g/kg。果实 9 月底至 10 月初成熟。果实耐藏性好且货架期较长。

4. 金霞 金霞（Jinxia）是中国科学院武汉植物园从江西武宁县野生猕猴桃资源中选育而成（彩图 4-19），2005 年通过国家品种审定（国 S－SV－AC－018－2005），2016 年获得植物新品种权（品种权号：CNA20110710.4）。果实圆柱形，果面密被褐色短茸毛，平均单果重 85g，果肉黄色或黄绿色，汁多味甜，口感适中。果实可溶性固形物含量 15%，维生素 C 含量 1.10g/kg。果实 9 月下旬至 10 月上旬成熟，果实较耐贮藏。耐热性较好。

5. 翠玉 翠玉（Cuiyu）是湖南省农业科学院园艺研究所利用野生资源选育而成（彩图 4-20）。2008 年通过湖南省农作物品种审定委员会审定（XPD014-2008）。果实倒卵形，果皮绿褐色，成熟时果面光滑无毛，平均单果重 85～95g，最大单果重 129g，果肉绿色或黄绿色，细嫩多汁，风味浓甜。果实可溶性固形物含量 14.5%～17.3%，最高可达 19.5%，果肉维生素 C 含量 0.88g/kg，总糖含量 13.25%，总酸含量 1.27%。果实 10 月中下旬成熟。果实耐贮藏，常温下不经任何处理可贮藏 30d 以上，低温下可贮藏 4～6 个月。

6. 金玉 2 号 金玉 2 号（Jinyu-2）是陕西省农村科技开发中心与陕西佰瑞猕猴桃研究院有限公司通过实生选育而成（彩图 4-21）。2017 年 5 月取得国家植物新品种保护权（品种权号：CNA20141592.2）。果实卵形，果形美观整齐、大小一致，果皮暗褐色，平均单果重 85g，最大单果重 115g，果肉金黄，细腻多汁、风味酸甜，清香可口。可溶性固形物含量 19.3%～21.4%，果肉维生素 C 含量 1.43g/kg。在陕西关中南部，果实 10 月上旬成熟。果实较耐贮藏。植株树势强旺，较抗溃疡病。

7. 早鲜 早鲜（Zaoxian）又名赣猕 1 号，是江西省农业科学院园艺研究所从野生猕猴桃资源选育而成（彩图 4-22）。果实圆柱形，整齐美观，果皮绿褐色或灰褐色，密被茸毛，平均单果重 75.1～94.4g，最大单果重 150.5g，果肉绿黄色或黄色，质细多汁，风味浓，有清香。果实可溶性固形物含量 12.0%～16.5%，果肉维生素 C 含量 0.95g/kg，总糖含量 7.02%～9.08%，总酸含量 0.91%～1.25%。果实 9 月上中旬成熟。果实较耐贮藏，室温条件下贮藏 10～20d，低温冷藏条件下贮藏 4 个月，货架期 10d 左右。

8. 魁蜜 魁蜜（Kuimi）又名赣猕 2 号，是江西省农业科学院园艺研究所利用野生猕猴桃资源选育而成（彩图 4-23）。果实扁圆形，平均单果重 92.2～106.2g，最大单果重

183.3g；果肉黄色或绿黄色，质细多汁，风味清香。果实可溶性固形物含量 12.4%～16.7%，果肉维生素 C 含量 1.08g/kg，总糖含量 6.09%～12.08%，总酸含量 0.77%～1.49%。果实 9 月下旬至 10 月上旬成熟。果实耐贮性较差，货架期短。

9. 金丰 金丰（Jinfeng）又名赣猕 3 号，是江西省农业科学院园艺研究所利用野生猕猴桃资源选育而成（彩图 4-24）。果实椭圆形，整齐一致，果皮黄褐色至深褐色，密被短茸毛，平均单果重 81.8～107.3g，最大单果重 163g，果肉黄色，质细多汁，微香。果实可溶性固形物含量 10.5%～15.0%，果肉维生素 C 含量 0.62g/kg，总糖含量 4.92%～10.64%，总酸含量 1.06%～1.65%。果实 9 月中下旬成熟。果实较耐贮藏，采收结束后熟需要 15d，室温条件下贮藏 40d。

10. 赣金 2 号 赣金 2 号（Ganjin-2）是江西农业大学猕猴桃研究所从江西省境内野生中华猕猴桃群体中优选出的单株（彩图 4-25），2023 年 9 月获得农业农村部植物新品种权（品种权号：CNA20201000528）。果实广卵圆形，果皮黄褐色，果面密被黄色短茸毛；果实较大，平均单果重 83.6g，最大单果重 103.5g；果实纵径为 6.89cm，果实横径为 4.25cm，果形指数为 1.62。果肉黄色，果心黄白色，肉质细嫩清香，果实可溶性固形物含量 18.7%～20.6%，可滴定酸含量 0.93%～0.98%，干物质含量 19.2%～22.5%，果肉维生素 C 含量 1.14g/kg。果实风味甜酸适度，品质优。果实成熟期 9 月下旬。果实较耐贮藏，室温条件下可贮藏 15～25d。该品种为四倍体，树势较强，适应性较广，丰产性好。

11. 金喜 金喜（Jinxi）是浙江省农业科学院园艺研究所通过金桃（武植 81-1）与中华猕猴桃雄性优株金雄 1 号杂交选育而成，是浙江省的主导品种之一（彩图 4-26），2018 年通过浙江省非主要农作物审定委员会认定（浙认果 2018001）。果实圆柱形，果面光洁无毛，果形端正均匀，平均单果重 88.5g，果肉黄色，中心柱黄白色，肉质细嫩，风味浓。果实可溶性固形物含量 15.0%～21.7%，果肉维生素 C 含量 1.42g/kg。果实 10 月上旬成熟。果实较耐贮藏，软熟果货架期较长。

12. 金丽 金丽（Jinli）是浙江省农业科学院园艺研究所通过自然杂交实生选育而成，是浙江省的主导品种之一（彩图 4-27），2021 年获农业农村部植物新品种权（品种权号：CNA20183879.8）。果实长圆柱形，果面无毛，果实较大，平均单果重 100～110g，果肉纯黄色至金黄色，肉质细嫩，口感鲜美，有香味。果实可溶性固形物含量 15.8%～23.8%，果肉维生素 C 含量 1.15g/kg。果实 10 月下旬成熟。果实较耐贮藏。

13. 金义 金义（Jinyi）是浙江省农业科学院园艺研究所通过自然杂交实生选育而成，是浙江省的主导品种之一（彩图 4-28），2021 年获农业农村部植物新品种权（品种权号：CNA20183878.9）。果实圆柱形，果面无毛，果实较大，平均单果重 100～110g，果肉黄色，质细多汁，味香甜。果实可溶性固形物含量 17.5%～24%，果肉维生素 C 含量 9.98g/kg。果实 10 月上旬成熟。果实较耐贮藏。

14. 庐山香 庐山香（Lushanxiang）原代号庐山 79-2，是江西庐山植物园等单位 1979 年从江西省式宁县罗溪乡坪源村海拔 1 035m 高处的野生猕猴桃树中选出的优良单株（彩图 4-29），1985 年通过江西省级鉴定。果实长圆柱形，果形整齐美观，果点较大，果皮浅黄绿至棕黄色，平均单果重 87.5g，最大单果重 140g，果肉淡黄色，细嫩多汁，味甜香，品质好。可溶性固形物含量 9%～13.5%，果肉维生素 C 含量 1.59g/kg。在庐山地区，果实 10 月中旬成熟；在桂林地区，果实 9 月中下旬成熟。果实较耐贮。

15. 桂海 4 号 桂海 4 号（Guihai-4）是广西植物研究所利用野生猕猴桃资源选育而成，是我国选育的第一批猕猴桃品种（彩图 4-30），1996 年通过广西农作物品种审定委员会审定，2020 年获农业农村部植物新品种授权（品种权号：CNA20171343.1），命名为桂金。果实阔卵圆形，果顶平，喙部微凸，果皮较厚，果斑明显，成熟时果皮黄褐色，平均单果重 79g，最大单果重 116g，果肉绿黄色或黄色，细嫩，酸甜可口，气味清香，风味佳。果实可溶性固形物含量 15%～19%，果肉维生素 C 含量 0.54g/kg。果实 9 月中下旬成熟。果实较耐贮藏，室温条件下可存放 10～15d，冷库条件下可贮藏 4～5 个月。

16. 丰悦 丰悦（Fengyue）是湖南省农业科学院园艺研究所选育而成（彩图 4-31）。2001 年 2 月通过了湖南省农物品种审定委员会审定（品审证字 331 号）。果实椭圆形或近圆形，果皮绿褐色，果面光滑无毛，平均单果重 83～92.5g，最大单果重 128g，果肉金黄色，肉质细嫩多汁，香气浓，风味浓甜。可溶性固形物含量 13.5%～15.8%，最高可达 19%，果肉维生素 C 含量 0.84～1.63g/kg。果实 9 月中下旬成熟。果实较耐贮藏，在室温下可存放 15d 左右，低温冷藏条件下可贮藏 4 个月以上。

17. 金阳 金阳（Jinyang）又名金阳 1 号，是湖北省农业科学院果树茶叶研究所 1982 年从野生猕猴桃资源选育而成（彩图 4-32）。2004 年通过湖北省农作物品种审定委员会审定（鄂审果 2004004）。果实长圆柱形，果个较大，果面较光滑，果皮极薄，果皮棕褐色，平均单果重 85g，最大单果重 135g，果肉黄色，香味浓郁，酸甜适口。可溶性固形物含量 15%～18%，果肉维生素 C 含量 0.93g/kg。果实 9 月中下旬成熟，果实较耐贮藏。

18. 金农 金农（Jinnong）原代号金水 1-2-53，是湖北省农业科学院果树茶叶研究所通过 1980 年 9 月在房县酒厂获得的"房县无毛大果"经多年实生驯化选育而成（彩图 4-33）。2004 年通过湖北省农作物品种审定委员会审定（鄂审果 2004005）。果实卵圆形，果皮薄，绿色，无毛光洁，果点小，较密，分布均匀，梗洼极浅，萼片脱落，果顶凸，果底平，平均单果重 80g，最大单果重 120g，果肉金黄色，汁液多，具芳香，酸甜适度。可溶性固形物含量 15%，果肉维生素 C 含量 1.15g/kg。果实 9 月上中旬成熟。耐贮性一般，常温下仅可贮 10～15d，冷藏贮存可保存 1 个月以上。

19. 金怡 金怡（Jinyi）是湖北省农业科学院果树茶叶研究所利用野生猕猴桃种子经实生播种选育而成（彩图 4-34）。2011 年获农业部植物新品种权（品种权号：CNA20080411.1）。果实短柱形，果皮暗绿色，果面茸毛稀少，有小而密的果点，平均单果重 70g，最大单果重 110g，果肉金黄色，肉质细腻，风味浓郁。可溶性固形物含量 17%～20%，果肉维生素 C 含量 1.32g/kg。在武汉，果实 9 月中下旬成熟。果实较耐贮藏。树体抗溃疡病。

20. 金早 金早（Jinzao）原名武植 80-2，是中国科学院武汉植物园从野生猕猴桃资源选育而成（彩图 4-35）。2005 年通过国家品种审定（国 S-SV-AC-016-2005）。果实长圆形，果面毛被少，光滑，果皮黄褐色，果点小。果顶凸出，果底平，果实横切面近圆形或椭圆形，中轴胎座小，平均单果重 102g，最大单果重 159g，果肉黄色，质细汁多，香甜爽口，清香，风味佳美。可溶性固形物含量 13.3%，总糖含量 8.5%，总酸含量 1.7%，果肉维生素 C 含量 1.07～1.24g/kg。果实 8 月中下旬成熟。

21. 皖金　皖金（Wanjin）是安徽农业大学园艺学院与皖西猕猴桃研究所合作通过实生选种选育而成（彩图 4 - 36）。2009 年安徽省林木良种审定委员会审定（皖 S - SV - AC - 005 - 2009）。果实卵圆形，果面茸毛短而少，平均单果重 133g，果肉黄色。可溶性固形物含量 12.5%，总酸含量 0.88%，果肉维生素 C 含量 0.76g/kg。果实生育期 180d 左右，在安徽霍邱，果实成熟期为 10 月底至 11 月初。果实耐贮藏。

22. 黑金　黑金（Heijin）是西北农林科技大学等单位从华优猕猴桃自然授粉实生后代中选育而成（彩图 4 - 37）。2021 年陕西省林木审定委员会审定（陕 S - SC - AH - 003 - 2020）。果实近卵圆形，果皮褐色或微黑色，平均单果重 104.83g。果肉金黄色，果心黄白色，肉质细嫩多汁，风味浓郁。果实软熟时，可溶性固形物含量 20.4%，总糖含量 13.1%，总酸含量 0.63%，果肉维生素 C 含量 1.16g/kg。在陕西关中地区，9 月中旬果实成熟，盛产期产量 27.70t/hm²。

23. 金辉 7 号　金辉 7 号（Jinhui - 7）是江苏扬州杨氏猕猴桃科学研究院选育（彩图 4 - 38）。2016 年 1 月获农业部植物新品种权（品种权号：CNA20130903.9）。果实圆柱兼微倒卵形，果形整齐一致，果皮淡黄，中上部光滑，中下部毛被细短软稀，果脐平，平均单果重 115g，最大果重 150g，果肉黄色，肉质细，有韧性，味甜、微酸。果实可溶性固形物含量 17%～19%，干物质含量 18%～20%。果实在扬州地区 10 月上旬成熟，较耐贮藏，树势强健、耐旱、适应性强。

24. 贝木　贝木（Beimu）是吉首大学猕猴桃研究中心从湘西土家族苗族自治州保靖县吕洞山的野生中华猕猴桃中实生选育而成（彩图 4 - 39），是湘西地区小规模种植的品种之一。2017 年获农业部植物新品种权（品种权号：CNA20160071.2）。果实圆柱形，果面褐色，茸毛稀而短，果实较大，平均单果重 100～130g，果肉黄色，细嫩多汁，酸甜适度，味偏淡。果实可溶性固形物含量 13% 左右，果肉维生素 C 含量 3.67g/kg。果实 10 月底至 11 月上旬成熟，耐贮藏且货架期长。

25. 皖黄　皖黄（Wanhuang）是安徽农业大学通过黄金果（Hort 16A）猕猴桃自然实生后代选育而成（彩图 4 - 40）。2020 年通过安徽省林木品种审定委员会审定（皖 S - SV - AC - 003 - 2020），2021 年获得国家植物新品种权（证书号：CNA2021019945）。果实卵圆形，果脐微凸，果肉金黄色，果实干物质含量高，平均单果重 100.2g，可溶性固形物含量 19.7%，可溶性糖含量 15.3%，可滴定酸含量 1.28%，维生素 C 含量 2.72g/kg。浆果成熟期比黄金果早 15d 左右，果实生育期 165d 左右，较耐贮藏。雄株 2 号为其授粉品种。

第二节　美味猕猴桃

美味猕猴桃（*A. deliciosa*），主要分布于我国贵州、重庆、河南、湖北、湖南、陕西、四川及云南等地。一年生枝绿色、被灰褐色糙毛；二年生枝红褐色、无毛；茎髓片层状、褐色。叶纸质，阔卵形或倒阔卵形，长 8～12cm、宽 5.5～12.5cm；基部浅心形或近平截，尖端圆形、微钝尖或浅凹；叶面深绿色、无毛，叶缘近全缘；主脉和侧脉黄绿色，主脉稀被黄褐色短茸毛；叶背浅绿色、密被浅黄色星状毛和茸毛，叶柄稀被褐色短茸毛，长 4.0～8.5cm。雌花多为单花；花梗密被浅褐色茸毛，长约 4cm；花萼 5～6 片，萼片椭圆形或卵圆形，长 6～8mm、宽 5～7mm，密被浅褐色茸毛；花瓣 6～7 片，倒卵形，表面具纵条纹；花丝白色，长约 8mm；花药黄色、多为箭头状；花柱白色、通常约为 37 枚，长约 5mm、柱头稍膨大；子房短圆柱形、被白色及浅褐色柔毛。雄花多为伞状花序，每花序具花 2～3 朵；花柄被浅褐色茸毛，长约 2.5cm；花萼 4～6 片，被浅褐色茸毛；花瓣多为 4～6 枚，倒卵形、长约 2cm、宽约 1.5cm，表面具纵条纹；花丝白色，约 202 枚；花药黄色，箭头状；子房退化，被浅褐色茸毛。果实椭圆形至圆柱形；果皮绿色，密被黄褐色长茸毛、不易脱落；萼片宿存；果梗长约 3.4cm，深褐色；果实长约 6.3cm，横径约 3.2cm，果实平均单果重约 33.6g；果肉绿色，果心小、圆形、白色；种子椭圆形、紫红色、种皮表面具凹陷龟纹；果实成熟期通常为 10—11 月，味甜酸、多汁、肉质细；鲜果维生素 C 含量 0.5～3.6g/kg，可溶性固形物含量 8%～25%，总酸含量 0.8%～1.6%；果实适用鲜食及加工。2n＝116/174。

1. 秦美 秦美（Qinmei）是西北农林科技大学和周至猕猴桃试验站合作选出的晚熟品种（彩图 4 - 41）。因其早果性、丰产性、抗寒性、抗旱性和耐高 pH 土壤等优点，曾是我国栽培面积最大的猕猴桃品种。果实椭圆形，平均单果重 106.5g，最大单果重 204g，果皮褐色，密被黄褐色硬毛，果肉绿色，质地细而果汁多，酸甜可口，香味浓。软熟时可溶性固形物含量 14.4%，总糖含量 8.7%，总酸含量 1.58%，果肉维生素 C 含量 1.9～3.55g/kg。果实 10 月上旬成熟。果实发育期 150～160d。较耐贮藏，鲜食加工兼用品种。

2. 哑特 哑特（Yate）是西北农林科技大学等单位选育而成的晚熟品种（彩图 4 - 42）。1993 年被陕西省农作物审定委员会评审为推广品种。果实短圆柱形，果皮褐色，密被棕褐色糙毛，平均单果重 87g，最大单果重 127g，果肉翠绿色，果心小，风味酸甜适口，具浓香，软熟时可溶性固形物含量 15%～18%，果肉维生素 C 含量 1.50～2.90g/kg。果实 10 月上旬成熟。果实耐贮藏，货架期较长。

3. 金香 金香（Jinxiang）是西北农林科技大学果树研究所与眉县园艺工作站等共同育成的（彩图 4 - 43），2004 年通过陕西省果树品种审定委员会审定（06 - M01 - 2003）。果实近圆柱形，果顶洼陷，果面有黄褐色短茸毛，单果重 87～116g，果肉绿色、细腻，汁多，风味酸甜，清香爽口，软熟后可溶性固形物含量 14.3%～14.6%，总糖含量 9.27%，总酸含量 1.29%，果肉维生素 C 含量 0.71g/kg。果实 9 月中下旬成熟。果实耐贮藏，货架期较长。

4. 翠香 翠香（Cuixiang）是西安市猕猴桃研究所育成的早熟品种（彩图 4 - 44）。2008 年通过陕西省果树品种审定委员会审定（027 - M07 - 2008）。果实长纺锤形，果皮绿褐色，较厚，难剥离，果面着稀生易脱落的黄褐色茸毛，平均单果重 82g，最大单果重 130g，果肉翠绿色，质地细而果汁多，香甜可口，味浓、有香气。可溶性固形物含量 17.0%以上，总糖含量 3.34%，总酸含量 1.17%，果肉维生素 C 含量 0.99g/kg。果实 9 月上旬果实成熟。

5. 徐香 徐香（Xuxiang）是江苏徐州果园从海沃德实生苗中选育而成（彩图 4 - 45）。

果实圆柱形，果皮黄绿色，被黄褐色茸毛；平均单果重 75～110g，最大单果重 137g；果肉绿色，汁液多，风味酸甜适口，香味浓。可溶性固形物含量 15.3%～19.8%，果肉维生素 C 含量 0.99～1.23g/kg，5 月上中旬开花，果实 9 月中下旬成熟。成熟采收期长，从 9 月底至 10 月中旬均可采收。果实耐贮藏。

6. 农大猕香　农大猕香（Nongdamixiang）是西北农林科技大学从徐冠猕猴桃的实生后代中选育而成（彩图 4 - 46）。2015 年通过陕西省第九次果树品种审定委员会审定（068 - M012 - 2015）。果实长圆柱形，果皮褐色，茸毛较短，平均单果重 98g。果肉黄绿色，果心小，肉质细，多汁，软熟后可溶性固形物含量 17.9%，总糖含量 12.5%，总酸含量 1.67%，果肉维生素 C 含量 2.44g/kg，树势旺，抗逆性较强。在陕西省关中地区，果实 10 月中下旬成熟，耐贮性强。

7. 农大郁香　农大郁香（Nongdayuxiang）是西北农林科技大学从徐冠实生后代中选育而成（彩图 4 - 47），2016 年通过陕西省第十次果树品种审定委员会审定（073 - M014 - 2016）。果实长圆柱形，果皮浅褐色，果面被粗糙茸毛，平均单果重 110g。果肉黄绿色，果心小，肉质细，多汁，软熟后可溶性固形物含量 18.8%，总酸含量 1.04%，果肉维生素 C 含量 2.52g/kg。在陕西关中地区 10 月初采收。树势旺，抗逆性较强。果实耐贮性强。

8. 中猕 2 号　中猕 2 号（Zhongmi - 2）是中国农业科学院郑州果树研究所通过杂交育种选育而成（彩图 4 - 48），2002 年通过国家品种审定（国 S - SV - AC - 021 - 2002）。果实椭圆形，果喙端形状浅凹，平均单果重 108g，最大单果重 145g，果肉翠绿色，风味好。可溶性固形物含量 17.4%，干物质含量 21.05%，总糖含量 12.4%，总酸含量 1.88%，果肉维生素 C 含量 0.71g/kg，氨基酸总量 1.07%。在郑州地区 5 月初开花，9 月中下旬成熟。

9. 中猕 3 号　中猕 3 号（Zhongmi - 3）是中国农业科学院郑州果树研究所从野生美味猕猴桃实生群体中选育（彩图 4 - 49），属于黄肉美味猕猴桃。2021 年通过河南省林木良种审定委员会审定（豫 S - SV - AD - 008 - 2021）。果实圆柱形，喙端形状钝凸，平均单果重 87.48g，最大单果重 102.6g，最小单果重 81.59g；外层、内层果肉颜色均为黄色，果心颜色为黄白色，口感甜。可溶性固形物含量 18.9%，干物质含量 21.9%。抗病性、抗寒性强。在河南郑州 5 月初开花，10 月中旬成熟，果实耐贮藏。

10. 金美　金美（Jinmei）是中国科学院武汉植物园从云南野生资源中选育而成（彩图 4 - 50）。2018 年获得农业农村部植物新品种权（品种权号：CNA20161288.9）。果实卵形，果面密被黄褐色硬毛，在贮藏过程中易脱落，平均单果重 39～42 克，果肉黄色或黄绿色，质嫩汁多，风味浓甜。果实可溶性固形物含量 20%～23%，总糖含量 15%，总酸含量 1.2%，果肉维生素 C 含量 1.15～1.58g/kg。果实 8 月下旬至 9 月上旬成熟。果实贮藏性一般。

11. 瑞玉　瑞玉（Ruiyu）是陕西省农村科技开发中心和陕西佰瑞猕猴桃研究院有限公司以秦美为母本、K56 为父本杂交选育而成（彩图 4 - 51）。2017 年获农业部植物新品种权（品种权号：CNA20141591.3）。果实长圆柱形兼扁圆形，果形整齐，果皮褐色，被金黄色硬毛，平均单果重 96g，最大单果重 136g，果肉绿色，细腻多汁，风味香甜可口。

果实可溶性固形物含量 18%～21%，干物质含量 23%～25%，果肉维生素 C 含量 1.74g/kg，可滴定酸含量 0.8%，可溶性糖含量 12%。果实 9 月中下旬成熟。果实耐贮藏，常温下后熟期 25～30d，低温下贮藏期 5 个月。树势强健，高抗溃疡病。

12. 米良 1 号　米良 1 号（Miliang-1）是湖南吉首大学采用野生资源选育而成（彩图 4-52），1995 年湖南省农作物品种审定委员会审定（品审证字第 166 号）。果实长圆柱形，果面密被棕褐色长茸毛，果实较大，平均单果重 86.7g，果肉黄绿色，汁液多，风味酸甜纯正具清香。果实可溶性固形物含量 15%～19%，果肉维生素 C 含量 1.15～1.28g/kg，总糖含量 9.55%，总酸含量 1.41%。果实 10 月下旬成熟，耐贮性中等，室温下可贮藏 15～20d。

13. 金魁　金魁（Jinkui）是湖北省农业科学院果树茶叶研究所从野生美味猕猴桃优选单株竹溪 2 号的实生后代群体中选育而成（彩图 4-53）。1993 年通过了湖北省农作物品种审定委员会审定。果实阔椭圆形，果面密被棕褐色茸毛，果实较大，平均单果重 100g；果肉翠绿色，液汁多，风味清香，酸甜适中，果心较小；果实可溶性固形物含量 18.5%～21.5%，果肉维生素 C 含量 0.69g/kg。果实 10 月底至 11 月上旬成熟。果实耐贮性强，室温下可贮藏 40d。对猕猴桃溃疡病抗性良好。

14. 华美 1 号　华美 1 号（Huamei-1）原代号 79-5-1，是河南省西峡猕猴桃研究所从西峡县米坪乡野牛沟村野生群体中选育而成（彩图 4-54）。2000 年通过河南省林木良种审定委员会审定（豫 S-SV-ACP-001-2000），命名为豫猕猴桃 1 号。果实长圆柱形，果面密生刺状长硬毛，平均单果重 70g，最大单果重 110g，果肉翠绿色，酸甜适口，富有芳香。果实可溶性固形物含量 12.8%，果肉维生素 C 含量 1.5g/kg。果实 10 月下旬成熟。果实耐藏性强。

15. 贵长　贵长（Guichang），又名黔紫 82-3，是贵州省果树研究所 1982 年从贵州省紫云县野生群体中选育而成（彩图 4-55），1990 年通过贵州省农作物品种审定委员会审定（黔种审证字第 72 号），是目前贵州省的主导品种。果实长圆柱形，果皮青褐色，被灰黄色长糙毛，平均单果重 78g，最大单果重 120g，果肉绿色，质细汁多，甜酸适度，清香可口，品质优良。可溶性固形物含量 16%～18%，果肉维生素 C 含量 1.13g/kg。果实 10 月下旬至 11 月上旬成熟。果实较耐贮藏，货架期长。

16. 实美　实美（Shimei）是广西壮族自治区、中国科学院广西植物研究所从美味猕猴桃实生后代中选育而成（彩图 4-56），1995 年鉴定命名为实美，2020 年已申报农业农村部植物新品种保护。果实近长卵圆形，果实较大，果皮绿褐色，易剥离，密被长茸毛或长硬毛，平均单果重 80～100g，最大单果重 170g，果肉黄绿色，细腻，汁多，香味浓。果实可溶性固形物含量 15%，果肉维生素 C 含量 1.38g/kg。果实 9 月下旬至 10 月上旬成熟。果实耐贮藏，常温下可存放 15～20d，冷库低温下可贮藏 4～6 个月。

17. 海艳　海艳（Haiyan）是江苏省海门县三合猴服务中心 1985 年从美味猕猴桃实生后代选育而成的（彩图 4-57）。2010 年通过江苏省农作物品种审定委员会鉴定（苏鉴果 201001）。果实长圆柱形，果形整齐，果皮青褐色，有短茸毛，果心细柱状，乳白色，质软可食；平均单果重 90g，最大单果重 120g。果肉翠绿，肉汁细，汁液多，香甜味浓，可溶性固形物含量 18.2%，总糖含量 11.69%，总酸含量 1.07%，果实 8 月中下旬成熟，果实发育期90～100d。较耐旱、涝，丰产稳产，性状稳定。果实较耐贮，常温下可存放7～10d，货架期7～10d。

18. 皖翠　皖翠（Wancui）原代号93-01，是安徽农业大学园艺系从海沃德的芽变中选育而成（彩图4-58）。2000年安徽省农作物品种审定委员会审定（编号：01157）。果实扁圆柱形，果实较整齐，成熟时果皮淡褐色，被稀疏短毛，平均单果重89g，最大单果重110g，果肉淡绿黄色，质细，汁多，酸甜适口，香气浓郁。可溶性固形物含量16%，总糖含量13.5%，总酸含量1.4%，果肉维生素C含量1.58g/kg。果实9月中旬成熟。果实较不耐贮，采果后室温下存放15d果皮不皱缩。该品种果实性状较好，唯皮薄不耐贮是其不足之处。

19. 金硕　金硕（Jinshuo）是湖北省农业科学院果树茶叶研究所实生选育而成（彩图4-59）。2008年通过湖北省林木品种审定委员会审定，2011年获农业部植物新品种权（品种权号：CNA20080410.3）。果实长椭圆形，果皮黄褐色易剥离，果实茸毛较短、柔软且较稀，有小而密的果点，平均单果重110g左右，果肉绿色，质细汁多。果实可溶性固形物含量15%～17%，果肉维生素C含量0.72g/kg。果实10月上中旬成熟。果实较耐贮藏。

20. 和平1号　和平1号（Heping-1）是广东省和平县水果研究所与仲恺农业技术学院合作，从美味猕猴桃实生后代中选育而成（彩图4-60）。2005年通过广东省农作物品种审定委员会新品种审定（粤审果2005006）。果实圆柱形，果皮棕色、茸毛长而密，平均单果重70g，最大单果重135g，果肉绿色，果心中等大，淡黄色，甜带微酸，风味浓有香气。果实可溶性形物含量14%～18%，总糖含量8.97%，总酸含量1.49%，果肉维生素C含量1.36g/kg。果实10月上中旬成熟。果实较耐贮藏，常温下可存放14～21d。

21. 华美2号　华美2号（Huamei-2）原代号86-5-1，是河南省西峡猕猴桃研究所从西峡县米坪乡石门村野生群体中选育而成（彩图4-61）。2002年通过国家品种审定（国S-SC-AC-016-2002）。果实长圆柱形，果形整齐美观，果皮黄褐色，密被黄棕色柔毛，平均单果重112g，最大单果重205g，果肉黄绿色，果心小，汁液多，酸甜适口，有芳香味。可溶性固形物含量14.6%，果肉维生素C含量1.52g/kg。果实9月上中旬成熟。果实耐贮性好。

22. 红美　红美（Hongmei）是四川省自然资源科学研究院与苍溪猕猴桃研究所合作，从野生猕猴桃实生后代中选育而成（彩图4-62）。2004年10月通过四川省农作物品种审定委员会审定，2005年申请植物新品种权（证书号：20040729.5）。果实圆柱形，果顶凸，整齐，密生黄棕色硬毛，果皮黄褐色。平均单果重73g，最大单果重100g。果肉绿色，横切面子房红色素呈放射状分布，构成美丽图案，肉质细嫩，微香，口感好，易剥皮。果实可溶性固形物含量19.4%，果肉维生素C含量1.12g/kg。果实10月中旬成熟。果实较耐贮藏。

23. 沁香　沁香（Qinxiang）是1979年湖南农业大学与湖南省东山峰农场合作进行猕猴桃野生资源调查时，在东山峰农场东南山坡的美味猕猴桃野生资源中选育而成（彩图4-63）。2001年2月通过湖南省农作物品种审定委员会审定（湘品审332号）。果实近圆形或阔卵圆形，果顶平齐，果形端正美观，果皮褐色，成熟后部分茸毛脱落，平均单果重 80.3～93.8g，最大单果重 158.7g。果肉绿色至翠绿色，果心小，中轴胎座质地柔软，种子少，肉质鲜嫩可口，多汁，味甜而酸，风味浓，具有浓清香，口感好，余味佳。果实可溶性固形物含量 12.7%～17.24%，果肉维生素 C 含量 0.99～2.13g/kg。果实 10 月上旬成熟。果实较耐贮藏，常温下可存放 18～30d，低温下可耐藏 6 个月。

24. 金福 金福（Jinfu）是 2005 年在秦岭北麓开展野生猕猴桃资源调查时发现的，树势强健、果个大、果形美、口感佳、丰产稳产、耐贮藏（彩图 4-64）。2021 年 9 月通过陕西省林木品种审定委员会审定（陕 S-SC-AH-002-2020）。软熟果实可溶性固形物含量为 17.1%，总糖含量 11.2%，总酸含量 0.88%，固酸比为 19.43，果肉维生素 C 含量为 0.62g/kg，干物质含量 18.99%。果实生长发育期为 160～165d，果实成熟期在 10 月下旬。

25. 米良 2 号 米良 2 号（Miliang-2）是吉首大学猕猴桃研究中心从湘西土家族苗族自治州永顺县米良 1 号群体中选育的芽变品种，是湘西地区小规模种植的品种之一（彩图 4-65）。2017 年获得农业部植物新品种保护权（品种权号：CNA20140291.8）。果实长椭圆形，果喙尖，果面褐色，茸毛较多而长，果实较大，平均单果重 90～110g，果肉绿色、细嫩多汁，香气浓郁，甜度高，风味佳。果实可溶性固形物含量 15% 左右，果肉维生素 C 含量 3.24g/kg。果实 9 月底至 10 月上旬成熟。果实较耐贮藏，货架期较长。

26. 湘碧玉 湘碧玉（Xiangbiyu）是吉首大学猕猴桃研究中心从湘西土家族苗族自治州保靖县吕洞山的野生美味猕猴桃资源中实生选育而成，是湘西地区小规模种植的品种之一（彩图 4-66）。2017 年获得国家农业部植物新品种权（品种权号：CNA20140292.7）。果实短圆柱形，果肩平，果缘凹陷，果面褐色，茸毛多而粗长，果实特大，平均单果重 140～170g，果肉碧绿，细嫩多汁，有香气，甜度适中，风味佳。果实可溶性固形物含量 15% 左右，果肉维生素 C 含量 3.88g/kg。果实 10 月中下旬成熟。果实较耐贮藏，货架期较长。

第三节　软枣猕猴桃

软枣猕猴桃（A. arguta），别名软枣子，分布范围很广，主要分布在我国安徽、北京、重庆、福建、甘肃、广西、贵州、河北、河南、黑龙江、湖北、吉林、江西、辽宁、山东、山西、陕西、四川、天津、云南、浙江和湖南。一年生枝灰色、淡灰色或红褐色，光滑无毛或稀被白色柔毛，皮孔明显、长梭形、色浅；二年生枝灰褐色、无毛；茎髓片层状、白色。叶纸质、卵形、长圆形、阔卵形至圆形；基部圆形或阔楔形，顶端急尖或短尾尖；叶腹面深绿色、无毛；叶边缘锯齿密、贴生；叶背面浅绿色，侧脉腋间有灰白色或黄色簇毛；叶柄绿色或浅红色，长 3～7cm。雌花：花序腋生、聚伞花序、多单生，有花 1～3 朵；花萼 5～6 片，萼片卵圆形，长约 6mm；花瓣 4～6 片、卵圆形至长圆形，长 7～10mm；花丝丝状、约 44 枚；花药暗紫色、多为箭头状；花柱通常为 18～22 枚，长约 4mm；子房瓶状、洁净无毛、长 6～7mm；花期 5 月。雄花：聚伞花序，多花；花瓣形状类似雌花；雄蕊 44 个，花丝长 3～5mm，白色；花药黑褐色或紫黑色，长约 2mm；子房退化。果实光滑无毛，卵圆形或近圆形；未成熟果实浅绿色，深绿色、黄绿色，成熟果实绿色、紫红色、浅红色；果实直径 2～2.5cm，平均单果重 5～7.5g；果肉绿色或翠绿色，味甜略酸、多汁；鲜果维生素 C 含量 0.81～4.3g/kg，可溶性固形物含量 14%～15%，总酸含量 0.9%～1.3%；果实适用鲜食及加工。2n＝58/116/174。

1. 丰绿 丰绿（Fenglv）由中国农业科学院特产研究所在吉林省集安县复兴林场发现，并于 1993 年通过吉林省农作物品种审定委员会审定（彩图 4-67）。果实圆形，绿色光滑，表皮略有竖纹，果肉绿色，多汁细腻，酸甜适度。平均单果重 8.5g，最大单果重 15.0g，果实可溶性固形物含量 16.5%，总糖含量 8.6%，可滴定酸含量 0.42%，维生素 C 含量 1.33g/kg。适于鲜食，可加工成果酱、果酒等。在吉林地区，4 月中下旬萌芽，6 月中旬开花，9 月初果实成熟。低温条件下可贮藏 8 周。

2. 魁绿 魁绿（Kuilv）由中国农业科学院特产研究所在吉林省集安县复兴林场发现，并于 1993 年通过吉林省农作物品种审定委员会审定（彩图 4-68）。果实扁卵圆形，绿色，表皮光滑，果肉绿色，多汁，细腻，酸甜适口。平均单果重 19.1g，最大单果重 32.0g，果实可溶性固形物含量 16.5%，总糖含量 8.6%，可滴定酸含量 0.42%，维生素 C 含量 1.33g/kg。适于鲜食，可加工成果酱、果酒等。在吉林地区，4 月中下旬萌芽，6 月中旬开花，9 月初果实成熟。低温条件下可贮藏 4 周。

3. 桓优 1 号 桓优 1 号（Hengyou-1），由桓仁县林业局于辽宁省本溪市桓仁满族自治县三道河村发现选育（彩图 4-69），并于 2008 年通过辽宁省非主要农作物品种审定委员会审定（辽备果〔2007〕319 号）。果实扁圆形，绿皮绿肉，味甜。平均单果重 22.0g，最大单果重 45.0g，果实可溶性固形物含量 12.0%，总糖含量 7.8%，可滴定酸含量 0.18%，维生素 C 含量 3.79g/kg。可深加工为果脯、果酱等产品。在辽宁地区，4 月中旬萌芽，5 月中下旬开花，10 月初为采摘期，10 月中旬为成熟期。低温条件下可贮藏 10 周。

4. 红宝石星 红宝石星（Hongbaoshixing）别名宝石星、红宝石，由中国农业科学院郑州果树研究所在河南省栾川县发现（彩图 4-70），于 2008 年通过河南省林木良种审定委员会审定，并于 2008 年获植物新品种权（品种权号：CNA20050772.9）。果实长椭圆形，果皮红色，光洁无毛，果肉红色，果心椭圆形、红色，果实口感酸甜适口。平均单果重 20.0g，最大单果重 32.0g，果实可溶性固形物含量 18.4%，总糖含量 12.1%，可滴定酸含量 1.10%，维生素 C 含量 1.51g/kg。适宜休闲采摘，可加工成红色果酒、果醋、果汁饮料等。在河南郑州地区，3 月上旬萌芽，5 月上旬开花，8 月下旬至 9 月上旬成熟。低温条件下可贮藏 4 周。

5. 天源红 天源红（Tianyuanhong）由中国农业科学院郑州果树研究所在河南省栾川县发现（彩图 4-71），于 2008 年通过河南省林木良种审定委员会审定，并于 2008 年获植物新品种权（品种权号：CNA20050771.0）。果实卵球形，果皮红色，光洁无毛，果肉红色，果心椭圆形、红色，果实口感酸甜适口。平均单果重 12.0g，最大单果重 20.0g，果实可溶性固形物含量 16.4%，总糖含量 12.5%，可滴定酸含量 1.09%，维生素 C 含量 1.30g/kg。适宜休闲采摘，可加工成红色果酒、果醋、果汁饮料等。在河南郑州地区，3 月上旬萌芽，5 月上旬开花，8 月下旬至 9 月上旬成熟。常温下可贮藏 10d，低温条件下可贮藏 4 周。

6. 长江 1 号　长江 1 号（Changjiang-1）由沈阳农业大学在辽宁省本溪市桓仁满族自治县黑沟乡野生软枣猕猴桃选种中发现（彩图 4-72），并于 2012 年通过辽宁省非主要农作物品种审定委员会审定（辽备果〔2012〕376 号）。果实长圆锥形，绿皮绿肉，甜，微酸，淡香。平均单果重 16.5g，最大单果重 45.0g，果实可溶性固形物含量 16.0%，总糖含量 8.3%，可滴定酸含量 1.04%，维生素 C 含量 3.59g/kg。出汁率高，除鲜食外，还可深加工为果酒、果醋、果汁、果酱等产品。在辽宁地区，4 月中旬萌芽，5 月中下旬开花，8 月下旬为采摘期，9 月初为成熟期。常温下可贮藏 7d，低温条件下可贮藏 5 周。

7. 长江 2 号　长江 2 号（Changjiang-2）由沈阳农业大学在辽宁省抚顺县三块石风景区野生软枣猕猴桃选种中发现（彩图 4-73），并于 2012 年通过辽宁省非主要农作物品种审定委员会审定（辽备果〔2012〕377 号）。果实圆柱形，鲜绿色，鲜果酸甜适口，风味浓郁，底部呈黄色，无果点，果肉呈绿色，果心长圆形、白色。平均单果重 13.5g，最大单果重 17.0g，果实可溶性固形物含量 17.0%，总糖含量 6.6%，可滴定酸含量 0.57%，维生素 C 含量 4.33g/kg。果实营养丰富，风味独特，适宜鲜食。在辽宁地区，4 月中旬萌芽，5 月下旬开花，9 月下旬至 10 月上旬果实成熟。常温下可贮藏 7～10d，低温条件下可贮藏 6 周。

8. 长江 3 号　长江 3 号（Changjiang-3）由沈阳农业大学在吉林省抚松县野生软枣猕猴桃选种中发现（彩图 4-74），并于 2012 年通过辽宁省非主要农作物品种审定委员会审定（辽备果〔2012〕378 号）。果实近球形，鲜绿色，果实酸甜适口，果皮光滑无毛，蜡质层明显，果实底色黄，无果点，果肉淡绿色，果心长圆形、白色。平均单果重 10.0g，最大单果重 12.4g，果实可溶性固形物含量 18.0%，总糖含量 4.2%，可滴定酸含量 0.60%，维生素 C 含量 3.04g/kg。果实营养丰富，风味独特，适宜鲜食。在辽宁地区，4 月中旬萌芽，5 月下旬开花，9 月下旬至 10 月上旬为果实成熟期。常温下可贮藏 10～15d，低温条件下可贮藏 8 周。

9. 佳绿　佳绿（Jialv）由中国农业科学院特产研究所在辽宁省桓仁满族自治县发现（彩图 4-75），2014 年通过吉林省农作物品种审定委员会审定，并于 2017 年获植物新品种权（品种权号：CNA20150565.6）。果实长柱形，绿色，光滑无毛，表皮微有竖棱纹，果肉细腻，酸甜适口，品质上等。平均单果重 19.1g，最大单果重 39.2g，果实可溶性固形物含量 19.4%，总糖含量 11.4%，可滴定酸含量 0.97%，维生素 C 含量 1.25g/kg。适于鲜食，可加工成果酱、果酒等。在吉林地区露地栽培，4 月中下旬前后萌芽，6 月中旬开花，9 月上旬果实成熟。低温条件下可贮藏 10 周。

10. 苹绿　苹绿（Pinglv）由中国农业科学院特产研究所在吉林省集安市榆树公社发现（彩图 4-76），2015 年通过吉林省农作物品种审定委员会审定，并于 2019 年获植物新品种权（品种权号：CNA20161998.0）。果实近圆形，亮绿色，表皮光滑，果肉深绿色，细腻多汁，酸甜适度，微香，品质上等。平均单果重 18.3g，最大单果重 24.4g，果实可溶性固形物含量 18.5%，总糖含量 12.2%，可滴定酸含量 0.76%，维生素 C 含量 0.77g/kg。适于鲜食，可加工成果酱、果酒等。在吉林地区露地栽培，4 月中下旬萌芽，6 月中旬开花，9 月上旬果实成熟。低温条件下可贮藏 11 周。

11. 馨绿　馨绿（Xinlv）由中国农业科学院特产研究所在吉林省左家镇发现（彩图 4 - 77），2016 年 3 月通过吉林省农作物品种审定委员会审定（吉登果 2016005）。果实倒卵形，绿色，果皮光滑，果肉深绿色，多汁细腻，酸甜适度，微香。平均单果重12.4g，最大单果重 17.0g，果实可溶性固形物含量 15.7%，可溶性糖含量 7.9%，可滴定酸含量 0.40%，维生素 C 含量 0.47g/kg。适于鲜食，可加工成果酱、果酒等。在吉林地区露地栽培，4 月中下旬萌芽，6 月中旬开花，9 月上旬成熟。低温条件下可贮藏 8 周。

12. 茂绿丰　茂绿丰（Maolvfeng）别名龙成 2 号，由丹东茂绿丰农业科技食品有限公司于辽宁省丹东市宽甸满族自治县虎山镇发现选育（彩图 4 - 78），并于 2016 年获植物新品种权（品种权号：CNA20100001.3）。果实长圆柱形，绿皮绿肉，味甜。平均单果重18.0g，最大单果重 50.0g，果实可溶性固形物含量 18.0%，总糖含量 8.0%，可滴定酸含量 1.18%，维生素 C 含量 2.65g/kg。除鲜食外，适用于果脯的深加工。在辽宁地区，4 月中旬萌芽，5 月中下旬开花，10 月初为果实成熟期。低温条件下可贮藏 8 周。

13. 紫猕 A12　紫猕 A12（Zimi - A12）由中国科学院武汉植物园猕猴桃课题组与高祖平联合在湖北省五峰九里坪野生选育而成（彩图 4 - 79），并于 2017 年获农业部植物新品种权（品种权号：CNA20170037.4）。果实椭圆形，果皮、果肉和果心均为红紫色。平均单果重 12.0g，最大单果重 17.0g，果实可溶性固形物含量 14.0%，总糖含量 11.9%，可滴定酸含量 0.70%，维生素 C 含量 2.09g/kg。适于带皮鲜食，可加工成红色果酒、果醋、果汁等。在湖北五峰地区，5 月上旬至中旬开花，临近成熟时果皮、果肉开始着色，8 月中旬至下旬成熟。常温下可贮藏 5～7d，低温条件下可贮藏 3 周。

14. 红贝　红贝（Hongbei）由中国农业科学院郑州果树研究所对河南栾川地区收集的野生资源进行实生播种培育而成（彩图 4 - 80），并于 2017 年获农业部植物新品种权（品种权号：CNA20140111.6）。果实倒卵形，果皮红色，光洁无毛，果肉红色，果心椭圆形，红色，果实口感酸甜适口，略带香气。平均单果重 13.0g，最大单果重 25.0g，果实可溶性固形物含量 18.0%。适宜休闲采摘，可加工成红色果酒、果醋、果汁饮料等。在河南郑州地区，3 月上旬萌芽，5 月上旬开花，9 月上旬至中旬成熟。常温下可贮藏15d，低温条件下可贮藏 6 周。

15. 丹阳（LD133）　丹阳（Danyang）由丹东市北林农业研究所和中国科学院武汉植物园在辽宁省宽甸满族自治县蒲石河地区发现（彩图 4 - 81），并于 2019 年被审定为省级林木良种（辽 R - SV - AA - 017 - 2019）。果实椭圆形，表面绿色光滑，有浅棱，果肉翠绿色，质地细腻多汁，风味独特，酸甜适中，口感极佳。平均单果重 20.0g，最大单果重46.0g，果实可溶性固形物含量 20.1%，可滴定酸含量 1.13%，维生素 C 含量 4.12g/kg。在辽宁地区，4 月中旬开始萌芽，6 月上旬开花，9 月上中旬开始采摘。常温下可贮藏15d，低温条件下可贮藏 10 周。

16. 延龙 1 号　延龙 1 号（Yanlong - 1）由延边大学在吉林省安图县亮兵台镇新安村发现（彩图 4 - 82），并于 2020 年通过吉林省林业和草原局审定（吉 S - SC - AAR - 004 -2019）。果实扁长方形，果实在阳光照射面着色呈红色，果肉黄绿色，细腻，口感好。平均单果重 9.7g，最大单果重 12.0g，果实可溶性固形物含量 18.0%，可滴定酸含量1.26%，维生素 C 含量 1.26g/kg。在吉林延边地区，4 月上旬萌芽，6 月中旬开花，9 月上旬成熟。低温条件下可贮藏4~8周。

17. 延龙2号　延龙2号（Yanlong-2）由延边大学在吉林省蛟河市漂河镇青背村发现（彩图4-83），并于2020年通过吉林省林业和草原局审定（吉S-SC-AARU-005-2019）。果实为扁长方形且具竖棱沟，成熟期果皮黄绿色，果肉绿色，细腻。平均单果重19.7g，最大单果重30.0g，果实可溶性固形物含量17.5%，可滴定酸含量0.42%，维生素C含量1.77g/kg。在吉林延边地区，4月上旬萌芽，6月中旬开花，9月中旬成熟。低温条件下可贮藏8~12周。

18. 绿佳人（LD241）　绿佳人（Lvjiaren）由辽东学院在辽宁省丹东市东港市发现（彩图4-84），并于2021年获农业农村部植物新品种权（品种权号：CNA20191001495）。果实椭圆形，果皮深绿色，果肉绿色，甘甜可口。平均单果重17.6g，最大单果重25.6g，果实可溶性固形物含量18.1%，可滴定酸含量0.11%，维生素C含量1.1g/kg。在辽宁丹东地区，4月中旬萌芽，5月上旬现蕾，5月末至6月初开花，果实采摘期在9月中上旬。低温条件下可贮藏6周。

19. 国心A15（软5）　国心A15（Guoxin-A15）由中国科学院武汉植物园猕猴桃课题组在湖北省神农架野生资源中选育出（彩图4-85），于2019年申请品种保护。果实倒卵形，果皮紫红色，无毛，果肉绿色或紫红色，果心紫红色，肉质细腻，浓甜多汁。平均单果重13.5g，果实可溶性固形物含量24.0%，总糖含量14.1%，可滴定酸含量0.90%，维生素C含量0.77g/kg。适于带皮鲜食，可加工成红色果酒、果醋、果汁等。在湖北地区，5月中旬开花，8月中旬成熟。常温下可贮藏15d，低温条件下可贮藏4周。

20. 紫玉　紫玉（Ziyu）由陕西省农村科技开发中心在宁陕县城关镇北羊村发现（彩图4-86），并于2020年申请植物新品种保护。果实长圆柱形，果皮成熟后紫红色，果肉紫红色，果心椭圆形，红紫色，果实酸甜适口。平均单果重12.0g，最大单果重33.0g，果实可溶性固形物含量16.7%，总糖含量6.3%，可滴定酸含量0.68%，维生素C含量0.96g/kg。适于加工成高花青苷饮品。在陕西关中地区，3月上旬萌芽，4月下旬开花，8月下旬前后成熟。常温下可贮藏7d，低温条件下可贮藏4周。

21. 湘猕枣　湘猕枣（Xiangmizao）是湖南农业大学与浏阳市育林水果种植专业合作社于2007年从湖南浏阳市大围山野生软枣猕猴桃群体中发现的优异单株后，经多年选育而成的软枣猕猴桃新品种（彩图4-87），2020年获农业农村部植物新品种权（品种权号：CNA20172705.1）。果实呈长柱形，果肉绿色，成熟后果皮及果心均呈紫红色，红皮红心，色泽美观，果皮光滑无毛，表面蜡质具果粉。平均单果重19.2~25.18g，最大单果重28.33g。果实味浓香甜，不剥皮及果实未完全软化均可食用，果实可溶性固形物含量23.3%，最高可达26.5%，总酸含量0.72%~1.13%，干物质含量22.3%，维生素C含量为0.55g/kg，该品种植株生长紧凑，可进行乔化栽培及盆栽，抗病性强，较抗溃疡病，适宜作为鲜食、加工及观光休闲栽培品种。

第四节　毛花猕猴桃

　　毛花猕猴桃（*A. eriantha*），别名毛冬瓜、白藤梨，主要分布于云南、广西、江西、湖南、福建、浙江和贵州等地。一年生枝黄棕色、厚被黄色短茸毛或交织压紧的绵毛，皮孔不明显；二年生枝褐色、薄被白粉，皮孔不明显；茎髓片层状、白色。叶厚、纸质，椭圆形或锥体形；叶片长 8～16cm、宽 6～11cm、两侧稍不对称、基部圆形，先端小钝尖或渐尖；叶面深绿色、无毛；叶缘锯齿不明显；叶背灰绿白色、密被白色星状毛和茸毛，主脉和次脉白绿色、密被白色长茸毛；叶柄黄棕色，被黄色茸毛，长 1.5～3.1cm。雌花为聚伞花序、花瓣红色，花 1～3 朵；花梗长 3～5mm、白灰绿色、密被白色短茸毛；花萼 2～3 片，阔卵圆形，直径 7～9mm，密被褐色茸毛；花瓣 5～6 片、近倒卵形，长约 1.5cm；花丝粉红色，115～131 枚，长 5～7mm；花药黄色、多为箭头状；花柱白色、通常为 37～39 枚，柱头稍膨大；子房近球形或椭圆形、密被白色柔毛，直径约 7mm。雄花为聚伞花序，花 1～3 朵；花萼 3 片，长约 11mm；花瓣多为 6～7 枚，长椭圆形，长约 17mm、宽约 11mm，花粉红色；花丝粉红色，约 158 枚；花药黄色，长椭圆形，先端钝尖；子房退化、被白色茸毛。果实长圆柱形，密被白色长茸毛；果皮绿色，果点密；果梗端近平截，中部凹陷；萼片宿存；果梗长 1.9cm，密被白色茸毛；果实长约 4cm，直径约 2.2cm，果实平均单果重 30～50g；果肉深绿色，果心小；种子扁圆形多，褐色；果实成熟期通常在 9 月下旬，味甜酸、多汁、质细；鲜果维生素 C 含量 5.61～16g/kg，可溶性固形物含量 7%～22.2%，总酸含量 0.85%～1.24%；果实适用鲜食及加工；该物种维生素 C 含量很高，易剥皮，综合利用价值高。2n＝58。

1. 华特　华特（White）是浙江省农业科学院园艺研究所从野生毛花猕猴桃群体中选育而成（彩图 4 - 88），2008 年获植物新品种权（品种权号：CNA20050673.0）。果实长圆柱形，果实大，平均单果重 85～95g，果肉翠绿色，肉质细腻，略酸，果实可溶性固形物含量 14.7% 左右，可滴定酸含量 1.24%，鲜果维生素 C 含量 6.28g/kg，果实后熟达到食用状态时易剥皮。在浙江省南部地区，果实 10 月下旬成熟。果实耐贮藏且货架期长。

2. 玉玲珑　玉玲珑（Yulinglong）是浙江省农业科学院园艺研究所从野生毛花猕猴桃群体中选育而成（彩图 4 - 89），2014 年通过浙江省林木品种审定委员会认定，并命名为玉玲珑。果实短圆柱形，平均单果重 30g，果肉翠绿色，肉质细腻，风味浓，果实可溶性固形物含量 14.5%～18.2%，鲜果维生素 C 含量 6.16～6.59g/kg。在浙江省南部地区，果实 10 月下旬成熟，可在树上软熟，果实软熟时易剥皮。果实耐贮藏且货架期长。

3. 甜华特　甜华特（Sweet White）是浙江省农业科学院园艺研究所从华特毛花猕猴桃实生后代中选育而成（彩图 4 - 90），2021 年获植物新品种权（品种权号：CNA20183877.0）。果实圆柱形，果面密集灰白色长茸毛，平均单果重 42.9g，果肉翠绿色，髓射线明显，肉质细嫩，味甜，果实可溶性固形物含量 17% 左右，维生素 C 含量 6.19g/kg。在浙江省南部地区，果实 10 月底至 11 月上旬可在树上软熟，果实软熟时易剥皮，品质上等，耐贮，货架期长。

4. 桂翡　桂翡（Guifei）是广西植物研究所从自然杂交实生后代中选育出来的易剥皮猕猴桃新品种（彩图 4 - 91），2015 年通过广西农作物品种审定委员会审定，2020 年获得农业农村部植物新品种权（品种权号：CNA20171342.2）。果实长圆柱形，果形整齐，果皮暗绿色，密被灰褐色短茸毛，果斑浅褐色，易剥离，最大单果重 58g。果肉翠绿色，肉质细，汁液多，风味浓郁且具有独特的清香味。可溶性固形物含量 16% 以上，鲜果维生素 C 含量 2.60g/kg，总酸含量 0.85%，总糖含量 12%，含 18 种氨基酸以及硒在内的各种矿物质。果实 9 月底至 10 月上旬成熟。果实较耐贮藏，常温下可贮藏 15～20d。

5. 赣猕 6 号 赣猕 6 号（Ganmi-6）系江西农业大学猕猴桃研究所从野生毛花猕猴桃自然变异群体中选育而成的品种（彩图 4-92），又名赣绿，于 2014 年 12 月通过江西省农作物品种审定委员会认定（赣认猕猴桃 2014001），2017 年 5 月获植物新品种权（品种权号：CNA20141110.5）。该品种具有花瓣粉红，果面白毛，果肉墨绿，易剥皮，高维生素 C 等显著特征。果实长圆柱形，果形指数 2.11，果面密被白色短茸毛。果实中大，单果重 53.5～72.5g。果实可溶性固形物含量 16.6%，可滴定酸 0.92%，干物质含量 18.5%。果实软熟期维生素 C 含量 7.23g/kg。果实生育期 165d，成熟期为 10 月下旬。果实后熟达食用状态时易剥皮，肉质细嫩清香，风味甜酸适度。植株树势较旺，耐热抗旱，适应性强，果实耐贮藏，常温下可贮藏 30～40d。

6. 赣绿 1 号 赣绿 1 号（Ganlv-1）系江西农业大学猕猴桃研究所从野生毛花猕猴桃自然变异群体中选育而成的新品种（彩图 4-93）。2019 年 10 月申请受理农业农村部植物新品种权（受理编号：20191003213）。果实长圆柱形，果喙微钝凸，果面密被白色短茸毛。果实中大，均匀一致，平均单果重 46.5g，最大单果重 57.3g。果肉翠绿，肉质细嫩，风味香甜，果实可溶性固形物含量 18.4%～22.2%，可滴定酸 0.94%，可溶性糖含量 9.25%，干物质含量 21.75%，鲜果维生素 C 含量 6.63g/kg。在江西宜春，盛花期为 5 月上旬，果实成熟期 10 月底至 11 月上旬。植株树势较旺，耐热抗旱，适应性强，果实富含维生素 C，易剥皮，鲜食品质佳，果实耐贮藏，常温下可贮藏 30～50d，综合性状优良。

7. 赣绿 2 号 赣绿 2 号（Ganlv-2）系江西农业大学猕猴桃研究所从野生毛花猕猴桃自然变异群体中选育而成的新品种（彩图 4-94）。2019 年 10 月申请受理农业农村部植物新品种权（受理编号：20191004327）。果实圆柱形，果肉墨绿色，髓射线明显，肉质细腻，香甜；果实可溶性固形物含量 15.0%～16.0%，干物质含量 17.0%～17.8%，鲜果维生素 C 含量为 4.75g/kg。在江西宜春，盛花期为 5 月上旬，果实成熟期为 10 月上旬，果实生育期为 145～150d；果实中等大小，单果重 18～28g。

第五节 其他品种

一、种间杂交品种

1. 金圆 金圆（Jinyuan）是中国科学院武汉植物园利用金艳（毛花猕猴桃×中华猕猴桃）作母本、中华猕猴桃作父本杂交，从 F_1 中选育而成，是第二代种间杂交品种（彩图 4-95），2012 年通过国家品种审定（国 S-SV-AC-030-2012），2016 年获得植物新品种权（品种权号：CNA20120253.6）。果实短圆柱形，果面密被褐色短茸毛，平均单果重 84～115g，果肉金黄色或橙黄色，细嫩多汁，风味浓甜微酸。果实可溶性固形物含量 14%～17%，总糖含量 10%，有机酸含量 1.3%，鲜果维生素 C 含量 1.22g/kg。在武汉地区果实 10 月中旬成熟。果实耐贮藏且货架期较长。

2. 金梅 金梅（Jinmei）是中国科学院武汉植物园利用金艳作母本、中华猕猴桃作父本杂交，从 F_1 中选育而成，是第二代种间杂交品种（彩图 4 - 96），2014 年通过国家品种审定（国 S - SV - AC - 016 - 2014），2016 年获得植物新品种权（品种权号：CNA20130340.0）。果实长椭圆形，果面密被褐色短茸毛，平均单果重 94～120g，果肉黄色或黄绿色，质嫩多汁，味浓甜，香气浓郁。果实含可溶性固形物 15％～20％、总糖 10％、有机酸 1.4％，鲜果维生素 C 含量 1.25g/kg。在武汉地区，果实 10 月上旬成熟。果实耐贮藏且货架期较长。

3. 农大金猕　农大金猕（Nongdajinmi）是西北农林科技大学猕猴桃试验站以金农 2 号猕猴桃为母本、金阳 1 号雄株为父本杂交选育成的黄肉猕猴桃新品种（彩图 4 - 97）。2016 年通过陕西省第十次果树品种审定委员会审定（陕果品审字 074 - M015 - 2016）。果实近圆柱形，果皮褐绿色，被稀疏短茸毛，平均单果重 82.1g。果肉黄色，肉质细嫩多汁，风味香甜爽口，可溶性固形物含量 20.2％，鲜果维生素 C 含量 2.04g/kg，在陕西关中地区，果实 9 月上旬成熟。

4. 华优　华优（Huayou）是陕西省农村科技开发中心、周至县华优猕猴桃产业协会和周至县猕猴桃试验站合作，从中华猕猴桃与美味猕猴桃的自然杂交后代选育的黄肉品种（彩图 4 - 98）。果实椭圆形，果面棕褐色或绿褐色，茸毛稀、小、易脱落，果皮厚，难剥离，单果重 80～110g，最大单果重 150g。未成熟果肉绿色，成熟后果肉黄色或绿黄色，果肉质细多汁，香气浓郁，风味香甜，爽口，软熟后含可溶性固形物 18％～19％，鲜果维生素 C 含量 1.51g/kg。4 月下旬至 5 月上旬开花，果实 9 月中下旬成熟。室内常温下，后熟期 15～20d，货架期 30d 左右。

5. 金艳　金艳（Jinyan）是中国科学院武汉植物园利用毛花猕猴桃作母本、中华猕猴桃作父本杂交，从 F_1 中选育而成（彩图 4 - 99），2009 年获得植物新品种权（品种权号：CNA20070118.5），2010 年通过国家品种审定（国 S - SV - AE - 019 - 2010）。果实长圆柱形，果面密被褐色短茸毛，果实大，平均单果重 100～120g，果肉黄色，质细多汁，味香甜。果实可溶性固形物含量 13.0％～16.0％，总糖含量 9.0％，有机酸含量 0.9％，鲜果维生素 C 含量 1.05g/kg。在武汉地区，果实 10 月底至 11 月上旬成熟。果实极耐贮藏且货架期长。

6. 璞玉　璞玉（Puyu）由陕西省农村科技开发中心和陕西佰瑞猕猴桃研究院有限公司以华优为母本、K56 为父本种间杂交选育而成（彩图 4 - 100）。2017 年 5 月获得植物新品种保护权（品种权号：CNA20151824.1），目前已经在陕西猕猴桃主产区推广种植。果实圆柱形，果形整齐均一，果皮浅褐色，平均单果重 105g，最大单果重 148g，果肉金黄色，肉质细腻，汁液多，酸甜适度，清香可口。可溶性固形物含量 18％～20％，干物质含量 19％～22％，鲜果维生素 C 含量 1.72g/kg。果实 10 月上旬成熟。果实较耐贮藏，常温下后熟期 30d，低温下贮藏期 5 个月。树势强壮，抗高温日灼。

7. 金奉　金奉（Jinfeng）又名奉黄 1 号，系江西省奉新县现代农业技术服务中心、江西农业大学和江西新西蓝生态农业科技有限责任公司以中华猕猴桃金丰为母本、奉雄 1 号为父本选育而成的中熟黄肉猕猴桃品种（彩图 4 - 101）。2022 年 12 月申请受理农业农村部植物新品种权（受理编号：20221011056）。该品种具有植株长势较强、丰产性好、单果重大、果形均匀一致、果肉金黄、肉质细嫩、风味浓郁、耐贮藏且抗溃疡病能力较强等综合优势。在江西省奉新县，金奉初花期在 4 月中旬，盛花期在 4 月下旬，果实成熟期在 9 月下旬至 10 月初，中熟、四倍体；果实宽椭圆形，果形指数 1.56；可溶性固形物含量 18.75%，最高可达 21.60%，可溶性糖含量 7.68%，可滴定酸含量 1.15%，干物质含量 21.76%，鲜果维生素 C 含量 1.24g/kg。

8. 满天红 满天红（Mantianhong）由中国科学院武汉植物园从开放式授粉的毛花猕猴桃种子培育的实生群体中选育而成，是一个天然种间杂交品种（彩图 4-102），观赏与鲜食兼用，2014 年获得植物新品种权（品种权号：CNA20090901.7），2014 年通过国家品种审定（国 S-SV-AC-017-2014）。果实为长卵圆形，果面密被褐色短茸毛，平均单果重 72～88g，果肉黄色，酸甜适度，风味佳。果实可溶性固形物含量 14%～18%，总糖含量 10%，有机酸含量 1.7%，鲜果维生素 C 含量 0.8g/kg。在武汉地区，果实 9 月底至 10 月初成熟。果实不耐贮藏。

9. 满天红 2 号 满天红 2 号（Mantianhong-2）由中国科学院武汉植物园从开放式授粉的毛花猕猴桃种子培育的实生群体中选育而成，是一个天然种间杂交品种（彩图 4-103），观赏与鲜食兼用，2020 年获得植物新品种权（品种权号：CNA20172333.1）。果实为圆柱形，果面密被褐色短茸毛，平均单果重 83～98g，果肉黄色，酸甜适度，风味佳。果实可溶性固形物含量 15.3%～18.8%，总糖含量 10.5%，有机酸含量 1.4%，鲜果维生素 C 含量 0.78g/kg。在武汉地区，果实 9 月底成熟。果实较耐贮藏。

10. 江山娇 江山娇（Jiangshanjiao）由中国科学院武汉植物园利用中华猕猴桃作母本、毛花猕猴桃作父本杂交，从 F_1 中选育而成的种间杂交品种（彩图 4-104），偏向于毛花猕猴桃（*Actinidia eriantha* C. F. Liang），主要用于观赏种植，2007 年通过湖北省品种审定（鄂 S-SV-AC-003-2007）。花红色，花瓣 6～8 片，花直径 45mm，柱头平均 55 枚，花丝平均 103 枚，玫瑰红色。果实扁圆形，平均单果重 25g，果面密被白色茸毛，果肉绿色，果实可溶性固形物含量 14%～16%，总糖含量 11%，有机酸含量 1.3%，鲜果维生素 C 含量 8.14g/kg。在武汉地区，果实 9 月底成熟。

11. 中科绿猕 10 号 中科绿猕 10 号（Zhongkelvmi-10）由中国科学院武汉植物园利用中华猕猴桃金农作母本、种间杂交品种超红作父本杂交，从 F_1 中选育而成，是第二代种间杂交品种（彩图 4-105），为小果型高维生素 C 品种。果实短圆柱形，果面密被白色短茸毛，平均单果重 24～30g，果肉绿色或黄绿色，风味浓甜。果实可溶性固形物含量 15%～17.5%，总糖含量 9.2%，有机酸含量 1.23%，鲜果维生素 C 含量 4.14g/kg。在武汉地区，果实 10 月上旬成熟。

12. 中科绿猕 12 号 中科绿猕 12 号（Zhongkelvmi-12）由中国科学院武汉植物园利用中华猕猴桃金农作母本、种间杂交品种超红作父本杂交，从 F_1 中选育而成的第二代种间杂交品种（彩图 4-106）。为小果型高维生素 C 品种。果实倒卵形，果面密被褐色短茸毛，平均单果重 26～33g，果肉绿色或黄绿色，风味浓甜。果实可溶性固形物含量 17%～20.5%，总糖含量 14.2%，有机酸含量 1.23%，鲜果维生素 C 含量 8.08g/kg。在武汉地区，果实 10 月上中旬成熟。

13. RC197 RC197 由中国科学院武汉植物园利用山梨猕猴桃作母本、中华猕猴桃作父本杂交，从 F_1 中选育而成（彩图 4-107）。主要用作抗性砧木，2020 年获得植物新品种权（品种权号：CNA20172334.0）。果实圆柱形，平均单果重 30～50g，果面密被黄褐色短茸毛，果肉深绿色或浅绿色，风味较淡。果实可溶性固形物含量 10.8%～13.2%。在武汉地区，果实 9 月底成熟。抗旱、耐寒能力强。

14. 中科绿猕 5 号　中科绿猕 5 号（Zhongkelvmi-5）由中国科学院武汉植物园利用山梨猕猴桃作母本、中华猕猴桃作父本杂交，从 F_1 中选育而成（彩图 4-108）。为小果型猕猴桃品种。果实圆柱形，果面密被褐色短茸毛，平均单果重 24～32g，果肉绿色，风味浓香甜。果实可溶性固形物含量 15%～19.5%，总糖含量 9.3%，有机酸含量 1.01%，鲜果维生素 C 含量 0.35g/kg。在武汉地区，果实 9 月下旬成熟。贮藏性较好。

15. 中科绿猕 7 号　中科绿猕 7 号（Zhongkelvmi-7）由中国科学院武汉植物园利用山梨猕猴桃作母本、中华猕猴桃作父本杂交，从 F_1 中选育而成（彩图 4-109）。为小果型猕猴桃品种。果实圆柱形，果面密被褐色短茸毛，平均单果重 28～36g，果肉绿色，浓香甜，风味佳。果实可溶性固形物含量 16%～22%，总糖含量 9.87%，有机酸含量 0.96%，鲜果维生素 C 含量 0.45g/kg。在武汉地区，果实 9 月下旬成熟。贮藏性较好。

二、雄性品种

1. 磨山 2 号　磨山 2 号（Moshan-2）由中国科学院武汉植物园选育（彩图 4-110）。该品种树势中等，萌芽率 80% 以上，花枝率 100%，成花容易。花为聚伞花序，白色，花量大，花冠直径 34mm，花瓣 6～7 片，花丝数约 43 枚，花粉量大，花粉萌发率 76%～84%。花期早，在湖北武汉地区，4 月上中旬开花，花期 12～14d。

2. M11　M11 由江西农业大学猕猴桃研究所选育（彩图 4-111）。树势中庸，花枝率 100%，花为二歧聚伞花序，花冠直径 27.17mm，花瓣多为 8 枚，白色，花丝淡黄色，花药黄色，萼片近三角形，多为 6 片，绿色，表面有短茸毛；单花花粉量极大，达 7.55×10^5 粒。花期较早，在江西信丰地区，3 月下旬初花，4 月上旬盛花，4 月中旬谢花，花期 12～15d。

3. 磨山 4 号　磨山 4 号（Moshan-4）由中国科学院武汉植物园选育，为四倍体（彩图 4-112）。株型紧凑，节间短，花期长，在陕西关中地区可持续 20d，花为多聚伞花序，每个花序 4～5 朵小花，花期长达 21d，比其他雄性品种花期长 7～10d，花萼 6 片，花瓣 6～10 片，花径较大（4～4.3cm），花药黄色，平均每朵花的花药数 59.5，每花药的平均花粉量约 4 万粒，可育花粉 189.3 万粒，花粉萌发率 75%。

4. 磨山 5 号　磨山 5 号（Moshan-5）由中国科学院武汉植物园选育（彩图 4-113）。该品种树势强旺，成花容易，花枝率 95%～100%，中、短花枝占整个花枝的 65%～70%。花为多歧聚伞花序，每花序有花 3～5 朵，每花枝有花序 6～9 个；花为白色、中等大小，花冠直径 35～36mm，花瓣 6～7 枚，花药平均 74.6 枚，大小为 2.19mm×0.98mm。花量和花粉量大，花粉萌发率 75.6% 以上，花期能覆盖大部分四倍体中华猕猴桃雌性品种或品系，以及美味猕猴桃早花品种的开花期，且授粉着果率高，果实品质优良。

5. 赣雄 1 号　赣雄 1 号（Ganxiong-1）系江西农业大学猕猴桃研究所从江西省抚州市野生毛花猕猴桃（*A. eriantha*）群体中选育而成的观赏与授粉兼用型品种（彩图 4-114）。

该品种花粉萌发率高达 80％，单花中花粉量达 $8.57×10^4$ 个。假双歧聚伞花序，每花序中花朵数 10～15 朵，每个春梢开花 26～46 朵，花枝率为 80％以上。花量多、花粉量大、花粉活力高。赣雄 1 号在江西省奉新地区 5 月 8—9 日初花，花期 13～15d。赣雄 1 号花瓣和花丝桃红色，花药黄色，单花序中花朵甚多，观赏价值高。该品种于 2019 年 12 月申请受理农业农村部植物新品种权（受理编号：20191006499）。

6. YS1 YS1 由江西农业大学猕猴桃研究所选育而成，为中华猕猴桃品种（彩图 4 - 115），树势旺盛，花枝率 100％。花为二歧聚伞花序，花瓣多为 6 枚，黄白色，基部重叠，顶部波皱程度较弱；花药黄色，为全着式着生，单花花药数 73.4 枚；萼片盾形，多为 5～6片，绿色，表面有短茸毛；花粉活力较高，达 78.61％。在江西宜春奉新地区，4 月上旬初花，4 月中旬盛花，4 月下旬谢花，花期长达 18～23d。

7. M12 M12 由江西农业大学猕猴桃研究所选育而成，四倍体，树势中庸，花枝率100％，为中华猕猴桃品种（彩图 4 - 116）。花为二歧聚伞花序，花瓣 6～7 枚，白色，基部重叠，顶部波皱程度较弱；花丝嫩绿色，花药黄色，以全着式着生；单花花粉量较大，花粉活力 75.55％。在江西赣州信丰地区，4 月中旬初花，4 月下旬盛花，5 月上旬谢花，花期 16～18d。

8. 满天星 满天星（Mantianxing）由中国科学院武汉植物园选育，该品种是中华猕猴桃与毛花猕猴桃远缘杂交育成的观赏新品种（彩图 4 - 117）。花瓣大，水红色，花着生在第 1～6 节，每个花序有 3 朵花，一个开花母枝约有 60 朵花，花开时宛如繁星闪烁，是庭院垂直绿化的优良品种。

9. 超红 超红（Chaohong）由中国科学院武汉植物园利用毛花猕猴桃作母本、中华猕猴桃雄株作父本杂交，从 F₁ 中选育而成的种间杂交品种（彩图 4 - 118），主要用于观赏种植，2007 年通过省级品种审定（鄂 S - SV - AC - 002 - 2007）。花为多歧聚伞花序，玫瑰红色，花瓣 5～10 片，花直径 48mm；花丝 141 枚，玫瑰红色。1 年可开 3～4 次花，在武汉地区，开花时间在 5 月初，花期 15～23d。

10. 绿王 绿王（Lvwang）由中国农业科学院特产研究所在吉林省左家镇发现，2016 年通过吉林省农作物品种审定委员会审定（彩图 4 - 119），并于 2017 年获农业部植物新品种权（品种权号：CNA20150417.6），隶属软枣猕猴桃（*Actinidia arguta*）。每个花序多为 7 朵花，花瓣 5～7 枚，白色，花径平均 1.3cm，花药黑色。花枝率 87.3％，以短花枝为主。平均每朵花的花药数 44.6 个，每花药的平均花粉量 16 750 粒，萌发率94.3％以上。花期长，约 9d。花期能与魁绿、丰绿、佳绿等品种花期相遇。在吉林左家地区，4 月 20 日前后萌芽，6 月上旬至中旬开花。

三、砧木

猕猴桃主要以嫁接等无性方式进行繁殖，砧木对接穗的影响极大。猕猴桃苗木繁育通常采用共砧嫁接方式，国外多采用美味猕猴桃品种布鲁诺（Bruno）或海沃德（Hayward）作砧木，国内一般使用野生美味猕猴桃或中华猕猴桃等实生苗作砧木。近年来发现，使用不同物种的异砧嫁接，有助于增强植株的抗逆性甚至丰产性，但目前国内尚无商业化的专门砧木品种，只有可以兼作砧木使用的表现优良的品种，或潜在的物种、品系或优株。

1. 水秀 水秀（Shuixiu）又名水杨桃，是吉首大学通过野生种选育而成，2022年获农业农村部植物新品种授权（品种权号：CNA201920003297），隶属对萼猕猴桃（*A. valvata*），对萼猕猴桃是目前国内较为看好的抗涝砧木资源。木质根，根系发达，耐水淹。藤枝下垂接地后可匍匐生长于地面，具气生根和不定根。叶近革质，两面均无毛，叶尖渐尖，叶柄白绿色。花白色，盛花期4月下旬至5月上旬。果实长卵球形，顶端有尖喙，成熟时果皮橙黄色，光滑无斑点，宿存萼片反折，平均单果重20～30g，果肉颜色内外均为橙黄色，果心稍浅；果肉甜但有辛辣味，不宜食用；种子少而较大。果实7月下旬至8月中旬成熟。该品种树势发达，通常采用扦插繁殖方式，其扦插和嫁接苗的抗水淹能力强，且与不同品种的嫁接亲和性好，能促进接穗生长发育和果实增大。

2. 浙猕砧1号 浙猕砧1号（Zhemizhen-1）为浙江省农业科学院选育的耐涝优株，隶属葛枣猕猴桃（*A. polygama*）。其植株在淹水过程中，气生根发生明显，并能随52d的持续淹水，表现出良好的适应性和耐涝性，可作为南方地区应对淹水胁迫的备选砧木资源。

3. 中科猕砧1号 中科猕砧1号（Zhongkemizhen-1）由中国科学院武汉植物园从野生资源中选育而成，隶属对萼猕猴桃（*A. valvata*）。叶片卵圆形，长12.56cm、宽9.18cm，叶厚0.24mm，叶柄长2.24cm；花白色，花冠直径3.71cm，萼片2～3片，花柄长2.53cm，花瓣6～9片，花丝数量52.6枚，柱头数量23.9枚。耐涝、耐高湿，与栽培品种嫁接，接口上下较一致，且不影响接穗品种的品质，主要作抗涝（抗高湿）砧木。

4. 中科猕砧2号 中科猕砧2号（Zhongkemizhen-2）由中国科学院武汉植物园从野生资源中选育而成。隶属梅叶猕猴桃变种（*A. macrosperma* var. *mumoides* C. F. Liang）。叶片卵圆形，长13.93cm、宽8.23cm，叶厚0.32mm，叶柄长3.96cm；花以二歧聚伞花序为主，花白色，花冠直径3.61cm，萼片2～3片，花瓣6～10片，花丝58枚。耐涝、耐高湿，与栽培品种嫁接，接口上下较一致，且不影响接穗品种的品质，主要作抗涝（抗高湿）砧木。

参 考 文 献

黄宏文，2013. 中国猕猴桃种质资源 [M]. 北京：中国林业出版社.

李国田，干海荣，安森，等，2018. 猕猴桃栽培新品种新技术 [M]. 济南：山东科学技术出版社.

梁畴芬，1984. 猕猴桃属·中国植物志 [M]. 北京：科学出版社.

沈德绪，2000. 果树育种学. 2版 [M]. 北京：中国农业出版社.

徐小彪，廖光联，黄春辉，等，2021. 毛花猕猴桃种质资源 [M]. 北京：科学出版社.

郁俊谊，刘占德，2016. 猕猴桃高效栽培 [M]. 北京：机械工业出版社.

张晓玲，2015. 猕猴桃优质高效栽培新技术 [M]. 合肥：安徽科学技术出版社.

朱鸿云，2009. 猕猴桃 [M]. 北京：中国林业出版社.

执笔人：李洁维，辛广，张慧琴，刘世彪，钟敏，韩飞

第五章　猕猴桃器官的生长发育

第一节　根系的生长与发育

一、根系的结构

猕猴桃的根为肉质根，外皮层较厚，老根表层常呈龟裂状剥落，内皮层为粉红色。猕猴桃的导管分为异形导管和普通导管两种，其中，异形导管的细胞较大，根压较大，养分和水分在根部的输导能力强，如果3cm粗的根被切断损伤1h后，整个植株的叶片会出现全部萎蔫现象。

猕猴桃的根系由主根、侧根和须根组成（彩图5-1）。主根不发达，侧根和须根多而密集，侧根随植株生长向四周扩展，生长呈扭曲状。根初生时为白色，含有大量水分和淀粉，近似肉质，皮层暗红色，根皮率为30%～50%，含水量在80%以上。

二、根系的分布

（一）猕猴桃根系的特点

（1）幼苗根系呈须根状，主根不发达，骨干根少。

（2）肉质根，根皮层厚，含水量高。一年生根含水量达80%以上。

（3）导管发达，根压强大。在树液开始流动和萌芽时，因其根压大，若对植株的任何部位造成伤口，即会产生伤流。

（4）猕猴桃根易产生不定芽和不定根，再生能力强。利用这一特性，可用根进行扦插繁殖。

（二）猕猴桃根系的分布

1. 垂直分布　是指根系从土壤表层沿垂直方向的分布情况。猕猴桃是浅根性果树，其根系在土壤中的分布浅而广。调查发现，猕猴桃根系的垂直分布可达100cm，距树干50cm处，根系的垂直分布最深；根系集中分布在垂直方向的10～50cm范围内，占总根量的90.6%～92.0%，而以20～40cm土层分布的根系最多，占51.79%；其次是40～60cm土层，占20.96%；距地表0～10cm和60～100cm土层的根系分布数量较少。从根的大小分布来看，直径小于0.2cm的根占根总量的7.43%，主要分布在20～40cm土层内；直径0.2～1cm的根占总根量的32.34%，主要分布在20～40cm土层内；直径大于1cm的根占根总量的60.23%，主要分布在10～40cm土层内。

2. 水平分布　是指根系从土壤表层沿水平方向的分布情况。猕猴桃根系水平分布最远在距主干 95～110cm 处，距树干 20～70cm 范围土壤是根系的集中分布区，约占总根量的 86.5％；在距树干 80cm 以外，根系分布密度小。

通常而言，猕猴桃根系在土壤中的垂直分布较浅，而水平分布范围广。一年生苗的根系分布在 20～30cm 深的土层中，水平分布范围 25～40cm；二年生苗的根系垂直分布在 40～50cm，水平分布在 60～100cm 的土壤中的数量最多；三年生树根系明显加粗，以水平方向发展为主；成年树根总量的 50％垂直分布在土壤表层 50cm 以内，90％的根分布在 100cm 深土层以内，但以地表下 40cm 左右的深度分布密度最大。

猕猴桃根系的分布因种类品种、树龄不同而有差异。王建（2008）对十年生秦美猕猴桃根生物量在土层中的分布研究表明，猕猴桃根系不同时期在土壤中的分布情况变化不大，根系主要分布在 0～60cm 的土层，占总根量的 93.05％，其中 40～60cm 土层的根量占 14.95％。随土壤深度增加，猕猴桃根量减少。土层 60cm 以下分布的根量很少，60～80cm 分布的根量只有 4.64％，80～100cm 土层中仅为 2.32％。

猕猴桃根系的分布还与土壤疏松程度、水分含量、肥力状况、栽植密度等密切相关。野生猕猴桃在深厚、疏松的土壤中，根的深度可达 600cm 以上，而在四川多数猕猴桃栽培果园中，成年树 70％的根系分布深度不超过 30cm，100cm 以下土层中根系分布较少。另受栽植密度限制，根系无法伸展得很宽广，水平方向的生长空间通常不会超过 200cm。红肉猕猴桃根系在土壤中分布情况见彩图 5-2。

三、根系生长发育规律

猕猴桃的根系是最重要的吸收器官，同时具有固定、输导、贮藏、合成及分泌物质等功能，其生长发育的年周期较地上部分复杂。当春季土壤温度达到 8℃左右时，猕猴桃根系开始活动；土壤温度 20℃左右时（约在 6 月），根系生长出现高峰；随着土壤温度增高，根活动减缓；至 9 月，果实发育后期，根系开始第二次迅速生长；随后，由于气温降低，根系生长逐渐减缓。根系生长和地上部分的生长发育常常是有节奏地进行。如四川红肉猕猴桃全年根系生长有 3 次高峰期（王明忠，2013）：即 3 月（萌芽前）、6 月（枝梢缓慢生长期）和 9 月（果实采收前后）3 个时期。根在土壤温度 8℃时开始生长，25℃时长势最旺盛，30℃以上则停止生长。在后两次生长高峰期中，可以观察到地上部生长缓慢，枝蔓增粗明显，6 月是坐果及果实膨大期，也是花芽分化旺盛期，养分竞争激烈；9 月是根系生长高峰期，正值果实采收前后，果实发育与根系生长对同化养分的竞争激烈。

正值根系生长高峰期，在管理上，不要刺激地上部分过旺生长。如在 3 月根系生长高峰期时，施肥应注意肥料施用位置不能离根过近，施肥量不能过大，以免伤根或烧根。可以施用缓释型肥料，采用浅耕撒施，保护根系；在 6 月根系生长高峰时，修剪上应防止重剪，刺激新梢发生、旺长，以免使根系得到的同化养分减少，影响根系发育；在 9 月根系生长高峰时，应注意防止偏施氮肥，刺激秋梢旺长而影响根系生长。

四、影响猕猴桃根系生长的因素

（一）树体的有机养分

猕猴桃根系的水分和营养物质的吸收以及有机物质的合成都依赖于地上部分碳水化合

物的供应，因此根系的生长和根的总量取决于地上部分有机物质输送的总量。如地上部分长势好，输送到地下部分的有机物质充足，则根系生长好，根量多；当有机营养供应不足，如结果过多，或叶片受损等，则根系生长明显受到抑制。

近年来的研究表明，在田间条件下，超过50%的光合产物用于根系生长、发育和吸收，这些养分主要用于新根生长，因为根系死亡与更新速率较高。猕猴桃的根尖既在不断生长，也在不断死亡，部分根尖的死亡，常会导致大量新的根尖萌发。另外，采用不同的繁殖方式如嫁接或扦插，由于养分的变化，对根系的生长发育也会产生影响，彩图5-3展示了猕猴桃嫁接苗和扦插苗根系生长的差异。

（二）温度

猕猴桃根系的生长活动与温度密切相关（表5-1）。猕猴桃的生长发育对温度的要求因种类品种不同而有差异。根据多年的观测和栽培经验（涂美艳，2022），红肉猕猴桃在年平均气温14～20℃，极端低温＞-4℃，无霜期270～300d的区域生长发育最佳。当日均温达6℃以上时树液开始流动，8.5℃时开始萌芽，10℃以上时开始展叶，13℃时开始开花。新梢生长和果实发育的最佳温度为20～25℃，15℃左右时生长缓慢，当温度下降至12℃左右时开始落叶并进入冬季休眠。红肉猕猴桃不耐低温，当春季温度≤1℃时，春季抽生的枝条就会遭受冷害，刚萌发的芽大部分会冻死。当温度为-1.5℃持续30min，就会使花芽、花和嫩枝都受到严重冻害，造成绝收。红肉猕猴桃也不耐高温，夏季气温达30℃时，其枝、叶、果的生长量会显著下降，气温≥33℃时，会造成果实阳面日灼，部分叶片失水枯萎、提早掉落。另外，猕猴桃开花的数量与冬季有效低温时数有关。据新西兰研究结果显示，黄肉品种Hort16A在冬季有效低温（0～7.2℃）时数＜450h时，容易出现成花不足的现象；赵婷婷（2016）的研究结果表明，在冬季有效低温（1.5～12.4℃）为700CU（chill units，冷却单元）以上的区域种植中华猕猴桃就可开花结果，但东红等二倍体品种适宜的推广范围为更靠南或靠低海拔区域，而H-15等多倍体品种的适宜推广范围为靠北或中高海拔区域。

表5-1　猕猴桃根系生长对温度的要求

果树	根系开始生长温度（℃）	根系最适生长温度（℃）	根系停止生长温度（℃）
猕猴桃	8	20～25	30

（三）土壤

猕猴桃适宜的土壤pH为5.5～6.5，在土层深厚、疏松肥沃、排水良好、腐殖质含量高的沙质土壤中根系和树体生长良好。土壤中矿质营养对猕猴桃生长十分重要，除氮、磷、钾外，还需钙、硼、镁、锰、锌、铁等元素。不同种类品种对土壤的要求存在差异。如红肉猕猴桃对土壤要求较高，以土层深厚、保水排水良好、肥沃疏松、有机质含量高的微酸性壤土或沙壤土最好，忌涝洼地和黏重土壤。对四川苍溪县红肉猕猴桃高产优质园区0～20cm土层进行检测，结果显示该园区的土壤pH 5.5～6.5、有机质含量4%～5%、碱解氮含量150～200mg/kg、有效磷含量80～120mg/kg、速效钾含量300～350mg/kg、速效铁含量120～150mg/kg。而当前能达到这种土壤标准的园地太少，所以要想获得持续高产优质，必须在土壤改良上下功夫。

1. 土壤水分和通气状况　猕猴桃根系的生长既要求土壤具有充足的水分，又需要土壤有良好的通气条件。猕猴桃喜潮湿、怕干旱、不耐涝，对土壤水分和空气湿度要求严格，水分不足或过多，都会对猕猴桃的生长发育产生不良影响。年降水量在 800～1 600mm、空气相对湿度在 75% 以上的地区均能满足猕猴桃生长发育对水分的需求。猕猴桃是最不耐涝的果树之一，其根对土壤水分特别敏感，既喜水又怕涝，特别是红肉猕猴桃的根系耐涝、耐旱能力均弱，因此生产上常采用砧木嫁接等方式提高其对土壤的适应性。倪苗等（2016）研究发现，采用对萼猕猴桃优良株系的扦插苗做砧木嫁接的红阳猕猴桃，可耐 20d 淹水，并保持正常生长，而用美味猕猴桃实生苗做砧木嫁接的红阳猕猴桃，淹水 12d 后根系全部发黑腐烂，根尖表皮脱落，淹水 20d 时根系全部死亡。因此在多雨季节，土壤表面与地下水位应至少保持 1m 的距离，否则，植株根部会因缺氧和水涝造成沤根、烂根。袁雪侦（2022）研究发现，淹水胁迫前使用 $100\mu mol/L$ 褪黑素溶液灌根可显著提高耐涝性。

2. 土壤营养条件　根系的生长具有趋肥性，即总是向肥多的地方生长。在肥沃的土壤或肥水管理好的条件下，根系发达，根系生长时间长，根粗壮；相反，在瘠薄土壤或肥水管理差的条件下，根系生长瘦弱，生长时间短。增施有机肥有利于促进吸收根发生，适当增施无机肥对根系的发育也有好处。不同土壤营养钵猕猴桃苗的根系生长情况比较见彩图 5-4。

第二节　芽、枝、叶的生长与发育

一、芽的类型与生长发育

猕猴桃的芽均为腋生芽，外表由数片黄褐色茸毛状鳞片包被，着生于叶腋间的海绵状芽座中，通常一个叶腋间有 1～3 个芽，中间较大的为主芽，两侧较小的为副芽（彩图 5-5）。一般主芽萌发，而副芽呈潜伏状态；当主芽遭受破坏时，副芽便萌发；有时主芽和副芽同时萌发，即在同一节上可萌发 2～3 个新梢。

主芽可分为叶芽和花芽两种。幼龄期和徒长枝上的芽多为叶芽，成年树上健壮的营养枝或结果枝上充实的叶芽易转变成花芽。猕猴桃的花芽是混合芽，花芽饱满肥大，萌发抽枝后在其下部的数个叶腋间形成花蕾开花结果。结果枝上开花结果部位的叶腋间，不再有主芽而成盲节或空节。

猕猴桃芽萌动时间因种类品种及气温不同而有差异。一般中华猕猴桃的芽萌动时间比美味猕猴桃早，通常情况下，当日平均温度达 8℃时（美味猕猴桃需要 10℃），芽开始萌动，经过 20d 左右的芽裂后开始抽生春梢，春梢抽发的前 20d 生长量较大，长势旺盛品种每天生长量可达 20cm 以上。春梢抽发后 20～60d 生长速度迅速下降，但叶面积增大，光合作用增强。在四川盆地，每年 5 月上旬至 8 月上旬（大约 100d）是红肉猕猴桃枝蔓生长的高峰期，8 月中旬至 9 月下旬（大约 50d）枝蔓生长缓慢，甚至基本停止生长。红肉猕猴桃在四川一年可以抽发 3 次梢：春梢、夏梢及秋梢。春梢和早夏梢是翌年最好的结果母枝，晚夏梢及秋梢对树体营养消耗较大，尤其是早期落叶后大量抽发的秋梢对翌年开花坐果影响极大。因此，在生产上要促发春梢和早夏梢、疏除晚夏梢、控发秋梢。尹翠波等（2008）对四川雅安的红阳狝猴桃调查发现，2月初树体开始活动，2月中旬萌芽，4月上中旬开花，8月下旬至9月上旬果实成熟，11月下旬开始落叶，并逐渐进入休眠。

二、枝的类型与生长发育

（一）枝的类型

根据其性质，狝猴桃的枝可分为营养枝和结果枝两大类。

1. 营养枝 只长枝叶不开花结果的枝。根据其生长势的强弱可分为普通营养枝、徒长枝和衰弱枝3种。

（1）普通营养枝。生长势中等或较强，长1.5m左右，枝的每个叶腋间均有芽，茸毛短、少而较光滑，多见于未结果的幼年树和多年生枝上萌发的枝，这种枝是翌年较理想的结果母枝。

（2）徒长枝。生长极为旺盛，直立向上，节间较长，茸毛多而长，组织不充实。这种枝多从老枝基部的隐芽萌发而成，长3～4m或4m以上，其上可抽生二、三次枝，此类枝在幼树整形时，可根据枝的空间分布情况加以利用，结果树在没有空间情况下须及时疏除该类枝。

（3）衰弱枝。枝短小细弱，长10～20cm，多从树冠内部或下部的短枝上抽生。由于基枝较弱，光照不足，所以抽发衰弱枝，其生长势弱，即使能形成花芽开花结果，果实也很少且小，或易落果。

2. 结果枝 在雌株上开花结果的枝。根据其长度分为徒长性结果枝、长果枝、中果枝、短果枝和短缩果枝5种（图5-1）。

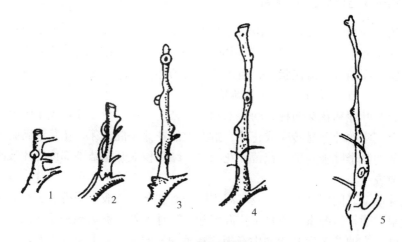

图5-1 狝猴桃结果枝类型

1. 短缩果枝 2. 短果枝 3. 中果枝 4. 长果枝 5. 徒长性结果枝

狝猴桃新梢生长与根系的生长交替进行，新梢生长期170～190d，一年有两次生长高峰期，第一次在5月上中旬，第二次在8月中下旬。狝猴桃枝具有逆时针旋转盘绕支撑物向上生长的特性，芽位向上的枝生长旺盛，芽位与地面平行的枝生长中庸。春季抽生的枝形成结果枝的比率较高，有些种的春梢几乎都可成为结果枝，如革叶猕猴桃、柱果猕猴桃、网脉猕猴桃、中越猕猴桃等种的结果枝率达100%；但有些种的春梢成为结果枝的比率较低，如大籽猕猴桃、清风藤猕猴桃等，仅分别为22.2%和23.6%。

（二）枝的生长发育特性

以红肉猕猴桃为例介绍其生长发育特性。

红肉猕猴桃在枝蔓生长前期，直立性强，先端并不攀缘，但在生长后期，其顶端具有逆时针旋转的缠绕性，能自动缠绕在他物或自身上。红肉猕猴桃一年生枝青绿色或黄绿色，少有褐色，幼嫩时薄被灰色茸毛；二年生枝深褐色，无毛。枝蔓上皮孔明显，较稀，凸起，长梭形或椭圆形，黄褐色。枝蔓中心有片层状髓，髓部大，圆形；木质部组织疏松，导管大而多。

红肉猕猴桃的枝蔓可分为两种类型（图5-2，彩图5-6）：①营养枝。指那些仅进行枝、叶器官的营养生长而不能开花结果的枝蔓。根据其生长势强弱，又可分为徒长枝（水苔枝）、发育枝（营养枝）和短枝（衰弱枝）。徒长枝多从主干、主蔓或多年生枝基部隐芽发出，生长极旺，直立向上，节间长，芽不饱满，很难形成花芽，生长势旺的红肉品种（如金红50号）徒长枝长度可达300cm以上、基部粗度可达2.5cm以上，这类枝消耗树体营养大，常在夏季或冬季被疏除，但生长位置较合适的徒长枝也可在其40cm长时进行重短截，促发二次枝使其成为翌年结果母蔓，树势衰退的植株也可利用其进行树体更新；发育枝主要从未结果的幼龄树或强壮的多年生枝上的中、下部萌发，长势良好，长度可达150cm以上，组织充实，是翌年最理想的结果母枝；短枝多从树冠内部或下部枝上发出，生长衰弱，长10～20cm，易自行枯死。②结果枝。指雌株上能开花结果的枝条。根据枝条的生长发育程度，结果枝可分为徒长性结果枝（≥100cm）、长果枝（50～100cm）、中果枝（30～50cm）、短果枝（10～30cm）和短缩果枝（≤10cm）。

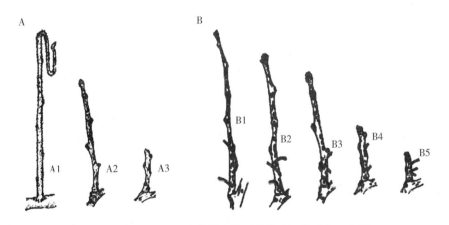

图5-2　红肉猕猴桃营养枝和结果枝类型（涂美艳，2022）

注：A图为营养枝：A1为徒长枝（水苔枝），A2为发育枝（营养枝），A3为短枝（衰弱枝）；B图为结果枝：B1为徒长性结果枝（≥100cm），B2为长果枝（50～100cm），B3为中果枝（30～50cm），B4为短果枝（10～30cm），B5为短缩果枝（≤10cm）。

不同种类品种的猕猴桃，其生长发育也存在差异。尹翠波等（2008）对四川雅安的红

猕 猴 桃 学

阳猕猴桃调查发现，红阳猕猴桃新梢青绿色，幼嫩时被灰色茸毛，早期脱落。枝的皮孔长椭圆形，灰白色。老枝黑褐色、无毛，一至二年生枝黄褐色、无毛，枝干皮孔呈长椭圆形，灰白色。在四川雅安红阳猕猴桃上，长果枝和中果枝是较优良的结果枝类型，生产上应注意尽可能多培养中果枝和长果枝结果，以获得更高的产量和商品果率。雅安地区的红阳猕猴桃结果枝抽生部位一般集中在5～14节，生产上应注意适当进行长梢修剪，保留足够的结果部位。

丁建（2006）对彩色猕猴桃调查发现，新梢多为黄绿色，密生黄褐色糙毛，成枝后脱落，一年生枝褐色，皮孔短棱形至近圆形，褐色。彩色猕猴桃的新梢生长量大，生长势强，一年生枝可长到6m。成枝力强，成枝率70%左右。一年生枝修剪后可抽生5～10根新枝，以中短果枝结果为主。钟程操等（2018）调查了翠玉等6个猕猴桃品种枝条形态结构，比较了各品种猕猴桃的皮孔长度、宽度、密度，以及芽眼皮层厚度等指标（表5-2）。涂美艳等比较了红阳猕猴桃和海沃德猕猴桃的枝干形态特征，见彩图5-7。

表5-2 不同猕猴桃品种枝条形态结构比较

品种	皮孔大小		皮孔密度（个，以1cm²计）	皮孔形状	芽眼皮层厚度（mm）
	长（mm）	宽（mm）			
翠玉	1.496	0.331	6.01	短小，分布散，无凸起，排列不规则	2.50
东红	1.265	0.431	5.70	较细，长短不均，微凸，分布均匀	2.60
伊顿1号	1.402	0.259	4.85	较细，长短不均，微凸，分布较散	2.53
金果	1.978	0.319	4.27	较粗，长短不均，微凸，分布均匀	2.45
金艳	1.020	0.534	5.76	粗短或呈肾形，有较大凸起，排列密集	2.59
红阳	1.960	0.316	6.21	较细，长短不均，凸起少或无，分布均匀密集	2.64

（三）设施栽培对猕猴桃枝生长发育的影响

设施栽培因改变了温度、湿度、光照等环境条件，致使猕猴桃植株生长物候期也发生了变化。涂美艳等（2022）研究发现，盖棚次年，因棚膜透光率好、棚内温度高，植株萌芽、开花等物候期比棚外早2～3d，果实采收期比棚外早4d，但落叶期推迟10d；盖棚4年后，因棚膜灰尘污染严重、透光性下降，棚内物候期提早现象被逆转，棚内萌芽、开花等物候期反而比棚外推迟1～2d，果实采收期比棚外推迟3d，但棚内落叶期比棚外推迟12d。

三、叶的类型与生长发育

猕猴桃的叶为单叶，互生，膜质、纸质或革质，多数具长柄，有锯齿，多数侧脉间有明显的横脉，小脉网状；托叶缺或废退。猕猴桃不同品种的叶片形状、色泽、质地差别很大，即使同一品种，不同品系以及新老叶在形状、色泽、质地上也有差别。叶形有圆形、倒阔卵形、阔卵形、近圆形，很少近全圆，一般为叶脉羽状、卵形、椭圆形、扇形、披针形等。叶长5～20cm、宽6～18cm，叶片大而较薄，叶尖呈急尖、渐尖、圆、平或凹，基部呈楔形、圆形或心脏形。叶面颜色深，叶背颜色浅，且有茸毛。猕猴桃叶片生长从芽萌动开始，展叶后随着枝条生长而生长，正常叶片从展叶至成形需要 35～40d，叶片迅速生长集中在展叶后的 10～25d。

红肉猕猴桃叶片均为纸质，叶形以近圆形为主，淡绿色、多褶皱，叶尖微尖，叶背被灰白色短茸毛，叶脉凸起较明显。功能叶长 11～20cm、宽 12～22cm，叶形指数（叶长：叶宽）0.82 左右，叶基部心形或相交，两侧对称，先端圆形、小钝尖形或微凹陷。叶面暗绿色，有光泽，无毛。叶缘基部无锯齿，中上部锯齿也甚小，呈尖状，褐色。叶脉为有明显主脉的羽状网脉，叶为背腹型，叶脉突出于叶背，密被白色极短柔毛，叶背灰绿色，密被灰白色星状毛。叶正面略呈凹凸不平，叶片幼小时有毛，成叶时毛不明显。叶腋花青素着色强。叶柄淡紫色或青绿色，有茸毛，长 6～11cm，粗约 3mm，叶柄比（叶柄长：叶片长）0.6 左右（彩图 5-8）。

丁建（2006）调查彩色猕猴桃，叶片近圆形，先端渐尖，基部开张，叶面浓绿、有光泽，叶背灰绿、有茸毛，叶缘锯齿幼时针芒状，成叶后几乎无锯齿，叶柄淡红色，叶腋有紫红色花色素着色。董晓莉等（2006）调查了彩色猕猴桃红美的幼叶形状，多数为长椭圆形，也有心脏形；叶片先端为凹或深凹，基部为开或广开，叶缘锯齿由少到多不等，叶柄和叶腋均有不同程度的花色素分布。美味猕猴桃的幼叶叶片性状和彩色猕猴桃很相近（表 5-3）。

表 5-3　不同猕猴桃品种（系）的幼叶叶片性状

品种（品系）	叶片形状	先端形状	基部形状	叶缘锯齿多少	叶柄花色素着色	叶腋花色素着色
红美	圆形	凹	开	中	中	中
TJ-DA-75	长椭圆形	凹	广开	少	中	弱
CKou-DA-18	长椭圆形	凹	广开	多	中	极强
TJ-DA-19	心脏形	凹	开	少	极强	强
TJ-DA-54	长椭圆形	深凹	开	中	强	极强
秦美	长椭圆形	平	开	中	强	中
海沃德	心形	凹	开	少	弱	弱
川猕1号	心形	深凹	开	多	强	中

猕猴桃叶片的生长发育与品种、树体营养密切相关。通常情况下，叶片数量在芽裂后 60d 内快速增加，叶面积扩展最快的时期是展叶后 20d 内，此期叶面积可达总面积的 90%，以后生长减缓，展叶后 60d 左右叶面积不再增大。对成龄红阳猕猴桃园枝蔓基部往上数第 6～7 片功能叶进行测试，结果显示，营养枝的叶面积为 104.1～141.5cm²、百叶重为 387.40～556.82g，叶绿素总量为 2.07～3.11mg/g；结果枝的叶面积为 84.4～121.9cm²、百叶重为 328.6～480.1g，叶绿素总量为 2.68～3.49mg/g。红肉猕猴桃叶片正常落叶期为 11 月下旬至 12 月上旬，但在四川盆地，红阳等红肉猕猴桃品种抗叶斑病、褐斑病能力弱，常在采收后 1 个月左右（9 月中下旬）就出现叶片早衰脱落，造成秋梢大量抽发。

已有研究表明，生物肥料的施用可使叶面积增大、叶片更加厚实、百叶重增加，枝梢更加粗壮充实，芽更饱满。姚春潮等（2015）发现，与单施化肥相比，化肥配施生物有机肥能明显提高猕猴桃叶片厚度，叶片光泽度以及叶绿素 a、叶绿素 b、类胡萝卜素含量，并促进树体生长，明显提高猕猴桃产量、品质，延长果实贮藏期。刘春阳等（2016）探讨了生物肥料对猕猴桃干粗和叶片大小、百叶重的影响，结果表明，在生物有机肥与复合微生物肥配施的各处理中，其猕猴桃主干直径均高于普通化肥处理，且随着生物肥配施用量的增加，主干直径呈递增趋势，其中高量生物肥处理的效果最显著，与普通化肥处理（对照）的差异达极显著水平，而低量生物肥处理与普通化肥处理的差异不显著；且随着年份的增加，生物肥的各处理与对照的差异更加显著，其中高量生物肥处理 2013 年和 2015 年分别比普通化肥处理高出 26.80%、38.92%；随年份增加，高量生物肥处理中，猕猴桃主干直径 2015 年比 2013 年提高 19.59%，而普通化肥配施处理中，猕猴桃主干直径 2015 年比 2013 年仅提高 9.15%。

另外生物有机肥与复合微生物肥配施能促进猕猴桃植株生长，猕猴桃主干直径、营养枝与结果枝的叶面积和百叶重等均随肥料用量的增加而增加。并且，连年施用生物肥料的效果更加明显；生物肥料对猕猴桃营养枝与结果枝叶片的生长促进作用较为均衡，这有利于更多光合同化物向果实的运输和积累，提高果实产量与品质；而化肥对营养枝的促进作用强于结果枝，导致营养生长过旺，不利于猕猴桃产量的提高。百叶重的增加表现为叶片越厚实，叶肉细胞增多，这使得叶片光合能力增强，增加碳同化量。叶绿素含量是反映光合能力的重要指标之一，光合能力增强，光合同化物就会大量增多，有利于作物对碳同化物的积累。净光合强度与叶绿素含量具有显著正相关性，增施生物肥料能显著提高猕猴桃叶片叶绿素含量，且效果比普通化肥好，这也是生物肥料对猕猴桃产量、品质的提高效果优于化肥的一个原因。

施肥方案及试验结果见表 5-4 和表 5-5。

表 5-4　施用生物肥料对猕猴桃干粗及叶片大小、百叶重的影响

年份	处理	主干直径 (cm)	叶长 (mm)		叶宽 (mm)		叶长/叶宽		叶面积 (cm²)		百叶重 (g)	
			营养枝	结果枝	营养枝	结果枝	营养枝	结果枝	营养枝	结果枝	营养枝	结果枝
2013	A	3.26bcB	111.67aA	102.61bA	135.37bB	122.06bAB	0.83aA	0.84bB	104.50bB	87.39bB	486.62bB	377.24cC
	B	3.45bAB	112.16aA	117.66aA	137.33bB	131.62aA	0.82aA	0.89bAB	105.90bB	90.73bAB	503.45aA	438.41bB
	C	3.88aA	115.24aA	112.27bA	129.48bB	115.72bB	0.89aA	0.97aA	108.54bB	107.94aA	509.62aA	450.36aA
	CK	3.06cB	110.68aA	110.18aA	200.00aA	109.85bB	0.55bB	1.00aA	136.01aA	84.38bB	378.43cC	328.62dD
2015	A	3.58cC	116.47bA	107.43bA	141.43bB	128.96bB	0.82bB	0.83bB	115.58cB	96.88cBC	518.16cC	412.76cC
	B	4.05bB	122.40abA	123.58bA	145.75bB	140.52aA	0.84aA	0.88bAB	123.50bB	107.42bAB	541.07bB	480.13bB
	C	4.64aA	125.86aA	121.63bA	139.70bB	126.04bB	0.90aA	0.97aA	125.34bB	121.95aA	556.82aA	524.60aA
	CK	3.34cC	114.20bA	113.84bA	212.28aA	114.17cB	0.54bB	1.00aA	141.05aA	90.77cC	404.55dD	363.14dD

注：（1）处理 A：施用生物有机肥 6 670.00kg/hm²，复合微生物肥 333.50kg/hm²；处理 B：施用生物有机肥 13 340.00kg/hm²，复合微生物肥 667.00kg/hm²；处理 C：施用生物有机肥 20 010.00kg/hm²，复合微生物肥 1 000.50kg/hm²；CK：施用尿素 1 335.00kg/hm²，过磷酸钙 4 005.00kg/hm²，硫酸钾 2 670.00kg/hm²。

（2）同列数据后小写或大写字母相同表示同一年度各处理经 Tukey 法多重比较在 0.05 或 0.01 水平差异检验无显著性。

表5-5　施用生物肥料对猕猴桃营养枝与结果枝叶片叶绿素含量的影响（mg/g）

年份	处理	叶绿素 a		叶绿素 b		叶绿素总量	
		营养枝	结果枝	营养枝	结果枝	营养枝	结果枝
2013	A	1.35cB	1.81bB	0.65bB	0.81bB	2.07cB	2.68cB
	B	1.56bB	1.93bB	0.70bAB	0.87bAB	2.34bB	2.88bB
	C	1.95aA	2.21aA	0.84aA	0.97aA	2.89aA	3.27aA
	CK	1.39cB	1.81bB	0.64bB	0.81bB	2.09cB	2.68cB
2015	A	1.51cB	1.97bB	0.79bB	0.95bcB	2.23cC	2.84cB
	B	1.74bB	2.11bB	0.86bAB	1.03bAB	2.52bB	3.06bB
	C	2.17aA	2.43aA	1.02aA	1.15aA	3.11aA	3.49aA
	CK	1.53cB	1.95bB	0.76bB	0.93cB	2.23cC	2.82cB

注：（1）处理 A：施用生物有机肥 6 670.00kg/hm²，复合微生物肥 333.50kg/hm²；处理 B：施用生物有机肥 13 340.00kg/hm²，复合微生物肥 667.00kg/hm²；处理 C：施用生物有机肥 20 010.00kg/hm²，复合微生物肥 1 000.50kg/hm²；CK：施用尿素 1 335.00kg/hm²，过磷酸钙 4 005.00kg/hm²，硫酸钾 2 670.00kg/hm²。
（2）同列数据后小写或大写字母代表的统计学含义同表5-4。

从表中还可看出，生物有机肥与复合微生物肥配施比施用普通化肥更能有效促进红阳猕猴桃主干生长，提高营养枝与结果枝的叶面积、百叶重及叶片叶绿素含量，从而促进光合作用，增加碳同化物的积累；生物肥料用量越高其促进效果越好，连年施用，生物肥料的促进作用越发显著；与施用普通化肥相比，生物有机肥与复合微生物肥配施对红阳猕猴桃营养枝和结果枝叶片生长的促进作用较为均衡，有利于产量的提升。

第三节　花芽分化

猕猴桃花芽分化是指叶芽的生理和组织状态向花芽的生理和组织状态转化的过程，即枝梢芽内生长点由分生出叶片转变为分化出花朵或花序的过程，它是由营养生长转向生殖生长的转折点和标志。一般来说，花芽分化可分为生理分化和形态分化两个阶段。生理分化是芽内的生长点在生理状态上向花芽转化的过程，主要特点是与成花相关的一系列基因的启动，且涉及许多复杂的生理生化反应，也被称为成花诱导或花芽孕育。花芽孕育完成的现象称为花芽发端，即形态分化的起始期。花芽发端是一个不可逆的过程，是成花基因启动后生长点进行的一系列有丝分裂等特殊发育活动，其特征是生长点的细胞数目增多，芽端组织分化较为明显，此时的芽成为可识别的花芽，生长点变圆、变宽、变平。此后，芽内从生长点逐步分化形成各种花器官原始体，这一过程称为花芽的形态建成或花芽发育，也就是花芽的形态分化阶段。进入冬季休眠以后，花器官开始进行花粉粒和胚珠等性器官的发育并逐渐成熟，直到第二年春天开花。

一、猕猴桃花芽的形态解剖结构与分化过程

（一）猕猴桃花芽分化的必备条件

猕猴桃叶芽转变为花芽，需要具备以下条件：

（1）花芽形态建成所需要的结构物质，包括光合产物、矿质盐类以及这两种物质转化合成的各种碳水化合物、氨基酸和蛋白质等。

（2）花芽形态建成所需要的能源、能量贮藏和转化物质，包括淀粉、糖类和三磷酸腺苷等。

（3）花芽形态建成所需要的调剂物质，主要是内源激素，包括生长素（IAA）、赤霉素（GA）、细胞分裂素（CTK）、脱落酸（ABA）等。

（4）花芽形态建成所需要的遗传物质，主要是脱氧核糖核苷酸（DNA）和核糖核苷酸（RNA）等。

（二）猕猴桃花芽的特征

猕猴桃花芽为混合芽，着生在较低部位的叶腋内，由于顶花分生组织发育受到抑制，侧生花与顶花融合，使这些花发生畸变，产生扇形果，有些扇形果甚至是三朵花融合的。在猕猴桃的结果枝上，基部的第1～3节上的芽常为潜伏芽，第4节常为不正常结果部位，第5～12节为可能的结果部位，雄株可在5～12节上都产生花芽，但雌株的花节数一般在8个以下。据研究，一年生枝上几乎所有休眠芽内的叶原基腋间都存在着花原基，进入冬季后这些原基都能够保持下来，但在春天萌发后只有靠近中下部的花芽才能形成花。在枝条较低部位的芽中，有些花原基在叶腋内未形成花瓣时就停止发育，开花时仍能看到这些宿存的、未完成分化的原基。

花芽在结果母枝上的着生节位一般从基部2～3节开始，直至20节左右，二、三次枝上也能形成花芽。通常以结果母枝中部的花芽抽生的结果枝结果最好。雄株花芽在雄花基枝上的着生节位，一般从基枝基部第1～2节开始，一直到30～40节。

猕猴桃花芽分化进程中，休眠之前只完成了生理分化时期（一般在6—7月），花芽的形态建成一般是在2—3月，分化时期短而集中。无论是雄花还是雌花，其形态分化大致可分为10个时期：即未分化期，腋花序原基分化期，花蕾原基分化始期，顶、侧花蕾原基分化期，花瓣原基分化期，雄蕊、雌蕊群原基分化期，雌花子房、雌蕊分化期，雌花子房室、胚珠开始形成期，雄花的子房、雄蕊分化期，雄花的雄蕊迅速发育及成熟期。雌、雄花的形态分化在前期极为相似，直到雌蕊群出现，两者的形态发育才逐渐出现明显的差异。雌蕊群出现以后，雌花中的雌蕊发育极为迅速，柱头和花柱的下面形成1个膨大的子房，雄蕊的发育较缓慢。雄花中也分化出雌蕊群，但发育缓慢，结构也不完全，而雄蕊群却极为发达，发育很快，雄蕊上的花药几乎完全覆盖了退化的雌蕊群。其解剖结构与分化过程见彩图5-9。从分化的时间上看，在相同的环境条件下，雄株的花芽一般比雌株早分化5～7d。

红肉猕猴桃花芽的生理分化在越冬前就已经完成，在四川盆地，7月中旬至8月上中旬是红肉猕猴桃花芽生理分化的关键时期，而形态分化一般在春季，与越冬芽的萌动相伴随。与许多果树不同的是，猕猴桃花芽形态分化的时期很短，萌动至展叶前结束，仅20d左右。芽裂后60d左右，花开放。四川盆地的红肉猕猴桃花期一般为4月上中旬。

二、花芽分化时期

猕猴桃花芽分化可分为以下几个时期：

1. 生理分化期　芽内第 5～12 节腋芽原基分生组织由营养生长状态转为生殖生长状态的时期。此期从开花前一年 5—6 月开始，到开花当年萌芽前，为期约 8 个月，但以开花前一年 7—9 月为集中生理分化期。

2. 花序原基分化期　在开花当年 2 月下旬至 3 月上旬。腋芽原基明显增大、伸长，顶部逐渐变平，这个变化的突起即为花序原基。

3. 主花原基分化期　在 3 月上中旬。随着花序原基的伸长，形成明显的花序轴。顶端的半球状突起分化为主花原基，下部两侧出现的突起分化为苞片。

4. 侧花原基分化期　在苞片原基腋部出现侧花原基的突起，多数成对出现，多为 2 个，也有 3～8 个，整个花序呈聚伞状。

5. 花萼原基分化期　在 3 月中下旬。侧花原基形成的同时，主花原基分生组织增大，呈半球状，从外向内轮状排列 5～7 个突起，即花萼原基。随萼片的发育，背面出现多细胞的茸毛。

6. 花瓣原基分化期　在 3 月下旬混合芽露绿时。萼片原基内侧出现一轮 6～9 枚的花瓣原基，此时，花芽由半透明变为淡绿色，密被棕红色茸毛。此期在雌性品种的侧花发育过程中，多数不能完整地继续进行，通常停留在侧花花瓣原基分化期。

三、影响花芽分化的因素

(一) 花芽分化的物质基础

花芽分化的物质基础主要涉及树体的内部因素，即花芽形态建成的内在条件和程序。猕猴桃树体上简单的叶芽转变为复杂的花芽，是由量变到质变、由营养生长向生殖生长的转化过程。因此猕猴桃植株需要生长到一定大小、年龄或发育阶段后才能形成花芽，在此之前称为幼年期，这个阶段不能开花结果。

叶芽转化为花芽的过程即是营养生长向生殖生长转化的过程。这方面的研究大体归纳如下：在树体幼年期，营养面积小，缺乏光合产物等结构物质，DNA 和 RNA 含量少，内源激素中促进生长的 IAA 及 GA 等含量高，营养生长旺盛，致使不能形成花芽。到了幼年阶段末期，营养面积不断增大，碳水化合物积累增多，并贮备于根、主干、大枝和短枝中；伴随营养生长过程的缓和，来自生长末端的 IAA 及 GA 含量降低，生长抑制物质 ABA、乙烯、根皮素等增加；潜在的花芽分生组织中及其附近贮备物质不断累积，碳水化合物、氨基酸、蛋白质和细胞分裂素迅速增加；来自根系和其他分生组织的细胞分裂素开始累积，细胞分裂活跃起来，加之 DNA 的活化，tRNA 和 mRNA 大量产生，促进特殊蛋白质的合成，花芽生理分化开始，进一步开始形态分化，花原基出现。

一般情况下猕猴桃嫁接苗幼年期为 2 年左右，即栽植 2 年左右便能形成花芽并开花结果，而实生苗栽植则需要 4～5 年的幼年期。因此，从栽培上加强管理，促使幼年阶段的营养建造，使树体各部分均衡而健壮生长有利于花芽的尽快形成，使之早开花、早结果。

(二) 树体营养

猕猴桃树体的营养状况对花芽的分化影响极大，生产中发现营养充足、发育正常的结果枝上可以着生 5～7 个雌花，而管理不良、缺乏营养的果园中结果枝只有 1～2 个雌花，不少花在形成过程中因营养不足停止发育，形成细小的花蕾，现蕾后自行枯萎脱落。猕猴桃植株的花量与品种、树龄、生态环境及管理水平有关，生长正常的雌性品种海沃德的成龄植株平均花量有 3 000 朵左右，而秦美、金魁、布鲁诺的花量较海沃德品种高。成龄雄株的花量显著地高于雌株，每株可达 5 000～10 000 朵。猕猴桃在发芽后的营养竞争也可造成花败育，在萌芽期不断地摘掉果枝的叶片，降低了花芽败育发生概率，是因为正在扩大生长的叶片会夺走花芽发育需要的同化物质而导致花芽败育。

（三）温度

温度是调节营养生长和生殖生长的主要因子之一。温度影响果树的呼吸作用、光合作用和激素形成，在果树营养生长和生殖生长的相互转化中温度起着重要的调控作用，进而影响着花芽分化进程。

大多数猕猴桃品种要求温暖湿润气候，年平均气温 11～20℃，极端最高气温 42.6℃，休眠期最低气温 -20℃，≥10℃有效积温 4 500～5 300℃，无霜期 160～290d。中华猕猴桃桃正常生长发育所需的年平均气温为 14～20℃，而美味猕猴桃为 13～18℃。猕猴桃对气温具有广泛的适应性，如美味猕猴桃可适应 40℃左右的高温，也可在 -20.4℃低温条件下安全越冬，当气温上升到 10℃左右时，幼芽开始萌动，15℃以上才能开花，20℃以上才能坐果，12℃左右时进入休眠。早春寒冷、晚霜低温、盛夏高温常影响猕猴桃生长发育。据报道，猕猴桃萌芽期间，日均温度 11℃、绝对低温 -3℃时即发生芽冻死现象。盛夏高温亦造成日灼病的发生及落叶落果现象。在新西兰，冬季低温不足是败育的原因之一，如海沃德品种只有在冬季经过 50d 以上的 4℃低温之后才能分化出有效花，冬季低温不足时，枝条越冬后再施加 10d 的 4℃低温处理可提高成花率。休眠时的气温变暖及发芽后温度的剧烈波动都会增加花败育发生概率。

（四）光照

光照是猕猴桃进行光合作用的能量来源，与树体内有机物和内源激素的合成密切相关，是成花的必需条件。从光质的角度看，较强的紫外线对生长素有钝化和分解作用，使促花激素占优势，从而抑制新梢的生长，有利于花芽分化。从光照强度上看，主要是通过影响光合作用生产的光合产物来影响花芽分化，适度的光照强度可以提高猕猴桃的光合能力，有利于树体营养水平的积累。延长光照时间、增加光照强度，能够有效地促进猕猴桃花芽分化。

多数猕猴桃种类喜半阴环境。猕猴桃在不同发育阶段对光照要求不同，幼苗期喜阴凉，忌阳光直射，移植的幼苗需遮阴保墒。成年开花结果阶段需要光照，猕猴桃是中等喜光性果树，要求年日照时数为 1 300～2 600h，喜漫射光，自然光照强度以 40%～45%为宜。

（五）湿度

湿度是影响猕猴桃花芽分化的重要气象因子，主要体现为水分对树体营养积累和激素水平的影响。大多数研究认为适度的水分胁迫能促使花芽分化，因为水分胁迫会对树体的激素代谢产生影响，发生水分胁迫时，树体中促进生长类的激素减少，同时抑制生长类的内源激素增加。植物根部具有感受外部胁迫信号并合成 ABA 的能力，树体受到水分胁迫时，体内 ABA 会大量累积，致使叶片气孔关闭，树体营养生长变缓，积累的营养可更多地供应于花芽分化。因此，土壤水分状况较好，植物营养生长较旺盛，不利于花芽分化；而土壤适度干旱时，营养生长停止或变缓慢，有利于花芽分化。

（六）其他因素

1. 枝叶生长与花芽分化 营养生长与生殖生长相对平衡时才能形成花芽。如营养生长过旺，特别是花芽分化前，若营养生长不能缓停下来，就不利于花芽分化，往往造成当年花芽少，下一年开花就少，坐果也少；如营养生长过弱，就没有充足的营养供应花芽分化，也不可能形成较多的花芽，下一年开花坐果也较少，因此形成小年。

2. 开花坐果与花芽分化 大量的开花坐果要消耗过多的营养，从而影响花芽分化。开花坐果少时，树体就会贮备较多的营养供花芽分化用，花芽分化往往较多，那么第二年的开花坐果就多。另外，幼果的种子会产生大量抑制花芽分化的激素，因此大量坐果的当年树体花芽分化一般较少，那么下一年坐果也就少。

四、花芽分化的调控

通过农艺措施调控花芽分化的主要方法有整形修剪、合理施肥、应用生长调节剂、增加光照、适度控水等。

（一）采用整形修剪措施促进花芽分化

通过整形修剪平衡营养生长和生殖生长，促进花芽分化，可以采用扭梢、拉枝、弯枝、修剪旺枝、环割、断根、摘心、剪梢等措施，缓和顶端优势，保持树势中庸，使枝内蒸腾速率减慢，降低枝内氮含量，增加碳水化合物自留量，并降低顶芽中 IAA 和 GA 水平，增加 ABA、CTK 和乙烯含量，促进花芽分化。涂美艳等（2020）在 2020 年以六年生 Hort16A 为试验材料，研究了不同环割部位、环割时期及环割程度对猕猴桃果实品质和结果蔓中可溶性糖、可溶性淀粉、可溶性蛋白的含量及功能叶中叶绿素含量等生理指标的影响（处理方式见表 5-6 和图 5-3）。①初花期不同部位环割，即在主干嫁接口上方 5~10cm、双主蔓分支点上方 2cm，或直径≥1.5cm 的结果母蔓分支点上方 2cm 处环割一周，均可显著提高果实纵经、横径和单果重，且主干环割还可显著提高结果蔓可溶性蛋白和可溶性糖的含量；双主蔓环割可显著提高果实叶黄素、可溶性固形物、总糖和维生素 C 的含量；结果母蔓环割可显著提高叶片叶绿素 a、b 含量及总量。②不同环割时期处理结果表明，主干上初花期环割比花后 10d、花后 20d 环割的增产作用更显著，但主干上花后 20d 环割的果实，其叶黄素、可溶性固形物、总糖、总酸的含量最高。③不同环割程度处理的结果表明，初花期主干环割 1 周的单果重最大，环割 2 周的果实叶黄素含量最高，环割 3 周在降酸增糖，并提高结果蔓可溶性蛋白、可溶性糖含量方面的效果最显著。④灰色关联度分析后的排名结果显示，初花期双主蔓环割 1 周和结果母蔓环割 1 周分别位于第 1、2 位，而初花期主干上环割 1 周、2 周、3 周分别位于第 8、7、6 位。试验结论是初花期双主蔓环割 1 周对提高 Hort16A 植株养分状况和果实品质效果最好（图 5-4，图 5-5）。通过环割改善了植株养分，促进了植株的生殖生长，有利于花芽的形成与分化。

表 5-6　猕猴桃不同环割处理方式

处理编号	环割部位	环割时期	环割程度
CK	不环割	/	/
A1	主干嫁接口上方 5～10cm（图 5-3 左）	初花期	环割 1 周
A2	双主蔓距离主蔓与主干分支点以上 2cm 处（图 5-3 中）	初花期	环割 1 周
A3	直径≥1.5cm 的结果母蔓分支点以上 2cm 处（图 5-3 右）	初花期	环割 1 周
A4	主干嫁接口上方 5～10cm（图 5-3 左）	花后 10d	环割 1 周
A5	主干嫁接口上方 5～10cm（图 5-3 左）	花后 20d	环割 1 周
A6	主干嫁接口上方 5～10cm（图 5-3 左）	初花期	环割 2 周
A7	主干嫁接口上方 5～10cm（图 5-3 左）	初花期	环割 3 周

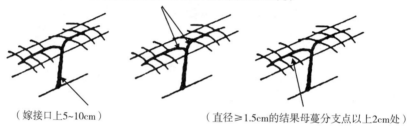

（双主蔓上距离主蔓与主干分支点以上 2cm 处）

（嫁接口上 5~10cm）　　　　　　　（直径≥1.5cm 的结果母蔓分支点以上 2cm 处）

图 5-3　不同环割部位处理

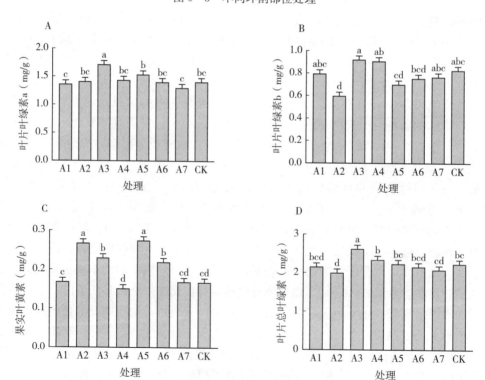

图 5-4　不同环割处理下猕猴桃叶片叶绿素和果实叶黄素含量比较

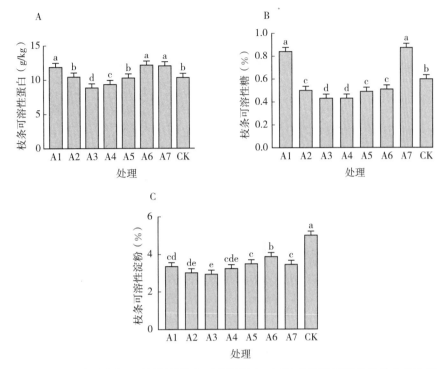

图 5-5 不同环割处理下猕猴桃枝条可溶性蛋白、可溶性糖和可溶性淀粉含量比较

（二）合理施肥促进花芽分化

树体的营养状况及树体内的营养分配对花芽分化和形成有重要影响，因此，临界期施肥可以影响花芽分化。在一定范围内，施用 N 肥可促进花芽形成，但氮素过量却抑制花芽形成，因此在花芽分化期要控氮增施有机肥，补充磷、钾、硼、锌、钙等营养元素有利于花芽形成。另外，针对弱树、秋梢在立冬过后还未充分老熟的树和坐果太多的树，要迅速及时地对植株补充施肥，如叶面喷肥，争取在短时间内，迅速提高植株体内的养分，使之达到较高的积累水平，促进花芽分化。

（三）应用生长调节剂促控花芽分化

植物生长调节剂可以从促、控两方面调节花芽的分化和形成。目前常见的促花调节剂有多效唑、乙烯利等，其促花机理是抑制树体内 GA 的生物合成，影响生长素水平或阻碍它们在茎中的传导，使枝梢生长延缓或受到抑制，从而促进成花。如多效唑能显著减弱植物的营养生长，促进花芽分化（蒋迎春等，1995）（表 5-7）。

表 5-7 多效唑对海沃德猕猴桃萌芽和成花的影响

处理编号	萌芽率 （%）	总花量 （朵/株）	总数量 （个/株）	结果枝量 （个/株）	营养枝量 （个/株）	结果枝/ 营养枝	花量/ 结果枝
CK	41.5a	552a	249a	167a	81a	2.06a	3.3a
F₁	42.1ab	647b	262b	185b	77a	2.40b	3.5a
F₂	43.5b	717c	271bc	194c	77a	2.51b	3.7a

（续）

处理编号	萌芽率 （%）	总花量 （朵/株）	总数量 （个/株）	结果枝量 （个/株）	营养枝量 （个/株）	结果枝/ 营养枝	花量/ 结果枝
F₃	47.5c	765d	277c	201c	76a	2.66c	3.8a
F₄	50.0cd	860c	311d	226de	85a	2.67c	3.8a
S₁	43.7b	689c	267b	192c	76a	2.53b	3.6a
S₂	47.9c	761d	278c	200c	78a	2.85bc	3.8a
S₃	52.3d	849e	301d	218d	84a	2.60c	3.9a
S₄	54.9d	893f	374e	235e	89a	2.63c	3.8a

注：（1）叶面喷施多效唑，F₁：500mg/L，F₂：1 000mg/L，F₃：2 000mg/L，F₄：4 000mg/L；
（2）土施多效唑，S₁：每株0.5g，S₂：每株1.0g，S₃：每株2.0g，S₄：每株4.0g。

（四）增加光照促进花芽分化

在合适的范围内，延长光照时间，促进光合作用，增加光合产物积累，有利于形成花芽。可选择光照好的地方建园、采用合理架形、合理整形修剪以改善树体的光照条件，延长光照时间，促进花芽分化。

（五）适度控水促进花芽分化

土壤水分含量对猕猴桃花芽分化具有一定影响，在花芽分化的初期阶段，若土壤水分过多，营养生长过旺，消耗大量养分，吸收营养减少，则不利于花芽分化；若遇干旱，土壤水分过少，导致植株体内生理失调，营养积累减少，不仅影响初期花芽分化，也影响后期的花芽继续分化，导致花芽退化。因此，在猕猴桃的栽培管理上，要注意田间挖深沟降低水位，采用晒土和不予灌溉等控水措施，提高植株体内树液的浓度，促使猕猴桃植株由营养生长向生殖生长，特别是花芽分化方向转化，并逐渐形成花芽器官。但过度干旱则不利于花芽形成，廖明安等研究发现，适度干旱结合褪黑素（MT）与ABA处理能促使金实1号猕猴桃幼苗叶绿素含量提高，并降低相对含水量和水势（图5-6，图5-7，表5-8），从而有利于花芽分化。

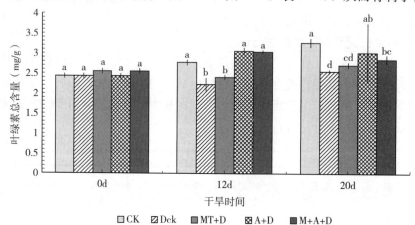

图5-6　干旱时间与MT和ABA处理对金实1号幼苗叶绿素总含量的影响
注：CK（正常浇水）、MT+D（幼苗根部进行褪黑素预处理）、Dck（控水处理）、
A+D（叶面喷ABA）、M+A+D（褪黑素与ABA同时处理）。

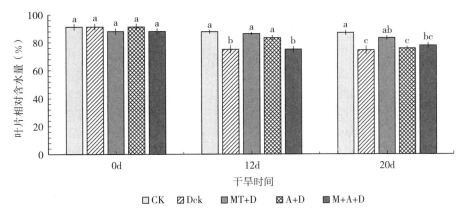

图 5-7　干旱时间与 MT 和 ABA 处理对金实 1 号幼苗叶片相对含水量的影响

注：CK（正常浇水）、MT＋D（幼苗根部进行褪黑素预处理）、Dck（控水处理）、A＋D（叶面喷 ABA）、M＋A＋D（褪黑素与 ABA 同时处理）。

表 5-8　干旱时间与 MT 和 ABA 处理对金实 1 号幼苗叶片水势的影响

不同处理下的 叶片水势（MPa）	干旱时间（d）		
	0	12	20
CK	−1.63±0.066b	−1.58±0.302a	−1.47±0.113a
Dck	−1.63±0.066b	−1.3±0.067a	−3.49±0.163c
MT＋D	−1.24±0.048a	−1.55±0.167a	−2.51±0.092b
A＋D	−1.63±0.066b	−1.37±0.066a	−2.58±0.113b
M＋A＋D	−1.24±0.048a	−1.38±0.215a	−2.65±0.110b

注：CK（正常浇水）、MT＋D（幼苗根部进行褪黑素预处理）、Dck（控水处理）、A＋D（叶面喷 ABA）、M＋A＋D（褪黑素与 ABA 同时处理）。

第四节　开花与坐果

一、花的结构与特点

　　猕猴桃为雌雄异株植物，其雌花、雄花都是形态上的两性花，生理上的单性花。猕猴桃的花序为单生或聚伞花序，包括顶花和依次排列的侧花，具有花柄、萼片、花瓣、雌蕊、雄蕊，在形态学上属于完全花。花瓣 5~7 枚，呈倒卵形或匙形，杂交形成的种间杂种，其花瓣数可能加倍。不同种类的猕猴桃的花，其花瓣大小和颜色不同。大多数猕猴桃种类的花瓣，如中华猕猴桃和美味猕猴桃，花初开时为白色或乳白色，不久变成淡黄色或黄褐色，花谢后变为褐色，逐渐凋落；毛花猕猴桃花瓣颜色为红色；软枣猕猴桃有白色和略带片状红晕的类型。美味猕猴桃的花冠直径可达 4.5~6cm，中华猕猴桃和毛花猕猴桃花冠直径为 3cm 左右，柱果猕猴桃的花冠直径仅 0.4cm 左右。花药为黄色或紫黑色，着生方式为"丁"字式着生或背着式着生。雌花和雄花外形相似，均有芳香味，但它们也有明显的区别。

（一）雌花

雌性植株的花多单生，少数呈聚伞花序，由于其侧花的数量受品种、遗传性和营养条件影响，花朵数不同。大多数品种在树体营养不良时，两侧或某一侧的花退化，留下明显的退化痕迹，只剩中心花或中心花和一个侧花，中华猕猴桃和美味猕猴桃的一些品种，花多为单生，有的品种如阔叶猕猴桃、毛花猕猴桃、大籽猕猴桃等的花序为聚伞花序，营养充足时会产生更多侧花。花无蜜腺组织，有香气。雌花比雄花略大，萼片一般为 5～6 枚，部分品种 2～4 枚，被浅褐色或褐色茸毛，分离或基部合生。雌花柱头白色，每朵花有 22～51 枚，长约 1cm，呈放射状排列，花柱基部连合。雄蕊花丝很短，短于雌蕊，花丝颜色与品种有关，有绿色、白色、粉色等。每朵花有 150～180 枚花药，雌花花药所产花粉内含物少，干瘪，无发芽能力。每朵花仅有 1 个上位子房，为圆形或葫芦形，密被白色茸毛，无子房柄，基部与花柱相接。子房由 11～45 个心皮组成，心皮数目的变化与果实大小密切相关，为典型的中轴胎座。子房内部含多数发育正常的倒生胚珠，每心皮含胚珠数也不相同，变化幅度为 11～45 个，胚珠着生在中轴胎座上，一般形成两排，绝大多数发育正常，珠被珠孔端延长成鸭嘴状，胚珠具细胞壁明显加厚的单层珠被，胚珠下方具有承珠盘。

（二）雄花

猕猴桃雄性植株的花量较多，每节位上呈聚伞花序或双歧聚伞花序，一般由 3～7 朵花组成，有的品种如毛花猕猴桃可达 11～21 朵。从花枝基部的无叶节开始着生，花蕾较小，扁圆形，开花时较雌花小，花药内含有大量花粉，花粉发育正常，内含物丰富，具有萌发授粉能力，花丝细长，颜色与对应的雌株一致，长约 1.2cm，盖过子房，雌蕊退化，子房极小，呈圆锥形，密被茸毛。子房内有明显的子房室分化，有 20 多个心皮，无胚珠，几乎无花柱和柱头，开花时有明显的香气，但与雌花同样无蜜腺，不产生花蜜。一般品种雄蕊数为 38～140 枚，有的品种，如毛花猕猴桃中部分高产株系的雄花雄蕊数可达 340 枚。花药肥大，呈"丁"字形着生或背着式着生在花丝上。大部分品种花药开花初期为黄色，后为黄褐色，软枣猕猴桃花药为黑色，随花药成熟，花药逐渐开裂，花粉散出。

（三）开花特性

1. 花的着生部位　猕猴桃的花枝生于上年生枝的混合芽中，根据雌花枝的长度，可以将其划分为 5 种花枝类型：短缩花枝（0～5cm），从基部到顶端均可着花；短花枝（5～10cm）；中花枝（10～30cm），部分着花可达顶部，一般 3～10 节；长花枝（30～50cm）；徒长性花枝（50cm 以上），着花于枝条的中下部 4～13 节。不同种类甚至品种间的花着生位置略有差异。中华猕猴桃和美味猕猴桃第 1～7 节均可着花，而以第 2～5 节着花最多；毛花猕猴桃第 1～10 节均可着花，以第 3～6 节着花最多。软枣猕猴桃以短花枝、中花枝所占比率较高。雄花从花枝基部开始着生。

2. 花期　猕猴桃的花期因种类、品种不同而差异较大，同时受环境影响也很大。春季气温高，开花就提前，否则就延迟。美味猕猴桃品种在陕西关中地区一般 5 月上中旬开花，中华猕猴桃品种较美味猕猴桃一般早 5～7d。毛花猕猴桃品种在江西奉新地区一般 5 月上旬开花，软枣猕猴桃在郑州地区于 5 月上旬开花。

3. 花量　猕猴桃植株的花量与品种、树林生态环境及管理水平有关，生长正常的雌性品种海沃德的成龄植株平均花量有 3 000 朵左右，而秦美、金魁、布鲁诺的花量比海沃德高。成龄雄株的花量显著高于雌株，可达 5 000～10 000 朵。一朵早中熟雄株系雄花含有 200 万～300 万花粉粒，晚熟系品种的花粉粒相当于早中熟雄株系的一半。

4. 开花时间　猕猴桃绝大部分花集中在清晨 4—5 时开放。在晴天转为多云的天气，全天都可以有少量的雌雄花开放。一般早晨 7 时 30 分以前开放的花朵数量为全天开放的 77％左右，11 时以后开放的花仅占 8％左右。花粉囊在天气晴朗的上午 8 时左右开裂，如果遇雨则在 8 时后开裂。单花开放的寿命与天气变化有关，在开花期内，天晴、干燥、风大、气温高时，花的寿命短；反之，阴天、无风、气温低、湿度大时，开花时间长。

5. 开花顺序　开花的顺序从单枝来看，大部分为先内后外、先下后上。从同一结果枝或花枝上看，多由下节位到上节位；从同一花序来看，中心花先开、两侧花后开。

6. 花的寿命　猕猴桃的雌花从现蕾到花瓣开裂，需要 35～40d，雄花则需要 30～35d，雌株花期有 5～7d，雄株花期则达 7～12d，长的可到 15～20d。雌花开放后 3～6d 落瓣，雄花为 2～4d 落瓣。当花瓣开始展开时，花粉开始散落，到花瓣完全展开时，超过一半的花粉已经散落，开花后花粉散落可持续 1～2d，花后 3～4d 花枯萎衰老。

二、授粉、受精与坐果

（一）花粉与雌蕊的相互作用

植物有性生殖的发育过程十分精巧而复杂。花粉是植物的雄配子体，通过传粉媒介将花粉授到雌蕊柱头上，在亲和条件下萌发长出花粉管，花粉管穿过柱头表面的乳突细胞进入花柱，在花柱引导组织中生长。一般认为花粉与柱头之间花粉管的正常生长是多种信号分子调控的结果，当花粉或花粉管细胞感知外部信号后，必然通过信号转导级联反应，达到控制萌发、调整花粉管生长方向等目的。这一系列动力学的细胞事件，关系到受精成败。一般认为胞外离子通过质膜通道进入花粉内起作用，即花粉吸水后，萌发孔处的质膜扩张，激活该处的钙通道，外源钙进入造成萌发孔区域含有高浓度的钙，这与花粉管极性有关。已有学者证明泛素蛋白酶体途径在猕猴桃花粉管极性生长的维持中发挥重要作用。猕猴桃成熟花柱引导组织存在各种丰富的分泌物质，主要包括大量游离糖、多糖、糖基化蛋白质、脂类及多种氨基酸。当花粉管进入引导组织后，碳水化合物明显减少，淀粉含量显著下降。花粉管进入花柱后刺激引导组织表皮细胞发生程序性细胞死亡，为花粉管生长发育提供营养。花粉管在雌蕊中生长的后期阶段，珠孔处覆盖的一层糖基化的分泌物可能会诱导花粉管向胚珠的方向定向生长。猕猴桃雄花产生的花粉在自然状态下可以通过昆虫、风等自然媒介传到雌花的柱头上，也可人工采集花粉，然后进行授粉。

（二）受精过程

一个精子与卵细胞融合，另一个与中央细胞的两个极核或次生核融合，这一过程被称作双受精作用，猕猴桃的受精作用属于此种类型。猕猴桃授粉时的花粉粒为二细胞型，生殖核和营养核均为圆形，生殖核较大。受精时间与环境条件中温度、湿度、光照，以及种或变种不同有一定的关系。雌花开放后，柱头表面许多乳头状突起展开。花粉管的适宜伸长温度为 20～25℃，在 25℃下，授粉后 1h，花粉开始发芽，2h 后进入花柱，4h 通过花柱中部，24h后进入子房。雌花受精后的形态表现为：柱头授粉后第3天变色，第4天枯萎，花瓣萎蔫脱落，子房逐渐膨大。但在田间植株上，人工授粉后10min花粉开始发芽，4h后，花粉管已越过花柱的一半，6h后抵达花柱基部，24h后进入子房。较多花粉管进入胚囊时放出精子进行受精的作用是在30～73h。花粉管通过珠孔进入胚囊后，破坏一个助细胞，并释放出内含物。两个精子分别向雌核移动，一个精子到卵细胞附近，另一个仍在卵细胞上方。授粉后30～48h多数胚囊的精子靠在卵核上，少数正接近卵核。随后精子紧贴卵细胞膜的表面，并将精核释放到卵细胞的细胞质中，并沿着质膜内侧逐渐向卵核移动；72h精核染色质在卵核中松散，开始出现雄核仁。此后，雄性核仁体积不断增大，当雄性核仁和卵核仁的体积几乎达到同样大小之后，就融合为一个大核仁，形成合子。

（三）胚的发育

1. 胚乳的发育　猕猴桃受精过程发生以后，精子与卵细胞结合形成的合子并不立即发育，处于休眠状态。精子与次生极核结合后形成的初生胚乳核则迅速发育，在授粉后52h即可观察到初生胚乳已分裂成两个胚乳细胞。胚乳的发育为细胞型，多数种类猕猴桃的初生胚乳核第一次横分裂形成两个大小不等的细胞，靠近胚珠端的细胞较小，合点端的细胞较大，有些种类如葛枣猕猴桃，初生胚乳分裂成大小相等的两个胚乳细胞。合点端的胚乳细胞进行第二次分裂，然后经过多次分裂，形成数目众多的小薄壁胚乳细胞。此时胚乳细胞内含有较大液泡，它们占据了细胞的大部分体积。当胚乳细胞充满胚囊时，其细胞质变得浓厚，细胞核明显增大。在胚的进一步分化时期，胚体与临近的胚乳细胞形成间隙，并有明显扩大的趋势。至胚发育成熟时，胚乳细胞分布于靠胚囊壁内侧周围。当胚发育到子叶胚阶段时，胚乳细胞内已经积累了大量储藏物质。

2. 胚的发育　猕猴桃的胚发育为茄形，在合子分裂前后，胚囊体积扩大数倍，其中具有大量的游离核，授粉后2～3周合子先伸长，然后进行横分裂，形成顶细胞和大的基细胞，授粉后35d左右胚体增大为圆球形，形成带有胚柄的小球胚。随着小球胚进一步发育，胚柄基本失去原有功能而进入程序性细胞死亡，形成球形胚。球形胚进一步发育，顶端两侧生长较快，顶端中部生长较慢，中间形成一个凹陷，两侧逐渐形成突起，并发育成两片形状、大小相似的子叶，胚根和胚轴相应生长，胚变为鱼雷形。在凹陷处的顶端部分，有一群细胞质浓厚、核较大、染色深的细胞为顶端分生组织，在胚体基部分化出根部分生组织，胚体呈心脏形，称为心形胚。至授粉后62d，种子纵切，可以看见种皮、胚乳和胚的完整结构。从开花到胚的发育完成需110d左右。在胚发育完成时，种子内仍有部分胚乳细胞存在。在观察自然授粉果实胚胎发生发育的过程中存在一些异常现象，主要有胚囊萎缩退化、胚乳退化、初生胚乳核分裂异常、胚胎发育停滞等，同时存在双胚和多胚现象（5～6个胚）。

猕猴桃种间杂交表现出一定程度的不亲和性，得到的正常胚较小。杂交传粉后2～3周，合子横分裂，形成小的顶细胞和大的基细胞。传粉后4周，顶细胞横分裂几次，形成6～7个细胞的线形原胚。传粉后5周，胚发育到球形时期，由基细胞形成4～5个细胞组成的胚柄。传粉后7周，大部分胚发育到子叶胚阶段。少数的仍停留在早心形、早子叶形阶段，有的胚呈畸形。胚乳发育为细胞型，受精后初生胚乳核很快进行第一次横分裂，形成二细胞胚乳，紧接着合点端的胚乳细胞进行第二次分裂，然后经多次分裂形成多数胚乳细胞，细胞内大部分体积被液泡占据。当胚发育到子叶胚阶段时，胚乳细胞内已累积贮藏物质。但少数胚囊内无胚乳，或仅存少量胚乳，或处于解体状态。

每朵雌花有 1 400～1 500 个胚珠，在理想的条件下，80% 的花粉具有生命力，要是雌花上的每一个胚珠授粉受精，需要 1 750～1 875 粒花粉。但在田间条件下，只有当大量的花粉授到柱头上后才能达到最大的种子数。据新西兰 Hopping 研究，要使每个心皮达到 28～37 粒种子，需要 58～77 个花粉管进入花柱，这样在柱头上授 290～390 粒花粉才可以。因此，实际应用时应选择生命力强、能够产生更多种子的雄株系作为授粉树。

雌花的受精能力以开放后当天至第 2 天最强，3d 后授粉结实率下降，5d 以后就不能受精了。雄花花粉的生活力与花龄有关，花前 1～2d 和花后 4～5d，花粉都具有萌发力，但以花瓣微开时的萌发力最高，产生的花粉管也长，有利于深入柱头进行授粉。雌蕊柱头为辐射状，表面有许多乳头状突起，有的品种分泌汁液。授过粉的柱头为黄色，未授粉的为白色。在同一朵花上，以干花粉隔 1d 或隔几天重复授粉，会导致果实中的种子数比只授粉一次的还少，长成的果实较小，其原因可能是连续授粉后产生的花粉管与已经进入花柱的花粉管产生竞争，使后者的一些花粉管生长受到抑制，重复授粉产生的花粉管不能够补偿对原有花粉管造成的抑制，因而形成种子较少。

（四）坐果

猕猴桃成花容易，坐果率高，一般无落果现象。结果枝从基部起第 2～9 节的叶腋可生长出花蕾开花结果，一般每个结果枝上可有 5～7 个节位结果，但营养不良时形成的有效花很少，只有 2～3 朵。结果枝一般发出较早，生长期较长，结果部位之上的芽眼常发育很好，翌年可抽生优良结果枝，结过果的叶腋间不形成芽眼，不能抽生新梢。

结果枝在结果母枝上抽生的部位，多数靠近母枝的基部 2～7 节。一个结果枝通常能坐果 2～5 个，结果数量因品种株系的不同而有差异，有的结果枝只结 1～2 果。而丰产性能好的株系能结 5～6 个果。尤其是短果枝和短缩果枝，因节间短、坐果多，常呈球状结果。结果枝抽生节位的高低随短截程度而变化，生长中庸的结果枝可在结果的当年形成花芽，又转化为结果母枝，第二年继续抽生结果枝开花结果。

若结果枝很弱，则不能转化为结果母枝，当年的果实也比较小。对生长充实的徒长枝或生长旺盛的徒长枝进行摘心或短截，均可形成徒长性结果母枝，翌年抽生结果枝开花结果。经摘心或短截后的徒长枝上抽生的二次枝也能形成结果母枝。充分利用徒长枝结果，是猕猴桃高产、稳产中值得注意的措施，这种徒长枝上结果的特性，在其他果树上是很少有的。由于猕猴桃在结果枝条上着果节位短，又可在各类枝上开花结果，这为树体的整形修剪、更新复壮提供了有利条件。

三、影响坐果的因素

（一）气候因素

猕猴桃授粉受精阶段对气候因素比较敏感，一般情况下猕猴桃开花期要求气温在 18～25℃，低于 18℃或高于 28℃不利于授粉受精。空气相对湿度一般要求 55% 以上。在开花期遇到强烈降温，如持续 3～7d 的低温天气，会导致猕猴桃花期延长，花粉萌发受到抑制，花粉活力不足，花不能正常受精，造成大量落花落果。如在开花期遇高温干燥天气，会导致开花时间过短，授粉受精不良，落果严重。

（二）花粉质量因素

在授粉中使用的花粉质量参差不齐，萌发率低导致授粉受精不良而落果。当前生产中使用花粉主要存在以下问题。

一是采集花粉的过程温度过高，花粉的采集过程温度不能超过28℃，现在生产中出现一种花药脱离的机械，由于速度快，大大减轻了果农人工收取花药的劳动强度，深受果农的欢迎；但是由于粉碎的花药和花瓣混合，水分含量很高，果农为了尽快脱粉，把粉碎的混合物放在阳光下暴晒，花粉活力降低。

二是采集花粉过程采用料理机，造成机械损伤大，温度高，花粉活力低。

三是花粉保存不当，果农自制的混合花粉存放1年后失去授粉意义。

四是个别商品花粉质量不过关，花粉活力低。

（三）管理因素

1. 授粉时间把握　据研究，猕猴桃花后7d以内授粉均可坐果，但以开花后前3d授粉最好，开花后的前3d授粉坐果率均高于90%，且以第2天授粉坐果率最高；第4天及其后授粉的坐果率明显下降，多低于80%；第7天授粉的坐果率不足50%。因此在猕猴桃开花时需及时授粉。

2. 施肥不合理，营养生长过盛，严重削弱花果养分　猕猴桃品种树势旺，易发二次枝。一般至9月才停止发生新梢。因此，夏季管理应防止过多摘心、过早拉平等措施，而采用捏尖、环剥、环割、绞缢、扭梢等措施，缓和长势，避免刺激过多次新梢发生。

如果不注意这些方面，就会使新梢不断发出，消耗树体营养，过晚发出的枝，成花质量差，竞争营养能力弱，导致坐果差。同时，猕猴桃生长时易缺硼，不注意补充硼肥，新梢成熟度更差，也影响其花芽质量。

3. 病害导致落果　猕猴桃灰霉病、菌核病等均会造成落果。菌核病发病初期病果表面出现水渍状褪绿斑块，病斑凹陷、扩展、软腐，后期落果。病原物为子囊菌亚门核盘菌科核盘菌属。猕猴桃灰霉病主要发生在花期、幼果期和贮藏期。幼果发病时，先在残存的雄蕊和花瓣上密生灰色孢子，果蒂处现水渍状斑，然后幼果茸毛变褐，湿度大时，出现灰白色霉状物。病原物为半知菌类葡萄孢属灰葡萄孢。

4. 药害造成落果　猕猴桃花期和坐果初期，对外界刺激比较敏感，用药不当容易造成药害。一些果农为防治叶部病害或花腐病用药不当，还有大部分果农漫无目的的用药，而且用药时，一次使用杀菌剂、杀虫剂、叶面肥和植物生长调节剂，多种药剂混合喷雾，农药使用后3～5d出现水渍状斑点，后期很快扩展蔓延，常常表现为全园症状。发生这一类情况时，果实有症状，但叶部和枝条往往生长正常，这是因为叶片已经成形，对农药耐受力较高，而果实比较幼嫩，耐受力低。

（四）调控落花落果的途径

1. 科学授粉　合理配置授粉树，以8：1合适，不要长期（超过1年）存放花粉，采集花粉过程中花药的烘干温度尽量低于28℃。尽量在开花后3d内授粉。

2. 加强花期水分管理　①保持合理的土壤墒情，土壤含水量保持在田间最大持水量的65%以上；②果园生草，改善田间小气候，增加果园湿度，保持果园空气相对湿度在

55%以上。

3. 积极应对不良天气　注意天气预报，在低温来临前，喷布氨基酸、寡糖或防冻剂，提高树体抗性。花期遇到低温时，如果在初花期，可以灌水，推迟开花，使盛花期避过低温，降低损失；如果气温很低，在霜冰来临前，可以采取人工放烟的方法防止受冻；如果进入开花后期，可以根据前期授粉情况决定是否采取措施；高温天气来临前，花前灌透1次水，如果没有灌水，花期遇到高温，可以采取喷灌或滴管设施喷水，也可以在晚上或凌晨灌少量水，防止因土壤温度变化过大，造成落花。

4. 加强管理，培育健壮树势　一是多途径增施有机肥，提高土壤有机质含量，施用以畜禽粪便为主的农家肥时每 $667m^2$ 果园用量不少于 3 000kg，要注意充分腐熟后再使用；二是果园生草，草种可以选择毛苕子或箭筈豌豆，或者也可以利用田间杂草（恶性杂草需清除）；三是改善果园设施，重点是水肥一体化设施；四是科学修剪，重点是加强夏剪，调节营养生长和生殖生长，对结果枝及时摘心，促进果实生长，合理负载，每 $667m^2$ 果园产量美味猕猴桃控制在 2 000~2 500kg，中华猕猴桃控制在 1 000kg。

5. 科学防治病害　猕猴桃病害防治应首先采取农业措施防治，提高树体抗病性；化学防治应把握"防早"的原则，在发病初期及时喷药。灰霉病和菌核病防治时间在 4 月底至 5 月上中旬，抓住花前和花后的关键环节，喷药时避免浓度过大，在幼果期和叶片生长的初期用药浓度适当减少；避免在高温时间喷药，以免引起药害。

第五节　果实生长发育

一、果实的结构特点

猕猴桃果实由外果皮、中果皮、内果皮、中轴胎座和种子 5 部分组成，是由多心皮上位子房发育而来的浆果。

在花期，子房由单层细胞的表皮包围，随后发育成多层细胞的表皮，最外一层为角质层，里面的 2~4 层细胞壁增厚，且有许多单宁沉积物；同时，外表皮层不规则伸出多细胞的毛，在果实发育过程中，许多毛会脱落，留下诸多破裂细胞的区域，这些区域不具有皮孔特有的木栓形成层。

果实从表皮层向内到柱状维管束的外圈是外果皮，由薄壁细胞组成，绿色或黄色。从维管束外圈向内到果心之外为内果皮，由内层伸长的隔膜细胞组成，绿色或偶有红色。每果实有 26~41 枚心皮，每心皮中含有 11~45 个胚珠，后发育为种子，分两排着生在中轴胎座上。中轴胎座近白色，由大而结合紧密的薄壁细胞组成柱状体，末端有一个硬的圆锥形结构与果柄相连，在其顶端有一硬化的组织与枯萎的雄蕊和花柱相连。

二、果实的生长发育及种子的形成

（一）果实的生长发育

猕猴桃授粉受精之后，子房开始膨大并形成幼果。先是顶端组织细胞加速分裂，增加细胞数量，果实纵径迅速增加；后期的发育主要是横向生长，靠细胞体积的扩大来增大果个。猕猴桃从落花后生长至成熟，果实的生长发育期为 130~160d，大致可分为 3 个阶段，呈 S 形生长发育曲线。

第 1 阶段：快速生长期。一般是从开花到谢花后 50～60d。此时果心、内果皮、外果皮细胞迅速分裂，同时细胞体积加速扩大，尤其以内果皮细胞体积增加最大，细胞长度约增加 5 倍。同时外果皮细胞分裂大约在花后 20d 终止，内果皮细胞分裂约在花后 30d 结束，果心细胞的分裂则缓慢地持续到花后 110d 左右。这个时期的生长特征是果实体积和鲜重都迅速增加，可以达到总量的 70%～80%。

第 2 阶段：缓慢生长期。一般是在果实经过快速生长期后 40～50d。外果皮细胞的扩大基本停滞，内果皮细胞继续扩大，果心细胞继续分裂和扩大，但速度大大减慢，果实增大速率显著减缓。此期许多猕猴桃品种的果皮颜色由淡黄色转变为浅褐色，种子由白色变为褐色。

第 3 阶段：生长后期。一般是在果实经过缓慢生长期后 40～50d。内果皮细胞和果心细胞继续增大，果实增大明显出现一小高峰。到果实采收前几周，果实体积增大变慢，以内部充实为主，果皮转变为褐色，且果实内主要营养物质浓度提高。

但不同种类和品种的猕猴桃，其果实生长发育规律稍有些不同；且由于环境条件和管理措施的影响，同一品种其果实生长发育曲线表现也会略有不同。陶汉之等（1994）研究表明在花后 110d 内，海沃德猕猴桃果实的纵横径有"慢-快-慢"的变化规律，生长曲线呈 S 形；在花后 110d 内，金丰猕猴桃果实纵横径生长曲线为双 S 形，花后 50～70d 有一短暂且缓慢的生长期，花后 12d 和 80d 左右分别为生长高峰。陈敏（2009）研究结果认为，红阳猕猴桃果实纵横径的增长曲线呈双 S 形，其在整个生长发育期有两次增长高峰。而丁捷等（2010）研究表明，在授粉后 30～135d，红阳猕猴桃果实的纵横径经历了"快-慢-快-慢"的变化，为 S 形生长曲线；而果实重量的生长曲线为双 S 形。

（二）种子的形成

猕猴桃的种子很小，千粒重 1.1～1.5g，每千克种子可达 64 万～86 万粒。形状多为长圆形，种皮革质，棕褐色、红褐色或黑褐色，表面有蜂巢状网纹。

种子由胚珠发育而来。在花期，倒生的胚珠中包含一个成熟的胚囊，中间的珠心为单层细胞的珠被所围绕。受精后，在胚囊中位于珠孔的合子分裂，形成两个细胞，但猕猴桃处于双细胞阶段的时间很长，至少有 60d。花后 60～110d，胚原细胞相继分裂至胚完全发育，并具有两枚明显的子叶。由于子叶形成并未耗尽胚乳，因此猕猴桃种子具有胚乳结构。

三、影响果实生长发育的因素

（一）有机营养

果实细胞分裂主要依赖蛋白质的供应。猕猴桃细胞分裂期的营养主要依赖上年的贮藏养分，如果上一年贮备不足，就会影响单果细胞数，最终影响单果重。在果实生长发育过程中，生长季叶片制造的光合产物的可利用性决定了果实的大小和品质。通常认为，生长的果实是光合产物强大的库，源叶制造的光合产物不足是限制果实膨大的主要因素。而猕猴桃叶片生长缓慢，达到功能叶所需时间长，新梢生长量大，猕猴桃新梢上光合产物实现输出与输入平衡的叶片节位低于苹果、桃等果树，这也意味着猕猴桃果实与新梢及叶片之间对养分的竞争要强于其他果树。

Woolley 等（1991）将海沃德猕猴桃结果蔓的叶果比调整为 1：1、3：1、5：1，结果表明不同叶果比对果实干、鲜重都有影响。只有在环剥条件下，叶果比 1：1 时果重下降，3：1 和 5：1 时果重上升。随着叶果比加大，果实增大，干重增加最为明显。叶果比和环剥的效果表明，果实对碳水化合物的竞争能力是限制果重的因子，即使种子多时也是这样。因为只有在环剥条件下，叶果比 5：1 时的果实才大于 1：1 时的果实。在环剥条件下，产生的富余物质流向其他部位，而不是果实；相反，在低叶果比时，其他部位碳水化合物可以流向正在增大的果实。不环剥时，不同叶果比果实的干重介于环剥后叶果比为 1：1 和 3：1 之间。果实大小的额外增加（从额外叶片得到碳水化合物）只有通过环剥将蔓上其他部位的竞争力移走才能获得。也就是说，当光合产物充足时，果实的竞争力才是限制大小的因子。这点与方金豹等（2002）在秦美猕猴桃上的研究结果一致，即结果蔓上叶果比（2~4）：1 可以满足果实正常生长发育的需要，果实库力是影响果实大小的主要因素。

（二）无机营养和水分

氮、磷、钾是作物生长的三大营养元素，猕猴桃每年要从土壤中吸收大量的氮、磷、钾，通过修剪和果实采收等方式消耗。十年生猕猴桃每株每年氮、磷、钾的损失量分别为 196.2g、24.49g、253.1g，每年每株需施氮、磷、钾分别为 78kg、9.8kg、41kg。施用氮肥，可以提高猕猴桃产量和单果重，但过量施氮会降低猕猴桃果实硬度，加速果实软化。在黄土区施钾肥能增加果实可溶性糖、维生素 C 含量及果实硬度，增加糖酸比，降低果实酸度，提高一级果率及单果重，但过量施钾使果肉硬度降低，贮藏过程中硬度下降加快。适当的 N、P、K 配比可以增加猕猴桃产量和提高其果实品质，N、P、K 的最适比例为 10：9.4：10，适当增加钾肥施用量有利于猕猴桃的营养生长和提高果实产量和品质，而在氮磷钾肥比例中，较高的磷比例有利于提高果实的产量和品质，较低的磷比例有利于植株的营养生长。氮、磷、钾肥对猕猴桃产量的贡献率顺序为氮肥＞钾肥＞磷肥，施用不同肥料配比后每 667m² 果园纯收入大小顺序为 NPK＞NK＞NP＞PK。

土壤 N、P、K、Mn、Zn、Cu 和 Fe 的含量与果实产量呈正相关，土壤中含 Ca 量与果实产量呈负相关。Fe 不足会引发猕猴桃黄化病，中华猕猴桃品种红阳栽培土壤中有效铁的含量不能低于临界（11.90mg/kg）。Cl 有利于猕猴桃吸收水分和养分，Cl 对猕猴桃的安全浓度＜400mg/kg，毒害浓度＞800mg/kg；当 Cl＜400mg/kg 时，对猕猴桃地上部分有较大促进作用，但当 Cl＜200mg/kg 时则促进作用表现不足。在多种营养因素相互作用的情况下，全 P 含量与果实硬度呈负相关，Fe 含量与果实硬度呈正相关；Fe 含量和速效 K 含量对果糖、总糖以及可滴定酸含量影响最大。

张林森等（2001）研究了陕西秦岭北麓地区秦美猕猴桃叶片营养状况，提出秦美猕猴桃丰产园叶片营养标准适宜范围为：N 2.27%~2.77%、P 0.16%~0.20%、K 1.60%~0.20%、Ca 3.29%~4.43%、Mg 0.40%~1.13%、Zn 23.6~44.2mg/kg、Fe 90.1~267.9mg/kg、Mn 44.5~173.1mg/kg、Cu 7.0~21.8mg/kg、B 38.5~79.9mg/kg、Cl 0.6%~1.0%。徐爱春等（2011）研究了宜昌夷陵区雷家畈村不同产量金魁猕猴桃叶片营养状况，得出 P、Ca、Cu、Zn、Mo 为影响猕猴桃果园产量的主要元素，其中 Zn、Mo 含

量过高或者过低都会影响猕猴桃果园产量；Fe-Zn-Mo之间、N与Fe之间存在相互协助关系，Fe与Cu之间存在相互拮抗关系。在猕猴桃整个生长季中，叶片N、K、Ca、Zn、Cu、Fe、Mn、B元素含量变化幅度较大，P、Mg和Cl元素含量变化幅度较小；叶片的N、K元素含量在8月前呈下降趋势，8月初逐渐回升，Ca元素含量的变化与之相反，B和Mn元素含量总体呈上升趋势，Cu和Fe元素含量总体呈下降趋势，Zn元素含量是升降交替性变化；K和Mn元素含量与果实的单果重呈显著性正相关，P、K、Zn元素含量与果实的可溶性固形物含量和维生素C含量呈显著性负相关，Mg、Ca、B元素含量与果实的可溶性固形物含量、维生素C含量呈显著性正相关；在不同生长时期叶片与果实品质指标相关性大小不一，叶片N元素的适宜诊断时期为7—9月，Cl元素的适宜诊断时期为7—10月，K、Mg和Zn元素的适宜诊断时期为7—8月，Mn元素的适宜诊断时期为9—10月，B元素的适宜诊断时期为8月，P、Ca和Cu元素的适宜诊断时期为10月，Fe元素的诊断全年均可进行。

猕猴桃果实中80%～90%为水分，水分是一切生理活动的基础，猕猴桃果实生长自然离不开水分，干旱对果实大小的影响比对其他器官要大得多。果实水分在树体水分代谢中还具有水库作用，过分干旱，果实中的水分可倒流至其他库器官，水分多时果实可进行一定程度的贮藏，这种现象在果实发育后期更为明显。

(三)生长调节剂

植物在整个生长过程中，除了必要的生长条件外，还需要有某些微量的生理活性物质。这些极少生理活性物质的存在，对植物的生长发育有着特殊的作用，这类物质被统称为植物生长调节物质。其中内源性的化学物质称为植物激素，外源性的化学物质即为植物生长调节剂。植物生长调节剂广泛应用于农业生产的各个领域，对植物的发育生长有着重要的调节作用。目前，在猕猴桃生产上使用较多的植物生长调节剂有细胞分裂素和赤霉素。

1. 细胞分裂素对果实的影响 细胞分裂素（cytokinin，CTK）是促进植物细胞分裂的激素。最早发现并纯化的天然植物激素是从未成熟的玉米种子中分离出的玉米素，随后在不同植物中陆续发现了多种天然类似化合物，如反式-玉米素核苷、二氢玉米素、异戊烯基腺嘌呤、异戊烯基腺苷。这些细胞分裂素可分为两大类，一类是与天然CTK结构相似的在腺嘌呤位置N6取代衍生物，称为嘌呤型CTK，如6-苄基腺嘌呤（6-BA）、6-呋喃甲基腺嘌呤（KT）等；另一类则是N，N-二苯基脲（DPU）及一些苯基脲衍生物，称为苯基脲型CTK，如N-（4-吡啶基）N'-苯基脲（4PU），N-苯基-N'-（2-氯-4-吡啶基）脲（CPPU）等。6-苄基腺嘌呤（6-BA）是人工合成的细胞分裂素类的生长调节剂，也是被广泛使用的一种细胞分裂素物质，但在猕猴桃生产上，常用的却是CPPU。

研究表明，细胞分裂素转运至果实后对果实的最终大小起着重要的作用，这种转运同时受到种子代谢库强度的调节。据郑波等（1996）报道，用不同浓度CPPU处理的软枣、中华和美味猕猴桃果实均有增大，其中对中华猕猴桃和美味猕猴桃的作用最为明显，秦美猕猴桃和软枣猕猴桃等多个品种对CPPU的反应也与此类似。另据报道，CPPU能对第一次快速生长期的果实生长起快速促进作用，且能有效地延长这一时期，并认为其原因可能是增强了果实对光合产物的竞争能力，协调了库源关系，改善了果实中有机营养状况，使细胞分裂加快和延长，并促使细胞膨大。CPPU对果实发育过程中各种糖分、可滴定酸的含量变化产生影响。方金豹等（2002）以秦美猕猴桃为试材，花后20d用CPPU处理幼果，在果实快速生长期，可溶性糖含量下降，淀粉和可滴定酸积累缓慢，CPPU处理不改变糖、酸含量的变化趋势，但提高了糖的水平。方学智等（2006）同样以美味猕猴桃为试验材料，发现不同浓度CPPU处理对其果实营养品质的影响是不同的：5mg/L CPPU处理时，果实中可溶性糖、β-胡萝卜素和维生素C含量增加，蔗糖、葡萄糖、果糖含量分别比对照增加46.31%，65.77%和82.33%，必需氨基酸总量及游离氨基酸总量比对照分别上升了608.00%和366.47%；20mg/L CPPU处理时，果实可溶性糖含量和蔗糖、葡萄糖、果糖含量均比对照明显下降，可滴定酸含量随处理浓度增加而上升，致使糖酸比随处理浓度增加而下降，果实中必需氨基酸总量与游离氨基酸总量比对照分别下降了25.00%与16.17%。因此，5mg/L CPPU处理能够改善果实生长及营养品质，而高浓度的CPPU处理使猕猴桃果实风味变酸，营养品质下降。但也有研究表明，用低剂量的CPPU在花前一周喷施树冠，与对照相比显著增加了果实大小，但对果实可溶性固形物含量、果实硬度、维生素C含量、可溶性糖含量、有机酸含量等均无影响。可见，CPPU对猕猴桃果实生长发育的作用，受种类品种、使用时期和浓度等方面的影响。

2. 赤霉素对果实的影响 赤霉素（gibberellins，GAs）是植物生长发育过程中一类重要的调节激素，是公认的五大类植物激素之一，对种子萌发、茎叶生长、抽枝坐果和块茎形成等具有调节作用，在农业生产上得到了广泛的应用。赤霉素的生物合成途径已基本确定。GAs是类二萜途径的产物，它们的形成由共同的C20前体牻牛儿基牻牛儿基、焦磷酸（geranylgeranyl pyrophosphat，GGPP）环化开始，GGPP环化形成一种碳氢化合物即内-贝壳杉烯（ent-Kaurene），内-贝壳杉烯通过一系列细胞色素P450（cytochromeP450，CytP450）单加氧酶和双加氧酶催化的氧化反应转化成具有生物活性的GA_3。

有学者认为，赤霉素调节果实发育的主要作用是使细胞增大，形成正常大小的果实。其可能的机制是赤霉素能诱导α-淀粉酶的生成，引起淀粉水解，增加糖浓度，提高细胞渗透压，使水进入细胞并使细胞纵向伸长生长。因此，花期或花后在果树上施用赤霉素能增大单果重、拉长果形、提高果实可溶性固形物含量。

第六节 果实内在品质的形成及其调控

一、果实糖分积累与调控

猕猴桃属于淀粉积累型水果，叶片光合产物主要以蔗糖形式输入果实后，除用于果实生长发育与呼吸消耗，多余部分主要以淀粉形式积累于果实中直至采收，采收后再经后熟将淀粉转化为可溶性糖。果糖、葡萄糖和蔗糖是猕猴桃果实中3种最主要的可溶性糖。在猕猴桃果实发育过程中，根据果实糖代谢主要节点大体可将其分为3个阶段：第一个阶段是在细胞分裂期，从花后0d至花后45d，猕猴桃外果皮中葡萄糖含量显著上升，为非结构碳水化合物的主要成分；第二个阶段是在果实快速膨大期，从花后46d至花后120d，果实中淀粉开始大量积累，此期淀粉含量可占果实干重的40%以上，因此该阶段也可称做猕猴桃果实的淀粉积累期；第三个阶段是在果实成熟期，从花后 121d 至采收，淀粉积累结束，果实中可溶性糖含量显著增加，葡萄糖和果糖在花后 140d 之后迅速增加，而蔗糖含量在成熟前（约花后 170d）随着淀粉降解开始增加。

但是，猕猴桃种类和品种不同，糖组分和积累规律稍有不同。尽管猕猴桃以积累己糖为主，但美味猕猴桃果实以葡萄糖为主，占总糖的 60%；毛花猕猴桃以果糖含量最高，中华猕猴桃 Hort16A 中 3 种糖含量相近，但以蔗糖含量最高。葛枣猕猴桃果实中淀粉含量最高，毛花猕猴桃淀粉含量最低。张慧琴（2014）研究了毛花猕猴桃华特和中华猕猴桃红阳果实发育过程中糖代谢的特性，发现红阳果实淀粉积累平均速率为 0.685mg/（g·d）（FW），淀粉积累峰值为 70.78mg/g（FW），分别是华特的 1.34 倍和 1.69 倍，且其淀粉积累时间比华特长 21d，表现为积累增速快、峰值高和时间长。华特果实淀粉含量在采前已急剧下降，至采收时几乎均转化为可溶性糖；而红阳果实淀粉含量仍直线增长，并在采前维持在一个较高的水平。海沃德猕猴桃果实在花后 45d 左右开始合成和积累淀粉，果实淀粉最高含量出现在花后 120d 左右；果实中可溶性糖含量在第一个阶段有明显增加，但在第二个阶段几乎少有变化，在第三个阶段即果实成熟期则伴随淀粉的降解大量增加。Hort16A 猕猴桃果实也在花后 45d 开始积累淀粉，至花后 190d 其淀粉含量达到峰值；之后淀粉迅速降解并转化为蔗糖、葡萄糖和果糖。方金豹等（2000）研究发现，秦美猕猴桃果实中果糖含量出现两个高峰，第一个高峰为花后一段时间内，第二个高峰为果实采收前，果糖含量最高值出现在采收期，而果糖含量最低值出现在果实迅速膨大期；葡萄糖积累规律与果糖相似，不同的是葡萄糖含量在果实迅速生长膨大期前已经很高；而蔗糖含量在花后 20～30d 较高，但之后下降，最低值出现在果实迅速膨大期，果实成熟初期快速上升，但在采前又开始下降。

糖不仅是植物生长发育过程中的碳源和能源，同时作为信号分子也具有重要作用。果实中糖类物质主要是叶片通过光合作用产生的光合产物，以蔗糖和山梨醇的形式通过韧皮部长途运输后卸载至果实内。经过蛋白跨膜运输和一系列酶反应，最终以蔗糖、山梨醇、果糖和葡萄糖的形式分散于果实的不同部位，使得果实具有独特的风味品质。蔗糖代谢、山梨醇代谢、己糖代谢和淀粉代谢途径是目前公认的四大糖代谢途径，这几种途径均由不同类型的代谢酶参与。目前关于猕猴桃果实中蔗糖代谢酶的研究较多。蔗糖合酶（SS）活性在海沃德猕猴桃花后 120d 之前均显著高于酸性转化酶和中性转化酶；在花后 23d 蔗糖合酶活性是酸性转化酶的 4.5 倍，是中性转化酶的 14 倍；之后一直快速下降，至花后 120d 果实进入成熟期，其活性仅为它在花后 23d 时的 11%。蔗糖磷酸合酶（SPS）活性与果实蔗糖、淀粉和干物质等代谢物含量具有相似的变化趋势，且高淀粉积累型猕猴桃果实中的 SPS 活性一直高于低淀粉积累型猕猴桃。海沃德猕猴桃在果实发育过程中，葡萄糖激酶（GK）和果糖激酶（FK）具有不同的活性变化模式。FK 活性一直呈下降趋势，而 GK 活性从花后 23～58d 有所下降，之后保持平稳，至花后 120d，GK 活性是 FK 的 3 倍。在海沃德猕猴桃花后 23～37d，腺苷二磷酸葡萄糖焦磷酸化酶（AGPase）活性较强，至花后 58d 虽下降了 20% 左右，但之后不再减弱。海沃德猕猴桃果实中的尿苷二磷酸葡萄糖焦磷酸化酶（UGPase）的活性远强于 AGPase，不过一直呈下降趋势，至花后 120d 其活性降至花后 23d 时的一半左右。但不论猕猴桃果实大小，高淀粉积累型果实中的

AGPase 活性始终是低淀粉积累型果实的 2～5 倍，因此 Nardozza 等（2013）认为，AGPase 决定了猕猴桃果实的淀粉含量。

二、果实酸代谢积累与调控

依据果实有机酸分子碳价来源，可将有机酸分成三大类：一是脂肪族羧酸，其中可分为单羧酸如甲酸、乙酸等，二羧酸如草酸、富马酸、琥珀酸、酒石酸等，三羧酸如柠檬酸、异柠檬酸等；二是糖衍生的有机酸，如葡萄糖醛酸、半乳糖醛酸等；三是含有苯环的酚酸类物质，如水杨酸、奎尼酸、莽草酸等。在果实中的可溶性有机酸主要是二羧酸和三羧酸。有机酸组分与含量的差异使不同类型果实拥有独具特色的风味，有机酸也是决定果实酸度及风味的重要组成因子，同时对果实品质和营养价值起着重要作用。果实中有机酸组分很多，但大多数果实以 1 种或 2 种有机酸为主，根据成熟果实中积累的主要有机酸，大体可将果实分为柠檬酸优势型、苹果酸优势型和酒石酸优势型 3 种。研究发现，猕猴桃果实中存在柠檬酸、奎尼酸、苹果酸和草酸等有机酸；Nishiyama 等（2008）对 25 个不同基因型的猕猴桃有机酸组分研究表明，柠檬酸和奎尼酸在所有猕猴桃果实中占主导地位。周元和傅虹飞（2013）利用反向高效液相色谱法测得哑特、华优、果丰楼猕猴桃果实成熟时的主要有机酸组分为柠檬酸、苹果酸、酒石酸和奎尼酸；王刚等（2017）采用高效液相色谱法测定 12 个品种的猕猴桃有机酸组分及含量，发现中华猕猴桃的总酸含量要高于美味猕猴桃，它们的主要有机酸组分为奎尼酸、苹果酸和柠檬酸，酒石酸几乎没有。在对软枣猕猴桃果实有机酸的研究中亦发现，主要有机酸组分为柠檬酸、奎宁酸、抗坏血酸、苹果酸、草酸和莽草酸，在魁绿中还检测出了乳酸，但均未检测出酒石酸。柠檬酸含量在魁绿、蛟河 08－03 与桓优 1 号果实中分别占 53.1%、43.8% 和 48.7%，因此软枣猕猴桃属于柠檬酸优势型果实。但在果实生长初期，奎宁酸含量远远高于柠檬酸、苹果酸和抗坏血酸，而柠檬酸、苹果酸和抗坏血酸含量则水平相当；随着果实生长发育，奎宁酸含量呈下降趋势，但柠檬酸含量逐渐增加；至果实成熟柠檬酸含量高于奎宁酸，而苹果酸和抗坏血酸含量变化不大。毛花猕猴桃赣猕 6 号果实发育期间含有 8 种有机酸，其含量由高到低顺序依次为：奎尼酸＞柠檬酸＞苹果酸＞乳酸＞琥珀酸＞草酸＞酒石酸＞富马酸，其中奎尼酸、柠檬酸、苹果酸在整个发育期含量均较高，整个发育期分别占总酸 42.0%～69.2%、2.0%～63.6% 和 4.2%～32.2%；这 3 种酸占总酸 75.4%～91.0%；且通过相关性分析，发现奎尼酸含量与总酸含量呈极显著正相关，相关系数为 0.88（黄清，2019）。对于同一猕猴桃品种，当种植环境发生改变时，酸的组分和含量也将发生变化。如种植在美国的美味猕猴桃海沃德，其果实中主要有机酸是奎尼酸，还含有少量的苹果酸和柠檬酸，以及微量的草酸；而种植在新西兰的美味猕猴桃海沃德和布鲁诺，其果实中主要有机酸为柠檬酸，其次为苹果酸和奎尼酸。

果实发育期间有机酸含量的变化与相关代谢酶的活性密不可分，关于苹果、柑橘、梨等果实的有机酸组分及相关代谢酶的研究已有较多报道，而对猕猴桃果实有机酸代谢的研究较少。赣猕 6 号果实发育期间，莽草酸脱氢酶（NADP-SDH）活性与奎尼酸含量变化相近，果实发育前期均表现下降的趋势；柠檬酸合酶（CS）、异柠檬酸脱氢酶（NAD-IDH）、磷酸烯醇式丙酮酸羧化酶（PEPC）活性变化与柠檬酸含量变化基本一致，均呈现先升高后降低的趋势；苹果酸脱氢酶（NAD-MDH）活性与苹果酸含量变化趋势相近，均在发育前期升高，后保持相对稳定的水平。相关性分析表明：奎尼酸含量与奎尼酸脱氢酶（NADP-QDH）活性呈显著正相关，相关系数为 0.60，与 NAD-IDH 活性呈显著负相关，相关系数为 -0.62；柠檬酸含量与 NAD-MDH 活性呈极显著正相关（相关系数为0.72），与 PEPC、CS、NAD-IDH 活性呈显著正相关，相关系数分别为 0.58、0.60、0.57，与 NADP-QDH、NADP-SDH 活性均呈显著性负相关，相关系数为 -0.66、-0.67；苹果酸含量与 NAD-MDH 活性呈显著正相关，相关系数为 0.61，与 NADP-SDH活性呈显著负相关，相关系数为 -0.59。各主要有机酸组分与苹果酸酶（NADP-ME）、顺乌头酸酶（ACO）活性的相关系数很低，相关关系不明显。因此，NAD-IDH、CS、NADP-QDH、NADP-SDH、NAD-MDH、PEPC 活性对赣猕 6 号果实发育期间有机酸的代谢发挥着重要作用，而 NADP-ME、ACO 的影响不明显（黄清，2019）。而在软枣猕猴桃中，CS、PEPC、NAD-MDH 和胞质顺乌头酸酶（Cyt-ACO）共同参与了柠檬酸的合成。CS 活性和柠檬酸含量表现为极显著正相关关系，其贡献度大于 PEPC，NAD-MDH促进苹果酸的合成，间接参与了柠檬酸的合成，其作用也不容忽视。Cyt-ACO 活性和柠檬酸含量虽表现为显著的正相关关系，但其活性水平较低，对柠檬酸的累积影响并不大。而线粒体顺乌头酸酶（Mit-ACO）和 NAD-IDH 不利于柠檬酸的积累。

三、果实色泽的形成与调控

果实色泽是果实品质的重要组成部分，它影响着果实的商品价值。而果实色泽主要由叶绿素，酚类色素（包括黄酮、花青素等）和类胡萝卜素三大类植物色素在含量和比例上的不同而形成的。猕猴桃依据成熟时果肉色泽的不同可以分为 3 种类型：绿肉猕猴桃、黄肉猕猴桃和红肉猕猴桃。国内外猕猴桃市场行销品种主要是绿肉猕猴桃，如新西兰的海沃德和我国的秦美、金魁；随着消费者对猕猴桃果实需求的多样化和特色化，黄肉猕猴桃和红肉猕猴桃所占市场份额逐渐加大，是当今猕猴桃育种的重要目标之一。

（一）猕猴桃果实叶绿素代谢与调控

叶绿素作为植物进行光合作用所必需的绿色色素，对维持植物正常的生长发育、能量代谢、生理响应等方面起着非常重要的作用。叶绿素的合成和降解是一个动态过程，调控叶绿素合成和降解的一些基因已经相继被克隆和鉴定。叶绿素导致的果肉失绿是叶绿素合成基因下调表达和叶绿素降解基因上调表达共同作用的结果。研究表明，SGR（stay - green）蛋白在叶绿素降解过程中起关键作用。猕猴桃果肉呈现黄色的主效因素是叶绿素的降解，这一过程受到基因 *SGR2* 编码的 SGR 蛋白的调控。以绿肉猕猴桃海沃德和黄肉猕猴桃金农 2 号为试验材料，测定 6 个不同果实发育时期的果肉色度角、叶绿素含量，以及叶绿素合成和降解基因的表达水平，发现 *SGR* 与叶绿素降解呈显著正相关，再次证明了猕猴桃果实叶绿素的降解受到 *SGR* 基因的调控。但是关于 *SGR* 参与调控的具体作用机理，研究者并未深入阐述。类胡萝卜素在植物体内的积累是一个合成和降解的动态平衡过程，迄今为止，被发现的天然类胡萝卜素已超过 700 种。在中华、美味、大籽和葛枣猕猴桃果实中普遍存在的类胡萝卜素为 β-胡萝卜素、叶黄素、紫黄质和 9′-顺式新黄质。在黄肉和绿肉的猕猴桃中，总类胡萝卜素含量相似，但在黄肉猕猴桃中检测到酯化的类胡萝卜素如酯化叶黄素，在绿肉猕猴桃中没有，这或许可以作为猕猴桃果肉产生黄色、绿色差异新的证据。橙色果肉的大籽猕猴桃中含有很高含量的 β-胡萝卜素，而在黄色果肉的葛枣猕猴桃中则含有高含量的叶黄素，表明不同种类的黄肉猕猴桃含有的类胡萝卜素的种类不同。与叶绿素代谢相似，类胡萝卜素合成和降解同样受到相关基因的调控。Ampomah-Dwamena 等（2018）通过对黄肉的中华、大籽、黑蕊及大籽和黑蕊猕猴桃的杂交后代进行类胡萝卜素含量的测定及相关基因的研究发现，β-胡萝卜素是猕猴桃主要的类胡萝卜素种类，并且其含量与基因 $LCY-\beta$ 的表达呈正相关。Liu 等（2017）通过对不同发育时期的黄肉猕猴桃进行类胡萝卜素含量的测定及相关基因的表达量分析，得出与 Ampomah-Dwamena 一致的结论。这些研究结果表明，猕猴桃中 $LCY-\beta$ 参与调控类胡萝卜素的合成，从而影响黄肉猕猴桃的着色。

（二）猕猴桃花色苷代谢与调控

1. 花色苷的种类　花色苷是类黄酮（多酚化合物）物质的一个亚类，具有 C6-C3-C6 骨架结构，由花色素和糖苷经糖苷键缩合而成，与之结合的糖可以是单糖、双糖或者多糖，分别形成对应的单糖苷、双糖苷或者多糖苷形式的花色苷并以稳定形态贮存于植物的根、茎、叶、花和果实细胞的液泡中，从而使相应组织器官呈现红、紫或者蓝等不同颜色。目前植物中已知的花色苷已超过 550 种，但大部分是由 6 种基本的花色素与不同的糖苷结合并衍生而来。

通过检测 6 个不同种（中华、美味、毛花、黑蕊、紫果和软枣猕猴桃）的 30 个基因型猕猴桃果肉中的花色苷种类，发现除了美味猕猴桃，另外 5 个种的果肉中均检测到矢车菊色素-3-O-木糖-半乳糖苷。此外，在黑蕊和紫果猕猴桃中还检测到了少量的飞燕草素-3-O-半乳糖苷和飞燕草素-3-O-木糖-半乳糖苷。刘颖等（2012）采用高效液相色谱-三重四级杆质谱联用技术（HPLC-MS-MS）定性定量检测软枣猕猴桃红宝石星果肉中的花色苷，共检测到 5 种花色苷组分：未知矢车菊色素、矢车菊色素-3-O-半乳糖苷、矢车菊色素-3-O-木糖-半乳糖苷、飞燕草色素-3-O-半乳糖苷和飞燕草色素-3-O-木糖-半乳糖苷。这些结果表明在不同猕猴桃种及不同基因型之间花色苷的种类和含量存在差异。

2. 花色苷的生物合成　花色苷生物合成是植物次级代谢途径中研究非常广泛的过程之一。该途径以苯丙氨酸为起始物质，经 PAL（苯丙氨酸裂解酶），C4H（肉桂酸-4-羟化酶）等作用生成 4-香豆酰-辅酶 A，随后其与丙二酰-辅酶 A 在 CHS（查尔酮合成酶）催化下合成柚苷配基查尔酮，该物质在 CHI（查尔酮异构酶）和 F3H（黄烷酮-3-羟化酶）作用下合成 4′, 5, 7-三羟基黄烷酮和二氢黄酮醇，前者可以在不同酶的催化下合成其他类型的多酚物质，如鞣红和异黄酮，后者则可以作为黄酮醇合成的底物，且作为 F3′H（黄酮醇-3′-羟化酶）和 F3′5′H（黄酮醇-3′, 5′-羟化酶）的底物，在决定具体的花色苷类型物质合成中起关键作用。猕猴桃果实中两种酶均存在，且具有种间和种内差异。在中华猕猴桃中，只检测到 F3′H 而未检测到 F3′5′H 的活性，且只有基因 $F3′H$ 表达，而 $F3′5′H$ 未表达，这与在中华猕猴桃中未检测到飞燕草色素衍生物的结论相一致。而在黑蕊和紫果猕猴桃中除了检测到 F3′H 的活性之外，同时检测到 F3′5′H 的活性，这与在黑蕊和紫果猕猴桃中检测到了少量的飞燕草素-3-O-半乳糖苷和飞燕草素-3-O-木糖-半乳糖苷的结论相一致。经过 F3′H 和 F3′5′H 催化合成的二氢槲皮素和二氢杨梅素在 DFR（二羟基黄酮醇还原酶）的作用下生成无色花色素（无色矢车菊色素和无色飞燕草色素），之后通过 LDOX（无色花色素双加氧酶）、F3GT1（类黄酮-3-O-半乳糖基转移酶）、F3GGT1（类黄酮-3-O-木糖-半乳糖基转移酶）生成终产物花色苷。

参与调控植物花色苷合成的基因分为结构基因和调节基因。结构基因通过编码相关酶类直接参与催化花色苷的合成，调节基因通过其编码蛋白调节相应的结构基因的表达，间接调控花色苷的合成。在结构基因中，UFGT（类黄酮糖基转移酶编码基因）被报道是众多物种花色苷合成中非常重要的控制基因。Montefiori 等（2011）鉴定出 AcF3GT1 和 AcF3GGT1 是控制中华猕猴桃红肉果实花色苷积累的关键结构基因，两者通过编码 F3GT1 和 F3GGT1 分别合成矢车菊素-3-O-半乳糖苷和矢车菊素-3-O-木糖-半乳糖苷使果肉呈现红色。以中华猕猴桃中的红肉品种红阳为材料，发现 AcUF-GT3a 的表达趋势与花色苷积累量的变化规律保持一致，在软枣猕猴桃和绿色苹果中瞬时过表达 AcUFGT3a 之后可以积累更高含量的花色苷，表明 AcUFGT3a 是红阳果实花色苷合成的关键酶编码基因。通过检测中华猕猴桃不同颜色果实的花色苷合成途径中的结构基因，发现只有 UFGT 的表达量与花色苷含量呈显著正相关。并且在红色果实中高表达，在绿色和黄色果实中低表达，表明 UFGT 是红肉中华猕猴桃果实花色苷合成路径中的关键结构基因。此外，有研究证实无色花色素双加氧酶编码基因 LDOX 是部分中华猕猴桃果实花色苷合成的关键结构基因，这说明同种类型红肉猕猴桃花色苷合成路径中起关键作用的结构基因可能不同，这可能与不同材料间的基因型差异有关。

结构基因的表达受到转录因子的定向调控。越来越多的研究结果表明，植物花色苷的生物合成受到由 MYBs、bHLHs 和 WD40s 三类转录因子组成的 MBW 蛋白复合物的调控。它们通过与下游基因启动子上的顺式作用元件结合激活其表达，从而控制花色苷的合成。R2R3-MYBs 蛋白是植物中研究较多的且已被证实参与调控花色苷合成与积累的 MYB 型转录因子亚家族，许多物种中的 R2R3-MYBs 被相继发现和鉴定。在猕猴桃中，Fraser 等（2013）证实了 R2R3-MYB 转录因子 AcMYB110 通过激活 F3GT 的表达促进花色苷的合成与积累，从而调控猕猴桃红色花瓣的形成。烟草瞬时转化实验证实 AcMYB110 可以通过激活 DFR、DOX 和 UFGT 的转录从而诱导花色苷的合成和积累。Liu 等（2017）发现 AcMYBF110 作为一种 R2R3-MYB 转录因子能够调控红肉中华猕猴桃花色苷的合成，且在烟草叶片中瞬时过表达能够促进烟草叶片呈现红色，表明其具有正向调控花色苷的作用，但是具体通过介导哪些结构基因实现调控还未可知。通过对猕猴桃 R2R3-MYB 转录因子家族进行序列结构分析并结合转录组技术，鉴定到 AcMYB75 转录因子，其在果实发育过程中的表达模式与花色苷积累显著相关。酵母单杂交实验结果表明，AcMYB75 与 LDOX 的启动子特异性结合。在过表达 AcMYB75 的转基因拟南芥植株中，叶片大量积累花色苷。这些结果表明，AcMYB75 通过激活 LDOX 的转录从而促进花色苷的合成，实现对中华猕猴桃花色苷生物合成途径的调控。通过转录组测序及分子生物学实验从中华猕猴桃品种红阳中克隆 R2R3-MYB 转录因子 AcMYB123，其通过与 AcbHLH42 形成蛋白复合体参与调控花色苷的合成。综合以上研究结果，表明同一 R2R3-

MYB 转录因子家族中的不同成员均能够通过介导不同的结构基因调控中华猕猴桃果实花色苷的合成与积累。通过基因组分析鉴定到一个调控软枣猕猴桃果实花色苷生物合成的转录因子 AcMYB110，但是其具体的调控机制并没有深入解析。在猕猴桃中，bHLH42（AN1）在花色苷合成过程中轻微上调表达，说明 bHLH42 可能参与猕猴桃花色苷的生物合成，中华猕猴桃红阳中 AcbHLH42 通过与 AcMYB123 结合形成蛋白复合体参与调控果实花色苷的合成。WD40s 作为另外一类转录因子，主要起到维持蛋白复合体稳定性的作用。研究较多的主要集中在模式植物拟南芥中的 AtTTG1，猕猴桃中关于 WD40 家族成员的鉴定首次报道于 Liu 等（2021）。综上所述，MBW（MYB-bHLH-WD40）蛋白复合体通过直接结合花色苷合成途径中结构基因的启动子激活其转录，实现对花色苷合成的调控，从而控制猕猴桃果实着色。在 MYB-bHLH-WD40 蛋白复合体中，MYB 和 bHLH 提供与启动子结合的结构域，WD40 维持蛋白稳定性，三者协同作用完成对花色苷合成的调控。

3. 花色苷合成的影响因素　此外，环境因子也影响猕猴桃花色苷的合成。光照能够影响果实着色，且对果实不同部位的影响程度不同。猕猴桃果实不同组织接受光照能量（受光量）并不一致。内部中轴胎座的受光量只有表面的 1/30，所以果实外部到内部光照的剧烈梯度差异会导致果实不同部位花色苷含量存在差异。通过套袋研究光照对两种红肉类型猕猴桃花色苷含量的影响，结果表明，套袋果实解袋后能够促进红阳猕猴桃果实内果皮、天源红猕猴桃果实果皮、果肉更多地积累花色苷，甚至高于非套袋果实，但一直套袋阻碍天源红果实各部位的花色苷合成与积累，影响果实着色。通过对套袋天源红不同果实部位花色苷合成关键基因 LDOX 和 F3GT 的表达量分析，发现套袋抑制 LDOX 在天源红果皮和果肉中的表达，抑制 F3GT 在果肉中的表达，对果心中 F3GT 的表达无显著影响。这些研究结果表明，光照通过对果实不同部位相关结构基因的影响从而影响相应部位的着色程度，为解析光照对猕猴桃果实着色的分子机制提供了基础。果皮作为猕猴桃果实的最外层部位，对光照的感应较内层部位更加敏感，因此，以果皮为材料研究套袋对果皮花色苷合成的影响或许能够为解析猕猴桃响应光照的着色机理提供参考。通过全基因组关联分析从 Red-5 猕猴桃基因组中的 155 个 R2R3-MYB 转录因子中筛选到光响应因子 AcMYB10。在红阳愈伤组织中，AcMYB10 的表达与光照诱导的花色苷含量显著相关，表明 AcMYB10 作为光诱导基因参与中华猕猴桃的花色苷合成。除了光照之外，温度作为影响果实着色的又一环境因子，能够影响猕猴桃果实花色苷的合成。与低海拔地区相比，生长于高海拔低温地区的红阳猕猴桃在果实发育过程中能够积累更多的花色苷，并且花色苷合成路径中的早期合成基因和晚期合成基因如 CHS、CHI、F3H、DFR1、LDOX 和 F3GT2 的表达量均高于低海拔地区（Man et al.，2015）。将采后的红阳果实分别于 40℃ 和 25℃ 处理，发现 CHS、CHI、F3H、DFR1、LDOX 和 ANR 的表达量在 40℃ 处理后的表达量较 25℃ 处理被显著抑制。将采后的红阳果实分别于 25℃ 和 0℃ 处理，发现 0℃ 处理可以提高转录因子基因 MYBA1-1 和 MYB5-1 的表达，进而激活 ANS、DFR 和 UF-GT 的转录，促使花色苷的合成与积累。这些结果表明温度能够通过影响相关基因的表达从而影响花色苷的合成和积累，最终影响猕猴桃果实着色。通过对红阳愈伤组织进行 16℃、24℃ 和 32℃ 的不同温度处理发现，愈伤组织在 16℃ 和 24℃ 条件下能正常合成

花色苷，32℃则不能；对花色苷含量和相关基因表达量进行测定和分析，发现
AcMYB10 可能响应温度处理。除了光照和温度以外，猕猴桃植株本身所处生长环境的
湿度、二氧化碳浓度，以及自身遗传特性、生长状况、激素含量等对猕猴桃果实着色
均有不同程度的影响。

四、果实抗坏血酸的形成与调控

猕猴桃果实中抗坏血酸（ascorbic acid，AsA）含量比其他水果的 AsA 高出很多倍，
绿肉猕猴桃海沃德和黄肉猕猴桃 Hort16A 中 AsA 含量比甜橙多 50%，是香蕉的 5～6 倍、
苹果的 10 倍。不同猕猴桃种类品种之间的 AsA 含量存在很大的差异。高丽杨（2019）检
测了 22 份不同基因型猕猴桃果实中 AsA 含量，发现阔叶猕猴桃和毛花猕猴桃 AsA 含量
最高，在 28.2μmol/g 以上；软枣猕猴桃、美味猕猴桃和黑蕊猕猴桃次之，其含量在
9.6～16.3μmol/g；而其他猕猴桃种的栽培品种 AsA 含量较低，在 6.8μmol/g 以下。在
12 个栽培品种中，海沃德、武植 3 号、丰悦、桂海 4 号和魁蜜果实中 AsA 含量较高，而
红阳和 Hort16A 的 AsA 含量较低。在果实发育过程，阔叶猕猴桃、毛花猕猴桃、
Hort16A 和红阳中 AsA 含量的变化趋势一致，即在幼果期有较高的积累量，并随着果实
成熟含量下降。但在阔叶猕猴桃和毛花猕猴桃果实中，AsA 含量在整个果实发育过程显
著高于 Hort16A 和红阳。对毛花猕猴桃赣猕 6 号整个发育期间果实 AsA 水平的动态变化
检测发现，AsA 含量在果实发育前期快速积累，盛花后 53d 达到最高值（22.43mg/g），
盛花后 112d AsA 含量不断下降至 7.65mg/g，此后 AsA 的形成和降解达到平衡，积累量
基本不变，成熟期的 AsA 含量稳定在 6.56mg/g（陈璐，2020）。

AsA 的生物合成通常有 4 条途径：L-半乳糖途径、L-古洛糖途径、D-半乳糖醛酸
途径和肌醇途径。在大多数植物中，L-半乳糖途径被认为是 AsA 积累的主要途径。该途
径通过甘露糖-6-磷酸异构酶（PMI）、磷酸甘露糖变位酶（PMM）、GDP-D-甘露糖焦
磷酸化酶（GMP）、GDP-D-甘露糖-3′，5′-差向异构酶（GME）、GDP-L-半乳糖磷
酸化酶（GGP）、L-半乳糖-1-磷酸酶（GPP）、L-半乳糖脱氢酶（GalDH）和 L-半乳
糖-1，4-内酯脱氢酶（GalLDH）8 个主要酶将 D-果糖-6-磷酸转化为 AsA（Liao et
al.，2023）。目前已经确定了通路中所有基因，并被证明具有蛋白质活性，而这些基因也
已经从不同猕猴桃种中得到了鉴定、克隆和验证。如研究者从美味猕猴桃的幼果中对
GPP 基因进行了分离纯化，得到了该基因编码的蛋白，分子质量大约为 65kD。L-半乳
糖-1-磷酸能被该酶几近完全而且特异水解。在对不同品种猕猴桃果实中 AsA 合成机理
的研究中发现，整个果实发育期间 AsA 含量的变化趋势与 *GPP* 的基因表达有一定联系。
毛花猕猴桃果实中 AsA 含量与 *GPP* 基因表达量都最高，且两个值的最高峰都在猕猴桃果
实发育前期，盛花后 30d 左右。而对美味猕猴桃秦美果实发育过程中 AsA 代谢产物积累
及相关酶活性变化的研究中发现，AAO、APX、MDHAR、DHAR 及 GR 活性及 GSH
水平并没有对 AsA 的积累量起到决定性作用。

在对毛花猕猴桃赣猕 6 号 AsA 合成机理的研究发现，果实发育期间 AsA 含量的变
化，L-半乳糖途径中的酶基因 *GMP*、*GME*、*GPP*、*GalDH*、*GalLDH* 定量表达变化都
存在一段时期，呈现出一定与之相似的趋势（吴寒，2015）。说明 L-半乳糖途径在毛花

猕猴桃的 AsA 合成中起着重要作用。且 *GME* 基因在毛花猕猴桃赣猕 6 号果实发育整个过程中表达量很高，是其他酶基因表达量的 2～10 倍，也是苹果中该基因表达量的 2～3 倍。而 GME 酶具有同时催化高等植物体内两个不同的差向异构化反应的功能，可以生成 GDP－L－半乳糖或者 GDP－L－古洛糖。因此推测在毛花猕猴桃中 *GME* 基因催化生成了 GDP－L－古洛糖，L－古洛糖途径在 AsA 合成中也起到一定作用。多条途径存在于毛花猕猴桃中用以合成 AsA，或许就是毛花猕猴桃果实富含 AsA 的重要因素。对美味猕猴桃秦美的研究也发现，果实 AsA 合成可能存在多个途径，如 L-Gul L 和 D-Gal UA。在果实不同组织中，果肉及种子区有高的 AsA 合成和再生能力，且猕猴桃 AsA 的分布也存在细胞特异性。同时，自身的生物合成是猕猴桃果实 AsA 形成的主要原因，同时叶片的糖源供应能力可能调控着幼果期果肉中 AsA 合成速率。

遮光能显著降低猕猴桃叶片 AsA 合成和再生酶基因的表达量，降低 AsA 合成及再生能力，引起叶片 AsA 含量显著下降和 DHA 含量的增加。果实遮光并不能引起猕猴桃果实 AsA 含量的明显变化，但在猕猴桃果实花后 0～40d 树体遮光能显著降低猕猴桃幼果中合成酶基因 *GalLDH*、*GalDH*、*GPP*、*GME* 及 *GalUR* 及再生酶基因的表达量，降低幼果中 AsA 含量和积累量，果实变小。这表明光不直接影响猕猴桃果实中 AsA 含量，但光能通过影响叶片对果实糖的供应能力或其他信号影响着猕猴桃幼果期的 AsA 合成和再生能力，进而间接调控着幼果中 AsA 含量，且这种对幼果中 AsA 含量的影响可能与后期果实的膨大有关。

目前也有许多上游调控因子被陆续鉴定。在冷胁迫下，AcePosF21 被冷信号诱导，然后与 AceMYB102 相互作用，激活 *AceGGP3* 的表达，从而促进 AsA 的合成以清除 ROS，减少猕猴桃冷胁迫造成的氧化损伤（Liu et al.，2023）。同时，激素也会影响 AsA 的合成，并且 AceGBF3－AceMYBS1－AceGGP3 分子调控网络受到 ABA 的抑制（Liu et al.，2022）。

五、果实香气的形成与调控

香气物质具有不同的生物学特性和功能，主要由果实初生代谢和次生代谢产生。但是挥发性物质对果实香味是否作出贡献与味感阈值有关。综合考虑果实挥发性物质的结构和性质，通常将挥发性物质归纳为酯类、醇类、醛类、酮类及萜类等几大类。香气值即某种物质的含量与该化合物的香气阈值的比值，当 lg（香气值）＞0 时，我们认为该物质对果实香气贡献大，能代表果实的特征香气。虽然挥发性物质的种类很多，但并不都能对果实的特征香气提供贡献。涂正顺等（2002）对魁蜜和早鲜两种猕猴桃果实香气成分进行分析，从中分别检测出 26 种和 44 种香气物质，但仅有 2-己烯醛、（E）－2－己烯醛等 7 种物质对果实香气有贡献。

果实香气物质在相关酶的作用下，以氨基酸、脂肪酸、多糖等基本物质为底物，经过氨基酸代谢、脂肪酸代谢及相关次生代谢途径形成。果实直链脂肪族的醇、醛、酮和脂类等是果实挥发性物质合成的前体物质，主要来源于脂肪酸氧化。脂氧合酶（LOX）途径和 β-氧化是果实脂肪酸代谢主要方式。脂氧合酶广泛存在于植物中，在脂氧合酶途径中起到关键作用。亚油酸和亚麻酸两种不饱和脂肪酸在脂氧合酶的作用下，被氧化成过氧羟基脂肪酸，经过氢过氧化物裂解酶（HPL）的作用，生成相应的醇类和醛类物质。醇和醛经过乙醇脱氢酶（ADH）和醇酰基转移酶（AAT）的催化，最后形成相应的酯类物质。Zhang 等（2011）研究发现，猕猴桃果实经过外源亚油酸和亚麻酸等不饱和脂肪酸处理后，果实中的 LOX 活性增加，相应的醛类物质含量升高；对番茄果实做相同的处理后，得到的结果类似。饱和脂肪酸转化为酯类物质一般通过 β-氧化途径，饱和脂肪酸在 β-氧化后形成己酸、乙酸和丁酸等物质，再还原为相应的醇。相应的醇类物质经醇酰基转移酶（AAT）作用，结合乙酰辅酶 A（Co-A），经一系列的代谢反应合成相应的酯类物质。

支链脂肪族醇、醛、酮和酯类等果实香气物质通过氨基酸代谢形成。经转氨作用，氨基酸生成支链酮酸，酮酸在脱羧酶的作用下转化为醛，经脱氢酶（ADH）作用后，生成相应的醇或酮酸，再与辅酶 A 相互作用合成酰基 Co-AS，最后在醇酰基转移酶（AAT）催化下合成酯类物质。果实烯萜类物质主要由萜类代谢途径合成，以甲瓦龙酸（C5 羟基酸）为底物，经过异戊二烯烃途径生成磷酸-2-异戊二烯酯（DMAPP），然后通过不同的途径合成烯萜类物质，如柠檬醛、苧烯、橙花醛等。

果实香气成分是一个动态变化的过程，在香气物质产生过程中受到多方面因素的影响。①果实的香气代谢类型受种类、品种间遗传差异调控，是果实香气成分存在差异的根本原因。②香气物质的合成及变化情况与果实成熟度相关。甘武（2018）对 3 个不同成熟阶段的美味猕猴桃海沃德和中华猕猴桃金果的混合挥发性物质研究发现，清香型物质含量从果实未熟期至成熟期趋于增加，果实过熟时含量下降。随着果实成熟度增加，红阳果实中，醛类物质相对含量上升，醇类、酮类和酸类物质相对含量下降；金果果实中，酯类、醛类和酮类物质相对含量下降，醇类物质相对含量先上升后下降，烯萜类物质相对含量上升；金艳果实中，醛类和烯萜类物质相对含量下降，醇类、酮类和酯类物质相对含量上升，酸类物质相对含量先上升后下降；徐香果实中，酯类物质相对含量下降，醇类物质相对含量先下降后上升，醛类物质相对含量先上升后下降。③果实香气与采后贮藏环境有关。猕猴桃果实经低温贮藏后，丙酸甲酯、丙酸乙酯、丁酸甲酯和丁酸乙酯等特征香气物质含量显著减少。李盼盼（2015）研究表明，温度影响猕猴桃果实的相关酶活性，在果实贮藏后期，低温使丙酮酸脱羧酶（PDC）和乙醇脱氢酶（ADH）活性下降，减少乙醇和乙醛的积累，从而使相关酯类物质合成受到抑制。杨丹和曾凯芳（2012）研究表明，经 1-MCP 处理后，红阳猕猴桃果实在低温贮藏过程中，酯类物质的合成在贮藏过程中受到抑制，醇类和醛类物质在贮藏后期积累，果实品质受到影响；且外源乙烯处理能增强经 1-MCP 处理后猕猴桃果实中醇酰基转移酶（AAT）活性，增加果实酯类香气物质合成。1-MCP 处理影响果实香气物质的积累，室温下，经 1-MCP 处理后，红阳猕猴桃果实香气成分种类减少。贮藏前期，1-MCP 处理有利于醛类和烯萜类物质的积累，抑制醇类和酸类物质的生成，后期以酯类物质为主，1-MCP 处理可提高酯类物质的含量，但对相关的特征香气物质合成有抑制作用。

参 考 文 献

陈璐，2020. 基于转录组的毛花猕猴桃'赣猕6号'果实发育期间AsA代谢特征研究 [D]. 南昌：江西农业大学.

陈敏，2009. 生长调节剂和叶果比对红阳猕猴桃果实生长发育和品质影响的研究 [D]. 成都：四川农业大学.

丁建，2006. 四川猕猴桃种质资源研究 [D]. 成都：四川农业大学.

丁捷，刘书香，宋会会，等，2010. 红阳猕猴桃果实生长发育规律 [J]. 食品科学，31 (20)：473-476.

董晓莉，2006. 分子标记在彩色猕猴桃和美味猕猴桃遗传分析中的应用 [D]. 成都：四川农业大学.

方金豹，黄宏文，李绍华，2002. CPPU对猕猴桃果实发育过程中糖、酸含量变化的影响 [J]. 果树学报，19 (4)：235-239.

方金豹，田莉莉，陈锦永，等，2002. 猕猴桃源库关系的变化对果实特性的影响 [J]. 园艺学报，29 (2)：113-118.

方金豹，田莉莉，李绍华，等，2000. CPPU对猕猴桃光合产物库源强度的影响 [J]. 园艺学报，27 (6)：444-446.

方学智，费学谦，丁明，等，2006. 不同浓度CPPU处理对美味猕猴桃果实生长及品质的影响 [J]. 江西农业大学学报，28 (2)：217-221.

甘武，2018. 猕猴桃果实品质和香气成分分析研究 [D]. 南昌：江西农业大学.

高丽杨，2019. 不同基因型猕猴桃果实抗坏血酸水平差异比较与分析 [D]. 成都：四川农业大学.

黄清，2019. '赣猕6号'果实发育期间有机酸代谢特征及相关基因表达分析 [D]. 南昌：江西农业大学.

蒋迎春，万志成，1995. PP333对猕猴桃生长和结果的影响 [J]. 果树科学 (S1)：107-110.

李盼盼，2015. 美味猕猴桃'布鲁诺'果实常温低温贮藏条件下品质风味的变化研究 [D]. 杭州：浙江工商大学.

廖明安，2005. 园艺植物研究法 [M]. 北京：中国农业出版社.

刘春阳，2016. 生物肥料对'红阳'猕猴桃园土壤理化性质及产量、品质的影响 [D]. 成都：四川农业大学.

刘颖，赵长竹，吴丰魁，等，2012. 红肉猕猴桃花色苷组成及浸提研究 [J]. 果树学报，29 (3)：493-497.

倪苗，刘凤礼，胡庆存，等，2016. 淹水胁迫对不同砧木猕猴桃叶片叶绿素荧光的影响 [J]. 中国南方果树，45 (5)：29-33.

陶汉之，高丽萍，陈佩璁，等，1994. 猕猴桃果实发育中内源激素水平的变化 [J]. 园艺学报，21 (1)：35-40.

涂美艳，陈栋，刘春阳，等，2020. 不同环割处理对'Hort16A'猕猴桃枝叶营养和果实品质的影响 [J]. 四川农业大学学报，38 (1)：79-86.

涂美艳，祝进，2022. 图说红肉猕猴桃丰产优质高效栽培技术 [M]. 北京：中国农业科学技术出版社.

涂正顺，李华，李嘉瑞，等，2002. 猕猴桃品种间果香成分的GC/MS分析 [J]. 西北农林科技大学学报 (自然科学版) (2)：96-100.

王刚，王涛，潘德林，等，2017. 不同品种猕猴桃果实有机酸组分及含量分析 [J]. 农学学报，7 (12)：81-84.

王建，2008. 猕猴桃树体生长发育，养分吸收利用与累积规律 [D]. 杨凌：西北农林科技大学.

王明忠，余中树，2013. 红肉猕猴桃产业化栽培技术 [M]. 成都：四川出版社集团·四川科学技术出版社.

吴寒，2015. 毛花猕猴桃果实抗坏血酸合成酶相关基因的克隆及定量表达分析 [D]. 南昌：江西农业大学.

徐爱春，陈庆红，顾霞，等，2011. 猕猴桃叶片矿质营养元素含量年变化动态与果实品质的关系 [J]. 湖北农业科学，24 (50)：5126 - 5131.

许晖，1989. 中华猕猴桃花器官的分化与发育 [J]. 中国果树 (1)：9 - 12，63.

杨丹，曾凯芳，2012. 1 - MCP 处理对冷藏'红阳'猕猴桃果实香气成分的影响 [J]. 食品科学 (8)：323 - 329.

姚春潮，龙周侠，刘占德，等，2015. 生物有机肥对猕猴桃生长及果实品质影响的研究 [J]. 陕西农业科学 (7)：1 - 2.

尹翠波，2008. 红阳猕猴桃生物学特性及果实生长发育规律的初步研究 [D]. 成都：四川农业大学.

袁雪侦，彭玉婷，涂美艳，等，2022. 外源褪黑素对猕猴桃实生苗耐涝性的影响 [J]. 四川农业大学学报，40 (6)：862 - 871.

张慧琴，2014. '华特'和'红阳'猕猴桃果实发育中糖代谢特性及其相关基因表达分析 [D]. 南京：南京农业大学.

张林森，武春林，王西玲，等，2001. 秦美猕猴桃叶营养状况及标准值的研究 [J]. 西北农业学报，10 (3)：74 - 76.

赵婷婷，2016. 中华猕猴桃栽培品种需冷量研究 [D]. 北京：中国科学院大学.

郑波，安和样，蔡达荣，等，1996. CPPU 对猕猴桃果实生长的作用 [J]. 植物学通报，13 (2)：37 - 40.

钟程操，2018. 6 个猕猴桃品种对溃疡病的抗性差异及 4 种措施防效研究 [D]. 成都：四川农业大学.

周元，傅虹飞，2013. 猕猴桃中的有机酸高效液相色谱法分析 [J]. 食品研究与开发，34 (19)：85 - 87.

Ampomah - Dwamena, C. 2018. A kiwifruit (*Actinidia deliciosa*) R2R3 - MYB transcription factor modulates chlorophyll and carotenoid accumulation [J]. New Phytologist, 221 (1)：309 - 325.

Fraser L G, Seal A G, Montefiori M, et al., 2013. An R2R3 MYB transcription factor determines red petal colour in an *Actinidia* (kiwifruit) hybrid population [J]. BMC Genomics (14)：28.

Liao G L, Xu Q, Allan A C, et al., 2023. L - Ascorbic acid metabolism and regulation in fruit crops [J]. Plant Physiology, 192 (3)：1684 - 1695.

Liu Y, Ma K, Qi Y, et al., 2021. Transcriptional Regulation of Anthocyanin Synthesis by MYB - bHLH - WDR Complexes in Kiwifruit (*Actinidia chinensis*) [J]. J Agric Food Chem, 69 (12)：3677 - 3691.

Liu Y F, Zhou B, Qi Y W, et al., 2017. Expression Differences of Pigment Structural Genes and Transcription Factors Explain Flesh Coloration in Three Contrasting Kiwifruit Cultivars [J]. Frontiers in Plant Science (8)：1507.

Liu X Y, Bulley S M, et al., 2023. Kiwifruit bZIP transcription factor AcePosF21 elicits ascorbic acid biosynthesis during cold stress [J]. Plant Physiology, 192 (2)：982 - 999.

Liu X Y, Wu R M, Bulley S M, et al., 2022. Kiwifruit MYBS1 - like and GBF3 transcription factors influence l - ascorbic acid biosynthesis by activating transcription of GDP - L - galactose phosphorylase 3 [J]. New Phytologist, 234 (5)：1782 - 1800.

Man Y P, Wang Y C, Li Z Z, et al., 2015. High-temperature inhibition of biosynthesis and transportation of anthocyanins results in the poor red coloration in red-fleshed *Actinidia chinensis* [J]. Physiologia Plantarum, 153 (4): 565-583.

Montefiori M, Espley R V, Stevenson D, et al., 2011. Identification and characterisation of F3GT1 and F3GGT1, two glycosyltransferases responsible for anthocyanin biosynthesis in red-fleshed kiwifruit (*Actinidia chinensis*) [J]. Plant Journal, 65 (1): 106-118.

Nardozza S, Bolding H L, Osorio S, et al., 2013. Metabolic analysis of kiwifruit (*Actinidia deliciosa*) berries from extreme genotypes reveals hallmarks for fruit starch metabolism [J]. J. Exp. Bot., 64 (16): 5049-5063.

Nishiyama I I, Fukuda T, Shimohashi, A., et al., 2008. Sugar and organic acid composition in the fruit juice of different Actinidia varieties [J]. Food Science and Technology Research (14): 67-73.

Woolley D J, Lawes G S, Cruz-Castillo J G, 1991. The growth and competitive ability of *Actinidia deliciosa* 'Hayward' fruit: carbohydrate availability and response to the cytokinin-active compound CPPU [J]. Acta Hortic., 297: 467-473.

Zhang B, Xi W P, Wei W W, et al., 2011. Changes in aroma-related volatiles and gene expression during low temperature storage and subsequent shelf-life of peach fruit [J]. Postharvest Biol. Tec., 60 (1): 7-16.

执笔人：黄春辉，廖明安，钟敏

第六章 猕猴桃苗木繁育

第一节 猕猴桃苗圃建立

一、苗圃地选择

苗圃地的立地条件及前期利用情况对猕猴桃苗木根系发育和地上部生长影响很大，选择时主要考虑的因素包括：地点、地势、土壤和水源等。

（一）地点和地势

苗圃宜选在交通便利，空气、土壤和水质未污染，周边没有猕猴桃检疫病虫害发生及重要病虫害的中间寄主作物存在，且雹、旱等自然灾害发生较少的地方。苗圃宜建在地势平坦、背风向阳、排灌方便、地下水位较低的地块。

（二）土壤和水源

果树育苗与栽培生产对土壤要求是不同的。栽培要求土层深厚，有利于形成分布广而深的根系；育苗则要求植株主根较短，侧根和须根发达，以利栽植后缓苗和成活。猕猴桃的苗圃地应选择疏松肥沃、排灌方便、排水良好、土壤 pH 5.5～7.5 的沙壤土或壤土。黏重的土壤下雨时易涝，天旱时易板结，不利于猕猴桃幼苗生长，如果用作苗圃地，应混入适量的河沙。猕猴桃根系生长的强弱和根量的多少与其生长的土壤条件有关，轻黏壤土和细沙壤土条件下一年生猕猴桃苗的生长情况见表 6-1 和表 6-2。一年生猕猴桃幼苗在轻黏壤土条件下，根的总长度为 1 538.1cm，根鲜重 9.47g，而在细沙壤土条件下，根的总长度为 2 617.8cm，根鲜重 27.5g。

表 6-1 轻黏壤土条件下一年生猕猴桃苗的生长情况

根级次	根数（条）	根长（cm）	占总根百分比（%）		备注
			根数	根长	
1 级	52	190.1	6.81	12.36	
2 级	133	712.5	17.41	46.32	
3 级	410	483.2	53.66	31.42	株高 14cm，地上部鲜重 3.45g，地下部鲜重 9.47g
4 级	155	146.7	20.29	9.54	
5 级	14	5.6	1.83	0.36	
总计	764	1 538.1	100.00	100.00	

表6-2 细沙壤土条件下一年生猕猴桃苗的生长情况

根级次	根数（条）	根长（cm）	占总根百分比（%）		备注
			根数	根长	
1级	43	197.0	2.70	7.52	
2级	329	1 124.0	20.68	42.94	
3级	693	932.4	43.56	35.62	株高14cm，地上部鲜
4级	507	353.2	31.87	13.49	重2.83g，地下部鲜重
5级	15	9.4	0.94	0.36	27.5g
6级	4	1.8	0.25	0.07	
总计	1 591	2 617.8	100.00	100.00	

猕猴桃苗木生长发育、嫁接伤口愈合和嫁接芽萌发等整个育苗过程都离不开水，必须保证能适时、足量供应水。同时，土壤中若长期水分过多或雨后积水不能顺畅排出，则不利于猕猴桃根系生长发育。因此，苗圃应建在水源充足和排水良好的地方。

二、苗圃地规划

苗圃场区规划可分为生产区和非生产区及圃地排灌系统设计。其中：生产区包括母本园、繁殖区、轮作区、大棚温室等；非生产区包括防护林、道路、办公区、水站、库房等，生产用地不低于总面积的75%。具体规划设计应根据苗圃地规模和需要，进行统筹安排。

（一）母本园

母本园主要作用是提供猕猴桃苗木繁育所需的繁殖材料，包括实生繁殖用的砧木种子、扦插繁殖所用的插条及嫁接繁殖的品种接穗，通常由砧木母本园和品种母本园组成。目前我国猕猴桃苗木繁育比较混乱，设置猕猴桃苗木繁殖专用母本园的不多，生产上应进行规范管理，为猕猴桃产业实现标准化生产奠定基础。

1. 砧木母本园 提供砧木种子、扦插和压条所需的插条，以及组培繁殖所需的茎尖等材料。为保证连年有充足的砧木种子，用于采集实生种子的母本树应在生长健壮、高产、授粉结实率高的群体中选择；同时还要考虑砧木的区域性，不同猕猴桃产区苗圃，应建立相应的砧木种类母本园。

2. 品种母本园 提供适于生产发展的自育或引进的优良品种接穗。对于用于采集接穗的母本树，应加强肥水和花果管理，以保持树体中庸健壮、枝条充实发育良好。为保证培育出的猕猴桃苗品种纯正，应对母本树进行定期观察，发现变异枝条或从砧木长出的枝条应及时除掉。

（二）繁殖区

繁殖区是苗木生产的主要场所，根据生产猕猴桃苗的种类和用途，划分成以下4个区。

1. 实生苗繁育区 采用播种猕猴桃砧木种子的方法进行实生苗繁育，生产猕猴桃实生砧木苗。

2. 自根苗繁育区　采用扦插、压条、分株等方法进行自根苗繁育，生产猕猴桃专用砧木苗。

3. 嫁接苗繁育区　采用嫁接技术繁育猕猴桃的成品苗，可直接用于猕猴桃建园。

4. 组培苗繁育区　通过茎尖组织培养和微嫁接技术生产猕猴桃的无病毒苗，包括猕猴桃的砧木和品种组培苗。

（三）轮作区

猕猴桃不宜在重茬地育苗，因此必须设立轮作区，实行轮作。未经轮作或土壤消毒的土地，两年内不得再作为猕猴桃育苗地使用，否则重茬会严重影响猕猴桃苗木生长。

为恢复地力，消除土壤中有害微生物、土传病虫害等连作危害，轮作区内可种植牧草、油菜、小麦等作物。

第二节　实生苗繁育

实生苗繁育，是以种子为繁殖材料的一种繁殖方式。猕猴桃是多年生藤本植物，采用种子繁殖产生的原始根系称为实生根系，其特点是主根向下生长迅速，而且发达，可有效地吸收深层土壤中的水分和养分，固地性好，抗风抗倒伏能力强。因此，采用实生苗作砧木，在猕猴桃生产中具有重要意义。

一、苗圃地的准备

猕猴桃种子小，精细整地对确保种子有较高的发芽率和苗木的健壮生长十分重要。苗圃地先要施足基肥，深翻、整平，清理石块、草根等杂物。基肥应使用经过堆沤腐熟的牛粪、猪粪等农家肥，每 $667m^2$ 施肥 4 000～5 000kg，还应加入适量的磷钾肥。播种前两周用五氯酚钠、菌毒清等进行土壤消毒，喷洒消毒药剂在地面后深翻耙细。根据圃地的宽度，做成畦面宽 100cm、畦梁宽 30cm 的苗畦，苗畦长度在 10m 以内较为合适，过长则易出现地面不平整。

在多雨、土壤透水性较差的地区，宜改做高畦，即下种的苗床比周围的地平面高，以利雨涝时水分向外排出。床底宽 80cm，畦面宽 60cm，床高 20cm，床间沟宽 25～30cm，灌溉时水从床侧面渗透进入苗床，畦面湿润而不发生板结。

二、种子收集与保存

应从健壮、无病虫害的优良母树上采收充分成熟的果实，从中选取向阳的、无病虫的大果，放在室温下自然软熟，不要堆码沤熟、发酵或者发霉。待其后熟变软后立即除去果皮，用干净的纱布或布袋包好，捣碎或者装入纱布袋揉搓使果肉和种子分离，用清水将果实冲洗干净，将种子和果肉分开；取出种子摊放在干燥通风的地方自然阴干，忌在阳光下暴晒；然后装入布袋，藏于通风干燥无鼠害处，存放待用，或者保存在 3～5℃低温或干燥箱内待用。隔年种子一般不能萌发或者萌发率很低，不可使用。经过长期的生产实践证明，野生美味猕猴桃系列抗性强，生长势旺，是繁育猕猴桃苗木的最佳砧木之一。

三、提高种子发芽率的方法

由于猕猴桃自身的生物学特性，成熟的种子具有休眠期，处于休眠期的种子，即使给种子提供适宜其萌发所需要的温度、湿度、光照等各种环境条件，种子也不会发芽。为满足生产的需求，应给种子创造适宜其萌发的外界环境条件，采取措施打破休眠，使睡眠中的种子提前发芽，批量化的幼苗能够整齐出土，健壮生长。

（一）层积处理

在播种前，将种子进行沙藏，以提高种子发芽率。层积处理时，首先将种子放在45℃的温水中浸泡 2h，捞出后与 5～10 倍的细河沙均匀混合，沙子的湿度以手握成团，一触即散为度。可将种子用纱布袋装好后埋入沙中，也可将均匀混合种子的湿沙放在通气容器中。容器底部铺一层 3～5cm 厚湿沙（含水量约 15％），顶上再盖一层 3～5cm 厚湿沙（含水量约 15％），放在阴凉通风处保存。之后，每隔 15d 检查一次湿度防止腐烂，同时使温度和湿度均匀。沙藏温度以 5℃左右为宜，沙藏程度以种皮破裂露白时为最理想，层积时间过长易导致长出的胚根过长，播种时易折断胚根，一般沙藏 40～60d 即可。实践证明，猕猴桃种子干藏，播种时采用温水浸泡及催芽等处理，其发芽率不如层积处理的高。新西兰对中华猕猴桃种子发芽的研究结果表明，变温和层积处理是种子发芽的重要因素。

（二）变温处理

将层积种子置于不加温的玻璃温室内，利用阳光的昼夜温差，达到种子变温处理效果，仅 15d 左右，萌发率达 90％以上。北京植物园将海沃德种子放在 6℃冰箱中保存12d，在 22 000lx 光照照射 16h，晚间 6℃低温和黑暗条件下（冰箱内），经 8d 交替变温处理，萌发率达 96％。新西兰采用先 4℃低温处理 3 周，再变温处理 20d，即每天高温 20℃处理 8h，低温 4℃处理 16h。

（三）赤霉素处理

种子的萌发能力由胚周围组织（种皮和胚乳）强加的物理限制与胚的生长潜能之间的平衡所决定，覆盖胚根尖端的珠孔端胚乳细胞的弱化被植物激素赤霉素所促发，是胚根伸出的重要前提（宋松泉等，2020）。赤霉素能加速种子胚乳内脂肪的分解，并使乙醛酸循环中的关键酶——异柠檬酸裂解酶和羟酰辅酶 A 脱氢酶的活性增强，进而促进种子萌发。赤霉素通过 *RGL2* 调节拟南芥种子萌发，*RGL2* 是一种 GAI/RGA 类基因，其表达在吸胀后上调（Lee et al.，2002）。光通过赤霉素激活拟南芥 PIL5 蛋白降解促进种子萌发（Debeaujon，2000）。

北京植物园用赤霉素（GA₃）500mg/kg 溶液处理海沃德种子 5min，或用 2 500mg/kg溶液处理 24h，萌发率分别达 65.5％和 59％；若层积处理 12d 后，用 500mg/kg 溶液处理5min，萌发率达到 71.5％。新西兰在播种前将种子放在 5 000mg/kg 赤霉素溶液中浸泡20h，也能达到理想效果。实验表明，种子在赤霉素处理之后，播种之前干燥 24h，可以改善萌发状况。

四、播种

（一）播种时期

一般于当地2月前后，将保存好的种子取出播种。播种过迟会显著降低出苗率，而且出苗不整齐，生长缓慢。

（二）播种方法

采用条播和撒播均可。一般条播采取横幅宽窄行和顺行条播，条播的行距以20～30cm为宜。因猕猴桃种子细小，播种深度宜浅，播种深度为2～3cm，一般为种子的3倍。播种时，把沙子连同沙藏种子，或者加一些细沙搅拌均匀后播种。播后，在上面盖一层3mm厚的细土（过细孔筛）或者锯木屑，之后再盖一层稻草或者覆盖塑料薄膜，以保持土壤湿润、疏松，促进种子萌发出土。

Lawes等（1980）研究发现，沙藏或赤霉素处理24h均能促进猕猴桃品种Abbott和Bruno的种子萌发。Smith等（1967）用沙藏加变温的方法处理猕猴桃种子，其发芽率显著增高。李从玉等（2010）用CPPU对猕猴桃种子进行浸种，结果发现不同浓度的CPPU能够不同程度地打破猕猴桃种子休眠，促进种子萌发。安成立等（2011）采用变温处理和赤霉素处理种子，结果发现，变温处理有利于种子萌发，5～20℃高变温比0～15℃低变温更有利于种子萌发；赤霉素处理可以有效促进猕猴桃发芽势和发芽率的提高，且高浓度效果较好。钱亚明等（2014）进行了不同产地红阳和徐香猕猴桃种子的发芽试验，结果表明，不同产地、不同品种猕猴桃种子重量、萌芽率和发芽势有明显差异，但不同产地三者间并没有相关性。由此可知，猕猴桃种子的萌发受多种条件的影响。

五、苗期管理

由于猕猴桃种子细小，播种后想要萌发率高、出苗率高和成苗率高，苗床管理的精细与否是育苗成败的关键。

（一）浇水施肥

猕猴桃种子播种浅，易受干旱影响，要经常浇水，保持苗床土壤湿润。浇水时最好洒浇或雾化浇水，以免冲出种子或冲倒幼苗。晴天要早晚各浇一次水，做到浇匀、浇透。当然，雨天还要注意排水。通常情况下，播种后每天浇透一次水，20d左右种子嫩芽即能钻出土壤。

施肥与浇水结合，采用水肥混浇的方法进行，要薄施勤施。幼苗出土半个月后即可开始施肥，喷水时加0.1%～0.2%尿素和磷酸二氢钾，间隔15d左右施一次。移栽于大田苗圃的幼苗，需要1～2周的缓苗期。移栽苗返青后，可在土壤中撒施稀薄的粪水或尿素，以后可根据幼苗生长情况施肥。苗圃地一般选择土壤肥沃地块，少量多次施肥，以氮肥为主，主要施尿素肥，方法为行间沟施或撒在叶片上和幼苗根颈部，撒后立即灌水。

（二）及时揭开覆盖物

猕猴桃幼苗纤细、娇嫩，怕风、怕旱、怕涝、怕强光，管理应精细。一般播种7～15d苗可出齐，当苗高1～2cm时揭去覆盖物，揭时要细致，不要折断嫩苗或带出嫩苗。揭开覆盖物后，立即搭设荫棚来遮阴，避免阳光直射、灼伤幼苗。

（三）搭荫棚

荫棚可用竹竿或树枝搭设，上面铺上竹帘或覆盖物。晴天盖上，晚间和阴天揭开，透过帘子的散射光基本可以满足幼苗的需要。同时要常洒水，保持土壤湿润。

（四）间苗移栽

当幼苗长出2～3片真叶时，剔除过密的弱小苗和病虫苗；长到4～5片真叶时，应进行间苗，间出的小苗移栽到大田苗圃地或营养钵里培育。大田苗圃应在移栽前做好准备工作，苗圃地应精耕细作，施足底肥，土壤消毒。间苗前，提前将苗床浇透水，以便起苗时保持根系完整，避免断根、伤根，间苗移栽应选择在晴天傍晚或阴天进行。

移苗时间一般选为3月下旬至4月上旬。起苗时边起苗边移栽，移栽后立即浇水并搭荫棚遮阴，注意每天浇水保湿，尽最大可能提高移栽苗的成活率。移栽密度可按行距20cm、株距15cm栽植。无论是移栽到大田苗圃的苗还是留在原来苗床上的苗，在行间都可覆上一层秸秆、木屑或松针等物品，春季可保温，夏、秋季可保湿降温，还可抑制杂草生长，腐烂后也是有机肥料，可以提高成苗率和苗木质量。张义勇等（2019）研究表明在7月中下旬每隔10d对小苗喷施2次浓度为0.5％的磷酸二氢钾，会促进幼苗木质化。

（五）摘心和除萌

为促使苗木加粗生长，提升当年能嫁接的砧木数量，当苗高30～40cm时予以摘心。及时抹去苗木基部的萌芽和侧枝，只留一个直立粗壮的主干，疏除缠绕弯曲枝条，培育出壮苗。吴婉婉等（2020）研究指出，待幼苗长至50～60cm高时，可进行多次摘心，除去基部萌芽，促进苗木嫁接主干的形成与增粗，为嫁接做好准备。

（六）中耕除草

幼苗期除草应用手拔，见草就拔，但要注意防止将猕猴桃幼苗一起拔起，应在杂草幼嫩时就清除。禁止使用除草剂，否则会遗留残毒，伤害猕猴桃幼苗。由于经常灌水，会使苗圃地土壤板结，影响苗木生长，应在灌水后适时中耕松土，增加土壤保水力和透气性，但不要伤害幼苗。遇天气炎热高温时，停止中耕。

（七）病虫害防治

猕猴桃幼苗期易受病虫危害，防治病虫害是苗期管理的重要一环。苗期病害主要是立枯病，虫害主要是地下害虫。在高温高湿季节，遇幼苗过密，环境荫蔽，不通风，土壤黏重积水等情况，就易感染立枯病，病株根颈部出现水渍状腐烂而造成死亡。发病前用波尔多液，或多菌灵，或甲基硫菌灵预防，一旦发病，立即拔除病株，在畦面上撒施草木灰。苗期的地下害虫主要是地老虎、蝼蛄、蛴螬和根结线虫等，可用敌百虫制成毒饵，或用辛硫磷、亚胺硫磷液灌根。对于线虫可用阿维菌素乳油灌根。当冬季土壤封冻或雪覆盖时一般不用管理。翌年春季随着气温上升，土壤解冻，注意查看土壤墒情，干旱适当补水；出苗后要及时进行间苗，雨季排水防涝，适时施肥、中耕除草和病虫害防治。

第三节　扦插育苗

猕猴桃种子繁殖简单方便，但育苗时间长，且实生群体个体差异大，对栽培品种种苗一致性有影响。种子繁殖的实生苗也不能保持原有品种的全部优良性状，且结果比较晚，一般需要 3～5 年。猕猴桃扦插繁殖可以克服种子繁殖时产生的变异和避免苗木受砧木的不良影响，简单易行，成本低廉，并且扦插材料已经完成阶段发育，能保持母株的优良特性，具有成苗快、当年扦插当年成苗等特点，可在当年培育出大量优良整齐的成苗，是一种行之有效的苗木繁殖方法。设施条件好的情况下，可以一年四季进行。

一、扦插苗繁殖的生物学基础

扦插繁育是一种无性繁殖方式。当扦插条基部不定根一旦生根就有相当多的新陈代谢活动，如新根各组织的发育，继而透过周围茎组织成为外生的具有功能的根。研究表明，蛋白质和核糖核酸的产生都间接包含在不定根的形成之中（Kefford，1973）。扦插枝条中的营养物质如碳水化合物、含氮化合物是不定根形成的物质基础。

（一）扦插繁殖的影响因素

扦插繁殖的种类一般可分为茎插、叶插、叶芽插、根插 4 种，茎插是果树扦插应用最广的一种，它生根的环境条件一直是果树工作者研究的焦点，其环境条件包括光照、温度、水分、氧气、基质等。影响扦插成活的因素主要有以下 5 个方面。

1. 种类和品种 毛花猕猴桃、狗枣猕猴桃、软枣猕猴桃、葛枣猕猴桃、对萼猕猴桃等品种，硬枝扦插生根容易，生根率一般可达 90％ 以上。中华猕猴桃和美味猕猴桃扦插生根相对困难，若无特殊生根措施，生根率一般只有 20％～30％。中华猕猴桃形成愈伤组织的能力很强，一般形成的愈伤组织过多，容易在愈伤组织的表面形成木栓层，而不易生根（钟彩虹等，2014）。

2. 树龄、枝龄和枝的部位 同一树种、品种的幼龄树比老龄树容易发根，一年生枝比多年生枝容易生根。中部枝粗细适中，生根成活率稳定；梢部组织幼嫩，生根虽快，但成活率低；基部枝愈合生根慢，成活率也低。枝条节部比节间积累养分多，易愈合生根，故插条应在其节部下附近剪截为宜。

3. 植物激素 扦插前对枝条用吲哚丁酸、吲哚乙酸、2,4-D、萘乙酸等外源激素处理可以明显促进生根。有些化学药剂，如高锰酸钾、硼酸等溶液浸泡插条基部，也可以促进插条生根。

4. 空气、温度、湿度、光照

（1）空气。插条愈伤组织的形成与空气有密切关系，在充足的空气供应下，插条的伤口呼吸旺盛，生命活跃，有利于伤口愈合，高效栽培容易发生新根。如果土壤板结、透气不良，伤口不易愈合，则更难于生根。

（2）温度。扦插最适宜的土壤温度为 20～25℃。如果温度在 10℃ 以下，所需生根时间延长，30℃ 以上易引起落叶。一般要求土壤温度应比气温高 3～5℃，同时还必须保持温度的相对恒定，防止气温剧变。

（3）湿度。土壤湿度以土壤最大持水量的 60％ 左右为宜。空气相对湿度以 80％～90％ 为宜。插条生根后浇水量过大、浇水过频繁容易烂根。

（4）光照。在扦插的初期光照要少，愈合生根阶段适当增加光照。生根发芽之后要逐渐增加光照，并要做到高温时遮阴降温，阴雨天注意透光。

5. 生根基质 基质所含氧气、矿质营养及酸碱度与生根直接相关。理想的生根基质要多孔、通气，既能保持湿润，又排水良好、酸碱度适宜、营养丰富。最初改进沙土营养条件的措施是叶面喷肥和土壤浇肥，近些年发展到采用营养液作基质，向基质中通空气或氧气，枝条生根率和成活率得到大幅度提高，只是成本大、技术要求苛刻，但却是今后的研究方向。

(二) 促进扦插生根的方法

筛选适宜猕猴桃枝条生根的植物生长调节剂，对促进扦插生根具有重要的指导意义。用不同种类和不同浓度的植物生长调节剂处理泰山 1 号猕猴桃枝条，进行猕猴桃枝条生根试验。当生根粉（ABT）浓度为 2 000mg/L 时扦插生根率最高，为 55.17%，当萘乙酸（NAA）浓度为 750mg/L 时单株平均根数最多，为 22.00 条；当 ABT 浓度为 750mg/L 时单株最长根长可达 59.42cm。综合考虑，ABT 2 000mg/L 诱导泰山 1 号猕猴桃枝条秋季生根的效果最好（王海荣，2018）。

石进校等（2002）用不同种类和不同浓度的生长素类激素处理米良 1 号猕猴桃插条，50mg/L 的 IBA 和 50mg/L 的 NAA 混合液浸泡插条基部切口，插条生根的根数、根长、根粗及成活率最好；不同土壤扦插，插条生根率和成活率排序为：沙土＞腐殖土＞黄壤土；从秋前和秋后成活率明显差异分析，秋季干旱期扦插苗管理十分重要。

朱宏爱等（2020）用不同种类、浓度的生根剂对红阳猕猴桃半木质化带绿叶枝条进行处理，结果表明，IBA＋NAA（3∶1）和 2,4-D（微量浓度为 0.02mg/L）对红阳猕猴桃嫩枝扦插生根具有明显的促进作用。浸泡时间为 18h 时，生根率、成活率为最高，达到 100%。

田晓等（2019）以辽宁桓仁山区的桓优 1 号软枣猕猴桃为试材，研究 100、500、1 000、1 500mg/L 4 种质量浓度的 6-苄氨基腺嘌呤（6-BA）、3-吲哚丁酸钾（3-IBA-K）、萘乙酸（NAA）、生根粉（ABT）处理对硬枝扦插生根率、成活率、生根数量、根长、抽梢率、新芽高度和小叶数量的影响。结果表明，4 种不同质量浓度植物生长调节剂处理的插条生根率、成活率、生根数量和根长均表现为 ABT 处理效果最佳，6-BA 处理效果最差，生根率和成活率表现为 3-IBA-K 处理稍好于 NAA 处理，而生根数量和根长则表现为 NAA 处理优于 3-IBA-K 处理；500mg/L ABT 处理的插条生根率最大，为 90.0%，极显著高于清水对照（$P<0.01$），100mg/L ABT 处理的插条生根数量和根长最大，分别为 10.9 条和 5.2cm，极显著高于对照（$P<0.01$）。而在抽梢率、新芽高度和小叶数量方面均表现为 3-IBA-K 处理效果最佳，6-BA 处理效果最差，以 1 500mg/L 3-IBA-K 处理的软枣猕猴桃抽梢率和小叶数量最高，分别为 45.64% 和 3.18 片；而新芽高度则以 1 000mg/L 3-IBA-K 处理最高。

以中华猕猴桃桂海 4 号为试材，采用 500mg/L、1 000mg/L、1 500mg/L 3 种不同浓度的吲哚丁酸、萘乙酸和 ABT 处理插条，进行猕猴桃扦插试验。结果表明：1 500mg/L 吲哚丁酸的扦插生根率极显著高于萘乙酸和 ABT 的各个处理，显著高于 1 000mg/L 吲哚丁酸处理；吲哚丁酸对根数和根长的促进作用优于萘乙酸和 ABT，ABT 对于根粗的促进作用却较其他两者强，主成分分析结果表明，1 500mg/L 吲哚丁酸处理的插条生长情况最好（龚弘娟等，2008）。

选择适宜的基质对于提高猕猴桃扦插生根率也有一定作用。甄占萱等（2018）采集软枣猕猴桃嫩枝，分别扦插在沙土、蛭石、沙土＋苔藓（1∶1）、清水和陶粒土中，观察不同基质对扦插成活率的影响。结果表明，不同基质对软枣猕猴桃嫩枝扦插生长影响明显。清水区不易产生愈伤组织；沙土＋苔藓区易致枝叶腐烂；沙土和蛭石区扦插效果较好；大棚陶粒土扦插效果最佳，在未浸蘸生根剂的情况下100％产生愈伤组织，成活率达到100％，2个月生根率达到86.7％。由此可见，陶粒土作扦插基质在合理的配套管理方法下可以有效提高软枣猕猴桃嫩枝扦插生根成活率。

程建军等（2020）同样以软枣猕猴桃品种韦狄、龙城2号、伊赛为试材，研究不同扦插方法、不同混合基质组成和不同浓度GGR7号生根粉对软枣猕猴桃绿枝扦插生根率的影响。结果表明，在北京地区最佳扦插时间为春季和秋季，以体积比1∶1∶1的草炭＋蛭石＋珍珠岩和1∶1的椰糠＋珍珠岩为扦插基质，经100mg/L GGR7号生根粉浸泡插穗基部2h，可得到87.2％以上的绿枝扦插生根率。

二、扦插前准备与扦插方法

（一）苗床准备

选择土壤质地疏松、排水良好的沙壤土作为苗床，最好在避风向阳处，若条件允许，可以在温室或塑料大棚内扦插。插床的大小应根据场地和生产能力等情况确定，一般以宽80～100cm、长3～5m、高20～30cm为宜。通常所用土壤颗粒细而均匀，粒级以0.15～0.5mm粒径的颗粒占65％左右为宜，或用蛭石，尤以蛭石加沙作基质比较理想，既保水保温，又疏松通气。

扦插前，土壤要经过严格的消毒，一般用0.1％～0.3％的高锰酸钾溶液或1％～2％的福尔马林溶液消毒灭菌，用喷雾器边喷边翻动土壤，以全部喷湿为度，然后堆好，用薄膜密闭1周左右，揭去薄膜并翻动土壤，放置2～3d即可填入插床使用。

有条件时，也可设置铺埋地热线的插床，其床高35～40cm。铺埋方法是：先在插床底层铺一层厚约15cm的隔热绝缘材料，一般用松针叶等作为隔热层，在隔热层上填3cm厚的土壤，再将地热线全部平铺在土壤上。在铺埋地热线时两边宜稍密，因为两边热量易散失，中间铺埋地热线宜稀，一般两边的线距10cm左右，中间20cm左右。地热线铺好后，再填盖12～15cm厚的土壤。

使用地热线时应注意：要整线使用，不能剪断；铺埋后多余的线不能缠绕成团，不宜露线，要全部埋在土壤里；要保持发热体周围的湿度；铺埋好后不能踩踏；起苗时要小心，不能用铁器工具，以免碰伤胶皮，防止再用时短路。将地热线、导电温度表和电子继电器连接，接通电源，便可使土壤升温。达到所需的温度时可自动断电，这样就可按要求的温度自行控制。

（二）扦插方法

1. 硬枝扦插　硬枝扦插就是利用冬季修剪的休眠期枝条扦插，宜在早春进行。扦插时间随地区的气候条件而不同，南方早些，北方晚些。如福建、湖南、安徽、浙江、四川等地多在12月中旬至第二年2月底，陕西、河南以2月底至3月中旬扦插为宜。

（1）插条选择与处理。选择生长健壮、腋芽饱满的一年生枝条，长度10～14cm，具有2个芽，直径0.5～1.0cm，插条大都切口紧靠节下平剪，上部剪口距芽的上方约0.5cm，剪口要平滑，用蜡密封。扦插前首先要用激素对插条进行处理，生长激素以吲哚丁酸（IBA）最好，萘乙酸（NAA）次之。将插穗放到溶液中，激素溶液深度为 3～5cm，成活率与溶液浓度和插穗浸泡时间有关。通常采用高浓度快速浸蘸的办法效果最好，如用 5 000mg/kg 的 IBA 溶液浸蘸 3～5s，生根成活率可达 90% 以上；用 4 000～5 000mg/kg 的 NAA 处理 2s，生根率可达 80%～100%。猕猴桃的枝条含有较多的胶体物质，如果插条切口长时间浸泡在生长调节剂溶液中，会有大量胶体黏液流出，粘在切口处，这样不仅引起营养物质流失，也不利于切口形成愈伤组织。采用高浓度生长调节剂快速处理，不但可以避免枝条胶液大量流失，而且可使外源激素立即发挥效能，促进枝条生根。

（2）扦插处理。经生长调节剂处理的插穗按 10cm×15cm 株行距，扦插在插床上。在扦插过程中要防止风吹日晒，轻拿轻放，一般都垂直插入土中，若插穗较长也可斜插，扦插的深度为插穗长度的 2/3 左右，以顶部芽稍露出土面为宜。若土壤疏松，可将插穗直接插入土中；若土壤较黏重，先用小铲铲开后插入土中，以免擦伤根部皮层及根原始体而影响愈合生根。插后用手按实床土，使插穗与土壤紧密接触，随后喷透水。

2. 嫩枝扦插　嫩枝扦插也叫绿枝扦插，是在猕猴桃当年生枝半木质化时用带叶的枝条作为插条进行的扦插，又称软枝扦插。在生长季节，由于气温较高，空气干燥，蒸发量大，扦插不易成活。较适宜的扦插时间是南方宜早、北方较晚，一般多为 4—6 月和 9—10 月。采剪插条应在阴天、空气凉爽的时候进行，最好随采随插。

（1）插条选择与处理。选用当年生半木质化的枝条作为插穗，插穗长度一般为 2～3 节。距上端节 1～2cm 处剪平，下端紧靠芽的下部剪成平面或斜面，剪口平滑，上留 1～2 片叶，以利于光合作用进行，促进生根。为了减少蒸腾量可剪去叶片的 1/3～1/2（彩图 6-1）。

用生长调节剂浸润插穗基部能促进生根，提高扦插成活率。用 200～500mg/kg 的 IBA 或 NAA 浸泡插穗基部 3～4h，能显著促进生根，生根率达到 80% 以上。有些化学药剂可促进细胞呼吸，形成愈伤组织，增强细胞分裂，从而有促进生根的效果。如用高锰酸钾、硼酸等 0.1%～0.5% 的溶液浸泡插条基部数小时至 24h，能提高细胞活力补充养分，促进生根。此外，利用蔗糖、B 族维生素等水溶液浸泡插条基部也可以促进生根。

（2）扦插技术。经过消毒后的土壤，插前先浇透水，再进行扦插。株行距以 10cm×15cm 为宜，可直插或斜插，但要将顶端保留的叶片留在插床面之上，要使插穗与土壤紧密接触，扦插后及时灌水。

此外，微根接技术在猕猴桃扦插育苗中也有所应用（图 6-1）。研究发现，猕猴桃品种农大金猕、徐香利用微根接技术扦插后，展叶、生根所需天数明显缩短，适宜于工厂化快速繁殖，解决了常规实生苗、扦插苗等周期长、成活率低、成苗量少的技术问题。微根接扦插克服了前期扦插插穗对芽体养分供应不足等问题，扦插生根率再一步提高。插穗基部形成根系，整个猕猴桃插穗形成两套根系（王健，2022）。该方法简单，易于操作，降低育苗成本，保证扦插苗的成活率，适合工厂化育苗经营实际，提高经济效益。

三、扦插苗的管理

扦插以后的管理措施是提高插穗生根成活的关键。如果管理不当会影响生根成活或全部失败。而管理的中心工作是调整好水分、空气、温度、湿度和光照等环境因子的相互关系，以满足插穗生根的需要，其中对水分的调整尤为重要。

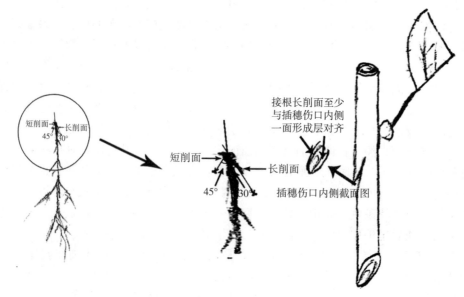

图 6-1　微根接操作示意图（王健，2022）

（一）搭设荫棚

扦插后要及时搭好荫棚，以防日光暴晒和干燥，在高温、高湿和遮阴的条件下更有利于生根成活。尤其对嫩枝扦插，遮阴更为重要。荫棚的透光度以 40％ 左右为宜。一般用遮阴网作为遮阴材料，也可以就地取材，如竹帘、草帘、枝条、秸秆等均可。

（二）温湿度与通气性控制

为了使土壤透气性良好，插后初期不宜灌水太多，一般要看插床的干湿情况，每 7～10d 浇 1 次透水即可，萌芽抽梢后，需水量增加，可 2～3d 浇 1 次水，要保持畦面沙但不发白，插穗基部切口呈浸润状态为宜。嫩枝扦插是在生长季节进行，应该严格注意管理措施，除遮阴外，还要每天早、晚各喷水 1 次，使其相对湿度保持在 90％ 左右，苗床温度约 25℃，切忌 30℃ 以上的高温。硬枝扦插在有条件的地方最好采用地热线，在不同的时期可调控适宜的温度，对促使愈合生根极为有利。条件许可时，也可在插床底层施用一些热性肥料，如马粪、牛羊粪等，以提高土壤的温度。在插穗愈合前，应以提高地温、降低气温为主，一般土壤温度调控在 19～20℃；愈合后土壤温度调控在 20～25℃，在插穗大部分生根后，可断电停止土壤增温，在自然温度下炼苗。

扦插苗成活后，每隔数天将覆盖在其上的棚膜揭开一部分，使苗木通风降温，之后逐渐增加揭开棚膜的次数，并延长揭开时间，使幼苗得到锻炼。当年秋末将扦插苗移植到营养体中，注意保持温度和湿度，待第二年春季即可移栽定植。

（三）调节光照

硬枝扦插时，在插穗未展叶前应加盖帘子使插穗的环境处于黑暗状态，如此有利于愈伤组织的形成；在中后期和嫩枝扦插的整个时期，插穗已有绿叶，除晴天日光较强时（9：00—16：00）需要遮阴，其余时间均应除去遮阴材料，插穗愈合生根后，更需要充足的光源。

（四）摘心控长

硬枝扦插一般先萌芽抽梢后生根。前期萌芽抽梢所需的养分，都是插条内的贮存营养，如果不及时控制地上部分的生长，养分消耗过多，就会影响生根。在没有新根的情况下，新梢中大量的水分蒸腾，造成缺水萎蔫，甚至插穗枯死，所以及时摘心是促进生根、保证成活的一个重要措施。一般在新梢长到 5cm 左右时摘心，以保留 3～4 片叶为宜。如果发现抽梢中有花蕾，应随时将蕾摘除，以节约养分，利于生根成活。

（五）幼苗移栽

生根成苗后应及时移栽，以利于培育壮苗。一般在扦插后 40d 左右，生根的幼苗根系有一定老化，根长 10cm 左右时即可移栽，每年在同一插床可以进行反复多次扦插。移栽最好选在阴天进行。移栽前先在苗畦地施足充分腐熟的有机肥料，按株行距 20cm×30cm 挖好移栽穴，移栽后立即浇透水。移栽后 15d 内的晴天，必须注意遮阴。

（六）设立支柱

移栽成活后，枝梢长度达 30cm 时需设立临时支柱（或拉绳），将新梢引缚架上，防止倒伏和相互缠绕影响生长。

（七）施肥灌水

移栽苗缓苗之后，要适时适量灌溉，可适当施薄肥。每隔 7～10d 喷 1 次 0.2%～0.3%尿素或 0.2%～0.4%的磷酸二氢钾等肥料，作根外追肥，也有促进生根的效果；新根长出后，结合浇水可施用低浓度尿素、复合肥、腐熟的农家肥。另外，需要加强冬季管理，扦插苗移栽成活后长势比较弱，往往因冬季天气太冷而"冻死"，因此冬季防寒是关键，需覆盖麦秸或稻草防寒。

第四节　组织培养繁殖

一、组织培养繁殖的特点

猕猴桃为雌雄异株，基因高度杂合，传统的种子繁殖周期长、遗传变异大，且易造成良种退化。植物组织培养具有繁殖快、增殖系数高、遗传性状稳定、不受生长季节限制、培养环境干净卫生、管理方便等特点，已成为猕猴桃苗木繁育和种质资源保存的重要手段。目前已成功建立组培快繁体系的猕猴桃种有美味猕猴桃、中华猕猴桃、软枣猕猴桃、毛花猕猴桃、大籽猕猴桃、狗枣猕猴桃、葛枣猕猴桃、硬齿猕猴桃等。

二、组织培养繁殖的流程

（一）外植体建立

1. 外植体类型　猕猴桃外植体取材来源较广，如带芽茎段、根、叶片、叶柄、种子、花药、花粉、胚、果实等。其中以茎段和叶片为外植体的居多，原因是其成活率及芽诱导率较高。当以茎段为外植体时，一般选择当年生半木质化芽体饱满的带芽茎段，效果最佳。

2. 外植体处理　外植体处理最关键的步骤是消毒时间的筛选，其直接影响着外植体的成活及芽的形成。消毒时间过短，杀菌不彻底，引起外植体被细菌或真菌污染；消毒时间过长又会导致外植体褐化。猕猴桃组织培养中常用的消毒剂有次氯酸钠和氯化汞，消毒时间因品种、外植体类型、取材部位及取材时期而有所差异。

外植体处理流程：以带芽茎段为例，先用清洁剂去除表面污渍，再用流水冲洗30min，冲洗结束后用滤纸吸干表面水分。于超净工作台中将其剪成约3cm长的带1～2个腋芽的小段，后放置在灭菌的培养瓶中。先用75％的酒精表面消毒10～30s后倒掉酒精；再用1％的次氯酸钠或0.1％的氯化汞消毒2～10min；最后用无菌水冲洗5～6次，去除外植体表面残留的消毒剂；冲洗结束后用灭菌的滤纸吸干外植体表面的水分并剪去其两端受损的部分，接种至初分化培养基。消毒过程中，消毒剂要没过茎段，且其间可手动摇晃培养瓶，以使消毒剂与外植体充分接触。

（二）初代培养

将消毒后的外植体接种至初分化培养基中，先暗培养3d，培养温度为（25±2）℃，后置于正常光照条件下培养，光照强度为2 000lx，光周期为16h/8h（光/暗）。不同猕猴桃种、品种及外植体类型所用的初分化培养基有所不同。对于大多数猕猴桃品种来说，当以带芽茎段为外植体时，以不加任何激素的MS基础培养基作为初分化培养基，即可达到较高的腋芽萌发率，只是不同品种间腋芽萌发及伸长所需的时间有所差异。成思琼等（2020）研究结果表明，脐红猕猴桃带芽茎段的最佳初分化培养基为MS＋1.0mg/L ZT＋0.2mg/L NAA。薛莲等（2020）认为，诱导徐香猕猴桃种子萌发的最佳培养基为MS＋20g/L蔗糖＋6g/L琼脂＋1.0mg/L 6-BA＋0.1mg/L NAA。师万源等（2021）提出，徐香猕猴桃叶片最佳的愈伤诱导培养基为MS＋30g/L蔗糖＋4.5g/L琼脂＋2.0mg/L TDZ＋0.5mg/L IBA；诱导愈伤分化不定芽的最佳培养基为MS＋30g/L蔗糖＋4.5g/L琼脂＋0.3mg/L NAA＋3.0mg/L 6-BA。

（三）继代增殖培养

经初代培养的外植体分化出小芽时，于超净工作台中用解剖刀将小芽从其基部切下，接种至增殖培养基中进行继代培养，培养条件同初代培养。继代增殖培养是组培快繁体系建立及大规模工厂化育苗的关键。猕猴桃继代增殖培养所用的培养基为添加相应激素的MS基础培养基。不同猕猴桃种、品种及外植体类型所用的激素种类、浓度及配比会有差异。最常用的激素是生长素和细胞分裂素。丁光雪等（2021）研究表明，翠香猕猴桃的最佳增殖培养基为MS＋5mg/L 6-BA＋0.4mg/L NAA；高敏霞等（2020）提出，东红猕猴桃最佳增殖培养基为MS＋1.5mg/L 6-BA＋0.1mg/L NAA；林苗苗等（2016）认为，软枣猕猴桃天源红的最佳增殖培养基为MS＋1.0mg/L ZT。

（四）生根培养

生根培养是将组培苗移栽至大田的基础，生根的数量和质量直接影响着组培苗移栽的成活率。应选取长势较好的组培苗进行生根。目前猕猴桃组培苗生根有两种方式，一种是传统组培生根，另一种是光自养生根。

1. 传统组培生根 传统的生根方法是将组培苗移至生根培养基中进行培养。猕猴桃常用的生根培养基为添加相应激素的1/2MS基础培养基。不同猕猴桃种及品种生根培养所用的激素种类、浓度及配比会有差异，所添加的激素主要是生长素。通过对多个猕猴桃种及品种进行生根培养发现，普遍适用于中华猕猴桃的生根培养基为1/2MS＋0.6mg/L

IBA+0.3mg/L IAA；普遍适用于美味猕猴桃及其他种猕猴桃的生根培养基为1/2MS+0.6mg/L IBA，针对不同品种可在此基础上进行调整。如薛莲等（2020）的研究表明，徐香猕猴桃的最佳生根培养基为1/2MS+20g/L 蔗糖+6g/L 琼脂+0.4mg/L IBA；李良良等（2019）的研究发现，红阳猕猴桃的最佳生根培养基为1/2MS+0.7mg/L IBA。

2. 光自养生根 光自养微繁殖技术是日本千叶大学古在丰树教授在20世纪80年代末发明的一种全新植物组织培养技术，其原理是以CO_2代替糖类作为植物的碳源，通过调节影响试管苗生长发育的环境因子，促进植物进行光合作用，使试管苗由兼养型转变为自养型，进而促进了植物的生长发育，并显著提高了试管苗的生根率、生根质量、种苗质量以及移栽成活率。此外，光自养生根将继代与生根培养合二为一，大大缩短了育苗周期。

猕猴桃光自养生根具体流程：选取苗龄为4~6周、长势良好的猕猴桃组培苗，取长约1.5cm带芽茎段接种至添加相应激素且含水量为80%左右的基质中，置于光自养快繁装置培养。不同种和品种的猕猴桃进行光自养生根时需对基质成分和所添加的激素种类、浓度及配比，CO_2浓度及换气方式等参数进行优化（王中月，2022）。通过研究发现，将中华猕猴桃脐红及美味猕猴桃郁香接种至含水量为80%的蛭石基质中（450g 蛭石+1/2MS+1.0mg/L IBA），CO_2浓度为800μmol/mol、换气条件分别为每15min强制换气和每30min强制换气时，其生根效率，生根质量及生长表现最佳（彩图6-2），且光自养生根方式显著优于传统组培的生根方式。

（五）炼苗移栽

1. 炼苗移栽的影响因素 炼苗和移栽是植物组织培养的最后环节，也是将其成功推广到大田种植的关键步骤。炼苗的目的是提高组培苗对外界环境的适应性，进而提高移栽成活率。猕猴桃组培苗炼苗时间及移栽成活率，与温度、湿度、光照、基质成分、组培苗的长势及品种等因素密切相关。适宜移栽的温度为8~22℃，温度过高，会使移栽苗叶片中水分蒸腾加快，导致移栽苗萎蔫死亡；温度过低，又会抑制移栽苗的生长及成活。移栽后的1~15d，空气相对湿度应保持在90%左右，湿度过低会使移栽苗脱水枯萎。移栽基质可选择沙土、草炭、蛭石、珍珠岩等调整配比后的混合基质，使用前可用杀虫剂、杀菌剂或高压灭菌对基质进行消毒处理。此外，移栽基质的含水量应保持在40%~60%，含水量过高易滋生细菌且会使移栽苗根部腐烂。

2. 猕猴桃组培苗炼苗移栽方法 选取生根良好的猕猴桃组培苗进行移栽。移栽前先松盖1d、开盖2d进行炼苗；然后将组培苗取出，用清水洗去其根部吸附的培养基并去除其基部的小叶。之后快速将其移栽至珍珠岩：基质：蛭石为1:1:1的混合基质中，立即将移栽好的组培苗转至事先注水的育苗盘中，并向组培苗喷水后盖上盖子。幼苗移栽前期温湿度的科学管理是保证其成活的关键，移栽后的前一周要根据移栽苗的状态和天气状况进行喷水和遮阴，使空气相对湿度控制在90%左右，温度控制在25℃左右。移栽1周后根据幼苗的状态揭开盖子，同时逐步增加光照并注意喷水。当新根长出、有新叶展开后即可移至大田。

3. 提高移栽成活率的方法

（1）采用光自养微繁殖技术。光自养微繁殖技术是以CO_2作为碳源，通过调控培养容器内的有效光量子流密度、CO_2浓度以及气流速度等促进试管苗进行光合作用，并提高其光合速率，从而促进植物的生长发育和快速繁殖的技术，该技术极大提高了试管苗的生根率和生根质量，使培育出的种苗整齐且健壮，进一步提高了试管苗的移栽成活率。

（2）培育壮苗进行移栽。试管苗长势及生根质量是影响移栽成活率的关键因素。一般选择生长良好、根长 1.0～2.5cm、根数 3 条以上的试管苗进行移栽。根系过长，移栽时容易产生机械损伤或者出现窝根现象，降低移栽成活率且缓苗时间长，延长了育苗周期；根系过短，则根系发育不完全，吸水吸肥能力差，也不利于成活。

（3）选择合适的移栽基质。移栽基质的成分会影响试管苗的移栽成活率和生长发育，因此选择合适的移栽基质十分重要。生产上常用的基质有蛭石、珍珠岩、草炭、泥炭、园土及商品基质等。张海平等（2011）研究发现不同移栽基质对海沃德猕猴桃组培苗的移栽成活率具有显著影响，选用进口泥炭作为移栽基质时成活率最高，可达 95%。黄伟伟（2021）通过研究发现组合型基质对徐香猕猴桃生根苗的移栽效果优于单一型基质，其中以河沙∶腐殖土∶蛭石为 1∶1∶1 的混合基质移栽效果最好，成活率高达 93.33%。而李伟（2018）通过探究不同基质对猕猴桃组培苗移栽成活率及生长的影响，发现以草炭和田园土（比例为 3∶7）作为移栽基质时，移栽成活率最高，且移栽苗生长健壮，其中脐红和郁香猕猴桃的移栽成活率高达 92.4%，大籽猕猴桃高达 82.5%。因此，在对不同猕猴桃种及品种的组培苗进行移栽前，应先对移栽基质的成分及各成分的比例进行优化。

（4）加强移栽后的管理。控制好温度、湿度、光照强度及基质含水量是试管苗移栽后管理的核心。温度一般要控制在 25℃左右，温度过高，蒸腾作用增强，水分流失快，易造成死苗；温度过低，则会抑制光合作用和根系生长，使幼苗生长迟缓，也不易成苗甚至成活。空气相对湿度一般要保持在 90% 以上，湿度过低易使移栽苗脱水萎蔫。基质含水量应保持在 40%～60%，含水量过高，基质透气性差，影响根系的生长发育，且易导致烂根烂苗。此外，移栽后的 1 周内要对移栽苗进行遮阴处理，后续根据移栽苗的状态逐步过渡到正常光照下，一般来说，移栽 2 周后即可置于正常光照下培养。为了防止菌类滋生影响移栽成活率，还可在移栽后对移栽苗喷洒多菌灵或代森锰锌溶液。

三、影响猕猴桃组培苗繁殖的因素

（一）培养基成分及 pH 对组培的影响

1. 基本培养基　猕猴桃组织培养中可用 MS、1/2MS、N6、B5、CF、WPM 等作为基本培养基，其中 MS 主要用于增殖培养，而 1/2MS 主要用于生根培养。王大平等指出 1/2MS 培养基是最适于组培苗生根的基本培养基，其生根效率显著优于 MS 培养基。胡城（2019）探究了 MS、B5、CF 和 WPM 等基本培养基对丰绿、魁绿和龙城 2 号 3 个软枣猕猴桃品种芽增殖的影响，结果表明，3 个品种最佳的芽增殖培养基和生长培养基均为 MS 培养基。刘翠云等（1997）也提出，与 N6 基本培养基相比，MS 基本培养基对猕猴桃组织培养的效果更好。此外，半固体培养基对猕猴桃组培苗生长有促进作用（刘永提，2003）。猕猴桃组织培养中用的最多的还是固体培养基，主要原因在于其可为外植体提供支撑。

2. 碳源　猕猴桃组织培养中最常用的碳源物质为蔗糖。蔗糖的存在除了可以为植株提供营养外，还可以调节渗透压。猕猴桃组织培养中常用的蔗糖浓度为 30g/L，蔗糖浓度过低不能满足猕猴桃生长需求，浓度过高会抑制猕猴桃的生长和不定芽的诱导。薛莲等（2020）研究发现，当其他条件不变时，高浓度蔗糖（20g/L 和 30g/L）处理下的植株颜色浓绿，增殖系数高且长势旺盛；而低浓度蔗糖（10g/L）处理下的植株增殖系数小，生长缓慢。因此，有必要对不同品种及外植体类型组织培养中所需的蔗糖浓度进行优化。

3. 琼脂 猕猴桃组织培养过程中常用的琼脂浓度为 7～8mg/L。琼脂浓度过高，会使培养基透气性差，营养物质难以被外植体吸收；而琼脂浓度过低，则可能导致组培苗玻璃化。

4. 附加物质 猕猴桃组织培养中可使用的附加物质很多，如水解乳蛋白、水解酪蛋白等蛋白质类物质，谷氨酸、酪氨酸、谷氨酰胺、精氨酸等氨基酸类物质，以及抗氧化剂类物质等，可以为外植体提供适宜的生长环境及丰富的营养，促进外植体生长。

5. pH 猕猴桃组织培养所用培养基的 pH 通常为 5.8～6.0。pH 过高或过低都会引起试管苗生长不良，但不同类型的外植体以及不同培养目的在 pH 上的要求可能会有差异，应根据具体情况进行调整。

（二）植物生长调节剂对组培的影响

植物生长调节剂的种类、浓度及配比的合理与否是决定植物组织培养能否成功的关键。不同品种、不同外植体类型、不同取样时间及部位等均对激素的需求有差异，因此应根据培养物的具体生长表现来调整激素的使用水平。猕猴桃组织培养中常用的植物生长调节剂为生长素和细胞分裂素，有时也会使用赤霉素。

1. 细胞分裂素 细胞分裂素可诱导不定芽和胚状体的形成以及侧芽的萌发，并促进其生长和增殖；还能抑制根的形成，激活 RNA 合成，并增强蛋白质和酶的活性。猕猴桃组织培养中常用的细胞分裂素有苄氨基嘌呤（6-BA）、苯基噻二唑脲（TDZ）、玉米素（ZT）、激动素（KT）等，且通常与生长素配合使用。近年来的研究发现高浓度的 6-BA 可替代 ZT 促进不定芽的分化和增殖，但浓度过高会抑制茎的伸长且易使组培苗出现玻璃化；而对于猕猴桃愈伤组织诱导，目前认为 ZT 的效果最好。兰大伟等（2007）以狗枣猕猴桃组培苗叶片为外植体，发现体细胞胚的诱导率和诱导数量随 ZT 浓度的增加而增加。此外，还有研究发现 6-BA 通过影响培养基的相对含水量来影响美味猕猴桃组培苗的生长，且 6-BA 在培养基中存在的时间比其浓度对组培苗产生的影响更大（Moncaleán et al.，2009）。

2. 生长素 生长素可促进细胞的分裂和生长，诱导愈伤组织的形成及根的分化。当浓度适当时可参与调节细胞伸长、组织膨胀、细胞分裂、不定根的形成、抑制不定根和腋芽的形成、愈伤组织的起始和生长，以及诱导胚胎发生。猕猴桃组织培养过程中常用的生长素有吲哚乙酸（IAA）、吲哚丁酸（IBA）、α-萘乙酸（NAA）、2,4-D 等。高浓度的生长素结合细胞分裂素可诱导愈伤组织的形成，单独使用生长素则不能诱导愈伤组织，但能得到较好的生根效果。IBA、NAA、IAA 等均可提高猕猴桃组培苗的生根效率及根系发育速度，其中 IBA 的生根效果最好。薛莲等（2020）研究发现，与直接在 1/2MS 培养基中进行生根培养相比，添加 IBA 后，组培苗生根率、生根速度及平均根数均有所提升。

3. 赤霉素 赤霉素最突出的作用是加速细胞的伸长和生长。组织培养中所使用的赤霉素形式为 GA_3。胡城（2019）的研究表明，在增殖培养基中添加 0.5mg/L GA_3 可以显著促进软枣猕猴桃芽的伸长及侧芽的生长，进而提高其增殖效率。黄伟伟（2021）也发现在 MS 基本培养基中添加 1.5mg/L 的 GA_3 对徐香猕猴桃的生长和增殖均具有显著的促进作用，从而达到壮苗的效果。此外，牛晓林（2012）提出 GA_3 对愈伤组织的分化也有一定的效果。

（三）环境因子对组培的影响

1. 温度 温度对外植体的形态发生、器官生长有直接的影响，对组织培养的成败起着决定性作用。猕猴桃组织培养的温度一般为 18～28℃。温度太高会影响组培苗中酶的活性，进而影响其代谢，严重时甚至会导致组培苗死亡；而温度太低又会影响猕猴桃组培苗的生长和增殖，还会导致组培苗玻璃化。郑小华等（2008）的研究表明，温度低时软枣猕猴桃试管苗玻璃化的比率较高，且形成时间早；而温度高时玻璃化苗比率减少，且形成时间较晚。王广富（2017）以绿王和魁绿软枣猕猴桃花药为外植体，发现在 4℃ 低温下处理 5d，其花药愈伤的诱导率最高。

2. 光照 光照对猕猴桃组织培养的影响较复杂，主要表现在光照强度、光质及光照时间 3 个方面。光照强度对细胞的增殖、器官的分化及试管苗的生长有重要的影响，一般来说，在较强的光照条件下，试管苗生长健壮，而在较弱的光照条件下试管苗容易徒长。猕猴桃组织培养的光照强度一般为 1 500～3 500lx。有研究发现，光照强度的增加导致叶片叶肉细胞的相对大小相应增加，叶绿体和胞内淀粉粒的数量减少，因此提出较高的光照强度可以促进猕猴桃试管苗的生长，增加叶肉细胞的大小及总糖的积累。袁华玲等（2022）研究发现，不同光照强度对对萼猕猴桃试管苗生长及生理指标均有影响，对萼猕猴桃试管苗生长的最适光照强度为 2 000lx。移栽前将猕猴桃生根试管苗置于 10 000lx 的光照强度下培养 15d 后幼苗生长更加健壮，且根系发育更好，移栽成活率高达 90% 以上。

光质对愈伤组织的诱导、器官的分化及组培苗的增殖都有显著的影响。前人对不同光质对美味猕猴桃愈伤组织再生的影响进行研究，发现只有在高强度的红光下愈伤组织才能再生出大量的芽，并且使试管苗生根时间提前。

猕猴桃组织培养中的光照时间一般为 12～18h/d，其中以 16h/d 的光照时间居多。但在诱导愈伤组织时需要黑暗处理。刘子花等（2016）以 Hort16A 猕猴桃叶片为外植体诱导其再生不定芽，结果表明对外植体进行 4～5 周的暗培养效果最好。

四、猕猴桃组织培养中常见的问题及解决方法

（一）污染

污染是指在培养过程中，培养基或培养材料上滋生真菌、细菌等微生物，使培养材料不能正常生长甚至死亡的现象。真菌污染通常表现为培养基或培养材料上出现绒毛状菌丝，并形成不同着色的孢子层；而细菌污染通常表现为培养基或外植体表面出现黏液状菌斑。若菌类零星分散在培养基中，则是人为引起的污染；若菌类发生在培养基以上的外植体部分，或发生在培养基以下的外植体部分但不向外扩展，则为培养材料本身携带的内生菌；若菌类发生在培养基以下的外植体部分，且有由里向外蔓延的趋势，则为切口引起的

污染。引起污染的原因主要有：培养基灭菌不彻底；外植体消毒不彻底；操作设备或使用工具消毒不彻底；操作不规范；超净工作台或培养环境不洁净等。预防措施主要有：严格进行外植体消毒；培养基及操作工具彻底灭菌；保证无菌操作；保持操作及培养环境干净卫生。

（二）玻璃化

玻璃化是指在组织培养过程中，叶片或嫩梢呈透明或半透明水渍状的现象。目前的研究认为玻璃化是一种生理失调或生理病变的现象。玻璃化苗表现为植株矮小肿胀、失绿；叶和嫩梢呈透明或半透明状，叶片皱缩纵向卷曲，脆弱易碎；叶表面缺少角质层蜡质，没有功能性气孔，仅有海绵组织，无栅栏组织；茎尖分生组织细胞体积小，结构简单，液泡化程度高，缺少维管束原组织；植株体内含水量高，但叶绿素、蛋白质、干物质、纤维素和木质素含量低；在继代培养时，无法正常分化且生长缓慢，繁殖系数大大降低；生根困难，移栽成活率低。研究发现导致玻璃化的因素主要有培养基水势、植物生长调节剂、光照、温度等。可通过适当提高琼脂含量、增加光照强度，降低温度，降低培养基中细胞分裂素的含量，适当增加培养瓶中二氧化碳浓度，采用透气性的封口膜等措施来防止或减轻玻璃化现象的产生。

（三）褐变

褐变是指在组织培养过程中，培养材料向培养基中释放褐色物质，使培养基逐渐变成褐色，培养材料也随之变褐死亡的现象。褐变的出现主要是由于建立外植体时，切口处的细胞受损，使得细胞内的酚类化合物和多酚氧化酶反应形成褐色的醌类物质。引起褐变的因素有很多，主要有品种，外植体的类型、生理状态、年龄、大小，以及取材时间，消毒方式，培养基成分，培养条件等。不同品种的多酚氧化酶活性有差异，有些品种的外植体在接种后较易褐变，而有些品种则不易褐变；且一般来说，幼嫩的组织在接种后褐变不明显，而较老的组织接种后褐变较为严重；此外，如果培养基中无机盐及细胞分裂素的浓度过高、培养时间过长、培养过程中光照太强及温度过高等都会促进外植体的褐变。因此，在组织培养过程中可通过选择合适的外植体、合适的培养条件减轻外植体褐变现象，也可在培养基中添加抗坏血酸、半胱氨酸、聚乙烯吡咯烷酮（PVP）等抗氧化剂或者 $0.1\%\sim$ 0.5% 的活性炭，还可对容易褐变的外植体连续转移至新鲜培养基等以避免或减轻外植体褐变现象。有研究表明，选择软枣猕猴桃枝条下部的带芽茎段为外植体，将其接种在 MS＋ 1.0mg/L 6－BA＋ 0.01mg/L NAA＋ 3% 聚乙烯吡咯烷酮的培养基上，每隔 $10\sim15\text{d}$ 转 1 次培养基可有效抑制褐变的发生并使植株保持正常生长（刘延吉和任飞，2007）。此外，植物生长调节剂对猕猴桃外植体褐变也有一定影响，高浓度的细胞分裂素会刺激酚类的产生，促进褐变，而生长素 IAA 及 NAA 则能延缓多酚合成，减轻褐变。刘小刚（2013）等研究表明，在愈伤继代培养中添加适量的 NAA 可以防止褐化。

第五节　嫁接苗繁育

嫁接是将植物的茎段或芽等器官，按照某种方式接到其他植株的枝、干、根等部位，利用植物组织的再生能力愈合在一起，形成新植株的一种无性繁殖方法，由此产生的苗木称为嫁接苗。猕猴桃嫁接苗繁育作为无性繁殖的一种方法，可充分利用砧木和接穗品种的优点，既可保持接穗品种的优良性状，还能利用砧木特性和砧穗组合效应，增强接穗品种抗性和适应性，因此对猕猴桃生产实现优质、高产、高效具有重要意义。

一、嫁接繁育的生物学基础

（一）嫁接愈合过程

猕猴桃嫁接繁殖主要有芽接和枝接两种。果树嫁接能够成活，在于砧木和接穗削面形成层产生的愈伤组织能够相互接合，并进一步分化产生新的输导组织将两者连接成有机整体。因此，整个嫁接愈合过程，实质上包含砧穗间愈伤组织产生与愈合，以及输导组织形成与连接两个阶段。

1. 愈伤组织产生与愈合　枝接时，首先由切口接合面死细胞内含物及残壁的氧化和木栓化，形成一层褐色隔膜（隔离层），将砧穗双方伤口内部的组织、细胞保护起来，避免失水和进一步氧化坏死。然后，受伤细胞产生创伤激素，使未受伤的维管束鞘、次生皮层和髓射线薄壁细胞进行分裂，产生分化程度较低的愈伤组织。伤口附近的形成层也以类似方式产生愈伤组织。随后，双方形成的愈伤组织相互接合，填充切口接合面所有空隙，并冲破各自隔离层。同时，愈伤组织的薄壁细胞壁，逐渐形成壁孔，作为胞间连丝的孔道。最后，通过胞间连丝，将愈伤组织的薄壁细胞相互连接成为一体。

芽接时，砧穗切接面间的愈合过程，与枝接近似。首先由切口处死细胞壁木栓化形成隔膜；然后从砧木的木质射线和芽片相关组织开始，产生愈伤组织薄壁细胞，并突破各自隔膜；愈伤组织的薄壁细胞继续分裂，将接芽包围、固定，直至将切口内部空隙填满为止。由于接芽部分较小，带有的组织和营养物质较少，因而芽接砧穗接合部的愈伤组织大部分由砧木组织产生。

2. 输导组织形成与连接　枝接切接面的愈伤组织相互连接成为一体后，其中的薄壁细胞进一步分化，形成过渡导管和筛管，将砧穗的临时输导系统相连；外部细胞木栓化，形成木栓层，与砧穗的栓皮层连接。砧穗切口处的形成层继续进行细胞分裂，在产生新的木质部和韧皮部的同时，形成新的输导系统，并与砧穗新形成的输导系统连接。至此，接穗枝段与砧木从形态到内部组织完全成为一体，砧木与接穗真正愈合成活。

芽接接合面由木质部导管原基细胞伸长、分裂，穿过其他组织形成连接砧木和接穗的中间导管；韧皮部筛管原基细胞伸长、分裂，绕过切口形成连接砧木和接穗的中间筛管，新的输导系统形成，芽接愈合成活。

（二）影响嫁接成活的因素

影响猕猴桃嫁接成活的因素中，最主要的是砧木类型与接穗品种间的嫁接亲和力，其次是砧穗质量、嫁接时环境条件、嫁接技术和接口湿度。

1. 嫁接亲和力　嫁接亲和力是指砧穗嫁接后能否愈合成活和正常生长结果的能力。砧穗之间内部组织构造、生理代谢以及遗传特性等方面彼此相同或相近的组合表现亲和。

砧穗内部组织结构方面影响，包括双方韧皮部和木质部大小、比例，形成层薄壁细胞的大小、结构，输导系统大小和密度的相似程度。生理代谢方面影响，包括砧穗分生组织细胞的分裂、生长速率、细胞渗透压、细胞原生质 pH、等电点、蛋白质和生理活性物质等，以及合成物质利用等的相似程度。遗传特性方面影响，包括脱氧核糖核酸（DNA）、核糖核酸（RNA）和信使核糖核酸（mRNA）的相似程度。嫁接亲和力的强弱与砧穗组合间亲缘关系远近有关，一般亲缘关系较近的砧穗组合嫁接亲和力强。

2. 砧穗质量　猕猴桃嫁接使用的砧穗质量高，对嫁接成活和接后生长有良好作用，是提高嫁接成活率的重要保证。凡砧木生长健壮、粗度达标，接穗枝条充实、芽饱满、组织器官无异常表现，即为质量好的砧穗。春季嫁接，宜选用成熟度好、无冻害的一年生枝条作接穗；夏季苗木嫁接，应选用木质化程度高的新梢，并且要随剪随用，不能失水。

3. 嫁接环境条件　环境条件中影响嫁接成活的因素主要是气温和土壤湿度。嫁接后，砧穗形成层活动和愈伤组织形成需要一定温度。0℃以下时，形成层活动较弱，细胞分裂活动受抑制；随着气温升高，活动逐渐加强；气温达 28～30℃时，活动最旺盛，分生能力最强。愈伤组织形成也遵循相同的规律，气温在 5℃以下时，愈伤组织发育缓慢而微弱；20～30℃，细胞分裂活动最旺盛，愈伤组织形成最快；超过 32℃，形成层活动和愈伤组织形成又开始变慢，并引起细胞死亡。

砧穗形成层活动和愈伤组织形成必须在一定水分作用下进行，嫁接期间如果土壤干旱，嫁接不易成活，但若雨水过多，一方面导致接口温度降低，一方面雨水进入会让外界病害等侵入从而影响砧木与接穗的愈合，进一步影响嫁接成活。

4. 嫁接技术　嫁接过程中，需要对砧木和接穗进行相应切削，其中操作的熟练性直接决定接穗切面的平滑、长短，或芽片大小与砧木处理的相似程度，以及两者是否可以紧密接合。嫁接操作熟练、速度快，切口平滑、大小一致，绑缚严紧，可保证砧穗或芽片严实接合，减少接口水分蒸腾；相反，可能造成接口愈合不良，接穗品种发芽迟、长势弱，甚至从接口处脱落。

5. 接口湿度　切面愈伤组织产生和薄壁细胞分裂，需要 95%～100% 的空气湿度。以便在愈伤组织表面形成一层水膜，保护新生的薄壁细胞免受高温干旱伤害，促进愈伤组织大量形成和分化。为保证接口部位有高温、高湿微环境，砧木和接穗或芽片间能紧密接合，世界各国通常采用塑料薄膜带包扎，将砧穗紧紧固定在一起，提高嫁接成活率的效果显著。

（三）砧穗不亲和反应

一般认为，嫁接后砧木与接穗完全愈合而成为共生体，并能长期正常生长结果的砧穗组合是亲和的，否则是不亲和的。实际上，亲和与不亲和之间没有明显的界限，砧穗组合间不亲和现象可在嫁接后的不同阶段表现。有些组合早期表现亲和，而后期表现不亲和，说明两者从本质上是不亲和的。不亲和反应是多样性的，从形态、组织结构到生理生化，从生长速度到代谢产物，从表皮细胞局部坏死、断续到形成层内陷、木质部不连续等，都表现为嫁接不亲和。

1. 形态学和解剖学反应　组织结构差异导致不亲和比较容易观察到，表现为嫁接口处愈合异常（鲍文武，2020）。嫁接后解剖观察发现，有的砧穗组合，形成的愈伤组织连接不牢固，随着组织老化，接合部易脱离。遇风和机械碰撞等外力作用，易从接口部位折裂。有的砧穗组合，嫁接部位导管扭曲，木质部输导系统不连续，接穗或芽片得不到水分、无机养分和激素等生长物质供应；或砧穗形成层只有部分连接，嫁接愈合缓慢。有的砧穗组合间形成层活动时间、速率不一致，导致其加粗生长出现差异，出现明显的"大小脚"现象。有的砧穗组合，接穗品种树形明显发生改变，表现出新梢生长量降低、短枝率增加、花芽大量形成、早期落叶等不亲和现象。

2. 生理生化反应 生理生化方面的不亲和主要表现在：有的砧穗组合，接穗合成的碳水化合物和脂肪等，不能进入砧木根系；有的砧穗组合，一方不能产生对方生存所需要的酶，或产生抑制、毒害对方某种酶活性的物质，或双方酶活性不一致，以上都会阻碍甚至中断生理活动的正常进行。接口愈伤组织中，如过氧化物酶和过氧化氢酶的活性低，过氧化物积累，致使接口部分细胞死亡，形成死细胞层，妨碍砧穗愈合。

3. 植物病毒反应 当猕猴桃接穗带有病毒时，嫁接到某些砧木上，会诱发嫁接不亲和。同样，将健康的接穗品种嫁接到带病毒的砧木上时，也会诱发嫁接不亲和，即使嫁接可以成活，其生长势也会很弱。

二、砧木与接穗的互作

砧穗之间的相互影响会从嫁接愈合成为一体开始，直至个体生长发育的一生，本质上是水、矿质营养、贮藏养分、光合产物及生长调节物质等在生长发育的不同时空阶段相互交流，产生的树体地上部分器官与地下部分根系之间存在既相互促进又相互抑制的作用或调控。

（一）砧木对接穗的影响

猕猴桃砧木对接穗的影响包括寿命、树高和生长势等方面，也体现在萌芽、开花、落叶和休眠等生长过程，猕猴桃嫁接成活后能否较好地生长、开花结果，是衡量砧木好坏的重要指标之一（Testolin R. et al.，2009）。

1. 砧木对接穗营养生长的影响 猕猴桃砧木对接穗品种的营养生长有较大的影响，砧木不同，接穗品种的长势不同。如将中华猕猴桃品种桂海 4 号嫁接在不同猕猴桃砧木上，4 个月后，以中华猕猴桃作砧木的嫁接苗株高、茎粗，与以中越猕猴桃、金花猕猴桃、阔叶猕猴桃、毛花猕猴桃等作砧木的嫁接苗有极显著的差异，嫁接在中华猕猴桃本砧上的嫁接苗生长势强于嫁接在以其他种作为砧木的生长势（庞程等，1989）；嫁接在大籽猕猴桃砧木上的布鲁诺植株长势强于嫁接在中华猕猴桃砧木上的接穗（蒋桂华等，1998）。以中华猕猴桃品种桂海 4 号为砧木时，实美接穗长势旺盛，五年生植株干径达 5.12cm，存活率 100%，生长指数高达 0.9，萌芽率和果枝率高，并且物候期相对稳定（李洁维等，2004）。不同砧木对接穗品种的新梢长短及叶片大小影响较大，生长势较弱的砧木上的接穗品种长出的短枝较多；在生长后期，生长势较强的砧木上的接穗品种长枝生长势较强，并且叶片较大（Clearwater M J et al.，2006）。

2. 砧木对接穗花芽分化及坐果的影响 猕猴桃砧木种类对接穗品种的花芽分化影响极大，同一接穗品种在不同砧木上的花量有成倍的差异。研究表明，大籽猕猴桃作砧木可以显著促进接穗布鲁诺花芽形成，使其有花新梢占 95.8%，明显高于以中华猕猴桃作砧木时的有花新梢占比（47.8%）（蒋桂华等，1998）。

在长叶猕猴桃、毛花猕猴桃、山梨猕猴桃、美味猕猴桃和中华猕猴桃 5 种不同的砧木上，海沃德接穗花枝的平均花朵数分别为 6.2 朵、5.5 朵、3.8 朵、3.5 朵和 2.7 朵，不同砧木间差异明显，但接穗品种的营养生长十分相似。对春季花芽形态分化期芽的解剖观察显示，每个猕猴桃芽内通常能分化出大约 8 个花原基，其中一部分在发育过程中退化，不同砧木上花量的差异是后期花原基退化差异的表现。嫁接在长叶猕猴桃实生砧木上的海沃德接穗萌芽率最高且整齐度最好，而嫁接在中华猕猴桃砧木上的接穗萌芽率最低且整齐度最差，这说明能促进花芽形成的砧木可能也会显著地提高萌芽率和整齐度（Wang Z Y et al.，1994）。能促进花芽形成的砧木，其根系中往往有更多和更大的木质部导管、更多的晶体细胞和更多的淀粉粒。这些砧木根系中的淀粉在春季转运较多，韧皮部和皮层有大量的含有多糖类黏状物质和草酸钙晶体的异细胞（Wang Z Y et al.，1994）。

3. 砧木对果实品质的影响　日本学者 Nitta 等（1999）对嫁接在葛枣猕猴桃、山梨猕猴桃砧木及自根生长的海沃德猕猴桃果实性状和营养生长进行比较，结果表明，对于海沃德接穗，以山梨猕猴桃作砧木优于以葛枣猕猴桃作砧木。

接穗果实中的猕猴桃蛋白酶水平与砧木相关，蛋白酶水平高的砧木品种嫁接的接穗果实，其蛋白酶水平也高，反之则低（Stewart et al.，1997）。以中华猕猴桃品种桂海 4 号为砧木的实美接穗，果实内含有较多的固形物、维生素 C、还原糖等，且糖酸比高，品质优良（李洁维等，2004）。不同砧木对接穗果实、叶片内营养元素的积累具有重要影响，低活力砧木上接穗积累的营养元素水平相对较低（Thorp et al.，2007）。

4. 砧木对果实产量的影响　猕猴桃砧木也是影响果园产量的重要因素之一，同一品种嫁接在不同砧木上，产量存在较大差异。Cruz‐Castillo 等（1997）运用多变量分析方法评价 9 株美味猕猴桃砧木和 4 个海沃德株系接穗的田间表现，结果发现，嫁接在 4 株雄性砧木上的植株 3 年内具有独特强壮的主干和大果，而嫁接在雌性砧木上的植株在第 2 年和第 3 年的生产力较低。

美味猕猴桃布鲁诺嫁接在大籽猕猴桃上，从 1988 年起连续观察 7 年，株产为 17.43kg，单果重为 67.2g，显著高于嫁接在中华猕猴桃砧木上的表现（株产 6.5kg 和单果重 43.7g）（蒋桂华等，1998）。美味猕猴桃优良株系实美嫁接到桂海 4 号砧木上，连续 3 年的平均产量极显著地高于嫁接在其他 9 种砧木上的产量，以山梨猕猴桃为砧木的嫁接体果实产量与其他 8 种砧木嫁接体的产量差异也非常显著（李洁维等，2004）。嫁接在对萼猕猴桃上的红阳猕猴桃，其平均单果重、结果数量均明显高于嫁接在其他 2 种砧木上（刘扬等，2020）。

5. 砧木对抗性的影响　猕猴桃砧木对地上部分的抗性研究主要集中在抗干旱、抗高温、抗强光、抗冻害、抗病等方面。李洁维等（2004）对 10 种猕猴桃砧木的嫁接组合进行了多年抗病力观测，结果表明，以中华猕猴桃桂海 4 号、美味猕猴桃东山峰、红肉猕猴桃和山梨猕猴桃为砧木的嫁接组合抗病力较强，病死株率为 0；而以毛花猕猴桃为砧木的嫁接组合，长势极弱，易感病，病死株率高达 66.7%；其次是以桂林猕猴桃为砧木的嫁接组合，病死株率为 50%；以安息香猕猴桃和融水猕猴桃为砧木的嫁接组合病死株率均为 33%。然而对于猕猴桃溃疡病，嫁接并不能抑制其侵染率。Tyson 等（2014）对嫁接在布鲁诺砧木上的二年生 Hort16A 进行溃疡病菌伤口接种，发现溃疡病菌通过砧木和接穗几乎以同样的速度在树干内移动。

（二）接穗对砧木的影响

1. 对生长的影响 猕猴桃接穗对砧木的影响，从嫁接愈合后接穗品种萌芽、生长开始。长势强旺、年生长量大的接穗品种，能够为根系提供丰富的光合产物，促进砧木根系生长和强大。接穗品种间遗传组成差异，以及接穗品种与砧木亲和性不同，将对砧木根系生长产生不同作用，或使砧木根系发达、分根紧密、须根数量增加、再生能力提高，或使分根稀疏、须根数量减少、再生能力减弱。成熟期不同的接穗品种，对同一砧木根系年生长发育时间和次数亦有不同影响。

2. 对抗性的影响 接穗品种具有耐高温、抗旱、抗寒等优势性状，嫁接后对砧木相应抗逆能力的提高具有一定促进作用；相反，接穗品种的抗寒、抗逆能力较弱，则可能会降低砧木抗性。

（三）中间砧对砧木和接穗的影响

猕猴桃中间砧，对接穗品种生长发育的影响也是十分显著的。马志尧（2017）研究发现，采用中间砧技术可有效改善猕猴桃扦插砧木与接穗之间的亲和性，"扦插基砧＋中间砧＋品种接穗"的组合可显著提高嫁接成活率、接穗品种的生长势和性状稳定性。但猕猴桃中间砧对砧木的影响仅表现在砧木的根系生长量，对根的形态特征没有明显影响。

三、砧木的选择

砧木应是与嫁接品种亲和力强的同种或同一变种。嫁接美味猕猴桃系列品种，可使用美味猕猴桃作砧木；嫁接中华猕猴桃系列品种，既可用中华猕猴桃作砧木，也可用美味猕猴桃作砧木。生产上也可选择耐涝等抗逆能力较强的大籽、对萼猕猴桃等作为砧木，但需要经过严格的试验筛选，排除远缘嫁接或个体差异带来的嫁接苗亲和力低、"小脚"等不良反应（梁策，2016）。

四、接穗采集与保存

接穗采集应选择生长健壮、无病虫害、品种纯正的中龄优良单株，采集粗度0.4～0.8cm、枝节短、腋芽成熟饱满、木质化程度高的一年生枝条。严禁从有病虫害植株及有传染性疫情的地方采集接穗。冬季采集的接穗，应在室内或地窖内用湿沙贮藏备用；春、夏季采集的接穗应进行保湿工作，做到随采随用。

五、嫁接时期与方法

猕猴桃嫁接时期广，春、夏、秋和冬季都可以进行嫁接。春季嫁接在伤流前进行，即萌芽前20d；夏季嫁接在接穗木质化后进行，6月前后；秋季嫁接以8月中旬至9月中旬为好。春接当年能萌发当年出圃，秋接要到翌年春季萌发。嫁接时间主要取决于外界温度和萌芽后气温的变化，根据试验，常规猕猴桃实生砧木嫁接后，10℃就可以产生愈伤组织，25℃产生愈伤组织的速度最快，接穗与砧木愈合得最好。当外界最低气温高于0℃就可以嫁接，通常立春前1周就可以嫁接，但如果天气温度出现极端变化要注意防护，保湿保暖的同时要透气。

猕猴桃苗的嫁接分为枝接和芽接，枝接的方法较多，有劈接、皮下接、舌接等。

（一）劈接

砧木接口粗度在 1cm 左右可采用劈接法（图 6-2）。首先用嫁接刀将接穗的下端削成长 2～3cm 的楔形削面，楔形一侧的厚度较另一侧略大，接穗上剪留 1～2 个饱满芽，削面要一刀削成，平整光滑；用刀在砧木接口正中间切开，深度 4～5cm，将削好的接穗从接口中间插入，两边形成层对齐。如粗度不符，尽量保证一边形成层对齐。

（二）皮下接

砧木粗度在 2cm 以上可采用皮下接法（图 6-3）。此法多在接穗粗度小于砧木时采用，先将砧木在离地面 5～10cm 的端正光滑处平剪，在端正平滑一侧的皮层纵向切 3cm 长的切口，将接穗的下端削成长 3cm 的斜面，并将顶端的背面两侧轻削成小斜面，接穗上留 2 个饱满芽，将接穗插入砧木的切口中，接穗的斜面朝里，斜面切口顶端与砧木截面持平，接穗切口上端"露白"，将接口部位用塑料薄膜条包扎严密，接穗顶端用蜡封或用薄膜条包严。

图 6-2　劈接

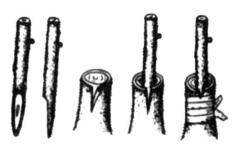

图 6-3　皮下接

（三）舌接

选择砧木距地面 5～10cm 的端正光滑处斜削成舌形，斜面长 3cm 左右，在斜面上方 1/3 处顺枝条往下切约 1cm 深的切口。接穗留 1～2 个饱满芽后，在其下端削同样大小的一个斜面和切口，使形成层对齐。嫁接后用塑料条包好扎紧，舌接法适合接穗与砧木粗度相近的苗木嫁接（图 6-4）。

图 6-4　舌接

（四）单芽枝腹接

在砧木距地面 5～10cm 处选择端正光滑面向下斜削一刀，长 2～3cm，深达砧木直径 1/3 处。在接穗上选取一个芽，从芽的背面或侧面选择一平直面，从芽上 1.5cm 处顺枝条向下削 4～5cm 长，深度以露出木质部为宜。接穗在接芽下 1.5cm 处呈 50°左右削成斜面，与上一个斜面形成对应面，将芽眼上 1.5cm 处的接穗顶端平剪，整个接穗长 3.5～4cm。嫁接用锋利刀片，这样切面才能削平，使接穗与砧木切口形成层吻合，绑扎时要稳定紧密，扎带弹性要好，宽度以 3～5cm 为宜，嫁接前刀片要先灭菌消毒。

（五）带木质芽接

在接穗上选一个芽，在芽的下方 1～2cm 呈 45°斜削至接穗周径的 2/5 处，然后从芽上方 1cm 左右处下刀，斜下纵削，与第一切口底部相交，取下接芽。整个接芽长 4～5cm（图 6-5）。在砧木距地面 5～10cm 的端正光滑处按取芽的方法削一个大小相同或稍大的切面，将芽片嵌入，使形成层对齐。用塑料薄膜条包扎严密，春季嫁接露出芽眼，夏季和秋季嫁接露出芽眼和叶柄。

图 6-5　芽接

六、嫁接后的管理

嫁接后要经常进行检查，检查嫁接苗是否受到风或其他外力影响，是否存在伤流液过多浸泡接穗现象，是否发生细菌感染等。

（一）嫁接后遮阴

在室内嫁接后再移入苗圃栽植的嫁接苗，栽植后应当及时遮阴，8 月下旬去掉遮阴物，进行炼苗，在原苗圃地就地嫁接的不用遮阴。

（二）除萌蘖

嫁接时由于砧苗受到刺激，春季处于休眠状态的腋芽、不定芽都会萌发，消耗体内大量贮藏养分，影响嫁接成活率和嫁接苗的生长发育。应及时将萌蘖全部去除，接穗才能迅速生长。但要注意，若发现接芽未成活，就要选留 1～2 个健壮的萌条以备补接。

（三）设支柱绑蔓

猕猴桃接芽成活剪砧后，很快萌发，抽生出幼嫩的新梢易被风吹折。因此，要用竹竿、树枝等插在接芽的对面，用作支柱，待接芽萌发抽生到一定长度时，即用草绳或塑料条等呈"∞"形把新梢绑在支柱上，以防枝条摆动影响生长。

（四）摘心

在嫁接苗长至 60cm 以上时，可以摘去顶芽，促进植株加粗生长和分枝充实，从而达到早上架、早结果的效果。

（五）解或划嫁接膜

嫁接后 15～20d 即可检查成活情况。凡是芽体和芽片呈新鲜状态的，即表明嫁接成活，接芽成活后要适时解绑。解绑既不能过早也不能过晚，过早，砧穗间输导组织没有完全建成，接活的芽体常因风吹日晒、干燥翘裂而枯死；过晚或解绑后缚绑物没有去除干净，常因新梢、砧苗生长过快，绑缚物陷入皮层，导致砧穗养分输导受阻而影响嫁接苗生长，甚至导致嫁接苗死亡。因而，一般适宜的解绑时间是新梢开始木质化时，若在此之前发现绑缚物过紧，影响生长时，可先进行松绑，再小心包扎上。

（六）排水灌溉

嫁接后要保持土壤湿度适当，做到排水通畅，嫁接园内无积水。发现杂草及时去除。根据苗木生长情况进行追肥，用尿素或磷酸二氢钾进行叶面喷施，浓度要低于 0.3%，土壤追肥每次可施尿素或磷酸二氢钾 120～150kg/hm²。

（七）土肥水

经常保持育苗地土壤湿润，土壤相对湿度在 75%～85%，有积水时要及时排出。及时中耕除草。根据苗木长势进行叶面喷肥或结合中耕除草、浇水等进行追肥，用尿素或磷酸二氢钾进行叶面施肥，浓度不得超过 0.3%，土壤追肥每次施入尿素或磷酸二氢钾112.5～150kg/hm²，9 月中旬停止施肥，促进苗木木质化。

（八）病虫害防治

5—8 月每隔 15d 喷 1 次多菌灵或甲基硫菌灵等杀菌剂，预防猕猴桃苗木叶斑病及根腐病的发生。

第六节　猕猴桃容器育苗

容器育苗是当今世界园艺生产上一项先进的育苗技术，它与裸根苗繁殖的不同之处在于育苗过程中使用了容器，使苗木的根系在限定的范围或基质内生长。所谓容器是指盛苗木和基质的载体；基质是指苗木根系生长和贮藏的场所或固定苗木的材料。在一定条件下，用盛装基质的容器来培育苗木的方法称为容器育苗，由此培育出来的苗木称之为容器苗。

容器和基质是容器育苗的重要组成部分，它们的理化特性直接影响到根的分布和形态，以及地上部分的生长，选择适当的容器和基质是容器苗培育的物质基础，而建立在此之上的技术措施才能更加科学和富有成效。因而容器育苗过程是容器、基质和相适应技术措施的有机结合。

一、育苗容器

育苗容器种类很多，其大小、形状及制作材料也多种多样，而所选容器的规格和种类直接关系育苗的生产成本和苗木根系的走向和分布，对果苗后期生长影响很大。因而在选择容器前必须充分考虑育苗的品种、生长周期等情况。猕猴桃容器育苗所用容器可根据材料分为以下 3 种。

1. 塑料容器　由聚乙烯、聚氯乙烯、聚苯乙烯等材料制作而成，分为硬塑和软塑材料。用硬塑料制成的容器，用其容器苗造林时一般将容器脱掉，将苗木与基质一起栽入土壤，容器则可多次使用；用软塑料或薄膜制成的容器，容器的底部或周围有孔口，根系可以从孔口伸出，无须脱掉容器，但移苗时根据实际情况，也可将容器脱掉，只将苗木与基质一起栽入土中。

2. 瓦盆　以黏土或陶土烧制而成的普通花盆。

3. 无纺布袋状容器　以无纺布材料制成的容器，分有底型和无底型。无底型在育苗场中移动不方便而较少采用，目前多用有底型。由于无纺布具有较高的透水透气能力且成本低，因而目前生产中采用较多。但培育大苗时根系体积较大，无纺布经长时间风化后强度下降易破损，因此应选用加厚型无纺布材料。无纺布容器苗移栽到果园，可不必脱去容器，连同苗木一起栽入土壤，随后容器自然风化、降解。

猕猴桃容器育苗过程中常用到两种不同用途的容器，一是播种容器，供播种培育小砧木苗用，可选用育苗穴盘或小型分体式育苗钵；二是育苗钵，供砧木苗生长直到嫁接后出圃，一般深度达 35～50cm，上端宽度 15cm 以上，下端稍小，为上宽下窄的方桶形，也可以采用长 25～40cm、直径 15～30cm 的育苗袋。

二、容器育苗基质

育苗基质是培养容器苗的关键，是苗木赖以生长的基础，它不仅起到支撑作用，还是苗木生长所必需的各种营养元素的载体，在容器育苗中具有十分重要的位置。育苗基质的选择一般应具备如下条件：一是原料来源广，当地易于获取，成本较低；二是理化性能好，具有一定的保温、通气和透水性；三是弱酸性，pH 一般在 5.5～6.5；四是低肥性，以利通过外部营养供给调节苗木生长状态，保证苗木规格的一致性；五是重量较轻，便于实际操作和运输；六是经过处理的基质清洁卫生，不带病原菌、虫卵和杂草种子。猕猴桃容器育苗基质一般是由多种基质按照适当比例混合而成的。

可用的育苗基质原料可分以下两类。

1. 重型基质　以各种营养土为主要成分的基质，其质地紧密、容重较高。常见的基质有黄心土、红心土、菌根土、河沙等。

2. 轻型基质　以各种有机质或其他轻体材料为主要原料的基质，其质地疏松，容重较低，在 0.2～0.8g/L 之间。常用的原料有以下 3 种。

（1）作物秸秆和残体。麦秸、玉米秸秆、麻秆、木薯茎干、芦苇、葵花秆、茅草茎；水稻壳、花生壳、葵花籽壳、蓖麻籽壳、玉米芯、棉花外壳；林木枯枝落叶、松塔、种皮、果树剪下的枝条、树皮、木屑、竹屑、椰糠等天然的植物残体。

（2）加工厂生物残渣。食用菌废渣，中药厂药渣，糖厂蔗渣，食品厂、纺织厂、棉麻厂废料，发酵工业废料，海洋水产品废料，造纸厂废料，木材加工厂废料，中密度人造板厂废料（不含黏合剂），糠醛厂废料（玉米芯），经发酵的农家肥，处理后的城市垃圾肥料。

（3）工矿企业膨化的轻体材料。珍珠岩、蛭石、火山灰、硅藻土、煤渣、炉渣、粉煤灰、岩棉渣。

三、容器育苗方法

采取容器育苗技术，可提高猕猴桃定植成活率，使新建园提早投产，为猕猴桃丰产优质生产提供壮苗保障。猕猴桃容器育苗包括种子收集与处理、整地播种、移栽、定植、更换容器、嫁接以及生长管理等步骤。其中，种子收集与处理、整地播种、嫁接及生长管理等方面与裸根嫁接苗培育方法相同，其主要特点在于以下 3 个方面。

（一）播种育苗

在大棚或温室内育苗，种子催芽处理后超过 50％露白时进行播种，将种子播种于 50 孔或 72 孔的穴盘中，育苗用基质按照园土：草炭（或椰糠）为 1：（1～1.5）的质量比进行配制。每孔播种 3～5 粒种子，播撒在基质上后轻压使其散开，表面覆盖 0.2～0.3cm 厚的轻基质，之后浇透水，覆盖薄膜。大棚或温室内保持温度为 25℃左右。

（二）幼苗移栽

出苗后及时间苗，确保每孔内有 1～2 株健壮的实生苗。幼苗长至 3～5 片真叶后，将其移栽到 10cm×15cm 的育苗钵中，移栽时用清水浇灌根部，便于分苗时保护幼苗根系。幼苗长至 6～7 片真叶后，转移至 30cm×30cm 的控根容器中进行定植，控根容器为黑色聚乙烯材质容器或无纺布袋。用的基质为轻基质（腐熟有机肥、珍珠岩、蛭石的体积比为 2：1：1）。定植在控根容器后加强肥水管理，每隔 1 个月撒施一次三元复合肥，共施 3 次，每次施肥量控制在 5g/株。当幼苗长到 30～40cm 高度时及时摘心抹芽，以促进幼苗增粗生长。

（三）嫁接

当容器实生苗生长到地径超过 0.7cm 时进行嫁接，嫁接时期一般为冬季或春季，在实生苗根颈部位以上 5～10cm 处采取单芽枝切接法进行嫁接。嫁接成活后，待接芽长至 15cm 时，抹除所有砧木上的萌芽（彩图 6-3）；待接芽长至 20cm 以上时，每隔 15d 采用 0.1％的均衡水溶肥浇灌 1 次；待接芽长至 100cm，进行摘心，并抹除嫁接口以上 40cm 范围内所有的萌芽；待二次枝长至 60cm 时进行摘心，保留 3～4 片大叶。嫁接萌芽后，采用透光率 15％的遮阳网搭建高 1.8m 以上的遮阳棚，为苗木生长创造良好的环境。此方法培育的猕猴桃容器苗定植成活率可达到 90％以上，可以实现当年嫁接苗培育、当年出圃并栽培，第 2 年结果，且亩产 300kg 以上。

第七节　苗木出圃

一、苗木出圃前准备

（一）苗木品种检查

苗木出圃前应对苗圃进行一次普查，统计成活率、出圃量，并核对品种，在每块圃地里插上品种标牌，以防止起苗时品种混杂。

（二）进行严格检疫

要出圃的苗木还需经过检疫机构的检疫，以免检疫性病虫向外传播。猕猴桃苗木要检疫的对象主要有根结线虫、介壳虫，以及疫霉病和细菌性溃疡病等。检疫合格后方能出圃。

（三）进行苗木修剪

起苗前要将苗木的分枝进行适当修剪，剪去细弱枝，剪短过长枝，以免起苗时撞伤枝条。

（四）准备好包装材料

将草帘、麻袋、蒲包、稻草和草绳等包装材料准备齐全。

二、苗木的分级

出圃的苗木要符合农业农村部颁布的猕猴桃苗木标准（表6-3）。苗木起出后要按照苗木分级标准进行分级。起苗时要保证苗木根系完整，不能造成大量根系断裂。

表6-3　猕猴桃苗木标准

项目	级别		
	一级	二级	三级
品种砧木	纯正	纯正	纯正
侧根数量（条）	≥4	≥4	≥4
侧根基部粗度（cm）	≥0.5	≥0.4	≥0.3
侧根长度（cm）	≥20	≥20	≥20
侧根分布	均匀分布，舒展，不弯曲盘绕		
苗高（除去半木质化以上的嫩梢）（cm）	≥40	≥30	≥30
茎干粗度（嫁接口上方5cm处）（cm）	≥0.8	≥0.7	≥0.6
饱满芽数（个）	≥5	≥4	≥3
根皮与茎皮	无干缩皱皮	无新损伤处	老损伤面积小于$1.0cm^2$
嫁接口接合部愈合情况及木质化程度	良好	良好	良好

三、苗木的包装与运输

包装前对已经分级苗木过长的根系进行适当修剪，然后以每20株或50株为一捆进行捆扎包装。

运输的苗木要用草帘、麻袋、蒲包、稻草和草绳等包裹紧实，包内苗根与苗茎之间要填充保湿材料，包装前根部填充湿锯末，然后用草帘、麻袋或塑料薄膜包裹，以防运输途中失水干燥，影响成活率。

运输的每包苗木应有2个标签，内外各挂1个，注明苗木的品种、砧木、等级、数量、产地、生产单位、包装日期和联系人等内容。

苗木运输应迅速及时，尽快转运，操作时尽量避免损伤。运输途中应有帆布覆盖，防冻、防失水、防日晒，到达目的地时茎干和根部应保持新鲜完好，无失水、发霉或受冻现象。到达目的地后应尽快定植或假植。

四、苗木的假植

在背风处开挖深50cm、宽100～200cm的假植沟，沟底铺10cm厚的湿沙，将苗木按照品种、砧木、等级类别分别假植，做好明显标志。在苗捆之间填入湿沙，湿沙的高度埋没茎段15～20cm，假植沟周围要防止雨水和雪水流入。

参 考 文 献

安成立，刘占德，刘旭峰，等，2011. 猕猴桃种子萌发特性研究 [J]. 北方园艺 (5)：51-53.

鲍文武，2020. 猕猴桃抗旱砧木微嫁接亲和性研究 [D]. 杨凌：西北农林科技大学.

程建军，吴晓云，左利娟，等，2020. 软枣猕猴桃绿枝扦插技术研究 [J]. 安徽农业科学 (13)：49-50.

成思琼，梁彬，颜盟，等，2020. 脐红猕猴桃组培快繁技术研究 [J]. 落叶果树，52 (4)：11-14.

丁光雪，刘天天，辛纳慧，等，2021. 猕猴桃'翠香'再生体系的建立 [J]. 中国南方果树，50 (3)：137-141+146.

高敏霞，冯新，赖瑞联，等，2020. '东红'猕猴桃组织培养体系的建立 [J]. 东南园艺，8 (5)：13-17.

龚弘娟，李洁维，蒋桥生，等，2008. 不同植物生长调节剂对中华猕猴桃扦插生根的影响 [J]. 广西植物 (3)：79-82.

胡城，2019. 三个软枣猕猴桃品种组培快繁技术的研究 [D]. 武汉：湖北大学.

黄伟伟，2021. 徐香猕猴桃组培快繁技术研究 [D]. 南阳：南阳师范学院.

蒋桂华，谢鸣，陈学选，等，1998. 砧木对猕猴桃生长结果的影响 [J]. 浙江农业学报，10 (3)：161-162.

兰大伟，刘永立，原田隆，2007. 狗枣猕猴桃叶片离体培养的器官体细胞胚形成与植株再生（英文）[J]. 果树学报 (2)：218-221.

李从玉，张扬，2010. CPPU 对猕猴桃种子发芽的影响 [J]. 安徽农业科学，38 (4)：1802-1803.

李洁维，王新桂，莫凌，等，2004. 美味猕猴桃优良株系"实美"的砧木选择研究 [J]. 广西植物 (1)：43-48.

李良良，李苇洁，吴迪，等，2019. 红阳猕猴桃快繁体系优化 [J]. 黑龙江农业科学 (9)：17-21.

李伟，2018. 猕猴桃新优品种（系）组培快繁体系的建立 [D]. 杨凌：西北农林科技大学.

梁策，2016. 猕猴桃自根砧苗木繁育技术试验研究 [D]. 杨凌：西北农林科技大学.

林苗苗，方金豹，齐秀娟，等，2016. 软枣猕猴桃'天源红'离体再生体系的建立 [J]. 广西植物，36 (11)：1358-1362+1302.

刘翠云，张小红，马洪明，1997. 哑特猕猴桃微繁工艺流程的研究 [J]. 西北植物学报 (1)：118-123.

刘小刚，焦晋，赵宇，等，2013. 野生软枣猕猴桃组织培养及褐变处理 [J]. 中国农学通报，29 (19)：113-119.

刘延吉，任飞荣，2007. 软枣猕猴桃组织培养过程中外植体褐变的防止 [J]. 北方园艺 (11)：175-177.

刘扬，谢善鹏，卢鑫，等，2020. 不同砧木对红阳猕猴桃生长及果实品质的影响 [J]. 落叶果树，52 (6)：11-14.

刘永提，2003. 不同培养方法对"三峡 1 号"猕猴桃无菌苗生长影响的研究 [J]. 湖北林业科技 (1)：1-4.

刘子花，李晓蓉，杨玲，等，2016. Hort16A 猕猴桃叶片直接再生不定芽研究 [J]. 林业调查规划，41 (3)：87-91.

马志尧，2017. 猕猴桃"扦插基砧＋中间砧＋品种接穗"苗木繁育技术研究 [D]. 杨凌：西北农林科技大学.

牛晓林，2012. 长白山软枣猕猴桃组织培养和快繁技术研究 [D]. 南京：南京林业大学.

庞程，李瑞高，梁木源，等，1989. 猕猴桃嫁接试验 [J]. 广西植物，9 (1)：77-81.

钱亚明，赵密珍，庞夫花，2014. 不同产地红阳和'徐香'猕猴桃种子发芽试验 [J]. 江苏农业科学，42 (10)：154-155.

师万源，徐红达，魏卓，等，2021. '徐香'猕猴桃叶片诱导成苗扩繁技术 [J]. 北方园艺 (24)：16-22.

石进校，刘应迪，李菁，2002. 美味猕猴桃米良1号插条生根研究 [J]. 长沙大学学报 (2)：55-57.

宋松泉，刘军，黄荟，等，2020. 赤霉素代谢与信号转导及其调控种子萌发与休眠的分子机制 [J]. 中国科学：生命科学，50 (6)：17.

田晓，李艳萍，张义勇，等，2019. 不同植物生长调节剂及其质量浓度对软枣猕猴桃扦插效果的影响 [J]. 河南农业科学 (3)：125-128.

王广富，2017. 软枣猕猴桃花药培养及再生体系建立 [D]. 北京：中国农业科学院.

王海荣，安淼，甄萍萍，等，2018. 植物生长调节剂对猕猴桃枝条生根的影响 [J]. 安徽农业科学，46 (1)：70-72.

王健，2022. 猕猴桃半开放式扦插技术的应用研究 [D]. 杨凌：西北农林科技大学.

王中月，2022. 猕猴桃无糖组培苗繁殖技术及其生根生理研究 [D]. 杨凌：西北农林科技大学.

吴婉婉，李丹妮，冯志峰，2020. 陕南1年生猕猴桃实生苗繁育技术 [J]. 西北园艺 (果树) (4)：16-17.

薛莲，古咸彬，王国军，等，2020. 猕猴桃实生组培快繁体系的建立 [J]. 中国南方果树，49 (1)：126-129.

袁华玲，齐璐璐，王文娟，等，2022. 光照强度对对萼猕猴桃试管苗生长及抗氧化酶活性的影响 [J]. 安徽农学通报，28 (5)：51-53，125.

张海平，周建峰，任目瑾，2011. 海沃德猕猴桃组织培养快速繁育技术研究 [J]. 陕西林业科技 (2)：8-11.

张义勇，李艳萍，刘艳武，等，2019. 承德市软枣猕猴桃种子繁殖冬季播种技术 [J]. 农技服务，36 (3)：67-68.

甄占萱，杨贵明，孙志超，等，2018. 不同基质对软枣猕猴桃嫩枝扦插成活的影响 [J]. 种子 (11)：90-92.

郑小华，廖明安，李明章，等，2008. 不同培养条件对软枣猕猴桃试管苗玻璃化的影响 [J]. 资源开发与市场 (5)：394-396.

钟彩虹，刘小莉，李大卫，等，2014. 不同猕猴桃种硬枝扦插快繁研究 [J]. 中国果树 (4)：29-32.

朱宏爱，刘朋，张玲艳，等，2020. 不同生根剂对红阳猕猴桃嫩枝扦插生根的影响 [J]. 农业科技通讯 (7)：210-213.

Clearwater M J, Seleznyova A N, Thorp T G, et al., 2006. Vigor - controlling rootstocks affect early shoot growth and leaf area development of kiwifruit [J]. Tree Physiology (26)：505-515.

Cruz - Castillo J G, Lawes G S, Woolley D J, et al., 1997. Evaluation of rootstock and 'Hay - ward' scion effects on fleld performance of kiwifruit vines using a multivariate analysis technique [J]. New Zealand Journal of Crop and Horticultural Science (25)：273-282.

Debeaujon I, Koornneef M, 2000. Gibberellin requirement for arabidopsis seed germination is determined both by testa characteristics and embryonic abscisic acid [J]. Plant Physiology (122)：415-424.

Kefford N P, 1973. Effect of a hormone antagonist on the rooting of shoot cutting [J]. Plant Physiology (51)：214-216.

Lawes G S, Anderson D R, 1980. Influence of temperature and gibberellic acid on kiwifruit (*Actinidia chinensis*) seed germination [J]. N. Z. Journal of Experimental Agriculture (8): 277 - 280.

Lee S, Hui C, King K E, et al. , 2002. Gibberellin regulates Arabidopsis seed germination via RGL2, a GAI/RGA - like gene whose expression is up - regulated following imbibitions [J]. Genes & Development, 16 (5): 646 - 58.

Nitta H, Ogasawara S, 1999. Characteristics of Hayward kiwifruit vines grown on their own roots or graited onto *Actinidia polygama* or *Actinidia rufa* [J]. Acta Horticulture (498): 319 - 324.

P Moncaleán, Fal M A, S Castañón, et al. , 2009. Relative water content, in vitro proliferation, and growth of *Actinidia deliciosa* plantlets are affected by benzyladenine [J]. New Zealand Journal of Experimental Agriculture, 37 (4): 351 - 359.

Smith R L, Toy S J, 1967. Effect of stratification and alternating temperatures on seed germination of the Chinese gooseberry: *Actinidia chinensis* Planch. [J]. Proceedings - American Society for Horticultural Science (90): 409 - 412.

Stewart B, Peter S, Hinga M, 1997. Sugar and organic acid analysis of *Actinidia arguta* and rootstock - scion combinations of *Actinidia arguta* [J]. LWT - Food Science and Technology (30): 390 -397.

Testolin R, Ferguson A R, 2009. Kiwifruit (*Actinidia* spp.) productionand marketing in Italy [J]. New Zealand Journal of Crop and Horticultural Science (37): 1 - 32.

Thorp T G, Boyd L M, Barnett A M, et al. , 2007. Effect of inter - specific rootstocks on inorganic nutrient concentrations and fruit quality of 'Hort16A' kiwifruit (*Actinidia chinensis* Planch. var. *chinensis*) [J]. Journal of Horticultural Science and Biotechnology, 82 (6): 829 - 838.

Tyson J L, Curtis C L, Manning M A, et al. , 2014. Systemic movement of Pseudomonas syringae pv. *actinidiae* in kiwifruit vines in New Zealand [J]. New Zealand Plant Protection (67): 41 - 47.

Wang Z Y, Kevin J P, Kevin S G, et al. , 1994. Rootstock effects on budburst and flowering in kiwifruit [J]. Scientia Horticulturae, 57 (3): 187 - 199.

Wang Z Y, Kevin S G, Kevin J P, 1994. Comparative root anatomy of five *Actinidia* species in relation to rootstock effects on Kiwifruit flowering [J]. Annals of Botany, 73 (4): 403 - 413.

执笔人：刘艳飞，贺浩浩

第七章　猕猴桃果园建立

第一节　园地的选择

一、猕猴桃对环境条件的要求

不同猕猴桃种类对外界环境条件的要求并不相同。例如，在垂直分布方面，大别山地区分布的基本上都是中华猕猴桃，其最高海拔为 1 570m；而伏牛山东侧开始有美味猕猴桃分布，随着海拔上升到 1 500～2 500m，美味猕猴桃分布逐渐增多，与中华猕猴桃各占一半（李亚东等，2012）。猕猴桃在其发育过程中，形成了与环境条件相互联系、相互制约的统一体，即只有在环境条件满足它的需要时，才能正常生长发育。如果环境条件中某一种或几种条件不能满足其需要，它必须有一种适应环境的能力，去完成生长发育的过程。如果环境条件的变化超出它的适应能力，其生长发育就会受到制约。根据猕猴桃人工栽培的实践，影响猕猴桃生长结果的主要生态因子有温度、光照、水分、土壤和风等（郁俊谊，2017），因此猕猴桃建园时需要考虑猕猴桃对温度、光照、水分、土壤等方面的需求以及风害对猕猴桃的影响。

（一）温度

温度是限制猕猴桃分布和生长发育的重要因素，也是影响猕猴桃果实口感品质的重要因素。每个品种的猕猴桃都有适宜的温度范围，低于或高于这个范围便生长不良或难以生存。大多数猕猴桃品种适宜在温暖湿润的气候条件下生长，如在亚热带或暖温带，猕猴桃也主要分布在北纬 18°～34°范围的山区。

不同猕猴桃种群对温度的要求也可能不一致，如中华猕猴桃在年平均温度 4～20℃时生长发育良好，美味猕猴桃在 13～18℃地区内分布广泛。猕猴桃生长发育直接受温度影响。当气温上升到 6℃以上时，美味猕猴桃树液开始流动，在 8.5℃以上时幼芽开始萌动，在 10℃以上时开始展叶，15℃以上时才能开花，之后进入快速生长期。如气温高于 35℃，容易产生热害；如高温干旱叠加，易造成猕猴桃落叶、落果。当气温降至 12℃时进入落叶休眠期，自然休眠时间为 20～30d，日均气温在 5～7℃时有效，低于 0℃效果不佳。

猕猴桃生长对环境温度的要求相对比较高，如气温太低不能安全越冬，气温过高，达不到猕猴桃适宜的需冷量，猕猴桃只长枝叶，不开花结果，只有在温度适宜的地区猕猴桃才能旺盛生长，且产量高、品质好。此外，温度的高低反映热量的多少。温度通过影响酶及细胞器、细胞膜的活性来控制猕猴桃的生理活动，如光合、呼吸、蒸腾、吸收等生理活动均需要在一定的温度范围内进行（郁俊谊和刘占德，2016）。

1. 低温　猕猴桃对寒冷反应特别敏感，大多数种类要求年平均气温在11.3~16.9℃，极端最高气温42.6℃，极端最低气温在−20.3℃。目前栽培中常用的猕猴桃品种对气温有广泛适应性，可在年平均温度10℃、绝对低温−20℃、年降水量500mm以上的地区生长结果。萌芽期气温要求在8℃以上，低于8℃时生长受影响。秋季的早霜、早春的晚霜、盛夏的高温对猕猴桃生长发育影响较大。秋季遇霜会使猕猴桃品质下降，不易后熟，甚至失去商品价值。早春的晚霜和倒春寒会造成猕猴桃新梢、花蕾、叶片受冻，同时易造成树体衰弱，发生病害（安新哲，2011）。

低温伤害会严重影响猕猴桃树体的生长，尤其是生长期的果树，如遇温度骤降，轻则冻伤部分枝条造成减产，重则造成植株大面积死亡。齐秀娟（2017）通过调查郑州地区猕猴桃冻害情况发现，猕猴桃不同种间、不同部位间抗冻害能力差异较大，其中不同种间抗冻害能力为：软枣猕猴桃＞中华猕猴桃＞美味猕猴桃，并且发现冻害情况下雄株实生苗成活更多，说明雄株抗冻害能力强于雌株。对美味猕猴桃实生树调查发现，猕猴桃最容易受冻的部位是一年生枝条，冻害的表现为个别一年生枝条失水皱缩；其次是地面20cm至1.2m左右的树干部位，冻害的表现为纵向裂口，深达形成层，且形成层褐变腐烂，在伤流期有胶状黏液渗出；根颈部和根部往往受害程度较轻。晚霜冻害也会严重危害猕猴桃生长，如2006—2009年，陕西眉县发生晚霜冻害4次，不同程度的危害频次为80%，晚霜冻害严重的会造成猕猴桃新梢萎蔫，叶片干枯，甚至造成果园绝收（程观勤等，2009）。

2. 需冷量　落叶果树需冷量是指果树打破自然休眠对低温需求的有效小时数，低温直接影响果树萌芽率、花芽率和花的质量。果树需冷量对于猕猴桃等商业化栽培的果树具有重要作用，不同种类或不同品种的猕猴桃，需冷量和对低温的需求不同（Samish and Lavee，1962）。如美味猕猴桃品种布鲁诺需冷量为700h，海沃德品种的需冷量为900~1 150h（Wall et al.，2008）；高达10℃的低温可满足布鲁诺的需冷量，而同属美味猕猴桃的海沃德在7℃以下较为有效。冷量积累可打破植物休眠，使植物正常萌芽并开花。需冷量不足会影响果树萌芽率、花芽率和花的大小与一致性，并可能对果实产量造成不利影响（Sibley et al.，2005）。因此，了解猕猴桃需冷量对猕猴桃的栽培管理和引种都具有重要的指导价值。如果将需冷量高的品种种植在无法满足其需冷量的地区，其营养生长和生殖生长可能都会受到影响；如果将需冷量较低的品种种植在寒冷地区，又会因其需冷量得到充分满足，可能会提早开花、发生早春冻害而影响产量。

作为一种新兴果树，猕猴桃需冷量的研究较少。仅有的研究认为美味猕猴桃的需冷量为700~1 100h（Wall et al.，2008），或为600~800h（Kulthinee et al.，2004）。目前随着猕猴桃种植规模的扩大，不适当的引种栽培会对猕猴桃产量造成损失，因此对猕猴桃主要栽培品种需冷量的研究非常重要，同时果园管理也需要估算果树需冷量，确定需冷量积累的开始和结束时间。果树需冷量主要有3个模型，即"0~7℃模型"（Weinberger，1950）、"犹他模型"（Richardson et al.，1974）和"动态模型"（Fishman et al.，1987）。值得一提的是，对于果树休眠期确定，包括以上各模型在内，并没有一个通用的模型适宜任何物种、品种及不同气候区进行需冷量估算。果树需冷量具有遗传差异性，也受环境因素和不同年份气候变化影响，因此，对猕猴桃等果树需冷量的估算，需要结合树体的生长状况和地理位置等因素进行综合考虑。

3. 高温　在低丘陵、平原地区种植猕猴桃时，最主要的限制因素之一是高温、干旱，因此，除了在生产设施、栽培技术等方面采取措施外，还应该选用适宜当地种植的耐旱、耐高温品种（张晓玲，2015）。

猕猴桃是一种不耐高温的果树。在我国广大猕猴桃产区，夏季高温、干旱、强光经常同时发生，三者相互协同严重影响猕猴桃生长发育。气温在 33℃ 以上时，猕猴桃枝蔓、叶、果的生长量均显著下降。如高温伴随干旱和干热风，可导致大量叶片的叶缘撕裂、变褐、干枯、反卷，严重影响叶片光合产物的合成和积累。当气温高于 35℃ 时，猕猴桃叶片被强光照射 5h，叶缘便失绿、变褐、发黑。若高温持续 2d 以上，叶缘变黑上卷，呈火烧状（日灼）。轻度日灼的果实成熟后果个变小且果面不洁净，失去商品价值；日灼严重时，果皮细胞木质化，果实生长受限；果实软腐甚至溃烂，造成巨大的经济损失（齐秀娟，2017）。

相对而言，美味猕猴桃偏向冷凉的气候条件，中华猕猴桃偏向温热的气候条件。生长季的温度直接影响猕猴桃生长发育的速度、各生命周期的长短以及生长季出现的时间早晚，尤其是有效积温，其不仅决定栽培界限，对果实能否成熟和果实品质具有很大影响。高于生物学最低温度的日平均温度与生物学最低温度之差为有效温度，一年中全部有效温度之和为有效积温，反映猕猴桃一年中的总需热量。陕西关中地区，大于 8℃ 的有效积温为 2 668℃，总计 234d。海沃德品种一般在 3 月中旬进入芽萌动期，3 月下旬芽萌发，4 月中旬展叶，5 月上旬开花，从萌芽到开花的有效积温约为 397℃。10 月下旬果实成熟，果实发育约 160d，从坐果到果实成熟有效积温为 2 268℃，11 月上旬总有效积温为 2 668℃，11 月中旬落叶，整个生育期为 240d（郁俊谊，2017）。

（二）光照

光为植物进行光合作用和制造同化物提供能量。多数猕猴桃种类喜欢半阴环境，喜阳光但对强光照射比较敏感，属于中等喜光果树。猕猴桃通常要求年日照时数为 1 300～2 600h，喜漫射光，忌强光直射，结果树要求一定的光照强度，光照强度以自然光的 42%～45% 为宜。光照强度、日照时数等光因子都会影响猕猴桃，不同树龄的猕猴桃对光照条件的需求不同。幼苗期喜阴、凉，对高温强光直射敏感，需要适当遮阴，尤其是新移植的幼苗；成年结果树需要良好的光照条件才能保证正常生长和结果需求，形成花芽并开花结果，光照不足易造成枝条生长不充实、果实发育不良等问题，过强的光照也不利于生长，并常常会导致果实日灼等伤害。在年日照时数 1 900h 以上的山区，自然光照可以满足猕猴桃生长发育与开花结果的需要。光照充足、通风透光好、生态和植被良好的地方，适宜猕猴桃的商品化栽培（张晓玲，2015）。猕猴桃栽植时，应避免在阴坡、狭窄的谷地等光照不足的地方建园。植株的叶幕层也不宜过厚，枝条分布要均匀，使各处的叶片都能得到较好的光照。

猕猴桃在幼苗期根系较浅，自然条件下，正阳坡山地因日照强烈，温度高，蒸发量大，幼苗难以生存，野生猕猴桃分布很少。野生条件下，为了得到充足的阳光，猕猴桃不断向高处攀缘扩展，有时可高达数十米。生长在光照充足部位的猕猴桃，叶片浓绿、肥厚，功能强，枝条粗壮，果个大，养分含量高，而荫蔽处的猕猴桃枝条纤细不充实，叶片薄、大而颜色发黄，结果可能受到严重影响。荫蔽处的猕猴桃叶片因接受到的入射光量过低，光合效率很低，水分利用效率也很低，由于得不到足够的营养，常发生落叶、落果和枝条枯死的现象，并且果实软腐病发生也较多（郁俊谊，2017）。

（三）水分

1. 猕猴桃对水分的需求 植物通过根系从土壤中吸收水分，水分经过茎部运往地上的各个部分参与各项代谢活动，但其中只有极少量用于植物自身的生长，绝大部分水分经由叶片表面的气孔通过蒸腾作用散失到空气中，同时持续不断的蒸腾作用消耗了热量，使叶片表面温度降低，不致被太阳辐射灼伤。猕猴桃叶片蒸腾能力很强，远超其他温带果树，水分利用效率则远远低于其他温带果树。如苹果制造每克干物质约需消耗水分263.9g，而猕猴桃则需要消耗437.8g，是目前落叶果树中需水量最大的果树之一（郁俊谊，2017）。

猕猴桃在夜间的蒸腾量也很大，约占全天蒸腾量的19%，有时达20%～25%。控制灌水量的干燥处理与适量灌水之间，叶面蒸腾差异很小，即使失水萎蔫接近枯死，叶片的蒸腾速率仍然很大（郁俊谊，2017）。

猕猴桃需水又怕涝，属于生理耐旱性弱、耐湿性弱的果树种类，因此，猕猴桃对土壤水分和空气湿度的要求比较严格。这一生长特性也决定了猕猴桃最适宜在雨量充沛且分布均匀、空气湿度较高、湿润但不渍水的地区栽培。我国猕猴桃的自然分布区年降水量为800～2 200mm、空气相对湿度为74%～85%。一般而言，年降水量在1 000～2 000mm、空气相对湿度在80%左右的地区，均能满足猕猴桃生长发育对水分的要求。如果年平均降水量不足500mm，则必须考虑设置灌溉设备，以备干旱时灌溉所需。高山地区雾气较多、溪涧两旁的土壤湿润，常年湿度较大，对猕猴桃生长比较理想。在中部和东部地区，4—6月雨水充足，枝梢生长量大，适合猕猴桃生长（张晓玲，2015）。

2. 缺水对猕猴桃的影响 猕猴桃的抗旱能力比一般果树差，猕猴桃叶形大而稠密，蒸腾量大，对水分需求量较大。一般在土壤含水量不足导致猕猴桃遭受干旱胁迫时，会引起猕猴桃枝梢生长受阻，叶片受旱，下垂变小，叶缘枯萎，甚至叶片干枯。猕猴桃缺水时，必须及时灌水或喷水，尤其在幼苗期，根系还未完全展开，更需要补足水分（张晓玲，2015）。

猕猴桃因受旱遭到伤害时，最先受害的是根系，根毛首先停止生长，根系的吸收能力大大下降，弱干旱持续加重，根尖部位便会出现坏死，而这时地上部无明显受害症状。地上部比较明显的受害表现是新梢生长缓慢或停止生长，甚至出现枯梢，叶面则出现不显著的茶褐色，叶缘出现褐色斑点，或焦枯或水烫状坏死，严重时会引起落叶。当树体的叶片开始萎蔫时，表明植株受害已经相当严重（郁俊谊，2017）。

干旱缺水对果实的危害很大，受害的果实轻则停止生长，重则会因失水过多而萎蔫，日灼现象也会相伴出现，由于植株的保护性自身调节功能，日灼严重时果实常会脱落，果实生长发育后期，过度干旱还会使红肉品种的果实中红色褪色（郁俊谊，2017）。干旱缺水对新建猕猴桃园的影响更大，由于新栽树的根系刚开始发育，吸收能力很弱，而地上部枝条的伸长很快，叶片数量和面积增加迅速，根系吸收的水分远远满足不了地上部分蒸腾的需要，如果不能及时灌水，持续的干旱极易造成幼苗失水枯死（郁俊谊，2017）。

3. 水涝对猕猴桃的影响 猕猴桃既不耐旱，又怕涝，在排水不良或渍水2～3d时，约40%植株会死亡。我国南方的梅雨季或北方雨季，如果连续下雨而排水不良，使根部处于淹水状态，影响根的呼吸，长时间会导致根系组织腐烂，植株死亡。因此，在猕猴桃种植时应进行深沟、高畦栽培，果园应修建完备的排水、灌溉系统（张晓玲，2015）。

作为最不耐水淹的树种之一，一年生猕猴桃植株在生长旺季水淹1d后会在一个月内相继死亡，水淹6h的虽不会造成树体死亡，但对生长的危害程度很大，成年猕猴桃树被水淹3d左右后，枝叶枯萎，继而整株死亡。对猕猴桃一年生嫁接苗在旺盛生长期进行淹水试验发现，水淹4d的处理中有40%植株死亡，水淹1周左右的处理中植株在1个月内相继全部死亡。涝害对猕猴桃的影响主要是限制了氧向根系生长空间的扩散，造成通气不良，导致根系生长和吸收活力下降以致死亡，最终限制了地上部分的生长，影响猕猴桃果实的产量和品质（郁俊谊和刘占德，2016）。

（四）土壤

猕猴桃生长发育所必须的矿质营养和水分绝大部分是通过根系从土壤中吸收的。在野生条件下，猕猴桃主要生长在疏松、肥沃的腐殖质土中；在栽培条件下，不同质地的土壤对猕猴桃的影响不同。沙土地通气性、透水性虽好，但保水、保肥能力差，营养成分含量低，猕猴桃幼树期可以生长旺盛，但进入盛果期后，常使生长、结果受到限制，如果管理不善，产量较难提高，易出现早衰。黏土的通气性和排水性差，易发生涝害，栽植的猕猴桃根系不宜向下伸展，但土壤中养分含量高，保肥能力强，肥效持续时间长，如果耕作管理措施采取良好，获得优质、丰产的潜力较大。壤土兼有沙土和黏土的特性，既能满足猕猴桃根系旺盛生命活动需氧量高的特性，利于根系向下深入扩大吸收范围，获得较多的矿质养分和水分，又具有较优良的保水、保肥能力，因此是最适合猕猴桃栽培的土壤（郁俊谊，2017）。

猕猴桃属浅根性树种，根系多分布在20～60cm土层范围，土壤越肥沃根系生长的深度越深，最深可达4m，根系的横向生长范围较宽。对土壤的要求不严格，除了碱性黏重土壤外，其他土壤基本都可栽培，较适宜于中性偏酸性的土壤中生长。猕猴桃喜土层深厚、腐殖质含量高、团粒结构好、土壤持水力强、通气性好、排水良好的沙质土壤，忌黏性重、易渍水及瘠薄的土壤。猕猴桃对土壤的酸碱度适应较广，pH 5.0～7.9均能良好生长与结果，但不同品种表现有异，pH 5.5～6.5为宜。在中性（pH 7.0）或微碱性（pH 7.8）土壤上虽然也能生长，但幼苗期常出现黄化现象，生长相对缓慢（安新哲，2011）。

猕猴桃喜土层深厚肥沃、土质疏松、保水排水良好、通透性良好、腐殖质含量高的腐殖土、沙质土和冲积土，最忌黏性重、易水渍、瘠薄且土层浅的红壤土、黄壤土、黄沙土等。对土壤酸碱度要求不很严格，但以酸性或微酸性土壤生长良好，pH适宜的范围为5.5～6.5；在中性或微碱性土壤中也能生长，但幼苗期常出现黄化现象，生长缓慢且易诱发多种生理性病害。除土质及酸碱度外，土壤中的矿质营养成分对猕猴桃的生长发育也有重要影响。由于猕猴桃需要大量的氮、磷、钾和丰富的镁、锰、锌、铁等元素，如这些元素缺乏，在叶片上常表现出营养失调的缺素症状。因此，为保证猕猴桃正常生长发育，对不够理想的土壤，在建园定植前应进行改土工作，在管理上应进行测土配方施肥、填埋大量绿肥，并对土壤酸碱度进行改良（张晓玲，2015）。

植物吸收养分和水分的能源来自根系呼吸作用释放的能量，猕猴桃根系生命活动旺盛，氧气的需求量很大，对土壤中氧气不足时反应特别敏感。根区氧含量低会严重降低根系的水分吸收，导致树体叶片萎蔫坏死。盛夏时随土温升高土壤微生物耗氧量增多，土壤氧气含量降低，由缺氧导致的树体伤害随温度升高而加重。通气正常的土壤氧气含量为18%～19%，二氧化碳含量为0.15%～0.65%。猕猴桃根系广、颜色深、根毛多，有氧呼吸旺盛，植株吸收营养可利用的能量多，生长结果良好。但在通气不良的土壤中，土壤中气体不能顺利地与大气交换，二氧化碳及其他一些有害气体含量因植物、微生物的呼吸而上升，土壤呈现严重缺氧状态。根系短而粗，颜色暗，根毛大大减少，根系的生命活动受到妨碍，严重影响到营养吸收，尤其对钾和氮的吸收影响较大，在排水不良、滞水、板结的土壤中，常易出现根部受害现象，小根死亡，地上部叶片黄化，营养生长衰弱，严重的甚至造成植株死亡（郁俊谊，2017）。

（五）风

猕猴桃叶片大而薄，脆而缺乏弹性，易遭风害，轻则叶片边缘呈撕裂破碎状，重则整个叶片几乎全被垂吊，新梢上部枯萎，甚至从基部劈裂，枝上的花蕾或花朵也会受损伤。夏季的强风会使果实与叶片、枝条或铁丝摩擦，在叶面造成伤疤，使之不能正常发育，或使果实失去商品价值。风害不仅影响当年树体的正常生长发育，减少果实产量，降低果实品质，还会因树体营养不足，贮存养分少，影响花芽分化，使第二年的结果受到影响（郁俊谊，2017）。

（六）其他环境条件

在自然条件下，猕猴桃在海拔50～2 000m的沟谷山坡中都有分布，但以海拔1 000m以下的区域分布较多。海拔高度每增加100m，气温降低0.5～0.6℃，紫外线增加3%～4%。在高海拔地区，春季升温迟，秋季降温早，冬季低温时间长，无霜期短，不能满足猕猴桃生长的热量需要。自然分布区域的低海拔处，人口居住稠密区附近由于人为影响，没有野生猕猴桃生长，而在边远山区人烟稀少的地方，海拔80m的山坡上可见到猕猴桃生长，但低海拔地区昼夜温差小，不利于营养物质积累，对猕猴桃果实品质的提高有一定影响（郁俊谊和刘占德，2016）。

二、猕猴桃主栽品种对栽培条件的选择与区域布局

我国很多地区具备生产优质猕猴桃的生态条件。例如，安徽省岳西县地处大别山区，该县在海拔500～800m的山区种植猕猴桃，在不施用膨大剂、授粉良好、合理疏花疏果、合理施肥等栽培措施下，金魁品种果形端正，解决了一般条件下果实不整齐、畸形果较多的问题，平均单果重约100g，果实可溶性固形物含量达22%，最高达25%。

我国陕西关中和渭河以南的广大地区，降水较多，冬季无严寒，又有适度的低温条件，非常适合商业栽培美味猕猴桃和中华猕猴桃。在此区域内，海拔500～1 200m的山区降水量更为充沛，空气湿度大，昼夜温差也大，更有利于猕猴桃的生长和光合产物糖分的积累，而且整个环境无污染源，具备生产安全优质猕猴桃的生态条件。我国南方广袤的山区有发展无公害优质猕猴桃的巨大潜力，在生态条件不是很理想的上海市生产的猕猴桃，其内在品质也已经超过新西兰所产的海沃德猕猴桃。上海市产的米良1号果实可溶性

固形物含量达 16%，金魁达 18%，而新西兰的海沃德可溶性固形物含量只有 14%～15%；米良 1 号和金魁每 100g 果肉维生素 C 含量都超过 100mg，而新西兰的海沃德约为 80mg。如果在优良生态区，严格按照生产无公害优质猕猴桃的操作规程进行生产，这些地区生产的猕猴桃品质极有可能超过新西兰相同品种的猕猴桃（齐秀娟，2017）。

（一）猕猴桃栽培种的特点和分布

1. 美味猕猴桃　猕猴桃属中美味猕猴桃果实较大，人工栽培面积也最大。该种单果重一般为 30～150g。果实有圆形、椭圆形、柱形、球形等；果皮颜色有褐色、浅褐色、深褐色和绿褐色；果肉颜色有绿色、浅绿色、深绿色，果心绿色，也有红色。我国美味猕猴桃广泛分布于长江流域中下游等地区，如湖北、湖南、四川、云南、贵州、广西、甘肃，也在陕西、河南等地有分布；栽培区域已经扩展到原产地以外的几乎所有猕猴桃产区，从北京到广东，从四川到上海，近些年已逐渐向山东半岛延伸栽培。其中绿肉品种是目前占据市场消费的主流品种（齐秀娟，2015）。

2. 中华猕猴桃　中华猕猴桃果实大小仅次于美味猕猴桃，栽培面积占第二位，该种猕猴桃果实一般重 20～100g。果实有圆形、椭圆形、柱形、球形等；果皮颜色有褐色、浅褐色、深褐色和绿褐色；果肉有绿色、浅绿色、深绿色、黄色、浅黄色、橙黄色、红色等。我国进行中华猕猴桃栽培的区域主要在原产地，即长江中下游等地区，如陕西、河南、安徽、江苏、浙江、湖北、湖南、江西、广东、广西、福建等地，近些年逐渐向北延伸栽培。其中红肉品种是引导市场消费的主流品种。在生长势方面，多数中华猕猴桃要弱于美味猕猴桃；成枝率和结果枝率方面，中华猕猴桃高于美味猕猴桃（齐秀娟，2015）。

3. 软枣猕猴桃　软枣猕猴桃是猕猴桃属中分布面积最广的种类。该种果实单果重一般在 5～30g。果实有圆形、椭圆形、柱形、球形等；果皮有浅绿色、深绿色和紫红色；果肉颜色有绿色、浅绿色、深绿色和红色。我国范围内，软枣猕猴桃主要分布在北纬 45°以南的完达山南部、张广才岭及老爷岭山区，在东北三省、山东、山西、陕西、河南、河北、安徽、浙江、江西、湖北、福建及西北和华东各省均有分布。软枣猕猴桃成熟果实可作即食型猕猴桃，也可用来酿酒、制作果酱和果汁、提取维生素 C 等；树体可入药；有些地区的软枣猕猴桃（如东北地区）与传统商业栽培的美味猕猴桃和中华猕猴桃相比，更加抗寒，所以可作为猕猴桃商业化栽培地区向北推移的重要候选种类，或开创新型的猕猴桃开发模式，如休闲果园的开发等；打破人们对猕猴桃果实成熟后需要后熟、去皮方可食用的固有认知。目前，软枣猕猴桃具有成为国际猕猴桃消费市场新时尚的潜能。软枣猕猴桃在辽宁丹东、本溪等地区发展迅速（齐秀娟，2015）。

4. 毛花猕猴桃　毛花猕猴桃果实大小仅次于美味猕猴桃和中华猕猴桃，居第三位。花大且颜色诱人，可作为庭园观赏树种。毛花猕猴桃花期明显晚于中华猕猴桃和美味猕猴桃，郑州地区一般晚 25d 左右。从现蕾至落瓣为期半个月左右，此时气温变幅小，湿度大，不易受晚霜危害。毛花猕猴桃主要分布在贵州、湖南、浙江、江西、福建、广东、广西等地。因该种猕猴桃花色美观、易剥皮、食用方便、耐贮藏、适应性强、耐高温、耐涝、耐旱等优点，具有较好的市场吸引力，发展前景乐观（齐秀娟，2015）。

（二）猕猴桃主栽品种的区域布局

研究表明，影响中国猕猴桃种植分布的主导气候因子及各自贡献率由大到小依次为最冷月平均气温、年日照时数、年相对湿度、最热月平均气温、无霜期和降水量；限制因子是无霜期和最冷月平均气温。按照气候因子和气候适宜性等可将中国主栽猕猴桃品种潜在种植区划分为气候高适宜区、气候适宜区和气候次适宜区。其中气候高适宜区分布较分散，较为集中的高适宜区分布在四川中东部、重庆中西部、贵州高原、湖南西南和陕西秦岭北麓，气候高适宜区是目前中国最主要的优质猕猴桃产区。猕猴桃种植的气候适宜区范围较广且较集中，涵盖了湖北、湖南、江西、浙江和江苏的大部分地区，还包括川东北、山南、关中渭河谷地、渝北、黔东南、豫东、豫西南、鲁西南和闽西北等地。该区域基本涵盖了中国目前主要猕猴桃产区。气候次适宜区包括川东南、云南大部、黔西南、桂北、粤北、闽中、豫北、河北南部、山东中东部和新疆和田等地。该区域基本以对环境适宜性较强的秦美猕猴桃、狗枣猕猴桃和软枣猕猴桃为主。从区划结果看，猕猴桃气候适宜区的面积远大于气候高适宜区和次适宜区，特别是高适宜区仅占适宜区面积的10%，一方面表明中国区域适宜主栽猕猴桃品种种植的气候资源较丰富，另一方面表明气候高适宜区对光热水等气候因子的要求很高。猕猴桃生产较为集中的陕西和四川分布区应逐步从发展规模转向提高产量和品质（屈振江和周广胜，2017）。

虽然气候环境是猕猴桃种植适宜性的关键因子之一，但生产实际还需要考虑土壤、立地条件，以及栽培技术和人工营造小气候等方面。例如，陕西秦岭北麓和渭河河谷虽然降水量偏少，但仍是目前中国猕猴桃种植面积最为集中的区域，说明栽培管理措施和灌溉条件可以克服降水不足对猕猴桃种植分布的限制（屈振江和周广胜，2017）。

第二节　园地的规划与设计

一、园地基本情况调查

猕猴桃品质首先取决于品种，但是优良品种的品质也受气候条件、立地条件、土壤条件及栽培管理技术等因素的影响。园地是生产的基础，是规模化生产、经营猕猴桃的必要条件。猕猴桃园地的选择必须在适宜的区域内，根据猕猴桃对气候等环境条件的要求进行具体确定。光照条件不好、土壤过分黏重、潮湿和通风透光条件不良的地块不适宜栽植猕猴桃（张晓玲，2015）。在建立猕猴桃果园前，要对园地的基本情况进行调查。

（一）气候和土壤条件

猕猴桃生产基地的选择，首先要了解当地的自然气象和土壤资料。除东北地区的软枣猕猴桃外，其他常规猕猴桃园地最好选择年平均温度15℃左右，极端低温不低于−10℃、极端高温不高于36℃；气候条件湿润；无霜期240d左右；海拔高度在400~1 000m的地方。宜选择土层深厚，土质疏松肥沃，土壤pH在5.5~6.5，即土壤呈中性或偏酸性的沙土或壤土建园。土质疏松但有机质缺乏的红黄壤地区，经过改良后才可种植猕猴桃；土层太薄、土壤过于黏重、缺乏腐殖质的土壤不宜发展猕猴桃种植；重盐碱地区不宜种植猕猴桃；易发生霜害的地区也不宜建立猕猴桃园。此外，猕猴桃园区地下水位应在1.2m以下，水源匮乏或地下水位过高的地区不适宜猕猴桃建园（齐秀娟，2017）。

猕猴桃建园时，应该根据猕猴桃的生物学习性和对环境条件的要求，选择合适的园地。调查当地的自然气象条件（包括平均温度、极端温度、无霜期、降水量等）和土壤条件（包括土层深度、土壤质地、土壤酸碱度、土壤有机质含量等）。猕猴桃需要较好的气候、土壤条件，建园时应选择气候温暖、雨量充沛、既无早霜又无晚霜危害的地区。要求土层深厚、腐殖质含量丰富、有机质含量高、中性或微酸性、透水性良好的土壤。条件适宜可发展猕猴桃种植，条件不适宜不宜勉强建园。

实地调查应有从事果树栽培、测量和土壤三方面专业的技术人员参加。水文和气象条件调查的内容有：年平均温度、湿度，各月平均温度、绝对最高气温和绝对最低气温；年降水量及各月降水量；常年最大风力、风向和季节；早霜、晚霜出现时间等。土壤方面调查的主要内容：土壤的基本情况，如园地的母质、土壤类型、土层厚度、土壤的理化性质、有机质含量、矿质营养成分与含量、酸碱度等（张指南和侯志洁，1999）。

（二）园地位置

猕猴桃种植园地尽量选择交通方便、靠近水源（如水库、河流、渠道等），并且远离大型工厂的地区。如发展猕猴桃休闲采摘果园，要充分考虑客源市场等因素；山谷低洼地、霜冻较严重且易积水地，不宜建立猕猴桃园。高海拔地区，猕猴桃易受冻害且容易诱发溃疡病，也不宜建园（齐秀娟，2017）。因此，要调查园地附近的交通、水源、污染等情况，避开易积水、易发生冻害的地区。

为便于建园所需物质材料、肥料和果品的运输，应将园地选择在交通方便的地方。但又不能距车流量大的公路太近，最好距离公路100m以上，以免汽车尾气对猕猴桃植株和果实的污染。猕猴桃园地要远离工业区和大工厂，以避免受到污染。此外，猕猴桃园地应尽可能靠近水源地，以利于灌溉。切记猕猴桃灌溉水源不能使用未经处理的工业废水或城市生活废水。

（三）地形、地势

猕猴桃建园时，最好选择平地，方便机械化操作和管理维护。山地建园坡向选择最好为背风向阳的地段，且坡度宜选小于25°的地块，以利于水土保持，且便于农事操作。丘陵地建园要具备灌溉条件，而且要做好果园排水工作（齐秀娟，2017）。建园前，要对园地的地形、地势和灌水条件等进行调查。

在平地建园，省时省工，管理方便，有利于机械化操作，土壤保肥保水力强，但容易发生涝害。因此，平地建园应该挖排水沟，进行高垄栽培。丘陵地立地条件较高，方便排水，但易发生干旱，因此建园时要注意灌溉条件。山地生态条件较好，但是山地随着坡度的增加，土层变薄，水土流失严重，果树生长条件会变差，因此，应选择坡度10°以下的缓坡或10°～25°的斜坡种植，坡度过大不宜种植猕猴桃。

（四）植被和土地

园地内植被的种类、分布及其生长情况，可以反映出土壤和气候条件的情况，尤其要注意那些在自然产区中和猕猴桃混生在一起的植物种类和生长情况，以及土地的利用情况，包括粮食作物、经济作物及绿肥、蜜源植物等的分布和生长状况（张指南和侯志洁，1999）。

（五）社会基本情况

除了对园地自然条件进行调查外，还要综合考虑果园所在地的社会、经济、交通、小气候等情况。调查当地人口分布和劳动力情况，副业生产情况，果品的生产销售情况。此外，为了取得较好的经济效益，避免因盲目发展而造成重大经济损失，在建园前要对市场进行调查和预测，根据市场需求和经济效益确定发展规模和栽培品种，做到品种对路，供需协调（张晓玲，2015）。建立大型猕猴桃园，应根据以上调查结果，绘制出地形图，标明园地的位置、面积、海拔高度、水源及交通、建筑物和设施等，为现场规划与设计提供参考，从而建设高质量高标准的猕猴桃园。

二、平地果园的规划与设计

猕猴桃园地选定之后，应根据建园的规模、当地的自然条件、生产条件以及猕猴桃生物学特性，因地制宜，搞好园地规划。园地规划既要从实际出发，又要考虑未来的发展前景，力求高标准建园。

平地是猕猴桃建园的首选地形，平地土层深厚，土质肥沃，灌溉方便，便于管理，工程量小，有利于机械化操作，但是平地通风、日照和排水条件不及山地果园，影响猕猴桃果实的内在品质。平地果园尤其应该注意排水（安新哲，2011）。平地类型多样，如河流冲积平原、滨湖滨海地、沙滩地等，一般冲积平原土壤肥沃，适宜猕猴桃种植；其他平地若要栽植猕猴桃，要对土壤进行适当改造。如平地地下水位过高，则不宜发展猕猴桃生产。而河道地块建园后，易遭洪水冲击淹没，一般也不宜栽种猕猴桃。

为了方便管理，应根据当地的气候、地形、土质等特点，将全园划分为若干个作业区（或称小区）。小区面积的大小，一般平地果园条件比较一致，小区面积可相应较大；山地果园因园地地形复杂，多以 $1\sim2hm^2$ 为一个小区。为提高工作效率、便于机械操作、有利于水土保持和排灌系统的设置，小区的形状以带状或长方形为好，其长边与等高线平行，以防止土壤冲刷；平原地区小区的形状以长方形为宜，其长宽比可采取 $2:1$ 或 $5:1$，长边可按照南北向配置或与有害风向相垂直。如果栽植的面积不大，在地形不复杂的情况下，也可以不划分小区（张指南和侯志洁，1999）。

（一）平地果园小区规划的原则

猕猴桃果园规划要因地制宜。要根据全世界猕猴桃发展的大局来寻找自己未来的位置；从猕猴桃现有产品市场表现来选择适合自己的主栽品种；从地理位置和自身特长，确定果园的定位；从土壤、气候条件确定具体的生产模式。要考虑市场的可变性，要有理性思路，避免不必要的损失。猕猴桃果园规划一般应遵循如下几项原则：

1. 长期性原则 一个可持续发展的猕猴桃园，一定具有特有的优势。寻找、发掘特有优势并在规划中体现，是猕猴桃园规划的长期性原则。需要对未来猕猴桃发展趋势、格局和周边经济发展进行预测，对 5 年、10 年、20 年甚至更长时间内的经营有明确的方向定位，在规模、地理位置上有清晰的判断。好的地理位置可以达到事半功倍的效果。主产区要考虑猕猴桃人工授粉的问题，劳动力使用集中、规模过大会因劳动力紧张而影响生产目标的实现，所以可考虑较小规模的家庭经营。在非主产区，没有主产区那种不利因素，但需要专业的人才，可以考虑建立数百亩甚至上千亩规模的大型果园，在内部设置专业化岗位分工负责，具有长期性优势。

2. 节约原则 猕猴桃果园需要一定的规模才能达到单位面积平均投入的节约。棚架、灌溉设施、看护和管理等成本的高低都与规模有关，因此建园规模要适度。考虑到土壤管理与劳动力成本，园地应设计成便于机械入园和耕作的形式。为方便操作，棚架的模式要因地制宜，高度合适。

3. 生态原则 猕猴桃适合在生态良好的环境中生长，恶劣的自然环境不利于猕猴桃健康生长，比如要保证附近存在水源，不会受洪涝灾害影响，附近无工业污染等（黄金辉，2015）。

总之，猕猴桃园地选择应遵循"因地制宜、适地适树"的原则。一个好的猕猴桃园应具备适于生产的生态环境条件、有利的地形地势、方便的交通运输、优良的品种资源和良好的土壤条件等，只有满足这些条件，才能建立好的种植园。园地最好是集中连片，以利于采用先进技术和果品的流通及加工利用（张晓玲，2015）。

（二）平地果园规划与设计要求

园地面积较大时应该划分作业小区。小区面积要根据地形、土壤、果园规模以及机械化程度而定。同一小区内尽可能使土质和小气候一致，地形及小气候复杂的小区面积应小，一般平地小区面积可大些，为 $2\sim4hm^2$ 甚至更大。小区形状以长方形为宜，便于机械化操作，尽可能使小区场边与有害风向垂直，山地小区的长边与等高线平行，以便于作业和保持水土。猕猴桃是多年生果树，应当充分利用果园当地有利的自然条件和资源，在建园之初就应合理规划、布局。根据地形图，在园区内规划出小区、道路、排灌系统、防风林、工具房等附属建筑；再划出种植区及种植行等（齐秀娟，2017）。

（三）平地果园道路规划

为了提高田间作业、物资生产和果品运输的效率，便于机械车辆行驶和人员通行，在建立猕猴桃果园时，应做好道路规划。大型果园的道路分为三级：主干道、支路、小路。主路要求位置适中，贯穿全园，且与园外公路相连；支路是连接各小区与主干道的通路，如果小区面积较大，可在小区内留小路。主干道一般宽 6~8m，能通过大型汽车；支路宽 4~6m，能通过小型汽车和农用机械，支路一般为小区的分界线；小路宽 1.5~2.5m，主要为人行道，要能通过大型喷雾器（齐秀娟，2017）。小型猕猴桃园道路规划要因地制宜，可不设支路，只要管理和运输方便即可。

（四）平地果园排灌系统规划

猕猴桃树抗涝、抗旱性均比较差，因此一定要做到干旱能灌溉、洪涝能排水。在果园规划中，水源是首先需要解决的问题。果园灌溉系统和排水系统必须配备完善，在选好水源的基础上，建立蓄水、灌水、排水等一整套系统工程。果园内排灌系统的设计应首先考虑水源、水质和水量。为节约用水，果园用水提倡采用喷灌、滴灌等现代化节水灌溉系统。此外，排灌系统应尽量与道路、防护林网相结合，以节约用地且不妨碍交通（齐秀娟，2017）。

1. 排水系统 我国南方地区雨水较多，且土壤多偏黏，容易出现涝害。北方猕猴桃产区少量果园在秋雨连绵时可能出现涝害，因此猕猴桃果园要设置好排水系统。排水系统应与道路系统配合设置，干道边设置总排水沟。排水沟有明沟和暗渠两种排水系统。明沟由总排水沟、干沟和支沟组成，支沟宽约 50cm，沟深至根层下约 20cm，干沟较支沟深约 20cm，总排水沟又较干沟深 20cm，沟底保持 0.1% 的比降。明沟排水的优点是投资少，但缺点是占地较多，易倒塌淤塞和滋生杂草（郁俊谊，刘占德，2016）。

暗沟排水是在果园地下安设管道，将土壤中多余的水分由管道排出。暗沟的系统与明沟相似，沟深与明沟相同或略深一些。暗沟可用砖或塑料管、瓦管做成。暗沟离地面约80cm，沟底有0.1%的比降。暗沟管道两侧外面和上面铺一层稻草或松针，再填入猕猴桃枝条或农作物秸秆，然后回填表层土壤至40cm处，施用适量的农家肥等肥料，填土筑成宽1m、高于地面40cm左右的定植带。每条暗沟的两端除与周围渠相通外，出水口装有水闸。离围渠3～5m处设置一个内孔直径15cm左右的气室，气室高于地表，可保证正常通气，又可避免出气口被堵塞。暗沟排水的优点是不占地、不影响机耕、排水效果好，也可排灌两用，养护投入少，缺点是成本高、投资大、管道易被泥沙等堵塞（郁俊谊和刘占德，2016）。

2. 灌溉系统 适宜的灌水量应使果树根系分布范围内的土壤湿度在一次灌溉中达到最有利于生长发育的程度，只浸润表层土壤和上部根系分布的土壤，不能达到灌水要求，且多次补充灌溉，容易使土壤板结。因此，一次灌水量应使土壤含水量达到田间最大持水量的85%，浸润深度达到40cm以上。

猕猴桃园地的灌溉方法多样，应根据实际情况选择灌溉方法。具体方法包括漫灌、渗灌、喷灌和滴灌等。

（1）漫灌。漫灌特点是简单易行，投资少，但会冲刷土壤，土壤易板结。由于漫灌不宜控制水量，耗水量较大，不利于有效使用有限的水资源，应尽量减少使用。

（2）渗灌。渗灌是利用有适当高程差的水源，将水通过管道引向树行两侧距树行约90cm、埋置深度15～20cm的输水管，在水管上设置微小出水孔，水渗出后逐渐湿润周围的土壤。渗灌比沟灌省水，也没有板结的缺点，但出水口容易发生堵塞。

（3）喷灌。分为微喷与高架喷灌两种方式。喷灌要使用管道将水引入田间地头，需要加压。如果使用针孔式软塑膜管，可以将其顺树行铺设在地面，灌溉时打开开关即可。这种方式投资小，但除草、施肥等田间操作不方便。如果使用固定式硬塑管，则需要将输水喷水管架在空中，在每株树旁安装微喷头，喷水直径一般为1.0～1.2m。这种方式省水，效果好。高架喷灌比漫灌省水，但对树叶、果实、土壤的冲刷大，也需要加压设备。喷管对改善果园小气候作用明显，但投资费用较大。

（4）滴灌。滴灌是顺行在地面之上安装管道，管道上设置滴头，在总入水口处设有加压泵，在植株的周围按照树龄的大小安装适当数量的滴头，水从滴头滴出后浸润土壤。滴灌只湿润根部附近的土壤，特别省水，用水量只相当于喷灌的一半左右，适于各类地形的土壤。缺点是投资较大，滴头易堵塞，输水管田间操作不方便，同时需要加压设备。

（五）平地果园防风林规划

我国大部分地区，都属于季风气候，果园防护林的建设十分重要。对猕猴桃园来说，建立防护林尤其重要，因猕猴桃抗风力差，春季大风常折断新梢，损伤叶片与花蕾；夏季干热风降低空气湿度，会引起土壤水分大量蒸发而干燥，致使叶片枯焦，植株生长受阻；秋季大风，会磨损果面，影响商品价值。因此，在建园前务必要建造防护林。防护林的作用首先在于能够阻挡气流，降低风速。防风林可降低风速25%～50%，同时还能减少土壤水分蒸发，提高土壤和空气湿度，改善果园的水分供应。在山地，防风林对防止土壤冲刷也有一定的效果，能够减缓径流，保持水土。防风林还能调节气温，减轻冻害。在丘陵、平原盛夏也具有遮阴作用。防风林的防护范围，向风面约为树高的5倍，背风面约为20倍。由于防风林可以调节小范围内的小气候条件，能够保障猕猴桃的正常生长发育而获得良好的效益，因此，猕猴桃园防护林成为猕猴桃园经营成败的重要影响因子之一（张指南和侯志洁，1999；王仁才，2000）。

1. 防风林带的类型　不同防风林的类型，具有不同的防风效果。根据防风林的不同结构，可将防风林分为"不透风林带"和"透风林带"两种。不透风林带由高大乔木、中型乔木和灌木多行密植而形成一种"林墙"，其防护范围小、造价高，但在其防护范围内可以发挥较好的效果。透风林带由乔木和灌木组成比较稀疏的林带，大风通过林带后，风速明显降低，其防护范围比较大，从防护效果看，透风林带相比不透风林带，其造价低，且能发挥较好的防风效果，因此在生产上被广泛采用。透风林带可由阔叶树与针叶树和灌木组成，林带上下具有透风的网眼结构（张指南和侯志洁，1999）。

2. 防护林带的设置　大型猕猴桃园的防风林一般包括主林带和副林带，原则上要求主林带与当地有害风或常年大风的风向垂直。如果因地势、地形、河流、沟谷的影响，不能与主要风向垂直时，可以倾斜25°～30°，但超过此限，防风效果会大大降低。对于小型猕猴桃园，可无主、副林带之分，而只设环园林（齐秀娟，2017）。

防风林的主林带一般设在主干道与干道两侧，主干道旁栽树6～8行，干道栽种3～6行；副林带设在小区间，设2～3行。面积较大的小区，副防风林带间每20～25m设一道由竹竿、高杆秸秆和木本树枝组成的临时防风篱。防风林带一般距离果园5～7m，与果园之间用深沟隔开，以防止林带树的根系向果园内生长。防风林带应以乔木、灌木结合为宜，乔木与灌木之比为（1～2）∶1。主林带与最近一行猕猴桃距离为6～8m，副林带与猕猴桃距离为4～5m。面积较小的果园，在果园外围迎风面栽几行防风树即可。猕猴桃防风林之间的间隔距离，应视防风林树高及需要防护的范围而定，一般防护林的有效范围，在背风的一侧为防护林高的25～30倍，但最佳防风效果是树高的10～15倍（张指南和侯志洁，1999；王仁才，2000；齐秀娟，2017）。

3. 防护林的树种选择　应选择对当地环境条件适应性强、具有较高经济价值、与猕猴桃树种没有共同病虫害的防风林带树种，且所选树种的花期与猕猴桃花期不能重合，以免影响猕猴桃的授粉和坐果。防风林带最好选择生长快、寿命长、树冠紧凑、根系分布深的乔木树种与矮小密生的灌木树种相结合的形式。猕猴桃园常用的乔木树种有白杨、水杉、木麻黄、云杉、柳、香椿、松等；灌木可选择铁篱寨（枳）、冬青、黄杨等。防风林要在猕猴桃植株定植前就栽好，栽植前应翻耕土壤、挖坑、施基肥，种植后要加强管理，防旱防涝，修剪控冠。防风林也可与猕猴桃树同时栽植，尽早发挥防风的作用（王仁才，2000；齐秀娟，2017）。

（六）园内附属建筑规划

如果果园作为一个较为完整的生产企业并且要进行长时间经营，有必要在园内规划建造管理用房和生产用房。果园内辅助建筑物一般包括办公室、车辆室、工具室、肥料农药室、配药室、包装室、休息室等。其中，办公室、包装室、配药室等均应设置在交通方便和有利作业的地方；休息室及工具室则设立在2～3个小区的中间，靠近干路和支路处。此外，在山区应遵循量大而沉重的物品"由上而下"的原则。如，配药室应设置在较高的地方，以便药品由上而下运输或者沿固定的沟渠自流灌施；包装场、果品贮藏室等则放在较低的地理位置处（齐秀娟，2017）。

猕猴桃园也要设置必要的防护设施，要考虑人身安全和财物安全。人身安全方面主要是进行事故预防，如果园要避免设置深坑深沟，防止人员跌落造成事故；消除树桩、路坑、石块、铁丝等不安全因素；电力设备和开关在使用前要进行安全检查，使用期间要定期维护保养。猕猴桃园区也必须设立防盗设施，如在园地周边设置篱笆或围栏等。

三、丘陵地、山地果园的规划与设计

（一）丘陵地建园要求

丘陵地一般表现为坡原地带，我国南北方均有分布。我国南方的丘陵地多为冲积台地，一般降水量大，日照少，土层相对较浅。在南方丘陵地建立猕猴桃园时，一般应在台上或缓坡建园。在丘陵地建园时，应选择立地条件好，土层深厚，日照充足，空气流通比较顺畅的场所。如土壤贫瘠，保肥、保水能力差，则必须注意肥水的及时供应，否则会引起猕猴桃生长不良，果实品质受影响。虽然丘陵地一般立地条件较好，排水条件良好，但是易发生干旱，因此要注意水源和灌溉设施的建设（王明忠和余中树，2013）。丘陵地建园要具备灌溉条件，而且果园要做好排水设施。

1. 丘陵地建园要求　在丘陵坡地建立猕猴桃园，应充分考虑园地位置、海拔高度、地形地势、气候和土壤条件等因素。园地要求交通方便，靠近水源，背风向阳。丘陵地建园前同样要进行园地调查，主要调查园地的地形、土壤、气候、植被等情况，绘制地形图，标出园地区块、水源、道路等要素，方便进行园地规划设计。

2. 丘陵地建园规划设计　可根据丘陵地果园的规模、地形、坡向、土壤等特点，结合道路和排灌系统分布，将条件相近的区域划分为小区，便于耕作管理，每个小区的长边要与等高线平行，以利于水土保持。丘陵地果园应根据地形特点设置道路。主路应沿分水岭迂回修建，支路应尽量在果树行间或小区边缘修建。对于小型果园，为节约土地，可不设置小路。丘陵地果园要建排水沟渠，可将排水与蓄水设施结合修建，以省投资，减少土壤冲刷。丘陵地果园防风林设置可参考平地果园设置方法。

（二）山地建园要求

1. 山地建园要求　山地是适合发展果树种植的重要地带，我国有很大面积不适宜种植农作物的山地适合栽植猕猴桃。山地建园时，应选择生态条件适宜、通风透光、土质肥沃的地块。园地选择时，尽量选择比较平坦的缓坡，坡度一般不大于25°，这样有利于保持水土且便于栽培管理。坡向应选择南坡或东南坡等避风向阳的地方，忌选北坡，以满足猕猴桃对阳光的需求。山地建园不宜在山顶或风口上，以免树体遭受大风危害。山地种植猕猴桃，一般都有适宜的生态条件，但是要注意一些问题，如坡度和坡向等。坡度对土壤肥力、水分和土层厚度都有影响。坡度越大，土层越薄，水土越易流失，果树生长条件越差。因此，应选择在坡度10°以下的缓坡或10°～25°的斜坡上种植，这样既利于水土保持，又利于栽培管理，减少建园工程量。25°以上的坡，一般不宜种植猕猴桃。坡向对温度、湿度、温差、光照和风向都有影响。山地建园，最好选择东南坡，一般东南坡较温和，昼夜温差较大，光照较强，冬季受西北方向的冷燥气流影响小。总之，要因地制宜，宜选择向阳背风的地段。在降水量较小的地方建园，也可选择阴坡段。山地建园也可改成梯地，沿等高线设行，行长随地形、道路、排水沟或防风林带距离而定。小区宽度，若是梯地，则为梯地的宽度；若是缓坡地，则沿坡向根据防风林的有效防风距离而定，一般 40～50m。在坡度较大的山地建园，可采用鱼鳞坑的方式栽植，鱼鳞坑的外沿高、靠山处低，有利于水土保持。总之，在山地建园，小区划分的原则是因地制宜，随地形、地势而划分（安新哲，2011；王明忠，余中树，2013）。

光照强度过高的正阳山坡地、光照不足的阴坡地和狭窄的沟道，不宜建立猕猴桃园。当山地坡度太大时，应先把地整成台田后再建园。低洼地、山头、风口处都不宜建园。山地建园选择早阳坡比较好，坡度不能超过30°，另外，园地不能建在风口上。对土壤最基本的要求是必须含有丰富的有机质，以微酸性土壤最好，中性土壤也可以，重碱性土壤不适宜栽培猕猴桃，否则会出现黄化，甚至死株现象（张晓玲，2015；郁俊谊，2017）。

2. 山地果园规划设计　山地果园的主路可环山而上或呈"之"字形。顺坡的主路或支路可设在分水线上，不要设在积水线上。山地果园最好在上坡设有拦水沟与蓄水池，这样雨季既可以蓄水，又可顺坡排灌。排灌时可采用沟灌，有条件的地方还可采用喷灌、滴灌等。灌溉时最好从水库引水，或在每一山头修蓄水池，引水灌园，蓄水池的大小根据园地面积和灌溉方式确定。山地果园的排水，主要采用等高撩壕的方式，或在梯田内侧设排水沟，并使排水沟与灌溉渠道相通。在坡度较大的浅山和梯田果园，排灌系统要分级跌水，防止因水流过猛而毁坏设施。一般山地果园除沿排水沟引水漫灌外，还有滴灌、喷灌两种方式。滴灌可节省用水，在干旱季节，每个滴头日耗水量为 1.5～2kg，每树配滴头 6个，滴头间距为 60～70cm，日耗水量 9～12kg，便可保证树冠下部土壤湿润。另外结合滴灌进行施肥，可节省用工。喷灌的装置主要有两种，一种是移动式的喷灌机加压喷灌，另一种是固定式的喷灌装置，利用蓄水池与果园的高程差，进行自压喷灌。山地果园主林带应设置在山脊分水岭上级园地边沿地带。一般可栽种 3～4 行乔木，在靠近果园一侧栽植灌木。主林带应与主导方向垂直。山背及果园外围主林带至少要栽 4 行，果园内部的侧林带 1～2 行。林带中主要乔木行距 2～3m，株距 1～1.5m，灌木的栽植距离可缩小一半（王仁才，2000；齐秀娟，2015；齐秀娟，2017）。

3. 山地建园水土保持规划　在水土流失较严重的山区建立猕猴桃园，必须做好水土保持工作，防止产生新的水土流失。水土流失的产生与气候、地形、地质、土壤、植被以及人类活动等因素密切相关，防止果园水土流失的措施不仅应从改变微地形入手，而且要兼顾植被和土壤改良工作，并采取适当的农业技术措施等（左长清，1996）。

修筑梯田是一项有效改造地形的技术措施。山地修筑梯田的优点是变坡地为台地，消灭或减少了种植面上的坡度，划小了集流面，削弱了一定范围内地表径流的流速和流量，从而控制了水土流失。梯田种植猕猴桃，便于施肥、灌溉、修剪、病虫害防治以及果实采收等操作，从而提高劳动生产率。梯田化的地段上，土壤水分含量较高，猕猴桃的根系发育良好，从而对提高猕猴桃产量和延长植株寿命起到积极的作用。在山地海拔较高地带开辟梯田后，可以提高阶面上的气温，增加整个生长期的积温，从而减少冻害。在降水量较少的地区常采用等高撩壕的方法来改变微地形，以有效地保持水土（左长清，1996）。

此外，在果园水土保持规划中，还必须确定总排水沟的位置、规格及防止山地具有活动沟床的侵蚀沟对坡地的破坏作用。果园总排水沟的位置必须选在凹地的天然集水线所在的地方。入口集水线上原来即有侵蚀沟，可利用其作为总排水沟，仅在沟内适当的地方每隔一定距离修筑一道谷坊，用以蓄水、沉沙和淤土。在沟边和沟头营造水土保持林，防止沟壁坍塌和沟头前进，避免坡面的侵蚀。在上述地段，如果需要按集水线开挖总排水沟，则排水沟断面口宽必须大于底宽，而且随着坡势下降，应将沟底和沟壁用石砌衬，或在沟壁上生草，加固沟床。在修筑总排水沟的同时，结合地形于排水沟中修建小型蓄水池和沉沙池，使水不下山，土不下坡。排蓄兼顾，也是水土保持的一项重要措施（左长清，1996）。

第三节 品种选择与授粉树配置

一、品种选择的依据

品种选择总体应根据国家、地方农业农村部门果树发展规划的要求和果园的经营方向和定位来定，坚持以果品优质、安全、美味，满足市场和消费需求，获得较高种植收益为主导，兼顾果品的营销环境和采后初深加工的需求，以及社会水果购买力及未来发展的趋势，考虑综合效益优先的原则，按照果树区划、品种区域化的要求，正确选择果树品种，因地制宜，适地适栽，是果园实现优质丰产高效的重要前提。

猕猴桃品种选择应根据当地气候、土壤等环境条件和果树区域化、良种化、规模化的要求，尤其要适应市场销售的需求，以及销售能力和渠道的要求，结合果树树种品种的物候期、生长势、抗逆性、丰产性等生物学特性和果形外观、单果重、营养成分、风味香气、果肉质地、耐贮性、货架期等果实经济性状，选择适宜当地区域发展的猕猴桃优良品种。通常在当地或就近区域选育的猕猴桃品种更适宜当地气候、土壤等生态条件要求，规模化栽培之前一定要进行3年以上的引种观测和中试，通过观测数据确认是否可以推广种植。同时，品种选择还需兼顾早、中、晚熟品种和鲜食与加工品种的合理搭配。

猕猴桃是雌雄异株的果树，目前，国内自主选育和国外选育的猕猴桃雌性品种和雄性品种150余个，中华猕猴桃和美味猕猴桃果实大、汁多味美、丰产性好，前期关注度高，软枣猕猴桃和毛花猕猴桃因其可带皮食用或高维生素C含量等特异性状也被关注，品种总体布局上以中华猕猴桃和美味猕猴桃品种为主，适量发展软枣猕猴桃和毛花猕猴桃品种。规模化商业栽培上，也是以种植中华猕猴桃和美味猕猴桃品种为主，北方适量种植软枣猕猴桃品种，南方适量种植毛花猕猴桃品种。

在品种选择配置时，应在一个或若干个作业区内安排同一个雌性品种，成片栽植，以便修剪、采收、施肥等管理措施的统一实施；规模化商品果园，以县级为单位，雌性品种数量原则上不超过3个，便于形成一定的产量进入销售市场，持续稳定供货。休闲采摘为主的果园品种数量可适当多一些，根据客流量安排3～6个品种，拉长采摘期。此外，由于品种间成熟期不同，可按一定顺序将早、中、晚熟品种依次安排在园内，便于栽培管理，分期采收。

二、授粉树配置

猕猴桃是雌雄异株的果树，需要进行异花授粉，才能正常结实。授粉不完全的果实常表现果小、畸形、风味差、失去商品价值。猕猴桃授粉充分与否决定了果实内种子数的多少，而果实内种子数与果实大小呈正相关，相关系数达 0.81。只有充分授粉的果实，才能不出现生理落果，且果大、品质佳。授粉方式以自然授粉为主，人工授粉为辅。为提高产量，改善品质，在生产上必须配置适宜的雄株授粉，其选配的基本原则为：授粉树要比主栽雌性品种花期更长，早 2～3d 开花，晚 2～3d 谢花，要全覆盖主栽雌性品种花期，1 个主栽雌性品种可安排 1～2 个雄性品种授粉树；授粉树长势强，能产生大量发芽率高的花粉，与主栽雌性品种授粉后结实率高，亲和力强，能产生经济价值较高的果实。

授粉树的授粉效果依距离不同而异，一般与主栽品种愈近则授粉效果愈佳。一般认为授粉树与主栽雌性品种的距离以 40～50m 为宜。授粉树配置方式与距离根据授粉品种的具体情况及授粉方式而异。配置授粉雄株时，既要考虑能充分利用土地，又能保证授粉质量和效果。对于雌雄异株的猕猴桃果树，雄株花粉量大，主要靠风传播，昆虫也可传播。因此，根据主栽雌性品种开花时的气候条件不同，雄株可作为果园边界树少量配置的同时，采用中心式（梅花式）或直接采取条状雄株（直公式、行列式）配置（彩图 7-1），其配置方式为每 4～8 株主栽雌树配置 1 株授粉雄树于中心位置，或 4 排主栽雌树 1 排授粉雄树，雌树占架面 80% 面积，雄树占架面 20% 面积。一般雌雄株的适宜配置比例为（4～8）：1，其配置形式如图 7-1 所示（陈杰忠，2015）。

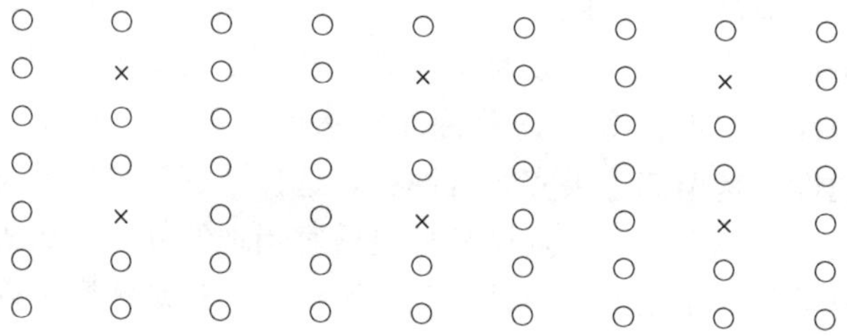

○表示雌株，×表示雄株

图 7-1　授粉树中心式配置形式（雌雄比例 8：1）

第四节　苗木栽植前准备

一、园地平整与土壤改良

（一）园地平整

园地平整是建高标准园不可缺少的内容之一。园地平整是否符合标准，不仅关系园地的规范化栽培与管理，也影响到能否保证安全生产及植株结果年限的长短。未认真平整园地的猕猴桃园，土面植被较少，地表裸露，遇上大雨冲刷土壤流失十分严重，加之坡地土层较浅，不利于灌溉、施肥和耕作，生产成本会较高。

进行猕猴桃园地平整，因土壤类型和地形地势等条件的不同而有所区别。

1. 土壤类型　红黄壤类型的土壤透气性差、结构不良、养分欠佳，雨天水分多时吸水成糊状，晴天水分蒸发后变得紧实坚硬。在这种类型的土壤上进行猕猴桃园地平整时，要先进行全园掺沙深翻，并挖定植槽，增施农作物粉碎秸秆等。沙土地或石砾河滩地土壤疏松但瘠薄，在园地平整前需先撒施有机肥，或挖定植槽或大穴增施有机肥，人为创造容易"扎根"的生长条件，来增加猕猴桃根域面积。

2. 地形地势　平地、缓坡地（坡度≤20°）建园时，园地平整需全园深翻50cm以上，并保证翻耕均匀、基底平整、不留硬地、不出现坑洼。对地下水位偏高、长期浅耕操作、地表20cm以下存在"生土层"的黏重、贫瘠土壤，一定要采取撩壕改土（深80cm，宽1m）或全园深翻（深50～70cm）方式整地，而不宜采用挖穴的方式。挖穴定植不利于排水，雨季容易淹水烂根死树。地下水位高或排水困难地，全园深翻后应沿树行起高畦，而行间较低。垄沟的深度视地块排水难易和当地雨量而定，如排水方便而雨量较少的北方，垄沟深度25～30cm即可；在排水不便和雨水多的南方，垄沟深度要增加到40cm以上。建园后随树体的生长应增宽高畦，2～3年后变成沿树行高凸起，行间仅有一条宽30～40cm、深30cm左右的沟，灌水时沿行间流水。这样的方式整地，使每次沿行间浇的水渗透到猕猴桃根部，而树体根颈交界处及树盘内无积水，减少了因积水而导致的烂根和根部病害的传播。树冠周围的水分是渗透过去的水，使树盘内表土层一直保持疏松状态，提高了土壤的透气性。在行间浇水，增加了行间土壤湿度，吸引根系向行间扩伸，扩大了根的吸收面积。这样的整地方式，还有利于雨季排水。

坡地建园时，园地平整为沿等高线修筑梯田。梯田由阶面、梯壁、边埂和背沟组成，可以很好地保持水土。园地平整先清除园区内杂草和杂林，使坡面基本平整；之后在每个小区内测出等高线，按"大弯就势、小弯取直"的原则进行修整。梯田从上往下修筑，边筑阶壁，边填阶面。阶面的宽度和梯壁的高度主要取决于山地坡度的大小和土层的深浅。在坡度不变的情况下，阶面宽度每增加1倍，梯田高度也增加1倍，填土量相应增加3倍。为了节省修筑梯田的人力物力，可采取梯壁的高度基本相同、阶面的宽度不同，筑成等高而不等宽的梯田。新修的梯田，因土壤重力、降水或灌溉等的影响，梯田填土部分逐渐沉实，出现阶面外斜或下陷现象，应于每年冬春季结合土壤管理，对边埂和背沟进行修整。

目前在猕猴桃建园过程中，园地平整已普遍使用机械操作，特别是挖机作业。生产实践应用比较表明，园地平整时挖机过小，工作效率较低，整地成本相对较高；挖机过大，则受所需梯田阶面宽度及梯埂的限制，作业旋转难度增加，影响工作效率。考虑到猕猴桃种植株行距多为（2～4）m×（3～5）m，山地或丘陵地（坡度＞30°）一般采用开梯建园，最适阶面宽要求4～5m，因此当前猕猴桃园地平整一般选用80型挖机，该机型身宽2.3m，恰好适宜猕猴桃园地平整建设的要求。

（二）土壤改良

猕猴桃是肉质根系，穿透力弱，只有在深、松、肥、潮的壤土中才有利于根系的深扎和养分、水分的吸收。同时猕猴桃枝叶生长量大，蒸腾作用大，对土壤含水透气性要求高。因此，猕猴桃建园时需针对土壤进行适度改良。

1. 红黄壤园地改良　红黄壤广泛分布于我国长江以南丘陵山区。该地区高温多雨，有机质分解快，易淋洗流失，而铁、铝等元素易于积累，土壤酸性，有效磷的活性降低。由于风化作用强烈，土粒细、土壤结构不良，水分过多时土粒吸水呈糊状，干旱时水分蒸发散失，土块紧实坚硬。

通常红黄壤改良措施有：①做好水土保持工作。红黄壤结构不良，水稳性差，抗冲刷力弱，应修好梯田、撩壕等水土保持设施。②增施有机肥。红黄壤土质瘠薄，缺乏有机质，土壤结构不良，增施有机肥是改良土壤的根本措施。有机肥所含营养元素比较全面，除含主要元素外，还含有微量元素和许多生物活性物质，包括激素、维生素、氨基酸、葡萄糖、酶等，故称完全肥料。有机肥不仅能供给植物所需要的营养元素和某些生理活性物质，还能增加土壤的腐殖质含量。其有机质又可改良沙土，增加土壤的孔隙度，改良黏土的结构，提高土壤保水保肥能力，缓冲土壤的酸碱度，从而改善土壤的水、肥、气、热状况，显著提高土壤的缓冲性。③施用石灰和磷肥。红黄壤偏酸，而猕猴桃适宜生长的土壤pH 为 5.5～7.5，因而在园地平整时可每 667m² 加入 100～200kg 生石灰，中和土壤酸度，改善土壤理化性状，加强有益微生物活动，促进有机质分解，增加土壤中速效养分。红黄壤中的磷素含量较低，有机磷更缺乏，可通过增施钙镁磷肥等进行改良。

2. 盐碱地园地改良　盐碱地主要分布在我国黄河故道地区、华北平原东部等地，土壤pH 多在 8.0 左右，不适宜猕猴桃的生长。通常在果园建立时需进行如下处理：①设置排灌系统。通过设置排灌系统便于引淡洗盐。在果园中，每间隔 20～40m 顺行间挖一道排水沟，一般沟深 1m，上宽 1.5m，底宽 0.5～1.0m；排水沟与较大较深的排水支渠及排水干渠相连，便于盐碱能随水排出园外。建园后定期引淡水进行灌溉，亦可达到灌水洗盐的目的。②深施有机肥。有机肥料除含猕猴桃所需要的营养外，还含有机酸，对碱能起中和作用。有机质可改良土壤理化形状，促进团粒结构的形成，提高土壤肥力，减少蒸发，防止返碱。大量增施有机肥和粗大有机物料，能有效降低土壤 pH，是盐碱土改良的根本措施。③定植穴（沟）底铺设隔离层。在园地平整时，定植穴（沟）挖深 1m，在穴（沟）底铺 20cm 厚的作物秸秆等粗大有机质物料，形成一个隔离缓冲带，既防止盐分上升，又可防止养分流失。

3. 沙荒及荒漠土园地改良　我国黄河中下游的泛滥平原面积较大，其多为沙荒地，这类土壤组成物主要是沙粒，主要成分为石英，矿物质养分稀少，有机质极其缺乏；导热快，夏季比其他土壤温度高，冬季又比其他土壤冻结厚；地下水位高，易引起涝害。因此，改土措施主要是：开排水沟降低地下水位，洗盐排碱，培泥或破淤泥层（黏板层），深翻熟化，增施有机肥，种植防护林，有条件的地方试用土壤结构改良剂。

荒漠土一般细土很少，有机质严重缺乏。因此，土壤改良的措施主要是：筛拣砾石，增施有机肥料，营造防护林；有条件的地方培淤泥。

猕猴桃建园时增施有机肥，一般可全园撒施、挖沟撩壕和定植穴堆肥。

1. 全园撒施　当园地较为平坦，不需进行梯田修筑时，可在园地杂木清理后，每 667m² 园地撒施 2 000～3 000kg 有机肥，再用挖机将有机肥与土壤混匀，混合深度 60cm以上。

2. 挖沟撩壕　按栽植行距挖沟撩壕，宽 1m，深 0.7～0.8m。开沟时表土和底土分开堆放，沟内底层压 2～3 层青（草）料，每 667m² 园地压青（草）料约 2 500kg，红黄壤等偏酸类型的园地另加 100～200kg 石灰，每层青（草）料上盖表土，直至表土用完；接着 1～2 层放塘泥、腐殖土、畜栏粪，每 667m² 用量约 2 000kg；最上面 1 层在每个定植穴的位置施以腐熟的猪牛粪 100～200kg 或饼肥 40～50kg，并充分与土拌匀，再盖一层土，定植沟的土应高出地面20～30cm。填土时先填表土，后填下层底土。表土肥沃，对根有好处，下层底土回填在上面可以逐步熟化。

3. 定植穴堆肥　先准备堆肥，即将土杂肥、腐熟猪粪、鸡粪及菜园土堆沤一起，每个定植穴准备25～50kg。之后按株距挖好定植穴，每个定植穴50cm深，穴内放适量堆肥后覆盖一层土即可。

二、苗木准备

（一）苗木的选择

1. 主栽品种的选择　发展猕猴桃尤其是大规模建立猕猴桃生产基地，最终目的是要获得优质、高产的果品，在有限的土地上获取最大的经济效益和生态效益。若考虑以市场鲜销为主，主栽品种应选择优质、丰产、耐贮、抗逆性强的品种，如金艳、翠香、徐香、东红等。若既要向市场销售鲜果又要用于加工，主栽品种则应早中晚熟品种合理搭配，有计划按比例地发展。早熟品种如红阳、东红、金红1号，中熟品种如徐香、金奉、武植5号、红实2号，晚熟品种如金艳、金魁、米良1号。无论是市场鲜销或果品加工利用，都应栽植品质优良的猕猴桃品种，只有国际一流、国内领先的特优品种才能有效地占领市场，生产出多样化的加工精品，从而拓宽资源的综合利用路子，延伸产业链。

2. 苗木的质量　无论是自育或购入的苗木，均应进行品种核对、登记、挂牌，尤其是雌雄株要标识清楚。发现差错应及时纠正，以免造成品种混杂和栽植混乱。苗木应选用无病毒的一级苗木，美味系砧木（枝干有毛、长势旺、抗病力强）的纯正嫁接苗，要求苗高60cm以上，茎蔓基部直径1cm以上，饱满芽5个以上，嫁接口愈合良好；长度为25cm以上的主侧根3条以上，长度为15cm左右的副侧根5条以上，根系白色，无变色脱水、无折断损伤、无根结、无腐烂等现象。为了确保成活率、成园快，建议苗木尽量选用容器苗，少用裸根苗。容器苗要选用壮苗，以达到栽后不缓苗、快长树、早丰产的良好效果。

（二）苗木处理

1. 苗木检疫与消毒　苗木引入前一定要请专门的机构进行检疫，带有检疫性病虫的苗，如细菌性溃疡病、根结线虫病等，不允许引进。苗木消毒是保证定植成活的关键技术，将苗木捆成小把，放入装有5°Bé石硫合剂溶液中浸泡10min，然后用清水洗净。

2. 苗木修剪　定植前应对苗木根系和茎干进行修剪。根系需剪掉干枯、折断、损伤的根，过长的根系适当剪短；而茎干则应保留2个饱满芽短截。修剪后栽植前可用1 000倍甲基硫菌灵和生根剂浸根，防止病菌感染并促进新根早发、多发。

三、架型与架材

（一）架型

猕猴桃本身不能直立生长，需要搭架支撑才能正常生长结果。当猕猴桃生长进入丰产期，结果量会达到30～45t/hm²，加上生长季节枝叶重量较大，如果遇到暴雨大风，会产生很大的阻力，致使架体摆动倒塌或折损等，造成重大损失。因此，架型必须坚固耐用，具有良好的稳定性。另外，架型还必须有利于猕猴桃生长、通风透光性好、田间作业方便、投资少等。目前广泛采用的架型有篱壁架、T 形架、大棚架（包括硬架和软架）、牵引架等。这些架型都是在长期生产中不断实践和探索提炼出来的，随着猕猴桃产业的发展，各地果农、种植户根据自身立地条件等将架型进行了多种演变。但不论是哪一种架型，只要能对猕猴桃优质丰产作用大、效果好，都是可以借鉴的，都将为猕猴桃产业的发展起到积极的促进作用。

1. 篱壁架　因架面与地面垂直，形似篱壁，故名篱壁架，是 20 世纪 70—80 年代国内应用较多的一种架式，现在主要应用于设施栽培中。篱壁架又按其枝蔓在架面上的分布形式、层数不同可分为双臂双层水平形、双臂三层水平形和多主蔓扇形等多种形式。篱壁架是沿猕猴桃定植行每隔 5～6m 埋入一根柱长为 2.4～2.6m 的支柱，地下部分需要埋入土中 0.6～0.8m，每行两头的支柱承受压力较大，需选用较粗的支柱，而且埋入地下部分也应较深，并在内侧设立顶柱或在外侧埋设锚石。如果是采用双臂双层水平形，在距地面 1～1.4m 处牵一道 10～12 号铝包钢丝或热镀锌钢丝，再在支柱顶部牵拉一道；如果采用双臂三层水平线，则牵引 3 道，距地面 60～70cm 处牵引第一道 10～12 号铝包钢丝或热镀锌钢丝，之后再分别间隔 60～70cm 牵引一道钢丝。篱壁架的优点在于建造成本低，管理方便，猕猴桃早期易丰产。但其缺点也明显，猕猴桃枝蔓生长旺，易徒长，整形修剪工作量大。若架面枝蔓丛生叶片密集，则影响通风透光，果园中晚期产量低。

2. T 形架　T 形架是在支柱上设置一横梁，形成"T"字形的支架，其架面较水平大棚架小，故也称 T 形小棚架。它可以独立存在，方便灵活，因此非常适宜于不规则地块和高低不平的地块。T 形小棚架一般是沿猕猴桃种植行的正中心每隔 5～6m 设一立柱，立柱全长 2.6～3.0m，埋入土中 0.8～1.0m，地上高 1.8～2.0m；横梁长 2.5～3.0m，架于立柱顶端，两边各 1.25～1.5m，上面顺行设置 5 道 10～12 号铝包钢丝或热镀锌钢丝，中心一道钢丝架设在支柱顶端且较粗一点（8 号）。支架两端的支柱需要加长、斜埋、加锚石，并向外牵引，或在内侧加撑柱加固，以防铁丝拉紧后立柱向内侧倾倒。T 形小棚架的优点是投资少，易架设，田间管理操作方便，园内通风透光好，有利于蜜蜂授粉；但其缺点是抗风能力较差，架面不易平整，易倒塌。

3. 水平大棚架（简称"大棚架"）　水平大棚架是在立柱上设横梁或牵引粗的（8 号）铝包钢丝或热镀锌钢丝，再在其上拉 10～12 号铝包钢丝或热镀锌钢丝，呈纵横方形的网络状，架面与地面平行，形似平顶的大荫棚，故称水平大棚架或平顶棚架。架高 2m，每隔 6m 设立一支柱，支柱全长 2.8m，入土 0.8m。为了稳定整个棚架，保持架面水平，提高其负载能力，边支柱的长为 3.0～3.5m，向外倾斜进入土中，然后用牵引锚石（或制作的水泥地桩）固定。目前水平大棚架可分为软架和硬架。软架是在直立支柱上，用钢丝和钢绞线交织，不设横梁。适宜于面积较大的田块。因为它四周都需要埋设地锚，需大型边杆和斜杆多，如果地块小，会浪费土地，而且不便作业。硬架是在直立支柱上架设横杆和牵拉纵向铝包钢丝或热镀锌钢丝，适宜于面积较小的田块，特别是狭长地块。因为它架设了横杆，一般成本比软架高 40% 左右。水平大棚架的优点是可充分利用地形的优势，架面平整，采光均匀一致，果实产量高、品质好，结构牢固，抗风能力强，果实采收方便，成形后可减少除草等劳动消耗，适于生长旺盛的猕猴桃品种。但其缺点是猕猴桃树形整形时间长，投产迟，架式成形后通风条件不是很理想，造价较高。

4. 牵引架 目前国内外很多果园采用一种新型的架式，主要便于枝蔓牵引管理方式。生长季将一年生枝顺着拉线牵引向上，始终保持生长优势，显著降低当年侧芽萌发率，保障来年花芽质量；冬季再将它们放下来，形成结果母枝，来年结过果以后从基部剪除。如此反复，方便果农掌握，而且会使猕猴桃果园产量增加。

牵引架式有两种常见的类型，一种是立杆拉线呈伞形，一种是立杆拉线呈 V 形。伞形牵引是在树行上间隔 10～12m 固定一高出架面 3m 的牵引支撑杆，将牵引线上端集中固定在支撑杆顶端，下端固定在需要牵引更新枝的主蔓附近，支撑杆和牵引线构成伞状。通常每根支撑杆上有 20～24 根牵引线，牵引线绑缚的间距 40cm 左右。V 形牵引是在树行上固定高出架面 3m 的牵引支撑杆，支撑杆顶端沿行向设置纵梁（或铁丝、拉绳），在纵梁上每 40～50cm 固定一个钩，用来钩挂引自雌株行主蔓钢丝的高拉牵引线，牵引线之间是平行关系，之后一年生枝顺着牵引线向上生长，整体看起来呈 V 形。

（二）架材

猕猴桃的架材主要由支柱、横梁、铁丝组成，在生产中选用这些架材时应考虑到当地的实际情况，做到既经济节约，又简单实用。

1. 水泥支柱 水泥支柱是应用最广泛的一种架材。制作时先按所需支柱的标准（如长 2.8m，粗度 10cm×10cm）制作木模具，模具中放置 4 根 2.8m 长的 6 号钢筋，呈正方形排列，每隔 20cm 扎一道 8 号铅丝箍子，用细铁丝扎牢固。用小石子和沙子、水泥搅拌均匀倒入模具，用振动机振实，待水泥凝固后，去掉模具，每天浇水 3 次，15d 后即成。一般 50kg 水泥可制成 5 根水泥桩。横梁可与支柱连体制作，长 1.5m，直径 10cm，呈正方形，其内也是放置 4 根 6 号钢筋，每隔 20cm 扎一道 8 号铁丝箍子。

2. 天然条石支柱 有些地方充分利用当地资源，用石块切割成条石作为支柱。如安徽省岳西县地处大别山腹地，当地建园多利用天然的花岗岩石，用切割机加工成长 2.8m、粗 12cm 的条石作支柱，其坚固程度不亚于用水泥制作的支柱。

3. 木材支柱 木材支柱以直径 10～15cm 的圆木最好，全长 2.8m，入土 0.8m，埋入地下的部分要进行涂抹沥青等防腐处理，以延长其使用寿命。我国鄂西山区许多地方常利用栎树等木材作支柱。

4. 镀锌钢材支柱 选用镀锌钢材作支柱时，边柱选择长、宽、高分别为 80mm、40mm、3m 的 5mm 厚的矩形管；中间立柱可用长、宽、高分别为 60mm、40mm、3m 的 4mm 厚的矩形管；边柱斜撑采用长、宽、高分别为 60mm、40mm、2.8m 的 4mm 厚的矩形管。

5. 活树桩支柱 浙江省江山市、庆元县等利用山坡自然生长的活树作支桩。在活桩旁定植苗木，亦可按计划种植活树桩支柱。凡直立生长、树冠紧凑、直性根系的树种如水杉、落羽松等都可作活树桩支柱。活树桩每隔 8～10m 种植 1 棵，生长 3～4 年后用电钻在树干上钻孔，牵引 2～3 道铁丝。猕猴桃雄株定植到活树桩支柱旁边，使其向上生长，爬向活树树冠，占领上层空间，居高临下授粉效果更好，还能增加雌株的结果面积。活树桩支柱每隔 2 年左右要控根和修剪树冠，以减小活树桩与猕猴桃争水分、养分、光照的矛盾。

6. 简易竹竿支柱 选用长 2.5～3.0m、直径 4.0～5.0cm 的竹竿，插入土中作中柱。

猕猴桃主干直立绑缚在竹竿上；然后用 3 根长 2.0～2.5m、直径 2.5～3.0cm 的竹竿作支柱，下端离中柱 80cm 左右斜插入土中，形成一个正三角形，上端用铁丝与中柱绑紧；然后再用长 1.2m、粗 2.0cm 左右的竹竿 3 根，在 3 根支柱离地面 80cm 处横扎一周，将 3 根竹竿连起来形成一个长立体三角形，以托起猕猴桃的藤蔓和树冠。为避免架材入土部分腐烂，可在 3 根支柱入土处各打入 50cm 长的小水泥短桩，地面上露出适当长度，将竹竿捆扎在水泥桩上，以延长架材的使用寿命。此种支架具有投资少、取材容易、便于管理等优点，最适合短枝型和抽生结果母枝节位低的品种如魁蜜等使用。

7. 横梁 横梁通常选用三角铁、矩形管或竹木等搭建。三角铁作横梁时粗度应有 6cm×6cm；矩形管作横梁规格一般长、宽、高分别为 60mm、40mm、4mm；竹木作横梁时粗度直径达 8～10cm，全长以 2.5～3.0m 为宜。

8. 锚石 由于成年猕猴桃园架面的负荷量相当大，因此各种架式都需要埋设锚石拉线或撑杆来加固，否则两端立柱容易拉断甚至倒塌。锚石一般都是就地取材的块石、断石柱或水泥柱，也可用水泥、碎石浇筑成水泥墩，建园时将其在架式的两端深埋并踩实。

9. 钢丝 早期猕猴桃生产上常用铁丝，但铁丝在架面负重后较易变形、伸长造成架面下沉，给园间操作带来不便。后来有些地方采用一种在钢丝外包裹了一层塑料的塑包钢丝，因其粗度小，单位架面的费用低，且可以防锈，弹性好、变形后易恢复，在生产上较受欢迎。但钢丝外的塑料包裹在长时间的阳光暴晒下或联结处受力后易开裂，给后期架面紧实带来不便。当前生产上普遍较使用的是铝包钢丝、热镀锌钢丝、热镀锌钢绞线。

第五节　苗木栽植与栽后管理

一、栽植时间

猕猴桃适宜的栽植时间为秋季落叶后至伤流期前。在我国南方大部分产区（包括海拔 400m 以下的地方）定植最佳时期是在猕猴桃落叶以后，即 12 月上旬至翌年早春猕猴桃萌芽前（2 月中上旬）。在此期内定植越早越好，使地上部在萌动前长出新根。定植过迟树液开始流动，根系和地上部枝梢都进入伤流期，对成活率影响很大。在我国北方及高海拔山区定植过早易引起霜冻，应适当推迟定植时间，可在气温回升、树液开始流动之前定植。

二、栽植密度

猕猴桃的栽植密度应根据不同品种、架式、立地条件、栽培管理水平等来确定。生长势强旺的品种，如金艳、金果，栽植密度要稀一些；生长势弱的品种，如红阳，栽植密度可大一些。土壤肥沃、管理水平高的可适当稀一些；土壤瘠薄、肥力差、管理水平低的可适当密一些。山地猕猴桃园，由于其光照和通风条件较好，密度可适当大一些。篱壁架和 T 形棚架比水平大棚架栽植密一些。一般篱壁架栽培宜采用 (2.5～3)m×(3～4)m 的株行距定植，即每公顷栽 840～1 335 株；T 形小棚架和水平大棚架为 (2～4)m×(3～5)m，每公顷栽 630～1 080 株。

也可采用计划密植，即定植时高于正常的栽培密度，以增加单位面积的栽植株数，提高覆盖率和叶面积指数，达到早期丰产、早赢利的目的。栽植之前做好设计，设定永久株和临时株。管理过程中对两类植株要区别对待，保证永久株的正常生长发育，而对临时株的生长进行控制，早期结果。等果园行将郁闭时，及时减缩临时株，直到间伐移出。临时株的数量常为永久株的1～3倍。待临时株间伐或移出之后，栽培管理上要保证留下永久株优质丰产。

三、栽植方式与方法

在平整土地或修筑好水土保持工程之后，在定植带上按预定株行距牵线打点（用皮尺牵线，石灰打点）并挖定植穴，把品种纯正、须根发达、有3个以上饱满芽、无检疫性病虫害的苗木放置于定植穴中央，使须根向四周展开，顺行向和株行距间对整齐（即纵横都在一条线上），然后用熟土、细土（即表层土）和充分腐熟后的农家肥每穴1.5kg左右（没有腐熟的肥料不能作定植肥，以免烧根）培在苗木根系周围。将苗根埋土1/3～2/3时，向上提苗2～3次使根舒展，轻轻向上提苗，抖动根系，使根系与土壤紧密接触，千万不能用大土块培植根系周围，以免漏气栽成"吊气苗"。猕猴桃根系属于含水量较多的肉质根，尽量不用脚踩踏。培土至嫁接部（嫁接口留在地面上5～10cm），围绕根部培成圆盘状，浇透水，再覆盖一层细土即可。为保证较高的成活率，亦可在定植苗木后在定植带上覆盖一层松针或一层薄膜，有利于提高地温和保持土壤田间持水量，促发壮梢旺盛生长，快速成型。

定植时的注意事项：①解除嫁接塑料薄膜以免生长受阻。②苗木定植覆盖后，应稍向上提，以便根系自然舒展。根系不能接触未腐熟的肥料，以免伤根。③苗木栽植以齐根颈部最好，不能栽植过深或过浅，为了防止定植穴松土下沉，定植堆应高出土面10～15cm。④定植后，每株旁边立一根支柱，用绳将幼苗绑缚在支柱上，以防苗木被风吹折，影响成活。⑤栽后不管天晴下雨，都应及时浇足定根水，使根土充分接触，保证成活；栽后若连续天晴，4～5d应浇一次水。

四、定植后管理

苗木定植后的管理会根据定植的是嫁接苗还是实生苗而稍微有所不同。如果是嫁接苗，则在栽植当年的主要任务是培养主干、牵引上架分生主蔓。如果是实生苗，则在栽植当年的主要任务是培养强大根系和一定粗度的茎干便于落叶后嫁接。具体而言，定植后的管理有如下方面。

1. 浇水　定植苗木后，第一关是浇足水。浇前在幼树四周修建直径1m大小的圆盘，或在距树干50cm处两边修土坎，便于灌水；当地面开始黄干时，浇第二次水。无论浇灌几次，分墒后，要中耕保墒，或进行覆盖保墒。

2. 树盘覆盖　定植后就可立即进行土壤覆盖。也可在树盘60～80cm直径范围内铺塑料膜、园艺地布，或者10～15cm厚的稻草、谷壳、栏肥等（根颈部应留碗口大小空隙），然后加盖一定量的泥土，提高覆盖效果。

3. 插杆（或拉线）引绑　当前猕猴桃栽培主要采用单干上架，因此当幼苗长到20cm高时，应在靠近苗木处插一根竹竿、木棍或拉线，将刚发出的嫩枝绑上，防止风折和缠绕。

其后，随着枝蔓向上生长，每隔 20～30cm 绑蔓一次，直至主干所需高度。从苗木接穗上抽发新梢开始，应及时抹除砧木上的萌蘖，每隔 7～10d 抹除 1 次，直至不再产生萌蘖为止。

4. 遮阴与间作 遮阴保苗是栽植后第 1 年苗木管理的关键措施之一。猕猴桃幼苗、幼树必须适当遮阴。遮阴可防止幼叶晒伤，缩短缓苗期，促进树体提早抽梢，早成型。栽后当年的幼树遮阴度要求为 70%～80%。4 月初在幼苗两边（距猕猴桃苗 50cm 远），各点种一行玉米。玉米长成后可在 6—8 月的高温季节为猕猴桃幼树遮阴，创造一个适宜的光照、湿度条件，有利于苗木正常生长。在行间可套种豆科作物或其他低秆作物，增加果园收入、避免土壤裸露、降低园内温度。国外采用蓝绿色尼龙网套住幼树，既遮阳，又可防止动物危害。

5. 施肥 第 1 年在幼苗长到 50cm 高以上时进行，应薄肥勤施，以防烧根烧苗现象发生。4 月开始，以 0.5% 尿素浇施，每月 2～3 次，直到 6 月。6 月以后，每月施 2 次薄肥，结合抗旱，用 0.5% 尿素 + 0.5% 多元复合肥液浇施，切忌干施和撒施肥料。为促使枝条健壮生长并预防病虫害发生，可每月进行 2～3 次的叶面喷肥，用 0.1% 尿素 + 0.1% 磷酸二氢钾，混喷 70% 代森锰锌或农用链霉素 800 倍液，可持续到 8 月底。

6. 中耕除草 视土壤情况适时中耕松土，以两齿耙或四齿耙为好，可少伤根。不宜在高温季节进行松土除草，特别是树盘内。对树盘内的危害性杂草，可用镰刀割除后覆盖于树盘内，行间可用割草机定期刈割并覆盖在树盘内。

7. 幼树防寒 猕猴桃幼树抗寒能力较差，有可能发生冻害的地区最好在入冬前进行防寒。可用食盐 500g 加石灰 6L、清水 15L，再加适量石硫合剂配成涂白药液，粉刷树干和主枝，这样既能消灭树干皮缝中的越冬害虫，又可起到防寒作用。也可直接用稻草等包扎物捆绑主干和主蔓，树盘内可以覆盖 20cm 左右厚的柴草，以保护根颈。

8. 其他 春季展叶后，应检查成活情况，如果发现有死亡现象，要找出原因，及时补种。补种苗要求品种、规格与定植时的一致，以保证全苗、长势整齐，从而获得结果的群体优势。因此，一般要求种植时多种几株苗。幼苗成活后要薄肥勤施，施肥与灌水相结合，以氮肥为主，一般施用腐熟人畜粪尿。忌施浓肥、生粪，以免烧苗。展叶后，选择一个壮梢培养主干，抹去下部芽，及时绑蔓，以免风吹折断，倒下，绕蔓。夏季高温季节，树盘用麦秸或杂草覆盖，防止高温干旱、地面龟裂。

参 考 文 献

安新哲，2011. 猕猴桃优质高效栽培掌中宝 [M]. 北京：化学工业出版社.

陈杰忠，2015. 果树栽培学各论 南方本 [M]. 第四版. 北京：中国农业出版社.

程观勤，梁玉良，樊玲侠，2009. 晚霜冻害对眉县猕猴桃生长的影响及对策 [J]. 陕西林业科技（4）：68-70.

黄金辉，2015. 猕猴桃技术与经营攻略 [M]. 上海：上海人民出版社.

李亚东，郭修武，张冰冰，2012. 浆果栽培学 [M]. 北京：中国农业出版社.

齐秀娟，2015. 猕猴桃新优品种配套栽培技术 [M]. 北京：金盾出版社.

齐秀娟，2017. 猕猴桃实用栽培技术 [M]. 北京：中国科学技术出版社.

屈振江，周广胜，2017. 中国主栽猕猴桃品种的气候适宜性区划 [J]. 中国农业气象，38：257-266.

王明忠，余中树，2013. 红肉猕猴桃产业化栽培技术 [M]. 成都：四川科学技术出版社.

王仁才，2000. 猕猴桃优质高效生产技术 [M]. 上海：上海科学普及出版社.

郁俊谊，2017. 图说猕猴桃高效栽培 [M]. 北京：机械工业出版社.

郁俊谊，刘占德，2016. 猕猴桃高效栽培 [M]. 北京：机械工业出版社.

张晓玲，2015. 猕猴桃优质高效栽培技术 [M]. 合肥：安徽科学技术出版社.

张指南，侯志洁，1999. 中华猕猴桃的引种栽培与利用 [M]. 北京：中国农业出版社.

左长清，1996. 中华猕猴桃栽培与加工技术 [M]. 北京：中国农业出版社.

Fishman S，Erez A，Couvillon G. 1987. The temperature dependence of dormancy breaking in plants： mathematical analysis of a two-step model involving a cooperative transition [J]. J Theor Biol，4： 473-483.

Kulthinee P，Kenji B，Ryosuke M，et al.，2004. Low-chill trait for endodormancy completion in *Actinidia arguta* Planch. (Sarunashi) and *A. rufa* Planch. (Shima-sarunashi)，indigenous *Actinidia* species in Janpan and their interspecific hybrids [J]. J Japan Soc Hor Sci，73：244-246.

Richardson EA，Seeley SD，Walker DR. 1974. A model for estimating the completion of rest for "Redhaven" and "Elberata" peach trees [J]. HortScience，9：331-332.

Samish R. M.，Lavee S.，1962. The chilling requirement of fruit trees [C] //Ducolot SA, Proceedings of the 16th International Horiulture Congress [C]. Belgim：372-388.

Sibley J，Doizer JR W，Pitts J，et al.，2005. Kiwifruit cultivars differ in response to winter chilling [J]. Small Fruits Rev，4：19-29.

Wall C，Dozier W，Ebel RC，et al.，2008. Vegetative and floral chilling requirements of four new kiwi cultivars of *Actinidia chinensis* and *A. deliciosa* [J]. HortScience，43：644-647.

Weinberger J.，1950. Chilling requirements of peach varieties [J]. Proceedings of American Society for Horticultural Science，56：122-128.

执笔人：贾东峰，卜范文，涂贵庆

第八章　猕猴桃果园土肥水管理

第一节　土壤管理

一、我国猕猴桃产区的主要土壤类型与肥力特征

尽管我国大约有 22 个省份种植猕猴桃，但栽培面积较大和产量较高的省份却较为集中（分别占全国面积的 77.2% 和产量的 90.3%），分别为陕西、四川、贵州、湖南、河南等。根据我国土壤种类的划分和主产区的分布，我国猕猴桃果园产区的主要土壤类型包括硅铝土区域的塿土、褐土、黄棕壤和富铝土区域的水稻土、红壤、黄壤、石灰土、紫色土等。

（一）硅铝土区域

1. 塿土

（1）塿土的分布与类型。塿土主要分布在我国猕猴桃产区的陕西关中地区，如眉县、周至、杨凌等地。根据土壤性质和利用情况可分为 4 种：立槎塿土、油塿土、垆塿土和黑瓣塿土。

立槎塿土。立槎塿土分布于降水多、较潮湿的洪积扇区或近山河谷阶地，如秦岭北坡山麓洪积扇区。这类土壤下伏淋溶褐土，覆盖层有石灰反应，剖面层次明显，底土呈淡黄棕色，逐渐向黄土母质过渡。黏化层致密深厚、棱柱状结构，故名立槎塿土。该类土壤质地黏重，性硬口紧，耕性不良，发老苗，深耕增产效果显著。

油塿土。油塿土分布于陕西关中西部二级阶地以上，下伏褐土，腐殖层厚，疏松多孔，结构良好，是关中最肥沃的土壤。该类土壤的黏化层呈小棱柱状结构，外披褐色胶膜，其下为钙积层，再下为黄土母质。耕层呈强石灰反应，耕性较好。保肥、保墒，肥力高，后劲足，发老苗又发小苗。

垆塿土。垆塿土主要分布在关中东部较温暖而干旱的地区，以及更为干旱的渭北高原，下伏石灰性褐土。因地面起伏较大，地块破碎，侵蚀强烈，且覆盖层较薄，结构性差，适耕期短，故该地区的果园常易受干旱威胁。

黑瓣塿土。黑瓣塿土主要分布在一级阶地（川地）和塬上的洼地底部，下伏草甸褐土。因该类土壤的灌淤堆积明显，塬上洼地洪涝淤积频繁，故其腐殖质含量较高，耕性良好，肥力较高，耐旱不耐涝。川地应灌、排结合，塬地以防涝、培肥为主。

（2）塿土的理化性质。塿土属于人为耕作土，其在长期的耕种过程中，由于大量施用土粪，不断垫高田面使原来的土壤与老耕层不断被埋藏地下，从而形成明显的埋藏剖面（即塿化土层）。因此，塿土通常有两个腐殖质层，且由于大量施用土粪使得塿化土层的石灰含量较高。娄土的剖面可分成两大层段。上部层段是娄土化过程的结果，一般厚约50cm，包括耕层、犁底层与老耕层。耕层的成土时间短，易受耕种影响，土层较厚且呈疏松状；犁底层因经常受耕犁挤压，较紧实黏重，厚约10cm；其下的老耕层，多孔而较疏松，常有炭渣、瓦片及来自上部的石灰淀积。老耕层下为腐殖质埋藏层，是原来土壤的腐殖质层经耕种而成，较疏松。其下为下部层段，多为褐土型剖面，包括黏化层、钙积层和母质层。

因陕西关中地区西部较东部湿润，而气温则东高西低，使得娄土分布在关中的东西部地区存在差异。整体而言，关中西部的娄土较黏，东部的较粗，且在邻近秦岭北麓高阶地或被分割的洪积扇上，因渗入较黏沉积物而质地也较黏重。所以，关中西部和邻近秦岭地区，耕性较差，适耕期短，有"紧三晌"之说。娄土整个土层的透水保水能力因有熟化层的覆盖而增强，且上层疏松通气，有机质易于矿化，交换性盐基量高，保肥力强。娄土剖面中腐殖质含量较低，但腐殖质层相当深厚且往往有两个腐殖质层。娄土覆盖层的黏土矿物主要为水云母，而下伏褐土的黏土矿物主要为水云母和蛭石。

2. 褐土

（1）褐土的分布与类型。褐土主要分布在我国猕猴桃产区的陕西和河南等地，如太行山与秦岭等山地、豫西盆地。根据成土条件、过程与属性，可将褐土分为4类：褐土、淋溶褐土、石灰性褐土与潮褐土。因褐土主要发育在富含石灰的母质上，故亦可根据石灰的淋溶与淀积程度将褐土分为3类：①钙积型，表层石灰下淋明显但不完全，钙积作用明显；②淋溶-钙积型，表层与黏化层已无石灰，土壤呈中性至微碱性，但其下钙积层明显；③淋溶型，在1m土层内已无钙积层，但呈盐基饱和状态，底层或有微量游离石灰。

（2）褐土的理化性质。褐土形成于冬干夏湿、高温与多雨季节一致的气候条件。褐土表层呈中性，底层因有钙积层而呈碱性，其腐殖质层较薄而黏化层明显，紧实且有断续胶膜淀积。褐土表层有机质与氮素含量较高，黏化层明显降低，钙积层因富含石灰而有固磷作用。其中，淋溶褐土多分布于山地。淋溶褐土因淋溶强烈而石灰含量较低（一般小于0.2%），pH 6.5～7.5，无钙积层，其剖面中氧化硅含量从上而下递减，氧化铁与氧化铝含量则以黏化层最高。淋溶褐土质地适中，且上沙下黏，故多形成"蒙金土"剖面，有较强的保水保肥能力。褐土黏粒的指示矿物为水云母与蛭石，但也有蒙脱石、绿泥石和高岭石存在。

3. 黄棕壤

（1）黄棕壤的分布与类型。黄棕壤分布于我国猕猴桃产区的陕南、豫西南的丘陵低山地区，以及江苏、安徽的长江两岸。黄棕壤在发生和分布上均呈现明显的南北过渡性：母质对黄棕壤发育程度的影响强于棕壤与褐土，但不及红壤；黄棕壤在地带性变化上不及棕壤与褐土，但强于红壤。

（2）黄棕壤的理化性质。黄棕壤的剖面通常包括耕层、心土层和母质层。其中，最醒目的当属棕色心土层，该层虽因母质不同而色泽不一，但多呈棱块和块状结构，结构体面被覆棕色或暗棕色胶膜或有铁、锰结核。由于黏粒的淋溶聚积过程强烈，心土层质地黏重，常形成黏盘（即黏聚层，黏粒量超过30%）。黏聚层有利于保水保肥，但也易于滞水，故对于喜湿怕涝的猕猴桃根系管理要求较高。黄棕壤以东西长、南北窄的带状沿长江两侧伸展，由于东部近海且较为湿润，而西北部较为干热，所以东部黄棕壤淋溶作用强于西部，且其分布界线相对北移。发育微弱或淋溶弱的黄棕壤，常呈中性或微碱性，其磷肥肥效不及发育程度高或淋溶强的黄棕壤。黄棕壤黏粒的指示矿物为水云母、蛭石、高岭石，受成土母质影响，花岗岩、辉长岩和石灰岩上发育的黄棕壤，黏粒中高岭石含量较高，水云母较低；紫色砂岩与页岩上发育的黄棕壤，黏粒中以水云母含量较高，高岭石较低。由于黄棕壤中原生矿物变成次生矿物的过程比较快，故其黏粒含量较高。

（二）富铝土区域

1. 水稻土

（1）水稻土的分布与类型。水稻土分布于我国猕猴桃产区的秦岭-淮河一线以南的广大平原、丘陵和山地，如四川盆地、长江中下游平原。水稻土起源于各类土壤，属于水耕熟化土。水稻土包括红壤区水稻土、黄棕壤区水稻土和沼泽型水稻土。无论是红壤区还是黄棕壤区，水稻土均可分为潴育性（氧化还原型）水稻土、淹育性（氧化型）水稻土和潜育性（还原型）水稻土。潴育性（氧化还原型）水稻土多分布于河流冲积平原和丘陵谷地平原，该类水稻土通气爽水，耕性和保肥性能都较好。淹育性（氧化型）水稻土多分布于低山丘陵地区，如汉中盆地，该类水稻土剖面呈现明显的氧化还原交替现象，多已梯田化。潜育性（还原型）水稻土多分布于沿江低湿地区，该类水稻土潜在养分含量较高，但因地下水位高影响土壤通透性，故还原性物质较多且养分分解缓慢。沼泽型水稻土又称冷浸田，多分布于南方山间谷地和江河下游低洼地段，该类水稻土多属于低产田。

（2）水稻土的理化性质。因我国水稻土的成土母质、气候条件、耕作制度等不同，故水稻土的性质也各异，但亦存在一些共同特征：①在饱和的土壤中发生盐基淋溶，而在不饱和的土壤中发生复盐基。②铁、锰还原淋溶和氧化淀积。从整个剖面来说，铁、锰在耕作层中较低，在潜育层中最低，在淀积层中较高。③氧化还原状况是区别水稻土和旱作土的主要特征之一。从空间来说，水稻土的还原作用有从北向南增强的趋势；从时间来看，土壤在落干后呈氧化态，而在淹水时呈还原态。水稻土的剖面包括耕作层、犁底层、渗育层、斑纹层或水耕淀积层、潜育层。耕作层以小团聚体为主，大土团少，空隙间隙偶有铁、锰斑块或红色胶膜。犁底层较紧实，带有一些片状结构，常有铁、锰斑纹。渗育层在季节性灌溉水渗淋条件下形成，淋溶弱时仅有微弱锈纹、锈斑，淋溶强时黏粒和铁、锰含量比较少，呈浅灰色，形成白土层。斑纹层或水耕淀积层的黏粒、有机物质、盐基和铁、锰等含量较高。潜育层是还原层，常形成强的还原条件。

沼泽型水稻土属于低产土壤，主要与其水土温度过低、有效养分缺乏、还原物质累积等有关。沼泽型水稻土改良的主要方法包括：①开沟排水。可采用"三沟配套、根治五水"的策略。三沟是指防洪沟、排水沟和灌水沟，五水是指洪水、锈水、冷泉水、串流肥水、地下水。②增施肥料。增施磷、钾、硫等往往能提高冷浸田作物产量。同时播种绿肥（如紫云英、毛苕子等）对于改善冷浸田土壤理化性质至关重要。③干耕晒田。干耕晒田有利于改善土壤的透气性和渗漏性，促进还原性物质的氧化和有机物质的分解，充分发挥土壤的潜在肥力。

2. 红壤

（1）红壤的分布与类型。红壤主要分布于长江以南广阔的低山丘陵区，其中包括我国猕猴桃产区的江西、湖南两省大部分区域，以及云南、广西等省份北部和贵州、四川等省南部。根据其成土条件、肥力特点等，可分为4个亚类：红壤、暗红壤、黄红壤和褐红壤。①红壤。主要分布于江西、湖南等地，成土母质以第四纪红色黏土、砂页岩、花岗岩为主。红壤亚类的表土 pH 一般为 4.5～5.2，有机质为 1.0%～1.5%，全氮为 0.09%～0.12%，全磷为 0.06%。熟化程度高的红壤，耕层深厚，近 20cm，有机质含量丰富，保水保肥能力强；而低产红壤有机质和养分含量均较低，需进行培肥改土。②暗红壤。暗红壤多分布于山区，东部地区分布带海拔一般在 500～800m，西部地区在 1 000～1 200m。该类土壤多呈块状结构，心土层黏粒有明显淀积，自然肥力较高。③黄红壤。黄红壤是红壤向黄壤或向黄棕壤过渡的土壤类型，多分布于红壤带西部和北部的边缘区，如湘西、皖南、黔南、赣北等地。该类土壤的地形多为低山丘陵，海拔 30～50m。该类土壤的表土多呈棕色或黄棕色，而心土、底土呈红色，反映出这类土壤的过渡性特点。其成土母质为第四纪红色黏土、砂岩、千枚岩及花岗岩等，黏土矿物主要为高岭石、水云母及蒙脱石。④褐红壤。褐红壤多分布于云贵高原腹地及其边缘的深切河谷和残丘地带。因受焚风效应的影响，该类土壤地带气温高、降水少、干湿季明显。该类土壤的成土环境较东部红壤干燥，土壤酸性较弱，盐基饱和度较高，钙、镁有向表层累积的趋势，而心土层中多有胶膜或铁质结核。黏粒矿物以高岭石为主，其次为水云母和三水铝矿。

（2）红壤的理化性质。红壤形成于亚热带气候条件下，所以其总热量不及砖红壤区。红壤区气候温暖，无霜期长，雨量充沛但分布不均匀，多集中于 3—6 月，易引起水土流失，而 7—8 月易出现干旱。红壤的富铝化作用明显，典型的红壤黏粒部分的硅铝率在 1.8～2.2，黏土矿物组成以高岭石为主。据江西、福建、浙江、安徽和江苏五省统计，分布于山地的红壤约占红壤面积的 78%，分布于丘陵的红壤占 22%。其中，山地红壤表土层较厚，土壤肥力较高，但土层较薄，且常夹杂有较多的母岩碎块。丘陵红壤养分含量不高，土层深厚，适于耕垦。

3. 黄壤

（1）黄壤的分布与类型。黄壤是我国南方山区的主要土壤类型之一，在我国猕猴桃产区的四川、贵州、云南、广西、湖南、江西等地均有分布。黄壤与红壤大致分布在同一纬度地带，但分布海拔通常高于红壤。在西南地区，黄壤分布的海拔下限为 600m，上限为 2 600m；在东南沿海地区，其下限为 500m，上限为 1 600m；而湘西、桂西北等地的分布上下限多介于二者之间。通常，迎风坡面黄壤出现的位置下移，而背风坡面则抬升。根据黄壤的成土作用和发育程度等，可将其分为 3 类：黄壤、灰化黄壤和表潜黄壤。①黄壤。该亚类多分布于贵州高原和湘西、桂北等地，剖面黄色特征明显，表土有机质含量很高，而心土则骤然下降。耕作熟化对其肥力影响很大。熟化程度高的，称为乌泥；中度熟化的，称为黄泥；轻度熟化的，称为死黄泥。其中，死黄泥属于低产土壤，质地黏重易板结，有效养分含量低，但可通过深耕、施用有机肥、种植绿肥等措施提升土壤肥力。②灰化黄壤。多分布于桂北部、川黔较高山地的上部。因日照少、云雾多、湿度大等原因，铁、铝淋溶与淀积明显，而硅在表层有相对积累，呈现灰化特征。③表潜黄壤。多分布于热带及亚热带山地顶部及山脊地带。土壤剖面中易形成浅灰色的表潜（上层滞水）层，其土层一般较薄，为 60～80cm，心土层仍为黄色。

（2）黄壤的理化性质。黄壤形成于湿润的亚热带气候条件，其气候特点为云雾多、日照少、湿度大、冬无严寒、夏无酷暑、干湿季不明显。与红壤中铁氧化物以赤铁矿为主不同，黄壤中铁氧化物以水化氧化铁（如针铁矿、褐铁矿及多水氧化铁）为主，且有大量三水铝石。较之红壤，黄壤黏粒部分硅铝率变幅较大，可变负电荷更高，而 pH 更低。黄壤的淋溶作用较强，pH 一般在 4.5～5.5，盐基饱和度一般在 10%～30%。其母质以花岗岩、砂岩为主，多土层较厚，质地偏沙，渗透性强，淋溶明显；但在泥质或砂质页岩上发育的黄壤质地较黏，渗透性良好，利于风化。中亚热带黄壤的黏土矿物以蛭石为主，其次为高岭石、水云母，蒙脱石较少；而热带和南亚热带黄壤则以高岭石为主。

4. 石灰土

（1）石灰土的分布与类型。石灰土是指由碳酸盐岩风化发育的一种岩成土，呈中性至微碱性反应，土体中常含有少量游离碳酸盐。我国石灰土分布较广，约有 1.93 亿 hm²，尤其是广西，其石灰土占全自治区土地总面积的 41%，贵州石灰土占全省 24.4%。石灰土可分为 4 个亚类：棕色石灰土、红色石灰土、黑色石灰土和黄色石灰土。其中，黑色石灰土分布零星而总面积较小。棕色石灰土以广西面积最大，且在云南、贵州、湖南等地亦有一定分布。黄色石灰土分布于川东、鄂西、湘西等海拔 800m 以上的碳酸盐山地，其气候特点为云雾多、湿度大。红色石灰土则以云南分布面积最大。

（2）石灰土的理化性质。石灰土的成土母岩主要为方解石、文石、白云石等。石灰土的成土受化学风化和物理风化的影响。化学风化是指含有二氧化碳的水对碳酸盐岩进行溶解的过程，在 0～70℃ 范围内，随着温度升高而溶解作用增强。其中，水中的二氧化碳来源于大气、植物根系的呼吸、土壤微生物的活动、土壤有机质的分解等。白云石的化学溶解作用不及方解石，但物理风化迅速。石灰土十分浅薄，一般厚 20～50cm，山坡中上部多小于 20cm，仅在坡簏、槽谷洼地及基岩裂隙中可达约 1m。由于石灰土形成过程中碳酸盐不断淋失而又通过母岩风化不断补给，故石灰土脱钙和复钙作用反复进行，以钙为标志的碱金属极为活跃。石灰土的矿质养分丰富，自然肥力较高，是热带亚热带较肥沃的土壤类型，但其生态系统较为脆弱，故利用时应予以重视。

5. 紫色土

（1）紫色土的分布与类型。紫色土是亚热带地区由富含碳酸钙的紫红色砂页岩风化发育的一种岩成土，多分布于四川、云南、贵州、湖南等地，尤其以四川盆地分布最为集中。据母质特性可分为 5 个亚类：紫黑泥、紫棕泥、紫红泥、紫色石骨子土和血泥土。

（2）紫色土的理化性质。紫色土的成土母岩主要为白垩纪和第三纪的紫色页岩、砂页岩和砂岩。紫色砂岩颗粒粗大，常含石英砂粒，透水性好，碳酸钙淋失较快；紫色页岩颗粒细小，组织致密，透水性较差，碳酸钙淋失较慢，在热胀冷缩作用下易形成细小的颗粒碎屑，进而易受降水和地表径流的侵蚀。一般来说，老第三纪、白垩纪、侏罗纪、三迭纪的紫色砂页岩，其风化物常富含磷、钾、钙等营养元素，大部分呈中性至微碱性反应；新近纪、志留纪、侏罗纪前期的紫红色岩层风化物营养元素含量较低，多呈微酸性反应。紫色砂页岩吸热性强，在昼夜温差大的条件下极易热胀冷缩，产生物理性剥落而形成碎屑状物质，且在高温多雨季节尤为强烈，黏粒矿物以水云母或蒙脱石为主。紫色土多呈紫红或紫红棕、紫暗棕色，土壤剖面上下呈色均一，层次发育不明显，表层以下即为母质层。丘陵顶部或坡地上部的紫色土，因受侵蚀，土层浅薄，厚度仅约 10cm；丘陵坡地下部土层厚度约 1m。紫色土质地以粉壤为主，孔隙状况良好，但因土层浅薄、蓄水能力差而易发生干旱，且其吸热性强，昼夜温差大，故生产上常采用深耕炕土、间作套作等方式来提高土壤的水热性能。紫色土碳酸钙可高达 10%，pH 7.5～8.5，但亦有部分紫色土碳酸钙含量低于 1%。表土有机质含量小于 1%，但经耕作培肥后可升至 1.5%；氮含量低，通常低于 0.1%，磷钾相对丰富。其中，母质为紫色页岩的磷钾含量较高，紫色砂页岩次之，紫色砂岩最低。

二、土壤的肥力构成

土壤肥力是指土壤为维持植物正常生长而持续地供应和协调土壤中水、肥、气、热的能力，它是土壤物理性质、化学性质和生物作用的综合反映。了解土壤肥力，有助于对土壤进行更高效的管理与改良，为猕猴桃的生长发育创造良好的根系环境。

（一）土壤的物理性质

土壤的物理性质是指土壤中固体、液体、气体三相的状况和性质，包括土壤质地、结构、容重、孔隙度、通气性、水分、厚度等。

1. 土壤质地 土壤质地又称土壤机械组成，是指土壤中不同大小的矿物质颗粒的相对比例或粗细状况。土壤质地是土壤的一个稳定自然属性，它决定着土壤的物理、化学和生物特性，影响着土壤的水、肥、气、热状况和耕性。根据国际制，土壤粒径可分为 3 级：沙粒（直径 0.02～2mm）、粉沙粒（0.002～0.02mm）、黏粒（＜0.002mm）。按照以上 3 种粒级含量的百分数，可将土壤质地分为沙土（沙土及壤质沙土）、壤土（沙壤土、壤土、粉沙壤土）、黏壤土（沙质黏壤土、黏壤土、粉沙黏壤土）、黏土（沙质黏土、壤质黏土、粉沙质黏土、黏土、重黏土）等 4 类 13 级。

土壤质地中的黏粒因表面带负电荷而具有吸附阳离子的作用，故可保持养分（Ca^{2+}、Mg^{2+}、NH_4^+ 等）不受淋洗，能持续释放养分供果树吸收利用，所以黏质土对施肥的响应表现为肥效稳而长。但是，由于微生物好气活动受抑、土温上升慢等原因，易导致黏质土有机质分解缓慢。一般土壤质地越细，水分移动速率越慢，故水分含量也越高，但透气性也越差。由于黏土易积水，通气不良，故土温上升缓慢，不易受热增温而易形成"冷土"。因此，黏粒过多的黏质土不利于猕猴桃根系向土壤深层伸展，其主要的改良措施是深翻改土、生草种绿肥、增施有机肥、掺沙等。相反，沙粒肥力较差易干旱，但通气良好，有利于树身根系向纵深发展，故其主要的改良措施为生草种绿肥、深翻压绿、覆盖、免耕、掺黏土等。无论土壤过黏或过沙，其改良措施均有利于促进土壤团粒结构的形成。

土壤质地对猕猴桃生长发育至关重要。陕南猕猴桃产区农谚说"黏土见了沙，好像孩子见了妈"，一语道破了陕南猕猴桃栽培中掺沙改黏的效果。陕西关中河滩地土壤多为表泥淤沙土，土体上部土质较好，既保水保肥，又透气透水，但下部沙石层漏水漏肥，不耐干旱，农谚有"垆盖砂，你莫夸"之说。所以，淤沙土上种植的猕猴桃在每年的生长中后期易缺肥，是栽培管理的重点之一。在陕西关中猕猴桃产区的垆土区，其土壤质地上轻下重，上层黏粒含量较低，下层较高，土壤上虚下实，上层通气透水，还可防止蒸发，下层托水托肥，保水保肥，因此耐旱耐涝，适宜猕猴桃生长，故农谚有"黄盖垆，你莫愁"之说。

2. 土壤结构　土壤结构是土壤颗粒的排列状况，有团粒状、块状、粒状、片状、柱状、核状等结构类型。其中，团粒状是最适于猕猴桃生长的土壤结构类型，块状结构常见于土质偏黏且缺乏有机质的土壤中，粒状结构常见于自然土壤的亚表层，片状结构多分布于犁底层，柱状结构则多出现于黏重的底土层、心土层。

团粒状结构是近似球形的、较疏松多孔的小土团，其空间排列疏松，直径为 0.25～10mm。团粒状结构能够高效协调土壤的水、肥、气、热。团粒状结构主要靠土壤有机质特别是腐殖质胶结而成，故增施有机物料有利于土壤团粒结构的形成。土壤团粒内部有很多微团粒，具有多级孔隙，其中大孔隙能通气透水，小孔隙可保水保肥，所以团粒状结构的保水保肥和透气功能均较强。团粒表面好气性微生物能很好地分解释放养分，而团粒内部含毛管水较多，基本处于嫌气环境，有机质分解慢，可缓慢长期供肥。因此，团粒状结构土壤是适于猕猴桃生长的优质土壤结构。

3. 土壤容重、孔隙度与通气性　土壤容重，又称假比重，是指单位体积的自然状态土壤（包括孔隙）的质量，通常以 g/cm^3 表示。土壤容重的大小既与土壤质地、结构、有机质含量密切相关，又受耕作、灌溉、施肥、生草等栽培措施的影响。一般质地愈粗、土粒排列紧密的土壤，容重愈大，质地愈细、土粒排列疏松的土壤，容重愈小；深翻改土、施用有机肥、生草可以疏松土壤，降低容重，灌水或降雨后如不及时排灌，易使土壤板结，增加容重。一般耕层土壤容重以 1.0～1.3g/cm^3 为宜，犁底层容重以小于 1.45g/cm^3 为宜。土壤容重可以反映土壤的松紧程度，还可用于计算土壤孔隙度、单位体积的土壤重量、土壤水分的绝对含量等。

土壤孔隙是指土壤中存在于土粒与土粒之间的大小不同的空间。土壤孔隙度是指土壤孔隙在单位容积土壤中所占的百分数。土壤孔隙度可反映土壤的松紧程度，一般是根据土壤容重与土壤比重（即土壤相对密度）计算而来。土壤孔隙度与土壤容重呈反比。一般沙土的孔隙度为 35%～45%，壤土为 45%～52%，黏土为 45%～60%，结构良好的耕层土壤孔隙度为 55%～60%。如果耕层土壤孔隙度低于 50%，犁底层孔隙度低于 45% 则认为是低孔隙度。由于土壤孔隙度只能说明土壤孔隙的多少，并不能反映土壤孔隙的大小及其比例，所以土壤孔隙又被进一步分为大孔隙（又称非毛管孔隙或通气孔隙）和小孔隙（又称毛管孔隙或无效孔隙）。大孔隙是通气透水的通道，小孔隙是贮存水分的场所。水气协调的土壤，小孔隙和大孔隙应各占总孔隙的 50%，或大孔隙的孔隙度不低于 10%；孔隙的分布应耕层多于下层，达到"上虚下实"。

土壤的容重和孔隙度影响着土壤的通气性。一般来说，土壤空气中的氮气为 78.80%～80.24%，氧气为 18.00%～20.03%，二氧化碳为 0.15%～0.65%。如果土壤失去通气性能，土壤中的氧气会在短时间内因根系和土壤微生物呼吸而被耗竭一空。在 20～30℃ 下，表层 0～30cm 土壤每小时每平方米氧量可高达 0.5～0.7L。设土壤平均空气容量为 33.3%，其中氧气的含量为 20%，在土壤不通气的条件下，土壤中的氧气将会在 12～40h 被耗尽。一般土壤空气中氧气浓度 10% 以上，植株根系和地上部均能正常生长，5%～10% 时植株根系和地上部生长受到抑制，1%～5% 时停止生长，小于 1% 时植株死亡。改善土壤通气性的主要措施：①改善土壤结构，包括深翻熟化、生草种绿肥、增施有机质、客土改良土质等；②降低地下水位，包括深沟高畦、排除深层积水等；③其他水气调控措施，包括坡地改梯田、洼地深沟高畦、填草穴灌等。

4. 土壤水分　水分是土壤的重要组成部分。土壤水分不仅是植物所需水分的主要来源，还是土壤中许多物理、化学和生物过程的介质，同时也是将养分传输到植物的重要载体。土壤水分可分为束缚水、毛管水和重力水3种。束缚水是土粒或土壤胶体的亲水表面吸附的水，属于植物不能利用的无效水，其水势为$-100 \sim -3.1$MPa。毛管水是由毛管力保持在土壤颗粒毛管内的水，属于有效水，其水势为$-3.1 \sim -0.01$MPa。重力水是在水分饱和的土壤重力作用下通过土壤颗粒的空隙渗漏的多余水分，对猕猴桃来说属于无效水，其水势一般高于-0.01MPa。

根据土壤水分从饱和到干燥，可将土壤水分对植物的有效性划分成几个阶段。对于特定的土壤而言，每个阶段的上限含水量大致是一个常数，称为土壤水分常数。土壤水分常数包括饱和含水量、田间持水量、凋萎系数、吸湿系数等。饱和含水量是指所有孔隙被水充满时的土壤含水量；田间持水量是指排除全部重力水，仅保留全部毛管水和束缚水时的土壤含水量，表示土壤的持水能力，猕猴桃的适宜田间持水量为$60\% \sim 80\%$；凋萎系数是指当土壤水分减少到植物因吸收水分困难，不能维持叶面蒸腾而发生永久萎蔫时的土壤含水量，此时土壤水势约为-1.5MPa，凋萎系数表示土壤中可利用水分的下限，是确定土壤有效水与无效水含量的一个界限；吸湿系数是指排除全部重力水和毛管水，仅保留全部束缚水时的土壤含水量。土壤有效水是指土壤储存的水量中可以被作物吸收利用的水量，通常以田间持水量减去凋萎系数求得。陕西省秦岭北麓猕猴桃产区的1m土层中的有效储水量为$120 \sim 180$mm。施用过量化肥导致根系烧苗、淹水导致根系腐烂等都是土壤水分失调的表现。

5. 土壤剖面与土层厚度　自然土壤剖面自上而下通常包括淋溶层、淀积层和母质层。对于猕猴桃果园土壤来说，其土壤剖面从上至下一般包括表土层、心土层和底土层。表土层厚度一般约20cm，有机质和矿质营养含量较高，疏松多孔，通气性良好，土壤生物和微生物较多，物质转化快。但由于表土层接近地表，易受耕作、施肥、灌溉等影响，干湿交替频繁，温度变化大，属于根系生态不稳定层。因此，栽培上应仿照自然群落，采用覆盖、免耕等措施，为猕猴桃根系创造条件良好的表土层。心土层一般是指从地表向下的$20 \sim 60$cm的土壤分布区域，心土层是猕猴桃根系分布最集中的区域，该土层的厚度、养分、通气状况对猕猴桃植株的生长和结果起决定作用。所以，通过深翻改土增加心土层的厚度和肥力是猕猴桃栽培中土壤管理的关键环节之一。底土层一般是指地表60cm以下的土壤区域，该土层温度和湿度稳定，但当地下水位较高时易引起猕猴桃根系死亡，所以该层土壤肥力较低，根系分布较少。

土层厚度是衡量土壤质量的重要因素之一，是土壤肥力的基础，一般可分为薄（小于30cm）、中（$30 \sim 60$cm）、厚（$60 \sim 100$cm）、深厚（大于100cm）4个等级。土层厚度不仅影响着土壤水分和养分的储备空间，而且影响着猕猴桃根系的分布范围。土层深厚有利于猕猴桃根系垂直生长，土层浅薄则有利于根系水平生长。土壤深浅并不完全决定猕猴桃根系分布的深浅。土壤以下的母岩风化情况，土壤剖面中沙砾层、黏土层、盐基层的有无和分布深浅，地下水位高低，以及客土等都会影响猕猴桃根系分布的深浅。例如，紫色土土层虽浅，一般只有 50cm 左右，丘陵顶部或坡面上部甚至只有 10cm，但由于其下都是半风化的紫色岩，且风化速度快，所以根系可直接进入半风化岩内，根系分布超过土层厚度。沙砾层还会使肥水淋失，黏土层造成积水，盐积层影响盐土改良，均会使植株生长较弱、矮化、生长结果不良。因此，深翻改土深度要求达到 60cm 以上，且必须加施足够的有机肥或绿肥。此外，在地下水位高的地段，应采取深沟高畦，降低地下水位的措施。对土层浅薄的地段，应采取客土、爆破增厚土层等措施。

（二）土壤的化学性质

土壤的化学性质是指土壤中养分的转化供应能力和植物生长的化学环境特征，包括土壤有机质、土壤胶体、土壤离子交换、土壤酸碱性和缓冲性、土壤碳酸盐等。

1. 土壤有机质　土壤有机质是指以各种形态存在于土壤中的含碳有机化合物，包括土壤中的各种动、植物残体，微生物及其分解和合成的各种有机化合物等。耕层土壤有机质含量一般为 1%～6%，且表土有机质含量明显高于底土。猕猴桃果园土壤有机质的主要来源是每年施用的有机物料、枝叶和根系残体及根系分泌物等。土壤有机质的基本元素组成是碳、氢、氧、氮，其中碳占 52%～58%、氧占 34%～39%、氢占 3.3%～4.8%、氮占 3.7%～4.1%，碳氮比 10～12。土壤有机质一般可分为腐殖质和非腐殖质，其中腐殖质占土壤有机质的 60%～80%，非腐殖质占 20%～30%。非腐殖质通常是一些简单、易被微生物分解并具有一定物理化学性质的物质，如糖类、有机酸及一些含氮氨基酸等。腐殖质则是一类结构极为复杂的高分子聚合物，主要是各种腐殖酸及其与金属离子、矿物质结合而成的盐类和有机无机复合体。根据颜色和溶解性等，可将腐殖质分为 3 种：胡敏酸（褐腐酸）、富里酸（黄腐酸）和胡敏素（黑腐素）。其中，胡敏酸和富里酸统称为腐殖酸，约占腐殖质的 60%，常作为腐殖质的代表。胡敏酸的一价盐溶于水而其二价以上盐不溶于水，故胡敏酸是形成土壤水稳性团粒结构不可缺少的物质。胡敏酸的元素组成为：碳 52%～62%、氧 30%～39%、氢 3.0%～4.5%、氮 3.5%～5.0%。与胡敏酸不同，富里酸因形成于多水和酸性条件，而呈现如下特征：①具有强酸性和强腐蚀性；②颜色为浅黄色；③碳含量较低（44%～48%），氧含量较高（45%～48%）；④在酸性条件下不沉淀。这些特点决定了富里酸在土壤团粒结构形成方面的作用不及胡敏酸。胡敏素是胡敏酸经冰冻或干燥产生的变性产物，或者由胡敏酸与黏粒矿物紧密结合而成，以致失去水溶性和碱溶性。

土壤腐殖质因具有一些与外界进行反应的官能团（如羧基、酚羟基、醇羟基、甲氧基、甲基、醌基），使腐殖质具有多种活性。主要包括：①吸水性和溶解性。腐殖质是亲水胶体，吸水能力强，吸水量可超过其自身质量的 500%（黏粒吸水量仅为其自身质量的 15%～20%），具有较强的膨胀性和收缩性。腐殖酸是一种弱酸，可溶于碱性溶液生成腐殖酸盐。在酸性条件下（pH<3），胡敏酸有沉淀析出。富里酸的一价、二价盐类均溶于水，三价盐类在中性以上的碱性环境中溶解度较低。②稳定性。胡敏酸的平均存在时间为 780～3 000 年，富里酸为 200～630 年，而一般植物残体半分解期不到 3 个月，新形成的有机质半分解期为 4～9 年。③带电性。腐殖质是两性胶体，通常以带负电荷为主，其阳离子交换量可达 150～450cmol（+）/kg，而土壤的阳离子交换量多在 10～20cmol（+）/kg。

2. 土壤胶体　土壤胶体是指直径为 1～100nm 的土壤颗粒分散到土壤溶液中所构成的多相系统。因胶体颗粒具有直径小、分散度高、比表面大等特点，故其对土壤保肥性、保水性、酸碱性、缓冲性等都有很大影响。土壤胶体按其成分和来源可分为 3 类：无机胶体、有机胶体、有机无机复合胶体。其中，有机无机复合胶体最为重要。①无机胶体。无机胶体又称矿质胶体，主要包括简单的含水氧化铁、氧化铝、氧化硅等胶体物质和较复杂的次生铝硅酸盐类黏土矿物。成分简单的含水氧化物常相互复合形成凝胶包被在土粒表面，成为胶膜，其占土壤胶体的比例小。成分较复杂的次生铝硅酸盐类黏土矿物有蛭石、蒙脱石、伊利石、高岭石、绿泥石、水铝英石等，是土壤无机胶体的最重要部分，对土壤保肥性有显著影响。②有机胶体。有机胶体主要是指土壤的腐殖质以及少量的木质素、纤维素、半纤维素、蛋白质、多肽、氨基酸等。尽管有机胶体占土壤胶体的比例不大，但对于增强土壤的保肥性和保水性起着重要作用。有机胶体比无机胶体的稳定性差，较易被微生物分解，所以生产者应多施有机肥来保持土壤有机胶体的数量。③有机无机复合胶体。有机胶体极少单独存在，有 50%～90% 与无机胶体通过物理、化学或物理化学作用紧密结合在一起形成有机无机复合胶体。有机无机复合胶体的稳定性比有机胶体高得多，水稳性也比无机胶体高。根据复合胶体结合的牢固程度，由弱到强可分为：水散微团聚体、钠分散微团聚体、钠质机械分散微团聚体。通常，土壤越肥沃，复合胶体结合越紧密。

土壤胶体体积小，但表面积大。一般来说，1g 土壤胶体的外表面积相当于 1g 粗沙粒的 1 000 倍，更不用说有些土壤胶体还有内表面。据统计，腐殖质的比表面可达 1 000m²/g，蒙脱石达 700～800m²/g，伊利石达 100～200m²/g，高岭石仅为 5～20m²/g。

3. 土壤离子交换　土壤同时带有正电荷和负电荷，但由于土壤带正电荷的数量一般少于负电荷，所以除少数土壤在强酸条件下可能显现正电荷外，一般土壤都显现负电荷。土壤中的电荷主要由土壤胶体提供。土壤胶体表面上有离子交换位点。当离子交换位点带负电荷时，吸附阳离子；当带正电荷时，吸附阴离子。由于土壤带负电荷，所以阳离子交换作用较为普遍。土壤胶体表面的阳离子交换是一个相对的、动态的平衡过程。离子从土壤溶液迁移到胶体表面的过程，称为离子吸附。原来吸附在土壤胶体上的离子迁移到土壤溶液的过程，称为离子解吸。离子吸附使土壤具有保肥性，而离子解吸使土壤具有供肥性。阳离子交换能力是指一种阳离子将土壤胶体上的另一种阳离子交换出来的能力。通常，阳离子与土壤胶体表面的吸附力愈大，则阳离子交换能力愈强。土壤中常见的阳离子交换能力大小顺序为：Fe^{3+}、Al^{3+}＞H^+＞Ca^{2+}＞Mg^{2+}＞NH_4^+＞K^+＞Na^+。需要注意的是，氢离子虽然价数低，但它在土壤中含量丰富、水化程度弱、水化半径小、移动速度快，故其交换能力大。

土壤阳离子交换量是指土壤所能吸附和交换的阳离子容量，通常以每千克土壤的厘摩尔数表示，即 cmol（＋）/kg。一般认为，土壤阳离子交换量大于 20cmol（＋）/kg 为保肥力强的土壤，10～20cmol（＋）/kg 为保肥力中等的土壤，小于 10cmol（＋）/kg 为保肥力弱的土壤。首先，土壤质地越黏重，土壤阳离子交换量越大。据测定，细黏粒的离子交换量为 48.8cmol（＋）/kg，粗黏粒为 25.1cmol（＋）/kg，细粉粒为 13.8cmol（＋）/kg，中粉粒为 7.1cmol（＋）/kg，粗粉粒为 4.1cmol（＋）/kg，细沙粒为 2.83cmol（＋）/kg，粗沙粒为 2.11cmol（＋）/kg。其次，土壤胶体数量越多，阳离子交换量越大。有机胶体阳离子交换量一般大于无机胶体。不同黏土矿物阳离子交换量如下：蛭石为 $100\sim500$cmol（＋）/kg，蒙脱石为 $60\sim100$cmol（＋）/kg，伊利石为 $40\sim60$cmol（＋）/kg，水云母和绿泥石为 $20\sim40$cmol（＋）/kg，高岭石为 $5\sim15$cmol（＋）/kg。对陕西关中地区猕猴桃产区而言，当土壤有机质含量低于 2.8% 时，土壤阳离子交换量随土壤有机质含量的增加而增大。此外，随着土壤 pH 升高，土壤阳离子交换量增大。

土壤胶体吸附的阳离子可分为两类：一类是致酸离子，如 H^+、Al^{3+}，另一类是盐基离子，如 Ca^{2+}、Mg^{2+}、K^+、Na^+、NH_4^+ 等。盐基饱和度是指土壤中交换性盐基离子占阳离子交换总量的百分数。当土壤中吸附的阳离子全部为盐基离子时，土壤呈盐基饱和状态。盐基饱和的土壤呈中性或碱性，盐基不饱和的土壤呈酸性。一般认为，盐基饱和度＞80% 为肥沃土壤，50%～80% 为中等肥力土壤，＜50% 为低肥力土壤。

4. 土壤酸碱性和缓冲性　土壤酸碱性是指土壤溶液呈酸性、中性或碱性的程度。它对土壤养分有效性、土壤形状和作物生长等均有显著影响。土壤酸性主要源于土壤胶体上吸附的氢离子和三价铝离子，土壤维持中性至微碱性主要与碳酸钙相关，土壤表现出碱性和强碱性则主要是因为碳酸钠。土壤酸度可分为活性酸和潜性酸。活性酸是指由土壤溶液中氢离子所引起的酸度。潜性酸是指吸附在土壤胶体上，能被代换进入土壤溶液的氢离子和三价铝离子。进行土壤酸性改良时，应以潜性酸为主要依据。土壤碱性主要受土壤碳酸钠、碳酸氢钠、碳酸钙及土壤胶体上交换性钠含量等的影响。当土壤钠离子饱和度低于15% 时，土壤 pH 一般小于 8.5。我国土壤 pH 一般多在 $4\sim9$。例如，陕西猕猴桃产区的土壤 pH 多为 $7.0\sim8.5$，而西南的红壤、黄壤猕猴桃产区土壤 pH 多在 $5.0\sim6.0$。

土壤缓冲性是指土壤生态系统在物质和能量传递、转化和贮存等过程中，通过自身的调控机制抗拒外界干扰而保持酸碱相对稳定的能力。土壤缓冲性通过土壤缓冲体系实现。土壤中有多种酸碱缓冲体系，不同体系发挥作用的 pH 范围不同，主要包括弱酸及其盐类体系、胶体离子复合体、铝体系和有机质体系等。①弱酸及其盐类体系。土壤中的弱酸及其盐类主要有碳酸、重碳酸、磷酸、硅酸和各种有机酸以及由这些弱酸形成的相关盐类。碳酸盐体系缓冲的 pH 范围为 $6.7\sim8.5$，这与石灰性土壤的 pH 变化范围基本一致。②胶体离子复合体。由于土壤胶体能够吸附各种盐基离子，所以其能对土壤氢离子起缓冲作用；而胶体表面吸附的氢离子和三价铝离子又能对氢氧根离子起缓冲作用。通常，土壤阳离子交换量和盐基饱和度越大，缓冲能力越强。例如，无机胶体中缓冲性由大到小的顺序为：蛭石＞蒙脱石＞伊利石＞绿泥石＞高岭石＞含水氧化铁和水合氧化铝，与其阳离子交换量大小排序基本一致。③铝体系。当土壤 pH＜4.0 时，土壤进入铝缓冲范围；当 pH＞5.0 时，三价铝形成氢氧化铝沉淀，失去缓冲能力。④有机质体系。土壤有机质中腐殖质部分的胡敏酸和富里酸及非腐殖质部分的氨基酸等均属于两性物质。例如，氨基酸中的氨基可以中和酸，羧基可以中和碱，故氨基酸对酸碱均有缓冲能力。土壤有机质含量在 2% 以上时对土壤 pH 缓冲能力较强，故 pH 相对稳定；当有机质在 1% 以下时，土壤 pH 随着有机质含量的下降而呈线性下降。

5. 土壤碳酸盐　土壤碳酸盐主要包括碳酸钙和碳酸镁。由于碳酸镁溶解性高，在土壤中易被淋洗，而碳酸钙溶解度小，在土壤中易累积存留，所以土壤中的碳酸盐主要是碳酸钙。一般来说，碳酸钙占石灰性土壤中碳酸盐的 90% 左右，碳酸镁约占 10%。陕西关中猕猴桃产区果园土壤的碳酸钙含量在 3%~10%。

碳酸钙在土壤团粒结构的形成中发挥重要作用。"桥联静电结合"学说认为，钙离子能够在黏粒表面和高分子阴离子之间起电学的桥梁联结作用，通过静电结合促使土壤团粒结构的形成。与 K^+、Na^+、NH_4^+ 等相比，钙离子形成的水膜很薄，缩短了其与土壤胶体表面负电荷的距离，增强了絮凝作用，从而有利于形成更多的团粒结构。因此，只要适当增加土壤有机质，即使在干旱气候条件下，高钙的石灰性土壤也可形成较好的团粒结构，而且由于钙离子的水化作用很弱，所带负电荷较高，与胶粒结合得比较稳固，因此，所形成的团粒结构抵抗淋洗的能力也较强。土壤碳酸钙还会影响多种养分的有效性。当碳酸钙含量在 4% 以下时，土壤 pH 与碳酸钙含量几乎呈线性相关，pH 的改变会影响土壤养分有效性的改变。由于能够与磷酸根形成不溶性磷酸盐，所以土壤碳酸钙过高会导致土壤磷有效性降低。另外，土壤碳酸钙过高还会引起氨的挥发。

（三）土壤生物

土壤生物是指栖息于土壤中的活的有机体，可分为土壤微生物和土壤动物。

1. 土壤微生物　土壤微生物是指土壤中肉眼无法识别的微小有机体，主要包括细菌、放线菌、真菌、藻类和原生动物等。据统计，每克土壤中的微生物数量可达一亿至几十亿个。一般认为，约 80% 土壤生物活性应归因于土壤微生物，它对土壤的形成与发育、养分的转化与循环、有机物的矿化和腐殖质的合成、植物根系营养、有害物质的降解和土壤净化等具有重要作用。

（1）细菌。细菌是土壤微生物中数量最多的一个类群，占土壤微生物总数量的 70%~80%。细菌按营养特性可分为 2 类：自养型细菌和异养型细菌；按对氧气的需求可分为 3 类：好气性细菌、嫌气性细菌和兼性细菌。多数细菌属于异养型需氧或兼性厌氧细菌。土壤细菌以杆菌为主，其次为球菌。细菌能够积极参与土壤有机质的分解，形成二氧化碳、水、氨和各种无机盐等。在新鲜有机质（如动植物残体）分解初期往往以无芽孢杆菌占优势，后期以芽孢杆菌占优势。土壤细菌的最适温度为 20~40℃，最适 pH 为 6.0~8.0。

（2）放线菌。土壤中放线菌的数量仅次于细菌，占土壤微生物总数量的 5%~30%，该菌主要是链霉菌（70%~90%），其次是诺卡氏菌（10%~30%）和小单孢菌（1%~15%），其中以链霉菌较易分离培养。土壤中的放线菌是典型的好氧微生物，多发育于耕层土壤中，尤其是在碱性、较干旱和有机质丰富的土壤中数量特别多。放线菌具有分解动植物残体、转换碳氮磷等化合物的功能，有相当多的放线菌还可分解木质素、纤维素、单宁及较难分解的腐殖质。土壤中放线菌耐高温，最适 pH 为 7.0~8.5。

（3）真菌。真菌是土壤微生物中的第三大类群，约有 170 个属，690 多个种。真菌是异养型好氧微生物，多分布于土壤表层，在潮湿、通气良好的土壤中生长旺盛，主要包括土壤霉菌（青霉菌、曲霉菌、毛霉菌、根霉菌等）、纤维分解真菌、木质素分解真菌、腐殖质真菌、菌根真菌等。木霉菌能分解最难分解的木质素。真菌的功能与放线菌类似，但二者最适 pH 范围不同。真菌耐酸性较强，最适 pH 为 6.0~7.5，所以真菌在酸性土壤的有机物质转化中起着主要作用。

（4）藻类。藻类是一类微小的、含叶绿素的有机体。一般土壤中藻类数量不多，约占微生物总数量的 1%。土壤中藻类包括蓝藻（蓝细菌）、绿藻、黄藻、硅藻、鞭毛藻等，其中以蓝藻、绿藻最多。藻类喜水喜光，多分布于湿润土壤表面及其表面之下的几厘米。藻类不仅能够同化二氧化碳，还可以吸收硝酸盐或者氨。此外，蓝藻还有固氮功能。

（5）原生动物。土壤原生动物是一些原始的单细胞真核生物。土壤原生动物包括鞭毛虫类、根足虫类、纤毛虫等，其中以鞭毛虫类最多。原生生物多主要分布在耕作层，以有机质和细菌为食物来源，故在有机质丰富的土壤中数量较多。原生动物在土壤中起着促进植物残体分解、调节细菌数量等作用。此外，土壤原生动物能在含有水分的土壤孔隙中运动，但在干土中不能运动。

2. 土壤动物 土壤动物泛指栖息在土壤内或地表附属物中的无脊椎动物。常见的土壤动物有蚯蚓、线虫、跳虫、螨类、蜗牛、金龟子的幼虫蛴螬等。这些动物通常以植物残体及脱落物、其他动物排泄物、矿物质等为食料，是土壤食物网的重要组成部分。

蚯蚓体长 5~15cm，每天可进食相当于自身体重 20~30 倍的土壤，通过肠道各种消化酶的分解转化，可显著改善土壤结构、通气、排水和养分有效性等。蚯蚓喜欢潮湿和通气良好的环境，需要丰富的有机物为食料，多适于生活在中性和微碱性的石灰性土壤中。

有些土壤动物（如线虫和蛴螬）会危害猕猴桃的生长。在有机物料施用较多但杀菌不彻底的土壤中，易出现蛴螬咬断猕猴桃根系的情况，进而引发猕猴桃植株叶片黄化问题。

三、土壤管理制度

土壤管理制度是指猕猴桃株间和行间的土壤管理方式。幼树园主要包括土壤的深翻熟化、土壤酸碱性的改良、行间间作等，成龄园主要包括清耕法、生草法、覆盖法、免耕法及其折中方式等。土壤管理的目的是通过改善土壤水、肥、气、热条件，疏松土壤，培肥地力，促进植株根系的水平生长和垂直生长，扩大根域土壤范围，为猕猴桃优质、丰产、稳产创造良好的土壤生态环境。

（一）幼树园的土壤管理制度

1. 果园土壤的深翻熟化 土壤深翻熟化是指通过人为生产活动、定向培育等方式进行一定深度的土壤翻动，使生土或自然土壤逐步转变为适合作物生长的肥沃的熟土或耕作土壤的过程。

（1）深翻的作用。猕猴桃根系的苗壮成长与土壤理化性状关系密切，而不同土层土壤的理化性状差异很大，这在新建的幼树园中表现得尤为明显。因此，就需要通过深翻使猕猴桃果园土壤熟化，使其更适宜猕猴桃根系的生长。土壤深翻熟化的主要作用包括：①加深土壤耕作层，为根系生长创造良好的生态环境，促进根系向深层伸展，使根系分布的深度、广度和根的生长量都有明显的增加。②影响土壤容重和孔隙度使其更适于果树根系生长。③结合有机物料施入，可以改善土壤的理化性状，有利于增强土壤中微生物的活性，从而加速土壤中有机质的分解，提高土壤的熟化度和养分的有效性，最终增大果树根系吸收养分的范围和促进果树的生长发育。此外，深翻还可通过轻度断根的方式刺激植株根系的生发，增强树体的抗逆性。因此，深耕施肥可以改善土壤的水、肥、气、热条件，促进根和地上部的生长，使猕猴桃植株结果能力和生长势更强，树冠扩大快，结果寿命延长，增产效果显著。

（2）深翻时期与深度。深翻时期以采果后结合秋施基肥（10—11月）效果最佳。此期深翻改土，既节约了劳动力，又由于此期地温适宜，是猕猴桃根系的生长高峰期之一，受伤根系易愈合，且可生发新根，故有利于来年生长结果。如结合施基肥和灌水，可防止根系出现吊根或失水现象，促使根系快速生发和避免功能叶片过早衰落，从而有利于树体贮藏营养的积累和枝叶养分的回流。若劳力不足，深翻也可在冬季封冻前及早春解冻后萌芽前及早进行。但春季风大干旱又无灌溉条件的果园，不宜在春季进行深翻。

深翻深度应以猕猴桃主要根系分布层为判断依据。考虑到猕猴桃根系多分布于20～60cm土层，故深翻深度应略深于此土层，一般为60～80cm。具体深翻深度应同时考虑土壤结构和土壤质地。近树干处宜浅翻，向外逐步加深，应避免伤及骨干根，适量伤及小侧根有利于激发新根的生长，但严禁受伤根系外露于土表。

（3）常用的深翻方式。

①扩穴。又称放树窝子，即通过挖深30～40cm的（环状）沟使猕猴桃树盘根系沿原来的定植穴逐年向外扩大的土壤深翻方式。第一年从定植穴外沿向外挖环状沟，宽深约40cm；第二年接着上年深翻的定植穴外沿继续向外扩展深翻，直至株、行间全部翻遍为止。此法每次深翻范围小，适于劳力少的园地。

②隔行深翻。即对猕猴桃果园隔一行翻一行的土壤深翻方式。可每年深翻树盘的一侧，即在株间或行间撩通壕，每四年深翻一遍。梯田可先翻株间（株间也可同时翻两侧），其次翻内侧，第三次翻外侧。在梯田深翻时，应注意对原有水土保持工程的加固，以免水土流失。

③全园深翻。适用于平原、河滩地和坡度较小的坡地。将栽植穴以外的土壤一次深翻完毕。这种方式一次需要投入的劳力大，但翻后便于平整土地，有利于果园的耕作，可用农机具作业。特别是对于定植前没有进行全园深翻整地的果园，待果园建成后，要注意逐年扩穴，每年深翻的位置要在前一次深翻外缘的基础上，逐年扩大，使全园土壤随着树龄的增长，实现全园深翻、熟化。

（4）深翻应注意的问题。

①深翻时要注意改变树苗栽在穴里、沟里根系积涝受害，导致根系无法展开的状况。扩穴时一定注意要与原来定植穴打通，不留隔墙，打破"花盆"式难透水的穴，隔行深翻宜注意使定植穴与沟相通。对于撩壕栽植的猕猴桃园，宜隔行深翻，且应先于株间挖沟，使扩穴沟与原栽植沟交错沟通，并与坎下排水沟相通，彻底解决原栽植沟内涝问题，对于黏重土果园显得尤为重要，以达到既深翻改土又治涝的目的。

②深翻应配施有机肥等物料。深翻配施有机肥，效果明显，有机肥要分层施，以利于腐熟分解。深翻时，将地表熟土与下层的生土分别堆放，回填时须施入大量有机物质和有机肥料。一般将生土与碎秸秆、树叶等粗有机物质分层填入底层，并掺施适量石灰；熟土与有机肥、磷肥等混匀后填在根系集中层，每翻1m³土加施有机肥20～40kg。为调节土壤酸碱度，对酸性过重的园地应加适量熟石灰，对偏碱性园地的土壤应酌情施用硫酸亚铁（俗称黑矾）等酸性肥料并增施有机肥。

③深翻时要注意做到心土与表土互换。深翻时，将表土和底土各放一边，埋土时先回

填一些表土，然后将绿肥、土杂肥、化肥等加上表土掺和均匀，回填位置应距根系分布区稍深、稍远。底土宜填放在地表或距根较远的地方，以利其风化、熟化。

④深翻深度应视土壤质地而异。黏重土壤应深翻，并且回填时应掺沙；山地果园深层为沙砾时宜翻深些，以便拣出大的砾石；地下水位较高的土壤宜浅翻，避免其与地下水位连接而造成危害。

⑤深翻时尽量减少伤根，以不伤骨干根为原则。如遇大根，应先挖出根下面的土，将根露出后随即用湿土覆盖。伤根剪平断口，根系外露时间不宜过长，避免干旱或阳光直射，以免根系干枯。深翻时切忌伤根过多，以免影响地上部分的生长，应特别注意不要伤害直径 1cm 以上的大根，如有切断，则切头必须平滑，以利于愈合。猕猴桃园经常见到因为深翻时大根受伤而地上部出现大面积黄化的现象。

⑥深翻后必须立即浇透水，使土与根系密切接合，以免引起旱害。随翻随填，及时浇水，切忌根系暴露太久。干旱时期不宜深翻，对于排水不良的果园，深翻后要及时打通排水沟，以免积水造成烂根。

2. 果园土壤的改良

（1）树盘培土和客土。丘陵山地猕猴桃园土层薄，水土流失严重，易使根部裸露。大量须根露出土面，夏季雨后天晴高温时，易造成大量须根死亡、枝叶萎蔫现象。因此，采用培土和客土是果园土壤改良及保护根系的一项有效措施，可起到增厚土层、改良土壤结构、保肥保水的作用。

培土或客土多在晚秋或初冬进行。培用土壤根据果园土质情况而定，一般就地取材，黏重土壤培沙性土，沙性土壤培黏性土。山地果园宜就近挑培腐殖质土，丘陵和平地果园可结合冬季清园、整修梯田和清理沟渠，挑培草皮土、沟泥、塘泥等。沟泥、塘泥等湿土，必须风干捣碎后再培。

一般每株培土 150～250kg，培土厚度以 5～10cm 为宜，培土前，必须先耕松园土，然后耕耙或浅刨，使所培土与原来土壤掺混，切忌形成两层皮，即原有土层与新培土分开。也可于秋末初冬将所培（客）土置于树盘周围分散堆放，经冬季冻融松散后，翌春萌芽前将其与原土均匀混合，覆盖在树盘附近。

（2）碱性土壤的改良。当土壤 pH 过高时，猕猴桃很难正常生长，易表现出各种缺素症状。对于这类土壤，要施入大量有机肥，提高果园土壤中的有机质含量，有机质在降解过程中会释放大量的酸性物质，从而降低土壤的 pH。使用化学改良剂如石膏、磷石膏、含硫含酸的物质（如粗硫黄、矿渣硫黄粉等）、腐殖酸类物质及其他酸性物质和生理酸性化肥（如磷酸钙、硫酸铵等），均能达到改良效果。

3. 幼树园的行间间作　小树栽植后，树体尚小，果园空地较多，前 3～5 年可进行合理的间作，形成生物群体，群体间可相互依存，充分利用光能和空间，不但可增加收入而且可以提高土地利用率。进入结果盛期，全园被树荫覆盖时停止间作。当然，如果间作不够合理，会引起猕猴桃树体与间作作物间肥水和养分竞争，又会提高果园管理的难度，甚至造成猕猴桃幼苗死亡。所以，种植间作作物时，有必要针对间作作物种类、种植方式等计划周全，预防本末倒置。猕猴桃果园间作的原则要以增加产值而又不影响猕猴桃树正常生长为原则。

（1）猕猴桃园进行适当间作的好处。

①幼龄猕猴桃树体喜欢遮阴环境，因此，幼龄果园适当套种一年生高秆作物，可以减少果园管理难度、提高苗木的成活率。

②可以合理利用太阳光能，经济利用土地，增加果园的产值，尤其幼龄果园未坐果时可以收回部分果园经济投入。

③可以调节地温，使地面昼夜温差相差不多，既保护树体枝干免受日灼，又可以减少根系冬季冻害。

④间作物覆盖地面以后，可以保水固土，防止水土流失。同时，可以降低果园地面水分蒸发量，减少灌水次数。

⑤增加土壤有机质含量，改良土壤结构，可以减少有机肥的施入，降低果园肥料投入的成本。

（2）猕猴桃园的间作方法。间作应选择植株矮小或匍匐生长的、生长期较短、适应性强、需肥量少、与果树没有共同病虫害的作物，还应耐阴性强、经济价值较高、收获较早。这类作物如大豆、菜豆、绿豆、豌豆、豇豆、花生等豆科作物；萝卜、胡萝卜、马铃薯、甘薯等块根块茎作物；韭菜、大蒜、菠菜、莴苣、瓜类等蔬菜作物，一般不宜种植高秆作物。为了遮阴，可在行间种高秆作物，如玉米之类。注意套种作物距猕猴桃植株50cm以上。玉米套种平均产量达 6 000kg/hm²，按平均 2.50 元/kg 计算，可收益 15 000元/hm²。在猕猴桃树苗生长 1～3 年间，也可以在地里套种板蓝根等中药材。生长 1～3年的猕猴桃树体还不是很高大，地面覆盖不充分，阳光的直接照射使土壤表面偏干，而板蓝根生长前期宜干不宜湿，并且板蓝根在生长过程中喜光照。充足的阳光照射和偏干性的土壤表面环境对板蓝根的生长十分有益。套种的板蓝根全年只需要施肥 2 次，浇水 1 次，喷药 1 次，果农投入的成本相对较少。进入秋季后期板蓝根就可以开始收获，此时板蓝根的根颈全长 10～30cm，直径 2～3cm，每公顷猕猴桃园地套种的板蓝根产量达 6 000～7 500kg，按照 6 元/kg 的市场收购价计算，果农在猕猴桃园地上套种板蓝根平均可获得40 000 元/hm² 的收入，扣除种子费和肥料费之后大概可以获得 32 500 元/hm² 的纯收入。

（二）成龄园的土壤管理制度

1. 清耕法　清耕法是指果园土壤耕翻后园内不间种作物，生长季经常进行耕作使土壤保持疏松和无杂草状态的土壤管理方式。清耕对劳动力要求较高。清耕法一般在秋季深耕时进行，生长季进行多次中耕，使土壤保持疏松通气，促进微生物繁殖和有机物分解，短期内可显著增加土壤有机态氮素，提高养分可给度。秋季耕翻对于保墒、蓄积雪水作用大，同时，秋季耕翻利于清灭宿根性杂草及地下越冬害虫。生长季耕翻对保持土壤疏松、消灭杂草作用巨大，尤其是干旱时期，常对果园浅耕或划锄，有利于切断毛细管水，起到保墒的作用，俗语"锄头底下有水""旱锄田"就是这个道理。但果园长期清耕，土壤有机质会迅速减少，并使土壤结构受到破坏，因此必须结合施入足量有机肥，才能保证果树生长发育的需要。

2. 生草法　生草法（果园生草）是指对果园全园或行间长期种植多年生豆科或禾本科牧草等，不使土壤暴露，每年刈割或常年不刈割的一项土壤管理措施。果园生草栽培是19 世纪末在美国出现的一种方式，在第二次世界大战以后获得了较大发展，现在世界上许多国家和地区已广泛采用，目前欧美和日本实施生草法的果园面积占到果园总面积的55％～70％，有时甚至达到95％。我国20世纪80年代初引进生草法，并率先在福建、广东、山东等地果园中应用，但目前我国实施清耕的果园面积仍占总面积的80％以上。

（1）果园生草的作用。

①增加土壤有机质含量。果园化肥大量连年使用，会造成土壤板结、酸碱失衡、肥力下降，这是造成猕猴桃果实品质变差、树势衰弱、产量下降、病虫害泛滥的主要原因之一。进行果园行间生草以后，由于绿肥作物含有大量有机质，翻压覆盖后能改善土壤理化性状，增加土壤有机质含量，提高土壤肥力，连年生草的果园可减少商品肥料和农家肥的施用量，并提高肥料的利用率。在有机质含量为0.5％～0.7％的果园，连续5年种植毛苕子或白三叶草，土壤有机质含量可以提高到1.6％以上。

②有利于改良土壤的理化性质。新鲜绿肥中含有10％～15％的有机物，压入土壤后，可以转化成为腐殖质，促使土壤形成团粒结构，从而改良土壤理化性质。翻压绿肥时，可撒施石灰375～750kg/hm²，以中和土壤酸性、增加土壤钙质含量。生草可提高土壤中养分含量，激活土壤中微生物的活力，改善土壤根际微域环境，促进土壤表层中碳、氮、磷素向有效态的转化，加快土壤熟化。

③增强果园土壤保水能力，减少灌溉次数。果园生草主要影响10～30cm深度的土壤含水量。生草可以减少果园土壤水分的蒸发，调节降水时地表水的供应平衡。生长旺盛时进行刈割并覆盖在树盘上以后，保墒效果更佳。生草并刈割覆盖的果园，土壤水分损失仅为清耕的1/3，覆盖5年后，土壤水分平均比清耕多70％。生草还可减少地面径流，防止水土和养分流失。生草果园比清耕果园每年可减少灌水3～4次。

④延长根系活动时间。猕猴桃根系分布较浅，清耕果园土壤耕作较为频繁，对根系破坏较大；生草果园一般采用免耕法，对根系生长较为有利，树体生长健壮。另外，生草管理的果园在春天能够较早提高地温，根系活动比清耕果园提早15～20d；进入晚秋后，根系分布区保持温度时间长，延长根系活动时间长达1个月左右，对增加树体贮藏营养、促进花芽分化具有很好的作用。另外，偏北地区果园冬季地表覆盖草被，可以降低冻土层的厚度，从而减轻和预防根系发生冻害。

⑤改善果园小气候，提升土壤供肥能力，提高果实品质和产量。传统清耕果园是一种"土壤-果树-大气"系统水热传递的模式，生草管理果园形成了"土壤-果树＋草-大气"系统，改变了果园环境水热传递规律。生草果园树体微系统与地表生草微系统在物质循环、能量转化方面相互连接，土壤中的水、肥、气、热更加协调，理化性状得到改善，土壤疏松通气、透水，结构稳定，有利于蚯蚓繁殖，促进土壤团粒结构的形成，防止水土流失。生草可降低夏季果园土壤温度，生草区表层土温显著低于清耕区，晴天时最大相差可达4.2℃；改善土壤物理性状，下层土壤容重降低，孔隙度增加；提高果园空气湿度。

⑥构建果园病虫害的综合管理生物链。生草管理后，果园植被类型变得多样化，为天敌提供了良好的栖息场所和丰富食物，克服了天敌与害虫在发生时间上的脱节现象，使昆虫种类的多样性、富集性及自控作用得到提高，在一定程度上也增加了果园生态系统对农药的耐受性，扩大了生态容量。果园生草后优势天敌，如东亚小花蝽、中华草蛉及肉食性螨类等数量明显增加，种群稳定，果园土壤及果园空间富含寄生菌，制约了害虫的蔓延，

形成果园相对较为持久的生态系统，从而减少了果园农药投入及农药对环境和果实的污染。

（2）果园生草的常见种类与方法。

①猕猴桃果园生草的常见种类。猕猴桃果园种草的植物，基本应掌握以下几个原则：耐阴性强、个体矮小、与猕猴桃无拮抗作用；茎叶匍匐、地面覆盖率高；与猕猴桃水分、养分竞争小；与猕猴桃无共同病虫害；适应性强，不会在生长和管理上带来太大的负担，且具有利用价值。目前猕猴桃园人工生草，可以是单一的草种，也可以是两种或多种草混种。北方可选择如白三叶草、百脉根、节缕草、草木樨、苕子等禾本科植物和豆科植物。适合南方栽培的优良绿肥品种很多，冬季绿肥有黄花苜蓿、苕子、紫云英、豌豆、箭筈豌豆等，夏季绿肥有绿豆、印度豇豆、乌豇豆、田菁、桴麻等。多年生绿肥植物（三叶草）在南方春秋季均可播种。

北方猕猴桃园目前生草采用白三叶草的较多。播种白三叶草的最佳时间为春秋两季，春播可在3月下旬至4月上旬，气温稳定在15℃时进行。秋播宜在8月中旬至9月中旬。播种时一定要确保土壤墒情较好，因幼苗期生长缓慢，抗旱性差，若墒情不好，幼苗易干枯致死。播种适宜采用条播，行距30cm左右，播种量$7.5 \sim 11.25 kg/hm^2$，覆土厚度1cm，春播后可适当覆草保湿，提高出苗率。播种后当年因苗情弱小，一般不刈割，从第2年开始当三叶草长到$30 \sim 35 cm$时，可刈割后覆盖在树盘内，留茬不低于10cm，一年可刈割$3 \sim 4$次。由于白三叶草会逐年向外扩展，使原先保留的营养带越来越窄，每年秋季施基肥时对扩展白三叶草进行控制，将行间生草范围保持在1.5m。5年后草逐渐老化，将整个草坪翻耕后清耕休闲$1 \sim 2$年再重新种植。

在陕南猕猴桃果园，用毛苕子生草效果较好。在陕南城固地区，宜在9月中旬至10月上旬播种。一般播种量$22.5 \sim 37.5 kg/hm^2$，10d左右出苗。第2年夏收后毛苕子自然死亡，种子落入土中，地表逐渐被当地的禾本科杂草或喜旱莲子草代替。到9月，毛苕子种子又会发芽出土，形成全年不用割草的栽培管理模式（衡涛等，2019）。

②生草后的管理。生草初期，因草种的生长，会产生争肥争水的问题，因此，必须加强肥水管理。当播种或移栽的草种长到10cm左右高时，要及时清除其中的杂草，并施尿素$225 \sim 300 kg/hm^2$，有利于草种的快速生长。当草生长至$25 \sim 30 cm$高时，此时草势旺盛，其他的杂草自然会被播种或移栽的人工草种所覆盖，以后生长空间也将会被控制。生草长起来覆盖地面后，可根据草的生长情况及时刈割，一个生长季刈割$2 \sim 4$次，生长快的刈割次数多，反之则少，一般生长到30cm高时就可以刈割。割草可采用机械刈割和人工刈割，机械刈割可采用拖拉机牵引秸秆还田机"八"字形甩刀进行刈割，留茬高度$5 \sim 10 cm$，人工刈割可采用手推式或背负式割草机进行刈割，将割倒的草均匀地铺在地表，随着时间的推移，草腐烂分解被树体吸收。草的刈割不仅可以控制草的高度，而且还可以促进草的分蘖和分枝，提高果园覆盖率、增加产草量。

③果园生草注意事项。喷药时应尽量避开草，选用高效低毒低残留农药，以便保护草中的天敌。刮除的树皮、病枝叶、病虫果实，也应及时清理干净，不要遗留在草中，以免病虫害在草中繁衍越冬。另外，一般情况下果园生草5年后，草逐渐老化，要及时翻压，使土地休闲后再重新播草。

3. 免耕法 免耕法又称为最少耕作法。主要利用除草剂防除杂草，土壤不进行耕作，园内亦不间作。这种方法能够保持土壤自然结构，土壤通气系统较连贯，果树根系遭破坏少，因此幼树生长旺，节省劳力、降低成本，欧美一些果树生产较发达的国家多采用，但在我国丘陵、山地果园立地情况下，土质较瘠薄易缺水，不宜采用免耕法。

免耕法管理的土壤容量、孔隙度、有机质、酸碱度、承压强度以及根系分布等都发生显著的变化。免耕法地表易形成一层硬壳，这层硬壳在干旱气候条件下变成龟裂块，在湿润条件下长青苔，但在表层形成的硬壳并不向深层发展，故免耕法果园能维持土壤自然结构，由于作物根系伸入土壤表层加上土壤生物的活动，可逐步改善土壤结构，随土壤容量的增加，非毛细管孔隙减少，但土壤中可形成比较连续而持久的孔隙网，所以较耕作土壤，其通气性好。且土壤动物孔道不被破坏，水分渗透常有所改善，土壤保水力也好。免耕法果园不仅能保持果园表层土壤结构的坚实，便于各项操作和果园机械化，而且无杂草，有机质含量高于清耕法，但低于生草法。相比清耕法和生草法，免耕法处理后，果树幼树生长更为旺盛，表层土壤的营养物质含量较丰富。果树的表层根系发达，叶片营养水分充足，减小了土层的绝缘作用，使得吸热和放热更为迅速。这有助于减少辐射霜冻的威胁，提高果树的抗寒性。

4. 覆盖法 覆盖法是近年来逐渐受到重视的一种果园管理模式。猕猴桃园地表覆盖包括树盘覆盖、行带覆盖和全园覆盖等方式，间作园一般采用树盘覆盖和行带覆盖；封行郁闭园多采用全园覆盖，全年都可进行。猕猴桃园进行地表覆盖好处有：①能改良土壤结构，有效防止土壤水分蒸发，保持土壤湿度，尤其可以防止返碱，降低表土的 pH；②对根际环境有改善作用，能提高根系特别是浅层根的活力，增加根系密度及生长量，有利于根系生长；③减轻高温干旱的危害，对防止夏季猕猴桃叶片焦枯、日灼落果等具有重要作用。覆盖一般在早春时开始，夏季高温来临前完成。

覆盖物可就地取材，农作物秸秆、糠壳、杂草、绿肥、锯末等生物材料均可，厚度以 20～30m 为宜。覆盖前应对覆盖材料进行病虫害处理，方法是在覆盖材料上喷施 1.8% 阿维菌素乳油 4 000～6 000 倍液。覆盖的果园要有良好的排灌系统，以防止雨季果园积水造成土壤湿度过大，影响猕猴桃根系的生长发育；覆盖的生物材料经过 1～2 年大部分可以腐烂分解，冬季深翻扩穴或施有机肥时要将剩余的生物材料残体连同落叶、杂草翻入土壤，以增加土壤有机质及养分含量，既可消灭越冬害虫，又能够改良土壤、培肥地力；猕猴桃园覆盖要以深翻改土为基础，覆盖前要将树盘扩穴深翻、除去杂草、耙细整平，由于覆盖生物材料中碳氮比较大，故应在土壤中施入氮肥，以满足土壤微生物分解有机质对氮的需要，从而加速其腐烂分解，一般每公顷比常规施肥多施用尿素 150～225kg。此外，由于覆草后容易引起植株根系上返、抗旱力下降，冬天易受冻害，因此一旦覆盖最好连年进行。即使要改变这种方式，也要循序渐进，使表层根系产生适应性。

覆盖能防止水土流失，抑制杂草生长，减少土壤水分蒸发，增加有效养分和有机质的含量。幼树期在树冠下覆盖，直径 1m 以上，随树龄的增长而扩大，成龄园顺树行带状覆盖，树行每边覆盖宽约 1m。材料可用麦秸、麦糠、稻草、玉米等秸秆或锯末等，厚度 10～15cm，为防止被风吹，上面压少量土，覆草逐年腐烂后在秋季施基肥时翻入土中，以后再重新补充新草。为了防止害虫危害根系，覆盖物应距离树根颈部 25～30cm，留出空地。

对于冬季修剪下的枝蔓，目前大多数猕猴桃园会运出果园作为燃料使用，这样不利于保持土壤肥力，可仿照国外先进经验，在修剪后将剪下的枝蔓在园内粉碎后洒在树下覆盖，以增加土壤有机质、提高土壤肥力。

夏季进行树盘覆盖是防止土壤干旱的措施之一。树盘覆盖可以降温保湿，盛夏可降低地表温度 6～10℃，有利于根系生长，防止土壤水分蒸发，保湿抗旱，覆草后，10cm 土层含水量比清耕提高 11%～12%；防止杂草生长；覆盖物翻入土中，可增加土壤有机质，提高土壤肥力；减少地表径流，防止土壤冲刷和水土流失。树盘覆盖方法是利用稻草、杂草、秸秆、锯木屑、塘泥等材料，在旱季来临前中耕覆盖于树盘，厚度 20cm，近主干处留空隙。旱季过后，要及时翻入土中。

5. 折中方式　即根据生产需要和实际情况，将上述几种方式综合运用的土壤管理方式。例如，对猕猴桃树盘进行无纺布覆盖，行间进行生草。该方式需灵活掌握。

第二节　养分管理

一、猕猴桃营养特性

（一）具有多年生与多次结果的特性

猕猴桃是多年生果树作物，其经济寿命可超过 50 年，在不同生长发育阶段的营养特性不同。在幼树期，树体以营养生长为主，故此期施肥应以高氮复合肥和有机肥为主，促进树体结构和根系骨架的快速生长发育。在结果期，树体转入以生殖生长为主，结果量由少到多而后又由多变少，而营养生长逐步减弱。此期树体管理的关键是促使生殖生长和营养生长的平衡，故施肥应根据树体养分需求特性并结合果实产量，在结果初期和后期以高氮复合肥为主、结果盛期以均衡性复合肥为主，从而延长结果寿命。猕猴桃花芽生理分化在结果前一年就已完成，且树体贮藏养分对来年春季生长至关重要，故栽培中既要注意采前管理，还要加强采后管理，从而为来年丰收打下基础。

（二）对立地条件要求严格

猕猴桃建园时，应选择土层深厚、质地疏松、通气良好、酸碱性适宜的地块，且在建园前应进行园地土壤改良以改善其根系生长环境与营养条件。由于果树长期生长于同一地块，根系不断地从土壤中相同位置选择性吸收某些元素，常使土壤环境恶化，造成某些营养元素缺乏，因此需要定期进行园地深翻并重视有机物料和富含大中微量养分肥料的施用，以不断改善土壤理化性状，创造果树生长与结果的良好环境条件。猕猴桃对营养元素的需要量比其他树种要大得多，在其他树种上较多的施肥量会引起树体徒长而产量降低，但相同的施肥量对猕猴桃完全不会产生徒长。如果参照使用在其他树种上的施肥标准，对猕猴桃而言，需要量就明显不足。猕猴桃对一些特殊营养元素的要求与一般果树明显不同，尤其对有效铁的需求比较高，在桃、梨等生长结果表现正常的土壤上，猕猴桃会出现缺铁性黄化病症状，这在北方偏碱性土壤地区经常出现。同时猕猴桃植株体内氯的含量也很高，其他许多植物的含氯量如果达到猕猴桃的水平，就会产生毒害，而猕猴桃生长则表现正常。

（三）无性繁殖

生产上的猕猴桃几乎都是嫁接苗。嫁接苗接穗主要维持品种特性，而砧木则主要提高嫁接苗的适应性，因此不同砧穗组合会明显影响果树生长结果并能改变果树养分吸收。例如，在易发生缺铁性黄化的陕西关中地区，应选择耐黄化的美味系品种，如农大郁香、秦美、徐香等，避免选用敏感的中华系品种，如红阳等。

（四）梢果平衡与施肥关系密切

猕猴桃春季的生长量很大而且生长特别迅速，花芽的形态分化开始迟，春季萌芽前几天才开始，持续到开花前几天才结束，分化速度特别快。早春生长和花芽分化需要的营养主要来自上年的贮藏，因此树体的总体营养状况和上年秋季及时施基肥对第二年春季生长和花芽的发育影响很大。因此，为使果树连年获得高产，必须注意营养生长与生殖生长的平衡，也就是在保证当年达到一定产量的同时，还要维持适量的营养生长。如结果过量，枝梢生长受到削弱，叶果比下降，果实变小，品质变劣，花芽形成减少，贮藏养分降低，而导致大小年。如营养生长过旺，引起梢果养分竞争，破坏内部激素平衡，导致落果而减产，同时过量营养生长，造成树冠郁闭，冠内光线变劣，影响花芽分化和果实品质。因此，猕猴桃施肥需严格注意果树营养生长与生殖生长的动态平衡。

二、猕猴桃营养诊断

猕猴桃营养诊断是根据植株形态、生理、生化等指标并结合土壤分析判断猕猴桃植株营养元素丰缺状况的方法（技术），其出发点是确定植株产量形成与植株或某一器官、组织内营养元素含量之间的关系。营养诊断是将猕猴桃矿质营养原理运用到养分资源综合管理中的一个关键环节，是实现猕猴桃栽培科学化的一个重要标志。猕猴桃营养诊断主要包括形态诊断、叶片分析和土壤分析。

（一）形态诊断

形态诊断是根据猕猴桃的外部形态变化来判断其养分丰缺的营养诊断方法。其优点是简便、快捷、成本低，缺点是不能用于养分潜在性缺乏的诊断，易误诊，多在出现不可逆伤害时才能进行诊断。因此，形态诊断常需要和其他营养诊断方法相结合才能取得较好的效果。

1. 大量元素

（1）氮。缺氮会明显抑制猕猴桃植株的营养生长，使植株生长缓慢、矮小、果实变小等。缺氮猕猴桃叶片叶色通常由深绿色变为浅绿色，均匀黄化，植株生长势衰弱。氮移动性较强，因此缺氮症状首先出现在老叶上，逐步向新叶发展。随着症状的加重，缺氮叶片叶缘有烧焦状坏死现象，由于氮又是蛋白质的主要组分，缺氮对叶片发育也有很大影响。氮素过量会导致植株营养生长过强，果实成熟延迟、品质下降，树体抗逆性减弱等。通常叶片氮含量低于 1.5% 时，会出现缺氮症状。

（2）磷。缺磷会抑制猕猴桃植株的生长，使枝条变细，叶面积变小，叶片变窄，叶色呈暗绿色或灰绿色、赤绿色、青绿色或紫色，老叶脉间浅绿色失绿，叶色变化从叶顶向叶柄处扩展。缺磷严重时会导致猕猴桃叶脉及叶片变红，这是缺磷导致花青苷累积的结果。通常叶片磷含量低于 0.12% 时，会出现缺磷症状。

（3）钾。缺钾会导致猕猴桃植株萌芽差，叶片变小，叶色变为青白色，老叶叶尖及叶缘出现轻微枯萎变黄。随着缺钾的加重，老叶叶缘常向上卷起，在高温季节的白天更为明显，这种症状可在晚上消失而在第二天又出现，与干旱缺水症状类似。严重缺钾时，叶片边缘长时间保持向上卷曲状，支脉间的叶肉组织多向上隆起、叶片褪绿区在叶脉之间向中脉扩展，叶尖焦枯并逐步扩展到其他叶缘区域，叶片质地变脆。

2. 中量元素

（1）钙。钙是细胞壁的重要组分，缺钙会导致猕猴桃植株组织生长发育不健全，通常表现为芽先端枯死，幼叶卷曲畸形；随着症状的加重，成熟叶从叶缘开始变黄坏死，叶片质地变脆，叶片基部的叶脉坏死和变黑。此外，缺钙叶片常长出莲座状小叶片，最老叶片叶缘向下卷曲，脉间坏死组织被褪绿组织包围。缺钙严重时叶片干枯易脱落，枝梢出现死亡。钙的移动性较差，因此缺钙症状首先出现在幼嫩组织。缺钙植株坐果少且小，畸形率增加，落果现象严重。此外，生产上翠香猕猴桃的黑头病与钙素缺乏有关（刘巍等，2022）。

（2）镁。镁的移动性较强，因此缺镁症状首先表现在老叶上。镁是叶绿素的重要组分，缺镁初期表现为叶脉间呈淡黄绿色，后期逐渐发展为黄化斑点。缺镁褪绿通常自叶缘开始，并逐渐扩展到支脉脉间，进而再扩展到中脉，通常在主脉两侧和叶片基部会留下一个较宽的健康组织区。缺镁严重时，仅留叶脉保持绿色。缺镁症状在猕猴桃生长初期不明显，进入果实膨大期后逐渐加重，且坐果量多时症状更严重，果实还未成熟便出现大量黄叶。一般当叶片镁含量低于 0.1% 时，会出现典型的缺镁症状。

（3）硫。缺硫会导致植株矮小。缺硫初期表现为嫩叶叶缘浅绿色至黄色的褪绿斑，进而褪绿斑扩展至叶片的大部分，在主脉和中脉的连接处，常保留特有的楔形绿色组织区。严重缺硫时，最幼嫩叶片的脉间组织完全褪绿。缺硫和缺氮均会导致猕猴桃叶片均匀黄化，但二者又有不同，缺硫黄化叶片通常叶缘不焦枯，缺硫黄化叶片常较早出现在较幼嫩的叶片上。

3. 微量元素

（1）铁。猕猴桃植株缺铁时，首先在新梢顶端叶片表现出浅绿色、浅黄绿色、黄色，甚至白绿色，而叶脉仍保持绿色，呈现典型的脉间失绿。随着缺铁症状的加重，叶片黄化现象逐步加重且向较老叶片发展，甚至果实的果皮和果肉也发黄、发白。严重缺铁会导致猕猴桃植株叶片脱落，嫩枝死亡，植株生长停滞并死亡。

（2）锰。缺锰首先发生在新生叶片上，严重时几乎影响植株的所有叶片，褪绿首先从叶缘开始，然后在叶脉之间扩展，并向中脉推进，仅在主脉两侧留有一小片健康组织区，通常支脉之间的组织向上隆起，且受害叶片闪光犹如涂蜡。

（3）锌。锌能够影响生长素的合成，因此缺锌叶片幼嫩部位常呈现出小叶簇生现象。缺锌猕猴桃老叶叶脉变为暗绿色，鲜黄色的脉间褪绿，深绿色的叶脉与黄色褪绿部分形成明显的对比，严重缺锌时可明显影响侧根的发育。

（4）铜。缺铜症状主要表现在新叶、顶梢上。新叶失绿出现坏死斑点，叶脉发白，枝条弯曲，枝顶生长停止并枯萎，产生"顶枯病"，幼嫩枝上发生水肿状的斑点，叶片上出现黄斑。

（5）硼。缺硼植株矮小，茎、根的生长点发育停止，枯萎变褐，并发生大量侧枝，茎叶肥厚弯曲，叶呈紫色，果实畸形。严重缺乏时，常会出现花而不实。猕猴桃植株缺硼首先在嫩叶近中心处产生小而不规则的黄斑，这些斑扩展、连接而在中脉的两侧形成大面积的黄色斑，受害叶的叶脉通常保持健康的绿色组织区。同时，未成熟的幼叶加厚、畸形扭曲，通常支脉间的组织向上隆起。严重缺硼时，由于节间伸长生长受阻，茎的伸长受到抑制，使植株矮化，树干或枝条局部变粗，俗称"藤肿病"。

（6）钼。缺钼植株叶片的中脉残存呈鞭状，叶脉间黄化，叶片上产生大量黄斑，叶卷曲呈环状，因植物体矮生化而多呈各种形状。

（7）氯。缺氯时最先在老叶上接近叶顶的主、侧脉间出现片状浅绿色失绿，进而发展成青铜色的坏死。有时老叶向下翻卷而呈杯状，甚至枯萎。猕猴桃属于需氯较高的作物，当供钾过多时，新叶氯含量低于 0.2% 可能会出现缺氯症状。

（二）叶片分析

叶片分析是指通过分析猕猴桃叶片的各种养分含量，通过与标准值比较来判断猕猴桃营养丰缺的方法。叶片营养诊断是实现果树养分资源高效管理的重要手段。常见的营养诊断方法有适宜范围法、营养诊断与施肥建议综合法（Diagnosis and Recommendation Integrated System，简称 DRIS）及其衍生方法、适宜值偏差百分数法（Deviation from Optimum Percentage，简称 DOP）等。适宜范围法简单明了，在生产上应用最为广泛，但由于该方法没有考虑养分间的交互作用，故确诊率较低。DRIS 法考虑了元素之间的相互关系，能够明确各种养分的需求顺序，故确诊率较适宜范围法有所提高。目前，在猕猴桃上已建立海沃德、秦美和翠香的叶片营养诊断适宜范围（表 8-1）以及秦美、红阳和徐香的叶片 DRIS 诊断标准值。

表 8-1　不同品种猕猴桃叶片营养诊断的适宜范围（适于每年 7—8 月）

营养元素	海沃德	秦美	翠香
N（%）	2.2～2.8	2.27～2.77	2.1～2.6
P（%）	0.18～0.22	0.16～0.20	0.14～0.21
K（%）	1.8～2.5	1.20～1.86	1.0～1.8
Ca（%）	3.0～3.5	3.29～4.43	3.2～4.2
Mg（%）	0.3～0.4	0.40～1.13	0.4～0.8
S（%）	0.25～0.45	—	—
Cl（%）	1.0～3.0	0.6～1.0	0.6～1.0
Fe（mg/kg）	80～200	90.1～267.9	140～220
Mn（mg/kg）	50～100	44.5～173.1	100～500
Cu（mg/kg）	10～15	7.0～21.8	5～9
Zn（mg/kg）	13～30	23.6～44.2	23～50
B（mg/kg）	40～50	38.5～79.9	60～78

注：海沃德、秦美和徐香的叶片营养诊断标准分别参考 Smith 等（1987）、张林森等（2001）和徐光焕等（2021）的研究结果。

不同猕猴桃品种叶片的养分含量存在一定差异。彭婷等（2020）对 8 个猕猴桃品种的叶片养分含量比较表明，海沃德叶片氮、磷含量较高，钙、镁含量较低；米良 1 号叶片氮、钙含量较高；翠香叶片钙含量较高，氮、磷、钾含量较低；农大金猕和金魁叶片氮、钾含量均较低。

年生长周期对猕猴桃叶片养分有一定影响。例如，猕猴桃叶片氮、磷、钾含量从着果期至果实快速膨大期不断下降；在果实缓慢生长期和果实充实成熟期，氮含量持续下降，钾含量维持稳定，磷含量则有所回升。叶片钙、镁、铁、锰、锌、硼含量随着生长期的推进整体呈升高趋势，但不同元素初期升高和后期稳定的时间点略有差别。因此，应根据猕猴桃品种和年内生长周期建立相应的叶片营养诊断标准。

（三）土壤分析

土壤分析诊断法是指通过对土壤的理化性质、营养元素组成和含量等进行的定性、定量测定而提出施肥建议的诊断方法。它是植株组织分析的必要补充，其预见性要早于形态诊断和组织分析。土壤分析一般可分为土壤化学分析和土壤物理分析。营养诊断主要是指土壤化学分析。其中，土壤化学分析中的土壤养分全量、有效养分含量、有机质、酸碱度、阳离子交换量和交换性盐基组成等是必须进行测定的项目，故对这些指标的分析也称为土壤常规分析。

与新西兰等猕猴桃栽培技术体系较为完善的国家相比，我国猕猴桃土壤肥力分析的研究起步较晚。黎青慧和田宵鸿（2006）与李百云等（2008）分别对陕西省7个和42个猕猴桃果园土壤肥力进行了测试分析。之后，四川（艾应伟等，2009）、湖北（徐爱春等，2011）、江西（刘科鹏等，2012）、贵州（张承等，2013）、广东（杨妙贤等，2014）等地也陆续开展了猕猴桃果园土壤肥力相关研究工作（表8-2，表8-3）。从地点来看，果园土壤肥力状况调查工作以陕西省最为全面，其次为四川省和贵州省，其余省市相关研究较为零散；就指标而言，关于果园土壤pH、有机质和大量养分的研究较为充分，涉及中微量养分的研究偏少（表8-2，表8-3）。土壤大中微量养分含量在不同地区之间差异很大，可根据相应的适宜范围标准进行诊断（表8-2，表8-3）。

表8-2 我国猕猴桃主产区果园土壤的pH、有机质和大量养分含量及其适宜范围

地点		pH	有机质（%）	有效氮（mg/kg）	有效磷（mg/kg）	速效钾（mg/kg）
陕西	眉县	7.96	1.68	32.71	44.91	275.53
	周至	7.36	1.60	52.44	62.63	248.45
	武功	8.11	1.63	47.23	44.82	217.11
	岐山	6.85	1.53	28.42	23.09	185.42
	杨凌	7.95	1.57	30.01	56.00	313.74
	渭南	8.13	1.07	30.81	21.46	200.15
关中地区平均值		7.73	1.51	36.94	42.15	240.07
	汉中	6.69	1.05	20.54	40.99	108.69
	安康	6.22	1.71	12.00	42.23	116.77
陕南地区平均值		6.45	1.38	16.27	41.61	112.73
整体平均值		7.41	1.48	31.77	42.01	208.23

（续）

地点		pH	有机质（%）	有效氮（mg/kg）	有效磷（mg/kg）	速效钾（mg/kg）
四川	都江堰	5.63	3.40	202.84	84.30	177.80
	蒲江	4.66	3.23	175.30	61.70	145.00
	邛崃	5.21	1.77	113.80	44.20	133.60
	整体平均值	5.17	2.80	163.98	63.40	152.13
重庆		6.21	2.64	141.83	136.80	403.06
贵州	修文	5.95	4.65	149.19	20.01	148.82
	水城	5.97	3.41	153.33	13.00	169.26
	贵阳	6.89	4.06	141.29	25.10	451.45
	湄潭	4.87	1.44	86.95	32.65	114.67
	瓮安	5.14	2.06	97.82	13.02	166.32
	整体平均值	5.76	3.12	125.72	20.76	210.10
河南	西峡县	—	1.27	79.42	27.46	140.70
湖南	凤凰县	5.60	2.15	118.00	11.40	85.50
江西	奉新县	6.11	1.60	89.74	29.11	157.05
广东	和平县	5.89	2.35	112.98	98.56	129.67
湖北	宜昌夷陵区	6.64	2.81	25.35	88.85	133.20
浙江	杭州富阳区	6.23	3.18	—	38.22	133.00
适宜范围	关中地区	6.0~7.5	1.5~4.0	21.4~40.0	30~60	235~470
	陕南地区	5.8~6.5	1.5~4.0	21.4~40.0	30~60	150~300
	江西	5.5~6.5	1.5~4.0	75~140	30~60	150~300
	湖南凤凰县	—	—	60~160	10.5~35.5	60~155
	综合标准	5.5~6.5	2.0~4.0	90~150	10~40	100~200

注：①陕西省的有效氮是指矿质氮，即土壤硝态氮和铵态氮之和；其余省市的有效氮是指碱解氮。②—表示数据缺失。③适宜范围中的综合标准可用于我国南方尚未建立土壤适宜范围的猕猴桃产区。④上述数据除了源于本课题组前期的积累外，主要参考以下文献：李百云等，2008；艾应伟等，2009；来源，2011；徐爱春等，2011；郁俊谊等，2011；张承等，2013；黄伟等，2013；黄春辉等，2014；康婷婷，2014；潘俊峰等，2014；杨妙贤等，2014；吴迪等，2014；万有强等，2015；黄金凤等，2016；范拴喜，2017；薛亮，2017；顾万帆等，2018；王亚国等，2019；冉烈，李会合，2019；严明书等，2019；王科等，2020。

表 8-3　我国猕猴桃主产区果园土壤的中、微量养分含量及其适宜范围

地点		钙（g/kg）	镁（mg/kg）	铁（mg/kg）	锰（mg/kg）	铜（mg/kg）	锌（mg/kg）	硼（mg/kg）	氯（mg/kg）
陕西	眉县	6.16	225.70	5.03	3.88	0.85	0.88	0.63	11.38
	周至	4.66	257.43	13.77	8.95	1.46	0.96	0.81	23.68
	武功	6.70	340.83	1.28	1.80	0.58	0.28	0.84	14.19
	岐山	5.34	196.41	20.02	6.06	1.05	0.32	0.68	7.40
	杨凌	6.74	292.91	4.81	7.76	1.23	1.13	1.17	6.71

（续）

地点		钙（g/kg）	镁（mg/kg）	铁（mg/kg）	锰（mg/kg）	铜（mg/kg）	锌（mg/kg）	硼（mg/kg）	氯（mg/kg）
	渭南	—	—	5.45	6.65	1.58	1.19	—	—
关中地区平均值		5.92	262.66	8.39	5.85	1.12	0.79	0.83	12.67
	汉中	2.25	320.33	29.94	21.02	1.46	0.80	0.76	41.41
	安康	1.70	364.58	26.04	13.97	1.67	1.32	0.56	16.21
陕南地区平均值		1.98	342.45	27.99	17.50	1.57	1.06	0.66	28.81
整体平均值		4.79	285.46	13.29	8.76	1.23	0.86	0.78	17.28
四川		—	—	111.86	24.55	2.13	0.95	0.17	—
重庆		2.93	208.25	341.14	17.21	1.67	2.07	0.75	2.93
贵州	水城	—	—	40.65	42.73	3.28	2.57	—	—
江西	奉新县	0.70	138.26	—	9.94	—	9.45	0.73	15.02
湖北	宜昌夷陵区	0.26	187.58	2.39	27.75	2.24	18.23	0.56	—
适宜范围	关中地区	2.8～5.6	120～360	4.5～10.0	7～12	0.5～1.0	1～2	0.5～1.0	10～30
	陕南地区	1.2～3.6	120～360	7～10	10～20	0.5～1.0	1～2	0.5～1.0	10～30
	江西	1.2～3.6	120～360	—	10～20	—	10～20	0.5～0.8	10～30
	综合标准	0.8～3.6	120～360	4.5～20	5～30	0.2～1.8	0.5～3.0	0.5～1.0	10～30

注：①钙，交换性钙；镁，交换性镁；铁，DTPA浸提铁；锰，DTPA浸提锰；铜，DTPA浸提铜；锌，DTPA浸提锌；硼，热水溶性硼；氯，水溶性氯。②—表示数据缺失。③表8-3数据来源同表8-2。

三、猕猴桃生理性病害及其防治

生理性病害（非侵染性病害）主要指猕猴桃种植和贮运过程中遭遇不适宜的各种非生物因素，直接或间接引起的一类病害，不互相传染。猕猴桃的生理性病害最主要的原因是营养缺乏导致。

（一）缺氮

1. 症状　猕猴桃在缺氮情况下叶色从深绿变为浅绿，严重缺氮的叶片均匀黄化，叶脉仍保持明显绿色，但生长势衰弱。缺素症状首先在老叶上出现，逐步向新叶扩展，最后至整个植株。老叶在缺氮的情况下叶片边缘呈烧焦状。叶尖呈黄褐色焦枯状，随后沿边缘向叶柄扩展。坏死的组织微向上卷曲，植株生长缓慢，矮小，叶绿素减少，果实变小。在生长季节，猕猴桃植株新梢基部的叶片若呈浅绿色表明植株明显缺氮，树体轻度缺氮叶色变化不明显（彩图8-1）。

2. 发生原因　缺氮主要是因为土壤中氮元素缺乏，当植物体内的氮元素占干物质含量的比例在1.5%以下时，表现缺氮症状。氮是植物体内叶绿素、维生素、核酸、酶和辅酶系统、激素、生物碱以及许多重要代谢有机物（如蛋白质）的组成成分，是植物生命的物质基础。缺氮后叶绿素含量下降，叶片变黄，光合作用强度减弱。另外，氮素也存在于许多酶中，以及一些维生素、生物碱和细胞色素之中。氮素也是细胞分裂素的组分之一，细胞分裂素可以延缓和防止植物器官衰老，缺氮可以使猕猴桃叶片早衰，提前落叶。供氮状况直接关系作物体内各种物质的合成和转化。植物的根系直接从土壤中吸收的氮素以硝态氮（NO_3^-）和铵态氮（NH_4^+）为主。氮对猕猴桃植株生长的作用，除取决于植物体内的氮素水平外，也受到环境因子和植物体内部因子所影响，由于氮可以从老叶中转移到幼叶，因此缺氮症状首先出现在老叶上。

缺氮的主要原因：①土壤含氮量本身就低，沙质土壤易发生氮素流失、挥发和渗漏，因而含氮量低；②有机质少、风化程度低、淋溶强烈的土壤易缺氮，如新垦的红黄壤；③多雨季节，土壤通透性差导致根系吸收不良，引起缺氮；④树体贮藏营养水平不足，易在萌芽后至开花前发生缺氮；⑤大量施用未腐熟的有机肥料，造成有害微生物增多，也易引起缺氮。

3. 防治措施　建园改土时要施足基肥，这是一个非常重要的防止缺氮的措施。以后每年秋施基肥的时候，可以补充一些氮肥，为翌年发芽准备树体营养。在展叶期喷0.1%～0.3%的尿素溶液2～3次。注意氮、磷、钾的配合施用，不要偏施某一种肥料，以免造成过量或不足。

（二）缺磷

1. 症状　磷元素主要分布在生长点等生命活力最旺盛的器官中，幼叶多于老叶。磷素缺乏时，猕猴桃叶片会变小，一般不易出现斑点（彩图8-2）。轻度缺磷叶片色泽变化不大，严重时会在老叶出现叶脉间失绿，叶片呈紫红色，背面的主脉和侧脉红色，向基部逐步变深。红肉猕猴桃缺磷时，叶片正面皱缩、凹凸不平并呈现深绿色。目前，很多猕猴桃产区施磷超量，引起很多不良反应，如磷元素可以抑制氮元素和钾元素的吸收，引起生长不良，过多施用使土壤中或植物体内铁钝化，还会引起锌元素的缺乏。

2. 发生原因　磷对植物生长的重要作用不亚于氮，主要功能包括：①是植物体内重要化合物的组分，磷通过磷酸酯搭桥把各种物质结构连接起来形成一系列重要的有机化合物，磷是核酸和核蛋白的重要组分，核蛋白又是细胞核和原生质的主要成分。它们是保持细胞结构稳定，进行正常分裂，能量代谢和遗传所需的物质。磷脂是构成生物膜的重要物质，生物膜有多种选择性功能。三磷酸腺苷（ATP）是高能含磷化合物，能量的转运者。植素是植物体内磷的一种贮藏形式，对淀粉的合成具有重要的调节作用。②积极参与体内的代谢。猕猴桃的光合作用和呼吸作用都必须有磷的参加，光合产物的运输也离不开磷。磷元素对氮元素的代谢具有明显的调节作用，与脂肪代谢也相关。③磷元素具有提高植株抗逆和适应外界环境条件的能力，能提高植物细胞中原生质胶体的持水能力，减少细胞失水，提高猕猴桃的抗旱性。

植物缺磷大多数是由于磷在土壤中被固化，磷与铁元素、铝元素等生成了难溶性的化合物。碱性土壤磷元素又与土壤中的钙结合；干旱缺水也会严重影响磷元素向根系扩散。另外，很多猕猴桃园区套种了十字花科的植物，十字花科植物对于磷元素的消耗量较大。另外，猕猴桃根系只能吸收到距离较近的可溶性磷元素，根系发育不好，影响磷的吸收。

3. 防治措施　建园改土时，每公顷加入4 500kg过磷酸钙和有机肥，一起混入土中可提高土壤含磷量。猕猴桃生长季节可少量多次土施磷酸二氢钾及磷酸氢铵等速效肥料，也可叶面喷施0.1%～0.3%磷酸二氢钾溶液。秋季施用基肥时施用过磷酸钙、钙镁磷肥等。

（三）缺钾

1. 症状 缺钾的第一个症状就是阻断芽的生长。缺钾植株叶片会变小、颜色变为青白色，老叶边缘会轻微枯萎变黄。某些品种缺钾还会出现枝条细长、节间变长的现象（彩图8-3）。当缺钾症状进一步发展，老叶边缘向里向上卷起，尤其1d当中温度较高时更为明显，此症状与缺水症状相似。如果没有及时补充钾肥，老叶的边缘将会永久性地卷起，并且小叶脉之间的组织会向上隆起，同时最初在叶片边缘产生的轻微的萎黄症状在叶脉之间延伸直至中脉，只剩下靠近主叶脉组织和叶片的基部为绿色。缺钾素症状后期，叶片大部分变为焦枯状，并逐步破碎。严重的缺钾会引起植株过早落叶，严重影响产量。

2. 发生原因 钾元素在猕猴桃体内移动性较强。钾元素被称为"抗逆元素"，能够提高植物的抗旱、抗寒、抗病、抗盐的能力。钾元素也被称为"品质元素"，可以改善猕猴桃品质，延长果实贮藏期，提升果实风味。钾元素具有促进叶绿素合成，参与光合作用，可促进蛋白质合成，增强抗逆性，调节叶片气孔运动的作用。

缺钾会使猕猴桃叶片出现焦枯、褐色斑点和坏死组织，其原因是在缺钾的条件下体内蛋白质合成受阻，同时出现大量异常的含氮化合物，这些含氮化合物对植物有毒害作用，以老叶中积累较多。

出现缺钾症状的叶片含钾量一般只有健康叶片的一半以下，当成熟叶片内的钾元素占干物质含量少于2.8%时就会出现缺钾症状。缺钾的主要原因有：①修剪、采果带走的钾元素较多，因此成龄树损失的钾元素比幼树多；②红黄壤土、冲积物发育的泥沙土及丘陵山地新垦红壤等土壤含钾量较低，土壤钾元素流失也较严重，有效钾不足；③大量偏施氮肥，而有机肥和钾肥使用量少；④土壤中施入过量的钙、镁元素，会引发元素间的拮抗而导致缺钾；⑤土壤排水不良，土壤还原性强，根系活力降低，影响钾元素的吸收；⑥果园中杂草和苜蓿对钾元素的竞争；⑦果园漫灌方式易造成钾流失。

3. 防治措施 施用钾肥可以有效改善缺钾症状，常施用的钾肥有硫酸钾、氯化钾等。猕猴桃特别是四川猕猴桃产区主栽的红肉猕猴桃，对氯元素的需求量较大，当钾肥供应不足时，对氯的需求量更大，因此，施用氯化钾肥料比硫酸钾肥料效果更好。猕猴桃生长期3个月内，施用4次氯化钾，每次用量90～105kg/hm²，果实产量明显增加，一般不会产生氯离子中毒的现象和抑制猕猴桃生长。每次施用钾肥不能过量，如若钾离子浓度大，就会影响根系对镁、钙离子的吸收。另外，需要注意的是适量坐果，合理负载。在生长季节如果出现较为严重的缺钾，可以配合叶面喷施0.2%～0.3%的磷酸二氢钾溶液。进行生草覆盖的园区要加大施钾量。

（四）缺铁

1. 症状 首先发生在刚抽出的嫩梢叶片上，叶片呈鲜黄色，叶脉两侧呈绿色脉带，受害轻时褪绿出现在叶缘，在叶基部近叶柄处有大片绿色组织（彩图8-4）。严重时，叶片变成淡黄色甚至白色，而老叶保持正常绿色，最后叶片发生不规则的褐色坏死斑，受害新梢生长量很小，花穗变成浅黄色，坐果率降低。缺铁的红肉猕猴桃果实小而硬，果皮粗糙，果皮变为乳白色或淡红色，果肉全部呈淡红色。

2. 发生原因 铁在植物体内的作用是促进多种酶的活性，铁不足时，将妨碍叶绿素的生成，因而形成缺铁性的褪绿。猕猴桃体内的铁元素是细胞色素氧化酶、过氧化氢酶、过氧化物酶的重要组成部分,铁虽然不是叶绿素的成分,但却是合成叶绿素所必需的。铁与有机化合物结合后,能提高其氧化还原能力,调节体内氧化还原状况。因为铁在植物体内不能从组织的一部分运输到植物另一部分,所以缺铁的黄化首先发生在新生长的和刚展开的叶片上。不良的土壤环境条件会限制根对铁元素的吸收,而不一定是土壤中含铁量的缺少。如春天低温时间过长,地温回升缓慢,暖春温度、湿度适宜,有利于植株的迅猛生长,影响根对铁的吸收;土壤中的石灰(钙质)或锰过多,铁会转化成不溶性的化合物,植株不能吸收铁来进行正常的代谢作用;猕猴桃是浅根系,呼吸作用和蒸腾作用都比较旺盛,对水分过多或过少的反应特别敏感,土壤渍水引起根系吸收困难,铁元素吸收减少;果园土壤管理粗放也很容易造成缺铁。由此可见,缺铁症的病因是很复杂的。

3. 防治措施

(1)很多缺铁黄化是由于土壤 pH 过高引起的,因此通过施用能增强土壤酸性的化合物来矫正,将土壤中的 Fe^{3+} 转化为 Fe^{2+}。主要使用的是硫黄粉、硫酸铝和硫酸铵。

(2)冬季修剪后,用 25%硫酸亚铁+25%柠檬酸混合液涂抹枝蔓。

(3)直接向土壤中施入硫酸亚铁,或叶面喷 0.1%～0.3%硫酸亚铁+0.05%柠檬酸+0.1%尿素溶液,也可叶面喷 98%的螯合铁 2 000 倍液,每隔 7～10d 喷一次,连续喷 3～4次。当酸性土壤缺铁时,在施基肥时结合施入螯合铁、黄腐酸二铵铁等有机铁。

(4)在堆制腐熟有机肥的时候,每 200kg 有机肥中加硫酸亚铁 5～10kg,与有机肥充分腐熟,溶解在有机肥中一并施入。硫酸亚铁与有机肥混施效果很好。

(5)可以使用含硫酸亚铁的商品制剂(或者 0.75%的硫酸亚铁溶液),在距离地面高10cm 处的主干上打孔,将商品药片或者溶液 1～2g 放入孔内,然后封口用嫁接膜缠绑。此方法见效较快,5～7d 叶片开始转绿。

(五)缺镁

1. 症状 缺镁一般先从植株基部老叶发生,初期叶脉间褪绿,后叶脉间发展成黄化斑点,失绿呈斑点状是缺镁的一个重要特征,严重缺镁时,脉间组织干枯死亡,呈紫红色的花斑叶。叶片黄化多由叶片内部向叶缘开始扩展,进而叶肉组织坏死,仅留叶脉保持绿色,界线明显(彩图 8-5)。猕猴桃生长初期缺镁症状不明显,进入果实膨大期后逐渐加重,坐果量多的植株缺镁症状发生较重,果实还未成熟便出现大量黄叶,但是缺镁引起的黄叶一般不早落。

2. 发生原因 镁是叶绿素的重要组成成分,叶片中镁含量低于 0.1%时,就会出现缺镁症状。镁对植物代谢和生长发育具有很重要的作用,如叶绿素合成、光合作用、蛋白质合成、酶的活化等均需要镁,因此缺镁时通常表现为叶片失绿,主要原因是土壤有机质含量低,可供利用的可溶性镁不足。此外,在酸性土壤上,镁元素较易流失。施钾过多也会影响镁的吸收,造成缺镁。

3. 防治措施 ①增施优质有机肥,选择含镁量较高的复混肥作为底肥。②在猕猴桃出现缺镁症状时,叶面喷施 0.5%～1%硫酸镁溶液,隔 20～30d 喷 1 次,共喷 3～4 次,可减轻病症;灌施用量 750～2 250kg/hm²。③缺镁严重的土壤,可考虑与有机肥混施硫酸镁,用量 30～45kg/hm²。以钙镁磷肥、白云石及蛇纹石等微溶性镁肥作底肥较好。

（六）缺锌

1. 症状　缺锌容易产生斑点病，缺锌症状最先出现在老组织中，猕猴桃缺锌的症状为老叶叶脉变为暗绿色，暗绿色的叶脉和鲜黄色的叶面对比很明显，缺锌的猕猴桃叶片会在主脉两侧出现小的斑点；缺锌严重后就会在生长旺盛的幼嫩部分出现营养缺乏的症状，叶片变小且簇生，新梢节间缩短，腋芽萌生（彩图 8-6）。严重缺锌时可明显影响猕猴桃侧根的发育，叶片的缺锌通常到生长中期才出现。

2. 发生原因　沙地、偏碱地以及贫瘠山地的猕猴桃果园，容易出现缺锌现象，土壤中磷元素也会对锌元素的吸收造成影响，磷元素过多或者使用过早都会影响猕猴桃对锌元素的吸收。进行叶片营养分析时，锌的含量通常为 15～28mg/kg，当充分展开的最幼嫩的叶片中锌的含量到 1.2mg/kg 以下时，就会出现缺锌症状。

3. 防治措施　①当轻微出现缺锌症状时，可根外喷施 0.3% 硫酸锌或氯化锌溶液，若加入 0.5% 的尿素，效果会更好。②多施有机肥，将锌肥混入有机肥中，按照每株成年树 100g 左右的量施用硫酸锌，这种施入方式见效较慢，但是持效期较久，可以持续 2～3 年。③叶面喷施 0.1%～0.2% 硫酸锌溶液，连续喷 2～3 次，每次间隔 7～10d。

（七）缺钙

1. 症状　猕猴桃植株缺钙，多表现在成熟的叶片上，严重的缺钙症状最先出现在老叶上，随后波及嫩叶（彩图 8-7），在叶基部的叶脉出现坏死并变黑，坏死的部分会扩散到健康的叶脉上，坏死区域扩大，坏死组织相互结合。当叶面上坏死的组织干枯后，叶片变脆，出现落叶。缺钙也会影响猕猴桃的根部，在严重缺钙的植株中，根的结构很难形成，根的顶点坏死。缺钙植株坐果少且小，畸形率增加，落果现象严重。

2. 发生原因　土壤中钙含量不足 2.3%，结果枝上成熟叶片全钙含量低于干物质的 2.4% 为缺钙，3%～3.5% 为适量，高于 4.5% 为过剩，低于 0.2% 就会出现较为严重的缺钙症状。缺钙的原因主要有：①土壤中的钾肥过多，钾离子浓度大，影响根系对钙的吸收；②多雨季节，酸性土壤中钙元素很容易淋溶流失掉；③偏施氮肥，特别是酸性肥料较多时，造成土壤酸化严重，导致钙元素的流失；④土壤有机肥的使用量较少，土壤的保肥能力较差，在沙壤土中，钙元素流失严重；⑤猕猴桃根部水分不足，导致土壤盐浓度增加，影响根系对钙元素的吸收。

3. 防治措施　目前，猕猴桃园中的缺钙现象不是很严重，每年果实带走的钙元素也较少，果园每年撒施石灰或含钙量较高的肥料可以防止缺钙现象的发生，在酸性土壤中多施钙镁磷肥效果好。在严重缺乏钙元素的果园，可以于谢花后 20～60d，也就是果实的膨大期，叶面喷施含钙微肥，每隔 10d 喷施一次，连续喷施 2～4 次。

（八）缺硼

1. 症状　缺硼在新叶上的典型表现是出现小的不规则黄色组织，在叶脉两边这些斑点逐渐扩大和相互结合形成一个大的黄色区域。叶片的叶缘处仍保持绿色，同时没有成熟的叶片也会增厚、变畸形和扭曲（彩图 8-8）。当缺硼严重时，茎节间的生长易受到限制，使得植株长得矮小。缺硼可引起枝蔓粗肿病，在主蔓或侧蔓上出现上段和下段较细、中间较粗的症状，树干皮孔突出，树皮变粗或开裂。严重缺硼会影响花的发育，影响授粉受精，果实变小，种子变少，树干干裂变成褐色，甚至出现整株死亡。

2. 发生原因　成熟叶片中所有形式硼的含量低于 40mg/kg（干物质重）时易表现缺硼症状。液体培养试验和叶片化学分析表明，嫩叶中硼含量低于 20mg/kg（干物质重）就会出现缺硼症状。缺硼经常出现在有机物含量较少的沙质土壤中。土壤过于干旱的园区也容易出现缺硼症状。

3. 防治措施　有效硼缺乏时，可增施有机肥，活化土壤，提高土壤肥力，土壤干旱时应及时浇水。堆制腐熟粪肥时，可以每吨粪肥加入硼酸 1～2kg 混匀，也可采果后结合施用有机肥加入适量硼肥。田间出现轻微缺硼现象时，可以叶面喷施 0.1% 的硼砂溶液缓解缺硼现象。猕猴桃对过量的硼非常敏感，要注意用量。

四、施肥技术

（一）需肥规律

表 8-4 总结了幼龄园猕猴桃的养分需求规律。从表 8-4 可见，一年生猕猴桃正常生长发育每公顷需氮（N）10.95kg、五氧化二磷（P_2O_5）2.25kg、氧化钾（K_2O）7.20kg，其比例为 1.00：0.21：0.66。然而，随着猕猴桃幼龄树的生长发育，植株对氮的需求从 10.95kg/hm² 增至 141.00kg/hm²，对钾、磷的需求量和比例也相应逐步增加，尤其是在第 4 年开始初坐果后对氮、磷、钾的需求比例已增加为 1.00：0.36：1.36，这可能与猕猴桃果实钾含量较高而采果导致大量钾素被带走有关。

表 8-4　幼龄园猕猴桃的养分需求量（kg/hm²）与比例

树龄	N	P_2O_5	K_2O
1 年	10.95 (1.00)	2.25 (0.21)	7.20 (0.66)
2 年	45.00 (1.00)	11.40 (0.25)	48.30 (1.07)
3 年	115.95 (1.00)	32.10 (0.28)	127.95 (1.10)
4 年	102.00 (1.00)	36.60 (0.36)	138.90 (1.36)
5 年	141.00 (1.00)	43.50 (0.31)	204.15 (1.45)

注：①表中数据计算自 Smith 等（1987）。②括号内数据为以氮需求量为 1 的 P_2O_5 和 K_2O 需求量比例。

当前，关于猕猴桃养分需求规律的系统研究主要报道自新西兰、日本等国（郁俊谊，2017），我国关于这方面的报道主要源于西北农林科技大学（王建，2008）。表 8-5 归纳了成龄园猕猴桃的养分需求规律。由表 8-5 可知，不同地区猕猴桃成龄园的养分需求量和比例差异极大，其 N：P_2O_5：K_2O 需求比例平均值为 1.00：0.41：1.30；而陕西关中猕猴桃主产区的 N：P_2O_5：K_2O 需求比例为 1.00：0.39：0.94。

王建（2008）在陕西省周至县对十年生秦美猕猴桃树的研究表明：成龄猕猴桃树一年内可积累生物量干重 20.25t/hm²；每生产 1t 猕猴桃需要吸收 N、P_2O_5 和 K_2O 分别为 5.4kg、2.1kg 和 5.0kg；果实膨大期间，猕猴桃植株吸收的氮、磷、钾分别占全年总吸收量的 53.13%、55.40%、52.76%，膨大末期至采收期间，植株吸收的氮、磷、钾分别占全年总吸收量的 31.30%、15.05%、21.52%，采收至第二年坐果前，吸收的氮、磷、钾分别占全年总吸收量的 15.57%、29.55%、25.72%。此外，果实的氮、磷、钾吸收量分别占整个植株相应吸收量的 52.02%、48.23% 和 61.77%（王建，2008）。因此，应依据猕猴桃养分需求总量和年内需求比例进行猕猴桃专用配方肥的设计与研制。

表 8-5　成龄园猕猴桃的养分需求量（kg/hm²）与比例

N	P₂O₅	K₂O	资料来源
135.00（1.00）	37.50（0.28）	198.00（1.47）	彭永宏，章文才，1992
220.50（1.00）	63.00（0.29）	343.50（1.56）	朱道迁，1999
159.00（1.00）	114.00（0.72）	210.00（1.32）	郁俊谊，2017
217.50（1.00）	84.00（0.39）	202.50（0.94）	王建，2008

注：括号内数据为以氮需求量为 1 的 P_2O_5 和 K_2O 需求量比例。

（二）常规施肥方法

1. 基肥　基肥也称为采后肥，其施用量一般应占到全年总施肥量的 60% 以上，包括全部有机肥及每种化肥施用量的 60%。新建园施基肥时，从定植穴的外缘向外开挖宽、深各 50～60cm 的环状沟（以不损伤根系为标准），将表层的熟土与下层的生土分开堆放，将农家肥、化肥与熟土混合均匀后填入，再填入生土；下年从上年深翻施肥的边缘向外扩展开挖相同宽度和深度的沟施肥，直至全园深翻改土一遍。全园深翻改土结束后，每年施基肥时将农家肥和化肥全部撒在土壤表面，全园浅翻一遍，或用旋耕机旋耕一遍，深度 10～15cm，靠近树行一侧可略浅，距树较远处可略深，以不伤根为度，将肥料翻埋入土中。当然，也可以根据树体生长情况以沟施或穴施的方式进行深施。

2. 追肥

（1）土施追肥。追肥的次数和时期因气候、树龄、树势、结果量及土质等而异。一般高温多雨或沙质土，肥料易流失，追肥宜少量多次，相反追肥次数可适当减少。幼树追肥次数宜少，随着树龄增长，结果量增多，长势减缓，追肥次数可适当增多。追肥一般分三次进行。

①萌芽肥。以氮肥为主，主要补充早春生长和开花坐果对氮素的需要，对弱树和结果多的大树应加大追肥量，施肥量约占全年化学氮肥施用量的 20%。

②果实膨大肥。也称壮果促梢肥，从坐果后到花后 60d，是猕猴桃果实生长最迅速的阶段，果个可达到最终大小的 80%。随着果实迅速膨大、新梢的旺盛生长，花芽生理分化同时进行，营养需要量很大。追肥种类以氮、磷、钾配合施用为好，可提高光合效率，增加养分积累，促进果实肥大和花芽分化。追肥时间因品种而异，在疏果结束后进行，施肥量分别占全年化学氮肥、磷肥、钾肥施用量的 20%。

③优果肥。本次追肥有利于营养运输、积累，促进果实营养品质的提高，在果实成熟前 7～8 周施。施肥量分别占全年化学磷肥、钾肥施用量的 20%。

上述 3 个追肥时期，生产上可根据果园的实际情况酌情调整，但果实膨大肥和优果肥对提高产量和果实品质尤为重要，一般均要施用。

（2）叶面追肥。叶面追肥又叫根外追肥，一般在喷施后 15min 至 2h 便可被叶片吸收，但吸收强度和速率与叶龄、肥料成分及溶液浓度等有关。幼叶生理机能旺盛，气孔所占比重较大，吸收速度和效率较老叶高。叶背面气孔多，表皮层下具有较多疏松的海绵组织，细胞间隙大而多，利于渗透吸收，吸收的效率较高。喷后 10～15d 叶片对肥料元素的反应最明显，以后逐渐减弱，到 25～30d 时基本消失。

根外追肥时的最适空气温度为 18～25℃，无风或微风，湿度较大些为好。高温时喷布后水分蒸发迅速，肥料溶液很快浓缩，既影响吸收又容易发生药害，因此夏季喷布的时间最好在下午 4 时以后，天气较凉爽或多云时进行，春、秋季也应在气温不高的上午 10 时之前或下午 3 时以后进行。常见肥料的叶片追肥浓度、时期和施用次数见表 8-6。

表 8-6　猕猴桃叶片追肥的种类及施用浓度

肥料名称	补充元素	施用浓度（%）	施用时期	施用次数
尿素	氮	0.3～0.5	花后至采收后	2～4
磷酸铵	氮、磷	0.2～0.3	花后至采收前 1 个月	1～2
磷酸二氢钾	磷、钾	0.2～0.6	花后至采收前 1 个月	2～4
过磷酸钙浸出液	磷	1.0～3.0	花后至采收前 1 个月	3～4
硫酸钾	钾	1.0	花后至采收前 1 个月	3～4
硝酸钾	钾、氮	0.5～1.0	花后至采收前 1 个月	2～4
硫酸镁	镁	0.2～0.3	花后至采收前 1 个月	3～4
硝酸镁	镁、氮	0.5～0.7	花后至采收前 1 个月	2～3
硫酸亚铁	铁	0.5	花后至采收前 1 个月	2～3
螯合铁	铁	0.05～0.1	花后至采收前 1 个月	2～3
硼砂	硼	0.2～0.3	开花前期	1
硫酸锰	锰	0.2～0.3	花后	1
硫酸铜	铜	0.05	花后至 6 月底	1
硫酸锌	锌	0.05～0.1	展叶期	1
硝酸钙	钙、氮	0.3～1.0	花后 3～5 周，采收前 1 个月	1～5
氯化钙	钙、氮	0.3～0.5	花后 3～5 周，采收前 1 个月	1～5
钼酸铵	钼、氮	0.2～0.3	花后	1～3

（三）施肥效应

关于猕猴桃施肥效应的研究主要集中在以下几个方面：施肥配比、减氮高效施肥、化肥与有机肥配施、其他高效施肥技术。

1. 施肥配比　杨莉莉（2016）在陕西关中地区的研究表明，与传统施肥相比，高钾配方肥（3 000kg/hm²，N：P_2O_5：K_2O＝1：0.7：1.1）能显著提高猕猴桃果实可溶性固形物和维生素 C 的含量；在眉县、周至和杨凌 3 点试验表明，在施用 5 250kg/hm² 碳基营养肥的基础上，施用配方肥（2 700～3 900kg/hm²，N：P_2O_5：K_2O＝1：0.4：0.9）不仅较对照增产 10%～56%，而且提高了果实可溶性固形物含量、维生素 C 含量和糖酸比，其中钾肥以硫基、氯基配合施用较好。陈永安等（2014）研究表明，施用配方肥（优质农家肥 75t/hm²、N 4 500kg/hm²、P_2O_5 3 150～3 600kg/hm²、K_2O 3 600～4 050kg/hm²，并根据需要适量加入钙、镁、铁等中微量元素）可显著提高海沃德和红阳猕猴桃叶片的矿质养分含量，提升果实产量和品质。田全明等（2004）在周至的肥料配比试验表明，当每株 N 为 0.21kg、P_2O_5 为 0.16kg、K_2O 为 0.15kg 时，单株最高产量为 24.18kg，氮磷钾的质量比为 1.00∶0.74∶0.70；当地研究还指出（梁洁等，2018），每公顷猕猴桃园施用 N 540kg、P_2O_5 360kg、K_2O 405kg 时可较对照增产 33.8%。金方伦等（2011）在贵长猕猴桃的施肥试验表明，当 N∶P_2O_5∶K_2O 为 1.00∶0.94∶1.00 时，施肥效果最好；5 月中旬追肥较其他时期效果好，适当增加钾肥施用量有利于猕猴桃的营养生长和果实产量、品质的提高，较低的磷含量有利于营养生长，而较高的磷含量有利于提高果实产量和品质。此外，重庆市（邹永翠等，2016）、湖南凤凰县（腾召友等，2020）和贵州松桃县（何灵芝等，2020）已通过"3414"和"2+X"氮磷钾施肥试验得到了适用于当地的猕猴桃施肥配方。

2. 减氮高效施肥　我国猕猴桃老产区周至的早期施肥试验表明，应控制氮肥用量，加大磷钾肥特别是钾肥的用量（田全明等，2004）。与常规施肥相比，减氮 25% 结合使用控释氮肥可在不减产的前提下，显著减少猕猴桃果园 0～2m 土层的矿质氮淋洗损失（康婷婷，2014）。与常规处理相比，水肥一体化处理猕猴桃产量不受影响，但果实可溶性糖含量、糖酸比及维生素 C 含量显著提高，氮肥投入减少了 58%，氮肥偏生产力提高了 151%（高晶波，2016）。

3. 化肥与有机肥配施　诸多研究表明，化肥和有机肥配施可显著提高猕猴桃的产量与品质。与单施化肥（每株施 N 0.23kg、P_2O_5 0.12kg、K_2O 0.12kg）相比，每株配施 7.69kg 牛粪可提高猕猴桃产量 6.4%～10.5%，且可改善果实口感和品质（来源，2011）。与不施肥相比，化肥和有机肥配施可使猕猴桃增产 30.8%，提高果实可溶性固形物含量、维生素 C 含量和硬度（赵佐平，2014）。姚春潮等（2015）通过每株施用 3.8kg 生物有机肥，可在减少氮肥用量 30% 的前提下增强叶片健壮度、提升果实品质。库永丽等（2018）研究表明，在老果园中每树施用腐殖酸 500g、解磷菌 250mL、生防菌 250g 可显著提高猕猴桃果园土壤细菌、放线菌、酵母菌数量，降低真菌数量；不仅如此，微生物肥还能显著提高猕猴桃果园土壤酶（蔗糖酶、磷酸酶、多酚氧化酶、蛋白酶、脲酶）活性，增加土壤硝态氮、铵态氮、有效磷、速效钾、全氮、全磷、全钾、有机质含量，降低土壤 pH，提高果实维生素 C 与可溶性糖的含量，降低可滴定酸含量。李凯峰等（2020）研究指出，每株猕猴桃施用 6kg 生物菌肥可提高植株的干径增长量、叶长、叶宽和叶厚，以及叶片中叶绿素、可溶性蛋白的含量。

4. 其他高效施肥技术　果园生草、中微量养分配施等技术均可提高猕猴桃果园土壤肥力和果实品质产量。陈秀德等（2018）研究表明，果园间种绿肥还田，尤其是一年冬夏两季绿肥连茬免耕撒播种植还田，可逐步提高土壤有机质和土壤养分含量，降低土壤容重，提升果品品质与产量。较之清耕，种植白三叶草和黑麦草均可提高土壤有机质含量，但种植白三叶草能显著提高土壤碱解氮和有效锌含量，而种植黑麦草则提高了土壤速效钾和有效铁含量（秦秦等，2020）。朱先波等（2020）研究认为，与自然生草相比，人工生草可有效降低果园内的杂草种类和数量，提高土壤有机质、碱解氮、有效磷和速效钾含量，降低碱性土壤的 pH，其中种植黑麦草效果更好，但人工生草和自然生草在改善土壤温度、提高果树产量和改善果实品质方面没有差异。汪星等（2019）指出，滴灌与自然生草相结合是实现猕猴桃园土地可持续利用的有效措施之一。井赵斌等（2018）认为，利用水溶性肥料的根际注射施肥技术是促进猕猴桃生长和提高果实产量和品质的有效方式。在微肥施用方面，张林森等（2001）和刘文国等（2018）研究均表明，在当年萌芽期或上年施用基肥时，每株猕猴桃土施 45～60g 的 EDDHA-Fe 可有效防控陕西关中地区常见的缺铁黄化病。尹显慧等（2017）研究表明，在中性至微碱性土壤上，施用质量浓度为 1.0～2.0kg/m³ 的硫黄粉能改善土壤养分，稳定维持猕猴桃叶片细胞和叶绿体结构，明显改善果实品质。龙友华等（2015）和吴亚楠等（2016）研究表明，在猕猴桃果实膨大期喷施 0.1%～0.3%的硼和 0.3%的锌可增加果实产量、提升果实品质。

上述结果说明，氮磷钾合理配比、化肥与有机肥配施、大中微量养分相结合及水肥一体化、果园生草等多种养分综合管理技术可保障猕猴桃取得较高的产量和较好的品质。

（四）肥料投入情况与施肥中存在的问题

1. 肥料投入情况 肥料投入一直以来都是猕猴桃生产栽培的最主要投入部分之一。据陕西省果业发展统计公报报道，2010 年猕猴桃每公顷生产投入为 2.0 万元，其中肥料投入占总投入的 40.3%，投入增长 15.3%；2019 年每公顷投入已高达近 3.0 万元。于 2008—2009 年对周至、眉县和杨凌等主产区的调查表明，猕猴桃全年平均投入 2.3 万元/hm²，其中肥料投入比例高达 77.7%，这说明猕猴桃主产区果园的肥料投入高于陕西省统计平均值。由此可以推测，目前猕猴桃果园肥料投入很可能已达总投入的 50%以上。

刘俊侯等（2002）调查表明，陕西省猕猴桃氮磷肥过量，钾肥高产园不足而低产园过量；黎青慧和田宵鸿（2006）对陕西省平衡施肥示范园分析认为，约 33.3%果园有机肥用量不足，20%果园氮磷肥过量，40%果园钾肥用量不足且有 20%果园不施钾。张林森等（2000）和田全明等（2004）一致认为，陕西关中地区猕猴桃果园应适当控制氮肥用量，加大磷钾肥特别是钾肥的用量。近年来，路永莉等（2016）调查发现，秦岭北麓周至县俞家河流域猕猴桃果园有机肥投入严重不足，81.8%的果园氮肥投入过量，磷、钾肥则投入过量和不足并存。表 8-7 总结了近年来关于猕猴桃果园养分投入情况的相关报道，由表 8-7 可见，陕西省猕猴桃果园化肥 N、P_2O_5、K_2O 投入量明显高于河南省相应养分的投入量；从施肥比例来看，陕西和河南氮磷钾投入量均以氮投入比例最高、钾最低（表 8-7）。

表 8-7 猕猴桃果园的养分投入情况 （kg/hm²）

		N	P_2O_5	K_2O	资料来源
陕西	化肥	991.5	592.5	250.5	来源，2011
	有机肥	354.0	133.5	235.5	来源，2011
	化肥	891.0	385.5	559.5	路永莉等，2016
	有机肥	240.0	232.5	207.0	路永莉等，2016
	化肥	636.0	418.5	394.5	胡凡等，2017
	有机肥	151.5	87.0	121.5	胡凡等，2017
陕西平均值	化肥	840.0	465.0	402.0	
	有机肥	249.0	151.5	187.5	
河南	化肥	454.5	177.0	147.0	薛亮，2017

2. 施肥中存在的问题

(1) 有机肥投入不足。由于有机肥来源多、需要腐熟且体积大、易滋生病虫害等原因，其在猕猴桃果园中的施用受到了一定限制。一方面，许多果农对各种有机肥的养分含量不清楚，选择有机肥种类时随意性大，导致有机肥施用无法做到有的放矢，严重影响了有机肥在猕猴桃上的施用效果；另一方面，由于有机肥体积较大，在田间地头堆沤不方便，而且堆沤不彻底易烧根并导致病虫害传播，但直接买成品价格又较高，这也在很大程度上影响了有机肥的使用。

(2) 氮肥投入严重过量。诸多施肥试验均表明，陕西关中猕猴桃主产区果园普遍存在氮肥投入过量的问题（田全明等，2004；康婷婷，2014；高晶波，2016；梁洁等，2018），其主要原因是果农的不良施肥习惯与盲目大量施肥。调查表明，除氮磷钾三元复合肥外，果农最熟悉的肥料就是尿素、碳酸氢铵等氮肥，其次是磷酸二铵、过磷酸钙等氮磷肥，对氯化钾、硫酸钾等不甚清楚。与粮食作物相比，猕猴桃种植效益较高，许多果农简单地以为只要增大常见化肥用量就可以获得高产，结果却导致氮肥过量施用、氮素大量淋失且对地表及地下水环境构成潜在威胁（高晶波，2016）。

(3) 磷钾肥投入不足与过量并存。猕猴桃对磷素失调的耐受能力较强，因此生产上磷肥投入不合理所致的问题常常不会即时表现出来。但是，土壤磷素的丰缺会影响其他养分（如钙、锌、铁等）的有效性，最终扰乱猕猴桃植株对矿质养分的高效吸收与利用。同时由于钾肥价格较高、推荐施肥技术信息少、在许多农户心中知名度不及氮肥等，许多猕猴桃果园要么不施钾肥，要么施用不合理。

(4) 中微量养分的使用未得到足够重视。中微量元素肥料对猕猴桃产量的贡献不如大量元素明显，使得中微量养分在果园的施用中往往得不到足够的重视。事实上，随着我国猕猴桃主产区大量果园树龄达到 15 年以上，而果树根系常年在同一土壤位置对养分进行选择性吸收，一些老果园的中微量养分缺乏问题已逐步显现出来。例如，陕西关中地区猕猴桃果园愈演愈烈的缺铁黄化病、可能因缺钙导致的翠香果实黑头病、湖北省猕猴桃因缺硼引起的藤肿病等。

(5) 测土配方施肥工作滞后，果农科学施肥知识匮乏。关于猕猴桃果园测土的相关研究已开展十余年，但系统全面大范围的猕猴桃测土配方施肥工作仍有待开展。虽然近年来已有少量基于"3414"和"2+X"氮磷钾施肥试验（邹永翠等，2016；腾召友等，2020；何灵芝等，2020），但是在一些主产区还缺乏长期定位的施肥试验，这样就无法准确了解猕猴桃对当地施肥的响应情况。此外，许多果农获取猕猴桃科学施肥知识的渠道非常有限，往往依赖经验施肥，导致果实产量和品质生产潜力无法得到有效发挥。

（五）推荐施肥量与施肥方案

1. 推荐施肥量 表 8-8 总结了幼龄园猕猴桃的推荐施肥量。从表 8-8 可以看出，一年生猕猴桃树每公顷需要施用有机肥 22 500kg、N 60.0kg、P_2O_5 42.0～48.0kg、K_2O 48.0～54.0kg（郁俊谊，2017），该施肥量明显高于一年生猕猴桃树的相应需肥量（表 8-4），这可能与生产上猕猴桃对氮磷钾利用效率较低有关。随着树体不断变大，猕猴桃每公顷需肥量逐渐增加：六年生树需要有机肥 60 000kg、N 180.0～240.0kg、P_2O_5 126.0～192.0kg、K_2O 144.0～216.0kg。

表8-9归纳了成龄园猕猴桃的推荐施肥量。由表8-9可见，成龄园的猕猴桃一个年生长周期内每公顷需要施用有机肥19 500～75 000kg、N 100.5～631.5kg、P_2O_5 55.5～360.0kg、K_2O 79.5～742.5kg。需要注意的是，不同国家和地区因为土壤特性各异，故推荐施肥量差异很大（表8-9）。

表8-8 幼龄园猕猴桃的推荐施肥量（kg/hm²）

地点	树龄	有机肥	N	P_2O_5	K_2O	资料来源
中国	1年	22 500	60.0	42.0～48.0	48.0～54.0	郁俊谊，2017
	2～3年	30 000	120.0	84.0～96.0	96.0～108.0	
	4～5年	45 000	180.0	126.0～144.0	144.0～162.0	
	6～7年	60 000	240.0	168.0～192.0	192.0～216.0	
陕西户县	1～3年	22 500～27 000	90.0～120.0	45.0～90.0	45.0～75.0	乔继宏等，2009
	4～7年	45 000～60 000	225.0～300.0	180.0～240.0	97.5～150.0	
河南西峡县	1～3年	22 500～30 000	90.0～120.0	60.0～75.0	60.0～75.0	薛亮，2017
	4～6年	30 000～45 000	150.0～180.0	75.0	120.0～150.0	
重庆市	1～3年	15 000～30 000	79.5～150.0	60.0～120.0	60.0～120.0	邹永翠等，2014
	4～6年	30 000～45 000	199.5～250.5	120.0～160.5	150.0～199.5	
日本	1年		40.5	31.5	36.0	王仁才，2000
	2～3年		79.5	64.5	72.0	
	4～5年		120.0	96.0	108.0	
	6～7年		160.5	126.0	144.0	

表8-9 成龄园猕猴桃的推荐施肥量（kg/hm²）

地点	有机肥	N	P_2O_5	K_2O	资料来源
中国	75 000	300.0	210.0～240.0	240.0～270.0	郁俊谊，2017
陕西		150.0～300.0	120.0～150.0	150.0～300.0	康婷婷，2014
关中地区		180.0～480.0	180.0～259.3	280.5～349.5	胡凡等，2017
关中地区		337.5～505.5	73.5～105.0	133.5～202.5	来源，2011
周至	30 000～64 500	375.0～499.5	186.0～265.5	286.5～349.5	路永莉等，2016
周至		280.5～351.0	259.5～325.5	246.0～286.5	田全明等，2004
西安户县	45 000～75 000	420.0～450.0	315.0～360.0	180.0～210.0	乔继宏等，2009
河南西峡	45 000	180.0～210.0	75.0	150.0～180.0	薛亮，2017
重庆市	19 500～40 500	349.5～400.5	240.0～349.5	300.0～375.0	邹永翠等，2016
湖南凤凰县		190.5～222.0	82.5～96.0	97.5～123.0	滕召友等，2020
广东和平县		631.5	216.0	742.5	吴玉妹等，2017
新西兰		168.0～223.5	135.0～144.0	121.5～150.0	康婷婷，2014
		160.5	127.5	121.5～181.5	来源，2011

（续）

地点	有机肥	N	P₂O₅	K₂O	资料来源
新西兰		100.5～150.0	60.0	250.5～300.0	Clark 等，1986
		169.5	55.5	79.5～100.5	彭永宏，章文才，1992
法国		499.5	150.0	259.5	来源，2011
日本		199.5	160.5	180.0	王仁才，2000

2. 推荐施肥方案　以我国最大的猕猴桃主产区——陕西关中地区为例，依据猕猴桃需肥规律、土壤肥力状况、施肥效应试验和相关推荐施肥量等来设计适于该地区的猕猴桃推荐施肥方案。幼龄园的推荐施肥方案主要依据前人相关研究综合而成（表8-6）；成龄园的施肥方案主要依据目标产量法计算而来。考虑到关中地区缺钾普遍，因此推荐陕西关中猕猴桃主产区的 N：P₂O₅：K₂O 适宜需求比例为 1.00：0.39：1.10；高产园可将氧化钾比例调至 1.30，低产园则可将 K₂O 比例调至 0.90。然后，依据每生产 1t 猕猴桃需要的 N、P₂O₅ 和 K₂O 吸收量和各生长发育阶段的需求比例计算成龄园的施肥配方。具体推荐施肥方案如下：

（1）幼龄园。

①施肥目标。促使树冠骨架形成，促进根系持续扩展，保证树体从营养生长向生殖生长平稳过渡。

②推荐施肥量。一至三年生树每公顷施有机肥 22.5～30.0t、N 60.0～120.0kg、P₂O₅ 45.0～75.0kg、K₂O 45.0～90.0kg；四至六年生树每公顷施有机肥 30.0～45.0t、N 135～180kg、P₂O₅ 90～135kg、K₂O 105～210kg。随着树龄增大，逐步加大施肥量。

③施肥时期。因幼树根系少而嫩、分布浅等原因，故应坚持"少量多次"原则，从春季萌芽至秋季新梢停长前，追肥 3～4 次，并于 10 月施基肥 1 次。追肥主要为氮磷钾速效肥料，基肥为全部的有机肥和 50%～60% 的化肥。

④施肥方式。沿树盘外侧挖一条宽 20～40cm、深 30～50cm 的环状沟，将少量表土和肥料拌匀后施入，最后覆土。之后逐年向外扩穴深翻施肥，直至全园深翻一遍。

（2）成龄园。

①施肥目标。维持树体营养生长与生殖生长的平衡，保持较好的果实产量与品质，防止大小年结果。

②推荐施肥量。成龄园根据土壤肥力状况，每公顷酌情施用有机肥 30.0～60.0t。（a）当目标产量为 45t/hm² 以上时，每公顷施用化肥 N 694.5kg、P₂O₅ 379.5kg、K₂O 702.0kg，折合成 18-9-18 的氮磷钾复合肥 3 943.5kg，或折合成掺混肥为尿素 1 509.0kg、过磷酸钙 2 370.0kg、硫酸钾 1 375.5kg 或氯化钾 1 131.0kg。（b）当目标产量为 30.0～45.0t/hm² 时，每公顷施用化肥 N 579.0kg、P₂O₅ 318.0kg、K₂O 495.0kg，折合成 19-10-16 的氮磷钾复合肥 3 087.0kg，或折合成掺混肥为尿素 1 257.0kg、过磷酸钙 1 974.0kg、硫酸钾 970.5kg 或氯化钾 798.0kg。（c）当目标产量为 30.0t/hm² 以下时，每公顷施用化肥 N 462.0kg、P₂O₅ 252.0kg、K₂O 324.0kg，折合成 20-11-14 的氮磷钾复合肥 2 310.0kg，或折合成掺混肥为尿素 1 005.0kg、过磷酸钙 1 576.5kg、硫酸钾

633.0kg 或氯化钾 520.5kg。

③施肥时期。全部有机肥（30.0～60.0t/hm²）均在每年采果后 1 个月内，最好是 1～2 周内，以基肥形式施用。化肥则分基肥（10 月至 11 月上旬）、膨大肥（5 月中下旬）、优果肥（7 月中下旬）3 次施用，具体施肥方案见表 8-10。

表 8-10　陕西关中地区成龄园猕猴桃的推荐施肥方案

目标产量 (t/hm²)	每公顷推荐施肥量		
	基肥	膨大肥	优果肥
>45.0	氮 108.0kg、五氧化二磷 117.0kg、氧化钾 177.0kg	氮 367.5kg、五氧化二磷 210.0kg、氧化钾 370.5kg	氮 217.5kg、五氧化二磷 57.0kg、氧化钾 151.5kg
30.0～45.0	氮 90.0kg、五氧化二磷 93.0kg、氧化钾 124.5kg	氮 307.5kg、五氧化二磷 175.5kg、氧化钾 261.0kg	氮 181.5kg、五氧化二磷 48.0kg、氧化钾 106.5kg
<30.0	氮 72.0kg、五氧化二磷 75.0kg、氧化钾 82.5kg	氮 246.0kg、五氧化二磷 139.5kg、氧化钾 171.0kg	氮 144.0kg、五氧化二磷 37.5kg、氧化钾 69.0kg
折合成复合肥的每公顷推荐施肥量			
>45.0	12-13-20 氮磷钾复合肥 882.0kg	17-10-18 氮磷钾复合肥 2 107.5kg	23-6-16 氮磷钾复合肥 943.5kg
30.0～45.0	13-14-18 氮磷钾复合肥 684.0kg	18-11-16 氮磷钾复合肥 1 657.5kg	24-6-15 氮磷钾复合肥 744.0kg
<30.0	14-15-16 氮磷钾复合肥 507.0kg	20-11-14 氮磷钾复合肥 1 236.0kg	26-7-12 氮磷钾复合肥 561.0kg
折合成掺混肥的每公顷推荐施肥量			
>45.0	尿素 234.0kg、过磷酸钙 697.5kg、硫酸钾 348.0kg 或氯化钾 286.5kg	尿素 801.0kg、过磷酸钙 1 312.5kg、硫酸钾 726.0kg	尿素 471.0kg、过磷酸钙 355.5kg、硫酸钾 295.5kg
30.0～45.0	尿素 195.0kg、过磷酸钙 582.0kg、硫酸钾 246.0kg 或氯化钾 202.5kg	尿素 667.5kg、过磷酸钙 1 093.5kg、硫酸钾 511.5kg	尿素 393.0kg、过磷酸钙 297.0kg、硫酸钾 208.5kg
<30.0	尿素 156.0kg、过磷酸钙 465.0kg、硫酸钾 160.5kg 或氯化钾 132.0kg	尿素 534.0kg、过磷酸钙 874.5kg、硫酸钾 334.5kg	尿素 315.0kg、过磷酸钙 237.0kg、硫酸钾 136.5kg

注：（1）掺混肥中的各种肥料可用相同养分的其他等量单质肥料替代，但一起施用时应注意肥料之间的配伍性。

（2）氯化钾可作为土壤碱性较强果园基肥的钾源，追肥钾肥不宜用氯化钾。

（3）对于劳动力匮乏的果园，可考虑将优果肥与基肥合并，以基肥形式施用。

（4）对于有机质含量中等偏低的果园，优果肥可考虑用每公顷 1 500～2 250kg 饼肥（即油渣）和 225～450kg 磷酸二氢钾替代。

（5）对于有水肥一体化条件的果园，可以在控制各时期总量的基础上，适当增加施肥次数，提高肥料利用率。

（6）养分严重失调的果园应在本推荐施肥方案的基础上调整后使用。

第三节　水分管理

一、猕猴桃需水特性

适于猕猴桃生长发育的水分范围窄，忌旱怕涝是猕猴桃水分需求的主要特征。野生条件下，猕猴桃多生长在山间溪谷旁较潮湿、易获取水源的地方，距水源较远的山顶分布极少。因此，猕猴桃逐步演化出了木质部导管较粗且发达，叶片大而蒸腾能力强的组织特征。与其他温带落叶果树相比，猕猴桃是耗水量最大的果树之一。通常，成龄猕猴桃园每天的耗水量为 2.0～5.0mm。其中，陕西关中地区夏季由于气温高、空气湿度低，其耗水量高于我国多数猕猴桃产区。在这些消耗的水分中，有 1%～2% 的水分用于猕猴桃植株组织的生理生化代谢过程，其余水分主要以叶片蒸腾的方式散失到空气中。

通常，猕猴桃植株以根系吸水为主，叶片等器官吸水为辅。猕猴桃根系通过土壤-植株-大气连续体参与生态系统的水循环，其中土壤水势最高，植株次之，大气最低。猕猴桃通过根系从土壤吸收水分，经木质部导管或传输到植株各个器官参与代谢活动，或运输到叶片以气孔蒸腾的方式散失到大气之中。适当的蒸腾作用不仅可降低猕猴桃植株叶片的温度，还能促进水分和养分等物质的循环。如果外界条件不适，如土壤缺水、强风高温等，易造成猕猴桃植株水分亏缺，影响正常生理代谢活性。

猕猴桃遭受干旱胁迫时，根系首先受到抑制。若干旱持续加重，根尖便会坏死，地上部果实则停止生长，但不影响果实形状。一旦解除水分胁迫，果实的增长速率即恢复正常，但在胁迫期"损失"的生长量不能挽回。Judd 等（1989）研究表明，当黎明叶片水势低于 -0.1MPa 时，海沃德果实停止膨大；一旦对严重缺少植株复水，24h 内叶片恢复膨压；长期水分胁迫会造成果实体积从 130cm³ 减少为 60cm³。彭永宏等（1995）研究表明，从花后 63d 开始干旱胁迫处理，通山 5 号猕猴桃采收时的果实体积会从 80.38cm³ 降至 58.82cm³，若干旱进一步加重，会造成叶片萎蔫，叶缘出现褐色斑点或焦枯，有时边缘出现较宽的水烫状坏死，严重者会引起落叶和枯梢；果实易出现日灼现象，但不会出现落果。当猕猴桃缺水表现为外部受害症状时才进行灌溉，往往为时已晚，因此应在受旱引起的外观症状出现之前进行，即在清晨如果叶片上不显潮湿时即应灌溉。此外，渍水会导致猕猴桃根系活力下降，且幼树对渍水更敏感。

猕猴桃对水分的需求受树龄、年生长周期和 1d 内的时段等的影响，通常，幼树对水分需求高于成龄树。据张静等（2022）报道，当土壤含水量为田间持水量的 45%～55% 时猕猴桃幼树出现死亡现象，为 75%～90% 时保持正常生长，故推测适于猕猴桃幼树的需水阈值为田间持水量的 60%～90%。而猕猴桃成龄树的适宜土壤含水量为田间持水量的 60%～80%。彭永宏等（1995）研究表明，猕猴桃生长与结实所需的最适土壤相对含水量为 65%～75%，低于 60% 或高于 80% 的土壤湿度对根系生长、叶片光合作用及果实增长均有抑制作用。在一年中，猕猴桃不同生育期对水分需求不同。黄龙（2017）研究表明，九年生海沃德猕猴桃各物候期的水分敏感指数排序为果实膨大期>开花坐果期>萌芽展叶期>果实成熟期。研究还表明，猕猴桃在萌芽展叶期的蒸散量为 154.76mm，开花坐果期为 52.48mm，果实膨大期为 472.85mm，果实成熟期为 87.37mm，故整个物候期蒸散量为 767.46mm；对应的日蒸散量分别为萌芽展叶期 3.16mm，开花坐果期 3.75mm，果实膨大期 4.04mm，果实成熟期 1.56mm，整个物候期日蒸散量平均约为 3.13mm（黄龙，2017）。吴佳伟（2021）在五年生红阳猕猴桃上的研究表明，不同生育期日均耗水量表现为果实膨大期（3.02kg）>果实成熟期（2.94kg）>开花坐果期（0.99kg）>萌芽展叶期（0.77kg）；月尺度下猕猴桃耗水量总体表现为 7 月（90.60kg）>8 月（86.96kg）>

6月（66.20kg）＞5月（53.35kg）＞4月（41.21kg）＞3月（25.29kg）。基于前人相关研究，对猕猴桃果园的具体灌水建议如下：

（1）萌芽展叶期。萌芽前后猕猴桃对土壤的含水量要求较高，土壤水分充足时萌芽整齐，枝叶生长旺盛，花器发育良好。这一时期我国南方一般春雨较多，可不必灌溉，但北方常多有春旱，一般需要灌溉。此期的土壤湿度应维持在田间持水量的60%左右。

（2）开花坐果期。花前应控制灌水，以免降低地温，影响花的开放；但如果遇到干旱年份，可适当灌水。开花坐果后，细胞分裂和生长旺盛，需要较多的水分供应，但灌水不宜过多，以免引起新梢徒长。此期的田间持水量应维持在70%左右。

（3）果实膨大期。此期通常是指猕猴桃坐果后的2个月左右，是猕猴桃果实生长最旺盛的时期，果实的体积和鲜重增加最快，占到最终果实重量的80%左右。该时期是猕猴桃的水分临界期和水分最大效率期。充足的水分供应对于维持果实膨大和花芽分化至关重要，如果此期出现持续干旱，树体会出现小果且后期无法补救的情况。根据土壤湿度决定灌水次数，在持续晴天的情况下，陕西关中地区每周大约需灌水1次。此期的田间持水量应维持在75%左右。

（4）果实缓慢生长期。此期需水量相对较少，但由于此期气温仍然较高且树体蒸腾量大，故需根据土壤湿度和天气状况适当灌水。此期的土壤湿度应维持在田间持水量的70%左右。

（5）果实成熟期。此期果实生长出现1个小高峰，适量灌水能适当增大果个，同时促进营养积累、转化，但采收前15d左右应停止灌水。此期可将田间持水量维持在65%左右。

（6）冬季休眠期。休眠期需水量较少，但越冬前灌水有利于根系营养物质的合成转化及植株的安全越冬，一般北方地区施基肥至封冻前应灌1次透水。

在猕猴桃物候期内，当土壤含水量下降到接近田间持水量的70%时便进行灌水，整个物候期共进行微喷灌灌水9次，其中萌芽展叶期2次，果实膨大期7次，灌水定额为266.11～481.89m^3/hm^2，灌溉定额为3 113.44m^3/hm^2（王昌，2018）。

正常猕猴桃植株黎明前的叶片水势为－0.08～－0.03MPa，中午为－0.8～－0.4MPa（Judd et al.，1989）。在新西兰，夏季停止灌溉4d，就会造成猕猴桃植株叶片水势在黎明前低于－0.1MPa或正午低于－0.9MPa，进而引起叶片发生卷曲（Judd et al.，1989）。吴佳伟（2021）研究表明，猕猴桃日耗水变化主要呈"低-高-低"变化趋势，耗水主要发生在8：00—16：00，表现为"昼高夜低"，夜间存在微弱耗水。在单位冠幅面积猕猴桃产量2.81kg/m^2的条件下，单位冠幅面积猕猴桃日耗水量为0.420～0.509kg/m^2，不受生育期和月份影响。

覆盖也会影响猕猴桃果园的土壤含水量。赵英等（2022）研究表明，就提高土壤含水量而言，陕西关中地区猕猴桃园秸秆覆盖材料首选玉米秸秆，厚度10cm；次选小麦秸秆，厚度5cm。邹衡等（2022）研究表明，利用聚水阻渗槽回填园土＋粉煤灰＋化肥＋有机肥处理，能够显著改变土壤水分在不同土层深度的分布，缩小甚至消除土壤干层，促进果树根系在湿润土层的生物量积累。

二、灌溉

（一）灌溉后土壤水分变化特点

灌水后，猕猴桃果园不同土层含水率变化不同。一般可将 0～100cm 土层共分为 3 层：①0～30cm 为敏感层；②30～60cm 为过渡层；③60～100cm 为稳定层（黄龙，2017）。灌水后，敏感层（0～30cm）土壤含水率变化最大，主要表现为快速升高而后迅速降低；过渡层（30～60cm）是灌水后土壤含水率升高较多且下降较慢的土层，该层也是猕猴桃功能性根系的主要分布区域。敏感层和过渡层土壤含水率变化较剧烈，主要原因有二，其一是约 90% 以上的根系分布在这两个土层，其二是这两层土壤更易受阳光辐射、空气流动、大气温度和湿度的影响。稳定层（60～100cm）土壤含水率较低，且变幅较小（黄龙，2017）。一般灌水后 24h，过渡层土壤的含水量最多，敏感层土壤含水量次之，稳定层土壤含水量最少（王昌，2018）。灌溉方式会影响土壤水分的变化。例如，虽然灌水后 24h 土壤水分在垂向上分布的规律均是随着土层深度的增加先变大后变小；但是，微喷灌灌水条件下土壤含水率最大值出现在 30～40cm 土层，而滴灌灌水条件下土壤含水率最大值出现在 40～50cm 土层（王昌，2018；吴凯剑，2020）。

（二）灌水量

灌水的目的是使土壤含水量在较长一段时间内既满足猕猴桃植株正常生长又不至于发生渍水现象。因此，如果灌水只浸润表层土壤和上部根系分布的土壤，不能达到灌水要求，且多次补充灌溉容易使土壤板结。通常，一次的灌水量应使土壤含水量至少达到田间最大持水量的 85%，浸润深度达到 60cm 以上。根据灌溉前的土壤含水量、土壤容重、土壤浸润深度，即可计算出灌水量：

$$灌水量（m^3）＝灌溉面积（m^2）×土壤浸润深度（m）×土壤容重×[田间最大持水量（\%）×85\%－灌溉前土壤含水量（\%）]$$

如某猕猴桃园，面积 0.2hm²，土壤容重 1.25，田间最大持水量为 25%，灌溉前土壤含水量为 14%，根据上述公式，灌水量＝0.2×10 000×0.6×1.25×（25%×85%－14%）＝108.75m³。

（三）灌溉方式

常见的灌溉方式包括漫灌、渗灌、滴灌和喷灌等。

1. 漫灌　漫灌的特点是简单易行，投资少，但冲刷土壤，易造成土壤板结。由于漫灌不易控制灌水量，耗水量较大，不利于有效使用有限水资源，水的利用率一般不足 50%，因此应尽量减少使用。

2. 渗灌　渗灌是利用有适当高程差的水源，将水通过管道引向树行两侧，距树行约 90cm，埋置深度 15～20cm 的输水管，在水管上设置微小出水孔，水渗出后逐渐湿润周围的土壤。渗灌比漫灌更省水，也没有板结的缺点，但出水口容易发生堵塞。

3. 滴灌　滴灌是顺行在地面之上安装管道，管道上设置滴头，总入水口处设有加压泵，在植株的周围按照树龄的大小安装适当数量的滴头，水从滴头滴出浸润土壤。滴灌只湿润根部附近的土壤，特别省水，用水量只相当于喷灌的 1/2～2/3。水的利用率一般可以达到 90%，适于各类地形的土壤。缺点是投资较大，滴头易堵塞，输水管对田间操作不方便，同时需要加压设备。此外，对山地猕猴桃果园来说，滴灌时间不宜过长，一般连续灌溉 3h 左右即可，不然易出现犁底层渗漏。

4. 喷灌 喷灌又分为高架喷灌与架下微喷。高架喷灌比漫灌省水，但对树叶、果实、土壤的冲刷大，也需要加压设备。喷灌对改善果园小气候作用明显，缺点是投资费用较大。据王昌（2018）报道，在陕西关中地区，猕猴桃果园的气温从 8：00～16：00 期间逐渐升高并达到 1d 中的最高值，又从 16：00—20：00 期间逐渐下降。如果从 11：00 开始进行微喷灌水处理，田间气温可下降 7.1～8.9℃；相应地，空气湿度可升高 27.7%～32.6%，因此夏季微喷灌可改善猕猴桃果园的空气湿度和温度，进而促进果实生长发育。高架喷灌使用管道将水引入园内，在每株树旁安装微喷头，喷水直径一般为 1.0～1.2m，省水，效果好，一般水的利用率可以达到 70%，但需要加压设备。

上述几种灌溉方法中，滴灌和微喷是目前应用效果较好的灌溉方法，但投资相对较大，有条件的地方可以使用；渗灌效果不如滴灌和微喷好，但较漫灌好，成本相对较低，适合在大多数农村地区使用。

三、排水

土壤水分过多会影响猕猴桃植株体内的水分平衡，进而影响植株的正常生长发育、产量品质和抗逆性等。水分过多会对猕猴桃树体造成危害，主要原因不在于水分本身，而在于水分过多引起的缺氧，以及二氧化碳和硫化氢等有害物质累积等。例如，沙土淹水 2 周后氧气含量从 21% 降为 1%，而二氧化碳的含量从 0.3% 升为 3.4%。

土壤排水不良时，土壤空气与大气无法正常交换，由于各种有机物的呼吸和分解需要大量消耗土壤空气中的氧气，进而产生大量二氧化碳及其他有毒气体并不断在土壤中积累，最终抑制根系的呼吸作用。根系呼吸作用受阻，导致根系吸收养分和水分及生长发育受阻。当缺氧进一步加剧时，根系被迫进行无氧呼吸，积累二氧化碳，最后转化为乙醇，造成蛋白质中毒，引起根系生长衰弱甚至死亡。

猕猴桃植株对渍水非常敏感。田间观察表明，温度较高、蒸发量较大的早夏，猕猴桃根系缺氧对叶片的伤害比晚夏或早秋根系缺氧对叶片的伤害大。据报道，夏季过量降水（6 倍于季节平均值）会导致猕猴桃树死亡。在意大利，猕猴桃树的大量死亡与冬季高水位（0～0.5m）有关。一年生猕猴桃嫁接苗在旺盛生长期淹水，水淹 4d 后有 40% 死亡，水淹 1 周左右的在 1 个月内全部相继死亡。猕猴桃树的耐涝性比经同样处理的桃树还差。一般来说，花、幼果和正在迅速生长的芽对低氧环境最敏感，可能的原因是这些器官呼吸速率较高，氧消耗快，成熟叶片对缺氧不敏感。氮肥过多，特别是在涝害前追施氮肥，由于树体内蛋白质和可溶性氮含量高，碳水化合物低，这时呼吸强度大，便会引起呼吸基质的迅速消耗以至死亡。缺氮的猕猴桃植株比氮充足的植株对渍水更敏感。与中华猕猴桃相比，对萼猕猴桃植株耐受渍水的能力更强，故对萼猕猴桃植株有望成为一种潜在的猕猴桃耐涝专用砧木。

我国南方地区雨水较多且土壤偏黏，易出现涝害；北方猕猴桃产区在遭受持续暴雨或秋季连阴雨时，有少量果园可能出现涝害。因此，南方多雨地区猕猴桃栽培成败的关键在于排水问题，要保证至少 60cm 以内的土层不能长期渍水，排涝沟深度应达 80cm 以上，否则容易烂根死树。

在选择园址时避免在易积水的低洼地带建园，栽培园地的地下水位在涝季时应在1m以下，地下水位过高易造成根系长期浸泡在水中而腐烂死亡。在低洼易涝地区建园时，应高垄栽植，并设立排水沟，果园积水不能超过24h。

排水沟有明沟和暗沟两种，明沟由总排水沟、干沟和支沟组成，支沟宽约50cm，沟深至根层下约20cm，干沟较支沟深约20cm，总排水沟又较干沟深20cm，沟底保持1%的比降（彩图8-9）。明沟排水的优点是投资少，但缺点是占地多，易倒塌淤塞、滋生杂草。

暗沟排水是在果园地下安设管道，将土壤中多余的水分由管道中排出，暗沟的系统与明沟类似，可用砖、瓦管或塑料管做成。用砖做时，在沿树行挖成的沟底侧放2排砖，2排砖间距为13～15cm，同排砖间距为1～2cm，在这2排砖上平放1层砖，形成宽15～18cm、高12cm的管道，上面用土回填。暗管道两侧外面和上面铺一层稻草或松针，再填入冬季修剪的猕猴桃枝条和其他农作物秸秆等，然后回填表层土壤至40cm处，每1m长槽内施入混合农家肥50kg，加过磷酸钙2～3kg，填土筑成宽1m、高于地面40cm左右的定植带。已建成的猕猴桃园，可在行间距植株根部约80cm处设置规格同上的长槽并加砌暗沟管道。暗管排水的优点是不占地，不影响机耕，排水效果好，可以排灌两用，缺点是成本高，管道易被淤泥堵塞。

第四节 水肥一体化技术

水肥一体化技术是将灌溉与施肥融为一体的现代农业生产新技术，该技术可根据需水、需肥规律实现对猕猴桃树体水分和养分的同时和高效供给。目前，生产上常用的该技术有两种：微灌水肥一体化技术和根际液体追肥技术。

一、微灌水肥一体化技术

微灌水肥一体化技术是指借助压力系统或地形自然落差，将可溶性固体或液体肥料按作物需肥特性及土壤养分特征配制，在肥液与灌溉水一起相融后，利用可控管道系统进行水肥施用的一种农业技术。

（一）微灌施肥系统组成

目前常用形式是滴灌、微喷与施肥相结合。微灌施肥系统由水源、首部枢纽、输配水管网系统、滴水器四部分组成（图8-1）。

1. 水源 江河、湖泊、水库、井泉水、坑塘、沟渠等中的水均可作为滴灌水源，但其水质需要符合滴灌要求，即无污染、无杂质、不阻塞管道等。

2. 首部枢纽 首部枢纽是整个系统操作控制中心，包括水泵、动力机、蓄水池、过滤器、肥液注入装置、测量控制仪表等，或者是配制肥料自动化系统。

3. 输配水管网系统 输配水管网是将首部枢纽处理过的水按照要求输送、分配到每个灌水单元和灌溉水器的系统。

4. 滴水器 滴水器是滴灌系统的核心部件，水由毛管流入滴头，滴头再将灌溉水流在一定的工作压力下注入土壤。水通过滴水器，以一个恒定的低流量滴出或渗出以后，在土壤中向四周扩散。

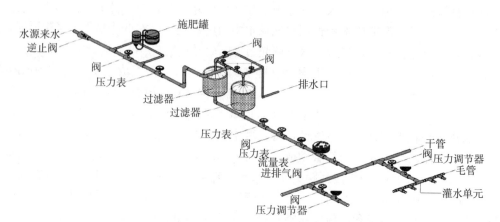

图 8-1　猕猴桃果园水肥一体化技术示意图（杨斌提供）

（二）实施方法

根据猕猴桃的需肥需水特性、土壤肥力水平、目标产量及土壤墒情等，确定总施肥量、不同时期的氮磷钾等养分比例、施肥次数等。微灌施肥技术可使肥料利用率提高40%～50%，故微灌施肥的用肥量为常规施肥的一半左右。微灌施肥系统施用底肥与传统施肥相同，可包括多种有机肥和多种化肥，但微灌追肥的肥料品种必须是可溶性肥料。符合国家标准或行业标准的尿素、碳酸氢铵、氯化铵、硫酸铵、硫酸钾、氯化钾等肥料，纯度较高，杂质较少，溶于水后不会产生沉淀，均可用作追肥。补充磷素一般采用磷酸二氢钾等可溶性肥料作追肥。追肥补充微量元素肥料，一般不与磷素追肥同时使用，以免形成不溶性磷酸盐沉淀，堵塞滴头或喷头。

（三）技术特点

与传统地面灌溉和施肥相比，微灌水肥一体化技术具有如下优点：

（1）省水、省肥、省劳力。滴灌水的利用率可达95%，一般比地面浇灌省水30%～50%，适时适量地将水和营养成分直接送到根部，可提高肥料利用率、节省肥料。管网灌溉施肥，操作方便，便于自动控制，可节省劳力。

（2）灌溉均匀，减轻病虫害，便于管理。灌溉系统可有效地控制每个灌水器的出水流量，灌溉均匀度高，一般可达80%～90%；灌溉只湿润作物根区，其行间空地保持干燥，灌溉的同时可以进行其他农事活动；同时降低果园空气湿度，可避免一些病害的发生。

（3）自动化程度高，可实现果园的智慧管理。

（4）可显著提高猕猴桃果实的产量和品质。

亦存在如下不足：

（1）易引起堵塞。灌水器的堵塞是应用中最突出的问题，严重时会使整个系统无法正常工作，甚至报废。对灌溉水质要求较严，一般均应经过过滤，甚至沉淀和化学处理。

（2）可能引起盐分积累。当在含盐量高的土壤上进行滴灌或是利用咸水灌溉时，会积累盐分而引起盐害。没有充分冲洗条件或是秋季无充足降雨时，则不要在高含盐量的土壤上进行灌溉或利用咸水灌溉。

（3）可能限制根系的扩展。由于灌溉只湿润部分土壤，加之作物的根系有向水性，这样就会引起作物根系集中向湿润区生长而限制根系扩展。因此，微灌水肥一体化技术多适用于大型果园的水肥一体化管理。

（四）应用效果

水肥一体化不仅可提高猕猴桃果实产量和品质，还可提高肥料利用率、减少环境污染。贺浩浩（2015）研究表明，水肥一体化处理可显著提高猕猴桃叶片叶绿素含量，增加猕猴桃单果重、果实硬度，以及可溶性固形物、可滴定酸、可溶性糖和维生素 C 的含量，同时还可以提高猕猴桃果实中 K 和 Ca 的含量，从而提升猕猴桃果实产量和品质。尹永乐（2022）也得到类似的结果，并指出最佳灌水量为田间持水量的 65％～80％，施氮量为 300kg/hm²。与常规处理相比，水肥一体化处理，氮肥及灌溉水投入分别减少 58％和 60％，灌溉水利用率及水分利用效率分别提高了 171％和 37％，肥料偏生产力提高了 151％，显著降低猕猴桃园 0～200cm 土层硝态氮的累积量，平均降低 509kg/hm²（高晶波，2016）。

二、根际液体施肥技术

根际液体施肥技术是指对果园喷药的机械装置（包括配药罐、三缸活塞泵打药机、三轮车、管子等）稍加改造，把原来的喷枪换成施肥枪后进行施肥的一种简易水肥一体化技术。

（一）根际液体施肥系统组成

包括水罐、加压泵、高压管子、施肥枪等。

（二）实施方法

1. 测土配肥 每年对果园土壤进行取样测定，根据土壤养分测定结果，结合猕猴桃不同时期需肥特点，制定具体施肥方案，按照有机肥、氮磷钾以及中微量元素结合的原则，按一定的比例配肥。

2. 稀释 采用二次稀释法进行。首先用小桶将配方肥化开，对于少量不溶物，可直接埋入果园，然后将高浓度配方肥液加入已注水的贮肥罐中充分搅拌、稀释均匀。使用浓度一般不高于 15％，高温季节不高于 10％。

3. 设备的组装及准备 将高压软管一边与加压泵连接，一边与追肥枪连接。将带有过滤网的进水管、回水管以及带有搅拌头的另外一根出水管放入贮肥罐。检查管道接口密封情况，将高压软管顺着果树行间摆放好，防止软管打结压破管子，开动加压泵并调节好压力，开始追肥。

4. 施肥 在果树树冠投影外缘附件区域，施肥深度大约在 25cm。根据果树大小，每株打 6～8 个追肥孔，每个孔施肥时间 5～8s，注入肥液 1.5～2kg，两个注肥孔之间的距离不小于 60cm，每株追施肥水 12.5～15kg。

（三）技术特点

1. 根际液体施肥与灌溉施肥 与传统灌溉施肥相比，根际液体施肥技术具有如下特点：

（1）投资少。在原有打药设备的基础上，只需花几十元购买一把施肥枪即可，适合一家一户的家庭式生产。

（2）适应性广。由于每次追肥仅用少量的水，这就使许多干旱区域实现水肥一体化成为可能。

（3）设备维护简单。追肥完毕后，可以将相关设备收入库房，避免设备长时间暴露在空气中老化，如果发生堵塞现象也可以及时发现处理。

（4）水分补充有限。该技术只是借助少量水来完成猕猴桃对肥料养分的需求，在干旱季节可能无法满足树体对水分的需求。

2. 根际液体施肥与地面施肥 与传统地面施肥相比，根际液体施肥技术具有如下特点：

（1）精准高效。可以根据果树对养分的需求规律，将果树迫切需要的有机营养通过配方化的方式供应给果树，少量多次，使施肥在时间、肥料种类以及数量上与果树需肥达到完美吻合，符合果树生长规律和节奏。由于肥和水结合，非常有利于肥料的快速吸收，避免了传统施肥等天下雨或施后必须灌水的窘境。传统施肥由于肥料吸收、利用的时期比较长，肥料容易挥发、淋溶以及被土壤固定，肥料利用率很低，而采用水肥一体化施肥，肥料利用率可以得到大幅度提高，与传统施肥方法相比，可以降低施肥量。

（2）省力。该技术省工省力，用工量是传统追肥的 1/10～1/5，用一个枪 2h 就可施面积为 667m² 地的肥，如果用两个枪同时施，用时更少。

（3）无损伤。该技术不损伤果树根系，不损伤土壤结构。

因此，根际液体施肥技术适用于小型果园的水肥一体化管理。

（四）注意事项

（1）根据树体大小和坐果量决定施用量。肥料配备时切勿私自加大肥料浓度，防止烧根。

（2）对于连年施农家肥的果园，地下害虫较多，可以在肥水中加入杀虫剂，对于根腐病严重的果园，可在肥水中加入杀菌剂。

（3）如果采用一把枪施肥，加压泵的压力调在 0.2～0.25MPa 即可，如果用两把枪同时施肥，可根据高压软管的实际情况，将压力调到 0.25～0.3MPa。

参 考 文 献

艾应伟，裴娟，刘浩，等 .2009. 四川盆周山区猕猴桃耕地土壤特性及施肥技术 [J]. 中国农学通报，25（18）：308-310.

陈秀德，吴明波，姚伦俊，2018. 猕猴桃园绿肥还田对土壤肥力及猕猴桃产质量的影响 [J]. 贵州农业科学，46（8）：73-76.

陈永安，刘艳飞，陈鑫，等，2014. 不同施肥措施对猕猴桃叶片营养状况及果实品质与产量的影响 [J]. 北方园艺（1）：169-173.

范拴喜，2017. 陕西省眉县猕猴桃园土壤碳氮磷生态化学计量学特征 [J]. 干旱地区农业研究，35（4）：33-38.

高晶波，2016. 秦岭北麓猕猴桃园土壤硝态氮累积及水肥调控研究 [D]. 杨凌：西北农林科技大学 .

顾万帆，胡敏骏，许杰，等，2018. 杭州市富阳区猕猴桃种植区域的土壤环境适宜性评价 [J]. 浙江农业科学，59（2）：178-180.

郭兆元.1992.陕西土壤［M］.北京：科学出版社.

何灵芝,张熙,李华荣,等,2020.松桃县猕猴桃氮磷钾的合理施用量［J］.农技服务,37（6）：27-28.

贺浩浩,2015.猕猴桃园水肥一体化应用效果研究［D］.杨凌：西北农林科技大学.

衡涛,张彦珍,刘玉红.2019.城固猕猴桃园全年生草免割技术成效调查［J］.果农之友（11）：37-38.

胡凡,石磊,李茹,等,2017.陕西关中地区猕猴桃施肥现状评价［J］.中国土壤与肥料（3）：44-49.

黄春辉,曲雪艳,刘科鹏,等,2014.'金魁'猕猴桃园土壤理化性状、叶片营养与果实品质状况分析［J］.果树学报,31（6）：1091-1099.

黄金凤,戴桂金,周志保,2016.凤凰县猕猴桃测土配方施肥技术研究及应用［J］.湖南农业科学（8）：58-61.

黄龙,2017.半干旱区猕猴桃树滴灌耗水特性与灌溉制度试验研究［D］.西安：西安理工大学.

黄伟,万明长,乔荣,等,2013.贵州主要红阳猕猴桃园土壤养分状况分析［J］.北方园艺（7）：191-193.

金方伦,韩成敏,冯世华,等,2011.不同氮磷钾配比对中华猕猴桃果实产量及品质的影响［J］.北方园艺（15）：6-10.

井赵斌,王斌龙,席晓燕,2018.根际注射施肥对猕猴桃生长、产量和品质的影响［J］.陕西农业科学,64（8）：51-55,66.

康婷婷,2014.秦岭北麓猕猴桃园营养状况及肥料效应研究［D］.杨凌：西北农林科技大学.

库永丽,徐国益,赵骅,等,2018.腐殖酸复合微生物肥料对高龄猕猴桃果园土壤改良及果实品质的影响［J］.华北农学报,33（3）：167-175.

来源,2011.施肥对猕猴桃产量和品质的影响［D］.杨凌：西北农林科技大学.

黎青慧,田霄鸿,2006.陕西平衡施肥示范果园土壤肥力调查分析［J］.西北园艺（果树）（1）：47-48.

李百云,刘旭峰,金会翠,等,2008.陕西眉县部分猕猴桃园土壤主要养分状况分析［J］.西北农业学报（3）：215-218.

李凯峰,姜存良,包昌艳,等,2020.生物菌肥对猕猴桃生长和生理特性的影响［J］.中国果树（3）：72-75.

梁洁,赵永锋,刘军,等,2018.猕猴桃氮肥总量控制肥效试验［J］.西北园艺（果树）（3）：46-48.

刘侯俊,巨晓棠,同延安,等,2002.陕西省主要果树的施肥现状及存在问题［J］.干旱地区农业研究（1）：38-44.

刘科鹏,黄春辉,冷建华,等.2012.猕猴桃园土壤养分与果实品质的多元分析［J］.果树学报,29（6）：1047-1051.

刘巍,吴治然,王丽,等.2022.翠香猕猴桃黑点病与果实矿质元素失调相关性［J］.植物病理学报,52（3）：459-464.

刘文国,王锋,赵强,等,2018.不同肥料对猕猴桃黄化病防治效果和产量的影响［J］.安徽农业科学,46（27）：154-156,165.

刘占德.2014.猕猴桃规范化栽培技术［M］.杨凌：西北农林科技大学出版社.

龙友华,张承,吴小毛,等,2015.叶面喷施硼肥对猕猴桃产量及品质的影响［J］.北方园艺（5）：9-12.

路永莉,康婷婷,张晓佳,等,2016.秦岭北麓猕猴桃果园施肥现状与评价——以周至县俞家河流域为例［J］.植物营养与肥料学报,22（2）：380-387.

潘俊峰，曾华，李志国，等，2014. 都江堰猕猴桃主产区果园土壤肥力状况调查与评价［J］. 中国农学通报，30（10）：269-275.

彭婷，谢翠娟，苗诗雪，等.2020. 猕猴桃叶片10种矿质元素含量的动态变化、品种差异及相关性［J］. 中国南方果树，49（1）：115-119.

彭永宏，章文才，1992. 猕猴桃矿质营养生理研究的进展［J］. 福建果树（1）：38-41，55.

彭永宏，章文才，1995. 猕猴桃生长与结实的适宜需水量研究［J］. 果树科学（S1）：50-54.

乔继宏，张斌，杨苏鲜，2009. 户县猕猴桃测土配方施肥技术［J］. 中国农技推广25（10）：41-42.

秦秦，宋科，孙丽娟，等，2020. 猕猴桃园行间生草对土壤养分的影响及有效性评价［J］. 果树学报，37（1）：68-76.

冉烈，李会合，2019. 重庆猕猴桃主产区土壤养分含量现状及评价［J］. 黑龙江农业科学（5）：50-55.

沈其荣，2021. 土壤肥料学通论［M］. 2版. 北京：高等教育出版社.

滕召友，田书元，张红云，2020. 凤凰县猕猴桃测土配方施肥技术指标体系研究与应用［J］. 湖南农业科学（6）：34-37.

田全明，于世锋，贺文英，等，2004. 猕猴桃园氮磷钾肥料配比试验研究［J］. 西北园艺（4）：10-11.

万有强，陈强，李雪梅，等，2015. 水城县红阳猕猴桃主产区的土壤肥力及微量元素含量评价［J］. 贵州农业科学，43（10）：107-110.

汪星，陆静，樊会芳，等，2019. 灌溉和生草对猕猴桃园土壤质量的影响［J］. 干旱地区农业研究，37（6）：101-107.

王昌，2018. 微灌猕猴桃生长特性与需水规律试验研究［D］. 西安：西安理工大学.

王建.2008. 猕猴桃树体生长发育、养分吸收利用与累积规律［D］. 杨凌：西北农林科技大学.

王科，李浩，邓劲松，等，2020. 成都市猕猴桃主产区土壤养分现状分析［J］. 现代农业科技（12）：80-82.

王丽，田玉洁，刘巍，等.2022. 不同营养肥对猕猴桃黑点病田间发病的影响及其施用效果［J］. 中国果树（11）：77-79，108.

王仁才，2000. 猕猴桃优质丰产周年管理技术［M］. 北京：中国农业出版社.

王亚国，李衡，郭培明，等，2019. 陕西武功县猕猴桃园土壤养分调查与评价［J］. 土壤，51（6）：1100-1105.

吴迪，彭熙，李安定，等，2014. 水城县主要猕猴桃果园土壤养分分析及酸碱度改良方法探讨［J］. 贵州科学，32（4）：94-96.

吴佳伟，2021. 红阳猕猴桃生长耗水动态研究［D］. 贵阳：贵州大学.

吴凯剑，2020. 南方季节性干旱区猕猴桃滴灌灌溉制度研究［D］. 成都：四川农业大学.

吴礼树，2004. 土壤肥料学［M］. 北京：中国农业出版社.

吴亚楠，刘月，刘婷，等，2016. 硼和锌对猕猴桃产量与品质的影响［J］. 北方园艺（17）：22-26.

吴玉妹，邹风景，黄春源，等，2017. 广东省山区猕猴桃配方施肥技术的研究［J］. 中国果菜，37（7）：41-45.

熊毅，李庆逵，1987. 中国土壤［M］. 北京：科学出版社.

徐爱春，陈庆红，顾霞，2011. 猕猴桃不同果园土壤和叶片营养状况分析［J］. 中国土壤与肥料（5）：53-56.

徐光焕，陈元磊，王南南，2021. 陕西省周至县'翠香'猕猴桃叶片营养诊断研究［J］. 陕西农业科学，67（2）：23-29.

薛亮，2017. 西峡县猕猴桃施肥现状及技术对策［J］. 农业科技通讯（9）：294-295.

严明书，吴春梅，蒙丽，等，2019. 重庆市黔江猕猴桃果园土壤养分状况分析 [J]. 物探与化探，43
（5）：1123-1130.

杨莉莉，2016. 不同肥料对猕猴桃产量、品质及果园养分的影响 [D]. 杨凌：西北农林科技大学.

杨妙贤，周玲艳，刘胜洪，等 .2014. 猕猴桃果园土壤养分对果实品质的影响 [J]. 林业科技开发，
28（3）：56-59.

姚春潮，龙周侠，刘占德，等，2015. 生物有机肥对猕猴桃生长及果实品质影响的研究 [J]. 陕西农
业科学，61（7）：1-2.

尹显慧，王梅，龙友华，等，2017. 硫对猕猴桃叶绿体结构及果实品质的影响 [J]. 果树学报，34
（4）：454-463.

尹永乐，2022. 微喷灌条件下猕猴桃水氮耦合效应研究 [D]. 西安：西安理工大学 .

郁俊谊，刘占德，赵菊琴，2011. 陕西猕猴桃主产区眉县果园土壤养分分析 [J]. 西北农林科技大学
学报（自然科学版），39（4）：117-120，126.

郁俊谊，2017. 图说猕猴桃高效栽培 [M]. 北京：机械工业出版社 .

张承，周开拓，龙友华，2013. 贵州省修文县猕猴桃果园土壤养分分析 [J]. 湖北农业科学，52
（17）：4083-4085，4089.

张静，徐明，雷靖，等，2022. 秦岭北麓不同水分处理对猕猴桃幼龄树生理特性的影响 [J]. 农业与
技术，42（9）：1-5.

张林森，武春林，梁俊，等，2001.Fe-EDDHA 对矫治秦美猕猴桃叶片失绿和营养元素组成的影响
[J]. 西北植物学报（6）：206-210.

赵英，郭旭新，杜璇，等，2022. 不同秸秆覆盖对猕猴桃园土壤水分的影响 [J]. 西北农业学报，31
（3）：388-397.

赵佐平，2014. 陕西苹果、猕猴桃果园施肥技术研究 [D]. 杨凌：西北农林科技大学 .

朱道迁，1999. 猕猴桃优质丰产关键技术 [M]. 北京：中国农业出版社 .

朱先波，潘亮，王华玲，等，2020. 十堰猕猴桃果园生草生态效应的分析 [J]. 农业资源与环境学报，
37（3）：381-388.

邹衡，谢永生，骆汉，等，2022. 关中地区聚水阻渗调控技术下猕猴桃树根系及土壤水分布 [J]. 北
方园艺（13）：96-104.

邹永翠，王强，彭方明，等，2016. 测土配方施肥对红阳猕猴桃产量和品质的影响 [J]. 乡村科技
（8）：79-80.

邹永翠，王强，王万青，2014. 渝东北地区红阳猕猴桃需肥特点及施肥技术 [J]. 现代农业科技（9）：
122-123.

Clark CJ.，等，1988. 猕猴桃的营养诊断 [J]. 周付英，雷莉云，译 . 国外农学（果树）（3）：16-19.

Judd M J，McAneney K J，Wilson K S，1989. Influence of water stress on kiwifruit growth [J]. Irrig
Sci，10：303-311.

Smith GS，Ascher CJ，Clark CJ.1987. Kiwifruit Nutrition：Diagnosis of Nutritional Disorders [M].
2nd edn. Agpress Communications Ltd，Wellington，New Zealand.

Wang NN，He HH，Lacroix C，et al.，2019. Soil fertility，leaf nutrients and their relationship in ki-
wifruit orchards of China's central Shanxi province [J]. Soil Science and Plant Nutrition，65（4）：
369-376.

执笔人：王南南，刘存寿

第九章　猕猴桃整形修剪

第一节　整形修剪的目的作用及原则

整形修剪是猕猴桃栽培管理中的一项重要措施，对调节猕猴桃生长发育、提高树体抗性、提早结果、增加产量、提高果实品质、减少用工、实现机械化操作等均有重要作用（赵明新等，2016；Sanclemente M A et al.，2014）。整形修剪作用的充分发挥，必须以综合管理为基础，并与其他栽培管理措施相配合，以实现猕猴桃高产、优质的目的。

一、整形修剪的定义和目的

（一）整形和修剪的定义

整形是指通过修剪，将猕猴桃树体打造成某种树形。选择适宜的树形，培养牢固合理的骨架结构，有利于改善树体光照条件，提高果实负载能力及果实品质（Patricia S et al.，2015）。

修剪是为了控制果树枝梢的长势、方位、数量而采用的剪枝及类似的外科手术的总称。切断部分根系称为根系修剪。

整形与修剪相结合称为整形修剪，两者密切相关、互为依存。整形依靠修剪才能达到目的，只有在合理整形的基础上，实施修剪才能发挥充分的作用。猕猴桃整形修剪，应以生态和其他相应农业技术措施为条件，以猕猴桃生长发育规律、种类和品种的生物学特性及对各种修剪的反应为依据。因此，猕猴桃整形修剪必须要因时、因地、因种类、因品种和树龄的不同而异，必须以良好的土肥水条件为基础，以有效的病虫害防控作保证，才能充分发挥作用。

（二）整形修剪的目的

1. 提早丰产、延长经济结果年限　果树冠层郁闭、树形管理成本高是果树栽培过程中的普遍问题（Trevor Olesen et al.，2009；Miller S et al.，2015）。自然生长的猕猴桃，依附于其他作物或枝条缠绕生长，冠内枝条密生、紊乱而郁闭，光照、通风不良，生长和结果难以平衡，影响其开始结果的年龄和产量。通过合理地整形修剪，幼树可以加速扩大树冠、增加枝量，实现提早结果、早期丰产。

合理地整形修剪，能够使主枝分枝保持适宜的角度和从属关系，减少骨干枝的伤口，培养牢固的骨架，有利于延长经济结果年限。

2. 提高果品产量和质量　单位面积产量与猕猴桃结果枝数量、坐果率等关系密切。

未经整形修剪的猕猴桃，枝条密生、交叉、重叠，光照和通风不良，严重影响其花芽分化，结果枝数量少，坐果率也低，产量低。通过合理地整形修剪，可培养大小整齐、结构良好、骨架牢固的树冠；可使新梢生长健壮，营养枝和结果枝搭配适当，不同类型、不同长度的枝条能保持一定的比例，并使结果枝分布合理，连年形成健壮新梢和足够的花芽，产量高而稳定。同时合理地整形修剪能使果树通风透光，果实大小均匀、品质优良、色泽均一。

3. 便于田间管理，提高经济效益　如果任由猕猴桃自由生长，则枝条密挤，打药、疏花疏果和采收等作业十分不便，工作效率低，生产成本高。通过整形修剪，能够保持合适的树体结构及合理的枝条密度，有利于田间各项操作，增加果园经济效益。

二、整形修剪的作用

(一)调节猕猴桃和环境的关系

整形修剪的重要任务之一是充分合理地利用空间和光能，调节猕猴桃与温度、土壤、水分等环境条件之间的关系，使猕猴桃能适应环境，有利于猕猴桃的生长发育。

1. 调节光照　植物中90%以上的有机物质来自光合作用，光照条件的好坏直接影响果实产量和品质。放任栽培的果树，主要问题是树体结构不合理，强化了顶端优势，树冠内膛和下部光照条件恶劣，加剧了枝蔓下部光秃，结果部位外移，产量不高，品质不好（王西锐，2017）。整形和修剪可调节果树个体与群体结构，改善光照条件，使树冠内膛和下部具有适宜光照，树体上下内外呈立体结果。

2. 克服或降低不利环境的影响　根据环境条件和猕猴桃的生物学特性进行合理整形修剪，有利于猕猴桃与环境的统一。在土壤瘠薄、缺少水源的山地和旱地，适当重剪控制花量，使猕猴桃有利于旱地栽培；在北方猕猴桃易受冻害的地方，秋季果实采收后及时进行修剪，打开光路，增强叶片光合能力，提高树体冬季养分贮藏量，是预防冻害的有效方法之一；在春季易遭晚霜危害的地方，通过冬剪多留芽，伤流后及时复剪，都能在某种程度上减轻晚霜对产量的影响。总之，通过适当地整形和修剪，能在一定程度上克服不利环境条件的影响。

3. 调节微域环境　猕猴桃与环境之间的关系，除应重视宏观调控外，也应重视整形修剪等措施对微生态环境的影响。适宜整形修剪对叶际、果际的光照、温度和湿度等方面有积极影响，可进一步提高叶片光合效能，改善果实品质（崔春梅等，2015；朱雪荣等，2013）。

(二)调节树体各部均衡关系

猕猴桃植株是一个整体，树体各部分和器官之间经常保持相对动态平衡。合理修剪可以打破原有的平衡，建立新的动态平衡，向着有利人们需要的方向发展（钟彩虹，2020）。

1. 利用地上部与根系动态平衡关系调节猕猴桃的整体生长　猕猴桃地上部与根系生长发育存在着相互依赖、相互制约的关系。地上部剪掉部分枝条，地下部根系比例相对增加，对地上部的枝芽生长有促进作用；若断根较多，地上部比例相对增加，对其生长会有抑制作用；地上部和地下部根系同时修剪，虽然能保持相对平衡，但对总体生长会有抑制作用。移栽猕猴桃时必然切断部分根系，为保持平衡，地上部也要截疏部分枝条。

冬季修剪一般在根系和枝干中贮藏养分相对较多时进行。对于幼树和初结果树,由于修剪减少地上部枝芽总数,缩短与根系之间的运输距离,使留下的枝芽得到相对较多的水分和养分,因而对地上部生长表现出刺激作用,新梢生长量大,长梢多。但对果树整体生长则有抑制作用,因为修剪使其发枝总数、叶片数和总叶面积都减少,进而对地下部根系生长也有抑制作用。白岗栓等(2005)分别在冬季和生长季对苹果幼树进行不同程度的修剪,结果表明冬季重剪抑制了根系生物量的增长,但相对促进了地上部生物量的增长;生长季修剪促进了根系生物量的增长,但相对抑制了地上部生物量的增长。

进入盛果期的树,由于每年大量开花结果,营养生长明显转弱,短枝增多,修剪的作用与幼树不尽相同。特别是在枝量大、花芽多、树势弱的情况下,由于剪掉部分花芽和无效枝叶,避免过量结果和营养的无效消耗;通过修剪,改善了光照条件,也改变了地上部与根系的比例关系,缩短了地上部与根系物质交换的距离;通过修剪,促进枝梢生长,长梢比例增加,有利于加强两极交换。这些均对养根、养干和维持树势有积极作用。研究人员探究根系生长过程,结果显示冠层修剪会促进浅根系的生长,其与碳水化合物的竞争抑制根系的垂直生长有关。但是,若修剪过重,同样会有抑制猕猴桃生长和降低产量的作用。

夏季修剪一般在树体内贮藏养分最少的时期进行。修剪越重,叶面积损失越大,根系生长受抑制越重,对猕猴桃整体和局部生长都会产生抑制作用。实施主干环剥等措施,虽然未剪去枝叶,但由于阻碍地上部有机营养向根系输送,因此提高了剥口以上枝条营养水平,促进新梢老熟,有效促进花芽分化、成花和坐果(张佳等,2013)。

根系适度修剪有利于树体生长,但断根较多时则抑制生长,进行根系修剪后的果树,叶水势、叶片膨压、气孔导度以及木质部离子浓度显著降低,木质部脱落酸(ABA)含量显著高于未进行根系修剪的树体,表明根系修剪降低水分和养分的吸收是根系修剪抑制地上部的营养生长和生殖生长的生理机制。断根时期很重要,秋季地上部生长已趋于停止,并向根系转移养分,适度断根有利于根系的更新,对地上部影响也小;在地上部新梢和果实迅速生长时断根,对地上部抑制作用较大。

2. 调节营养器官和生殖器官之间的平衡 生长和结果是猕猴桃整个生命活动过程中的一对基本矛盾,生长是结果的基础,结果是生长的目的。从猕猴桃开始结果,生长和结果长期并存,两者相互制约,又可相互转化。整形修剪能够平衡树势、缓和树体营养生长与生殖生长的矛盾,改变树体内养分积累的程度和流向(郭西智等,2016)。在猕猴桃的生命周期和年周期中,首先要保证适度的营养生长,在此基础上促进花芽形成、开花坐果和果实发育。

幼树以营养生长为主,在一定营养生长的基础上,适时转入结果是这一时期栽培的主要任务。因此,对幼年猕猴桃的综合管理措施应当有利于促进营养生长,新梢适时停长,壮而不旺。可以通过夏剪、促进分枝、抑制过旺新梢生长等措施,创造有利于向结果方面适时转化的条件(王德新,2015)。为做到整形和结果两不误,可利用枝条在树冠内的相对独立性,使一部分枝条(骨干枝)担负扩大树冠的任务,另一部分枝条(辅养枝)转化为结果部位。密植果园能否适时以生殖生长控制营养生长,是控制树冠扩大过快的关键措施,如果营养生长得不到有效控制,未丰产先封行,则密植失败。当然过早结果、过分抑制营养生长和树冠扩大，不能充分利用空间和光能，也不利于丰产。

盛果期树花量大、结果多，树势衰弱，易出现大小年结果现象。通过修剪和疏花疏果等综合配套技术措施，可以有效调节营养生长和生殖生长的矛盾，克服大小年结果的现象，实现年年丰产，又能保持适度的营养生长，维持优质丰产的健壮树势（Lauria PÉ et al.，2014）。

3. 调节同株同类器官间平衡　一株猕猴桃上同类器官之间也存在着矛盾。主蔓之间会有强弱之分；同一个主蔓可能出现先端强后部弱或后部强先端弱等情况。修剪能调节各部分的平衡关系，如对强势部位疏除部分壮枝，多留花果，必要时进行环剥处理，弱势部位则反之，这样可逐步调至均衡。树冠内各类营养枝之间的比例也应保持相对平衡。长枝对果树整体营养有重要调节作用，短枝则对局部营养有较大的调节作用。长枝数量多、比例大，有利于营养生长；而短枝数量多、比例大，则有利于生殖生长，两者之间也存在着平衡和竞争。长枝多时以疏、放修剪为主，以利增加短枝数量；短枝多时多用短截和缩剪，以利增加长枝数量。果枝与果枝、花果与花果之间也存在着养分竞争，花量过大坐果率并不高，通过细致修剪和疏花疏果，可以选优去劣、去密留稀、集中养分，保证剪留的果枝、花芽结果良好。

（三）调节生理活动

修剪可调节猕猴桃的生理活动，使猕猴桃内在的营养、水分、酶和植物激素等的变化有利于生长和结果。

1. 调节树体内的营养和水分状况　在苹果上的研究表明，轻度短截修剪相较于重度短截修剪及不修剪，主要提高了叶片的氮素水平，促进了果树的营养生长，使其枝叶繁茂，叶片的光合特性提高，而较多留枝量处理反而会降低叶片光合特性（张冲等，2016）。黄春辉等（2013）研究发现对盛花前后不同时期的美味猕猴桃品种金魁进行零芽修剪，并测定处理枝条的果实品质相关指标，发现不同时期零芽修剪单果重均显著高于对照。

2. 调节树体的代谢作用　修剪对酶的活性有明显影响。有研究表明环剥改变苹果的库源关系，环剥显著抑制果实的发育，极显著提高淀粉酶活性，降低酸性转化酶活性，而对中性转化酶、蔗糖合酶和蔗糖磷酸合酶活性无显著影响。

3. 调节内源激素平衡关系　不同器官合成的主要内源激素不同，通过修剪改变不同器官的数量、活力及其比例关系，从而对各种内源激素发生的量及平衡关系起到调节作用。

夏季摘心去掉了合成生长素和赤霉素多的茎尖和幼叶，使生长素和赤霉素含量减少，相对增加细胞分裂素含量，进而促进侧芽萌发，有利于提高坐果率。环剥与环切可明显控制营养生长而促进花芽分化。环剥与环切可阻滞生长素向基部运输，乙烯增多，脱落酸积累。

三、整形修剪的依据与原则

（一）整形修剪的依据

整形修剪应以猕猴桃种类和品种特性、树龄、长势、修剪反应、自然条件和栽培管理水平等基本因素为依据，有针对性地进行。

1. 种类、品种的特性 不同猕猴桃种类和品种，生物学特性差异很大，在萌芽抽枝、枝条硬度、结果枝类型、花芽形成难易、坐果率高低等方面均不相同。因此，应根据种类、品种特性，采取不同的整形修剪方法。

2. 树体生长状况 不同树龄果树的适宜树形有一定的差异。不同树龄的果树生长势不同，导致光合性能和产量有差异。幼树一般长势旺，不易形成花芽，结果很少。对此应在整形的基础上，轻剪多留枝，促其迅速扩大树冠，增加枝量。枝量达到一定程度时，要促使其朝着有利于结果的方向转化，以便促进花芽形成，及早进入结果期（张抗萍等，2017）。随着大量结果，果树长势渐缓，逐渐趋于中庸，容易形成花芽，这是一生中结果最多的时期。这时，要注意枝条留量，以保证连年形成花芽；疏花疏果并改善内膛光照条件，以提高果实的质量；要尽可能保持中庸树势，延长结果年限。盛果期以后，果树生长缓慢，内膛枝条减少，结果部位外移，果实产量和质量下降，表明果树已进入衰老期。这时，要及时采取局部更新的修剪措施，抑前促后，减少外围新梢，改善内膛光照条件，并利用内膛较长枝更新；在树势严重衰弱时，更新的部位应该更低、程度应该更重。

3. 修剪反应 猕猴桃不同种类、品种及不同类型枝条的修剪反应是合理修剪的重要依据，也是评价修剪好坏的重要标准。修剪反应多表现在2个方面：一是局部反应，如对某一枝条短截或回缩后，在剪、锯口下萌芽、抽枝、结果和形成花芽的情况；二是整体反应，如总生长量、新梢长度与充实程度、花芽形成总量、树冠枝条密度和分枝角度等。通过观察修剪的具体反应，可以明确适宜的修剪方法和程度，做到有的放矢地进行正确修剪。

4. 园地条件和栽培技术 园地条件和栽培技术对猕猴桃生长发育有很大影响，应区别情况，采用适当的树形和修剪方法。土壤瘠薄的土地和肥水不足的果园，树势弱、生长差，修剪应稍重，短截量较多而疏间较少，并注意复壮树势。相反，土壤肥沃、肥水充足的果园，猕猴桃生长旺盛、枝量多、树冠大，修剪要轻，要多结果，采用"以果压冠"的措施控制树势。

5. 栽植方式与密度 栽植方式与密度不同，整形修剪也应有所变化。密植园树冠要小些，骨干枝要少些。

（二）整形修剪的原则

1. 因树修剪，随枝做形 整形时既要有树形要求，又要根据不同单株的实际情况灵活掌握、随枝就势、因势利导、诱导成形，做到"有形不死，无形不乱"。对猕猴桃树形的要求，着重掌握树冠大小、主蔓枝数量、分布与从属关系，枝类比例等。不同单株的修剪不必强求一致，避免生搬硬套、机械做形，修剪过重势必抑制生长、延迟结果。

2. 统筹兼顾，长短结合 结果与长树要兼顾，对整形要从长计议，不要急于求成，既要有长计划，又要有短安排。幼树既要整好形，又要有利于早结果，做到生长结果两不误。如果只强调整形而忽视早结果，则不利于经济效益的提高，也不利于缓和树势。如果片面强调早丰产、多结果，就会造成树体结构不良、骨架不牢，不利于以后产量的提高。盛果期也要兼顾结果和生长，要在高产稳产的基础上，加强营养生长，延长盛果期，并注意改善果实品质。

3. 以轻为主，轻重结合　尽可能减少修剪量，减轻修剪对果树整体的抑制作用。尤其是幼树，应适当轻剪、多留枝，有利于长树、扩大树冠、缓和树势，以达到早结果、早丰产的目的。修剪量过多时，势必减少分枝和长枝数量，不利于整形。为了建造骨架，必须按整形要求对主蔓枝进行修剪，以助其生长和控制结果，只有这样才能培养牢固的骨架。

4. 树势均衡，主从分明　树势均衡是指树体各部位比较均匀一致，未出现同一株树上骨干枝的长势一强一弱的现象，采取"抑强扶弱，正确促控"相结合的修剪方法，能维持树势均衡，使树冠圆满紧凑。主干、主蔓、结果枝之间的主从关系也应明确，一般主干应强于主蔓，主蔓强于结果枝。修剪时应采取措施使各级枝保持明确的从属关系，有利于群体和树冠内通风透光、树势均衡。

第二节　整形修剪的生物学基础

猕猴桃的生物学特性是修剪的重要依据。修剪应符合猕猴桃的生长结果特性，通过各种修剪方法并使其相互配合，充分利用其反应特点，完成整形任务，实现早果、优质和丰产。

一、芽、枝的生长发育特性与修剪

修剪直接作用于枝和芽，并影响枝和芽的生长发育，因此，了解枝和芽的特性是指导整形修剪的重要依据。既要依枝和芽的特性进行整形修剪，也要通过修剪对枝和芽进行调控。

1. 芽异质性的利用　长枝基部的芽常不萌发，成为休眠芽、潜伏芽；中部的芽萌发抽枝，长势最强；先端部分的芽萌发抽枝长势最弱，常成为短枝或弱枝（马天婕，2016）。剪口下需发壮枝可在饱满芽处短截；需要削弱时，则在一年生枝基部瘪芽处短截。夏季修剪中的摘心、捏点等方法也能改善部分芽的质量。

2. 芽早熟性的利用　猕猴桃的芽具有早熟性，利用其一年能发生多次副梢的特点，可通过夏季修剪达到加速猕猴桃整形、增加枝量和早果丰产的目的。

3. 芽的潜伏性与更新　猕猴桃的芽具有潜伏性，可利用此特性，通过修剪实现更新复壮。

4. 萌芽率、成枝力与修剪　不同的猕猴桃种类和品种，其萌芽率和成枝力不同，萌芽率高、成枝力强的种类和品种，长枝多，整形选枝容易，但树冠易郁闭，修剪应多采用疏剪缓放。萌芽率高、成枝力弱的种类和品种，容易形成大量中、短枝并早结果，修剪中应注意适度短截，有利于增加长枝数量。萌芽率低的种类和品种，应通过拉枝、摘叶等措施，增加萌芽数量。修剪对萌芽率和成枝力有一定的调节作用。

5. 顶端优势的利用　强壮直立枝顶端优势强，随角度增大，顶端优势变弱，枝条弯曲下垂时，弯曲处发枝能力最强，表现出优势的转移。顶端优势强弱与剪口芽质量有关，留瘪芽对顶端优势有削弱作用。幼树整形修剪，为保持顶端优势，要用强枝壮芽带头，使主干、主蔓枝保持较直立的状态；顶端优势过强，可加大角度，用弱枝弱芽带头，还可用延迟修剪削弱顶端优势，促进侧芽萌发。

二、结果习性与修剪

猕猴桃栽培的目的是获取高产优质的果实，因此，猕猴桃的结果习性和特点是修剪的重要依据。

1. 花芽形成时间　一般落叶果树在新梢停止生长后开始进入花芽生理分化期，然后进行形态分化，并于冬季形成花器官。而猕猴桃则是在当年夏、秋季完成生理分化形成花芽原基后，直到翌年春季萌芽前才进行形态分化。猕猴桃花芽生理分化期因品种而异，一般在 6—9 月，因此，此期进行适宜的枝蔓管理，改善果园通风透光条件，增强叶片光合能力，提高树体养分积累，有利于猕猴桃花芽的形成。

2. 开花坐果　猕猴桃春季营养生长和开花坐果在营养分配上存在竞争关系，通过花期前后适当夏季修剪可缓解双方矛盾，在短期内有利于开花坐果。在猕猴桃花前或花期对结果新梢进行摘心，可以提高猕猴桃坐果率。在猕猴桃坐果后进行新梢摘心、主干环剥等，可以增大果个。

3. 结果枝类型　猕猴桃不同种类、品种及不同生育期，其主要结果枝类型不同。如美味猕猴桃主要以中、长果枝为主，而中华猕猴桃以中、短果枝为主，其春、夏梢及某些二次梢都有可能成为结果母枝。修剪应当以有利于形成最佳果枝类型为原则。研究人员对美味海沃德和软枣 Issai 猕猴桃中结果母枝直径对果实品质的影响进行研究，其中海沃德结果母枝直径为 8.00～9.9mm 时，结出果实在贮藏期间，糖、有机酸、酚类含量变化最小，果实最均匀；Issai 结果母枝直径为 3.00～4.49mm 时，结出的果实成熟较早，修剪上留直径为 6.00～7.49mm 枝条，果实更大、更重，果实成熟度更加均匀，果实品质更加均匀。

4. 连续结果能力　结果枝上当年发出枝条持续形成花芽的能力，称为连续结果能力。猕猴桃当年较易形成花芽，不易出现大小年，所以修剪上注意选留结果能力强、可生产优质果的枝条。

5. 最佳结果母枝年龄　猕猴桃不同于其他果树，最佳的结果母枝为一年生枝，其萌发率、结果能力较强。枝龄过老不仅萌发率、结果能力明显降低，而且果实品质也会下降，所以，修剪要注意及时更新，不断培养新的结果母枝。

三、树势

树势是指猕猴桃整体的生长势，一般用树冠外围枝梢生长状况来衡量。枝条多且长势强的则树势强，反之则弱。不同树势其树体生长状态不同，其中不同枝类的比例是一个常用指标，长枝所占比例过大，表示树势旺盛；长枝过少甚至发不出长枝，则表示树势衰弱。如徐香品种萌芽率高、树势强，树体成形容易，冬剪时结果母枝易选留。而翠香品种萌芽率低、树势较弱，树体成形慢，冬剪时结果母枝不易选留。张望舒等（2017）对红阳等 4 个中华系品种猕猴桃进行引种试验，发现树势与果实生长发育成正相关，果实品质及贮藏能力也随树势的增强而提高。

四、修剪反应的敏感性

修剪反应的敏感性是指猕猴桃对修剪的反应程度的差别。修剪稍重树势转旺，稍轻树势易衰弱，这就是修剪反应敏感性强。反之，对修剪轻重虽有反应差别，但反应差别却不显著，这就是修剪反应敏感性弱。修剪反应的敏感性与气候条件、树龄和栽培管理水平有关。一般幼树反应较强，随着树龄增大而逐渐减弱。土壤肥沃、肥水充足，反应较强；土壤瘠薄、肥水不足，反应较弱。

五、生命周期和年周期

猕猴桃一生和一年内生长发育全过程中，不同时期具有不同的特点，包括修剪在内的一切栽培技术措施，都应适应这两个周期的生长发育特点。幼龄猕猴桃树，树冠和根系离心生长快，整形修剪的任务是在加强肥水综合管理的基础上，促进幼树旺盛生长，尽快增加枝叶量，完成由营养生长向生殖生长的转化，早形成花芽。修剪方法应以轻剪为主，尽早培养丰产的树体结构，为进入盛果期创造条件。盛果期果实产量高、品质好，修剪的任务是要尽量延长这一时期。此期由于果实产量高，因此消耗营养物质多，树体易衰弱，并容易出现大小年现象（王能友，2004）。因此，在加强肥水综合管理的同时，应采取细致的更新修剪措施，调节花芽、叶芽比例以克服大小年现象，维持健壮树势。进入衰老期的果树果实产量下降，在增施肥水的前提下，可进行回缩更新复壮。

在猕猴桃的年周期中，营养物质的合成、输导、分配和积累都有一定的变化规律，枝、叶、花、果、根等器官都按一定的节奏生长发育，要依其特性进行修剪。休眠期贮藏养分充足，是适宜猕猴桃修剪的主要时期，可进行细致修剪，全面调节。开花坐果时，消耗营养多，枝梢生长旺，营养生长和开花坐果竞争养分、水分，摘心、环剥、喷布植物生长延缓剂，能使营养分配转向有利于开花坐果的方向。花芽生理分化期进行疏枝、摘心等夏剪措施，可促进花芽分化。夏、秋季，疏除过密枝梢，能改善光照条件，提高花芽质量。夏季修剪对猕猴桃周期生长节奏有明显影响，在一定时间内，对营养物质的输导和分配有很强的调节作用，并可改变内源激素的产生和相互平衡关系，借以调节生长和结果的矛盾。修剪的重点是调节树体生长强度，使之有利于花芽分化、开花坐果和果实发育。

第三节　树形与整形

一、常见树形

猕猴桃生产中，主要推广的树形为单干两蔓形。在我国有些猕猴桃产区，采用高密度栽培模式，在保证行距的基础上进行株间加密，已获得较高的果园前期产量，对基本树形进行了改良，采用单干单蔓形。现将当前国内常用部分树形介绍如下。

（一）单干两蔓形

采用单主干上架，在主干上接近架面的部位选留 2 个主蔓，分别沿中心铅丝伸长，主蔓的两侧每隔 25～30cm 选留 1 个强势的结果母枝，与行向成直角固定在架面上，呈羽状排列（彩图 9-1）。

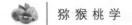

（二）单干单蔓形

采用单主干上架，且主干上架后沿中心铅丝单方向伸长为主蔓，主蔓的两侧每隔25～30cm选留1个强势的结果母枝，与行向成直角固定在架面上，呈羽状排列（彩图9-2）。当株距小于2m时，建议采用单干单蔓羽毛状树形（吕岩等，2019a）。

（三）单主干多主蔓树形

猕猴桃老产区常见树形之一（彩图9-3）。其优势是造型容易，但对修剪人员的技术要求高，易出现修剪不当、枝蔓紊乱、空膛等问题。

二、整形

从猕猴桃栽植的第1年开始，需要3～4年时间才能完成整形。现以猕猴桃单干两蔓形树形为例，介绍猕猴桃树体整形过程。

（一）第1年

苗木定植后，选留2～3个饱满芽对主干进行短截，发芽后选留一直立粗壮的枝蔓作为主干，在苗木旁设立支柱，或从架面中心铅丝引一拉绳固定于苗木下部，用绑绳将主干"8"字形固定在立柱、拉绳上，保持新梢直立向上生长，每隔30cm左右固定一道，以免新梢被风吹劈裂。注意不要让新梢缠绕立柱、拉绳生长。其余新梢及嫁接口以下发出的萌蘖及时去掉。对于生长强旺的单株，当主干生长超过架面30cm以上时，在架面以下至少30cm处对主干进行剪截，当剪口下长出二次枝之后，选择2个生长强壮的新梢作为主蔓，其余进行疏除。主蔓长度达株距一半左右时，于架面以下交叉后上架，沿中心铅丝向2个方向生长，隔一段距离将其绑于中心铅丝上，促进主蔓侧芽萌发。对2条主蔓相交部位以下的二次枝全部疏除，相交部位以上附近的强旺二次枝进行疏除，其余二次枝全部保留。对于生长较弱的单株，当主干生长减弱时及时摘心，控制其继续延伸，促其加粗生长。冬剪时，根据树体生长情况采取不同冬剪措施。对于已上架且具双蔓的植株，对主蔓延长头于饱满芽处修剪，主蔓上其他枝条留2～3个芽进行短截。对于主蔓未形成、主干高度不足的植株，在离架面30cm以下主干1cm粗处进行短截，重新培养主干、主蔓。

（二）第2年

春季发芽后，选择1个强旺的新梢作为主蔓的延长枝，继续沿中心铅丝向前延伸。当主蔓延长头相互交叉后进入相邻植株的范围生长，或主蔓新梢的先端生长变细、叶片变小时，及时进行摘心，以积累营养促进主蔓加粗生长，防止枝蔓互相缠绕。主蔓上发出的直立新梢应及时抹除或控制，以免影响主蔓生长，其他斜生新梢由中心铅丝附近分散引导伸向两侧，并将各个新梢分别固定在铅丝上。冬剪时，将主蔓的延长头剪回到各自的范围内。在主蔓的两侧每隔20～25cm留1条生长旺盛的枝条剪截到饱满芽处，作为翌年的结果母枝，生长中庸的中、短枝剪留2～3个芽。保留的结果母枝与行向成直角，且相互平行固定在架面铅丝上，呈羽状排列。

（三）第3年

春季结果母枝上发出的新梢以中心铅丝为中心线，沿架面向两侧自然伸长。冬季修剪时在主蔓两侧每隔30cm左右配备1个强旺结果母枝，在有空间的地方，保留中庸枝和生长良好的短枝，均于饱满芽处修剪。到第3年生长期结束，树冠基本成形。

进入盛果期后整形的主要任务是在主蔓上逐步配备适宜数量的结果母枝，使整个架面布满枝蔓，维持营养生长和生殖生长间的平衡，保证盛果期果园的稳产、优质。

第四节 修 剪

猕猴桃一年中的修剪，根据修剪时期可分为休眠期修剪（冬季修剪）和生长期修剪。生长期修剪可细分为春季修剪、夏季修剪和秋季修剪。为提高修剪效果，除应重视休眠期修剪外还应重视生长期修剪，尤其对生长旺盛的幼树更为重要。

一、休眠期修剪

休眠期修剪指猕猴桃从秋、冬季落叶至翌年春季伤流前的修剪。由于主要修剪时间在冬季，故又称为冬季修剪。

（一）休眠期修剪的优点

休眠期树体内贮藏养分较充足，修剪后枝芽减少，有利于猕猴桃集中利用贮藏养分。枝梢内营养物质的运转，一般在进入休眠期前即开始向下运送至大枝干和根部，至开春时再由根、干运向枝梢。

休眠期修剪还要综合考虑猕猴桃不同种和品种特性、修剪反应、越冬性和劳力安排等因素。猕猴桃进入休眠期后，不同地区应根据猕猴桃落叶及伤流时间合理安排休眠期修剪。

（二）休眠期修剪的目的

猕猴桃休眠期修剪主要目的为调整树体结构、培养良好的骨架、平衡树势、调整花芽和叶芽比例、调节地上部与地下部的平衡等。

二、生长期修剪

生长期修剪指猕猴桃从春季伤流后至秋、冬季落叶前的修剪，由于主要修剪时间在夏季，故常称为夏季修剪，但细分又可分为春季修剪、夏季修剪和秋季修剪。

（一）春季修剪

春季修剪主要包括除萌抹芽、摘心等。除萌抹芽是在芽萌动后，除去枝干的萌蘖和过多的萌芽。为减少养分消耗，进行时间宜早。摘心主要针对树冠外围结果枝、树冠内需要留用的徒长枝及枝条抗风力较差的品种，如海沃德品种枝条。为加快幼树成形、增加枝量，对部分枝条也可进行摘心。

（二）夏季修剪

夏季修剪指新梢旺盛生长期进行的修剪。此阶段树体各器官处于明显的动态变化之中，根据目的及时采用某种修剪方法能收到较好的调控效果。秦红艳等（2016）研究表明，对于生长旺盛的徒长新梢，拿枝和扭梢不能显著提高冬芽萌发率，但均在一定程度上提高了花芽分化率。夏季修剪主要采用外控内促修剪技术，外控主要是早摘心（新梢迅速生长期），控制外围枝条营养生长；内促是培养树冠中心靠近基部的结果枝、发育枝（罗双霞，2021）。夏季修剪的关键在及时，同时由于夏季修剪对树体生长抑制作用较大，因此修剪要从轻。

（三）秋季修剪

秋季修剪指秋季新梢将要停长至落叶前进行的修剪，以剪除过密大枝为主，此时树冠内枝条稀密度容易判断，修剪程度较易掌握。由于带叶修剪，养分损失比较大，翌年春季剪口反应比冬剪弱，因此，秋季修剪具有刺激作用小，能改善光照条件和提高内膛枝芽质量的作用。北方为充实枝芽以利越冬，对即将停长的新梢进行剪梢也属秋季修剪。秋季修剪在幼树、旺树、郁闭的树上应用较多，其抑制作用弱于夏季修剪，但比冬季修剪强。

三、修剪方法及作用

猕猴桃基本修剪方法包括短截、缩剪、疏剪、长放、绑枝、除萌、疏梢、摘心、剪梢、零叶修剪、捏尖、环割等多种方法，了解不同修剪方法及作用特点，是正确采用修剪技术的前提。

（一）短截

短截亦称短剪，即剪去一年生枝梢的一部分。冬剪时，将当年结果母枝留 2～4 个芽重短截，促发营养枝。

1. 短截的种类　短截可分为轻、中、重和极重短截，轻短截一般指剪除部分不超过一年生枝长度的 1/4，中短截多在春梢中上部饱满芽处剪截，剪掉枝长的 1/3～1/2，重短截指在春梢中下部半饱满芽处剪截，极重短截在春梢基部留 1～2 个芽。短截反应随短截程度和剪口附近芽的质量不同而异。一般短截对剪口下的芽有刺激作用，以剪口下第 1 个芽受刺激作用最大，新梢生长势最强，离剪口越远受影响越小；短截越重，局部刺激作用越强，萌发中长梢比例增加，短梢比例减少；极重短截时，有时发 1～2 个旺梢，也有的只发生中、短梢。短截对母枝有削弱作用，短截越重，削弱作用越大。

2. 短截的作用

（1）促进枝条生长，扩大树冠。短截后促进剪口下芽的萌发及生长，有利于迅速扩大树冠。因此，短截多用于中心干延长枝、主蔓延长枝等的修剪。由于萌发率提高，枝梢密度增加，树冠内膛光线变弱，短波光减弱更重，有利于枝条伸长，而不利于组织分化。

（2）增加长枝量。短截后萌芽率和成枝率明显提高，有利于增加长枝量。因此，短截也可用于枝势调整、树势恢复等。

（3）缩短枝轴。短截后使留下部分靠近根系，缩短了养分的运输距离，有利于促进生长和更新复壮。

（4）改变枝梢生长角度和方向。短截时可利用剪口下芽的方位改变新梢生长角度及方向，从而改变顶端优势部位。

（5）短截可增强顶端优势。强枝过度短截后往往促进顶端新梢徒长，下部新梢变弱，不能形成优良的结果枝。

（二）缩剪

缩剪亦称回缩修剪，即剪去多年生枝的一部分。

1. 缩剪的作用

（1）复壮作用。由于去掉了部分枝，使留下的枝能得到较多的营养和水分，因而对母枝具有一定的复壮作用。因此缩剪常用于结果枝组的更新复壮、弱枝复壮等。

（2）改变生长方向，利于通风透光。对于辅养枝或骨干枝，欲改变原生长方向、减少分枝量、改善通风透光条件，可以在适宜部位回缩。

（3）削弱母枝。如缩剪部位不合适，对母枝生长具有一定的削弱作用。

2. 缩剪反应　缩剪反应与缩减程度、留枝强弱、伤口大小有关。如缩剪剪口下留强枝、伤口较小、缩剪适度，可促进剪口后部枝芽生长，过重则可抑制生长。缩剪的促进作用常用于骨干枝、枝组或老树更新复壮上，削弱作用常用于骨干枝之间势力调节平衡、控制或削弱辅养枝生长势上。

（三）疏剪

即将枝梢从基部疏除，其主要作用如下。

1. 减少分枝，改善光照　疏剪后使树冠内光线增强，尤其是短波光增强明显，有利于组织分化而不利于枝条伸长，为减少分枝和促进结果多用疏剪。在修剪时，多疏除竞争枝、直立枝、重叠枝、交叉枝等。

2. 削弱母枝生长势　疏枝后减少了母枝上的枝量，对母枝的生长具有一定的削弱作用。常用于调节骨干枝之间的平衡，强的多疏，弱的少疏或不疏。但如疏除的为花芽、结果枝或无效枝，反而可以增强整体和母枝的势力。

3. 促下抑上　疏剪在母枝上形成的伤口可影响水分和营养物质的运输。可利用疏剪控制上部枝梢旺长，促进下部枝梢生长。疏剪反应特点是对伤口上部枝芽有削弱作用，对下部枝芽有促进作用，疏剪枝越粗，距伤口越近，作用越明显。对母枝的削弱较短截更强，疏除枝越多、枝越粗，其削弱作用越大。

（四）长放

长放亦称甩放，即一年生长枝不剪。长放在猕猴桃生产中应用较少，其主要作用如下。

1. 增加枝量　长枝长放后，由于芽数多，所以枝量增加快，尤其是中、短枝数量。

2. 促进花芽形成　中庸枝、斜生枝和水平枝长放，由于留芽数量多，易发生较多中、短枝，生长后期积累较多养分，能促进花芽形成和结果。但背上强壮直立枝长放，顶端优势强，母枝增粗快，易发生"树上长树"现象，因此不宜长放。修剪中直立枝、竞争枝、徒长枝不能长放，而中庸枝、水平枝、斜生枝则可以长放。

（五）绑枝

猕猴桃为蔓生果树，通过绑枝可以人为改变枝梢生长方向，减少枝间相互重叠交叉，其主要作用如下。

1. 削弱顶端优势　有利于近基枝更新复壮和使所抽新梢长势均匀，防止基部光秃。

2. 确保枝条在架面的均匀分布　可以扩大树冠，改善光照，充分利用空间。

3. 缓和生长势　绑枝减缓枝内蒸腾液流运输速度，类似生长素、赤霉素含量减少，含氮少而糖增多，乙烯含量增加。因而绑枝有缓和生长、促进生殖的作用。

（六）除萌和疏梢

芽萌发后抹除或剪去嫩芽称为除萌或抹芽，疏除过密新梢为疏梢。其作用是选优去劣、除密留稀、节约养分、改善光照、提高留用枝梢的质量。

（七）摘心和剪梢

摘心是摘除幼嫩的梢尖，剪梢还包括部分成叶在内，其作用如下。

1. 削弱顶端生长 促进内膛发枝，保证当年预备枝生长（彩图 9-4）。

2. 控制新梢生长，增大果实 猕猴桃花前、花后摘心，可控制新梢生长，促进果实的生长，还可提升翌年的花芽质量（赵菊琴，2013）。

3. 促进枝芽充实 夏季、秋季对将要停长的新梢摘心，可促进枝芽充实，有利越冬。

由此可见，摘心和剪梢可削弱顶端优势，提高果树各器官的生理活性，改变营养物质的运输方向，增加营养积累，促进分枝。因此，摘心和剪梢应在养分调整的关键时期进行。

（八）零叶修剪和捏尖

1. 零叶修剪 即于结果蔓最后一果以上不留叶片进行短截（彩图 9-5），每一结果母蔓上最多短截 3 条枝。徐小彪（2005）在新西兰调查黄肉猕猴桃品种 Hort16A 零叶修剪的实际生产情况时发现，该品种的最佳零叶修剪时期为谢花后 60d（5~6 月），此时正值浆果迅速膨大期，果实基本定型。宋海岩等（2020）在花后 40d 对翠玉猕猴桃旺盛结果蔓采取零叶修剪，能有效促进果树养分积累并提高果实品质相关指标，如单果重、维生素 C含量和单株产量等（表 9-1）。

表 9-1 不同夏季修剪方式对翠玉猕猴桃果实内在品质的影响

处理	可溶性固形物含量（%）	干物质含量（%）	可滴定酸含量（%）	糖酸比	维生素 C 含量（g/kg）
CK	13.25Aa	15.00a	1.11a	6.85a	1.088b
A	13.14Aa	14.46a	1.05a	6.57ab	1.191a
B	11.60Bb	14.45a	1.10a	6.45b	1.218a
C	12.67ABa	14.48a	1.07a	6.64a	0.971c

注：CK，不进行夏季修剪。处理 A，对旺盛结果蔓最后一果不留叶进行修剪（零叶修剪）。处理 B，对旺盛结果蔓最上果留 3~5 片叶进行修剪。处理 C，对旺盛结果蔓最上果留 6~8 片叶进行修剪。a、b、c，不同处理间同一指标的显著性差异（$P<0.01$）。

2. 捏尖 捏尖是对幼嫩的梢尖进行轻捏，使幼嫩的梢尖生长点受伤而不死（彩图 9-6），捏尖的作用如下。

（1）控制新梢生长，增大果实。通过捏尖，使幼嫩的梢尖生长点受伤，从而达到控制枝梢生长的目的。同时可起到增大果实的作用。

（2）防止侧芽萌发和二次枝生长。捏尖不同于摘心，其仅对梢尖生长点造成伤害，但枝梢顶端优势还在，所以既起到了控制枝梢生长的作用，又防止了侧芽萌发和二次枝生长。李小莹（2015）分别对海沃德与徐香进行捏尖处理，两者新梢二次发枝率皆为 0（表 9-2）。

表 9-2 不同夏季修剪处理下猕猴桃新梢二次发枝率

品种	处理			
	A	B	C	D
海沃德	68.3%a	49.25%b	0c	0c
徐香	71.82%a	47.12%b	0c	0c

注：A，强旺结果枝结果部位以上留 3~4 片叶。B，强旺结果枝结果部位以上留 7~8 片叶。C，捏尖处理。D，长放待生长衰弱后轻摘心。a、b、c，不同处理间同一指标的显著性差异（$P<0.05$）。

（九）环割

1. 环割的作用　植物体内有机物虽能沿着任何组织的活细胞向任何方向转移，但速度很慢，只有韧皮部才是有机物沿着整个植物长距离上下运输的主要通道。此外，韧皮部也负担一部分矿质元素运输。

环割可以暂时中断有机物向下运输，促进地上部糖分的积累，生长素、赤霉素含量下降；乙烯、脱落酸、细胞分裂素增多，同时也阻碍有机物向上运输。环割后，必然抑制根系的生长，降低根系的吸收功能，同时环割切口附近的导管中产生伤害充塞体，阻碍了矿质元素和水分向上运输。涂美艳等（2020）以 Hort16A 为材料，研究不同环割部位、时期及环割程度（表9-3、表9-4）对猕猴桃果实品质和结果母蔓中可溶性糖、可溶性淀粉、可溶性蛋白质的含量，以及功能叶片中叶绿素含量等生理指标的影响。最终得出初花期2条主蔓环割1周对提高 Hort 16A 植株养分状况和果实品质效果最好。

表 9-3　猕猴桃不同环割处理方式

处理	环割部位	环割时期	环割程度
CK	不环割	—	—
A1	主干上嫁接口上 5～10cm	初花期	环割1周
A2	双主蔓上主蔓与主干分支点以上 2cm 处	初花期	环割1周
A3	直径≥1.5cm 的结果母蔓分支点以上 2cm 处	初花期	环割1周
A4	主干上嫁接口上 5～10cm	花后 10d	环割1周
A5	主干上嫁接口上 5～10cm	花后 20d	环割1周
A6	主干上嫁接口上 5～10cm	初花期	环割2周
A7	主干上嫁接口上 5～10cm	初花期	环割3周

表 9-4　不同环割处理下猕猴桃果实外观品质比较

处理	纵径（mm）	横径（mm）	果形指数	单果重（g）
CK	70.83±1.83c	47.06±0.78c	1.51±0.03b	86.37±4.70bc
A1	75.79±1.02b	50.89±1.19ab	1.02±0.03d	100.28±11.3ab
A2	81.68±1.36a	51.44±1.07a	1.59±0.03ab	117.37±17.9a
A3	83.77±1.03a	51.62±0.88a	1.63±0.03a	112.56±33.8ab
A4	70.07±1.48c	44.81±1.35d	1.57±0.03ab	73.50±10.5bc
A5	68.83±3.03c	47.98±1.31bc	1.43±0.04c	86.68±10.2bc
A6	70.41±1.21bc	46.48±0.85cd	1.52±0.03ab	78.34±10.7bc
A7	69.66±2.71c	45.39±0.76cd	1.53±0.05ab	79.56±3.70c

注：a、b、c、d，不同处理间同一指标的显著性差异（$P<0.05$）。

2. 环割注意事项

（1）环割时间。环割时间与其目的有关，为促进猕猴桃果实生长，宜在果实快速生长期前进行；提高果实品质宜在果实养分积累期进行。

（2）环割宽度与深度。环割应在树体急需养分期过后进行。环割宽度一般为 0.5～1.0cm。环割适宜深度为切至木质部。切得过深，伤及木质部，会严重抑制生长，甚至使环割枝梢死亡；切得过浅，韧皮部有残留，效果不明显。

（3）环割效果与割口以上的叶面积。环割效果与树或枝上的叶面积大小有关，幼树环割或春季环割过早，由于总体叶面积小，光合产物不多，积累不足，达不到环割效果。因此，幼树和弱树不宜环割。

（4）主干环割与部分环割。主干环割对猕猴桃整体抑制作用强，尤其对根系抑制作用强；部分枝条环割只对被环割的枝条有抑制作用，有利促进坐果或果实生长等，未进行环割的枝条仍能继续供给根养分，并能增强光合效率。因此，在不需要控制整株生长的情况下，可对部分枝条进行环割。

（5）保护环割切口。为防止病虫对切口造成危害和促进切口愈合，可用塑料布或纸进行包扎，涂药保护时要慎重，切忌造成药害或死树现象。

（6）环割对象。一般为旺树或旺枝，幼龄树、初果树、衰弱树、黄化树、小叶树、早期落叶树等非健康树不能进行环割（吕岩等，2019b）。

四、不同树龄及雄株修剪

猕猴桃可分为幼树期、初结果期、盛果期和衰老期 4 个阶段。冬季修剪应根据各树龄的生长发育习性，采用不同的修剪措施（雷玉山等，2010）。

（一）幼树期修剪

即从定植开始到结果前的修剪，主要目的是培养良好的树形结构，增加枝量，加快树体成形，为丰产奠定基础。

猕猴桃定植后选择生长强旺的枝蔓作为将来的主干进行重点培养，利用竹竿等辅助物牵引使其直立生长（彩图 9 - 7），枝蔓发生缠绕可对其摘心，选择新发的枝蔓继续培养。

培养主蔓时，可先使其直立生长，绑蔓不宜过早拉平，应先保持 45°角，促进生长。减少分枝换头级次，如果主蔓不直，冬剪进行回缩重新发枝培养。对于主蔓背上枝、徒长枝及时疏除。多从强壮枝蔓的饱满芽处短截，短枝一般留 2～3 个饱满芽短截，促发健壮枝蔓，培养树体骨架。主蔓上选择结果母枝时，不选对生枝蔓，以免发生"卡脖现象"。

（二）初结果期修剪

初结果树一般枝条较少，主要任务是继续扩大树冠，适量结果。冬剪时对主蔓延长头继续进行短截，促其生长，直至相邻两株交接为止。主蔓上的细弱枝剪留 2～3 个芽，促使翌年萌发旺盛枝条，长势中庸的枝条修剪到饱满芽处。在主蔓上的上一年结果母枝上，选留 1～2 条距中心主蔓较近的强旺发育枝或结果枝作为更新枝，更新枝以外的其余部分直接回缩修剪（王西锐等，2015）。

（三）盛果期修剪

盛果期树的枝条已完全布满架面，冬季修剪的任务是选留合适的结果母枝、确定有效芽留量，并将其合理、均匀地分布在整个架面，既要确保产量，实现优质生产，获取良好的经济效益，又要维持健壮树势，延长经济寿命。

冬季修剪一般采用少枝多芽法，即在保证每株留芽量的基础上，减少每株树的留枝量，增加每枝的留芽量，确保夏季枝条、果实在架面的均匀分布。结果母枝的选留上，首先选留强旺发育枝，其次可选留强旺结果枝以及中庸发育枝和结果枝。

盛果期的猕猴桃植株，枝条已完全布满架面，冬季修剪可根据单株的目标产量，结合构成产量的几个因素来估计单株平均留芽量。计算公式为：

$$单株留芽量（个）=单株目标产量（kg）/[平均果重（kg）\times 每果枝结果数（个）\times 结果枝率（\%）\times 萌芽率（\%）]$$

单株留芽量因品种的生长结果特性及目标产量而有所不同。萌芽率和结果枝率高、单枝结果能力强的品种留芽量相对少些，相反则高些。如秦美猕猴桃的萌芽率为55％～60％，结果枝率为85％～90％，每果枝结果数为3.0～3.4个，平均单果重95～98g，按照成龄园的目标产量为每公顷33.75t，株行距为3m×4m，平均株产46kg，每株树应留有效芽约350个，意外损坏增加10％左右，每株树留有效芽量可保持在380～400个。而海沃德猕猴桃的萌芽率较低，为50％～55％，结果枝率为75％～80％，每果枝结果数为3.0～3.3个，平均单果重93～95g，按照成龄园目标产量为每公顷33.75t，株行距为3m×4m，平均株产46kg，每株树应留有效芽约440个，意外损坏增加15％左右，每株树留有效芽量大致可保持在520个（刘占德等，2014）。

（四）衰老期修剪

衰老期树的修剪任务主要是及时、逐步进行枝组更新、延长生产结果期。修剪以回缩、短截为主，及时对结果母枝进行回缩，甚至重短截，降低分枝级次，促发新梢生长，刺激潜伏芽萌发，达到恢复树势的目的。

（五）雄株修剪

雄株幼树的修剪同雌株，但成龄后，雄株在冬季不做全面修剪，只对缠绕、细弱的枝条进行疏除、回缩，使雄株保持较旺的树势，以便产生的花粉量大、花粉生命力强，利于授粉受精。翌年春季开花后立即修剪，选留强旺枝，将开过花的枝条适当进行回缩更新，同时疏除过密、过弱枝条，保持树势健旺（汪志威等，2018）。

参 考 文 献

白岗栓，杜社妮，侯喜录，2005. 不同修剪措施对苹果幼树生物量的影响［J］. 西北农林科技大学学报（自然科学版）(1)：91-95.

崔春梅，莫伟平，邢思年，等，2015. 不同短截程度对苹果枝条修剪反应及新梢叶片光合特性的影响［J］. 中国农业大学学报，20 (5)：119-125.

郭西智，陈锦永，张洋，等，2016. 现代猕猴桃花果管理技术［J］. 现代农业科技，670 (8)：88，95.

黄春辉，刘科鹏，冷建华，等，2013. 不同"零芽"修剪时期对"金魁"猕猴桃果实品质的影响［J］. 中国南方果树，42 (4)：31-34.

雷玉山，王西锐，姚春潮，等，2010. 猕猴桃无公害生产技术 [M]. 杨凌：西北农林科技大学出版社.

李小莹，2015. 枝蔓夏季修剪对猕猴桃生长及结果的影响 [D]. 杨凌：西北农林科技大学.

刘占德，姚春潮，郁俊谊，等，2014. 猕猴桃规范化栽培技术 [M]. 杨凌：西北农林科技大学出版社.

吕岩，李涛，2019. 猕猴桃环剥技术 [J]. 西北园艺（果树），262（2）：11-13.

吕岩，宋云，2019. 猕猴桃一干两蔓羽毛状标准树形培养 [J]. 西北园艺（果树），262（2）：8-9.

罗双霞，2021. 优质猕猴桃高效生产技术要点 [J]. 农业工程技术，41（8）：80，82.

马天婕，2016. 园林植物枝芽生长特性与整形修剪的关系 [J]. 新农业（13）：33-35.

秦红艳，范书田，王振兴，等，2016. 夏季修剪对软枣猕猴桃成花及果实品质的影响 [J]. 中国果树（6）：41-44.

宋海岩，涂美艳，刘春阳，等，2020. 夏季修剪对'翠玉'猕猴桃植株生长及果实品质的影响 [J]. 西南农业学报，33（7）：1561-1565.

涂美艳，陈栋，李靖，等，2020. 环割对"Hort 16A"猕猴桃枝叶营养和果实品质的影响 [J]，四川农业大学学报，38（1）：79-86.

汪志威，肖钧，李秀亚，等，2018. 猕猴桃修剪技术研究 [J]. 安徽农业科学，595（18）：52-53，56.

王德新，2015. 果树修剪对营养生长的影响 [J]. 农民致富之友，503（6）：129.

王能友，2004. 猕猴桃大小年结果的原因及克服措施 [J]. 柑桔与亚热带果树信息（10）：41-42.

王西锐，2017. 弥补猕猴桃架面管理不足的技术措施 [J]. 西北园艺（果树），236（1）：23.

王西锐，王宝，张鑫，等，2015. 猕猴桃幼树管理及整形修剪技术 [J]. 烟台果树，131（3）：44-45.

徐小彪，2005. 新西兰 Hort16A 猕猴桃的主要特性及其夏季"零叶"修剪技术 [J]. 中国南方果树（6）：67.

张冲，刘丹花，杨婷斐，等，2016. 不同冬剪留枝量对富士苹果生长和结果的影响 [J]. 西北农业学报，25（11）：1650-1655.

张佳，王成，张静，等，2013. 果树环剥技术及存在的问题 [J]. 黑龙江农业科学，225（3）：152-153.

张抗萍，李荣飞，常耀栋，等，2017. 果树树形的形成机制与调控技术研究进展 [J]. 果树学报，34（4）：495-506.

张望舒，贺坤，凡改恩，等，2017. 猕猴桃引种表现及树势对果实品质的影响 [J]. 浙江农业科学，58（2）：201-204.

赵菊琴，2013. 猕猴桃果园巧摘心 [J]. 果农之友，133（6）：16.

赵明新，张江红，孙文泰，等，2016. 不同树形冠层结构对早酥梨产量和品质的影响 [J]. 果树学报，33（9）：1076-1083.

钟彩虹，2020. 猕猴桃栽培理论与生产技术 [M]. 北京：科学出版社.

朱雪荣，张文，李丙智，等，2013. 不同修剪量对盛果期苹果树光合能力及果实品质的影响 [J]. 北方园艺（15）：11-15.

Lauria PÉ, Combeb F, Brunb L, 2014. Regular bearing in the apple - Architectural basis for an early diagnosis on the young tree [J]. Scientia Horticulturae, 174：10-16.

Miller S, Hott C, Tworkoski T, 2015. Shade effects on growth, flowering and fruit of apple [J]. Journal of Applied Horticulture, 17（2）：101-105.

Patricia S, Wagenmakers, O. Callesen, 2015. Light distribution in apple orchard systems in relation to production and fruit quality [J]. Journal of Horticultural Science, 70（6）：935-948.

Sanclemente M A，Schaferb，Gil P M，et al.，2014. Pruning after flooding hastens recovery of food stressed avocado（Persea americana Mill.）trees［J］. Scientia Horticulturae，169（1）：27－35.

Trevor Olesen，Steven J，Muldoon，2009. Branch development in custard apple（cherimoya Annona cherimola Miller × sugar apple A. squamosa L.）in relation to tip－pruning and flowering，including effects on production［J］. Trees，23（4）：855－862.

执笔人：刘占德，刘艳飞，姚春潮，高志雄

第十章 猕猴桃花果管理

第一节 猕猴桃授粉

猕猴桃为雌雄异株植物，雌株的花粉没有活力，雄株的子房退化不能结果，所以猕猴桃必须要利用雄株的花粉给雌株授粉，完成受精作用才能结出果实。

猕猴桃单果重与果实种子数成直线正相关。中华猕猴桃大型果实的种子数应不低于450粒的阈值，美味猕猴桃品种则更高，生产70g的海沃德果实至少需要种子500粒。所以，一般认为，生产大果型的果实必须保证种子数达每果600~1 300粒（陈永安等，2013）。

充分授粉不但可以提高坐果率、增大果个、提高果实品质、增加产量，而且可以改善果实形状，减少畸形果，使果个大小均匀，果实商品率提高，同时保证果园丰产稳产，避免出现大小年。因此，充分授粉对猕猴桃生产具有重要意义。

一、猕猴桃授粉的生物学基础

（一）花粉的形状、结构和化学组成

1. 花粉的形状、结构 猕猴桃花粉为长球形、近球形和扁球形，少数为圆柱形或纺锤形；极面观（花粉粒端头）为三裂形、近圆形，少数为四角星形；赤道面观为椭圆形、近圆形或扁圆形。花粉粒大小一般在（16~28）μm×（11~21）μm。在扫描显微镜下，花粉粒外壁纹饰为皱块状，皱块上有细条纹、规则或不规则的瘤状纹饰以及小沟或小穿孔状纹饰等。花粉粒萌发孔为三孔沟或三拟孔沟，沟较长，约为极轴长度的90%，内孔不明显或很小。沟边整齐，边缘加厚或不加厚，沟中央在赤道处缢缩，形成沟桥，程度因不同种或变种而异（黄宏文等，2013）。

花粉通常由2层壁组成，通常外壁厚于内壁，外壁厚度1~1.6μm。外壁是坚固的，它由纤维素和孢粉素（亦称花粉素）构成。孢粉素是类胡萝卜素和类胡萝卜素内酯的氧化多聚化的衍生物，具抗酸和抗生物分解的特性，对花粉贮藏很重要。内壁主要由果胶和纤维素组成，最内层含有纤维素，外层含有果胶。内壁的厚度变化很大，在萌发孔的下面是最厚的。内壁对水有很大的亲和力而且容易膨胀，尤其在萌发孔的下面，它的膨胀有助于萌发孔膜破裂和花粉管伸长（郝建军等，2013）。

2. 花粉的化学组成 猕猴桃干燥花粉的含水量为8%~11%，可见花粉内含物是一种丰富的浓缩物。花粉的化学组成因猕猴桃种类和环境条件而不同，其主要组成如下。

（1）蛋白质和氨基酸。花粉中含有蛋白质（酶）和游离氨基酸，其中蛋白质占花粉干重的34%～41%。花粉中含有组成蛋白质的全部氨基酸，其中含量较高的是谷氨酸、天冬氨酸，然后是亮氨酸、赖氨酸和精氨酸。花粉中进行着活跃的代谢活动，含有各种酶类，其中淀粉酶、蔗糖酶、果胶酶和蛋白酶的活性特别高，这有利于花粉的萌发、花粉管伸长和受精。

（2）糖和脂类。猕猴桃花粉中含糖和脂类，但不同猕猴桃种类花粉中糖和脂类的含量及糖的组成是不同的。糖占干花粉含量的4.2%～6.0%，以果糖为主，占可提取碳水化合物的76%，然后为葡萄糖，而蔗糖的含量较少。脂类占干花粉含量的1.6%～2.1%。

（3）矿质元素。花粉与其他植物组织一样，含有氮、磷、钾、硫、钙、镁、钠等大量元素和铁、锌、铜、锰、硼等微量元素。

（4）激素。花粉中含有生长素、赤霉素、细胞分裂素和芸薹素等激素类物质，在授粉中起着重要的作用。

（5）色素。大多数花粉含花色素苷、花黄色素或类胡萝卜素。成熟的花粉具有颜色，这是由于色素物质以油脂的形式存在于外壁的缘故。这些色素的存在不仅可以起到吸引昆虫的作用，同时还可防止紫外线对花粉的伤害，防止萌发率降低。当正常的花粉颜色改变时，常导致萌发率降低（张立军等，2011）。

（6）维生素类。维生素作为酶的辅基，在花粉中广泛存在，包括烟酸、维生素C、维生素E等。

（二）花粉的生活力与贮藏

猕猴桃花粉的生活力不仅受种类、品种的基因所控制，而且也与花粉采集期、外界条件有关。陈永安等（2013）研究表明，猕猴桃开花前3d，花粉活力仅1.92%，开花前1d活力可达69.11%，而大蕾期花粉活力则高达82.31%。姚春潮等（2005）研究表明，培养基中加入5～10mg/L Ca（NO₃）₂对于猕猴桃花粉萌发有明显的促进作用。但当Ca（NO₃）₂浓度高于50mg/L时，花粉萌发和花粉管伸长均受到明显抑制。齐秀娟等（2011）研究表明，在10%蔗糖＋100mg/L硼酸＋10mg/L Ca（NO₃）₂·4H₂O的培养基条件下，18℃时，猕猴桃花粉并不萌发，随着培养温度的升高，花粉的萌发率也升高，26～30℃为花粉萌发及花粉管伸长的适宜温度，培养温度为30℃时花粉萌发率达到最大值，为85.8%，当温度超过30℃以后，萌发率迅速下降，32℃时花粉的萌发率仅为22.7%，34℃和38℃时萌发率为0。极其干旱或者特别潮湿的情况下，花粉也容易丧失生活力。陈延惠等（1996）研究表明，在常温条件下，中华猕猴桃花粉平均可保存3d。0～5℃条件下干燥贮藏，花粉保存30d时活力已明显下降。低温可降低花粉的代谢强度，延长贮藏期。猕猴桃花粉可忍受−40℃的低温，在此温度条件下猕猴桃花粉活力可保持1～2年。

（三）柱头生理

猕猴桃花的柱头形状多样，其上覆盖一层乳突细胞，有湿润型柱头和干型柱头。美味猕猴桃属于湿润型柱头，表面有由表皮细胞产生的分泌物，主要包括十五烷酸、1,2-羟基硬脂酸、亚麻酸等脂肪酸，另外还有蔗糖、葡萄糖、果糖及硼酸等，柱头环境为酸性。柱头分泌物的作用是黏着花粉、促进花粉萌发和花粉管伸长，并对花粉具有识别和选择作用。而软枣猕猴桃天源红柱头属于干型柱头，无黏液分泌，表面纹理丰富，顶端有钝圆、尖凸或凹陷3种形态，这种表面形态结构有利于嵌合外来花粉。

柱头的可授粉能力和持续时间长短与柱头的生活力有关。在一般情况下，开花后的柱头就具有可授粉能力，以后加强，达到高峰后再下降，最后丧失可授粉能力。齐秀娟（2013）研究认为，软枣猕猴桃天源红柱头可授性在开花后1～2d最强，开花后3～5d可授性逐渐降低，开花后6d丧失可授性，有效授粉期为开花后1～2d。白雪（2018）通过授粉试验研究表明，美味猕猴桃柱头的可授性可达7d以上，开花后的前3d授粉坐果率均达90%以上，开花4d后授粉坐果率下降较为明显，开花后7d猕猴桃海沃德品种的授粉坐果率仍达45.99%，而猕猴桃徐香品种的授粉坐果率则仅有13.04%。

（四）授粉与受精

花粉形成后，借助地心引力、风、昆虫、鸟和其他动物等各种媒介，传播到柱头上授粉。精核与卵核的融合称为受精。猕猴桃为雌雄异株植物，需要配置授粉树才能正常结果。

1. 花粉萌发 花粉落在柱头上，花粉与柱头进行相互识别之后，花粉粒开始从柱头的分泌物中吸取水分，使其内部压力增大，花粉粒的内壁从外壁上的萌发孔向外凸出形成细长的花粉管，即花粉的萌发。落在柱头上的花粉萌发时间因猕猴桃种类、品种而异，陶汉之等（1994）研究了美味猕猴桃海沃德的受精过程，认为海沃德授粉后2～3h花粉在柱头上萌发，而苍晶等（2002）研究狗枣猕猴桃，认为授粉后2～4h花粉开始萌发长出花粉管。

2. 花粉管伸长 花粉管长出后，在角质酶的作用下，穿过柱头的角质膜，经过乳突的果胶质—纤维素壁，向下进入柱头组织的细胞间隙，沿花柱生长。花粉管生长时，细胞质处于流动状态，并且仅仅是在花粉管先端几微米到十几微米的区间进行流动。在高倍光学显微镜下可看到花粉管末端有一较透明的半球区域，称为帽区。实际观测表明，花粉管处于生长状态时，帽区存在；当花粉管停止生长时，帽区消失。在帽区末端有许多小泡，其内含有丰富的多糖类、RNA、酶类，这些物质参与花粉管帽区壁物质的形成。在帽区之后的细胞质中有线粒体、高尔基体、内质网、造粉体、油滴等各种细胞器。

花粉管的伸长是定向的，总是朝向花柱、子房、胎座、胚珠、胚囊方向伸长。据研究，在雌蕊中存在着控制花粉管伸长方向的向化性物质。在猕猴桃上已证明泛素/蛋白酶体途径在猕猴桃花粉管极性伸长的维持中发挥重要作用。另外，猕猴桃成熟花柱引导组织存在各种丰富的分泌物质，主要包括大量游离单糖、多糖、糖基化蛋白质、脂类及多种氨基酸。当花粉管进入引导组织后，碳水化合物明显减少，淀粉含量显著下降。花粉管进入花柱后刺激引导组织表皮细胞发生程序性死亡，为花粉管伸长发育提供营养。花粉管在雌蕊中伸长的后期阶段，珠孔处覆盖的一层糖基化分泌物可能诱导花粉管向胚珠的方向定向伸长。

3. 受精 猕猴桃的卵细胞位于胚囊内，因此必须借助花粉管将精子送入胚囊才能完成受精。1个成熟的胚囊包含7个细胞：接近珠孔端有3个细胞，中间为卵细胞，两侧为助细胞；在合点端群集有3个反足细胞；胚囊中央为1个带有2个极核的大细胞。

花粉管通过实心花柱进入子房后直达胚珠，由珠孔进入胚囊，属于珠孔受精。花粉管进入胚囊后破坏1个助细胞，1个精核与次生核融合成初生胚乳核，还有1个精核与卵核结合成合子。

当受精后受精卵发育成胚，中央细胞（有1个精核与2个极核）发育成胚乳，珠被发育成种皮，子房壁发育成果皮，于是形成了果实。

（五）影响授粉受精的因素

花粉萌发和花粉管伸长除受所需的营养物质影响外，也受到环境因素的影响。

1. 营养物质 凡是直接或间接影响猕猴桃树体贮藏营养和氮素营养的因素均影响授粉受精。凡增加贮藏营养，或调节养分分配，抑制枝叶徒长，疏除过多花果等栽培管理措施，都可提高坐果率。对衰弱的树，花期喷施尿素可以弥补氮素营养的不足，延长了花的寿命，可提高坐果率。

蔗糖不仅是维持花粉渗透平衡的调节物质，而且是花粉萌发时的营养物质，这一点可从在人工培养条件下，向培养基中加入蔗糖能促进花粉萌发和花粉管伸长中得到印证。

硼对花粉的萌发和花粉管的伸长很重要。一般花粉本身含硼量较高，但向培养基中加硼仍能显著地促进花粉萌发和花粉管伸长。硼不仅与糖形成复合物促进糖的吸收与代谢，还参与果胶物质的合成，参与花粉管壁的形成，在花粉萌发中对果胶质合成起重要作用，加硼时花粉管尖端不会破裂。在开花期喷施 $100\sim150$ mg/L 的硼酸，可提高猕猴桃坐果率。

钙具有促进花粉萌发和花粉管伸长的作用，这可能因为钙与花粉壁的果胶物质结合，使细胞的透性降低和管壁硬度增大，保护花粉管不受生长抑制物质的抑制而正常伸长。钙具有避免有害气体危害和拮抗各种抑制物的作用。目前认为，钙作为第二信使参与花粉萌发与花粉管的伸长。

钴对授粉受精也有一定作用。柱头和花柱的钴含量随花的成熟而显著增加，相反，在授粉后的花柱中钴含量明显减少，在子房各个发育阶段没有大的变化。一般花粉粒的钴含量比柱头少得多，钴对于花柱的物质代谢可能起一定作用。维生素、氨基酸、植物激素和生长调节剂（如吲哚乙酸和萘乙酸）均能促进花粉萌发和花粉管伸长。胺类物质（如丁二胺、精胺和亚精胺）、脂肪酸、臭氧抑制花粉管伸长。

2. 温度 温度可影响猕猴桃花粉的萌发和花粉管的伸长，猕猴桃花粉萌发适宜温度与开花温度差不多，一般是 $20\sim30$℃，温度过高或过低均会造成不良影响。温度过低，花粉管伸长慢，到达胚囊前，胚囊已失去受精能力。如花期遇到过低温度，使得花器官整体呼吸作用和蒸腾作用急剧增强，导致柱头干枯变黑，肉眼可观察到柱头的可授性大大降低。此外，低温时间长，开花慢而叶生长快，叶先消耗了贮藏营养，不利胚囊发育和受精。低温也不利于授粉昆虫的活动。高温会加快花器官呼吸和蒸腾作用的速率，从而增加维持花开放的成本，缩短花的寿命。

3. 空气相对湿度 花期阴雨潮湿不利于传粉，而且花粉易破裂，花很快失去生活力，但空气相对湿度太低（＜30%）也会影响花粉萌发，而且会缩短花的寿命。授粉期过多的降雨可促进新梢旺长，但对胚的发育不利。

4. 风 花期大风（17m/s以上）不利于昆虫活动，干风或浮尘使柱头干燥，不利于花粉萌发。微风有助于猕猴桃授粉。

5. 集体效应 花粉的萌发具有集体效应，即落在柱头上的花粉密度越大，萌发的比例越高，花粉管伸长越快，这是因为花粉中存在着生长促进物质——吲哚乙酸。花粉数量多时，柱头着粉区的吲哚乙酸也多，所以促进花粉萌发和花粉管生长，因此猕猴桃栽培种一定要配置足量的授粉树，这是保证猕猴桃丰产、优质的基础之一。

6. 花期 猕猴桃开花周期一般为 5～7d，花龄越靠近盛花期，授粉受精效果越好，因此，准确地把握授粉花期、确定授粉作业时间十分重要。

二、猕猴桃授粉方式

猕猴桃授粉主要分为昆虫授粉和人工授粉，目前我国猕猴桃生产上以人工充分授粉为主，昆虫授粉为辅。新西兰主要以昆虫授粉为主，人工和机械化授粉为辅。

（一）蜜蜂授粉

猕猴桃花既是风媒花，又是虫媒花，但因其花粉粒较大，所以靠风力授粉效果较差。据试验，用纱网隔离雌花，不让昆虫传粉，结果发现距雄株 3m 以外的雌花全部脱落，3m 以内的雌花全部坐果，但果个很小，果内种子少，含糖量低；而放蜂的果园，授粉效果好，果个大，果实内种子数多。因此自然授粉以昆虫为主。

在规模化种植的猕猴桃果园，能为猕猴桃授粉的昆虫并不多，主要依赖人工饲养的蜜蜂进行授粉（彩图 10-1）。

1. 放蜂量 由于猕猴桃花蜜腺不发达，因此对蜜蜂的吸引力较弱，所以猕猴桃园授粉需要的蜂量较大。新西兰建议每公顷需要放 7～8 箱蜜蜂，而且每箱应有不少于 3 万头生活力旺盛的蜜蜂。我国建议每公顷需要放 3～5 箱蜜蜂。有条件的果园也可以通过人工释放壁蜂和熊蜂等授粉昆虫来进行猕猴桃授粉。

2. 蜜蜂授粉时期与方法 当猕猴桃园有 10%～20% 的花开放后，将具有健康、生活力强的蜂的蜂箱搬入果园，放置在向阳温暖并稍有遮阳的地方，每 2d 给蜜蜂饲喂 1 次 50% 的糖水，以增强蜜蜂的活力。同时要注意猕猴桃园中及果园周围不得有与猕猴桃花期相同的植物，园中种植的白三叶或毛苕子等应在蜂箱进入果园前进行刈割 1 遍。花期进行蜜蜂授粉时，花前 10d 及花期应禁止喷施农药，以免影响蜜蜂授粉。

（二）人工辅助授粉

在缺乏授粉品种、授粉昆虫不足及花期天气不良时，人工辅助授粉成为提高果实产量与质量的关键措施之一，是弥补自然授粉不足的重要工作。

1. 花粉制备 猕猴桃人工辅助授粉中，制备花粉是授粉的基础工作和首要任务。

（1）雄花采摘、花药收集。选择猕猴桃大蕾期的雄花进行采摘。完全开放的雄花已经散粉，花粉少，不宜采摘。而未开的花的花粉活力差，也不宜采摘。将采下的雄花及时运回室内进行取粉，避免堆放、发热影响花粉活力。雄花运回室内后，采用人工、机械等方法及时进行花药的分离收集。

（2）花药干燥、花粉分离。可根据获得的花药量、当地天气情况等，将花药摊平，采用室内阴干、电热毯烘干、阴凉处晒干、恒温箱烘干、烘干房干燥等方法进行花药干燥。姚春潮等（2010）研究表明，在温度适宜的条件下，凡是干燥速度较快的花粉制取方法，都能有效地保持花粉的生活力水平。工厂化制备花粉时，将花药摊平放在托盘内，然后将托盘分层放入具有托盘架的烘干房内，室内温度控制在 25～28℃，风速≤0.3m/s，干燥

24～48h即可（姚春潮等，2021）。无论采用什么方法，花药烘干温度不宜超过30℃，否则会严重降低花粉活力。

花药开裂散粉后，用80～100目筛子将花药与花粉进行分离。或利用花粉轻、花药重的原理采用抽气分离花粉（彩图10-2）。分离出的花药壳可以碾碎用作授粉时的辅料。

（3）花粉的贮藏。分离出的花粉可装入干燥的玻璃瓶或塑料瓶内（不能用金属器皿存放花粉）密封保存。2～3d内将要使用的花粉建议放到冰箱冷藏室。需要存放1～2年的花粉可以放在-40℃温度下贮藏。

2. 授粉时间　猕猴桃雌花开放后7d之内均可以授粉受精，但以开放后1～3d授粉效果最佳。随着开放时间的延长，授粉坐果率降低，果实内的种子数逐渐下降，果个变小。

猕猴桃花多集中在晴天早晨开放，但多云或阴雨天气全天也有一定量的花在开放。因此，对于开花期空气比较干燥的地区，晴天时，初果期园以上午8—11时进行授粉为宜，盛果期园可全天授粉，阴天或小雨天时，初果期园和盛果期园均可全天授粉；对于开花期空气比较湿润的地区，初果期园和盛果期园均可全天授粉。盛花期的基本标准为花朵充分开放，柱头趋向直立（彩图10-3）。连续授2～3次，效果更好。注意在高温、干旱的年份，11—15时不宜授粉。

3. 授粉方法　猕猴桃人工辅助授粉方法主要包括花对花、点授、喷粉和液体授粉等（张玉星，2011）。为节约花粉用量，在采用干粉授粉时，可将纯花粉与石松子、粉碎的花药壳等辅料按一定比例配制、混匀，用于授粉。花粉混合物必须现配现用。

（1）花对花授粉（彩图10-4）。即直接用开放的雄花对开放的雌花进行授粉。采集当天早上刚开放的雄花，花朵向上直接对准刚开放的雌花，用雄花的雄蕊轻轻在雌花的柱头上涂抹。一般每朵雄花可授7～8朵雌花（刘占德等，2014）。雄花采集在上午10时以前进行，采集的雄花要在上午用完。

（2）人工点授。用毛笔、香烟海绵头等沾上花粉，然后轻轻涂抹雌花柱头进行授粉（彩图10-4）。

（3）针管接触式授粉。针管接触式授粉器结构上形似注射器，取下头端盖子，然后将稀释后的花粉装入，对雌花进行接触式授粉（彩图10-5）。随着花粉量的减少，推动助推杆，使花粉靠近上口，继续进行授粉。使用后再盖上盖子。

（4）授粉器授粉。按一定比例在花粉中加入辅料、混匀，然后装入电动授粉器内，喷口对准雌花后，启动气泵，花粉在气流作用下由喷口飞出，并被运输到柱头上完成授粉（彩图10-5）。注意所加辅料的大小、重量必须与花粉相接近，否则将影响授粉效果。授粉时，授粉器的出粉口不能与柱头直接接触，应与柱头保持一定的距离。

（5）液体喷雾授粉。把花粉混入加有蔗糖、硼酸、羧甲基纤维素钠等的水溶液中，通过搅拌形成悬浊液，用喷雾器喷洒授粉。液体授粉所用水以纯净水为宜。糖用食用蔗糖，可防止花粉在溶液中破裂，同时在花粉萌发时提供营养物质，硼酸可促进花粉萌发和花粉管伸长，羧甲基纤维素钠可保证花粉在溶液中处于悬浮状态、均匀分布。配好的花粉溶液应在1h内喷完。根据猕猴桃开花期长短，整个花期内可进行2～3次授粉工作。白雪等（2018）以水中加入花粉为对照，分别添加不同的稳定剂研究花粉在溶液中的稳定性及花粉活力，结果表明，静置1h后，添加羧甲基纤维素钠、阿拉伯树胶、琼脂、吐温-20的溶液花粉悬浮效果均优于对照，且以添加羧甲基纤维素钠和阿拉伯树胶的效果较好。但从花粉活力来看，添加低浓度的羧甲基纤维素钠的花粉活力与对照无明显差异，添加琼脂的花粉活力低于对照，而添加阿拉伯树胶、吐温-20 的花粉活力明显低于对照，甚至花粉无活力。通过进一步田间试验，明确猕猴桃液体授粉配方以 10％蔗糖＋0.01％硼酸＋0.02％羧甲基纤维素钠＋0.1％花粉和 10％蔗糖＋0.01％硼酸＋0.2％琼脂＋0.1％花粉为宜。叶开玉等（2014）研究证明，以 2g/L 白砂糖＋1g/L 硼酸＋4g/L 阿拉伯树胶＋2g 花粉作为猕猴桃液体授粉配方也取得了良好效果。

（三）机械化高效授粉技术

机械化授粉作业主要标志是人可以操作机器完成授粉作业，突破人工授粉作业效率的限制，作业速度得到大幅提高，实现规模化授粉。

1. 机械化授粉技术

（1）气液双流式授粉技术。干式喷粉法通常采用气动喷粉器，由于喷粉器的喷出口径较大，花粉到达花蕊的数量难以确定，花粉浪费较多。目前，为了降低花粉使用量，在花粉中加入一定比例的滑石粉、干淀粉、石松子、脱脂奶粉等进行稀释，但由于混合均匀性难以保证，辅料与花粉密度、迎风特性的差异，以及花粉粒径过小（约 $20\mu m$）等问题，花粉喷出量的计量与控制是干式授粉难以解决的问题。

液体喷施技术采用液体压力雾化方法，通过给花粉液加压，采用雾化喷头使花粉悬浊液雾化成细小的雾滴，并喷施到花朵柱头上，通常液体花粉要采用一定的配方，将花粉放入水中，经过不断地搅动形成悬浊液，单个花粉粒可独立悬浮，使花粉粒更为均匀地分布在溶液中，液体喷施能有效控制单次喷出量和雾化粒径，可有效节约花粉和改善授粉效果。喷雾授粉后结出的果实在大小、果形等方面表现良好，喷雾授粉是一种省时省力的授粉方式。目前液体喷施法主要采用手持式喷壶、背负式喷雾器，均属于压力式雾化，在喷施过程中，压力式雾化的液滴直径较大、均匀性差，直接影响雾化授粉的均匀性。

双流式雾化技术采用双流式雾化喷嘴，以气体为液体的雾化动力，可利用加压、重力、虹吸等作用将液体供给喷嘴，在气体辅助作用下雾化。首先，双流式雾化效果好。压力液体从喷孔喷出，并通过压缩空气实现液体二次雾化和气流推送，雾化粒径稳定在 20～$100\mu m$，从而有效保证了雾化粒径的一致性，并有效降低了液体的喷射压力。其次，喷射雾锥内部液滴分布均匀，在恒压气流的输送作用下，喷出雾滴的贯穿距离较为稳定，能够获得在较大贯穿距离的前提下保证液滴在柱头上附着的良好效果。再次，系统控制简便可靠。双流式雾化采用气液分离式控制技术，总体控制算法简单灵活，气路与液路控制互不干扰，保证了系统的可靠性。

综上所述，气液双流式授粉技术对湿式授粉作业有很好的实用性，但目前该技术在果园作业中的应用尚不充分，对双流式授粉机具的技术开发，能有效展示该技术的优势，推动授粉作业的自动化、精准化。

（2）花朵识别与定位。相对于植保作业以扩大雾化面积、提高着药面积为目标，授粉作业中花粉液喷施的靶向性更高，雾化液滴只需要到达花蕊位置，因此对花朵的识别与定位成为对靶授粉作业的前提。

猕猴桃的花朵形状相对规则，中心的花蕊区呈圆形，形状特征明显，同时猕猴桃花朵呈淡黄色，颜色稳定、一致性好，最重要的是花朵的颜色与绿色的叶片、灰黑色的枝干有明显的区别，以上的形貌特征比较适合图像识别。图像识别和计算机视觉技术不断发展，在作物的识别速度和识别率方面取得了较大的进展，经过设计和训练完全可满足授粉作业的识别要求。

（3）对靶授粉技术。机械化授粉提高了作业效率，但授粉过程与果园植保喷施有本质区别。喷雾授粉作业中，大量的花粉或液滴会附着在叶片、藤枝上或悬浮在空气中，实际到达花朵柱头并黏附的有效花粉颗粒较少，限制了花蕊区授粉浓度的提高，造成花粉浪费。

对靶授粉是在花朵位置确定的前提下，通过对靶执行机构将花粉液喷口指向授粉有效区——花蕊区，并进行喷施的作业方式。研究表明，猕猴桃花朵的受精效果由花蕊柱头黏附的花粉粒数量决定，该方法能有效减少无效区域的花粉施用，提高花蕊区的花粉粒黏附密度，从而提高花粉利用率。

（4）流量精量控制。花粉液流量精量控制决定花蕊区可接受的花粉粒数量，是在对靶条件下保证授粉效果的关键。从授粉均匀性的角度出发，为保证每朵雌花能接受到的花粉粒数基本相同，既需要雾化液滴粒径大小的均匀性，又要求气流能以相同的速度将液滴输送到花朵的柱头上，这是授粉效果的基本衡量指标。因此，在授粉作业中，液路系统必须精确控制花粉悬浊液的流量，气路系统必须准确控制雾化气流的压力。

要实现花粉粒数量的精确控制，首先要保证花粉悬浊液的均匀混合，使相同喷出量的花粉液中含有的花粉粒数量相同。其次要明确花朵充分授粉所需的最佳花粉粒数量。最后还需要喷施控制系统能确保每次的花粉喷出量的一致性。因此，花粉液流量精量控制是对靶授粉的重要基础。

2. 机械化授粉装备

（1）干粉喷雾装置。新西兰是猕猴桃机械化生产技术最为先进的国家，目前在猕猴桃授粉作业方面，以 kiwipollen 公司的技术应用最为广泛，其核心的技术在于猕猴桃花粉的采集、花粉配方。干式喷雾采用的气动式喷雾器具有较好的喷量控制和授粉效果。新西兰的 kiwipollen 公司推出的 QuadDuster 是目前最为成熟的干粉喷雾机具（彩图 10 - 6），其工作原理与手持式 miniduster 相同，其第 1 代产品采用一个大口径的导流扩张器，引导气流均匀吹向顶部的花朵，但这种结构存在气流均匀性低、行宽适应性差、结构稳定性不好等缺点。第 2 代产品将 6 个独立的喷头集成到一台沙滩车上，由车辆提供吹送气压，根据车速统一调节和控制供粉量，并可根据行宽调节喷头的宽度和送风气压，作业适应性增加。车载平台的使用提高了作业的均匀性和稳定性，作业速度增加到每小时 0.405hm²，花粉消耗量为每公顷 615～1 845g 范围内调节。2015 年新西兰 25% 的机械化授粉采用了这款授粉装置。

（2）悬浊液喷施机具。kiwipollen 公司有 2 款拖拉机挂载的花粉液喷雾器，作业性能稳定，已被广泛应用。湿式喷雾授粉采用气流剪切式雾化技术，如彩图 10 - 7 所示，采用了气流剪切式喷嘴、电动搅拌器、低压压缩机等器件，有效提高了单果重量、果形和品质。最新的喷管式雾化授粉装置，采用气剪喷嘴气流控制技术，花粉液消耗量显著降低。

气流剪切式喷雾器使用 8 个剪切喷嘴，每个喷嘴通过 4m 管线连接到低压压缩机上，喷嘴位置可以根据猕猴桃的架形设置，在 T 形和拱形棚架果园均可使用，通过 3 点悬挂与拖拉机连接，由动力输出轴提供动力，用 12V 直流电机驱动搅拌器，保证悬浊液均匀，作业效率较低，为每小时 0.02hm²。喷管式喷雾器有多个固定在水平支杆上的剪切喷嘴，喷施气压较高，雾滴直径小，具有很好的雾化均匀性，带有电动搅拌器，但由于支架固定，所以只可用于拱形棚架果园，花粉消耗量为每公顷 1 845g，作业速度每小时 0.3hm²。

新西兰科学家研发的车载猕猴桃压力式喷雾授粉机，利用高压水泵将花粉液喷洒于雌蕊上，高压水泵的动力由拖拉机发动机提供，该方法具有工作效率高、耗能少、花粉液流量便于控制和花粉液雾化均匀性较好等优点，而且该授粉方法基本成熟，已经进入实际应用阶段，但花粉液高压雾化对花粉粒造成损伤的问题亟待解决。

（3）空气辅助式液体喷雾授粉机具。2017 年，Y. Shen 研制的空气辅助精准喷雾器采用激光传感器测量树的形状和树叶密度，根据树叶密度值，嵌入式控制系统通过脉宽调制信号控制电磁阀开度以调节药液流量值，比传统的喷雾器节约药液 56.7%，可以实现变量喷雾，但其变量喷雾的依据是树叶密度，未能根据花朵数量改变喷量，花粉利用率仍然较低。

2018 年，意大利 Gianni 和 Vania 研发了风送式猕猴桃喷雾授粉机，该机通过设置在拖拉机飞轮上的传动带把拖拉机的动力传递给柱塞泵和离心风机，离心风机吹出的气流，通过固定在车体前端的喷架上的风筒出风口高速吹出，这不仅防止了花粉液雾滴的飘移，而且二次雾化了花粉液，增强了花粉液在猕猴桃冠层间的穿透性（彩图 10-8）。

从以上机具的作业速度、花粉消耗量等作业指标来看，性能基本相当，干粉喷雾更适合花朵密度较低的果园，悬浊液喷施比较适合花朵密度高的果园。

（4）智能化干粉对靶授粉装置（彩图 10-9）。robobee 是 Mark Goodwin 和 Paul Martinsen 博士共同开发的具有花朵识别功能的干粉授粉机具，该机采用图像识别技术，确定花朵的位置与数量，在机具后端设置多孔喷杆，根据检测到的单个花朵位置，对应喷口有序启闭，确保花粉只喷到花朵位置。该机还设有棚架自动升降装置，根据花朵的距离自动调节高度，在保证雾化效果的基础上，保证了花粉的附着率。

robobee 猕猴桃干粉授粉装置是最早被使用的智能授粉机械，主要由高压雾化泵、空气压缩机、授粉末端执行器等部分组成，通过喷粉控制与机器视觉的结合完成整个授粉作业。将棚架式果园顶部冠层置于特定识别方格内，通过方格范围内的图像识别，确认方格内花朵排布坐标矩阵，决策作业顺序，计算多个矩阵点间的作业路线，从定位花朵、移动喷头、调整喷距、精准点喷到定位下一花朵，完成一个方格内的作业，进而移动作业平台，开展下一个方格的授粉。

（5）空气辅助式对靶授粉装置（彩图 10-10）。新西兰奥克兰大学的 Henry Williams 开发了空气辅助式喷雾授粉机器人，采用机器视觉系统和卷积神经网络实现识别与定位，通过单个花朵的寻靶定位，采用气流辅助的双流式雾化喷嘴，将定量的花粉液喷射到以花蕊为中心的花朵上。该授粉系统能够在 3.5km/h 的时速下，实现花朵的精准对靶授粉，达到了智能作业系统节省花粉、提高质量的目的。

该装置的视觉单元由 2 组彩色相机，实现 500mm 宽度范围冠层图像的获取，采用完全卷积网络（FCN）实现冠层内 300mm 深度的花朵识别，识别系统可获得花蕊区的空间定位坐标，为喷雾授粉作业提供寻靶指向（彩图 10-11）。

雾化授粉单元由 20 个独立的喷嘴组成，采用空气辅助雾化技术，在稳定雾化粒径的同时，可实现单个喷嘴的独立对靶，提高花粉液的靶向精度和对喷量的控制能力，保证了喷射的靶向性和花粉沉积量，减少了花粉用量。

综上所述，国内外对于机械化授粉技术及配套装备研究较为深入，而且技术成熟，尤其是在新西兰、意大利等国家，已经生产出成熟的装备投入实际生产中。猕猴桃机械化授粉技术正朝着智能化和精量化的方向发展，利用传感器、人工智能等先进的检测手段和控制方法，根据猕猴桃花朵的密度和高度自动控制喷量和花粉液压力，实现精量喷雾授粉，能够有效降低花粉消耗量，降低成本。

第二节 猕猴桃花果数量的调节

一、果实合理负载量的确定

（一）合理负载量的含义

负载量是一棵果树或单位面积上所有果树所能负担果实的总量。合理负载量是依据保证当年果实数量、质量及最好的经济效益，又不影响翌年花果的形成，可以维持果树当年健壮树势并使其具有较高的营养贮藏水平而确定的一个坐果量。

（二）确定合理负载量的依据

果树合理负载量的确定应根据果树历年树势和产量以及当年管理水平确定。生产中，一般采用经验法结合综合指标定量法、干周法或干截面积定量法、叶果比法或枝果比法来确定合理负载量。

猕猴桃生产中，一般多采用树龄结合叶果比与树势来综合确定合理负载量。对于盛果期果园，美味猕猴桃建议每公顷产量控制在 30～33.75t，折合单株产量 20～40kg；中华猕猴桃建议每公顷产量控制在 11.25～22.5t，折合单株产量 10～20kg。叶果比根据不同品种有所不同，一般叶果比以（4～6）：1 为宜。另外，生产中也要注意结果枝与营养枝的交替更新，美味猕猴桃结果枝与营养枝建议比例为 5：1，中华猕猴桃结果枝与营养枝建议比例为 4：1，同时叶面积指数控制在 2.8～3.2，可保持良好的透光率，有利于实现稳产。

二、提高猕猴桃坐果率

（一）落花落果原因

坐果率是形成产量的重要因素，而落花落果是造成减产的主要原因之一。猕猴桃是雌雄异株植物，雄株搭配适宜、天气正常的情况下，坐果率均很高，不存在生理落果现象。通常，导致猕猴桃坐果率低的主要原因是：①贮藏养分不足，花器官败育，花芽质量差。②花期低温阴雨、霜冻、梅雨或干热风，花腐病或溃疡病。③雄株不足或人工授粉用的花粉带病等，导致花朵不能完成正常授粉受精而脱落。

导致猕猴桃落果的主要原因是：①授粉受精不良，子房产生的激素不足，不能调运足够的营养物质促进子房继续膨大而引起落果。②采前落果主要与病害或虫害有关，如吸果夜蛾或柑橘小实蝇危害、软腐病或黑斑病严重情况下，均会导致落果。生产中各地果园发生落花落果的原因较为多样复杂，因此，必须根据实际情况分析原因，并制定科学有效的措施，以提高坐果率。

（二）提高坐果率的措施

1. 合理配置授粉树　猕猴桃为雌雄异株植物，根据栽培的品种选择花期一致的雄性品种，一般建议雌雄比例以（4～8）∶1 为宜，或者采取直公树模式，即一行雄一行雌，增加果园的授粉树比例。

2. 人工辅助授粉　在猕猴桃花期如遇到连续阴雨、低温、大风等不良天气，使昆虫活动受到影响时，此时采用人工辅助授粉可提高坐果率。将花粉与粉碎的花药壳等辅料均匀混合，利用毛笔、自制授粉工具或电动授粉枪等进行人工授粉。

3. 其他管理措施　避免花期霜冻和花后冷害，避免旱涝等，增加果树贮藏养分积累，提高花器官发育水平，这些也是提高坐果率的重要措施。

三、疏花疏果

猕猴桃易形成花芽，花量比较大，授粉受精良好的情况下较易坐果，但坐果过多会使树体负载量过大，进而引起系列问题。因此，正确运用疏花疏果技术，控制花果量，使树体合理负担，可以使果园保持连年稳产，坐果率、果实品质、树体营养水平提高，保持树体健壮。

1. 疏蕾、疏花　猕猴桃的花期一般较短而蕾期较长，一般不疏花而提前疏蕾。疏蕾通常在花蕾分离后 10d 左右开始，先疏除结果枝上的侧花蕾、丛生花蕾、畸形花蕾、病虫害花蕾及结果枝基部和顶端的小蕾，保留结果枝中部的中心花蕾，再根据结果枝的强弱调整需要保留的花蕾数量，强壮的长结果枝留 5～6 个花蕾，中庸结果枝留 3～4 个花蕾，短结果枝留 1～2 个花蕾。生产中，在早春气候不稳定的地区，疏蕾不宜太早太重。

2. 疏果　在充分授粉的情况下，猕猴桃的坐果能力很强。在坐果后的 50～60d 果实体积和单果重可达到最终值的 70%～80%，为了节约树体养分，应及时进行科学疏果，有利于促进果实生长、提高商品果率和果实品质。疏果应在盛花后 2 周左右开始，疏除畸形果、扁平果、伤果、僵果、病虫危害果等，保留生长良好的正常果。按照合理负载量确定留果量，生长健壮的长结果枝留 4～5 个果，中庸结果枝留 2～3 个果，短结果枝留 1 个果。

第三节　果实品质管理

猕猴桃果实品质包括外观品质和内在品质。因此，生产中应从外观和内在 2 个方面同时管理，提高果实品质。

一、果实外观品质与提升技术

果实外观品质主要从果实大小、色泽、形状、洁净度、整齐度、有无机械损伤及病虫害等方面评价。

（一）增大果实

果实大小是评价猕猴桃果实外观品质的重要指标，以单果重衡量。果实大小主要由果实内细胞数量和细胞体积决定。因此，生产中应通过各种措施增加果实细胞数量和体积，以增加商品果率。

1. 加强营养物质供给 应最大限度地满足果实不同发育时期对营养物质的需求。果实发育前期主要需要有机营养，以供应细胞分裂活动，而这些营养物质多以上年树体内的贮藏养分为主，科学施肥、适量增施以氮素为主的化肥对增加果实细胞分裂数目具有重要意义。果实发育的中后期，主要是增大细胞体积和细胞间隙，以供应糖类营养物质为主。因此，生产中可通过科学进行夏剪和冬剪维持良好的通风透光条件，增加叶片的光合作用效率，以促进果实膨大。

2. 人工辅助授粉 人工辅助授粉在提高坐果率的同时还可以增大果个、端正果形。研究表明，猕猴桃果实内的种子数量与果实的大小具有相关性，要生产优质果，美味猕猴桃一般每个果实内应至少有 500 粒种子，中华猕猴桃果实的种子数不低于 450 粒。人工辅助授粉可以增加果实中种子的数量，从而增大果个，也有利于端正果形。

3. 应用植物生长调节剂 科学合理地使用植物生长调节剂改变果实大小、形状、色泽和成熟期，是果树生产中的常规技术。在猕猴桃生产中应用较多的是氯吡脲（CPPU）。研究表明，应用浓度为 5mg/L 的氯吡脲浸果可达到端正果形和增大果个的目的，同时可使可溶性固形物含量增加，果实酸度降低且不影响耐贮性，果实成熟时，果实中的氯吡脲可完全分解，无残留（钟彩虹，2020）。生产中也有应用植物生长调节剂加营养元素喷施膨果的，效果也很好。

4. 合理负载 生产中，应根据品种、树龄、架形等做到合理留果，也可达到增加产量和提高品质的目的。

（二）果实套袋

套袋栽培作为一种提高果实外观品质的措施在许多果树中应用。果实套袋具有使果面洁净、预防病虫害、降低农药残留量等作用，最终可以提高商品果率，增加产值。然而套袋需要耗费大量人工，生产中可根据实际情况选择是否套袋。

1. 纸袋选择 猕猴桃用纸袋，要求材料为全木浆纸，具有透气性好、吸水性弱、耐日晒、抗张力强、不易破裂等特点，一般选用单层的黄褐色纸袋，常用纸袋规格为165mm×115mm，袋底部留 2 个透气孔或底部不封口。

2. 套袋时间和方法 套袋在疏果后进行，一般于谢花定果后 50～60d 完成。套袋过早，容易伤及果柄和果皮；套袋过晚，果面粗糙，且果柄木质化使操作不便。套袋前先用水浸润袋口，套袋时将果柄及果实全部置于果袋中，然后用果袋上的细铁丝捏住袋口即可（彩图 10-12）。操作时用力要适中，避免弄伤果面。

3. 除袋时间 建议在采果前一个月除袋，有利于果实糖分和干物质的积累。

二、果实内在品质与提升技术

果实内在品质从肉质粗细、风味、香气、果汁含量、糖酸含量及其比例和营养成分等方面评价。果实内在品质受环境条件和栽培管理措施的影响较大，如光照、温度、水分、土壤等都对猕猴桃果实品质有影响。因此，可通过改善光照、温度、水分、土壤条件，进而提高果实内在品质。

（一）提高果园群体光能利用率

通过冬季和夏季的科学修剪，改善果园叶幕层透光率，提高果园群体光能利用率，增强光合作用制造养分的能力，有利于果实干物质的积累和糖分的增加。

（二）科学灌溉

猕猴桃作为落叶果树中需水量较大的果树之一，既不耐干旱，又不耐涝。果实发育高峰期，果实细胞分裂和膨大对水分较为敏感，此时需保持充足的水分。在果实成熟前 20d 左右要保持较低的土壤含水量，有利于果实糖分积累和淀粉的转化，可提高其耐贮性。

（三）科学施肥

根据猕猴桃果树需肥规律，以有机肥为主，科学配施氮、磷、钾及中微量元素肥料、微生物菌剂。增施有机肥，减少化肥特别是氮肥用量。果实生长期补充钙肥和钾肥有利于果实品质的提高，可提高果实耐贮性。

参 考 文 献

白雪，2018. 猕猴桃高效液体授粉技术研究 [D]. 杨凌：西北农林科技大学.

苍晶，王学东，吴秀菊，等，2002. 狗枣猕猴桃果实发育的解剖学观察 [J]. 植物学通报，19（4）：469-476.

陈延惠，李洪涛，朱道好，等，1996. 猕猴桃花粉生活力及其贮藏性的研究 [J]. 河南农业大学学报，30（2）：175-177.

陈永安，刘艳飞，杨宏，等，2013. 猕猴桃 GAP 生产技术 [M]. 杨凌：西北农林科技大学出版社.

郝建军，于洋，张婷，2013. 植物生理学 [M]. 2 版. 北京：化学工业出版社.

黄宏文，钟彩虹，姜正旺，等，2013. 猕猴桃属分类、资源、驯化、栽培 [M]. 北京：科学出版社.

刘占德，姚春潮，郁俊谊，等，2014. 猕猴桃规范化栽培技术 [M]. 杨凌：西北农林科技大学出版社.

齐秀娟，2013. '天源红'猕猴桃授粉受精生理特性及其相关差异蛋白质组学研究 [D]. 南京：南京农业大学.

齐秀娟，张绍铃，方金豹，2011. 培养环境条件对猕猴桃花粉萌发的影响 [J]. 浙江农业学报，23（3）：528-532.

陶汉之，陈佩璁，高丽萍，等，1994. 美味猕猴桃'海沃德'胚胎发育的研究 [J]. 安徽农业大学学报，21（4）：446-448.

姚春潮，李建军，刘占德，2021. 猕猴桃高效栽培与病虫害防治彩色图谱 [M]. 北京：中国农业出版社.

姚春潮，龙周侠，刘旭峰，等，2010. 不同干燥及贮藏方法对猕猴桃花粉活力的影响 [J]. 北方园艺（20）：37-39.

姚春潮，张朝红，刘旭锋，等，2005. 猕猴桃花粉萌发动态及培养基成分对花粉萌发的影响 [J]. 中国南方果树，34（2）：50-51.

叶开玉，蒋桥生，龚弘娟，等，2014. 不同授粉方式对红阳猕猴桃坐果率和果实品质的影响 [J]，江苏农业科学，42（8）：165-166.

张立军，刘新，2011. 植物生理学 [M]. 2版. 北京：科学出版社.

张玉星，2011. 果树栽培学总论 [M]. 4版. 北京：中国农业出版社.

钟彩虹，2020. 猕猴桃栽培理论与生产技术 [M]. 北京：科学出版社.

执笔人：姚春潮，刘艳飞，石复习

第十一章　猕猴桃病虫害防治

第一节　猕猴桃主要病害及其防治

一、溃疡病

猕猴桃溃疡病是猕猴桃生产上一种细菌性病害，分布广泛，几乎在全球所有猕猴桃主产区都有发生，具有隐蔽性、暴发性和毁灭性，且传染性极强，在意大利、西班牙、韩国、中国、新西兰等10多个国家的猕猴桃产业中造成了严重的损失（黄宏文等，2001；Hee K G et al.，2017；任雪燕，2019）。该病最早于1973年在新西兰被报道，20世纪80年代先后在美国加利福尼亚州和日本静冈县被发现。我国最早于1986年在湖南人工栽培的猕猴桃上发现溃疡病，随后又在四川、安徽、贵州等地发现，现已广泛分布于20多个省份（蔡礼鸿，2016；陈文远，2019）。近十余年，随着猕猴桃种植面积的扩大和感病品种的大面积推广，猕猴桃溃疡病在全球大部分产区蔓延迅速，横行肆虐，流行年份各产区死树毁园的现象非常普遍，已成为全球影响猕猴桃产业发展的主要制约因素之一（Balestra G M et al.，2013；胡黎华等，2018）。

（一）症状

猕猴桃溃疡病在猕猴桃枝干、新梢、叶片、花蕾及花上均可发生，多从枝蔓裂缝、剪口、皮孔、幼芽、叶痕及枝条分叉部位开始发病。叶片发病初期出现褪绿小点，后发展为2～3mm不规则形状的褐色斑点，病斑周围有明显的黄色晕圈。适宜条件下病斑连成一片，潮湿环境下叶背也会出现黏质液体（彩图11-1）。

枝干发病初期首先溢出黏质的细丝状液体，被空气氧化后变成暗红色的树液淌出，后病斑逐渐扩大。伤流期枝干发病产生的菌脓与伤流液混合后形成大量乳白色脓液，经氧化后变成红褐色或锈红色的脓水流出，病部组织开始变软、溃烂，颜色变深，皮层纵向龟裂，严重时可环绕枝干发生，直接导致地上部树体死亡。患病枝不易发芽，即便发芽不久也会枯萎。新梢顶部感病后变成水渍状，似开水烫伤，后变成黑褐色，发生龟裂，最后萎缩枯死（彩图11-2）。

花器受害时，花冠变褐呈水腐状，潮湿时分泌乳白色菌脓。花萼一般不受侵染或仅形成坏死小斑点。花蕾变成褐色，枯萎，不开放，即使开花也难结果或形成畸形果易脱落（彩图11-3）。

（二）病原

猕猴桃溃疡病的病原为普罗特斯门的丁香假单胞菌猕猴桃致病变种（*Pseudomonas*

syringae pv. *actinidiae*，Psa）。根据病原的遗传多样性和毒素产生能力，Psa 被分为 6 种生物型（Psa 1、Psa 2、Psa 3、Psa 4、Psa 5、Psa 6）。其中，Psa 4 与其他 Psa 生物型有很大不同，致病性不强，仅在绿肉和黄肉猕猴桃品种的叶片上产生坏死斑点（邵宝林，2013）。中国主要为 Psa3，也是全世界致病性最强、传播和发生范围最广、危害最大的一种生物型（林文力等，2020；裴艳刚等，2021；Biondi E et al.，2013）。

Psa 菌体呈短杆状，大小为（1.4～2.3）μm×（0.4～0.5）μm，单极生鞭毛 1～3 根，无荚膜和芽孢，革兰氏阴性菌，菌落乳白色，表面光滑，边缘不整齐，半透明，在金氏 B 培养基上产生黄绿色荧光，致病力强，适应力强，对烟草幼苗有致敏反应（吴晓芳，2015）。该病原菌喜在低温、强光照及高湿的环境下生长，适宜温度为 25～28℃，对高温的适应性差，高于 35℃ 或低于 12℃ 均不利于其生长，在 55℃ 下 10min 会导致其死亡，生长的 pH 为 6.0～8.5，适宜 pH 为 7.0～7.4（Lee Y S et al.，2016）。

Psa 的自然寄主主要是猕猴桃属植物，包括美味猕猴桃、中华猕猴桃、软枣猕猴桃、狗枣猕猴桃和毛花猕猴桃等，还可侵染如狗尾草、空心莲子草、泡桐树、防护林木柳杉等非猕猴桃属的植物（Liu P et al.，2016）。此外，通过人工接种，该病原菌可侵染日本夏橙、无花果、桃、李、梨、杏、樱桃、樱花、梅花、桑树等植物。

（三）发病规律

1. 病害循环 病原菌主要在病组织和野生猕猴桃上越冬和越夏。现阶段认为根、土壤耕作层以及其他作物都不是其主要越冬（夏）场所。Psa 主要从气孔、皮孔和水孔等自然孔口以及霜冻、昆虫、机械操作等造成的伤口侵入寄主体内。适宜条件下，潜育期为 3～5d，随着从病部溢出的菌脓传播和蔓延，从枝干传染到新梢、叶片，再从叶片传染到枝干，周而复始，形成恶性循环。一般来说 11 月至翌年 1 月枝蔓开始发病；2—3 月为主干、枝蔓发病盛期（刘绍基等，1996；Chen H et al.，2018）。主干、枝蔓溃疡处组织腐烂失水后逐渐干缩，出现大量枯萎现象；4—5 月主要侵染新梢、叶片、花蕾；而后又随气温升高发病逐渐减缓，6—10 月病害停止扩展，但未脱落叶片的病斑至 8 月仍可见，病原菌可存活在组织内（彩图 11-4）。

2. 传播途径 猕猴桃溃疡病传染性极强，能够在短期内传播至世界各大猕猴桃产区。它可以借助风力、雨雪、昆虫、病残体、污染土壤、农事活动（嫁接、修剪、授粉、抹芽、摘心、绑蔓等）等进行近距离传播，也可以通过繁殖材料（苗木、接穗、花粉）进行远距离传播。

3. 发病因素 猕猴桃溃疡病的发生受到多种因素的影响，如品种、温度、湿度、生育期、树龄、树势、海拔、地势以及栽培管理等。中华猕猴桃品种较美味猕猴桃品种更易感病，如红阳、Hort16A 和金艳等为高感品种，海沃德、翠玉和魁绿等为高抗品种（Fujikawa T et al.，2019；Pereira C et al.，2021）。生育期也会影响该病的发生，以伤流期枝蔓发病最严重。树龄和树势同样有影响，其中幼树更为抗病，树龄超过 5 年的成年结果树、负载量过大和树势衰弱的树发病较重（高小宁等，2012）。旬平均气温为 10℃ 左右时，如遇暴风雨或连续阴雨天气，病害易流行；旬平均气温大于 16℃ 时发病趋缓或停止发病。海拔较高的丘陵区和山区，迎风面发病早而重。地势低洼、排水差、潮湿的果园发病重。

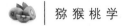

（四）防治技术

猕猴桃溃疡病是猕猴桃生产中最难防治的病害，可直接导致毁园，在防治上主要坚持预防为主、统防统治的原则。综合利用一切有效的措施，通过提高猕猴桃植株抗性，阻止病原菌侵入，以及创造不利于病害发生的小气候环境条件来控制溃疡病的蔓延（McCann H C et al.，2017）。

1. 加强病害检疫，培育抗病（或无病）苗木 猕猴桃溃疡病为我国森林植物检疫对象，各地发展猕猴桃产业时要杜绝从疫区购买苗木、砧木、接穗和花粉等，对所有材料按照 Psa 检测流程进行产地检验和样品抽检，确认不带 Psa 后方可调入（曹凡，2018）。病害流行区杜绝开放式参观，来往人员出入果园要进行消毒处理。在无病区建立接穗采集圃，培育无病苗木。无病区一旦发现病田，应小心挖除并烧毁所有病株，至少 5 年不在发病田块种植寄主植物，并改种猕猴桃属以外的非寄主植物。

2. 选用抗病品种或利用品种多样性防病 因地制宜选用适合当地种植的抗病优良品种，如海沃德、徐香、翠香、翠玉、瑞玉等，面积超过 13hm² 的规模化园区宜多品种组合栽培，搭配一定比例的高抗品种。

3. 采用避雨栽培控病 在溃疡病高发区采用避雨栽培，可有效阻断风雨霜冻，改变小气候环境使棚内枝干和叶片表面无持续水膜形成，使细菌不易侵入，从而大大降低病害的发生概率。红阳采用避雨栽培后，溃疡病相对防效可达 90％以上。根据立地条件和经济能力，可选用稳定性好、使用寿命长、造价较高的钢架棚，或选用寿命短、造价低的竹木简易棚，配套完善的喷滴灌设施和栽培技术措施（钟彩虹等，2020）。

4. 加强果园管理 栽培管理措施及水平直接影响溃疡病的发生程度，管理精细的果园一般发病较轻。掌握"重施有机肥、增施磷钾肥、控施氮素肥"的基本原则，增强树势，提高果树抗病能力以及保持园内良好的通风透光条件。合理负载，果实成熟后要及时采收，对已发病树及时处理。利用杀虫灯、诱虫板、性诱剂等诱杀害虫，或安装防虫网等设施，减少昆虫造成的伤口和降低昆虫携带的菌源量，从而减轻病害的发生。猕猴桃开花前、幼果期和果实膨大期，全园喷施免疫诱抗剂各 1 次，药剂可选用 5％氨基寡糖素水剂 800～1 000 倍液，或其他高效的诱抗剂，以增强树体抗性。

5. 科学修剪，防止植株受伤 病原菌主要从伤口侵入，因此最有效的手段是预防植株受伤。应做到科学修剪枝条，以夏季修剪代替冬季修剪，伤流期尽量不动剪，雨天严禁修剪，修剪后及时涂抹伤口保护剂护理剪口，避免病原菌侵入。修剪用的剪子、锯等工具要用酒精消毒或进行替换。冬季要做好防冻害工作，冬剪应在落叶后立即进行，四川猕猴桃产区宜在 12 月末前完成修剪工作。

6. 化学防治 抓好几个防治关键时期：一是猕猴桃开花前（花蕾初现期）和落花后（落花 70％）分别喷施 1 次药剂控制当年春季溃疡病引起的花腐和叶斑，药剂可选用梧宁霉素、中生菌素、春雷霉素、枯草芽孢杆菌菌剂等（Buriani G et al.，2014）；二是采果后至落叶前，刮除病斑后对全园主干大枝涂刷或喷淋药剂，可选用以上生物药剂或氢氧化铜等铜制剂，施药间隔期为 10～15d。刮除病斑至 1～2cm 健康组织，刮口处一定要光滑整齐；三是冬季修剪后，用 5°Bé 石硫合剂清园，或用加有杀虫杀菌剂的液态膜涂抹主干，减轻冬季冻伤，同时可避免雨水直接冲刷树皮，降低感染概率（刘健伟等，2019）。

二、根腐病

猕猴桃根腐病是一种毁灭性病害，能造成根颈部和根系腐烂、树势衰弱、产量降低、品质变差，严重时整株死亡。早在20世纪80年代湖北省就有猕猴桃根腐病发生报道。近年来随着猕猴桃种植面积的不断扩大，全国主要猕猴桃种植区均有关于根腐病的报道（李娟，2020）。猕猴桃根腐病致病因素复杂，主要分为生物因素和非生物因素。

（一）症状

由生物因素引起的根腐病，病原菌主要来源于疫霉属、蜜环菌属、小核菌属等。由于病原菌的不同，感病植株症状也有所不同。由疫霉属引起的根腐病，病原菌先从根尖或者根颈部侵入，然后逐渐向内部扩展，在发病高峰或者土壤潮湿时均可见病部产生白色丝状物。由蜜环菌属引起的根腐病，初期在根颈部皮层出现暗褐色水渍状病斑，之后皮层变黑，韧皮部脱落，木质部变褐腐。后期病斑向下蔓延，整个根系腐烂。潮湿时病部组织内充满白色至淡黄色的扇状菌丝层，病组织在黑暗处可发蓝绿色荧光。小核菌属引起的根腐病在根颈附近产生大量白色绢丝状菌索，皮层腐烂（彩图11-5）。由于根系被病原菌侵染破坏，植株吸收营养受到影响，会导致树势严重衰弱、萌芽推迟、叶片变黄脱落、枝蔓顶部枯死、产量降低，严重时可导致整个病株枯死。

（二）病原

猕猴桃疫霉根腐病的病原菌为卵菌门疫霉属疫霉（*Phytophthora* sp.），孢子囊顶生，近球形或卵形，基部圆形。孢子囊具有明显乳突，藏卵器球形，雄器侧生。猕猴桃蜜环菌根腐病的病原菌为担子菌门蜜环菌属的蜜环菌（*Armillariella mellea*），子实体丛生，菌盖蜜黄色，担孢子单胞无色，近球形。孢子囊柠檬形，有乳突，萌发产生游动孢子。猕猴桃白绢根腐病的病原菌为小核菌属的齐整小核菌（*Sclerotium rolfsii*），菌核圆形，黑褐色，似油菜籽状。

（三）发病规律

4—5月开始发病，7—9月是严重发生期，10月以后停止发病，高温高湿条件下病害扩展迅速。病原菌随耕作或地下害虫活动传播，从根部伤口或根尖侵入，使根部皮层组织腐烂死亡，还可进入木质部。

疫霉根腐病的病原菌以卵孢子在病残体中越冬，翌年转暖后卵孢子萌发产生游动孢子囊，进而释放游动孢子，游动孢子借助风雨或者流水传播，从伤口侵入组织。蜜环菌根腐病、白绢根腐病的病原菌以菌丝或菌索等结构在土壤或病残体中越冬，翌年春季随耕作或地下害虫传播，可从伤口或直接侵入根系（黄亚军等，1998）。

（四）防治技术

1. 适地建园　建园要避免在地势低洼、地下水位高、排水不畅、土质黏重的地块，选择在通透性好的沙壤土上建园。已建在黏土地上的猕猴桃园要深耕，掺沙改土，增施腐熟的有机肥。

2. 农业防治　植株定植不宜过深，施腐熟的有机肥，雨季及时开沟排水。树盘覆盖松针、园内生草，夏季高温时保持根层土壤湿润，避免根系受伤。避免过度根部农事操作，以免造成根系受伤。对地下害虫进行防治。

3. 药剂防治 3月和6月中下旬树盘施药，可选用65％代森锌可湿性粉剂600～1 000倍液，或58％甲霜灵·锰锌可湿性粉剂600～1 000倍液，或0.3％梧宁霉素水剂500～750倍液，或20％二氯异氰尿酸钠可溶粉剂300～400倍液，或70％噁霉灵可溶粉剂200～300倍液等，也可每公顷施用30％甲霜·噁霉灵水剂1 500～1 950mL。

三、褐斑病

猕猴桃褐斑病又称猕猴桃棒孢叶斑病、猕猴桃早期落叶病，是猕猴桃重要病害之一。2014—2015年该病害首次在我国四川、广西被报道。近年来经多地调查发现褐斑病的发生与危害在全国呈上升趋势，在湖北、贵州、江西、重庆的猕猴桃栽培区均有发生（李明远，2018）。褐斑病主要危害叶片，引起叶片提早脱落。严重时叶片全部掉光，导致果实失水皱缩，严重影响品质与产量。同时，叶片早落直接导致秋梢提前萌发消耗树体养分。若防治不到位，树体将进入恶性循环，树势逐年衰弱、产量低、品质差，直至毁园。

（一）症状

受害叶片在早期呈现出边缘有褪绿晕圈的褐色小圆斑；中期为具有明显轮纹的坏死斑，中央灰白色、边缘深褐色，病健交界明显；后期多个病斑合并导致叶片大面积坏死，干枯脱落（彩图11-6）。猕猴桃褐斑病的症状有时因叶龄、品种或发病阶段的不同略有差异，尤其在发病初期不易分辨，但典型症状是病斑褐色、呈靶点状、病健交界明显（秦双林等，2016）。

（二）病原

病原为子囊菌门座囊菌纲格孢腔目暗色孢科棒孢属的多主棒孢菌（*Corynespora cassiicola*），其寄主范围广泛，主要分布于亚热带与热带地区，目前已在全球范围内的橡胶、大豆和黄瓜上造成了严重的经济损失，是这些作物上十分重要的叶部病害。多主棒孢菌的菌丝具有隔膜和分支，在马铃薯葡萄糖琼脂培养基（PDA培养基）上菌落呈灰白色至橄榄绿色，后期中央菌丝表面为黄褐色。田间叶片病斑上常产生大量分生孢子梗和分生孢子（彩图11-7）。孢子接种猕猴桃叶片4h左右开始萌发产生芽管，随后通过气孔、伤口或直接侵入叶片，24h之内在寄主的细胞和细胞间隙中不断扩展。48h接种点表面产生菌丝，至72h接种点表面的菌落开始产生分生孢子梗与分生孢子，完成病原菌的侵染过程（Xu J et al.，2016；Cui Y L et al.，2015；Bowen K L et al.，2018）。

（三）发病规律

病原菌主要以分生孢子和菌丝体在落叶上越冬，翌年产生分生孢子经气流和风雨传播至嫩叶上，从气孔侵入或直接侵入。一般始发期在6月末至7月初，盛发期在7月中旬至8月下旬（彩图11-8）。高温高湿条件有利于褐斑病流行，四川地区海拔800m及以下产区为重发区。此外，果园郁闭、积水等也有利于该病害的扩展和蔓延。

（四）防治技术

1. 选用抗病品种 在褐斑病发生区，应根据当地种植的猕猴桃品种进行自然抗性鉴定，选用适宜本地种植的高产抗病良种（王朝政等，2016）。对褐斑病具有抗性的品种有龙山、丰悦、魁蜜、流星、华光3号、金艳、武植3号、米良1号、金丰、Hort16A等，相反，红阳为高感品种（黄秀兰等，2018）。

2. 农业防治 猕猴桃落叶后及时修剪枝梢，将田间病叶枯枝等移出果园，冬季清园，减少初侵染源。尽量避免在猕猴桃果园或附近种植共同的寄主植物，如豇豆、四季豆、黄瓜等，并及时清除这些寄主的病残体。加强水肥管理，夏季适当修剪，合理负载，增强树势。

3. 物理防治 猕猴桃褐斑病重发区，有条件的果园采用避雨栽培模式。

4. 化学防治 冬季清园喷施 1 次 3～5°Bé 石硫合剂，春季萌芽前再喷施 1 次。发病初期及时施药，每 7～10d 施 1 次，连施 2～3 次；若避雨栽培则 25～30d 施 1 次，连续 1～2 次。推荐 200g/L 氟酰羟·苯甲唑悬浮剂 750～1 500 倍液、42.4%唑醚·氟酰胺悬浮剂 2 000～3 000 倍液、25%嘧菌酯悬浮剂 1 500 倍液、42.8%氟吡菌酰胺·肟菌酯悬浮剂 2 500 倍液、35%氟吡菌酰胺·戊唑醇悬浮剂 1 500 倍液等药剂。采果前 20d 停药，采果后立即加施 1 次药剂保叶。注意药剂轮换施用，施药时兼治其他多主棒孢菌可能侵染的寄主，也可选择施用叶面肥增加叶片厚度以增强抗病性。

四、花腐病

猕猴桃花腐病是一种细菌性病害，在中国、新西兰、美国、日本等猕猴桃产区都有发生，近年呈加重趋势。主要危害猕猴桃的花蕾和花，还可危害幼果和叶片，引起大量落花落果，造成小果和畸形果，严重影响猕猴桃的产量和品质。

（一）症状

发病初期，感病的花蕾和花萼出现褐色凹陷斑，随病害发展，花瓣变为橘黄色，花开时变褐色，并开始腐烂，很快脱落。危害严重时，花不能正常开放，花萼变褐，花丝变褐腐烂，花蕾脱落（彩图 11-9）。花柄染病，病原菌多从疏除侧蕾造成的伤口入侵，再向两边扩展蔓延，花柄腐烂，造成落蕾落花。叶片染病出现褐色斑点，逐渐扩大导致整叶腐烂，凋萎下垂。

（二）病原菌

猕猴桃花腐病的病原菌属于细菌，主要为假单胞杆菌（*Pseudomonas* sp.）中的绿黄假单胞菌（*Pseudomonas viridiflava*）、萨氏假单胞菌（*Pseudomonas savastanoi*）及猕猴桃溃疡病病原菌丁香假单胞杆菌猕猴桃致病变种（*Pseudomonas syringae* pv. *actinidiae*）。病原菌种类因地区而异。我国陕西、湖南和意大利主要为绿黄假单胞菌；我国福建、湖北和新西兰主要为萨氏假单胞菌。丁香假单胞杆菌猕猴桃致病变种危害花蕾和花也可导致花腐病。绿黄假单胞菌和萨氏假单胞菌均为革兰氏阴性菌，杆状，大小分别为（0.5～0.6）μm×（1.5～3.0）μm 和（0.5～1.0）μm×（1.5～3.0）μm，极生鞭毛 1～4 根。

（三）发病规律

病原菌在病残体上越冬，翌年春季主要借风、雨水、昆虫等传播到花蕾上进行初侵染，花期雨水较多或空气湿润的条件下，进入发病高峰期，造成大量落蕾落花现象，甚至进入幼果期危害果柄造成落果。

（四）防治技术

1. 加强果园管理，提高树体的抗病能力 多施腐熟的有机肥，增施磷钾肥，合理负载，增强树势。合理整形修剪，花期如架面郁闭，及时疏除过密的枝条和过多的花蕾，改善通风透光条件。花期一般不灌溉，以免增加果园湿度，加重病害。雨季注意果园排水，保持适宜的温、湿度，可以减轻病害。

2. 清除病源，捡拾病花病果 发病严重的果园，及时将病花、病果捡出果园处理，减少病源数量。

3. 花蕾期保护伤口，严防病害入侵感染 花蕾期和花期进行疏蕾疏花时，特别在进行疏侧蕾时会造成大量的伤口，应及时喷药保护。尤其是花蕾期和花期雨水较多时，更应注意预防。

4. 化学防治 采果后至萌芽前，全园喷施 0.5% 多量式波尔多液或 3~5°Bé 石硫合剂进行清园。花蕾期及时喷药防控，特别是疏除侧蕾后喷洒全树，每 10~15d 喷 1 次，连喷 1~2 次。药剂可选用 2% 中生菌素可湿性粉剂 600~800 倍液，或 2% 春雷霉素可湿性粉剂 600~800 倍液。

五、软腐病

猕猴桃软腐病又称褐腐病和熟腐病，最早由 Pennycook 于 1985 年在新西兰首次发现，随后在韩国、日本、意大利和智利等多个国家均有报道。我国陕西、北京、浙江、福建和四川等省份也先后报道了该病的发生，该病目前已成为猕猴桃果实贮藏期的重要病害之一。采后发病率通常在 20% 左右，严重时可达 50% 以上，给猕猴桃生产造成了重大损失。

（一）症状

猕猴桃软腐病通常是在果实成熟后发病，病斑圆形，病部中央为浅褐色，硬果期普遍无明显症状。发病初期病健交界处呈暗绿色水渍状环形晕圈，病部表面无明显凹陷，用手按压能感觉到果实有一定程度变软；发病后期病部产生大量白色至灰色菌丝，严重时病果表皮处会有组织液渗出（李爱华等，1994）。沿果实病部切开，可见细胞空洞且呈乳白色至乳黄色海绵状，内部病斑呈空心 V 形（Thomidis T et al.，2011；Thomidis T et al.，2019）。果实发病后一般可在 7~9d 完全腐烂，腐烂果实会散发腐败的酒糟味，单个发病果可引起同筐其他果实的发病（彩图 11 - 10）。

衰弱枝蔓也可发病，初期皮层呈紫褐色至暗褐色，水渍状，后期变为深褐色。空气相对湿度增大时，病斑迅速横向扩展，可达木质部，使皮层组织大块坏死，枝蔓萎蔫干枯。发病后期病斑上会产生许多黑色小点粒，即病原菌的子座（彩图 11 - 11）。此外，叶片、果梗也可染病。

（二）病原

猕猴桃软腐病由子囊菌门座囊菌纲葡萄座腔菌目 Botryosphaeriaceae 的真菌引起，病原菌主要包括葡萄座腔菌（*Botryosphaeria dothidea*）、可可球二孢（*Lasiodiplodia theobromae*）和新壳梭孢（*Neofusicoccum parvum*）。优势种葡萄座腔菌的菌丝生长速度最慢，分生孢子梭形至近棍棒状，分生孢子器单生或聚生，单腔室或多腔室，孔口圆形或不规则状。可可球二孢菌丝生长速度最快，分生孢子近卵形至椭圆形，底部和顶部圆形，初期无色无隔，成熟后黑褐色，中间有一横隔。新壳梭孢菌丝生长速度介于前两者之间，分生孢子梭形至椭圆形，子囊孢子纺锤形至卵形。3 种病原菌菌丝生长和孢子萌发的适宜温度均为 25～30℃，当 pH 为 4～10 时分生孢子和菌丝均能生长和萌发，但菌丝的适宜生长pH 为 5～8，孢子萌发的适宜 pH 为 6～8（菌落形态、子囊及子囊孢子形态见彩图 11-12）。猕猴桃软腐病病原菌寄主多样，可引起包括苹果、梨、猕猴桃、桉树、橄榄、蜡梅和葡萄等在内的 45 个属的植物感病。

（三）发病规律

病原菌常以菌丝体、分生孢子器及假囊壳在修剪的猕猴桃枝条、果梗以及休眠的芽和落叶上越冬，越冬后的病原菌翌年春季恢复活动，4—6 月形成子囊孢子或（和）分生孢子成为初侵染源（主要来自田间枯死的枝条），6—8 月大量散发，借风雨传播（彩图 11-13、彩图 11-14）。

病原菌从皮孔入侵，孢子在水中萌发较快，24h 即可完成侵染；分生孢子和子囊孢子均能危害果实、叶片和枝条；对果实的侵染始于花期和幼果期，对幼果的侵染最为严重，病原菌侵入后菌丝潜伏在果皮附近组织内，一般未成熟的果实抑制绝大多数菌丝生长，直到果实成熟后才表现出来；病原菌多从枝蔓与叶片的伤口或自然孔口侵入使其染病。由于新鲜伤口流出的体液以及由其造成的湿度可以为病原菌孢子的萌发和入侵提供有利条件，因此伤口是病原菌入侵的主要途径（唐贵婷，2018）。

（四）防治技术

1. 农业防治 彻底清园，清扫落叶落果，剪除病枝，消灭病原菌载体，特别是秋季修剪遗留的枯枝。加强果园管理，重施基肥，及时追肥，增强树势。减小园地荫蔽，改善通风及光照条件。幼果套袋。采收、运输中避免果实碰伤。低温贮藏。

2. 化学防治 春季萌芽前结合其他病害一起防治，喷施 3～5°Bé 石硫合剂。谢花后 2周至果实膨大期喷施 75％肟菌·戊唑醇水分散粒剂 4 000 倍液、42.8％氟菌·肟菌酯悬浮剂 2 000 倍液、35％苯甲·咪鲜胺水乳剂 500～750 倍液。需要进冷库贮藏的果实可在采收时喷施或入库前浸果处理。

六、灰霉病

猕猴桃灰霉病自 19 世纪 80 年代初在新西兰、美国和日本发现以来。现已成为猕猴桃常见病害之一。该病主要危害花、叶、果实，尤其对采后果实的危害较为严重，一般损失率达 20％左右，最高可达 50％以上，对全球的猕猴桃产业造成了严重危害（Yermiyahu U et al.，2006；Fendrihan S et al.，2018）。

（一）症状

叶片发病多从叶缘和叶尖开始，沿叶脉呈 V 形扩散，形成浅褐色坏死病斑，略具轮纹状，边缘规则。高湿条件下，发病部位或叶背常产生灰色霉层，干燥时呈褐色干腐状，最后致叶片干枯掉落（彩图 11-15）。

花发病初期呈水渍状，后逐渐变褐腐烂，表面形成大量灰色霉层（即病原菌的分生孢子梗和分生孢子）。落花时，正常花瓣或染病的花瓣落到叶片上即在相应部位形成褐色坏死斑。花瓣或花的其他残体若附在幼果上会导致幼果感染，形成圆形或不规则形褐色病斑，严重时造成幼果腐烂（彩图 11-16）。

果实受害，初发时茸毛变褐，随后局部腐烂，造成落果，空气相对湿度大时果实表面产生灰色霉层，有时在腐烂部位形成黑色不规则的菌核，遇潮湿天气，果实快速腐烂导致早期落果。田间感染的果实或携带病原菌的果实在冷库内会很快发病，多在果蒂处形成褐色软腐，并产生灰白色霉状物，果实腐烂变质失去食用价值（彩图 11-17）（Pei YG et al.，2019）。

（二）病原

猕猴桃灰霉病的病原菌为丝孢纲丝孢目淡色孢科葡萄孢属的灰葡萄孢（*Botrytis cinerea*）。有性阶段为子囊菌门锤舌菌纲趋光菌目核盘菌科葡萄孢盘菌属富氏葡萄孢盘菌（*Botryotinia fuckeliana*）。灰葡萄孢由假灰葡萄孢（*B. pseudocinerea*）和狭义灰葡萄孢（*B. cinereal sensu stricto*）复合组成，以狭义灰葡萄孢为优势致病种。病原菌菌丝灰白色，生长后期菌丝由灰白色逐渐变为灰色至深灰色，部分菌株会产生灰白色至（浅）褐色分生孢子层，或形状不规则、分布无明显规律的菌核（Bardas GA et al.，2010）。依据该病原菌在固体培养基上的菌落形态，该病原菌可分为 3 种类型，即菌核型、分生孢子型和菌丝型。其中菌核型分离物会有较多的菌核产生，极少菌丝，少量或不产生分生孢子；分生孢子型肉眼可见较多或大量分生孢子产生，少量或无菌核产生；菌丝型菌落菌丝茂密，不产生或仅产生少量分生孢子（Williamson B et al.，2007）。与其他贮藏期的病原菌不同，灰葡萄孢在较低温度下（0℃）仍能够生长，且潜伏期长。四川省猕猴桃主产区具有上述 3 种类型的灰霉病病原菌，但以菌核型和菌丝型为优势类型（彩图 11-18）。

（三）发病规律

灰霉病病原菌主要以菌丝体、分生孢子在树皮及冬眠芽上越冬，或以菌核在病残体、土壤中越冬，病原菌抗逆性强，一般可存活 4～5 个月。越冬的分生孢子、菌丝体、菌核是翌年的初侵染源，病原菌借助气流、雨水或园地管理传播，通过伤口、果实表面气孔、果蒂等途径入侵不同的宿主，并且菌丝体、孢子或者菌核在不利的环境中都能长时间存活，直到环境有利于它们的生长，因此很难有哪种植株对其具有高抗性（丁健等，2013；李爱华等，2003；赵慧军等，2017）。田间叶片、花蕾、花朵和幼果相继会受侵染（彩图 11-19）。病原菌的生长温度为 5～25℃，适宜生长温度为 18～22℃。一般初春和晚秋病害发生较重，有些夏季凉爽潮湿的山区整个生长期都可发病，果园低洼积水郁闭也有利于发病。果实在低温贮藏时，病原菌生长迅速，对果实的危害也更严重。

（四）防治技术

1. 农业防治　及时摘除病花、病叶和病果，进行销毁或深埋处理，减少侵染源。整理藤蔓，防止郁闭，降低园内空气相对湿度。合理施肥，科学施用氮肥及钾肥，适当增加钙肥。尽量减少灌水次数，注意果园排水，做到雨后田干，防止园内积水（赵晓琴，2014；龚国淑等，2020）。采果时应避免和减少果实受伤，避免阴雨天和露水未干时采果。果实入库后，要适当延长预冷的时间，以减少果实表面的水分。

2. 化学防治　冬季清园时全园喷施 5°Bé 石硫合剂，初春萌芽前再喷施 1 次。开花前喷施 20% 腐霉利悬浮剂 800～1 000 倍液预防，盛花末期用 50% 异菌脲可湿性粉剂

1 000～1 500 倍液、40％嘧霉胺悬浮剂 1 000～1 500 倍液、75％抑霉唑硫酸盐可溶粒剂
1 000～2 500 倍液、50％腐霉利可湿性粉剂 1 000～2 000 倍液、38％唑醚·啶酰菌水分散
粒剂 1 000～2 000 倍液、42.4％唑醚·氟酰胺悬浮剂 2 000～3 000 倍液等药剂，7～10d
轮换用药喷施 1 次（李诚等，2014）。果实入库前浸抑霉唑 1 次，或贮藏期采用硫酸氢钠
缓慢释放二氧化硫气体达到防治效果。

七、病毒病

猕猴桃病毒病发生较普遍，是猕猴桃的主要病害之一，可造成叶片畸形、褪绿及树皮
干裂，严重时影响果实产量和品质。由于病毒侵染的潜伏期较长，引起的症状常与生理性
病害引起的症状类似，所以往往不易识别。

（一）症状

猕猴桃受病毒侵染后多出现叶片黄化、斑驳、环斑、褪绿、畸形等症状，严重时会引
起树干枯死、树皮开裂、果实大小不均匀等（彩图 11 - 20）。田间猕猴桃病毒病可单独发
生，也可混合发生，症状表现复杂多样（Lapidot M et al.，2010；Zheng X J et al.，
2015）。如猕猴桃病毒 A（AcVA）和猕猴桃病毒 B（AcVB）在田间通常为复合侵染，以
春季猕猴桃嫩叶上症状最明显，至夏季则表现隐症现象（Zhao L et al.，2020）。许多患
病植株都是多种病毒复合侵染，包括长叶车前草花叶病毒（RMV）、芜菁脉明病毒
（TVCV）和柑橘叶斑驳病毒（CLBV）共侵染（李茹等，2016）。

（二）病原

国内外有关猕猴桃病毒病的相关研究起步相对较晚（方炎祖等，1988）。猕猴桃病
毒病最早于 2003 年在新西兰被检测到，病原为苹果茎沟病毒（ASGV）。目前猕猴桃病
毒病分布较广泛，已报道侵染猕猴桃的病毒种类见表 11 - 1。其中猕猴桃病毒 A（Ac-
VA）和猕猴桃病毒 B（AcVB）的发生较为普遍（表 11 - 1）。病毒粒体呈弯曲线状，为
正单链 RNA 病毒，其基因组有 64％的同源性。葡萄病毒属病毒粒体长度为 725～
785nm，直径 12nm 左右，基因组全长约为 7 500 个核苷酸，包括 5 个开放阅读框
（open reading frame，ORF）（Wang Y X et al.，2020）。Blouin A G 等（2012，2013，
2018）对猕猴桃病毒进行分类，将猕猴桃病毒病的病原分为 3 组。第 1 组为非特异性侵
染猕猴桃的病毒，包括马铃薯 X 病毒（PVX）、猕猴桃病毒 X（AcVX）、黄瓜花叶病毒
（CMV）、黄瓜坏死病毒（CNV）、苹果茎沟病毒（ASGV）、苜蓿花叶病毒（AMV）、
长叶车前草花叶病毒（RMV）、芜菁脉明病毒（TVCV）和番茄坏死环斑相关病毒
（TNSaV）。第 2 组为特异性侵染猕猴桃的病毒，包括猕猴桃病毒 A（AcVA）、猕猴桃
病毒 B（AcVB）、猕猴桃病毒 C（AcVC）、柑橘叶斑驳病毒（CLBV）、猕猴桃种传潜隐
病毒（ASbLV）、猕猴桃褪绿环斑相关病毒（AcCRaV）、猕猴桃山楂病毒 2（AcEV - 2）
和猕猴桃病毒 1（AcV - 1）。第 3 组为具有高致病性的猕猴桃病毒，包括天竺葵带状斑
点病毒（PZSV）和樱桃卷叶病毒（CLRV）（郑亚洲，2015）。此外，温少华（2020）发
现了苹果茎痘病毒（ASPV）、茶树线纹病毒（TPLPV）和苹果潜隐球状病毒（ALSV）3
种猕猴桃新发生病毒，但在猕猴桃上的相关报道还比较少。

表 11 - 1　已报道的侵染猕猴桃的病毒种类、分类和发生地（温少华，2020）

目	科	属	病毒	发生地
芜菁黄花叶病毒目	α-线形病毒科	马铃薯 X 病毒属	马铃薯 X 病毒	中国
			猕猴桃病毒 X	新西兰
	β-线形病毒科	发状病毒属	苹果茎沟病毒	新西兰、中国、印度
		柑橘病毒属	柑橘叶斑驳病毒	中国、新西兰
		葡萄病毒属	猕猴桃病毒 A	新西兰、中国、意大利
			猕猴桃病毒 B	新西兰、中国、意大利
			猕猴桃病毒 C	中国
		李病毒属	猕猴桃种传潜隐病毒	新西兰
马泰利病毒目	雀麦花叶病毒科	苜蓿花叶病毒属	苜蓿花叶病毒	新西兰
		同心病毒属	天竺葵环斑病毒	意大利
		黄瓜花叶病毒属	黄瓜花叶病毒	新西兰、中国、意大利
	长线型病毒科	未分属	猕猴桃病毒 1	新西兰
	植物杆状病毒科	烟草花叶病毒属	芜菁脉明病毒	新西兰
			长叶车前草叶病毒	新西兰
布尼亚病毒目	无花果花叶病毒科	欧洲山楂环斑病毒属	猕猴桃褪绿环斑相关病毒	中国
			猕猴桃山楂病毒 2	中国
	番茄斑萎病毒科	番茄斑萎病毒属	番茄坏死环斑相关病毒	中国
类番茄丛矮病毒目	番茄丛矮病毒科	番茄丛矮病毒属	黄瓜坏死病毒	新西兰、意大利
小 RNA 病毒目	伴生豇豆病毒科	线虫传多面体病毒属	樱桃卷叶病毒	新西兰

（三）发病规律

病毒病在猕猴桃树上可常年发生，传播方式多样。猕猴桃树一旦感染病毒，便终生带毒，无法彻底清除。不同的病毒传播方式也不同，猕猴桃病毒 A、猕猴桃病毒 B、柑橘叶斑驳病毒、长叶车前花叶病毒、芜菁脉明病毒等可通过嫁接修剪等机械损伤传播；苜蓿花叶病毒和黄瓜花叶病毒、黄瓜坏死病毒、番茄斑萎病毒、猕猴桃属褪绿环斑病毒、猕猴桃病毒 1 可分别通过蚜虫、土壤真菌、蓟马、瘿螨、粉虱等媒介昆虫传播。多种病毒也可由苗木、花粉、种子等繁殖材料传播，如苜蓿花叶病毒、长叶车前草花叶病毒、芜菁脉明病毒和柑橘叶斑驳病毒通过种子传播；猕猴桃病毒 A 和猕猴桃病毒 B 通过繁殖材料传播；樱桃卷叶病毒和天竺葵带状斑点病毒通过花粉和种子传播；苹果茎沟病毒和猕猴桃病毒 X 通过苗木传播。

（四）防治技术

1. 培育和栽植无病毒苗木　通过茎尖组培脱毒并隔离栽植无病毒苗木，注意防虫。生长季初感染病毒病的植株要及时发现，做上记号，感染严重时及时清除。修剪完病株后用 75% 酒精消毒修剪工具，避免病毒通过工具传播。

2. 农业防治　改善果园通风透光条件，合理使用化肥农药，冬季清除病枝落叶集中到园外烧毁。此外，在果园虫害发生期，要做好防治工作。加强肥水管理，促进树体健壮生长。通过提高猕猴桃树势和抗病性来抑制病毒复制或减轻病害发生。

3. 化学防治 猕猴桃叶片长出后及时喷药防治，可以叶面喷施 5％氨基寡糖素水剂 600～800 倍液，或 20％吗胍·乙酸铜可湿性粉剂 600～800 倍液，或 8％宁南霉素水剂 600～800 倍液。每隔 15～20d 进行 1 次全园喷雾，连续用药 3～4 次。

八、其他病害

猕猴桃生产上除以上介绍的主要病害外，其他常见病害见表 11-2。

表 11-2 猕猴桃其他常见病害

病害名称	症状	防治技术
根结线虫病	幼苗发病，地上部表现生长不良，细弱黄化；地下部受害根系肿大，有大小不等的根结，初呈白色，后呈褐色，受害根较正常根短而小，分枝也少，受害严重时病根上出现大小如米粒、一串一串的虫瘿或肿瘤，受害根系生长缓慢或生长停滞，甚至苗木尚未长成便已干枯死亡。结果树受害，地上部表现出缺肥缺水状态，中午叶片萎蔫似缺水症，晚上恢复，生长发育不良，叶片黄化，没有光泽，边缘干枯（与缺铁性黄化病区别），坐果少，果小畸形；地下部侧根和须根带有明显的根结（根瘤），如葡萄串一个连一个，后期整个根瘤和病根可变成褐色而腐烂。危害严重时，地上部树势衰弱，叶色发黄，出现萎蔫；根系上有大瘤状块，根系短缩，停止生长，组织腐烂，甚至死亡	1. 严格检疫 不从病区引入苗木，培育栽植无病苗木是预防的关键 2. 严禁栽植带病苗木，栽前及时处理苗木 对于来源不明的苗木可采用温汤浸根处理，即用 48℃温水浸根处理 15min 3. 加强栽培管理，提高树体抗性 可叶面喷施氨基寡糖素提高抗性。间作万寿菊也可降低发病率 4. 药剂防治 可每公顷用生物制剂 1.8％阿维菌素乳油 9kg 加水 3 000kg 灌根处理，或用淡紫拟青霉颗粒剂 45kg 拌土撒施病树周围后浅翻 3.5cm。也可用 10％噻唑膦颗粒剂 45～75kg 与 150～225kg 细土混合均匀施入根冠周围的环状沟内，盖土后浇水至土壤湿润即可
猕猴桃根瘤病	病原菌侵入猕猴桃后在根部或根颈部产生大小不一的根瘤，随着病情发展严重影响植株地上部生长，轻则叶片发黄、果实品质变差、产量减少，重则整株枯死（宋晓斌等，2002）。根部瘤体发生初期幼嫩，多呈乳白色或红白色，光滑柔软；后期瘤体木质化后质地坚硬粗糙，多个瘤体可连合形成不规则大根瘤	1. 严格检疫 严禁从病区移植苗木，对新植苗木进行药剂处理 2. 适地建园 选择土壤微酸、透气性好的地块建园，避免在土壤呈碱性、土质黏重的地块建园，并选择抗性较好的品种作为砧木。对于地下水位较高的地块，可采取高出地面 10cm 垄栽的方法 3. 农事操作时尽量避免伤根，防控地下害虫 对感染根瘤病较轻的果树，要及时刨开根部土壤晾晒，将病斑刮除掉，再用 0.3～0.5°Bé 石硫合剂或 5％菌毒清水剂 200～300 倍液涂抹伤口杀菌消毒
黑头病（翠香黑头病）	发病时果实表面出现黑色小点，严重时为大面积黑色或深褐色病斑。发病初期果实底部附近先出现小黑点，随果实发育变大，逐渐发展为大面积的黑色或深褐色病斑，病斑处质地较硬且表面凸起，病斑下果肉不发病，发病果实先于健康果变软成熟且不耐贮藏	1. 农业防治 冬季做好清园工作，夏剪疏枝改善果园通风透光条件，降低空气相对湿度。控制园内杂草。加强肥水管理提高果树抗性。控氮增施钾肥，可多次喷施含钙量高的叶面肥 2. 药剂防治 发病前及时预防，7 月初开始，用 10％苯醚甲环唑水分散粒剂 7 000 倍液，或 40％腈菌唑可湿性粉剂 4 000 倍液等喷施果面、叶面，每 7～10d 喷 1 次，连喷 3～4 次。同时可复配使用免疫调节剂如 5％氨基寡糖素水剂 1 500 倍液等，以增强树势，提高植株抗病性

（续）

病害名称	症状	防治技术
炭疽病	叶片感病后，一般从叶缘开始出现症状，叶缘略向叶背卷缩，初呈水渍状，后变为褐色不规则形病斑，病健界线明显。后期病斑中间变为灰白色，边缘深褐色。有的病斑中间破裂成孔，受害叶片边缘卷曲，干燥时易破裂，病斑正面散生许多小黑点，黑点周边发黄，潮湿多雨时叶片腐烂、脱落。果梗感病后会逐渐枯萎萎蔫，容易导致落果。果园果梗发病后，果实病斑会逐渐蔓延至果蒂，常在贮藏期造成蒂腐及果腐等症状	1. 加强田间管理，清除初侵染源 栽植抗病性强的品种，如海沃德、徐香、金桃、翠香等 2. 加强栽培管理 科学修剪，保持果园通风透光，注意开沟排水，降低果园湿度。合理施肥，多施有机肥，避免偏施氮肥，增强树体抗病性。新建园应远离刺槐、核桃、苹果等其他寄主植物 3. 药剂防治 萌芽前，全园喷1次5°Bé石硫合剂。初春萌芽开始到猕猴桃落花坐果期间可喷施预防药剂2次左右，药剂可选25%吡唑醚菌酯乳油1 000倍液，或43%戊唑醇悬浮剂200倍液。7月初，针对叶片炭疽病可在果园每隔11～15d喷药防治，连喷3次左右，药剂可选18.7%丙环唑·嘧菌酯悬乳剂750～1 000倍液，或32.5%苯醚甲环唑·嘧菌酯悬浮剂1 000～1 500倍液，或40%氯氟醚菌唑·吡唑醚菌酯悬浮剂1 500～2 000倍液等
黑斑病	主要危害果实。6月上旬开始出现症状，果实发病最初表现为果面色泽暗淡，下部靠近花柱残留处出现黑色小斑点，后期逐渐扩大为不规则黑色或深褐色病斑，受害处组织变硬、下陷，失水形成圆锥状硬块。随果实膨大，病果逐渐变软脱落，病斑皮下组织有明显的褐色病变斑块。病果入冻库后会继续发病，一般10～20d变软，甚至腐烂。当果面有多个病斑时，果实完全丧失商品价值。病果从冷库取出，10d后果实表皮出现白色菌丝伴有大量凸起的黑色分生孢子器	1. 农业防治 冬季清园，结合修剪，彻底清除枯枝落叶，剪除病枝。控制果园小气候，注意架面通风透光，降低田间湿度，坐果期控水，防止出现高湿状态。施足基肥，增强树势，提高果树抗病力，修剪徒长枝，及时捏梢，减少营养流失 2. 物理防治 谢花后及时套袋可有效隔绝病原菌，防止侵染。采摘及转运果实时，避免机械损伤。严格控制冷库温、湿度条件，同时结合气调、果实呼吸抑制剂等延长果实贮藏期 3. 药剂防治 春季萌芽前喷施3～5°Bé石硫合剂。幼果期套袋前，施用12%腈菌唑乳油3 000～4 000倍液，或75%肟菌戊唑醇水分散粒剂4 000倍液，或25%咪鲜胺500～1 000倍液等药剂。采收前7d或入库前1～2d使用50%苯菌灵可湿性粉剂500倍液，或25%吡唑醚菌酯悬浮剂3 000倍液等药剂处理果实

第二节　猕猴桃主要害虫及其防治

一、金龟甲类

金龟甲也称金龟子，主要以幼虫在土中危害猕猴桃的根部。不同猕猴桃产区造成危害的金龟甲种类不同，常见的有华北大黑鳃金龟（*Holotrichia oblita* Faldermann）、铜绿丽金龟（*Anomala corpulenta* Motschulsky）、棕色鳃金龟（*Holotrichia titanis* Reitte）、苹毛丽金龟甲（*Proagopertha lucidula* Faldermann）。

（一）分布与危害

金龟甲在各猕猴桃主产区均有分布，可危害猕猴桃、苹果、桃、梨等多种果树。幼虫在土壤中啃食猕猴桃的根皮和嫩根，影响水分和养分的吸收运输，造成植株早衰，叶片发黄、早落。成虫在猕猴桃萌芽期和花蕾期等取食猕猴桃的芽、叶、花、花蕾、幼果及嫩梢，造成不规则缺刻和孔洞。由于金龟甲危害主要在黄昏和傍晚，所以白天常常可以见到危害状，但见不到害虫（姚春潮等，2021）。

（二）形态特征

金龟甲属鞘翅目鳃金龟科昆虫，其发育属于完全变态发育，有成虫、卵、幼虫和蛹4个虫态。幼虫俗称蛴螬，体乳白色，体常弯曲呈马蹄形，背上多横皱纹，尾部有刺毛，生活于土中，成虫即金龟甲或金龟子（李高华等，2004）。常见几种金龟甲形态识别如下。

1. 华北大黑鳃金龟

（1）成虫。长椭圆形，体长21～23mm，宽11～12mm，黑色或黑褐色，有光泽（彩图11-21）。胸、腹部生有黄色长毛，臀板端明显向后凸起，前胸背板宽为长的2倍，前缘钝角，后缘角几乎为直角，每鞘翅有3条隆线。雄虫末节腹面中央凹陷，雌虫隆起。雌虫腹部末节中部肛门附近呈新月形。

（2）卵。椭圆形，乳白色。

（3）幼虫。体长35～45mm，肛孔3射裂缝状，前方着生一群扁而尖端呈钩状的刚毛，并向前延伸到肛腹片后部1/3处。

（4）蛹。预蛹体表皱缩无光泽。蛹黄白色，椭圆形，尾节具凸起1对。

2. 铜绿丽金龟

（1）成虫。体长19～21mm，宽8～11.3mm，体背铜绿色有金属光泽（彩图11-22）。复眼黑色；唇基褐绿色且前缘上卷；前胸背板及鞘翅侧缘黄褐色或褐色；触角9节；有膜状缘的前胸背板，前缘弧状内弯，侧、后缘弧形外弯，前角锐后角钝，密布刻点。鞘翅黄铜绿色且纵隆脊略见，合缝隆起明显。雄虫腹面棕黄色，密生细毛，雌虫腹面乳白色且末节横带棕黄色；臀板黑斑近三角形；足黄褐色，胫节、跗节深褐色，前足胫节外侧2齿、内侧1棘刺。初羽化成虫前翅淡白色，后逐渐变化。

（2）卵。白色，长1.65～1.94mm，初产时长椭圆形，后逐渐膨大为近球形，卵壳光滑。

（3）幼虫。3龄幼虫体长29～33mm，暗黄色。头部近圆形，头部前顶毛每侧各8根，后顶毛10～14根，额中侧毛列各2～4根。腹部末端2节自背面观为泥褐色且带有微蓝色。臀腹面具刺毛列，多由13～14根长锥刺组成，肛门孔横裂状。

（4）蛹。长约18mm，略呈扁椭圆形，黄色。腹部背面有6对发音器。雌蛹末节腹面平坦有1条皱纹。羽化前，前胸背板、翅芽、足变绿。

3. 棕色鳃金龟

（1）成虫。体长21.2～25.4mm，宽11～14mm，荼褐色，略显丝绒光泽，腹面光亮（彩图11-23）。头小，唇基短宽。前缘中央凹缺，密布刻点。触角鳃叶状，10节，鳃叶部特阔。鞘翅长而薄，纵隆线4条，肩瘤显著。前胸背板、鞘翅均密布刻点。前胸背板中央具1条光滑纵隆线，小盾片三角形，光滑或具少数刻点。胸腹面具黄色长毛，足棕褐色具光泽。

（2）卵。初产乳白色、圆形，后呈球形。长2.8～4.5mm，宽2.0～2.2mm。

（3）幼虫。老熟幼虫体长45～55mm，头宽约6.1mm。头部前顶刚毛每侧1～2根，绝大多数仅 1 根。刺肛门孔 3 裂。

(4) 蛹。黄白色，体长 23.5～25.5mm，宽 12.5～14.5mm，腹末端具 2 根尾刺，刺端黑色，蛹背中央自胸部至腹末具 1 条较体色深的纵隆线。

4. 苹毛丽金龟甲

(1) 成虫。体卵圆形，长约 10mm，头胸背面紫铜色，并有刻点。鞘翅为茶褐色，具光泽，由鞘翅上可以看出后翅折叠呈 V 形。腹部两侧有明显的黄白色毛丛，尾部露出鞘翅外。后足胫节宽大，有长、短距各 1 根（彩图 11-24）。

(2) 卵。椭圆形，乳白色。临孵化时表面失去光泽，变为米黄色，顶端透明。

(3) 幼虫。体长约 15mm，头部为黄褐色，胸腹部为乳白色。

(4) 蛹。长 12.5～13.8mm，深红褐色。

(三) 生活史及习性

金龟甲多为 1 年 1 代，少数 2 年 1 代。1 年 1 代的以幼虫入土越冬，2 年 1 代的以幼虫、成虫交替入土越冬。一般春末夏初出土危害地上部，此时为防治的最佳时机。成虫多在白天潜伏，黄昏出土活动、危害，成虫一般雄大雌小，交尾后仍取食，午夜以后逐渐潜返土中。成虫羽化出土时间与 5—6 月温、湿度的变化有密切关系，雨量充沛则出土早，盛发期提前。成虫食性杂、食量大，具假死性、趋光性和趋粪性，具一生多次交尾习性，入土产卵，主要散产于寄主根际附近 5～6cm 的土层内，7—8 月幼虫孵化，在地下危害猕猴桃根系。成虫喜欢产卵于以畜禽粪便为主的农家肥中，便于幼虫孵化后以粪便为食。冬季来临前，金龟甲以 2～3 龄幼虫或成虫状态潜入深土层，在球形土窝中越冬。因美味猕猴桃叶片多有毛，金龟甲不喜食，所以危害较轻，而危害中华猕猴桃较重。

(四) 防治技术

1. 农业防治 由于金龟甲具有趋粪性，有机肥一定要充分腐熟后再施用。精耕细作，及时镇压土壤，清除田间杂草。

2. 物理防治 在金龟甲成虫集中危害期，利用其假死性，于傍晚、黎明时分在树下铺好塑料布，人工震动树干，收集掉落的金龟甲，集中捕杀；利用其趋光性，于晚间用黑光灯、频振式杀虫灯等诱杀；利用其对糖醋液的趋化性，放置糖醋液诱杀，糖醋液配方为红糖 1 份、醋 2 份、白酒 0.4 份、敌百虫 0.1 份、水 10 份。

3. 生物防治 在蛴螬或金龟甲进入深土层之前，或越冬后上升到表土时，中耕圃地和果园，跟犁拾虫或放鸡吃虫等。

4. 化学防治

(1) 药剂处理土壤。每公顷用 50% 辛硫磷乳油 3～3.75kg，加水 10 倍喷于 375～450kg 细土上拌匀制成毒土，顺垄条施，随即浅锄，或将该毒土撒于种沟或地面，随即耕翻或混入厩肥中；或每公顷用 5% 辛硫磷颗粒剂 37.5～45kg 处理土壤。

(2) 毒饵诱杀。每公顷用 25% 辛硫磷胶囊剂 2.25～3kg 拌谷子等饵料 75kg，或用 50% 辛硫磷乳油 0.75～1.5kg 拌饵料 45～60kg，撒于种沟中，亦可收到良好的防治效果。

(3) 喷药防治。花前 2～3d 的花蕾期，用 90% 敌百虫晶体 1 000 倍液，或 40% 辛硫磷乳油 1 500 倍液，或 2.5% 溴氰菊酯乳油 2 000 倍液，或 2.5% 高效氯氟氰菊酯乳油 2 000～3 000 倍液喷雾防治。

二、叶蝉类

叶蝉是同翅目叶蝉科昆虫的通称，因大多危害植物叶片而得名，主要以刺吸式口器危害植物吸食汁液。危害猕猴桃的叶蝉类害虫较多，比如小绿叶蝉（*Edwardsiana flavescens* Fabricius）、大青叶蝉（*Cicadella viridis* linnaeus）、单突膜瓣叶蝉（*Membranacea unijugata* Qin & Zhang）、黑尾叶蝉（*Nephotettox cincticeps* Uhler）、桃一点叶蝉（*Singapora shinshana* Matsumura）、假眼小绿叶蝉（*Empoasca vitis* Gothe）、猩红小绿叶蝉（*Empoaca rufa* Melichar）等，陕西猕猴桃产区主要以小绿叶蝉、大青叶蝉和单突膜瓣叶蝉等为主，湖北武汉主要以猩红小绿叶蝉、桃一点叶蝉、假眼小绿叶蝉为主，贵州修文主要以桃一点叶蝉和小绿叶蝉为主（彭俊彩等，1991）。

（一）分布与危害

叶蝉在各猕猴桃主产区均有分布，主要以刺吸式口器危害茎、叶，也可以产卵器危害茎、叶。叶片被害后出现淡白色斑点，而后点连成片，直至全叶苍白枯死，或叶片上呈现枯焦斑点和斑块，造成早期落叶。叶蝉的雌虫用产卵器刺入茎或叶背主脉产卵，使茎、叶失水、枯萎，常引起冬、春抽条和幼树枯死。春季卵孵化出若虫，留下一条条褐色缝隙，造成茎或叶背伤痕累累（彩图 11 - 25）。

（二）形态特征

叶蝉属小型善跳的昆虫，其发育属于不完全变态发育，有成虫、卵和若虫 3 个虫态，大多数种类有单眼 2 个，少数种类无单眼。后足胫节有棱脊，棱脊上有 3～4 列刺状毛。后足胫节刺毛列是叶蝉较显著的识别特征。猕猴桃上常见的几种叶蝉类害虫的形态特征如下。

1. 小绿叶蝉

（1）成虫。体长 3～4mm，黄绿色至绿色，复眼灰褐色至深褐色，无单眼，触角刚毛状，末端黑色（彩图 11 - 26）。前胸背板、小盾片浅鲜绿色，常具白色斑点。前翅半透明，略呈革质，淡黄白色，周缘具淡绿色细边。后翅无色透明膜质。各足胫节端部以下淡青绿色，爪褐色，跗节 3 节，后足为跳跃足。雌成虫腹面草绿色，雄成虫腹面黄绿色。头顶中央有一条白纹，两侧各有 1 个不明显的黑点。

（2）卵。长 0.6～0.8mm，宽约 0.15mm，新月形或香蕉形，头端略大，浅黄绿色，后期出现 1 对红色眼点。

（3）若虫。分为 5 个龄期，除翅尚未形成外，体形和体色与成虫相似。1 龄若虫体长 0.8～0.9mm，乳白色，头大体纤细，体疏覆细毛；2 龄若虫体长 0.9～1.1mm，体淡黄色；3 龄若虫体长 1.5～1.8mm，体淡绿色，腹部明显增大，翅芽开始显露；4 龄若虫体长 1.9～2.0mm，体淡绿色，翅芽明显；5 龄若虫体长 2.0～2.2mm，体草绿色，翅芽伸到腹部第 5 节，接近成虫形态。

2. 大绿叶蝉

（1）成虫。雄虫体长 7～8mm，雌虫体长 9～10mm，体黄绿色，头部颜面淡褐色，复眼三角形，绿色或黑褐色；触角窝上方、2 个单眼之间具黑斑 1 对（彩图 11 - 27）。前胸背板浅黄绿色，后半部深绿色。前翅绿色带有青蓝色，前缘淡白色，端部透明，翅脉青绿色，具狭窄淡黑色边缘，后翅烟黑色，半透明。腹两侧、腹面及胸足均为橙黄色。跗爪及后足胫节内侧细条纹刺列的每一刺基部为黑色。

（2）卵。长卵形，稍弯曲，长约 1.6mm，宽约 0.4mm，乳白色，表面光滑，近孵化时为黄白色。一端稍细，表面光滑。

（3）若虫。初孵灰白色，微带黄绿色，头大腹小，复眼红色，胸、腹背面无显著条纹。3 龄后体黄绿色，胸、腹背面具褐色纵列条纹，并出现翅芽。老熟若虫体长 6～7mm，头冠部有 2 个黑斑，胸背及两侧有 4 条褐色纵纹直达腹端，形似成虫。

3. 单突膜瓣叶蝉　单突膜瓣叶蝉（*Membranacea unijugata* Qin & Zhang），俗称笑脸叶蝉，是秦岭北麓猕猴桃主产区的主要叶蝉种类，其成虫主要特征为虫体淡黄绿色，头顶中央有 1 个稍大的黑点，2 个复眼近上部各有 1 个小黑点，前胸背板上有 2 个大的黑点，小盾片下缘有 1 条凹线，中央有 1 个黑点，前胸背板的 2 个黑点与小盾片下缘的凹线形成 1 个形似笑脸的图案（彩图 11-28）。

（三）生活史及习性

小绿叶蝉 1 年发生多代，在猕猴桃整个生育期均可危害。越冬后若虫在 4 月开始活动，6 月中旬为第 1 次虫口高峰期，8 月下旬为第 2 次虫口高峰期。小绿叶蝉危害的发生与气候条件关系密切。当旬平均气温为 15～25℃时，对小绿叶蝉的生长发育较为适宜；高于 28℃时，对小绿叶蝉的生长发育不利，虫口密度显著下降。雨量大或下雨时间长以及干旱均不利于小绿叶蝉繁殖，时晴时雨的天气、杂草丛生的果园有利该虫发生（刘永生等，1995）。

大绿叶蝉在北方 1 年发生 3 代，以产卵器刮开树皮将卵产于皮下越冬。翌年 4 月孵化，若虫期 30～50d。5—6 月出现第 1 代成虫，7—8 月出现第 2 代成虫，9—11 月出现第 3 代成虫。每雌虫可产卵 30～70 粒，产卵处的植物表皮呈肾形凸起。

（四）防治技术

1. 农业防治　冬季清除苗圃内的落叶、杂草，减少越冬虫源基数。一至二年生幼树，在成虫产越冬卵前用塑料薄膜袋套住树干，或用 1：（50～100）的石灰水涂干、喷枝，阻止成虫产卵。幼树园和苗圃地附近最好不种秋菜，或在适当位置种秋菜诱杀成虫，杜绝上树产卵。幼树期间作应选用收获期较早的作物，避免种植收获期较晚的作物。合理施肥，以有机肥为主，不过量施用氮肥，以促使树干、当年生枝及时停长成熟，提高树体的抗虫能力（龙友华等，2012）。

2. 物理防治　在夏季夜晚设置黑光灯或频振式杀虫灯，利用叶蝉的趋光性诱杀成虫，或在果园中挂黄板诱杀成虫。

3. 化学防治　抓住越冬代成虫出蛰活动的盛期以及第 1 代、第 2 代若虫孵化盛期，选用 90% 敌百虫晶体 1 000 倍液，或 10% 吡虫啉可湿性粉剂 1 500～2 000 倍液，或 2.5% 溴氰菊酯乳油 2 000 倍液，或 2.5% 高效氯氟氰菊酯乳油 3 000 倍液，或 25% 噻嗪酮可湿性粉剂 1 000～1 500 倍液，或 5% 啶虫脒可湿性粉剂 2 000～3 000 倍液，或 50% 辛硫磷乳油 1 000 倍液等药剂全园均匀喷雾防治。每隔 7～10d 喷 1 次，连喷 2～3 次。

三、椿象类

椿象类害虫是猕猴桃生产中危害较大的刺吸类害虫。危害猕猴桃的椿类害虫主要有茶翅蝽（*Halyomorpha halys*）、麻皮蝽（*Erthesina fullo*）、珀蝽（*Plautia* sp.）、斑须蝽（*Dolycoris baccarum*）、点蜂缘蝽（*Riptortus pedestris*）、全蝽（*Homalogonia* sp.），其中茶翅蝽危害最严重。

（一）分布与危害

茶翅蝽属半翅目蝽科茶翅蝽属害虫。茶翅蝽寄主广泛，能够刺吸危害 300 多种植物，在我国除青海省外的其他各省份均有分布。20 世纪 80 年代，茶翅蝽对我国北方的桃和梨常年造成 40%～90% 的产量损失。茶翅蝽在全球属于入侵害虫，于 1996 年的秋天传入北美洲，随后相继传入欧洲和南美洲，在新西兰和澳大利亚的边境口岸，工作人员每年都会截获百余次该虫，新西兰为猕猴桃出口量最大的国家，将茶翅蝽列为最高等级的检疫对象（Hoebeke E et al.，2003；詹海霞等，2020）。目前，茶翅蝽在适生区内对猕猴桃造成巨大损失，在意大利对猕猴桃果实造成约 30% 的产量损失。在我国茶翅蝽严重影响猕猴桃的产量和品质。

茶翅蝽若虫和成虫均可对猕猴桃的果实、嫩枝、叶片造成危害。果实受害后表面无明显特征，通过田间网罩试验研究发现茶翅蝽危害猕猴桃果实后，在果皮下面产生 2 种受害斑，分别表现为绿色水渍状斑点和白色木栓化斑点（彩图 11－29）。2 种受害斑点在不同品种的果实上可以单独发生，也可以混合发生，只是每种受害斑点所占的比例有所差异，如农大金猕受害后主要为白色木栓化斑点单独存在或者混有少数绿色水渍状斑点，没有单独的绿色水渍状斑点存在（Wermelinger B et al.，2007）。而海沃德的受害特征主要为绿色水渍状斑点单独存在，没有单独的白色木栓化斑点存在，或者有极少部分受害果实 2 种斑点混合发生。茶翅蝽危害果实后，果实的贮存期和货架期将明显缩短（Avila G et al.，2021）。

（二）形态特征

（1）成虫。体长 12～16mm，宽 6.5～9mm。身体扁平略呈椭圆形，前胸背板前缘具有 4 个黄褐色小斑点，呈一横列排列。不同个体体色差异较大，有茶褐色、淡褐色或灰褐色略带红色，具有黄色的深刻点或金绿色闪光的刻点，或体略具紫绿色光泽。田间调查时茶翅蝽区别于其他蝽类害虫的特征是触角 5 节，并且最末 2 节触角的连接处白色或淡黄色，将触角分割为黑白相间。雄性体型较小，腹部末端凹陷，而雌性体型较大，腹部末端无凹陷（彩图 11－30）。

（2）卵。圆筒形，根据取食寄主植物的不同，卵的颜色呈现白色、淡绿色或者淡黄色，多粒卵聚集成为一个卵块，每个卵块通常有 28 粒卵（彩图 11－31）。若虫即将孵化时，卵壳出现黑色三角形破卵器。在室内 25℃ 恒温条件下，茶翅蝽卵孵化历期 6.9d。

（3）若虫。分为 5 个龄期。1 龄若虫（彩图 11－32）：扁圆形；初孵若虫白色，渐变为彩色（通常为橘红色、黄色或黄褐色）；触角 4 节，第 3 节末端白色环不明显；足黑色；胸部背面黑色；腹部背面彩色，有 3 个黑色横斑；无刺突；无翅芽。2 龄若虫：扁梨形；触角 4 节，第 3 节末端出现明显白色环；足的腿节基部出现白色斑，足胫节中部黑色；胸部背面黑色无斑；腹部背面黑色；胸部及腹部第 1、第 2 节有明显刺突；无翅芽。3 龄若虫：椭圆形；触角 4 节，第 3 节末端白色环明显；足的腿节基部白色；足胫节及腹部背面形态有变，足胫节黑色，腹部背面 4 个黑色横斑上无刻点，或者足胫节中部具白色环，腹部背面有 3 对黄色刻点；刺突明显；无翅芽。4 龄若虫：椭圆形；触角 4 节，第 3 节末端白色环明显；足的腿节基部白色，足胫节中部白色环明显；腹部背面有 4 个横斑，其上有 3 对黄色刻点；刺突明显；前翅翅芽开始显现，并延伸至后胸后缘。5 龄若虫：椭圆形略扁平；触角 4 节，第 3 节末端白色环明显；足的腿节基部白色，足胫节中部白色环明显；腹部背面有 4 个横斑，其上有 3 对黄色刻点；头及前胸刺突较中后胸及腹部的刺突明显；前翅芽末端近达腹部第 2 节后缘。

（三）生活史与习性

茶翅蝽在陕西眉县猕猴桃园 1 年发生 2 代，上一年越冬成虫于 3 月末进入猕猴桃园开始刺吸幼嫩枝条，并于 5 月初开始产卵，卵于 5 月下旬开始孵化。第 1 代成虫于 7 月初逐渐羽化，7 月中旬开始产卵，第 2 代卵孵化为若虫后，可与第 1 代的成虫重叠危害。第 2 代成虫于 9 月初开始羽化，10 月开始陆续寻找地点越冬。不同猕猴桃品种受害情况稍有不同，如农大金猕在收获时（9 月 24 日）受害率达到全年最高，为 43.33%，而海沃德品种的受害率在 10 月达到最高，为 70.00%（陈菊红等，2022）。

（四）防治技术

1. 物理防治　茶翅蝽的成虫和若虫均具有假死性，可利用这一特性进行人工捕杀。选择气温低于 21℃ 的适宜时期，用力震动树干落虫后集中处理或地面喷药触杀。利用该虫聚集越冬的习性，采用越冬诱捕器等有效的诱集工具集中诱杀。利用该虫的趋光性可进行灯诱。在美国新泽西州利用黑光灯诱杀茶翅蝽的效果较好，但陕西猕猴桃产区的诱捕效果不明显，反而用高空探照灯具有良好的引诱效果，尤其是在 7 月下旬，对第 1 代茶翅蝽成虫每天的引诱量可达几百头。信息素能够有效地监测诱捕茶翅蝽成虫及若虫，简便易行且不污染环境、不杀伤天敌、不受环境条件限制。目前农业农村部-国际应用生物科学中心（CABI）联合实验室研发的茶翅蝽信息素诱芯和诱捕器已获得专利并开始商品化生产，这为我国利用诱捕器监测和捕获茶翅蝽提供了保障，结束了依靠从美国进口诱芯的局面（Short BD et al.，2017；Mi Q et al.，2021）。此外，可以将信息素诱捕器作为决策支持工具，当每个信息素诱捕器中茶翅蝽数量达到 10 头时，开始使用化学药剂进行防治，即能够起到良好的控制作用，也能有效避免错误或过多地用药。

2. 生物防治　在茶翅蝽产卵期释放卵寄生蜂进行生物防治能够有效抑制害虫的种群数量。研究发现沟卵蜂 [茶翅蝽沟卵蜂（*Trissolcus japonicus*）和黄足沟卵蜂（*Trissolcus cultratus*）] 是猕猴桃园内茶翅蝽产卵期的优势寄生蜂，也可释放日本平腹小蜂（*Anastatus japonicus*）。沟卵蜂和日本平腹小蜂单独或联合释放均具有良好的防治效果，每次间隔一周，连续多次释放防效更好（李鑫等，2007）。

3. 化学防治　农药的种类可以选择拟除虫菊酯和新烟碱类，按照药品包装说明书使用即可。

四、实蝇类

实蝇类害虫主要以幼虫危害，幼虫俗称果蛆，成虫俗称针蜂，危害猕猴桃的主要种类为橘小实蝇（*Bactrocera dorsalis* Hendel），别名柑橘小实蝇、东方果实蝇，是一种世界性检疫害虫。

（一）分布及危害

橘小实蝇在我国主要分布于广东、广西、福建、云南、贵州、四川、湖南、海南等省份，在华北和西北地区的很多果园也有发生与危害。橘小实蝇为广食性害虫，寄主范围广，可危害柑橘类水果、番石榴、猕猴桃、洋蒲桃、番荔枝、无花果、火龙果、杨桃、芒果、香蕉、枇杷、黄皮、橄榄、苹果、石榴、桃、梨、李、枣、杏、番茄、茄子、辣椒、瓜类等 40 多科 250 多种水果和蔬菜。橘小实蝇以幼虫危害，造成果实腐烂或未熟先黄而脱落，危害率达 20％～40％，严重时可达 80％～90％，甚至绝收（彩图 11-33）。

（二）形态特征

（1）成虫。体长 6～12mm，黄褐色至黑色。头部颜面黄褐色，中胸背板黑色，缝后侧 2 条黄色线平行，翅前缘带狭窄暗褐色，翅内部透明，腹部椭圆形，上下扁平。

（2）卵。乳白色，梭形，长约 1mm，宽约 0.1mm，精孔一端稍尖，尾端较钝圆。

（3）幼虫。体黄白色，头咽骨黑色。3 龄老熟幼虫长 7～11mm，宽 1.5～2mm，前气门具 9～13 个指状突。肛门隆起明显凸出，全部伸到侧区的下缘，形成一个长椭圆形的后端。

（4）蛹。长约 5mm，宽约 2.5mm，椭圆形，前期淡黄色，后期黄褐色。前端有气门残留的凸起，后端气门处稍收缩（彩图 11-34）。

（三）生活史与习性

橘小实蝇 1 年可发生 3～9 代，世代重叠，无严格的越冬现象，低纬度的适生区可终年发生。橘小实蝇在猕猴桃生长前期数量较少，数量始盛期在 8 月下旬，发生高峰期在 9 月中下旬至 10 月中下旬，末见期在 11 月下旬。种群是从周围其他寄主上转移过来的，发生高峰期与猕猴桃果实成熟期一致。以老熟幼虫入土化蛹越冬。广东每年有 2 个发生高峰，8 月出现 1 个较大的发生高峰，11 月又出现 1 个高峰，直到 12 月成虫发生量下降。云南玉溪每年 11 月至翌年 5 月为种群数量低谷期，6 月开始种群数量增长较快，6～9 月为全年发生高峰期，10 月以后发生量下降。橘小实蝇生活环境中的温度、湿度、光照、食物、寄主、天敌、共生物等都可影响其发生发展。温度影响橘小实蝇的发育速度、发育率、死亡率和繁殖率等，继而影响其发生量。发生量有明显的季节性，夏季发生量大，冬季发生量小。25～30℃时雌虫产卵量较多，超过 35℃不利于发育。雨量充沛雌虫的产卵量较多，种群增长快；旱季雌虫的产卵量降低，种群受到压制。环境较湿润、土壤含水量为 30％～80％的条件适宜橘小实蝇成虫活动及蛹的存活。中长期光照对橘小实蝇繁殖稍有利，且生殖期长，产卵量大。

（四）防治技术

1. 加强植物检疫　橘小实蝇幼虫潜居危害的特性使其难以被从外面察觉，常随被害果、包装物、运输工具等远距离传播。因此，进出口岸、果品生产基地、农产品市场等要加强检疫和疫情监测，及时隔离疫区和扑灭疫情。常用检疫处理技术有干热处理、熏蒸处理、辐照处理和低温处理等。

2. 加强种群动态监测，做好预测预报工作　根据不同地区猕猴桃成熟期来确定橘小实蝇田间动态监测时间，一般在猕猴桃成熟前 3 个月开始进行监测。方法是在一片果园

（0.3hm²）内悬挂实蝇黏胶板 4～5 片，每 2 周更换 1 次实蝇黏胶板。每周调查监测 1 次，当监测到 1 周内平均每片板上诱集到的橘小实蝇成虫数达 2～3 只时，即开始进行防控。

3. 农业防治　清园，在受害果园里，落果期应及时清除落果，在落果初期每 3d 清除 1 次，落果盛期至末期每天清除 1 次，同时及时摘除树上的被害果和过熟果。可利用虫果袋、深埋、水浸、焚烧等简易方法杀死虫果内的橘小实蝇幼虫。橘小实蝇危害比较严重的地区、危害比较严重的水果可以选择套袋。根据不同品种选择相应的果袋进行果实套袋。

4. 物理方法　使用实蝇粘胶板或添加橘小实蝇信息素的诱捕器，或将实蝇诱粘剂喷施在空矿泉水瓶外表诱杀成虫。悬挂实蝇粘胶板每次每公顷 150 片，隔 15d 左右加挂 1 次，连挂 3～4 次，直至猕猴桃采收。如果橘小实蝇种群数量特别大（如 1 周内粘胶板上诱集的橘小实蝇数达 50 只以上），则同时结合喷施食物诱剂进行防控，食物诱剂有自配糖醋液（即 50kg 水中加 90％敌百虫晶体 100g、红糖 1.5kg、白酒 500mL、白醋 500mL）、蛋白诱剂等，隔 7～10d 喷 1 次，连喷 2～3 次，喷施在果园杂草上和果园周边杂树上。

5. 生物防治　目前已发现多种橘小实蝇幼虫的寄生蜂，如前裂长管茧蜂、阿里山潜蝇茧蜂等。利用昆虫病原线虫杀虫是一种新型生态类杀虫方法，在橘小实蝇入土化蛹前使用小卷蛾斯氏线虫控制老熟幼虫，试验效果较好。也可利用一定剂量 GHA 菌株的白僵菌制剂感染蛹，以减少羽化量。

6. 化学防治　防治橘小实蝇的有效化学药剂主要有阿维菌素、噻虫嗪、氯氟氰菊酯、红糖毒饵（90％敌百虫晶体 1 000 倍液＋3％红糖）、植物性杀虫剂等。可以在幼虫脱果入土期、出土盛期及成虫羽化盛期喷雾防治，喷药时树上和地表都要喷到。在春季成虫羽化出土时和果实采收后，用 50％辛硫磷乳油 400～600 倍液喷洒果园地面，每周喷药 1 次，连续喷施 2～3 次，可有效杀灭刚羽化出土的成虫和入土化蛹的幼虫。在成虫初发期开始交替使用 90％敌百虫晶体 1 000 倍液和 2.5％溴氰菊酯乳油 2 000 倍液，对树冠覆盖式喷雾，每 3～5d 喷 1 次，连续喷施 2～3 次，喷施时间以上午 10—11 时或下午 16—18 时为宜。也可用红糖毒饵，即在 90％敌百虫晶体 1 000 倍液中加 3％红糖制得毒饵喷洒树冠浓密隐蔽处，每 5d 喷 1 次，连续喷 3～4 次。在果实采收前 15d 停止用药。

五、介壳虫类

危害猕猴桃的介壳虫主要有桑白蚧（*Pseudaulacaspis pentagona*）、梨圆蚧（*Diaspidiotus perniciosus*），偶有龟蜡蚧（*Ceroplastes japonicas*）。桑白蚧是一种寄主范围广、食性杂、生殖力强的重要害虫。我国随着猕猴桃栽培面积的增长，桑白蚧逐渐成为危害猕猴桃的主要害虫之一。

（一）分布与危害

桑白蚧又名桑盾蚧，属半翅目盾蚧科拟白轮盾蚧属，寄主植物达 55 科 120 属，以若虫和雌成虫群集于果树枝干、叶片上，以针状口器刺入皮下吸食汁液，降低树体活力，严重时整株树盖满介壳，层层叠叠，不见树皮，被害枝发育受阻（彩图 11 - 35）。雄虫聚集呈絮状，寄生在树芽旁，妨碍萌发、影响树势、危害果实、降低果实等级、影响果实的商品价值。

（二）形态特征

（1）成虫。桑白蚧的生殖方式为两性生殖，2龄雌虫蜕皮后不久雄成虫出现（彩图11-36），准备交配，雄成虫口器退化，寿命常仅几小时，唯一功能是寻找雌虫并与之交尾，一般在下午出现。交配过程中，雄虫在雌虫上面，伸出尾须，进入雌虫介壳下。雄虫交配高峰为4～6d，之后，未交配的雌虫移到介壳边，伸出腹部，甚至完全出来，此时雌虫用大量丝状物覆盖虫体，未交配的雌虫不能产卵。

雌成虫（彩图11-37）介壳由3层组成，内层是白色介壳，中层是橙色介壳（2龄的介壳），外层是1龄幼虫脱下的皮。成虫体浅黄色，即将产卵时虫体变为粉红色，笠帽形有螺旋形纹，中央有黄色隆起，介壳长1.5～2.8mm，虫体长约1.4mm。

（2）卵。白色或橙黄色，椭圆形，长0.25～0.35mm。桑白蚧雌成虫大约在交配后20d开始产卵，持续7～9d甚至更长时间。雌成虫产卵后迅速死亡。

（3）若虫。卵孵化时若虫从卵壳一端裂开处伸出头，从破裂处慢慢爬出。初孵若虫有触角及足，可以自由爬动，雌雄形态上差别不大，为椭圆形，但1龄雄虫不如1龄雌虫活跃，常聚集在母蚧附近。初孵若虫经过分散固定后，蜕皮发育到2龄，雌、雄虫分别在体上覆盖形状不同的蜡质被覆物。雌虫进入2龄，体表逐渐形成一层橙色、近圆形介壳，橙色介壳的尖端留有1龄幼虫脱下的皮；雄虫脱皮后，先吐大量白色丝状凝固物，然后在体外形成豆荚形的长介壳，雄虫介壳由上、下两瓣合拢而成，一端开口，介壳形成后化蛹，直至羽化（彩图11-38）。

（三）生活史与习性

桑白蚧发生世代随地理位置和气候条件的不同而不同，以卵发育起点温度10.75℃为整个世代发育的起点温度，田间完成1个世代所需有效积温平均为795℃。在中国南方省份，一般1年发生3代，以受精雌成虫在树枝上越冬，以第1代及第3代危害较重。第1、第2、第3代产卵时间分别为4月上旬、6月末或7月初、8月下旬。第1代卵历期7～9d，第2与第3代为7～10d。第1、第2与第3代卵孵化盛期分别为4月末5月初、7月上旬、9月上旬。

（四）防治方法

桑白蚧生殖力较强、发生频率高、种群恢复能力强，具有暴发性害虫的特点。防治策略应以农业防治为基础，化学防治与生物防治并重。单一的防治措施因有局限性而不能取得满意的效果。

桑白蚧雌虫在猕猴桃园中呈聚集分布，常常某一株或相邻几株猕猴桃危害严重，然后以此为中心向周围扩散，针对这一特点，在防治中宜提早对中心虫株进行防治，最好在冬季或早春发芽前集中对越冬雌成虫进行防治，以避免其扩散蔓延。在化学防治前要调查虫口密度，根据防治指标和桑白蚧的生活史，在初孵若虫出现盛期重点防治。桑白蚧的防治可根据其生物学特性进行点片挑治。利用桑白蚧雌虫未经交配不能产卵和雄虫呈片状分布的特点，如果害虫基数大，可以对雄虫群落进行挑治。

1. 植物检疫　植物检疫是防止害虫传入的一项主要的防治措施。介壳虫的虫体小，常固着生活于隐蔽处，极易随苗木、砧木、接穗、果实等传入新的栽培地区，因其生殖力强，若气候和寄主条件适宜，就会在新地区造成严重灾害。

2. 农业防治　桑白蚧雄虫群集在一起如一层白絮很容易分辨，在雄虫交配前，用刷子人工刷除雄虫。休眠期结合整形修剪，及时剪除被介壳虫严重危害的枝条，降低虫口基数。

3. 生物防控 猕猴桃生长期间只施用矿物油防治介壳虫，保护利用天敌，恢复田间自然天敌种群，充分发挥自然因子的控制作用。随着综合防治措施的实施，猕猴桃园天敌数目逐渐丰富，常见瓢虫和寄生蜂。优势种群恩蚜小蜂自然情况下寄生率为 14.3%～51.2%，以老熟幼虫及蛹在越冬桑白蚧雌虫体内越冬，5 月后恩蚜小蜂大量发生。尽可能不施化学药剂，利用寄生蜂等天敌控制桑白蚧。

4. 化学防治 猕猴桃冬季休眠期结合修剪施用 2% 矿物油均匀全面覆盖枝条，降低春季害虫基数。桑白蚧第 1 代初孵若虫出现期，此时越冬代成虫经过冬季滞育，第 1 代发育整齐，可在产卵雌成虫周围缠绕透明胶带，每 3d 换 1 次胶带，当胶带上有红褐色小点（1 龄若虫）大量出现时，进行化学防治。尽量选用对天敌昆虫安全的药剂，如噻嗪酮、螺虫乙酯等药剂，对新生枝条基部 20cm 以内部位和叶片进行精准喷施。

六、斜纹夜蛾

斜纹夜蛾［*Spodoptera litura*（Fabricius）］属鳞翅目夜蛾科害虫，是杂食性和暴食性害虫，寄主相当广泛，可危害十字花科蔬菜、瓜类、茄科蔬菜、豆类等近 100 科 300 多种植物，也是猕猴桃苗圃和幼龄果园的主要食叶害虫（刘忠平等，2006）。

（一）分布与危害

斜纹夜蛾主要以幼虫咬食叶片，初龄幼虫啮食叶片下表皮及叶肉，仅留上表皮呈透明斑；4 龄以后进入暴食期，蚕食植株叶片，仅留主脉，形成残缺（彩图 11 - 39）。

（二）形态特征

（1）成虫。体长 14～20mm，翅展 33～45mm，体暗褐色，胸部背面有白色丛毛。前翅灰褐色，花纹多，内横线和外横线灰白色，呈波浪形，中间有明显的白色斜阔带纹，故称斜纹夜蛾。在环状纹与肾状纹间有 3 条白色斜纹，肾状纹前部呈白色，后部呈黑色。后翅白色，无斑纹（彩图 11 - 40）。

（2）卵。扁平，半球状，直径 0.4～0.5mm，初产黄白色，后变为暗灰色，孵化前为紫黑色。卵粒集结成 3～4 层卵块黏合在一起，上覆黄褐色绒毛。

（3）幼虫。幼虫一般 6 龄，老熟幼虫体长 33～50mm，头部黑褐色，体色多变，一般为暗褐色，背线呈橙黄色，体表散生小白点，从中胸至第 9 腹节亚背线内侧各节均有近半月形或似三角形的半月黑斑 1 对。

（4）蛹。体长 15～20mm，圆筒形，红褐色。尾部有 1 对强大而弯曲的刺。

（三）生活史与习性

斜纹夜蛾 1 年发生 4～9 代。以蛹在土中蛹室内越冬，少数以老熟幼虫在土缝、枯叶、杂草中越冬，南方冬季无休眠现象。该虫耐高温不耐低温，发育适宜温度为 28～30℃，冬季易被冻死。各地发生代数虽有不同，但均以 7—9 月危害严重，各虫态适温 28～30℃，35～40℃条件下也能正常生长发育。成虫具趋光性和趋化性，白天潜伏在叶背或土缝等阴暗处，夜间出来活动。卵多产于叶片背面，卵呈块状，常覆有鳞毛。单雌蛾能产卵 3～5 块，每块有卵 100～200 粒，经 5～6d 就能孵出幼虫。幼虫共 6 龄，初孵幼虫具有群集危害习性，3 龄以后则开始分散，4 龄后进入暴食期，猖獗时可吃尽大面积寄主植物叶片，并迁徙至他处危害。4龄以后老龄幼虫有昼伏性和假死性，白天多潜伏在叶下土表处或土缝里，傍晚爬到植株上取食叶片，遇惊就会落地蜷缩做假死状。

（四）防治技术

1. 消灭田间虫源　冬季清除田间杂草，结合施基肥翻耕晒土或灌水，以破坏或恶化幼虫化蛹场所，有助于减少越冬虫源。在幼虫入土化蛹高峰期，结合农事操作进行中耕灭蛹，降低田间虫口基数。

2. 人工捕杀　斜纹夜蛾成虫产卵盛期勤检查，一旦发现卵块、群集危害的初孵幼虫和筛网状被害叶，人工摘除并带出果园销毁，以减少虫源。

3. 诱杀成虫　利用成虫的趋光性，持续使用频振式杀虫灯或黑光灯对成虫进行诱杀，每盏灯能有效控制 $2\sim3hm^2$。利用成虫趋化性，可用糖醋液诱杀成虫。也可在田间悬挂斜纹夜蛾性诱剂诱杀雄虫，减少雌雄交配，减少后代种群数量，减少田间虫量。

4. 生物防治　斜纹夜蛾常见的捕食性天敌有蛙类、鸟类、螳螂和蜘蛛等，寄生性天敌有寄生蜂、寄生蝇和致病微生物等，应该加强保护和利用斜纹夜蛾天敌。科学合理使用农药，选用生物性农药或高效低毒的化学农药，避免使用广谱性杀虫剂，减少对天敌的伤害。

5. 化学防治　药剂防治应掌握在 $1\sim2$ 龄幼虫期，最晚不能超过 3 龄。可选用生物性杀虫剂防治，如每毫升 100 亿活芽孢的苏云金芽孢杆菌可湿性粉剂 $500\sim800$ 倍液，或 20% 灭幼脲胶悬剂 $500\sim1\,000$ 倍液，或每克 200 亿多角体（PIB）的斜纹夜蛾核型多角体病毒水分散粒剂 $10\,000\sim15\,000$ 倍液喷施等。但此类药剂作用缓慢，应根据田间害虫发生情况提早喷施。也可选用高效低毒的化学药剂，如 1.8% 阿维菌素乳油 $2\,000$ 倍液，或 20% 氰戊菊酯乳油 $1\,000\sim1\,500$ 倍液，或 2.5% 高效氯氟氰菊酯乳油 $2\,000\sim3\,000$ 倍液等。严禁使用禁用限用农药，严格遵守农药安全间隔期的规定。由于幼虫白天不出来活动，喷药宜在午后及傍晚进行，要早发现、早打药，喷药量要足，植株基部和地面都要喷施，且药剂要轮换使用。

七、其他虫害

猕猴桃其他常见虫害及防治技术见表 11-3。

表 11-3　猕猴桃其他常见虫害及防治技术

虫害名称	分布与危害	防治技术
隆背花薪甲	隆背花薪甲分布于陕西、河南等省份的猕猴桃产区，主要以成虫危害猕猴桃幼果期果实，单个果不危害，只在 2 个相邻果挤在一起时危害，主要聚集藏匿在 2 个猕猴桃接触的缝隙处，或叶片与果实接触的缝隙中，少数个体分布在叶片背面、果实的萼洼及表面等位置。取食果面皮层和果肉，取食深度一般可达果面下 $2\sim3mm$，并形成浅的针眼状虫孔，这些虫孔常常连片，并滋生霉层，受害部位果面皮层细胞逐渐木栓化，呈片状隆起结痂，受害后小孔表面下果肉坚硬、味差，丧失商品价值	1. 农业防治　冬季彻底清园，刮除翘皮集中烧毁。花前及时清除果园周围的杂草和种植的蔬菜等第 1 代成虫寄主植物。合理负载，及时疏除畸形果，尽量选留单果，避免选留 2 个相邻的或多个相邻的果实。花后幼果期及时套袋，可以隔开相邻的果实避免隆背花薪甲危害 2. 药剂防治　5 月中旬当猕猴桃花开后，及时选择高效、低毒、低残留的农药在傍晚或阴天进行防治。可选用 2.5% 高效氯氟氰菊酯乳油 $1\,500\sim2\,000$ 倍液，或 2.5% 溴氰菊酯乳油 $1\,500\sim2\,000$ 倍液，或 1.8% 阿维菌素乳油 $2\,500\sim3\,000$ 倍液，间隔 $10\sim15d$ 喷 1 次，连续喷 2 次

（续）

虫害名称	分布与危害	防治技术
斑衣蜡蝉	斑衣蜡蝉在国内猕猴桃产区均有分布，以成虫、若虫群集在叶背、嫩梢上刺吸危害，被害部位形成白斑而枯萎，影响生长。斑衣蜡蝉栖息时头翘起，有时可见数十头群集在新梢上，排列成一条直线危害。斑衣蜡蝉常常将卵块产在猕猴桃果面，抹掉卵块后留下灰褐色污渍而影响猕猴桃的品相，降低猕猴桃的商品价值。斑衣蜡蝉能分泌含糖物质导致被害植株感染煤污病，叶面变黑，影响叶片光合作用，严重影响植株的生长和发育	1. 农业防治　及时清除果园周围的臭椿和苦楝等寄主植物，降低虫口密度，减轻危害 2. 人工抹卵　斑衣蜡蝉主要以卵块越冬，结合冬季修剪，刮除主干和主蔓上的卵块，可以显著降低翌年果园的虫量 3. 生物防治　保护和利用寄生性天敌和捕食性天敌，如寄生蜂，以控制斑衣蜡蝉 4. 药剂防治　春季卵孵化盛期，若虫和成虫发生期，可选用2.5%高效氯氟氰菊酯乳油1 500～2 000倍液，或50%辛硫磷乳油2 000倍液，或10%吡虫啉可湿性粉剂2 000～3 000倍液等药剂进行喷雾防治
卷叶蛾	危害猕猴桃的卷叶蛾常见的主要为黄斑卷叶蛾，又名黄斑长翅卷蛾，全国各地均有发生，主要危害猕猴桃、苹果、桃、杏、李、山楂等果树的叶片。苹小卷叶蛾又名苹卷蛾、黄小卷叶蛾、溜皮虫，属鳞翅目卷叶蛾科昆虫	1. 农业防治　在早春刮除树干、主侧枝的老皮、翘皮和剪锯口周缘的裂皮等，消灭越冬虫源。卵期和幼虫孵化期调查发现后及时人工捕杀 2. 诱杀　成虫发生期利用杀虫灯诱杀。利用糖醋液诱杀成虫 3. 药剂防治　修剪后用80%敌敌畏乳油300～500倍液涂刷剪锯口，杀死越冬幼虫。越冬成虫出蛰期、第1代卵孵化盛期及低龄幼虫卷叶前是药剂防治的关键时期，根据虫情及时喷药防治，可以选用1.8%阿维菌素乳油2 500～3 000倍液，或2.5%高效氯氟氰菊酯乳油1 500～2 000倍，或20%灭幼脲胶悬剂500～1 000倍液等药剂防治
叶螨类	叶螨主要以刺吸式口器吸食猕猴桃嫩芽、嫩梢和叶片等的汁液，发生初期害螨多聚集在叶背主脉两侧，受害叶片正面叶脉两侧表现失绿，被害部位出现黄白色至灰白色失绿小斑点，后全叶逐渐变淡褐色，严重时叶片焦枯脱落，似火烧并提早脱落	1. 农业防治　秋季绑草圈诱集，春季刮除老翘皮烧毁，杀灭越冬螨 2. 生物防治　通过果园生草等保护天敌，释放商品类捕食螨，一般每株悬挂1袋 3. 药剂防治　萌芽前喷3～5°Bé石硫合剂化学清园；越冬雌螨出蛰盛期和第1代幼螨发生期，喷施2%阿维菌素乳油2 000～3 000倍液，或5%噻螨酮乳油2 000倍液，或73%炔螨特乳油3 000～4 000倍液，或20%甲氰菊酯乳油3 000倍液等药剂
蜗牛	蜗牛在南方猕猴桃产区一般危害严重，在北方猕猴桃产区偶发危害。主要取食猕猴桃幼嫩枝叶以及果实皮层，嫩叶被害后呈网状孔洞，幼果呈现不规则凹陷状疤斑，严重影响果实外观和品质。蜗牛爬过的地方常留有光亮而透明的黏液痕迹，黏在叶片、枝条、花瓣或果实上，不但影响猕猴桃叶片的光合作用，而且黏液腐生霉菌，污染叶片和果实	1. 农业防治　加强果园管理，合理修剪，提高果园的通风透光能力，降低果园湿度。蜗牛于雨后大量活动，可利用其喜阴暗潮湿、畏光怕热的生活习性，在天晴后锄草松土，清除树下杂草、石块等，破坏其栖息地，可减轻其危害 2. 物理防治　清晨或阴雨天人工捕捉，集中杀灭。也可利用蜗牛白天躲藏的习性，设置蜗牛喜食的菜叶或诱饵诱集堆。在蜗牛活动的地方撒施生石灰或食盐 3. 药剂防治　防治适期为蜗牛产卵前。每公顷可用茶籽饼粉45kg撒施，或用茶籽饼粉15～22.5kg加水1 500kg，浸泡24h后喷施。天气温暖、土表干燥的傍晚每公顷用6%四聚乙醛杀螺颗粒剂7.5～9kg，拌干细土150～225kg均匀撒施于受害株附近，2～3d后接触药剂的蜗牛分泌大量黏液而死亡

第三节 猕猴桃病虫害绿色综合防治

一、综合防治原则

猕猴桃病虫害绿色综合防治必须遵循预防为主、治疗为辅的原则，要综合运用多种防治措施，做到以植物检疫为前提、以栽培管理技术为基础、以生物防治为主导、以化学防治为重点、以物理机械防治为辅助，有效地控制病虫的危害。加强树体管理，树体生长健壮，抗病虫能力就强，可减少各种病虫害的侵染。部分病虫害的发生与猕猴桃树体长势较弱、营养不均衡有关。增加有机肥的用量，增加磷钾肥的用量，注重中微量元素的补给，以提高植株抗性。另外，通过栽培措施减少初始菌源量，清扫果园枯枝落叶，集中销毁，减少病原菌和越冬虫卵。

综合防治首先要从果园小生态环境出发，根据病虫与环境之间的相互关系，通过全面分析各个生态因子之间的相互关系，全面考虑生态平衡与防治效果之间的关系，综合解决病虫危害的问题。其次根据病虫害发生的温度、湿度以及光照等条件来预测病虫害的发生情况，提前进行预防（方炎祖等，1990；李建军等，2020）。最后还要实现经济效益、生态效益及社会效益，以最少的人力、物力投入，控制病虫的危害，获得最大的经济效益，必须有利于维护生态平衡，避免破坏生态平衡及造成环境污染，避免对人、畜的健康造成损害。

二、综合防治技术

（一）植物检疫技术

严防危险性病虫害的侵入是植物检疫的主要工作，以杜绝有害生物的侵入和扩散。通过立法和使用行政措施防止有害生物的人为传播。

在猕猴桃生产中调运苗木和接穗等繁殖材料时，要严格检疫其是否有介壳虫、根结线虫和猕猴桃细菌性溃疡病等危害大和易传播的病虫害，一经发现要就地封锁和消灭，严禁调运传播。

（二）农业防治

1. 选育栽培抗性品种 积极引进抗病品种，选育抗病品种是最经济有效对抗病虫害的措施，选择抗性良好的品种对病虫害的综合防控起到关键作用。

2. 加强栽培管理 科学合理地对猕猴桃加强栽培管理，浇水、施肥、修剪，增强果树的长势。首先通过调整适宜的株行距及合理整形修剪，保持良好的通风透气条件。猕猴桃根据品种的不同设置不同的株行距，生长势较弱的品种种植密度约为每公顷 1 500 株，生长势较强的黄肉和绿肉品种种植密度为每公顷 750～1 050 株。其次是提高植物自身的抗性来阻挡病虫害的侵袭，注意施肥的种类、施用量、施肥时间、施肥方法等，肥水管理与病害消长关系极为密切，氮肥如果施用过多，会导致植株旺长，抗逆性降低，冬季遭受冻害后很容易诱发溃疡病。合理施肥一般原则是氮、磷、钾肥配合施用，配合中微量元素的合理使用。增施有机肥，有机肥不仅可以提供必要的有机质、微量元素，还可以对土壤的疏松度起到很好的改善效果，目前很多微生物菌肥的施用更是可以为根系创造一个较为理想的土壤环境，拮抗细菌可以有效防控根腐病的发生，促生菌可以解磷解钾促进磷、钾肥的吸收。幼龄果园每年每公顷施有机肥 15～30t，盛果期每年每公顷施有机肥 60～75t。再次，水分管理要合理，水分管理不当会造成田间湿度过高，有利于病原真菌和病原细菌的繁殖和侵染，从而诱发多种病害，合理浇水，注意浇水量、浇水深度、浇水时间，雨后注意排水。合理的灌排水可以减轻病害发生。避免大水漫灌，提倡滴灌和微喷灌等。南方多雨地区应该采取高厢栽培。最后，科学修剪，及时护理剪口，促进提早愈合。猕猴桃树伤流期不动剪刀，做好夏季修剪工作，控制徒长枝，培育中庸枝条。园区周围的环境卫生也很重要，铲除园区杂草，生草进行培肥时，及时控制生草高度，在生草达到 40cm 以上时要及时进行割除。避免园区湿度过大滋生真菌性病害。尽量避免在猕猴桃果园内种植共同寄主植物。另外，根据树体长势确定负载量。合理负载的果树抗性高，能有效减少病虫害的侵入。

3. 避雨栽培　避雨栽培能够有效阻断风、雨、霜的危害，在冬季气温较低地区能有效提高棚内的温度，避免雨水接触树体。通过创造不利于病虫害发生的小环境来控制病虫害的发生。避雨栽培在猕猴桃溃疡病的防控方面取得了非常好的效果，在猕猴桃褐斑病和黑斑病的防控中也取得了较为理想的效果，对溃疡病的防效可以达到 90% 以上，对褐斑病和黑斑病的防效也可以达到 80% 以上。避雨设施可根据立地条件和经济能力，选择稳定性好、使用寿命长、造价较高的钢架棚，或者使用寿命短、造价低的竹木大棚。

（三）物理防治技术

根据病虫害的某些习性，使用工具、设备或者创造病虫喜欢的条件，诱捕有害生物。利用光、热、辐射等机械、物理以及人工防治等方法防治病虫害。主要通过人工捕杀和诱杀（灯光诱杀、色板诱杀、潜所诱杀）来减少害虫，主要通过及时清除枯枝落叶，采取焚烧或者药剂消杀等方式减少病原菌量。使用石硫合剂进行全园杀菌杀虫处理，对很多真菌病害、细菌病害以及介壳虫的防治效果较好。5～6°Bé 石硫合剂处理对介壳虫的防治效果显著。

（四）生物防治技术

1. 保护天敌　保护天敌昆虫和食虫鸟类。

2. 以菌治虫、以虫治虫　在防治果园病虫害中应用较广的生物产品有苏云金杆菌、白僵菌和病毒性制剂，释放赤眼蜂、捕食螨等天敌以虫治虫。

3. 生物制剂防治　用于防治病虫害的生物制剂也有很多，包括天敌害虫、微生物制剂及其代谢产物、仿生合成的昆虫激素、不育剂和植物源农药。

（五）化学防治

利用化学农药防治猕猴桃病虫害的方法称为化学防治法。它的特点是见效快、效果显著、使用方便、不受地区和季节限制，适于大面积防治，是有害生物综合防治中不可缺少的一环，有其他防治措施无法替代的优点。但它也存在一些缺点，主要表现为：一些剧毒农药引起人畜中毒；有些农药残留，污染环境；长期使用某些农药，会引起有害生物产生抗药性；杀伤有益生物，如杀伤害虫天敌会引起次要害虫数量上升和某些害虫再猖獗。正确使用化学防治方法需要注意化学防治的关键点。

1. 正确使用保护剂和治疗剂　保护剂用于植物表面，不进入植物体内，可以阻止病原菌的侵入或靠触杀直接杀死病原菌、萌发的病原菌孢子或菌丝，保护植物不受病原菌的侵害。治疗剂用于植物表面，可以被植物吸收或者渗透到植物体内，杀死病原菌或抑制病原菌的生长，控制植物病害。在具体操作中应根据病害的种类不同选择合适的农药。

2. 安全性问题　安全性包括对猕猴桃植株安全、食用安全及对环境安全。有些化学药剂使用后对一些猕猴桃品种或者在某些时期会产生药害，例如生产中使用代森锰锌可能会造成猕猴桃叶片出现类似真菌病害的症状。毒副作用强的农药也不适合在猕猴桃上使用。另外，有些难以降解的农药会对环境造成较严重的影响。这些都不是安全的农药。

3. 对症用药　禁止一切非对症用农药的行为，根据病虫害造成的症状来正确地辨识病虫害种类是对症用药的先决条件。正确辨认病害和虫害，正确辨认真菌病害和细菌病害，正确辨认病原病害和生理病害将极大地提高对症用药的概率。

4. 用药的连续性　病虫害防治是一个综合的连续的过程，用药中断或没有抓住关键时期，如果遇到适宜暴发的条件，可能会造成病虫害的大发生，到那时再采取措施，费工费钱，又刺激了病原菌和害虫的抗性，损失较大。

5. 药剂的轮换　轮换用药主要指农药的交替使用，一方面为了防止或减缓抗药性的产生，另一方面还可以有效降低某一种农药的残留。治疗剂要特别注意轮换使用，大多数的保护剂连续使用都没有抗性问题。

（六）抗性品种为主，化学防治为辅的原则

积极引进抗病品种，栽培抗病品种是最经济有效对抗病虫害的措施，选择抗性良好的品种可对病虫害的综合防治起到关键作用。

参 考 文 献

蔡礼鸿，2016. 猕猴桃实用栽培技术 ［M］. 北京：中国林业出版社.

曹凡，2018. 猕猴桃溃疡病病原菌的检测及花粉消毒技术的研究 ［D］. 西安：陕西师范大学.

陈菊红，李文敬，李建军，等，2022. 茶翅蝽对猕猴桃果实的为害研究 ［J］. 应用昆虫学报，59（3）：652－661.

陈文远，2019. 四川苍溪红心猕猴桃溃疡病周年防控技术 ［J］. 农业工程技术，39（23）：37，39.

丁健，龚国叔，周洪波，等，2013. 猕猴桃病虫害原色图谱 ［M］. 北京：科学出版社.

方炎祖，朱晓湘，王宇道，1990. 湖南猕猴桃病害调查研究初报 ［J］. 四川果树科技，18（1）：28－29.

方炎祖，朱晓湘，1988. 猕猴桃病害种类鉴定（二）［J］. 湖南农业科学（3）：32－34.

高小宁，赵志博，黄其玲，等，2012. 猕猴桃细菌性溃疡病研究进展 ［J］. 果树学报，29（2）：262－268.

龚国淑，李庆，张敏，等，2020. 猕猴桃病虫害原色图谱与防治技术 ［M］. 北京：科学出版社.

胡黎华，杨灿芳，熊伟，等，2018. 重庆猕猴桃溃疡病发生情况及影响因素调查 ［J］. 中国南方果树，47（3）：151－152.

黄宏文，王圣梅，2001. 猕猴桃高效栽培 ［M］. 北京：金盾出版社.

黄秀兰，崔永亮，徐菁，等，2018. 猕猴桃种质材料对褐斑病抗性评价 ［J］. 植物病理学报，48（5）：711－715.

黄亚军，戚佩坤，1998. 广东省猕猴桃根腐病病因研究 [J]. 华南农业大学学报 (4)：22-25，38.

李爱华，郭小成，1994. 猕猴桃软腐病的发生与防治初探 [J]. 植保技术与推广，4 (3)：31.

李爱华，郭小成，2003. 猕猴桃灰霉病发生规律及防治 [J]. 西北园艺 (2)：41.

李诚，蒋军喜，赵尚高，等，2014. 猕猴桃灰霉病病原菌鉴定及室内药剂筛选 [J]. 植物保护，40
(3)：48-52.

李高华，魏永平，李卫民，等，2004. 隆背花薪甲的鉴别特征及对猕猴桃的危险分析 [J]. 西北农业
学报 (3)：75-77.

李建军，刘占德，2020. 猕猴桃病虫害识别与绿色防控技术 [M]. 杨凌：西北农林科技大学出版社.

李娟，2020. 陕西猕猴桃常见病害生物防治技术及田间应用 [D]. 西安：西北大学.

李明远，2018. 一个植物医生的断指手迹 [J]. 农业工程技术，38 (25)：73.

李茹，吴云锋，刘欢，2016. 猕猴桃病毒病症状表现与防治方法 [J]. 西北园艺 (果树)，5 (5)：35-
35.

李鑫，尹翔宇，马丽，等，2007. 茶翅蝽的行为与控制利用 [J]. 西北农林科技大学学报 (自然科学
版)，35 (10)：139-145.

林文力，尹春峰，刘芳，等，2020. 猕猴桃溃疡病菌抗铜基因 CopB 克隆及序列分析 [J]. 中南林业
科技大学学报，40 (7)：126-199.

刘健伟，王勤，方寒寒，等，2019. 猕猴桃溃疡病发生规律及综合防治方法 [J]. 现代园艺，379
(7)：180-182.

刘绍基，唐显富，1996. 四川省苍溪猕猴桃溃疡病的发生规律 [J]. 中国果树 (1)：25-26.

刘永生，瞿学清，1995. 猕猴桃害虫猩红小绿叶蝉生物学及防治 [J]. 植物保护，21 (2)：27-28.

刘忠平，黄小练，邹梓汉，等，2006. 猕猴桃果园吸果夜蛾的防治 [J]. 农业与技术 (3)：164-165.

龙友华，吴小毛，母银林，2012. 修文县猕猴桃园叶蝉种类调查及生物药剂防治 [J]. 贵州农业科学，
40 (12)：114-117.

裴艳刚，马利，岁立云，等，2021. 不同猕猴桃品种对溃疡病菌的抗性评价及其利用 [J]. 果树学报，
28 (7)：1153-1162.

彭俊彩，邹建掬，周程爱，等，1991. 猕猴桃蝉亚目害虫的调查及防治研究 [J]. 湖南农业科学 (1)：
37-38.

秦双林，王园秀，蒋军喜，等，2016. 江西奉新县猕猴桃叶斑病病原菌鉴定 [J]. 江西农业大学学报，
38 (3)：488-491.

任雪燕，2019. 基于重测序探究猕猴桃溃疡病菌的遗传多样性及其在全球范围内的传播路径 [D]. 北
京：北京林业大学.

邵宝林，2013. 猕猴桃溃疡病风险分析及其病原鉴定检测和生物防治研究 [D]. 雅安：四川农业大学.

宋晓斌，张学武，马松涛，2002. 猕猴桃根癌病病原与发病规律研究 [J]. 林业科学研究 (5)：599-
603.

唐贵婷，2018. 猕猴桃软腐病发生规律的初步研究 [D]. 雅安：四川农业大学.

王朝政，孔向雯，崔永亮，等，2016. 猕猴桃褐斑病病菌的寄主范围研究 [J]. 西南农业学报，29：
122-126.

温少华，2020. 猕猴桃宏病毒组学分析及三种新发生病毒的分子特性研究 [D]. 武汉：华中农业
大学.

吴晓芳，2015. 万州猕猴桃溃疡病病原菌的分离鉴定及环介导等温扩增快速检测 [D]. 重庆：重庆
大学.

姚春潮，李建军，刘占德，2021. 猕猴桃高效栽培与病虫害防治彩色图谱［M］. 北京：中国农业出版社.

詹海霞，陈菊红，米倩倩，等，2020. 茶翅蝽生长发育、繁殖及若虫各龄期形态特征研究［J］. 应用昆虫学报，57（2）：392 - 399.

赵慧军，李志忠，2017. 一株草莓灰霉菌的生物学特征研究与鉴定［J］. 中国食品工业（6）：47 - 49.

赵晓琴，2014. 陕西眉县猕猴桃灰霉病的识别与防治［J］. 果树实用技术与信息（9）：38.

郑亚洲，2015. 猕猴桃病毒种类鉴定及分子特性研究［D］. 武汉：华中农业大学.

钟彩虹，李黎，潘慧，等，2020. 猕猴桃细菌性溃疡病的发生规律及综合防治技术［J］. 中国果树（1）：9 - 13，18.

Avila G，Chen J H，Li W J，et al.，2021. Seasonal abundance and diversity of egg parasitoids of Halyomorpha halys in kiwifruit orchards in China［J］. Insects，12（5）：428.

Balestra G M，Taratufolo M C，Vinatzer B A，et al.，2013. A multiplex PCR assay for detection of Pseudomonas syringae pv. actinidiae and differentiation of populations with different geographic origin［J］. Plant Disease，97（4）：472 - 477.

Bardas G A，Veloukas T，Koutita O，et al.，2010. Multiple resistance of Botrytis cinerea from kiwifruit to SDHIs，Qols and fungicides of other chemical groups［J］. Pest Management Science，66：967 - 973.

Biondi E，Galeone A，Kuzmanovic N，et al.，2013. Pseudomonas syringae pv. actinidiae detection in kiwifruit plant tissue and bleeding sap［J］. Annals of Applied Biology，162（1）：60 - 70.

Blouin A G，Chavan R R，Pearson M N，et al.，2012. Detection and characterisation of two novel vitiviruses infecting Actinidia［J］. Archives of Virology，157（4）：713 - 722.

Blouin A G，Pearson M N，Chavan R R，et al.，2013. Viruses of kiwifruit（Actinidia species）［J］. Journal of Plant Pathology，95（2）：221 - 235.

Blouin A G，Biccheri R，Khalifa M E，et al.，2018. Characterization of Actinidia virus 1，a new member of the family Closteroviridae encoding a thaumatin - like protein［J］. Archives of Virology，163：229 - 234.

Bowen K L，Hagan A K，Pegues M，et al.，2018. Epidemics and yield losses due to Corynespora cassiicola on cotton［J］. Plant Disease，102（12）：2494 - 2499.

Buriani G，Donati I，Cellini A，et al.，2014. New insights on the bacterial canker of kiwifruit（Pseudomonas syringae pv. actinidiae）［J］. Journal of Berry Research，4（2）：53 - 67.

Chen H，Hu Y，Qin K，et al.，2018. A serological approach for the identification of the effector hopz5 of Pseudomonas syringae pv. actinidiae：a tool for the rapid immunodetection of kiwifruit bacterial canker［J］. Journal of Plant Pathology，100（2）：171 - 177.

Cui Y L，Gong G S，Yu X M，et al.，2015. First report of brown leaf spot on kiwifruit caused by Corynespora cassiicola in Sichuan，China［J］. Plant Disease，99（5）：725 - 726.

Fendrihan S，Lixandru M，Dinu S，2018. Control methods of Botrytis cinereal［J］. International Journal of Life Sciences &Technology，11（4）：31 - 36.

Fujikawa T，Sawada H，2019. Genome analysis of Pseudomonas syringae pv. actinidiae biovar 6，which produces the phytotoxins，phaseolotoxin and coronatine［J］. Sci Rep，9：36 - 38.

Hee K G，Sung J J，Jin K Y，2017. Occurrence and epidemics of bacterial canker of kiwifruit in Korea［J］. Plant Pathology Journal，33（4）：351 - 361.

Hoebeke E, Carter ME, 2003. Halyomorpha halys (Stål) (Heteroptera: Pentatomidae): A polyphagous plant pest from Asia newly detected in North America [J]. Proceedings of the Entomological Society of Washington, 105 (1): 225 – 237.

Lapidot M, Leibman D, et al., 2010. Pelargonium zonate spot virus is transmitted vertically via seed and pollen in tomato [J]. Phytopathology, 100 (8): 798 – 804.

Lee Y S, Kim G H, Koh Y J, et al., 2016. Development of specific markers for identification of biovars 1 and 2 strains of Pseudomonas syringae pv. actinidiae [J]. The Plant Pathology Journal, 32 (2): 162 – 167.

Liu P, Xue S, He R, et al., 2016. Pseudomonas syringae pv. actinidiae isolated from non – kiwifruit plant species in China [J]. European Journal of Plant Pathology, 145 (4): 743 – 754.

McCann H C, Li L, Liu Y, et al., 2017. Origin and evolution of the kiwifruit canker pandemic [J]. Genome Biol Evol, 9 (4): 932 – 944.

Mi Q, Zhang J, Haye T, et al., 2021. Fitness and interspecific competition of Trissolcus japonicus and Anastatus japonicus, egg parasitoids of Halyomorpha halys [J], Biological control, 152: 104461.

Pei Y G, Tao Q J, Zheng X J, et al., 2019. Phenotypic and genetic characterization of Botrytis cinerea population from kiwifruit in Sichuan Province, China. [J]. Plant disease, 103 (4): 748 – 758.

Pereira C, Costa P, Pinheiro L, et al., 2021. Kiwifruit bacterial canker: an integrative view focused on biocontrol strategies [J]. Planta, 253 (2): 49.

Short BD, Khrimian A, Leskey TC, 2017. Pheromone – based decision support tools for management of Halyomorpha halys in apple orchards: development of a trap – based treatment threshold [J]. Journal of Pest Science, 90 (4): 1191 – 1204.

Thomidis T, Michailides T J, Exadaktylou E, 2011. Neofusicoccum parvum associated with fruit rot and shoot blight of peaches in Greece [J]. European Journal of Plant Pathology, 131 (4): 661 – 668.

Thomidis T, Prodromou I, Zambounis A, 2019. Occurrence of Diaporthe ambigua Nitschke causing postharvest fruit rot on kiwifruit in Chrysoupoli Kavala, Greece [J]. Journal of Plant Pathology, 101 (4): 1295 – 1296.

Wang Y X, Zhai L F, Wen S H, et al., 2020. Molecular characterization of a novel emaravrius infecting Actinidia spp. in China [J]. Virus Reserch, 275: 197736.

Wermelinger B, Wyniger D, Forster B, 2007. First records of an invasive bug in Europe: Halyomorpha halys Stål (Heteroptera: Pentatomidae) a new pest on woody ornamentals and fruit trees [J]. Mitteilungen der Schweizerischen Entomologischen Gesellschaft, 81: 1 – 8.

Williamson B, Tudzynski B, Tudzynski P, et al., 2007. Botrytis cinerea: the cause of grey mould disease [J]. Molecular Plant Pathology, 8 (5): 561 – 580.

Xu J, Qi X B, Zheng X J, et al., 2016. First report of Corynespora leaf spot on sweet potato caused by Corynespora cassiicola in Sichuan, China [J]. Plant Disease, 100 (11): 2163 – 2165.

Yermiyahu U, Shamai I, Peleg R, et al., 2006. Reduction of Botrytis cinerea sporulation in sweet basil by altering the concentrations of nitrogen and calcium in the irrigation solution [J]. Plant Pathology, 55: 544 – 552.

Zhao L, Cao M J, Huang Q R, et al., 2020. Occurrence and molecular characterization of Actinidia virus C（AcVC），a novel vitivirus infecting kiwifruit（*Actinidia* spp.）in China ［J］．Plant Pathology，69：775 - 782.

Zheng X J，Qi X B，Xu J，et al.，2015. First report of Corynespora leaf spot of blueberry caused by Corynespora cassiicola in Sichuan，China ［J］．Plant Disease，99（11）：1651 - 1652.

执笔人：李建军，龚国淑，庄启国，龙友华，崔永亮，张金平，

陈志杰，丁毓端，肖伏莲

第十二章 猕猴桃果园的灾害及预防

第一节 低温灾害

一、冻害

(一)冻害的概念

冻害是指猕猴桃在越冬期间遇到冰点以下低温，或剧烈变温，或较长时期处于冰点以下低温中而造成的树体伤害现象。猕猴桃容易受冻的部位包括根颈、枝干、皮层、一年生枝、芽体等。

(二)冻害的类型

我国猕猴桃生产中曾发生过多次冻害。如1991年12月26日，陕西关中地区气温突然由11月上旬至12月中旬的22~28℃降到17.8℃，直接导致该地区近一半猕猴桃从嫁接口以上15~20cm处冻死，严重的地上部全部冻死。陕西秦岭北麓地区是我国猕猴桃的主产区，近年来冻害频繁发生，损失严重（张健等，2021）。2008年1月13日至2月16日，我国南方遭遇了长达35d低于0℃的冰冻天气，猕猴桃植株遭受严重冻害，其中枝条死亡8.9%，接穗死亡55%，主蔓受冻5.7%，庐山地区猕猴桃93%减产或绝产。2009年11月受北方强冷空气和南方暖湿气流的共同影响，郑州出现了强降温雨雪天气，11月13日出现了极端低温−10.1℃。此时猕猴桃树体没有休眠，养分尚未回流，树体抗寒能力弱，导致猕猴桃大面积受冻，盛果期的秦美、徐香受冻率达100%（朱鸿云，2009；YangQ et al.，2014）。猕猴桃是后熟型果实，低温贮藏是保持果实品质、延缓果实成熟衰老的较基本、较有效的方式之一，但猕猴桃又是冷敏性水果，不适当的低温会造成猕猴桃贮藏期间冻害的发生（李华佳等，2018）。

1. 树干冻害 由于温度剧烈变化，树干纵向开裂，树皮与木质部分离，或主干直接死亡，导致全株枯死。

2. 枝条冻害 一年生枝条受冻后韧皮部与木质部脱离，皮层轻微皱缩，有褐变现象，多年生枝条和树干受冻后仅出现纵裂，韧皮部和木质部完好。枝条各部分抗寒性强弱顺序为：韧皮部＞木质部＞形成层＞髓。猕猴桃多年生枝的抗寒性比一年生枝强，一年生枝木质部的抗寒性略强于芽眼的抗寒性。

3. 芽体冻害 芽体受冻后表现为芽体枯死，但从外观不易发现，只有剖开芽座才能发现。一般猕猴桃主芽受冻后会刺激两侧的副芽萌发。进入萌动期的软枣猕猴桃花芽对低温十分敏感，长江1号花芽进入萌动期后，在−5℃低温条件下即会受到伤害，当温度降至−10℃以下时，绝大多数花芽会受到伤害甚至死亡；海佳1号的抗低温能力略强于长江1号，弱于龙城2号；软枣猕猴桃一年生枝粗度与早春花芽抗寒性虽然呈负相关，但关联性并不显著；长江1号膨大期花芽抗低温能力略强于已进入萌发期的花芽（刘广平等，2022）。

4. 根颈冻害 根颈是地上部进入休眠最晚而结束休眠最早的部位。同时，根颈所处的位置接近地表，温变剧烈，因此根颈最易发生冻害，受冻后常引起树势衰弱或整株死亡。

5. 根系冻害 猕猴桃的根系较其地上部耐寒性差，且其形成层最易受冻，皮层次之，木质部抗寒性较强。根系受冻后变褐，韧皮部易与木质部分离。

为了确定猕猴桃冻害情况和程度，实现不同地区冻害调查的统一性，现将猕猴桃田间冻害分级标准列出（表12-1），以供参考。

表 12-1 猕猴桃冻害分级标准（齐秀娟等，2009）

冻害级别	冻害表现
0级	整株无冻害，春季萌芽正常
1级	轻微冻害，即树体只有个别一年生枝脱水皱缩，或虽没有表现皱缩，但切断枝条髓部表现褐色，其他部位基本不受影响，而且整个树体春季萌芽基本正常
2级	树体上部几乎所有枝条都脱水皱缩，或虽没有表现皱缩，但切断枝条髓部明显表现深褐色，主干脱水干缩，伤流期会产生褐色胶状液体，距地面15cm以内部位颜色正常，春季不能萌发新叶，但基部仍可发出萌蘖
3级	地上部所有枝蔓死亡，春季不能萌发新叶，基部也很少发出萌蘖

（三）冻害的机理及影响因素

1. 冻害机理 研究表明，冻害是由组织结冰引起的，对植物产生的伤害既有组织结冰的直接效应，也有结冰的间接效应。

（1）结冰的机械伤害。细胞内水分结冰，使细胞膜破坏，造成细胞死亡。细胞间隙结冰，引起细胞内水分不断外渗，造成细胞水分胁迫，导致生理失调而引起伤害。

（2）膜的伤害。结冰改变了膜脂与膜蛋白的正常排列，破坏了膜与蛋白质的结合，使膜失去流动镶嵌状态，甚至出现孔道或龟裂，丧失对物质进出的控制能力。

（3）蛋白质的变性失活。冻害胁迫下，蛋白质（包括膜蛋白）将变性失活。

2. 影响冻害的因素 影响猕猴桃冻害的因素主要包括以下几个方面。

（1）种类和品种。不同种类和品种的猕猴桃其抗寒性不同。如中华猕猴桃在冬季休眠期可耐−12℃低温，美味猕猴桃能耐−15.8℃低温，而软枣猕猴桃可耐−20.3℃低温（张昭，2019）。通过电导率法得出常见猕猴桃种类和品种的抗寒性依次为：软枣＞葛枣＞海沃德＞农大猕香＞徐香＞农大金猕＞毛花＞翠玉＞Hort16A＞脐红，半致死温度分别为−32.59℃、−25.75℃、−17.47℃、−16.44℃、−15.88℃、−14.56℃、−14.55℃、−14.31℃、−12.90℃、−11.18℃（丁文龙，2018）。孙世航（2018）结合电导率法和隶属函数法对中国农业科学院郑州果树研究所51份猕猴桃种质资源的半致死温度进行了研究，发现半致死温度为−37.61～−10.05℃，其中来自东北的软枣猕猴桃、狗枣猕猴桃和葛枣猕猴桃的半致死温度低于−27℃，中华猕猴桃和美味猕猴桃的半致死温度高于−20.79℃，其他的11个种猕猴桃的半致死温度范围为−22.66～−11.18℃。在中华猕猴桃中，Hort16A的抗寒性最弱，拥有最高的半致死温度，而红阳的半致死温度最低，为−20.79℃（林苗苗等，2020）。在同一个种的猕猴桃中，地理起源在抗寒性中起着重要的作用，随着纬度的增加，猕猴桃的半致死温度也随之降低（张玉星，2015）。同一品种受冻程度与低温程度、持续时间、低温冻害发生时期、果树健壮程度和不同器官受冻临界低温有关。

（2）树龄、树势及枝条成熟程度。猕猴桃受冻程度与树龄关系十分密切，树龄越大冻害越轻。实生苗1～3年树龄的冻害株率依次为64.0%、28.0%和11.7%，嫁接树龄1～5年冻害株率依次为58.5%、27.1%、25.5%、10.9%和0.3%，6年以上树龄的大树几乎无冻害，尤其主茎无冻害（安成立等，2011；Yang Q et al.，2013）。凡秋季降温以前不能及时停止生长的树体，越冬冻害较重。例如，遭遇春旱秋涝的果树，浇水、施氮肥过多或过晚的果树，生长旺盛的幼树，冻害都较严重。

（3）低温条件。低温是猕猴桃受冻的直接原因。秋季气温骤降过早，变化幅度过大，冬季低温持续时间过长和日气温变化剧烈均可使猕猴桃的抗寒性下降而易遭冻害。

（4）立地条件。山能阻挡寒流的侵袭，山的南麓比北麓冻害明显较轻；在一定高度范围内，因存在逆温层，常常山上冻害比山下轻。同一坡向，缓坡地较低洼地冻害轻，风口处比避风处冻害重。沙地由于热容量和导热系数小，根系冻害常较重，由于水的热容量大，近河、海、湖泊等的果园冬季受冻较轻。

（5）栽培管理。利用抗寒性强的砧木、合理肥水管理，提高树体抗寒性以减轻冻害。

（四）冻害预防的主要措施

1. 选择适宜种类和品种　应根据当地的自然条件、气象因素等，选择适宜的猕猴桃种类和品种。如东北选用软枣猕猴桃，陕西的秦岭北麓地区选用美味猕猴桃。采取高位（1m左右）嫁接，提高嫁接口的位置，防止冬季低温冻伤。

2. 选择建园地点　根据不同猕猴桃种类、品种的生物学特性和耐寒力适地适栽。避免在低洼易涝、山间谷底、地下水位过高、丘陵北坡及风口处建立果园。

3. 加强果园管理，提高树体耐寒性　加强果树综合管理，提高树体内营养积累水平，克服过量结果和大小年结果现象，避免后期施用氮肥和灌水过量，保证树体正常进入休眠，以增强抗寒性。入冬后及时灌防冻水。大雪后及时摇落树上的积雪，融雪前清除树干基部周围的积雪。

4. 加强树体越冬保护　采用树干基部培土、树干涂白或包裹稻草、果园营造防护林、果园搭建防护棚等措施，均可减轻冻害。

（五）受冻害果园管理

1. 根据树体受冻程度采取不同补救措施　对于地上部、地下部完全冻死的植株应及时挖除进行补栽。地上部完全冻死的大树，在春季根蘖苗发出和伤流之后，从主干基部锯除地上部分，夏季对根蘖苗进行高位（1m左右）嫁接。对于主干下部受冻死亡，但长度较短的，可采用桥接的方法将上部与下部活着的主干连接起来，有利于果园迅速恢复。对于主干皮层开裂的树体，用布条等透气性材料进行包扎，以防水分蒸发和病原菌感染而引起树体死亡。受冻严重的实生苗和幼树，应尽快平茬重新嫁接或补苗。

2. 加强土、肥、水管理，提高树体恢复能力　对于受冻果园，应根据受冻轻重，加强土、肥、水的管理工作，促使主芽、侧芽、隐芽、不定芽的萌发，加快恢复树势，推迟抹芽、摘心等工作，控制好花量、果量，同时注意叶面肥的喷施，加快树体恢复。

3. 做好病虫害防治工作　猕猴桃树体受冻后抗病虫害能力下降，容易产生继发性病害。应及时剪除冻死的枝干，用 95% 矿物油乳剂 50 倍液封闭剪口，全园喷施 3% 中生菌素水剂 600～800 倍液或 2% 春雷霉素水剂 600～800 倍液等杀菌剂防治溃疡病。

4. 关注天气预报，防止晚霜的二次伤害　猕猴桃萌芽后应密切关注天气变化，及时做好晚霜危害的预防工作，防止对树体造成二次伤害。

二、霜冻害

（一）霜冻害的概念

霜冻害是指猕猴桃生长过程中气温降到 0℃ 或 0℃ 以下而使猕猴桃受害的一种农业气象灾害现象。霜冻引起猕猴桃伤害的实质是短时低温引起猕猴桃组织结冰。

（二）霜冻类型

根据霜冻发生的时期不同，可分为春霜冻和秋霜冻。

1. 春霜冻　又称晚霜冻，主要在猕猴桃萌芽后发生。随着温度的升高，春霜冻发生的频率逐渐降低，强度也减弱，但是发生越晚，对猕猴桃的危害越大。

2. 秋霜冻　又称早霜冻，一般在猕猴桃果实采收前后、叶片尚未脱落的秋季发生。随着季节推移，秋霜冻发生的频率逐渐提高，强度也增强。

根据霜冻形成的原因，在气象学上将霜冻分为平流霜冻、辐射霜冻和平流辐射霜冻。

1. 平流霜冻　由北方强冷空气入侵而形成的，气温比地面温度低，常见于长江以北地区的早春和晚秋，以及华南和西南地区的冬季，北方群众称之为"风霜"。

2. 辐射霜冻　在晴朗无风的夜晚，由于地面或植物强烈辐射散热而出现低温，越是靠近地面温度越低，地面温度比气温低，群众称之为"晴霜"或"静霜"。

3. 平流辐射霜冻　先因北方强冷空气入侵引起气温急降，而后风停且夜间晴朗，地面辐射散热强烈，气温再度下降，造成霜冻，这种霜冻称为平流辐射霜冻，也称为混合霜冻，是最为常见的一种霜冻。我国常见的大范围霜冻和每年的早、晚霜冻多属此类型，所以应特别注意这类霜冻，以免造成严重的经济损失。

（三）霜冻发生的条件

由于霜冻是冷空气聚集的结果，所以随着冷空气的入侵或冷空气易于聚集的地方易发生霜冻。低洼地冷空气不易排出，丘陵、山地冷空气容易聚集，均易发生霜冻。V 形谷地较 U 形谷地受害较轻。不透风林带之间易聚集冷空气，形成霜穴，使霜冻加重。

夜间天气晴朗、无风和低温条件下容易出现辐射霜冻。这种气候条件下有利于地面辐射，减弱空气涡动混合，高层暖空气不易下传，越近地面气温越低，所以果树下部受害较上部重。

干燥而松软的土壤，因其热容量和热导率较小，白天土壤蓄热和夜晚深层升热均少，易出现霜冻。沙土较壤土、黏土霜冻多而重。植被密度较大，霜冻多出现在茂密枝叶处。在同一霜冻过程中，草地比裸地霜冻较重。

国内外研究人员在研究霜冻害机理时发现，植物组织中水的冰点比纯水低，在没有外来凝结核时，冷却到－8℃以下仍不结冰。而在自然界中，植物表面附生着某些具有冰核活性的细菌（简称 INA 细菌），如丁香假单胞菌（溃疡病菌），它可诱导植物体在温度稍低于 0℃时即结冰发生霜冻害。INA 细菌浓度越高，果树受霜冻害程度越重。美国已培养出冰核活性细菌噬菌体，可将冰核活性细菌从植物体上清除掉，从而抵御霜冻危害。

（四）秋霜冻对猕猴桃的危害

秋霜冻主要造成猕猴桃树体上层、外围叶片青枯，影响果实、树体养分积累，从而影响果实品质、树体生长，严重时芽体枯萎，不能萌发，甚至引起树皮开裂、树体死亡。如 2022 年 10 月上中旬陕西猕猴桃产区受较强冷空气影响出现降温，10 月 11 日早晨，关中偏北猕猴桃产区出现－1.4～－0.7℃低温，造成部分果园叶片青枯。

（五）秋霜冻预防措施

猕猴桃秋霜冻的预防工作可从以下几方面着手。

1. 提高树体抗冻性 通过加强果园综合栽培管理技术，增强树势，提高果树抗霜冻的能力。霜冻来临前 3～5d，全树喷施 0.3%～0.5%磷酸二氢钾水溶液，或芸薹素内酯 4 000～5 000 倍液、或 2%氨基寡聚糖 500～600 倍液等，提高树体抗冻性，减轻冻害发生（齐秀娟等，2009）。

2. 加强树体保护 可采用树干基部培土，树干涂白、包裹稻草，树体覆盖，建简易大棚、温室等措施预防霜冻。

3. 改善猕猴桃园的小气候 霜冻来临时，可采用加热法、吹风法、熏烟法以及果园灌水、喷水等措施，均可有效预防霜冻。

三、冷害

（一）冷害的概念

冷害是指冰点以上低温对植物造成伤害的现象。由于冷害是在冰点以上低温时出现，所以受害组织无结冰表现，故与冻害和霜冻害有本质区别，又称低温冷害。冷害主要发生在猕猴桃生长期间，可引起猕猴桃生长发育延缓、生殖生理机能受损、生理代谢阻滞（郝建军等，2003；Chat J，1995；Suo J et al.，2018），造成产量降低，果实品质劣变。由于低温冷害在冰点以上低温时发生，短期内不易直观察觉受害症状，故在我国北方有"哑巴灾"之称。

（二）冷害的类型

根据猕猴桃遭受冷胁迫伤害的情况，可把冷害分为以下 3 种类型。

1. 延迟型冷害 在猕猴桃营养生长期遇到低温，导致物候期延迟，枝梢生长缓慢，开花延迟，果实不能正常成熟，秋季不能正常落叶，果实品质明显下降。

2. 障碍型冷害 在猕猴桃生殖生长期间，即生殖器官分化期到开花期，遭受短时间的异常低温，直接影响生殖器官发育和分化。花芽分化受阻，花粉停止生长，授粉、受精不良，畸形果率增加，果实含糖量降低。

3. 混合型冷害　猕猴桃在同一生长季内同时或相继出现延迟型冷害和障碍型冷害，它比单一冷害危害更为严重。

根据猕猴桃对低温伤害的反应速度，又可将冷害分为以下 3 类。

1. 直接伤害　猕猴桃遭受冷胁迫后几小时，至多 1d 出现伤害现象。直接伤害是由于低温引起细胞质膜结构受到破坏，通透性突然增大引起细胞内含物向外渗漏而造成的。

2. 间接伤害　猕猴桃受到冷胁迫后几天乃至几周才出现受害症状，一般由于低温造成猕猴桃代谢失调而引起。

3. 次生伤害　由冷胁迫引起的其他胁迫对猕猴桃产生的伤害。例如，根系遇到 0℃ 以上低温胁迫，吸水能力剧烈下降，补偿不了蒸腾的水分损失，造成水分亏缺而对猕猴桃产生伤害。

（三）冷害对猕猴桃的危害

1. 冷害影响猕猴桃的光合作用　低温可导致光合速率明显下降，主要表现为叶绿体膜系统结构和功能受损；低温下叶绿素合成受阻，叶绿素含量降低，光合能力下降；影响酶活性，光合产物运输受阻；植物体内水分亏缺。

2. 冷害影响猕猴桃呼吸作用　低温使猕猴桃的呼吸速率大起大落，即开始时上升，随后下降，影响有氧、无氧呼吸强度，造成有害物质积累、新陈代谢失调。

3. 冷害影响猕猴桃矿质营养吸收　根系遇到 0℃ 以上低温胁迫，吸水能力剧烈下降，直接影响根系对氮、磷、钾等矿质元素的吸收。

4. 冷害影响猕猴桃生殖生长　猕猴桃在花芽分化、开花、授粉受精、幼果发育等阶段对低温敏感。冷害可造成花芽分化受阻、花粉部分或全部败育、授粉和受精不能正常进行、畸形果率增加、果实品质下降。

5. 冷害影响生物膜状态和功能　冷害发生时，膜脂由液晶态变为凝胶态，三磷酸腺苷（ATP）酶等失去活性，猕猴桃新陈代谢紊乱。

（四）冷害预防措施

冷害预防措施可参考霜冻害的预防措施进行。

四、倒春寒

（一）倒春寒的概念

倒春寒也称晚霜冻，是指在春季天气回暖过程中，因冷空气的入侵，气温明显降低而对猕猴桃造成危害的现象，这种"前春暖、后春寒"的天气称为倒春寒。

（二）倒春寒对猕猴桃的危害

倒春寒不仅影响猕猴桃花芽分化的质量，造成畸形花、畸形果，而且也会给猕猴桃新芽、嫩叶、新梢、花蕾等幼嫩组织带来严重伤害。早春萌芽时遭受倒春寒，嫩芽或嫩枝变褐，继而干枯坏死。花蕾受害后，轻时花蕾外观正常，雌蕊、花瓣褐变，严重时整个花蕾变枯脱落。研究表明，猕猴桃新梢遇到 −0.5℃ 的低温就会受冻，花芽遇到 −1.5℃ 的低温就会被冻死（Lallu N，1997）。

倒春寒对猕猴桃生产危害很大，特别是对我国北方猕猴桃产区危害较大。例如 1984 年 4 月中旬江西庐山遇大风降温，出现降雪结冰，日均温 11.0℃，最低温为 −3.0℃，导致正值萌芽期的猕猴桃嫩芽大部分冻死，开花量大大减少，严重影响了当年果园产量。2007年4月2—3日，陕西周至猕猴桃产区发生大面积倒春寒危害，近1.3万hm²猕猴桃受冻，新梢萎蔫枯死，受害严重的果园受冻率达80%以上，约1 300hm²果园因幼芽和花苞被冻死而绝收。2018年4月7日凌晨，陕西猕猴桃产区发生大面积倒春寒危害，新萌发的枝条、花蕾、叶片等不同程度冻伤死亡，部分果园特别是低洼地基本全园覆灭，损失巨大。

（三）倒春寒预防措施

猕猴桃倒春寒的预防工作可从以下几方面着手。

1. 延迟发芽，减轻倒春寒危害程度　猕猴桃萌芽前多次灌水或喷水降低土温和树温，延迟发芽。春季对猕猴桃主干和主蔓涂白，以减少对太阳热能的吸收，可延迟发芽与开花。萌芽前喷施0.1%～0.3%青鲜素溶液等，推迟芽的萌发和开花期。

2. 提高树体抗冻性　倒春寒来临前3～5d，全树喷施0.3%～0.5%磷酸二氢钾水溶液，或芸薹素内酯4 000～5 000倍液，或2%氨基寡聚糖500～600倍液等，以提高树体抗冻性，减轻冻害发生。

3. 改善猕猴桃园的小气候　生产中可通过以下方法改善猕猴桃园的小气候环境。

（1）加热法。加热防霜是较有效的方法。在果园内每隔一定距离放置1个加热器，在霜冻发生前开始加温，使下层空气变暖上升，而上层原来温度较高的空气下降，从而在树体周围形成暖气层。

（2）吹风法。在猕猴桃园夜间温度降至1℃时，利用大型吹风机促使空气流通，将冷空气吹散，可以起到防霜效果。

（3）熏烟法。熏烟能减少土壤热量的辐射散发，同时烟粒吸收空气中的水分，使水汽凝结放出潜热，提高气温。在低温来临前，把锯末、作物秸秆、杂草等燃料放置于果园的上风口，一般每公顷堆放90～120堆，在夜间温度降至1℃且无风的情况下点燃，以暗火浓烟为好，不能有明火，使烟雾弥漫整个果园，一直持续到温度上升1℃以后。此外，也可使用防霜冻烟雾发生器来使烟雾弥漫整个果园。

（4）果园灌水、喷水。水遇冷凝结放出潜热，并可增加空气相对湿度，减轻冻害。在倒春寒来临前全园进行灌溉1次，倒春寒来临时利用喷灌设施向树体全株喷水。注意树体喷水必须在气温降至0℃之前开始，持续到温度上升1℃以后，中途不能停止。

（5）覆盖保温法。建简易大棚、温室等预防倒春寒。零星栽培时，可用草帘、塑料薄膜或其他覆盖物临时将猕猴桃树整体覆盖。

4. 加强综合栽培管理技术　加强果园综合栽培管理技术，增强树势，提高果树抗倒春寒的能力。

（四）倒春寒危害果园管理

1. 根据倒春寒危害程度采取不同措施　对于大部分新梢顶端受冻，或部分新梢受冻干枯的果园，注意推迟抹芽、摘心和疏蕾，待气温稳定后，根据树体生长情况，进行抹芽、摘心和疏蕾，确保当年的枝条数量。对于新梢几乎全部冻死的果园，可根据树体情况对结果母枝在适当部位进行回缩修剪，促进枝条基部芽眼萌发，加快树体成形。

2. 加强土、肥、水管理，提高树体恢复能力　受倒春寒危害不太严重的果园，及时喷施生长调节剂，如芸薹素、芸薹素内酯、吲哚乙酸等，以及速效营养，如氨基酸螯合肥、稀土微肥或磷酸二氢钾等，采用低浓度多次叶面喷施为宜，补充养分促使树体恢复，同时加强果园土、肥、水管理，控制留花留果量，减少树体养分消耗，恢复树势。

受冻严重的果园，由于新梢、叶片受损严重，失去吸收能力，暂不需喷施生长调节剂和速效营养。加强果园土、肥、水管理，促使未萌发的中芽、侧芽、隐芽、不定芽萌发，经 7～15d 恢复后，根据果园恢复程度再采取进一步措施，及时疏除冻死枝叶、不萌发的光杆枝、染病枝等，促使树体恢复生长。

对于受冻恢复果树，由于生殖生长受损，营养生长会偏旺，夏季管理要控氮防旺长，促使枝条健壮生长，形成良好结果枝。

3. 做好病虫害防治工作　猕猴桃树体受冻后抗病虫害能力下降，容易产生继发性病害，应及时剪除冻死的枝干，用矿物油乳剂 50 倍液封闭剪口，加强猕猴桃病虫害的防治工作。

第二节　高温灾害

猕猴桃对周围环境的温度要求相对较高。气温太低，猕猴桃不能安全越冬；气温太高，如广东南部，因为没有达到猕猴桃的有效需冷量，出现只长枝叶不开花结果的现象。猕猴桃是一种不耐高温的果树，猕猴桃自然分布区的极端温度虽然达到 42～44℃，但猕猴桃本身是在深山野林的湿润凉爽气候中发展进化而来的，不耐高温酷暑，要求温暖湿润的气候，其适宜的气温为 11.3～16.9℃。

随着温室效应的加剧，全球越来越频繁地出现高温极端天气，我国大部分猕猴桃产区都存在夏季高温的威胁，常出现 35℃ 以上的高温，特别是中低海拔地区，7—8 月的最高温长期超过 40℃，远超出了猕猴桃光合作用的适宜温度范围，妨碍了猕猴桃进行光合作用，加大了呼吸消耗，减少了营养物质的积累。夏季常常高温、强光同时出现，在两者的协同作用下，猕猴桃的生长发育会受严重影响。气温达 30℃ 以上时，猕猴桃枝、蔓、叶、果的生长量均显著下降；气温达 33℃ 时，果实阳面会发生日灼，形成褐色至黑色干疤。如果高温伴随干旱，则猕猴桃受害加剧，叶边缘和叶尖失水变褐、焦枯坏死，甚至大量落叶，对猕猴桃的生产十分不利（何科佳等，2005；Hatfield J L et al.，2011）。

一、猕猴桃高温灾害表现

（一）热害

猕猴桃遭受夏季高温危害的具体表现为枝、叶、茎和果灼伤，叶片卷缩、变褐，新梢顶端枯萎，植株生长发育延缓或受阻，落叶落果，一般可导致 10% 左右的落果，严重时可达到 50% 以上落果，甚至植株死亡，对猕猴桃的生长发育和果实品质、产量造成严重影响。因此，夏季高温危害已成为制约我国猕猴桃产业发展的主要因素之一。

李艳莉等（2021）对关中地区猕猴桃高温热害进行分级，轻度热害为叶片萎蔫、卷曲，果实表面出现浅褐色、白色日灼斑点，灼伤面积占果面 1/6 及以下，果实手感微软（李洁，2019）；中度热害为叶片卷曲，边缘失绿变黄，灼伤面积占果面 1/6～1/4，受害部位干瘪；重度热害为叶片失绿、发黄，甚至脱落，灼伤面积占果面 1/4 及以上，受害部位变为深褐色，并明显凹陷，开始腐烂。7—8月果园内气温呈单峰型变化，大部分时段较园外气温偏低 0.1～1.3℃；果园外日最高气温与果园内日最高气温具有极显著的正相关关系。王勤等（2022）利用苍溪红心猕猴桃农业气象观测资料、四川盆地地区 43 个国家气象站逐日气温资料，利用地理信息系统（GIS）对高温热害强度、频率等指标进行分析计算得到红肉猕猴桃高温热害评估指数，进而对红肉猕猴桃高温热害做出了定量评估。结果显示，1978—2020 年四川盆区红肉猕猴桃高温热害发生频率总体呈现上升趋势，气候倾斜率为每 10 年 0.282 8，且出现在 7 月上旬至 9 月上旬，其中 8 月中旬频率最高；四川东北的达州、南充地区为高温热害的极重影响区，龙门山、大巴山盆地边缘地区为低影响区。

（二）日灼

猕猴桃日灼病又称灼果病、日灼溃疡病，是一种常见的生理性病害，主要危害果实，然后是叶片和枝蔓，坐果的幼龄园发病较重，发病严重的果园病果率达 15％以上，导致果实品质降低，严重影响商品果率。6 月特别是 6 月中上旬是气温转折期，35℃高温就是热害温度的临界值。此期正值猕猴桃幼果快速生长期，果实细胞壁较薄，对温度较敏感，一旦出现临界温度，易发生果实日灼（刘占德，2014）。日灼严重时，可引起早期落叶，甚至死树（朱昭龙等，2019）。在强光照、高温持续情况下，强光直射部位果皮果肉出现灼伤，果面向阳部位变褐，直接暴露在阳光下的果实西南面受害尤为严重。受伤的果实凹陷皱缩，严重时果肉坏死，造成落果。留在树上的日灼果采收后易腐烂变质，丧失经济价值。果实受害初期病变部位表面发白，果肉变软，呈水渍状，继而果实阳面形成不规则、略凹陷的红褐色斑，表面粗糙，质地似革质，果肉呈褐色，微凹陷。严重时，病斑中央木栓化，果肉干燥发僵，病部皮层硬化，部分病果脱落（靳娟等，2019）。

夏季日灼和热害往往同时发生，高温、强光导致地表温度升高、空气干燥，加快叶片水分蒸发，叶片萎蔫、新叶干枯、生理落果、早期落叶等状况发生（孙阳等，2020）。另外，高温、强光迫使叶片进入休眠，减弱光合作用或无法进行光合作用，从而减少营养的合成与积累，影响幼果生长和花芽分化，继而影响翌年的开花数量，降低果园的经济效益（卢立媛等，2021）。在高温低湿条件下，叶片耐受高温能力差，在气温达到 35℃以上、空气相对湿度低于 40％时，叶幕层的外围叶片受强日光直射 5h 即出现叶缘失绿现象，进而变褐、发黑，随之局部枯萎死亡，形成叶片灼伤；如此高温持续 2d 以上，叶片则进一步表现为叶缘发黑上卷，呈火烧状。

连日阴雨后，天气突然转晴，温度骤然升高，也容易引起日灼的发生。高温季节，气候干燥、持续强烈日照容易引发日灼，一般在花后第 6 周，枝叶量少、叶幕层薄、果实遮阳面少或裸露的果树发病重；水分供应不足、保水不良的地块上的果树，也易发生严重日灼；弱树、病树、超负荷坐果的果树日灼残果率高。着生在树冠西南方位的果实，由于向阳面受日照时间长，容易发病。

二、猕猴桃高温灾害机理

（一）生理因素

猕猴桃是藤本蔓性阔叶类果树，多数叶片无革质或蜡质，夏季呼吸作用和蒸腾作用较其他果树旺盛。猕猴桃自身的生理习性决定了其对水分需求的敏感性，而水分是调节树体抵抗高温的主要因子，一旦水分不足，树体自身的抵抗力就会受到影响（张立军等，2011；王岩磊，2010）。猕猴桃叶片较大，在一定程度上叶片能起到遮阳作用，但猕猴桃叶片气孔上没有保卫细胞，所以不能对树体的水分蒸腾量进行有效控制，当气温过高而根部吸收的水分不能满足蒸腾需要时，树体内水分就会失去平衡，最先表现失水的部位就是叶片上气孔分布最多的叶缘，同时也会促使老叶脱落。猕猴桃的根系对土壤透性要求较高，一旦土壤含水量较高，根系呼吸作用将受到直接影响，两者是矛盾的对立统一体，这也就是猕猴桃自身容易遭受高温灾害的生理原因（高敏霞等，2019；张银平，2017；Ma Y et al.，2021；Man Y P et al.，2015）。

每年6月我国部分地区开始出现35℃以上的连续高温，此期正是猕猴桃果实生长高峰期，果实发育、新梢生长都需要大量的养分和水分。此时叶片较嫩，果皮较薄，若养分水分不充足就会导致树体相对衰弱，抵抗力降低。因此，6—7月是热害发生的高峰期，进入8月，树体枝繁叶茂，叶片果实成熟度增加，高温伤害程度减轻。

（二）高温下猕猴桃的生理生化响应

植物受到高温胁迫，其内部生理机制会发生一系列的变化，如果温度上升到极端水平，在几分钟内可能会造成严重的细胞损伤，导致细胞死亡。

1. 光合系统　光合作用是植物对温度变化最为敏感的代谢反应。猕猴桃叶片内光合系统的电子传递链供体侧的放氧复合体对热非常敏感，遭受一定范围内的热胁迫可以经过较长时间恢复，但胁迫温度较高或时间较长则会对其造成不可逆的伤害（陈慧颖等，2021）。当温度高达52℃时，光合系统电子传递链受体侧接收电子的能力受到制约，光合作用受到抑制。同时，叶绿素在高温下持续降解、含量降低，核酮糖-1,5-二磷酸羧化酶和碳酸酐酶活性降低，植株的净光合速率明显降低，光合作用减弱。研究表明，猕猴桃叶片的净光合速率在夏季12—14时不断降低，但其降低程度与品种耐热性有关（耶兴元等，2005；董肖等，2018；钟敏等，2018a）。

2. 细胞膜系统　在持续高温下，猕猴桃叶片中丙二醛含量持续上升，丙二醛是膜脂过氧化作用的最终产物，其含量的高低指示细胞膜脂过氧化程度，丙二醛含量达到一定程度时，细胞膜受到严重的伤害，导致叶片细胞膜透过选择系统严重损伤，大量电解质泄漏，最终造成植株不可逆转的伤害。

3. 活性氧清除系统　在高温胁迫下，植物体内活性氧代谢系统失衡，猕猴桃叶片在升温时会通过提高自身氧化酶活性来减少或清除活性氧，使细胞尽量维持正常的生理功能以适应高温逆境（钟敏等，2018b；Mittler R，2002）。大量积累的活性氧会攻击细胞内不饱和脂肪酸，引起膜脂过氧化，造成细胞膜系统损伤，严重阻碍植物的正常代谢。植物在长期的进化过程中形成了酶促和非酶促两大防御体系，来清除体内过多的活性氧。酶促清除系统主要有超氧化物歧化酶（SOD）、过氧化物酶（POD）、过氧化氢酶（CAT）、脱氢抗坏血酸还原酶（DHAR）、单脱氢抗坏血酸还原酶（MDHAR）、抗坏血酸过氧化物酶（APX）、谷胱甘肽还原酶（GR）等抗氧化酶，非酶促清除系统主要包括抗坏血酸（AsA）、谷胱甘肽（GSH）、脯氨酸（Pro）、甘露醇、山梨醇等抗氧化剂（Pallavi S et al.，2012；Gentile R M et al.，2021）。在45℃高温胁迫下，随着处理时间的延长，海沃德猕猴桃叶片 SOD、POD、CAT 和 APX 活性下降，GSH 含量先升后降。在赣猕 6 号和庐山香幼苗的热胁迫试验中，叶片中的 SOD、POD、CAT 活力在高温时均呈上升的趋势。在短时间高温作用下，猕猴桃叶片同时启动了 APX 和 GR 的表达，维持谷胱甘肽抗坏血酸循环，清除活性氧。在高温胁迫下，猕猴桃叶片能主动合成脯氨酸（Pro），并随着胁迫时间的延长，Pro 含量上升幅度增大（耶兴元，2004）。

4. 激素水平变化　在高温胁迫下，猕猴桃叶片内乙烯、脱落酸和水杨酸等含量会迅速升高，而细胞分裂素、生长素和赤霉素等含量则会降低。这些激素水平变化会加速猕猴桃叶片的衰老和果实的脱落。

三、猕猴桃高温灾害防控措施

（一）规范架形，果园生草

提倡大棚架形，架面空间在盛果期进行全园覆盖，避免地面裸露。在未封行幼龄果园，提倡果园生草，在行间或株间种植毛苕子、三叶草等绿肥作物，可增加土壤的含水量，降低果树的蒸腾作用，减轻高温对果实造成的伤害。改变清耕制度，缓冲上烤下蒸，降低热害（吕世范，2018）。

（二）搭网遮阳

为避免受到太阳光直射，减少日灼伤害，可以采取遮阳栽培。一是搭设遮阳网，用遮阳率 25％～50％的遮阳网，能极大改善果园微环境，缓解夏季高温、强光对猕猴桃的危害，但遮阳网的遮阳率不可超过 50％，过度遮阳会影响果实品质；二是在果实上方或太阳西照处挂草遮阳，减少西照对果实的直接烧伤；三是夏季修剪时，在最顶端的果实处多留 2～3 片叶，以遮挡直射太阳光。

（三）科学灌水

对未遮阳封行果园，特别是不保水蓄水的沙土地，在高温来临时及时灌水，降低果园整体温度，采用小畦分灌，保持适宜的土壤含水量，以此提高果树抗热性；针对黄黏土，如果连续灌水，反而会因土壤透气性变差而降低树体抗性，生产上要格外注意。有条件的果园可采用滴灌、喷灌，避免大水漫灌，禁止在中午高温时灌水。

（四）树盘盖草保墒

为了避免过分浇水对土壤透气性的破坏，在雨后或灌溉后，及时用各种有机物料覆盖在树盘下，也可用种植食用菌的废弃菌棒粉碎后进行覆盖，树干周围 20cm 不覆盖，然后在覆盖物上撒少量土，覆盖时间一年四季均可，玉米秆等过长秸秆要截短或粉碎后进行覆盖，可减少土壤水分蒸发，保持土壤含水量，避免热害发生。

（五）果实套袋

选择透气性好、吸水性小、抗张力强、纸质柔软的单层木浆纸袋进行果实套袋，重点对树体西南方向和上部的果实进行套袋。在早晨露水干后或药液干后套袋，雨后不宜立即套袋，应等果面上的水干了后再套袋。果袋底部要有通气孔，套袋时要打开通气孔，利用通气降低袋内温度 1～2℃。

（六）夏季修剪

现蕾期在结果枝最后一朵花蕾处数 5～7 片叶摘心，促使结果枝着果节以上叶片加快增大生长，有效保护幼果，减少直射光照射。另外，内膛徒长枝在 5～7 叶时摘心，促进二次枝生长，增加树冠叶幕层，保护果实，阻止日灼发生。

（七）增施肥料

谢花后 15d，喷施螯合钙 800 倍液作为叶面肥，隔 7～10d 喷 1 次，连喷 2 次，可抵抗高温的危害。生长季少量多次追肥提高树体抗性。

（八）保护性喷雾

生长季在果实上喷施反射光线的叶面保护剂，尤其是反射紫外线的叶面保护剂可以降低叶片温度，有效预防果实发生日灼。如高岭土颗粒制剂，最初作为杀虫剂用来防治病虫害，后来发现喷施这种颗粒制剂具有反射到达叶片和果实表面的日照辐射（特别是紫外线）的作用（姚春潮等，2021）。夏季喷施槲皮素制剂，可以减轻猕猴桃叶片高温强光灼伤症状，提高猕猴桃在强光下的光合速率，提高果实品质，减轻高温伤害。

（九）选择耐热性品种

生产上选择耐热性强的猕猴桃品种，可以减轻高温伤害。耐热性较强的猕猴桃品种其叶片比耐热性弱的品种栅栏组织更厚，栅栏组织与海绵组织比例以及孔密度更高（彭永宏等，1995；汤佳乐等，2018）。

第三节　干旱灾害

猕猴桃叶片肥大，输导组织和气孔发达，故蒸腾速率高。同时其根系属于肉质根类，含水量高且分布浅，木质部阻力低，植株水分传导率高，是一种对水分敏感的不耐旱型果树。干旱在全球猕猴桃产区均有发生，在我国西北猕猴桃优质产区更为突出，是制约全球猕猴桃产业持续发展较为重要的非生物因素之一。

一、猕猴桃干旱灾害表现

干旱胁迫会导致广泛的猕猴桃外部形态变化，影响猕猴桃正常的生长发育。一般来说，株高、干重、鲜重、叶片和根系结构发育等将在干旱胁迫下受到显著影响。当植物感觉到严重缺水时，它们的叶子会因为细胞膨胀压力的丧失而下垂或翻卷，这种现象称为萎蔫。卷叶是植物对水分亏缺的一种常见反应，是植物在水分胁迫下减少水分消耗的一种机制（Huang H et al.，2001；Montanaro G et al.，2007；Judd MJ et al.，1989）。土壤水分亏缺也会抑制根系伸长、分枝和形成层的形成以及根冠比的增加，根尖受损严重。在猕猴桃果实生长发育过程中，干旱时期与持续时间的长短对果实品质会产生不同影响，例如在果实发育前期，猕猴桃受到轻度干旱可使果实变硬，可延长果实的贮藏时间（Shafaqat A et al.，2020；Fang Y et al.，2015）。但猕猴桃果实发育前期水分亏缺时间过长，可使果实中碳水化合物、可溶性固形物含量减少，单果重降低，果实变小，严重影响猕猴桃产量和品质。在猕猴桃物质积累阶段，干旱胁迫可使果实提前成熟，其可溶性糖含量增加（Wu R M et al.，2018）。

猕猴桃对干旱灾害非常敏感，无论是幼树、成年树还是果实、叶片都会受害。受害严重时，树枯（死）果落，几乎无收；受害轻时，嫩枝、叶片凋萎，生长受抑制，果实膨大不良或发生隐性日灼，大大降低商品果率及果实耐贮性（敖礼林等，2008）。

干旱对植物最直接的影响是引起原生质脱水，原生质脱水是旱害的核心，由此可引起一系列的伤害，主要表现如下。

1. 改变膜的结构和渗透性　在干旱损伤下，细胞膜失去半透性，导致细胞内氨基酸和糖外渗。

2. 破坏正常代谢过程　干旱条件下，树体诸多新陈代谢过程受影响。如光合作用显著下降甚至停止；呼吸作用增强，氧化磷酸化解偶联，能量主要以热量的形式消耗，从而影响正常的生物合成过程；蛋白质分解增强，蛋白质合成减弱，脯氨酸大量积累；核酸代谢被破坏，DNA 和 RNA 的含量降低。

3. 叶片等组织损伤　干旱期间，幼叶通常会从老叶中吸收水分，导致老叶枯萎死亡。蒸腾作用强的功能叶会从分生组织和其他幼嫩组织中获取水分，导致一些幼嫩组织严重失水和发育迟缓。

4. 原生质体的机械损伤　干旱期间，细胞脱水，向内收缩，破坏原生质体的结构。而突然补水会导致细胞质和细胞壁的不协调膨胀，撕裂细胞膜，导致细胞、组织、器官甚至植物死亡。

二、猕猴桃干旱响应机理

植物抗旱可分为 4 种策略：耐旱、御旱、避旱和抗旱恢复。耐旱和御旱是植物抵御干旱胁迫的 2 种主要策略，统称为抗旱。耐旱是指植物通过特定的生理活动来抵御严重脱水的能力，如通过渗透保护剂进行渗透调节。御旱是指植物在干旱逆境下通过气孔调节、根系发育等关键生理过程保持内部组织高水势的能力。避旱是指植物调整其生长期或生命周期的能力，以避免季节性干旱胁迫。干旱恢复是植物在遭受严重干旱胁迫后恢复生长和产量的能力（Bao W W et al.，2020；Black M Z et al.，2011；Zhang J Y et al.，2015）。

（一）渗透调节

植物积累多种有机物和无机物（如糖、多元醇、氨基酸、生物碱、无机离子等），以增加其在细胞质中的浓度，降低渗透势，提高细胞的保水能力，以应对水分胁迫。这种现象被定义为渗透调节，是植物抗旱的重要策略。其中脯氨酸积累被广泛认为是植物的一种耐旱策略，有助于植物在干旱胁迫中保持细胞膜的完整性，并保护细胞结构免受损害（Muhammad I et al.，2021）。张银平（2017）研究发现红阳猕猴桃幼苗在干旱胁迫下，叶片通过增加脯氨酸等渗透调节物质的含量来响应干旱胁迫。

（二）光合作用

干旱胁迫导致气孔闭合，叶片对 CO_2 摄取量降低，影响光合速率，植物细胞中的膜系统包括与光合作用相关的膜结构由于水分、养分和能量的缺乏而被破坏，导致生理过程的中断，从而生长减少、产量降低。已有研究表明，随着土壤含水量的减少，叶绿素含量显著下降，总叶绿素含量的下降主要是由于叶绿素 a 的减少。在水分胁迫条件下能保持较高叶绿素含量的植物被认为能更有效地利用光能，因此被认为具有更强的抗旱性。猕猴桃叶片没有明显的光保护形态特征，可能使它们对光损伤和干旱都非常敏感。

（三）抗氧化防御系统

氧化应激通常与干旱应激同时发生。抗氧化防御系统是干旱响应的机制之一。有氧代谢为植物的生长发育提供能量，常伴随产生活性氧（ROS）等副产物。正常情况下，细胞内 ROS 的产生和清除处于动态平衡状态（施春晖等，2017）。当植物遭受干旱胁迫时，动态平衡被打破，ROS 的过度积累损伤细胞，各种膜蛋白或酶的空间构型受到干扰，导致膜通透性增加、离子泄漏增加、叶绿素破坏、代谢紊乱，甚至导致植物严重损伤或死亡。

为了保护细胞免受过量 ROS 的伤害，植物进化出一系列复杂的酶促和非酶促抗氧化防御机制，以维持细胞内氧化还原状态的稳定。保护酶包括超氧化物歧化酶（SOD）、过氧化氢酶（CAT）、抗坏血酸过氧化物酶（APX）、谷胱甘肽过氧化物酶（GPX）、谷胱甘肽还原酶（GR）、过氧化物酶（POD）等。非酶抗氧化系统由几种还原性物质组成，如维生素 C、谷胱甘肽（GSH）、类胡萝卜素（CAR）、α-生育酚、黄酮、花青素等。干旱条件下，猕猴桃抗氧化防御系统中的酶促反应系统扮演必不可少的角色（韩明丽等，2014）。在干旱胁迫下，Apel K 和 Hirt H（2004）发现猕猴桃叶片相对膜透性和丙二醛（MDA）含量表现上升趋势，而 POD、CAT 和 SOD 3 种酶的活性则呈现出先升后降的趋势。与此同时，非酶促系统中的可溶性蛋白、叶绿素相关酶的活性也表现出上升趋势。

（四）植物激素

内源植物激素对环境信号也有响应，一些植物激素通过相当复杂的串扰机制在协调对干旱胁迫的响应中发挥着不可或缺的作用。ABA 被认为是与植物对干旱胁迫响应关系最为密切的植物激素。土壤水分不足被根细胞视为一个重要的信号，然后引发 ABA 合成增加。ABA 主要作为细胞间信使被运输到叶片，被保卫细胞识别，通过胞内信号转导触发气孔关闭，减弱植物生长相关的代谢活动。ABA 对干旱响应的影响是多方面的，包括气孔关闭的调控、保卫细胞通道活性的调控、钙调蛋白转录水平的调控以及部分 ABA 应答基因的表达。干旱胁迫诱导细胞内 ABA 的合成，激活相应的转录因子，进而促进下游干旱相关基因的表达。在先前研究中，当猕猴桃受到干旱胁迫时转录因子 SVP2 与调控 ABA 积累的相关基因启动子结合，提高植物体内 ABA 的含量，从而提高植株自身抗旱性。张计育等（2016）发现干旱和外施 ABA 处理均可诱使金魁猕猴桃转录调控因子 Ad-RAV1 的上调表达。同时，王岩磊（2010）发现对一年生美味猕猴桃幼苗进行浓度 $60\mu mol/L$ ABA 外施处理，能减少叶片 ROS 含量，改善细胞膜结构，提高 SOD、CAT、POD 等抗氧化酶的活性，从而提高猕猴桃抗旱性。

三、猕猴桃干旱灾害防控措施

（一）科学选址、基础设施配套

选择水源充足的区域发展猕猴桃种植，建立自动化灌溉设施，确保及时供水喷雾，提高果园空气相对湿度，同时还可以降低高温、干旱的影响，这是抗旱的根本措施（钟彩虹，2020）。

（二）优选砧木与品种

选择优质的耐旱品种和砧木，是解决干旱问题的有效途径。

（三）加强土壤管理

加强土壤改良和水土保持工程，增强土壤蓄水和保水能力，对旱区猕猴桃生长和结果具有明显的效果。

（四）科学施肥

基肥以深施、广施为宜，扩大根系的深度和广度，增加根系的吸收范围，增强果树抗旱性。

（五）果园覆盖

旱季地面覆盖可有效减少地面水分蒸发，保持根际土壤含水量。地面覆盖冬季可增加土壤的含水量，夏季可降低土壤的温度，有利于根系发育，促进植株健壮。

第四节　其他灾害

一、大风

（一）大风的发生特点

1. 定义和类型　气象学上将平均（2min 或 10min）风速≥10.6m/s（风力达到 6 级）或阵风风速≥17.2m/s（风力达到 8 级）的风称为大风，常有台风、飓风、龙卷风之分。

2. 时空分布特征　猕猴桃种植区大风的空间分布特征表现为北方多于南方，高山、高原多于平原和盆地。大风多发生于北方、山地隘口处，盆地及巴山山区发生较少。时间变化特征为春季（4 月）发生较多，夏季（6 月发生较多）次之。大风在 1d 中任何时间均可出现，其中春季大风多与强冷空气影响同步，夏季大风午后（14—20 时）发生最多。

（二）大风的危害

大风对猕猴桃影响较大，受灾果园主要表现为猕猴桃枝条被吹劈，果实碰撞出现叶磨、枝磨，果实脱落失去商品性。近年来对陕西眉县发生风害猕猴桃果园的调查发现，猕猴桃风害发生区域主要分布在果园四周边缘、无遮挡的高岭地带。发生时间一般从 5 月下旬开始，9 月末结束。

1. 影响授粉受精　在猕猴桃花期如遇上大风，会使蜜蜂活动减少，同时大风导致雌蕊柱头干燥而影响授粉效果。风力太大时，还容易引起落花。

2. 影响枝条生长　春、夏季正值猕猴桃枝条快速生长期，大风常使一些新梢拦腰折断。

3. 影响果园棚架稳定性　近年来，在一些猕猴桃主产区，常有因大风导致猕猴桃棚架整体倒塌的情况发生，造成树体断裂。

（三）防御措施

1. 科学选择园地　新建猕猴桃果园时，要尽量选择避风的地块。

2. 建造防风设施　风大的区域设置防风林或防风网，可避免或减轻大风的危害。林带宜选择与猕猴桃可共生的品种，如速生杉木、水杉。

3. 灾后应急措施　大风过后，要及时采取补救措施。

（1）对于倒伏的果园，更换破损水泥立柱和横杆，重新固定立柱并牵引钢丝；将树体慢慢扶起，枝蔓重新绑引固定。

（2）对叶片、枝蔓翻卷的果园进行果实套袋遮阳和绑蔓，或采用遮阳网避免果实被暴晒发生日灼，同时应注意疏除伤残果，减少果树负载量。

（3）若风害伴随暴雨，需要快速排除积水，减轻根系损伤；若风害未伴随暴雨，根据土壤墒情和树体水分及时浇水，促进树体伤根恢复。

（4）加强果园管理，调节树体生长平衡，并选用42％代森锰锌悬浮剂1 000倍液、70％甲基硫菌灵可湿性粉剂1 200倍液、70％丙森锌可湿性粉剂1 000倍液等杀菌剂进行喷施，防止病害传播。

二、冰雹

（一）冰雹的发生特点

1. 定义 冰雹是从发展旺盛的积雨云中降落到地面上的固体降水，一般呈圆形或不规则块状。

2. 时空分布特征 冰雹在空间分布上存在明显的差异性，总体呈现出北多南少的空间变化特征。冰雹一般在5—8月集中发生，成灾的冰雹主要分布在6—8月，1d中多发生于午后。

（二）冰雹的危害

冰雹对猕猴桃果树的危害主要是雹块对叶片、果实和枝干的机械伤害。其危害程度决定于雹块大小、持续时间及猕猴桃所处的生长发育阶段，大冰雹袭击猛或时间长，受灾就重。如冰雹伴有大风和短时暴雨，危害更大，常会造成绝收。此外，冰雹发生前后常会出现温度高低变化，导致树体遭受一定的冷害。冰雹也会造成果园表土板结。

（三）防御措施

1. 人工防雹 在气象部门的支持下建设固定人工防雹增雨作业炮站，提前根据冰雹预警采取预防措施。

2. 搭建防雹网 在冰雹频发的猕猴桃种植区，建议搭建防雹网。防雹网的架材主要有钢管、钢丝及尼龙网等。

3. 灾后补救措施 雹后应及时采取补救措施。

（1）疏沟排水。冰雹、大雨过后立即排除积水，并清除园内低洼地堆积的冰雹。

（2）培土固根。冰雹往往伴随大雨，坡地的猕猴桃因雨水冲刷而根系裸露，应及时培土固根，保护树体。适时浅耕松土，耕松深度以8～12cm为宜。

（3）清园。及时清除被打落的新梢枝叶，最好用钩耙等工具。

（4）果实套袋遮阳。及时对果实套袋遮阳，避免果实被暴晒发生日灼。

（5）捆扎裂皮。适当捆扎主干或枝梢上的冰雹伤口，捆扎长度要超过裂口长度2cm以上。

（6）根外追肥。灾后7d左右进行第1次根外追肥，然后每隔7～10d进行1次，连续2次，主要用0.2％～0.3％尿素溶液或0.2％磷酸二氢钾溶液喷布新梢，促进新梢快速萌发。

（7）防治病虫害。用50％多菌灵可湿性粉剂800倍液或70％甲基硫菌灵可湿性粉剂1 000～1 200倍液。

三、雨涝

（一）雨涝的发生特点

1. 定义及类型　雨涝是湿害和涝害的总称。根据日降水量雨可以分为小雨、中雨、大雨或暴雨。其中暴雨是历时短、雨量大的强降水，一般 12h 内降水量大于 30mm 即可界定为暴雨，大于 70mm 为大暴雨，大于 140mm 为特大暴雨。

2. 时空分布特征　雨涝的时空分布呈现出明显的季节性和地域性，降水量由南向北逐渐减少，且各地降水量年内分配不均匀。雨涝多出现在 6—10 月，集中在 8—9 月，秋季发生的概率也很高。

（二）雨涝的危害

1. 湿害　湿害是指因降水过多，土壤水分处于饱和状态，土壤含水量大于田间最大持水量，对植物造成伤害。猕猴桃属于肉质根系，对土壤水分要求相对较高，适宜的土壤持水量为 65%～80%。湿害易引起猕猴桃根系受损，增加根腐病发生的概率。

2. 涝害　猕猴桃长期处于积水状态时，出现叶片黄化、干枯、早落，严重时植株死亡，而突如其来的暴雨则很容易引起病害加重，导致裂果发生，特别是在幼果期久旱后，裂果常有发生。

（三）防御措施

1. 排水系统　在雨涝频发的种植区可在果园周围修排水沟，即明沟排水。

2. 提倡起垄栽培　起垄栽培后，遇暴雨后地表水可迅速从垄沟排出去，可避免田间湿害和涝害的发生。

3. 灾后补救措施　果园受涝后，应及时采取措施进行补救。

（1）当遇到强暴雨或水淹果园时，应根据地形开临时排水沟或用水泵抽水，及时排除园区多余水分，尽量减少水淹时间。

（2）涝害后，除及时排水外，对树适当进行修剪或疏花疏果，减轻树体负载，同时喷清水清洗受害枝叶，提高叶片光合能力。

（3）在根系未恢复前，多喷叶面肥，使树体通过叶片吸收营养，促使叶片进行光合作用合成有机物，运至根部，促进根系功能恢复。

（4）根系恢复吸收功能后，可少量多次施速效肥，逐渐增强树势，并预防根腐病。

四、环境污染

人们对工业能源需求剧增，矿产资源采集过程中工厂废弃物、淋溶滤液等处置不当；交通、矿区废气导致尘降效应，重金属过量在土壤中聚集；农业生产过程如灌溉、施肥、覆膜，含有金属制剂等的化学药物及重金属废弃物（易镇邪等，2018）。这些都会造成附近环境，如水体、土壤中的重金属平衡被打破，环境自身的循环降解功能紊乱，最终导致重金属污染。调查显示我国土质堪忧，南部地区污染较重。我国耕地环境不容乐观，主要产粮区污染超标率为 21.49%，以轻度污染为主，无机污染中又以镉（Cd）污染居于首位（尚二萍等，2018）。土壤是污染物进入人体的关键环节，土壤中重金属的积累量超限时，会降低土壤肥力，使农民为增产增效投入更多化肥，导致土壤进一步超负荷代谢。重金属难以自然降解，且将利用食物链进入人体。而人体内重金属积累较多会引起镉中毒，导致终身不可逆的器官受损（Seif M et al.，2019），导致疾病和癌症，对人类健康产生严重威胁（Kumar S et al.，2019；Darwish W et al.，2019）。

猕猴桃为落叶果树，因生长管理的特殊性，每年需进行大量修剪，通过落叶、修剪枝条转移被污染土壤的重金属，加上低吸品种的筛选及土壤修复技术的运用等，在被重金属污染的田地上种植猕猴桃，可以达到修复被重金属污染土壤的目的。因此，开展重金属污染田地种植猕猴桃，筛选果实低吸资源，研究综合防治重金属污染技术，建立健全农产品安全管理制度，可以为重金属污染提供一条综合防治的新途径，为农业产业结构调整探索一条新路子。

近年来，国内研究人员在猕猴桃果园土壤镉污染状况、猕猴桃对镉的吸收与富集状态、低镉吸收品种筛选、镉胁迫对猕猴桃植株的影响以及土壤降镉技术等方面均有所研究（王仁才等，2017；王思元，2020）。

（一）猕猴桃果园土壤重金属污染情况

王仁才等（2017）通过调查发现湖南省各地区铅（Pb）的含量均远低于250mg/kg的临界值，各地区铬（Cr）的含量均远低于150.00mg/kg的临界值，而有的地区猕猴桃园土壤中镉（Cd）、汞（Hg）的含量高于0.30mg/kg的临界值，个别果园土壤中最高镉含量达4.90mg/kg。另有少部分地区土壤中砷（As）的含量偏高（＞25.00mg/kg）。对调查的各区域情况分析可知，矿区、河道、公路周边猕猴桃园土壤有重金属超标的情况，尤其是矿区、河道下游重金属超标情况较为严重。

（二）猕猴桃对镉的吸收富集及影响

1. 猕猴桃品种对镉的吸收富集　在土壤镉含量为4.90mg/kg条件下种植猕猴桃，果实镉含量均未超标（＜0.05mg/kg），因此，在此类镉污染区域内种植猕猴桃果实仍较安全（王仁才等，2017）。不同猕猴桃品种的果实对镉的吸收能力有所差异，金魁、金艳猕猴桃对镉的吸收能力相对较强，其根部吸镉量较高（表12-2），而米良1号猕猴桃对镉的吸收能力较弱，在近中度污染的土壤中，其根部和果实吸镉量均低，果实镉含量仅为0.005mg/kg。

表 12-2　果园调查各猕猴桃品种样品镉含量

品种	pH	土壤（mg/kg）	根（mg/kg）	茎（mg/kg）	叶（mg/kg）	果（mg/kg）
金魁	6.19	0.22	0.39	0.068	0.069	0.009
金艳	6.53	0.256	0.228	0.062	0.096	0.009
翠玉	5.60	0.276	0.310	0.041	0.079	0.006
东红	5.19	0.285	0.120	0.042	0.101	0.005
红阳	5.48	0.370	0.446	0.044	0.059	0.005
丰悦	6.08	0.406	0.114	0.032	0.046	0.005
魁蜜	6.13	0.476	0.266	0.059	0.053	0.006
米良1号	6.01	0.493	0.048	0.033	0.031	0.005

2. 猕猴桃不同器官对镉的吸收积累　王思元（2020）用盆栽苗研究了蕾期、果实成熟期、落叶期米良 1 号和金艳猕猴桃根、茎、叶镉含量与土壤镉含量的关系。各时期猕猴桃不同植株器官中镉含量均与土壤中镉含量成正比。在不同镉浓度处理下，米良 1 号和金艳各器官中镉含量从高到低排序，均为根部＞茎部＞叶部＞果实；当镉处理浓度达 10mg/kg 时，米良 1 号和金艳猕猴桃的果实镉含量均未超标（＜0.05mg/kg），说明猕猴桃果实在短时间内对镉的吸收积累量较少。

3. 镉胁迫对猕猴桃枝叶生长的影响　镉胁迫影响猕猴桃枝叶的生长，且不同猕猴桃品种对镉胁迫的敏感性不一样。王思元（2020）用盆栽苗研究了镉胁迫对米良 1 号和金艳猕猴桃枝叶生长的影响。金艳猕猴桃对镉胁迫的敏感性大于米良 1 号猕猴桃。适当浓度（0～10mg/kg）的镉对米良 1 号猕猴桃叶片、叶柄、茎有促进生长作用，但对节间长度有轻微抑制作用。

（三）土壤调理剂对土壤及猕猴桃植株中镉的影响

王思元（2020）研究不同土壤调理剂对土壤镉含量的影响，发现 Ca（每株施钙肥 650g）、CaZ（每株施钙肥 325g＋中药肥 1 750g）、CaJ（每株施钙肥 325g＋有机菌肥 1 000g）、T（每株施活性炭 400g）处理，土壤总镉含量、有效态镉含量与对照组相比均显著降低。以 CaZ 效果最佳，尤其是在处理 60d 后土壤样品中的镉含量最低。通过对不同土壤调节剂对植株（根、茎、叶）中镉的影响的研究，发现 CaZ（钙肥＋中药肥）、TJ（活性炭＋有机菌肥）、T（活性炭）等土壤调节剂的使用可有效降低植株中的镉含量。添加生物肥料可以通过操纵根际细菌群落来固定土壤中的镉，从而促进植物生长（Wang M et al.，2018）。

因此，通过改良土壤，如增施有机肥与生物菌肥，或施用石灰中和土壤酸性以及施用土壤调理剂（钙肥加中药肥）等，可作为猕猴桃受镉污染果园的有效降镉技术措施。

参 考 文 献

安成立，刘占德，刘旭峰，等，2011. 猕猴桃不同树龄冻害调研报告 [J]. 北方园艺（18）：44-47.

敖礼林，况小平，2008. 猕猴桃旱害的综合防控技术 [J]. 农村百事通（13）：38-39.

陈慧颖，马石霞，郭鹏辉，2021. 热胁迫对植物生理影响的研究进展 [J]. 安徽农学通报，27（5）：11-13.

丁文龙，2018. 不同猕猴桃种质资源抗寒性评价 [D]. 杨凌：西北农林科技大学.

董肖，陈毓瑾，陈立，等，2018. 持续强降雨后高温强光对猕猴桃叶片光合和根系代谢的影响 [J]. 果树学报，35（7）：817-827.

高敏霞，杨俊，程春振，等，2019. 猕猴桃抗旱研究进展 [J]. 东南园艺（5）：63-68.

韩明丽，张志友，钱伟红，等，2014. 盛夏高温干旱对猕猴桃的危害及防御对策 [J]. 现代农业科技（1）：179-180.

郝建军，于洋，张婷，2003. 植物生理学 [M]. 2 版. 北京：化学工业出版社.

何科佳，王中炎，王仁才，2005. 高温干旱强光对猕猴桃生长发育的影响及其生理基础 [J]. 湖南农业科学（3）：42-44.

靳娟，杨磊，樊丁宇，等，2019. 果树耐高温研究进展 [J]. 分子植物育种，17（3）：1019-1027.

李华佳，李可，袁怀瑜，等，2018. 猕猴桃采后冷害及其防控技术研究进展［J］. 西华大学学报（自然科学版），37（3）：17-23.

李洁，2019. 猕猴桃如何应对高温［J］. 农村新技术（6）：16-17.

李艳莉，郭新，符昱，等，2021. 陕西关中地区猕猴桃园小气候特征分析及高温热害指标研究［J］. 陕西气象（1）：40-43.

林苗苗，孙世航，齐秀娟，等，2020. 猕猴桃抗寒性研究进展［J］. 果树学报，37（7）：1073-1079.

刘广平，孙阳，徐开源，等，2022. 软枣猕猴桃早春花芽抗寒力分析［J］. 林业科技通讯（7）：64-66.

刘占德，2014. 猕猴桃规范化栽培技术［M］. 杨凌：西北农林科技大学出版社.

卢立媛，尤文忠，刘振盼，等，2021. 北方落叶果树果实日灼病研究进展［J］. 安徽农业科学，49（5）：26-30，34.

吕世范，2018. 软枣猕猴桃夏季热害综合防护技术［J］. 种子科技，36（10）：87-91.

彭永宏，章文才，1995. 猕猴桃叶片耐热性指标研究［J］. 武汉植物学研究（1）：70-74.

齐秀娟，方金豹，赵长竹，2009. 郑州地区猕猴桃冻害调查与原因分析［J］. 果树学报，28（1）：55-60.

尚二萍，许尔琪，张红旗，等，2018. 中国粮食主产区耕地土壤重金属时空变化与污染源分析［J］. 环境科学，39（10）：4670-4683.

施春晖，王晓庆，骆军，2017. 高温下猕猴桃抗氧化生理响应及日灼伤害阈值温度［J］. 上海农业学报，33（4）：72-76.

孙世航，2018. 猕猴桃抗寒性评价体系的建立与应用［D］. 北京：中国农业科学院.

孙阳，卢立媛，尤文忠，等，2020. 软枣猕猴桃日灼病的发生与防治技术［J］. 中国果树（5）：120-121.

汤佳乐，卜范文，张平，等，2018. 7种猕猴桃种质耐热性综合评价［J］. 湖南农业科学（12）：21-25.

王勤，张鑫宇，赵周，等，2022. 四川盆区红心猕猴桃高温热害评估［J］. 江西农业学报（5）：183-190.

王仁才，石浩，庞立，等，2017. 湘西猕猴桃种植基地土壤和猕猴桃中重金属积累状况研究［J］. 农业资源与环境学报，34（3）：280-285.

王思元，2020. 镉胁迫下猕猴桃的镉富集能力与生理研究及其土壤镉消减技术初探［D］. 长沙：湖南农业大学.

王岩磊，2010. 复水与外源脱落酸处理对干旱胁迫下猕猴桃幼苗抗旱性的影响［D］. 杨凌：西北农林科技大学.

姚春潮，李建军，刘占德，等，2021. 猕猴桃高效栽培与病虫害防治彩色图谱［M］. 北京：中国农业出版社.

耶兴元，范宏伟，仝胜利，等，2005. 热激锻炼诱导猕猴桃耐热性研究［J］. 果树学报，22（6）：34-37.

耶兴元，2004. 高温胁迫对猕猴桃的生理效应及耐热性诱导研究［D］. 杨凌：西北农林科技大学.

易镇邪，王元元，谷子寒，等，2018. 湘潭镉污染稻田全年粮食作物替代种植模式研究［J］. 湖南生态科学学报，5（2）：1-5.

张计育，黄胜男，程竞卉，等，2016. 植物激素处理和环境胁迫对'金魁'猕猴桃 AdRAVs 基因表达特性的影响［J］. 植物资源与环境学报，25（3）：28-35.

张健，何永锋，2021. 猕猴桃冻害预防及挽救措施［J］. 北方园艺（12）：175－176

张立军，刘新，2011. 植物生理学［M］. 2 版. 北京：科学出版社.

张银平，2017. 干旱胁迫及复水对'红阳'猕猴桃幼苗生理和相关基因表达的影响［D］. 雅安：四川农业大学.

张玉星，2015. 果树栽培学总论［M］. 4 版. 北京：中国农业出版社.

张昭，2019. 软枣猕猴桃抗寒性研究［D］. 哈尔滨：东北农业大学.

钟彩虹，2020. 猕猴桃栽培理论与生产技术［M］. 北京：科学出版社.

钟敏，张文标，黄春辉，等，2018b. 高温胁迫下猕猴桃幼苗相关生理指标的变化［J］. 湖北农业科学，57（7）：96－99.

钟敏，张文标，邹梁峰，等，2018a. 高温下猕猴桃光合作用和叶绿素荧光特性的日变化［J］. 江西农业大学学报，40（3）：472－478.

朱鸿云，2009. 猕猴桃［M］. 北京：中国林业出版社.

朱昭龙，朱祥林，2019. 试论猕猴桃的气象病害防治及栽培技术要点［J］. 南方农业，13（6）：28－29.

Apel K，Hirt H，2004. Reactive oxygen species：metabolism，oxidative stress，and signal transduction ［J］. Annu. Rev. Plant Biol，55：373－399.

Bao W W，Zhang X C，Zhang A L，et al.，2020. Validation of micrografting to evaluate drought tolerance in micrografts of kiwifruits（Actinidia spp.）［J］. Plant Cell Tiss Org Cult，140：291－300.

Black M Z，Patterson K J，Minchin PEH，et al.，2011. Hydraulic responses of whole vines and individual roots of kiwifruit（Actinidia chinensis）following root severance ［J］. Tree Physiol，31：508－518.

Chat J，1995. Cold hardiness within the genus actinidia ［J］. HortScience，30（2）：329－332.

Darwish W，Chiba H，Abdelazim E，2019. Estimation of cadmium content in Egyptian foodstuffs：health risk assessment，biological responses of human HepG2 cells to food－relevant concentrations of cadmium，and protection trials using rosmarinic and ascorbic acids ［J］. Environmental science and pollution research international，26（15）：1－15.

Fang Y，Xiong L，2015. General mechanisms of drought response and their application in drought resistance improvement in plants ［J］. Cell. Mol. Life Sci，72：673－689.

Gentile R M，Malepfane N. M.，Dijssel C V D，et al.，2021. Comparing deep soil organic carbon stocks under kiwifruit and pasture land uses in New Zealand ［J］. Agric. Ecosyst. Environ，306：107190.

Hatfield J L，Boote K，Kimball B A，et al.，2011. Climate impacts on agriculture：Implications for crop production ［J］. Agronomy Journal，103：351－370.

Huang H，Ferguson AR，2001. Review：kiwifruit in China ［J］. NZJ Crop Horti Sci，29：1－14.

Judd MJ，McAneney KJ，Wilson KS，1989. Influence of water－stress on kiwifruit growth ［J］. Irrig Sci，10：303－311.

Kumar S，Sharma A，2019. Cadmium toxicity：Effects on human reproduction and fertility ［J］. Reviews on environmental health，34（4）：1－12.

Lallu N，1997. Low temperature breakdown in kiwifruit ［J］. Acta Horticulturae，444：579－586.

Ma Y，Suri G，Xu J，et al.，2021. Comprehensive Risk Assessment of High Temperature Disaster to Kiwifruit in Shaanxi Province China ［J］. International Journal of Environmental Research and Public Health，18（19）：10437.

Man Y P，Wang Y C，Li Z Z，et al.，2015. High - temperature inhibition of biosynthesis and transportation of anthocyanins results in the poor red coloration in red - fleshed *Actinidia chinensis* [J]. Physiologia Plantarum，153 (4)：565 - 583.

Wang M，Li S，Chen S，et al.，2018. Manipulation of the Rhizosphere Bacterial Community by Biofertilizers is Associated with Mitigation of Cadmium Phytotoxicity [J]. Science of the Total Environment (8)：174.

Mittler R，2002. Oxidative stress，antioxidants and stress tolerance [J]. Trends in Plant Science，7 (9)：405 - 410.

Montanaro G，Dichio B，Xiloyannis C，2007. Response of photosynthetic machinery of field - grown kiwifruit under Mediterranean conditions during drought and re - watering [J]. Photosynthetica，45 (4)：533.

Muhammad I，Mohammad N，Nadeem K，et al.，2021. Drought Tolerance Strategies in Plants：A Mechanistic Approach [J]. Journal of Plant Growth Regulation，40：926 - 944.

Pallavi S，Bhushan J A，Shanker D R，et al.，2012. Reactive oxygen species，oxidative damage，and antioxidative defense mechanism in plants under stressful conditions [J]. Journal of Botany 1 - 26，2012：217037.

Seif M，Madboli A，Marrez D，2019. Hepato - Renal protective Effects of Egyptian Purslane Extract against Experimental Cadmium Toxicity in Rats with Special Emphasis on the Functional and Histopathological Changes [J]. Toxicology reports，6：625 - 631.

Shafaqat A，Muhammad R，Muhammad A，et al.，2020. Approaches in Enhancing Thermotolerance in Plants：An Updated Review [J]. Journal of Plant Growth Regulation，39：456 - 480.

Suo J，Li H，Ban Q，et al.，2018. Characteristics of chilling injury - induced lignification in kiwifruit with different sensitivities to low temperatures [J]. Postharvest Biology and Technology，135：8 - 18.

Wu R M，Wang T C，Warren B A W，et al.，2018. Kiwifruit SVP2 controls developmental and drought - stress pathways [J]. Plant Mol Biol，96：233 - 244.

Yang Q，Zhang Z，Rao J，et al.，2014. Low temperature conditioning induces chilling tolerance in 'Hayward' kiwifruit by enhancing antioxidant enzyme activity and regulating endogenous hormones levels [J]. Journal of the Ence of Food & Agriculture，93 (15)：3691 - 3699.

Zhang J Y，Huang S N，Mo Z H，et al.，2015. De novo transcriptome sequencing and comparative analysis of differentially expressed genes in kiwifruit under water logging stress [J]. Mol Breed，35 (11)：208.

执笔人：姚春潮，刘艳飞，钟敏，石浩

第十三章　猕猴桃保护地栽培

第一节　保护地栽培的特点与作用

一、保护地栽培的特点

果树保护地栽培是市场经济下技术发展的产物，是随着百姓生活质量提升对水果提出新的要求后应运而生的一种栽培果树的特殊形式。保护地栽培也称设施栽培，是指在不适宜或不完全适宜果树生长的自然生态条件下，将果树置于通过人工保护设施创造出来的小气候环境中，使其不受或少受自然季节的影响而进行生产的方式。人工保护设施主要是指温室、塑料大棚及其他设施（曹慧等，2001）。

目前，果树保护地栽培在日本、法国、西班牙、意大利、以色列、澳大利亚等国家已经大范围推广，且成效显著（高东升等，1997）。国外果树保护地栽培的技术与应用研究已经涉及品种适应性与选育、设施功能与环境控制、生态模拟与驯化栽培、果品周年供应与绿色生产、生理生物学基础与靶向调控等方面；在环境调节与控制方面，已达到计算机智能整体控制和专家系统相结合的先进水平，果树保护地栽培已经呈现人工气候室的显著特征（郭家选等，2018）。我国立地条件复杂，各产区气候差异大，保护地栽培发展起步较晚，推广应用成本较高、难度较大（高东升，2016）。但近年来，随着设施材料的改进、环境控制的自动化、水肥一体化技术的发展以及配套栽培技术的完善，保护地栽培在我国草莓、葡萄、桃、李、甜樱桃等果树的栽培上发展迅猛，并逐步成为一些产区的主推技术之一。猕猴桃保护地栽培起步晚，但因在溃疡病、褐斑病等病害防治上具有显著效果，近年在四川、浙江、上海、湖南、重庆、贵州、江西等省份的红肉猕猴桃产区推广应用速度较快，也被业界泛称为"避雨栽培"或"设施栽培"。另外，我国辽宁丹东地区以促成栽培为目的的软枣猕猴桃温室栽培发展较快，取得了显著的经济效益。与传统露地栽培相比，猕猴桃保护地栽培具有以下特点。

（1）对果园立地条件要求较高。通常情况下，保护地栽培的猕猴桃果园要求地势平坦或坡度<15°，且避风向阳、水源充足。我国南方猕猴桃产区以山地和丘陵为主，建设保护设施的难度较北方大，沿海地区则因为风害严重，对设施棚架结构的要求更高。

（2）一次性投入成本较高。以四川红肉猕猴桃避雨设施栽培为例，最简易的竹木棚架一次性投入为每公顷 75 000 元以上，使用寿命 2 年左右，每次更换薄膜和竹木结构需 3 000 元以上成本，而标准的连栋钢架大棚一次性投入为每公顷 525 000 元以上，使用寿命 8～10 年，每 3～4 年更换 1 次棚膜需投入 5 000 元以上成本。

（3）对栽培技术要求较高。保护地栽培对猕猴桃果园小气候环境影响极大，果树物候期也相应发生变化，对品种选择、棚架结构、树形培养方式、授粉、土肥水管理等的要求与露地栽培有着明显区别，病虫害种类及发生规律也会随之发生变化。如果沿用露地栽培管理方式，极有可能造成植株生长发育受阻，产量、品质等达不到生产预期。

（4）效益突出。目前，实施猕猴桃保护地栽培后，对溃疡病、褐斑病等重要病害的防效显著，产量提升明显，且化肥农药施用量减少30％以上，经济效益显著。如四川省都江堰市天马镇金胜社区王风生的0.29hm²红肉猕猴桃果园采用保护地栽培后，溃疡病发生率常年控制在3％以内，产量维持在每公顷30t左右，盖棚后的10年时间里比露地种植实现新增纯收益每公顷3 027 750元。

保护地栽培是一种区别于传统露地栽培的生产模式，其高投入、高产出、高效益、高度集约化的特征极为明显。近年来，保护地栽培以其技术高新集成、果品高质量等特色成为现代设施农业产业的亮点和增长点，在拓展农业生产、生活、生态和示范等功能中发挥重要作用，已成为拉近城乡差距、满足市民消费需求、提升农村生产生活及收入水平的新兴产业，被誉为农业发展史上的一场"白色革命"，是未来都市农业的重要发展方向（高东升，2016）。

二、保护地栽培的主要作用

果树保护地栽培是现代农业的重要标志之一，是抵御自然灾害的有效措施，对改变或控制果树生长发育的环境条件、提高果实品质和增加产品附加值等均具有显著作用（胡新喜等，2004）。猕猴桃不耐强光高温，在32℃以上高温条件下根系基本停止生长。长时间强光直射会使果实表皮发生日灼，不仅影响果实外观，也影响口感，降低商品性。同时，高温强光对叶片也会造成伤害，特别是高温干旱条件下会加速叶片老化。保护地栽培可有效减少高温强光对猕猴桃的伤害，果实发生日灼的概率显著降低，还可使叶面积增大，蒸腾作用减少，增强猕猴桃后期长势，利于养分积累，在提升当年果园产量、果实品质的同时，为以后猕猴桃的生长奠定营养物质基础。目前，猕猴桃保护地栽培主要作用表现在以下几个方面。

（一）遮阳降温，减少日灼伤害

猕猴桃喜光耐阴，对强光比较敏感，喜漫射光，忌强光直射，自然光照度以5 000～10 000lx为宜。另外，猕猴桃不同树龄期对光照的要求不同，如幼苗期喜阴凉，需要适当遮阳，成年树需要良好的光照条件才能保证正常生长结果，但部分种类（如软枣猕猴桃）或品种（如红阳猕猴桃）害怕烈日强光暴晒，易导致果实日灼严重、叶缘焦枯、落叶落果等，严重时甚至导致整株死亡。因此，生产上常在猕猴桃苗木培育期、定植后1～2年以及成年后高温干旱季节（如我国南方地区6—8月）采取棚架遮阳、浮面覆盖遮阳等措施为猕猴桃生长提供更适宜的条件。

（二）避雨防病，提升产量品质

我国南方猕猴桃主产区花期（4月）低温阴雨天气多，灰霉病、溃疡病以及细菌性花腐病危害严重，对授粉、坐果等极为不利，而夏、秋季（8—9月）暴雨天气多，褐斑病危害重，早熟品种采摘后果实风味差，贮藏期病害多，货架期短，植株落叶早。2008年以来，四川猕猴桃产区以季节性避雨防病为目的开始探索保护地栽培技术，发现其不仅可以显著提高坐果率，还可明显降低溃疡病、褐斑病等病害的发生率，减少周年用药用肥量，提高单位面积产量，改善果实品质，提升果品安全性。如今，红肉猕猴桃保护地栽培技术已成为四川省农业主推技术（2019—2020 年、2021—2022 年）和农业农村部主推技术（2023 年）。

（三）防寒防冻，避免倒春寒危害

猕猴桃为落叶果树，通常情况下，休眠期不容易发生寒害和冻害，但春季倒春寒却对猕猴桃生产影响极大。我国北方猕猴桃主产区春季"十年九寒"几乎成为常态化气候表现，而南方低纬度高海拔产区，倒春寒引起的霜冻也成为当地猕猴桃的重要生产障碍（吕岩，2020）。四川的生产实践证明，当春季温度≤1℃时，当年抽生的红肉猕猴桃枝条就会遭受冻害，刚萌发的芽大部分会被冻死；当温度为－1.5℃持续 30min 时，就会使花芽、花和嫩枝都受到严重冻害，造成绝收。而冬、春季对猕猴桃进行保护地栽培，可显著提高猕猴桃生长环境的温度，防止倒春寒影响。因此，保护地栽培被认为是预防猕猴桃发生寒害和冻害的有效措施之一。

（四）促成栽培，提早上市

我国辽宁丹东地区是软枣猕猴桃的主产区，软枣猕猴桃抗冻能力强，在当地以露地栽培为主。但近年来，为了使软枣猕猴桃的上市期提前，以促成栽培为目的的保护地栽培技术在当地得到较快发展。靳宏艳（2017）报道，丹东保护地栽培的软枣猕猴桃上市时间在 6 月左右，可提早 3 个月上市，正值全世界软枣猕猴桃的空档期，提高了价格与地域优势，相对于露地栽培而言，保护地栽培还可以避免冰雹、暴雨、暴雪等自然灾害损失，鲜果产量达每公顷 22.5t，商品果率达 90％以上，市场价格是露地栽培的 4 倍左右，单位面积产值是露地栽培的 4～8 倍，果农增收显著。

（五）防虫鸟与冰雹，减少不必要损失

猕猴桃病虫害种类多，春季溃疡病暴发期有翅害虫易造成溃疡病病原菌快速传播，因此生产上的种质资源保存圃或优新品种采穗圃，常需采取防虫网室栽培以减少害虫传播病原菌的概率。另外，鸟类啄食果实，不仅直接影响了猕猴桃果实的产量和质量，而且被啄果实的伤口有利于病原菌繁殖，使病害流行；同时，春季现蕾、开花期，鸟类还会啄食猕猴桃的嫩芽、花蕾，并踩坏嫁接枝条等，因此鸟害严重的猕猴桃产区常需在春季和秋季安装尼龙防鸟网以减少生产损失。冰雹频发的地区，也可通过调整尼龙网格大小，将防雹网与防鸟网结合安装，以保证果园产量。葛根和周汉其（1997）报道，在上海地区金农 1 号猕猴桃常年遭到白头鹎危害，鸟害率为 86.61％，预防鸟害成为当地猕猴桃栽培的重要工作。

（六）提高品种适应性，拓展经济栽培区

我国 40 余年的猕猴桃商业化栽培历程证明，红肉猕猴桃品质优异但抗性差，绿肉猕猴桃丰产稳产但普遍耐高温能力弱，软枣猕猴桃抗冻性强但对干热风敏感。四川盆地栽培经验表明，露地条件下，红阳等红肉猕猴桃品种适宜的海拔高度为 500～800m，超过 1 000m 容易遭受冻害或容易因冻害而导致溃疡病暴发毁园，但随着保护地栽培技术的推广应用，红阳猕猴桃在海拔 1 200m 以上的区域也能丰产稳产，且溃疡病发生率极低，这

为四川高海拔区域低产低效绿肉猕猴桃果园的改造提供了有效途径。同时，在保护地栽培的辅助下，红阳猕猴桃在陕西、山东等省份的产区也实现了一定的栽培规模。另外，人们在生产实践中发现，红阳在湖北武汉、江西奉新等低纬度低海拔地区栽培，因夏季温度高、光照强，果肉花青素积累少，红肉特征不明显，而采取夏季遮阳和套袋措施后，有利于品种特征呈现。由此可见，保护地栽培可提高品种适应性，进一步拓展经济栽培区，为我国猕猴桃主产区调整品种结构提供了重要方向。

第二节　保护地栽培对猕猴桃园微环境的影响

一、保护地栽培对猕猴桃园光照度的影响

光照作为重要的环境因子之一，不仅能为猕猴桃生长提供适宜的温度，而且能为植物的光合作用提供能量，同时，光照也可通过形态建成，影响枝叶和果实生长发育。在保护地栽培条件下，设施内光照变化较为明显。刘飘（2020）对四川都江堰地区不同设施内光照度进行测试，结果表明，露地栽培条件下猕猴桃树冠上、下光照度均高于连栋钢架拱形棚（MS）和夯链复膜屋脊棚（RS）栽培，以 MS 栽培最低（表 13-1）。其中，MS 栽培条件下猕猴桃树冠上光照度较露地减少 $29.53\%\sim56.76\%$，树冠下光照度较露地减少 $5.36\%\sim67.66\%$；RS 栽培条件下猕猴桃树冠上光照度较露地减少 $0.67\%\sim46.22\%$，树冠下光照度较露地减少 $2.86\%\sim67.55\%$。这说明，受棚膜遮光影响，设施内光照度较设施外有显著下降。从表 13-1 中可以看出，保护地栽培对树冠上、下光照度差值影响也较大，其中 MS 栽培条件下树冠上、下光照度差值范围为 $0.42\times10^4\sim1.03\times10^4$ lx，RS 栽培条件下树冠上、下光照度差值范围为 $0.30\times10^4\sim1.55\times10^4$ lx，露地栽培条件下树冠上、下光照度差值范围为 $0.71\times10^4\sim1.97\times10^4$ lx。这与保护地栽培后猕猴桃长势更好，树冠枝叶量明显大于露地栽培有关。

表 13-1　保护地栽培对猕猴桃园光照度的影响（2019 年）

单位：$\times10^4$ lx

日期	连栋钢架拱形棚（MS）		夯链复膜屋脊棚（RS）		露地（CK）	
	树冠上	树冠下	树冠上	树冠下	树冠上	树冠下
5 月 7 日	0.70±0.49bcde	0.28±0.09de	0.64±0.28e	0.34±0.06de	1.19±0.05bcde	0.35±0.06de
5 月 30 日	0.68±0.04de	0.21±0.06de	0.98±0.04bcde	0.25±0.08de	1.00±0.03bcde	0.29±0.14de
6 月 15 日	0.64±0.17e	0.15±0.02e	1.05±0.01de	0.15±0.05e	1.48±0.55bcde	0.39±0.01de
6 月 30 日	0.96±0.27bcde	0.17±0.04de	1.35±0.19bcde	0.11±0.01de	1.53±0.22bcde	0.34±0.36de
7 月 15 日	1.05±0.07bcde	0.21±0.01de	1.48±0.05bcde	0.26±0.15de	1.49±0.19bcde	0.48±0.27cde
7 月 29 日	0.93±0.67bcde	0.50±0.06de	1.35±0.05bcde	0.48±0.02de	1.99±0.06abc	0.75±0.24bc
8 月 15 日	1.56±0.33bcde	0.53±0.02de	1.79±0.22abcd	0.24±0.01de	2.53±0.03ab	0.56±0.06cde
8 月 30 日	1.29±0.02bcde	0.54±0.02cd	1.60±0.01bcde	0.92±0.01b	2.47±0.003a	1.67±0.010a

注：不同小写字母表示不同处理在 5% 水平上差异显著。

猕猴桃为 C3 植物，露地栽培条件下，光饱和点的净光合速率为 $800\sim1\,000\,\mu mol/(m^2\cdot s)$，

光补偿点的净光合速率为 $85\sim100\mu mol/(m^2\cdot s)$，光呼吸显著。施春晖等（2014）比较了上海地区红阳猕猴桃保护地栽培和露地栽培条件下的光照度，结果表明，设施内最高的净光合速率为 $1\,281\mu mol/(m^2\cdot s)$，远远大于露地条件下猕猴桃光饱和点的光合速率范围，说明设施内光照度虽然较露地有明显降低，但完全可以满足猕猴桃正常光合作用需求。2种栽培模式全天光照度均呈先升高后降低的趋势，并且露地的光照度始终强于设施内；露地全天光照度变化趋势明显，相比而言，设施内光照度变化趋势较为平缓，其中9：30以前及15：00以后设施内和露地光照度差异较小，其余时间差异较为显著。露地光照度最高值出现在13：30，设施内光照度最高值出现在11：00，设施内光照度的极差值仅为露地的 59.62%。郭书艳（2019）研究发现，避雨棚使设施内光合有效辐射下降 13%～28.6%，日平均透光率最高时期为花后 25d 和采果期，透光率为 82.7%。

另外，四川近 10 年来的保护地栽培实践证明，随着棚膜覆盖时间延长，棚膜上的灰尘堆积越厚，棚内光照度减弱越来越明显，对猕猴桃生长也会逐渐产生不良影响（如叶片更薄、枝蔓充实度下降、翌年花量减少等），因此生产上每年需对棚膜进行清洗 1 次，每隔 3 年需及时更换 1 次棚膜，以改善透光率，这在寡日照生态区和空气污染严重的区域尤为重要。

二、保护地栽培对猕猴桃园温度的影响

保护地栽培对果园温度的影响较大。2012 年 12 月至 2013 年 11 月，涂美艳等（2022）对都江堰地区红阳猕猴桃果园连栋钢架大棚内外温度、空气相对湿度进行定点观测，结果表明，冬春季节（2012 年 12 月 10 日至 2013 年 3 月 7 日），连栋钢架大棚内日平均气温均高于棚外，平均高出 1.96℃，以 2013 年 1 月 12 日温差最大，为 3.90℃；2013年 2 月 3 日至 2013 年 2 月 16 日，棚内外温度存在一个明显下降期，该时期正值当年倒春寒来临期，棚内温度仅为 4.42～10.65℃，棚外则为 1.26～8.17℃，棚内比棚外平均高出2.21℃；2013 年 2 月 22 日至 2013 年 2 月 25 日，棚内外温度均明显回升，但棚外回升速度快于棚内。由此可见，连栋钢架大棚在低温时期对猕猴桃果园温度的提升效果较明显，这为防寒防冻提供了可能。

郭书艳（2019）比较分析了保护地和露地栽培模式下红阳猕猴桃在不同生长阶段所处的环境温度，结果表明设施内外平均气温在猕猴桃生长期变化均呈单峰曲线，花后 25d 较低，然后逐渐升高，至花后 95d 达到最高，再迅速降低，至采果后 35d 达到最低。露地最高温为 39.2℃，设施内最高温为 37.4℃，均出现在花后 95d；露地最低温为 23.6℃，设施内最低温为 23.7℃，均出现在采果后 35d。花后 25d、花后 50d、花后 95d、采果期、采果后 35d 露地温度分别高于设施内 0.3℃、1℃、1.8℃、0.9℃、－0.1℃，气温越高，设施的降温效果越好。设施内外气温日变化规律显示，设施在夏季高温季节有明显的降温效果，最高可降温 3.3℃，1d 中效果较明显的时间为 9：00—14：00，效果较显著的时期为花后 50d、花后 95d 和采果期，温度越高，降温作用越显著，有利于减轻日灼伤害。

李延菊等（2014）研究发现，避雨设施内的温度日变化与露地的温度日变化略有差异，二者均为 7：00—12：00 温度逐渐升高，后逐渐降低，7：00—19：00 露地温度波动较大，而避雨设施内温度变化较平稳。刘飘（2020）的观测结果显示，保护地栽培对猕猴

桃树冠下的日、周平均气温影响较大，但变化趋势与露地栽培基本一致，不同栽培条件下周平均气温总体表现为露地栽培＞夯链复膜屋脊棚（RS）栽培＞连栋钢架拱形棚（MS）栽培。但在 2019 年 4 月 26 日至 5 月 16 日，MS 和 RS 栽培的猕猴桃树冠下的周平均气温较露地高，而 2019 年 5 月 17 日至 8 月 29 日，露地栽培的猕猴桃树冠下的周平均气温逐渐升高，并逐渐高于 MS 和 RS 栽培。

由此可见，保护地栽培有利于提高冬、春季气温并能降低夏季高温期气温，从而为猕猴桃生长发育提供更平稳的温度条件。

三、保护地栽培对猕猴桃园空气相对湿度的影响

空气相对湿度对植物生长发育具有较大影响，适宜的空气相对湿度能促进植物快速生长，而当空气相对湿度过高时，会导致植物叶片气孔关闭，影响光合作用，同时降低植物根系活力。猕猴桃喜潮湿，怕干旱和干热风，对空气相对湿度要求严格。涂美艳等对都江堰地区棚内外猕猴桃果园的空气相对湿度进行观测，结果显示，2018 年 12 月 10 日至 2019 年 3 月 7 日，MS 内日均空气相对湿度均高于露地，平均高出 7.24%，以 2019 年 1 月 19 日差值最大（比露地高出 21.66%）。但从整个时期的空气相对湿度变化规律可以看出，棚外受自然天气影响，空气相对湿度变化幅度比棚内稍大，说明盖棚后，空气骤湿现象得到一定缓解。对不同棚架类型内的空气相对湿度进行观测，结果显示，MS 和 RS 内周平均空气相对湿度与露地变化趋势相同，不同栽培条件下周平均空气相对湿度总体表现为 MS＞露地＞RS。值得注意的是，MS 内空气相对湿度变化范围为 70.8%～99.9%，其周平均空气相对湿度较 CK 高 0.50%～5.00%，这可能是由于 MS 通透性较露地和 RS 差，阻挡了棚内水分向外散发，且棚内没有自然降雨、灌溉次数比露地多所导致的（刘飘等，2021）。

何科佳等（2007）研究发现，夏季遮阳有利于提高猕猴桃果园空气相对湿度，且随着遮阳强度的增加，果园内空气相对湿度呈上升趋势，特别是在午间时段，其表现更为明显。如午间时段，米良 1 号遮阳 25% 的空气相对湿度比未遮阳增加 3.4%，遮阳 50% 的空气相对湿度比未遮阳增加 5.5%，差异达到显著水平，而遮阳 75% 的空气相对湿度比未遮阳增加 7%。

四、保护地栽培对猕猴桃园土壤环境的影响

目前，关于保护地栽培对猕猴桃果园土壤环境影响的研究较少。但在其他作物上的研究结果表明，设施内地温与设施内气温之间呈显著正相关，只是地温变化的速度慢于气温（杜飞等，2011），且在同一土壤深度设施内地温高于露地地温（王桂英等，1994）。保护地栽培条件下土壤水分蒸发量与气温和土壤温度有关。就土壤容重、孔隙度等指标而言，随着保护地栽培年限上升，土壤容重会变小，而土壤总孔隙度增加，土壤物理结构会有一定改善，且毛管孔隙较为发达，土壤持水能力变好（赵风艳等，2000）。涂美艳（2022）通过测试设施内外距离猕猴桃主干 80cm 处土壤（5cm 和 15cm 深度）的 pH、可溶性盐离子浓度（EC 值）、温度和相对湿度等指标发现，不同天气情况下，设施内外土壤指标均存在明显差异。无论晴天还是阴雨天，设施内土壤 pH、EC 值均高于棚外，且阴雨天比

晴天差距大。而土壤温度和相对湿度表现出不一样的规律，晴天时，MS内土壤温度比棚外低1.87～3.16℃，阴雨天时MS内土壤温度比棚外高0.73～1.7℃；晴天时，MS内土壤相对湿度比棚外高9.11%～14.00%，阴雨天时，MS内土壤相对湿度比棚外低4.00%～12.00%（表13-2）。由此可以看出，露地垄面或厢面采取物理或生物覆盖措施是必要的，可以有效防止高温晴天露地土壤水分快速蒸发，防止EC值陡增后对根系造成损伤。

表13-2　保护地栽培对猕猴桃园土壤的影响

测定日期	栽培方式	5cm 土层				15cm 土层			
		pH	EC	温度（℃）	相对湿度（%）	pH	EC	温度（℃）	相对湿度（%）
2019年4月21日晴天	MS	7.43	0.30	18.07	88.00	6.97	0.30	17.50	87.44
	RS	7.40	0.27	21.17	81.67	6.53	0.23	20.17	79.00
	露地	7.17	0.17	21.23	74.00	6.47	0.17	19.37	78.33
2019年5月7日阴雨天	MS	7.37	0.43	16.63	85.67	6.77	0.40	16.40	87.67
	RS	7.37	0.23	16.40	81.00	6.97	0.22	15.83	78.00
	露地	6.27	0.10	15.90	97.67	6.19	0.17	14.70	91.67

土壤为植物提供所需营养物质，土壤养分是否充足直接影响植物的生长发育。保护地栽培的土壤理化性质随耕作和管理方式及其他环境因素的改变而改变，且有别于露地栽培。余雪锋等（2017）研究表明，4个大棚内的土壤pH均低于露地，有机质含量及养分含量均高于露地。李新梅等（2015）研究表明，保护地栽培水分蒸发量大，短期内土壤pH会大于露地，且大棚内土壤免受淋溶影响，因而土壤有效磷和速效钾含量高于露地。刘飘（2020）对都江堰地区不同栽培条件下猕猴桃果实生长期内土壤化学性质测定结果显示，MS内土壤pH呈逐渐增加趋势，其土壤pH总体较露地增加了0.07～1.48，且夏季高温期（6月29日和7月29日）MS内土壤pH与露地间差异显著。而RS内土壤pH与露地土壤pH的变化趋势基本一致，均呈先升后降再升的变化规律，RS内土壤pH在多个时期也高于露地，但两者间差异不显著。由此说明，保护地栽培由于避免了雨水对土壤的淋溶作用，且增加了土壤水分蒸发量，易使耕作层土壤pH明显提高，这在夏季高温天气时表现更为突出。因此，如果在土壤偏碱性的园区进行猕猴桃保护地栽培，植株黄化现象可能会加剧，而在土壤酸化严重的水稻田进行猕猴桃保护地栽培，土壤pH提高后对植株生长更有利。

保护地栽培对猕猴桃果园土壤养分含量的影响较大。涂美艳等（2022）对都江堰地区红阳猕猴桃果园盖棚3年后棚内外土壤化学性质进行检测，结果显示（表13-3），棚内外土壤全氮、全磷、全钾含量差异不大，但棚内土壤pH较棚外有明显提高（提高18.69%），这可能与整个冬季棚内气温稍高，土壤蒸发量大造成盐分上浮，以及采样时土壤偏干有很大关系。另外，棚内土壤中有机质、碱解氮、有效磷、速效钾、有效硼以及交换性钙、镁含量均高于棚外，这可能与棚内土壤养分流失少，以及棚内生草覆盖、水肥一体化管理对土壤生态的改良有关。刘飘等（2021）通过对不同设施内红阳猕猴桃土壤化学性质周年变化规律分析发现，设施内的土壤全氮、碱解氮、有效磷含量较露地有所增加，而土壤全磷、全钾、速效钾含量有所降低；设施内夏季枝梢和果实旺长期（5—6 月）土壤中氮的有效性较露地有所增加，这对促进植株和果实生长具有重要作用，而在果实品质形成期（7—8 月）土壤中氮的有效性较露地低，这对控制后期枝梢旺长、提高果实品质具有良好作用。

表 13 - 3 盖棚 3 年后棚内外土壤理化性质差异

处理	pH	有机质（%）	全氮（g/kg）	全磷（g/kg）	全钾（g/kg）	碱解氮（mg/kg）	有效磷（mg/kg）	速效钾（mg/kg）	有效硼（mg/kg）	交换性钙（cmol/kg）	交换性镁（cmol/kg）
露地	4.87	3.58	2.37	1.37	19.69	173	118.2	206	0.67	5.1	0.9
棚内	5.78	4.28	2.64	1.59	19.87	203	164	549	1.4	10.9	1.5

土壤微生物和酶是土壤生态系统的重要动力，也是土壤有机物质矿化的实施者。土壤微生物的主要作用是对土壤有机质进行分解和矿化，因此微生物的数量及活动状况在一定程度上决定了土壤肥力。土壤酶来源于土壤微生物的活动、植物根系分泌物和动植物残体腐解，其活性高低也是评价土壤肥力的指标之一。王珊等（2006）通过对不同种植年限设施土壤微生物特性变化规律进行研究，发现在设施内土壤微生物量高于露地，且设施内土壤速效养分的增加显著影响了土壤微生物量，促进了土壤酶活性的显著提高。

第三节　保护地栽培对猕猴桃生长结果的影响

一、保护地栽培对猕猴桃枝叶生长发育的影响

（一）保护地栽培对猕猴桃物候期的影响

Caruso T 等（1993）研究认为，保护地栽培不仅可使萌芽期和花期提前，而且由于环境温度的提高，可以使果实发育的第 2 阶段缩短，从而使成熟期提前。涂美艳等（2022）对都江堰地区保护地栽培的红阳猕猴桃物候期进行观测，发现盖棚第 2 年，因棚膜透光性好，棚内温度高，植株萌芽、开花等物候期比棚外早 2～3d，果实采收期比棚外早 4d，落叶期推迟 10d。盖棚 4 年后，可能受棚膜污染、棚内光照减弱、枝条充实度下降等因素影响，棚内物候期提早现象被逆转，棚内萌芽、开花等物候期反而比棚外推迟 1～2d，果实采收期比棚外推迟 3d，落叶期棚内比棚外推迟 12d（表 13 - 4）。

表 13 - 4 保护地栽培对红阳猕猴桃物候期的影响

测定年份	处理	伤流始期	萌芽期	展叶期	始花期	盛花期	终花期	果实采收期	落叶期
2011 年（盖棚第 2 年）	MS	2 月 4 日	2 月 15 日	2 月 26 日	4 月 10 日	4 月 12 日	4 月 17 日	8 月 25 日	11 月 20 日
	露地	2 月 6 日	2 月 18 日	2 月 28 日	4 月 13 日	4 月 15 日	4 月 20 日	8 月 29 日	11 月 10 日
2014 年（盖棚第 4 年）	MS	2 月 14 日	2 月 23 日	3 月 6 日	4 月 19 日	4 月 21 日	4 月 24 日	9 月 1 日	11 月 23 日
	露地	2 月 13 日	2 月 21 日	3 月 5 日	4 月 18 日	4 月 20 日	4 月 23 日	8 月 29 日	11 月 11 日

（二）保护地栽培对猕猴桃叶片生理指标的影响

叶片对生长环境的变化最为敏感，其形态和结构特征被认为是环境因素影响或植物适应环境的最佳体现。保护地栽培改变了植物生长的环境条件，其叶片生长发育特点与露地栽培有所不同。刘飘（2020）研究结果显示，果实生长发育期（4月25日至8月30日），保护地栽培的红阳猕猴桃百叶重、叶绿素含量均较露地栽培有明显增加，其中，百叶重较露地栽培增加了5.41%～48.6%，叶绿素含量较露地栽培增加了4.68%～113.00%。与露地栽培相比，保护地栽培的叶片超氧化物歧化酶活性降低4.13%～55.2%，过氧化物酶活性增加0.71%～96.9%，过氧化氢酶活性增加4.49%～78.5%。保护地栽培条件下叶片鲜重明显增加可能是由于保护地栽培减弱了光照度，而植株为更好地适应环境，从而增加叶面积，最终使叶片鲜重增加，也有可能与红阳猕猴桃物候期较露地有所提前，枝梢抽发时间稍早，叶片老熟度更高有关。保护地栽培条件下叶绿素含量增加可能是保护地栽培减弱了光照度，形成了弱光环境，植物为适应环境改变，通常会合成更多的叶绿素来进行光能捕捉，从而加强光合作用（姚允聪等，2007）。

施春晖等（2014）研究发现，2种栽培模式对红阳猕猴桃叶面积的影响极显著，保护地栽培红阳比露地栽培红阳叶面积增加了98.9%。保护地栽培与露地相比单株树体叶片数增加了79.58%。2种栽培模式叶果比分别为8.96、5.12，保护地栽培叶片厚度也比露地叶片厚度增加了24.84%。郭书艳（2019）研究结果显示，保护地栽培维持了红阳猕猴桃在生长旺盛期的平均净光合速率，并且在花后25d、采果期、采果后35d避免了猕猴桃植株光和"午休"现象，花后95d猕猴桃净光和速率高达19.5μmol/（m^2·s）；除去花后50d，其他时期均使红阳猕猴桃净光合速率日变化最高峰值延迟了1h。保护地栽培降低了红阳猕猴桃的蒸腾速率，花后25d、花后50d、采果期效果显著；植株胞间CO_2浓度降低。古咸彬等（2021）研究发现，保护地栽培与露地栽培的猕猴桃叶片光合速率日变化差异大。由于保护地栽培下光照度低，所以全天的光合有效辐射均低于露地；露地栽培的猕猴桃叶片日净光合速率最高值出现在9：00，最低值出现在12：00，随后再上升后下降，存在明显的"午休"现象，而保护地栽培的猕猴桃叶片日净光合速率最高值也出现在9：00，随后逐渐下降，避免了光合"午休"现象；保护地栽培的猕猴桃叶片蒸腾速率变化总体呈缓慢上升后逐渐下降的趋势，露地栽培的猕猴桃叶片上午蒸腾速率较高，中午至下午露地和保护地条件下日变化趋势相似；露地栽培的猕猴桃叶片气孔导度在9：00达到最大，空气相对湿度随着气温的升高而降低，气温升高促进叶片蒸腾，失水，气孔导度持续降低，而保护地栽培的猕猴桃叶片气孔导度日变化曲线相对平缓；叶片胞间CO_2浓度日变化均呈先下降后上升的趋势，但保护地较露地低。根据灰色关联度分析得出保护地和露地栽培模式下，叶片气孔导度、叶片胞间CO_2浓度、叶片蒸腾速率、叶温、气温、光合有效辐射、空气相对湿度对净光合速率的影响基本一致，综合排序为叶片气孔导度＞叶片蒸腾速率＞气温＞叶温＞空气相对湿度＞叶片胞间CO_2浓度＞光合有效辐射。

由此可见，保护地栽培的猕猴桃由于覆盖导致光照减弱，新梢、芽、叶的特性及整个树体的生长状况都发生了变化，叶片变薄变大，单位质量叶片的叶绿素含量增加，光饱和点和光补偿点降低，对弱光的利用率提高，对强光的利用率降低，光合速率相对露地栽培较低，光合"午休"现象不明显，这与王志强（2000）等在桃上的研究结果一致。

钱萍仙（2017）报道，以 1 年生红阳猕猴桃嫁接苗为试材，以无遮阳覆盖为对照，研究 1 层膜遮阳（透光率约 70%）、2 层膜遮阳（透光率约 45%）和 3 层膜遮阳（透光率约 25%）对猕猴桃嫁接苗叶绿素含量、渗透调节物质、保护酶活性、叶绿素荧光参数及叶片细胞结构的影响。结果表明，1 层、2 层膜遮阳后猕猴桃嫁接苗生长健壮，主要表现为相对叶绿素含量、还原型谷胱甘肽（GSH）、过氧化物酶（POD）、过氧化氢酶（CAT）和超氧化物歧化酶（SOD）活性显著高于对照；丙二醛（MDA）含量显著低于对照；光系统 II 最大光化学效率（可变荧光 F_v/最大荧光 F_m）、PS II 潜在活性（可变荧光 F_v/初始荧光 F_0）、光化学电子传递效率（ETR）、光化学猝灭系数（qP）以及栅栏组织与海绵组织的比例均显著高于对照，而非光化学猝灭系数（qN）显著低于对照；3 层膜遮阳下猕猴桃嫁接苗的各项生理指标与对照无显著差异。因此，适度遮阳可有效防止夏季强光对猕猴桃嫁接苗的损害。

韦兰英等（2009）研究了不同遮阳程度（0、40% 和 60%）对桂海 4 号猕猴桃光合及荧光特性的影响，结果表明，与全光照相比，40% 和 60% 的遮阳程度显著降低了猕猴桃的光饱和速率（A_{max}）、表观量子效率（AQY）、光饱和点（LSP）、光补偿点（LCP）和暗呼吸速率（R_d），对其水分利用效率（WUE）和叶绿素含量均无显著影响，但是潜在水分利用效率（WUE_i）随着遮阳程度的增加而增加。猕猴桃的初始荧光（F_0）、可变荧光（F_v）、最大荧光（F_m）和 PS II 最大光能转换效率（F_v/F_m）在全光照和不同遮阳处理条件下无显著差异，但是 40% 的遮阳程度显著降低了 PS II 光能捕获效率（光照下可变荧光 F_v'/光照下最大荧光 F_m'）、PS II 电子传递量子效率（PhiPS2）和光化学猝灭系数（qP）。全光照和遮阳条件下猕猴桃光合和荧光参数相关关系存在明显差异，表明猕猴桃随着环境条件中光照的改变其光合器官进行了一定的调整，适应变化了的环境条件。

（三）保护地栽培对猕猴桃枝蔓生长的影响

都江堰地区不同盖棚方式下红阳猕猴桃枝蔓生长发育结果显示（表 13 - 5），无论是当年结果枝数量，还是同时期结果枝长度、粗度，均以 MS 最大，RS 次之，露地最低。由此看来，盖棚后猕猴桃枝蔓生长量较露地有较大幅度提高，到冬季落叶时棚内猕猴桃结果枝长度较露地增加 20%～34%、结果枝粗度较露地增加 9%～11%。冬季修剪后，保护地栽培条件下单株保留的结果母蔓数量达到 13～15 条，较露地增加 44%～66%，结果母蔓保留的平均长度较露地增加 8%～12%、粗度较露地增加 3%～11%。施春晖等（2014）研究结果显示，保护地栽培的红阳猕猴桃主干粗、成枝力比露地分别提高了 31.29%、64.71%。郭书艳（2019）研究发现，保护地栽培模式下红阳结果枝数量降低 10%，但结果枝长度增加 53%，坐果量提高 129.2%，叶片叶绿素含量提高 6.14%。

表 13 - 5 保护地栽培对红阳猕猴桃枝蔓生长情况的影响

	测试指标	连栋钢架拱形棚（MS）	夯链复膜屋脊棚（RS）	露地（CK）
	结果枝数量（条/株）	77.00（较 CK 增加 64%）	62.00（较 CK 增加 32%）	47.00
2019 年 4 月 21 日	结果枝长度（cm）	98.20（较 CK 增加 85%）	69.30（较 CK 增加 31%）	53.05
	结果枝粗度（mm）	9.21（较 CK 增加 13%）	8.35（较 CK 增加 3%）	8.12

（续）

测试指标		连栋钢架拱形棚（MS）	夯链复膜屋脊棚（RS）	露地（CK）
2019年5月7日	结果枝长度（cm）	173.90（较CK增加60%）	123.50（较CK增加14%）	108.50
	结果枝粗度（mm）	10.21（较CK增加14%）	9.40（较CK增加5%）	8.93
2019年11月15日	结果枝长度（cm）	225.12（较CK增加35%）	201.30（较CK增加20%）	167.20
	结果枝粗度（mm）	13.45（较CK增加11%）	13.22（较CK增加9%）	12.15
冬季修剪后结果母蔓数量（条/株）		15.00（较CK增加67%）	13.00（较CK增加44%）	9.00
冬季修剪后结果母蔓平均长度（cm）		141.12（较CK增加12%）	136.43（较CK增加8%）	126.35
冬季修剪后结果母蔓基部粗度（mm）		15.63（较CK增加12%）	14.45（较CK增加3%）	14.01

（四）保护地栽培对猕猴桃落叶落果率和翌年萌芽率的影响

袁飞荣等（2005）研究了夏季遮阳对猕猴桃生长与结果的影响，结果表明，夏季遮阳70%可不同程度地减少猕猴桃各品种的落叶落果率，在米良1号上效果尤为突出，落叶率由95.7%降至54.5%，落果率由84.8%降至0.8%（表13-6）；遮阳对丰悦、米良1号翌年的萌芽率无明显影响，但降低了翠玉的萌芽率；遮阳对各品种翌年花量的影响不同，对美味猕猴桃米良1号的翌年花量基本无影响，但显著降低了中华猕猴桃丰悦和翠玉的花量，在丰悦上表现尤为突出（表13-7）。这可能与遮阳为猕猴桃生长结果营造了一个较为温和湿润的冠幕微环境有关，特别是大幅度地降低了叶面温度和果面温度，这就有效避免了高温对猕猴桃产生直接危害，并且为猕猴桃的光合作用提供了良好的环境条件。研究发现，遮阳为猕猴桃营造了较为温和湿润的环境，使冠幕温度分别下降1.0～2.4℃（翠玉）和1.4～2.5℃（米良1号），而冠幕湿度分别上升1%～7%（翠玉）和4%～6%（米良1号）。遮阳更大的作用是降低叶面和果面温度，在翠玉品种上遮阳后叶温度降低0.9～9.9℃，果面温度降低1.8～9.9℃；在米良1号上，遮阳使叶面温度降低2.2～11.1℃，果面温度降低3.3～10.2℃。在夏季阴雨天气（2023年8月13日）遮阳，对冠幕湿度、叶面果面温度的影响都很小。

表13-6 夏季遮阳对3个猕猴桃品种落叶落果的影响

品种	落叶率（%）		落果率（%）	
	对照	遮阳70%	对照	遮阳70%
丰悦	83.3±7.3	44.5±6.1	32.2±14.3	7.7±3.6
翠玉	77.4±7.4	60.4±7.0	8.8±3.1	5.0±2.2
米良1号	95.7±2.8	54.5±6.8	84.8±7.4	0.8±1.0

表13-7 夏季遮阳对3个猕猴桃品种翌年萌芽率与花量的影响

品种	萌芽率（%）		每个冬芽的平均花蕾数（个）	
	对照	遮阳70%	对照	遮阳70%
丰悦	69.6±9.7	71.8±0.9	4.3±1.4	0.4±0.6
翠玉	66.1±0.8	59.9±2.9	2.9±0.7	1.7±0.8
米良1号	58.9±5.6	59.0±5.4	4.8±1.1	4.9±0.8

二、保护地栽培对果实生长、产量及品质的影响

（一）保护地栽培对果实生长发育的影响

涂美艳等对都江堰地区棚内外红阳猕猴桃果实生长发育规律进行跟踪调查，发现棚内外红阳猕猴桃果实纵、横径生长发育规律基本一致，纵径生长呈单S曲线，横径生长呈双S曲线。果实纵径的生长经历3个阶段：第1阶段（花后10～45d）为快速生长期，果实的纵径达到成熟果实的89%以上；第2阶段（花后46～84d）为缓慢生长期，果实纵径的增长明显变慢；第3阶段（花后85～148d）为停滞生长期，果实的纵径停止生长或微有增加。果实的横径生长经历4个阶段：第1阶段（花后10～63d）为快速生长期，果实的横径达到成熟果实的88%以上；第2阶段（花后64～84d）为缓慢生长期；第3阶段（花后85～105d）为较快生长期，此期果实的横径生长速率比第1阶段慢，但明显快于第2阶段；第4阶段（花后106～148d）为停止生长期，果实的横径基本停止生长。

棚内外红阳猕猴桃果形指数、单果重变化规律也基本一致。果形指数呈现先增后减然后趋于平缓的变化趋势。果实成熟时，棚内外红阳猕猴桃果形指数均大于1，但棚外比棚内高0.08；单果重的动态变化则呈双S曲线，即花后10～63d果实的鲜重快速增长，达到成熟时的78%以上；花后64～77d，果实的鲜重增长缓慢或基本停止增长；花后78d开始果实的鲜重又开始第2次快速增长，直至花后127d才基本停止。果实成熟时，棚内单果重稍高于棚外，可能与棚内植株长势更好有关。

（二）保护地栽培对果实产量及品质的影响

已有研究表明，与露地栽培相比，多种果树在保护地栽培后的1～2年产量与品质有所提高，但随着连续栽培，树体枝条细弱，叶片大而薄，光合能力降低，树体营养减少，从而影响了坐果、果实发育及品质（李宪利等，1996）。王晨等（2009）分析认为，保护地栽培对果树产量的主要影响有3个方面：①保护地内较高的温度条件可能使花器官发育过快而不充实，坐果率低；②保护地内CO_2含量较低，光照减弱，光合能力下降；③保护地内空气相对湿度较大，不利于自然授粉，导致坐果率降低。

George A P等（1994）研究表明，在无人工授粉情况下，昼夜气温为12～17℃条件下花芽发育比较充实，坐果率为50.2%，而18～22℃、23～27℃、28～32℃的条件下坐果率不足4%。涂美艳等（2022）在猕猴桃上的研究结果表明，红阳棚内栽培后的第1至第2年，产量提升明显，从第3年开始，产量确实有所下降，但较棚外相比，其产量能维持在较高的稳定水平（每公顷240t以上），从表13-8可以看出，都江堰市天马镇王凤生猕猴桃果园在盖棚后的10年里，其棚内单位面积产量较棚外增加63.5%，产值增加114.70%，纯收入增加124.97%。

保护地栽培对果实品质的影响较大。绝大多数果树属于C3植物，光合作用适宜温度为25～30℃。试验证明，C3植物夜间在20℃、16℃、13℃下12h分别呼吸消耗运转光合产物总量的全部、3/4、1/2。因此，为减少呼吸消耗，后半夜保护地内应保持较低的温度，一般在10～15℃。如果光合作用降低，果实糖分积累不够，有可能会降低果实甜度，增加酸含量，果实畸形率高，但果实着色好（吴顺法等，1993）。当前猕猴桃保护地栽培以避雨栽培为主，在果实品质形成的关键时期，保护地内温度虽然与露地有差异，但对改

进果实品质和风味方面的作用非常突出。

表 13-8 棚内外红阳猕猴桃果实产量及经济效益差异

年份	棚内					棚外					每 667m² 棚内外收入差（元）
	每 667m² 投入（元）	每 667m² 产量（kg）	每千克单价（元）	每 667m² 产值（元）	每 667m² 纯利（元）	每 667m² 投入（元）	每 667m² 产量（kg）	每千克单价（元）	每 667m² 产值（元）	每 667m² 纯利（元）	
2011	7 100	2 530	21	53 130	46 030	6 100	1 750	18.4	32 200	26 100	19 930
2012	45 000	2 415	20	48 300	3 300	6 200	1 600	16.8	26 880	20 680	−17 380
2013	6 850	2 300	19.6	45 080	38 230	6 400	1 950	17.6	34 320	27 920	10 310
2014	6 200	2 050	21.4	43 870	37 670	6 150	1 625	18.4	29 900	23 750	13 920
2015	6 400	2 165	24	51 960	45 560	5 040	1 525	16.2	24 705	19 665	25 895
2016	6 050	2 050	18	36 900	30 850	5 700	1 350	16.6	22 410	16 710	14 140
2017	5 850	2 200	26	57 200	51 350	6 100	1 200	17.4	20 880	14 780	36 570
2018	5 900	1 800	24	43 200	37 300	5 000	750	17	12 750	7 750	29 550
2019	6 030	1 600	24	38 400	32 370	4 215	600	9	5 400	1 185	31 185
2020	4 890	1 900	24	45 600	40 710	3 520	500	13	6 500	2 980	37 730
合计	100 270	21 010		463 640	363 370	54 425	12 850		215 945	161 520	201 850

刘飘等（2022）研究发现，无论是连栋钢架拱形棚栽培还是夯链复膜屋脊棚栽培，猕猴桃果实生育期可溶性总糖含量均高于露地，可滴定酸含量多数时期低于露地，成熟期果实糖酸比和维生素 C 含量均显著高于露地。说明棚架结构类型对品质的影响差异不大，但盖棚后 1～3 年红阳猕猴桃果实品质提升明显，但盖棚后第 4 年可能受棚膜透光率下降、枝叶覆盖率过高等因素影响，果实糖酸比有所下降。

涂美艳等（2022）测试了盖标准钢架拱棚第 4 年棚内外果实品质差异。从表 13-9 可以看出，棚内平均单果重比棚外高 10.9g，软熟后果实可溶性固形物含量比棚外高 1.8%，可溶性总糖含量比棚外高 1.42%，维生素 C 含量比棚外高 2.62g/kg，但因可滴定酸含量棚内比棚外高，所以棚内果实糖酸比比棚外低 0.64。

表 13-9 棚内外红阳猕猴桃果实软熟后内在品质差异

处理	平均单果重（g）	可溶性固形物（%）	可溶性总糖（%）	可滴定总酸（%）	糖酸比	维生素 C（g/kg）
棚内	99.4	19.1	12.31	0.847	14.53	13.01
棚外	88.5	17.3	10.89	0.718	15.17	10.39

注：果实均未套袋。

古咸彬等（2021）研究发现，与露地栽培相比，保护地栽培红阳猕猴桃果实品质较高，平均单果重为 93.13g，比露地栽培增加了 25.7%，果实纵、横径均显著增加，不同栽培模式下的果形指数相当。采收期，保护地栽培红阳猕猴桃可溶性固形物含量为 18.51%，较露地栽培提高 10.8%；软熟期，保护地栽培可溶性固形物含量在 23% 以上，较露地栽培提高 14.1%。2 种栽培模式下干物质含量无显著差异，说明有机物积累无差异。保护地栽培的果实贮存期达到 58d，露地栽培的果实在 51d 时出现腐烂。郭书艳（2019）研究表明，保护地栽培条件下红阳猕猴桃果实品质得到提高，果个变大，单果重提高 19.03g，果实纵径增加 5.16mm，横径增加 3.39mm，果形指数基本不变；采收期和软熟期果实可溶性固形物含量分别增加 10.8% 和 14.3%，干物质含量分别增加 2.4% 和 3%，果实贮存时间延长 1 周。

韦兰英等（2009）研究发现，遮阳对桂海 4 号猕猴桃果实重量、大小和外观形态均无显著影响，果实重量为 58~64g，遮阳却显著影响了其果实维生素 C 含量、可溶性固形物含量等品质指标。40% 遮阳程度显著降低了其维生素 C、总糖、可溶性固形物和酸含量，60% 遮阳程度降低了其总糖含量，维生素 C、可溶性固形物和酸含量与对照相比无明显差异。周永弟等（2013）研究表明，遮阳栽培的猕猴桃，单株结果数约 45 个、单果重约 95g、每公顷产量约为 6.4t，且果皮光亮，商品性好；而露地栽培的猕猴桃，单株结果数约为 36 个、单果重约为 84g、每公顷产量约为 4.6t。

（三）保护地栽培对果园病虫害的影响

1. 溃疡病防效调查　2014—2016 年，涂美艳等（2019）对都江堰市天马镇金胜社区同一红阳猕猴桃果园棚内外溃疡病发生情况进行了调查，盖棚为简易钢架大棚。从表 13-10 可知，同样的管理水平下，盖棚当年棚内外溃疡病发生株率存在显著差异，病情指数存在极显著差异，说明第 1 年防效已突显。但随着年份增加，棚内溃疡病发生株率和病情指数显著上升，棚外则维持在较高水平。

表 13-10　保护地栽培对红阳猕猴桃溃疡病发生的影响

调查时间	处理	平均发病株率（%）	平均病情指数
2014 年 4 月 20 日 （建棚第 1 年）	保护地栽培	10.04bA	8.21bB
	露地栽培	27.23aA	21.36aA
2015 年 4 月 23 日 （建棚第 2 年）	保护地栽培	3.12bB	0.54bB
	露地栽培	29.88aA	26.15aA
2016 年 4 月 19 日 （建棚第 3 年）	保护地栽培	0.0bB	0.00bB
	露地栽培	26.7aA	15.83aA

注：小写字母表示各处理在 5% 水平上差异显著。大写字母表示各处理在 1% 水平上差异显著。

施春晖等（2014）的研究结果也表明，与露地栽培相比，保护地栽培红阳叶片溃疡病发病率降低了 71.3%，果实日灼病斑率降低了 86.8%；保护地栽培的猕猴桃溃疡病株率为 0，露地栽培的为 23.5%。刘飘（2020）调查了不同栽培模式对溃疡病发生的影响，发现保护地栽培能显著降低猕猴桃果园溃疡病发病株率和病情指数，但 MS 栽培和 RS 栽培之间差异不显著。2019 年春季调查数据表明 MS 栽培未发生溃疡病，RS 栽培枝干溃疡病发病株率和病情指数均较 CK 有所降低（表 13-11）。

2. 褐斑病防效调查　2017 年，龚国淑、涂美艳等调查了四川省 2 个保护地栽培示范点红阳猕猴桃叶片褐斑病发生情况，从表 13-12 可以看出，棚内褐斑病病情指数比棚外低得多，与 2 个对照相比，棚内栽培对褐斑病防效显著。

表 13 - 11　保护地栽培对溃疡病发生的影响

调查时间	处理	发病株率（%）	病情指数
2020 年 4 月 13 日	连栋钢架拱形棚（MS）	0.00±0.00b	0.00±0.00b
	夯链复膜屋脊棚（RS）	6.00±2.83ab	5.60±2.26ab
	露地（CK）	22.0±8.89a	15.6±7.35a

注：a、b，表示各处理在 5% 水平上差异显著。

表 13 - 12　棚内外红阳猕猴桃褐斑病发生情况对比

试验地点	褐斑病病情指数			棚内褐斑病相对防效（%）	
	棚内	CK1	CK2	相对 CK1	相对 CK2
都江堰市胥家镇	9	47	48	81	81
雅安市中里镇	2	52	68	96	97

注：CK1 为棚外常规喷药对照，CK2 为棚外未喷药对照。

刘飘（2020）研究发现，保护地栽培能显著降低猕猴桃果园的褐斑病发病株率和病情指数，但 MS 栽培和 RS 栽培之间差异不显著。其中，2019 年秋季调查数据表明 MS 栽培褐斑病发病株率较 CK 显著降低了 20%，病情指数较 CK 降低了 22.9。RS 栽培褐斑病发病株率较 CK 降低了 18%，病情指数较 CK 降低了 2.4（表 13 - 13）。

表 13 - 13　保护地栽培对褐斑病发生情况的影响

调查时间	处理	发病株率（%）	病情指数
2019 年 9 月 9 日	连栋钢架拱形棚（MS）	7.50±1.41b	13.8±0.04b
	夯链复膜屋脊棚（RS）	9.50±0.71b	34.3±0.08a
	露地（CK）	27.5±3.54a	36.7±1.57a

注：a、b，表示各处理在 5% 水平上差异显著。

3. 周年用药情况调查　涂美艳等（2022）对四川省红阳猕猴桃果园棚内外周年用药情况进行了调查。从表 13 - 14 可以看出，棚内用药次数较棚外少 3~4 次，因每次用药浓度较棚外有所降低，用药成本每 667m² 减少 3.9~4.2 元/次，全年每 667m² 用药成本节省 100 元以上。

表 13 - 14　棚内外周年施药次数及用药成本调查

调查地点	处理	周年用药次数	平均每次每 667m² 用药成本（元）	每 667m² 用药成本（元）
都江堰市胥家镇	棚内	8	22	176
	棚外	11	26.2	288.2
	内外差值	3	4.2	112.2
苍溪县永宁镇	棚内	6	18.5	111
	棚外	10	22.4	224
	内外差值	4	3.9	113

第四节　保护地栽培的主要类型及配套栽培技术

一、保护地栽培的主要类型

世界上果树栽培设施主要向 2 个方向发展：一是高度自控化温室、塑料大棚与植物工厂，这在日本、韩国、美国、以色列等国家应用较多；二是极简易的表面覆盖设施（高东升，2016），在我国应用较广泛。

简易设施主要有 2 种形式：避雨棚与浮面覆盖。避雨棚栽培可避雨、降温、防病、改善品质、增加产量、防止土壤水分流失。覆盖物包括聚乙烯薄膜等。浮面覆盖以通气、透光、轻巧的材料直接覆盖在果树上，以达到防寒、防霜、防风、防鸟的目的。覆盖材料有以聚乙烯醇、聚乙烯纤维、聚丙烯、聚酚等为原料的无纺布、维尼纶寒冷纱、聚酯寒冷纱、孔网等。果树地膜覆盖也属于浮面覆盖的范畴。

高级设施包括日光温室、智能温室、塑料大棚等，其环境调节与管理技术已远远超过常规栽培。目前我国北方产区主要利用日光温室栽培果树，南方则以塑料大棚为主。自动化玻璃温室和植物工厂建造费用高，基本结构与塑料大棚相似，我国目前应用较少。韩国绝大多数采用连栋大棚进行猕猴桃保护地栽培，株行距为 5.5m×3m，这与当地台风发生频繁有关，同时也为了预防溃疡病（韩礼星等，2007）。我国猕猴桃保护地栽培发展起步晚，所用设施类型主要参照其他果树进行设计和应用。目前，全国猕猴桃生产上应用较广泛的设施类型主要包括简易竹木拱形棚、简易钢架拱形棚、标准钢架拱形棚、夯链复膜屋脊棚 4 种。

（一）简易竹木拱形棚

1. 主要参数　选择直径≥10cm 的直立木桩，土下埋 50cm 深，地面高度 2.5m，木桩间距 3m，行距 3m。木桩之间用中梁直木棒钉牢，木桩地面上 2.2m 处横向钉 1 根长 2.2～2.3m 垂直于木桩的支撑横木棒，横木棒拉通相连，直径≥5cm，横木棒中间左右两边等距离各钉 1 根支撑斜木条，斜木条直径≥5cm，下端交叉钉牢在木桩上，斜木条起到支撑和固定作用。横木棒两端各钉 1 根拉通相连的棚边直木条，直径≥5cm。用宽度≥3cm 的竹片绑在左右横木棒和直木棒上方，竹片间距 50～60cm，形成拱。薄膜厚度≥0.08mm。每公顷成本 45 000～60 000 元。如果是新建园，也可直接将立柱换成水泥柱，横截面大小为 9cm×9cm，长度 3.5m，土下埋 50cm，地面高度 3m。竹片换成直径 3.5mm 的热镀锌钢丝，间距 50～60cm。2 个单棚间留宽度 30cm 左右通风口，棚膜上采用 M 形铺设压膜绳，每公顷成本 90 000～105 000 元。

2. 主要优点　建造成本较低，适宜各类地形，竹木等可就地取材，易搭建，高度可自由调整，盖膜和去膜操作方便。

3. 主要缺点　抗风雪能力差，竹木骨干支撑材料寿命最多 3 年，因棚架矮，夏季高温时需加强枝蔓管理。

（二）简易钢架拱形棚

1. 主要参数　每 1～2 行为 1 个单棚，考虑稳固性，不超过 20 个单棚相连为 1 个单元连棚。位于栽培行中间的主立柱高 3.5～4m，间距 3～4m；位于连棚两侧和天沟中央两端的侧立柱高 2.8～3m，主立柱和侧立柱为镀锌钢管，直径≥50mm，壁厚≥1.5mm。棚顶顺行 1 排钢管，每个单棚两边各 1 根棚边钢管，每根立柱有 1 根横向连接钢管，均为直径 25～32mm、壁厚 1.5mm 的镀锌钢管，长度≤60m。为方便农事操作和机械进出，可以在正面设置 1 根横向通道钢管，直径 40～50mm，壁厚 1.5～2mm；每个单元连棚四周、天沟正面通道钢管（或侧立柱）与背面侧立柱之间以钢丝绳相连接；位于四周边上的主立柱和侧立柱从顶端到地面，拉 1 根斜拉钢丝绳，所有钢丝绳直径≥4mm；所有立柱钢管、斜拉钢丝绳下必须有 40cm×40cm×40cm 的水泥桩作地锚，斜拉钢丝绳与水泥桩之间用花兰螺栓拉紧。棚边钢管和棚顶钢管上用外径 25mm、壁厚 1.2mm 的镀锌钢管弯曲成撑膜弯拱，间距 1～1.2m，或直径≥5mm 的铝包钢筋弯曲成撑膜弯拱，间距≤0.5m。棚架上盖普通聚乙烯（PE）或聚丙烯（PP）薄膜，厚度≥0.12mm，膜边用钢丝绑紧或用夹子夹紧，至少每隔 6m 在膜上加 2 根交叉的压膜绳。每公顷成本 345 000～375 000 元。

2. 主要优点　结构较稳固，抗风雪能力较强，棚膜使用寿命 3～5 年，棚架使用寿命 5～7 年。

3. 主要缺点　建设周期较长，成本较高，换膜或清洗薄膜不太方便。

（三）标准钢架拱形棚

1. 主要参数　大棚为东西向，长度可依地块而定。大棚肩高 3.5～4.2m，脊高 5～6m，拱杆间距 1.3m，横拉杆间距 4m，大棚建造跨度可达 8m，地块边缘可根据地形适当调整跨度，控制在 6～8m，如跨度过小，投入成本过高，钢材浪费较大，如跨度超 9m，需增设中立柱。棚架顶端最好设置通风口。温室框架结构主要由基础、立柱、拱杆、纵杆、横拉杆、天沟等组成。基础采用 C25 钢筋混凝土，全部为点式基础，尺寸为长 50cm、宽 50cm、高 50cm，埋深 50cm；立柱采用外径 60mm、壁厚 2.5mm 的热镀锌钢管；拱杆采用外径 32mm、壁厚 1.8mm 的热镀锌钢管；纵杆采用外径 25mm、壁厚 1.8mm 的热镀锌钢管；横拉杆采用外径 25mm、壁厚 1.8mm 的热镀锌钢管。卡槽使用温室专用 1.0mm 热镀锌板卡槽；卡簧使用温室专用 2.7mm 浸塑碳素钢丝；覆盖材料采用 3 层共挤无滴膜，厚度 0.12mm，薄膜初始透光率 90%，使用寿命 5 年；压膜线采用 8 号耐老化聚乙烯塑料绳。天沟采用 2.2mm 冷弯镀锌板，大截面可抗 140mm/h 的降水量，天沟与天沟之间使用防水专用黏结剂，每条天沟单向排水，通过排水管道导入排水沟。每公顷成本 450 000～600 000 元。

2. 主要优点　结构稳固，抗风雪能力强，棚架美观，使用寿命 8～10 年。

3. 主要缺点　建设周期长，成本高，对果园立地条件要求较高，埋设立柱时对果园土壤有一定破坏，换膜或清洗薄膜不方便，但安全系数高。

（四）夯链复膜屋脊棚

1. 主要参数　棚宽 4～6m，顶高 4～4.5m，肩高 2.8～3m。夯压基桩代替水泥桩，基桩地下深度≥80cm，基桩与立柱间以自攻螺丝固定，纵向同侧立柱顶端以钢丝绳相连接，横向立柱间以钢丝绳和钢丝相连接，形成十字连接并与斜拉基桩连接。新建园在立柱上用特制卡件在高度 1.7m 位置拉架面钢丝或钢丝绳。立柱钢管顶端有特制抗老化顶帽，棚宽<4m 为单幅棚膜，>4m 为双幅棚膜，双幅棚膜顶端和模块之间以扣眼重叠相连，棚膜扣眼以挂钩和抗老化橡皮筋跟天沟或边沟立柱顶端的钢丝绳连接。天沟和边沟留有防高温通风和积雨保墒通道。每公顷成本 240 000~330 000 元。新建园时，可以考虑以夯链复膜屋脊式棚架为主体结构，形成棚架一体化设施。目前，四川猕猴桃产区大面积推广应用的夯链复膜屋脊棚要求风载能力 0.25kN/m²，雪载能力 0.15kN/m²，最大排水量为 140mm/h，主构架使用寿命 10 年以上。避雨棚依据行距走向建设，主立柱采用外径 40mm、壁厚 2.0mm 的镀锌圆管，行宽 4.0~5.0m、间距 5.0m，基桩采用外径 32mm、壁厚 2.0mm 的镀锌圆管，撑杆采用外径 40mm、壁厚 2.0mm 的镀锌圆管，与立柱采用鸭嘴夹连接；顶高 4.2~4.5m，肩高 2.5m，单棚覆盖面宽度 2.8~3.5m，中间留宽度为 0.8~1.5m 排水通风区；猕猴桃棚架高度 1.8m，立柱采用外径 40mm、壁厚 2.0mm 的镀锌圆管，间距 2.5m，基桩采用外径 40mm、壁厚 2mm 的镀锌圆管，入土深度≥1.5m，棚架副线间距 0.5m；屋脊连接使用镀锌钢丝绳，十字交叉绳卡固定；棚架两头均使用镀锌花兰螺栓连接，根据后期棚实际情况收紧，保持棚的结实与稳定性；棚膜采用定制防雹膜，添加抗老化剂；屋脊式排水，单边坡度 40°~45°。

2. 主要优点　不挖基坑，建设周期短，抗风雪能力强，棚膜使用寿命 3~5 年，棚架使用寿命 10 年以上，收放较方便。

3. 主要缺点　一定程度影响园区机械化操作。

（五）其他保护设施

1. 日光温室　以砖、石、土、钢材等结构作围护，以塑料薄膜或玻璃覆盖为主的大型设施，并设有相应的温、湿度控制装置，多应用于北方地区软枣猕猴桃促成栽培。为了在冬季最大限度地利用阳光，日光温室多采用坐北朝南、东西延长的方位。日光温室主要由围护墙体、后屋面和前屋面 3 部分组成，其中前屋面是温室的全部采光面，白天采光时段前屋面只覆盖塑料膜或玻璃采光，当室外光照减弱时，及时用活动保温被覆盖，以加强温室的保温。目前，我国北方日光温室主要有 2 种（申海林等，2007）。

塑料薄膜日光温室：前坡面为采光面，通常夜间用保温被覆盖，东、西、北三面为围护墙体的单坡面塑料温室，统称为塑料薄膜日光温室。温室长 100m，宽 10.5m，前脚高 1.8m，正脊高 4.5m，后墙高 3.2m，覆盖聚乙烯无滴膜，棉被保温，棉被卷放采用电动卷帘机。日光温室的特点是充分利用日光增温、密闭性好、散热少、保温效果好、便于控制生态因子，同时由于投资较低、节约能源，随着塑料工业和保温建筑材料的发展，被世界各国普遍采用。

传统玻璃日光温室：透光性和保温性优于塑料薄膜日光温室，虽投资成本较高，但更有利于对果树生态因子的调控，具有更加良好的栽培效应，且设施牢固，使用时间较长。日光温室中若设有加温设备，更能使果树开花坐果达到提早或延迟的目的，获得更加良好的经济效益。主要应用于我国北方比较寒冷的地区，但由于造价较高，在生产上的应用仍有一定局限性。

2. 植物工厂　通过设施内高精度环境控制实现农作物周年连续生产的高效农业系统，是利用智能计算机和电子传感系统对植物生长的温度、空气相对湿度、光照、CO_2 浓度以及营养液等环境条件进行自动控制，使设施内植物的生长发育不受或很少受自然条件制约的省力型生产方式。植物工厂是现代设施农业发展的高级阶段，是一种高投入、高技术、精装备的生产体系，集生物技术、工程技术和系统管理于一体，使农业生产从自然生态束缚中脱离出来，按计划周年性进行植物产品生产的工厂化农业系统，是农业产业化进程中吸收应用高新技术成果较具活力和潜力的领域之一，未来可用于猕猴桃工厂化育苗、工厂化生产和无土栽培示范等领域。植物工厂的投入成本与建设规模有关，根据我国首个商业化大型植物工厂（中科三安）的数据计算，建设 1 000m² 以下的小型植物工厂（包括内部装修、设备、设施），每平方米的成本为 15 000～20 000 元，建设 5 000～10 000m² 的中型植物工厂，每平方米的成本为 8 000～10 000 元，建设 10 000m² 以上的大型植物工厂，建设成本会下降至每平方米 8 000 元以下。

二、保护地栽培条件下的配套栽培技术

（一）品种及园址选择

1. 主栽品种选择　我国南方产区猕猴桃保护地栽培主要应用于抗病性较差的红肉品种，如红阳等，生产上主栽的黄肉和绿肉品种因抗溃疡病、褐斑病等能力较强，而露地栽培成本低，所以使用保护地栽培较少。北方地区软枣猕猴桃如果以促成栽培为目的进行保护地栽培，需考虑所栽品种需冷量要求。据赵凤军（2020）报道，软枣猕猴桃保护地栽培宜根据面积确定主栽品种的种类和数量，栽培面积较小时一般只选择早熟或早中熟品种，栽培面积较大时要早、中、晚熟品种合理搭配；入选品种平均单果重应在 10g 以上，果实外观美、口感好、耐贮性好、货架期长，可选择品种包括早熟品种魁绿（但耐贮性差、货架期偏短）、中熟品种绿佳人（原代号 LD241）、晚熟品种丹阳（原代号 LD133，外观稍差）和茂绿丰（结果量多时采前落果严重）等。对不同软枣猕猴桃需冷量进行研究，发现婉绿、绿缘 1 号、佳绿、龙城 2 号等品种需冷量较低，在 672h 以内；苹绿、绿王、磐石红心、柳河一号等品种需冷量在 720h 左右；魁绿、馨绿等品种需冷量为 840h；丰绿等品种需冷量为 888h。靳宏艳（2017）研究认为，温室种植软枣猕猴桃要注意品种上的选择，应尽量选择早熟优良品种，适合丹东地区温室栽培的品种可以考虑 1026 及魁绿。

2. 雄株及砧木选择　采取保护地栽培的园区，每个棚内宜配套花期早 1～2d 和花期同步的适宜雄株品种 2 个，雌雄株比例宜控制在（5～8）∶1，以最大限度地利用棚内空间，提高单位面积产量。考虑到常年避雨栽培的园区土壤发生盐碱化和干旱胁迫的概率大，在砧木选择时应尽量考虑抗盐碱、抗干旱且亲和力较强的砧木专用品种。穆瑢雪等（2020）研究结果表明，徐香猕猴桃实生苗的耐盐碱性较恒优 1 号好，但 pH=8 是两者生长的一个临界点，超过临界点猕猴桃植株无法正常生长，甚至死亡。刘扬等（2020）研究表明，对萼猕猴桃优良株系扦插苗嫁接红阳猕猴桃可提高其生长量、产量和果实品质。四川的生产实践证明，大棚内使用对萼和大籽猕猴桃扦插苗作砧木种植红阳等红肉品种，其综合抗性优于美味猕猴桃实生砧木，在实际生产应用过程中，品种和砧木选择好后，建园时尽量使用营养袋直接定植嫁接苗，不仅定植成活率高，而且植株整齐度好、生长快，可实现提早投产 1～2 年。

3. 园址选择　猕猴桃保护地栽培首选地势平坦、背风向阳、土壤微酸性的地块。建棚后为减少风害概率，建议在园区周围配套防风林。

（二）整形修剪

1. 红肉猕猴桃避雨栽培园区整形修剪　为经济有效地利用设施空间，设施内栽植密度可适当加大，但应合理有效地控制树体大小。由于设施减弱了光照，整形修剪方式以改善光照状况为基本原则，树体的枝叶量应小于露地栽培，同时要防止刺激过重造成枝梢旺长。

红肉猕猴桃采用避雨栽培的多数为已发生溃疡病的园区，为了尽快恢复树冠树势，所有发病植株在春季锯除感病部位后，嫁接口以上采取3～5个主干上架方式快速恢复树冠，嫁接口以下萌发的实生枝蔓可适当保留1～2个，用作辅养枝，并在当年6—8月从基部疏除，促进伤口愈合，也在6月初用其进行夏季嫁接，增加骨干枝数量。溃疡病控制住后，选择2个强壮主干培养成永久骨架，其余逐年从基部疏除，让树形逐渐恢复至双干双蔓十六侧蔓或单干双蔓十六侧蔓的丰产结构。生长季节，更新枝1m长时及时进行绑缚，并在1.5m长时进行捏尖控长。过于直立的旺盛更新枝应在20～30cm长时保留3片叶进行重短截，促发二次枝培养成更新枝，或在枝蔓1.5m长时对其进行扭梢控长。旺盛结果枝宜在开花前7～15d进行捏尖控梢，防止长势过旺顺棚架攀缘，影响树体结构。如果新建园时就采取避雨栽培的园区，树形培养方式按常规操作即可。

2. 温室软枣猕猴桃促成栽培园区整形修剪　温室栽培软枣猕猴桃宜采用倾斜棚架式栽培，即南侧架面高1.8m，北侧距后墙1.0m处架面高2.0～2.2m（距后墙越近，光照条件越差）（赵凤军，2020）。按照每栋温室栽2行倾斜棚架式整形修剪，一般按单主蔓整形。

栽植第1年：对于4月栽植的一年生营养钵苗，选最健壮的新梢用引线引向第1道钢丝，其他基部萌发的新梢可暂时保留，50cm长度时对其摘心，防止缠绕，8月中旬将这些新梢彻底剪除，可以促进主蔓进一步生长。当主蔓长到棚架的高度后，将温室内所有主蔓按统一方向（行向）沿钢丝绑缚。当横向生长达2m时（达到株距），再引导其向北生长。10月初安装好棚膜和保温被（以后每年如此），温室内白天温度控制在28℃以下，夜间在10℃以上，直至11月中旬。11月下旬温室开始降温，白天和夜间温度控制在2～8℃，促进落叶休眠。12月下旬进行冬季修剪，剪除水平方向超过2m的部分，若水平方向未长够2m，则剪到成熟部分，利于后部芽的萌发。

栽植第2年：萌芽后，主蔓直立部分萌发的芽全部抹除，水平部分初步按间隔25cm左右选留1个健壮、方向好的新梢留作结果母枝（将来作为侧蔓），其他萌芽和新梢全部抹去。通过扭梢等手段使新梢均匀绑缚于主蔓两侧的钢丝上，向南或向北生长，控制其长度不能超过2m。在肥水充足的条件下，到落叶休眠前基本可以长满架面。冬季修剪时，剪除交叉和不成熟部分即可，形成鱼刺状。

栽植第3年：萌芽期，除掉基部萌蘖，结果母枝上萌发的芽暂时不动。现蕾后，疏除过密的生长梢，每结果母枝（第4年作为侧蔓）均匀选留8～10个新梢，形成"小鱼刺"。开花前1周左右，在结果新梢最上端花蕾以上留3～5片叶摘心，再发出的二次梢留1片叶反复摘心；营养梢留50cm剪梢，发出的二次梢留1片叶反复摘心。对于架面上发生的背上枝要及时扭梢、摘心，及时处理徒长枝，使架面处较平整的状态。冬季修剪时，结果枝以短梢修剪为主，只留3～5节，营养枝留6～10节短截。

栽植第 4 年及以后：此时，侧蔓已经固定，其上结果母枝及结果枝的选留以不交叉、不遮挡为度，使新梢均匀分布于架面上。及时摘心，防止新梢缠绕，保证架面通风透光。冬季修剪方法同第 3 年。

（三）土、肥、水管理

1. 盖膜前施足基肥控草保湿　盖膜前，全园撒施生物有机肥每株 10～20kg＋均衡型颗粒复合肥每株 0.5～1kg＋中微量元素肥每株 0.05～0.1kg，内浅外深进行翻耕，7d 内加生根剂浇透水 1 次，并用松针、秸秆等进行树盘覆盖（厚度 10～15cm），也可使用防草地布或高密度遮阳网进行树盘覆盖，行间人工播种白三叶草、毛叶苕子、紫云英等。

新建园时，尽量要一次性将土壤改良培肥到位，一般每公顷增施 75～90t 的农家肥，也可根据需要再施入松针土、锯末、稻壳等增加有机质含量以确保后期生长所需要的营养。土壤改良后作垄并留有作业道。

2. 盖膜后少量多次肥水供应　棚内必须配套安装喷灌或滴灌设施，并保证水源充足。夏季日均最低温≥20℃时每 2～3d 补水 1 次，生长季每 10～15d 结合补水适量添加水溶肥，肥液浓度应控制在 0.5％以内，冬季（12 月至翌年 2 月）结合土壤情况，适当补水 2～3 次。多年保护地栽培后，土壤盐渍化是需注意的问题，因此加强土壤管理，尤其是增施有机肥成为保护地栽培中的重点。另外，由于保护地内肥料自然淋失少，追肥效率高，因此追肥量应比露地减少。

软枣猕猴桃的根系分布较浅，干旱对软枣猕猴桃的生长和开花结果具有较大影响，特别是萌芽期、新梢迅速生长期和浆果迅速膨大期对水分的反应较为敏感。软枣猕猴桃灌溉宜采用滴灌的方式，栽培软枣猕猴桃的地块，经土壤改良后，基本都接近于壤土或沙壤土，应每隔 3～4d（根据土壤墒情）滴灌 0.5～2.0h（根据水泵流量确定滴灌时间），保持土壤湿润。雨季要及时排除温室内积水，防止产生涝害。

3. 幼龄期和休眠期果园合理间（套）作　祝兴才等（2008）研究认为，大棚栽培猕猴桃，一次性投入成本较高，种植后常需 2～3 年才可投产。为了提高果园综合效益，科学合理利用光、温资源，可在幼树期和成龄后的冬季休眠期利用大棚开展合理间作或套作，提高土地复种指数。建议的模式有：①套种蔬菜。品种有榨菜、大白菜、甘蓝、菠菜、莴笋以及加工出口的芥菜等。一般标准钢棚宽 6m，中间开沟作 3m 宽的双畦，猕猴桃种在畦的中间，行株距为 3m×1.5m，采用 T 形猕猴桃架式，蔬菜套种在猕猴桃架下，可利用面积 2/3，整体土地利用率可达 60％，每公顷产蔬菜约 30t，按每千克 1～2 元计，一般每公顷增加产值可达 30 000～60 000 元。这种套种模式在猕猴桃休眠期进行，不影响猕猴桃生长。②套种草莓。6m 宽的标准钢棚，猕猴桃种在棚的两边，中间为 5 畦草莓，每畦双株种植，每公顷密植 75 000 株，土地利用率可达 80％以上。草莓在红阳猕猴桃采收并秋施基肥后 9 月中下旬定植于棚内，春节前后即可上市。在 3 月猕猴桃发芽生长前，可以收获清茬，不影响猕猴桃正常生长。草莓每公顷收益可达 90 000～112 500 元。③套种食用菌。棚内中间种植猕猴桃，地面两边搭 2m 宽小拱棚培植平菇，土地利用率可达 60％，平菇在春节前后上市，每公顷效益为 52 500～67 500 元，平菇收获后，其培养料埋入土下，可为猕猴桃所用。④套种蚕豆、豌豆。套种方式同蔬菜。青菜豌豆于春节后即可上市，蚕豆约在清明后上市。由于是豆类作物间作，不影响猕猴桃生长，其秸秆全部埋入土下，既增加养分又可改良土壤。

2018年以来，四川省都江堰市天马镇等地发挥气候、立地条件等优势，在平坝区红肉猕猴桃避雨栽培园内开展了间作羊肚菌示范，取得了良好效益。具体做法为11月末迅速完成猕猴桃冬季修剪。清园后，每公顷地撒熟石灰750kg和腐熟有机肥7 500kg，用旋耕机将行间表土耕细，按每公顷4 500瓶菌种的量将菌种均匀撒在地表面，再用旋耕机浅耕1遍，把菌种混入土中，浇透水，并用6针遮阳网（遮阳率80%以上）进行拱棚式覆盖。约1周后，地面出现大量白色菌丝时，按每公顷12 750袋的量分散放置营养袋（每个营养袋放置前需在一面打孔，并把打孔一面紧贴地面放置）。之后需一直保持土壤湿润状态。2月末至3月上中旬为羊肚菌出菇采收期，采收结束后把长满菌丝的营养料撒施在厢面培肥土壤。从示范结果看，可收羊肚菌每公顷3t左右，按每千克80元计算，产值约每公顷24万元，扣除成本10.8万元（菌种3.75万元、营养袋2.55万元、人工3.3万元、遮阳网1.2万元），收益每公顷13万元以上。不过羊肚菌种植受气候影响较大，对技术要求高，宜小面积示范成功后再进行推广应用。

（四）花果管理

1. 花期做好人工辅助授粉 保护地栽培条件下，花期一定要控制好棚内温度、空气相对湿度。防止空气相对湿度过大造成花粉黏滞、扩散困难，或温度过高、过低，不易授粉。保护地栽培后第1至第2年猕猴桃物候期会有所提前，盖棚后会一定程度影响蜜蜂授粉，需充分做好人工辅助授粉准备。每公顷备纯花粉225～450g＋染色石松粉1.125～4.5kg，混匀后，分别于初花期、盛花期8：00—11：00用授粉器喷授1次，授粉后及时浇水。为了提高坐果率和果实质量，猕猴桃保护地栽培时应在花期做好放蜂工作，每公顷配15～30箱蜜蜂，在花朵开放前1～2d将蜂箱放入温室中间位置，调整好角度，平稳放置（翟秋喜，2017）。

2. 采前铺反光膜增糖提色 棚膜使用1年后，未及时清洗棚膜的园区，可于果实套袋后半个月或果实采收前2个月，在树盘两侧各铺设宽80～100cm银白色反光膜，提高棚内光照度，促进植株生长和提高果实品质。涂美艳等（2022）曾研究了棚内铺反光膜对红阳猕猴桃提质增效的影响。2015年6月末（果实套袋后），在棚内红阳猕猴桃树两侧厢面上覆盖宽90cm的银色反光膜，果实采摘前1d揭膜，采后测试了果实软熟后关键品质指标。从表13-15可以看出，棚内铺反光膜后，单果重增加13.32g，可溶性固形物含量增加1.05%，果实软熟后同时期硬度增加0.1kg/cm²，但果实横剖面色度角比棚外低2.16°，说明在棚内铺银色反光膜有利于改善果实品质。

表13-15 棚内铺反光膜对红阳猕猴桃果实品质的影响

处理	果实横剖面色度角	果实软熟后硬度（kg/cm²）	可溶性固形物含量（%）	单果重（g）
棚内地面铺反光膜	91.94°	0.48	17.83	106.5
棚内地面不铺反光膜	94.78°	0.38	16.78	93.18

注：色度角用h^*表示，$h^*=0°$为紫色，$h^*=90°$为黄色，$h^*=180°$为绿色。$h^*>100°$时，h^*值越大，果实绿色越深，$h^*<50°$时，h^*值越小，红色越深。

（五）病虫害防控

1. 关注病虫发生规律变化 盖棚后溃疡病、褐斑病发生率明显下降，周年用药次数可比棚外减少3~4次。但因小气候有所变化，需重点做好飞蚜、叶蝉、叶螨、介壳虫、根结线虫以及灰霉病等的防控。其中介壳虫孵化时间比棚外提早1周左右。

2. 调整好施药方法及浓度 棚内温度较露地高，生长季节施药浓度需比露地适当降低10%~20%（尤其是药肥复配时），且喷药时重点喷施叶片背面。

（六）环境调控

日本等国家的温室及大棚均采用计算机大规模联网，监测土温、气温、叶温、空气相对湿度、CO_2浓度、土壤含水量、风速等，通过生长模式计算光合速率、蒸腾速率、叶水势等参数，进行相应加热、制冷、加湿、通风、人工光源开启等管理，以期实现环境条件的自动调节，实现最佳控制，为设施果树创造最适生长条件（王跃进，2001；饶景萍，1995）。我国猕猴桃保护地栽培设施虽然较为简单，但环境调控依然极为重要，主要包括以下几个方面。

1. 棚膜揭盖要求及温度调控 冬季避雨设施大棚最好在低温来临前完成建棚盖膜工作。四川红肉猕猴桃产区棚架搭建时间以10月末至11月上中旬为宜（秋施基肥后），11月末前完成盖膜。采取简易竹木拱形棚的，最好在5—7月揭膜降温；采取钢架拱形棚的，可以考虑建造时加设卷膜开窗系统，高温天气及时开天窗降温；采取夯链复膜屋脊棚的，最好能做到棚膜收放方便。四川多年多点实践证明，从溃疡病防治角度来看，冬季建棚越早防效越好、相对防效越高，从表13-16可知，11月和12月相对防效分别为95.89%、63.28%，随着时间推移，冬季低温冻害程度提高，春季降水量增大，1月、2月、3月和4月的相对防效逐渐降低，分别为40.63%、22.94%、13.58%和0。因此，从防治溃疡病的角度来看，要提升当年防效，应尽早盖棚，且11月盖棚防效佳。

表13-16　建棚时间对溃疡病防效的影响（调查时间2019年4月）

地点	海拔（m）	棚内外	建棚时间	发病率（%）	病情指数	相对防效（%）
苍溪县陵江镇玉女村	696	棚内	2018年11月	7.69	1.54	95.89
		棚外		51.06	37.45	
苍溪县永宁镇兰池村	720	棚内	2018年12月	36.80	31.20	63.28
		棚外		95.20	84.96	
雅安市芦山县芦阳镇火炬村	955	棚内	2019年01月	20.00	16.67	40.63
		棚外		38.38	28.08	
苍溪县文昌镇红瓦村	657	棚内	2019年02月	67.21	59.34	22.94
		棚外		85.00	77.00	
都江堰市胥家镇实践社区	627	棚内	2019年02月	85.56	49.56	25.94
		棚外		94.23	66.92	
都江堰市胥家镇金胜社区	623	棚内	2019年03月	94.12	68.53	13.58
		棚外		100.00	79.30	
苍溪县龙王镇友谊村	700	棚内	2019年04月	57.14	51.43	0.00
		棚外		60.50	50.66	

软枣猕猴桃在扣棚加温之前应先解除其自然休眠。如果低温累积量不足，未通过自然休眠，即使扣棚升温，给予生长发育适宜的环境条件，植株也不能萌芽开花。有时即使萌芽，也不整齐，生长不良。根据赵凤军（2020）研究结果，软枣猕猴桃从升温到萌芽需25～40d（不同品种的软枣猕猴桃需冷量不同，400～1 000h），一般12月下旬或1月上旬升温，果实成熟期相差不大。温室较多的，应分批升温，避免果实集中成熟，升温的前3d，将保温被卷起1/3（让温室内缓慢升温），第4至第6天将保温被卷起1/2，第7天后将保温被全部卷起。白天温度控制在20℃以下，夜间5℃以上，直至萌芽；从萌芽到现蕾需15～20d（不同条件的温室会有出入），此期温度管理尤为重要，白天温度要严格控制在22℃以下，夜间5℃以上（目前对原产于北方品种的研究结果）；而从现蕾到开花需30d左右（不同品种略有差异），此期白天温度控制在28℃以下，夜间10℃以上。软枣猕猴桃早、中熟品种从开花到成熟需80～90d，此期白天温度控制在28℃以下，夜间10℃以上。不要过早撤除棚膜，以防晚霜危害。果实采收后到落叶前（一般在6月末、7月初至9月末），这段时间棚膜已经撤除，10月初及时扣上棚膜，预防出现早霜危害及茎基腐病发生。当气温降到10℃以下一段时间后，软枣猕猴桃开始落叶，进入休眠期（在11月初），夜间卷起保温被，打开通风口，早晨日出之前关闭上风口并放下保温被，控制温室内温度在7.2℃以下（需冷量要求的温度），持续7～10d后，当夜间放下保温被，第2天白天棚内温度也在7.2℃以下时，可一直覆盖保温被到12月20日。此后可考虑揭被升温。

2. 棚内光照改善措施　由于受棚膜的阻隔及棚室内支架、气雾等影响，棚内光能利用率只有露地的40%～60%，这在盖棚后2～3年表现会更突出。因此，要尽可能地采取改善光照的措施：一是要考虑大棚的方位，一般选择坐北朝南东西延长方向建棚，可获得最好的光照条件；二是在考虑植株生长需要、温湿度便于调控、棚室牢固耐用的情况下，尽量降低棚室高度、减少棚室支架，以利于提高棚室内的光照度；三是尽量采用透光性好的无滴膜，可以减少或消除膜上的水滴，增强透光性，如采用普通膜，则以聚乙烯膜为好；四是要及时清理棚膜上的积雪、灰尘和苔藓，保持棚膜的清洁，并在第2至第3年更换1次棚膜；五是在需要时可人工补光，以日光灯、高压汞灯、弧氙气灯为好，冬季补光应在日出后进行，可将灯直接挂于树上，一般掌握每天2～3h，阴雨天可全天补光；六是改善树形，并及时进行夏季修剪，采用采光性强的树体结构。

3. 温室或连栋大棚内气体施肥　CO_2是绿色植物进行物质生产的主要原料之一。温室或大棚内空气流通差，有可能使猕猴桃光合速率下降。为了满足猕猴桃光合作用需求，可进行CO_2施肥，方法主要有燃烧法、增施有机肥、机械送入法、CO_2气肥发生法等，将棚内CO_2浓度提高到大气中正常含量的3～5倍，可大幅度提高猕猴桃产量和品质，这在弱光情况下效果非常明显。

参 考 文 献

曹慧，杜俊杰，牛铁泉，等，2001. 果树设施栽培研究进展［J］. 山西农业大学学报（1）：91-94.

杜飞，朱书生，王海宁，等，2011. 不同避雨栽培模式对葡萄主要病害的防治效果和植株冠层温湿度的影响 [J]. 云南农业大学学报（自然科学版），26 (2)：177-184.

高东升，李宪利，耿莉，1997. 国外果树设施栽培的现状 [J]. 世界农业 (1)：30-32.

高东升，2016. 中国设施果树栽培的现状与发展趋势 [J]. 落叶果树，48 (1)：1-4.

葛根，周汉其，1997. 白头鹎危害猕猴桃芽的调查简报 [J]. 中国农学通报 (5)：50-51.

古咸彬，郭书艳，陆玲鸿，等，2021. 避雨栽培对'红阳'猕猴桃光合作用及果实品质的影响 [J]. 中国果树 (3)：63-67.

郭家选，沈元月，2018. 我国设施果树研究进展与展望 [J]. 中国园艺文摘，34 (1)：194-196.

郭书艳，2019. 红阳猕猴桃避雨栽培效应研究 [D]. 杨凌：西北农林科技大学.

韩礼星，陈锦永，2007. 韩国猕猴桃及其他果树概况 [J]. 果农之友 (10)：39-40.

何科佳，王中炎，王仁才，2007. 夏季遮阴对猕猴桃园生态因子和光合作用的影响 [J]. 果树学报 (5)：616-619.

胡新喜，熊兴耀，肖海霞，2004. 果树设施栽培研究进展 [J]. 河南科技大学学报（农学版）(1)：44-48.

靳宏艳，2017. 丹东地区设施软枣猕猴桃栽培技术 [J]. 吉林蔬菜 (4)：25-26.

李宪利，高东升，夏宁，1996. 果树设施栽培的原理与技术研究 [J]. 山东农业大学学报 (2)：227-232.

李新梅，王虎琴，张洪海，等，2015. 苏南葡萄避雨栽培对土壤肥力的影响 [J]. 江苏农业科学，43 (1)：176-178.

李延菊，张序，孙庆田，等，2014. 避雨设施栽培对大樱桃生态环境及生理特性的影响 [J]. 山东农业科学，46 (4)：43-47.

刘飘，2020. 避雨栽培对'红阳'猕猴桃园环境、主要病害及果实品质的影响 [D]. 成都：四川农业大学.

刘飘，林立金，宋海岩，等，2021. 避雨栽培对猕猴桃园小气候环境及主要病害的影响 [J]. 西南农业学报，34 (12)：2613-2620.

刘飘，涂美艳，宋海岩，等，2022. 避雨栽培对猕猴桃叶片生理生化指标及果实品质的影响 [J]. 西南农业学报，35 (1)：43-49.

刘扬，谢善鹏，卢鑫，等，2020. 不同砧木对红阳猕猴桃生长及果实品质的影响 [J]. 落叶果树，52 (6)：11-14.

吕岩，2020. 猕猴桃倒春寒的发生与防控 [J]. 西北园艺（果树）(2)：5-7.

穆瑢雪，刘永立，2020. 猕猴桃耐盐碱性与耐涝性研究 [J]. 安徽农业科学，48 (1)：52-54，79.

钱萍仙，卢丹，明萌，等，2017. 光照强度对猕猴桃容器苗叶片生理特性的影响 [J]. 北方园艺 (6)：19-25.

饶景萍，1995. 日本果树设施栽培的进展与现状 [J]. 西北园艺 (2)：48.

申海林，温景辉，邹利人，等，2007. 我国果树设施栽培研究进展 [J]. 吉林农业科学 (2)：50-54.

施春晖，骆军，王晓庆，等，2014. '红阳'猕猴桃设施栽培与露地栽培比较研究 [J]. 上海农业学报，30 (6)：24-28.

涂美艳，王玲利，徐子鸿，等，2022. 红肉猕猴桃避雨设施栽培技术 [J]. 四川农业科技 (11)：27-32.

王晨，王涛，房经贵，等，2009. 果树设施栽培研究进展 [J]. 江苏农业科学 (4)：197-200.

王桂英，康国斌，1994. 日光温室环境条件分析及其回归预测 [J]. 北京农学院学报 (2)：75-84.

王珊，李廷轩，张锡洲，等，2006. 设施土壤微生物学特性变化研究 [J]. 水土保持学报（5）：82 - 86.

王跃进，杨晓盆，2001. 日本设施果树的树形结构与光能利用研究进展 [J]. 山西农业大学学报（2）：200 - 202.

王志强，何方，牛良，等，2000. 设施栽培油桃光合特性研究 [J]. 园艺学报（4）：245 - 250.

韦兰英，莫凌，袁维圆，等，2009. 不同遮阴强度对猕猴桃"桂海 4 号"光合特性及果实品质的影响 [J]. 广西科学，16（3）：326 - 330.

吴顺法，胡征龄，施泽彬，1993. 设施栽培对桃生长结果效应的研究 [J]. 浙江农业科学（3）：116 - 118.

姚允聪，王绍辉，孔云，2007. 弱光条件下桃叶片结构及光合特性与叶绿体超微结构变化 [J]. 中国农业科学（4）：855 - 863.

余雪锋，郭肖颖，曹传莉，等，2017. 设施大棚农业对土壤肥力及环境质量的影响研究 [J]. 安徽农业科学，45（35）：90 - 93.

袁飞荣，王中炎，卜范文，等，2005. 夏季遮阴调控高温强光对猕猴桃生长与结果的影响 [J]. 中国南方果树（6）：64 - 66.

翟秋喜，2017. 软枣猕猴桃日光温室栽培技术研究 [J]. 辽宁农业职业技术学院学报，19（1）：1 - 2，225.

赵凤艳，吴凤芝，刘德，等，2000. 大棚菜地土壤理化特性的研究 [J]. 土壤肥料（2）：11 - 13.

赵凤军，2020. 软枣猕猴桃温室栽培技术 [J]. 北方果树（6）：24 - 26.

周永弟，朱春茂，吴志敏，等，2013. "红阳" 猕猴桃设施栽培技术 [J]. 上海农业科技（6）：76，84.

祝兴才，严黎明，2008. 大棚猕猴桃高效配套栽培技术 [J]. 上海蔬菜（4）：106 - 107.

Caruso T, Inglese P, Motisi A, 1993. Green housed forced and field growing of Maravilha peach [J]. Fruit Varieties Journal, 47 (2)：114 - 122.

George A P, Nissen R J, Collins R J, 1994. Effects on temperature and pollination on growth, flowering and fruit set of the non - astringents persimmon cultivate 'Fuyu' under controlled temperatures [J]. Journal of Horticultural Science, 69 (2)：225 - 230.

执笔人：涂美艳，高志雄

第十四章 猕猴桃"三品一标"及"中医农业"栽培技术

第一节 农产品"三品一标"概述

一、农产品"三品一标"概念

"三品一标"农产品是 20 世纪 90 年代以来相关农业部门推动、得到社会广泛认可的安全优质农产品。进入新发展阶段，农产品"三品一标"的内涵得到进一步拓展，农业农村部于 2018 年停止无公害农产品认证工作，启动农产品合格证制度（后调整为农产品"承诺达标合格证"）。《农业农村部关于实施农产品"三品一标"四大行动的通知》（农质发〔2022〕8 号）将优质农产品范围从绿色、有机和地理标志农产品，拓展到其他具有高品质特性的农产品，形成了农产品"三品一标"新内涵，即绿色、有机、地理标志和达标合格农产品。达标合格农产品是农产品"三品一标"的新内容，明确要求生产过程落实质量安全控制措施、附带"承诺达标合格证"的上市农产品符合食品安全国家标准。

二、绿色食品

绿色食品是指产自优良环境，按照规定的技术规范生产，实行全程质量控制，产品安全、优质，并使用专用标志的食用农产品及加工品。绿色食品产品种类丰富，现有产品种类包括农林产品及其加工产品、畜禽类产品及其加工产品、水产类产品及其加工产品、饮品类产品、其他产品 5 大类，57 个小类，基本上覆盖了主要大宗农产品和加工品（表 14-1）。

农业农村部中国绿色食品发展中心负责绿色食品认证、授权工作，省级绿色食品办公室负责本区域内绿色食品认证申请的受理和初审工作。绿色食品有 2 种技术等级，分别为 A 级和 AA 级，A 级和 AA 级的区别主要是对生产标准和生产过程使用投入品的要求不同。其中，A 级绿色食品是指产地环境质量符合《绿色食品　产地环境质量》（NY/T 391—2021）的要求，遵照绿色食品生产标准生产，生产过程中遵循自然规律和生态学原理，协调种植业和养殖业的平衡，限量使用限定的化学合成生产资料，产品质量符合绿色食品产品标准，经专门机构许可使用绿色食品标志的产品。而 AA 级绿色食品是指产地环境质量符合《绿色食品　产地环境质量》（NY/T 391—2021）的要求，遵照绿色食品生产标准生产，生产过程中遵循自然规律和生态学原理，协调种植业和养殖业的平衡，不使用化学合成的肥料、农药、兽药、渔药、添加剂等物质，产品质量符合绿色食品产品标准，经专门机构许可使用绿色食品标志的产品。AA 级绿色食品除了对生产环境的要求不如有机食品严格以外，其他标准基本等同于国际通用的有机食品标准，因此有机食品与AA级绿色食品生产标准最为接近（张宇涵，2011）。

表 14-1 绿色食品产品种类

大类	类别编号	产品类别	大类	类别编号	产品类别
一、农林产品及其加工产品	01	小麦	二、畜禽类产品及其加工产品	30	肉食加工品
	02	小麦粉		31	禽蛋
	03	大米		32	蛋制品
	04	大米加工品		33	液体钙
	05	玉米		34	乳制品
	06	玉米加工品		35	蜂产品
	07	大豆	三、水产类产品及其加工产品	36	水产品
	08	大豆加工品		37	水产加工品
	09	油料作物产品	四、饮品类产品	38	瓶（罐）装饮用水
	10	食用植物油及其制品		39	碳酸饮料
	11	糖料作物产品		40	果蔬汁及其饮料
	12	机制糖		41	固体饮料
	13	杂粮		42	其他饮料
	14	杂粮加工品		43	冷冻饮品
	15	蔬菜		44	精制茶
	16	冷冻，保鲜蔬菜		45	其他茶
	17	蔬菜加工品		46	白酒
	18	鲜果类		47	啤酒
	19	干果类		48	葡萄酒
	20	果类加工品		49	其他酒类
	21	食用菌及山野菜	五、其他产品	50	方便主食品
	22	食用菌及山野菜加工品		51	糕点
	23	其他食用林产品		52	糖果
	24	其他农林加工食品		53	果脯蜜饯
二、畜禽类产品及其加工产品	25	猪肉		54	食盐
	26	牛肉		55	淀粉
	27	羊肉		56	调味品类
	28	禽肉		57	食品添加剂
	29	其他肉类			

绿色食品分初次申报和续展申报 2 种类型，初次申报是指符合绿色食品相关要求的申请人向所在地省级绿色食品工作机构提出使用绿色食品标志的申请，通过省级绿色食品工

作机构、定点环境监测机构、定点产品监测机构、中国绿色食品发展中心（以下简称中心）的文审、现场检查、环境监测、产品检测、标志许可审查、专家评审、颁证工作。续展申报是指绿色食品企业在绿色食品标志使用许可期满前，按规定时限和要求完成申请、标志许可审查和颁证工作，并被许可继续在其产品上使用绿色食品标志。续展申报需在证书到期前3个月申请，省级工作机构收到规定的申请材料后，应当在40个工作日内完成材料审查、现场检查和续展初审。初审合格的农产品，应当在证书有效期满25个工作日前将续展申请材料报送中心，同时完成网上报送。逾期未能报送的，不予续展。只能按初次申报程序重新申报。

绿色食品认证有效期3年，初次申报需要收取认证审核费，认证审核费不含检测费和标志使用费。绿色食品认证审核费收费标准具体为：每个产品6 400元，同类的（57小类）系列初级产品（表14-1），超过2个的部分，每个产品800元；主要原料相同和工艺相近的系列加工产品，超过2个的部分，每个产品1 600元；其他系列产品，超过2个的部分，每个产品2 400元。

鲜果类进行绿色食品认证，比如猕猴桃认证费共计13 600元（6 400+6 400+800=13 600）。加工产品比如茶叶类进行绿色食品认证，认证费共计14 400元（6 400+6 400+1 600=14 400）。

除认证费以外，绿色食品标志使用费是按年度缴纳，鲜果类第1个产品800元/年，第2个产品800元/年，第3个产品240元/年。绿色食品标志使用费具体见表14-2。

表14-2 绿色食品标志使用费方案（部分）

类别编号	产品类别	非系列产品（万元）	系列产品（万元）
一	初级产品		
（一）	农林产品		
15	蔬菜	0.08	0.008
18	鲜果类	0.08	0.024
19	干果类	0.08	0.024
21	食用菌及山野菜	0.08	0.024
23	其他食用农林产品	0.08	0.024
二	初加工产品		
（一）	农林加工产品		
16	冷冻、保鲜蔬菜	0.144	0.048
17	蔬菜加工品（初加工）	0.144	0.048
20	果品加工类（初加工）	0.144	0.048
22	食用菌及山野菜加工品	0.144	0.048
24	其他农林加工食品（初加工）	0.144	0.048

（续）

类别编号	产品类别	非系列产品（万元）	系列产品（万元）
（四）	饮料类产品		
44	精制茶	0.12	0.04
三	深加工产品		
（一）	农林加工产品		
17	蔬菜加工品（深加工）	0.2	0.064
20	果品加工品（深加工）	0.2	0.064
24	其他农林加工食品（深加工）	0.224	0.064
（四）	饮料类产品		
40	果蔬汁及其饮料	0.24	0.08
41	固体饮料	0.24	0.08
42	其他饮料	0.24	0.08
43	冷冻饮料	0.24	0.08
45	其他茶	0.24	0.08
（五）	其他产品		
51	糕点	0.2	0.064
52	糖果	0.2	0.064
53	果脯蜜饯	0.2	0.064
56	调味品类	0.2	0.064
57	食品添加剂	0.2	0.064
四	酒类产品		
48	葡萄酒	0.6	0.2
49	其他酒类	0.6	0.2

　　为加强对绿色食品申请人的管理，规范绿色食品的标志许可审查工作，根据《绿色食品标志许可审查程序》的规定，绿色食品申请人应具备以下资质。

　　（1）能够独立承担民事责任。如企业法人、农民专业合作社、个人独资企业、合伙企业、家庭农场等，国有农场、国有林场和兵团团场等生产单位。

　　（2）具有稳定的生产基地。

　　（3）具有绿色食品生产的环境条件和生产技术。

　　（4）具有完善的质量管理体系，并至少稳定运行1年。

　　（5）具有与生产规模相适应的生产技术人员和质量控制人员。

　　（6）申请前3年内无质量安全事故和不良诚信记录。

　　（7）与绿色食品工作机构或检测机构不存在利益关系。

　　绿色食品认证标志使用：为了与一般的普通食品相区别，绿色食品实行标志管理。绿色食品标志由特定的图形来表示。绿色食品标志图案由 3 部分构成：上方的太阳、下方的叶片和中心的蓓蕾。标志图案为正圆形，意为保护、安全，告诉人们绿色食品是出自纯净、良好生态环境的安全、无污染食品，能给人们带来蓬勃的生命力。绿色食品标志还提醒人们要保护环境和防止污染，通过改善人与环境的关系，营造自然界新的和谐。

绿色食品标志商标作为特定的产品质量证明商标，1996 年已由中国绿色食品发展中心在国家工商行政管理总局注册，从而使绿色食品标志商标专用权受《中华人民共和国商标法》保护，这样既有利于约束和规范企业的经济行为，又有利于保护广大消费者的利益。目前，绿色食品标志商标已在国家知识产权局商标局注册的有图 14 - 1 所示的 10 种形式。

图 14 - 1　绿色食品标志商标形式

绿色食品标志图案及绿色食品中、英文组合著作权于 2019 年 4 月 17 日在国家版权局登记保护成功，有效期为 50 年。标志使用管理和监察：绿色食品实施商标使用许可制度，使用有效期为 3 年。在有效使用期内，绿色食品管理机构每年对用标企业实施年检，组织绿色食品产品质量定点检测机构对产品质量进行抽检，并进行综合考核评定，合格者继续许可使用绿色食品标志，不合格者限期整改或取消绿色食品标志使用权。标志监察主要有市场监察、产品公告和社会监督。市场监察就是加强对用标产品的监督检查，配合工商和技术监督等部门清理、整顿和规范绿色食品市场，打击假冒绿色食品，纠正企业不规范用标行为，维护绿色食品生产经营者和消费者合法权益。产品公告是指定期在指定的国家级新闻媒体和官方网站上公告新认证的和被取消的绿色食品产品。社会监督主要是指绿色食品管理机构和企业自觉接受新闻媒体和社会各界的监督，做到公正、公平、公开。

2009 年 8 月 1 日前，绿色食品都是由中国绿色食品发展中心统一编号，编号形式为 GF×××××××××××××。"GF"是绿色食品企业信息标志代码，后面的 6 位数代表地区代码，按行政区划编制到县级；中间 2 位数是认证年份，最后 4 位数是当年序号。自 2009 年 8 月 1 日起实施企业信息码编号制度，此后，所有获证产品包装上统一使用企业信息码（图 14 - 2）。

企业信息码含义：

GF	XXXXXX	XX	XXXX
绿色食品英文 green food 缩写	地区代码	获证年份	企业序号

图 14 - 2　绿色食品企业信息码样式

绿色食品标志在使用许可期满之前可以申请绿色食品续展。绿色食品企业在绿色食品标志使用许可期满前,按规定时限和要求完成申请、标志许可审查和颁证工作,并被许可继续在其产品上使用绿色食品标志。

绿色食品生产必须遵守以下标准:产地环境质量标准、产品质量标准、生产技术标准、包装贮藏和运输标准。绿色食品标准的特点:强调无污染、体现安全、体现优质、实施全程质量控制。强调无污染是指绿色食品遵循可持续发展的原则,生产过程中限量使用限定的化学合成投入品,强调对环境不产生污染。体现安全是指绿色食品标准中部分卫生指标严于国家标准或发达国家标准,禁止高温油炸食品、纯净水和叶菜类酱腌菜等产品的申报。体现优质是指大部分产品质量或品质达到相应国家标准或行业标准的"一级、一等或优级"以上要求。实施全程质量安全控制是指绿色食品实施"从土地到餐桌"全程质量控制。在绿色食品生产、加工、包装、贮运过程中,通过标准化生产,科学合理地使用农药、肥料、兽药、添加剂等投入品和生产工艺,严格监控,防范有毒、有害物质对农产品生产及食品加工各个环节的污染,确保环境和产品安全。

三、有机食品

有机食品源自英文 Organic Food,我国国家环境保护总局有机食品发展中心(OFDC)对有机食品的定义为"来自有机生产体系,根据有机认证标准生产、加工,并且经过独立认证机构认证的农产品及其加工产品等"(张宇涵,2011)。国际有机运动联盟(IFOAM)明确规定了有机食品的标准是:①有机食品原料必须来自有机农业的产品或者是以有机方式采摘的野生、没有污染的天然产品。②产品在生产加工过程中符合有机农业生产和有机食品生产标准,包括加工、包装、贮藏和运输标准。③在有机食品生产和流通过程中,生产者有完备的质量跟踪审查体系,并为生产销售记录建立完整的档案。④生产出的产品或食品必须是经过质检,符合有机食品生产、加工标准的食品,进行有机认证的质检者必须是经过国家授权后,具有有机认证资格的独立第3方机构。有机食品在生产过程中不采用基因工程技术获得的生物及其产物,不使用化学合成的农药、化肥、生长调节剂、饲料和饲料添加剂等物质,而是遵循自然规律和生态学原理,协调种植业和养殖业的平衡,采用一系列可持续发展的农业技术,维持持续稳定的农业生产过程。

根据2014年4月1日开始执行的《有机产品认证管理办法》(2022年进行了第2次修订),有机食品认证有效期为1年。需要收取有机食品认证费用,有机食品认证费用一般指有机食品认证机构收取的认证费用,通常不含产品抽样检测费及有机食品认证代理服务费,初次认证基础价格要求(国家收费标准)见表14-3。

有机食品申请者范围:生产基地在近3年内未使用过农药、化肥等禁用物质;种子或种苗未经基因工程技术改造过;生产基地应制定长期的土地培肥、植物保护、作物轮作和畜禽养殖计划;生产基地无水土流失、风蚀及其他环境问题;作物在收获、清洁、干燥、贮存和运输过程中应避免污染;在生产和流通过程中,必须有完善的质量控制和跟踪审查体系,并有完整的生产和销售记录档案。

表 14 - 3 有机产品认证费方案

第一部分：单一产品种类认证

产品种类		认证类型及基本价格		影响认证费的因素
		农场认证费 （万元）	加工认证费① （万元）	
作物类	谷物、豆类和其他油料作物、纺织用植物、制糖植物	1.5	1.0	面积以 2 000 亩③为基础，每增加 2 000 亩，增加认证费 3 000 元；每增加一种产品，增加认证费 3 000 元
	蔬菜②（非设施栽培）	1.5	0.8	面积以 200 亩为基础，每增加 200 亩，增加认证费 3 000 元；每增加一小类产品，增加认证费 3 000 元
	蔬菜（设施栽培）	1.5	0.8	面积以 100 亩为基础，每增加 100 亩，增加认证费 3 000 元；每增加一小类产品，增加认证费 3 000 元
	蔬菜（同时具有设施栽培和非设施栽培）	1.8	0.8	按设施栽培起点面积起算，非设施栽培部分按规模因素增加认证费用
	食用菌	1.5	0.8	以 10 万菌棒为基础，规模每增加 5 万菌棒，增加认证费 3 000 元；露地栽培类的，参考设施或非设施栽培蔬菜；每增加一种产品，增加认证费 3 000 元
	水果和坚果（非设施栽培）	1.5	0.8	面积以 1 000 亩为基础，每增加 1 000 亩，增加认证费 3 000 元；每增加一种产品，增加认证费 3 000 元
	水果（设施栽培）	1.5	0.8	面积以 300 亩为基础，每增加 300 亩，增加认证费 3 000 元；每增加一种产品，增加认证费 3 000 元
	水果（同时具有设施栽培和非设施栽培）	1.8	0.8	按设施栽培起点面积起算，非设施栽培部分按规模因素增加认证费用
	茶叶等饮料作物	1.0	0.8	面积以 300 亩为基础，每增加 300 亩，增加认证费 3 000 元
	花卉、香辛料作物产品、调香的植物	1.5	1.0	面积以 2 000 亩为基础，每增加 2 000 亩，增加认证费 3 000 元；每增加一种产品，增加认证费 3 000 元
	青饲料植物	1.5	1.0	面积以 5 000 亩为基础，每增加 5 000 亩，增加认证费 3 000 元；每增加一种产品，增加认证费 3 000 元
	植物类中药	1.5	1.0	面积以 1 000 亩为基础，每增加 1 000 亩，增加认证费 3 000 元；每增加一种产品，增加认证费 3 000 元
	野生采集	1.5	1.0	面积以 5 000 亩为基础，每增加 5 000 亩，增加认证费 3 000 元；每增加一种产品，增加认证费 3 000 元
	种子与繁殖材料	1.5	1.0	面积以 2 000 亩为基础，每增加 2 000 亩，增加认证费 3 000 元；每增加一种产品，增加认证费 3 000 元
①此处加工认证是指针对非外购原料加工的认证，以下同。 ②蔬菜按薯蓣类、豆类、瓜类、白菜类、绿叶蔬菜、根菜类、甘蓝类、芥菜类、茄果类、葱蒜类、多年生蔬菜、水生蔬菜、芽苗类等 13 类作为产品小类。 ③1 亩＝1/15hm²≈667m²。				

（续）

第二部分：多产品种类认证

产品种类	认证类型及基本价格		影响认证费的因素
	农场认证费（万元）	加工认证费（万元）	
综合1：多种类别作物或动物生产认证	第1种作物或第1种动物认证费④加其他作物认证费总和乘50％	第1种作物或第1种动物工厂认证费加其他作物或动物工厂认证费总和乘50％	相应的认证费用及其影响因素参照相应作物类和养殖类标准计算
综合2：作物种植和动物养殖混合生产认证	养殖认证费加作物认证费总和乘50％	养殖工厂认证费加作物工厂认证费总和乘50％	相应的认证费用及其影响因素参照作物类和养殖类标准计算

④以计算出认证费用最高者作为第1种作物或动物。

第三部分：外购有机原料进行加工的有机加工认证

加工认证（100％外购有机原料）	视加工产品的种类及其规模、食品安全风险程度、工艺的复杂程度等因素而定，认证费用2.0万～8.0万元
加工认证（既有自有原料，又有外购原料，且外购原料占50％以上）	

注：1. 应实施规则要求，需增加现场检查频次的项目，每增加一次现场检查，增加认证费0.3万元。

2. 对于小农户认证，当农户数多于20户时，每增加100户，增加认证费0.3万元。

3. 对于分场所，视距离和复杂程度等因素每一分场所增加收费0.3万元～1万元。

4. 其他未列明的产品收费标准比照列表中相近生产形式的产品收费。

5. 再认证收费不低于初次认证收费的75％。

6. 再认证时遇增加产品、扩大规模等情况，按"影响认证费的因素"增加收费。

　　有机认证标志在不同国家和不同认证机构是不同的（彩图14-1）。2001年国际有机农业运动联合会（IFOAM）的成员拥有有机食品标志380多个。2001年我国国家环境保护总局有机食品发展中心在国家工商总局注册了有机食品标志。根据《有机食品认证管理办法》规定，我国的有机食品必须符合国家食品卫生标准和有机食品技术规范要求，在原料生产和产品加工过程中不使用农药、化肥、生长激素、化学添加剂、化学色素和防腐剂等化学物质，不使用基因工程技术。凡通过了国家有机食品认证机构认证的农产品及其加工产品才是有机食品。在我国从事有机验证的机构必须获得中国国家认证认可监督管理委员会的批准。有机食品主要国内外颁证机构有：中国的南京国环有机产品认证中心有限公司（OFDC）、美国的国际有机作物改良协会（OCIA）、欧盟的法国国际生态认证中心（ECOCERT）、荷兰的荷兰农业部有机认证委员会（SKAL）、法国的国际有机农业运动联合会（IFOAM）等。因此，有机认证标识也是多种多样。

　　以中绿华夏有机食品认证标志为例，采用国际通行的圆形构图，以手掌和叶片为创意元素，包含2种景象。一是一只手向上持着一片绿叶，寓意人类对自然和生命的渴望；二是两只手一上一下握在一起，将绿叶拟人化为自然的手，寓意人类的生存离不开大自然的呵护，人与自然需要和谐美好的生存关系。图案外围绿色圆环上标明中英文"有机食品（CERTIFIED ORGANIC COFCC）"。人类的食物从自然中获取，人类的活动应尊重自然规律，这样才能创造一个良好的可持续发展空间。

使用中绿华夏有机食品认证标志请参照中绿华夏有机食品认证中心编制的《有机认证标志使用规范手册》规定的方法用于产品包装，必须同时附有认证产品编号及"经中绿华夏有机食品认证中心许可使用"字样。

根据我国有机产品国家标准规定，只有通过认证的食品方可被称为有机食品，普通食品生产基地向有机食品生产基地过渡需要经过一定的转换期，转换期内停止使用化肥农药等物资，开始有机管理，进行土壤生物性培肥，并逐步建立有机生产体系。在转换期内生产出来的食品不能称为有机食品，只能被称为有机转换食品，生产基地经过转换期并且有机生产基地经检查合格之后，方可进行有机食品的生产。因此对于有机食品和有机转换食品的认证和监管标准是不同的，两者也有着严格区分，处于有机转换期的食品绝对不可以使用有机食品的标志。

有机食品保持认证，有机食品的认证有效期为 1 年，如需继续使用，在新的年度里，中绿华夏有机食品认证中心会向获证企业发出保持认证通知。获证企业在收到保持认证通知后，应按照要求提交认证材料、与联系人沟通确定实地检查时间并及时缴纳相关费用。保持认证的文件审核、实地检查、综合评审以及颁证的程序同初次认证。生产上有时也会提及有机农业、有机产品等概念，为避免概念混淆，下面对有机农业、有机产品进行介绍。

根据国际食品标准《食品法典》规定，有机农业是一种全面的生产管理系统，它力图促进和加强农业生态系统的健康，此系统的健康主要包括生物多样性、生物循环和土壤生物活性；它强调采用适合当地条件的管理方法，而不采用农场以外的投入；为实现这一目标，在可能的情况下，使用农艺、生物和机械方法，而不是采用合成材料，以实现系统内的任何特定功能。有机农业源于 1960 年的一项与石油运动相对立的农业生产方式的国际运动，其主要目的是替代传统的农业模式。有机农业是一种生态农业生产方式，在农业生产过程中不得使用各种对环境和人体有害的合成化工品，如农药、化肥、添加剂、生长调节剂等，有机农业的目标是通过协调人类与自然的关系实现可持续发展，并且通过挖掘系统中的内部资源提高农业生产效率，减轻环境污染。根据我国学者对有机农业的定义，大概可以梳理为：有机农业是指在作物种植与畜禽养殖的过程中不使用化学合成的农药、化肥、生长调节剂、饲料添加剂等物质和基因工程生物及其产物，而是遵循自然规律和生态学原理，协调种植业和养殖业的平衡，采取一系列可持续发展的农业技术，维持持续稳定的农业生产过程。有机农业的核心是建立良好的农业生产体系，而有机农业生产体系的建立需要有一个过渡或有机转换的过程。

美国的有机水果主要是有机葡萄、有机苹果和有机柑橘，意大利的有机水果主要是有机柑橘、有机苹果、有机桃、有机葡萄和有机梨，西班牙的有机水果主要是有机柑橘、有机苹果、有机梨、有机杏和有机桃，法国的有机水果主要是有机苹果、有机杏、有机李、有机樱桃、有机猕猴桃、有机梨、有机柑橘、有机桃、有机草莓等，德国的有机水果主要是有机葡萄。我国的有机水果主要是有机猕猴桃、有机葡萄、有机柑橘、有机香蕉、有机芒果、有机菠萝、有机番木瓜、有机鳄梨等。

有机农业的本质是"尊重自然，顺应自然规律，与自然秩序相和谐"。有机农业的生产方式主要具备以下特点：①选用抗性作物品种，利用间套作技术，保持基因和生物多样性，创造有利于天敌繁殖而不利于害虫生长的环境。②禁止使用转基因产物及技术。③建立包括豆科植物在内的作物轮作体系，利用秸秆还田、施绿肥和动物粪肥等措施培肥土壤，保持养分循环，保持农业发展的可持续性。④采取物理和生物措施防治病虫草害，将对环境和食品安全的影响降到最低。⑤采用合理的耕种措施，保护环境，防止水土流失。

发展有机农业的 4 大原则：①健康原则。将土壤、植物、动物、人类和整个地球的健康作为一个不可分割的整体加以维持和加强。②生态原则。以有生命的生态系统和生态循环为基础，与之合作、与之协调，并帮助其持续发展。③公平原则。建立起能确保公平享受公共环境和生存机遇的各种关系。④关爱原则。以负责人的态度来管理有机农业，以保护当前人类和子孙后代的健康和福利，同时保护环境。

按照《OFDC 有机认证标准》的解释，有机产品是指按照有机认证标准生产并获得认证的有机食品和其他各类产品，因此有机产品除了包括有机食品外，目前国际上还把一些派生的产品如有机化妆品、纺织品、林产品或为有机食品生产而提供的生产资料，包括生物农药、有机肥料等，经认证后统称有机产品。可见有机食品是包含在有机产品中的，它属于有机产品中的一个类别。

有机产品标志中间类似种子的图案象征有机产品是从种子开始的全过程认证，种子周围环形与种子图案合并构成汉字"中"，体现出有机产品根植中国，同时处于平面的环形又是英文字母"C"的变体，种子形状是"O"的变形，意为中国有机"China Organic"。外环的圆形代表地球，象征和谐、安全，图形中的"中国有机产品"采用中英文结合方式，既表示中国有机产品与世界同行，也有利于国内外消费者识别。

中国有机产品认证标志应当在认证证书限定的产品类别、范围和数量内使用。认证机构应当按照国家认证认可监督管理委员会统一的编号规则，对每个认证标志进行唯一编号（以下简称有机码），并采取有效防伪、追溯技术，确保发放的每个认证标志能够溯源到其对应的认证证书和获证产品及其生产、加工单位。有机码主要由 3 个部分组成，认证机构、认证标志发放年份和认证标志发放随机码（图 14-3）。

什么是有机码？

XXX　　XX　　XXXXXXXXXXXX

认证机构　认证标志发放年份　认证标志发放随机码

图 14-3　有机码样式

可以通过有机码，登录中国食品农产品认证信息系统（food. cnca. cn）查询有机产品的真假。获证产品的认证委托人应当在获证产品或者产品的最小销售包装上，加施中国有机产品认证标志、有机码和认证机构名称。获证产品标签、说明书及广告宣传等材料上可以印制中国有机产品认证标志，并可以按照比例放大或者缩小，但不得变形、变色。有机转换产品须在证书编号后添加"转换期"字样。处于转换期的产品，包装上不得直接冠以"有机××"（×××为产品一般名称）的名称（彩图 14-2）。中国有机认证标准的特色是有机码，中国国家认证认可监督管理委员会颁布的《有机产品认证管理办法》是保障有机认证标准实施的有力武器。这个条例十分严格，是中国有机食品进入国际市场的基础，也是中国消费者对市场中有机食品进行有效维权的基础。

四、地理标志农产品

2022年农业农村部发布《农业农村部关于实施农产品"三品一标"四大行动的通知》（农质发〔2022〕8号）后，明确提出了发展地理标志农产品（而不是农产品地理标志），完善地理标志农产品的保护和管理机制。值得注意的是，目前农业农村部执行措施，仍然参照过去的《农产品地理标志管理办法》等相关文件，文件中的术语没有进行更新。

我国地理标志保护管理模式有3类：一是国家市场监督管理总局管理的地理标志产品保护模式（简称地理标志产品保护）；二是农业农村部管理的农产品地理标志保护模式（简称农产品地理标志保护）；三是国家市场监督管理总局管理的地理标志证明商标保护模式（简称地理标志证明商标）。国家市场监督管理总局、农业农村部分别通过《地理标志产品保护规定》《中华人民共和国商标法》《农产品地理标志管理办法》等法律法规对地理标志进行管理。根据世界贸易组织的定义，地理标志通常指标示某商品来源于某地区，该商品的特定质量、信誉或者其他特征，主要由该地区的自然因素或者人文因素所决定的标志（李宝珠等，2020）。农产品地理标志是以地域名称冠名的特有农产品标志。其中农产品是指来源于农业的初级产品，即在农业活动中获得的植物、动物、微生物及其产品。

目前，农产品地理标志的登记保护工作主要由农业农村部负责。农业农村部中国绿色食品发展中心负责农产品地理标志登记审查、专家评审和对外公示工作。省级人民政府农业农村行政主管部门负责本行政区域内农产品地理标志登记保护申请的受理和初审工作。农业农村部设立的农产品地理标志登记专家评审委员会负责专家评审。

农产品地理标志登记不收取费用。县级以上人民政府农业农村行政主管部门应当将农产品地理标志管理经费编入本部门年度预算。农产品地理标志登记证书长期有效。

农产品地理标志的申请人应为农民专业合作社经济组织、行业协会等具有公共管理服务性质的组织，包括社团法人、事业法人等。政府及其组成部门、企业（农民专业合作社）和个人不应作为申请人。申请人应符合以下条件：

（1）具有监督、管理农产品地理标志及其产品的能力。

（2）具有为地理标志农产品生产、加工、营销提供指导服务的能力。

（3）具有独立承担民事责任的能力。

根据《农产品地理标志管理办法》规定，申请地理标志登记的农产品，应当符合下列条件：

（1）称谓由地理区域名称和农产品通用名称构成。

（2）产品有独特的品质特性或者特定的生产方式。

（3）产品品质和特色主要取决于独特的自然生态环境和人文历史因素。

（4）产品有限定的生产区域范围。

（5）产地环境、产品质量符合国家强制性技术规范要求。

农产品地理标志登记范围来源于农业的初级产品，即在农业活动中获得的植物、动物、微生物及其产品。主要包括蔬菜、果品、粮食、食用菌、油料、糖料、茶及饮料、植物香料、药材、花卉、烟草、棉麻桑蚕、畜禽产品、水产品等。

农产品地理标志公共表示图案由中华人民共和国农业农村部中英文字样、农产品地理标志中英文字样、麦穗、地球、日月等元素构成。图案的核心元素为麦穗、地球、日月相互辉映，体现了农业、自然、国际化的内涵。图案的颜色由绿色和橙色组成，绿色象征农业和环保，橙色寓意丰收和成熟（彩图14-3）。

农产品地理标志是在长期农业生产和百姓生活中形成的地方优良物质文化财富，建立农产品地理标志登记制度，对优秀、特色的农产品进行地理标志保护，是合理利用与保护农业资源、农耕文化的现实要求，有利于培育地方主导产业，形成有利于知识产权保护的地方特色农产品品牌。

农产品地理标志是一种带有地域公共属性的知识产权，经营管理农产品地理标志的组织或机构必须最大程度地代表该地区符合质量控制技术规范的生产者。农产品地理标志具有4个独特性。

（1）独特的自然生态环境。影响登记产品品质特色形成和保持的独特产地环境因子，如独特的光照、温度、湿度、降水、水质、地形地貌、土质等。

（2）独特的生产方式。除特定的品种、特定的地理环境外，特定的生产方式同样起着重要的作用。特定的生产方式包括产前、产中、产后、贮运、包装、销售等环节。如产地要求、品种范围、生产控制、产后处理等相关特殊性要求。

（3）独特的产品品质。在特定的品种和生产方式基础上，各个地区又在得天独厚的自然生态环境条件下，培育出各地的名特产品。这些名特产品都以其优良品质、丰富的营养和特殊风味而著称。

（4）独特的人文历史。人文历史因素包括产品形成的历史、人文推动因素、独特的文化底蕴等内容。中国五千年的"食文化"是伟大的中国文化的重要组成部分，特定的人文历史延伸了"食"的本质，使之得以升华。农产品地理标志既有有形的、可量化的品质标准，也有心理层面的、不可言喻的享受，既是物质的，也是精神的，是特定的人文历史、精神文化的物质载体。

五、食用农产品承诺达标合格证

食用农产品承诺达标合格证是指食用农产品生产者根据国家法律法规、农产品质量安全国家强制性标准，在严格执行现有的农产品质量安全控制要求的基础上，自行出具的质量安全合格承诺证。食用农产品承诺达标合格证制度是落实农产品生产经营者主体责任、提升农产品质量安全治理能力的有效途径，是农产品质量安全管理领域中一项管长远的制度创新，已经上升为法定制度。

新修订的《中华人民共和国农产品质量安全法》第三十八条明确规定：农产品生产企业、农民专业合作社以及从事农产品收购的单位或者个人销售的农产品，按照规定应当包装或者附加承诺达标合格证等标识的，须经包装或者附加标识后方可销售。包装物或者标识上应当按照规定标明产品的名称、产地、生产者、生产日期、保质期、产品质量等级等内容；使用添加剂的，还应当按照规定标明添加剂的名称。现阶段，承诺达标合格证的"达标"主要聚焦不使用禁用农药兽药、停用兽药和非法添加物，常规农药兽药残留不超标等方面。

为了优化承诺达标合格证的使用，农业农村部发布了承诺达标合格证样式（图 14-4）。

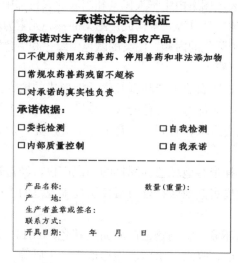

图 14-4　承诺达标合格证样式

　　承诺达标合格证体现"达标"内涵，即生产过程落实质量安全控制措施、附带承诺达标合格证的上市农产品符合食品安全国家标准；突出"承诺"要义，将承诺内容放在承诺达标合格证最上端，生产者及农产品信息放后；明确承诺内容，即对生产销售的食用农产品作出承诺，承诺不使用禁用农药兽药、停用兽药和非法添加物，承诺常规农药兽药残留不超标；明示承诺依据，即增加可勾选的"委托检测、自我检测、内部质量控制、自我承诺"4 项承诺依据。生产主体开具承诺达标合格证时，根据实际情况勾选一项或多项。

第二节　猕猴桃"三品一标"认证关键因子

一、绿色食品认证关键因子

（一）绿色食品认证类别

　　按照《绿色食品产品适用标准目录》（2019 版），猕猴桃适用标准为《绿色食品　温带水果》（NY/T 844—2017），具体内容如表 14-4 所示。

表 14-4　绿色食品产品适用标准（部分）

标准名称	适用产品名称	适用产品别名及说明
《绿色食品　温带水果》 （NY/T 844—2017）	苹果	
	梨	
	桃	
	草莓	
	山楂	
	柰子	俗称沙果，别名文林果、花红果、五色来、联珠果
	蓝莓	笃斯、都柿、甸果等
	无花果	映日果、奶浆果、蜜果等

（续）

标准名称	适用产品名称	适用产品别名及说明
《绿色食品　温带水果》 （NY/T 844—2017）	树莓	覆盆子、悬钩子、野莓、乌藨子
	桑葚	桑果、桑枣
	猕猴桃	
	葡萄	
	樱桃	
	枣	
	杏	
	李	
	柿	
	石榴	
	梅	青梅、梅子、酸梅
	醋栗	穗醋栗、灯笼果

（二）猕猴桃绿色食品生产和贮藏性病虫害防控建议

根据中华人民共和国农业行业标准《绿色食品农药使用准则》（NY/T 393—2020）规定，绿色食品 A 级和 AA 级均可以使用的农药种类如表 14-5 所示。

表 14-5　AA 级和 A 级绿色食品生产均允许使用的农药清单

类别	物质名称	备注
I. 植物和动物来源	楝素（苦楝、印楝等提取物，如印楝素等）	杀虫
	天然除虫菊素（除虫菊科植物提取液）	杀虫
	苦参碱及氧化苦参碱（苦参等提取物）	杀虫
	蛇床子素（蛇床子提取物）	杀虫、杀菌
	小檗碱（黄连、黄柏等提取物）	杀菌
	大黄素甲醚（大黄、虎杖等提取物）	杀菌
	乙蒜素（大蒜提取物）	杀菌
	苦皮藤素（苦皮藤提取物）	杀虫
	藜芦碱（百合科藜芦属和喷嚏草属植物提取物）	杀虫
	桉油精（桉树叶提取物）	杀虫
	植物油（如薄荷油、松树油、香菜油、八角茴香油等）	杀虫、杀螨、杀真菌、抑制发芽
	寡聚糖（甲壳素）	杀菌、植物生长调节
	天然诱集和杀线虫剂（如万寿菊、孔雀草、芥子油等）	杀线虫
	具有诱杀作用的植物（如香根草等）	杀虫
	植物醋（如食醋、木醋、竹醋等）	杀菌
	菇类蛋白多糖（菇类提取物）	杀菌
	水解蛋白质	引诱
	蜂蜡	保护嫁接和修剪伤口
	明胶	杀虫
	具有驱避作用的植物提取物（大蒜、薄荷、辣椒、花椒、薰衣草、柴胡、艾草、辣根等的提取物）	驱避
	害虫天敌（如寄生蜂、瓢虫、草蛉、捕食螨等）	控制虫害

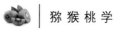

（续）

类别	物质名称	备注
Ⅱ. 微生物来源	真菌及真菌提取物（白僵菌、轮枝菌、木霉菌、耳霉菌、淡紫拟青霉、金龟子绿僵菌、寡雄腐霉菌等）	杀虫、杀菌、杀线虫
	细菌及细菌提取物（芽孢杆菌类、荧光假单胞杆菌、短稳杆菌等）	杀虫、杀菌
	病毒及病毒提取物（核型多角体病毒、质型多角体病毒、颗粒体病毒等）	杀虫
	多杀霉素、乙基多杀菌素	杀虫
	春雷霉素、多抗霉素、井冈霉素、嘧啶核苷类抗生素、宁南霉素、申嗪霉素、中生菌素	杀菌
	S-诱抗素	植物生长调节
Ⅲ. 生物化学产物	氨基寡糖素、低聚糖素、香菇多糖	杀菌、植物诱抗
	几丁聚糖	杀菌、植物诱抗、植物生长调节
	苄氨基嘌呤、超敏蛋白、赤霉酸、烯腺嘌呤、羟烯腺嘌呤、三十烷醇、乙烯利、吲哚丁酸、吲哚乙酸、芸薹素内酯	植物生长调节
Ⅳ. 矿物来源	石硫合剂	杀菌、杀虫、杀螨
	铜盐（如波尔多液、氢氧化铜等）	杀菌，每年铜使用量不能超过 $6kg/hm^2$
	氢氧化钙（石灰水）	杀菌、杀虫
	硫黄	杀菌、杀螨、驱避
	高锰酸钾	杀菌，仅用于果树和种子处理
	碳酸氢钾	杀菌
	矿物油	杀虫、杀螨、杀菌
	氯化钙	用于治疗缺钙带来的抗性减弱
	硅藻土	杀虫
	黏土（如斑脱土、珍珠岩、蛭石、沸石等）	杀虫
	硅酸盐（硅酸钠，石英）	驱避
	硫酸铁（3价铁离子）	杀软体动物
Ⅴ. 其他	二氧化碳	杀虫，用于贮存设施
	过氧化物类和含氯类消毒剂（如过氧乙酸、二氧化氯、二氯异氰尿酸钠、三氯异氰尿酸等）	杀菌，用于土壤、培养基质、种子和设施消毒
	乙醇	杀菌
	海盐和盐水	杀菌，仅用于种子（如稻谷等）处理
	软皂（钾肥皂）	杀虫

（续）

类别	物质名称	备注
	松脂酸钠	杀虫
	乙烯	催熟等
V. 其他	石英砂	杀菌、杀螨、驱避
	昆虫性信息素	引诱或干扰
	磷酸氢二铵	引诱

注：国家新禁用或列入《限制使用农药名录》的农药自动从该清单中删除。

当表14-5农药不能满足生产需求时，A级绿色食品还可以按照农药生产标签或《农药合理使用准则》（GB/T 8321）的规定使用表14-6中的农药。

表14-6　A级绿色食品生产允许使用的其他农药清单

杀虫杀螨剂			
苯丁锡	氟啶虫酰胺	硫酰氟	噻螨酮
吡丙醚	氟铃脲	螺虫乙酯	噻嗪酮
吡虫啉	高效氯氰菊酯	螺螨酯	杀虫双
吡蚜酮	甲氨基阿维菌素苯甲酸盐	氯虫苯甲酰胺	杀铃脲
虫螨腈	甲氰菊酯	灭蝇胺	虱螨脲
除虫脲	甲氧虫酰肼	灭幼脲	四聚乙醛
啶虫脒	抗蚜威	氰氟虫腙	四螨嗪
氟虫脲	喹螨醚	噻虫啉	辛硫磷
氟啶虫胺腈	联苯肼酯	噻虫嗪	溴氰虫酰胺
乙螨唑	茚虫威	唑螨酯	

杀菌剂			
苯醚甲环唑	氟吡菌胺	精甲霜灵	三乙膦酸铝
吡唑醚菌酯	氟吡菌酰胺	克菌丹	三唑醇
丙环唑	氟啶胺	喹啉铜	三唑酮
代森联	氟环唑	醚菌酯	双炔酰菌胺
代森锰锌	氟菌唑	嘧菌环胺	霜霉威
代森锌	氟硅唑	嘧菌酯	霜脲氰
稻瘟灵	氟吗啉	嘧霉胺	威百亩
啶酰菌胺	氟酰胺	棉隆	萎锈灵
啶氧菌酯	氟唑环菌胺	氰霜唑	肟菌酯
多菌灵	腐霉利	氰氨化钙	戊唑醇
噁霉灵	咯菌腈	噻呋酰胺	烯肟菌胺
噁霜灵	甲基立枯磷	噻菌灵	烯酰吗啉

（续）

杀菌剂			
噁唑菌酮	甲基硫菌灵	噻唑锌	异菌脲
粉唑醇	腈苯唑	三环唑	抑霉唑
腈菌唑			

除草剂			
二甲四氯	禾草灵	麦草畏	甜菜安
氨氯吡啶酸	环嗪酮	咪唑喹啉酸	甜菜宁
苄嘧磺隆	磺草酮	灭草松	五氟磺草胺
丙草胺	甲草胺	氰氟草酯	烯草酮
丙炔噁草酮	精吡氟禾草灵	炔草酯	烯禾啶
丙炔氟草胺	精喹禾灵	乳氟禾草灵	酰嘧磺隆
草铵膦	精异丙甲草胺	噻吩磺隆	硝磺草酮
二甲戊灵	绿麦隆	双草醚	乙氧氟草醚
二氯吡啶酸	氯氟吡氧乙酸（异辛酸）	双氟磺草胺	异丙隆
氟唑磺隆	氯氟吡氧乙酸异辛酯	唑草酮	

植物生长调节剂			
1-甲基环丙烯	2，4-D	氯吡脲	萘乙酸
矮壮素	烯效唑		

绿色食品禁用农药清单如表14-7所示。

表14-7 禁用农药和禁限用农药清单

禁限用农药	通用名	禁止使用范围
在部分范围禁止使用的农药20种	甲拌磷、甲基异柳磷、克百威、水胺硫磷、氧乐果、灭多威、涕灭威、灭线磷	禁止在蔬菜、瓜果、茶叶、菌类、中草药材上使用，禁止用于防治卫生害虫，禁止用于水生植物的病虫害防治
	甲拌磷、甲基异柳磷、克百威	禁止在甘蔗上使用
	内吸磷、硫环磷、氯唑磷	禁止在蔬菜、瓜果、茶叶、中草药材上使用
	乙酰甲胺磷、丁硫克百威、乐果	禁止在蔬菜、瓜果、茶叶、菌类和中草药材上使用
	毒死蜱、三唑磷	禁止在蔬菜上使用
	丁酰肼（比久）	禁止在花生上使用
	氰戊菊酯	禁止在茶叶上使用
	氟虫腈	禁止在所有农作物上使用（玉米等部分旱田种子包衣除外）
	氟苯虫酰胺	禁止在水稻上使用

（续）

禁限用农药	通用名	禁止使用范围
禁止（停止）使用的农药46种	六六六、滴滴涕、毒杀芬、二溴氯丙烷、杀虫脒、二溴乙烷、除草醚、艾氏剂、狄氏剂、汞制剂、砷类、铅类、敌枯双、氟乙酰胺甘氟、甘氟、毒鼠强、氟乙酸钠、毒鼠硅、甲胺磷、对硫磷、甲基对硫磷、久效磷、磷胺、苯线磷、地虫硫磷、甲基硫环磷、磷化钙、磷化镁、磷化锌、硫线磷、蝇毒磷、治螟磷、特丁硫磷、氯磺隆、胺苯磺隆、甲磺隆、福美肿、福美甲肿、三氯杀螨醇、林丹、硫丹、溴甲烷、氟虫胺、杀扑磷、百草枯、2,4-滴丁酯、甲拌磷、甲基异柳磷、水胺硫磷、灭线磷	

绿色食品生产建议使用消毒剂如表14-8所示。

表14-8 猕猴桃绿色生产中建议使用的消毒剂清单

名称	使用条件
醋	设备清洁
醋酸（非合成的）	设备清洁
乙醇	消毒
异丙醇	消毒
过氧化氢（仅限食品级的过氧化氢）	设备清洁
碳酸钠、碳酸氢钠	设备消毒
碳酸钾、碳酸氢钾	设备消毒
漂白剂	包括次氯酸钙、二氧化氯或次氯酸钠，可用于消毒和清洁食品接触面；直接接触植物产品的冲洗水中余氯含量应符合《生活饮用水卫生标准》（GB 5749—2022）的要求
过氧乙酸	设备消毒
臭氧	设备消毒
氢氧化钾	设备消毒
氢氧化钠	设备消毒
柠檬酸	设备清洁
肥皂（仅限可生物降解的）	允许用于设备和修剪工具清洁
皂基杀藻剂/除雾剂	杀藻、消毒剂和杀菌剂，用于清洁灌溉系统，不含禁用物质
高锰酸钾	设备消毒

（三）猕猴桃绿色食品生产环境条件

种植基地周边必须环境优美，无污染（包括空气质量、灌溉水的质量，一般在高山地带才有这样的环境），并按有机食品种植标准种植（即不施用化学农药和化学肥料）。

对于对外采购的食品也尽量选择通过国际或者国内认证机构认证的有机食品。

企业必须对协作种植、养殖基地和加工企业进行巡察，从源头上发现问题，以杜绝潜在的安全问题发生。

必须要通过可靠的有机食品检验测试中心，对供应商提供的有机食品进行上架前后的多次抽样检测，评估供应商的信用。

有机农业的健康原则贯穿于有机产品的生产、加工、流通和消费等各个领域，以维持和促进生态系统和生物的健康。有机农业尤其致力于生产高品质、富营养的食物，以服务于人类健康和动物福利保护。健康原则重点体现出有机产品质量的完整性，具体有以下 4 个方面的要求。

1. 健康的生产环境 高质量的有机产品首先来自健康的有机农场，由土层深厚、土质肥沃、微生物和土壤动物丰富、生命力旺盛的健康土壤，生长出健康的植物，构成多样性丰富、景观优美、功能协调的生产环境，花草散发芳香，蜜蜂、蚂蚁、蚯蚓、昆虫大量出现，一个和谐、自然、高效的生产环境是保证有机产品高质量的第一步。如果只是一味地对环境造成破坏，有机完整性将没有立足之地。

2. 适宜的作物品种 有机农场的建设要遵循"因地制宜，因时制宜，因物制宜"的原则。有机农业不仅拒绝转基因作物，以避免带来健康和生态风险，更肩负着保存当地原生种、保护当地遗传基因种子库的使命。

虽然有机农业不拒绝外来高质量种子的进入，但更主张生产和消费的本土化，以避免引种不当造成生产"全军覆没"或生物入侵等潜在风险，而这种例子在中国时有发生。因此，以当地种为主，选育适合当地环境、适宜有机种植的优良作物品种也是保证有机生产完整性的重要环节。

3. 严把加工、贮藏、流通质量关 有机产品应尽可能地少加工，保持产品营养成分的完整性和全面性，即使要加工，也只能采用生物、物理和机械的方法。当有机和非有机的产品贮存在同一仓库时，容易发生有机产品被常规产品污染的危险。为了避免可能发生的风险最好有专门的有机产品生产线和贮藏仓库。

如果不能满足这样的条件，也要做好将有机产品和常规产品分离和清洗的工作，在流通环节也最好配备有机产品专用运输车辆，如果条件达不到，则在有机产品装车前，将车辆彻底清洗，将风险降到最低。

首先，应该对所有生产场所和生产流程的风险进行评估和分析；其次，制定防止污染的措施，例如与认证机构协商制定生产场所和机器的清洗步骤；最后，由认证机构进行检查、采样和实验室分析，控制风险，确保有机产品的有机完整性。

4. 有机产品可追溯 有机产品的可追溯性要贯穿到"从田间到餐桌"整个过程，以确保消费者了解自己消费的有机产品是健康的、安全的、可靠的。因此，有机产品必须具备可追溯性。而这也给生产企业提出了更高的要求。

如果一个企业要做到生产的有机产品可追溯，必须精心准备相关文件，以应对认证机构和管理部门的严格审查。认证机构要对生产基地进行检查、认证，查明生产过程是否使用过禁用物质。

对有机转换期的判定，必须要有证据证明停止使用化学合成农用化学品的日期，并提供改良和保持土壤肥力的方法，这是有机农业的一个基本目标。

另外，追溯确认中应该包括生产基地作物的轮作计划、豆科作物和绿肥的种植、间作套种、动物粪便和其他有机肥料的使用以及保持水土等内容。

而且，在转换期也必须严格遵守有机生产的所有要求，不能使用任何禁用物质，这是有机生产的重要保障。

同时，国家认证认可监督管理委员会对我国有机产品的追溯性做出了严格的要求，建立了有机产品和有机产品认证标志使用的追溯系统，要求企业销售产品需开具销售证并建立"一品一码"追溯体系，消费者通过查询产品的有机码就能了解其全部信息，此举对于打击假冒有机产品行为、确保有机产品完整性、规范有机产品市场行为、增强有机产品消费信心具有重要作用。

二、有机农产品认证关键因子

（一）有机产品认证

根据 2019 年 11 月 6 日国家市场监督管理总局公布的有机产品认证目录，猕猴桃隶属于水果类别其他水果范围（表 14 - 9）。

表 14 - 9　有机产品认证目录（部分）

产品类别	产品范围	产品名称
水果	仁果类和核果类水果	苹果；花红（沙果）；红厚壳（海棠果）；梨；桃；枣；杏；梅；樱桃；李；山楂；枇杷；欧李（高钙果）
	葡萄	葡萄
	柑橘类	橘；柑类；橙；柚；柠檬
	香蕉等亚热带水果	香蕉；菠萝；杧果（芒果）
	其他水果	杨梅；草莓；黑茶藨子（黑豆果、黑加仑）；橄榄；猕猴桃；椰子；番石榴；荔枝；龙眼；阳桃（杨桃）；菠萝蜜；量天尺（火龙果）；红毛丹；西番莲；洋蒲桃（莲雾）；面包果；榴梿；莽吉柿（山竹）；海枣；柿；石榴；桑葚；酸浆；沙棘；无花果；蓝莓；黑莓；山莓（树莓）；越橘；雪莲果；海滨木巴戟（诺尼果）；红涩石楠（黑果腺肋花楸）；黑老虎（布福娜）；蓝靛果；神秘果；番荔枝；西瓜；甜瓜；木瓜；树葡萄（嘉宝果）；芭蕉；泡泡果

（二）猕猴桃有机生产中建议使用的物质清单

植物来源和动物来源：楝素（苦楝、印楝等提取物）、天然除虫菊（除虫菊科植物提取液）、苦楝碱及氧化苦参碱（苦参等提取液）、鱼藤酮类（如毛鱼藤）、蛇床子素（蛇床子提取物）、小檗碱（黄连、黄柏等提取物）、大黄素甲醚（大黄、虎杖等提取物）、植物油、寡聚糖（甲壳素）、天然诱集和杀线虫剂（如万寿菊、孔雀草、芥子油）、鱼尼丁、具有驱避作用的植物提取物（大蒜、薄荷、辣椒、花椒、薰衣草、柴胡、艾草）、天然酸（如食醋、木醋和竹醋等）、菇类蛋白多糖（食用菌的提取物）、蜂蜡、昆虫天敌（如瓢虫、草蛉、赤眼蜂、食蚜蝇、捕食螨等）、植物提取物复合物如诱导剂。

矿物来源：铜盐（波尔多液）、硫黄、石硫合剂、二氧化碳、高锰酸钾、矿物油、氯化钙、硅藻土、硫酸铁（3价铁离子）。

微生物来源：真菌及真菌制剂、细菌及细菌制剂、病毒及病毒制剂等。

诱捕器：物理措施（如色彩诱捕器、机械诱捕器）、粘板、杀虫灯、覆盖物（网）等。

其他：昆虫性诱剂、昆虫迷向剂等。

（三）猕猴桃有机生产中不得检出的农药种类

有机猕猴桃需要进行残留检测的部分农药种类如表14-10所示。

表14-10 有机猕猴桃需要进行残留检测的部分农药种类

农药种类	参考检测方法或相关标准	检测限
阿维菌素	GB 23200.19、GB23200.20	不得检出
吡虫啉	GB/T 20769、GB/T 23379	不得检出
氧乐果	GB 23200.113、NY/T 761、NY/T 1379	不得检出
氯氰菊酯和高效氯氰菊酯	见GB 2763中检测方法	不得检出
乙螨唑	GB 23200.8、GB 23200.113	不得检出
噻螨酮	GB 23200.8、GB/T 20769	不得检出
苯丁锡	GB 23200.8	不得检出
溴螨酯	见GB 2763中检测方法	不得检出
福美双	GB 23200.8	不得检出
腐霉利	GB 23200.8	不得检出
三唑酮	见GB 2763中检测方法	不得检出
草铵膦	GB 23200.108	不得检出

三、农产品地理标志认证关键因子

最早使用原产地这一概念对地理标志进行保护的是法国。早在14世纪，查理五世就颁发了关于洛克福奶酪的皇家许可证（王笑冰，2006年）。自1883年的《保护工业产权巴黎公约》开始，地理标志被纳入国际法律保护，至今已有百余年，在这个过程中地理标志的概念也在不断发展变化，产生了货源标记（indication of source）、原产地名称（appellation of origin）、地理标志（geographical indication）等概念，对地理标志概念理解和保护的发展完善体现在对地理标志作出规定的各个国际条约之中。

（一）我国猕猴桃地理标志申报基本情况

我国地理标志申报起源于《原产地域产品保护规定》2004年，国家质量监督检验检疫总局正式批准对苍溪红心猕猴桃实施原产地域产品保护，这是中国实行原产地域产品保护制度以来，批准保护的第1个猕猴桃产品（王馨胤，2019年）。2005年，根据中华人民共和国国家质量监督检验检疫总局令第78号，《地理标志产品保护规定》施行后，《原产地域产品保护规定》同时废止。

据初步统计，通过中国绿色食品发展中心查询，2010年至2022年2月25日在农业农村部登记的猕猴桃地理标志产品共 22 种（表 14 - 11）。通过国家知识产权局查询的猕猴桃地理标志产品共 13 种（王笑冰，2006 年），通过论文查询的猕猴桃地理标志产品共 5 种，即湘西猕猴桃、周至猕猴桃、苍溪猕猴桃、都江堰猕猴桃、西峡猕猴桃（齐秀娟，2020 年）。其中重复数据以表 14 - 11 为主，其他数据形成表 14 - 12。

表 14 - 11　猕猴桃地理标志产品登记（截至 2022 年 2 月 25 日）

序号	产品名称	所在地域	证书持有者	产品类别	登记证书编号	年份
1	建始猕猴桃	湖北	建始县益寿果品专业合作社联合社	果品	AGI00329	2010
2	沐川猕猴桃	四川	四川省沐川县农学会	果品	AGI00333	2010
3	眉县猕猴桃	陕西	眉县果业技术推广服务中心	果品	AGI00335	2010
4	水城猕猴桃	贵州	水城县东部农业产业园区管理委员会	果品	AGI01168	2013
5	奉新猕猴桃	江西	奉新县果业办	果品	AGI01687	2015
6	金寨猕猴桃	安徽	金寨县猕猴桃产业协会	果品	AGI02018	2017
7	泰顺猕猴桃	浙江	泰顺县猕猴桃专业技术协会	果品	AGI02186	2017
8	察隅猕猴桃	西藏	察隅县农业技术推广服务站	果品	AGI02238	2017
9	修文猕猴桃	贵州	修文县猕猴桃产业发展局	果品	AGI02357	2018
10	本溪软枣猕猴桃	辽宁	本溪满族自治县农业技术推广中心	果品	AGI02385	2018
11	宜昌猕猴桃	湖北	宜昌市农业科学研究院	果品	AGI02485	2018
12	周至猕猴桃	陕西	周至县农产品质量安全检验监测中心	果品	AGI02513	2018
13	西峡猕猴桃	河南	西峡县农产品质量检测站	果品	AGI02705	2019
14	凤凰猕猴桃	湖南	凤凰县经济作物技术服务站	果品	AGI02714	2019
15	黔江猕猴桃	重庆	重庆市黔江区农产品质量安全管理站	果品	AGI02735	2019
16	邛崃猕猴桃	四川	邛崃市猕猴桃产业协会	果品	AGI02736	2019
17	岫岩软枣猕猴桃	辽宁	岫岩满族自治县软枣猕猴桃协会	果品	AGI02805	2020
18	江山猕猴桃	浙江	江山市猕猴桃产业化协会	果品	AGI02860	2020
19	永顺猕猴桃	湖南	永顺县农业技术推广中心	果品	AGI02970	2020
20	兴仁猕猴桃	贵州	兴仁市农业技术推广中心	果品	AGI03040	2020
21	城固猕猴桃	陕西	城固县果业技术指导站	果品	AGI03072	2020
22	都江堰猕猴桃	四川	都江堰市猕猴桃协会	果品	AGI03498	2022

注：数据主要参考中国绿色食品发展中心网站全国农产品地理标志查询系统 http：//120.78.129.247/。

通过国家知识产权局网站进行检索，已授权的猕猴桃地理标志产品有 13 项，其中重复 6 项。还有通过知网论文查询的部分地理标志产品公告。

全国 30 个猕猴桃地理标志产品主要分布在 10 个省份，获猕猴桃地理标志产品认证前 5 位的省份有四川、贵州、陕西、湖南和湖北。其中四川最多有 7 项，贵州有 4 项，而种植面积和产量最大的陕西只有 3 项，种植面积和产量全国排名前 5 的河南只有 1 项。

表 14 - 12　猕猴桃地理标志产品

序号	名字	所在区域
1	苍溪猕猴桃	四川
2	湘西猕猴桃	湖南
3	蒲江猕猴桃	四川
4	赤壁猕猴桃	湖北
5	雨城猕猴桃	四川
6	乐业猕猴桃	四川
7	兴文猕猴桃	四川
8	郎岱猕猴桃	贵州

注：数据主要参考国家知识产权局 https://www.cnipa.gov.cn/col/col1388/index.html。

（二）地理标志产品对猕猴桃产业的影响

1. 有助原产地增值　地理标志产品具有明确的地域性，独特的生态环境造就了高品质的果品。猕猴桃一直是我国原产的特色水果产品，近年来猕猴桃主产区的产量和面积稳步增加。陈东旭研究表明，眉县猕猴桃被认定为地理标志产品后，眉县目前有 98% 的行政村种植猕猴桃，眉县耕地面积为 2.3 万 hm^2，其中猕猴桃种植面积 2.0 万 hm^2，2018年猕猴桃总产量 46 万 t，产值 30 亿元（李娟等，2019；陈东旭，2021）。

2. 可促进农民增收　地理标志的存在应该是以消费为基础的，在地理标志的注册和使用过程中，需要丰富农民生产地理标志产品的技术知识，提升产品质量，从而促进农民增收。李赵盼等人研究表明，使用地理标志能够有效提高农业经营性收入，使用地理标志后，虽然猕猴桃每公顷种植成本增加 4 380 元，但是每公顷平均产值增加 35 190 元，每公顷平均纯收入增加 30 810 元（李赵盼等，2021）。

3. 有利于本土品牌增值　地理标志产品所体现出来的产品质量、特色、品质非一般产品所能比拟，因此世界各国特别是发达国家十分重视地理标志证明商标的申请工作，它是保护本国特色产品的一种有效方法，也是农副产品走向国际市场的一条重要渠道，地理标志产品与自然因素或者人文因素密切关联，承载了世代劳动人民智慧的结晶，这决定了地理标志负载的产品蕴涵着巨大的市场潜力和无尽的财富价值。眉县猕猴桃先后被认定为国家地理标志产品、国家生态原产地保护产品，成功创建了国家级农产品地理标志示范样板，眉县猕猴桃品牌价值位居全国前列，实现品牌价值 98.28 亿元，其品牌产业效益远大于产值效益（李娟等，2019）。

4. 便于促进国内外交流　2020 年 7 月 20 日，中国与欧盟正式签署了《中华人民共和国政府与欧洲联盟地理标志保护与合作协定》（以下简称《协定》），《协定》将为双方的地理标志提供高水平的保护，有效阻止假冒的地理标志产品。在中国境内的 100 个欧洲地理标志产品和在欧盟境内的 100 个中国地理标志产品将受到保护。第 1 批地理标志产品于2021 年 3 月 1 日起受到保护，其中涉及果业的有 15 个，猕猴桃有 2 个，分别是眉县猕猴桃和苍溪红心猕猴桃。第 2 批协议清单包括水果 34 个，猕猴桃有 3 个，分别是周至猕猴桃、水城猕猴桃和修文猕猴桃。相信将来会有更多的猕猴桃地理标志产品加入进来，同时我国也会陆续和其他国家开展地理标志保护合作，不断提高我国地理标志产品的品牌国际影响力，促进中国果业国际化发展（钱开胜，2021；谢学军等，2021）。

第三节　猕猴桃"中医农业"栽培技术

一、中医农业概述

（一）中医农业概念与内涵

1. 概念　中医农业是将中医哲学原理和理论方法应用于农业生产领域，实现现代农业、生态农业、有机农业与传统中医的跨界融合，优势互补，集成创新，促进农业生产提质增效与绿色可持续发展（章力建等，2016）。应用中医思想和中医药技术、产品，结合现代科学技术、工业化生产的生产资料和现代经营管理思想与方法，创新现代农业生产方式，促进传统农业"提质、增产、增效"转型升级和绿色可持续发展，打造具有中国特色的创新型现代生态健康农业（陈凡，2017；章力建等，2017）。中医农业"尊重自然，关爱生命"，遵循自然界"相生相克、和谐共生"的生物法则、"整体协调，循环再生"的生态学原理、"以防为主，标本兼治"的发展原则，继承和弘扬国粹中医思想文化和方法原理，创新应用中医药技术和中医药农用产品（植保产品、动保产品、生物肥料、生物饲料、生物保鲜），控制化学农药与化肥的使用，促使动植物体"正本归原"和恢复原生态健康生长，真正生产出"优质、生态、营养、健康"的安全农产品，确保人们的健康生活。中医农业践行了3个重要理念："三型"农业理念，包括资源节约型、环境友好型和生态保育型农业；"三生"共赢理念，包括农业生产、农民生活、农村生态互相促进，共同提升；"三个"自然理念，包括尊重自然、顺应自然、保护自然。所以，中医农业的思想本质上与农业农村部提出的农产品"三品一标"一脉相承，目标一致。

2. 中医与农业关系　神农炎帝尝百草，疗民疾，既是中医药之祖，又教百姓种五谷，为中华民族农业之祖，故有"药食同源，农医不分家"之说（赖明，2021）。二十四节气起源于中国黄河流域，它是以该区域的天气、温度、降水和物候的时序变化为基准而形成的，为全国各地采用的农业生产时间指南（丁润锁等，2021），其将太阳周年运动轨迹划分为24等份，始于立春，终于大寒，反映了太阳对地球产生的影响。在国际气象界，二十四节气被誉为"中国的第五大发明"。五运六气学说是自然天气变化和五行运动规律融合在一起的学说。五运是指五行的运行规律，即能量传递的五行圆运动规律；六气即风、热、暑、湿、燥、寒。我们都知道一年分为4个季节，即春、夏、秋、冬。春温、夏热、秋凉、冬寒接连出现是不变的规律。特点鲜明的四季可以用六气来划分。其中，风为厥阴风木，热为少阴君火，暑为少阳相火，湿为太阴湿土，燥为阳明燥金，寒为太阳寒水。因此，五运六气划分规律又与二十四节气密不可分（彩图14-4）。

3. 阴阳五行与农业环境

（1）阴阳学说。阴阳学说核心点是辩证看待事物，一分为二看事物。凡事皆有两面性。最原始的理论是一个物体被阳光照射到的一面为阳，背向阳光的一面为阴。因此，视太阳为阳，月亮为阴，白天为阳，黑夜为阴，男为阳，女为阴等，进而引申出世界万物都具有阴阳的对立和相互消长的现象（丁润锁等，2021）。农业生产与环境也不例外，如农作物与草的关系，生物群落关系，因此通过控制阴阳平衡达到调控生态环境与作物生长的目的。

（2）五行学说。五行即金木水火土，五行学说与农业及环境密切相关，五行相生相克及与环境关系如彩图14-5所示。五行相生是基于古代先人对生产生活的认识，即水生木是作物需浇水才能生长好；木生火是秸秆或树枝可燃烧生火做饭等；火生土是荒地杂草烧掉即种作物的土地，同时烧成的草木灰也是肥料；土生金是在山地里挖开土层埋有金属矿；金生水是将挖出的矿石燃烧打造成需要的工具，用该工具打井出水，或引水，或盛水等（丁润锁等，2021）。五行相克则为，木克土是指种过作物的土地将影响土壤营养与环境（需施肥或改土）；土克水是指用土筑坝可以"规范"水流，用土蓄水，用土"规范"用水有利作物生长结果；水克火是指用水浇灭火灾，用水降温；火克金是指用火可熔化坚硬矿石制作工具；金克木是指用刀具、机械收割作物、清理杂草及修剪树体。因此，五行学说客观解释了自然规律与变化，从而可将五行学说所解释的自然规律变化应用到农业生产中。

4. 中医农业的内涵

（1）治病求本。中药解决问题的原则是治病求本。中医农业不是简单的中医与农业结合，如防治作物病虫害，并不是简单地按照化学农药防治方式，将中药熬制液或杂虫（菌）有效成分提取液对着作物一喷即可，这种方式也许开始几次有效果，但随着使用次数增多，药效不断降低（郑真武等，2021）。因此，中医农业在将中药应用到植物上时，必须找到人和植物的结合点，治病求本，植物的根就是本，治植物病害须从治根开始。如苹果钻心虫危害果实，难于防治，采用叶喷中药组方防治效果也不佳，采用灌根处理，通过根系将药吸收至果实中，虫因受不了中药味道而被驱离，防治效果理想（郑真武等，2021）。

（2）整体论治与辨证论治结合。整体论治是群体化治疗手段，是放之四海皆准的，就算正常用药也有利于植物健康生长，如促进植物光合能力增强、生长健壮、提高植物抗性与免疫力的制剂，光谱性植物源杀菌剂，害虫趋避剂等。

辨证论治是个体化治疗手段，是一症对应一方，如果不对症，则不仅无药效，而且还有副作用。因此，在治体时，需在整体论治的原则上，结合一些个体化治疗手段，即实现整体论治与辨证论治的有机统一。如采取化学杀虫剂防治棉铃虫，棉铃虫产生抗药性，防治效果差。辨证论治，改杀虫为避虫，采用中医的泄下药材，虫吃后则腹泻脱水，不再吃棉铃（郑真武等，2021）。

（3）治未病，防治为主。中医治未病是指在疾病未发生前采取相应措施，防止疾病的发生和发展，包括未病先防、既病防变和病愈防复3层含义，其中未病先防最重要。

未病先防是在还未生病前进行调理、调养，让人不生病，少生病，生病以后可以尽快好，不会继续加重。中医农业是用中医思路指导农业，重在未病先防，以预防为主，通过中医农业技术应用，使作物达成自身平衡，回归自然状态。如采用相生相克原理使用17味中药，促使危害芹菜幼苗的蜗牛原地不停吐水而亡；利用中药组方气味驱赶小麦叶螨；冬季土壤用中药组方处理干扰驱赶金龟子跑出土面，以期冻死或改变其生命周期，以治之（郑真武等，2021）。

（4）驱邪扶正，扶正为全，虚则补其母。中医的手段和方法都围绕"补（扶正）、通（驱邪）"来"提升自主识别和调节平衡功能"的核心目标进行，中医农业则遵循"虚则补其母"原则，对现象和问题追根溯源，即"果实—植物—土壤—生物多样性—土壤疏松度和养分"，从而实现传统中医和现代农业在理论（道）和方法技术（术）两个层面上的融合升级（况国高等，2022），达到"减肥减药控害不减产，提升肥力、植物健康"目标。因此，中医农业不是纯中药农业或中药制剂应用农业，其核心是中医理论和思维方式在农业中的应用。

5. 中医农业的特点 中医农业有系统性、综合性及整体性 3 大特点。

（1）系统性。即强调农业生态系统及生物体各部分的内在联系，以保持农业内部各组成部分之间的相对稳定和谐。要求对产地水、土、气等的污染进行综合防控和改善，利用中医农业投入品实现农业的绿色防控，以促进动植物健康生长，保障农产品的质量安全。

（2）综合性。即形成多方面多层次的复合效应，也就是通过综合手段进行综合调理，达到综合效果。在进行栽培技术综合调控的同时将生物元素和其他天然元素组合搭配，应用在田间生产上，不仅可以改善土壤环境条件，及时补充植物生长所需的营养成分和活性物质，促进植物健康生长，而且还促进了作物次生代谢以产生化感物质增强植物抗逆性、抗病性，并提高产品的营养水平及口感。同时，可解决作物种植重茬病及有机农产品生产中病虫害难以防治、产量低的瓶颈问题。

（3）整体性。即作用范围是整体的、全部的，是基于中医健康循环理论的所有生产单元和种养循环链的全覆盖。要求利用动植物、微生物等生物群落间相生相克的机理创建动植物自然生态循环系统，以促进动植物健康生长。

（二）中医农业技术体系

1. 中医农业的主要技术层面 中医农业主要包括中医农业投入品生产、农业生态循环、种养技术模式集成 3 个技术层面。

（1）基于中草药配伍原理生产农药兽药、饲料肥料以及天然调理剂，即中医农业投入品生产。这是中医农业技术的基本层面，它是用中医技术优化农业生产实践。已经研制成功的产品广泛应用于种植业和养殖业。例如，植物保护液既可以提供营养，又可以防治病虫害，其有效成分为全新的生物活体，可以使作物恢复到健康生长状态，减少有害生物对作物的侵害，可以提高作物的抗病能力和调节作物健康生长，能增强作物的抗逆性，达到优质、高产的目的，连续使用不会产生抗性，不破坏生态环境。

采用发酵提取技术，萃取中草药物质，制成生物肥料，不仅可使玉米、大豆、小麦、水稻增产，而且可提高产品品质，利用中草药、微生物等制成的功能性微生物菌肥，不仅可以改善土壤板结，有效促进作物根系发育，提高作物产量与品质，而且菌种繁殖过程产生大量多种活性强的代谢产物，能与土壤农药残留及重金属产生螯合物，使其不被植物吸收，具有降低农产品农残与重金属含量的作用（刘立新等，2018）。

（2）基于中医相生相克机理，利用生物群落之间交互作用提升农业系统功能。这是中医农业技术的中级层面，利用中医思维和方法来协调农业生产思路。当前，大面积单一作物种植是造成农田病虫害和土壤养分失衡的主要原因。通过带状种植，既不影响机械化操作，又可以实现农田生物多样化，并可以提升农业系统功能，从而达到减轻病虫害、自然培肥土壤的目的。目前，中医农业基地在这方面有成熟的模式。例如，在安徽黄山中医农业基地的茶园里，采用乔灌草立体种植，利用动植物、微生物等生物群落驱虫、杀虫、引虫、吃虫；茶园种植的草本植物具有很强的生命力，能够抑制杂草生长，无须使用除草剂；利用茶叶的吸附性和喜欢适度遮阳的特点，种植有香味的植物为茶叶增香，又可以为茶树适度遮阳，为茶树创造一个适宜的健康生态环境。

（3）基于中医健康循环理论集成农业生态循环种养技术模式。这是中医农业技术的高级层面，它是用"中医整体观"来提升农业生产布局，实现天人合一，人和自然的和谐相处。例如，动植物生态链环转化技术将全域营养源经过多重生物转化，借助多种生物体自身纯天然的生物降解、合成、富集和沉积作用等转化形成综合营养素体系；应用新型高效活性生物技术生产无激素、无抗生素的生物饲料进行畜禽养殖，加上农业废弃物秸秆膨化发酵饲料的配合喂养，可以形成生态可持续发展的农业种养良性循环高效模式。

种养结合是种植业和养殖业联系密切的生态循环农业模式，作为初级生产的种植业能为养殖业提供牧草、饲粮等基础物质，实现物质和能量由植物转换传递到动物，同时消纳养殖业废弃物。养殖业是次级生产，除了满足人们对肉、蛋、奶等的物质需求外，产生的粪污还能为种植业提供养分充足的有机肥源，养殖业依赖并受制于种植业，二者相互依存，关系紧密。各生产要素合理搭配、互利共存，使农业生态系统自我修复、自我调节的能力不断提升，夯实农业生产稳定持续发展基础，既能保护农业生态环境，又可推动农业循环经济发展，从而使农业增产，农民增收，农村人居环境得到改善。生态循环栽培模式是指以大农业为出发点，按照"整体、协调、循环、再生"的原则，全面规划，调整和优化农业结构，使农、林、牧、副、渔各业综合发展，并使各业之间互相支持，相得益彰，提高综合生产能力。全球重要农业文化遗产中，我国的"桑基鱼塘""稻鸭共生体系""稻鱼共生体系"都显示了我国很早就能很好利用生态循环思想发展农业。当今，利用发酵鸡粪和新鲜鸡粪喂养的猪比对照组的猪平均日增重121g和96g，利用鸡粪喂猪可使猪的瘦肉率提高2%~4%。鸡粪喂猪可以减少饲料消耗、降低饲料成本。以每头肥育猪最少节约饲料30kg，饲料按每千克0.55元计，即每头肥育猪降低饲料成本16.50元。以全场年出栏肥育猪（种猪、商品猪除外）7 000头计，每年全场节约饲料经费达11.55万元。这种生物能多层次利用运用了生态学上食物链原理及物质循环再生原理，在自然生态系统中生产者、消费者与还原者组成了平衡的关系，因此系统稳定，周而复始，循环不已。

2. 中医农业种植技术

（1）生态控制技术。重点推广抗病虫品种，优化作物布局，培育健康种苗，改善水肥管理，改善园区生态环境，保护园区生物群落结构，维持园区生态平衡，增加园区有益天敌种群数，并结合农田生态工程、立体种植、生草覆盖、作物间套种、天敌诱集带等生物多样性调控与自然天敌保护利用等技术，改造病虫害发生源头及滋生环境，人为增强自然控害能力和作物抗病虫能力。

根据自然条件，因地制宜，选择抗病、优质、耐贮运、商品性好、口感好、适合市场需求的优良品种。同时，重视园地土壤改良，增施有机肥与生物菌肥；冬季采果后，宜翻松土壤表层，减少病虫源；注重冬季清园，结合松土降低病虫越冬基数，减少病虫危害；

生长季合理整形修剪,保证树冠通风透光(彩图 14-6)。

(2)病虫害生物防治技术。重点推广应用以虫治虫、以螨治螨、以菌治虫、以菌治菌等生物防治技术,加大赤眼蜂、捕食螨、苏云金芽孢杆菌、绿僵菌、白僵菌、微孢子虫、蜡样芽孢杆菌、枯草芽孢杆菌等成熟产品的示范推广力度,积极开发植物源农药、农用抗生素、植物诱抗剂等生物生化制剂应用技术。

①释放捕食螨。如每年 4—8 月果园投放捕食螨,每公顷 1 500 袋,树冠直径在 1.5m 左右的,在树的中部挂 1 袋,可捕食果树叶螨和锈壁虱,达到以虫治虫的目的。

②以菌治虫,以菌治病。利用苏云金芽孢杆菌、绿僵菌、白僵菌等生物防治病虫害(彩图 14-7)。防治对象为直翅目、鞘翅目、双翅目、膜翅目、鳞翅目害虫。

③以虫治虫。释放寄生蜂、瓢虫、草蛉、蜘蛛、螳螂等果园害虫天敌。这些天敌经室内人工大量饲养后释放到果园,可控制相应的害虫。寄生蜂如赤眼蜂可用于防治果园吸果夜蛾和斜纹夜蛾等,缨小蜂可防治果园小绿叶蝉;瓢虫和草蛉可用于防治果园蚜虫(彩图 14-8)。

(3)病虫害物理防治技术。

①杀虫灯杀虫。应用太阳能频振式杀虫灯诱杀猕猴桃果园的吸果夜蛾、斜纹夜蛾、枣尺蠖等害虫成虫。技术要点:根据果园土地平整度及果园害虫数量,控制在 2~3.3hm^2 安装一盏诱虫灯。

②诱虫色板杀虫。应用诱控技术诱杀果园害虫,利用果树害虫对颜色的偏嗜性,采用诱虫黄板控制斑衣蜡蝉、小绿叶蝉、黑尾大叶蝉等害虫。技术要点:每公顷悬挂诱虫色板 300 余张。

③多功能害虫诱捕器杀虫。利用果园害虫本身的生物习性,集成色诱、性诱、饵诱技术于一体,3 种技术的集成可提升诱集效果,通过多次更换色板、诱芯、饵料达到持续诱捕多种害虫的目的,实现绿色防控。技术要点:安装数量为每公顷 150 个;安装高度为诱捕器下缘高出猕猴桃架平面 20cm。诱虫色板视表面的粘虫数量及粘性程度,将色板内侧面置换到外侧面;害虫饵料可每隔 15d 左右更换 1 次;性诱剂诱芯悬挂距药液 2cm 左右,每隔 30d 左右更换 1 次。

(三)中医农业的应用与作用

中医不仅能医治人类的疾病、保障人类的健康,而且其原理和方法对所有动物乃至所有植物都有医治病虫害、促进健康生长的作用,并能有效改善农产品产地环境。尽管中医原理和方法在我国农业上有很早的应用,但很长一段时期由于依赖化学农业而忽略了中医原理和方法在农业上的作用。近年来,我国农业科技工作者进行了大量相关研究与实践工作,取得了许多成果和经验。加大中医原理和方法在农业上的应用,加快发展中医农业是我国农业可持续发展的必然选择。

目前许多地方化学药剂的使用给农业生态系统造成了很大破坏,这给中医农药在农业上的应用提供了难得的机会(张杰等,2019)。例如,由于果蔬连作面积的不断扩大,生产集约化程度越来越高,危害生产的病虫害也越来越严重,病虫的抗药性越来越强,再加上化学农药甚至是高毒农药的不合理使用,不仅破坏了作物的根系,也破坏了土壤中有益微生物的生存环境,打破了土壤平衡,造成恶性循环,致使病虫害防治越来越难。在这些地方，迫切需要使用中医农药进行绿色防控。中医农业可以在农用药物、饲料和肥料 3 个领域广泛应用，即利用中医原理和方法将动植物以及其他生物元素和天然矿物元素制成农药、兽药、饲料和肥料。诸多研究和实验证明，利用中草药、微生物等制成的肥料、农药和饲料，既可改善农产品的产地环境，又可保障农产品的优质高产（王秀，2014）。例如，有研究表明一些功能性微生物菌肥，能有效促进作物根系发育，具有很好的改善土壤板结的作用，同时菌肥的菌种在繁殖过程中可产生大量多种活性强的代谢产物，还能与土壤中农药残留及重金属产生螯合物，使其不被植物所吸收，有利于解决农产品重金属超标问题。再如，农业科研人员已成功研究利用微生物菌肥来减少水稻田里温室气体甲烷的排放。另有研究证明，从多味中草药中萃取的生物制剂不仅可以补充植物生长所需的营养成分和活性物质，而且可为植物提供全程保健和病虫害有效防治，可逐步取代化学农药、化学肥料的使用，逐步改善土质、水质和生态环境，目前在水稻、果蔬、茶等农作物上应用，取得了明显的效果（王仁才等，2021；况国高等，2022）。利用发酵技术，萃取中药中的有效物质制作成肥料，既能提高农作物的产量，又可有效提高品质。目前，中医农业技术应用主要体现在 3 个方面，即用中草药生产农药和兽药促进动植物生长；用中草药搭配天然营养元素生产肥料和饲料促进动植物生长；利用功能性的动植物与其他生物群落之间相生相克的机理调节动植物生长。具体应用与作用体现在以下几个方面。

1. 中草药促进植物健康生长 文献资料及大量实践证明中草药制剂对促进植物健康生长效果明显。植物是活的生物体，也具有五体，根主水，茎主木，尖主火，叶主土，花果主金。植物五体功能活动的能量基础是精气，精属阴，气为阳。精有花粉、绿汁、水津、黏液之分。气有营气、卫气、元气之别，营气主营养，卫气抗外邪，元气决属性。中草药可以协调五体，平衡精气。

2. 种植中草药改善植物生长环境 利用中草药与其他生物群落之间的相生相克机理可优化植物生长环境。大面积单一作物种植是造成农田病虫害和土壤养分失衡的主要原因。通过农田种植中草药等生物多样化方式提升农业生态功能，可达到减轻病虫害、自然培肥土壤的目的。例如，在茶园里，通过种植中草药等特种植物，吸引有益动物和微生物，驱虫、杀虫、引虫、吃虫；在稻米产区，在田埂边种植特定植物可以在不用农药的情况下保持水稻不发生病虫害，达到优质高产的目的。

3. 中草药防治植物病虫 将中草药加工成制剂，采用地上喷施、根部冲施以及土壤埋施的方法，可以防治植物病虫害。相关文献阐明，中草药制剂可以提高作物的抗病力、抗逆性，提高酶活性，诱导抗病基因，调节作物健康生长，减少化学农药的使用，达到优质、高产的目标。有报道称，采用中药复方抑菌剂可以治疗烟草黑胫病，促进发生黑胫病的烟草恢复生长，其作用机制为烟草病株用药 4 次后，中药复方抑菌剂上调病害相关调控及营养代谢基因 176 个，涉及 23 个代谢途径、100 个调控通路，诱导表达 3 094 个基因，具有多靶标、多位点、全局性、系统性调控的特点。在系统性启动防控病害及促生机制获得效果后，植物的代谢产物多为维生素、氨基酸、风味物质和养生功能物质。抑菌剂"治养合一"的作用机制是中医"标本兼治"理论的充分体现。通过化学及生物学研究初步明确了抑菌剂中正丁醇、乙酸乙酯、石油、水层 4 个萃取液的化学成分及相应的作用机制。4 个部分的协同机制生动诠释了中药复方中"君臣佐使"的中医理论，验证了中医农业技术的理论科学性。

4. 中药肥的应用　中草药制剂型农药和肥料同时具备防治作物病害和补充营养的作用，在施用中大多是药肥一体化，故通常被称为中药肥。中药肥可对作物产生医养结合的效果。所谓医，就是修复作物伤口，促进伤口愈合；所谓养，就是使叶片蜡质层厚实，皮孔小，抗日灼，果实表面光泽好，光洁度高。病原菌主要通过皮孔和伤口侵染作物，引发病害，中药肥可解决这个问题，从而从源头起到预防病害的效果。中药肥施用不是一定等作物有病的时候，在没有发病的时候施用可以预防病虫害，更重要的是促进作物健康生长。中药肥来源于自然，仍保持着各种成分的自然状态和生物活性，可以激发调节作物体内抗病因子，提高作物抵抗疾病的能力和免疫功能（周利娟等，2012，2017）。

同时，中药肥具有改良土壤、促进根系生长、增加植株叶片叶绿素含量、提高微生物肥料效果等作用。中药肥可以在土壤里创造适合微生物生存的环境并提供适宜的养分，有利于恢复土壤微生物群落；中药肥可以与土壤重金属等污染物络合，从而钝化其污染；中药肥可以提高土壤有机质含量，改善土壤团粒结构和酸碱度。中药肥有利于恢复并提高土壤活性。根系周围的菌丝体可以帮助植物吸收土壤中的水分和营养物质，有利于农作物生长。但化学肥料会破坏植物的菌丝体，化学农药会杀死菌丝体，而中药肥有利于植物菌丝体的恢复。例如，施用过中药肥的植株根系发达，成活率提高，施用过中药肥的萝卜、马铃薯等块茎变大。中药肥增加叶片的叶绿素含量效果显著，试验显示，猕猴桃叶片中叶绿素 a 和叶绿素 b 的含量比未处理的提高了近一倍。在施用过中药肥的猕猴桃、葡萄果园中，果实采摘时树体叶片仍然是绿色的，而没有施用过中药肥的果园叶片已经枯黄。中药肥能在土壤中形成适合微生物生存的生态环境并提供适宜的养分，从而促进土壤中微生物群落的形成，大幅度提高微生物肥料的效果。中药肥中的活性物质能促进作物健康代谢和营养吸收，因此能提高其他肥料的效果。

5. 中医农业投入品的应用　中医农业投入品可提高农产品品质，延长产品货架期，减少农产品产地环境污染。中医农业投入品能使农产品在口感、外形、色泽方面具有优势。试验表明，中草药饲料添加剂配方中的挥发性成分能提高鸡肉的 26 种风味成分，同时还有助于提高肉的色泽，改善胴体品质，提高肌肉黏着效果，可使鸡肉含水量降低、蛋白质含量提高、腹脂率降低、肌间脂肪含量提高、血胆固醇含量降低、血脂降低。试验发现，中草药被吸收后，经血液循环可作用于肌肉、蛋、奶，从而改进产品质量。许多中草药成分能直接破坏胆固醇在动物机体组织中的形成，从而减少人们对动物源性食品中胆固醇引起心脑血管疾病的担忧。中医农业投入品中含有生物活性物质，能明显增强农产品的保鲜性，延长货架期。如生产中施用过中药肥的蔬菜与未施用过的蔬菜相比，在常温自然条件下的保鲜性明显增强；饲喂过中草药制剂的鸡下的蛋与未饲喂过的鸡下的蛋，分别打开放在碗里比较，发现过一段时间后没有饲喂过中草药制剂的鸡蛋黄已散开，而饲喂过中草药制剂的鸡蛋黄还是圆的。中医农业投入品能被动植物充分代谢，不同于化学投入品在秸秆、粪便等农业有机废弃物中形成有害残留。另外，在土壤和水中，中医农业投入品还能促进微生物分解污染物，或者对一些重金属污染物进行钝化，削弱其污染强度。

二、中医农业技术在猕猴桃生产中的应用

猕猴桃由于营养价值高、风味独特而深受消费者喜爱，加之其对种植生态环境要求较高，所以易形成绿色有机产品，因此其产业得到迅速发展。但同时猕猴桃园地选择不当、建园标准低、化肥农药滥用、农残超标等问题也严重影响猕猴桃的绿色有机生产。近年来在猕猴桃绿色、有机产品生产的研究与应用中融入中医农业技术，取得了较好的成果。

（一）猕猴桃主要病害绿色防治

近年来，猕猴桃溃疡病、褐斑病、花腐病的发生成为限制猕猴桃产业发展的主要因素，特别是猕猴桃溃疡病为目前尚无法根治的一种病害，对产业危害极大。因此，将中医农业技术应用于病害绿色防治的研究成为当今热点。

1. 溃疡病的绿色防治　猕猴桃溃疡病主要病原菌为丁香假单胞菌猕猴桃致病变种（*Pseudomonas syringae* pv. *actinidiae* psa）（翟晨风，2019），病原菌主要侵染植株的茎秆和叶，植株感病后木质部局部溃疡、腐烂，严重时可环绕茎秆引起树体死亡。病原菌对温度较为敏感，15℃左右适合病原菌生长，当温度超过25℃时，该病菌便受到抑制。

（1）中草药提取物抑菌剂的筛选。贺富胤等（2022）研究发现，在40余种中草药提取物中，猕猴桃溃疡病病原菌对丁香、黄芩、广藿香、石菖蒲4种中草药的丙酮提取液特别敏感（表14-13），上述4种中草药的丙酮提取液的抑菌圈直径均在20mm以上，抑菌效果较好。

表14-13　猕猴桃溃疡病病原菌对中草药丙酮提取液的敏感度

中草药名称	抑菌直径（mm）	敏感度	中草药名称	抑菌直径（mm）	敏感度
姜黄	11.9±0.5	++	萆薢	7.4±0.1	—
车前草	11.5±0.4	++	虎杖	12.2±0.6	++
桑叶	10.2±0.1	+	大蒜	19.9±0.5	+++
松针	10.0±0.1	+	银杏叶	14.4±0.1	++
小蓟	12.8±0.3	++	乌蕨	18.4±1.0	+++
龙葵	14.0±1.0	++	金毛狗脊	8.9±0.2	—
构树叶	10.1±0.1	+	甘草	16.3±0.5	+++
夹竹桃叶	10.1±0.1	+	香茅	9.0±0.3	—
五味子	10.2±0.2	+	八角	14.4±0.2	++
酸藤果	14.9±0.2	++	射干	16.3±0.3	+++
睡莲	0	—	黄精	14.5±0.5	++
翠云草	10.1±0.5	+	莪术	13.7±0.1	++
草木樨	8.6±0.1	—	孜然	17.2±1.5	+++
柿	7.4±0.1	—	棕榈	0	—
白术	11.5±0.4	++	辣椒	12.8±0.2	++

（续）

中草药名称	抑菌直径（mm）	敏感度	中草药名称	抑菌直径（mm）	敏感度
决明子	9.9±0.1	—	枳壳	13.2±0.3	++
川芎	14.0±1.0	++	苦参	10.3±0.9	+
樟	8.9±0.4	+	薄荷	5.5±0.1	—
铁线蕨	12.5±0.8	++	花椒	10.1±0.8	+
独活	17.5±0.5	+++	艾蒿	5.7±0.4	—
博落回	12.2±0.6	++	苦丁茶	15.4±0.5	+++
干油菜	19.7±1.2	+++	苍术	11.5±1.0	++
芫荽	8.9±0.1	—	石菖蒲	22.2±1.4	++++
大黄	15.1±1.0	+++	黄芩	26.3±1.7	++++
广藿香	23.0±2.0	++++	鱼腥草	0	—
芍药	16.7±1.2	+++	栀子	16.5±0.8	+++
桂皮	19.2±0.5	+++	牡丹皮	19.9±0.3	+++
荆芥	0	—	玉米须		
青蒿	13.2±0.2	++	玉兰	7.7±0.2	—
丁香	20.1±0.7	++++	鸡骨草	8.2±0.1	—
胡椒	18.1±0.7	+++	枇杷	14.3±0.2	++
凤尾蕨	16.6±0.8	+++	柠檬	16.5±0.7	+++
皂角刺	16.7±1.1	+++	胡椒	18.1±0.7	+++
五加皮	18.8±0.9	+++	苦瓜	10.5±0.3	+
臭椿	8.2±0.4	—	黄连	10.5±0.1	+
细辛	18.5±0.4	+++	绵马贯众	19.9±0.8	+++
紫荆	16.5±1.1	+++	花生壳	8.2±0.1	—
菠萝叶	0	—			
荜茇	16.5±0.4	+++			
蒲公英	11.8±0.4	++			

注：—，表示无抑菌效果，表现为不敏感。++++，表示抑菌效果非常好，表现为特高敏。+++，表示抑菌效果比较好，表现为高敏。++，表示抑菌效果一般，表现为中敏。+，表示几乎无抑菌效果，表现为低敏。所有样品供试浓度均为质量浓度 1.0g/mL。

（2）不同中草药提取物及复配物的处理对溃疡病的大田防治效果。贺富胤（2021）利用喷雾法对田间猕猴桃患病植株进行不同中草药提取物及复配物的防治处理，以中草药复配物原液的防治效果最好，病斑治愈率高达 95%（表 14-14）；利用涂抹法对感病猕猴桃植株进行防治处理，从表中病斑治愈率的数据可以发现，仍以中草药复配物原液对病斑的治愈率最高，达到了 95.45%；采用灌根处理，其中中草药复配物 100 倍稀释液的防治效果最明显，发病率最低，为 28.57%，病情指数也最低，仅有 11.38，然后是 20% 噻菌铜的 400 倍稀释液和黄芩提取液 100 倍稀释液。

表 14 - 14　不同处理下溃疡病的大田防治效果

药剂名称	稀释倍数	喷雾处理		涂抹处理		灌根处理	
		治愈病斑数	病斑治愈率（%）	治愈病斑数	病斑治愈率（%）	发病率（%）	病情指数
20%噻菌铜	400	23	71.88	30	83.33	31.57	13.12
春雷霉素	400	21	67.74	27	81.82	41.18	13.89
黄芩提取液	—	17	80.95	17	85.00	未测	未测
黄芩提取液	50	13	65.00	16	72.73	未测	未测
黄芩提取液	100	10	45.45	12	42.86	33.33	13.21
黄芩提取液	400	3	8.57	1	3.70	43.75	14.31
石菖蒲提取液	—	17	77.27	17	80.95	未测	未测
石菖蒲提取液	50	13	65.00	14	66.67	未测	未测
石菖蒲提取液	100	12	48.00	13	34.21	41.67	13.37
石菖蒲提取液	400	2	5.88	0	0	46.66	14.34
中草药复配物	—	19	95.00	21	95.45	未测	未测
中草药复配物	50	16	80.00	21	84.00	未测	未测
中草药复配物	100	16	69.57	19	79.17	28.57	11.38
中草药复配物	400	8	23.52	11	36.67	40.00	13.12
无菌水	—	0	0	0	0	46.66	22.31

2. 褐斑病的绿色防治　猕猴桃褐斑病的病原菌为叶点霉菌（*Phyllosticta capitalensis*）和多主棒孢菌（*Corynespora cassiicola*），常危害猕猴桃的叶片和果实（邹玉萍，2022）。

（1）中草药提取物筛选。邹玉萍（2022）发现 7 种中药材对褐斑病病原菌的生长有抑制作用（表 14 - 15）。

表 14 - 15　叶点霉菌、多主棒孢菌在不同中药丙酮提取物培养基上的生长情况

提取中药材	叶点霉菌		多主棒孢菌	
	菌落净生长直径（mm）	相对抑菌率（%）	菌落净生长直径（mm）	相对抑菌率（%）
空白	42.58±1.73a		44.27±1.20a	
对照（丙酮）	41.69±0.96a	2.36±2.55f	43.46±1.15a	1.82g
大黄	24.37±1.97c	48.45±5.24d	29.64±0.96bc	33.04ef
丁香	16.81±0.56e	68.59±1.49b	21.12±2.42ef	52.30bc
皂荚	33.80±3.39b	23.36±9.01e	25.90±1.18cd	41.50de
广蛇葡萄	19.51±0.93de	61.38±2.48c	14.86±1.80g	66.43a
荆芥	21.99±2.41cd	54.79±6.40cd	31.38±6.66b	29.12f
黄芩	13.75±0.82f	76.72±2.18a	17.80±1.41fg	59.79ab
石菖蒲	21.88±1.31cd	55.08±3.50c	22.88±0.93de	48.31cd

注：不同小写字母表示各处理在 5%水平上差异显著。

其中病原菌在黄芩、丁香、广蛇葡萄丙酮提取物培养基上，菌落净生长直径较小，并且黄芩、丁香、广蛇葡萄对叶点霉菌的抑制效果高于对照与其他 4 种中药丙酮提取物，抑制率均达到 60％以上。选用广蛇葡萄、黄芩、丁香丙酮提取物进行复配试验。

（2）中医农业进行褐斑病绿色防治田间试验。采用中草药丙酮提取物、复配物、生物农药及其不同组合处理，分别对病株进行叶面喷施和灌根处理。邹玉萍（2022）发现多抗霉素和苯甲吡唑酯防治效果极其显著，防治效果分别为 80.91％和 78.20％（表 14 - 16）。然后为处理 11、处理 8 和处理 13，药剂防治效果分别为 68.92％、64.77％、64.54％。处理 5 复配物和处理 7 中生菌素防治效果也较好，分别为 53.80％和 52.78％。其他处理组相对防治效果较差，均低于 50％。

表 14 - 16　褐斑病大田防治效果

打药时期	5月中下旬	6月初	6月中下旬	病情指数	相对防治效果（％）
处理 1	25％吡唑醚菌酯	25％吡唑醚菌酯	25％吡唑醚菌酯	20.10±2.97	42.73
处理 2	啶氧丙环唑	啶氧丙环唑	啶氧丙环唑	25.68±4.20	26.83
处理 3	70％甲基硫菌灵	70％甲基硫菌灵	70％甲基硫菌灵	20.58±5.96	41.38
处理 4	苯甲吡唑酯	苯甲吡唑酯	苯甲吡唑酯	5.25±1.84	78.20
处理 5	复配物	复配物	复配物	25.62±4.09	53.80
处理 6	多抗霉素	多抗霉素	多抗霉素	3.30±1.38	80.91
处理 7	中生菌素	中生菌素	中生菌素	16.19±5.69	52.78
处理 8	吡唑醚菌酯＋乙蒜素	吡唑醚菌酯＋乙蒜素	吡唑醚菌酯＋乙蒜素	10.37±1.92	64.77
处理 9	复配物＋乙蒜素	复配物＋乙蒜素	复配物＋乙蒜素	22.78±2.02	35.09
处理 10	中生菌素	乙蒜素	复配物	20.79±1.49	40.78
处理 11	70％甲基硫菌灵	乙蒜素	复配物	10.91±1.66	68.92
处理 12	枯草芽孢杆菌	枯草芽孢杆菌	枯草芽孢杆菌	25.29±3.60	39.34
处理 13	枯草芽孢杆菌＋多黏类芽孢杆菌	枯草芽孢杆菌＋多黏类芽孢杆菌	枯草芽孢杆菌＋多黏类芽孢杆菌	12.45±1.57	64.54
处理 14	清水	清水	清水	33.57±2.97	—

注：复配物是指黄芩、丁香、广蛇葡萄等丙酮提取物按照一定比例复配所得产物。

3. 花腐病的绿色防治　张纪龙（2022）发现，猕猴桃的花腐病病原菌之一为绿黄假单胞杆菌（*Pseudomonas viridiflava*），常危害猕猴桃的花朵。通过采用中草药复配物、生物农药及其不同组合对病株进行叶面喷雾与灌根处理。研究发现处理 1（中生菌素）与处理 7（中草药复配提取液）防治效果相当（表 14 - 17），而处理 8 和处理 9 采用微生物菌剂防治效果较差，都未超过 50％。而处理 2 防治效果最低，仅有 38.42％；采用综合处理的防治效果较好，均达到 60％以上。

表 14-17　猕猴桃花腐病大田防治效果

处理	萌芽期	开花前 15d	开花前 5d	病情指数	相对防治效果（%）
处理 1	中生菌素	中生菌素	中生菌素	11.07	54.69
处理 2	春雷霉素	春雷霉素	春雷霉素	14.80	39.40
处理 3	噻菌铜	噻菌铜	噻菌铜	11.97	51.01
处理 4	腐霉利	腐霉利	腐霉利	13.58	44.40
处理 5	噻霉酮	噻霉酮	噻霉酮	7.62	68.79
处理 6	春雷·噻霉酮	春雷·噻霉酮	春雷·噻霉酮	10.09	58.67
处理 7	中草药复配提取物	中草药复配提取物	中草药复配提取物	11.56	52.68
处理 8	多黏类芽孢杆菌（灌根）	多黏类芽孢杆菌（灌根）	多黏类芽孢杆菌（灌根）	15.05	38.42
处理 9	多黏类芽孢杆菌（灌根＋喷雾）	多黏类芽孢杆菌（灌根＋喷雾）	多黏类芽孢杆菌（灌根＋喷雾）	14.02	42.61
处理 10	噻菌铜	噻霉酮	春雷·噻霉酮	9.01	63.10
处理 11	噻菌铜	噻霉酮＋氯溴异氰尿酸	春雷·噻霉酮＋氯溴异氰尿酸	7.15	70.73
处理 12	噻菌铜	噻霉酮＋腐霉利	春雷·噻霉酮＋腐霉利	9.56	60.88
处理 13	清水	清水	清水	24.43	—

4. 黑头病的绿色防治　李静静等（2021）分别在冬至、惊蛰和夏至用中草药复配剂广谱型＋驱虫型灌根，并用电子纳米碳叶面喷雾。研究发现，经过中草药复配剂处理后，猕猴桃患黑头病的数量及病情指数显著降低。

（二）猕猴桃果实绿色防腐保鲜

猕猴桃是一种呼吸跃变型水果，其果实不耐贮运，采后易受真菌感染。常用化学保鲜剂易造成化学试剂残留影响食品安全，因此采用中医农业投入品的猕猴桃果实绿色贮藏保鲜技术研究应用尤为重要。

1. 中草药提取物的抑菌研究　猕猴桃软腐病病原菌主要是间座壳菌（*Diplodia mutila*）和葡萄座腔菌（*Botryosphaeria dothidea*）（石浩等，2021）。

石浩（2020）进行中草药提取物抑菌试验，发现丁香、八角、零陵香、黄芩、油茶粕、广藿香、菖蒲、迷迭香、黄连、凤仙透骨草、山苍子、肉桂、青蒿等植物的丙酮提取物具有较强的抑菌效果，抑菌圈的直径均在 15mm 以上（表 14-18）。同时，细辛、葡萄籽、川芎、苦楝、毛蕨、苦参、海金沙、大黄、麻黄根、孜然、皂角刺、荆芥、独活、杜仲、五加皮等植物丙酮提取物的抑菌效果也较好，抑菌圈直径均在 10mm以上。

表 14 - 18 不同中草药丙酮提取物对软腐病病原菌的抑制效果（96h）

植物提取物	抑菌圈的直径（mm）	
	间座壳菌	葡萄座腔菌
丁香 *S. aromaticu*	30.3±0.30	25.63±0.27
八角 *I. verum*	19.9±0.67	16.4±3.84
乌蕨 *S. chusana*	14.9±1.03	—
苦楝 *M. azedarach*	—	15.2±0.71
零陵香 *L. foenum*	18.5±0.70	18.9±0.71
海金沙 *S. lygodii*	11.7±1.48	13.7±0.69
菖蒲 *A. tatarinowii*	19.4±1.01	16.6±0.23
枫香叶 *L. formosana*	11.7±0.83	—
大黄 *R. officinale*	12.6±0.61	14.5±2.15
苦参 *S. flavescens*	13.9±2.05	18.0±1.64
孜然 *C. cyminum*	13.2±1.28	11.8±2.52
黄连 *C. chinensis*	18.1±0.23	17.0±1.34
毛蕨 *C. interruptus*	11.8±1.14	18.5±1.33
凤仙透骨草 *C. impatientis*	16.6±1.30	15.4±1.28
川芎 *L. wallichii*	14.9±1.31	19.3±1.44
葡萄籽 *V. vinifera* seed	16.1±0.46	14.4±1.49
广藿香 *P. cablin*	24.1±1.89	16.9±1.82
博落回 *M. cordata*	—	10.5±0.81
樟树叶 *C. camphora* leaf	13.2±1.69	—
荆芥 *N. cataria*	19.1±0.86	11.2±1.54
青蒿 *A. carvifolia*	18.4±0.40	15.3±1.40
油茶粕 *C. oleifera* meal	15.2±1.71	17.9±0.94
黄芩 *S. baicalensis*	25.8±1.63	22.0±3.67
白薇 *C. atratum*	17.5±3.12	9.6±2.20
迷迭香 *R. officinalis*	19.6±0.87	16.5±197
橘红 *C. reticulata* Blanco	—	15.5±0.66
细辛 *A. sieboldii*	22.1±1.49	14.5±1.27
肉桂 *C. cassia*	28.1±0.77	22.9±0.76
五加皮 *A. gracilistϱlus*	17.3±0.96	14.6±1.94
麻黄根 *R. ephedrae*	12.1±2.21	11.6±1.25
皂角刺 *G. sinensis* prick	11.6±1.59	15.8±2.30
杜仲 *E. ulmoides*	15.5±0.59	11.3±1.30
独活 *H. hemsleyanum*	11.7±1.67	15.1±2.25
山苍子 *L. cubeba*	18.74±1.08	16.81±1.90

2. 中草药提取物的防腐保鲜　石浩（2020）用菌处理果实（软腐菌孢子悬浮液 $1 \times 10^5 \sim 5 \times 10^5$ cfu/mL），复配物处理果实（0.8mg/mL 处理），菌＋复配物处理果实（接种后采用中草药复配物抑菌剂处理），然后在（27 ± 1）℃条件下贮藏48h。试验结果表明，随着果实贮藏时间的增加，失重率一直增加，菌处理组相对于复配物处理组失重率增加更快，在贮藏第80天时，菌处理组失重率达到了 11.93%，相比复配物处理组增加了70.21%，说明软腐菌在快速消耗果实有机质，同时说明中草药复配物具有杀菌作用，有较好的防腐保鲜作用。中草药提取液在猕猴桃涂膜保鲜中可以显著降低腐败菌对果实的侵染，减少营养物质的损耗，降低猕猴桃呼吸强度，这是因为中草药中含有大量对病原菌具有抑制作用的活性物质，因此中草药提取液能够显著降低猕猴桃发生腐败变质的概率。此外，中草药中存在大量疏水性小分子有机化合物，能够干扰微生物细胞膜组织甚至使其溶破，从而抑制或杀死微生物，同时降低猕猴桃的生理活性，达到保鲜的目的。涂膜保鲜是根据仿生理论，通过浸渍、包裹以及涂布等方法将具有成膜性的物质覆盖在猕猴桃表面，风干后形成一种无色透明的保护膜，起到选择性阻气、阻湿以及阻止内容物散失的作用，从而抑制猕猴桃表面微生物的生长繁殖，降低猕猴桃呼吸强度，延缓猕猴桃衰老。在猕猴桃保鲜中得到了广泛的应用。

（三）其他方面的应用

1. 对猕猴桃光合速率的影响　有研究发现用中草药制剂处理后的猕猴桃叶片中叶绿素 a 和叶绿素 b 的含量比未处理的提高了近一倍。说明使用中草药制剂可以通过提高植物叶片中叶绿素的含量来增强光合作用，增强植物的自营养能力，起到营养复壮的效果。

2. 对猕猴桃产量的影响　李静静等（2021）以中草药复配制剂加电子纳米碳处理作为试验组，与对照组相比，平均每株猕猴桃个数增加了21.6个，增加25.96%；单果重增加2.16g，增重幅度为1.87%；产量每公顷增加4.5t，增产率为28.73%。说明中医农业技术能够达到增产效果。

3. 对猕猴桃抗性的影响　有研究证明，用中草药制剂处理后的猕猴桃叶片中过氧化物酶（POD）和多酚氧化酶（PPO）的酶活性均明显提高。POD直接参与细胞壁的木质化和角质化、生长素代谢、受伤组织的栓化愈合及对病原的防御；PPO是含铜离子的酶，当细胞受轻微破坏时某些细胞结构解体，PPO与底物接触发生反应，将酚氧化成对病原菌有毒杀作用的醌。这说明使用中草药制剂可以通过提高植物体内的酶活性来提高植物体的免疫力和抗逆性。换个角度说，中草药制剂可影响次生代谢途径中各种酶的含量或活性，从而影响次生代谢产物的合成，提高作物的抗病能力。

4. 对农药残留和重金属的影响　李静静（2021）等采用中医农业投入品处理，试验样本猕猴桃可食部分未检出重金属和农药残留，符合《食品安全国家标准　食品中污染物限量》（GB 2762—2022）的规定，有较高的安全性。

王思元等专家研究土壤调理剂对猕猴桃种植区总镉含量的影响（王思元，2020；王思元等，2020）。与对照组相比，Ca（钙肥650g/株）、CaZ（钙肥325g＋中药肥1 750g/株）、CaJ（钙肥325g＋有机菌肥1 000g/株）、T（活性炭400g/株）、J（有机菌肥2 000g/株）处理在前期取样中，总镉含量与对照组相比均显著降低，其中以CaZ及CaJ处理效果较为显著。

三、猕猴桃中医农业栽培技术

中医农业栽培技术是猕猴桃实现绿色、有机栽培的根本保障，需进一步加强该技术的研究集成与示范推广。

（一）猕猴桃"中医农业"栽培技术集成的基本思路

基本思路是基于中医原理与方法，结合现代栽培技术，系统综合地融入猕猴桃栽培全过程，进行集成优化，具体体现为以下几方面。

1. 辨证论治 根据不同地域、土壤条件、施肥现状、天气条件、种植密度、树体大小、树势、生产目标（产量、品质、安全性）等情况，因地因时采取不同技术措施，即"看天、看地、看庄稼（树）"，形成中医把脉问诊与开处方方式的技术实施。

2. 采用中医与微环境调控原理提高树体代谢活力与抗性 基于中医五行学说与环境的关系及生态循环原理，注重园地选择、品种与砧木选择、土壤改良、树冠控制、栽培技术调控（如生草栽培、植物源性调理剂应用）等，建立良好的生态循环系统与树体健康生长环境，增强植株新陈代谢与光合作用，提高树体抗病性与产量、品质。

3. 采用中医方法调理亚健康状态树体 将中医农业投入品及中医综合调理技术应用在小老树改造、低产园改造、树势恢复、更新复壮、土壤改良与桥接等方面，促进植株快速恢复活力，提高植株免疫力与抗性，恢复树势，使其可以健康生长并结果。

4. 采用中医农业投入品防治树体病虫害 采用中医农业投入品，实行综合绿色防治技术，如利用中药肥、中草药制剂与复合制剂、生物农药、生物菌剂、农业防治＋生物防治等，实现猕猴桃绿色、有机栽培（彩图14-9）。

（二）猕猴桃"中医农业"栽培技术要点

1. 合理规划与生态建园 根据猕猴桃不同种类、品种的适应分布带及各区域自然条件与地理实际，合理规划猕猴桃栽培种类、品种及优质栽培区域，实行适地适栽，选择无病良种壮苗，实施生态建园，建立优质猕猴桃生产基地。

2. 健康栽培

（1）生态控制技术。重点推广抗病虫品种、优化品种布局、培育健康种苗、改善水肥管理等健康栽培措施，改善猕猴桃园区生态环境，保护猕猴桃园区生物群落结构，维持猕猴桃园区生态平衡，增加猕猴桃园区有益天敌种群数，并结合农田生态工程、果园生草覆盖、作物间套种、天敌诱集带等生物多样性调控与自然天敌保护利用等技术，改造病虫害发生源头及滋生环境，人为增强自然控害能力和作物抗病虫能力。

根据自然条件，因地制宜，选择抗病、优质、耐贮运、商品性好、口感好、适合市场需求的优良品种。

春、夏季保留果园杂草，有利于天敌栖息和土壤抗旱保湿；夏季对杂草长势旺的果园及时进行人工割草，保持果园土表层杂草高度在20～30cm；生长期根据猕猴桃品种特性，合理整形修剪，保证树冠通风透光，抑制和减少病虫害；注重冬季清园，果实采收后，及时将病虫残枝、病叶清理干净，集中进行无害化处理，保持果园清洁，结合深耕松土，深度在8～15cm，降低病虫越冬基数，减少病虫危害。

（2）有机肥、生物菌肥及中药肥的施用。有机肥是一类既能向植物提供有机养分，又能提供无机养分，还能培肥改良土壤的肥料。其通常以各种动物、植物及其废弃物为原料，利用生物、化学或物理技术，经过加工（如高温堆制、厌氧处理），消除病原菌和杂草等有害物质，符合国家相关标准及法规。有机肥中含有的养分一般都需要经过微生物分解转化后，才能被植物吸收利用，因此有机肥又称为迟效性肥，可作基肥、追肥及种肥施用。施用有机肥是改良土壤的主要措施，不仅能调节土壤养分、维持地力和增加土壤有机质，还能促进微生物繁殖，增强土壤保水保肥能力，有利于果树生长和果实品质提高。中医农业在猕猴桃农用药物和肥料领域得到广泛应用，即利用中医原理和方法将动植物以及天然矿质元素制成中药肥。中药肥来源于生物，含有大量微量元素和天然生长调节剂，有助于提高动植物的抗病能力和促进动植物生长（朱立志，2017；章力建等，2020）。

（3）生物农药的使用。生物农药主要包括植物源农药、动物源农药和微生物源农药3大类。由于这些活性物质是自然界中存在的物质，所以容易被日光、植物或土壤微生物分解，很少在农产品和环境中蓄积。因此，被国际上公认为最有发展前途的农药。生物农药具有以下3个显著优点。

①选择性强。它只对靶标有害生物有作用，对人、畜、有益生物及农作物较安全，施用后不会产生公害。

②作用效果好。与有机化学农药相比，有害生物对其不易产生抗药性。

③生产原料来源广泛。农药的公害逐渐引起世界各国的高度关注，低毒、低残留农药的研究和应用开始受到重视，其中生物防治和生物农药的研究和应用尤为重要。因此，生物农药的使用及特色猕猴桃种植机制能够有效减少农药残留，生产出绿色安全果品。

目前，植物源农药的研制与应用成为中医农业投入品领域的重点之一。

①植物源农药特点。利用植物资源开发的农药，包括从植物中提取的活性成分、植物本身和按活性结构合成的化合物及衍生物，具有选择性高、低毒、易降解、不易产生抗性的特点。

②植物杀虫剂。尼古丁、鱼藤酮、除虫菊素、藜芦碱、川楝素、印楝素、百部碱、苦参碱、苦皮藤素、松脂合剂、蜕皮素A、蜕皮酮、螟蜕素等。

③植物杀菌剂。大蒜素、香芹酚、活化酯（植物抗病激活剂）、紫草素、黄柏碱、小檗碱、黄芩素、绿原酸、薄荷酮等。

（4）种养循环模式的运用。猕猴桃果园最常见的模式为"鸡—猪—沼—猕猴桃"模式，即利用鸡粪喂猪，然后利用猪粪制造沼气、发酵肥作为草、猕猴桃的有机肥料，使生物能得到了多层次利用，形成了低投入高效益的猕猴桃生产模式。

3. 病虫害绿色综合防控

（1）猕猴桃—花椒—药材间套作模式。在自然生态系统中，生物的多样性、有序性常能维持系统稳定发展，从而表现较强的抗灾力。强调农业生物种群的多样性、有序性，才能自然而然地控制病虫害的发生，同时也减缓因滥用化学农药所引起的环境污染。在猕猴桃树下种植药材等低矮作物，或在猕猴桃外缘间种花椒树的种植方式，改变了以往猕猴桃树下杂草丛生的荒芜生境，破坏了举肢蛾越冬茧的栖息环境。举肢蛾主要在树冠下近地面的土层内越冬，实行耕翻土地等农业措施，无形中又为猕猴桃的生长创造了良好的生态条件。

（2）病虫害生物防治技术。

①提倡在果园内种植苕子、三叶草、紫花苜蓿等以控制园内恶性杂草（如水花生）生长，达到以草控草的目的，减少除草剂的使用；同时给天敌营造良好的繁殖生长环境，达到以虫治虫的目的，减少杀虫剂的使用。

②推广使用生物菌剂及生物农药防治病虫害。使用5％天然除虫菊素和甜核·苏云菌等生物农药及菌剂防治金龟子等害虫；使用有机矿物油防治介壳虫；使用0.5％几丁聚糖诱导植物产生抗性，防治炭疽病、褐斑病等病害；使用春雷霉素、中生菌素等防治溃疡病等。

（3）病虫害物理防治技术。

①安装杀虫灯杀虫。利用害虫的趋光、趋波等特性，在果园内悬挂杀虫灯，能有效杀灭成虫，降低田间落卵量，压低虫口基数，减少农药的使用量和次数，降低果品农药残留。具体方法是每年3—11月在果园内悬挂频振式杀虫灯或太阳能杀虫灯，平坝区$3.33\sim4hm^2$悬挂1盏，山区$1.33\sim2hm^2$悬挂1盏，重点诱杀金龟子、卷叶蛾、透翅蛾等成虫。

②悬挂有色板杀虫。利用害虫的趋色性，在田间悬挂黄板诱杀蚜虫、叶蝉、蚊虫等小型昆虫。在虫害发生早期、虫量少时使用。每公顷放置黄板300～450片（黄板规格长25cm、宽20cm）。

③绑诱虫带杀虫。利用害虫沿树干下爬的越冬习性，在离地面50cm的树干处绑诱虫带，诱集螨虫、卷叶蛾等，越冬后销毁。

参 考 文 献

陈东旭，2021.特色农产品：资源优势、内在价值与乡村振兴-以猕猴桃地理标志农产品为例［J］.农产品质量与安全（3）：21-27.

陈凡，2017.生态农业新方向"中医农业"领航行 记中国农业科学院资源环境经济与政策创新团队首席科学家朱立志的"中医农业"观［J］.海峡科技与产业（3）：14-15.

丁立威，2013.兽药草药"对接"激活"两个市场"［J］.特种经济动植物（11）：22-24.

丁润锁，刘正辉，高印福，等，2021.阴阳五行思想在农业生产中的体现［M］//王道龙，刘若帆."中医农业"技术成果与应用（第一辑）.北京：中国农业科学技术出版社：69-72.

贺富胤，2021.中药提取物抑菌活性分析及对猕猴桃溃疡病防治效果的研究［D］.长沙：湖南农业大学.

贺富胤，李凤华，石浩，等，2022.中药复配物对猕猴桃溃疡病菌抑菌机理研究［J］.四川农业大学学报，40（6）：872-877.

况国高，刘文彦，王建军，等，2022."中医农业"基本内容初探［J］.现代园艺，45（16）：27-29.

赖明，2021."中医农业"内涵和实施路径［M］//王道龙，刘若帆."中医农业"技术成果与应用（第一辑）.北京：中国农业科学技术出版社：37-39.

李宝珠，李建春，朱荣，2020.标准在我国地理标志保护中的运用研究［J］.标准科学（9）：56-59.

李静静，况国高，贾宁，2021.中医农药在猕猴桃无公害生产上的应用［J］.特种经济动植物，24（3）：18-21.

李娟，何丽丽，车小娟，等，2019.陕西眉县猕猴桃产业发展现状与对策分析［J］.果树实用技术与信息（8）：34-36.

李赵盼，郑少锋，2021. 农产品地理标志使用对猕猴桃种植户收入的影响 [J]. 西北农林科技大学学报，21 (2)：119-129.

刘立新，梁鸣早，2018. 次生代谢在生态农业中的应用 [M]. 北京：中国农业大学出版社.

齐秀娟，郭丹丹，王然，等，2020. 我国猕猴桃产业发展现状及对策建议 [J]. 果树学报，37 (5)：754-763.

钱开胜，2021. 全国：49 个优质果品列入《中欧地理标志协定》清单 [J]. 中国果业信息，38 (3)：46.

石浩，2020. 中药提取物对猕猴桃软腐病菌抑制分析及对果实防腐保鲜效果研究 [D]. 长沙：湖南农业大学.

石浩，王仁才，庞立，等，2021. 黄芩等中药提取复配物对猕猴桃果实耐贮性的影响 [J]. 果树学报，38 (2)：250-263.

王仁才，石浩，王琰，等，2021. "中医农业" 技术在猕猴桃上的初步应用 [M] //王道龙，刘若帆. "中医农业" 技术成果与应用（第一辑）. 北京：中国农业科学技术出版社：112-117.

王思元，2020. 镉胁迫下猕猴桃的镉富集能力生理研究及其土壤镉消减技术初探 [D]. 长沙：湖南农业大学.

王思元，王仁才，石浩，等，2020. 镉胁迫下猕猴桃对镉的吸收及转运 [J]. 湖南农业大学学报（自然科学版），46 (6)：698-705.

王笑冰，2006. 论地理标志的法律保护 [M]. 北京：中国人民大学出版社.

王馨胤，2019. 苍溪猕猴桃区域公用品牌建设研究 [J]. 农村经济与科技，30 (13)：193-194.

王秀，2014. 中草药饲料添加剂在外向型养殖业中的应用 [J]. 养禽与禽病防治 (7)：6-7.

谢学军，金东艳，何鹏，等，2021. 猕猴桃产业发展情况调研报告 [J]. 中国农村科技 (8)：56-59.

翟晨风，2019. 湖南猕猴桃溃疡病发生情况调查及防治技术研究 [D]. 长沙：湖南农业大学.

张纪龙，2022. 猕猴桃花腐病的发生情况调查及防治药剂的筛选 [D]. 长沙：湖南农业大学.

张杰，陈锦永，高登涛，等，2019. "中医果业" 的理论与实践 [J]. 江西农业学报，31 (7)：10-16.

张宇涵，2011. 我国有机食品认证与标识监管制度研究 [D]. 广州：华中理工大学.

章力建，王道龙，刘若帆，2017. "中医农业" 推动人类命运共同体建设 [J]. 中国畜牧兽医文摘 (12)：54-56.

章力建，朱立志，王立平，2016. 发展 "中医农业" 促进农业可持续发展的思考 [J]. 中国农业信息 (22)：3-4.

章力建，朱立志，王立平，2020. 发展 "中医农业" 促进农业可持续发展的思考 [N]. 企业家日报，05-22 (A02).

郑真武，郑璐玉，王少波，2021. 从辰奇素研制看中医与农业的关系 [M] //王道龙，刘若帆. "中医农业" 技术成果与应用（第一辑）. 北京：中国农业科学技术出版社：103-106.

周利娟，桑晓清，孙永艳，等，2012. 蒿属植物的农药活性及其有效成分 [J]. 江西农业大学学报，34 (4)：699-705.

周利娟，田延琴，何江涛，2017. 毛茛科植物的农药活性及成分 [J]. 江西农业大学学报，39 (2)：261-271.

朱立志，2017. 加快步伐发展 "中医农业" [J]. 科学种养 (6)：63.

邹玉萍，2022. 湖南猕猴桃褐斑病发生情况调查及防治药剂筛选 [D]. 长沙：湖南农业大学.

执笔人：王仁才，罗赛男，陈梦洁，王琰

第十五章　猕猴桃采后处理与贮藏运输

第一节　果实贮藏特性及采后生理生化变化

猕猴桃是典型的呼吸跃变型果实，在采后贮藏过程中易发生不可控的后熟软化。不同产区间气候条件、栽培管理技术水平存在一定差异，增加了猕猴桃果实采后贮藏工作的难度和复杂性。

一、果实贮藏特性

猕猴桃属于浆果，果实水分含量高，耐贮性差。猕猴桃有明显的后熟过程，即采收时果实生硬，酸度和淀粉含量较高；贮藏过程中果实自然软化，且伴随自我催化释放大量乙烯导致加速软化，因此常有"七天软、十天烂"的说法。同时，猕猴桃还是乙烯敏感型果实，在采后贮藏过程中易受机械伤或外源乙烯的影响，极微量的乙烯就可诱导果实启动软化机制，导致果实变软腐烂，从而失去商品价值和食用价值。

一般而言，不同种类猕猴桃果实的贮藏性存在较大差异。美味猕猴桃果实表面有茸毛包裹，不易受机械伤害，具有良好的采后耐贮性；中华猕猴桃表面茸毛短且柔软，成熟时几乎完全脱落，贮藏性一般；而软枣猕猴桃果实表面光滑无茸毛，容易受到机械伤害，贮藏过程中失水失重严重，贮藏性较差。具体到某个特定品种，果实贮藏性则由内部因素、生理生化特性等多种因素决定。通常晚熟品种较早熟品种耐贮藏，高酸品种较低酸品种耐贮藏。即使是同一品种的果实，树龄不同其果实贮藏性亦不同。幼龄树和老龄树的果实耐贮性较差，原因是幼龄树的果实体积偏大、呼吸作用强而不耐贮藏，而老龄树生长发育已经开始衰退，其果实品质及贮藏性也随之有不同程度的下降。一般情况下，果实的贮藏性自商业可采成熟期至生理成熟期逐渐下降，当猕猴桃果实达到生理成熟后，其贮藏潜力几乎消失。

贮藏环境同样密切地影响果实贮藏性。低温、气调等采后处理措施能有效地减缓果实呼吸作用，延长猕猴桃果实的采后贮藏期。外源乙烯处理能快速促进果实成熟，而乙烯抑制剂1-甲基环丙烯（1-MCP）则能有效抑制果实采后软化，延长货架期。此外，由于不同产地的栽培管理、环境因素等存在差异，所生产的猕猴桃在贮藏性上有略微差别，但是采后变化趋势基本一致。

二、果实采后生理生化变化

采摘后的猕猴桃果实，脱离了与树体的联系而成为一个独立的生命体，它不再从树体中汲取水分和养分，而开始消耗其内部的物质。猕猴桃果实明显的生理后熟现象使其在达到商业可采成熟期时即采摘，无须在树体上等到完全成熟时再采摘。商业可采成熟期的果实硬度较高，利于采摘和运输，同时贮藏性较好，通过后熟的方式即可达到可食用状态，在此期间果实品质、风味等性状发生显著变化。

在生产中，从业者和消费者比较关注的果实采后生理生化变化主要包括呼吸强度、乙烯释放、果实硬度、可溶性固形物含量、总酸含量、失水失重、维生素 C 含量等指标的变化。这些指标的变化不仅影响果实外观，也影响终端消费者们关心的果实风味、营养物质的变化。近年来，国内外诸多研究者开展了针对不同猕猴桃品种贮藏期间生理生化变化的基础研究，结果表明尽管不同猕猴桃品种在生理指标上有所差别，但是通常它们的生理生化变化趋势较为一致。

（一）采后呼吸作用

采后猕猴桃果实作为独立的生命体，仍然是一个活着的有机体，需要不断进行呼吸作用来维持各项生命活动。通常呼吸作用是指生命体从空气中吸收 O_2，在复杂的酶系统参与下，通过一系列的氧化分解反应把体内有机物质转化为 CO_2 和水并释放能量的过程。采后呼吸是猕猴桃果实贮藏期间的主要生命活动，为机体正常生命活动提供必要的能量及物质，然而呼吸作用旺盛会消耗大量营养物质从而对果实品质造成一定的影响。由于强烈的呼吸作用导致大量自由基和过氧化氢的积累，易对细胞造成伤害，因此当果实开始呼吸跃变时，超氧化物歧化酶和过氧化氢酶活性被诱导以清除细胞内的自由基和过氧化氢。采后果实呼吸作用的强弱、呼吸高峰出现的时间与果实贮藏性紧密联系，受到内部和外部多种因素的影响。

果实刚采摘下时呼吸作用较弱，随着贮藏时间的不断加长呼吸作用也逐渐增强，在进入跃变期后呼吸作用会迅速增强并在短时间内达到最高峰，且伴随着乙烯高峰的出现。通常果实采后 1～2 周就会出现呼吸高峰，此时果实进入可食用阶段，此后则进入衰老阶段，果实品质开始下降。不同品种的猕猴桃呼吸强度存在差异。唐燕等（2010）报道较耐贮藏的海沃德在采摘后呼吸作用不断增强，室温（20℃）贮藏 10d 左右进入呼吸高峰期，随后呼吸强度开始下降；一些不耐贮藏的品种，如红阳猕猴桃在贮藏 5～7d 时进入呼吸高峰期并迅速软化（朱婷婷等，2020）。研究发现中华猕猴桃翠丰果实呼吸强度高于美味猕猴桃海沃德、布鲁诺，呼吸高峰出现时间亦提早一周以上，美味猕猴桃中耐贮藏品种的呼吸作用较弱，硬度下降缓慢，后期果实内含物消耗少（谢鸣等，1992；王仁才等，2000a）。

外界环境对果实采后呼吸作用也有重要的影响。温度是影响采后呼吸作用的一项重要因素，温度与呼吸强度的关系基本上符合一般化学反应的温度系数，即 $Q_{10}=2～2.5$ 的规律。降低温度可以有效地减弱采后猕猴桃果实的呼吸强度，推迟呼吸跃变高峰出现的时间，延长贮藏时间。例如，相较于常温贮藏果实在第 12 天达到呼吸跃变高峰进入可食用阶段，5℃低温贮藏的贵长猕猴桃呼吸强度降低、呼吸高峰出现晚（刘晓燕等，2015）；同时，低温也能有效地降低软枣猕猴桃采后的呼吸强度，延长贮藏时间（顾思彤等，2019）。

另外，通过改变贮藏环境中 O_2 和 CO_2 的比例（常见于气调贮藏），也可以降低果实的采后呼吸强度（Mcdonald B et al.，1982）。

（二）乙烯的生物合成

乙烯是一种重要的植物激素，具有促进叶片衰老、诱导不定根生成、打破种子和芽的休眠、促进果实成熟等作用，特别是对呼吸跃变型果实的后熟过程有重要影响（徐昌杰等，1998）。1984 年，Yang 和 Hoffman 系统总结了乙烯生物合成途径，即杨氏循环（Met 循环）：S-腺苷甲硫氨酸（SAM）在 1-氨基环丙烷-1-羧酸（ACC）合成酶的催化下转化为 ACC，随后由 ACC 氧化酶催化生成乙烯，其中 ACC 的合成和转化是乙烯生物合成的限速步骤。果实中存在 2 套乙烯合成系统，分别称为系统 I 和系统 II，其中系统 I 产生微量乙烯，满足一般生命活动需求，在植株生长发育、胁迫响应等进程中发挥作用；系统 II 具有自我催化的能力，产生大量乙烯，主要参与花凋亡和果实成熟。呼吸跃变型果实中乙烯的大量合成依赖于系统 II。

采后猕猴桃果实乙烯释放遵循特定规律。果实采后贮藏初期较难检测到乙烯释放，而贮藏一段时间后果实开始快速软化时，可检测到少量乙烯的释放，此时乙烯的生物合成主要依赖于系统 I。随后，伴随果实软化（常见于快速软化后）出现乙烯高峰，此时乙烯的生物合成由系统 I 转变为系统 II。此后乙烯释放量骤降，果实由完熟进入衰老阶段。研究发现乙烯前体物质 ACC 的积累早于乙烯释放，且在乙烯释放达到高峰时 ACC 含量开始快速下降。

乙烯的生物合成受多种因素的影响。果实种类不同，其乙烯释放也不同。通常中华猕猴桃在采后贮藏过程中，乙烯释放高峰出现早于美味猕猴桃，且释放量较高。谢鸣等（1992）研究发现中华猕猴桃早鲜、翠丰的乙烯释放高峰出现时间比美味猕猴桃布鲁诺早约 1 周。果实乙烯释放高峰略早于呼吸高峰，但是同样可被低温强烈抑制。低温贮藏可显著推迟大多数猕猴桃品种乙烯释放高峰的出现，并且降低乙烯峰高度。例如红阳猕猴桃，在 4℃ 低温贮藏 6 周后仍未出现乙烯释放高峰，而常温贮藏的果实在 1 周后就开始释放乙烯，并且在随后 2～3d 内大量释放乙烯并迅速达到乙烯释放高峰（朱婷婷等，2020）；25℃ 常温贮藏的贵长猕猴桃在采后 12d 即达到乙烯释放高峰，而 5℃ 低温贮藏的果实乙烯释放则维持初始的较低水平（刘晓燕等，2015）。此外，1-MCP 可显著抑制采后果实乙烯的释放。1-MCP 是一种重要的乙烯抑制剂，会不可逆地结合到乙烯受体上，影响果实乙烯信号的转导进程。海沃德猕猴桃经 $0.5\mu L/L$ 的 1-MCP 熏蒸处理后，成熟进程被推迟，乙烯释放受到显著抑制（唐燕等，2010）；秦美猕猴桃经 $0.25\mu L/L$、$0.5\mu L/L$ 和 $0.75\mu L/L$ 的 1-MCP 处理后，乙烯释放量显著降低，乙烯释放高峰推迟，且 $0.25\mu L/L$ 和 $0.75\mu L/L$ 处理的抑制效果优于 $0.5\mu L/L$，说明不同浓度的 1-MCP 对采后乙烯的抑制效果存在差异（赵迎丽等，2005）。

基于乙烯生物合成途径，研究发现 ACC 合成酶和 ACC 氧化酶是调控乙烯生物合成的关键酶。目前，在猕猴桃中共鉴定出 10 个 ACC 合成酶（ACS）和 11 个 ACC 氧化酶（ACO），其中 1 个 ACC 合成酶（AdACS1）和 3 个 ACC 氧化酶（AdACO1、AdACO5、AdACO7）与果实采后乙烯的生物合成密切相关，它们在猕猴桃释放乙烯时大量表达（Zhang A D et al.，2018）。乙烯信号转导途径的 EIL（ethylene insensitive 3-like）、

ERF（ethylene responsive factor）和其他调控因子也被报道参与果实采后乙烯生物合成的调控。Yin X R 等（2010）的研究证明 *AdEIL2* 和 *AdEIL3* 可以激活 *AdACO1* 基因的启动子转录活性，在采后诱导 *AdACO1* 表达促进乙烯合成。Wang W Q 等（2020）结合小 RNA 组、转录组和降解组测序，发现 miR164 的靶基因 *AdNAC6*、*AdNAC7* 可以直接结合并激活 *AdACO1* 和 *AdACS1* 的启动子，实现乙烯的自我催化。

（三）果实软化和木质化

果实硬度变化主要包括软化和木质化 2 类，其中果实软化指果实硬度不断下降的过程，是限制果实长期贮藏的关键因素。果实硬度变化是贮藏过程中的重要指标之一，刚采收的猕猴桃果实硬度较高（部分可达 $10kg/cm^2$，甚至更高），当达到可食用阶段时果实硬度一般降为 $1kg/cm^2$ 左右。这一显著的硬度变化用手按捏猕猴桃果实表面就可以直观感受到。果实硬度主要由细胞壁的结构决定，细胞壁成分包括果胶、纤维素、半纤维素等。另外还有观点认为，猕猴桃果肉细胞中的淀粉粒也是维持果实硬度的重要成分，淀粉降解是导致猕猴桃果实初期软化的重要原因，但目前仍缺乏直接的科学证据。

果实硬度在采后呈现反 S 形的变化趋势（张爱迪，2018）。首先，在果实贮藏初期，硬度缓慢下降，有研究认为此阶段果实软化主要是淀粉降解导致的。果实硬度缓慢下降后进入快速软化阶段，这个时期的果肉细胞中不可溶性果胶向可溶性果胶转变、可溶性果胶解聚、半乳糖降解，导致细胞间黏性下降，细胞壁结构变得松散。在这之后，果实硬度又进入缓慢下降的阶段，果实软化速度变缓但仍在继续，果胶解聚、降解在持续发生，这时候的果实基本达到可食用阶段。纵观果实采后过程，其硬度、纤维素含量和不可溶性果胶含量下降，而可溶性果胶含量上升。不同种类、品种猕猴桃的采后初始硬度、细胞壁结构存在差异，但在贮藏过程中的变化基本符合以上规律。例如，在王强等（2010）的研究中，海沃德初始硬度约为 $13.5kg/cm^2$，而皖翠和 81-5 果实的初始硬度仅有 $9.2kg/cm^2$ 和 $11kg/cm^2$，但是贮藏过程中的硬度变化趋势基本一致。王仁才等（2000b）对贮藏性有差异的美味猕猴桃东山峰 78-16（耐贮性较弱）和 E-30（耐贮性强）进行比较，发现软化初期的 E-30 猕猴桃果肉初生细胞壁结构紧密，中胶层连续，而东山峰 78-16 猕猴桃的初生细胞壁结构较松散，相连细胞间隙大；当果实开始软化后，东山峰 78-16 果肉细胞的中胶层致密度下降，细胞间开始出现间隙，细胞壁纤维开始松散；到软化后期，细胞壁胶质物质液化，细胞壁膨大。

果实细胞壁成分复杂，细胞壁降解是多种酶共同作用的结果（佟兆国等，2011；Li X et al.，2010），包括多聚半乳糖醛酸酶（PG）、半乳糖苷酶（β-Gal）、果胶裂解酶（PL）、果胶甲酯酶（PME）、纤维素酶（CEL）、β-甘露聚糖酶（β-MAN）、木葡聚糖内糖基转移/水解酶（XTH）等。多聚半乳糖醛酸酶、半乳糖苷酶、果胶裂解酶和果胶甲酯酶作用于果胶，促进果胶的水解；木葡聚糖内糖基转移/水解酶主要参与木葡聚糖的降解；纤维素酶和 β-甘露聚糖酶分别参与纤维素和半纤维的降解。Atkinson R G 等（2009）在猕猴桃中鉴定出 14 个木葡聚糖内糖基转移/水解酶基因，其中 *XTH5*、*XTH7*、*XTH14* 在成熟的果实中具有较高表达量，与猕猴桃果实的软化有重要关系。Wang Z Y 等（2000）在早期通过同源克隆在猕猴桃中鉴定出 3 个 *PG* 基因（*CkPGA*、*CkPGB* 和 *Ck-PGC*），通过 northern 杂交分析发现 *CkPGC* 在果实软化初期表达量较低，随后表达量逐渐上升，与果实软化密切相关。匡盛（2017）通过转录组和实时荧光定量 PCR 实验，发现 *AdPG1* 和 *CkPGC* 的表达量均呈不断上升趋势，与果胶降解密切相关。Huang W 等（2020）从猕猴桃基因组数据库中鉴定出 51 个 *PG* 基因，*AcPG4*、*AcPG8* 和 *AcPG18* 与 PG 酶活性和果胶含量紧密关联，其中 *AcPG4* 和 *AcPG18* 与前期美味猕猴桃中鉴定出的 *AdPG1* 和 *CkPGC* 高度同源。张爱迪（2018）通过对猕猴桃采后果实的转录组进行分析，发现果胶裂解酶基因（*AdPL1* 和 *AdPL2*）、果胶甲酯酶基因（*AdPME1*）、木葡聚糖内糖基转移/水解酶基因（*AdXTH5* 和 *AdXTH6*）和 β-甘露聚糖酶基因（*AdMAN1*）在软化过程中表达量不断上升，并在乙烯释放高峰时达到最高峰。

猕猴桃果实质地的研究多集中于软化，但也有一些最新研究表明果实中也存在木质化现象。猕猴桃果实对低温敏感，冷藏期间易发生冷害，在果实表皮、皮下、内果肉维管束组织等区域出现木质素积累。不同果实在冷藏期间木质素积累程度和部位不同。红阳猕猴桃冷藏 30d 后即出现木质化现象，而徐香猕猴桃在冷藏 60d 后才在果心区域出现木质化现象。研究发现 $0.01\mu L/L$ 茉莉酸甲酯（methyl jasmonate，MeJA）、$0.1\mu L/L$ 水杨酸甲酯（methyl salicylate，MeSA）熏蒸处理可有效抑制徐香果实果心组织的木质素积累，然而 MeJA 和 MeSA 处理的果实中肉桂醇脱氢酶（CAD）活性、*AcCAD* 基因表达与果心木质素含量的变化并不存在关联性。

（四）淀粉和可溶性糖的变化

淀粉是果实采后可溶性固形物的重要组分。淀粉是高等植物用于贮存能量的主要物质，分布于种子、茎、叶片、根和果实等大多数器官中。猕猴桃属于淀粉积累型果实，在发育过程中不断积累的淀粉在采后贮藏过程中被不断分解为蔗糖、果糖、葡萄糖等可溶性糖。果实可食用时的可溶性糖含量是果实品质的重要指标之一，可溶性糖不仅作为呼吸作用的底物为生命活动提供能量，也可以作为代谢中间产物合成其他物质。

果肉细胞中淀粉以淀粉粒的形式存在，其含量在果实采后不断下降，与果实硬度下降曲线基本吻合，呈现先缓慢下降、再快速下降、最后缓慢下降的倒 S 形曲线。采后不同品种果肉淀粉含量下降趋势基本相同，但是淀粉含量存在差异。例如，海沃德猕猴桃在采后初期果肉中淀粉含量为 61.5mg/g，至可食用阶段则降为 1.5mg/g（张爱迪，2018）；而红阳猕猴桃果肉中的淀粉含量接近 130mg/g，至成熟后则几乎检测不到（陈景丹等，2018）。研究发现，在采后贮藏初期东山峰 78-16 果肉细胞中存在大量且明显的淀粉粒，随着果实软化淀粉粒明显减少且开始淡化，说明果肉中淀粉被逐渐降解（王仁才等，2000b），与此同时，果肉中各类可溶性糖的含量则不断增加。猕猴桃果肉中的可溶性糖主要为蔗糖、果糖和葡萄糖，在采后均呈现上升的趋势。例如，海沃德果实在采后初期果肉中果糖和葡萄糖含量约为 10mg/g，蔗糖含量为 3mg/g，但是在贮藏过程中都呈现逐渐上升的趋势，最后三者均达到 30mg/g 左右。果肉淀粉和可溶性糖的变化受采后贮藏条件的影响显著。低温贮藏和 1-MCP 处理可以减缓淀粉降解的速度，而乙烯处理则加速此进程，并促进各类可溶性糖的积累。

淀粉降解和可溶性糖代谢由一系列功能酶参与，包括 α-淀粉酶（α-amylases）、β-淀粉酶（β-amylases）、磷酸化酶（phosphorylases）、去分支酶（debranching enzymes）和异淀粉酶（isoamylase）等（陈景丹等，2018；Hu X et al.，2016）。淀粉降

猕猴桃学

解通常以淀粉粒表面发生葡聚糖磷酸化为起点，由多种葡聚糖磷酸化酶共同参与完成；磷酸化后的淀粉在 α -淀粉酶、β -淀粉酶等水解酶的作用下先水解成麦芽糖，再生成葡萄糖；葡萄糖又在 6 -磷酸-葡萄糖异构酶的作用下转化为果糖；果糖和葡萄糖可在蔗糖磷酸合成酶的作用下生成蔗糖，蔗糖也可以通过酸性转化酶再分解成葡萄糖和果糖。近年来，猕猴桃中多个与淀粉代谢相关的酶和编码基因被逐步鉴定出。Nardozza S 等（2013）在猕猴桃中鉴定出了大量与淀粉代谢相关的基因。张玉等（2004）研究发现在猕猴桃快速软化阶段，淀粉酶的活性逐步升高，并在采后 156h 达到峰值。结合乙烯和低温处理，Hu X 等推测淀粉酶（AdAMY1、AdBAM3・1、AdBAM3L、AdBAM9）和 α -葡萄糖苷酶 Ad-AGL3 在海沃德猕猴桃采后淀粉代谢中有非常重要的作用（Hu X 等，2016）。陈景丹等（2018）在红阳猕猴桃中也发现了 *AcAMY1*、*AcAMY3*、*AcBAM1* 和 *AcABAM3* 等基因可能在淀粉降解中有重要作用，然而能够酸化支链淀粉的葡聚糖水合双激酶（glucan water dikinase）和磷酸化葡聚糖水合双激酶（phosphoglucan water dikinase）在采后的活性却不断下降。张爱迪（2018）通过高通量测序和实时荧光定量 PCR 技术鉴定了多个在海沃德采后差异表达极显著的基因，其中包含淀粉降解相关的基因 *AdBAM3L*，结合转基因技术验证了 *AdBAM3L* 可有效降低猕猴桃果肉的淀粉含量并增加蔗糖的含量，进一步通过核酸凝胶电泳迁移实验和双荧光素酶实验证明，AdDof3 蛋白可直接结合并激活 *Ad-BAM3L* 基因的启动子活性，促进果实的采后淀粉降解。

（五）有机酸的变化

有机酸含量的降低可作为果实衰老的标志之一，有机酸含量高低会影响果实的贮藏性和抗病性，高浓度的有机酸和低 pH 对于果实保鲜十分重要，可增强果实耐贮性和对病原菌的抵抗能力，但是多数消费者却更青睐低酸猕猴桃或高糖中酸猕猴桃。

在采后，果实有机酸的含量和变化趋势在不同品种、不同贮藏方式的猕猴桃中存在较大差异。通常猕猴桃的成熟果实中酸含量较高，为 0.9%～2.5%（w/w），作为主要的 3 类有机酸，柠檬酸为 40%～60%、奎宁酸为 40%～60%、苹果酸为 10%，乳酸和莽草酸含量较低，而草酸、乙酸、富马酸和琥珀酸含量极低，酒石酸则在大多数猕猴桃果肉中几乎检测不到（Marsh K 等，2004；王刚等，2017）。例如，海沃德采后新鲜果实中柠檬酸和奎宁酸的含量大约是 10mg/g，而苹果酸含量仅 2mg/g；Hort 16A 的果实中奎宁酸含量达到 13mg/g，苹果酸为 12mg/g，柠檬酸为 6.5mg/g，均显著高于海沃德（王刚等，2017）。不同于美味猕猴桃贵长、徐香，中华猕猴桃红阳，以及毛花猕猴桃华特等在常温贮藏下均呈现总酸下降的趋势，海沃德猕猴桃在常温贮藏的情况下总酸并未发生明显变化，且苹果酸、柠檬酸和奎宁酸的含量也基本维持稳定。然而，海沃德猕猴桃却存在低温降酸的现象，即在 0℃ 或 4℃ 贮藏时，海沃德果实的柠檬酸含量有略微降低，尽管 2 种贮藏温度下猕猴桃果实的可溶性固形物含量并无差异，但感观评价发现 4℃ 下贮藏的果实甜味有所提高（Macrae E A et al.，1990）。这一现象已在多个猕猴桃品种中被发现，例如 Mworia E G 等（2012）在 Sanuki Gold 猕猴桃中发现了相似现象。低温降酸可能是普遍存在于猕猴桃果实中的品质特性。

有机酸主要以盐的形式贮存在果肉汁胞的液泡内（Etienne A et al.，2013）。与其他高等植物一样，猕猴桃果实有机酸的产生主要通过三羧酸（TCA）循环途径和莽草酸代谢途径，其中柠檬酸和苹果酸是三羧酸循环的主要中间产物。这一复杂的生物学过程主要包括磷酸烯醇式丙酮酸（PEP）在磷酸烯醇式丙酮酸羧化酶（PEPC）催化下形成草酰乙酸（OAA）和其他无机盐；OAA 在苹果酸脱氢酶（MDH）作用下产生苹果酸，同时苹果酸会在苹果酸酶（ME）的作用下降解和转化；此外，OAA 在柠檬酸合成酶（CS）催化作用下与由 PEP 转化而来的乙酰辅酶 A（acetylCoA）结合形成柠檬酸；随后柠檬酸进入细胞质中，然后在 H^+ 泵主动运输载体的协助下进入液泡中积累。当柠檬酸在液泡内的积累量过高时，为了避免液泡被酸化，柠檬酸又可从液泡中被输出到细胞质，在细胞质顺乌头酸酶（Cyt-ACO）的作用下生成异柠檬酸。因此，猕猴桃果实中苹果酸与柠檬酸含量的波动主要受到 TCA 循环中各类酶、离子通道以及苹果酸/柠檬酸转运蛋白等的影响。不同于柠檬酸和苹果酸代谢途径，奎宁酸则是莽草酸代谢途径的副产物。脱氢奎宁酸（dehydroquinic acid，DQS）在奎宁酸脱氢酶（QDH）的催化下产生奎宁酸，同时 DQS 也通过一种在植物中具有双重功能的酶转化为草酸，该酶具有脱氢奎宁酸脱氢酶（dehydroquinate dehydratase，DQH）和草酸脱氢酶（shikimate dehydrogenase，SDH）活性（DQH/SDH）（Marsh K et al.，2004）。因此，奎宁酸合成与降解之间的平衡将取决于 QDH 和 DQH/SDH 的相对活性以及莽草酸的含量。

（六）香气物质的变化

迄今，在果实中已检测出 2 000 多种挥发性香气物质，主要可以分为萜类、芳香族、脂肪族、含氮含硫化合物等。挥发性香气物质属于果实的次级代谢产物，在果实成熟时会大量散发，通常可作为风味指标反映果实的内在品质。此外，果实挥发性香气具有重要的感官价值和生理价值，浓郁的果实香气更容易吸引消费者，并对人的食欲、消化系统、精神状态等产生积极的影响。

Young H 等（1983）发表的关于猕猴桃挥发性香气的早期报告指出，通过同时蒸馏提取挥发物，确定丁酸乙酯、（E）-2-己烯醛、（E）-2-己烯醇、苯甲酸甲酯和苯甲酸乙酯为猕猴桃香气的主要成分。猕猴桃果实挥发性香气的生物合成通常集中在采后成熟至可食用阶段。Zhang A 等（2020）对海沃德猕猴桃采后阶段酯类芳香物质进行气相色谱-质谱检测，发现酯类物质主要是丁酸甲酯、苯甲酸甲酯、丁酸乙酯和苯甲酸乙酯，并且这 4 种酯类物质集中在可食用阶段时合成，在贮藏前期几乎无法检测到。软枣猕猴桃 Hortgem Tahi 在接近食用阶段和可食用阶段萜烯类芳香物质释放速度快速提高，在过熟阶段仍持续释放大量萜烯类物质，其中松油烯的含量最高，蒎烯、月桂烯和柠檬烯的释放量相对较低；而中华猕猴桃 Hort16A 仅在过熟阶段可检测到少量桉树酚的释放（Nieuwenhuizen N J et al.，2015）。同时，在很多可食用或过熟阶段的猕猴桃中会出现酒精异味，推测该阶段的果实呼吸作用强烈，无氧呼吸增强，导致乙醇积累。

不同种类的猕猴桃果实在采后散发的挥发性香气差异显著。Nieuwenhuizen N J 等（2015）的研究表明，软枣猕猴桃和金花猕猴桃在采后成熟过程中会释放大量的萜烯类芳香物质，而美味猕猴桃、中华猕猴桃、中越猕猴桃、褐枝猕猴桃等一些种类的猕猴桃中仅能检测到少量的萜烯类芳香物质。Mitalo O W 等（2019）则发现猕猴桃在低温贮藏后几乎不产生香气，而可以通过丙烯促进冷藏后的猕猴桃果实释放挥发性香气物质。

猕猴桃挥发性香气物质代谢途径复杂，目前仅有少量的酶和基因被报道。Zhang Y 等

（2006）通过海沃德表达序列标签数据库鉴定出 6 个脂氧合酶（LOX）基因家族成员，其中 *AdLox1* 和 *AdLox5* 在呼吸跃变时期表达显著增加，推测 LOX 与脂类芳香类物质合成有关，可能参与脂类芳香物质的合成。Crowhurst R N 等（2008）同样基于 EST 数据库，鉴定了 30 个酰基转移酶基因（*ATs*），对系统发育树的分析表明 12 个 *ATs* 是香气相关脂类合成的潜在候选基因。Zhang A 等（2020）通过脂类物质鉴定及加权基因共表达网络分析（WGCNA）鉴定出乙醛脱氢酶基因（*AdALDH2*）、脂肪酸去饱和酶基因（*AdFAD1*）和酰基转移酶基因（*AdAT17*）3 个脂类合成重要基因，利用相关网络分析鉴定出 Ad-NAC5 通过转录激活 *AdFAD1* 启动子，参与采后酯类芳香物质合成。萜类合成酶（Terpene synthase，TPS）是萜类芳香物质合成的关键酶。Nieuwenhuizen N J 等（2015）认为 *TPS1* 是否表达是影响软枣猕猴桃和中华猕猴桃萜烯类芳香物质合成的关键因子，并通过分析发现 *TPS1* 启动子在 2 种猕猴桃中存在差异，导致 NAC1-4 可激活软枣猕猴桃 *TPS1* 启动子促使其在采后贮藏中释放香气，而不可激活中华猕猴桃 *TPS1* 启动子。

（七）果实失水/失重

果实采后贮藏期间失重的部分原因是干物质的消耗，但更加主要的是果实内部水分的蒸发，即失水。失重是一个正常的生理生化过程，是果实进行呼吸作用维持正常生命活动，消耗有机物质提供能量并伴随水分蒸发的结果。一般情况下，当蒸腾失水超过 5％时会引起果实表面皱缩，造成果实商品性下降。

在正常贮藏条件下，果实失重率不断上升，但在采后初期失重率上升的幅度略低于后期。失重在果实采后贮藏期间持续发生，但是不同种类猕猴桃失水率略有差别。软枣猕猴桃果实表皮光滑，无茸毛包裹，相对容易失水；而美味猕猴桃、中华猕猴桃果皮较硬，采后失水率相对较低。同一种类的猕猴桃在失水率上也略有差别。马锋旺等（1994）将多个美味猕猴桃品种贮藏 20d 后，发现华光 5 号失重率达到 11.74％，而艾伯特猕猴桃仅有 8.19％。此外，果实失重还受温度、空气相对湿度等贮藏环境的影响。35℃贮藏 5d 时猕猴桃果实失重率就达到了 6％，而 5℃低温贮藏的果实在贮藏 30d 后才达到 6％的失重率（顾海宁等，2014）。当贮藏环境的空气相对湿度低于 90％时，果实蒸腾作用增强，引起果皮皱缩，果实轻度软化，新鲜度下降；而在果实表面覆盖薄膜和使用安全保鲜剂则能有效降低果实的失重率。例如，经 0.05mmol/L 茉莉酸甲酯熏蒸的金魁猕猴桃，果实的失重率可有效降低（盘柳依等，2019）。

不同品种间的果实失重很大程度上与果皮厚度、完整性有关。对番茄 *PG* 基因进行反义沉默，降低了果实中 *PG* 基因的表达和酶活性，在授粉后 100d 果实仍然饱满有光泽，而对照组果实则色泽变暗且出现失水现象（寇晓虹等，2007）。相似的，在苹果中对 *PG1* 基因进行沉默，获得的果实在自然条件下贮藏 60d 后仍然光亮饱满，而对照组果实表面明显萎蔫、失水（Atkinson R G 等，2012）。

（八）维生素 C 变化

维生素 C 又称抗坏血酸，还原性较强，具有抗氧化、抗自由基、抑制酪氨酸酶形成的功能。猕猴桃是富含维生素 C 的一类水果，因此维生素 C 含量也是衡量猕猴桃果实品质的一项重要指标，了解采后果实维生素 C 的变化规律，并维持果实采后维生素 C 的含量具有非常重要的意义。

多个研究发现，尽管不同猕猴桃果实维生素 C 含量不同，但采后果实中维生素 C 含量多呈现不断下降的趋势。虽然维生素 C 含量较高的品种下降幅度较明显，但是果实进入可食用阶段时的维生素 C 含量仍高于低维生素 C 含量的品种。徐香富含维生素 C，在果实采后初期维生素 C 含量为 6g/kg 鲜重，在贮藏后期仍能维持在 3g/kg 的水平。相较而言，美味猕猴桃采后维生素 C 含量降低的幅度小于中华猕猴桃（张培书等，2019）。同时，低温贮藏可有效延缓猕猴桃果实中维生素 C 含量的降低，如顾海宁等人发现 5℃低温冷藏能有效延缓徐香猕猴桃维生素 C 含量的下降（顾海宁等，2014）。

第二节　果实贮藏保鲜

一、贮藏保鲜概述

果实贮藏保鲜是生产全链条的一个重要环节。通常同一类型、同一品种果实成熟期相对集中，若不能及时销售，将大量囤积，最终变质腐烂，影响经济效益。据统计，我国每年果品采后损耗率占产量的 10%～20%，有些地区甚至达到 30%～40%。贮藏保鲜可维持果实品质，延长贮藏期，减少采后损耗，达到减损增效的目的。因此进行水果贮藏保鲜工作有着十分重要而深远的意义。

采后果实损耗受多个因素的影响，大体可归纳为 3 个方面：果实采后自身的生理生化变化、病原菌微生物的感染和机械损伤。损耗腐烂基本上是由上述 3 个原因单一作用或者综合作用的结果。采后贮藏保鲜就是基于上述 3 个方面，通过物理、化学或生物技术，减少采后机械伤和病原菌侵入，并延缓果实衰老进程，维持果实品质。猕猴桃果实属于呼吸跃变型果实，且对乙烯极度敏感，在贮藏保鲜时需要针对这 2 项生理特性加以关注，以获得更好的贮藏保鲜效果。

同时，随着生活水平的提高，大众对食品健康问题日益重视，对果品质量的要求越来越高。在保证果实贮藏效果的同时，也要注意贮藏方式的绿色安全，进而提高消费者的可接受程度。

二、贮藏保鲜技术

猕猴桃果实的贮藏保鲜工作复杂，从果实采收开始，所有采后处理环节对果实贮藏保鲜均有重要影响。猕猴桃果实的采后处理环节主要包括果实入库及预冷、果库消毒、果实防腐保鲜处理、配置最适的贮藏参数等。在此过程中，通过剔除伤病果、采后杀菌及控制果实成熟衰老速度这几种措施，可较好实现果实的贮藏保鲜及品质的维持。

（一）果实入库及预冷

果实入库前需要严格把关，剔除伤果病果。猕猴桃果实受到机械伤时会释放乙烯，而微量的乙烯就能导致果实启动软化，因此筛选时切忌用手指重压、抛投或滚动果实，需要轻拿轻放。剔除病果是为了防止病原菌在贮藏室中感染其他果实，特别是贮藏室阴冷密闭，容易造成病原菌大规模暴发。

刚采摘下的果实携带大量的田间热，即果实从田间带入贮藏室内的热量，一般每千克果实降低 1℃就能释放出约 368 000J 的热量。如果果实采摘后直接进入贮藏室则会造成室温升高，果实降温缓慢，呼吸作用增强，影响贮藏效果。通常果实采摘后需要立即转入冷库贮藏，例如在新西兰猕猴桃采后 48h 内（最好 24h）完成入库工作，在美国要求采后24h 内全部转入冷库贮藏。

为避免果实携带大量的田间热，一般采取清晨采果和产地预冷的方法来降低果温。预冷是冷链贮藏的基础，一般在产地进行（周航，2015）。目前常用的预冷方式包括自然降温预冷、抽风预冷、水预冷、鼓风预冷、真空预冷等。自然降温预冷简单易行，利用简单贮藏场所的阴凉通风环境进行自然散热，这种方法简单、成本低，但是预冷时间长。抽风预冷是将果箱放入特制的两端分别装有制冷机和排气扇的密闭预冷间中，预冷时通过排气扇的运转，使预冷间的两端形成气压差，以便冷气从果箱的间隙穿过将热量带出。当流经每千克果实的冷气流量为 0.75L/s 时，约 8h 便可将果实从室温降低到 2℃。水预冷是利用冷水对果实进行降温，水的比热容比较大，当果实接触冷水时，热量被迅速带走，冷水以 7～10L/s 的速度流动，一般不到 25min 便可使果实的温度从 20℃降低到 1℃。水预冷的优点是果实没有水分损失，其他方法约损失 0.5%，但其缺点是果实包装之前需要风干，否则果皮腐烂后会影响外观。鼓风预冷是在果实包装线输送带上设置一个冷气槽，冷空气以 3～4m/s 的速度从槽中流过，从而使输送带上的果实在 30min 内冷却至 1℃。真空预冷在真空室内进行，使果实内部的水分在真空负压环境下蒸发而降温。水的沸点会随着环境气压的降低而降低，大气压强减小到 610Pa 时水在 0℃就会蒸发，新鲜的水果在低压的密闭环境中，因蒸发失去水分而降温冷却。相较于自然降温预冷和水预冷，真空预冷需要更专业的设备，投入成本增加。周航（2015）通过研究发现，通过及时预冷能有效推迟果实呼吸跃变时间并降低呼吸强度，在货架期 45d 的时候，预冷处理的徐香果实硬度仅下降 41.52%，而对照组下降 64.28%，延长猕猴桃果实货架期约 30d。

（二）果库消毒与果实防腐保鲜处理

果实入库前冷库和用具需消毒灭菌，特别是前一批贮藏过其他果品蔬菜的冷库，一定要提前一周消毒灭菌。冷库消毒可以通过熏蒸或者喷洒的方法进行：①用 10g/m³ 硫黄粉点燃熏蒸 24h。②用 5% 仲丁胺 5mL/m³ 熏蒸冷库 24～48h。③用 1%～2% 甲醛水溶液喷洒冷库。④用 0.5% 漂白粉水溶液或 0.5% 硫酸铜水溶液刷洗果筐、放果架、彩条布等冷库用具，晒干后备用。冷库和冷库用具消毒处理后需通风排气，无异味后方可进行后续果实贮藏。

在果实入库贮藏时，也需要对果实进行防腐杀菌处理。虽然在筛选果实时已剔除了伤病果，但是未发病的果实仍可能携带潜在的病原菌，在冷库适宜的环境中继续繁衍生长，感染其他健康果实。因此采取物理或化学方法对果实进行防腐杀菌处理，是保证贮藏质量、减少损耗的重要措施。

物理杀菌一般是通过紫外线杀菌和电离辐射杀菌。每 10～15m² 设置 1 个 30W 紫外线灯管，以照射 2h 间歇 1h 为最优。紫外线对一般细菌、病毒均有杀灭作用，其中革兰氏阴性菌对紫外线最敏感，然后为革兰氏阳性菌，但结核杆菌却对紫外线有较强抵抗力。通常紫外线杀菌对细菌芽孢无效。电离辐射灭菌是应用 γ 射线与高能量电子束照射，可在常温下对不耐热的物品进行杀菌，故又称"冷杀菌"。但电离辐射杀菌法一次性投入高，需专业管理人员操作，而且电离辐射对果实品质有一定影响，不适用于果实防腐杀菌。因此，猕猴桃果实防腐杀菌多以化学杀菌剂为主，特别是近年来许多高效低毒杀菌剂的出现，在减少果实损失、延长供应时间方面发挥了良好的作用。

化学杀菌剂一般通过熏蒸、浸泡或涂膜发挥作用。广泛应用在果实上的化学杀菌剂有臭氧（O_3）、二氧化氯（ClO_2）、多菌灵、甲基硫菌灵、壳聚糖等。臭氧和二氧化氯是气体杀菌剂，具有较强的氧化性，可以通过熏蒸方式进行杀菌，是高效、广谱、安全无残留的绿色杀菌剂。曹彬彬等（2012）利用不同浓度的臭氧处理猕猴桃果实，发现较低浓度的臭氧（10.7mg/L）能显著抑制猕猴桃果实的呼吸作用，降低腐烂率，且在低温贮藏140d后好果率仍维持在95％。然而，高浓度的臭氧反而会加强猕猴桃果实的呼吸作用，加速果实成熟衰老，这可能是因为高浓度臭氧对果实造成了较大的损伤。王烨（2016）以1mg/L二氧化氯气体处理接种灰霉菌的猕猴桃果实6h，发现果实发病率降到6.67％，硬度下降速度有所延缓，维生素C和可溶性固形物含量得到一定维持。壳聚糖是天然高分子化合物甲壳素脱乙酰化后的一种重要产物，来源广泛，具有显著的杀菌功效。壳聚糖作为杀菌剂已被广泛应用于苹果、梨、草莓、番茄、柑橘、葡萄等采后病害的防治中（姚晓敏等，2002）。在猕猴桃的采后保鲜中，壳聚糖通常以涂膜的方式被利用。壳聚糖处理可以有效降低猕猴桃果实采后灰霉病和青霉病发生率，可能机制是抑制病原菌生长并提高果实自身抗性（潘思明，2018）。通过生理生化指标测定，发现壳聚糖可提高猕猴桃果实的过氧化氢酶、超氧化物歧化酶、抗坏血酸过氧化物酶的活性及总酚的含量，同时提高了相应编码基因的表达。此外，还有研究发现壳聚糖可以降低果实呼吸强度，进而延长贮藏期。通过与纳米材料复合涂膜，可以进一步提高壳聚糖的保鲜效果（李宗磊等，2011）。

目前，除了单一杀菌剂的使用外，复合杀菌剂的使用不仅具有更好的杀菌效果，且残留低。随着人们对食品安全的要求越来越高，使用高效低毒、无残留的杀菌剂，甚至不使用杀菌剂成为果实贮藏保鲜工作的重要研究方向。

（三）生物保鲜

近年来，消费者对食品安全、绿色环保的理念越来越重视，因此开发毒性小、无污染、低消耗的杀菌剂替代品是产业亟待解决的关键问题之一。生物保鲜是近年来提出的一种新型保鲜措施，它利用拮抗微生物抑制病原菌生长以达到保鲜的目的。

微生物拮抗菌对病原菌的抑制作用主要分为直接作用与间接作用2种，直接作用包括抗生作用及寄生作用，间接作用包括拮抗菌与病原菌间营养和空间的竞争及拮抗菌的诱导抗性作用。抗生作用是指拮抗菌产生的抗生素或其他具有抑菌性的代谢产物对致病菌产生间接或直接的抑制作用，是一种研究发现较早的拮抗方式。寄生作用是指某些拮抗菌分泌对病原真菌细胞壁有降解作用的胞外裂解酶，通过吸附、侵入、缠绕等多种方式来抑制病原菌生长。除了直接作用，拮抗菌的抑菌也存在一些间接作用效应，如诱导抗性，是指拮抗菌作为一种生物诱导因子，通过诱导寄主自身抗性系统的启动进而使其产生抗性，增强对致病菌的抵御能力。

在果实贮藏方面被研究最多的生物防治菌是酵母菌、芽孢杆菌和假单胞杆菌。胡欣洁等（2013）的研究表明，枯草芽孢杆菌Cy-29可显著延缓贮藏期间红阳猕猴桃果实硬度和可溶性固形物、可滴定酸、维生素 C 含量的下降，较好地保持果实的良好品质。潘思明（2018）分析了 2 种拮抗酵母菌（*C. oleophila* 和 *D. nepalensis*）对青霉菌及灰霉菌的控制效果，结果显示，在所有处理下的对照组发病率均高达 100％的情况下，*C. oleophila* 将青霉病及灰霉病的发病率分别降至 16％与 10％，*D. nepalensis* 将青霉病及灰霉病发病率分别降至 23％与 16％，并且 2 种酵母菌在控制腐烂直径上也表现出了积极效应。申哲（2008）在发病猕猴桃提取液中鉴定出 11 种病原菌，并发现了 5 株生防放线菌对病原菌有很好的抑制作用。

防病效果明显、环境友好型的生防菌应用于果实采后保鲜有很好的前景，但是消费者能否接受这类处理值得商榷，或者利用一些生防菌的有效拮抗提取物进行防治，可能更容易被消费者接受。

（四）低温贮藏

温度是影响呼吸作用的重要外界因素，在适宜的低温（以不发生果实冷害或冻害为前提）范围内，温度越低，果实的呼吸作用越弱。低温贮藏是目前一种常见的大规模、简单且高效的采后果实贮藏方式，但是以下几方面需要注意。

（1）贮藏温度　低温贮藏已经被普遍证实可降低猕猴桃果实的呼吸作用，进而达到延缓果实衰老的目的。不同种类、品种的猕猴桃对温度的敏感性不同，因此它们的最适宜贮藏温度亦不同。多数美味猕猴桃的贮藏温度可以降到 0℃左右，而很多中华猕猴桃不耐低温，贮藏温度则为 4℃左右。低温贮藏可有效延长多数猕猴桃的贮藏期达 2～3 个月，甚至可延长耐贮型猕猴桃海沃德果实的贮藏期达 4～6 个月。也有研究发现，低温贮藏的果实中可溶性糖含量增加，对低温的抗性增强，因此可以在贮藏后期适当再降低温度。需要注意的是，部分产业用冷库的控温区间较大，需适当提高设定的中间温度，以避免冷害或冻害的发生。

（2）空气流通　低温贮藏过程中，需要注意合理堆码采后果实，留出部分间隙便于冷风流通。由于冷库密闭性好，若果实堆放密度过大，则会造成外部果实受冷，而内部果实由于呼吸作用释放热量引起局部温度升高导致周围果实衰老加速，影响贮藏效果。如果果实已经堆码过密，有学者提出可以再适当降低冷库温度，这样尽管会导致外围出现 3％～5％的冷果，但能防止内部大量果实软化（30％～70％）。然而这种处理措施需要从效益方面进行衡量。

（3）空气相对湿度　低温贮藏过程中，还需要保持较高的空气相对湿度，否则冷风会不断带走果实表面的水蒸气，增加失水率，进而影响果实贮藏品质。通过安装加湿装置或在果实表面覆盖薄膜，可达到维持冷库较高空气相对湿度的效果。此外，果实贮藏过程会产生二氧化碳、乙烯等气体，因此还需定期通风换气，以达到更好的贮藏效果。

（4）定期检查　长期贮藏果实时，需要定期检查仪器设备，检查是否有病果并及时剔除，防止病原菌进一步扩散。在果实出库上市时，需要采用逐步升温的方法，设置一个缓冲间以避免因温度骤变而引起果实腐烂，延长贮藏后的货架期。

（五）气调贮藏

气调贮藏是通过调整环境气体比例来延长果实贮藏期、维持果实品质的一种贮藏方式，常与低温贮藏结合使用。气调贮藏基于高浓度 CO_2、低浓度 O_2 抑制果实生理生化进程和微生物活动，进而达到贮藏保鲜的效果。气调贮藏集合了制冷系统、气调系统和保湿系统等，贮藏效果优于普通冷藏，但建库投资大，在对硬件设备和技术人员的要求上比低温贮藏更高。

气调贮藏过程中，O_2 和 CO_2 浓度的确定至关重要。总体来讲，降低环境中 O_2 浓度可抑制果实的呼吸作用，但是 O_2 浓度过低则会促进果实无氧呼吸，积累乙醇、乙醛等物质，导致果实品质劣变；提高 CO_2 浓度可抑制果实呼吸作用，但是 CO_2 浓度过高会造成细胞中毒。因此 O_2 和 CO_2 浓度存在一个临界值，使呼吸作用降到最低又不诱发无氧呼吸。值得注意的是，O_2 和 CO_2 间存在拮抗作用，即 O_2 可以避免 CO_2 引起的细胞中毒。

气调贮藏对猕猴桃果实的贮藏保鲜具有较好效应。Antunes M D C 等（2002）发现 $2\% O_2 + 5\% CO_2$ 气调结合 0℃贮藏，可使海沃德猕猴桃果实贮藏期达 180d，果实软化速度下降，果实品质得到较好维持。徐昌杰等（1998）利用秦美猕猴桃进行实验，发现气调贮藏可以延缓果实淀粉降解和可溶性固形物含量上升，并维持较高果实硬度。Burdon J 等（2005）比较了气调贮藏（$2\% O_2 + 5\% CO_2$）和非气调贮藏（空气作为对照）下的海沃德猕猴桃果实，通过测定酒精和酯类等物质含量变化发现气调贮藏的猕猴桃果实品质显著优于对照处理。不同果实最适的 O_2 和 CO_2 浓度不一致，需要根据品种特性进行调整。王亚楠（2014）的研究认为，中华猕猴桃红阳的最适合气体比例为 $2\% O_2 + 3\% CO_2$。虽然大量研究表明气调贮藏可有效延缓猕猴桃果实的后熟软化，但该贮藏方式的成本较高，在产业中的推广应用仍需慎重对待。

（六）应用乙烯吸收剂或抑制剂

猕猴桃不仅是呼吸跃变型果实，且对乙烯极度敏感，$0.1\mu L/L$ 的乙烯就能诱导低温贮藏果实启动不可逆的成熟软化。因此，降低贮藏环境中乙烯浓度，有利于延长猕猴桃的贮藏时间。调控乙烯浓度可从两方面着手：一方面是减少贮藏环境中的乙烯；另一方面是减少果实释放乙烯。

减少贮藏环境中的乙烯可以通过通风换气的方法来实现。但是通风换气需要额外添加装置，且换气过程会降低冷库的制冷效果，因此，选择合适的通风换气时间（如夜间低温）至关重要。产业中，也常使用乙烯吸收剂来吸收环境中的微量乙烯，进而提高果实的贮藏效果。目前猕猴桃果实常用的吸收剂是基于高锰酸钾结合物理吸附剂制成的各类乙烯吸收剂。高锰酸钾通过强氧化性将乙烯氧化成 CO_2，而自身被还原成无毒无害的二氧化锰。新鲜的高锰酸钾吸收剂为紫色，氧化后通常会变成褐色、黑色，易于识别，便于及时更换。乙烯吸收剂可配合低温贮藏或在运输过程中使用。李正国等（2000）发现，聚乙烯薄膜包装和乙烯吸收剂组合处理的效果明显优于仅有聚乙烯薄膜包装。阎根柱等（2018）对乙烯吸收剂处理的猕猴桃果实进行生理生化指标的测定，发现乙烯吸收剂能有效推迟徐香猕猴桃果实在低温贮藏时的乙烯释放高峰，降低呼吸作用和脂氧合酶（LOX）活性，且果实硬度始终高于未处理组，有效延长果实贮藏期和货架期。

除了吸收环境中的乙烯，也可以通过化学处理减少果实自身乙烯释放。目前最常用的乙烯抑制剂为 1 - MCP。1 - MCP 是一种乙烯作用竞争性抑制剂，能不可逆地作用于乙烯受体，抑制乙烯的生理效应和延缓果实后熟衰老，已在多种果蔬上得到了良好的应用。近年来，在美味猕猴桃秦美、徐香、贵长，中华猕猴桃红阳，以及软枣猕猴桃的不同品种上，1-MCP均有应用性研究，且取得良好效果（唐燕等，2010；赵迎丽等，2005；阎根柱等，2018）。但由于1-MCP不可逆地结合乙烯受体的作用机理，不合理不规范使用1-MCP则会造成猕猴桃果实在货架期内无法正常软化、食用品质下降等问题。阎根柱等（2018）深入研究发现，1-MCP能有效降低徐香果实乙烯释放速度，推迟乙烯释放高峰出现时间，延长贮藏时间，也抑制了猕猴桃果实贮藏期和货架期酯类物质的合成，并且果实在货架期积累了较多的醛类和醇类物质，对果实的风味品质有一定不利影响。

（七）基因工程技术

尽管贮藏保鲜效果受多种外部因素调控，但最根本的因素则由果实自身特性即基因决定。前期研究一般通过沉默果实乙烯合成相关基因 ACO、ACS 调控果实采后成熟，最早在哈密瓜、苹果、番茄中成功，沉默 ACO1 基因后的苹果在常温贮藏85d后仍然保持新鲜状态，而正常果实已经失水萎蔫（Schaffer R J et al.，2007）。后续又对调控基因进行相关研究，例如番茄 AP2 基因负调控乙烯，过量表达 AP2 基因导致果实成熟滞后（Karlova R et al.，2011）。在猕猴桃中，已经有研究证明沉默 ACO1 基因的果实具有更好的采后贮藏效果。ACO1 基因沉默果实在贮藏过程中检测不到乙烯释放，呼吸作用显著低于正常果实。果实在自然条件下贮藏25d后，ACO1 基因沉默果实仍维持较高的硬度。通过外源乙烯处理可诱导 ACO1 沉默的猕猴桃果实再软化，并检测到相关成熟挥发物的释放，实现可控的果实成熟软化（Atkinson R G et al.，2011）。近年来随着分子生物学研究的深入，一些基因相继被报道参与猕猴桃果实后熟衰老调控，这些基因可以作为基因工程的靶向基因，提高采后贮藏保鲜效果，但目前成功转基因案例仍较少。自2012年CRISPR/Cas9技术可应用于基因编辑后，在动物、植物中得到了广泛应用，近年来在包括猕猴桃在内的园艺作物中也得到了部分应用（Zhang Y et al.，2020；Wang Z et al.，2018）。CRISPR/Cas9优势在于从DNA水平上对基因进行编辑，且 Cas9 基因等插入片段可在杂交后代中去除，获得非转基因且基因发生编辑的杂交后代，也许不久的将来，基因工程技术能在果实贮藏保鲜中发挥更加重要的作用，减少杀菌剂的使用和产能消耗，实现更绿色更环保的发展。

第三节　猕猴桃的采收

一、采收成熟度的判断

采收时间早晚会影响猕猴桃产量、品质和贮藏性能。果实采收过早，口感差，贮藏性能差；采收过晚，果实超过合适的成熟度，果肉易软化和衰老变质，降低果实的商品性。

通过研究猕猴桃果实成熟过程中的生理变化发现，当果肉细胞中的淀粉积累结束，开始被分解为糖时，采收比较合适。猕猴桃果实成熟过程中，果实外观没有颜色变化，绿肉品种如美味猕猴桃海沃德，最早主要以果肉可溶性固形物含量6.2%作为采收标准（Harman J，1981）。综合考虑猕猴桃品质和贮藏性能，可溶性固形物含量达到6.5%为适宜采收的最低标准，但以可溶性固形物含量为7%～9%时，采收的果实能够获得较好的食用品质（Crisosto G U et al.，1984；Goldberg T et al.，2021）。

日本猕猴桃产业对于绿肉品种采收时的可溶性固形物含量的标准为6%～7%。黄肉品种采收时间的确定与绿肉品种有所差异，除了以可溶性固形物作为参照以外，果肉颜色和硬度也作为采收指标，黄肉品种的最佳采收时期为可溶性固性物含量达8%～9%和色度角达105°。日本种植户将黄肉品种采收时的可溶性固形物含量提高到9%～10%以获得更好的食用品质。猕猴桃果实成熟后期，果实含糖量会迅速上升，容易错失最佳采收时期，因此当果实可溶性固形物达6%以后，要定期监测果实的可溶性固形物含量（末沢克彦等，2008）。

新西兰种植户确定黄肉品种的采收时期综合参考了果肉硬度、果肉色度角、果肉干物质含量和可溶性固形物含量指标，即色度角降低至103°以下，果肉硬度小于或等于4kg/cm²，果肉干物质含量为18%～21%，果肉可溶性固形物含量大于10%（Burdon J et al.，2014）。近年来软枣猕猴桃采收时间的确定主要是果肉平均可溶性固形物含量达6.5%，且果肉仍具有一定的硬度，这是参照美味猕猴桃海沃德的采收标准。新的研究发现软枣猕猴桃品种Ananasnaya和Cheongsan采收时的可溶性固形物含量最好为8%及以上，果实冷藏成熟后才能获得较好的风味（Fisk C L et al.，2006；Han N et al.，2019）。

猕猴桃为呼吸跃变型果实，果实成熟之后硬度仍然比较大，需要在常温下放置一段时间才能食用。因此准确判断猕猴桃的成熟度显得格外重要。目前生产上，主要根据可溶性固形物和干物质含量来确定猕猴桃的采收成熟度，中华猕猴桃和美味猕猴桃采收时的可溶性固形物含量在6%以上，干物质含量在15%以上。不同的品种所要求的采收时的可溶性固形物和干物质含量不一样。

二、采收方法

一旦确定猕猴桃果实的采收时间，正确的采收方法有利于保证果实品质、提高商品果率和降低生产成本。

果实达到生理成熟时，果梗与果实基部会形成离层，采收时用手轻握果实，稍微一拽，即可采收果实。为提高果实的外观品质和贮藏性能，可采收前一周喷施一次杀菌剂（姜景魁等，2009）。猕猴桃果实采收以晴天或阴天为宜。采收时，要求将指甲剪短，戴上手套，果实务必轻拿轻放，使用专门的采果袋或在筐里垫上软布，这些措施都是为了减少采收过程中的果实损伤。

随着人力成本的上升，劳动力匮乏，为了猕猴桃产业的可持续发展，新西兰猕猴桃研究者开发了猕猴桃采收机器人，以实现机械采收。早在2009年，新西兰的研究者就开发了一款能够采收猕猴桃的机器人，每秒能够采4个果实（Scarfe A J et al.，2009）。2009年这一款机器人被进一步改进，改进的机器人仍有4个用于采收果实的机械臂（彩图15-1），平均每5.5s采收1个果实，但只能采收树冠内51%的果实（Williams H A M et al.，2019）。虽然距离完全依靠机械采收还有很长的路要走，但随着人力成本的上升和科学技术的发展，将会最终实现机械采收猕猴桃。

三、采收成熟度

根据猕猴桃商品化果实的流通需求，对不同的品种，采收成熟度会有差异。采收成熟度主要根据采收时果实的可溶性固形物含量来确定，普遍为 6% 左右，为了提高鲜食猕猴桃的口感，可适当提高采收时果实的可溶性固形物含量达 9% 左右（表 15-1）。软枣猕猴桃和毛花猕猴桃采收时的可溶性固形物含量都在 8% 以上，因此采收成熟度没有统一的标准，应该根据栽培品种和流通方式来具体落实确定。

表 15-1 不同种类或品种猕猴桃采收成熟度

品种或种类	采收时果实可溶性固形物含量（%）	采收时果实干物质含量（%）	参考文献
海沃德	6.5~9	—	Crisosto G U et al.，1984；Goldberg T et al.，2021
绿肉品种	6~7	—	末沢克彦等，2008
黄肉品种	>10	18~21	Burdon J et al.，2014
中华美味类猕猴桃	≥6	≥15	《猕猴桃质量等级》（GB/T 40743—2021）
红阳	7	20	严涵等，2022
徐香	6.5~6.9	—	辛付存等，2011
华优	6.5~7.0	—	辛付存等，2010
金艳	7.5	—	陈成等，2020
毛花猕猴桃华特	8.7~9.5	—	徐燕红等，2020
软枣猕猴桃	>8	—	Fisk C L et al.，2006；Han N et al.，2019

第四节　采后商品化处理

果实采后商品化处理是为了减少果实采后损失、保持或改进果实品质，使其从农产品转化为商品所采取的一系列措施。猕猴桃果实采收以后，通常要经过挑选、预冷、分级、包装等技术环节，从而延缓果实成熟衰老过程、延长果实贮藏寿命与货架寿命、提高果实的商品价值，对提高猕猴桃经济效益和促进猕猴桃产业健康发展具有十分重要的作用（高敏霞等，2018）。

一、挑选

挑选是猕猴桃果实采后商品化处理的第 1 个环节。猕猴桃果实采收后，在入库贮藏前应进行仔细挑选，剔除畸形果、病虫果、软果及伤果，避免软果和伤果产生的乙烯催熟其他的果实。可采用人工挑选的方法或在猕猴桃分级时通过视觉检测技术进行快速筛选。

二、预冷

猕猴桃是典型的呼吸跃变型果实。由于采收后的猕猴桃带有大量的田间热和呼吸热，易造成果实温度较高，呼吸、代谢等生理活动旺盛，如不及时通过预冷降低果实温度，极易引发自发催熟，加速果实后熟软化。另外，猕猴桃果实冷藏时若不预冷直接送入冷库，内外较大的温差会造成果实生理活动紊乱并在果实表面凝结水分,增加病原菌侵入的机会,导致采后严重的腐烂损失。因此,猕猴桃果实在采收后应及时预冷,否则严重影响贮藏性。

三、分级

(一)分级目的意义

猕猴桃在田间生长过程中,由于受到自然条件、栽培措施等的影响,造成采收时果实大小、形状、色泽、成熟度等方面存在较大差异,难以达到一致水平,不利于猕猴桃的贮藏保鲜和上市销售。采后分级是使猕猴桃果实商品化、标准化的重要手段。通过分级,使果实等级分明,规格、质量一致,便于包装、贮运和销售,实现优级优价。分级还有利于根据果实质量分类销售和加工利用,充分发挥产品的经济价值,减少浪费。此外,通过挑选分级,可以剔除病虫危害的果实,减少病虫害的传播和贮运期间的腐烂损失。

(二)分级标准

猕猴桃果实分级是根据果实的大小、重量、色泽、形状、成熟度、新鲜度、病虫害和机械伤等商品性状,按照相关标准进行严格分选。在我国,果实分级标准分为国家标准、行业标准、地方标准和企业标准4级。目前,我国猕猴桃果实分级主要以国家市场监督管理总局和国家标准化管理委员会颁布的国家标准、农业农村部颁布的行业标准以及猕猴桃主产省份颁布的地方标准作为参考依据。

1. 国家标准 我国现行猕猴桃果实质量国家标准《猕猴桃质量等级》(GB/T 40743—2021)于2021年10月11日发布,并于2022年5月1日实施,根据自然生长状态下的猕猴桃果实平均单果重,分为小果型(S)(≤70g)和大果型(L)(>70g),并将猕猴桃鲜果分为特级、一级和二级3个等级,具体等级指标要求详见表15-2。

表15-2 猕猴桃等级指标要求

项目	特级	一级	二级
形变总面积(cm²)	无	≤1	≤2
色变总面积(cm²)	无	≤1	≤2
轻微擦伤、已愈合的刺伤、疤疤等果面缺陷总面积(cm²)	无	≤1	≤2
空心、木栓化或者果心褐变等果肉缺陷面积(cm²)	无	≤1	≤2
小果型(g)	≥75	60~75	40~60
大果型(g)	≥90	75~90	50~75

注:形变指果面不平整、存在缺陷。色变指果面有水渍印、泥土、污物及其他杂质。小果型代表品种有徐香、布鲁诺、米良1号、华美1号、红阳、华优、魁蜜、金农、素香;大果型代表品种有海沃德、秦美、金魁、翠香、贵长、中猕2号、金艳、金桃、翠玉、早鲜。

2. 行业标准 2009年我国颁布了第1个猕猴桃果实分级农业行业标准《猕猴桃等级规格》(NY/T 1794—2009),将猕猴桃果实分为特级、一级和二级3个等级,并根据单果重将果实分为大(L)、中(M)、小(S)3个规格。具体分级要求和规格标准详见表15-3、表15-4。

表 15 - 3　猕猴桃等级标准

指标	特级	一级	二级
基本要求	果形端正，无畸形果，果面完好，无腐烂；洁净，无明显虫伤和异物；无变软，无明显皱缩；无异常外部水分；无异味；鲜食采收期可溶性固形物含量应达到 6.2 白利度（Brix）以上。		
外观	具有本品种全部特征和固有外观颜色，无明显缺陷	具有本品种特征，可有轻微颜色差异和轻微形状缺陷，但无畸形，表皮缺损总面积不超过 1cm²	果实无严重缺陷，可有轻微颜色差异和轻微形状缺陷，但无畸形。可有轻微擦伤，果皮可有面积之和不超过 2cm² 已愈合的刺伤、疮疤
品质容许度（各包装允许有不符合所标等级要求的猕猴桃，以重量计）	可有不超过 5% 的猕猴桃不满足本级要求，但满足一级要求	可有不超过 10% 的猕猴桃不满足本级要求，但满足二级要求	可有不超过 10% 的猕猴桃既不满足本级要求，也不满足最低品质要求和最低成熟度要求。但腐烂、严重擦伤或其他变质致使不适于食用的猕猴桃除外
大小容许度	所有等级都可有 10% 的猕猴桃不满足规定的大小和/或大小范围要求。但这些猕猴桃只能是相邻等级的猕猴桃		

表 15 - 4　猕猴桃大小规格

规格	大（L）	中（M）	小（S）
单果重（g）	≥100	80～100	≤80
同一包装中的最大果和最小果重量差异（g）	≤20	≤15	≤10

3. 地方标准　我国猕猴桃种质资源丰富，种类和品种繁多，不同种类和品种间果实大小、形状、色泽等差异很大。我国部分猕猴桃主栽省份根据猕猴桃产业发展需要因地制宜制定了不同种类和品种猕猴桃等级的地方标准（表 15 - 5）。如陕西省质量技术监督局于 2014 年发布了修订后的陕西省地方标准《猕猴桃　鲜果》（DB61/T 221—2014），制定了美味猕猴桃和中华猕猴桃等级规格，辽宁省质量技术监督局于 2016 年发布了辽宁省地方标准《软枣猕猴桃贮运技术规程》（DB21/T 2634—2016），对软枣猕猴桃不同等级要求做出详细规定。

表 15 - 5　部分种类猕猴桃等级标准

种类	指标名称	特级	一级	二级
中华和美味猕猴桃	单果重（g）	中华猕猴桃：100～120　美味猕猴桃：120～145	中华猕猴桃：80～100　美味猕猴桃：90～120	中华猕猴桃：60～80　美味猕猴桃：70～90
中华和美味猕猴桃	果形	具有品种固有的形状特征，允许有轻度凹凸或其他粗糙部分，但不得影响外观	具有品种固有的形状特征，允许有轻度凹凸或其他粗糙部分，但不得明显影响外观	果实无严重影响外观的明显变形

（续）

种类	指标名称	特级	一级	二级
中华和美味猕猴桃	果实洁净度	表面无污染、尘土或其他外来杂质	表面有轻微尘土或其他外来杂质	表面有污物、尘土或其他外来杂质，但不严重
中华和美味猕猴桃	容许度	在各级别的果实中，允许有总果数8%以下不符合本级别要求的相邻级别果实和有缺陷果实存在，但不允许有机械损伤、开放性伤口和腐烂果实存在		
软枣猕猴桃	基本要求	果形端正，无畸形果，无腐烂；洁净，无明显虫伤和异物；无变软，无明显皱缩；无异常外部水分；无异味；采收期果实可溶性固形物含量应达到6%以上		
软枣猕猴桃	等级要求	具有本品种全部特征和固有外观颜色，无明显缺陷	具有本品种特征，可有轻微颜色差异和轻微形状缺陷，但无畸形，表皮破损总面积不超过0.2cm²	果实无严重缺陷，可有轻微颜色差异和轻微形状缺陷，但无畸形。可有轻微擦伤；果皮可有面积之和不超过0.3cm²已愈合的刺伤、疮疤

注：单果重包括范围中的最小值。

（三）分级方法

果实分级可以分为人工分级和机械分级。人工分级是通过人工选果，去除病虫果、损伤果，凭视觉与经验将不同成熟度、大小和果面缺陷的果实区分为不同等级，具有较大误差。便捷高效的自动化分选设备是实现猕猴桃利益最大化的重要帮手。我国猕猴桃一般是在形状、新鲜度、颜色、品质、病虫害和机械伤等方面已经符合要求的基础上，按大小和重量进行机械分级，辅以光电分选技术对果实表面机械伤、病虫斑、瑕疵等进行辨认筛选。

1. 机械分级　针对猕猴桃果实表面覆盖浓密茸毛、果肉质地柔软易受损的特性，江西绿萌科技控股有限公司研发的猕猴桃分选设备采用全程柔性操作设计，避免猕猴桃在分选过程中产生磕碰伤，采用双传感器和4点接触对猕猴桃进行称重，以确保每一个分选过的猕猴桃在大小、重量上保持一致，可对猕猴桃的大小和重量进行分选（彩图15-2）。

2. 光电分级　光电分级机是目前最先进的分级设备。利用计算机视觉、近红外光谱、激光诱导荧光光谱、激光诱导击穿光谱、激光拉曼光谱、高光谱图像技术等来对果实外观和内在品质进行无损检测，依据果实大小、果形指数、果表颜色、表面缺陷以及果实内质（糖含量、酸含量、维生素C含量等）等参数对果实逐个确定等级，使同一等级果实外观和内质基本一致（彩图15-3）。

四、贴标

近年来，随着农业产业化的快速发展，生产者水果品牌意识越来越强，同时，消费者对果实质量、安全、外观要求也越来越高，个性化包装实现果实可追溯是质量保证的重要途径和方法。标签成了展示果实品牌、质量溯源体现的唯一载体。因此，猕猴桃果实经过机械或光电分级后，在包装、运输和销售前需由自动贴标机在每个果实上贴上产品标签，标签上可印刷果实品牌标志以及图像二维码信息，消费者通过扫码可以快速、准确、实时采集到猕猴桃果实产地、生产、采收等信息，从而实现对果实质量安全的追踪管理。

五、包装

（一）包装的作用

包装是猕猴桃果实采后商品化处理重要环节之一，也是猕猴桃实现标准化、商品化，保证安全运输的重要措施。合理科学的包装不仅可以有效保护猕猴桃果实避免在贮藏运输过程中因碰撞、挤压等造成机械损伤，同时可以避免堆集发热引起猕猴桃果实后熟软化，减少病害传播蔓延和蒸腾失水，从而保持猕猴桃果实良好的商品价值。此外，包装便于猕猴桃采后流通过程标准化，也便于机械化操作。

（二）包装的要求

包装材料需坚固美观、安全、无毒、无污染、无不良气味，能承受一定压力，便于搬运和贮藏堆码，有利于保护果实，防止机械损伤和果实污染，提供有利于贮运的条件，同时具备一定通透性，适于新的运输方式，便于购销者处理。

根据猕猴桃采后所处的不同阶段，将包装分为运输贮藏包装和销售包装 2 类。运输贮藏包装多用塑料筐和纸箱，纸箱上需打孔，以利于通风，箱子宜低不宜高，运输贮藏箱尺寸一般为：长 40~50cm、宽 29~33cm、高 18~23cm，搬运过程中，纸板箱作为运输包装比较合适。销售包装根据市场需求，规格也不同，一般采用精细包装，用浅小果盘单层或双层包装，每箱重量为 1~5kg，能较好地保护果品，增加果品附加值。猕猴桃果实建议单层托盘包装，果实之间应隔开。包装内的猕猴桃，其品种、产地、品质和等级均应相同。

（三）包装的材料

猕猴桃果实包装通常可分为外包装和内包装。随着人们生活水平的不断提高，消费者对果实包装的要求也越来越高，一方面要求绿色、环保、安全，另一方面要求包装精美，能激起人们的购买欲望，提高果品档次。随着人们对生态环境越来越关注，国家也大力提倡使用绿色包装材料，要求对生态环境无污染、对人体健康无危害、能循环和再生利用。农业农村部颁布的《农产品包装和标识管理办法》要求，包装农产品的材料和使用的保鲜剂、防腐剂、添加剂等物质必须符合国家强制性技术规范要求。包装农产品应当防止机械损伤和二次污染。

1. 外包装 适宜猕猴桃果实外包装的材料有很多，目前常用的主要有木箱、塑料箱、纸箱和泡沫箱等。

（1）木箱。木箱的优点是结实牢固，并且可以制作成各种规格统一的形状，比其他植物材料防止物理损伤的能力要强，所以优于其他天然植物材料制成的容器，但是木箱本身较重，操作和运输不方便，且需要耗费木材资源，不利于资源和环境保护。

（2）塑料箱。塑料箱有一定的支撑强度，堆码方便，防潮效果好，且可以重复利用，已成为果实外包装的主要材料之一。塑料箱主要由较硬的高密度聚乙烯和较软的低密度聚苯乙烯 2 种材料制成。高密度聚乙烯箱结实、强度高，在箱壁上增加拉手和通风孔等不会削弱箱子的机械强度，一般情况下可以经受得起贮藏、运输和流通中的各种压力，并且能堆码一定高度，具有能满足新鲜水果流通需求的技术特性。聚苯乙烯箱结实、密度低、重量轻、隔热性能好、缓冲撞击的能力较强，主要缺点是如果用过大的突发力，会使之破裂，且不能二次使用，使用成本过高（王莉，2012）。

（3）纸箱。瓦楞纸板箱是猕猴桃果实常用的外包装材料之一，它轻便、便宜，因而作为木箱的替代物大量出现在水果流通领域。纸箱的最大优点是外观光滑，便于使用印刷的标签和宣传品，缺点是不能重复使用，一经水浸泡或加工粗放就容易受到损伤。

（4）泡沫箱。泡沫箱是近年来随着电商物流的发展而出现的一种包装形式，它是用聚苯乙烯树脂发泡数十倍而制成的，具有成本低、重量轻、缓冲性良好的优点，可以保护猕猴桃避免其在贮藏、运输过程中受到伤害，且具有一定的隔热性能，主要用于猕猴桃果实的保温运输。

2. 内包装　为了防止猕猴桃在运输和流通过程中果实相互挤压、碰撞而造成碰伤和压伤，同时为了控制果实采后蒸腾失水，通常在猕猴桃果实外包装内增加内包装，目前常用的主要内包装材料包括塑料薄膜、瓦楞插板、泡沫网套、珍珠棉、塑料托盘等。

（1）塑料薄膜。塑料薄膜通常采用透气性较好的低密度聚乙烯、聚苯乙烯、聚丙烯等材料制成，其优点是可以有效减少猕猴桃蒸腾失水，防止果实萎蔫，但缺点是不利于气体交换，容易造成呼吸失调，对于猕猴桃果实还容易造成乙烯大量积累导致果实后熟衰老加快，大大缩短贮藏寿命。因此，包装时要注意塑料薄膜的透气性和厚度，如能控制氧气、二氧化碳、乙烯等气体成分在适宜的范围内，则可达到自发气调的效果，另外可通过在薄膜上打孔或放入乙烯吸收剂等方法控制气体浓度（王莉，2012）。

（2）泡沫网套。采用泡沫网套对猕猴桃果实进行单果包装，再放入纸箱，每层之间用瓦楞插板隔离，可以有效缓解运输过程中由于猕猴桃果实相互碰撞、摩擦等造成的机械伤。

（3）珍珠棉包装。聚乙烯发泡棉，又称 EPE 珍珠棉，用来包装猕猴桃，可以对每个果实进行固定，但是不同大小果实需要定做不同规格的珍珠棉，成本相对较高，而且每一层需要一个盖板，如果果实放的不是很稳固，也会在运输过程中摇晃造成伤害。

（4）塑料托盘。猕猴桃果实采用塑料托盘包装，方便轻巧重量小，套上泡沫网套后，可以减少晃动碰撞。猕猴桃这样包装后可以整齐地放在包装箱里面，运输也更方便一些，但这种包装同样对果实大小要求严格，且要进行合理摆放，否则运输途中也会发生相互挤压碰撞。

3. 包装的方法　猕猴桃在包装中要注意 3 个方面的问题：一是不能让果实在运输途中相互碰撞、挤压导致果实损坏；二是包装不能太密封，要有一定透气性，维持果实正常呼吸作用，否则果实呼吸会产生呼吸热造成温度过高并容易导致乙烯积累，从而加速果实后熟，甚至造成无氧呼吸使果实完全失去商品价值；三是要防止因蒸腾失水导致猕猴桃过度失水萎蔫降低商品性。

猕猴桃果实包装一般先用包装纸或泡沫网套包装果实，精美包装常选用部分透明的塑料盒，然后装箱。箱内用纸板间隔，每层排放一定数量的果实，装满箱后捆扎牢固。果实装入容器中要彼此紧接，妥善排列，以减少运输、销售等环节造成的机械损伤。在包装箱上要注明品种、等级、重量、数量等产品特性，并贴上产地标签。

海沃德猕猴桃采用单层托盘加覆保鲜薄膜加纸箱包装，每箱果实净重 3.5～3.6kg，分为 6 个等级（每箱 39 个，单果重 90～95g；每箱 36 个，单果重 96～105g；每箱 33 个，单果重 106～112g；每箱 30 个，单果重 113～120g；每箱 27 个，单果重 121～140g；每箱 25 个，单果重 141～150g）。采用防潮瓦楞纸箱，纸箱长 43.5cm、宽 33.5cm、高 6.5cm。将包装好的每箱果打成大托盘，托盘高 32 层，底部 6 箱，每个托盘共计 192 箱。采用冷藏集装箱运输，在运输过程中保持温度 0～2℃，每个集装箱车装 24 个大托盘，共计 4 608 箱。

红阳猕猴桃包装、运输同海沃德猕猴桃，果品分为 6 个等级（每箱 46 个，单果重 65～70g；每箱 42 个，单果重 71～75g；每箱 39 个，单果重 76～82g；每箱 36 个，单果重 83～90g；每箱 33 个，单果重 91～99g；每箱 30 个，单果重 100～110g）。

4. 包装的标识 猕猴桃包装标识按照《国家预包装食品标签通则》（GB 7718—2011）的规定执行，同批货物包装标识形式和内容统一，每一外包装印有猕猴桃的标识文字和图案，文字和图案应清晰、完整、不能擦涂，集中在包装的固定部位。

《农产品包装和标识管理办法》要求，农产品生产企业、农民专业合作经济组织以及从事农产品收购的单位或者个人包装销售的农产品，应当在包装物上标注或者附加标识标明品名、产地、生产者或者销售者名称、生产日期。有分级标准或者使用添加剂的，还应当标明产品质量等级或者添加剂名称。未包装的农产品，应当采取附加标签、标识牌、标识带、说明书等形式标明农产品的品名、生产地、生产者或者销售者名称等内容。

同时，获得绿色食品、有机农产品等认证的，应标注相应发证标志和发证机构。标识字迹要清晰、完整、准确，并在包装的同一侧。

六、采后处理整体解决方案（案例）

江西绿萌科技控股有限公司研发的猕猴桃分选线针对猕猴桃这种果皮脆弱易受损伤的水果而设计，全程柔性操作，避免猕猴桃在分选过程中产生磕碰伤。可对猕猴桃的大小和重量进行分选。具体优势包括：①脱毛处理，果形颜色分选，确保外观品质一致性。②自动连续柔性倒果，毛刷卸果，全程避免伤果。③机器人自动进料，提高工作效率（胡新龙等，2022）。

1. 进料系统 进料系统如彩图 15 - 4 所示。

2. 前期处理系统 翻箱机旋转 180°将猕猴桃和果筐分离（彩图 15 - 5），通过输送皮带入料，采用柔性皮带上料，从入料起呵护果实，避免伤果。以电机驱动链条带动毛刷转动，滚刷吸附猕猴桃表面的茸毛，再通过离心风机抽走刷落下的茸毛及附着杂物（彩图 15 - 6）。

3. 分选系统

（1）视觉检测。通过计算水果尺寸以及投影面积等参数来检测猕猴桃的大小，用户可自由设置水果分选直径范围、横径比等参数（彩图 15 - 7）。

（2）称重系统。采用双传感器和 4 点接触，根据客户需求设定计量单位，确保分选过的每一个猕猴桃在重量上有一致性。

4. 卸果系统 猕猴桃分选线有 2 种卸果方式：毛刷卸果和拖链式卸果。

（1）毛刷卸果。出口处配有柔软毛刷以减缓猕猴桃掉落时的冲击力，减少碰伤

（彩图 15 - 8）。

（2）拖链式卸果。避免猕猴桃被磕伤、碰伤，使其轻缓降落（彩图 15 - 9）。

5. 柔性装箱系统　空筐通过输送带输送到出口处，装筐旋转装置将空筐升至接果位置，中转皮带将水果送至空筐，旋转装置随着果量的增加慢慢下降，直至装到设定重量后将成品输出，根据设定重量，实现自动柔性装箱，提高装箱效率（彩图 15 - 10）。

6. 可追溯系统　从猕猴桃入料信息的录入到分选处理的所有数据以及包装出库等，从采摘到销售都进行录入、备份、跟踪，以达到管控的效果，实现产品的后续追踪（彩图 15 - 11）。

第五节　猕猴桃贮藏冷库结构与优化

常温下猕猴桃容易软化不耐存放，低温冷藏可减弱猕猴桃呼吸作用、延长销售周期，实现有计划销售，达到经济、社会和生态效益最大化。低温贮藏主要目标如下：在不造成冷害或冻害的前提下，人为创造最适低温和最佳气体成分以降低猕猴桃果实的生物活性；保持低温和维持果实表面湿度以减缓病原微生物的繁殖和扩散；减少果实与库内温度波动，保持库内高湿，从而减少果实水分损失及由此产生的萎蔫；降低乙烯浓度以及由其带来的损坏。

冷库还可用于其他特殊处理。例如，猕猴桃在适宜温度和高湿条件下预冷和愈伤，以去除田间热以及愈合收获时产生的伤口；库内用臭氧、二氧化氯等处理猕猴桃果实，以减少灰霉病造成的果实腐烂；利用库内变温处理可以促进猕猴桃软化，达到即食可控催熟效果；还可以用乙烯处理相对早采的果实，使其更快、更均匀地成熟。

机械冷库主要由制冷设备和库体组成。通常猕猴桃冷库要求具备良好的隔热性、防潮性及新风换气系统和一定的空气相对湿度等。此外冷库还须有外部防雨棚架，用于保护库体，有效防止库体受到外界环境影响，有遮雨和防止直晒等作用，能有效提高贮藏效果，延长冷库使用年限。

一、贮藏冷库的分类

冷库的类型多样，按照库体结构分类，可分为以下 3 种。

（1）钢筋混凝土无横梁冷库。多用于大中型冷库，其特点是可充分利用库房空间，载荷能力强。

（2）钢筋混凝土梁板式冷库。多用于小型冷库，其特点是技术简单、施工方便，但横梁会导致库容量减少，且影响库内空气流通。

（3）现代冷库。大多数是由聚氨酯塑料或者聚苯乙烯泡沫塑料做成的夹心板装配式冷库，其特点是建库速度快，但停机后库温回升相对较快。

按照冷藏设计温度分类，可分为以下 4 种。

（1）高温冷库。冷藏温度一般设计为 -2～8℃。

（2）中温冷库。冷藏温度一般设计为 -23～-10℃。

（3）低温冷库。冷藏温度一般设计为 -30～-23℃。

（4）超低温速冻冷库。冷藏温度一般设计为−80～−30℃。

此外，按照容量可分为大型冷库、中型冷库和小型冷库。按照冷库的功能可分为预冷库、冷藏库、冷冻库、周转库和气调库等。

猕猴桃属于呼吸跃变型果实，根据品种和种植地域差异，采收季为8月初至10月中下旬，采收季的气温相对较高，猕猴桃需要快速预冷除去田间热，并在温度波动小的冷库中长期贮藏。每个冷库应能在短时间内被填满，通常要求在3～4d内装满封库。通常，针对需长期低温贮藏的果实，贮藏库大部分都是装配式小型（＜500m³）保鲜库（0～2℃）；针对短期存放的周转库，可选择使用中大型冷库。

二、贮藏冷库的结构

机械冷库主要由支撑系统、保温系统、防潮系统、制冷系统和控制系统等5个主要部分构成。

（一）支撑系统

冷库支撑系统即冷库的外层骨架结构，是保温系统和防潮系统等赖以安装的主体结构，一般由钢筋水泥或钢架筑成。支撑系统形成了整个库体的外形，也决定了库高和库容。

冷库库体容量的选择需要考虑多重因素。这些因素主要包括贮藏猕猴桃的数量、果实堆码方式、行间过道宽度、堆垛与墙壁和天花板之间的空间及包装空隙等。一般适合猕猴桃长期低温贮藏的冷库，应尽可能建高，在容量不变的基础上，增加建库高度可以相对减少地平面、天花板以及梁架材料投入，不仅具有较高的性价比，同时还有利于库内冷空气循环。一般建议把猕猴桃冷库高度控制在6～6.6m，每个库不宜超过500m³，果实堆垛高度为4.5～5.5m，这类高度的库房必须有适宜高层堆垛操作的设备配合，如叉车、铲车等。设计时还需考虑必要的附属建筑和设施，如预冷间、包装分选间、工具库和装卸台等。

（二）保温系统

保温系统是冷库实现保鲜功能的基础。保温系统能有效地限制库内外的热量交流，因此选择合适的保温材料至关重要。

冷库建造的关键点是设法减少热量流入库内，冷库保温功能的好坏由建库绝缘材料性能所决定。绝缘材料除应具备良好的绝缘性能外，还应具有廉价易得、质轻、防湿、防腐、防虫、耐冻、无味、无毒、不变形、不下沉、便于使用等特性。常见的绝缘材料有软木、稻壳、白色珍珠岩、聚苯乙烯和聚氨酯等，这些材料各具优缺点。软木，具有容量小、干燥状态下导热系数小、富有弹性、易加工、不生霉菌、不易腐烂和耐压等优点，但价格较高；稻壳，价格便宜且易于就地取材，可降低造价，在使用前应过筛除尘，并晒干以防其受潮；白色珍珠岩，一种白色多孔的粒状材料，使用时可直接填充于夹层内起保温作用，也可以胶结成各种性状的制品，便于安装使用；聚苯乙烯，具有质轻、保温性能好、可耐低温的优点，使用时可将其加工成各种形状，使用方便；现代冷库常用保温材料为聚氨酯泡沫塑料，其具有隔热性能较好、抗变形性强、阻燃、耐高温、重量轻、导热率低和防潮防水等优点。

适宜的聚氨酯板厚度通常为 100~150mm，容重不小于 40kg/m³，并达到国家标准规定的防火等级。在有些老产区，也用喷涂聚氨酯泡沫的方法填充库板，这种方法虽然造价较为便宜，但是材料易吸潮长菌且不易清理。除冷库四周和天花板外，地面也需铺设隔热层。猕猴桃冷库的温度一般维持在 0~2℃，而地温常在 10~15℃。这意味着一定的热量由地面不断地向库内渗透。通常地面隔热层的隔热能力要求相当于 5cm 厚的软木板。冷库的墙壁和屋顶应涂成浅色，以减少吸热。

冷库门是冷库作业人员和货物的出入口，需具有保温性能良好、坚固耐用、密封性好和启闭灵活等特点。一般可将库门分为移动门、挤压门、卷帘门等。一般用金属覆盖，有些库门需用铝板焊接在铝框架上。库门底部通常用填缝材料密封。此外，库门上方安装风幕机可以有效隔断冷热空气的交换，在一定程度上提高了冷库的保温性能。大多数门宽 2.4~3m，可允许装有 1.2m×1m 拖盘的叉车通过。通常，库房还宜开设一个 60cm×75cm 的小门，以便在不打开大库门的情况下查验果实及维修。有时会开设一个透明窗，可以在不进入房间的情况下查验水果。透明窗通常呈凹形，可看到冷库内所有区域。通常，库门下方需安装塑料皮，以减少装卸过程中热量渗透入库内。冷库中使用高效光源，如金属卤化物灯，以减少光源释放的热量，且在不需要时关闭指示灯。

（三）防潮系统

冷库防潮系统是阻止水汽向保温系统渗透的屏障。防潮系统主要由良好的隔潮材料铺设在保温材料周围，形成闭合系统，以阻止水汽渗入，维持冷库良好的保温性能和延长冷库使用寿命。防潮系统和保温系统一同构成冷库的围护结构。通常，防潮材料主要有塑料薄膜、金属箔片、石油沥青等。其中，石油沥青因具有防水防蒸汽性能好、稍有弹性、在低温环境中不脆裂、在潮湿环境中不改变性能且成本较低等特点，所以在冷库防潮系统中被广泛使用。铺设防潮材料时，需完全封闭，不能留有任何微小缝隙，如果只在隔热层的一面铺设防潮材料，就必须铺设在隔热层经常温度较高的一面，以表现出更佳的防潮效果。

现代冷库的结构正向装配式发展，即预制成包括防潮层和隔热层的整体构件，在筑好地面的现场进行组装。这种结构的优点是施工方便、快速，缺点是造价较高。无论何种防潮材料，随着使用时间的增长，材料都会受损，导致热阻降低、冷量损耗增大，为延长隔热层寿命，可以在隔热层的热侧做密封处理。

（四）制冷系统

制冷系统包括制冷剂与蒸发器、压缩机、冷凝器、膨胀阀和其他必要的调节阀门、风扇、导管、仪表等部件。

1. 制冷剂　制冷系统的热传递任务靠制冷剂进行。制冷剂是制冷系统中完成制冷循环的介质，须具备沸点低、冷凝点低、对金属无腐蚀性、不易燃烧、不爆炸、无毒无味、易于检测和易得价廉等特点。天然制冷剂又称自然制冷剂，指的是自然界本身存在而非人工合成的可用作制冷的物质，如水、氨和二氧化碳等。液氨是中温制冷剂之一，氨气无色，但是有强烈的刺激臭味，氨气与空气中的氧气混合后会发生爆炸。氟利昂是一种透明、无味、无毒、不易燃烧和爆炸以及化学性质稳定的制冷剂。不同化学组成和结构的氟利昂制冷剂热力性质相差很大，可以适应不同制冷要求。常用的氟利昂制冷剂有 R22、R32、R502 和 R134a 等。氨常作为制冷剂用于大型猕猴桃冷库，而氟利昂是猕猴桃中小型冷库常用的制冷剂。

2. 蒸发器 蒸发器的作用是保证制冷剂在低压低温状态下蒸发，吸收环境中的热量从而达到制冷效果。猕猴桃冷库常选用冷风机作为蒸发器，其特点是降温速度快，但易造成果实水分损耗过快，因此需安装加湿装置及时加湿。

在冷库日常管理中，管理不当可能会造成蒸发器或膨胀阀上结霜，常用除霜方式包括水冲霜、制冷剂蒸汽冲霜和电融霜。水冲霜，操作简单，效果较好，但需水量较大（彩图 15-12）；制冷剂蒸汽冲霜利用能源合理，效果也较好，但操作烦琐，且库温变化较大；电融霜操作简单，效果较好，但是增加了冷库耗电量。目前猕猴桃冷库主要采用水冲霜和电融霜。

3. 压缩机 在制冷系统中，压缩机起着关键作用，将制冷剂压缩成为高压状态进入冷凝器。选择压缩机时，需考虑冷库制冷量是否能够满足旺季最高需求，一般需将压缩机配大至 1.5 倍，以满足猕猴桃夏秋季高温采收所需的快速降温需求。

4. 冷凝器 冷凝器是用冷却介质与从压缩机中出来的高温高压气态制冷剂进行热交换的装置。猕猴桃冷库中常用的冷凝器为水冷式冷凝器和风冷式冷凝器（彩图 15-13）。水冷式冷凝器的冷凝效率较高，冷凝水可以重复利用。风冷式冷凝器比较常见，需注意在安装风冷机组时，其前方应该留出足够距离，以便于散热。

（五）冷库的控制系统

控制系统是整个冷库设施的核心系统，通过电子计算机和传感器等设备实现对冷库的监测和控制。控制系统能够监测冷库的温度、空气相对湿度等环境参数，并根据设定的参数进行自动调节和控制，以确保冷库内的货物保持在适宜的温度和空气相对湿度条件下，延长果实贮藏寿命。

（六）温度控制器

温度的稳定性和一致性是冷库管理的核心。控制器中常见的温度控制参数如下。

1. 开机温度 库温上限温度，当库温达到此设定值时，电磁阀接通。

2. 停机温度 库温下限温度，当库温达到此设定值时，电磁阀关闭。

3. 压机延时 延时保护时间一般为 1~10min。

温度控制器一般有 3 种探头，分别为库温探头、化霜探头、风机探头。

1. 风机探头 一般安装在风机近端。库内比较容易产生温差，需设定温差上、下限以控制风机运行，尽可能保证库内的温度均衡，最大限度地减少风机运行时间。

2. 库温探头 一般安装在风机远端，或者在蒸发器回风口处。若探头安装在回风口处，则不会再安装风机探头。

3. 化霜探头 在蒸发器翅片上，用于控制化霜。

化霜是冷库管理的关键环节。制冷管壁结霜严重将影响制冷设备的运行，导致传热阻力增大、热气无法送出、空气流通不畅、增加电力消耗等。除霜可以恢复冷风机的冷热交换能力，提高制冷效果。采用科学、有效的除霜方法对冷库运行及制冷效果非常重要。常见的除霜方式有以下 4 种。

（1）人工除霜。凝霜大多以固态形式存在。人工除霜即用人工的方法清除蒸发器排管表面的霜层，使其从设备上脱落。优点是可在制冷设备不停机的情况下进行，冷库内部的温度波动较小；缺点是劳动强度大，人工成本高，除霜不彻底，易损坏制冷设备等。

（2）水溶霜。通过向蒸发器表面浇注热水，使蒸发器温度升高，凝霜融化。这种操作方法比较简单有效，节约成本，但在过低的环境温度下长时间操作有可能会造成结冰。在这种情况下，可将水替换为冰点较高的盐溶液，避免结冰现象发生。此方法一般适合中大型冷风机冷库。

（3）电加热融霜。在制冷风机翅片内部按照上、中、下布局安装电加热管或加热丝，利用电流的热效除霜。优点为系统比较简单，可通过微电脑控制器智能控制融霜，操作简单，人工成本低；缺点是消耗大量电能，增加冷库运营成本，使冷库内温度波动，影响果实的贮藏寿命与品质。此方法多用于中小型冷风机冷库，贮藏对温度波动不太敏感的园艺产品。

（4）热氟化霜。利用压缩机排出的高温制冷剂蒸汽冷凝时所放出的热量，将蒸发器表面的霜层融化。优点为化霜时间短，化霜后库温上升幅度小，较节能省电，有利于清除冷风机管壁积油，提高冷风机换热效率，常见于大中小各型制冷系统。

影响设备结霜的主要原因：入口处空气与空气冷却器之间的温差大；温度波动大；除霜不净；在$-5\sim3$℃且空气相对湿度较大时，比较容易结霜。

三、贮藏冷库建造与优化

（一）建库要求

1. 建设用地选择　一个良好的猕猴桃冷库建设用地需要满足以下条件。

（1）冷库应建在货源比较集中、交通比较便利的地区，以没有阳光照射和频繁热风的阴凉处为佳。

（2）冷库周围需有充足稳定的电力，需安装三相增压电源，并建议配套备用发电机，以便应对用电高峰期突然断电等紧急情况。

（3）冷库周围应有良好的排水条件，地下水位要低，保持干燥对冷库很重要。若冷库为包装车间的一部分，应该有足够水源供应蒸发器、冷凝器，及满足工人和包装车间用水需求，应具有良好的排水系统和下水道公用设施。

（4）应考虑建设消防、燃气等配套设施。

（5）冷库周围应该有足够空间，以便大型车辆移动，还应留有未来可扩建空间。

2. 冷库设计　科学的冷库设计可以方便冷库的操作、管理。与只允许外门入冷库的设计相比，冷库中设计内门更便于操作，并能控制冷气流失。常用内门设计主要有图15-1所示的4种模式。模式1是猕猴桃产业中较为常见的设计模式，将商品化处理生产线与预冷库或者冷藏库相邻建设在一个建筑物中。模式2中果实的流通比模式3更为顺畅，但模式3的走廊专用面积较少，即货物可容纳量更大，而模式4因未设计走廊或者穿堂，是4种模式中性价比最高的一种方式，但是室外的暖空气更易渗透到冷库中，将增加电能使用量。

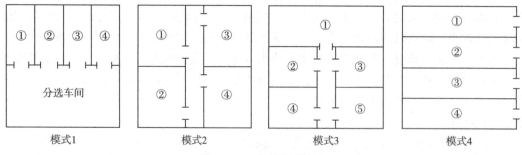

图 15-1　冷库设计模式

3. 选择性能较好的隔热材料　冷库冷藏性能好坏与其隔热性能息息相关。隔热性能好，对节省制冷设备的投资和运转费用，以及维持库温稳定具有重要意义。对于新建的猕猴桃专用冷库，优先选择聚氨酯泡沫塑料为保温材料，其具有隔热性能优异和防潮防水等一系列优点。在已经建成的砖或混凝土仓库中，可以用聚氨酯喷涂发泡，可有效提高冷库的防潮隔热性能。对于猕猴桃冷库，建议使用比目前常规水果保鲜库更佳的隔热材料，首先猕猴桃对温度极其敏感，温度波动将导致果实快速软化，优良的隔热材料将显著减少温度波动；其次，可节约用电成本，且一步到位安装隔热材料的成本远低于施工完成后更换隔热材料的成本。

4. 配置加湿装置　由于库内温度低，使库内水蒸气气压减小，难以保证贮藏猕猴桃适宜的空气相对湿度（90%～95%），从而使得果实水分损失，造成经济损失。因此建库时要求库内配置喷雾器来喷洒水雾以提高库内空气相对湿度，且应选择超声波加湿装置，避免水雾过大造成猕猴桃大面积腐烂（彩图 15-14）。应待库温降至要求的温度且稳定后再行加湿。此外，对于小型冷库，可采用自然加湿措施，库内设置蓄水槽，水自然蒸发，增加空气相对湿度。

5. 空气环流和新风换气系统　中华、美味等猕猴桃品种的贮藏寿命长达 3～8 个月，在贮藏后期冷库内易积累 CO_2、乙烯等气体物质。乙烯积累会使猕猴桃快速软化，CO_2 浓度过高会引起猕猴桃生理失调和品质变劣。故需加强空气环流，以及安装良好的排气系统，以便换入新鲜空气并加强空气流动，有利于延长猕猴桃贮藏保鲜时间。可通过库房内的冷风机和风道设计，最大限度地使库内温度、空气相对湿度保持均匀一致。新风换气系统主要包括 3 种：①被动换风。在库内安装风扇，用风带动风扇转动，以达到被动换风目的，其安装简单、便宜易用，但库外热风易进入库内，提高温度波动性，不宜在长江以南等冬季温度相对较高的产区使用。②主动换风和智能换风。主动换风及智能换风可以自由选择换气时长与周期，具有换气效率高、对库温影响较小等特点，是目前主要使用的新风换气系统（彩图 15-15）。此外，在一些未设计新风换气系统的陕西猕猴桃产区，可利用外界低温整库换气，通常每 7～14d 进行 1 次。

6. 冷库环境监察设备　库内建议加装温、湿度和气体检测探头，主要有温度、空气相对湿度、乙烯、氧气和 CO_2 等传感器，实时监控库房内的温度、空气相对湿度、乙烯浓度、CO_2 浓度和氧气浓度，以便了解果实贮藏环境，从而根据探头数据调整冷库操作，以预测果实品质变化和延长果实贮藏寿命。

（二）预冷库的建造

园艺产品在收获时温度高，其生理作用旺盛，新鲜度会很快下降，因此应尽快降低其温度。在运输和贮藏之前将果蔬的温度降低，去除田间热的过程，称为预冷。预冷主要包括以下 4 个作用：①迅速降低园艺产品温度，从而降低呼吸强度，有利于保持贮藏期间的猕猴桃果实品质新鲜，减少腐烂变质。②经过预冷的猕猴桃进入冷藏车或冷藏库后消耗较少的冷气，防止车温或库温的上升。③经过预冷的猕猴桃在以后的冷藏中较抗冷害，可以减少生理病害的发生。④未经预冷的果实装在冷藏车内，由于果温和车厢温度相差大，果实水分蒸发快，加速果实失水，使车厢内空气相对湿度过高，顶部水汽凝结成水珠滴在果箱上，这对运输极为不利，经过预冷就可避免。猕猴桃采后快速预冷至关重要，在进行冷库设计时需要考虑预冷库的建造，预冷库应尽可能靠近冷藏库。

（三）气调贮藏库

气调库又称气调贮藏库，是当今较先进的果蔬保鲜贮藏方法之一。它是在冷藏的基础上，增加气体成分调节，通过对贮藏环境中温度、空气相对湿度、CO_2 浓度、氧气浓度和乙烯浓度等条件的控制，抑制果蔬呼吸作用，延缓其新陈代谢过程，更好地保持果蔬新鲜度和商品性，延长果蔬贮藏期和保鲜期（销售货架期）。气调贮藏库内的猕猴桃，贮藏寿命可延长 2～4 个月，可显著延长货架期。

气调设备主要包括 N_2 发生装置、O_2 脱除装置、CO_2 清除装置和乙烯脱除装置。气调贮藏库的建造不仅要求围护结构有良好的隔热性能，而且要求有相当高的气密性能和较高的强度。由于气调贮藏库具有高气密性，在降温、调节过程中会使墙内外两侧产生压力差。若围护结构强度不够，就易出现围护结构胀裂或发生塌陷事故。此外，由于压力差和气密性的要求，冷库门也需为专业气调贮藏库门。建库时要预留出观察口，用于取果实以便观察贮藏期间果实状态变化。与土建式气调贮藏库相比，装配式气调贮藏库施工周期短、气密性高、贮藏时间长。由于气调贮藏库建设一次性投入和后期维护费用高，且需专用技术员操控，一般应用于大型企业。

大帐法，也称垛封法，是将果实堆垛的周围用薄膜封闭进行贮藏，是一种小型化的气调贮藏库。具体做法是：一般先在贮藏室地上垫上衬底薄膜，其上放上枕木，然后将果实用容器包装后堆成垛。码好的垛再用带袖口的塑料薄膜帐罩住，帐子和垫底薄膜的四边互相重叠卷起用土、砖等压紧。密封帐常用厚 0.1～0.2mm、机械强度高、透明、耐热、耐低温老化的带袖口的聚乙烯或聚氯乙烯（PVC）塑料薄膜，袖口用来放置气调管道与探头，并在贮藏过程中进行取样抽查。该方法适用范围广，可灵活、小批量气调贮藏，比较适合国内广大小型猕猴桃企业。但是大帐气调也存在一些问题，如需爬上垛顶进行造帐、帐口密封效果不佳、管理较为复杂。因此研发新型高密封性气调舱、智能化管理软件等是实现大帐气调推广与应用的重要方向（彩图 15 - 16）。

尽管气调贮藏具有贮藏品质高、贮藏寿命与货架期长等优点，但在我国使用较少。这主要是由于气调设备昂贵、气调管理技术难、周年利用率低以及实际应用难以达到预期效果。针对这些现象，可以从以下几个方面开展相关研究：①气调设备的可移动化、小型化与"一机带多舱"，降低建造成本。②气调设备多功能化，如结合气调保鲜、温度催熟、乙烯催熟等多功能为一体。③气调设备智能化，实时反映库内环境参数变化，实现远程监控与调节，降低管理难度。

四、库房准备与管理

（一）库房准备

1. 检修设施　在果实入库前要仔细检查冷藏库、气调贮藏库、大帐气调库的管道系统、制冷系统、通风系统、加湿设备、温湿度检测器、照明设备。气调贮藏库、大帐气调库还需检查气调设备、库房气密性等，并试运行无异常后停机待用。

2. 消毒　猕猴桃入库前 7d 对果箱清洗消毒处理，对库房彻底清扫、灭鼠、消毒。消毒方法可选择下列任意一种。

（1）库房臭氧消毒。将臭氧发生器接通电源后关闭库门，待库内臭氧浓度达到 40～60mg/m³ 后断掉电源，保持 24h。

（2）库房二氧化氯消毒。配制 60～80mg/L 二氧化氯溶液将库房全面均匀喷洒后，密闭 24h，然后通风换气。

（3）库房甲醛、高锰酸钾消毒。按照甲醛：高锰酸钾＝5：1 的比例配置溶液，以 5g/m³ 的用量熏蒸冷库 24～48h 后通风换气。

（4）容器消毒。将果箱（筐）以 60～80mg/L 二氧化氯溶液，或者含氯浓度 0.5%～1.0% 的漂白粉溶液，或者 0.2% 次氯酸钠溶液浸泡 3～5min，刷洗后沥干。

3. 库房预冷　冷库管理最关键的是温度的校准和检测。选用库内 4 个以上的点进行温度监控，确保温度的稳定性和均一性。冷库、气调贮藏库在猕猴桃入库前 4～5d 开机降温，使库内温度降至 0.5～1.5℃，并稳定在该温度范围。库内有 2 个以上的蒸发器时，要提前观察温度巡检仪，务必使各个蒸发器温度保持平衡。库内地面须保持湿润，有干燥的地方及时进行洒水。

（二）预冷库的管理

果筐堆码时按事先设定的位置和堆码方式进行，形成通风道，适当留通道，以便果实散热降温、升降叉车通行和出库操作。

用塑料筐或木条箱作为猕猴桃贮藏包装箱时，需严格控制每箱果实的堆放厚度，应不超过 40cm，箱体内最上层应留 5～10cm 高的空间。果箱正面应做好标识牌，注明果实品种、产地、采收时期、大小等级、入库时间等详细信息。

为保证冷风循环，堆垛方向必须与冷风机气流方向一致，垛与垛之间距离 0.3～0.5m，堆垛距墙≥0.30m，距冷风机出口≥1.5m，垛底垫木 10～15cm。

（三）冷藏库日常管理

1. 测验库温　入库初期，每天进库观察 1 次，直到库温基本稳定。库温可以连续或者间歇测定，如每 3h 记录 1 次，并自动传输到电脑，自动监控。温度计不应放在冷凝异常、震动或者辐射的地方。根据库容，选择 4～6 个代表性测温点。此外，还需要检测果温。

2. 保持空气相对湿度　在前期降温阶段不要加湿，待库温、果温均降至要求且稳定后再行加湿，库内空气相对湿度保持在 90%～95%，如空气相对湿度达不到要求，则开启超声波加湿器进行补湿，测 4 个以上代表性点的空气相对湿度，数据做好记录。若为成品箱贮藏则需要另外考虑。

3. 库内消毒　开启臭氧发生器，使库内臭氧含量达到 15mg/m³，关闭电源保持 1 个星期，每星期开启 1 次。

4. 贮藏期果品检验　贮藏期应每隔 10～15d 抽检 1 次，检验项目包括硬度、可溶性固形物含量、干物质含量、感染性病害等。

5. 通风换气　库房内的冷风机风速一般控制在 0.25～0.3m/s，使库内温度均匀一致。贮藏前期待库内温度稳定后，陕西等冷凉地区可采用整库换气，贮藏前期（入贮后 1 个月）和贮藏后期（出库前 1 个月），每 7～10d 进行 1 次；贮藏中期每 2 周进行 1 次。一般在晴天气温较低的凌晨或夜间进行，每次约 0.5h，以及时排除库内大量的乙烯、CO_2，冬天外界温度过低时需防止冻伤。在长江以南等冬季温度相对较高的地区，需要安装专业的通风换气设备，实现智能通风换气。

（四）气调贮藏库日常管理

1. 贮藏温度

（1）降温要求。在空库降温和入库后的降温阶段，应注意保持库内外的压力平衡，一定要在果温和库温达到并基本稳定在要求的温度时才能封库，封库后温度的波动幅度不超过±0.25℃。

（2）测温。自动传感器测量，一般每隔 2h 记录 1 次数据。其余与冷藏库相同。

2. 空气相对湿度　猕猴桃气调贮藏库适宜的空气相对湿度与冷藏库一致。但须在封库后才可加湿。空气相对湿度须用自动传感器测量，其余与冷藏库相同。

3. 气体成分　采用充氮或分离法快速降氧，48～72h 将库内气体成分降至规范范围。

4. 调气要求　封库之后即可开始降氧，一般将氧气降到高于技术指标 2%～3%，然后依靠果实的呼吸降氧，逐步达到要求的指标。之后，当库内氧气降至接近低限时，补充新鲜空气，CO_2 升至接近高限时，开启清除装置。

5. 空气环流　贮藏期间设置风速为 0.25～0.35m/s。

6. 乙烯监测与脱除　对库内乙烯浓度进行监测，并及时使用乙烯脱除设备对库内乙烯进行脱除。

第六节　即食猕猴桃

一、概况

猕猴桃果实具有后熟性，采后硬果（硬度 6.5kg/cm² 以上）不能马上食用，需后熟软化成软果（硬度 1.5～2.5kg/cm²）才能食用，并表现出固有风味品质。

一直以来，消费者购买的国产猕猴桃大多又硬又酸，不可即食，需要等待数日软化，而此期间又易出现腐烂现象，极大地降低了消费者购买体验感和回购意愿，并造成果品的浪费与耗损。为解决猕猴桃不可即食的消费痛点，即食猕猴桃的概念由此提出。即食猕猴桃为即买即可食型果实，定义为消费者购买果实后无须等待其自然后熟，果肉成熟度均一、口感风味好，新鲜度高，可即买即食，且可保持一段时间的可食性（钟曼茜等，

2023；严涵等，2022）。目前，国内即食猕猴桃市场价格高，售价为非即食国产猕猴桃的3～4倍，同时国内市场上的即食猕猴桃产品多被新西兰佳沛（Zespri）和意大利 JingGold 等进口品牌所占领。国产即食猕猴桃产品尚处于初步研究应用阶段，品质与新西兰佳沛猕猴桃尚有较大差距（杨金娥，2022）。

二、影响猕猴桃即食性的因素

所谓即食性就是将果实后熟过程在果品进入零售终端前完成，使猕猴桃在消费者购买的时候就呈现为可食状态。果实正常后熟且能够保持一段时间的货架期，对果品质量要求非常严格。生产环节是果实品质形成的基础，贮藏、分拣、包装、运输、催熟等环节都会影响果品的即食性（杨金娥，2022）。具体来说，提高果实干物质含量与品质，适期采收（可溶性固形物含量≥6.5%，干物质含量≥15%）；提高果品质量均一性，减少果实成熟度与营养物质含量的个体差异性；减少果实隐蔽性虫害和潜伏性病害，避免果实机械损伤；合理使用保鲜剂，特别是 1－MCP，避免使用浓度超标；精准选果与分级；规范管理贮藏保鲜库，推广气调贮藏；实行冷链物流；根据不同品种、成熟度及果实干物质含量，合理控制催熟温度、时间等。这些措施均有利于即食猕猴桃的获得。

三、即食猕猴桃的获得技术

采后处理获得即食猕猴桃的本质是相对精准控制果实的乙烯含量，主要包括乙烯催熟和 1－MCP 保鲜 2 个部分结合低温贮藏。严涵等（2022）研究表明，即食红阳猕猴桃制备工艺为在 20℃左右条件下对采收时可溶性固形物含量为 7.2%、干物质含量为20.2% 的果实使用 250μL/L 乙烯进行催熟 24h，再马上使用 0.5μL/L 1－MCP 对催熟后的果实进行保鲜处理 24h，这样获得的即食果实可食窗口期为 19d。李辣梅等（2023）研究发现，1－MCP 处理可有效维持可食窗口期内红阳猕猴桃果实的货架品质，保持了果实的香味，0.5μL/L 1－MCP 处理对维持即食红阳猕猴桃的货架寿命和风味效果最佳。即食猕猴桃制备工艺中的 1－MCP 为乙烯抑制剂，主要是减少乙烯催熟后的果实乙烯的释放量，达到保鲜的目的。完成即食猕猴桃制备需要充分了解不同品种果实的有效乙烯和 1－MCP 处理浓度，为此需要针对特定的品种研制具体的即食制备工艺。解决猕猴桃即食性问题是一个系统工程，需要根据上述影响因素的控制技术在"前生产"和"后整理"全产业链综合发力才能完成（杨金娥，2022）。即食猕猴桃的硬度较低，且后续还需经过产业冷链运输、销地周转、城市配送、门店上货架等环节后才能到达消费者手中，因此精准配套即食猕猴桃产品贮藏、周转和运输的冷链物流设施极其重要。

第七节　果实出库与运输

一、果实出库

猕猴桃贮藏寿命通常为 3～8 个月，出库后的果实硬度应该不低于 3kg/cm²，就近销

售应不低于 $2kg/cm^2$。出库时，须将果实在缓冲间缓慢升温，再出库包装；出库后尽快分级包装；若当天不能及时出货，须先放在预冷库中；成品出库一般服从"先入先出"原则，半成品出库应以库内果品质量为基础，质量好的后出，差的先出；出库后的果品不宜再返回原库存放，应分开存放，且不宜久存，须尽早销售，开库后剩余果品不能放置太久。此外，出库后还须进行分选，剔除软化与其他不适宜上市的果实，然后将果实进行分级包装后再进行销售。使用气调贮藏的果实，出库前 2d 解除气调，经约 2d 时间缓慢升氧。当库内 O_2 浓度超过 18% 后工人才可进库操作。出库后尽快分级包装。

二、果实运输

猕猴桃果实运输主要是指从生产地运送到消费地的过程。根据运输工具不同，可分为公路运输、铁路运输、水上运输和航空运输等不同的运输方式。每种运输方式都有其优缺点，在生产实践中，需要根据货物运送量、时间要求及运输成本等因素综合考虑选择最适合的运输方式。无论选择何种运输方式，运输时间越长，对温度的要求越严格。

（一）运输形式

1. 公路运输 公路运输的工具一般为卡车和冷藏车。常用的冷藏车主要包括 2 种：一种是保温车，无调温设备，只具有良好的隔热厢体，宜在中、短途运输中采用；另一种是具有制冷设备的冷藏车，适于长途运输。运输前货物摆放时要注意稳固、紧凑，同时使包装箱之间有一个网状通气渠道，并且包装箱要与运输车的底板和壁板保持一定间隙，让冷气绕着包装箱循环。运输时要注意堆码紧实，不要过高，注意快装快运，轻装轻运。在冷藏车中，空气相对湿度不易控制，一般要配套超声波加湿器，同时建议使用乙烯吸附剂以防乙烯对果品造成伤害。公路运输主要优点是灵活性强，易于因地制宜，对接受站设施要求不高，可以采取"门到门"的运输形式，即从发货者门口直到收货者门口，而不须转运或反复装卸搬运。公路运输也可作为其他运输方式的衔接手段。公路运输的经济里程一般在 200km 以内，是国内猕猴桃主要的运输手段。

2. 铁路运输 铁路运输适于国内长途运输和国际间运输。运输工具有普通车厢、冷藏列车和用于集装箱运输的铁道平车。铁路运输的优点是速度快，受自然条件限制小，载运量大，运输成本较低。主要缺点是灵活性差，只能在固定线路上运输，需要以其他运输手段配合和衔接。铁路运输经济里程一般在 200km 以上。

3. 水上运输 海上运输工具主要是海、河上的大货船，包括具有通风库效果的通风船舱、冷藏船舱和集装箱运输轮。货船运载量大，行驶平稳，果实不会因为震动而受伤，是海岸城市间运输的主要工具。近年来，气调运输已经被应用于集装箱上。水运的主要优点是成本低，能进行大批量、远距离的运输。但是水运速度慢，受港口、水位、季节、气候影响较大。目前水上运输是新西兰猕猴桃果实运往海外销售的主要途径，利用运输轮的冷藏设备、保鲜处理设备以及催熟措施实现了全球猕猴桃的即食供给。

4. 航空运输 航空运输是最昂贵的一种运输方式，它不能像陆运和海运那样提供严格的温度控制，其优点是速度快，不受地形限制，能够大大缩短运输时间，主要用来运输易损伤、高价格的产品，特别是长远距离的国内外市场之间运输。目前从丹东采收的软枣猕猴桃，利用航空运输实现了隔日到达，保障了果实的新鲜度。

（二）运输管控

运输环境的调控是减少或避免果实运输过程中腐烂损失的重要环节，如果对运输环境的管理重视不够，就可能造成很大的损失，主要包括以下几个影响因素。

（1）震动。造成运输损耗的原因之一，它可直接造成果实的物理损伤，引起品质劣变。

（2）温度波动。运输过程中温度变化幅度不宜过大，常温运输受外界环境影响大，应注意保护果实，且不宜长途运输。低温运输时，厢内下部产品冷却比较迟，要注意堆码方式，改善冷气循环。

（3）空气相对湿度维持和气体控制。园艺产品的贮藏和保鲜应保持一定的空气相对湿度。园艺产品运输具有吨位大、包装严等特点，产品代谢容易导致供氧不足或 CO_2、乙烯等有害气体积累，如果管理不善可能引发无氧呼吸或乙烯伤害。货物装卸宜在夜间气温较低时进行，运输时将果箱用薄膜、棉被等包裹，长途运输尽量在 3d 内完成。

第八节　果实品质检验与鉴评

一、果实品质检验内容

猕猴桃果实品质检验包括果实的外观和内在品质的检验。果实的外观品质主要包括果皮颜色、果面光洁度、纵横切之后果肉颜色的一致性以及是否具有空心、木栓化或者果心褐变等果肉缺陷。果实的内在品质包括可溶性固形物含量、干物质含量、单果重、维生素 C 含量等。可根据果实品质各项检验指标给果实分级，具体分级标准参照《猕猴桃质量等级》（GB/T 40743—2021）中的表 1。每项果实品质检验的指标如下。

（一）外观品质

（1）品种典型特征。果实达到采收成熟度时固有的形状、色泽和内质。

（2）果实外观。形变总面积，色变总面积，果实表面水渍印和泥土等污染总面积，轻微擦伤、已愈合的刺伤、疮疤等果面缺陷总面积，空心、木栓化或者果心褐变等果肉缺陷总面积。

（3）果肉色泽。果肉的亮度，颜色的饱和度和色度角。

（4）果形指数。果实纵径与横径之比。

（二）内在品质

（1）硬度。主要是果肉的硬度，测定时削去一部分皮。

（2）可溶性固形物含量。采收时果实可溶性固形物含量≥6%。

（3）干物质含量。干物质含量≥15%。

（4）单果重。根据自然生长状态下的猕猴桃品种果实平均单果重，分为小果型和大果型 2 种规格，其中小果型单果重≤70g，大果型单果重>70g。

（5）可滴定酸含量。

（6）可溶性糖含量。

（7）维生素 C 含量。

（8）叶绿素和类胡萝卜素含量。

（9）果肉色泽。

二、果实品质检验方法

（1）感官检验。将鲜果置于自然光下，果面感官指标的测定主要采用目测法，果面和果肉缺陷可借助放大镜、水果刀、量具等进行检验。进行果面缺陷检验时，一个果实如果存在多种缺陷，只记录最主要的缺陷。不合格果率按照下列公式计算，精确到小数点后1位。

$$\beta=\frac{m_1}{m}\times100\%$$

式中：

β——单项不合格果率；

m_1——不合格果质量或果数，g或个；

m——检验样本的总质量或总果数，g或个。

（2）单果重测定。用精确到0.1g的电子秤分别测定。

（3）硬度的测定。随机选取10个果面光洁的果实，在果实赤道部位削皮约$1cm^2$，用硬度计测定赤道部位的果肉硬度，每个果实测4个点，取平均值。

（4）可溶性固形物含量测定。用折射仪测定样液的折射率，从显示器或刻度尺上读出样液的可溶性固形物含量，以蔗糖的质量百分数表示，参照农业行业标准《水果和蔬菜可溶性固形物含量的测定　折射仪法》（NY/T 2637—2014）。

（5）可溶性糖含量测定。采用斐林试剂滴定法，随机取10个果实，匀浆后称取20g，用水洗入250mL的容量瓶中，加盐酸3.5mL，80℃水浴15min，冷却后调pH至中性，定容至250mL，过滤液即为可溶性糖提取液，用斐林试剂测定可溶性糖含量，以葡萄糖计（郭琳琳等，2021）。

（6）干物质含量测定。采用直接干燥法，利用果实中水分的物理性质，在一个大气压下，温度为101～105℃下放入恒温干燥箱烘干，每隔3d测定1次重量，直到样品达到恒温，再通过干燥前后的称量数值计算出果实水分含量m_0（％），精确到小数点后1位，$\alpha=1-m_0$，其中α表示干物质含量（％）。

（7）维生素C含量测定。参照国家标准《食品安全国家标准　食品中抗坏血酸的测定》（GB 5009.86—2016）。

（8）总酸和有机酸含量测定。总酸含量的测定参照国家标准《食品中总酸的测定》（GB/T 12456　2008）。有机酸含量的测定参照农业行业标准《水果及其制品中有机酸的测定　离子色谱法》（NY/T 2796—2015）。

（9）叶绿素和类胡萝卜素含量测定。参照王业勤等（1997）的方法，利用紫外分光光度计在350～700nm范围内扫描，分别记录470nm、649nm、665nm处的吸光度，参照郭琳琳等（2021）列出的公式计算叶绿素a、叶绿素b和类胡萝卜素的含量。

（10）果肉色泽测定。主要使用色差仪测定，测定前的果实要去除果皮和最外层的果肉，主要测定果实赤道区域果肉的颜色，每个品种测定10个果实（Montefiori M et al.，2005）。测定的参数主要包括L^*、C^*和h^*，其中L^*代表果肉颜色的亮度，数值范围为

0～100，0 是指黑色，100 是指白色；C^* 代表果肉的颜色饱和度，或称为饱和指数，C^* 值指的是距离色度中轴的距离，用 $[(a^{*2}+b^{*2})^{1/2}]$ 计算，其中 a^* 代表红绿色，b^* 代表黄蓝色；h^* 指的是色度角，可以指示色度轮中对应的某一个颜色，色度角（Hue angle）定义为色度轴从 $+a^*$ 开始逆时针转的角度（彩图 15 - 17）。

色度角的计算公式如下（Arias R et al.，2000）。

$a^*>0$、$b^*\geqslant 0$ 时，$h^*=\tan^{-1}(b^*/a^*)$；

$a^*<0$ 时，$h^*=180°+\tan^{-1}(b^*/a^*)$

一些品种果肉颜色参照色度角，如绿肉品种海沃德的色度角为 112.8°，黄肉品种 Hort16A 的色度角为 97°～100°。

三、果实品质的感官评价

果实品质的鉴评一般通过感官评价（Sensory Evaluation）实现。消费者对果实品质的感官评价会极大地影响果品的市场销售量。

（一）前期准备

准备好达到商业成熟度的果实，根据果实的可溶性固形物含量、干物质含量等指标确定成熟度。用于感官评价的果实，采摘后先置于 0℃ 下贮藏 9d 左右，然后用浓度为 1 000μL/L 的乙烯或者乙烯类似物在 20℃ 条件下处理 16～24h，以确保果实的成熟度一致。根据果肉的硬度，进一步筛选用于评价的果实，一般果肉的硬度应为 $0.6～0.8kg/cm^2$，尽量保证果肉的硬度在较小的范围内变化。

（二）感官评价培训

感官评价小组成员不能是研究人员，小组成员都有参与鲜食水果感官评价的经验，对小组成员进行连续 5d 的培训，培训的目的主要是让小组成员掌握感官评价的术语，仅以新西兰研究人员评价黄肉猕猴桃 Hort16A 的果实为例（Jaeger S R et al.，2003）。

（1）培训第 1 天。小组成员学习感官性状描述词汇。给每名小组成员提供所须评价样本的一半，让小组成员用尽可能多的词汇描述样品外观、气味、风味和质地，然后小组成员之间讨论各自使用的性状描述词汇。小组成员的练习最后涵盖所有须评价的样品。

（2）培训第 2 天。小组成员讨论之后，去除特别极端的感官性状描述词汇，将相似的描述词汇结合起来。

（3）培训第 3 天、第 4 天。小组成员集中定义选定的样品外观、气味、风味和质地性状，并对每个性状制定出合适的参照标准。

（4）培训第 5 天。确定感官评价的最终描述词汇，感官性状描述词汇共有 19 个，其中 2 个对应果实外观，5 个对应气味，7 个对应风味，5 个对应果实质地。严格监测小组成员的培训表现，如性状描述能力和敏感度，以确保小组成员的表现一致性。

（三）感官评价方法

一般由培训过的和未培训过的评定小组来评价成熟的猕猴桃果实。一般未培训过的评定小组成员是按照日常生活中对猕猴桃果实的消费记忆来进行的。评定小组成员的年龄、性别、受教育程度等在数据分析的时候需要考虑，不同年龄段的小组成员最好都有，以去除年龄对评价结果的影响。果实感官评价场所的环境条件（如温度、空气相对湿度、照明等）也必须是控制的，要求具有很好的一致性。评价的时候，给每位小组成员准备纯净水和不含盐的饼干以重置每一次评价后的味蕾，降低评价过程中小组成员味觉器官的负担（Burdon J et al.，2004）。

由培训过的评定小组对猕猴桃进行感官评价。感官评价培训主要是让各小组成员熟悉和掌握猕猴桃果实感官性状的描述语。感官评价的标尺对于不同的性状各有不同，如对于果实香气强度的评价，使用 0～150mm 的线条，0mm 表示没有香味，150mm 表示香味特别强烈；如果是对于果实大小的评价，宏观性描述词汇"小"和"大"会被放入评价标尺；对于果实外表面茸毛的多少，标尺的两端分别为"完全没有茸毛"和"茸毛特别多"。为了降低小组成员因为疲劳缺少评价客观性的风险，每位小组成员每天只评价 4 个样品，样品的选择使用平衡的完全随机区组设计。感官评价在 20℃恒温条件下进行，房间样品测试区域具有稳定流动的空气以带走前一次果实评价留下的气味（Jaeger S R et al.，2003）。

评价过程中对于果实的利用也有一定顺序，本着充分利用果实的原则。用于评价的果实来自常温贮藏的果实。果实呈给小组成员之前，将果实的两端切除用于测定果实的可溶性固形物含量。切完的果实果柄端朝上放置在 50mL 透明的塑料杯中，每个杯子标上 3 位数的随机数字。在果实去皮之前，先评价果实大小、果实表面茸毛多少等外观品质，然后使用去皮的上面 1/3 评价香气相关性状，中间 1/3 用于评价果实风味；底部 1/3 用于评价果实质地性状（Jaeger S R et al.，2003）。

猕猴桃消费者偏好评价过程中，选择的消费者至少在猕猴桃上市期间每月消费一次猕猴桃，且每个年龄阶段的消费者都有，如 18～30 岁（23％），31～45 岁（49％），46 岁及以上（28％）。消费者对感官性状的接受度用 1～9 的级别评价，1 表示极度不喜欢，9 表示特别喜欢。为了去除"首个样品"效应，消费者评价之前一般会吃一个常见的海沃德作为热身。呈送给消费者的样品状态有讲究，一般将果实纵切，切面朝下放置在白纸板上，白纸板上标有 3 位数的随机数字。消费者偏好评价在特定的场所进行，提供纯净水和无味薄脆饼干用于漱口和重置味蕾（Jaeger S R et al.，2003）。

（四）数据分析

使用主成分分析来处理感官评价的数据，结合主成分分析和偏好图分析取得消费者偏好测试的数据。

（五）感官评价研究进展

果实采收时候的干物质含量严重影响猕猴桃果实的口感。通过消费者对采收期不同干物质含量猕猴桃的评价表明，美味猕猴桃海沃德的采收干物质含量＞16％时，消费者的总体评价相对较好（Burdon J et al.，2004），采收期果实干物质含量越高，成熟时食用的风味越佳，总体甜味越足。

酸度与果肉硬度高、主要的挥发性酯类含量低、柠檬酸含量高可能与可溶性固形物含量相关；甜度高与果肉硬度低可能与挥发性酯类含量高相关。果肉硬度显著影响感官评价过程中评价者对甜味和酸味的感受，如与硬的果实相比，软果感觉更甜，酸度更低，而且风味更接近成熟的果实（Stec M G H et al.，1989），因此在感官评价研究中，应严格控制果实的硬度，使不同处理间果实的硬度尽可能保持一致。随着可溶性固形物含量的增加，果实风味的接受度提高；酸度并不影响果实风味的接受度；可溶性固形物含量高的情况下，糖能够抑制酸含量变化所带来的影响，可溶性固形物含量的变化并不影响果实风味的强弱（Rossiter K L et al.，2000）。随着果实干物质含量的增加，消费者对猕猴桃果实的喜爱程度增加（Harker F R et al.，2009）。

参 考 文 献

曹彬彬，董明，赵晓佳，等，2012. 不同浓度臭氧对皖翠猕猴桃冷藏过程中品质和生理的影响 [J]. 保鲜与加工，12：5-8.

陈成，王依，杨勇，等，2020. 采收成熟度对'金艳'猕猴桃果实品质及香气成分的影响 [J]. 中国农学通报，36（31）：28-36.

陈景丹，许凤，陈伟，等，2018. 猕猴桃果实采后软化期间淀粉降解关键基因表达分析 [J]. 核农学报，32：236-243.

高敏霞，冯新，赖瑞联，等，2018. 猕猴桃果实内在品质评价指标及影响因素研究进展 [J]. 东南园艺，6（4）：39-44.

顾海宁，李强，陈晨，等，2014. 猕猴桃储藏期品质变化研究及预测模型建立 [J]. 食品工业，36：7-10.

顾思彤，姜爱丽，李宪民，等，2019. 不同贮藏温度对软枣猕猴桃采后生理品质及抗氧化性的影响 [J]. 食品与发酵工业，45：178-184.

郭琳琳，庞荣丽，罗静，等，2021. 猕猴桃果实采后常温贮藏期品质评价 [J]. 中国果树（10）：1-24.

胡欣洁，秦文，刘云，等，2013. 枯草芽孢杆菌 Cy-29 菌悬液处理对红阳猕猴桃贮藏期品质的影响 [J]. 食品工业科技，34：322-325.

胡新龙，金玲莉，王璠，等，2022. 江西猕猴桃产业现状及"十四五"发展对策与建议 [J]. 江西农业学报，34（5）：34-39.

姜景魁，张绍升，2009. 猕猴桃黄腐病的药剂防治试验 [J]. 现代园艺，10：8-39.

寇晓虹，罗云波，田慧琴，等，2007. 多聚半乳糖醛酸酶（PG）反义基因转化加工番茄 [J]. 食品科学，28：187-191.

匡盛，2017. 果胶降解相关 PG/GAL 与猕猴桃果实后熟软化 [D]. 杭州：浙江大学.

李辣梅，严涵，王瑞，等，2023. 1-甲基环丙烯对即食"红阳"猕猴桃货架寿命与风味的影响 [J]. 食品与发酵工业，49（12）：144-152.

李正国，苏彩萍，王贵禧，2000. 包装和乙烯吸收剂对猕猴桃贮藏生理及品质的影响 [J]. 西南农业大学学报，22：353-355.

李宗磊，赵琪，2011. 壳聚糖/纳米材料复合涂膜用于猕猴桃保鲜的研究 [J]. 中国资源综合利用，29：24-26.

刘晓燕，王瑞，梁虎，等，2015. 不同温度贮藏贵长猕猴桃采后生理和品质变化 [J]. 江苏农业科学，43：264-267.

马锋旺，李嘉瑞，吉爱梅，1994. 若干果实因素对猕猴桃贮藏期间失重的影响 [J]. 落叶果树（3）：13-14.

潘思明，2018. 壳聚糖及拮抗酵母菌对猕猴桃采后病害的防治机制研究 [D]. 沈阳：辽宁大学.

盘柳依，向妙莲，陈明，等，2019. 茉莉酸甲酯对'金魁'猕猴桃冷藏期间生理生化的影响 [J]. 分子植物育种，17：2363-2370.

申哲, 2008. 猕猴桃果实采后病害的生物防治研究 [D]. 杨凌: 西北农林科技大学.

唐燕, 杜光源, 马书尚, 等, 2010. 1 - MCP 对室温贮藏下不同成熟度猕猴桃的生理效应 [J]. 西北植物学报, 30: 564 - 568.

佟兆国, 王飞, 高志红, 等, 2011. 果胶降解相关酶与果实成熟软化 [J]. 果树学报, 28: 305 - 312.

王刚, 王涛, 潘德林, 等, 2017. 不同品种猕猴桃果实有机酸组分及含量分析 [J]. 农学学报, 7: 81 - 84.

王莉, 2012. 生鲜果蔬采后商品化处理技术与装备 [M]. 北京: 中国农业出版社.

王强, 董明, 刘延娟, 等, 2010. 不同猕猴桃品种贮藏特性的研究 [J]. 保鲜与加工, 10: 44 - 47.

王仁才, 谭兴和, 吕长平, 等, 2000a. 猕猴桃不同品系耐贮性与采后生理生化变化 [J]. 湖南农业大学学报, 26: 46 - 49.

王仁才, 熊兴耀, 谭兴和, 等, 2000b. 美味猕猴桃果实采后硬度与细胞壁超微结构变化 [J]. 湖南农业大学学报 (自然科学版), 26: 457 - 460.

王亚楠, 2014. 气调贮藏对红阳猕猴桃和桑葚采后保鲜效果及其生理机制的研究 [D]. 南京: 南京农业大学.

王业勤, 李勤生, 1997. 天然类胡萝卜素——研究进展、生产、应用 [M]. 北京: 中国医药科技出版社.

王烨, 2016. 气体二氧化氯发生器的研制及在猕猴桃贮藏中的应用研究 [M]. 西安: 陕西师范大学.

谢鸣, 蒋桂华, 赵安样, 等, 1992. 猕猴桃采后生理变化及其与耐藏性的关系 [J]. 浙江农业学报, 4: 124 - 127.

辛付存, 段琪, 夏源苑, 等, 2010. 1 - MCP 对不同成熟度 '华优' 猕猴桃保鲜效果的影响 [J]. 西北农业学报, 19 (12): 138 - 142.

辛付存, 饶景萍, 赵明慧, 等, 2011. 1 - MCP 处理对不同采收成熟度 '徐香' 猕猴桃保鲜效果的影响 [J]. 北方园艺, 238 (7): 141 - 144.

徐昌杰, 陈昆松, 张上隆, 1998. 气调对猕猴桃果实贮藏的效应及其生理基础 [J]. 应用基础与生物工程科学学报, 6: 134 - 139.

徐燕红, 宋倩倩, 胡斌, 等, 2020. 采收成熟度对毛花猕猴桃华特果实采后品质和贮藏性的影响 [J]. 核农学报, 34 (3): 521 - 531.

严涵, 肖春, 张辉, 等, 2022. "即食" 红阳猕猴桃的制备工艺 [J]. 食品与发酵工业, 48 (13): 227 - 237.

阎根柱, 王春生, 王华瑞, 等, 2018. 1 - MCP 与乙烯吸收剂对猕猴桃果实采后生理及品质的影响 [J]. 中国农学通报, 34: 52 - 58.

杨金娥, 康雪峰, 罗峰谊, 2022. 关于猕猴桃 "即食性" 若干问题的思考 [J]. 果农之友 (5): 7 - 9, 57.

姚晓敏, 孙向, 军任捷, 2002. 壳聚糖涂膜保鲜猕猴桃的研究 [J]. 食品研究与开发, 23: 62 - 64.

张爱迪, 2018. AdDof3 转录调控采后猕猴桃果实淀粉降解 [D]. 杭州: 浙江大学.

张培书, 何伍金, 马关雪, 等, 2019. "红阳" 猕猴桃采后存放过程中的品质变化 [J]. 北方园艺, 2019: 108 - 117.

张玉, 陈昆松, 张上隆, 等, 2004. 猕猴桃果实采后成熟过程中糖代谢及其调节 [J]. 植物生理与分子生物学学报, 30: 317 - 324.

赵迎丽, 李建华, 石建新, 等, 2005. 1 - MCP 处理对猕猴桃果实采后生理的影响 [J]. 山西农业科学, 33: 56 - 58.

钟曼茜, 翟舒嘉, 刘伟, 等, 2023. 我国即食猕猴桃产业发展现状、问题与对策 [J]. 中国果树 (2): 122 - 127.

周航，2015. 猕猴桃采后产地预冷及保鲜工艺研究 [D]. 北京：中国农业机械化科学研究院.

朱婷婷，陈景丹，方筱琴，等，2020. 低温贮藏对猕猴桃果实成熟软化相关基因表达影响 [J]. 核农学报，34：2199 - 2208.

末沢克彦，福田哲生，2008. キウイフルーツの作業便利帳：個性的品種をつくりこなす [M]. 東京：農山漁村文化協会.

Antunes M D C, Sfakiotakis E M, 2002. Ethylene biosynthesis and ripening behaviour of 'Hayward' kiwifruit subjected to some controlled atmospheres [J]. Postharvest Biol. Tec. , 26：167 - 179.

Arias R, Lee T - C, Logendra L, et al. , 2000. Correlation of lycopene measured by HPLC with the L*, a*, b* color readings of a hydroponic tomato and the relationship of maturity with color and lycopene content [J]. Journal of Agricultural and Food Chemistry, 48：1697 - 1702.

Atkinson R G, Gunaseelan K, Wang M Y, et al. , 2011. Dissecting the role of climacteric ethylene in kiwifruit (Actinidia chinensis) ripening using a 1 - aminocyclopropane - 1 - carboxylic acid oxidase knockdown line [J]. J. Exp. Bot. , 62：3821 - 3835.

Atkinson R G, Johnston S L, Yauk Y K, et al. , 2009. Analysis of xyloglucan endotransglucosylase/hydrolase (XTH gene families in kiwifruit and apple [J]. Postharvest Biol. Tec. , 51：149 - 157.

Atkinson R G, Sutherland P W, Johnston S L, et al. , 2012. Down - regulation of Polygalacturonasel alters firmness, tensile strength and water loss in apple (Malus x domestica) fruit [J]. BMC Plant Bio. , 12：129.

Burdon J, Lallu N, Billing D, et al. , 2005. Carbon dioxide scrubbing systems alter the ripe fruit volatile profiles in controlled - atmosphere stored 'Hayward' kiwifruit [J]. Postharvest Biol. Tec. , 35：133 - 141.

Burdon J, McLeod D, Lallu N, et al. , 2004. Consumer evaluation of "Hayward" kiwifruit of different at - harvest dry matter contents [J]. Postharvest biology and technology, 34：245 - 255.

Burdon J, Pidakala P, Martin P, et al. , 2014. Postharvest performance of the yellow - fleshed 'Hort16A' kiwifruit in relation to fruit maturation [J]. Postharvest Biology and Technology, 92：98 - 106.

Crisosto G U, Mitchell F G, Arpaia M L, et al. , 1984. The Effect of growing location and harvest maturity on the storage performance and quality of 'Hayward' kiwifruit [J]. Journal of the American Society for Horticultural Science, 109：584 - 587.

Crowhurst R N, Gleave A P, Macrae E A, et al. , 2008. Analysis of expressed sequence tags from Actinidia：applications of a cross species EST database for gene discovery in the areas of flavor, health, color and ripening [J]. BMC Genomics, 9：351.

Etienne A, Genard M, Lobit P, et al. , 2013. What controls fleshy fruit acidity? A review of malate and citrate accumulation in fruit cells [J]. J. Exp. Bot. , 64：1451 - 1469.

Fisk C L, Mcdaniel M R, Strik B C, et al. , 2006. Physicochemical, sensory, and nutritive qualities of hardy kiwifruit (Actinidia arguta 'Ananasnaya') as affected by harvest maturity and storage [J]. Journal of Food Science, 71：S204 - S210.

Goldberg T, Agra H, Ben - Arie R, 2021. Quality of 'Hayward' kiwifruit in prolonged Cold storage as affected by the stage of maturity at harvest [J]. Horticulturae, 7：358.

Han N, Park H, Kim C - W, et al. , 2019. Physicochemical quality of hardy kiwifruit (Actinidia arguta L. cv. Cheongsan) during ripening is influenced by harvest maturity [J]. Forest Science and Technology, 15：187 - 191.

Harker F R, Carr B T, Lenjo M, et al. , 2009. Consumer liking for kiwifruit flavour: A meta - analysis of five studies on fruit quality [J]. Food Quality and Preference, 20: 30 - 41.

Harman J, 1981. Kiwifruit maturity [J]. Orchardist of New Zealand, 54: 126 - 127.

Hu X, Kuang S, Zhang A D, et al. , 2016. Characterization of starch degradation related genes in postharvest kiwifruit [J]. Int. J. Mol. Sci. , 17: 2112.

Huang W, Chen M, Zhao T, et al. , 2020. Genome - wide identification and expression analysis of polygalacturonase gene family in kiwifruit (Actinidia chinensis) during fruit softening [J]. Plants, 9: 327.

Jaeger S R, Rossiter K L, Wismer W V, et al. , 2003. Consumer - driven product development in the kiwifruit industry [J]. Food Quality and Preference, 14: 187 - 198.

Karlova R, Rosin F M, Busscher - Lange J, et al. , 2011. Transcriptome and metabolite profiling show that APETALA2a is a major regulator of tomato fruit ripening [J]. The Plant Cell, 23: 923 - 941.

Li X, Xu C, Korban S S, et al. , 2010. Regulatory mechanisms of textural changes in ripening fruits [J]. Crit. Rev. Plant Sci. , 29: 222 - 243.

Macrae E A, Stec M G H, Triggs C M, 1990. Effects of post - harvest treatment on the sensory qualities of kiwfruit harvested at different maturities [J]. J. Sci. Food Agr. , 50: 533 - 546.

Marsh K, Attanayake S, Walker S, et al. , 2004. Acidity and taste in kiwifruit [J]. Postharvest Biol. Tec. , 32: 159 - 168.

Mcdonald B, Harman J E, 1982. Controlled - atmosphere storage of kiwifruit. I. Effect on fruit firmness and storage life [J]. Sci. Hortic - Amsterdam. , 17: 113 - 123.

Mitalo O W, Tokiwa S, Kondo Y, et al. , 2019. Low temperature storage stimulates fruit softening and sugar accumulation without ethylene and aroma volatile production in kiwifruit [J]. Front. Plant Sci. , 10: 888.

Montefiori M, McGhie T K, Costa G, et al. , 2005. Pigments in the fruit of red - fleshed kiwifruit (Actinidia chinensis and Actinidia deliciosa) [J]. Journal of Agricultural and Food Chemistry, 53: 9526 - 9530.

Mworia E G, Yoshikawa T, Salikon N, et al. , 2012. Low - temperature - modulated fruit ripening is independent of ethylene in 'Sanuki Gold' kiwifruit [J]. J. Exp. Bot. , 63: 963 - 971.

Nardozza S, Boldingh H L, Osorio S, et al. , 2013. Metabolic analysis of kiwifruit (Actinidia deliciosa) berries from extreme genotypes reveals hallmarks for fruit starch metabolism [J]. J. Exp. Bot. , 64: 5049 - 5063.

Nieuwenhuizen N J, Chen X, Wang M Y, et al. , 2015. Natural variation in monoterpenesynthesis in kiwifruit: transcriptional regulation of terpene synthases by NAC and ETHYLENE - INSENSITIVE3 - like transcription factors [J]. Plant Physiol. , 167: 1243 - 1258.

Rossiter K L, Young H, Walker S B, et al. , 2000. The effects of sugars and acids on consumer acceptability of kiwifruit [J]. Journal of Sensory Studies, 15: 241 - 250.

Scarfe AJ, Flemmer RC, Bakker H H, et al. , 2009. Development of an autonomous kiwifruit picking robot [C]. Wellington: New Zealand IEEE.

Schaffer R J, Friel E N, Souleyre E J F, et al. , 2007. A genomics approach reveals that aroma production in apple is controlled by ethylene predominantly at the final step in each biosynthetic pathway [J]. Plant Physiol. , 144: 1899 - 1912.

Stec M G H, Hodgson J A, Macrae E A, et al., 1989. Role of fruit firmness in the sensory evaluation of kiwifruit (Actinidia deliciosa cv Hayward) [J]. Journal of the Science of Food and Agriculture, 47: 417 - 433.

Wang W Q, Wang J, Wu Y Y, et al., 2020. Genome - wide analysis of coding and non - coding RNA reveals a conserved miR164 - NAC regulatory pathway for fruit ripening [J]. New Phytol., 225: 1618 - 1634.

Wang Z Y, Macrae E A, Wright M A, et al., 2000. Polygalacturonase gene expression in kiwifruit: relationship to fruit softening and ethylene production [J]. Plant Mol. Biol., 42: 317 - 328.

Wang Z, Wang S, Li D, et al., 2018. Optimized paired - sgRNA/Cas9 cloning and expression cassette triggers high - efficiency multiplex genome editing in kiwifruit [J]. Plant Biotechnol. J., 16: 1424 - 1433.

Williams H A M, Jones M H, Nejati M, et al., 2019. Robotic kiwifruit harvesting using machine vision, convolutional neural networks, and robotic arms [J]. Biosystems Engineering, 181: 140 - 156.

Yin X R, Allan A C, Chen K S, et al., 2010. Kiwifruit EIL and ERF genes involved in regulating fruit ripening [J]. Plant Physiol., 153: 1280 - 1292.

Young H, Paterson V J, Burns D J W, 1983. Volatile aroma constituents of kiwifruit [J]. J. Sci. Food Agr., 34: 81 - 85.

Zhang A D, Wang W Q, Tong Y, et al., 2018. Transcriptome analysis identifies a zinc finger protein regulating starch degradation in kiwifruit [J]. Plant Physiol., 178: 850 - 863.

Zhang A, Zhang Q, Li J, et al., 2020. Transcriptome co - expression network analysis identifies key genes and regulators of ripening kiwifruit ester biosynthesis [J]. BMC Plant Biol., 20: 103.

Zhang B, Chen K, Bowen J, et al., 2006. Differential expression within the LOX gene family in ripening kiwifruit [J]. J. Exp. Bot., 57: 3825 - 3836.

Zhang Y, Pribil M, Palmgren M, et al., 2020. A CRISPR way for accelerating improvement of food crops [J]. Nat. Food, 1: 200 - 205.

执笔人：殷学仁，曾云流，王仁才，罗飞雄，张群，陈明，朱壹

第十六章　猕猴桃加工与深加工

第一节　猕猴桃主要营养与功能成分

一、猕猴桃的营养成分

随着人们生活水平的提高，人们对水果也提出了新的需求，不但要有食用价值，还要营养健康。猕猴桃深受消费者喜爱，其果实细嫩多汁，清香鲜美，酸甜宜人，营养极为丰富。猕猴桃维生素 C 含量比柑橘、苹果等水果高几倍甚至几十倍，同时还含有大量的糖、蛋白质、氨基酸、纤维素等多种有机物，以及人体必需的多种矿物质和多酚、黄酮等生物活性物质。因此，猕猴桃是营养成分最丰富、最全面的水果之一。

与常见水果的营养指数木瓜 14、柑橘 8、杏子和草莓 7、香蕉和梅子 4、樱桃和西瓜 3、苹果和梨 2 相比，猕猴桃的营养指数高达 16，且脂肪含量少，不含胆固醇。当前商业化栽培的猕猴桃其营养成分含量见表 16 - 1，市场上常见的红肉和黄肉猕猴桃多为中华猕猴桃，气香味甜，少数酸甜，果面覆柔软短茸毛，易脱落；美味猕猴桃以绿肉为主，风味酸甜，清香味浓，果面密被褐色硬毛，不易脱落。

表 16 - 1　猕猴桃属植物果实营养成分含量

种类名称	维生素 C（g/kg）	总糖（%）	总酸（%）	可溶性固形物含量（%）	氨基酸（%）	单果重（g）
中华猕猴桃	5.00～32.00	8.06～12.10	1.63	12～20	3.2～5.8	30～100
美味猕猴桃	4.00～35.00	4.99～8.30	1.69	14～25	4.1～6.0	30～100
软枣猕猴桃	8.10～43.00	7.80～10.60	1.50	15.0	5.2	5～10
毛花猕猴桃	56.90～137.90	3.10～5.60	0.74	16.0	7.9	5～15

（一）维生素

猕猴桃维生素 C 含量丰富，每 100g 猕猴桃鲜果维生素 C 含量一般为 100～420mg，其平均值约为美国推荐每日摄取量（U. S. RDA）的 2 300%，猕猴桃所含的维生素 C 在人体内利用率高达 94%，营养密度大于 57.5，一个小小的鲜果即可满足人体当日对维生素 C 的需求。每 140g 猕猴桃中的维生素 E 约为 U. S. RDA 的 10%，是除鳄梨外维生素 E 含量最高的水果，天然维生素 E 可保持血管清洁状态，进而起到调节血脂的作用，还能通过抑制人体脂褐素的沉积起到延缓细胞衰老的作用。此外，猕猴桃还含有约为 U. S. RDA 值 10% 左右的叶酸。

（二）膳食纤维

根据国际科技文献发表的数据和美国食品药物管理局（FDA）颁布的优良（＞10％DV，人体每日摄取量）和优秀（＞20％DV）营养含量的定义，猕猴桃的食用纤维含量可达到优秀标准级别。FDA也认为猕猴桃是最优质的食用纤维源。猕猴桃粗纤维平均含量为每100g鲜果含有1 800mg粗纤维，高于麦片的含量。每140g猕猴桃的纤维量相当于大多数谷类食品所含纤维量的5～25倍。现代研究认为，猕猴桃具有润肠通便功能与其富含膳食纤维有关。

（三）矿物质

猕猴桃含有钙、硒、锰、钾、铁、碘、磷、锌、铬等多种矿质元素，可作为人体每天补充微量元素的优质来源。每100g猕猴桃含钾平均超过320mg，高于香蕉、橙子等富钾食品。每100g猕猴桃中还含有磷42mg、铁1.6mg、铬0.035mg。值得重视的是猕猴桃中钙的含量相当高，达每100g鲜果含58mg左右，几乎高于所有水果，而钠的含量几乎为零，是其他水果无法比拟的，这对改善目前我国膳食中普遍存在的低钙高钠的营养结构具有重要意义。

（四）糖、有机酸

猕猴桃一般含糖量为8％～14％，主要为葡萄糖、果糖、蔗糖；总酸0.6％～1.8％，主要为柠檬酸，苹果酸次之，酒石酸最少；还含有亮氨酸、苯丙氨酸、酪氨酸、异亮氨酸、丙氨酸、γ-氨基丁酸等18种氨基酸。

（五）其他成分

Fuke等（1984）对猕猴桃果实中淀粉的物理化学性质进行了研究，确定猕猴桃淀粉为平均粒径5.5μm的圆形颗粒，由14.4％的水分、0.17％的粗蛋白、0.11％的脂肪、0.14％的灰分组成，X-衍射证明猕猴桃淀粉是B型，DSC测定的胶凝温度为72℃。Cano等（1992）用高效液相色谱分离出了猕猴桃中的叶绿素和类胡萝卜素。HPLC分析发现猕猴桃果汁中含有儿茶素、表儿茶素、原花青素B3、原花青素B2、原花青素B4以及原花青素的二聚体、槲皮素-3-葡萄糖苷、槲皮素-3-芸香糖苷、槲皮素-3-鼠李糖、山奈素-3-鼠李糖和山奈素-3-芸香糖苷等多酚物质。

二、猕猴桃的保健与药用价值

近年来，医学研究表明猕猴桃具有许多医疗和保健功能。譬如在解热、止渴、通淋、消渴、黄疸、利尿、活血、消肿、抗癌、降血脂、抗氧化、治疗肝炎等方面具有一定疗效。刘旸旸等（2016）采用乙醇超声波提取法提取软枣猕猴桃果实生物碱，在乙醇溶液浓度60％、料液比1∶25、超声功率200W、超声时间15min条件下提取2次，生物碱的得率为0.068 3％。同时，刘旸旸发现软枣猕猴桃生物碱可增强小鼠单核巨噬细胞的吞噬能力；提高小鼠的白细胞介素-6（IL-6）、干扰素-γ（IFN-γ）和血清溶菌酶（LSZ）指标；提升小鼠肝脏中抗氧化酶的活性。吴优（2020）采用超声波辅助法提取猕猴桃果实精油，在料液比1∶5、超声功率400W、超声时间180min条件下有最大提取率为9.02％。同时，吴优发现猕猴桃果实精油对自由基具有较强的清除作用，对金黄色葡萄球菌、枯草芽孢杆菌和癌细胞具有较强的抑制作用。刘长江等（2012）对软枣猕猴桃根进行提取，提取条件为超声波功率 200W、乙醇浓度 80％、料液比 1：25、温度 70℃、提取时间 15min，在此工艺条件下蒽醌得率为 1.40％。同时，刘长江发现软枣猕猴桃根蒽醌类成分具有较强的清除 DPPH 自由基能力、还原力和螯合能力，并与质量浓度呈一定正相关。

（一）猕猴桃降血糖、血脂作用

张钰华等（2008）发现猕猴桃籽油在 0.670g/kg（BW）剂量下能显著降低大鼠的血脂，主要是因为猕猴桃籽油富含亚油酸（C18：2ω−6）和 α−亚麻酸（C18：3ω−3）两种必需脂肪酸。亚油酸具有降低血清胆固醇水平作用，摄入亚油酸对高甘油三酯症病人的治疗效果较为明显。亚油酸有助于降低血清胆固醇和抑制动脉血栓的形成，因此在预防动脉硬化和心肌梗塞等心血管疾病方面有良好作用。此外，亚油酸还是 ω−6 长链多不饱和脂肪酸，尤其是 γ−亚麻酸、二高−γ−亚麻酸和花生四烯酸的前体。α−亚麻酸是维系人类脑进化的生命核心物质。它能够有效地抑制血栓性病症的发生，预防心肌梗死和脑梗，降低血脂和血压，抑制出血性中风，抑制癌症的发生和转移，具有增长智力，保护视力，延缓衰老等功效。

1. 猕猴桃多糖降血糖作用　牛强（2020b）开展了软枣猕猴桃多糖对小鼠降血糖作用研究（表 16 − 2）。小鼠灌胃多糖第 7 天，模型组与给药组小鼠血糖明显高于对照组，存在极显著性差异（$P<0.01$），且小鼠空腹血糖值一直处于高血糖水平，说明Ⅱ型糖尿病小鼠模型建立成功。灌胃多糖第 14 天，模型组小鼠血糖持续升高，与给药组相比小鼠血糖值具有显著性差异。但给药组小鼠血糖降低得不明显，表明近期内多糖对糖尿病小鼠血糖水平的改善效果较差。灌胃多糖第 21 天，模型组小鼠血糖持续升高，给药组均能显著降低小鼠的血糖水平。灌胃多糖第 28 天，给药组与模型组血糖值具有显著性差异，其中多糖低、中、高剂量组以及阳性对照组小鼠空腹血糖水平与灌胃多糖第 7 天时相比分别降低了 22.82％、28.96％、53.11％、54.40％，说明多糖能够改善高脂饲料诱导的Ⅱ型糖尿病的空腹血糖水平。

表 16 − 2　猕猴桃多糖对糖尿病小鼠空腹血糖的影响

组别	第 7 天	第 14 天	第 21 天	第 28 天
对照组	4.56±0.52	5.17±0.46	5.30±0.48	5.43±0.55
模型组（高脂饲料）	25.88±3.79	27.82±2.55	28.58±2.88	29.23±2.33
阳性对照组（灌胃多糖 40mg/kg 二甲双胍）	22.85±2.79	17.48±3.20	14.51±3.83	10.42±2.22
低剂量组（灌胃多糖 10mg/kg）	23.88±3.95	21.58±3.81	19.40±2.78	17.91±3.01
中剂量组（灌胃多糖 20mg/kg）	25.21±3.88	21.58±3.81	19.40±2.78	17.91±3.01
高剂量组（灌胃多糖 40mg/kg）	22.84±4.12	18.82±4.78	15.56±4.19	15.56±4.19

2. 猕猴桃多糖降血脂作用　刘延吉等（2011）采用猕猴桃多糖开展降血脂活性研究。与模型组相比（表 16 − 3），低、中、高 3 个剂量组软枣猕猴桃多糖可明显对抗四氧嘧啶所致糖尿病小鼠血脂代谢紊乱，使糖尿病小鼠血清 TC（总胆固醇）、TG（甘油三酯）明显降低，HDL − C 显著上升。低、中、高剂量组及药物对照组的 TC 质量分数分别降低了 17.89％、19.10％、25.20％、22.36％，TG 质量分数分别降低了 40.49％、48.47％、

56.44%、59.51%，HDL－C 质量分数分别升高了 28.25%、33.53%、37.29%、31.06%，说明软枣猕猴桃多糖存在增加糖尿病小鼠 HDL－C，降低 TC、TG 质量分数，具有调节血脂的作用。

表 16-3　猕猴桃多糖对糖尿病小鼠血脂的影响

组别	总胆固醇 TC（mmol/L）	甘油三酯 TG（mmol/L）	高密度蛋白胆固醇 HDL－C（mmol/L）
对照组	1.70±0.19	0.67±0.06	1.98±0.11
模型组（200mg/kg 四氧嘧啶）	2.46±0.06	1.63±0.08	1.11±0.42
阳性对照组（100mg/kg 格列本脲）	1.91±0.14	0.66±0.07	1.61±0.08
低剂量组（100mg/kg）	2.02±0.12	0.97±0.16	1.56±0.38
中剂量组（200mg/kg）	1.99±0.10	0.84±0.12	1.67±0.15
高剂量组（400mg/kg）	1.84±0.14	0.71±0.04	1.77±0.10

（二）猕猴桃防癌和治癌作用

宋圃菊等（1984）从理论上系统地研究了中华猕猴桃汁对亚硝胺合成的阻断作用：Ames 试验方法检测表明，在模拟人胃液中对 N－亚硝基酰胺合成的阻断作用；Ames 试验表明，浓缩猕猴桃汁阻断 N－亚硝基酰胺的体内合成；大鼠胚胎毒性实验表明，阻断大鼠和健康人体内 N－亚硝基脯氨酸的合成；阻断孕鼠、孕妇体内 N－亚硝基脯氨酸的合成及阻断慢性萎缩性胃炎病人体内 N－亚硝基脯氨酸的合成等方面。研究证实猕猴桃果汁对 N－亚硝胺的合成具有阻断作用，在大鼠、健康人体、孕鼠及孕妇中试验证明果汁可阻断 N－亚硝基吗啉、N－二甲基亚硝胺、N－亚硝基酰胺和 N－亚硝基脯氨酸在体内的合成，认为猕猴桃果汁对 N－亚硝基化合物所致的突变有明显的抑制作用。

1. 猕猴桃萜类物质抗肿瘤作用　王群（2017）研究了猕猴桃根中萜类物质对 SW480 细胞周期的影响发现（表 16-4），与对照组相比，猕猴桃根萜类物质可降低 SW480 细胞 G1 期比例，且随着药物浓度的增高，G1 期细胞比例降低越明显，由（71.51±3.3）%降至（50.24±3.27）%，而 S 期和 G 期比例增高，分别由（25.61±2.2）%增至（40.01±3）%、（2.88±1.2）%增至（9.75±1.27）%。结果表明猕猴桃根中萜类物质可引起细胞周期 S 期和 G2 期阻滞。

表 16-4　猕猴桃根萜类物质对 SW480 细胞周期的影响

药物浓度	对照组	50μg/mL	100μg/mL	200μg/mL
G1 期比例（%）	71.51±3.3	68.5±3.2	55.95±4.0	50.24±3.27
S 期比例（%）	25.61±2.2	28.74±3.0	37.13±3.3	40.01±3.0
G2 期比例（%）	2.88±1.2	2.76±2.2	6.93±2.4	9.75±1.27

2. 猕猴桃多酚类物质抗肿瘤作用　左丽丽（2013）对猕猴桃多酚抗肿瘤效应进行研究。结果表明，当 HepG2 细胞用不同浓度的多酚处理 24h 后（表 16-5），细胞停留在 G2/M 期的相对百分比分别是 9.75%、12.83%、15.83%、29.58%，猕猴桃多酚能够引

起细胞周期阻滞在 G2/M 期，因此使 G2/M 期细胞大量地堆积，不能继续进行有丝分裂，进而不能进入下一个阶段 G0/G1 期，阻滞了细胞中 G0/G1 期一些酶的合成。猕猴桃多酚抗肿瘤机制可能是通过影响肿瘤细胞 DNA 的合成，阻止其继续分裂增殖，抑制肿瘤细胞的增长，促进肿瘤细胞进一步凋亡。因此推测猕猴桃多酚可以引起肿瘤细胞中 DNA 的损伤，通过调节，肿瘤细胞停滞在 G2/M 期，最终诱导细胞凋亡，这是猕猴桃多酚抗肿瘤作用的重要形式之一。

表 16-5　猕猴桃多酚对 HepG2 细胞周期的影响

组别	G0/G1 期比例（%）	S 期比例（%）	G2/M 期比例（%）
对照组	68.58±1.98	21.67±1.45	9.75±0.49
低剂量组（100μg/mL）	66.18±3.01	20.99±2.01	12.83±1.56*
中剂量组（150μg/mL）	63.14±2.91*	21.04±1.21	15.83±1.01**
高剂量组（200μg/mL）	60.19±2.62*	10.22±1.30**	29.58±0.98**
阳性对照组（顺铂60μg/mL）	58.98±1.69**	21.13±1.27	19.89±1.25**

（三）猕猴桃促进排铅作用

李加兴等（2005）通过 30d 动物灌胃试验与 30d 人体试食试验发现，经口给予小鼠猕猴桃果汁 10.0、20.0、40.0mL/kg（BW）三个剂量组的血铅、肝铅含量均显著低于模型对照组，而对骨铅含量无显著影响；试食组成人尿铅排出量明显高于对照组，而总尿钙、总尿锌排出量与对照组比较无明显差异，证明了猕猴桃果汁具有促进排铅功能。

（四）猕猴桃抗炎作用

梁楚泗等（1985）发现中华猕猴桃中的蛋白酶在 20mg/kg 剂量下能显著抑制角叉菜所致炎性肿胀，对棉球刺激抽至肉芽组织增生及对甲醛所致的亚急性炎症都有明显的抑制作用。其抗炎机理可能与其直接对抗 5-羟色胺、组胺，增加毛细血管通透性的作用有关。

（五）猕猴桃对肝损伤的影响

黄倬伟等（1987）研究猕猴桃果汁对小鼠实验性肝损伤的作用和影响。用浓缩 10 倍的猕猴桃果汁对四氯化碳、硫代乙酰胺、泼尼松诱导的小鼠肝炎模型的 SGPT 和肝脏甘油三酯作用不明显，对上述模型的肝脏病理损伤具有较明显的组织保护作用。临床观察肝炎患者服用果汁后，自觉症状及体征改善，可能与这种组织保护作用有关。

（六）猕猴桃抗病毒作用

邵传森等（1991）研究了猕猴桃多糖对轮状病毒的抑制作用。结果发现，细胞先感染轮状病毒后，加猕猴桃多糖对病毒有抑制作用，而先用此多糖处理细胞后感染轮状病毒，则不能保护细胞免受感染。由于猕猴桃多糖的抗轮状病毒感染作用及其低毒性，有可能研制成一种有效的抗病毒药物。

（七）猕猴桃免疫作用

张菊明等（1986）研究认为猕猴桃多糖具有免疫作用的观点现已得到研究者的普遍认同。张菊明等（1986）研究了猕猴桃多糖复合物对小鼠免疫系统的调节作用，发现猕猴桃多糖复合物不仅可加强巨噬细胞的吞噬功能，有效地恢复了被环磷酰胺抑制的迟发超敏（DTH）反应，还能明显增加特异花结形成细胞（SRFC）数而对抗体形成细胞

（PFC）无任何影响，因此认为猕猴桃多糖是一种能有效地抗细菌感染的免疫作用的调节剂。

（八）猕猴桃抗氧化作用

1. 猕猴桃原花青素类物质抗氧化 石浩等（2019）采用猕猴桃原花青类物质进行细胞抗氧化实验。不同浓度原花青素及 $70\mu g/mL$ 维生素 C 对 Hacat 细胞的预保护作用强弱存在差异。由图 16-1 可知，模型组（H_2O_2）细胞的存活率仅为 26.82%，当原花青素发挥作用后，细胞存活率具有明显的提高，且随浓度的增加细胞存活率亦有相应增加的趋势；当原花青素浓度为 $5\mu g/mL$ 时，细胞存活率为 56.09%，当原花青素浓度为 $500\mu g/mL$ 时细胞存活率达到了 77.47%，相对于模型组来说细胞存活率分别提高了 1.09 倍和 1.88 倍。维生素 C 产生的预保护效果稍强于原花青素，细胞存活率达 78.20%。

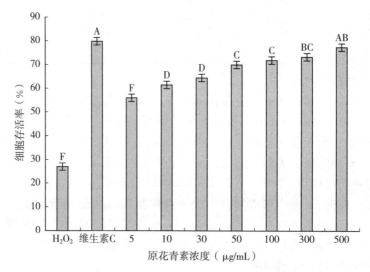

图 16-1 不同浓度原花青素对 H_2O_2 氧化损伤的保护作用

注：图中大写字母不同表示各处理间差异性显著（$P<0.05$）。

原花青素对 H_2O_2 诱导 Hacat 细胞凋亡的影响（表 16-6）。空白对照组细胞凋亡比率仅为 2.90%，而经 H_2O_2 处理后细胞凋亡比率值最高，达到了 9.26%，当经过原花青素预处理后，细胞凋亡比率明显地降低，且与浓度呈现一定正相关性，浓度越高细胞凋亡比率也就越低，原花青素浓度在 $500\mu g/mL$ 时细胞凋亡比率降低到了 3.21%。细胞经阳性对照 $70\mu g/mL$ 维生素 C 预处理后细胞凋亡比率略低于原花青素处理组。

表 16-6 原花青素对 H_2O_2 诱导 Hacat 细胞凋亡的影响

组别	凋亡比率（UR+LR）%
空白对照组	2.90
H_2O_2（$100\mu mol/L$）	9.26
维生素 C（$70\mu g/mL$）	3.19

（续）

组别	凋亡比率（UR+LR）%
原花青素（5μg/mL）	5.68
原花青素（50μg/mL）	4.23
原花青素（500μg/mL）	3.21

2. 猕猴桃黄酮类物质抗氧化 石浩等（2018）采用猕猴桃黄酮类物质进行细胞抗氧化实验。不同浓度黄酮及维生素 C 对 Hacat 细胞的预保护作用强弱存在差异。由图 16 - 2 可知，当黄酮浓度分别为 0.3、0.6mg/mL 时，对 H_2O_2 导致的 Hacat 细胞氧化损伤的预保护作用最强，其细胞存活率均为 60% 左右；而 0.07mg/mL 的维生素 C 产生的预保护效果稍强于黄酮，细胞存活率达 69% 左右。选择黄酮物浓度在 0.3、0.6mg/mL 分别作为低浓度、高浓度剂量组与 0.7mg/mL 的维生素 C 组进行后续的相关研究。

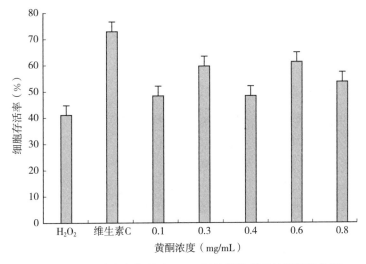

图 16 - 2　不同浓度黄酮对 H_2O_2 氧化损伤模型的预保护作用

当采用 $30\mu mol/L$ H_2O_2 对细胞产生氧化损伤后，SOD 值非常低，只有空白对照组 SOD 值的 1/3。当加入维生素 C 及黄酮对细胞进行提前预保护后，细胞内的 SOD 值有所增加，两者相对于模型组均表现出显著性差异，其中维生素 C 处理组增加了 139%，黄酮处理组增加了 85.5%，说明黄酮及维生素 C 对 H_2O_2 造成的 Hacat 氧化损伤有较好的预保护作用，但维生素 C 抗氧化性稍强于黄酮。高浓度黄酮处理组与低浓度黄酮处理组对 Hacat 细胞的保护作用不具有显著性差异，间接说明较低浓度黄酮对 Hacat 细胞同样具有较强的抗氧化能力。

（九）猕猴桃抗疲劳作用

采用中生物碱对小鼠抗疲劳研究。刘旸旸（2016）采用 50、100 和 200mg/kg 软枣猕猴桃中的生物碱喂养小鼠，之后让小鼠负重游泳时间分别为 6.2、11.4、17.5、15.2min。与空白对照组相比，生物碱处理组的负重游泳时间分别增长了 83.87%、182.25% 和 145.16%（图 16 - 3），其中 100mg/kg 处理组小鼠负重游泳时间最长。50mg/kg 和 200mg/kg

处理组小鼠负重游泳时间差异不显著。结果表明，猕猴桃生物碱能增强小鼠的运动耐力，建议每日最佳剂量为 100mg/kg。

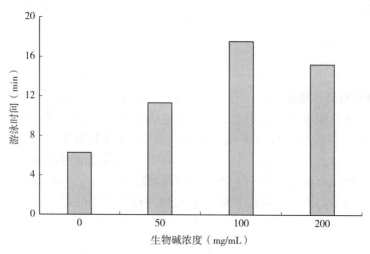

图 16 - 3   不同浓度软枣猕猴桃生物碱对小鼠运动时长的影响

三、猕猴桃营养保健及医疗价值的研究

（一）高营养与功效成分含量的猕猴桃种质资源挖掘

猕猴桃品种具有多样化的形态、果实质量和化学特征。不同品种猕猴桃的营养成分和生物活性成分存在很大差异。新西兰猕猴桃品种海沃德（Hayward）含 4.27％蛋白质、2.3％脂质和 4.7％灰分等营养成分（Li et al.，2019），而日金（Sun Gold）含 1％蛋白质、0.3％脂肪、15％碳水化合物、1.4％膳食纤维和 0.5％灰分等营养成分（USDA，2017）。中华猕猴桃品种毛茸茸（Fuzzy）含有 479.02μg/g（DW）总酚、0.020 8～0.042 3 CE/g（FW）黄酮类化合物和 5.64～9.74μg/g（DW）果酸等生物活性成分，而美味猕猴桃品种黄金奇异果（Golden）果肉中含有 231.32μg/g（DW）总酚、0.039 7～0.170 9CE/g（FW）黄酮类化合物、0.815～1.194CE/g（FW）黄烷醇、12.17～53.74μg/g（DW）果酸、6.55～15.76μg/g（DW）原儿茶酸、6.29～133.72μg/g（DW）新绿原酸等生物活性成分。然而，在 golden 果肉中没有发现槲皮素和表没食子儿茶素，毛茸茸果肉中没有检出原儿茶酸和新绿原酸（Hettihewa et al.，2018；Li et al.，2018）。

翠香猕猴桃维生素 C 含量（1.537g/kg）高于徐香猕猴桃（1.049g/kg）和红阳猕猴桃（1.305g/kg）。王圣梅等（1995）发现猕猴桃属的中华猕猴桃、美味猕猴桃、毛花猕猴桃、黑蕊猕猴桃等 10 个种的猕猴桃氨基酸含量差异较大，其中大籽猕猴桃的氨基酸含量（9.94g/kg）最高，其次为黑蕊猕猴桃（8.89g/kg）和毛花猕猴桃（7.98g/kg）。去皮的猕猴桃碧丹（Bidan）的甲醇提取物中的总酚含量高于猕猴桃海沃德甲醇提取物（Hamid et al.，2017）。此外，不同品种的猕猴桃之间可以实现营养和生物活性成分的互补。因此，应对猕猴桃资源进行全面系统调查，加强生物多样性方面的研究，建立品种资源库，筛选优良株系。同时，在进行生物多样性研究的基础上，利用杂交、诱变、基因工程等技术，培育出优良品种。

（二）提高猕猴桃营养与功效成分含量的栽培条件研究

猕猴桃品质既受基因的控制，也受到栽培条件、气候、土壤等外界因素的影响。采用常规生产系统与有机栽培猕猴桃有明显的理化性质差异，如可溶性固形物含量、pH、可滴定酸度、成熟度、果糖含量、葡萄糖含量、柠檬酸含量、干物质含量和灰分含量等，但在总酚、维生素C、草酸、奎尼酸和苹果酸含量以及感官评分中的风味、甜度和多汁性方面没有明显差异（Nunes-Damaceno et al.，2013）。Park等（2013）比较了常规和有机条件下种植的碧丹和海沃德两个美味猕猴桃品种之间的生物活性差异。与常规种植相比，有机栽培的碧丹和海沃德猕猴桃含有更多的生物活性化合物，抗氧化活性更高，但总叶绿素、总类胡萝卜素和维生素C在传统和有机种植的猕猴桃之间没有明显差异。

果树设施栽培可实现对果树生产环境条件进行人工调节，提高果实品质和增加产品附加值。设施栽培的红阳猕猴桃后熟后的可溶性固形物含量为18.2%，每100g含维生素C 160mg，分别高于露地栽培猕猴桃果实的3.4%和25%（施春晖等，2014）。因此，根据不同猕猴桃品种的生理特性，用适合的栽培条件种植可以提高其营养和功效成分。

（三）猕猴桃营养与功效成分的保持技术研究

猕猴桃的多种有益成分会在贮藏过程中发生变化。猕猴桃的类胡萝卜素水平会随着贮藏条件的变化而产生动态变化，而且各个类胡萝卜素的代谢对温度变化的反应不同。在20℃下储存可增加金艳（Jinyan）和金实1号（Jinshi 1）两个猕猴桃品种的总类胡萝卜素和β-胡萝卜素含量，4℃储存条件会降低这两种猕猴桃总类胡萝卜素含量，这可能是由于温度影响了 PSY、$CCD1$ 和 $NCED1$ 等类胡萝卜素生物合成基因的表达（Xia et al.，2020）。不同猕猴桃品种的有益成分对同一温度的反应不同。在20℃贮藏条件下，金实1号的叶黄素、β-胡萝卜素和β-隐黄质含量增加，而玉米黄质含量降低；金艳的β-胡萝卜素和玉米黄质含量增加，叶黄素含量降低，并出现了α-胡萝卜素（Xia et al.，2020）。根据猕猴桃品种的生理特性，选择适宜的保存技术和条件可以维持猕猴桃鲜果较好的品质和较高的营养价值。

冷藏、化学浸渍、食用涂层和改善气氛环境等保存技术都被用来延长鲜切猕猴桃果实的保质期，并保持其营养价值。微量加工的水果不能进行热处理，因此，在冷藏温度（<5℃）下储存是替代方法之一，以确保延长保质期和微生物安全，在2℃和相对湿度90%的条件下进行冷藏，并配合氯化钙或乳酸钙外理，可将微量加工的猕猴桃片的保质期延长9~12d。采用控制气氛包装与海藻酸盐涂层相结合的方式，可延缓鲜切猕猴桃的脱水、微生物腐败和呼吸活动，但这种技术必须与其他保鲜技术结合使用才能达到较好的效果。

猕猴桃加工产品在贮藏期间会发生成分及颜色等品质变化，这些变化受品种、时间、温度、加工及杀菌方式等多种因素的影响。例如，超高压杀菌（400MPa，15min）处理的猕猴桃非浓缩还原汁在4℃条件下贮藏3周，其色泽、维生素C与总糖的含量、香气与抗氧化活性的保留率均高于高温瞬时杀菌（95℃，30s），最大限度地保持猕猴桃NFC果汁品质（邓红等，2020）。果汁中的酚类色素极不稳定，在果汁加工和储藏过程中易发生褐变，使果汁颜色加深，色值指标下降，并且对产品的品质产生不利的影响（薛楠等，2011）。在冷冻储存期间，由于花青素、鞣质和维生素C降解而导致猕猴桃汁的变色（Stanley et al.，2007）。在考虑贮藏成本的基础上，根据猕猴桃特性及加工产品类型，选择合适的贮藏条件，延长产品货架期。

（四）保留和富集猕猴桃营养与功效成分的加工方式研究

猕猴桃多种成分在加工过程中发生变化。所有猕猴桃加工产品中维生素C含量均下降，其中猕猴桃酒的维生素C含量最高［0.433 3g/kg（FW）］，其次是猕猴桃醋［0.398 7g/kg（FW）］和猕猴桃汁［0.348 2g/kg（FW）］，热处理的猕猴桃干片的维生素C含量最低（Ma et al.，2019），而冷冻干燥的维生素C损失率大大小于热风干燥（周国燕等，2007）。超声和NaClO溶液联合处理未剥皮的猕猴桃对维生素C含量的影响最小（Vivek et al.，2016）。Benlloch-Tinoco等（2015）评估了微波和巴氏杀菌加工及存储条件对猕猴桃果泥中总类胡萝卜素和叶绿素的影响。结果发现，微波（1 000W，340s）和巴氏杀菌（97℃，30s）导致42%～100%的叶绿素和62%～91%的类胡萝卜素损失。微波杀菌的方式使加工猕猴桃的色素组成与鲜果更相似，并且在储存过程中保存得更好。经植物乳杆菌发酵28h后，猕猴桃果肉中的没食子酸和绿原酸含量下降，原儿茶酸和对香豆酸含量增加（Zhou et al.，2020）。在70℃温度下用烤箱干燥2h后，猕猴桃的3，4-二羟基苯甲酸、没食子酸、丁香酸、咖啡酸和p-香豆酸含量增加，同时反式阿魏酸的含量降低。在720W微波功率条件下处理3min，猕猴桃的没食子酸和3，4-二羟基苯甲酸含量降低，丁香酸、咖啡酸、对香豆酸和反式阿魏酸的含量增加（Özcan et al.，2020）。美味猕猴桃通常不进行加工，因为呈现诱人绿色的叶绿素在加工过程中被破坏，失去了绿色猕猴桃的特色风味。黄肉猕猴桃的黄色在果汁和果酱等加工产品中能很好地保留，因此很适合食品加工（Guroo et al.，2017）。

采用提取法可以有效富集猕猴桃中的功效活性成分，提取溶剂类型和萃取方法影响提取物的生物活性成分、种类及含量。葡萄牙软枣猕猴桃叶的乙醇提取物中总酚含量［440.7mg CAE/g（DW）］比水提取物中总酚含量［189.4mg GAE/g（DW）］高（Almeida et al.，2018）。亚临界水能降低水的介电常数和极性，并能提高极性及中等极性果渣提取物的溶解度。采用亚临界水萃取猕猴桃果渣，随着温度（175～225℃）的升高，提取物的总酚含量也随之增加。与溶剂萃取相比，该萃取法获得的总酚产量更高（Kheirkhah et al.，2019）。鲜果材料、温度、压力和溶剂类型等因素可能会影响生物活性成分的提取（Hernández et al.，2009）。样品制备也是决定提取生物活性化合物类型和量的关键因素之一。因此，为了富集和最大化保留营养成分和活性成分，有必要对加工技术进行改进。优化加工方法可以最大限度地提高猕猴桃产品的安全性、营养和生物活性。对于不符合鲜果市场质量标准的果实，加工也是增加产品价值的一种选择。此外，还需要通过进一步研究来确定猕猴桃的最佳综合作物管理方式，如调控光照、水分和温度等主要的生态因子，以最大限度地提高猕猴桃的风味、营养成分、生物活性及品质。一般认为，品种对猕猴桃代谢物成分的影响要大于栽培和栽培产地的影响（Hamid et al.，2017）。

第二节　猕猴桃功能产品的开发及其综合利用

一、猕猴桃资源新功效成分的挖掘

（一）猕猴桃素

猕猴桃素（actinidin）的主要成分是半胱氨酸蛋白酶，占猕猴桃中可溶性蛋白质的 50%～60%。猕猴桃素已被提议用于一系列商业和家庭应用。长期以来，人们都知道使用猕猴桃腌料可使肉变嫩。猪肉和兔肉经猕猴桃素处理后，嫩度提升，剪切力降低了一半以上。大豆、大米、核桃、油菜籽和燕麦的蛋白质可以被粗制和纯化猕猴桃素水解成血管紧张素转换酶（ACE）抑制肽，多肽的产率为 7.2%～14.2%，ACE 抑制率为 71.1%～88.3%。（Zhang et al.，2017）。此外，作为一种消化助剂，猕猴桃素可以促进胃和小肠中蛋白质的水解以及消化人唾液淀粉酶，但不能消化人胃脂肪酶（Kanr et al.，2010a；2010b；Martin et al.，2017）。

（二）角鲨烯

角鲨烯是一种对人体有益的不饱和烃类化合物，可以保护细胞免受自由基的侵害，增强机体的免疫力，有助于降低人体的胆固醇水平和各种癌症的患病风险。角鲨烯还是保湿剂、润肤乳等护肤品中的重要成分，对于促进皮肤健康具有显著功效。角鲨烯的主要来源是深海鲨鱼的肝油，但海洋野生动物保护法的实施使角鲨烯的可获得性变得不确定（李梦凡等，2021）。美味猕猴桃的米良 1 号和沁香及软枣猕猴桃的种子中含有角鲨烯，而中华猕猴桃的丰悦、翠玉种子中未检测到角鲨烯（卜范文等，2014；吴优，2020）。

（三）蒽醌类化合物

蒽醌类化合物具有很强的抗病毒、防衰老、清除细菌侵染细胞时所释放的有害代谢产物、预防或辅助治疗动脉硬化、增强机体免疫力、促进受损肝细胞的增殖等功能，在治疗癌症、老年痴呆、艾滋病等重大疾病方面应用较广（杨玉红等，2018）。蒽醌类化合物已在猕猴桃的根部及软枣猕猴桃内生真菌中发现。采用响应面法优化超声提取软枣猕猴桃根中蒽醌类化合物，得率为 1.40%。采用 70%乙醇回流提取软枣猕猴桃根的蒽醌类化合物的含量最高，其中大黄酚和大黄素的含量分别为 157.5μg/g 和 46μg/g（张慧莹等，2011；刘长江等，2012；杨玉红等，2014）。

δ-tocomonoenol（d-生育酚 4）是从猕猴桃果实中分离出一种生育酚类似物，δ-tocomonoenol 能够减少 24%的 DPPH 自由基和 29.2%的阴离子超氧化物自由基，总抗氧化能力与 α-生育酚和 δ-生育酚相近（Fiorentino et al.，2009）。

二、猕猴桃健康产品的研究与开发

猕猴桃富含多种生物活性成分，包括多糖、生物碱、皂苷、有机酸、维生素、膳食纤维、多酚、胡萝卜素等。在中医药典籍中，猕猴桃被推荐用于治疗多种症状，如帮助消化、减少烦躁、减轻风湿病、预防肾脏或泌尿道结石，治疗痔疮、消化不良和呕吐等。现代研究发现，猕猴桃具有抗氧化、调节肠道菌群，增强免疫力等功能，食用猕猴桃可以预防某些疾病，维持人体健康（Motohashi et al.，2002）。

（一）抗氧化产品的开发

细胞在正常代谢期间会暴露于活性氧（reactive oxygen species，ROS），但在急性和慢性疾病、饮食不良和环境污染等情况下的暴露率会更高。ROS 主要由细胞内线粒体产生，高浓度时会破坏 DNA、蛋白质和脂质，引起衰老和退行性疾病（Ames et al.，1993）。在众多水果中，獼猴桃的抗氧化能力名列前茅（Chun et al.，2005）。据报道，海沃德獼猴桃的抗氧化能力 Trolox 当量在 $6.0\sim9.2\mu mol/g$（FW）之间，黄金果（Hort 16A）獼猴桃的抗氧化能力 Trolox 当量为 $12.1\mu mol/g$（FW）（Wu et al.，2004a，2004b；USDA，2007）。獼猴桃的其他非商业基因型品种可能具有更高的抗氧化能力，这与其总多酚和维生素 C 含量密切相关（Hunter et al.，2008）。维生素 C 溶于水后被转运蛋白 SVCT1 和 SVCT2 带入细胞，增加抗氧化剂谷胱甘肽的浓度，从而发挥抗氧化作用（Hosoya et al.，2004）。马可纯（2017）比较不同配方的獼猴桃复合粉的色泽、粉质特性与抗氧化性等 16 项理化指标，获得獼猴桃复合粉最优配方（70.2% 獼猴桃、12.0% 西兰花、8.1% 绿豆和 9.70% 苹果）及加工工艺。獼猴桃果汁富含维生素 C，具有抗氧化性，但维生素 C 极易被氧化，所以为了增强其稳定性和延长其货架期，添加雨生红球藻的萃取物以提高獼猴桃汁的抗氧化能力，提高产品货架期（王灵昭等，2012）。红色果肉獼猴桃汁和美味獼猴桃泥水提取物具有良好的抗氧化能力，可以制成冰淇淋及无麸质面包等产品。这些产品通过獼猴桃独特的颜色、天然的风味和对健康的促进作用吸引消费者（Sun - Waterhouse et al.，2009，2010）。

（二）抗心血管疾病产品的开发

通过增加水果和蔬菜的摄入量以增加维生素 C、类胡萝卜素、类黄酮、多酚和其他抗氧化剂的摄入量，可降低患心血管疾病的风险和死亡率（Miura et al.，2004）。肥胖是糖尿病和心血管等慢性疾病的重要危险因素。胰腺脂肪酶是水解膳食脂肪的最重要的酶，其抑制剂可用于治疗肥胖症。从软枣獼猴桃根中分离得到的熊果酸和香豆基三萜烯是体外胰脂肪酶活性的有用抑制剂（Jang et al.，2008）。尽管它们的功效远不及广泛使用的抗肥胖药奥利司他强大，但仍值得进一步研究。

血脂异常是心血管疾病的主要危险因素之一。降低过高的总胆固醇、甘油三酯及血清低密度脂蛋白胆固醇水平可以减少心血管事件的危险性。体外试验证明，獼猴桃的乙醇提取物和水提取物具有抗氧化、降压、降胆固醇的活性（Jung et al.，2005）。Margina 等（2012）研究发现槲皮素显著升高 II 型糖尿病患者的 HOMA - IR 和抵抗素等胰岛素抵抗参数浓度，诱导外周血单核细胞膜流动性的降低和超极化作用，从而保护心血管。吉首大学与湖南老爹农业科技开发股份有限公司采用超临界流体萃取方法从米良 1 号獼猴桃果仁中提取果王素，其富含 7 - 亚麻酸、α - 亚麻酸、维生素 E、硒等营养成分，其中亚麻酸含量高达 64%。41 名高脂血症患者服用果王素后血清总胆固醇、甘油三酯、低密度脂蛋白胆固醇均有明显降低（朱黎明等，2002）。以野生中华獼猴桃汁为基质、配以绞股蓝丹参等中药成分制成的 "大自然健身滋" 保健品，临床试验发现该保健品能降低 50～90 岁中、老年人血浆甘油三酯和总胆固醇水平，而对青少年的血脂含量无明显变化，对防治冠心病、脑血栓的形成有一定的作用（张小蕾等，1994）。獼猴桃复方口服液可显著降低高脂血症大鼠的体重、体脂、血清胆固醇、甘油三酯、血清低密度脂蛋白胆固醇水平和提高血清高密度、脂蛋白胆固醇水平（刘晓鹏等，1998）。

纤维蛋白溶解是溶解血栓中纤维蛋白的过程，增加纤维蛋白溶解活性与血栓栓塞性疾病和心血管疾病的风险降低有关。猕猴桃提取物还可以轻度刺激纤维蛋白溶解活性。动脉粥样硬化血管壁损伤部位的血小板黏附和聚集在心血管疾病的发病机理中非常重要（Duttaroy，2007）。健康志愿者每天食用2~3个猕猴桃可以抑制血小板凝集，还可以提高血浆中的抗氧化剂浓度和降低甘油三酸酯浓度并降低血压，甚至在吸烟者中也是如此（Duttaroy et al.，2004；Karlsen et al.，2012）。

以上结果表明，猕猴桃具有作为心血管保护剂的潜力，尽管观察到的某些影响相对较小，但累积起来它们可能代表总体风险的显著降低。

（三）抗癌产品的开发

西方世界常见的许多癌症，如结肠癌、前列腺癌、子宫颈癌和乳腺癌，都与饮食和环境诱变有关，包括熟肉中的化合物、N-亚硝基化合物、真菌毒素以及吸烟喝酒等饮食习惯（Ferguson et al.，2004）。海沃德猕猴桃中木质素等不溶性膳食纤维含量相对较高。不溶性膳食纤维可以作为抗突变剂吸附杂环芳香胺、2-氨基-1-甲基-6-苯基咪唑并[4，5-b]吡啶、2-氨基-9H-吡啶并[2，3-b]吲哚等潜在的诱变化合物和致癌物，增加粪便体积来抑制肠道对这些诱变剂的摄取，从而减少诱变剂在肠道中的停留时间和接触时间，阻止癌症的发生（Bunzel et al.，2006；Funk et al.，2007）。猕猴桃中的抗突变剂还可以抑制内源性诱变剂的形成。维生素C、维生素E和植物多酚会抑制氨基前体产生内源性N-亚硝基化合物（Ferguson et al.，2008）。猕猴桃的乙醇提取物阻止N-亚硝胺在体外的诱变活性（Ikken et al.，1999）。食物中的维生素、多酚等抗氧化剂可能直接清除自由基，或者通过提高内源性抗氧化剂活性而间接保护DNA，从而降低癌症的发病率（Ferguson et al.，2004）。在一项随机交叉试验中，14名志愿者每天吃1~3个猕猴桃，3周后发现猕猴桃的摄入能够修复和阻止DNA的氧化损伤。这表明正常饮食中增加少量猕猴桃摄入可以保护DNA（Collins et al.，2003）。

猕猴桃还可通过对癌细胞的毒性来协助预防或治疗癌症。例如，绿肉猕猴桃果皮中的提取物对两种人口腔肿瘤细胞系（HSC-2和HSG）具有显著细胞毒性，但对正常口腔细胞系（人牙龈成纤维细胞HGF-1）没有细胞毒性（Motohashi et al.，2001年）。由猕猴桃根、干蟾皮、薏苡仁等组成的藤蟾方能抑制小鼠肉瘤S180和移植性肝癌H22肿瘤的生长，并保护小鼠胸腺、脾等免疫器官（张光霁，2004a，2004b）。这些发现表明，猕猴桃活性成分可能具有抗癌作用。然而，这些作用仅在体外得到证实，还需要在临床上进行论证。许多化疗药物会引起严重的骨髓毒性副作用，例如贫血症、白细胞减少症和血小板减少症。各种生长因子和一些传统药物已被用于刺激癌症患者的骨髓增殖。猕猴桃汁和茎的甲醇提取物刺激了小鼠股骨分离的骨髓细胞中骨髓的增殖和形成骨髓集落，有效降低化疗药物的毒性。该作用主要是由儿茶素和表儿茶素产生的，在降低了骨髓细胞功能的小鼠模型中证实了这一结果（Takano et al.，2003；Dawes et al.，1999）。

（四）促进肠道健康与消化产品的开发

长期以来，人们一直声称食用猕猴桃有助于胃消化，这通常被认为是由于猕猴桃素中蛋白水解酶的存在。在模拟胃肠条件下，添加含有猕猴桃素的猕猴桃提取物后，胃部的

R-酪蛋白、β-酪蛋白和 κ-酪蛋白的消化率分别提高了 37％、33％和 48％，小肠的乳清蛋白分离物、玉米醇溶蛋白、麸质和麦胶蛋白等蛋白的消化大大增加。这些结果表明，猕猴桃提取物增强了部分食物蛋白质的消化（Kaur et al.，2010a，2010b）。

临床研究证实猕猴桃具有强通便性。猕猴桃的细胞壁在成熟过程中的膨胀程度比其他水果要大得多，可能导致了猕猴桃异常高的持水能力，这对于粪便的膨大和松弛作用的增强很重要（Hallett et al.，1992）。健康的老年受试者每天吃海沃德猕猴桃，每 30kg 体重吃 1 个猕猴桃，3 周后受试者的排便频率、粪便体积和柔软度等通便参数得到改善（Rush et al.，2002）。便秘患者每天食用 2 个猕猴桃，4 周后，患者每周排便频率显著增加，结肠转运时间明显减少。胃肠道微生物能影响肠道的健康和免疫功能。食物中含有益生元可促进有益细菌的增殖而减少有害细菌的定殖。猕猴桃提取物促进益生菌（双歧杆菌、卟啉单胞菌、普氏菌和拟杆菌等）生长、肠上皮细胞的黏附，并预防肠病原体（大肠杆菌）生长和黏附（Molan et al.，2007）。随着双歧杆菌等有益肠道菌群的增殖，病原体可能得到抑制或竞争排斥，从而发挥猕猴桃调节免疫功能。这些结果表明，食用猕猴桃可以改善肠功能，促进肠道健康。

（五）抗感染和免疫健康产品的开发

维持良好的免疫系统对于健康生活至关重要，尤其是季节性感染暴发严重影响人们健康的时候。猕猴桃中含有可以促进健康免疫系统的类胡萝卜素、维生素和矿物质等小分子化合物。先天免疫防御的第一步是直接的抗菌，猕猴桃的果实及其他部位对微生物病原体的抗菌活性可以保护人类免受感染。例如，猕猴桃皮、果肉和种子的提取物可以抑制金黄色葡萄球菌和化脓链球菌的生长（Basile et al.，1997）。此外，猕猴桃可能会减慢不同人群对药物的耐药性。抗微生物肽（如防御素）是生物体产生的一种具有抗微生物活性的多肽，不易产生耐药性。通过体外消化和发酵的海沃德猕猴桃的发酵产物可增加胃肠道防御素和 β-防御素，并维持胃肠上皮屏障的完整性，以增强肠道细胞的防御（Bentley-Hewitt et al.，2012）。猕猴桃提取物还可以增强自然杀伤细胞等免疫细胞的活性，增强 Th1 介导的细胞免疫反应和 Th2 介导的体液免疫反应（Skinner et al.，2007；Skinner，2012）。范铮等（2003）以猕猴桃为主料，枸杞、甘草、陈皮等为辅料，合理配制成复合保健猕猴桃汁。该饮品具有补充营养、保肝补肾、消暑降温、解除疲劳的功效，是一种提高免疫能力的营养保健饮品。

以感冒和流感为代表的上呼吸道感染是最常见的疾病，某些人群特别容易发生上呼吸道感染，例如，孕妇、运动员、学龄前儿童、免疫力低下者、患有慢性疾病的人以及老年人。然而，对于这些感染没有特效的抗病毒药物，因此，营养状况对于维持最佳的免疫功能至关重要。食用猕猴桃可减轻 65 岁以上成年人和 2～5 岁学龄前儿童的感冒和流感症状（Skinner，2012）。208 例反复呼吸道感染患儿每天肌肉注射中华猕猴桃根注射液 1 次。20d 后，患儿的外周血总 T 淋巴细胞（CD3$^+$）、辅助 T 淋巴细胞（CD4$^+$）、抑制 T 淋巴细胞（CD8$^+$）的百分率及 CD4$^+$/CD8$^+$ 比值明显增高，治疗有效率达 96.3％，表明猕猴桃根液有增强小儿细胞免疫的功能（黄燕等，1994）。

（六）促睡眠产品的开发

睡眠对精神健康和身体健康至关重要，睡眠时身体功能可以得到充分恢复。睡眠障碍会损害认知和心理功能及身体健康。失眠目前是一种常见的健康问题，根据 2005 年美国国立卫生研究院共识发展计划全球范围进行的大量调查发现，10%～15% 的成年人患有慢性失眠，而另外 25%～35% 的人患有短暂性失眠或偶发性失眠。天然睡眠助剂包含食物和药用植物的特定成分或提取物，因为其不良反应较小且不需要医疗处方，已成为处方睡眠药物的替代品（Fernández-San-Martín et al.，2011）。

　　研究证明，5-羟色胺和叶酸的缺乏会导致失眠，而失眠导致 ROS 浓度增加，过高的 ROS 浓度可能危害身体健康（Kelly，1998；Tsaluehidu et al.，2008）。猕猴桃含有的类黄酮、花色苷、类胡萝卜素、叶酸和 5-羟色胺等生物活性物质，可能有益于睡眠障碍治疗（Feldman et al.，1985）。Lin 等（2011）评估了猕猴桃对睡眠模式的影响。参与研究的 24 名受试者（20～55 岁）每晚睡前 1h 食用 2 个猕猴桃。4 周后，受试者睡眠潜伏期均降低 35.4%，总睡眠时间和睡眠效率显著增加（分别增加了 13.4% 和 5.41%），说明食用未加工的猕猴桃可以改善有睡眠障碍成年人的睡眠。另外，富含类黄酮的猕猴桃果皮提取物也可以减少睡眠潜伏期，增加睡眠持续时间（Yang et al.，2013）。猕猴桃是开发天然睡眠助剂的潜在资源，需要进一步评估猕猴桃中的活性成分对睡眠结构的影响和确切机制。

（七）非过敏性猕猴桃产品的开发

　　食物过敏是一种普遍现象。据估计，2%～5% 的成年人口和高达 8% 的儿童和婴儿患有某种类型的食物过敏症（Sicherer et al.，2014）。法国研究了儿童对水果的过敏反应发现，12% 的儿童对猕猴桃过敏，5.5% 的儿童对番茄过敏，4.4% 的儿童对草莓过敏，3.8% 的儿童对菠萝过敏，2.7% 的儿童对橘子过敏，1.2% 的儿童对苹果过敏（Rance et al.，2005）。水果被认为是人类食物过敏的主要诱因之一（Laimer et al.，2010）。在韩国和日本等亚洲国家，猕猴桃是诱发过敏反应的主要水果，其次是桃子和苹果（Lee，2013）。迄今为止，许多研究人员已经确定了植物来源的过敏原，根据其相似的序列和生物功能，将这些过敏原划分为特定的组别（Hoffmann-Sommergruber，2002）。猕猴桃常见的过敏原有半胱氨酸蛋白酶、索马甜类蛋白、胱抑素、Kiwellin 蛋白、PR-10、2S 白蛋白、11S 球蛋白、PR-14 等（Englund et al.，2015），可引起过敏性哮喘、荨麻疹、过敏性紫癜、过敏性皮炎、瘙痒和呼吸困难等症状（Lucas et al.，2004；Lucas et al.，2007）。

　　PR 蛋白是一种调节蛋白，它是植物在应对病原菌攻击的反应而产生的，通过攻击细菌或真菌的细胞壁来保护植物（Liu et al.，2006）。已发现 PR 蛋白家族（共 14 个成员）中的 5 个成员可以引发人类的过敏反应（Hoffmann-Sommergruber，2002）。这 5 个成员是 β-1，3-葡聚糖酶（PR-2）、I 类甲壳素酶（PR-3）、潮红蛋白样蛋白（PR 5）、Betv 1 同源蛋白（PR-10）和非特异性脂质转移蛋白（PR-14）。这些过敏原蛋白具有特定的位点，可以与特异性抗体结合（Kumar et al.，2012）。第一次食用水果后，过敏原通过受体介导的内吞、吞噬或大吞噬作用被树突状细胞吸收（Morelli et al.，2004）。当过敏体质者再次接触同一过敏原时，就会出现超敏反应，并出现局部的口腔过敏综合征（Kerzl et al.，2007），甚至导致过敏性休克（Kumar et al.，2012）。由于这些过敏原蛋白的主要功能是保护植物免受外部捕食者（包括病原体）的侵袭，因此，在现代农业中，为提高产量而开发的抗病和抗病原体品种可能增加植物产生 PR 蛋白的能力。这些蛋白质的残余水平较高，可能导致人类出现过敏反应。

　　食用猕猴桃能够帮助部分口腔溃疡患者缓解口腔溃疡的症状，而对一部分口腔溃疡患者没有帮助，甚至某些患者食用猕猴桃后口腔溃疡症状变得更严重。猕猴桃对营养因子缺乏和免疫异常引起的口腔溃疡有缓解或治疗作用。当体内铁、锌、铜、钙、锰、硒等元素缺乏时，复发性口腔溃疡的发生率增高。猕猴桃可以给机体补充微量元素、B 族维生素、维生素 C 及叶酸等营养因子，缓解由微量元素缺乏或 B 族维生素、叶酸等摄入不足引发的口腔溃疡（牛中华，2015）。而且，猕猴桃含有的胡萝卜素、蒽醌化合物、角鲨烯、维生素和矿物质等成分可以增强机体免疫力，缓解因免疫力下降引发的口腔溃疡（黄晶，2015）。然而，猕猴桃并不适用所有的口腔溃疡患者。那些对猕猴桃过敏的患者，猕猴桃含有的半胱氨酸蛋白酶、索马甜类蛋白等过敏原可能会加重口腔溃疡（Kerzl et al.，2007）。此外，猕猴桃的有机酸引发过敏可能是导致口腔溃疡症状更严重的原因之一（Tuft et al.，1956）。中医理论认为口腔溃疡可由心脾之气阴不足而致心火上炎，也有脾胃虚弱、虚火上扰，或肾阴亏虚、水不制火、心火上炎等原因引发（封帅，华红，2013）。猕猴桃属于寒性水果，若口腔溃疡的发生与心脾积热有关，食用猕猴桃可以缓解口腔溃疡，若口腔溃疡是由脾胃虚寒、中焦不运的原因引起的，食用猕猴桃可能会加重脾胃虚寒，对口腔溃疡不仅没有帮助，还加重口腔溃疡症状。

　　猕猴桃的栽培、品种、贮藏和采收成熟度等多种因素都可能对食用时的最终过敏原的含量产生影响。研究发现，与使用化学肥料栽培的水果相比，有机苹果及番茄的过敏原含量较低。因此，适当应用有机栽培技术，有利于降低少数水果在生长过程中的致敏性。而且，不同水果品种的致敏性是不同的。例如，苹果品种乔纳金（Jonagold）、坎兹（Kanzi）、绿呈（Greenstar）、皮诺娃（Pinova）和金冠（Golden Delicious）的主要过敏原含量低于品种鲁本斯（Rubens）和嘎拉（Gala）（Matthes et al.，2009）。分子育种技术与方法已应用于植物育种领域，而转基因技术是分子植物育种中的一种常见技术，它可以控制一个性状或一系列性状的基因叠加到同一基因座单倍型中（Moose et al.，2008）。例如，Yield - Guard VT 三系转基因玉米杂交种，其中耐除草剂和多种抗虫性状被整合为一个转基因盒（染色体位置），该位点同时增加玉米种子中赖氨酸的合成和减少分解（Frizzi et al.，2008）。因此，植物育种可用于开发具有较低过敏原水平的猕猴桃新品种，或通过转基因技术来调控致敏基因的表达，降低猕猴桃中存在的过敏原水平，促进低过敏性猕猴桃和猕猴桃类产品的创新栽培技术的发展。

（八）减少肠功能紊乱的猕猴桃产品的开发

　　肠功能紊乱多与精神、饮食、环境刺激及肠道动力学等因素密切相关，包括肠易激综合征、功能性腹胀、功能性腹泻、功能性便秘和非特异性功能性肠紊乱等。肠易激综合征的触发因素之一是肠道产气过多，气体导致腹胀，从而引起疼痛和不适。因此，纤维的发酵特性与肠易激综合征密切相关。短链碳水化合物（如果聚糖、低聚果糖和低聚半乳糖）在肠道发酵并促进产气的速度，从而加剧了大多数肠易激综合征患者的腹胀、腹泻。如果食用了较多高含量的可发酵碳水化合物水果，则无论有无肠易激综合征的个体都可能受到这些症状的影响（Muir，2019）。水果中除了含有果聚糖、低聚果糖和低聚半乳糖等可溶性膳食纤维，还含有纤维素、半纤维素、木质素等不溶性膳食纤维。不溶性膳食纤维既不能溶于水，又不被人体肠内源性酶和微生物分解，对肠易激综合征症状无益，还可能会加重部分患者的肠易激综合征（孟捷等，2013）。猕猴桃含有 25.8% 的膳食纤维，包括可溶性膳食纤维和不可溶性膳食纤维，其所含膳食纤维的量高于菠萝、山楂、蜜橘、苹果等水果（Kckee et al.，2000；王孝娣等，2009），根据美国食品药品监督管理局对营养含量的要求，猕猴桃中的食用纤维含量达到优秀标准。然而，猕猴桃中的果糖、果聚糖、低聚半乳糖等可溶性膳食纤维难以消化，肠胃系统无法完全吸收，从而产生气体，诱发腹胀、腹泻和其他消化问题。此外，猕猴桃属于寒性水果，吃多了容易加重体寒，脾胃功能较弱者若食用过多，会导致腹痛、腹泻。现代研究发现，猕猴桃中所含的大量维生素 C 和有机酸对于消化道有刺激性，会增加胃肠的负担，产生泛酸、腹痛、腹泻等症状，天气寒冷时症状还会加重（Sestili，1983；Torres - Pinedo et al.，1966）。

除了减少猕猴桃的摄入量，还可以通过调控贮藏条件及改变贮藏措施降低猕猴桃果实中的引起腹痛腹泻的不良成分含量。随着猕猴桃贮藏时间延长，多聚半乳糖醛酸酶、果胶酯酶、纤维素酶和 β-半乳糖苷酶的活性逐渐增强，原果胶含量和共价结合型果胶的含量逐渐降低，可溶性果胶的含量逐渐增加，纤维素和半纤维素不断降解（谢俊英，2013）。常温贮藏的猕猴桃经 20mg/L 吡效隆处理后，可溶性糖和果糖的含量明显下降，果糖代谢基因 *Achn 203191*（编码磷酸丙糖异构酶）及淀粉和蔗糖代谢基因 *Achn 087691*（编码磷酸己糖异构酶）的表达被抑制（方学智等，2006；郭琳琳等，2019）。猕猴桃果糖含量从采后第 20 天的 15.5μg/mg 增加到第 80 天的 26.5μg/mg；而采用钙处理的猕猴桃果糖含量低于对照组（吴炼等，2008）。通过对猕猴桃的加工技术也可缓解其对肠道的副作用，如将猕猴桃加热、蒸或制成干果。在猕猴桃逐渐脱水或加热的过程中，猕猴桃也从寒性食材向温性食材转化，降低其寒性。最近研究发现，超微研磨会导致猕猴桃纤维成分从不溶性纤维到可溶性纤维的重组。超微研磨后，猕猴桃果粉中的总膳食纤维含量从 81.27% 增加到 84.48%，不溶性膳食纤维含量从 75.96% 减少到 72.61%，而可溶性膳食纤维从 5.31% 增加到 11.87%（Zhuang et al.，2019）。

（九）低草酸盐猕猴桃产品开发

中华猕猴桃、美味猕猴桃和毛花猕猴桃等品种中含有 0.18~0.45mg/g 鲜重的草酸盐，这通常与食用新鲜的猕猴桃或是加工的猕猴桃产品时出现的"卡喉"有关（Walker et al.，2003）。草酸盐以不溶的长细针状或短细针状草酸钙磷化物晶体的形式存在于猕猴桃（例如海沃德品种中）。草酸盐含量在猕猴桃发育早期（7 月）最高，随着果实的增大，草酸盐含量逐渐降低，直至 10 月采收，其含量在冷库中继续下降（Watanabe et al.，1998）。软枣猕猴桃中的草酸盐含量低于美味猕猴桃，比山梨猕猴桃略高。草酸盐的大量摄入影响了人体对矿物质和微量元素的吸收，并可能导致结石形成（Siener et al.，2006）；也具有抗营养作用，可以降低 Ca^{2+}、Mg^{2+} 和 Fe^{2+} 的生物利用度（Massey，2003）。正常饮食中每天草酸盐的摄入量大概为 50~200mg，对于饮食均衡的健康个体而言，这个摄入量可能并不重要，但对于本身患有结石或结石易发人群，需要适量食用猕猴桃或食用草酸盐含量低的猕猴桃品种。

（十）其他健康产品的开发

除了通常用于界定功能性食品和水果的"主流"健康指标外，研究发现部分猕猴桃品种含有少见的活性成分，使其具有更新颖的生物活性。例如，中华猕猴桃的多糖提取物在体外刺激角质形成细胞和形成纤维细胞的增殖，并促进 ATP 合成及胶原蛋白的产生（Deters et al.，2005）。从这一结果推测，猕猴桃在皮肤病学中具有作为药物的潜力。Thomas 等（2004）发现猕猴桃汁中含有的天然蛋白质分解酶在体外 2h 内有效解除肉栓阻塞，尚未测试过猕猴桃是否可以在临床上用于去除团块阻塞。猕猴桃中的 Kissper 是一种富含半胱氨酸的小肽，大量存在于成熟的猕猴桃中（Ciardiello et al.，2008）。Kissper 可能通过抑制蛋白分解和平衡细胞中的离子影响胃肠道生理，具有治疗诸如囊性纤维化类疾病的潜力。阻塞性肺气肿是慢性气管炎常见的并发症，是形成肺源性心脏病的主要原因。赵宪法（1982）应用新鲜猕猴桃全果水煎制成浸膏片对治疗阻塞性肺气肿有较好疗效。采用复方猕猴桃糖浆治疗阴虚型慢性肝炎，肝炎主症消失，肝功能得以改善，乙肝表面抗原（HBSAg）转阴，有效率达 80.6%（黄骏，1987）。需要进一步的研究和临床试验以确定猕猴桃中的生物活性化合物是否具有真正的作用。

三、猕猴桃废弃资源利用

（一）猕猴桃资源浪费情况

根据联合国粮食及农业组织估计，水果和蔬菜的损失和浪费是最高的。全世界生产的水果和蔬菜中约有 1/3 在收获后损失（不包括收获前的损失和到达消费者手中后的浪费），即使是到达消费者手中后浪费也非常严重。园艺商品的损失和浪费在发展中国家和发达国家都很严重。美国果蔬收获后平均损失率为 12%，英国为 9%，这还不包括因不符合标准而留在田间的产品（Kader，2005）。2008 年美国零售和消费者方面的果蔬损失总价值为 428 亿美元，约合每人 141 美元（Buzby et al.，2011）。联合国粮食及农业组织估计，仅中国、印度、菲律宾和美国等地区的果蔬加工、包装、销售和消费就产生了约 5 500 万 t 的果蔬废弃物。猕猴桃废弃物是由种植、收获、加工、销售、运输等过程中产生的，包括猕猴桃加工副产物（果皮、皮渣）和非果实植物部分（茎、叶和根）等，废弃物具有潜在利用价值的生物活性成分。随着我国猕猴桃产量增加，以及采前、采后处理技术的落后和基础设施的缺乏，导致了猕猴桃副产品和废料的巨大损失和浪费。一般在垃圾填埋场用填埋的方式处理猕猴桃废弃物，但土地成本非常高，还产生严重的环境问题，从长远看难以可持续发展。猕猴桃废料和副产品如果皮、果渣和非食用部分等是生物活性化合物的来源，可在食品、化妆品、医药和生物燃料工业中提取和利用。

（二）猕猴桃废弃资源的利用

1. 活性成分 水果和果汁行业每年都会产生成吨的猕猴桃果实加工残渣，却没有得到实质性的利用，产生了巨大浪费，也造成经济和环境问题。此外，未被充分利用的猕猴桃加工副产物和非果实植物部分含有丰富的有益成分，包括淀粉、蛋白酶、维生素和生物活性物质，对健康有很多好处。因此，猕猴桃废弃物和副产品值得探索用于保健品、功能性食品和其他用途。最大限度地利用猕猴桃资源是减少食物浪费和资源利用不足的策略，有助于提高经济效益。

（1）果渣的活性成分。猕猴桃加工过程中产生的果渣具有作为一种简单而天然的酚类物质来源的潜力，是这些过剩残留物可持续的解决方案之一。Aires 等（2020）评价了猕猴桃果渣作为酚类化合物天然供体的潜力。研究发现，猕猴桃果渣可以方便、安全地用于提取咖啡酸、儿茶素、阿魏酸及其各自的衍生物，这些物质具有抗炎、抗氧化、抗衰老和抗肿瘤作用。猕猴桃皮渣中果胶等可溶性膳食纤维含量也比较高，具有刺激胃肠蠕动、缓解便秘、改善肠道功能等作用。采用酶法从猕猴桃皮和渣中果胶的得率分别为 3.10% 和1.39%；采用酸水解法从猕猴桃皮渣中提取可溶性膳食纤维得率为 47.74%（李加兴等，2009；赵莎莎等，2011）。与其他形式的膳食纤维（如麦麸、甜菜纤维的商业制剂和苹果纤维）相比，猕猴桃膳食纤维的高膨胀性和保水性，容易被发酵产生短链脂肪酸，凸显了猕猴桃皮渣作为天然健康产品的价值（Sim et al.，2013）。未来对猕猴桃膳食纤维作为平衡膳食的一部分，调节消化过程并作为有益结肠微生物群的底物的机制进行研究，可能有助于理解纤维在肠道中的作用及其对人类健康的有益影响（Ansell et al.，2013）。

（2）根、茎和叶的活性成分。猕猴桃根是我国常用的传统中药材，价格低廉，含有黄酮类、酚类、多糖、生物碱类、三萜类、苯丙素类、蒽醌类等（王梦旭等，2019）。《贵州民间方药集》记载，猕猴桃根可"利尿、缓泻、治腹水；外用接骨、消伤"。现代研究表明，猕猴桃根中具有抗肿瘤、抗炎、抗病毒、抗突变、抗氧化和保肝、提高免疫力、降血脂等功效（陈晓晓等，2009）。猕猴桃根抗肿瘤的研究在不断深入，临床主要用于消化系统癌、肺癌、肝癌以及大肠癌等，疗效显著。同时，猕猴桃根对消化不良、呕吐、过敏性皮炎、哮喘、调节免疫等也具有一定的临床疗效。虽然猕猴桃根广泛应用于临床，然而并非无任何毒副作用，其含有的熊果酸、齐墩果酸、大黄酸、少量的鞣质及其他抑制中枢的化学成分均可引起不同程度的中毒症状。

猕猴桃根的采收是一次性的，而叶和茎的采收却可以做到源源不断，且三者本就是同根同源，所含化学成分也类似，如黄酮、有机酸、多酚、甾体、鞣质、生物碱、多糖、三萜等（辛海量等，2008）。软枣猕猴桃叶的乙醇提取物的总黄酮含量为 318.1mg GAE/g（DW）、黄酮醇含量为 46.4μg/mg（DW）、羟基肉桂酸含量为 44.6μg/mg（DW）、儿茶素衍生物是最主要的黄烷-3-醇。软枣猕猴桃叶水提取物、50% 乙醇提取物和乙醇提取物中含有 23.2～43.1μg/mg（DW）的新绿原酸、2.9～4.9g/mg（DW）的绿原酸和 0.4～7.1μg/mg（DW）的咖啡酸衍生物，这 3 种提取物均对 Caco-2 和 HT29-MTX 细胞无毒性（Almeida et al.，2018）。猕猴桃根、茎、叶中提取的多糖和三萜具有较好的抗氧化能力和抗肿瘤活性（辛海量等，2008；常清泉等，2018；罗绪等，2019）。

目前药学对猕猴桃根、茎和叶的研究多集中于化学成分的分离和有效部位药理作用的研究，而关于猕猴桃根、茎和叶的抗肿瘤、抗氧化、调节免疫系统等作用的活性部位群的筛选和活性单体的研究却鲜有报道，限制了该味中药的药物研发和临床应用。故下一步的研究重点应探讨猕猴桃根抗肿瘤研究方面的具体作用靶点，筛选药理活性成分，研发药物制剂。

2. 肥料　从农业养分管理和有机农业建设的角度来看，将猕猴桃废弃物还田可能是解决废弃物处理问题的最佳方法之一。将猕猴桃废料直接送回田地，让猕猴桃果肉和果汁中的养分帮助维持土壤有机物含量，直到作物最终收获。在作物收获后，猕猴桃剩余的固体和液体装入撒布车，并均匀地撒在田间。这种方法的优点是猕猴桃废弃物的养分可以增加土壤碳含量，用于下一茬作物且成本低。然而，废弃物还田需要克服的困难也很多。首先，将猕猴桃废弃物从卡车和拖车上运回田间地头，从车上卸下，再转移到播种机设备上是个问题，人工成本高；其次，猕猴桃废料在收获前必须储存在储藏室里，直到能够应用到种植田中。猕猴桃废料也可直接在田地挖坑填埋，利用自然风化、好氧菌和厌氧菌等作用在坑中进行12～18个月的堆肥处理，可增加土壤微量元素含量、保水能力等，从而提高土壤肥力。

3. 动物饲料 在大多数发展中国家，饲料供应相当短缺。以亚洲国家为例，孟加拉国面临49.4%和81.9%的粗饲料和精饲料短缺；巴基斯坦的干物质、粗蛋白和可消化总养分分别短缺43.9%、49.7%和44.2%；中国的蛋白质饲料、能量饲料和水产饲料分别短缺1 000、3 000、2 000万t（Jie，2012）；印度的精料、青饲料和农作物秸秆分别短缺2 500万t、1.59亿t和1.17亿t（Gorti et al.，2012）。由于饲料生产面积无法增加，人口的增加和城市化发展导致粮食需求和化石燃料成本增加，粮食、饲料、燃料的竞争使得集约化畜牧业生产模式具有严重的局限性。近十年来，全球玉米、小麦、鱼粉、豆粕等饲料原料价格分别上涨了160%、118%、186%和108%，禽肉、猪肉、牛肉等畜产品价格随之上涨，涨幅分别为59%、32%和142%（Mundi，2013）。在这种情况下，要想满足畜禽的营养需求，维持其生产力和盈利能力，似乎只有探索非常规的替代饲料资源才有可能。

猕猴桃废弃物中除了含有丰富的维生素、多酚以及微量元素之外，还含有其他水果比较少见的营养成分，如氨基酸、天然肌醇等，具有良好的生理活性或营养特性。根据畜牧业的整体管理体系，通过将猕猴桃废料喂给牲畜来改善动物产品品质，可能是一个不错的选择，但喂养猕猴桃废料是否对牲畜产生营养效益和影响是必须解决的主要问题之一。如果猕猴桃废弃物喂养牲畜能够满足的牲畜营养，其废弃物可直接拿去喂牲畜，从而无需储存，有可能抵消动物饲料的成本，并且出售猕猴桃废弃物作饲料可产生收入，但可能存在牲畜不吃腐烂的猕猴桃、运输成本高、将猕猴桃废料作为动物饲料可能不会提高动物的生产力等问题。

4. 沼气 食物有机废物的厌氧消化技术有较高的经济性和产能效益（Baere，2000）。厌氧消化过程包括酶水解、酸生成、乙酰生成和甲烷生成（Veeken et al.，2000）等阶段，每个代谢阶段都有微生物的协助。成酸微生物将碳水化合物、蛋白质、淀粉、纤维素等大分子转化为有机酸，再生成乙酸，最后乙酸被甲烷菌转化为甲烷和二氧化碳。通常情况下，沼气由45%～70%的甲烷、30%～45%的二氧化碳、0.5%～1.0%的硫化氢、1%～5%的水蒸气以及少量的其他气体（氢气、氨气、氮气等）组成（Uzodinma et al.，2011）。生物废物生产气体的潜力在很大程度上取决于其性质和生物化学成分（Sagagi et al.，2009）。据澳大利亚联邦科学与工业研究机构（CSIRO）计算，年产3万t果蔬废物（含水量90%）的加工厂每年可产生150万 m^3 气体。猕猴桃皮是一种较好的沼气发酵原料，其皮总固体含量为17.61%，挥发性固体含量为98.06%。25.42g的猕猴桃皮经27d的沼气发酵后，净产气量可达2 290mL，总固体产气潜力为512mL/g，挥发性固体产气率为522mL/g（曾锦等，2019）。

5. 乙醇　乙醇（CH_3CH_2OH）是一种易挥发、易燃、无色的含氧有机化合物，常用于抗菌洗手液凝胶、医用湿巾和消毒液凝胶中，也可以作为溶剂、消毒剂、防冻剂和生物燃料及其他有机化学品的化学中间体。应用传统化学方法生产的乙醇涉及乙烯和蒸汽在极端温度下的高压反应，这个过程对环境有多种不利影响（Lin et al.，2017）。生物乙醇可以利用微生物发酵将农业原料或水果废物转化为燃料酒精，这一过程对环境不构成威胁，有助于减少温室气体并提供能源安全。由于水果废料和残渣是一种无处不在的可再生资源，已被证明是生产乙醇的有用的废弃生物质（Zabed et al.，2014）。因生物乙醇的工业价值和经济价值在全球范围内兴起，其使用量越来越大。通过水果废料生产生物乙醇将是一个必不可少的、生态友好的、具有成本效益的替代方案（Balat et al.，2009；Anwar et al.，2014）。

猕猴桃废弃物具有非常好的抗菌和抗氧化潜力，其中含有 10%～14.38% 的可溶性糖（葡萄糖、果糖和蔗糖），发酵后可转化或分解为生物乙醇。在猕猴桃果实成熟过程中，淀粉浓度迅速下降，果糖和葡萄糖也随之增加，这些可溶性糖转化为酒精、二氧化碳和能量（Singh et al.，1984）。酒精发酵将 1mol 的葡萄糖转化为 2mol 的乙醇和 2mol 的二氧化碳，在此过程中产生 2mol 的 ATP（Baskar et al.，2012）。可溶性糖的总量和比例不仅随着猕猴桃成熟度变化，而且随着猕猴桃品种变化。因此，不同原料的生物乙醇生产工艺也会有所不同。

四、展望

越来越多数据表明猕猴桃虽具有独特的健康益处，猕猴桃及其植物化学成分具有多种健康潜力，但其有效性需要通过临床试验进一步验证。令人兴奋的是，营养和医学之间的障碍已引起学者重视并正在消除。

猕猴桃及其加工新产品不仅可以改善饮食的营养状况，而且还有助于一些疾病的预防和治疗。尽管研究仍处于早期阶段，为了实现这一目标，未来的研究应确定导致猕猴桃的风味、营养成分与活性成分以及所涉及的关键酶及其控制基因产生的生化途径。遗传学家可以根据这些信息来选择具有优良风味、高营养和活性成分的基因型，或者利用基因工程技术调控风味物质和其成分的生物合成；阐明活性成分之间的相互作用、成分与属性的关系及质地与香气的相互作用。目前，研究猕猴桃生物效应背后的机制主要是其对单一疾病或单一致病机理的影响，可以尝试基于疾病关键途径的筛选方法，确定猕猴桃是否具有潜在治疗疾病的多个目标靶点。猕猴桃新产品有可能针对多基因突变或信号途径紊乱等因素引起的复杂疾病进行治疗。

消费者将需要更多有关猕猴桃的品种、数量和成熟状态的指导，以及一些对健康影响的关键参数；需要新的猕猴桃加工技术，并努力提高现有技术和加工效率；需要采用的方法既能解决原料中营养成分的分离和浓缩，又能尽量减少加工对功能特性的负面影响，并实现生物活性化合物的可控释放或定向输送；最大限度地提高有益成分的贡献并降低有害成分的影响。最后，由于食品工业受到严格的监管，因此需要进行体外和体内研究，以评估生物活性成分（包括其消化产物）的生物利用率和毒理学，并对这些功能成分的摄入量进行监管。

第三节　猕猴桃主要加工产品及其加工工艺

　　猕猴桃味美且营养丰富，将其进一步加工，能够有效延长产业链条，优化产业结构。猕猴桃果肉的主要营养物质包括可溶性固形物，磷、钠、钙、铁等矿质元素，游离氨基酸、维生素 C、有机酸类和芳香类物质。猕猴桃果肉加工的产品主要有果干片、果汁、果脯、果酱、果酒、果醋、罐头等，不仅可以提高附加值、增加效益，而且可以长期存储，弥补鲜食供应期短的不足，获得与鲜食不一样的体验。

一、猕猴桃干片

　　猕猴桃干片是经脱水干燥而制成的休闲食品，较好地保存了果实的营养成分和口味。生产方法一般采用冷冻干燥法制成冻干片或用真空油炸法制成脆片。果片厚度 2～3mm 为宜，太薄易碎易变形，过厚则干燥不均易焦煳。果片护色、着味以 1%～2% 食盐加 0.1% 柠檬酸加 18°Bx 果糖液效果好。猕猴桃干片商品宜采用充氮包装，以避免氧化或压碎。由于真空油炸法易发生褐变，且营养成分会受到破坏，故广泛采用真空冷冻干燥法。真空冷冻干燥工艺生产的干片不仅保持猕猴桃原有的色泽和成分，而且操作时间短，可用于规模化生产。张秦权等（2013）采用自主研制的真空低温干燥机对猕猴桃脆片生产工艺进行研究，新鲜猕猴桃切片经过独特的组织处理和护色处理后在低于 −60℃ 的温度和真空度为 4.2～20kPa 的环境中对物料进行低温脱水，加工的猕猴桃脆片仍保持原有的果肉颜色，口感酥脆，维生素 C 保存率高于 90%。潘牧等（2019）研究认为切片厚度 2mm，冷冻温度 −20～−18℃，0.1% 柠檬酸护色液为最佳的预处理措施。曾凡杰等（2017）用超声波预处理较好地改善了猕猴桃片的冻干性状，产品松脆可口，酥脆性好。李忠宏等（2004）对猕猴桃冻干过程中绿色果汁变化的护色机理进行了分析，产品沿着横断面自下而上颜色逐渐变淡，可能是因为升华过程中空气穿过干燥的果实部分造成，也就是氧气造成产品褐变。张秦权等（2013）研究了猕猴桃加工过程中的维生素 C 抗氧化能力，结果表明在 100℃ 下维生素 C 残留率最低，在低温加工过程中果汁、果浆的维生素 C 保存率高于果片。Maskan（2001）使用热风、微波、热风结合微波对猕猴桃果片的干燥特性，发现使用微波干燥或用微波能量结合热风干燥导致干燥速率的增加和干燥时间的显著缩短。微波干燥猕猴桃片比其他干燥方法表现出更低的复水能力和更快的吸水率。

二、猕猴桃果脯

　　猕猴桃果脯就是让食用糖渗入组织内部，从而降低了水分活度，提高了渗透压，可有效地抑制微生物的生长繁殖，防止腐败变质，达到长期贮藏不坏的目的。

　　猕猴桃果脯的生产工艺关键步骤包括去皮、护色和糖处理。去皮方法有碱液浸泡和机械去皮 2 种。碱液去皮需掌握好浓度和时间参数，用浓度为 18%～22% 碱液在 90℃ 下处理 1～2min，去皮效果最好。机械去皮无化学污染，但会带来物理损伤，存在微生物和病菌感染的风险。护色可以采用柠檬酸处理，0.2% 碳酸氢钠加 0.6% 柠檬酸溶液浸泡能达到较好的护色效果。姚茂君等（2007）研究认为猕猴桃果脯制作中褐变的主要因素是叶绿素脱镁反应，对猕猴桃叶绿素的处理应采用先灭酶再护色的方法加以控制，在酸性环境中以铜离子或锌离子替代镁离子生成稳定的叶绿素铜盐或锌盐的方法，可以对猕猴桃果脯有效地护绿。李加兴等（2007）用微波代替烘烤和热风干燥的传统方法干燥猕猴桃果脯，速度快、时间短，较好地保持了果肉的营养成分和色泽。但近年来，随着低糖果脯技术的研究成功，在满足客户需求的同时，猕猴桃果脯受到越来越多消费者的青睐。

（一）工艺流程

选料→预处理（去皮、切分、硬化、硫处理等）→预煮→加糖煮制（蜜制）→装罐→密封杀菌→液态蜜饯干燥→上糖衣→干态蜜饯

（二）操作要点

1. 去皮与切分　去皮方法有机械去皮、碱液去皮、酶法去皮。将果肉切片，厚薄均匀，一般厚度为6～8mm。

2. 保脆和硬化　果脯蜜饯既要求质地柔嫩，饱满透明，又要保持形态完整。故在糖煮之前，须经硬化保脆处理，以增强其耐煮性。

硬化处理是将整理后的原料浸泡于石灰（CaO）或氯化钙（$CaCl_2$）、亚硫酸氢钙[$Ca(HSO_3)_2$]等溶液中，浸渍适当时间，达到硬化的目的。所使用的这些盐类都有钙和铝，钙离子能与果胶物质形成不溶性的盐类，使组织硬化耐煮。猕猴桃片容易褐变，制作果脯蜜饯时，常用0.1%氯化钙与0.2%～0.3%亚硫酸氢钠（$NaHSO_3$）溶液中浸30～60min，以达到护色和保脆效果。硬化剂的选用、用量和处理时间必须适当。用量过度，引起部分纤维素钙化，从而降低原料对糖的吸入量，品质低劣。

3. 硫处理　在糖渍之前进行硫处理，既可防止制品氧化变色，又能促进原料对糖液的渗透。方法是采用0.1%～0.2%的硫黄熏蒸处理或使用0.1%～0.15%的亚硫酸溶液浸泡处理数分钟即可。经硫处理的原料，在糖煮前应充分漂洗脱硫，以除去剩余的亚硫酸溶液，防止过量引起金属的腐蚀。

4. 染色　染色用的色素有天然色素和人工色素两类，天然色素有姜黄、胡萝卜素和叶绿素等。由于天然色素的着色效果较差，在实际生产中多使用人工色素。我国允许作为食品着色剂的人工色素有苋菜红素（苋菜紫）、胭脂红、柠檬黄、靛蓝和苏丹黄等5种，用柠檬黄6份与靛蓝4份可配制出绿色色素。这些色素的用量不超过万分之一。

5. 预煮　预煮可以软化原料组织，使糖制时糖分易于渗入，这对真空煮制尤为必要。经硬化的原料可通过预煮使之回软。预煮可以抑制微生物侵染，钝化或破坏酶活性，防止氧化等。也有利于腌胚的脱盐和脱硫，起到漂洗的效果。

6. 加糖煮制（蜜制）　加糖煮制的目的是通过各种工艺操作，使糖分渗入原料组织并能达到所要求的含糖量。而要实现这一目的必须在原料和糖液之间建立温差、浓度差和压力差等3种差异，否则就不能完成好糖制这一工艺操作。

真空蜜制时，先配80%的糖液，加入柠檬酸调整pH为2，加热煮沸1～2min，使部分蔗糖转化，以防返砂，用时取该糖液稀释。抽真空处理分3次进行，第一次抽真空母液含糖量为20%～30%，第二次抽真空母液含糖量为40%～50%，第三次母液的含糖量为60%～65%。前两次母液中要加0.1%山梨酸钾或0.1%的二氧化硫，用以杀菌和防止褐变。第二次抽真空处理可改用40%糖液热烫1～2min后浸泡，能更有效地抑制酶的活性并

促进糖的渗透。抽真空和浸泡处理同时在真空罐内进行，每次抽真空的真空度为 98 658～101 325Pa，保持 40～60min，待原料不再产生气泡时为止。然后缓慢破除真空，使罐内外压力达到平衡，糖分迅速渗入坯料，抽真空后的浸泡时间不少于 8h，之后糖制工序结束。

糖制完成后，湿态蜜饯即行罐装、密封和杀菌等工艺处理成为成品。其工艺操作同罐藏。而干态蜜饯的加工则须进入干燥脱水工序。

7. 干燥、上糖衣　干态蜜饯在糖制后需脱水干燥，水分不超过 18%～20%，要求制品质地紧密，保持完整饱满，不皱缩、不结晶、不粗糙。干燥的方法有热泵干燥、红外干燥、微波干燥、烘烤或晾晒等，根据自身的情况进行选择。常规的烘晒法，先从糖液中取出坯料，沥去多余的糖液，必要时可将表面的糖液擦去，或用清水冲掉表面糖液，然后将其铺于烘盘中烘烤或晾晒。烘干温度宜在 50～60℃，不宜过高，以免糖分焦化。若生产糖衣（或糖粉）果脯，可在干燥后进行。所谓上糖衣，即是用过饱和糖液处理干态蜜饯，当糖液干燥后会在表面形成一层透明状的糖质薄膜的操作。糖衣蜜饯外观好看，保藏性也因此提高，可以减少蜜饯保藏期间的吸湿、黏结等不良现象。上糖衣的过饱和糖液，常以 3 份蔗糖、1 份淀粉糖浆和 2 份水配成，混合后煮沸到 113～114.5℃，离火冷却到 93℃ 即可使用。操作时将干燥的蜜饯浸入制好的过饱和糖液中约 1min，立即取出散置于 50℃ 下晾干，此时就会形成一层透明的糖膜。另外，将干燥的蜜饯在 1.5% 的果胶溶液中蘸一下取出，在 50℃ 下干燥 2h，也能形成一层透明胶膜。以 40kg 蔗糖和 10kg 水的比例煮至 118～120℃ 后将蜜饯浸入，取出晾干，可在蜜饯表面形成一层透明的糖衣。

所谓上糖粉，即在干燥蜜饯表面裹一层糖粉，以增强保藏性，也可改善外观品质。糖粉的制法是将砂糖在 50～60℃ 下烘干磨碎成粉即可。操作时，将收锅的蜜饯稍稍冷却，在糖未收干时加入糖粉拌匀，筛去多余糖粉，成品的表面即裹有一层白色糖粉。上糖粉可以在产品回软后，再行烘干之前进行。

8. 整理、包装　干态蜜饯在干燥过程中常出现收缩变形，甚至破碎，须经整形和分级之后再行包装。在整形的同时按产品规格质量的要求进行分级。干态蜜饯的包装主要是防止吸湿返潮、生露，湿态蜜饯则以罐头食品的包装要求进行。

9. 成品　成品呈黄绿色，半透明状态，均匀饱满，有弹性，不返砂，酸甜适宜，口感柔韧，具有猕猴桃独特的风味，无异味，无肉眼可见杂质。真菌毒素含量、污染物含量、农药残留量应符合《食品安全国家标准　食品中真菌毒素限量》（GB 2761—2017）、《食品安全国家标准　食品中污染物限量》（GB 2762—2022）、《食品安全国家标准　食品中农药最大残留限量》（GB 2763—2021）的相关规定，微生物限量应符合《食品安全国家标准　蜜饯》（GB 14884—2016）的相关规定。产品中 SO_2 残留量符合《食品安全国家标准　食品添加剂使用标准》（GB 2760—2014）的规定，不超过 0.35g/kg。

三、猕猴桃果酱类

猕猴桃果酱的加工过程是将猕猴桃果实软化、去皮、打成浆，加入适量的酸味剂、蔗糖、增稠剂等辅料，用大火熬制、浓缩。猕猴桃果酱为人体提供丰富的矿物质元素、多酚和膳食纤维的同时，还能有效减少和阻止肠道对铅和汞等有害元素的吸收，但由于其含糖量过高，市场消费受到一定影响。

随着生活水平的提高，人们对自身养生和保健的关注度也越来越高，消费者越来越偏向于含糖量较低的果酱，而传统的猕猴桃果酱中，其含糖量通常接近60%，超出人们对健康饮食的要求范围，特别是那些倾向于减肥或患有糖尿病的消费者。随着生产技术的发展，市场上猕猴桃果酱的含糖量一般控制在25%～45%，而且糖酸比也控制在（25～45）：1的范围内，这样既能满足消费者养生保健的需求，又不会影响猕猴桃果酱的口感。陈诗晴等（2017）使用$L_9(3^4)$正交试验优化了猕猴桃果酱的制备工艺，将白砂糖的添加量降低到18%，果酱色泽鲜明，营养丰富。王雪青等（2001）采用高压处理猕猴桃酱的试验结果显示在700MPa高压下杀菌效果明显，色泽稳定，维生素含量高。张丽华等（2016）比较了常压浓缩和微波浓缩果酱的工艺，结果表明用700W的微波制作果酱，维生素C的保留率为0.37g/kg，为了降低果酱中的含糖量，常采用甜味剂来代替蔗糖的方法。由此可见，在低糖果酱的研究和开发中，猕猴桃果酱有着非常广阔的市场前景。陈诗晴等（2018）对比分析了沸水浴、高压蒸汽、Co-射线辐照3种不同的杀菌方式对猕猴桃低糖复合果酱在贮藏过程中微生物变化情况及主要理化性质的影响。结果表明，沸水浴杀菌处理和高压蒸汽杀菌处理后果酱可滴定酸无显著变化，可溶性固形物保留率低，总糖及维生素C含量显著下降，且高压蒸汽组发生明显褐变，沸水浴组40d以后对微生物生长的抑制作用最小。相比之下，4kGy的辐照剂量处理的猕猴桃低糖复合果酱在贮藏过程中，不仅可溶性固形物保留率最高，总糖、可滴定酸、维生素C含量均无显著变化，且能抑制微生物的生长，较好地保持果酱的色泽、风味、营养成分。说明辐照杀菌技术在条件许可的情况下可以进行推广。猕猴桃果实表皮较厚，且多数品种粗糙多毛，深加工前必须去皮。刘春燕等（2019）采用固相微萃取-气质联用（SPME-GC-MS）法，分别对5种不同脱皮方式加工的猕猴桃果酱进行测定和分析，从5种去皮方式加工的猕猴桃果酱样品中共鉴别出64种风味成分。其中手工、热烫、变温、碱法和酶法处理组分别鉴定出48、54、47、52和52种挥发性化合物，并通过主成分载荷图以及主成分得分图，得出热烫处理组的综合得分最高，其香气品质最佳，其次是酶法处理组、碱法处理组、变温处理组均优于手工处理组。

（一）工艺流程

原料→预处理→软化打浆→加糖浓缩→装罐→排气密封→杀菌→冷却→成品

（二）操作要点

原料预处理包括清洗、去皮、切分、破碎等。

1. 软化打浆　原料在打浆前要进行预煮，以使其软化便于打浆，同时也可以使酶失去活性，防止变色和果胶水解等。预煮时加入原料重量的10%～20%的水进行软化，也可以用蒸汽软化，软化时间一般为10～20min。软化后用打浆机打浆，或为使果肉组织更加细腻，还可以再过一遍胶体磨。

2. 配料及准备　果酱的配方按原料种类及成品标准要求而定，一般果肉（汁）占配料量的40%～50%，砂糖占45%～60%（其中可用淀粉糖浆代替20%的砂糖）。当原料的果胶和果酸含量不足时，应添加适量的柠檬酸、果胶或琼脂，使成品的含酸量达到0.5%～1%，果胶含量达到0.4%～0.9%。

3. 加糖浓缩　浓缩是制作果酱类制品最关键的工艺，常用的浓缩法有常压浓缩法和减压浓缩法。

（1）常压浓缩。常压浓缩是将原料置于夹层锅内，在常压下加热浓缩。常压浓缩中应注意：①浓缩过程中，糖液应分次加入。这样有利于水分蒸发，缩短浓缩时间，避免果浆变色而影响制品品质。②开始加热时蒸气压为 0.294～0.392MPa，浓缩后期，压力应降至 0.196MPa。③浓缩时间要恰当掌握，不宜过长或过短。过长，则造成转化糖含量高，以致发生焦糖化或美拉德反应，直接影响果酱的色、香、味。过短，则转化糖生成量不足，易使果酱在贮藏期间产生蔗糖的结晶现象，且酱体胶凝不良。④需添加柠檬酸、果胶或淀粉糖浆的制品，当浓缩达到可溶性固形物为 60% 以上时，再依次加入。⑤对于含酸量低的品种，可加果肉重量的 0.06%～0.2% 的柠檬酸。⑥常压浓缩的主要缺点是温度高、水分蒸发慢，芳香物质和维生素 C 损失严重，制品色泽差。欲制优质果酱，应采用减压浓缩法。

（2）减压浓缩。减压浓缩又称真空浓缩，有单效浓缩和双效浓缩两种。浓缩终点的判断，主要靠取样用折光计测定可溶性固形物含量，或凭经验控制。装罐、密封、杀菌及冷却工艺详见罐藏有关内容。

四、猕猴桃果汁及其他饮料

猕猴桃果汁有：混浊果汁（含果肉）、澄清汁（无沉淀、无果肉）及复配汁（多种水果汁搭配）。由于猕猴桃本身含有大量纤维素、木质素等，致使猕猴桃果汁在生产过程中一直受到澄清问题的影响，如何控制果汁褐变程度、透光率及维生素 C 保存率也是目前猕猴桃果汁生产加工工艺研究的热点。王鸿飞等（1999）研究认为用果胶澄清猕猴桃汁时，果胶酶使用的最小剂量为 90μL/L，最适 pH 为 3～3.5，最适温度为 40～50℃，此工艺条件下所得猕猴桃澄清汁的透光率可达 96%，营养成分损失较小。师俊玲等（1999）以超滤法为切入点研究澄清型猕猴桃果汁的生产，果汁产品具有 99% 的透光率，更能有效控制澄清汁褐变程度，提高维生素 C 保存率。王岸娜（2004）的研究显示不同组分壳聚糖均可以有效澄清猕猴桃汁，透光率超过 94.6%，还能起到很好的抑菌效果。欧阳玉祝等（2008）在猕猴桃汁中添加天然芦荟提取物可以增强猕猴桃汁抗氧化性和热稳定性，防止褐变。丁正国（1998）提出真空浓缩、冷冻浓缩、反渗透浓缩等均可以用于生产猕猴桃浓缩汁，能提高原汁的各项营养指标。何佳等（2012）通过单因素及正交试验研究生产过程中各组成间的关系得出相应结论：果胶酶的适量添加可以提高出汁率、澄清度及冷热稳定性，同时降低果汁黏度。但是果胶酶添加后，出汁率虽然较高，但是对于维生素 C 含量和果汁色泽的影响都很大。不同的杀菌方法也会影响猕猴桃汁的微生物变化情况和理化性质，陈诗晴等（2018）对比了多种方法进行杀菌，发现利用 4kGy 60Co-γ 射线处理猕猴桃，成品果汁总酸、总糖、维生素 C 含量均无明显损失而且具有更鲜艳的色泽。不同浓缩技术（如真空、反渗透等方式）完成浓缩操作，也能提高猕猴桃果汁产品的各项指标，提高产品质量。谢慧明（2012）研究发现超高压猕猴桃汁中可溶性固形物含量、总酸、pH 等指标随压力升高变化不显著，维生素 C 及叶绿素含量有少量降低，香气成分中酸类、醛类物质在超高压处理后增加，酯类、醇类物质减少。何易雯等（2018）采用超高压"非热"加工技术研究了其对猕猴桃汁中叶绿素保留率的作用效果，确定了较佳参数为脱气 18min，保压压力 350MPa，保压 20min，此时的叶绿素保留率为 79.1%。

（一）澄清果汁

1. 工艺流程　原料→预处理（分级、清洗、挑选、破碎、热处理、酶处理等）→取汁→澄清→过滤→调配→杀菌、灌装→冷却→成品。

2. 各种澄清处理的操作要点

（1）酶法。酶法澄清是利用果胶酶、淀粉酶等来分解果汁中的果胶物质和淀粉等达到澄清目的。酶法无营养素损失，而且试剂用量少，效果好。常用的商品酶制剂有果胶酶，此外还有一定数量的淀粉酶等。酶制剂可直接加入榨出的鲜果汁中，也可以在果汁加热杀菌后加入。榨出的新鲜果汁未经加热处理，直接加入酶制剂，这样果汁中天然果胶酶可起协同作用，使澄清速度加快。酶制剂的用量依猕猴桃品种和成熟度及酶的种类而异，准确用量还需做预先试验。

（2）物理澄清法。

加热澄清法：将果汁在 80～90s 内加热至 80～82℃，然后急速冷却至室温，由于温度的剧变，果汁中蛋白质和其他胶质变性凝固析出，从而达到澄清效果。但一般不能完全澄清，加热也会损失一部分芳香物质。

冷冻澄清法：将果汁急速冷冻，一部分胶体溶液完全或部分被破坏而变成无法定形的沉淀，此沉淀可在解冻后滤去，另一部分保持胶体性质的也可用其他方法过滤除去，但此法要达到完全澄清也属不易。

3. 各种过滤方法的操作要点　过滤的设备主要有硅藻土过滤机、板框压滤机、纤维过滤器、真空过滤器、离心分离机及膜分离等。过滤速度受到过滤器孔大小、施加压力大小、果蔬汁黏度、悬浮颗粒的密度和大小、果蔬汁的温度等的影响。无论采用哪一种类型的过滤器，都必须减少压缩性的组织碎片淤塞滤孔，以提高过滤效果。

（1）硅藻土过滤机过滤。硅藻土过滤机由过滤器、计量泵、输液泵以及连接的管路组成。过滤器的滤片平行排列，结构为两边紧缚着细金属丝网的板框，滤片被滤罐罩在里面。它来源广泛，价格低廉，过滤效果好，因而在小型果汁生产企业中广泛应用。

（2）板框过滤机过滤。它是另一用途广泛的方法，它的过滤部分由带有 2 个通液环的过滤片组成，过滤片的框架由滤纸板密封相隔形成一连串的过滤腔，过滤依所形成的压力差而达到。该机也是目前常用的分离设备之一，特别是近年来常作为对果汁进行超滤澄清的前处理设备，对减轻超滤设备的压力十分重要。

（3）纸板过滤、深过滤。利用深过滤过滤片所分离物质的范围可以从直径为几微米的微生物到分子大小的颗粒，可用于粗过滤、澄清过滤、细过滤及除菌过滤等。由纤维素和多孔的材料构成的深过滤过滤片，具有一个三维空间和迷宫式的网状结构，每平方米过滤面积的过滤片有几千平方米的内表面积，使其具有非常高的截留混浊物的能力，特别适用于胶质或有些黏稠的混浊物，因此该方法越来越广泛地被用于果汁厂分离澄清工艺中。

（4）真空过滤。是加压过滤的相反例子，主要利用压力差来达到过滤。过滤器内的真空度一般维持在 84.6kPa。

（5）离心分离。它同样是果蔬汁分离的常用方法，在高速转动的离心机内悬浮颗粒得以分离，有自动排渣和间隙排渣两种。缺点为混入的空气增多。

（6）膜分离技术。在果汁澄清工艺中所采用的膜主要是超滤膜，膜材料有陶瓷膜、聚砜膜、磺化聚砜膜、聚丙烯腈膜及共混膜。

（二）混浊果汁

1. 工艺流程

混浊果汁的其他工艺操作要点在前面相关章节做过介绍，以下仅就混浊果汁的特殊工艺操作要点做叙述。

2. 均质处理的操作要点　生产上常用的均质机械有高压均质机和胶体磨。

（1）高压均质机。高压均质机是最常用的机械，可得到极细且均匀的固体分散物（图16-4）。所用的均质压力随果蔬种类、物料温度、要求的颗粒大小而异，一般在15～40MPa。

（2）胶体磨。胶体磨的破碎作用借助于快速转动和狭腔的摩擦作用，当果蔬汁进入狭腔（间距可调）时，受到强大的离心力作用，颗粒在转齿和定齿之间的狭腔中摩擦、撞击而分散成细小颗粒。

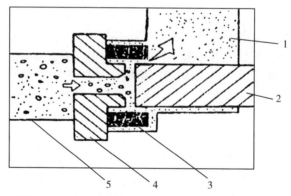

图16-4　高压均值机工作原理图（赵丽芹，2001）
1. 均质产品　2. 阀杆　3. 碰撞杯　4. 阀座　5. 未均质原料

3. 脱气处理的操作要点　果蔬细胞间隙存在着大量的空气，在原料的破碎、取汁、均质和搅拌、输送等工序中要混入大量的空气，所以得到的果汁中含有大量的氧气、二氧化碳、氮气等。这些气体中的氧气可导致果汁营养成分的损失和色泽的变差，因此，必须加以去除，这一工艺即称脱气或去氧。脱气的方法有加热法、真空法、化学法、充氮置换法等，且这些方法常结合在一起使用，如真空脱气时，常将果汁适当加热。

（1）真空脱气。真空脱气是将处理过的果汁用泵打到真空脱气罐内进行抽气的操作，其要点是：一是控制适当的真空度和果汁的温度。果汁的温度应当比真空罐内绝对压力所相应的温度高2～3℃。果汁温度，热脱气为50～70℃，常温脱气为20～25℃。一般脱气罐内的真空度为0.0907～0.0933MPa。二是被处理果汁的表面积要大，一般是使果汁分散成薄膜或雾状，以利于脱气，方法有离心喷雾、加压喷雾和薄膜式3种（图16-5）。三是要有充分的脱气时间。脱气时间取决于果汁的性状、温度和果汁在脱气罐内的状态。黏度高、固形物含量多的果汁脱气困难，所以脱气时间要适当增加。

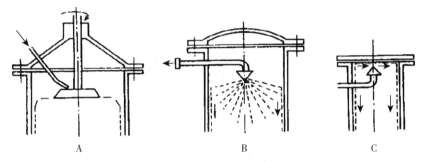

图16-5 脱气罐的种类（赵丽芹，2001）
A. 离心喷雾式　B. 加压喷雾式　C. 薄膜式

（2）置换法。吸附的气体通过N_2、CO_2等惰性气体的置换被排除，为了完成这一设想而专门设计的一种装置如图16-6所示。通过穿孔喷射（直径0.36mm），被压缩的氮气以小气泡形式分布在液体流中，液体内的空气被置换出去。每升果汁充入0.7～0.9L氮气后，氧气含量可降低到饱和值的5%～10%。用CO_2来排除空气实际上要比氮气困难些。

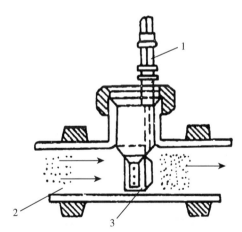

图16-6 气体分配图（赵丽芹，2001）
1. 氮气进入管　2. 果汁导入管　3. 穿孔喷雾

（3）化学脱气法。利用一些抗氧化剂或需氧的酶类作为脱气剂，效果甚好。如对果汁加入抗坏血酸即可起脱气作用；在果蔬汁中加入葡萄糖氧化酶也可以起良好的脱气作用。反应如下：

$$葡萄糖 + O_2 + H_2O \longrightarrow 葡萄糖酸 + H_2O_2$$

$$2H_2O_2 \longrightarrow 2H_2O + O_2$$

(4) 利用卧螺生产混浊果汁的要点。卧螺是使果肉破碎物分离成混浊果汁和果渣的设备（图 16-7）。其主要部分是由一个锥形圆柱体实壁转鼓和螺旋体组成。破碎物料从位于中心的进料管进入转鼓的离心空间，其速度增加到工作速度时，固体颗粒在离心力作用下迅速沉积在转鼓壁上。卧螺加工的混浊果汁经加热处理后可贮藏或直接灌装。

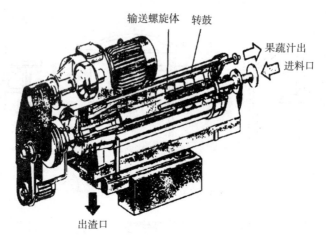

图 16-7　卧螺（赵丽芹，2001）

（三）浓缩果汁

浓缩果汁是由澄清果汁经脱水浓缩后制得的，饮用时一般要稀释。浓缩果汁较直接饮用汁具有很多优点。它容量小，可溶性固形物含量可高达 65%～75%，可节省包装和运输费用，便于贮运，果汁的品质更加一致，糖、酸含量的提高，增加了产品的保藏性，浓缩汁用途广泛。

1. 工艺流程

2. 各种浓缩法的操作要点

(1) 真空浓缩法。这是果汁浓缩的常用方法，其实质就是在低于大气压的真空状态下，使果汁沸点下降，加热沸腾，使水分从原果汁中分离出来。蒸发过程在较低温度下进行，蒸发过程中从加热介质到原果汁的热传导过程起决定作用。目前浓缩设备有强制循环蒸发式、降膜蒸发式、离心薄膜蒸发式、平板（片状）蒸发式和搅拌蒸发式等。

①强制循环式。利用泵和搅拌桨机械使果蔬汁循环，加热管内的流速为 2～4m/s，在管内不呈沸腾，液面高度控制到分离注入处，其水垢生成较少，传热系数大。图 16-8 为强制循环式双效浓缩设备。

②降膜式浓缩。又称薄膜流下式（falling film evaporator），物料从蒸发器入口流入后，在真空条件下扩散开，分布成薄层，同时分别流入排列整齐的加热管或板内，靠物料自身重力从上往下流动，部分水分便汽化成水蒸气逸出。图 16-9 为单效管式降膜蒸发系统。为了减少蒸汽和冷却水的消耗，降低成本，生产上常选用多效系统。

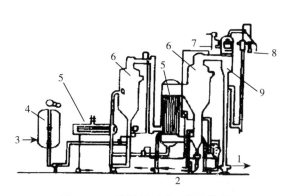

图 16 - 8　强制循环式双效浓缩锅
（赵丽芹，2001）

1. 排水　2. 浓缩汁　3. 果蔬汁　4. 贮汁罐　5. 加热器
6. 分离器　7. 冷却水　8. 蒸汽喷射器　9. 低水位气压冷凝器

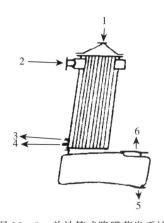

图 16 - 9　单效管式降膜蒸发系统
（赵丽芹，2001）

1. 果汁　2. 蒸汽　3. 脱气　4. 冷凝器
5. 浓缩汁　6. 汽化物

③离心薄膜式浓缩。离心薄膜蒸发器为一回转圆锥体，需浓缩的果蔬汁，经进料口进入回转圆筒内，通过分配器的喷嘴进入圆锥体加热表面。由于离心力的作用，形成了 0.1mm 以下的薄膜，瞬间蒸发浓缩，收集浓缩液。

④板式浓缩。是将升降膜原理应用于板式热交换器内部，加热室与蒸发室交替排列。果蔬汁从第一蒸发室沸腾成升膜上升，然后从第二蒸发室成降膜流下，与蒸汽一起送到分离器，通过离心力进行果汁与蒸汽的分离。这种浓缩方式流速高、传热好、停留时间短。

（2）膜浓缩法。与蒸发浓缩相比，膜浓缩有如下优点：一是不需加热，可在常温下实现分离或浓缩，品质变化较少；二是在密封回路中操作，不受 O_2 的影响；三是在不发生相变下操作，挥发性成分的损失相对较少；四是节能，所需能量约为蒸发浓缩的 1/17，是冷冻浓缩的 1/2。膜浓缩技术主要是超滤和反渗透。

（3）冷冻浓缩。把果汁放在低温中使果汁中的水分先行结冰，然后将冰块与果汁分离，即得到浓缩的果汁。此法的主要特点就是果汁能在低温状况下进行不加热浓缩。这种制品能保存原来的芳香物质、色泽和营养成分。果汁越浓，黏度越大，冻结的温度也越低。因此，在较低的温度下冻结时间过久，果汁与冰块就很难分离。所以冷冻浓缩的浓缩度有它一定的范围。一般用冷冻浓缩法所得的果汁其可溶性物质的含量最高只能达到 50%。

3. 浓缩汁的冷却　如果使用变温瞬时蒸发器，泵出的浓缩汁在 60℃ 温度时离开浓缩装置。在贮存或包装以前，产品至少冷却到 10～15℃。如果要把产品冻起来，产品的温度应更低。一般冷藏浓缩汁的温度应在 8～10℃。黏稠度与温度互相关联，使产品冷却的温度不能低到使产品难以用泵输送。

4. 芳香物的回收　芳香回收系统是各种真空浓缩果蔬汁生产线的重要部分。因为在加热浓缩过程中，果蔬中部分典型的芳香成分随着水分的蒸发而逸出，从而使浓缩产品失去原有的天然、柔和的风味，故此，有必要将这些物质进行回收浓缩，加入果蔬汁中。其技术路线有两种，一是在浓缩前，首先将芳香成分分离回收，然后加到浓缩果汁中。另一种是将浓缩罐中蒸发蒸气进行分离回收，然后回加到果汁中。

5. 浓缩果汁的贮存与运输　浓缩果汁可贮于 50L 装的塑料桶或 200L 的圆不锈钢桶中。长途转运者，最好使用塑料桶。浓缩汁的温度在转运过程中不超过 6℃。并采取严格的卫生措施，转运时间不超过 30～40h。

卸车以后，置于 -18℃ 下冰冻起来。如果是果浆或果汁，应该重新消毒灭菌，并贮藏于无菌容器中。浓缩汁的保存，必须区分两类不同的产品：一是浓缩汁由于其高度的浓缩（最低浓度 68～70°Bx），本身具有可贮性。贮存和运输时，装入料罐中（可以达到容积为 $1×10^6$L）或装在塑料桶中。本身温度和储存温度应在 5～10℃ 之间，防止产品褐变。苹果和葡萄浓缩果汁即用此方法。二是浓缩度低于白砂糖 68°Bx，则其储存和运输情况与上一类产品有所不同。采用 50L 塑料桶或 200L 的漆光钢桶，冰冻温度 -18℃。

（四）复合汁

复合汁是用不同的果品、蔬菜或花卉原料制作的产品。这里仅就复合汁生产中共同遇到的原料选择原则问题简述如下。

1. 风味协调原则　每种产品是否可以为消费者所接受，其中最主要的是看其风味是否符合当地居民的消费习惯。选择原料时，首先要以当地消费者对饮料风味的要求作为首要依据。

根据风味化学"不同的风味可以相互增强或抑制"的有关理论，应尽量使得各原料的不良风味在制成复合汁时可以相互减弱、被抑制或被掩盖，而优良风味则可得以提高。制作复合汁时，要进行反复研究、试验，以找出各种原料之间的最佳配比。

2. 营养素互补原则　一般来说，各种原料所含的营养素种类及含量各不相同，不同的原料合理配比制成的复合汁，才能达到营养素互补的目的。但是，由于复合汁成品的各种成分基本是均匀分散的，有些原料所含有的某些成分，有时可以影响到另一些原料所含营养素的溶解、分散及可消化性。在选择复合汁原料时，要充分调查分析各种原料的化学组成，尽量避免不利成分影响产品营养价值，或在生产过程中，有针对性地采取适当的工艺处理，避免不利成分的影响和干扰。

3. 功能性协调原则　果汁产品易于被人体消化、吸收，还可以调节人体代谢功能。如果复合汁原料选择不当，不仅不能合理发挥复合汁功能性强的特点，而且可能对人体产生不良影响。如某单位所产复合枣汁，饮后使人产生胃热、鼻出血、多汗等不良症状，其原因就是未能充分考虑协调复合原料的功能性质。

要使复合汁获得良好的调节功能，必须对食物的保健与功能性质、中医食疗理论和不同类型人的生理特点有所了解，使三者协调统一，才能充分发挥复合果蔬汁功能性强的优点。中医中"热则寒之，寒则热之"及"扶阳抑阴，育阴潜阳、阴阳双补"等治疗原则，体现了对不同生理状态的人给予不同的饮食以维持人体正常而又协调的新陈代谢过程。食物原料的"性""味""归经""升浮沉降"及"补泻"等特性则是工艺学家根据消费对象和生产工艺选择合理复合汁原料的重要根据。生产具有疗效作用的复合汁，所添加食疗中药的种类和用量应符合食品卫生等法规及规定，不应使产品在饮用时有服药的感觉，并应有使饮用者满意的风味。

五、猕猴桃果酒

猕猴桃酒根据制作工艺分为发酵酒和调配酒。选择优良的酵母菌进行发酵显得尤为重要。如罗安伟（2012）针对猕猴桃酒的果香味不明显、与其他果酒的特色不分明的特点进行了研究，从多个不同品种猕猴桃中筛选得到了1株性能优良的野生天然酵母，发酵速度快而平稳，产酒率高，挥发酸含量低，维生素C损失少，获得成品酒果香浓郁，颜色浅黄，口感醇厚。陈岩业（2015）申请了一项猕猴桃果酒的发明专利，在猕猴桃果酒中加入了菠萝、香蕉、龙眼等水果，饮用该酒后不会引起头痛和口渴等不适症状，制成的猕猴桃酒是低酒精度的果酒。周元等（2014）经过不同菌种的筛选研究和发酵果酒试验，发现东方伊萨酵母最适合进行猕猴桃果酒酿制，其除了具有较好的酿造特性外，还使得其酿造出来的果酒不仅清澈透明，而且芳香浓郁，可以称为猕猴桃果酒酿制必然的天然酵母。猕猴桃发酵酒适宜调配成果酒饮料，也可以加入其他成分调节香气和口味，制成低酒精度的保健酒。

猕猴桃果酒酿造工艺在部分环节上有所差异，但其加工工艺流程可分为榨汁和酿造两大部分。

榨汁工艺流程具体包括：猕猴桃分选→清洗→压榨打浆→低温灭菌→酶解→过滤→清汁。

酿造工艺流程具体包括：清汁→接种酵母→前发酵→固液分离→后发酵→澄清→降酸→陈酿→过滤→罐装→杀菌→成品。

（1）榨汁工艺。榨汁阶段中，提高出汁率是本阶段的重点。影响出汁率的因素包括榨汁方式、果胶酶添加量、酶解温度、酶解时间等。目前，猕猴桃带皮发酵的适用性较小，其配套酿造工艺的最佳条件需要研究，因此在猕猴桃酒酿造中，大部分酿造工艺采用去皮压榨，少数采用带皮压榨。

（2）酶解。猕猴桃中含有大量纤维素和果胶，在压榨过程中往往存在出汁率不高的问题，需添加一定量的果胶酶。王东伟等（2008）以黄肉猕猴桃为原料制备果酒时，使用0.08%果胶酶，在50℃条件下酶解150min，能提高猕猴桃出汁率。何佳等（2012）认为果胶酶酶解条件较剧烈，虽出汁率较高，但对维生素C含量和果汁色泽香气影响较大；果浆酶酶解条件较温和，果浆酶加酶量10 000U/kg、酶解时间2h，出汁率0.853mL/g，维生素C保存率67%。孙旸等（2011）用0.1%的果胶酶，在42℃下处理110min（pH 4.0），出汁率为78.54%。孙强等（2014）以红肉猕猴桃为原料，在47℃、自然pH环境下，使用0.06%果胶酶酶解170min，出汁率可达82.36%，比未添加果胶酶提高了32.06%。张晓萍等（2018）以华优猕猴桃为原料，使用0.16g/kg HC果胶酶，在36.8℃下酶解8h效果最佳。唐雪等（2017）以贵长猕猴桃为原料，用0.2%果胶酶，45～55℃下酶解4.5～5.5h，效果最佳。

（3）猕猴桃汁成分的调整。为使酿制的成品酒成分稳定并达到要求指标，必须对果汁中影响酿制质量的成分做量的调整。打浆后要在果汁中添加一定量的SO_2，以起到杀菌、抗氧化以及澄清等作用。通常添加一定量的焦亚硫酸钾（$K_2S_2O_5$）、亚硫酸（H_2SO_3），使果汁中SO_2质量浓度在60～80mg/L。这主要是利用SO_2的还原性抑制果酒中多种氧化酶活性从而抑制酶促氧化，另有研究表明SO_2能破坏浆果细胞，加快酿造过程中色素、单宁、芳香物及其他固形物的溶解，在一定程度上起到澄清果汁和改善果酒口感的作用。鉴于 SO_2 可能对人体的肝脏造成一定的伤害，茶多酚可在一定程度上替代 SO_2 而达到相同效果。除调整 SO_2 添加量外，通常还需调整初始糖度和 pH。

①糖分的调整。一般猕猴桃汁的含糖量约为 $80\sim140g/L$，只能生成 $5°\sim9°$ 的酒精。而成品猕猴桃酒的酒精浓度多为 $12°\sim13°$，甚至 $16°\sim18°$。提高酒精度的方法，一种是补加糖使其生成足量的酒精，另一种是发酵后补加同品种高浓度的蒸馏酒或经处理的食用酒精。

生产上为了方便，可应用经验数字。如要求发酵生成 $12°\sim13°$ 酒精，则用 $230\sim240g$ 减去果汁原有的含糖量就是每升需加入的糖量。果汁含糖量高时（15g/100mL 以上）用 230g，含糖量低时（15g/100mL 以下）则用 240g。

加糖时先用少量果汁将糖溶解，再加入到大批果汁中去。可结合酸分的调整同时进行。酵母菌在含糖 200g/L 以下的糖液中，其繁殖和发酵都较旺盛。因此，生产上酿制高酒精度的果酒时，常分次将糖加入发酵液中，以免将糖浓度一次提得太高。

②酸分调整。调整酸度可有利于酿成后酒的口感提升，有利于贮酒时的稳定性，还有利于酒精发酵的顺利进行。果酒发酵时其酸分在 $8\sim12g/L$ 最适宜。猕猴桃汁的酸分在 $1.4\%\sim2.0\%$，在制备猕猴桃果酒的过程中需要进行降酸处理。

③发酵。目前在猕猴桃发酵中并没有专门匹配的优良酵母，较常使用的是酿酒酵母、果酒活性干酵母，也有使用香槟酵母的。猕猴桃酒的发酵有自然发酵与人工发酵之分。自然发酵是将制备调整的汁液盛于发酵器中，无需人工接种酵母菌，而是利用猕猴桃果实上原有的酵母菌进行发酵。但自然发酵会在乙醇产量、SO_2 耐受性、凝聚性和高级醇产量等方面表现出一定的缺陷与不足。且自然发酵中的菌种成分复杂，发酵过程不易控制，需进一步分离不同的菌种。而人工发酵则是向果汁中加纯种扩大培养的酒母所进行的发酵过程。后者能保证发酵的安全、迅速，且所产酒质优良。混合酵母发酵具有多种优势：发酵周期较短、生产成本更低、挥发性香气物质种类更丰富、部分香气成分含量更高、酒体口感层次丰富、成品质量更为稳定等。刘晓翠等（2019）采用 RA17 和 BM4×4 菌种混合发酵的酒具有更高的总酯含量和挥发性酯类，其感官评价更高，酒体风味更受市场喜爱。李建芳等（2019）使用乳酸菌复配制备野生猕猴桃果酒，加入植物乳杆菌和酒球菌，果酒中的醇类和酯类含量使果酒香气更加丰富。

猕猴桃酒的发酵过程分为前发酵和后发酵。二次发酵技术被认为是整个猕猴桃酿酒工艺中的关键技术，一次发酵的猕猴桃酒通常存在口感艰涩、风味混杂、成品品质低下等问题，因此绝大多数酿制工艺优化采用二次发酵技术。目前对猕猴桃果酒酿制工艺优化主要在主发酵阶段，针对后发酵阶段即二次发酵工艺优化的报道较少。张晓萍等（2018）以华优猕猴桃为原料的酿酒中，研究了补糖种类、酵母种类和发酵温度对二次发酵的影响，筛选出以苹果浓缩汁补糖并用香槟酵母 18℃ 以下二次发酵的优化工艺。陈林等（2019）采用酵母和乳酸菌复配对红肉猕猴桃异步发酵的研究结果表明，在二次发酵过程中将滤液用乳酸菌再次发酵，进行陈酿可增进其风味。

④发酵器与酒母的制备。发酵容器即果酒发酵及储存的场所。要求不渗漏，能密闭以及不与酒液起化学反应等。使用之前必须同盛器的所在场所一样进行严格的清理和消毒处

理。发酵容器有发酵桶、发酵池和发酵罐 3 种。其中发酵罐适于大型酒厂。

⑤酒母的制备。

a. 天然酵母菌的培养。用来向果汁中接种的酵母菌制剂称为酒母。在无法获得纯种酵母菌时，可以利用天然的酵母菌进行繁殖，制成酒母。

选成熟、新鲜、无病虫害、品质优良的猕猴桃，破碎后加入 0.01% 的二氧化硫或 0.02% 的偏重亚硫酸钾，混合均匀后放在温暖处任其自然发酵。其间要经常予以搅拌并将浮渣压入汁液中，以供给酵母菌充足的氧气，利于其迅速繁殖。2～3d 后汁液的糖分已被大部分消耗，当糖的浓度仅有 3%～4% 时，加入糖分并恢复到初始浓度，同时加入 0.1%～1.5% 的磷酸铵，以补足酵母的营养供给。继续培养至酒精达 8°～10° 时，真正的酵母菌占据了优势地位，即可投入生产使用。

培养成熟的酒母其酵母菌数达 0.8×10^7～1.2×10^7CFU/mL，且健壮正常，出芽率为 20%～25%，死亡率为 1%～2%，没有杂菌。培养成熟的酒母需及时使用，以免酵母菌衰老，以及增加出芽率和死亡率。

b. 纯种酵母的扩大培养。猕猴桃酒生产者由菌种保管处得到的酵母菌，其菌株大多是琼脂斜面培养基培养的，需按下列方法将其扩大为接种用酒母。一般经过三级培养后（试管培养—二级培养—三级培养）进入发酵罐进行工业发酵。

c. 酿酒活性干酵母的应用。为解决猕猴桃酒厂扩大培养酵母烦琐和鲜酵母不好保存易变质等问题，现在工厂已使用酿酒活性干酵母。具体用法如下：一是复水活化，必须先使活性干酵母复水，恢复活力；二是活化后扩大培养，复水活化后再进行扩大培养，制成酒母使用；三是装桶发酵，加入发酵旺盛的酒母，加入量为果浆量的 3%～10%。酒母可与果浆同时送入发酵容器，亦可先加酒母后送果浆。控制适宜的发酵温度。

发酵初期主要是酵母菌的繁殖阶段。酵母菌接入果浆后，需要经过一个适应阶段才能开始繁殖。发酵温度不能低于 15℃。控制品温的最好方法是保持一定的室温。为了促进繁殖，要保证空气的供给。通常可通入过滤净化的空气，还可将发酵果汁在发酵桶内形成雾状喷淋，以增强与空气的接触。

酵母旺盛繁殖后即前发酵开始，前发酵（也称主发酵）是主要的酒精发酵阶段。发酵达高潮时气味刺鼻熏眼，品温升到最高，活酵母细胞数保持一定水平。随后发酵势逐渐减弱，二氧化碳放出逐渐减少并接近平静，品温逐渐下降到近室温，糖分减少到 1% 以下，酒精积累接近最高，汁液开始清晰，皮渣酒母部分开始下沉，酵母细胞逐渐死亡，活细胞减少，前发酵或主发酵结束。

前发酵的管理主要是：一是温度控制，要保持温度在 30℃ 以下；二是空气的控制，前发酵过程中浮渣很厚并且与空气接触面积大，其中酵母菌数量多，发酵快，产热量亦大且不易散失，因此温度上升也较快。为了掌握发酵进程，需经常检查发酵液的品温、糖、酸及酒精含量的变化。发酵期的长短因温度而异。一般 25℃ 需 5～7d，20℃ 需 14d，15℃ 则需 14～21d。

（4）出桶压榨与后发酵。前发酵结束后应及时出桶，以免渣滓中的不良物质过多而溶出，影响酒的风味。排渣后将酒液放出，该酒液称为原酒，将其装入转酒池，再泵入储酒桶，桶内须留 5%～10% 的空间，安装发酵栓后进行后发酵。良好的浮渣取出后可用压榨机压出酒液。开始不加压流出的酒被称为自流酒，可与原酒互相混合。加压后流出的酒被称为压榨酒，品质较差，应分别盛装。压榨后的残渣可供蒸馏酒或果醋的制作。

由于出桶时供给了空气，酒液中休眠的酵母菌复苏，使发酵作用再度进行，直至将酒液中剩余的糖分发酵完。该发酵过程被称为后发酵。后发酵比较微弱，宜在 20℃ 左右进行。经 2~3 周，已无二氧化碳释出，糖分降低到 0.1% 左右，此时将发酵栓取下，用同类酒添满后用塞子严封，待酵母菌和渣汁全部下沉后及时换桶，分离沉淀物，以免沉淀物与酒接触时间太长而影响酒质。将分出的酒液装于已消毒的容器中至满，密封后陈酿。沉淀物用压滤法去除，可用于制取蒸馏酒。

（5）降酸、澄清与陈酿。在陈酿之前必须经过降酸，过高的有机酸酸味过重，且常常伴随酒体粗糙失光、浑浊等不良现象。加入碳酸钙是果酒降酸最常用的方法。近年来逐渐被重视的苹果酸-乳酸发酵（malic - lactic fermentation，MLF）法，乳菌分解果产生乳酸，这是一个典型的二次发酵。猕猴桃酒中的有机酸主要为乳酸和乙酸，因此该方法在猕猴桃酒酿制中适用性较强。酸味是不同猕猴桃酒最大差异的滋味指标。鉴于不同乳酸菌菌株的产酸和苹果酸-乳酸发酵能力具有较大差异，在后续研究中积极开展猕猴桃酒用乳酸菌菌株的筛选非常必要。刚发酵完成的酒，含有二氧化碳、二氧化硫以及酵母的臭味，生酒味、苦涩味和酸味，必须经过陈酿澄清，使不良物质减少或消除，增加新的芳香成分，使酒质风味醇和芳香，酒液清晰透明。陈酿与澄清在时间顺序上难以区分，往往同时进行。但是二者的目的则不同，陈酿是达到酒味醇和、细腻芳香的措施，而澄清是获得清晰稳定的手段。

陈酿前若酒精度达不到要求，需添加同类果子白酒或食用酒精以补足之，并且超过 1°~2°，以增强保存性。实践证明，在陈酿中须有 80 个以上的保藏单位方能安全储存（1% 酒精度为 6 个保藏单位）。

用于陈酿的储器必须能密封，不与储酒起化学反应，无异味。陈酿温度为 10~25℃，环境相对湿度为 85% 左右，通风良好，储酒室或酒窖须保持清洁卫生。

（6）添桶。添桶的目的就是使盛器保持满装，防止由于酒液蒸发造成的损失。温度下降酒液体积收缩。添桶时须用同批猕猴桃酒填满，可在储酒器上部安装玻璃满酒器，以缓冲由于温度等因素的变化引起的酒液容积的变化，保证满装。

（7）换桶。陈酿过程中，猕猴桃酒逐渐澄清，同时形成沉淀，故须换桶，以分离沉淀。换桶时间应选择低温无风的时候。

（8）澄清及过滤。详见制汁章节的有关内容。

（9）冷热处理。猕猴桃酒的陈酿，在自然条件下需很长时间，一般在 2~3 年以上。酒液单纯经过澄清处理，其透明度还不稳定。为了缩短酒龄，提高稳定性，可对猕猴桃酒进行冷和热处理。

①冷处理。酒中的过饱和酒石酸盐在低温的条件下，其溶解度降低而结晶析出。低温还使酒中的氧的溶解度增加，从而使酒中的单宁、色素、有机胶体物质以及亚铁盐等氧化而沉淀析出。冷处理的温度须高于猕猴桃酒的冰点温度 0.5℃，不得使酒液结冰。冷处理可用专用的热交换器或专用冷藏库。

②热处理。升温可加速酒的酯化及氧化反应，增进猕猴桃酒的品质，还可以使蛋白

质凝固，提高酒的稳定性，并兼有灭菌作用，增强酒的保藏性。热处理宜在密闭条件下进行，以免酒精及芳香物质挥发损失。处理温度也须稳定，不可过高，以免产生煮熟味。

③冷热交互处理。冷热交互处理可兼收两种处理的优点，并克服单独使用的弊端。有学者研究认为以先热后冷为好，但也有相反的意见，认为先冷后热处理使猕猴桃酒更接近自然陈酿的风味。

（10）成品酒的调配。猕猴桃酒的成分非常复杂，不同品种的猕猴桃酒都有各自的质量指标。为了使酒质均匀，保持固有的特色，提高酒质或修正缺点，常在酒已成熟而未出厂时取样品评及做化学成分分析，确定是否需要调配。

①酒度。原酒的酒度若低于指标，最好用同品种的高酒度的果酒进行勾兑调配。亦可以用同品种的蒸馏酒或精制酒精调配。调配时按下式进行：

$$V_1 = \frac{b-c}{a-b}V_2$$

式中：V_1 代表加入酒的体积，单位为 L；V_2 代表原果酒的体积，单位为 L；a 代表加入酒的酒度；b 代表欲达到的酒度；c 代表原果酒的酒度。

②糖分。甜猕猴桃酒中若糖分不足，最好用同品种的果汁进行调配。亦可用精制的砂糖调配。

③酸度。酸度不足时以柠檬酸补充。1g 柠檬酸相当于 0.935g 酒石酸。酸度过高时可用中性酒石酸钾以中和。

④颜色。不同的猕猴桃品种酿制的酒色泽有差异，红阳的猕猴桃酒的色泽为棕红色，米良 1 号的猕猴桃酒则是浅黄色，可以根据不同的需求来进行调配，但以天然色素为好。

当酒的香味不足时可用同类天然香精以调补。调配后的酒有较明显的生酒味，也易产生沉淀，需要再陈酿一段时间或冷热处理后才进入下一工序。

（11）包装杀菌。在进行包装之前猕猴桃酒需进行一次精滤，并测定其装瓶成熟度。

实验证明，猕猴桃酒有 80 个以上的保藏单位时，便可直接装瓶，无需杀菌则可以长期保存。一般 1% 的糖分为 1 个保藏单位，酒精 1% 为 6 个保藏单位。干猕猴桃酒为 16° 以上，甜猕猴桃酒为 11°，其含糖 20% 时可以不杀菌。如果保藏单位在 80 个以下，则在装瓶前或装瓶后须进行杀菌。装瓶前杀菌是将酒通过快速杀菌器（90℃，1min），杀菌后立即装瓶密封（瓶子须先清洁灭菌）。装瓶后杀菌是将果酒冷装入瓶。密封后在 60～70℃ 下杀菌 10～15min。装瓶杀菌后还需对光检验，合格后贴标、装箱即为成品。

六、猕猴桃白兰地酒

（一）蒸馏

蒸馏的目的是得到纯粹的乙醇及与之相伴的芳香物质。第一次蒸馏得到粗馏原白兰地。其酒精为 25°～30°，当蒸馏出的酒降至 4° 时截去，分盛。将粗馏原白兰地进行再蒸馏，去除最初蒸出的酒（酒头），其中含低沸点的醛类等物质较多，对酒质有碍，应单独用容器盛装，称之为截头，占总量的 0.4%～2.0%。继续蒸馏，直至蒸出的酒液浓度降为 50°～58° 时即分开，这部分酒称为酒心，质量最好即为原白兰地。取酒心（即中馏分）

后继续蒸馏出的酒称为酒尾，含沸点高的物质多，质量较差，也另用容器盛装，即为去尾。酒头和酒尾可混合加入下次蒸馏的原料酒中再蒸馏。

（二）贮存

新蒸馏出的白兰地具有较强的刺激性气味，香气不协调，不适于饮用。须经陈酿后熟后才具有良好的品质和风味。

1. 自然后熟　将原白兰地装入橡木桶中密封，放于通风干燥阴凉的室内，储存时间多在 4 年以上。自然后熟由于所需时间很长，自然损耗较大，酒度亦会下降，资金和设备周转较慢。

2. 人工后熟　将白兰地置于 40℃ 以上的温度下保温 3～4d；或进行喷淋加氧法；或加臭氧等加速酯化和氧化作用，均可在较短的时间内完成白兰地的陈酿后熟。

（三）勾兑和调配

单靠原白兰地长期在橡木桶里储存得到高质量的白兰地，在生产上是不现实的。因为除了过长的生产周期外还会导致酒质的不稳定。因此，勾兑和调配在白兰地生产中是获得稳定高质量酒的关键。

白兰地的勾兑是在不同品种、不同木桶储存的原白兰地之间和不同酒龄的原白兰地之间进行，以得到品质优良一致的白兰地。经勾兑的白兰地还需对酒中的糖、酒精和颜色进行调整。香味不足需要增香，口味不醇厚可适量加糖，颜色偏浅可适量加入糖色，用同类酒精或蒸馏水调节酒度。

经过精心勾兑和调配的白兰地还应再经一定时间的储存，使风味调和。若出现混浊，须过滤或加胶澄清。必要时再行勾兑和进行一系列的处理才装瓶出厂。

七、猕猴桃其他加工产品

（一）猕猴桃速冻果粒

速冻水果是速冻食品的一大类，水果含有大量水分和丰富的碳水化合物、有机酸、矿物质和维生素类营养物质，在收获后贮运中易受微生物腐败变质，采用速冻加工，可长期保存不变质。

1. 工艺流程　原料采摘→运输→速冻前预处理（挑选、分级、清洗、去皮切分、烫漂或浸糖、冷却、沥水、布料或装盘或直接进入传送网带）→预冷→速冻→包装、冻藏。

2. 操作要点　原料选择、采摘、运输及速冻前的其他预处理均在相关章节中述及，在此从略。下面仅从区别于其他加工方法的预冷、速冻、冻藏、运输的处理内容做介绍。

（1）冻结前预处理。

①浸糖。考虑到热烫对速冻猕猴桃品质的影响，为控制酶促氧化作用，防止褐变，不采用烫漂处理，而采用糖液，并结合添加柠檬酸、维生素 C 或异维生素 C 的方法进行浸渍处理，以抑制酶活性，防止产品变色或氧化，也可采用拌干糖粉的方法。同时还具有减轻冰结晶对水果内细胞组织的破坏作用。因采摘时间和品种不同，糖液浓度应有所不同，一般需控制在 30%～50%，柠檬酸为 0.3%～0.5%，维生素 C 或异维生素 C 为 0.1% 左右。

②预冷与速冻。经过前处理的原料，可预冷至 0℃，这样有利于加快冻结。有的速冻

装置没有预冷设施，或在进入速冻前先在其他冷库预冷，然后陆续进入冻结。冻结速度与品种、块形大小、堆料厚度、入冻时品温、冻结温度等不同而有差异，在工艺条件及工序安排上考虑紧凑配合。

经过前处理的猕猴桃应尽快冻结，速冻温度在 $-35\sim-30℃$，风速应保持在 $3\sim5m/s$，保证冻结以最短的时间（$<30min$）通过最大冰晶生成区，使冻品的中心温度尽快达到 $-18\sim-15℃$。只有这样才能使 90％以上的水分在原料位置上结成细小冰晶，均匀分布在细胞内，从而获得品质新鲜、营养和色泽保存良好的速冻水果。

（2）包装。冻结后的产品经包装后入库冻藏，为加快冻结速度，一般采用先冻结后包装的方式。包装前，应按批次进行质量检查及微生物指标监测。为防止产品氧化褐变和干耗，在包装前对果粒镀冰衣，即将产品倒入水温低于 5℃的镀冰槽内，入水后迅速捞出，使产品外层镀包一层薄薄的冰衣。

包装形式有大、中、小各种形式，包装材料有纸、玻璃纸、聚乙烯薄膜（或硬塑）及铝箔等。为避免产品干耗、氧化、污染而采用透气性能低的包装材料，还可以采用抽真空包装或抽气充氮包装，此外还应有外包装（大多用纸箱），每件重 $10\sim15kg$。包装大小可按消费需求而定，半成品或厨房用料的产品，可用大包装。家庭用及方便食品要用小包装（袋、小托盘、盒、杯等）。分装应保证在低温下进行。工序要安排紧凑，同时要求在最短的时间内完成，重新入库。一般冻品在 $-4\sim-2℃$时，即会发生重结晶，所以应在 $-5℃$以下包装。

（3）冻藏。速冻果粒的长期贮存，要求将贮存温度控制在 $-18℃$以下，冻藏过程应保持稳定的温度和相对湿度。若在冻藏过程中库温上下波动，会导致重结晶，增大冰晶体，这些大的冰晶体对果蔬组织细胞的机械损伤更大，解冻后产品的汁液流失增多，严重影响产品品质。并且不应与其他有异味的食品混藏，最好采用专库贮存。速冻的果粒一般保质期可达 $10\sim12$ 个月，若贮存条件好则可达 2 年。

（4）运输销售。在运输时，要应用有制冷及保温装置的汽车、火车、船、集装箱等专用设施，运输时间长的要将温度控制在 $-18℃$以下，销售时也应有低温货架或货柜。整个商品的供应程序采用"冷冻链"系统，使冻藏、运输、销售及家庭贮存始终处于 $-18℃$以下，才能保证速冻果粒的品质。

八、猕猴桃籽的综合利用

（一）猕猴桃果仁油软胶囊

1. 工艺流程　猕猴桃→筛分→低温干燥→果仁破碎→超临界萃取→气液分离→油水分离→过滤→精炼→猕猴桃油→压制软胶囊→硬化定型→洗擦丸→最终干燥→检丸、计数、包装→猕猴桃果仁油软胶囊。

2. 操作要点

（1）低温干燥。采用低温干燥机对果仁进行干燥，物料温度控制在 $50\sim60℃$，干燥后的果仁含水量控制在 $\leq8\%$。

（2）果仁破碎。果仁经干燥后，为了有利于下一步果仁中脂肪的萃取和提高出油率而对其进行破碎。破碎时注意调节进料速度和齿辊破碎机快辊与慢辊的速度比，将粉碎度控制在 40~60 目*。

（3）CO_2 超临界萃取。将粉碎好的果仁装入超临界 CO_2 萃取设备进行萃取，萃取压力（30±2）MPa，萃取温度（45±3）℃，CO_2 流量 280~300kg/h，分离压力（10±1）MPa，分离温度 40℃，每釜萃取时间 180min。

（4）气液分离。经高压 CO_2 萃取的油脂在分离釜中降压至 8~10MPa 进行气液分离，并从分离釜中把萃取物放出。

（5）油水分离。萃取物静置 24h 后，放入低温油水分离器中进行油水分离。

（6）过滤。经油水分离后的油脂，采用 400 目滤布进行过滤，把油脂中的悬浮物和少许沉淀分离出来。

（7）精炼。对油脂进行碱炼、脱水等处理，精炼后的猕猴桃果仁油即可作为保健食品或高级食用油的原料。

（8）化胶。化胶是将明胶、甘油和水等制备软胶囊囊壳的原料以一定比例混合制成胶液的过程。先将一定比例的甘油、水放入化胶罐中加热至 60~70℃，然后再将明胶投入化胶罐中加热至 65℃并保持 1.5~2h，胶液再静置 1~4h，使明胶完全溶解，经抽真空排除胶液中的气泡，形成具有一定黏度及冻力的溶液。

（9）压制软胶囊。制丸是软胶囊生产的核心工序。由主机完成胶囊成型的全过程，明胶溶液展布在转动的胶皮轮上自动制成胶皮，然后将胶皮装入机头上的一对滚模之间，采用液状石蜡对胶皮进行润滑，在供料系统将猕猴桃籽油通过喷体完成注料的同时，滚模旋压完成胶囊的封囊，压制出软胶囊。

（10）硬化定型。压制成型的软胶丸进入滚筒干燥设备进行吹风干燥，使软胶丸硬化成型，环境温度 18~25℃，湿度 20%~40%，干燥时间 10~18h。

（11）洗擦丸。首先使用 75%（食用级）的酒精对胶丸进行杀菌处理，然后再用 90%（食用级）的酒精进行擦洗，除掉附在胶丸外表的液状石蜡，重复擦洗至胶丸表面干净后再用酒精浸泡 30min，沥干酒精。

（12）最终干燥。将经过酒精杀菌、擦洗后的胶丸通过控制干燥室环境温度与相对湿度（50%以下），使胶囊壳水分和酒精自然蒸发掉，干燥时间不低于 2h，至囊皮表面干燥光洁、稍有弹性，干燥完成。

（13）检丸、包装。将外形、合缝等不合格的软胶囊拣选出来，送至中转室进行废丸处理，将拣选出来的合格软胶囊送入自动包装机进行计数包装，即可得到猕猴桃果仁油软胶囊成品。

（二）猕猴桃籽油速溶粉

1. 配料混合　将猕猴桃果仁油与葡萄糖、柠檬酸等辅料混合均匀，采用混合机按每批 100kg 进行混合，混好的料呈均匀一致的淡黄色。

2. 干燥杀菌　将混合好的物料铺成薄层后放入热风循环烘箱中进行干燥，干燥温度控制在 65~75℃，烘烤时间 6~7h，水分含量 3% 以下即可。

3. 粉碎过筛　将已干物料送入万能粉碎机粉碎，粉碎机内安装 80 目筛进行筛分。

---

　　* 目是指每 2.54cm 筛网上的孔眼数目。——编者注

4. 检验　生产出的半成品由质检员抽取该批次有代表性的样品送至分析检测中心检验，并出具检验报告单。

5. 内包装　检验合格的产品才能包装，检验要求理化指标合格，外观检验无可见杂质、异物等，用食品级塑料袋包装密封好。

6. 外包装　猕猴桃籽油速溶粉需用纸箱进行外包装，按要求每箱 20kg 装箱，包装员工对每袋内塑袋检查其密封性，保证密封性好使产品不吸潮。

7. 检验入库　包装好的成品由质检员检验，经外观检验合格后的产品，转入成品库并做好标志。

（三）猕猴桃面膜（焕颜修护水润面膜）

1. 工艺流程　猕猴桃籽油→调配→超高压均质→乳化→检验→灌装→包材消毒→烘干→二次消毒→包装。

2. 技术关键

（1）产品配方。猕猴桃籽油 3.5%～8.0%、维生素 E 3.0%、β-葡聚糖甜菜碱 1.0%、氧化玉米油 1.0%、角鲨烷 0.5%～1.0%、精氨酸 PCA 3.0%～6.0%、棕榈酸异丙酯 5.0%～6.0%、黄原胶 0.1%～0.15%、酵母提取物 0.2%、二甲基硅油 1.5%～2.5%、黄瓜果提取物 0.05%～0.1%、卡波姆 1.0%～2.5%、甘油 2.0%～4.0%、1，3-丙二醇 1.0%～2.5%、1,3-丁二醇 2.0%、EDTA 二钠盐 1.0%～2.5%、山梨（糖）醇 1.0%～2.5%、甘氨酸 1.0%～2.5%、PEG-20 1.0%～2.5%、香精 0.15%，加去离子水至 100%。

（2）制备方法。准备好上述配方，把物料放在真空均质乳化机里面搅拌（85℃搅拌），搅拌均匀后冷却。一部分物料加入油相锅预搅拌，使物料充分混合均匀，将油相锅中混合均匀油物料慢慢倒入水相锅，搅拌均匀。此时可以用真空吸料功能，将搅拌好的物料倒入乳化锅，进行均质乳化，使配方体系更稳定，再加入其他配方搅拌均匀，面膜液就制作完成。

（四）猕猴桃沐浴露（水润滋养沐浴露）

1. 工艺流程　猕猴桃籽油→加入辅料、配料、搅拌混合→冷却→静置→包材消毒→灌装→检验→成品。

2. 技术关键　产品配方：猕猴桃籽油 1.0%～2.5%、椰油酰胺丙基甜菜碱 1.0%～2.5%、月桂基葡糖苷 1.0%～2.5%、椰油酰氨基丙酸钠 1.0%～2.5%、月桂醇聚醚硫酸酯钠 1.0%～2.5%、乙二醇二硬脂酸酯 1.0%～2.5%、丙二醇 1.0%～2.5%、1，3-丙二醇和茶提取物 1.0%～2.5%、库拉索芦荟叶汁 1.0%～2.5%、β-葡聚糖 1.0%～2.5%、PEG-80 1.0%～2.5%、失水山梨醇月桂酸酯 1.0%～2.5%、PEG-120 1.0%～2.5%、甲基葡糖三油酸酯 1.0%～2.5%、水解大豆蛋白 1.0%～2.5%、氯化钠 1.0%～2.5%、厚朴树皮提取物 1.0%～2.5%、柠檬酸 1.0%～2.5%、EDTA 二钠盐 1.0%～2.5%、香精 1.0%～2.5%、水加至 100%。

3. 制备方法　清洗好搅拌锅、配料桶，将猕猴桃籽油与其他辅料搅拌成均相混合溶液，使物料能够混合均匀。液面没过搅拌桨，并尽量避免过度搅拌，以防止空气的混入，产生过多的气泡。将表面活性剂溶解于冷水中，在不断搅拌下加热到 80℃，待完全溶解后加入原料，继续搅拌，直到溶液透明。当温度降至 40℃ 左右可以加入热敏感物质如香料、溶剂、防腐剂、抗氧化剂等。调节 pH 和黏度，再经过均质，使乳液中分散相的颗粒更小，更均匀。产生大量微小气体后，采用抽真空方法排出气体。经过滤、陈化、稳定后包装。

（五）猕猴桃洁面乳（舒缓嫩肤洁面乳）

利用纳米果王素作原料，开发猕猴桃洁面乳，具有显著的祛斑作用。其技术关键在于将猕猴桃果仁油应用于化妆品中，猕猴桃是多不饱和脂肪酸为主的植物油脂，富含亚麻酸、亚油酸、维生素E和硒等，具有祛斑、嫩肤和保湿等功效。通过采用低温乳化、低温配料混合等技术开发出纯油型洁面乳产品，生产工艺温度低，能较好地减少猕猴桃果仁油中多不饱和脂肪酸等营养成分的损失。

果王素牌猕猴桃洁面乳是以猕猴桃中的果籽为原料采用超临界萃取技术、超微细处理技术精制而成的。其产品中富含 α-亚麻酸、亚油酸等功效成分和维生素E、硒、多种氨基酸等成分。作为一种天然的护肤性油脂原料用于营养护肤类化妆品，与皮肤的亲和性比其他油脂原料更好，易于被皮肤吸收，具有滋养皮肤、保湿的作用。

1. 工艺流程 猕猴桃籽油、水→加热→均质乳化搅拌→冷却→搅拌→调配→调pH→检验→灌装、包装。

2. 技术关键 猕猴桃籽油作为一种天然的护肤性油脂原料用于营养护肤类化妆品，可以作为化妆品基质制作成乳液。猕猴桃籽油洁面乳是以猕猴桃籽油为原料，采用超微细处理技术、真空乳化技术精制而成，产品中含 α-亚麻酸、亚油酸、维生素E、硒、多种氨基酸等成分，具有滋养皮肤、保湿的作用。

（1）产品配方。猕猴桃籽油3.0%、乳化剂5.0%、乳化剂PL68/50 2.0%、肉豆蔻酸异丙酯5.0%、十八醇3.5%、辛酸三甘油酯4.0%、棕榈酸异丙酯4.0%、尼泊金甲酯0.2%、甘油4.0%、尼泊金丙酯0.1%、二甲基硅油2.0%、Carbopol 940 0.1%、香精0.15%、去离子水加至100%。

（2）制备方法。将水相和油相分别加热至90℃后，猕猴桃籽油等油脂先放入乳化搅拌锅内，然后加入去离子，同时启动均质搅拌机，转速1 000r/min，搅拌15min。停止均质搅拌机后进行冷却，启动刮板搅拌机，转速50r/min，乳化剂温度70~80℃，搅拌锅内蒸汽压不能使真空度升高，维持真空-0.1MPa，夹套冷却水随需要温度加以调节，锅内温度降至40~50℃时加入香精、防腐剂等，并对锅内物料测定、调整pH。35℃以下停止搅拌，出料得半成品。检验合格后方可进行灌装、包装，成品入库。

（六）猕猴桃果籽营养饼干

猕猴桃果籽经萃取方法提取果籽油后剩下的果籽粕中，仍含有一定量的 α-亚麻酸、亚油酸、钾、钙、镁、铁、维生素C和粗蛋白等多种对人体有益的成分，其利用价值仍然很大。果籽饼干充分利用了猕猴桃果籽粕中对人体具有保健作用的 α-亚麻酸、亚油酸、钾、钙、镁、铁、维生素C、粗蛋白等有益成分，使其具有营养、保健功能。

猕猴桃果仁含粗蛋白19.86%，粗脂肪29.20%，α-亚麻酸27.12mg/g，亚麻酸131.65mg/g，亚油酸22.63mg/g，天然维生素E 0.81mg/kg，钾0.44%，钙0.58%，微量元素硒（Se）0.082mg/g。为充分开发利用此资源，利用猕猴桃果仁研制成营养饼干，可为猕猴桃精深加工提供一条新途径。

1. 工艺流程 水、油脂、白砂糖→溶化→过滤→冷却→加入膨松剂等辅料溶解→猕

猴桃果仁超临界 CO_2 萃取→籽粕粉碎→过筛→与面粉预混→调粉→静置→辊印成型→烘烤→冷却输送→整理→包装→入库。

（1）猕猴桃果仁预处理。将经超临界萃取后的籽粕粉碎，重复 2～3 次，过 80 目筛。

（2）白砂糖预处理。将称量好的白砂糖溶化，加入白砂糖量 30% 左右的水与白砂糖混合加热，使白砂糖完全溶解、过滤。

（3）膨松剂、食盐预处理。将食盐、膨松剂分别称量、溶解。

（4）面粉预处理。检查有无杂质、吸潮、霉变现象。面粉过 40 目筛即可。

（5）其他辅料处理。水、油脂等可以称量之后直接使用。使用前要检查其有无异味、杂质等。

（6）调粉。将预混好的辅料加入面粉当中，开启调粉机，时间 1～2min。

（7）静置。调好的面团静置 2～3min。

（8）辊印成型。成型规则，填料充足，表面光滑。

（9）烘烤。底火 160～180℃，面火 170～190℃，时间 13～17min。膨发充分、定型规整，烤色美观，脱水达到要求。

（10）冷却输送。自然降温至 35～40℃，使水分蒸发充分。

（11）整理。黏结在一起的要分开，成型不理想的、烤色不好的以及碎块等要挑选出来。

（12）检验、打码、包装、入库存。经检验合格后的半成品，按产品规格包装入库。

随着我国猕猴桃产业的快速发展，猕猴桃的精深加工已成为今后猕猴桃产业健康可持续发展的必由之路。随着我国经济进入中高速发展新常态和农业供给侧结构性改革，猕猴桃产业必然成为现代健康消费市场发展新趋势。实践证明，科技含量高、附加值高、价值高、差异化竞争优势强的产品已成为中高端市场消费者青睐品，市场潜力巨大。

参 考 文 献

卜范文，何科佳，王仁才，2014. 猕猴桃果实发育期籽油含量及成分变化规律研究［M］//黄宏文，猕猴桃研究进展（Ⅶ）. 北京：科学出版社：189-193.

常清泉，王海莲，白晓仙，等，2018. 长白山产软枣猕猴桃茎叶多糖提取及抗氧化活性［J］. 北方园艺，19：136-144.

陈林，秦文飞，吴应梅，等，2019. 红心猕猴桃酒异步发酵工艺的研究［J］. 酿酒科技（2）：236-239.

陈诗晴，王征征，姚思敏薇，等，2017. 猕猴桃低糖复合果酱加工工艺［J］. 安徽农业科学，45（33）：96-99.

陈诗晴，王征征，姚思敏薇，等，2018. 不同杀菌方式对贮藏过程中猕猴桃低糖复合果酱品质的影响［J］. 食品工业科技，39（5）：53-58.

陈晓晓，杨尚军，白少岩，2009. 中华猕猴桃根化学成分及药理活性研究进展［J］. 齐鲁药事，28（11）：677-679.

陈岩业 . 一种猕猴桃果酒：201410533562.2［P］. 2015-01-21.

邓红，刘旻昊，马婧，等，2020. UHP 与 HTST 杀菌处理的猕猴桃 NFC 果汁贮藏期品质变化 [J].
　　食品工业科技，41（9）：269-277.

丁正国，1998. 猕猴桃浓缩汁的生产开发 [J]. 食品工业（2）：12-14.

范铮，沈建福，2003. 复合保健猕猴桃汁的研制 [J]. 食品科技，10：76-78.

方学智，费学谦，丁明，等，2006. 不同浓度 CPPU 处理对美味猕猴桃果实生长及品质的影响 [J].
　　江西农业大学学报，28（2）：217-221.

封帅，华红，2013. 复发性口腔溃疡的中医治疗现状及研究进展 [J]. 中国民间疗法，21（9）：74-76.

郭琳琳，罗静，庞荣丽，等，2019. CPPU 处理猕猴桃常温贮藏过程中果实糖含量相关基因的表达分
　　析 [J]. 华北农学报，34（1）：40-45.

何佳，张宏森，张海宁，等，2012. 果浆酶和果胶酶对猕猴桃出汁率的影响 [J]. 食品科学，33（8）：
　　76-79.

何易雯，王志勇，吴泽宇，等，2018. 超高压处理对猕猴桃汁叶绿素保留率的影响 [J]. 包装与食品
　　机械（6）：7-9.

黄晶，2015. 复发性口腔溃疡的中西医结合治疗进展 [J]. 内蒙古中医药，34（8）：88.

黄骏，1987. 复方猕猴桃糖浆治疗阴虚型慢性肝炎 [J]. 河南中医，7（2）：10.

黄燕，郭淑玉，周力音，等，1994. 中华猕猴桃根注射液治疗小儿反复呼吸道感染临床与免疫学研究
　　[J]. 中国中西医结合杂志（增刊）（S1）：258.

黄倬伟，熊筱娟，张国全，等，1987. 猕猴桃果汁对小鼠实验性肝损伤的影响 [J]. 中药通报（3）：
　　52-54.

李加兴，陈双平，秦轶，等，2005. 猕猴桃果汁促进排铅功能研究 [J]. 中国食品学报（4）：22-27.

李加兴，刘飞，范芳利，等，2009. 响应面法优化猕猴桃皮渣可溶性膳食纤维提取工艺 [J]. 食品科
　　学，30（14）：143-148.

李加兴，袁秋红，孙金玉，等，2007. 猕猴桃果脯微波干燥工艺研究 [J]. 食品与发酵工业，33（8）：
　　99-101.

李建芳，周枫，王爽，等，2019. 野生猕猴桃酒苹果酸-乳酸发酵优良乳酸菌的筛选与耐受性研究
　　[J]. 中国酿造，38（8）：56-59.

李梦凡，谢云轩，谢宁栋，等，2021. 破囊壶菌生产角鲨烯的研究现状 [J]. 生物技术通报，37（4）：
　　234-244.

李忠宏，陈香维，史亚歌，2004. 猕猴桃加工中变色机理及护色方法探讨 [J]. 西北农业学报（1）：
　　124-127.

梁楚泗，刘明义，1985. 中华猕猴桃蛋白酶的性质及抗炎作用的研究 [J]. 医药工业（10）：24-29.

刘长江，李鑫，杨玉红，2012. 软枣猕猴桃根蒽醌类成分超声提取及其体外抗氧化活性研究 [J]. 食
　　品工业科技，33（24）：300-304.

刘春燕，丁捷，刘继，等，2019. 脱皮方式对低糖猕猴桃果酱特征风味物质的影响 [J]. 食品科技，
　　44（1）：125-132.

刘晓翠，王丽，黎星辰，等，2019. 响应面优化猕猴桃酒混合发酵工艺 [J]. 食品工业科技，40
　　（18）：65-71.

刘晓鹏，陈吉棣，1998. 猕猴桃复方口服液和（或）运动对大鼠降脂效果的实验研究 [J]. 中国运动
　　医学杂志，17（1）：50.

刘延吉，刘金凤，2011. 软枣猕猴桃多糖组分分析及降血糖降血脂活性研究 [M]//黄宏文，猕猴桃
　　研究进展（Ⅵ）. 北京：科学出版社：349-353.

刘旸旸，2016. 软枣猕猴桃中生物碱的提取纯化及生物活性研究 [D]. 沈阳：沈阳农业大学.

罗安伟，2012. 猕猴桃酒生想嗜杀酵母的选育 [D]. 杨凌：西北农林科技大学.

罗绪，罗丽丹，尚献会，2019. 猕猴桃根多糖调控 Wnt 信号通路抑制结肠癌增殖促进其凋亡 [J]. 中国老年学杂志，39（9）：2215-2218.

马可纯，2017. 猕猴桃复合粉加工工艺及抗氧化性研究 [D]. 西安：陕西科技大学.

孟捷，韩海啸，杨晋翔，2013. 膳食纤维与肠易激综合征 [J]. 胃肠病学，18（6）：378-380.

牛强，2020b. 软枣猕猴桃枝条多糖的分离纯化及降血糖活性研究 [D]. 黑龙江：佳木斯大学.

牛强，刘悦，刘畅，等，2020a. 响应面法优化软枣猕猴桃枝条多糖提取工艺 [J]. 北方园艺（9）：118-124.

牛中华，2015. 复发性口腔溃疡病因和治疗的研究进展 [J]. 世界最新医学信息文摘，15（47）：129-130.

欧阳玉祝，李佑稷，张萍，等，2008. 添加芦荟提取物对猕猴桃果汁抗氧化性的影响 [J]. 食品科学，29（10）：71-74.

潘牧，陈超，王辉，等，2019. 不同预处理条件对低温真空油炸猕猴桃脆片品质的影响 [J]. 农技服务（8）：33-34.

邵传森，林佩芳，1991. 中华猕猴桃多糖体外抗轮状病毒作用的初步观察 [J]. 浙江中医学院学报（6）：29-30.

师俊玲，李元瑞，程江峰，1999. 超滤在猕猴桃汁澄清中的应用 [J]. 食品工业科技，20（1）：22-24.

施春晖，骆军，王晓庆，等，2014. 红阳猕猴桃设施栽培与露地栽培比较研究 [J]. 上海农业学报，30（6）：24-28.

石浩，王仁才，庞立，等，2019. 软枣猕猴桃原花青素对 H_2O_2 诱导细胞损伤的预保护作用 [J]. 现代食品科技，35（1）：1-8，88.

石浩，王仁才，吴小燕，等，2018. 软枣猕猴桃黄酮对过氧化氢诱导 HaCaT 细胞损伤的保护作用 [J]. 食品科学，39（13）：229-234.

宋圃菊，张琳，丁兰，1984. 中华猕猴桃汁的防癌作用——（二）在体外模拟胃液中对亚硝胺合成的阻断作用—Ames 试验方法检测 [J]. 营养学报（3）：241-246.

孙强，罗秦，冉旭，2014. 果胶酶提高红心猕猴桃出汁率的工艺优化 [J]. 食品工业科技（14）：202-210.

孙旸，孙春玉，马骥，等，2011. 果胶酶提高软枣猕猴桃出汁率的工艺优化 [J]. 中国酿造，30（9）：115-117.

唐雪，曹宁，周景瑞，2017. 贵长猕猴桃酒酿造工艺研究 [J]. 酿酒科技，2017（12）：50-54.

王岸娜，2004. 壳聚糖澄清猕猴桃果汁及其澄清机理的探讨 [D]. 无锡：江南大学.

王东伟，黄燕芬，肖默艳，等，2008. 果胶酶处理对软枣猕猴桃出汁率的影响 [J]. 保鲜与加工（4）：48-50.

王鸿飞，李元瑞，师俊玲，1999. 果胶酶在猕猴桃果汁澄清中的应用研究 [J]. 西北农业大学学报，27（3）：107-109.

王灵昭，苑建伟，吕大鹏，等，2012. 雨生红球藻的超临界流体萃取物对猕猴桃汁抗氧化能力的影响 [J]. 淮海工学院学报（自然科学版），21（2）：84-87.

王梦旭，王天义，白乃生，等，2019. 软枣猕猴桃根化学成分及抗癌药理作用研究进展 [J]. 中国中医药信息杂志，26（9）：137-140.

王鹏，2013. 丹东地区野生软枣猕猴桃中多酚提取工艺 [J]. 辽东学院学报（自然科学版），20（1）：8-11.

王群，2017. 中华猕猴桃根总三萜抗肿瘤细胞增殖和肠癌细胞侵袭及转移研究 [D]. 桂林：桂林医学院.

王圣梅，姜正旺，叶晚成，等，1995. 猕猴桃果实氨基酸及其变化的研究 [J]. 果树科学，12 (3)：156-160.

王孝娣，毋永龙，王海波，等，2009. 非酶重量法测定水果中的总膳食纤维含量 [J]. 中国果树 (5)：51-53.

王雪青，兰凤英，邵汝梅，2001. 高压对猕猴桃酱质量的影响 [J]. 食品与发酵工业，28 (8)：28-30.

吴炼，王仁才，王中炎，等，2008. 钙处理对采后猕猴桃果实生理生化的影响 [J]. 经济林研究，26 (1)：25-29.

吴晓晗，李学峰，范明智，等，2021. 软枣猕猴桃不定根总黄酮提取工艺的优化 [J]. 延边大学农学学报，43 (1)：18-23.

吴优，2020. 软枣猕猴桃精油和角鲨烯的提取纯化及生物活性研究 [D]. 沈阳：沈阳农业大学.

谢慧明，2012. 超高压处理对猕猴桃汁品质的影响 [J]. 食品科学，33 (11)：17-20.

谢俊英，2013. 1-MCP处理对猕猴桃果实衰老控制及其作用机理的研究 [D]. 福州：福建农林大学.

辛海量，吴迎春，徐燕丰，等，2008. 对萼猕猴桃根与茎的比较研究 [J]. 第二军医大学学报，29 (3)：298-302.

薛楠，阮美娟，董韩远，等，2011. 浓缩苹果汁色值与5-HMF含量在贮存过程中的变化规律 [J]. 天津科技大学学报，26 (6)：20-21.

杨玉红，李鑫，杨建，等，2014. 软枣猕猴桃根中蒽醌类化合物的分离纯化和含量测定 [J]. 食品科学，35 (16)：124-127.

杨玉红，吴优，赵奕彭，等，2018. 软枣猕猴桃内生真菌发酵制备蒽醌类化合物及其抗氧化活性研究 [J]. 沈阳农业大学学报，49 (1)：20-26.

姚茂君，王中华，汤璞，等，2007. 猕猴桃果脯褐变控制方法研究 [J]. 中国食物与营养，(8)：41-44.

曾凡杰，孟莉，吕远平，2017. 不同前处理和冻结方式对猕猴桃片干制品品质的影响 [J]. 食品科技，42 (8)：63-68.

曾锦，徐锐，张无敌，等，2019. 猕猴桃皮中温发酵产沼气潜力的实验研究 [J]. 中国沼气，37 (2)：29-33.

张春红，刘晓禾，高爽，等，2013. 超声和微波处理对软枣猕猴桃茎三萜抗氧化活性的影响 [J]. 食品科技，38 (8)：240-243.

张光霁，2004a. 藤蟾方对S180小鼠P53和PCNA蛋白表达的影响 [J]. 现代中西医结合杂志，13 (12)：1566-1567.

张光霁，2004b. 藤蟾方抑瘤及其诱导肿瘤细胞凋亡的实验研究 [J]. 浙江临床医学，6 (5)：356-357.

张慧莹，王璇，丁婷婷，等，2011. 软枣猕猴桃根蒽醌类化合物的提取及其体外抗肿瘤实验 [J]. 中国老年学杂志，31 (23)：4630-4631.

张菊明，林佩芳，何一中，等，1986. 中华猕猴桃多糖的免疫药理学作用 [J]. 中西医结合杂志 (3)：171-173，133.

张丽华，李昌文，纵伟，等，2016. 猕猴桃果酱制作的研究 [J]. 湖北农业科学，55 (3)：699-702.

张秦权，文怀兴，许牡丹，等，2013. 猕猴桃切片真空干燥设备及工艺的研究 [J]. 真空科学与技术学报，33（1）：1-4.

张小蕾，唐筑灵，单拓生，等，1994. 猕猴桃中药复方制剂对131例正常人血脂水平的影响 [J]. 贵阳医学院学报，19（1）：22-23.

张晓萍，高贵田，王雪媛，2018. 华优猕猴桃果酒加工工艺研究 [J]. 陕西师范大学学报（自然科学版），46（6）：100-107.

张钰华，李加兴，林晗，等，2008. 猕猴桃籽油对D-半乳糖衰老大鼠肝细胞凋亡的影响 [J]. 中国实用医药，3（5）：6-8.

赵丽芹，2001. 园艺产品贮藏加工学 [M]. 北京：中国轻工业出版社.

赵莎莎，姚晓丽，吴曼丹，等，2011. 酶法提取猕猴桃皮和渣中果胶的工艺研究. 安徽农业科学，39（12）：7097-7100.

赵宪法，1982. 猕猴桃浸膏片扶正固本治疗阻塞性肺气肿66例 [J]. 河南中医（5）：28.

周国燕，陈唯实，叶秀东，等，2007. 猕猴桃果浆真空冷冻干燥工艺优化研究 [J]. 食品科学，28（8）：164-167.

周元，贲浩，傅虹飞，2014. 酵母菌株对猕猴桃酒香气成分的影响 [J]. 食品工业科技，30（12）：263-270，240.

朱黎明，张永康，孟祥胜，2002. 猕猴桃果王素降血脂作用的临床研究 [J]. 中医药学报，30（6）：12-13.

左丽丽，2013. 狗枣猕猴桃多酚的抗氧化与抗肿瘤效应研究 [D]. 哈尔滨：哈尔滨工业大学.

左丽丽，王振宁，樊梓鸾，等，2013. 三种猕猴桃多酚粗提物对A549和Hela细胞的抑制作用 [J]. 食品工业科技，34（5）：358-361.

Abdul Hamid N A，Mediani A，Maulidiani M，et al.，2017. Characterization of metabolites in different kiwifruit varieties by NMR and fluorescence spectroscopy [J]. J. Pharmaceut. Biomed.，138：80-91.

Aires A，Carvalho R，2020. Kiwi fruit residues from industry processing：study for a maximum phenolic recovery yield [J]. J. Food Sci. Technol.，57：4265-4276.

Almeida D，Pinto D，Santos J，et al.，2018. Hardy kiwifruit leaves（Actinidia arguta）：An extraordinary source of value-added compounds for food industry [J]. Food Chem.，259：113-121.

Ames B N，Shigenaga M K，Hagen T M，1993. Oxidants，antioxidants，and the degenerative diseases of aging [J]. P. NATL. ACAD. SCI. USA.，90：7915-7922.

Ansell J，Parkar S，Paturi G，et al.，2013. Modification of the colonic microbiota. In：Boland M，Moughan PJ（eds）Nutritional Benefits of kiwifruit [J]. Advances in food and nutrition research，68：205-217.

Anwar Z，Gulfraz M，Irshad M，2014. Agro-industrial lignocellulosic biomass a key to unlock the future bio-energy：a brief review [J]. J. Radiat. Res. Appl. Sci.，7（2）：163-173.

Baere L D，2000. Anaerobic digestion of solid waste：state-of-the-art [J]. Water Sci. Technol.，41：283-290.

Balat M，Balat H，2009. Recent trends in global production and utilization of bio-ethanol fuel [J]. Appl. Energy，86（11）：2273-2282.

Basile A，Vuotto M L，Violante U，et al.，1997. Antibacterial activity in Actinidia chinensis，Feijoa sellowiana and Aberia caffra [J]. Int. J. Antimicrob. Ag.，8：199-203.

Baskar C, Baskar S, Dhillon R S, 2012. Biomass conversion: The interface of biotechnology, chemistry and materials science [M]. Berlin: Springer Sci & Business Media.

Benlloch-Tinoco M, Kaulmann A, Corte-Real J, et al., 2015. Chlorophylls and carotenoids of kiwifruit puree are affected similarly or less by microwave than by conventional heat processing and storage [J]. Food Chem., 187: 254-262.

Bentley-Hewitt K L, Blatchford P A, Parkar S G, et al., 2012. Digested and fermented green kiwifruit increase human β-defensin 1 and 2 expression in vitro [J]. Plant Food Hum. Nutr., 67: 208-214.

Bunzel M, Ralph J, 2006. NMR characterization of lignins isolated from fruit and vegetable insoluble dietary fibre [J]. J. Agr. Food Chem., 54: 8352-8361.

Buzby JC, Hyman J, Stewart H, et al., 2011. The value of retail-and consumer-level fruit and vegetable losses in the United States [J]. J. Consum. Aff., 45: 492-515.

Cano M P, Marin M A, 1992. Pigment composition and color of frozen and canned kiwi fruit slices [J]. J. Agr. Food Chem., 40 (11): 2141-2146.

Chun O K, Kim D O, Smith N, et al., 2005. Daily consumption of phenolics and total antioxidant capacity from fruit and vegetables in the American diet [J]. J. Sci. Food Agr., 85: 1715-1724.

Ciardiello M A, Meleleo D, Saviano G, et al., 2008. Kissper, a kiwifruit peptide with channel-like activity: Structural and functional features [J]. J. Pept. Sci., 14: 742-754.

Collins A R, Harrington V, Drew J, et al., 2003. Nutritional modulation of DNA repair in a human intervention study [J]. Carcinogenesis, 24: 511-515.

Dawes H M, Keene J B, 1999. Phenolic composition of kiwifruit juice [J]. J Agr. Food Chem., 47: 2398-2403.

Deters A M, Schröder K R, Hensel A, 2005. Kiwi fruit (*Actinidia chinensis* L.) polysaccharides exert stimulating effects on cell proliferation via enhanced growth factor receptors, energy production, and collagen synthesis of human keratinocytes, fibroblasts, and skin equivalents [J]. J. Cell Physiol., 202: 717-722.

Duttaroy A K, Jørgensen A, 2004. Effects of kiwifruit consumption on platelet aggregation and plasma lipids in healthy human volunteers [J]. Platelets, 15: 287-292.

Duttaroy A K, 2007. Kiwifruits and cardiovascular health [J]. Acta Horticulturae, 753: 819-824.

Englund H, Englund H, Hidman J, et al., 2015. Relevance of IgE to novel kiwi seed allergens evaluated in kiwi allergic children [J]. Clin. Transl. Allerg., 5 (Suppl 3): O24.

Feldman J M, Lee E M, 1985. Serotonin content of foods: effect on urinary excretion of 5-hydroxyindoleaceti acid [J]. Am. J. Clin. Nutr., 42: 639-643.

Ferguson L R, Philpott M, Karunasinghe N, 2004. Dietary cancer and prevention using antimutagens [J]. Toxicology, 198: 147-159.

Ferguson L R, Philpott M, 2008. Nutrition and mutagenesis [J]. Annual Review in Nutrition, 28: 313-329.

Fernández-San-Martín M I, Masa-Font R, Palacios-Soler L, et al., 2011. Effectiveness of valerian on insomnia: a meta-analysis of randomized placebo-controlled trials [J]. Sleep Med., 11: 505-511.

Fiorentino A, Mastellone C, D'Abroscaa B, et al., 2009. δ-Tocomonoenol: A new vitamin E from kiwi (Actinidia chinensis) fruits [J]. Food Chem., 115 (1): 187-192.

Frizzi A, Huang S, Gilbertson L A, et al. , 2008. Modifying lysine biosynthesis and catabolism in corn with a single bifunctional expression/silencing transgene cassette [J]. Plant Biotechnol. J. , 6: 13 -21.

Fuke Y, Matsuoka H, 1984. Studies on the physical and chemical properties of Kiwi fruit starch [J]. J. Food Sci. , 49: 1 - 13.

Funk C, Braune A, Grabber J H, et al. , 2007. Model studies of lignified fibre fermentation by human fecal microbiota and its impact on heterocyclic aromatic amine adsorption [J]. Mutat. Res - Fund. Mol. M. , 624: 41 - 48.

Gorti R K, Suresh K P, Sampath K T, et al. , 2012. Modeling and forecasting livestock and fish feed resources: Requirements and availability in India [J]. National Institute of Animal Nutrition and Physiology, Bangalore, 25 (4): 462 - 470.

Guroo I, Wani S A, Wani S M, et al. , 2017. A review of production and processing of kiwifruit [J]. J. Food Process Technol, 8: 10.

Hallett I C, MacRae E A, Wegrzyn T F, 1992. Changes in kiwifruit cell wall ultrastructure and cell packing during postharvest ripening [J]. Int. J. Plant Sci. , 153: 49 - 60.

Hamid N A A, Mediani A, Maulidiani M, et al. , 2017. Characterization of metabolites in different kiwifruit varieties by NMR and fluorescence spectroscopy [J]. Journal of Pharmaceutical and Biomedical Analysis, 138, 80 - 91.

Hernández Y, Lobo M G, González M, 2009. Factors affecting sample extraction in the liquid chromatographic determination of organic acids in papaya and pineapple [J]. Food Chem. , 114: 734 - 741.

Hettihewa S K, Hemar Y, Rupasinghe H, 2018. Flavonoid - rich extract of Actinidia macrosperma (a wild kiwifruit) inhibits angiotensin - converting enzyme in vitro [J]. Foods, 7: 146.

Hoffmann - Sommergruber K, 2002. Pathogenesis - related (PR)- proteins identified as allergens. Biochem [J]. Soc. Trans. , 6: 930 - 935.

Hosoya K, Minamizono A, Katayama K, et al. , 2004. Vitamin C transport in oxidized form across the rat blood - retinal barrier [J]. Invest. Ophth. Vis. Sci. , 45: 1232 - 1239.

Hunter D C, Denis M, Parlane N A, et al. , 2008. Feeding ZESPRITM GOLD Kiwifruit puree to mice enhances serum immunoglobulins specific for ovalbumin and stimulates ovalbumin - specific mesenteric lymph node cell proliferation in response to orally administered ovalbumin [J]. Nutr. Res. , 28: 251 - 257.

Ikken Y, Morales P, Martinez A, et al. , 1999. Antimutagenic effect of fruit and vegetable ethanolic extracts against N - nitrosamines evaluated by the Ames test [J]. J. Agr. Food Chem. , 47: 3257 - 3264.

Jang D S, Lee G Y, Kim J, et al. , 2008. A new pancreatic lipase inhibitor isolated from the roots of Actinidia arguta [J]. Arch. Pharm. Res, 31: 666 - 670.

Jie C, 2012. Aquatic feed industry under tension in world and China's grain supply and demand [J]. China Fisheries, 6: 32 - 34.

Jung K A, Song T C, Han D S, et al. , 2005. Cardiovascular protective properties of kiwifruit extracts in vitro [J]. Biol. Pharm. Bull. , 28: 1782 - 1785.

Kader A A, 2005. Increasing food availability by reducing postharvest losses of fresh produce [J]. Acta Hort, 682: 2169 - 2175.

Karlsen A, Svendsen M, Seljeflot I, et al. , 2012. Kiwifruit decreases blood pressure and whole - blood platelet aggregation in male smokers [J]. J. Hum. Hypertens. , 27: 126 - 130.

Kaur L, Rutherfurd S M, Moughan P J, et al., 2010a. Actinidin enhances gastric protein digestion as assessed using an in vitro gastric digestion model [J]. J. Agr. Food Chem., 58: 5068 – 5073.

Kaur L, Rutherfurd S M, Moughan P J, et al., 2010b. Actinidin enhances protein digestion in the small intestine as assessed using an in vitro digestion model [J]. J. Agr. Food Chem., 58: 5074 – 5080.

Kckee L H, Latner T A, 2000. Underutilized sources of dietary fiber: A review [J]. Plant Food Hum. Nutr., 55: 285 – 304.

Kelly G S, 1998. Folates: supplemental forms and therapeutic applications [J]. Altern. Med. Rev., 3: 208 – 220.

Kerzl R, Simonowa A, Ring J, et al., 2007. Life – threatening anaphylaxis to kiwi fruit: protective sublingual allergen immunotherapy effect persists even after discontinuation [J]. J. Allergy Clin. Immunol., 119: 507 – 508.

Kheirkhah H, Baroutian S, Quek S Y, 2019. Evaluation of bioactive compounds extracted from Hayward kiwifruit pomace by subcritical water extraction [J]. Food Bioprod. Process., 115: 143 – 153.

Kumar S, Verma A K, Das M, et al., 2012. Molecular mechanisms of IgE mediated food allergy [J]. Int. Immunopharmacol., 13: 432 – 439.

Laimer M, Maghuly F, 2010. Awareness and knowledge of allergens: A need and a challenge to assure a safe and healthy consumption of small fruits [J]. J. Berry Res., 1: 61 – 71.

Lee S Y, 2013. IgE mediated food allergy in Korean children: focused on plant food allergy [J]. Asia Pac. Allergy, 3: 15.

Li D, Zhu F, 2019. Physicochemical, functional and nutritional properties of kiwifruit flour [J]. Food Hydrocolloid., 92: 250 – 258.

Li H Y, Yuan Q, Yang Y L, et al., 2018. Phenolic profiles, antioxidant capacities, and inhibitory effects on digestive enzymes of different kiwifruits [J]. Molecules, 23: 29 – 57.

Lin H H, Tsai P S, Fang S C, et al., 2011. Effect of kiwifruit consumption on sleep quality in adults with sleep problems [J]. Asia Pacific Journal of Clinical Nutrition, 20: 169 – 174.

Lin L, Zhou W, Gao R, et al., 2017. Low – temperature hydrogen production from water and methanol using Pt/α – MoC catalysts [J]. Nature, 544 (7648): 80 – 83.

Liu J J, Ekramoddoullah A K, 2006. The family 10 of plant pathogenesis – related proteins: their structure, regulation, and function in response to biotic and abiotic stresses [J]. Physiol. Mol. Plant Pathol., 68: 3 – 13.

Lucas J, Grimshaw K, Collins K, et al., 2004. Kiwi fruit is a significant allergen and is associated with differing patterns of reactivity in children and adults [J]. Clin. Exp. Allergy., 34: 1115 – 1121.

Lucas J, Nieuwenhuizen N, Atkinson R, et al., 2007. Kiwifruit allergy: actinidin is not a major allergen in the United Kingdom [J]. Clin. Exp. Allergy., 37: 1340 – 1348.

Ma T, Lan T, Geng T, et al., 2019. Nutritional properties and biological activities of kiwifruit (Actinidia) and kiwifruit products under simulated gastrointestinal in vitro digestion [J]. Food Nutr. Res., 63: 16 – 74.

Margina D, Ilie M, Gradinaru D, 2012. Quercetin and epigallocatechin gallate induce in vitro a dosedependent stiffening and hyperpolarizing effect on the cell membrane of human mononuclear blood cells [J]. Int. J. Mol. Sci., 13: 4839 – 4859.

Martin H, Cordiner S B, McGhie T K, 2017. Kiwifruit actinidin digests salivary amylase but not gastric lipase [J]. Food Funct., 8: 3339 - 3345.

Maskan M, 2001. Drying, shrinkage and rehydration characteristics of kiwifruits during hot air and microwave drying [J]. J. Food Eng., 2 (48): 177 - 182.

Massey L K, 2003. Dietary influences on urinary oxalate and risk of kidney stones [J]. Front. Biosci-landmrk., 8: 584 - 594.

Matthes A, Schmitz - Eiberger M, 2009. Apple (Malus domestica L. Borkh.) allergen Mal d 1: effect of cultivar, cultivation system, and storage conditions [J]. J. Agric. Food Chem., 57: 10548 - 10553.

Miura K, Greenland P, Stamler J, et al., 2004. Relation of vegetable, fruit, and meat intake to 7 - year blood pressure change in middle - aged men: The Chicago Western Electric Study [J]. Am. J. Epidemiol., 159: 572 - 580.

Molan A L, Kruger M C, Drummond L N, 2007. The ability of kiwifruit to positively modulate key markers of gastrointestinal function [J]. Proceed. Nutr. Soc. New Zealand, 32: 66 - 71.

Moose S P, Mumm R H, 2008. Molecular plant breeding as the foundation for 21st century crop improvement [J]. Plant Physiol., 147: 969 - 977.

Morelli A E, Larregina A T, Shufesky W J, et al., 2004. Endocytosis, intracellular sorting, and processing of exosomes by dendritic cells [J]. Blood, 104: 3257 - 3266.

Motohashi N, Shirataki Y, Kawase M, et al., 2001. Biological activity of kiwifruit peel extracts [J]. Phytother. Res., 15: 337 - 343.

Motohashi N, Shirataki Y, Kawase M, et al., 2002. Cancer prevention and therapy with kiwifruit in Chinese folklore medicine: a study of kiwifruit extracts [J]. J. Ethnopharmacol., 81: 357 - 364.

Muir J, 2019. An Overview of Fiber and Fiber Supplements for Irritable Bowel Syndrome [J]. Gastroenterol. Hepatol., 15 (7): 387 - 389.

Mundi I, 2013. Commodity Price Indices. www. indexmundi. com.

Nunes - Damaceno M, Muñoz - Ferreiro N, Romero - Rodríguez MA, et al., 2013. A comparison of kiwi fruit from conventional, integrated and organic production systems [J]. LWT - Food Sci. Technol., 54 (1): 291 - 297.

Özcan M M, Al Juhaimi F, Ahmed I A M, et al., 2020. Effect of microwave and oven drying processes on antioxidant activity, total phenol and phenolic compounds of kiwi and pepino fruits [J]. J. Food Sci. Technol., 57: 233 - 242.

Park YS, Im MH, Ham KS, et al., 2013. Nutritional and pharmaceutical properties of bioactive compounds in organic and conventional growing kiwifruit [J]. Plant Foods Hum. Nutr., 68: 57 - 64.

Rance F, Grandmottet X, Grandjean H, 2005. Prevalence and main characteristics of schoolchildren diagnosed withfood allergies in France [J]. Clin. Exp. Allergy., 35: 167 - 172.

Rush E C, Patel M, Plank L D, et al., 2002. Kiwifruit promotes laxation in the elderly [J]. Asia Pac. J. Clin. Nutr., 11: 164 - 168.

Sagagi B S, Garba B, Usman N S, 2009. Studies on biogas production from fruits and vegetables waste [J]. Bayero Journal of Pure and Applied Science, 2 (1): 115 - 118.

Sestili M A, 1983. Possible adverse health effects of vitamin C and ascorbic acid [J]. Semin. Oncol., 10 (3): 299 - 304.

Sicherer S H, Sampson H A, 2014. Food allergy: epidemiology, pathogenesis, diagnosis, and treatment [J]. J. Allergy Clin. Immunol. , 133: 291 - 307.

Siener R, Hönow R, Seidler A, et al. , 2006. Oxalate contents of species of the Polygonaceae, Amaranthaceae and Chenopodiaceae families [J]. Food Chem. , 98: 220 - 224.

Sims I M, Monro J A, 2013. In: Boland M, Moughan PJ (eds) Advances in food and nutrition research: nutritional benefits of kiwifruit [J]. Advances in Food and Nutrition Research, 68: 81 - 99.

Singh A, Das K, Sharma D K, 1984. Production of xylose, furfural, fermentable sugars and ethanol from agricultural residues [J]. J. Chem. Tech. Biotechnol. , 34 (A): 51 - 61.

Skinner M A, Hunter D C, Denis M, et al. , 2007. Health benefits of ZESPRITM GOLD Kiwifruit: effects on muscle performance, muscle fatigue and immune responses [J]. Proceed. Nutr. Soc. New Zealand, 32: 49 - 59.

Skinner MA, 2012. Wellness foods based on the health benefifits of fruit: Gold Kiwifruit for immune support and reducing symptoms of colds and influenza [J]. J. Food Drug Anal. , 20 (S1): 261 - 264.

Stanley R, Wegrzyn T, Saleh Z, 2007. Kiwifruit Processed Products [C]. Acta Hortic, 753: 795 - 800.

Sun - Waterhouse D, Chen J, Chuah C. et al. , 2009. Kiwifruit - based polyphenols and related antioxidants for functional foods: Kiwifruit extract - enhanced gluten - free bread [J]. Int. J. Food Sci. Nutr. , 60: 251 - 264.

Sun - Waterhouse D, Edmonds L, Wibisono R, 2010. Kiwifruits with green, gold and red flesh for novel icecream [C]. Auckland, New Zealand: NZIFST Conference 2010 Inspiration to Prosperity.

Takano F, Tanaka T, Tsukamoto E, et al. , 2003. Isolation of (＋)- catechin and (-)- epicatechin from Actinidia arguta as bone marrow cell proliferation promoting compounds [J]. Planta Med. , 69: 321 - 326.

Thomas L, Low C, Webb C, et al. , 2004. Naturally occurring fruit juices dislodge meat bolus obstruction in vitro [J]. Clin. Otolaryngol. , 29: 694 - 697.

Torres - Pinedo R, Lavastida M, Rodrĭguez H, et al. , 1966. Studies on infant diarrhea. I. A Comparison of the effects of milk feeding and intravenous therapy upon the composition and volume of the stool and urine [J]. J. Clin. Invest. , 45 (4): 469 - 480.

Tsaluehidu S, Cocchi M, Tonollo L, et al. , 2008. Fatty acids and oxidative stress in psychiatric disorders [J]. BMC Psychiatry, 8 (Suppl 1): 5.

Tuft L, Ettelson L N, Philadelphia M D, 1956. Canker sores from allergy to weak organic acids (citric and acetic): Case report and clinical study [J]. Journal of Allergy, 27 (6): 536 - 543.

USDA. , 2007. Oxygen radical absorbance capacity (ORAC) of selected foods - 2007 [M]. US Department of Agriculture, Agricultural Research Service, 1 - 34.

USDA. , 2017. United States Department of Agriculture, Agricultural Research Service, Food Composition Database [M]. Retrieved from https: //fdc. nal. usda. gov/fdc - app. html♯/? query＝kiwifruit. Accessed date: 30 April 30, 2020.

Uzodinma E O, Ofoefule A U, Enwere N J, 2011. Optimization of biogas fuel production from maize bract waste: comparative study of biogas production from blending maize bract with biogenic waste [J]. American Journal of Food and Nutrition, 1 (1): 1 - 6.

Veeken A，Kalyuzhnyi S，Scharff H，et al.，2000. Effect of pH and VFA on hydrolysis of organic solid waste [J]. J. Environ. Eng-Asce.，12 (126)：1076-1081.

Vivek K，Subbarao K V，Srivastava B，2016. Optimization of postharvest ultrasonic treatment of kiwifruit using RSM [J]. Ultrason. Sonochem.，32：328-335.

Walker S，Prescott J，2003. Psychophysical properties of mechanical oral irritation [J]. J. Sens. Stud.，18：325-346.

Watanabe K，Takahashi B，1998. Determination of Soluble and Insoluble Oxalate Contents in Kiwifruit (Actinidia deliciosa) and Related Species [J]. J. Japan. Soc. Hort. Sci.，67 (3)：299-305.

Wu X L，Beecher G R，Holden J M，et al.，2004a. Lipophilic and hydrophilic antioxidant capacities of common foods in the United States [J]. J Agr Food Chem.，52：4026-4037.

Wu X L，Gu L W，Holden J，et al.，2004b. Development of a database for total antioxidant capacity in foods：a preliminary study [J]. J Food Compos Anal.，17：407-422.

Xia H，Wang X，Su W，et al.，2020. Changes in the carotenoids profile of two yellow-fleshed kiwifruit cultivars during storage [J]. Postharvest Biol. Tec.，164：111-162.

Yang H，Lee Y C，Han K S，et al.，2013. Green and gold kiwifruit peel ethanol extracts potentiate pentobarbital-induced sleep in mice via a GABAergic mechanism [J]. Food Chem.，136 (1)：160-163.

Zabed H，Faruq G，Sahu J N，et al.，2014. Bioethanol production from fermentable sugar juice [J]. Sci. World J.，2014：957102.

Zhang B，Sun Q，Liu H J，et al.，2017. Characterization of actinidin from Chinese kiwifruit cultivars and its applications in meat tenderization and production of angiotensin I-converting enzyme (ACE) inhibitory peptides [J]. LWT，78：1-7.

Zhou Y，Wang R，Zhang Y，et al.，2020. Biotransformation of phenolics and metabolites and the change in antioxidant activity in kiwifruit induced by Lactobacillus plantarum fermentation [J]. J. Sci. Food Agr.，100：3283-3290.

Zhuang Z，Chen M，Niu J，et al.，2019. The manufacturing process of kiwifruit fruit powder with high dietary fiber and its laxative effect [J]. Molecules，24，3813.

执笔人：梁曾恩妮，张群，石浩，王仁才，王晓勖

第十七章　猕猴桃市场营销

第一节　猕猴桃的营销特点与市场需求

一、猕猴桃的商品特点

（一）营养丰富，风味独特

猕猴桃被称为"水果之王"，含有丰富的营养价值，有广阔的市场需求空间。猕猴桃别名奇异果，果肉中含有丰富的维生素 C。据分析，每 100g 新鲜的猕猴桃果肉含维生素 C 100～420mg，比苹果高 20～80 倍，比柑橘的含量高出 5～10 倍。不同种类猕猴桃在维生素、总糖、可溶性固形物含量以及氨基酸含量方面具有明显区别。毛花猕猴桃的维生素和氨基酸含量高于其他种类，而中华猕猴桃的总糖含量高于其他种类。这种营养成分的差异构成了不同的风味，满足了多样化的市场需求（戢小梅等，2020）。

（二）绿色健康，功能保健

中国历代医书中都曾记载过，猕猴桃可以"调中下气"，能够起到治内热、去心烦、滋补强身、清热利尿、健胃、润燥的作用。并且常吃猕猴桃有助于预防和辅助治疗坏血病、高血压、心血管病、癌症等病症。猕猴桃中所含的大量维生素 C 能阻止致癌物质亚硝胺形成，猕猴桃的果肉又能够有效降低血中胆固醇及三酸甘油酯含量。多吃猕猴桃还有助于预防老年骨质疏松；能够抑制胆固醇在动脉内壁的沉积，从而防治动脉硬化；食用猕猴桃，还可以改善心肌功能，防治心脏病等。在抗癌方面，猕猴桃所含物质能够起到抑制肠道内亚硝胺对组织的诱变。一些癌症病人食用猕猴桃后，可以减轻厌食的状态，还有助于减轻病人做 X 线照射和化疗中产生的副作用和毒性反应。多食用猕猴桃，对于阻止体内产生过多的过氧化物也有一定的作用，能够有效防止老年斑的形成，延缓人体衰老（毛月玥，2015）。可见，猕猴桃本身具有较高的功能保健价值，赋予了猕猴桃天然的营销优势。

（三）后熟恰当，美味呈现

猕猴桃的成熟可以有三个阶段：生理成熟期、生理后熟期和食用成熟期。采摘猕猴桃是由其生理成熟标志决定，可溶性固形物含量是确定是否可以采摘的主要参考标准。比如，早、中熟品种可溶性固形物含量必须达到 6.2%～6.5%，晚熟品种达 7%～8%才能采收。但猕猴桃和香蕉、芒果一样，是一种后熟型水果，这些水果买回来之后要催熟后才能保证水果成熟。所以大家在买猕猴桃回来的时候，总是会放几天才吃，这个阶段是生理后熟。猕猴桃却又是后熟型水果当中比较特殊的一种，它不放熟的话就很酸，而且果肉也相对比较硬，食用口感很差。猕猴桃商品的这个特点是影响消费和营销的重要因素。猕猴桃经过一个阶段生理后熟就达到食用成熟期，味道相当不错，果肉也软。后熟果的可溶性固形物含量必须大于或等于14%，固酸比大于或等于8.0，总酸度不能超过1.5%。

由于生理后熟期的长短受成熟度和环境条件的影响。成熟度高的，或置于高温条件下的，后熟期较短。猕猴桃存放环境温度越高，果实新陈代谢越活跃，后熟越快。让消费者根据经验来催熟，消减了消费的愉悦感，影响消费行为。所以解决好生理后熟让猕猴桃达到美味的食用阶段是猕猴桃营销需解决的重要问题，也是增进消费愉悦的重要措施。一般而言，采收时的成熟度还与后期的贮藏、运输、终点站市场货架期密切相关。所以，保证采收时猕猴桃生理成熟是提高消费品质的关键措施之一（姜正旺等，2020）。

（四）鲜食消费，主流方式

猕猴桃生产过程是在人力与自然力的共同作用下，经过繁殖、培育、生长与成熟的过程形成。从生物学角度看，猕猴桃收获以后，它仍然处于生物状态，仍然是细胞组织，并且有一定的水分。鲜食是猕猴桃消费的主流方式，所以，猕猴桃的鲜度是影响消费的重要因素。不管是收获季节还是经过贮藏后的销售，猕猴桃越是新鲜其消费价值越高，从而卖价亦越好。从另一方面看，猕猴桃采收后保鲜贮藏是通过生物保鲜技术、物理保鲜技术或化学保鲜技术，抑制贮藏期乙烯释放量和呼吸高峰从而维持猕猴桃新鲜状态。无论采取什么条件的保鲜和贮藏，它都会发生理化性质变化，措施不当的话，会腐败变质，从而失去食用价值。在整个猕猴桃供应链上，猕猴桃保鲜一直是关注的主题，也是影响营销的永久话题（李丽琼等，2020）。

（五）品种丰富，地域多样

由于我国野生猕猴桃资源丰富，各地通过选育培育的新品种或良种也非常丰富，单就猕猴桃果肉颜色看，有绿肉、红肉、紫肉、黄肉等。不同品种的商品特性对不同的消费人群具有吸引力，从而形成不同的消费群体。所以猕猴桃品种的多样性是猕猴桃生产和营销差异化策略的基本依据（刘沛博，2019）。

猕猴桃生产对自然资源的高度依赖性决定着生产与供给具有鲜明的地域性。在生态区域相似的产区，猕猴桃上市比较集中。我国猕猴桃一般8—11月上市一直到翌年4月，分早、中、晚熟品种，海拔和纬度也有成熟时间上的差异。中秋国庆前后、元旦前后、春节前后是3个销售旺季。由于新西兰和其他国家猕猴桃所处的生态区域有差异，上市的时间不完全相同，比如新西兰5—12月、意大利2—8月、智利4—9月、法国4—9月上市。

二、猕猴桃消费群体

消费群体是指有消费行为且具有一种或多种相同的特性或关系的集体。比如消费者收入水平相近、购物兴趣相同，或者年龄处于同一阶段，或者工作性质与职业相同等。消费者对猕猴桃选择购买的行为特征与规律是猕猴桃消费群体形成的基本内因，也是猕猴桃产品营销决策的依据（刘沛博，2019；齐秀娟等，2020）。一般来说，消费者对猕猴桃消费选择行为受消费者个性特征、收入水平、消费理念和购买决策因素影响。

（一）消费者个性特征

1. 年龄对消费选择行为影响 不同年龄阶段的消费者在消费观念、生活方式等方面存在较大差异，这直接影响到他们的消费选择行为。有研究表明，在所有去超市购买农产品的消费者中，20～30岁的占比大于45岁以上的消费者占比，而去农贸市场购买农产品的消费者中，45岁以上的消费者占比大于20～30岁的消费者占比。这可能是由于超市的进货渠道比较正规，对产品质量安全的监管强于一般集贸市场，而年轻人对于质量安全的要求高于对价格的要求。中老年消费者可能更注意价格因素。国内超市为了吸引中老年人消费者，往往在农产品价格上进行定量、定点、定时的打折促销。所以，在超市门前排队抢购的往往是中老年人。黄风瑜（2014）对广州猕猴桃消费者进行的研究显示21～40岁的消费者最多，占样本总数的86.2%。研究认为猕猴桃果品在国内普及也是近十年，年轻人更容易接受新鲜事物。齐秀娟等（2020）研究认为猕猴桃消费者不同年龄段均有分布，以18～24岁和25～34岁最多，共占79.8%。

2. 受教育程度对于消费选择行为的影响 众所周知，教育的功能是使受教育者获得更多、更新、更全面的系统信息，以及运用知识进行判断和决策。所以，猕猴桃的健康营养、绿色营销以及品牌化更容易被教育程度高的消费者接受，而影响消费选择。

此外，购买地的选择与消费者的教育程度也有关系。李春成等（2005）对武汉的研究也显示，集市购买者有80%以上是高中及以下文化程度，其中高中文化程度的消费者比例最大，是集市购买者的主流群体。超市购买者70%以上是大专以上文化程度，是超市购买者的主流群体。许多研究结论显示，农产品消费者受教育程度与去超市购买生鲜食品的程度呈正相关。

3. 职业与消费选择行为 职业对包括猕猴桃在内的农产品消费选择的影响首先也表现在购买地点的选择上，是去农贸市场还是去超市购买。李春成等（2005）对武汉市的研究结果显示，在所有去农贸市场购买蔬菜的消费者中，工人、农民和无固定职业者占53.18%，普通职员和个体户占32.95%，中级职员、公务员和教育科研人员占13.87%。在全部去超市购买蔬菜的消费者中，工人只占2.53%，职员占21.52%，公务员占44.3%，私人业主占31.65%。这种不同职业群体形成不同的购买行为的现象，其主要原因在于职业决定着经济收入和消费水平，同时也存在自我形象塑造及群体相互影响的原因。对猕猴桃消费群体研究结果显示，不同类型消费者中，学生是最大的消费群体（54.4%），其次是有一定固定收入的公司职员、公务员和教育工作者；农民、工人和个体经营者也有一定需求，但占比较小（齐秀娟，2020）。

（二）消费者收入水平与消费选择行为

消费者收入水平从多方面影响消费者的猕猴桃消费选择。一是收入水平影响到消费者对高品质猕猴桃的消费选择。这就是为什么这几年有些地方存在猕猴桃滞销，但高品质的果品存在滞销现象少，甚至高品质猕猴桃还供不应求的现象。虽然我国猕猴桃产量几乎每年都有增长，但我国每年从新西兰和意大利进口猕猴桃的量也在增加。2015年佳沛在中国的销售量是1800万箱，2018年达到2700万箱。而我国在2015年和2018年猕猴桃产量都超过200万t，但我国进口猕猴桃量从9.02万t增长到11.3万t，主要原因是新西兰、意大利等国家猕猴桃的优果率可达到70%，高档果率能达到50%，而我国猕猴桃优果率和高档果率都低于国际同行。二是随着收入水平的提高，对猕猴桃的安全性要求越来越高，这就是为什么我国绿色有机猕猴桃发展迅速的原因，同样能解释为什么进口猕猴桃量增长。其他研究也表明，在影响是否愿意购买绿色农产品的调查中，最显著的是收入特征。收入高的消费者更加愿意购买绿色农产品，消费者的收入水平与消费者的绿色食品购买频率存一定的正相关关系。三是收入低的消费者更愿意在农贸市场购买，而收入高的消费者愿意去超市购买（刘沛博，2019；齐秀娟等，2020）。

（三）消费理念与消费结构的转型

改革开放以来，我国居民的生活水准、生活方式和消费观念发生了深刻变化。首先，追求营养健康的消费理念不断强化。城镇居民食品消费不再满足于吃饱，而向吃精吃好、吃出健康转变，对食品的选择更加挑剔，从过去追求数量向追求质量转变。猕猴桃营养丰富，其健康功能在逐步引导消费者的选择。比如，曾经是中国猕猴桃的主流品种海沃德，这五年种植面积在逐步缩小，原因不是产量不高，而是它单一口味不再满足中国人多元化的需求（齐秀娟等，2020）

其次是追求多样化、高档化的消费理念日益普及。城镇居民的食品消费已经越来越不满足于传统口味，多数消费者在食品风味上喜欢尝鲜和创新，尽可能追求多样化。苹果、梨、桃应该是比较早进入中国的家庭，而且消费普及程度很高，是传统水果的代表。中国猕猴桃产业的兴起应该是从本世纪开始，尤其是2006—2014年间世界猕猴桃种植面积迅速扩大。所以，猕猴桃被国外认为是高档商品，进入超市和农贸市场对于大多数中国人来说是新鲜事物。也许正是尝鲜和创新的消费理念推动了猕猴桃消费的增长（李丽琼等，2020）。

再者，追求更多闲暇和享受生活的消费理念正日渐扩展。随着消费水平的不断提高，人们的生活方式和饮食习惯正在潜移默化地发生着改变，人们对消费多样化和休闲的追求日渐强烈。节假日和交通方式便利化，使消费者有更多的时间和机会接触猕猴桃的采摘和品尝。猕猴桃独特的风味、多样化的形状以及赏心悦目的颜色，增加了消费者消费的动机（祁旭，2019）。

（四）消费者购买猕猴桃的综合因素

消费者行为受各种内部、外部因素的影响，但所有的外部影响因素最终内化为消费者的消费选择行为。比如收入的高低内化为对价格的关注，对质量安全的要求内化为对购买场所的选择，对营养健康的关注内化为购买高档优质猕猴桃的选择。

消费者的购买决策有时会涉及以下几个方面的问题：一是产品内在因素，包括营养、观感、新鲜度、有害成分，如农药残留、添加剂残留、加工程度等；二是产品外在因素，包括品牌、包装与标识；三是产品价格；四是购物场所，包括场所内品种、环境及便利性。俞菊生等（2006）对上海消费者就蔬菜购买中最关心的因素进行的调查显示，在给定的9个因素中，提到次数最高的是营养保健，然后依次是外观新鲜、无化学残留、价格。对购买场所的要求除了品种多外，其次是环境干净、方便、服务好等。

（五）线上消费行为选择

随着信息技术和互联网技术的日益发达，电子商务技术的日趋成熟，网上购买消费成为生活时尚。消费者网络购买的平台主要有京东、淘宝、拼多多等知名电商平台，微信、微博等微商平台，抖音、火山小视频等直播平台（霍云霈等，2019）。

有研究认为，网上购买消费行为用户群体中，25～34岁人群占比最大，达53％，35～

44岁占比28％排名第二，45岁以下线上消费群体占了近80％，说明带动猕猴桃线上销售群体年轻化，年轻消费者成为网购的主力军（武冬莲，2021）。这可能由于年轻人更愿意接受新型的消费方式，增加生活的情趣。此外，生鲜电商"本来生活"调查显示，凡是生鲜电商的资源投入力度大，基础冷链物流设施强的省份，猕猴桃线上购买消费的群体就大。广州、北京、上海、江苏、浙江是目前"本来生活"猕猴桃线上购买群体占比最大地区。

三、猕猴桃市场需求

（一）消费市场总量稳步增长

近年来，国内猕猴桃消费量逐年提升，由2014年的209万t增至2018年的266万t，居水果销量第六位。猕猴桃人均消费量不断上涨，2018年猕猴桃人均消费达到1 900g，比20世纪90年代的80g增长了22.75倍，比2014年的1 400g增长了0.36倍（图17-1）。2018年国内猕猴桃人均消费量是国际人均消费量的3.2倍，接近发达国家消费水平。

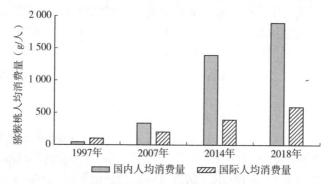

图17-1　猕猴桃国内外人均消费量随年份变化

（二）猕猴桃消费市场呈现多元化

猕猴桃产业联盟调查显示，我国传统消费多以绿肉猕猴桃为主。近年来，消费者对猕猴桃的选择趋于多元化。据调查，86.0％的消费者喜爱猕猴桃，其中53.9％的消费者喜欢偏甜型品种，38.4％的消费者倾向于酸甜适中型，只有3.8％的消费者没有特别的偏好。消费者选择猕猴桃时，除了考虑口感和价格之外，果肉颜色、营养物质和外观都影响消费者的选择，同时，猕猴桃的产地、包装、品牌等也成为消费者选择购买猕猴桃的影响因素。其中，消费者对黄肉、红肉等多元化品种的需求量增加，绿肉猕猴桃销售额占比逐年下降。

消费者对于猕猴桃产品类型也表现出多元化。鲜果仍然是最主要的消费产品，果汁和果脯消费比例有所增加，此外，8.4％的消费者会选择果酒和果醋。

消费者选择购买猕猴桃的主要目的是补充维生素，占总调查人数的52.5％；其次是23.7％的消费者由于猕猴桃果实丰富的抗氧化物质，而用于美容；还有14.7％的消费者选择猕猴桃是由于其含有丰富的叶黄素。

（三）猕猴桃消费市场品牌化

品牌是商品与消费者最直接的桥梁，是消费者认知商品的名片。随着消费者群体和需求的扩大，消费者对猕猴桃产品的认知加深，消费的依赖性增强，对猕猴桃产品品牌的认知度也逐渐提高（Petra et al.，2020）。齐峰、金桥、秦旺、周一、第五村、鑫荣懋、七不够、十八洞村、依顿、佳沃、悠然等众多国内知名品牌受消费者青睐。区域化公用品牌如眉县猕猴桃、周至猕猴桃、苍溪红心猕猴桃、都江堰猕猴桃、蒲江猕猴桃、西峡猕猴桃、金寨猕猴桃、奉新猕猴桃、赣南猕猴桃、赤壁猕猴桃、建始猕猴桃、湘西猕猴桃、六盘水猕猴桃、水城猕猴桃、修文猕猴桃、丹东软枣猕猴桃等的影响力不断提升。

(四) 高端优质猕猴桃受到青睐

近五年猕猴桃销售价格整体平稳，但优质果和普通果的销售价格出现明显的两极分化，消费者对高端的优质猕猴桃的选择性逐渐加强（郭耀辉等，2020）。慧农网数据显示，2020 年 9 月，全国各地不同品种销售猕猴桃价格与往年相比，整体平稳。其中，红肉猕猴桃品种价格最为稳定，每千克平均售价 16.6 元，90％保持平稳，只有 10％稍有下跌；翠香、海沃德和秦美猕猴桃 70％以上价格平稳；而 33.3％的徐香猕猴桃价格出现下跌，可能由于当年徐香开花期间气温持续升高，授粉效果差，同时，6—8 月持续降雨，果实商品属性有所降低，最终导致徐香优果率降低，影响销售价格。

猕猴桃平均销售价格整体平稳，但不同质量猕猴桃产品其价格差异较大。2017—2019 年，红肉猕猴桃优质果每千克平均价格 22.46 元，是普通果平均价格（9.5 元）的 2.36 倍；徐香的优质果每千克平均价格 7.84 元，而普通果平均价格是 4.96 元，优质果是普通果的 1.58 倍。同时，从消费者对不同价格档次猕猴桃购买选择来看，2015 年，每千克价格 8 元以下消费占比最高；而 2019 年，消费占比最高的是每千克 8～20 元，占比为55.5％；选择每千克 22～40 元价位的消费者，2019 年占比 32.91％，是 2017 年的 7.74 倍。

第二节　猕猴桃价格与定价

一、猕猴桃的价格特点与形式

(一) 价格特点

1. 价格体系的复杂性　猕猴桃商品价格不仅因流通渠道不同而具有收购价、批发价、零售价等其他商品共有的价格形式，同时其种类、品种间价格差异大，且差种类多。猕猴桃的市场价格根据地区、品种等因素而有所变化，并且同一城市价格都会有许多差异，每千克价格一般在 4～20 元，但优质高端果品售价可达每千克 60～120 元，如在湖南凤凰，一盒红肉猕猴桃曾售价高达 399 元（18 个）。通常猕猴桃市场价格受品种、品质影响较大。此外，还会受到天气、环境及上市时间等多方面因素影响（刘心敏等，2020；闻卉等，2020）。

2. 价格变化的灵敏性　猕猴桃商品价格波动较大，且受需求弹性影响也大。由于猕猴桃不仅受土地资源、气候条件（自然灾害）的限制，而且受生产技术推广慢、鲜果不耐贮运的影响大，从而造成价格波动大。我国猕猴桃种植区域主要分布在陕西省、四川省、湖南省、浙江省、贵州省等地区，且生产者多、一般规模小、投入差异大等，价格较灵活，不易形成市场垄断（闻卉等，2020）。目前较为知名的国际猕猴桃品牌主要来自新西兰和意大利，其早已形成规模化生产，在价格上较中国而言有较大优势。如新西兰品牌

Zespri 在品牌定位上摆脱大众心中的日常消费水果定位，售卖形式上放弃了水果散称散卖，改为包装盒和礼盒产品，价格定位也比其他猕猴桃品牌要高，以金果为例，目前售价在每个 10 元左右。

3. 价格变动对供给的长期影响性 猕猴桃生命周期较长，但采收具有季节性，我国猕猴桃上市时间多集中于 8—11 月，当某种品种猕猴桃价格上涨时，在短期内，由于生产者无法生产大量产品投放市场，故对市场供给量影响小，但对供给的长期影响性大。据此，猕猴桃可维持一段较长时期高价格。反之，若市场果品供给量大，当价格下跌时，则销售数量降低影响时间较长（刘心敏等，2020）。此种规律的掌握，对于把握猕猴桃市场供需量与市场销售预测具有重要参考价值。

（二）价格形式

价格依不同分类方式具有不同形式。按价格的性质和形成特点，可分为计划价格和非计划价格。计划价格是国家以生产价格为基础，按照物价政策要求而有计划制订的。非计划价格是由买卖双方协商议定的价格，它受价值规律调节，具有自发性，而且易出现人为的大起大落等问题，需通过市场价格管理、适当经济措施和政策法规管制等措施，解决其存在的不良影响。我国猕猴桃价格主要为市场价格，按照价格所处流通环节可划分为收购价格、批发价格和零售价格等主要价格形式（王仁才，2016；闻卉等，2020）。

收购价格是商品经营者直接从生产者手中购进商品时所采用的价格，收购价格由生产者在生产该商品时支付的生产成本加上税金及利润构成。批发价格是批发商出售给零售商或下一级批发商所采用的价格，分为产地批发价格和销地批发价格。批发价格直接由收购价加上购销差价组成。零售价格是商品直接出售给消费者的价格。收购价格是猕猴桃商品的起点价格，批发价格为中间价格，零售价格则为终点价格。猕猴桃鲜果的产地收购价（离园价）与零售价相差较大。如陕西省翠香猕猴桃 2022 年产地（果园）收购价为每千克 10～12 元，销地零售价达每千克 24～30 元，相差 1～2 倍以上。

二、影响猕猴桃价格的因素

定价受到复杂的市场营销环境和参与市场交换的人为感觉的影响。因此，影响定价的因素包括营销组织的内部和外部两方面因素。

（一）内部因素

1. 定价目标 企业对将要实现的目标越明确，制定价格就越容易，就越具有价格营销优势。定价目标主要有以下几种（刘茜，2016；刘心敏等，2020；闻卉等，2020）：

（1）利润目标。利润目标是企业营销的直接动力和追求的基本目标之一，许多企业都把利润作为重要的定价目标。当前利润最大目标：一般企业都想有一最大化的当期利润和理想的投资报酬率，并希望通过制定一个理想的价格实现。但追求最大利润并不等于追求最高价格，价格过高，会抑制购买、加剧竞争，产生更多的替代品，甚至会导致政府的干预。满意利润目标：在获取一定利润的同时，还要全面平衡成本，提高对消费者的吸引力和增加销售量，同时还要平衡长短期利润等。许多企业把定价目标的重点转移到考虑投资的收益上，即企业追求一定投资水平和风险水平上的常规利润。常规利润率通常指税后利润占投入资料的百分比。2019 年，我国猕猴桃种植利润为每公顷 52 500～60 000 元，其他猕猴桃主产国收益相对稳定，新西兰佳沛集团猕猴桃绿果平均收益约每公顷28.5万元，而金果（Sun Gold）的平均收益约每公顷60万元，法国与意大利猕猴桃的平均收益均超过了每公顷15万元。从品种收益角度分析，欧洲国家绿肉、黄肉、红肉品种的平均回报率分别为每千克5.1元、11.3元、15.4元，有机产品价格可高出50%以上。

（2）销售目标。市场占有率和利润有很强的相关性，所以保持或扩大市场占有率是企业的目标之一。较高的市场占有率必然带来较高的利润，以低价渗透的方式进入目标市场，力争较大的市场占有率。同时，大量的销售即可形成强大的声势，提高企业在市场的知名度。

（3）竞争目标。在定价之前，先将本商品的质量、规模与竞争者同类商品进行比较，然后根据企业自身条件，决定商品的价格。根据市场领导者的价格，随行就市，稳定市场。有些拥有雄厚资金及专有技术、具备较强竞争力的企业，为了抢夺市场，则判定与竞争者相同的价格。否则，实力较弱企业为了扩大市场份额，定价则要低于竞争对手。

2. 成本　企业最低的价格限度是以成本为底线，在不同的生产水平下，企业的成本行为是不同的。制定价格过程中的成本也会发生变化。企业在定价时应充分了解在不同生产条件和不同的生产规模下，成本是如何变化的。根据《我国猕猴桃市场与产业调查分析报告》分析，2019年绿肉、黄肉、红肉猕猴桃田间收购价每千克分别下跌至3.2元、3.8元、6.4元，跌幅竟高达40.7%、55.6%、50.6%，导致该现象最主要的原因是随着猕猴桃种植面积快速扩张，产品总量和结构性过剩，主产区猕猴桃收购价格大幅下跌，利润空间不断压缩，随着我国人力成本增加，劳动力供应紧张，加之物流、包装成本上涨，猕猴桃生产成本持续上行。以周至县猕猴桃食品有限公司为例，产品成本由猕猴桃的直接材料、直接人工、加工费用、损耗、包装物等组成，其中2014—2016年产品成本增长率分别为8.83%、8.84%、9.4%。

（二）外部因素

1. 消费者的消费水平与偏好　不同消费者细分市场对价格水平和价格变化反应不一样，如市场容量与购买力的大小。消费者的生活习惯与偏好在不同的国家，甚至在同一国家的不同地区存在很大差异。譬如在欧美国家猕猴桃均按个为单位售卖，平均为1~2美元/个，399元/盒。就高收入和高消费的国家而言，总的消费倾向是对产品需求的范围广、层次高、质量精、款式新且样式多，但收入分配的不平衡，又使相当多一部分人和家庭只能购买中低档的商品。多样化的需求也决定了多样化的产品价格结构。在猕猴桃销售时可根据市场顾客需求为原则，对消费者在口味、大小、品种和成熟度的需求进行全面而详细市场调研，根据不同市场消费者消费需求及其偏好的差异，开发出不同的品种，从而提高竞争力（王森培等，2020）。

2. 市场需求　市场需求也叫市场商品需求量，是指一定时间内消费者对市场商品有支付能力的需求总量。商品需求量的大小与商品价格有密切关系，当某种商品的价格上涨时，就会引起需求量减少；当价格下降时，需求量就会增加。这种需求的变化一般用商品的需求弹性来表示（赵维清等，2018）。

需求弹性即需求价格弹性，是指商品的需求量对价格变化反应的灵敏程度，或即商品价格变化对需求量变动的影响程度，常用需求弹性系数（Ed）表示（图17-2）。

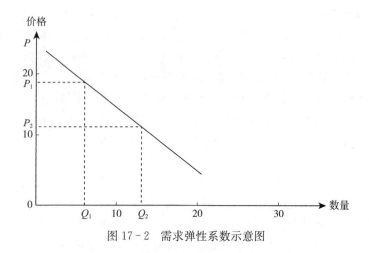

图 17-2　需求弹性系数示意图

需求弹性系数，是指需求变动率与价格变动率的比值。其公式为：

$$需求弹性系数：Ed = \frac{(Q_2 - Q_1)/Q}{(P_2 - P_1)/P}$$

式中，Ed 为需求弹性系数；P_1 为变动前的商品价格；P_2 为变动后的商品价格；Q_1 为价格变动前的需求量；Q_2 为价格变动后的需求量。需求量是按照与价格相反方向变动的，故需求弹性系数为负值。因此，弹性系数一般以绝对数值来表示。弹性的大小，以弹性系数 1 为分界线。当 $|Ed| > 1$ 时，则富有弹性，需求对价格变化敏感；$|Ed| = 1$ 为标准弹性；$|Ed| < 1$ 为缺乏弹性，$|Ed| = 0$ 为无弹性，则需求对价格变化不敏感（赵维清等，2018）。

例如，某地猕猴桃果实销售价格由每千克 10 元降到每千克 5 元，其月销量从 10 000kg 增加至 20 000kg，则其需求弹性系数为：

$$Ed = \frac{(20\ 000 - 10\ 000)/10\ 000}{(5 - 10)/10} = -2.0$$

需求价格弹性系数为 2.0，说明需求量对价格变动的反应非常灵敏，当价格降低 50% 时，其需求量就会增加 100%。需求弹性受商品需求的必要程度、可替代品种、种类及其数量以及与这些替代品的相互接近程度等因素的影响。猕猴桃等果品种类多，常常可相互替代，故其需求弹性大。在销售该类富有弹性的商品时，提高价格往往导致销售额的下降。

3. 市场竞争　市场竞争就是同类商品或可替代商品之间发生的价格竞争与非价格竞争，对购买者最具吸引力的商品应该是价廉物美的。猕猴桃定价需要参照竞争者商品的价格，不仅要了解在某一成本水平下，价格是否具有应对竞争的能力，而且要考察消费者对竞争商品的质量和价格的认知情况。如果本企业产品与竞争者相类似，成本又接近，产品价格也应接近。但如果类似的产品存在差异时，竞争者之间就会产生价格战。企业应及早将成本控制在最低的限度内，譬如对销售成本的控制。在销售时可与各超市、水果店合作销售，降低销售成本。猕猴桃产品的口碑效应已经形成，一是公司可以根据这一效应减少对广告费、宣传费的投入，从而减少产品的销售成本；二是口碑的效应形成，很多超市以及水果店都争相从公司购进产品进行销售，公司可以与各超市、水果店进行合作，共同销售猕猴桃产品，这样不仅节约了销售人员的工资，也节约了销售商铺的房租、水电等费用，从而大大减少了产品的销售成本，从而提高市场竞争力。

三、猕猴桃定价策略

（一）基本定价策略

基本定价策略是指以顾客及市场需求为基础的商品定价策略（刘茜，2016）。

1. 心理定价策略 心理定价策略是指根据消费者的不同购买心理制订相应价格的策略（刘茜，2016；刘心敏等，2020；闻卉等，2020）。

（1）零头定价。零头定价采用取零不取整技巧，在市场中猕猴桃与其他商品惯用 9 或 7 作尾数。使顾客产生便宜、定价认真的感觉，增加货真价实的信任感，能够促进购买。

（2）声望定价。声望定价是指利用企业或产品品牌在市场上获得的声望，将产品售价定得较高。积极打造"中国农产品地理标志产品""绿色食品""有机食品"等品牌建设，如素有"猕猴桃之乡"之称的陕西省宝鸡市眉县的"眉县猕猴桃"、陕西省西安市周至县的"周至猕猴桃"、湖南省凤凰县的"凤凰红心猕猴桃"等品牌，由于其名优特品可提高价格，而且可满足某些顾客的特殊需求，如地位、身份等。

（3）分级定价。分级定价是指将同一种产品按规格大小及色泽等划分不同档次或等级，对不同档次等级分别定价。销售者通过对猕猴桃外在品质进行对比，如采收成熟度、果实大小等，使顾客感到货真价实、按质论价，以满足购买心理。

2. 差别定价策略 差别定价策略是根据销售地点、销售对象及销售时间等条件的变化确定商品价格的方法。如各种植地区大力推进农旅、文旅融合发展，及农业特色产业的发展，游客进行采摘体验等定价可高些。此外，根据消费者阶层、年龄、爱好等进行差异定价（刘心敏等，2020）。

3. 折扣定价策略 折扣定价策略是指为了扩大销售量、加速资金周转、争取更多中间商和顾客，对购买者给予一定的价格折扣的定价策略。猕猴桃上市时间较集中，可进行提前预订，预订数量越多、金额越大，可进行不同程度折扣，在零售期间也是如此。如果是长期供应商可采用累计数量折扣，一定时期内购货累计达到的数量或金额，给予大小不同折扣。或根据市场情况对不同品种、不同品质猕猴桃给予一定优惠，促进消费（钱大胜，2016；闻卉等，2020）。

（二）新产品定价策略

1. 高价策略 高价策略又称取脂定价策略或撇脂定价策略。即在投放市场初期定价较高，以在短期内获取高额利润。对于货源不足、供应紧张的产品比如精品红肉猕猴桃、黄肉猕猴桃、软枣猕猴桃等名优特产品特别是新选育品种在前期可采用该定价模式，盈利后对销售不利时，则根据市场需求情况逐步调低价格，扩大市场占有率（钱大胜，2016；闻卉等，2020）。

2. 低价策略 低价策略又称渗透定价策略，即薄利多销策略。产量高、管理粗放、投入成本少的猕猴桃品种，为增加竞争力可适当进行薄利多销。或新产品为渗透市场，在上市前期低价进入，提高市场占有率，待市场稳定后，后期逐步加价。该策略短期内利润低，但长期利润要比高价策略高，为一种长期营销定价策略，适于需求弹性较大的猕猴桃产品定价。

3. 满意定价策略　满意定价策略是一种介于高价和低价之间的温和定价策略。有利于争取顾客，扩大销售，但盈利率和市场占有率较低。一般采用反向定价法，即先通过市场调查拟定出消费者可以接受的价格，然后再从反向推算出销售价格（刘心敏等，2020）。

第三节　猕猴桃营销

一、猕猴桃的营销模式

（一）猕猴桃传统营销模式

1. 农户为主的营销　小农户为主的经营是我国猕猴桃产业发展的一个特点。农户负责生产也负责产品的营销。这种方式最大优点是销售灵活。农户可以根据本地区销售情况和周边地区市场行情，自行组织销售。这样既有利于本地区农产品及时售出，又有利于满足周边地区人民生活需要；农民获得的利益大。农户自行销售避免了经纪人、中间商、零售商的盘剥，能使农户获得实实在在的利益。但这种营销方式的不足在于：销量小，农户的能力不同，营销的结果也不同。此外，农户主要依靠自家力量销售猕猴桃，很难形成规模，这样就缺少对价格的话语权，随行就市，利润不稳定，销量不稳定。尽管从长期来看可以避免"一窝蜂"现象，但在短期，很可能出现某地区供大于求、价格下跌的状况，损害农民利益（孙庆刚，2014）。

2. 大户带动型营销　改革开放的大潮中，在农村涌现了许多靠贩运和销售农产品发家致富的"能人"。他们往往集中在县一级和乡镇一级的地域，把周边地区农产品收购集中，然后销往各地；也有部分销售大户联系外地客商前来农产品生产地直接收购。从实践来看，销售大户起到了猕猴桃营销"经纪人"的角色。这种销售渠道具有适应性强、稳定性好的特点。适应性强是指能够适应各种农产品的销售，把当地农产品集中销往各地；稳定性好则是由于销售大户的收益直接取决于其销量，这就充分调动了"大户"们的积极性，他们会想尽各种办法，如采取定点销售，或与零售商利润分成等方式来稳定销量（胡创业，2015）。

但作为个体农产品销售主体，在市场操作过程中往往遇到信息不畅的问题。由农户转化而来的销售大户，很难在市场信息瞬息万变的今天，对市场信息进行有效地搜集、分析、处理及市场预测，且风险较高。对于进行猕猴桃外运的大户来说，会遇到很多困难，如天气、运输、行情等；大户对市场经济知识缺乏较深了解，销售能力有限，仅仅适合区域性销售（罗万纯，2013）。

3. 合作组织营销　合作组织营销也就是通过综合性或区域性的社区合作组织，如流通联合体、贩运合作社、专业协会等合作组织销售农产品。购销合作组织一般不采取买断再销售的方式，而是主要采取委托销售的方式。所需费用通过提取佣金和手续费解决。利用"社员＋村委员（分社）＋合作社＋外贸出口公司"的产业链条，对社内外果农户实行"五统一管理"，即统一原产地注册品种果苗栽植、统一无公害技术管理、统一出口标准收购加工、统一无公害及商标品牌包装宣传销售、统一订单果款结算。这样农民在整体的标准下生产，形成产量规模和质量统一，增加了产品的价值，也实现了销售途径提前化，销售价格和资金回笼都得到保证（孙庆刚，2014；罗万纯，2013）。

2015年和2016年初还出现了很多合作社引进外部投资、地域众筹和电子商务等模式，增强了合作社的经营实力，为农民经营销售开拓出一条新路。通过合作社销售，猕猴桃有了销量保障，同时合作社的统一管理也有利于猕猴桃规模的形成。但是合作社还有很多模式需要不断地去探索、完善，这也是未来猕猴桃销售的一条发展之路。

购销合作组织和农民之间是利益均沾和风险共担的关系，这种营销方式的优点是：既有利于解决"小农户"和"大市场"之间的矛盾，又有利于减小风险；购销组织也能够把分散的农产品集中起来，为猕猴桃再加工实现增值提供可能，为产业化发展打下基础；在订单农业中，从保证数量和质量的环节起到重要的作用。

从现实运作情况来看，通过合作组织销售猕猴桃主要存在以下问题：农民参加合作组织的自愿、自主意识不强；由于合作组织普遍缺乏资金，很难有效开拓营销市场；合作组织缺乏营销专业人才，还往往有很大的局限性，市场的分析能力缺乏，容易出现决策风险。合作组织如果管理不当，合作组织的凝聚力就不强，很难做好营销工作。

4. 专业市场为依托的营销　专业市场是指在一定区域内形成的，以乡镇企业和个体企业为主要经营者，以一种或几种有连带性的商品为主要交易对象，以批发为主要经营方式，按照市场规律运行的商品交易场所。所以，专业市场是指以现货批发交易为主，集中交易某一类商品或若干类具有较强互补性和互替性商品的场所（刘天祥，2016）。

专业市场营销就是通过建立影响力大、辐射能力强的猕猴桃专业批发市场来集中销售猕猴桃。专业市场销售以其具有的诸多优势越来越受到各地的重视。采取周边县乡以种植相同相似品种为主，农民将猕猴桃运输到专业的批发市场进行销售，采购商也集中到批发市场进行采购，买卖双方直接对接，可以减少中间环节的损耗（刘天祥，2016）。

5. 销售公司依托型营销　销售公司依托型营销就是通过区域性农产品销售公司，从农户手中收购猕猴桃，然后外销。农户和公司之间可以签署专门的采购和销售合同，也可以是单纯的买卖关系。这种营销方式在一定程度上解决了"小农户"与"大市场"之间的矛盾，改变了农民强生产弱销售的格局，使双方各自发挥自身的优势，专业的事情让专业人员去做。而且销售公司往往可以在与农民签订合作协议时，对于猕猴桃的品种、等级、质量、规格进行提前约定，保证了商品的质量，农民在签订合作协议时，可以对销售价格进行约定，从而能够保证自身的收入安全。这是订单农业的一种具体体现模式。

（二）猕猴桃现代营销模式

1. 电商营销　随着信息技术、网络技术的不断发展，及其与同社会经济结合程度的加深，从单纯地通过网络发布信息、传递信息，到在网上建立商务中心，从作为传统贸易手段补充，到能够在网上完成全部业务流程，电子商务逐渐成为消费者消费行为的主要平台。目前移动通信技术的发展，使得无线上网技术已经成熟，智慧城市和社区开始出现，以手持无线终端设备为特征的移动电子商务体现出蓬勃发展之势，包括猕猴桃在内的生鲜产品线上发展迅速，水果大类发展异常迅猛，在多数生鲜电商中水果销售占比普遍较高。作为水果中重要品类的猕猴桃，网络消费和网络销售也逐步成为猕猴桃市场的主渠道，带动了优质猕猴桃产品的销售范围扩展，电商商务撑起了猕猴桃销售的半壁江山（惠文静等，2016）。

随着乡村振兴战略不断推进和互联网经济的高速发展，农民在互联网经济中的受益范围不断拓展，他们已经开始积极学习新农业技术及电商运作知识、技能等，有效提升了收入水平。简单易行的生活化软件的普及，给普通人带来面对广大市场和消费者的契机，与三农关系密切的草根网红和明星网红等不断涌现。比如，"农村四哥""李子柒""华农兄弟""滇西小哥"等具有乡村元素的视频创作人陆续"走红"，因其拥有一定粉丝量和广告商资源等，可通过互联网线上推广渠道销售线下商品，与传统农村电商的区别在于商品营销不仅依托商业广告、流量曝光等，更需要经营者（视频博主）的人气堆积、人设搭建等。以猕猴桃销售为核心导向的短视频是否能实现持续发展及裂变，重点在于视频创作思维及技巧，如何表达猕猴桃的特色和文化，以及猕猴桃与乡村元素的对接，如何避免"广告嫌疑过重"等现象。

各种电商形式都善于利用特殊节日促销，使得电商销售大众化、普及化。比如，每年的双十一促销，无论是参与的商家还是成交的金额都连年攀升。据淘宝网数据统计，2009年双十一首次开展时，参与销售的品牌有 27 家，销售额仅为 0.52 亿元，到 2020 年参与品牌超过 18 万家，销售额超过 3 723 亿元（图 17-3）。

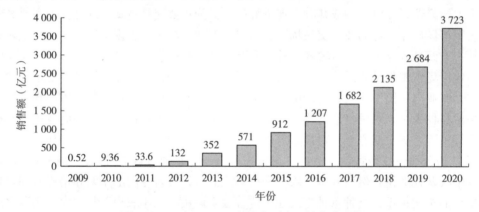

图 17-3 2009—2020 年淘宝双十一销售成交额

总的来看，目前电商营销有以下几种类型：

①家庭农场/新农人。果农将自己的产品进行包装，在亲朋好友间宣传。

②自产自销。利用社交媒体如微信、微博等传播，采用第三方快递发货。

③微商分销。果农将产品直接销售给平台，或平台中的个人分销商。平台上活跃的个人分销商通过分享链接的方式介绍产品，个人分销商大多无需负责送货。

④团购、拼团型平台。以拼团为主，自采产品通过微信拼团销售。用户自主传播性强。

⑤平台类电商。平台类电商以商家入驻为主，商家自主管理，商家为生产者或为批发商零售商。商品种类丰富、选择多样。

⑥自营类电商。向公司或果园直采，集中到商品分拣中心，再通过物流网络发货。商品品质可控度高，商品种类相对较少。

2. 绿色营销 猕猴桃产品绿色营销是一个贯穿猕猴桃种植、加工、物流、销售、消费和回收过程的营销，通过建立一套包括全部环节的绿色标准和规范，开发绿色产品。通过宣传推介或透明绿色的生产过程，促进猕猴桃营销。选择经过审定的优良品种，规范化栽培。对土壤进行改良优化，使之适宜于猕猴桃栽培。种植过程中定期检测土壤养分、空气成分和灌溉用水，对其进行跟踪检测和相应的改良优化，对使用的化肥和农药进行严格检测和限制，避免非规范使用，最大限度地保证绿色栽培。设计专用的符合环保要求的包装方式，避免过度包装，加强包装品的回收和循环利用。建设绿色营销专属的物流渠道，不仅保证了猕猴桃产品在运输过程中不会遭到污染，同时也为提升产品本身在消费者心中的定位起到了良好的暗示作用。

3. 品鉴＋网络宣传营销 由于猕猴桃具有鲜食价值，所以经营者可以通过消费者品鉴和网络宣传结合的方式进行营销。一般是提前通过网络或社交媒体或企业的媒体对外宣布在什么地点、什么时候、开展猕猴桃不同品种的免费品鉴。通过媒体或网络的见证宣传，让到达现场的消费者直接品尝不同品种的猕猴桃，感受到猕猴桃的品质，以达到营销的目的。

2017 年 11 月 30 日，西北农林科技大学猕猴桃试验站在校园开展了猕猴桃校园品鉴活动。为了配合活动宣传，学校团委和新闻部微信平台围绕 11 月 30 日猕猴桃进校园品鉴活动，共发 6 条微信，最早发布的微信是活动日前 8d 发布，最迟发布的微信是活动日当天发布。其中学校团委发布 4 条微信，活动日 2d 之前发布 2 条；临近活动日 2d 之内 2 条；学校新闻部发布 2 条微信，活动日 2d 前 1 条，活动日当天 1 条。结果显示 6 条微信发布后，8d 内阅读总人次数达到 127 668。点击阅读总的特点是，发布后前 3～5d 阅读量增加快，之后增加缓慢。距离活动日前较早发布的微信，在活动当日点击阅读增量很少。在临近正式活动（事件）前 1～2d 发布相关新闻，宣传推广效果明显。同样在活动前 1～2d 发布的新闻，学校新闻部微信 8d 阅读量高达 16 780 人次，高于团委微信 8d 阅读 5 701 人次（图 17－4，图 17－5）。

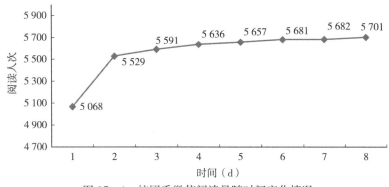

图 17－4 校团委微信阅读量随时间变化情况

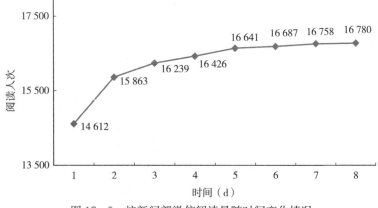

图 17－5 校新闻部微信阅读量随时间变化情况

4. 农超对接模式　随着猕猴桃产业化的发展，优质猕猴桃需要寻求更广阔的市场。传统的农产品销售方式难以在消费者心中建立起安全信誉，很多优质猕猴桃仅局限在产地，无法进入大市场、大流通，致使生产与销售脱节，消费引导生产的功能不能实现，农民增收困难重重。2008 年 12 月 11 日，为推进鲜活农产品"超市＋基地"的流通模式，引导大型连锁超市直接与鲜活农产品产地的农民专业合作社产销对接，中华人民共和国商务部、农业部联合下发了《关于开展农超对接试点工作的通知》，对农超对接试点工作进行部署。猕猴桃农超对接的营销模式有了政策依据和保障（罗万纯，2013；颜冀军，2019）。

猕猴桃农超对接是指农户和商家签订意向性协议书，由农户向超市、菜市场和便民店直供猕猴桃的新型流通方式，主要是为优质猕猴桃进入超市搭建平台。其本质是将现代流通方式引向广阔农村，将千家万户的"小生产"与千变万化的"大市场"对接起来，构建市场经济条件下的产销一体化链条，实现商家、农民、消费者共赢。

与传统的流通方式相比，农超对接回避了从流转中赚取差价的各级批发商，同时，减少中间环节，也减轻了在流通过程中的损耗。因此，能降低流通成本。采用农超对接的方式，是直接去农村合作社、基地进行采购，了解采购源头，因此，在食品安全上更有保障。另外在农超对接的过程中，产生了规模化种植和经营的农业企业，在生鲜农产品的生产、加工、运输、销售环节中制定了较为严格的控制标准，因此，产品品质更高。农超对接模式能够有效地使得市场、连锁超市和农户三方受益，是未来农产品营销新模式，并且受到国家农业部和商务部高度重视，重点扶植。

5. 宽渠道模式　宽渠道模式中，猕猴桃加工、销售公司是这一模式的核心，在此模式下中介渠道商既负责农产品的收购，也会对农产品进行必要的加工，统一包装后再面向市场。相比多渠道模式，这种渠道模式中间只有一层，可更好地对接消费与生产。然而，这一模式对于中间层的猕猴桃加工或销售公司的要求比较高，目前在我国应用还并不广泛。具有代表性的公司有陕西齐峰果业有限公司、四川华胜果业有限公司等。

二、猕猴桃的营销策略

营销策略实质上是解决营销的主导思想问题。有了明确的主导思想，就可以布置和安排不同的销售方式。猕猴桃的经营可依托不同组织方式生产经营和管理，同时可以借鉴不同的策略实施猕猴桃的营销。

（一）品牌策略

随着不同地区、不同品种的猕猴桃走向市场，猕猴桃买方市场规模逐渐壮大，消费者挑选的余地加大，市场竞争加剧，名牌就成为开启市场的钥匙，谁拥有名牌产品谁就能掌握市场的主动权。农业产业化的过程就是一个依靠品牌优势，逐步建立农业产业规模优势，最终使农业产业得到进步和完善的过程。没有农产品品牌的创立和扩张，没有驰名品牌的优势，就不可能彻底解决农产品销售难的问题及农业增产与农民不增收的矛盾。为此，猕猴桃产品品牌决策与管理的创新首先应该注重好的品牌名称和醒目易识的品牌标志，以名创牌，对市场竞争力强的优势产品实行商标注册。其次，要加强猕猴桃品牌推广和扩展，树立品牌形象，提高品牌知名度和品牌认知度。同时，要加强猕猴桃包装创新，树立猕猴桃天然、绿色和健康的新形象。

（二）高品质化策略

猕猴桃营销已进入质量营销的时代，产品质量是消费者选择的重要依据。人们的生活已经由温饱进入了小康的新阶段，人们不再满足于吃饱，更重视吃好，对猕猴桃的认识也是由"能吃到"，发展到现在"要吃好"，对品质的要求越来越高。实行"优质优价-高产高效"策略，把引进、选育和推广优质猕猴桃作为抢占市场的一项重要策略，以质取胜，以优质换来高效益，做好高品质化策略。比如，在常规猕猴桃市场竞争激烈的情况下，陕西百恒有机果园有限公司致力于打造有机猕猴桃，目前是国内首个同时获得中国、欧盟、美国、日本四大有机认证的果园，其有机猕猴桃在国内和国外都赢得了市场。

（三）差异化策略

差异化策略基于市场的细分和消费购买行为多样性。主要应从两个方面求差异：一方面是向消费者提供不同于竞争对手的猕猴桃产品，即营销产品的差异化；另一方面则是采取与竞争对手不同的形式或程序，即营销过程的差异化。营销产品的差异化取决于猕猴桃需求层次的差异。同其他农产品一样，消费者对猕猴桃的需求基本上可分为基本需求、期望需求、附加需求和潜在需求等几个层次。猕猴桃营销过程的差异化，就是强调营销手段、服务形式、运作程度等方面。在满足程度上，比对手更周到地为消费者服务；在满足方式上，比对手更具创意；在满足速度上，比对手更快；在选择上，有多样化选择。现在的电子商务销售，在某种程度上就是走差异化营销策略。

（四）渠道策略

猕猴桃同其他农产品销售渠道基本相似，除了批发零售市场外，在收购渠道上存在着零散、盲目的问题，产销衔接不畅，偏远地区出售猕猴桃有一定困难。因此，要大力拓展猕猴桃销售渠道，发挥中间商的作用。目前各地出现的"公司＋农户"模式、"合作社＋农户"模式，都发挥了较好的作用。除此以外，大力发展和开拓电子商务、现代社交媒体渠道，发挥我国快递系统的便利性，通过简单、便捷的方式，销售猕猴桃。发展订单式猕猴桃园，将生产与需求市场或消费群体直接对接，减少生产者后顾之忧。开辟新颖、快捷的销售渠道是营销策划的核心（胡创业，2015；霍云霈等，2019）。

（五）价格策略

价格的定位也是影响营销成效的重要因素。对于求实、求廉心理很重的中国消费者，价格高低直接影响着他们的猕猴桃购买行为。为满足消费者差异化的需求，要对猕猴桃产品进行分级分类（参照 NY/T 1794—2009 猕猴桃等级规格），实行优质优价，低质低价。根据不同地区收入水平的差异分别定价，对价格策略的调整，不仅有利于满足不同阶层、不同地区消费者差异化的需求，而且可以提高企业的收益。

（六）标准化策略

标准决定质量，高标准造就高质量，标准化是保障猕猴桃质量安全的重要措施。真正的标准化是涵盖猕猴桃从育种、建园、栽培到最后采收、贮藏、运输以及最后的市场销售，每一个环节都会影响猕猴桃的消费。有人说，新西兰佳沛公司猕猴桃在中国市场可以卖到 10 元一枚，就是打的"全产业链标准化"牌。所以，猕猴桃企业可以结合生产的标准化和规范化措施，突出猕猴桃的国家标准、行业标准、团体标准和地方标准为猕猴桃的质量安全保驾护航，有专业化和规范化的管理为猕猴桃质量安全负责。通过建立产品质量追溯体系，让消费者透明化消费，在消费中树立对"规范化、标准化"的形象可以极大提升市场的认可度和接受度。

（七）文化策略

文化营销策略除了把企业文化推销给广大消费者之外，相关文化元素渗透到市场营销组合中，综合运用文化因素，制订出有文化特色的市场营销组合。所以，核心思想是"渗透"，通过文化元素来感染和影响消费行为。一般采取的方法有：

（1）源头营销。为品牌寻根问祖，塑造一种独特文化背景，以彰显品牌优越性。目前，消费者对中国是猕猴桃的故乡、广泛分布的区域、丰富多样的种质资源等情况了解甚少，以上源头文化可以作为源头营销的素材。

（2）故事营销。在产品设计与营销中用一种文化故事和元素来包装，以提升产品附加值。比如，可以依据唐朝诗人岑参《太白东溪张老舍即事，寄舍弟侄等》诗中的情景，讲一个故事，重点是突出"主人东溪老，两耳生长毫。远近知百岁，子孙皆二毛。中庭井阑上，一架猕猴桃"，把长寿之人、田园生活和庭院的一架猕猴桃通过故事让消费者领悟猕猴桃。

（3）跨界营销。利用其他品牌的文化背景，来提升自己品牌的附加值。比如，秦岭丰富的生态文化，可以用于猕猴桃品牌建设。

（4）艺术营销。利用艺术展览等文化相关的品牌营销方式，以增加品牌辐射力。可以围绕猕猴桃的生长阶段和自然环境，组织创作文艺作品，比如绘画、摄影和微视频等，配合猕猴桃营销。

（5）图书营销。利用图书出版的营销方式，来诠释品牌内涵。目前猕猴桃的专业书籍多，但科普性的书籍少，尤其受小朋友们喜爱的图文并茂的科普读物更少。在我国独生子女占多数的社会环境下，通过影响青少年的认知变化，就会带动父母家长的消费。

（6）公益营销。和公益项目合作，或者自创公益活动，为品牌提升情感价值。猕猴桃企业或以猕猴桃为主导产业的地方政府部门可以加强公益营销活动，提升自己的猕猴桃品牌影响力。

（八）其他策略

猕猴桃作为一种时尚水果，越来越受到消费者的欢迎。除以上营销策略外，还可尝试其他不同的策略。可借鉴工业产品的一些营销思想，比如互利营销法、跳跃营销法、投保营销法、直线营销法、伺机营销法、机缘营销法、兑换营销法和科技营销法等。

三、猕猴桃营销案例分析

（一）新西兰佳沛营销模式

佳沛新西兰奇异果国际行销公司成立于 1988 年，是全球最成功的果蔬产品行销企业之一，是奇异果市场中广受认可的领袖品牌，为新西兰果农所有。佳沛新西兰奇异果专注于创新研发、供应链管理、分销渠道管理及产品推广。奇异果远销全球 70 个国家，占33％的全球市场销售份额，位居世界第一。佳沛的主要猕猴桃种类有：绿奇异果、阳光金果、甜心绿果、有机绿奇异果、有机阳光金果。目前，佳沛有 2 540 名新西兰果农种植

12 500hm² 的土地，有 1 300 名海外种植者和 2 000hm² 金色奇异果种植土地。新西兰的基地主要集中在丰盛湾和怀卡托地区，其规模占到整个新西兰基地的 90% 以上。海外基地主要分布在中国、日本、韩国、法国和土耳其等国家和地区，2021 年全球销量高达 181 亿元。佳沛猕猴桃营销模式主要特点如下（张明林，2016；吕岩，2018）：

1. 品牌——公司化经营　20 世纪 80 年代，美国对新西兰猕猴桃发起了反倾销，新西兰丢掉了大量的海外市场，国内猕猴桃种植户打价格战，导致进出口混乱无序，严重影响了新西兰猕猴桃产业的发展。新西兰政府成立了"新西兰奇异果营销局"，将所有的出口渠道进行统一管理，本国果农之间的恶性竞争和无谓的内耗被有效遏止了。但猕猴桃国际市场的竞争依然激烈，新西兰政府决定集全国之力打造一个奇异果高端品牌——Zespri，使其成为新西兰的国家名片，增强国际竞争力。

为此，"新西兰奇异果营销局"被拆分成两个相互独立的公司：第一部分为 Kiwifruit New Zealand，简称 KNZ，负责品种选育、果园管理、采后冷藏、商品包装、运输和销售等环节的协作，后于 2000 年调整为 Zespri（佳沛）国际有限公司，公司守护和引导着新西兰奇异果产业的发展，为销售提供基础保障。第二部分为 Zespri（佳沛）公司，负责新西兰奇异果的全球营销，是一个销售代理公司，它是国家唯一认可的奇异果出口商。换句话说，整个新西兰的奇异果出口权只归佳沛公司所有，新西兰政府规定任何果农以个人的名义出口销售奇异果均为违法。

2. 产业分工——"公司+农户"　"公司+农户"是新西兰最先采用的组织模式，农场主负责种植猕猴桃，公司实行统一收购，分类销售。随着市场竞争越来越激烈，为了更大限度调动农户的积极性，佳沛公司开始向农户发行股票，实行利益共享，使种植户与公司的利益紧密联系在一起。与传统模式相比，新型合作模式能够帮助种植户获得两笔收入：一是种植收入，即基础模式中的果品购销收入；二是利润分红，通过持有公司股票而享有的利润分红。发行股票的方式进一步提高种植户的积极性，也更有利于产出高质量的果品。农户与公司组成的利益共同体将产生更大的经济效益。

新西兰佳沛猕猴桃产业分工与合作高效统一。农场都拥有自己的产品基地，加工厂拥有包装生产线，自动机械选果车间。猕猴桃产业在生产、包装、贮藏、运输、配售等各个环节都形成了高度统一且运转有效的系统。如包装物的设计全国一个样，每个农场生产时都印有该农场的许可证编号，果实不论销售到世界任何一个市场，若质量、等级出了问题，只要在电脑上一查编号，就知道是哪个种植园生产的。新西兰猕猴桃采摘期长达 40～50d，每天采摘的果实必须迅速送到选果车间，通过电脑检测，符合质量的按标准分级包装。

3. 生产种植——高标准、规范化　新西兰农业部门发布了"猕猴桃绿色生产体系（Kiwi-green）"，用来指导种植户的行为规范。在防治虫害方面，指导种植户检测有害生物种群，确定最佳的用药时间；在农药使用方面，该体系明确要求使用低毒农药，确保猕猴桃果品的绿色健康；在果实采摘和贮存方面，指导种植户如何采摘成熟的果实，并规范了果实的贮藏方式。新西兰猕猴桃生产区被分成棋盘式的小格子，每个小格子均为生产小区。小区四周都建造有防风墙，由单行密植的松树组成。通过机械修剪整形后，防风墙没有散开的树冠，只有主干和茂密的枝叶，既不影响猕猴桃的生长，又能起到防风减灾的作用。

"生产体系"对猕猴桃种植的各个环节进行了详细的指导与规范，每一颗果实都如同流水线生产的一样具有标准化的美味。标准化保证了猕猴桃果品的质量与产量，促使新西兰猕猴桃的市场份额在国际市场上保持稳定。

4. 经销流通——从源头严格把控 新西兰猕猴桃从源头开始追踪果实的产品质量，佳沛公司在采收果实的时候就对其糖度、外观、重量等有严格的标准，在进行初步筛选之后再到包装厂做进一步品控，只有一级果才可以出口到国外，才可以有资格贴上佳沛的标识。为了提升新西兰猕猴桃的整体水平，佳沛在前期就跟果农做了很多沟通，并提供专业的技术性支持。多年来，由于佳沛专注卖猕猴桃单品，积累了足够的经验，在经销商流通环节形成了一套对果实成熟度的把控机制。首先，佳沛会严选经销商，他们一般都有比较成熟的管理经验；其次，佳沛会为每一级经销商建立标准、给出建议，不同级对应相应的软度，并在仓储时控制合理的温度、湿度等条件，以保证猕猴桃在历经各个渠道接触到最终消费者时，还能够有良好的口感和形状。

5. 签约农户——填补销售"空窗期" 猕猴桃是季节性水果，每年4月是新西兰猕猴桃上市的时期，其耐储性可以使它的货架期一直撑到10月，但之后便会逐渐在市场上消失。1—3月和11—12月这5个月就是销售"空窗期"。在现有促销不变的情况下，怎么大幅提升公司的销量？由于南北半球的猕猴桃成熟期刚好形成互补，佳沛公司决定在"空窗期"引入北半球的猕猴桃。于是佳沛公司开始走出国门，为用户提供意大利、韩国、日本、法国、中国等北半球国家的奇异果，如今其在全球8个国家拥有严格挑选的超过4 000多名签约果农，此举让佳沛的销售业绩开始大幅增长。"空窗期"的利用，充分发挥了品牌的强大影响力，保证了优质猕猴桃的全年供给。

重温佳沛模式的诞生和完善过程，很难发现有投机取巧之处，而是一直在务实地打造品牌，提升产业。中国是猕猴桃大国，还未成为猕猴桃强国，没有形成强有力的企业能够推动产品研发及质量达到世界先进水平，进而在产品品质、品牌营销及市场拓展上还未精准发力可能是本质原因。从国情而言，佳沛模式或许无法再复制，但建设中国特色的产业模式值得所有产业人去努力探索。

（二）中国猕猴桃营销案例

营销学权威学者麦卡锡提出4Ps营销模型，即：产品（product）、价格（price）、渠道（place）、促销（promotion）。1964年一些营销学者在此基础上增加人员（people）、有形展示（physical evidence）、服务过程（process）三个变量，从而形成了以服务为内核，注重服务企业文化、顾客满意度和服务企业核心能力的营销7Ps组合（汪旭晖等，2016；刘婷等，2021）。以下将从这七个方面分别对百果园和阿里数农的营销策略进行分析。

1. 深圳百果园

（1）深圳百果园公司概况。百果园实业发展有限公司，2001年成立于深圳市，是集采购、种植、水果保鲜、物流仓储、标准分级、营销拓展、品牌运营、门店零售等于一体的大型连锁企业。目前已经开设5 000多家连锁店，覆盖全国80多个城市（王彦钧，2022；陈冠西，2021；张旭梅等，2022）。

在水果品质上，百果园按照市场需求制定出相关标准和体系。根据百果园官方网站的

《果品标准体系》，水果按照"四度一味一安全"分级，从产品的糖酸度、鲜度、脆度、细嫩度、香味、安全性分成 A 级、B 级、C 级 3 个等级。这让采购、品控等部门有了评判维度，也让上游的合作伙伴有了初步的种植参考标准。其次，在门店销售时，进一步按照水果的大小、好吃量化标准将其分成不同等级，让消费者可以根据等级来挑选水果，节省决策时间。这个分级标准获得了中国果品流通协会的认可，也给未来行业标准的统一提供了重要参考。

在制度机制上，百果园不同于其他传统连锁行业。首先，百果园免除了特许加盟费，并只收取门店利润的 30%，这在一定程度上减少了加盟者的经济压力。开设前期百果园不对门店收取商品差价费用，还适当为门店提供帮助。此外，百果园分红的基数按照各分店销售情况逐年评定。最后，加盟店的亏损由百果园承担，若连续亏损三年，公司会对门店情况进行评估。即使门店亏损，公司的补贴会很大程度上降低开店员工的损失。

在合伙规则上，类直营模式是中国代理加盟市场近期的发展趋势。类直营模式即托管模式，就是让加盟商变成一个"财务投资者"：门店的投入由其负责，品牌商则负责门店的实际运营如聘用、管理店员等。这一模式意味着品牌商开始参与实际零售。而百果园以此模式为基础，让店长成为投资主体，即让加盟商员工化、员工加盟商化。当前百果园的门店股权结构为，店长占门店股权的 80%，而公司片区管理者和大区加盟商分别持有单个门店股权的 17% 和 3%。加盟商作为门店法人，负责门店的选址问题。随后，加盟商将门店经营权转让给店长。每年利润分配，百果园收取 30%，其余 70% 按门店股权结构分配。其好处在于，店长合伙人化，实际成为门店的投资者。这样做不仅可以缓解加盟者开店的资金压力，减少运营成本，也能够让员工参与到店铺建设工作中来，使其工作效率提高，实现自上而下的一致性运营（张旭梅等，2022）。

（2）深圳百果园公司营销策略分析。

①产品策略。目前深圳百果园公司产品设计主要集中于包装策略。首先，百果园产品部门会将不同水果产品的种类、保健功能、营养成分等内容在产品信息栏目公布，确保进入门店的消费者能够根据自身的需求购买，同时让消费者可以被信息公布栏中的信息所吸引。其次，百果园会对水果的采摘日期、销售日期、食用日期全部以标签的形式标注，在进一步提升水果食品安全保障同时，让消费者了解水果新鲜程度（陈冠西，2021；张旭梅等，2022）。

②价格差异化策略。价格策略方面，当下百果园的价格策略采取"薄利多销"方式，多类水果价格均同市场其他竞争对手水果价格持平甚至低于竞争对手。同时百果园对于不同类型水果的售价根据门店地段、水果新鲜程度、产品种类、消费面向群体区别化制定。比如高档办公楼、商圈附近的百果园门店，则主要引入价位较高或是国外直邮的进口水果，合理采用价格浮动策略。反之，针对繁华街道地段、居民生活区域附近门店，则以性价比较高、质量优秀且价格低廉的水果品种为主要引进产品，同时会根据水果质量、保质期合理降低价格出售，以提升营业额并起到减少库存量作用。

③渠道策略。进货渠道方面，百果园公司目前设有两大进货渠道，第一为农村水果生产基地、一线果农进货渠道。在这一渠道下百果园开发出与果农之间的订单模式，即在确认采购价格之后，按照订单从果农、合作社进行水果采购，且合同内容明确约定采购标

准、采购价格、各类水果种植打药时间以及上肥时间。第二渠道则是自水果批发市场进货。目前百果园 78％水果产品采购至种植基地，22％从批发市场采购，全国共建立 230个水果特约供货基地。

销售渠道方面，百果园主要以门店形式开展水果销售，百果园在全国各地 80 多个城市开连锁店。同时 2016 年百果园开启生鲜与电商整合大幕，并购"一米鲜"品牌，正式形成百果园线上＋线下联合销售的形式。

（3）促销策略。促销的目标，是推销新产品，降低库存，提高周转率，建立品牌形象并增加顾客数量，企业需要选择合适的地点、时间，配合合理的价格将主要信息向消费者传递（颜冀军，2019）。百果园有着十分丰富的促销文化，除了让顾客放心消费的退货制度外，还有不同面值的送礼卡，可以用于顾客的人情往来。并且，若门店会员缴费满足定额，门店会以现金形式返还给顾客。诸如此类的销售信息可在无形之中提高消费者的消费欲望。目前深圳百果园公司主要促销方式为实体促销＋电商促销。

①实体促销。百果园实体促销方式，主要是以降价与推销新品种为核心，促销体系下包括店员介绍＋标签展示＋广播播放。百果园门店会依据果品的新鲜程度、新水果引进情况，长期开展不同类型水果产品促销活动，促销阶段店员会主动向进店顾客以友好姿态介绍促销水果品种，同时促销果品会以标签形式展现促销信息。与此同时，百果园各地门店会以广播形式，向广播辐射范围内路边民众介绍促销活动内容，吸引顾客进店购买促销水果产品。

②电商促销。电商方面，基于百果园线下＋线上营销形式，百果园会定期根据水果库存、市场销量情况，在电商平台"一米鲜 APP"上进行水果促销，促销主要采用文字＋图片形式，向 APP 用户介绍促销水果的品种、价格、优惠力度等，吸引 APP 用户以线上形式购买水果。

（4）人员策略现状。人员是指提供服务并将服务以持续不断的、可接受的形式传递给顾客的重要因素。服务是人员提供非实物形态劳动的过程。消费者是通过企业员工提供的服务来评价其好坏的。"人"这个要素在零售服务行业的重要性尤为突出，百果园销售人员的形象素质、专业素质和品德素质在企业的服务营销策略中起到举足轻重的作用（王彦钧，2022；陈冠西，2021；张旭梅等，2022）。

①形象素质。服务人员的形象素质事关顾客对企业的第一印象，在此方面，百果园表现出色。首先，在外貌仪表上，百果园门店的所有工作人员统一蓝色工服套装，套装由上衣、围裙、袖套、帽子组成，衣服整体呈绿色田园风格，使消费者感觉清爽愉悦；其次，在言语形象上，百果园人的"三声"服务即来有迎声，问有答声，走有送声，很好地提高了消费者的进店体验。此外，工作人员呈现出的阳光亲切的状态可以使顾客的购物心情愉悦。

②专业素质。企业的发展状况与其专业化程度密切相关。百果园人的专业素质可体现在对果品的精细化管理上。其一，建立了一套完善、科学、系统的果品细分标准。经过反复试验，百果园人将水果按照"四度一味一安全"标准分级。其二，精于对各种不同类型水果的解读。店员能够根据顾客心仪的水果详细介绍不同水果的营养价值、生长习性、来源地和适宜人群。其三，服务周到。工作人员可以根据顾客的意愿熟练地对水果进行去

皮、分割、果盘制作等服务。

③品德素质。企业人的品德素质不可或缺。百果园人的品德素质主要表现在"说到做到，拾金不昧，懂得感恩"。在说到做到上，实行"三无退货"政策，公司始终坚持不好吃可"无实物、无小票、无理由"三无退货。这来自百果园人对自身果品"好吃"的充分自信和对消费者负责的态度。在拾金不昧上，门店里经常发生顾客贵重物品忘在店里的现象，工作人员发现遗失物品后将其保管好，联系失主或等顾客进店自提。在懂得感恩上，百果园人对水果、顾客和同事都怀有一颗感恩的心。

（5）有形展示策略现状。有形展示是指企业一切可传达的服务特色及优点。根据环境心理学理论，顾客利用感官对有形物体的感知及印象，将直接影响到顾客对服务产品质量及服务企业形象的认识和评价。服务企业的有形展示往往由实体环境、信息沟通和价格三种要素组成（王彦钧，2022；陈冠西，2021；张旭梅等，2022）。

①实体环境。设计精美的服务环境能提升消费者的购买欲望。百果园店内整体呈田园风格式样，周围墙壁和储物架上使用锄头、木栅栏等富含农村气息的材料装饰，可以更好地彰显出一种水果田园文化。除此之外，门店里多播放令人欢快、带有田园和自然气息的音乐，音乐与店内布局设计融为一体，营造出一种温馨、放松、舒适的购物环境。

②信息沟通。信息沟通是另一种服务展示形式，这些沟通信息来自企业本身以及其他引人注意的地方。百果园"好吃"文化宣传就是其一，在门店里有"好吃是检验水果的首要标准"12个大字，其上方标注有好吃的6个标准，即"糖酸度、鲜度、脆度、细嫩度、香味、安全性"。该宣传语简短清晰地展现出百果园价值观和理念。"三好"文化宣传则是其二，在门店前台墙壁上印有"让天下人享受水果好生活！""做更好吃的水果！""不好吃三无退货！"宣传语，且每句宣传语的"好"字都比其他的字大，以此突显百果园的"三好文化"。

③价格。价格是消费者选择商品的重要信息。价格信息可以增强或降低消费者对产品或服务质量的信任感。百果园通过明确标价、价格比较、价格变动提示、优惠信息和价格解读等方式向消费者传达百果园商品最新价格信息，也是向消费者传递一种亲民信号：百果园在为消费者着想。优惠价、促销价以及节日价等多种价格信息展示，不仅有助于消费者了解产品的价格水平，还充分尊重和维护了消费者的知情权和选择权，同时也刺激消费者在不同阶段的消费欲望，促进了营销效果。价格信息的展示其实就是百果园"信息沟通"在价格方面的具体体现。

（6）服务过程策略。百果园十分注重顾客的消费体验，并对顾客做出承诺。在面向社会消费者销售果品期间，秉持"顾客满意就是我们的本分"，承诺只要顾客认为"不好吃"就可以退货。从最初的凭借实物退货、小票退货发展至今"三无退货"，这是百果园对顾客的有力保障，体现出百果园注重顾客需求的初衷和对顾客的信任。此外，百果园有很多与顾客互动的活动，比如免费试吃服务。每当有顾客来选购水果时，店员经常会先让其试吃所要水果，待顾客满意后再付款。

2. 阿里数农营销模式

（1）阿里数农概况。阿里数农，即阿里巴巴数字农业，2020年6月30日，阿里巴巴宣布其位于广西、云南的数字农业集运加工中心已全面运转，在四川、陕西、山东建设 3 个产地仓，形成全国农产品五大集运枢纽，并在多个省会城市打造 20 余个销地仓。初步形成了阿里巴巴数字化农产品流通网络。产地仓不仅仅是商品的中转、包装中心，更重要的是对农产品消毒和保鲜处理，同时对农产品进行分级，完成从农产品到商品的转化，集农产品贮存、保鲜、分选、包装、发货为一体，可以快速将农产品转变为商品发往全国各地（刘元胜，2020；石谢新，2021）。

（2）重视产品标准化。

①生产加工自动化。阿里打造数字化生产基地，以大数据、云计算支撑的数字农业基础设施为核心，严格按照种植、采摘等标准，实现对农产品全过程差异化和标准化地收集、加工、处理、存储、运输；利用全自动蔬果分拣分装设备，对蔬果按照成熟度、酸甜度等指标差异自动进行分拣、清洗、烘干，同时按照设置的个数和重量进行自动化包装、打签；利用猪肉、牛肉自动化生产线设备，按照部位、厚度、霜降程度等需求进行塑形、切割，自动化包装、打签后放入冷库储存，确保了农产品标准化高品质。进而实现生产出来的农产品最大程度达到标准（汪旭晖等，2016）。

②完整的研发、生产、供应体系。阿里数农建立了一套全链路标准化并且可大规模商业化的研发、生产、供应体系。从果园种植到采摘入库、分级分选、采后催熟、贮藏保鲜和流通运输，不同环节严格遵守标准生产工艺。例如猕猴桃生产上游的每个环节都需要数字化、可视化，在果园监测环节，阿里数农投入使用了中国猕猴桃第一台无损监测设备。猕猴桃无需下树即可获得糖度、干物质等样本数据，减少损耗并提高水果品质检测的准确度。在长期处于海外技术性垄断的后熟技术处理环节，阿里数农联合技术伙伴自研了中国第一台猕猴桃催熟和压差预冷一体化设备，经反复测试，已具备规模化应用能力。为了保障优质原料果，阿里数农在四川省蒲江县，四川省邛崃市，陕西省周至县、武功县等猕猴桃核心产区打造超过 30 个直采基地，同时还在蒲江县、武功县建成两个大型的数字化产地仓（郁李，2020）。

③运用模式数字化。电商平台保障了农产品供求信息的实时流动，有效预防了农产品滞销问题。阿里巴巴数字农业产业中心综合"餐饮＋商铺＋街市＋配送"功能，全力打造"生鲜＋餐饮＋物流"为主要特色的线上、线下一体化生鲜餐饮板块的新零售模式，利用"店仓一体"优势，形成"全渠道"经营模式，实现极致物流配送体验（汪旭晖等，2016；郁李，2020）。

④冷链物流智慧化。阿里巴巴数字农业产业中心建设了大型磁力速冻库，运用了磁力速冻技术，运用电磁效应将食材中的水分子由内到外重新排列并减小水分子聚团，从而可以实现食材得到更长时间的保鲜。同时，在商品流通过程中，注意物流各项作业的速度、质量以及温度控制，实现易腐的生鲜农产品从产地收购、加工、贮藏、运输、销售直到消费均采用冷链技术，以减少农产品的损耗，防止农产品的变质和污染。依托产品追溯系统，实现对农产品质量安全的全链条追溯，进一步保证农产品高标准、高品质（刘元胜，2020；郁李，2020）。

（3）产地仓＋销地仓，形成双轴。阿里打造的产地仓＋销地仓双轴，前端田间地头快速实现从产品转变为商品的过程，通过菜鸟的智慧物流体系，快速周转到销地仓。销地仓则承载着快速周转的功能，为下游的经销分销渠道快速出货。在产地仓里，通过数字化技术对果品进行分选、品控，然后通过流水式的清洗和保鲜处理、装箱、打单完成标准化一体生产，可以快速缩减供应链的链路，提高生鲜果品的品质。目前产地仓正与阿里云计算合作，通过在数字农业基地使用大量的传感器来积累大数据，指导农户及合作社的果蔬生产种植。这样以物联网、云计算、大数据等技术赋能，可以改善农民传统的生产种植方式。销地仓则作为市场渠道，连接消费端。通过盒马、淘宝、天猫、盒马天猫旗舰店等线上渠道以及线下的商超、市场以及社区团购等渠道，极大程度地缩短供应链配送路径，满足消费者日常需求（郁李，2020）。

（4）强大的动销能力。动销是指在营销的渠道终端，通过营销组合手段，提高销售业绩的方式。动销是企业和代理商配合的一个过程，通过总部输出，代理商执行；店内动销、店外动销，双重结合，从而真正地将销售从店内拓展到店外。阿里强大的2B/2C渠道的动销能力，成为其价值链核心的加分项。各销地仓的农产品，要迅速对接到经销或分销渠道，并最终流通到淘宝、天猫、聚划算、盒马、大润发、饿了么、芭芭农场、1688和阿里国际站等线上线下2B或2C的渠道，最后快配到消费者餐桌。至此，从农户/生产商——消费者之间的数字化路径就全部打通。以阿里巴巴的"淘乡甜数字农业基地"为例，数字农业形成了"产-供-销"紧密结合体系，打通了生产端、供应端和消费端，既解决了生产分散性、非标准性问题，又解决了供应链过长、利润少以及消费不可追溯、品质无法保证等难题。同时，消费者可以通过"数字农场APP"反馈需求，实现按需求定制生产，从而提高消费者的满意度和认可度（刘元胜，2020）。

以即食猕猴桃为例，还原一下整个路径：农户在数字化基地的田间地头采摘下的猕猴桃，被快速运输到阿里产地仓，在产地仓内被清洗分级精选后，被分拣包装，到商品预冷藏整个过程最快只需6h。菜鸟物流快速将其周转至销地仓，发往经销商/分销商。再根据消费者在盒马、淘宝、天猫、芭芭农场等订单，通过如饿了么配送体系，快配到消费者手中。这样计算，从田间到餐桌，1~2d就能实现。

（5）"阿里＋科学家"模式的深耕。"阿里＋科学家"模式能使科学技术与实际效益脱钩，专心技术创新。在效益方面由阿里数农完成，阿里巴巴将支持农业科学家激活农业大数据，帮助农业生产者精准规划管理，提高农户的生产效益和资源利用率。在业务创新方面，阿里巴巴首期推动13个涉农业务，对接农业科学家的全产业链创新系统，用数字化打通"研-产-供-销-服"全链路。在模式创新方面，阿里巴巴与农业科学家将着眼破解农业关键领域的"卡脖子"难题。猕猴桃无损监测设备和猕猴桃催熟与压差预冷一体化设备，给猕猴桃产业实现从"土地到餐桌"插上了飞翔的翅膀，体现了"阿里＋科学家"的模式（汪旭晖等，2016；刘元胜，2020；郁李，2020）。

参 考 文 献

陈冠西，2021. 深圳百果园公司营销策略研究 [D]. 南宁：广西大学.

郭耀辉，刘强，何鹏，2020. 我国猕猴桃产业现状、问题及对策建议 [J]. 贵州农业科学，48（7）：69-73.

胡创业，2015. 农产品营销渠道的构建及发展趋势研究 [J]. 中国农业资源与区划，36 (6)：89-92.

黄凤瑜，2014. 广州市居民猕猴桃消费行为研究 [D]. 杨凌：西北农林科技大学.

惠文静，姚春潮，2016."互联网＋现代农业"下的陕西眉县猕猴桃农业电子商务发展探究 [J]. 现代园艺 (24)：17-20.

霍云霈，陈爱妮，2019. 陕西省"农业＋互联网"融合的对策研究 [J]. 农村经济与科技，30 (2)：180-182.

戢小梅，翟敬华，陈志伟，等，2020. 猕猴桃的营养成分与保健功能 [J]. 湖北农业科学，59 (12)：386-388.

姜正旺，钟彩虹，2020. 试论猕猴桃科普与果实品质提升的重要性 [J]. 中国果树 (1)：1-8.

李春成，张均涛，李崇光，2005. 居民消费品购买地点的选择及其特征识别——以武汉市居民蔬菜消费调查为例 [J]. 商业经济与管理 (2)：58-60.

李丽琼，王永平，陈大明，2020. 我国猕猴桃产业新型经营模式分析与探讨 [J]. 安徽农业科学，48 (19)：245-247.

刘沛博，2019. 加快陕西猕猴桃产业发展的路径分析——基于市场调查的数据 [J]. 新西部 (8)：23-24.

刘茜，2016. 农产品营销中的价格影响因素及定价策略 [J]. 价格月刊 (6)：38-41.

刘天祥，2016. 依托专业批发市场提高农产品流通效率：一个文献综述 [J]. 湖南商学院学报，23 (4)：83-88.

刘婷，刘鹏瑞，2021. 我国儿童绘本馆生存现状及营销策略应用研究——基于服务营销 7Ps 模型 [J]. 新世纪图书馆 (1)：35-39.

刘心敏，闫秀霞，付开营，等，2020. 多维协同视角下双渠道供应链生鲜农产品定价策略研究 [J]. 商业经济研究 (11)：151-154.

刘元胜，2020. 农业数字化转型的效能分析及应对策略 [J]. 经济纵横 (7)：106-113.

吕岩，2018. 新西兰猕猴桃产业考察与思考 [J]. 西北园艺 (果树) (4)：6-8.

罗万纯，2013. 农户农产品销售渠道选择及影响因素分析 [J]. 调研世界 (1)：35-52.

毛月玥，2015. 基于 SWTO 的江山猕猴桃产品营销策略分析 [J]. 商场现代化 (30)：56-58.

齐秀娟，郭丹丹，王然，等，2020. 我国猕猴桃产业发展现状及对策建议 [J]. 果树学报，37 (5)：754-763.

祁旭，2019. 泸州市东新镇猕猴桃产业发展研究 [D]. 舟山：浙江海洋大学.

钱大胜，2016. 不同零售业态农产品定价机制探讨—以超市与集贸市场为例 [J]. 商业经济研究 (16)：172-174.

石谢新，2021. 联合国首份数字农业报告：中国农村电商经验可为全球借鉴 [J]. 中国食品工业 (12)：68-69.

孙庆刚，2014. 贵阳市猕猴桃产品营销模式研究 [J]. 经营管理者 (20)：11-13.

汪旭晖，张其林，2016. 平台型电商企业的温室管理模式研究——基于阿里巴巴集团旗下平台型网络市场的案例 [J]. 中国工业经济 (11)：108-125.

王仁才，2016. 园艺商品学 [M]. 2 版. 北京：中国农业出版社.

王森培，郭耀辉，2020. 中国猕猴桃国际贸易竞争力分析 [J]. 农学学报，10 (8)：83-88.

王彦钧，2022. 基于 SERVQUAL 模型的深圳百果园门店顾客满意度提升策略研究 [D]. 兰州：兰州大学.

闻卉，许明辉，陶建平，2020. 考虑绿色度的生鲜农产品供应链的销售模式与定价策略 [J]. 武汉大学学报（理学版），66 (5)：495-504.

武冬莲，2021. 网购消费者行为主要特征分析与营销启示 [J]. 中国管理信息化，24 (6)：75-76.

颜冀军，2019. 浅析我国水果连锁超市经营发展趋势——评《水果流通论——基于广州连锁超市经营视角》[J]. 中国瓜菜，32 (1)：73-78.

俞菊生，王勇，曾勇，等，2006. 上海市民食品消费结构和蔬菜购买行为分析 [J]. 上海农业学报 (3)：87-90.

郁李，2020. 阿里巴巴的数字农业雄心 [J]. 农经 (03)：64-67.

张明林，2016. 新西兰猕猴桃产业管理经验及其对我国区域特色产业发展的启示 [J]. 科技广场 (5)：144-146.

张旭梅，吴雨禾，吴胜男，2022. 基于优势资源的生鲜零售商供应链"互联网＋"升级路径研究——百果园和每日优鲜的双案例分析 [J]. 重庆大学学报（社会科学版），28 (4)：106-119.

赵维清，姬亚岚，马锦生，等，2018. 农业经济学 [M] 2版. 北京：清华大学出版社.

Petra, K., Rothab, Z., Bartschab, F, 2020. COO in Print Advertising: developed versus developing market comparisons [J]. Journal of Business Research, 120 (11)：364-378.

执笔人：王琰，刘光哲，刘占德

第十八章 猕猴桃生产效益评价

第一节 猕猴桃果园生产投入与产出调查分析

广义的投入是指生产物品和劳务的过程中所消耗和使用的物品或劳务，包括有形和无形的产品消耗。猕猴桃果园的生产投入指的是生产猕猴桃过程中所用的劳动、物质资源及科学技术的总和。

广义的产出是指生产过程中创造的各种有用的物品或劳务，它们可以用于消费或用于进一步生产。产出包括中间产出和最终产出。猕猴桃果园产出主要包括有形物品猕猴桃（猕猴桃生产的最终产出）和猕猴桃产业链中衍生的中间产出（猕猴桃果汁、果脯、果酒等加工产品及与猕猴桃生产关联的其他产出）。

猕猴桃果园生产中投入主要包括建园投入、果园管理投入和采收与采后处理投入3个方面。

一、建园投入情况

猕猴桃建园过程中，投入主要涉及土地整理、种苗、架材、肥料等物资投入，人工成本投入及土地租金投入。以陕西秦岭北麓产区为例（表18-1），初建园需一次性投入土地整理费用约每公顷1.5万元，肥料和种苗每公顷2.7万元，桩柱等架材搭设材料约需每公顷3.15万元，完成以上工作所需人工费用约每公顷1.44万元。建园期间，前三年为树体培育阶段，均无产出，每年需投入日常管理费用约每公顷2.25万元，土地租金约每年每公顷1.5万元，水肥一体化系统每公顷约1 500元。因此，猕猴桃建园初期，3年内投入总计约每公顷20.49万元，平均每年投入约每公顷6.83万元；树势旺盛利用年限计20年，年度折旧投入每公顷约3 415元。

表 18-1 陕西秦岭北麓猕猴桃建园（前三年）投入情况（2016—2018年）

投入项目	每公顷用量	单位	单价（元）	金额（元）
土地整理	—	公顷	15 000	15 000
肥料	15	t	1 200	18 000
种苗	1 800	株	5	9 000
桩柱物料费	450	组	50	22 500
桩柱拉线物料费	1 800	kg	5	9 000

（续）

投入项目	每公顷用量	单位	单价（元）	金额（元）
人工费用（栽苗、拉线等）	180	人	80	14 400
日常管理（除草、施肥、喷药、绑蔓、嫁接等）	3	年	22 500	67 500
土地租金	3	年	15 000	45 000
水肥一体化系统（按10年折算）	3	年	1 500	4 500
合计	平均每年每公顷投入68 300元			204 900

注：2016—2018年陕西省物价指数分别为101.3、101.6、102.1。

影响猕猴桃建园投入的主要因素有：地形地貌和土地类型、气候条件、品种类型等。

1. 地形地貌和土壤类型　平地和山地猕猴桃建园投入主要区别在于山地猕猴桃作业难度较大、机械化率较低，且需要布设一定的排水系统，因此投入相对增加。以陕西陕南山地猕猴桃建园为例（表18-2），建园整地约需每公顷15 000元，棚架搭设、水肥系统等约需每公顷68 385元（包括物料和用工费用），种苗、肥料及栽植用工等约需每公顷50 220元，土地租金每年每公顷约需7 500元，果园日常管理每年约30 000元/hm²。因此，山地猕猴桃果园建园初期，三年总计需投入约每公顷246 105元，平均每年投入为每公顷82 035元，比秦岭北麓平地建园投入增加20.11%；树势旺盛利用年限计20年，年度折旧投入每公顷12 305.25元。

表18-2　陕南山地猕猴桃建园（前三年）投入情况（2016—2018年）

投入项目	规格及标准	每公顷用量	单位	单价	金额
整地	坡地30°以下，耕深60cm以上，开排水沟、修生产道路，地面平整，土壤细碎、没有隔干；坡度30°以上每增加5°，单价增长100元	1	公顷	15 000	15 000
架杆	规格2 400cm×10cm×8cm，加穿线管，包括撑杆	1 125	根	26	29 250
钢绞线	7线，直径1.6mm	2 250	kg	5.1	11 475
钢丝	不锈钢镀锌6♯	1 950	kg	4.8	9 360
地锚	地锚重量不小于30kg，埋深60cm以下	525	个	8	4 200
地锚线	地锚线，长2.5m，钢卡2个	525	个	4	2 100
棚架安装（用工）	大棚架，杆距3m×4m，主线井形（横竖均拉），副线间隔50cm	75	个	100	7 500
灌溉	安装滴灌系统，按10年折算	3	年	1 500	4 500
种苗	品种为南宫一号，地径大于0.8cm，高度60cm以上，符合该品种特征，根茎有4个以上饱满芽	1 275	株	8	10 200
有机肥	生物有机肥（有机质40%以上，有益菌数量大于2亿/g）	18	t	1 300	23 400
复合肥	N∶P∶K＝15∶15∶15	1 800	kg	3	5 400
栽苗	栽培坑60cm×60cm×40cm	1 275	个	8	10 200
插竹竿	长2.2m以上，一头插入地下和另一头绑扎在钢绞线上	1 275	根	0.8	1 020
管护	除草、施肥、喷药、绑蔓、嫁接、摘心、修枝等	3	年	30 000	90 000

（续）

投入项目	规格及标准	每公顷用量	单位	单价	金额
土地租金	耕地	3	年	7 500	22 500
合计	平均每年每公顷投入 82 035 元				246 105

注：2016—2018 年陕西省物价指数分别为 101.3、101.6、102.1。

2. 气候条件 不同气候条件下，猕猴桃建园形式不同。在夏季多雨或冬季温度较低的产区，建园需特别注意增设避雨设施棚、防风网、防风林等，每公顷约需投入 135 000 元，平均每年每公顷投入约 45 000 元。

3. 品种类型 种植不同类型猕猴桃，因其抗性不同，需改善其配套基础设施。对于价格高但易感病的栽培品种，应配套搭设保护棚及挡风设施。

二、果园管理投入

猕猴桃果园建成后，基本上第四年开始开花坐果，随后进入盛果期。盛果期，猕猴桃果园总投入（即总成本）包括生产成本和土地成本。其中，生产成本由物质与服务费用和人工费用组成（周胜男，2013）。

以陕西秦岭北麓猕猴桃果园为例，2021 年猕猴桃产业国家创新联盟调查显示，盛果期每年需投入猕猴桃肥料、农药、花粉等农资费用约每公顷 36 000 元，盛果期每年每公顷需要浇水/灌水费用约 4 500 元，盛果期每公顷猕猴桃日常需要的人工费用约 52 500 元，平均每年每公顷桩柱拉线修理物料费用 1 500 元，土地费用/租金每公顷 13 500 元。因此，猕猴桃果园每年物料投入总计约每公顷 40 500 元，人工费用约 52 500 元，土地费用每公顷 13 500 元，果园管理投入每公顷每年总计 106 500 元。相对而言，江西奉新猕猴桃果园管理投入较陕西秦岭北麓要低，尤其表现在人工费用和土地费用（表 18-3）。

表 18-3 陕西秦岭北麓与江西奉新猕猴桃果园（盛果期）管理投入情况

投入项目		2010 年		2016 年		2021 年	
		金额（元/hm²）	占比（%）	金额（元/hm²）	占比（%）	金额（元/hm²）	占比（%）
陕西秦岭北麓	物质与服务费用	25 409.1	66.56	30 541.35	44.93	40 500	39.71
	人工费用	6 766.65	17.72	29 898.3	43.99	52 500	51.47
	土地费用	6 000	15.72	7 525.65	11.07	13 500	13.24
	总投入	38 175.75	100.00	67 965.3	100.00	106 500	100.00
江西奉新	物质与服务费用	31 500	52.50	32 700	48.44	33 750	46.88
	人工费用	27 000	45.00	33 000	48.89	36 000	50.00
	土地费用	1 500	2.50	1 800	2.67	2 250	3.12
	总投入	60 000	100.00	67 500	100.00	72 000	100.00

注：2010、2016、2021 年陕西数据分别来源于周胜男（2013）、王清清（2018）和猕猴桃产业国家创新联盟。江西奉新数据来源于江西省猕猴桃研究所统计。2010、2016、2021 年陕西省物价指数分别为 104.0、101.3 和 101.5，江西省物价指数分别为 103.0、102.2 和 100.9。

从表 18-3 来看，陕西和江西两个产区猕猴桃果园管理投入整体均为不断增加。在陕西秦岭北麓地区，2021 年与 2010 年和 2016 年相比，总成本分别增长 178.97% 和 56.69%。但从猕猴桃果园管理投入占比来看，2021 年人工费用占果园总投入的 51.47%，较 2010 年和 2016 年分别增加 33.75 个百分点和 7.48 个百分点。肥料、农药、花粉等物质与服务费用比例稍有下降；土地成本明显增加。其中，人工费用中主要包括修剪、花果管理、除草、施肥和授粉等，均为劳动强度大的工作（图 18-1）。江西奉新产区，果园管理投入 2021 年与 2010 年和 2016 年相比，整体投入变化相对较小，物资服务投入、人工费用和土地费用各部分占比相对稳定，与陕西秦岭北麓产区表现出明显差异。

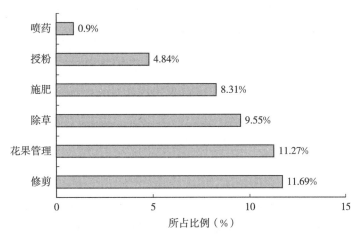

图 18-1　猕猴桃果园生产中不同作业项目投入资金占比情况
（数据由猕猴桃产业国家创新联盟调查统计）

三、采收与采后处理投入

猕猴桃成熟后，采收和采后处理是实现猕猴桃产品价值的重要生产环节。此过程中，生产投入主要包括采收成本、冷库贮藏成本、物资成本、快递成本及果实损耗成本。

以陕西徐香猕猴桃为例，4 家龙头企业的猕猴桃采收与采后处理投入情况如表 18-4 所示。投入项目由采收成本（猕猴桃鲜果成本、采收工具成本、采取人工成本、品质测评成本）、贮藏成本（冷库租赁费用成本和电费成本）、物资成本（包装材料成本、物料出入库和组装发货人工成本）、快递运输成本和贮藏损耗折算成本 5 个方面构成。4 家企业猕猴桃采收季采后处理投入平均成本为每千克 11.00 元。其中，采收成本占比最高，约占 58.89%（每千克 6.48 元），猕猴桃鲜果成本占比高达 55.57%；其次是物资成本和快递运输成本，分别约每千克 1.98 元和每千克 1.42 元，分别占成本的 18.01% 和 12.95%；贮藏成本和果实损耗成本相对稳定，平均约每千克 0.6 元和每千克 0.52 元，占总成本的 10.15%。

而在江西奉新猕猴桃产区，据江西省猕猴桃研究所调查可知，金艳和红阳猕猴桃采收和采后生产过程中，采收成本、贮藏成本、物资成本、快递运输和损耗成本分别为每千克 5.96 元、1.0 元、4.30 元、0.36 元和 1.0 元，总投入约为每千克 12.62 元，整体采收和采后投入水平较高于陕西徐香猕猴桃果园。

表 18-4　陕西徐香猕猴桃采收和采后投入情况

投入项目		每千克成本金额（元）				每千克平均成本（元）		占比（%）	
		企业 A	企业 B	企业 C	企业 D				
采收成本	猕猴桃鲜果成本	6.40	5.50	6.80	5.76	6.12		55.57	
	采收工具成本	0.12	0.12	0.10	0.02	0.09	6.48	0.83	58.89
	采收人工成本	0.24	0.08	0.2	0.20	0.18		1.65	
	果实品质测评成本	0.04	0.20	0.10	0.02	0.09		0.84	
贮藏成本	冷库租赁和电费成本	0.66	0.44	0.70	0.60	0.6	0.6	5.44	5.44
物资成本	包装材料成本	2	0.7	2.2	0.6	1.38		12.52	
	物料出入库人工成本	0.1	0.2	0.12	0.2	0.16	1.98	1.42	18.01
	组装发货人工成本	0.7	0.3	0.4	0.2	0.44		4.08	
快递运输成本	快递/运输成本	1.2	1.3	1.2	2	1.42	1.42	12.95	12.95
损耗成本	果实损耗折算成本	0.48	1	0.4	0.2	0.52	0.52	4.71	4.71
合计		11.94	9.84	12.22	10	11.00		100.00	

注：数据来源于猕猴桃产业国家创新联盟内部报告。2021 年陕西省物价指数为 101.5。

不同品种猕猴桃，其采收和采后处理投入有所差异，主要体现在采收鲜果成本环节，与其当年销售价格紧密相关。陕西秦岭北麓产区，海沃德采收成本约每千克 3.38 元，徐香采收成本约每千克 6.48 元，翠香采收成本约每千克 10.04 元，而红肉猕猴桃采收成本可达每千克 20.22 元。

不同供应链模式，猕猴桃采后处理的投入成本亦不同。杨雪（2013）调查雅安市红肉猕猴桃 4 种不同供应链模式的成本，即农户＋农贸市场＋消费者、农超对接、农户＋农民专业合作社＋批发商＋零售商＋消费者和电子商务模式。表 18-5 可以看出，农户＋农贸市场＋消费者模式的总成本最低，而电子商务模式的总成本最高；但从流通成本来看，农超对接模式的成本最低，电子商务模式的流通成本仍为最高。

表 18-5　不同供应链模式下的采收和采后各环节成本和总成本

供应链模式	每千克成本投入（元）			
	生产费用	流通费用	运营成本	总成本
农户＋农贸市场＋消费者	9.5	1.96	0.3	11.76
农户＋农民专业合作社＋批发商＋零售商＋消费者	6.56	5.12	2.4	14.08
农超对接	6.56	1.78	3.54	11.88
电子商务	9.98	8.3	8.6	26.88

注：数据来源于杨雪（2013）。2013 年四川省物价指数为 102.8。

四、果园产出情况

猕猴桃果园产出受种植品种、种植模式以及管理水平等因素的影响。但相对而言，主要取决于当年果园产量和平均销售价格。猕猴桃投产坐果后，在不发生不可抗因素干扰的情况下，产量相对稳定。对于销售价格，以陕西猕猴桃产区为例（图 18 - 2），调查显示，猕猴桃不同品种历年来销售价格趋于稳定，传统品种秦美近些年基本保持每千克 3.0 元左右，2017—2019 年稍有下降，但因其产量高，生产投入较少，其平均销售价格不低于每千克 2.0 元，均可保证良好的产出水平；海沃德价格一直平稳保持每千克 4.4 元左右，2019 年下滑为 3.0 元，产出相对有所减少；徐香猕猴桃价格基本维持在每千克 6.0 元左右，近 3 年略有下滑，但综合产值仍然较高。红肉猕猴桃价格逐年上升至 2015 年出现最高价格，之后略有下调，基本稳定在每千克 17.0 元左右，保持相对较高的产出水平。江西奉新产区，金艳猕猴桃价格基本稳定在每千克 8～10 元。

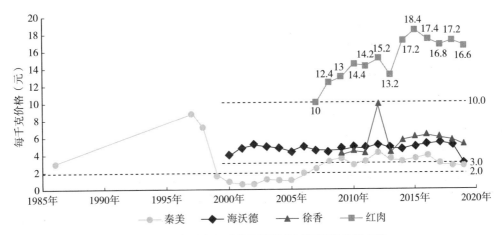

图 18 - 2 陕西省主要品种猕猴桃历年销售价格走势

注：数据来源于陕西省果业局统计和猕猴桃产业国家创新联盟调查

从表 18 - 6 来看，陕西秦岭北麓猕猴桃果园种植产出整体不断增加，2021 年与 2010 年和 2016 年相比，平均产出分别增长了 56.4% 和 30.5%。而江西奉新地区，2016 年较 2010 年产出明显增加，但 2021 年较 2016 年相比却有所下降。

表 18 - 6 陕西秦岭北麓和江西奉新产区猕猴桃果园（盛果期）产出情况

年份		2010 年	2016 年	2021 年
每公顷产出（元）	陕西秦岭北麓	115 524.90	138 505.50	180 718.20
	江西奉新	120 000.00	172 500.00	162 000.00

注：2010、2016、2021 年陕西数据分别来源丁周胜男（2013）、王清清（2018）和猕猴桃产业国家创新联盟；江西奉新数据来源于江西省猕猴桃研究所统计。2010、2016、2021 年陕西省物价指数分别为 104.0、101.3 和 101.5，江西省物价指数分别为 103.0、102.2 和 100.9。

第二节　猕猴桃生产成本构成与控制

一、生产成本的构成

本章节中生产成本是指为种植猕猴桃而在生产过程中所消耗的各项资金（包含以实物

形式呈现的资金）和劳动成本。也可解释为在生产过程中发生的除土地资源外各种资源的耗费总和。故猕猴桃的生产成本具体由物质与服务费用以及人工成本构成，计算公式如下：

$$生产成本＝物质与服务费用＋人工成本$$

（一）物质与服务费用

猕猴桃的生产成本中的物质与服务费由直接费用和间接费用两个部分组成。

1. 直接费用　直接费用包括果袋费用、农药与生长调节剂费用、肥料费用、排灌费用、花粉费用、技术服务费用、修理维护费用、燃料动力费用、工具材料费用以及其他直接费用等。其中，种苗费用由于猕猴桃种植种苗时间需要 3 年左右坐果，建园后每年的种苗费用可不再考虑。

（1）果袋费用。猕猴桃在种植过程中需套袋时，购买与使用果袋时所产生的费用。

（2）农药与生长调节剂费用。农药与生长调节剂费用是指在农产品生产过程中因使用各类农药以及生长调节剂而产生的费用，如杀虫剂、杀菌剂、除草剂等，购买的费用在计算时应当考虑到运输费用。

（3）肥料费用。肥料费用是指在农产品生产过程中施用的磷肥、氮肥、复合肥、有机肥、自制农家肥等肥料。但需注意，在计算时应当包括采购时的运输费用。

（4）排灌费用。排灌费用是指猕猴桃在生产过程中因排灌所付出的费用。

（5）花粉费用。花粉费用是指在猕猴桃授粉环节中消耗的花粉，在计算时应当包括采购时的运输费用。此环节中，自制花粉能够大大节约支出费用，但所需人工较多。

（6）工具材料费用。工具材料费用是指猕猴桃种植中因购买锄头、箢箕、枝剪等小工具而支付的费用。

（7）技术服务费用。为保证生产需求聘请专家或技术人员进行技术指导服务或开展技术培训等相关服务时所产生的费用。但需注意，若每年合作社、政府、村委会等多方面为猕猴桃种植户提供免费的技术培训，则技术服务费可不在此考虑。

（8）修理维护费用。修理维护费用是指因修理和维护机器设备而产生的费用。

（9）燃料动力费用。燃料动力费用是指在猕猴桃生产中所消耗的燃料、润滑油的费用。

（10）种苗费用。种苗费用是指在猕猴桃种植中，因购买种苗而付出的费用，在计算时应当包括采购时的运输费用。

（11）其他直接费用。其他直接费用是指在生产中购买其他物品的花费，如购买防冻液、生石灰等。

2. 间接费用　间接费用是指在种植猕猴桃过程中，所发生的与种植没有直接关系的费用，如销售费用、管理费用、财务费用、保险费用以及固定资产的折旧费用。

（1）销售费用。销售费用是指为销售猕猴桃而产生的运输、装卸、贮藏、广告、餐饮招待等费用。但值得注意的是，在销售过程中雇佣他人所产生的费用，应计入此项目中，而不纳入人工费用。

（2）管理费用。管理费用是指在管理和组织猕猴桃生产时所发生的费用，如与猕猴桃种植或生产相关的差旅费用等。

（3）财务费用。财务费用主要是指在猕猴桃种植时因贷款而支付的利息费用。

（4）保险费。保险费是指为了预防猕猴桃种植时产生风险而投入的保险费用。

（5）固定资产折旧费。固定资产折旧费主要针对使用年限大于1年的固定资产，一般按照平均年限法对其固定资产进行计提折旧。猕猴桃生产中固定资产折旧的费用包括水泥柱子、铁丝、农机购置费等。

（二）人工成本

人工成本是指在种植猕猴桃过程中直接耗费的劳动力而产生的费用。主要包括雇佣员工费用和雇佣家庭员工费用。

1. 雇佣员工费用　雇佣员工费用是指在生产猕猴桃过程中雇佣他人进行劳作而支付的资金（由人工费、餐饮费等组成，但雇佣他人进行销售所产生的费用不包含在其中）。通常情况下，所雇佣员工的劳动总小时数按照8h/d进行折算。

2. 雇佣家庭员工费用　雇佣员工费用是既包含了雇佣者及其家人所付出的劳动力而产生的费用，同时也包括其他人免费提供的劳动力。其中，家庭用工的劳动总数与雇佣员工计算方式相同。

这些费用的变动都会对猕猴桃的生产成本带来一定的不确定性，并且在一定程度上很难进行有效的统筹控制。

二、生产成本的控制

（一）猕猴桃生产成本分配比例

猕猴桃在生产中主要的成本为物质与服务费以及人工成本。其中，物质与服务费中的肥料费用占比最大，其次是农药与生长调节剂费用，其他费用占比相对较低；而人工成本是近年来增长最快且明显的成本，也是导致猕猴桃成本增长的主要因素。

（二）猕猴桃生产成本控制政策建议

1. 做好生产前的规划与设计　想要降低猕猴桃的生产成本其根本还是在于规划与设计。比如通过合理的规划，其土地在空间上得到最大的利用，并且能与其他产业进行结合，提高其附加值，与此同时还能提高人工的利用率，降低人工成本；通过合理的设计可以实现绿色规模生产，有效降低农药、生长调节剂以及化肥的费用，也能降低非必要的投入。

2. 加强和完善基础设施建设　加强基础设施建设是降低猕猴桃生产成本的有力保障。猕猴桃在生产过程中需要充足的水资源。然而绝大多数猕猴桃果园采用的是大水漫灌，不仅浪费水资源，而且也效率低，尤其遇到干旱天气时，会影响到猕猴桃的生长，进而减少了产量，影响到种植户的收益。所以，应当加强水利基础建设，根据当地的实际情况，相关部门帮助种植户引进相关的水利设施，引导种植户使用新型水利设施，以此来提高水资源的利用率和猕猴桃生产水平。另外，有关部门应当帮助种植户完善防风林的建设，以此既可防御冬天的冻害并加强对溃疡病的防控，又可防止夏季的热害并加强高温干旱日灼的防控。

3. 优化物资使用效率　在猕猴桃生产过程中物资属于重要的投入，减少物资的浪费，提高其使用率才能在一定程度上降低生产成本。农药与生长调节剂以及化肥在物质费用中占比很高，在不影响最优产出的前提下，优化其使用率能有效降低猕猴桃的单位成本。例如，在肥料使用上，可以根据检测土壤的结果（土壤分析）和猕猴桃的生长情况（叶片分析）来选择适宜的肥料品种以及采用科学的施肥方法，以此来减少肥料的浪费，从而降低肥料的费用。另外，也可以采用将自制农家肥与化肥结合使用的方法，这样既能降低化肥的使用量，还能达到绿色种植的目的。在农药与生长调节剂方面，可以先做好猕猴桃在生长阶段所要出现的病虫害等相关的情况总结与监测，提前做好预防，减少病虫害的同时也能减少农药的使用，大大降低农药与生长调节剂的费用。王仁才等探讨与推广"中医农业技术"在猕猴桃生产上的应用，既可大大提高物资使用效率，又有利于猕猴桃的绿色、有机栽培。

4. 改变种植户观念，引进科技人才　很多种植户在猕猴桃生产过程中进行了不合理地降低成本，不愿意进行新技术的投入，认为投入与产出不成正比，从而导致了猕猴桃的种植生产力不足，效益远低于损耗的现象。所以，应当从根本上改变种植户的这一观念，促进猕猴桃的生产力提高，同时尽可能地节约成本。其次，各地政府也要定期开展专业培训，通过对猕猴桃专业知识的普及来逐步提高种植户的素质，从而转变他们的一些传统观念。此外，当地相关部门也应当积极培养或引进专业技术人员，为种植户提供技术指导和咨询等相关服务。

第三节　经济效益和环境效益评价

一、经济效益评价方法

（一）猕猴桃生产的经济效益特点

中国猕猴桃产业起步相对较晚，生产技术较新西兰、智利等国家相对滞后。猕猴桃生产是一个经济再生产和自然再生产相结合的过程，有着生产周期长，受自然情况约束等特点。因此，猕猴桃种植效益除了具备其他产业共有特征外，也具有其自身的特点。

1. 不稳定性　猕猴桃生产易受自然条件影响，通常在运用同样的技术措施和注入同样的生产资料时，不同地域产区、不同年份仍存在差异。即使同一区域产区，因自然条件在不同年份间的差异性，其效益也会显现出显著差异。

2. 持续性　由于猕猴桃产业自身的特性，其种植效益表现出持续性。在猕猴桃生产过程中，建园栽苗、改土、架材搭建、水肥系统、防风林建设等均会产生技术的后效性，使其影响不只存在现有的生产周期，而且可以持续到后一个甚至多个生产周期，也就是说这种生产效益产生了延续性，表现出持续性。

3. 综合性　因猕猴桃生产受多种条件的制约和投入要素的影响，所以其种植效益表现出综合性的特点。例如，种植技术水平的高低、投入的多少等均会影响猕猴桃果园种植效益。

4. 多样性　猕猴桃生产中涉及多因素措施，而这些措施不仅会产生直接的经济效益，还会获得间接的社会效益和生态效益。而通常所说的效益多指经济效益。

（二）猕猴桃生产的经济效益评价方法

猕猴桃经济效益的评价表示方法，主要有 4 种（周胜男，2013）。

1. 比率法　比率法表示为产出与投入的比值。通常以 1 进行衡量比较，若大于 1 则表示具有较好的经济效益，且比值越高就表明经济效益越高；若小于 1 则表示经济效益较差。

$$经济效益＝产出/投入$$

2. 差额法 差额法表示为产出与投入之差。通常此指标与 0 进行比较衡量生产效益。若大于 0 则表示效益较好，且差值越高越好。该评价方法通常以利润的形式表示计算结果，利润值即是经济效益值。

$$经济效益＝产出－投入$$

3. 差额-比率法 ①用利润与成本的比值表示，②用利润与总产出的比值表示。通常两种指标均与 0 比较作为衡量标准。若大于 0 则说明具有经济效益，比值越大经济效益越好；若等于 0 则说明没有经济效益。

$$①经济效益＝（产出－投入）/投入$$
$$②经济效益＝（产出－投入）/总产出$$

（三）猕猴桃成本效率评价方法

猕猴桃生产过程中，除了上述 3 种评价方法可用于直接评价种植效益外，猕猴桃成本效率评价亦是反映猕猴桃生产效益的一种有效方法。

衡量成本效率的方法通常有两种，第一种是前沿法，它包括随机前沿法和数据包络分析法（DEA）两种；第二种是非前沿法，包括计量生产模型法和指数法。其中，数据包络分析法已经成为评价成本效率较为常用的方法途径。主要是由于该方法在对多投入和多产出的复杂系统进行研究评价时，相比于其他方法有非常明显的优势。一是它属于非参数方法，不必事先设定其生产函数，也无需处理复杂系统中各类指标之间不具备可比性的问题，从而可以有效地避免由于设定了不正确的函数形式而推出错误的结论。二是该方法无需明确输入输出的复杂关系，也无需预先确定它们各自的权重便可测算出各个决策单元（DMU）的综合效率值，从而找出有效的 DMU，进而对无效的 DMU 进行原因分析，计算出松弛量并提出调整的方向和具体的改进措施。三是猕猴桃产业投入产出的效率评价属于多投入多产出的效率问题，因此，通常适宜于采用数据包络分析法。

二、环境效益评价方法

联合国政府间气候变化专门委员会（IPCC）指出，如果人类持续进行当前的经济活动，在本世纪可能使全球平均气温上升 2～4℃，而这无疑会给人类的生存、经济发展、健康以及粮食安全造成巨大的威胁（IPCC，2013）。温室气体排放的增加受到许多经济活动的影响，如化石燃料的使用、工业废气的排放、农业耕作以及食品废弃物的处理等。近年来，我国出台了一系列相关政策法规用以抑制全球气候变暖带来的威胁，就农业生产方面的减排措施来说，于 2015 年分别出台了《全国种植业调整规划 2016—2020》《到 2020 年化肥使用量零增长行动方案》《到 2030 年农药使用量零增长行动方案》等政策措施，用以减少温室气体的排放。一般来说，对环境效益评价分为两个层次：环境影响评价和战略环境评价。环境影响评价是在项目层次对环境的影响评价，战略环境评价是在宏观层次上评价某项政策对环境的影响，本部分内容只关注环境影响评价，主要基于生命周期评价理论方法进行猕猴桃生产的环境效益评价。

（一）生命周期的环境效益评价

生命周期评估（life cycle assessment，LCA）是通过生命周期思维的概念衡量产品于原料开采、生产制造、运输配送、使用以及废弃等各阶段过程，皆纳入生命周期计算范畴，评估所有过程投入产出可能产生的环境冲击。生命周期评估方法早期研究着重于废弃物、能源及容器的评估。从 20 世纪 90 年代起，才开始在环境领域受到重视，国际上有越来越多的生命周期评估报告与相关研究被提出（Lee et al.，2019）。鉴于此，本部分主要基于国内外 LCA 在评估作物种植环境影响中的应用，并分析了猕猴桃 LCA 的目标与范围定义、清单分析、环境影响指标与计算方法选择、结果不确定性来源等方面的差别与联系。另外，农业是温室气体的重要排放源，占人类活动温室气体排放的 23%～30%（Allison et al.，2010），结合我国作为能源消费和碳排放大国，在《气候变化联合声明》中承诺 2030 年左右实现碳排放达峰，展望了 LCA 在猕猴桃种植中应用的发展趋势，旨在为促进猕猴桃种植可持续发展及绿色产品供应链建设提供科学依据。

（二）猕猴桃生产的生命周期环境影响评价

研究目标：猕猴桃种植 LCA 目标包括：量化猕猴桃建园投入过程中劳动力、原料、燃料、地租等所带来的环境影响；识别猕猴桃种植生命周期内各阶段重要环境因素；不进行种植模式的对比。数据来源有实地调研、官方统计数据、实测、模型模拟和相关文献 5 种渠道。

系统边界：定义系统边界对 LCA 模型至关重要。系统边界的相同与否决定了 LCA 研究结果是否具有可比性。猕猴桃种植包括前期建园、栽苗、喷药、施肥、灌溉等过程。系统边界如图 18-3 所示，猕猴桃枝条作为原料类产品，成熟修剪后作为堆肥原材料。

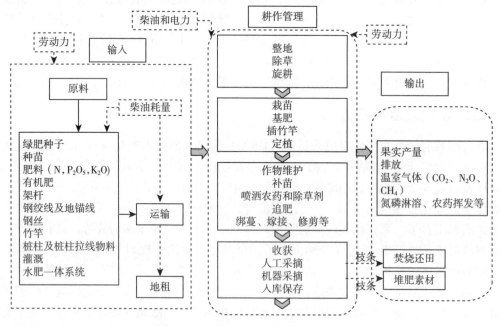

图 18-3　猕猴桃生产 LCA 系统边界

清单分析：猕猴桃种植数据收集分为 3 部分。一是背景数据，包括绿肥种子、猕猴桃种苗、肥料、有机肥、架杆、钢绞线、地锚线、钢丝、竹竿、桩柱、灌溉系统和能源投入；二是实景数据，包括整地、栽苗、作物维护和收获等；三是向环境的排放，主要包括温室气体（CO_2、CH_4、N_2O）、土壤有机碳含量变化、氮磷淋溶和农药挥发等。研究表明，大气中的 CO_2、N_2O 来源于农业活动的比例分别为 20% 和 90%（Alhajj et al.，2017）。

目前，国内关于猕猴桃生产碳排放的研究相对较少，且研究多聚焦于猕猴桃种植管理环节的碳排放研究，鲜有学者基于生命周期理论定量探讨猕猴桃生命周期各生产环节的碳排放。其功能单位以生产 1t 猕猴桃的生命周期为评估标准（表 18-7）。猕猴桃生产的生命周期系统边界如图 18-3 所示。猕猴桃生产的生命周期评价主要引起全球变暖的因子是 CO_2 和 N_2O 排放（表 18-7）。2010、2016、2021 年陕西秦岭北麓猕猴桃种植每生产 1t 果实，CO_2、CH_4 和 N_2O 全球变暖潜力 3 年平均约为 305.85kg、-3.90kg 和 21.08kg，排放主要分布在前三年建园期与盛果期管理环节的化肥施用、农药、除草剂等的使用（表 18-7），具体计算方法参考（Gao et al.，2022）。

表 18-7 猕猴桃种植投入与相应排放系数清单分析（2006 年建园）

项目	不同年份数量				排放系数	分析软件或参考文献
	建园前三年（2006—2009 年）	2010 年	2016 年	2021 年		
投入						
种子和猕猴桃种苗（kg/hm²）	0.45	0	0	0	1.66	SimaPro 软件
氮肥（kg/hm²）	600.00	150.00	150.00	150.00	8.30	Zhang et al.，2013
磷肥（kg/hm²）	600.00	150.00	150.00	150.00	0.79	Cui et al.，2013
钾肥（kg/hm²）	600.00	150.00	150.00	150.00	0.55	Cui et al.，2013
塑料膜（kg/hm²）	0.00	0.00	0.00	0.00	2.80	Ye et al.，2017
降解膜（kg/hm²）	0.00	0.00	0.00	0.00	2.60	Broeren et al.，2017
除草剂（kg/hm²）	9.00	3.00	3.00	3.00	10.15	Ecoinvent 2.2 软件
杀虫剂（kg/hm²）	4.50	1.50	1.50	1.50	16.61	Ecoinvent 2.2 软件
杀菌剂（kg/hm²）	5.40	1.80	1.80	1.80	15.25	SimaPro 软件
甲烷 CH_4（kg/hm²）	-10.50	-3.50	-3.50	-3.50	28.00	Gao et al.，2022
氧化亚氮 N_2O（kg/hm²）	6.00	2.00	2.00	2.00	265.00	Gao et al.，2022
二氧化碳 CO_2（kg/hm²）	3 750.15	5 000.65	9 664.86	11 545.84	1.00	Gao et al.，2022
柴油（L/hm²）	270.00	80.00	80.00	80.00	3.75	Cui et al.，2013
劳动力（人/hm²）	1 950.00	75.00	75.00	75.00	0.86	Liu et al.，2013
电力（kWh/hm²）	60.00	15.00	15.00	15.00	0.53	SimaPro 软件
水（kg/t）	45.00	15.00	15.00	15.00	0.24	SimaPro 软件
运输（kg/t）	30.00	10.00	10.00	10.00	0.37	SimaPro 软件
焚烧（kg/t）	0.00	0.00	0.00	0.00	0.89	SimaPro 软件
堆肥（kg/hm²）	0.00	7 500.00	7 500.00	7 500.00	0.01	Eriksson et al.，2015

(续)

项目	不同年份数量				排放系数	分析软件或参考文献
	建园前三年 （2006—2009 年）	2010 年	2016 年	2021 年		
投入						
钢材（kg/t）	3 855.00	0.00	0.00	0.00	1.62	SimaPro 软件
水泥（kg/t）	32 400.00	0.00	0.00	0.00	0.86	SimaPro 软件
输出						
产量（t/hm²）	0.00	16.35	31.60	37.75		

三、猕猴桃生产的经济效益与环境效益评价分析

（一）猕猴桃生产的经济效益分析

基于投入产出相关理论，周胜男（2013）利用陕西 2006—2010 年间共 249 份猕猴桃种植户成本与收益的微观面板数据，对猕猴桃生产过程中的投入与产出进行了详细实证分析。研究分析表明，2010 年，周至县的投入总成本高于眉县，但产出和利润却低于眉县。不同品种其种植效益有所差异，秦美猕猴桃果园投入最低，其产出和利润也是最低，而红阳猕猴桃果园投入、产出及利润均为最高。采用基于 Malmquist 指数的数据包络分析方法（DEA），分析发现：眉县全要素生产率在 2006—2010 年呈现稳步上升的趋势，其变化主要源于综合技术效率；而周至县全要素生产率呈现波动大体略微下降的趋势，其变化主要源于综合技术效率和技术进步的共同作用。说明在猕猴桃生产过程中，技术是影响生产效率很重要的因素。

基于成本理论、成本效率理论，王清清（2018）继续以陕西周至县和眉县作为研究区域，利用 2016—2017 年间 277 位种植户的微观面板数据，对两地区的猕猴桃种植效益和成本效益进行了评价分析。分析结果表明，眉县猕猴桃种植户的单位面积成本相对比周至县高，单位面积的效益也比周至县高。DEA 分析显示，猕猴桃种植户的成本效率总体水平不高，配置效率低下是其主要原因。运用 Tobit 模型剖析成本效率影响因素发现，户主受教育水平、种植户接受培训的次数、猕猴桃地块数与成本效率有显著的正相关，而家中是否有村干部存在显著负相关。

从猕猴桃产业发展进程来看（表 18-8），陕西秦岭北麓地区，从 2010 年到 2021 年，由于种植成本（投入）增加幅度大，猕猴桃果园投入/产出比呈现下降趋势；但从整体利润来看，种植效益相对比较稳定，2010、2016 和 2021 年平均利润约为每公顷 74 035.80 元。相比之下，江西奉新地区，果园平均投入相对稳定在 60 000～72 000 元之间，其投入/产出比亦是稳定在 1:（2～2.5）之间，因此猕猴桃果园种植利润保持在一定的稳定水平，2010、2016 和 2021 年平均利润约每公顷 85 000.00 元，稍高于陕西地区，主要原因可能与各产区主栽品种不同有关，说明品种结构影响猕猴桃的生产经济效益。因此，生产上可通过优化品种结构来增加猕猴桃种植经济效益。

（二）猕猴桃生产的环境效益分析

近年来，在"双碳"背景下我国从业猕猴桃生产者逐渐开始关注其环境效益，基于

LCA 分析显示，全国猕猴桃生产每年约向大气排放 $14.21×10^8 kg\ CO_2$，吸收 $2.25×10^7 kg\ CH_4$ 并排放 $4.49×10^7 kg\ N_2O$。同时由于长期使用化肥和农药等也给土壤带来氮磷盈余、土壤酸化等环境问题（图 18-4），进而诱发猕猴桃病害，例如猕猴桃溃疡病、根腐病、黑头病等。

表 18-8 陕西秦岭北麓和江西奉新猕猴桃果园（盛果期）种植效益情况

	年份	2010 年	2016 年	2021 年
陕西秦岭北麓	平均每公顷投入（元）	38 175.75	67 965.30	106 500.00
	平均每公顷产出（元）	115 524.90	138 505.50	180 718.50
	每公顷利润（元）	77 349.15	70 540.20	74 218.20
	投入/产出	1:3.03	1:2.03	1:1.70
江西奉新	平均每公顷投入（元）	60 000.00	67 500.00	72 000.00
	平均每公顷产出（元）	120 000.00	172 500.00	162 000.00
	每公顷利润（元）	60 000.00	105 000.00	90 000.00
	投入/产出	1:2.00	1:2.56	1:2.25

注：2010、2016、2021 年数据分别来源于周胜男（2013）、王清清（2018）和猕猴桃产业国家创新联盟。2010、2016、2021 年陕西省物价指数分别为 104.0、101.3 和 101.5，江西省物价指数分别为 103.0、102.2 和 100.9。

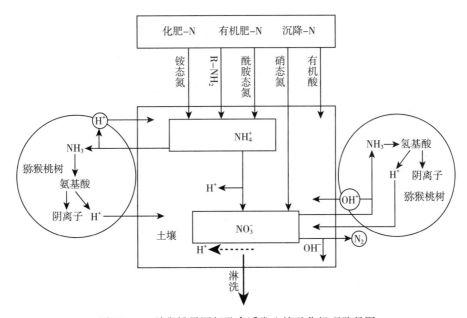

图 18-4 猕猴桃果园氮盈余诱发土壤酸化机理路径图

四、提高猕猴桃生产经济效益的技术途径

提高猕猴桃生产经济效益的途径主要有两种：一是减少成本投入，二是提高产出收益，具体技术措施如下。

（一）优化品种结构

不同品种其种植效益有所差异，因此适当优化猕猴桃种植品种结构，"早中晚、红黄绿"合理搭配，可有效提高猕猴桃种植效益（周胜男，2013）。

（二）适度规模化种植

全国猕猴桃产业的发展相对比较分散，规模化经营不足。大多数产区主要以农户个体经营为主体，难以抵御市场风险。据统计，2019 年陕西全省种植大户、家庭农场、专业合作社、企业基地等规模经营面积仅占全省种植面积总数的很少一部分，绝大多数猕猴桃种植为果农分散经营，生产组织化程度低，抵御市场风险能力弱，小生产与大市场矛盾突出。猕猴桃果园生产中，大多数作业项目劳动力生产效率较低，费时费工，尤其是疏花、授粉、施肥和除草等操作。如：猕猴桃聚伞花序，需要疏除两侧耳花，以保证坐果率和果实品质。疏花一般每 $667m^2$ 用工数为 4，即每人每天可完成 $166.75m^2$，通常疏花要求在开花前 10d 内完成，那么 $33\ 350m^2$ 果园需要平均每天 20 人同时连续工作 10d 才能完成疏花作业。授粉作业时间最短，时效性最强，如果不能及时完成授粉，则严重影响当年果实质量与产量，遇到阴雨天气如不能及时授粉甚至会导致当年果园绝收。但是，授粉之时，全国各产区不同品种花期多数重叠，严重表现出劳动力短缺、授粉效率低下的问题，授粉期间有效劳动力数量已成为制约猕猴桃果园大规模化发展的关键因素。施肥和除草亦是猕猴桃果园费时费力的作业，每 $667m^2$ 用工数均为 1，即每人每天施肥或除草都是 $667m^2$，那么 $33\ 350m^2$ 果园需要平均每天 12.5 人同时作业方可在有效时间内完成作业。显然，国内多数产区并不能满足如此高强度的劳动力，因此，现阶段我国猕猴桃果园并不适于大规模化发展。综合分析果园各项作业所消耗劳动力强度和劳动生产效率，在提高果园生产效率的前提下，适度规模化发展可有效提高果园种植效益。

任笔（2015）利用规模经营及产业发展等理论作为基础理论研究框架，使用 Logistic 回归模型分析农户选择猕猴桃农地适度规模经营的影响因素，通过综合考虑收入尺度和效率尺度，运用农地规模经营决策的计量经济模型对猕猴桃适度经营适宜值进行测算。研究结果表明：在收入尺度衡量标准下，户均 $1.219hm^2$ 可作为现实条件制约下小规模农户选择的规模目标，可保证农户的种植积极性和农地平均分配；而在效率尺度衡量标准下，户均 $4.315hm^2$ 可以发挥各要素的最优配置，达到户均效益最大化，可实现户均经营利润增长 157%。研究还发现，影响农户选择农地规模的主要因素是总劳动力、农地租赁、户均收入水平、年均雇佣劳动力成本、生产资料成本、机械化程度、技术投入量及市场需求预期等。

新西兰佳沛公司官方数据显示，公司共有猕猴桃注册户 3 121 户，总种植面积 1.25 万 hm^2，户均种植 $4.0hm^2$。其中，果园面积为 $2\sim5hm^2$ 的注册户数量最多，占总注册户的 49.6%，接近一半；小于 $2hm^2$ 的果园占 26.7%，而 $5hm^2$ 以上的果园约占 23.6%，种植面积分布趋于正态分布（图 18-5）。

因此，在任笔（2015）的研究基础上，参考新西兰种植规模，户均种植 $4.0hm^2$ 猕猴桃，每户按照 2 个管理人员算，人均 $2.0hm^2$；果园生产机械化程度高，生产效率约是国内当前生产效率的 6 倍，即国内人均 $0.333hm^2$ 通常 1 个农户有 2 人参与果园生产，那么每户 $0.667hm^2$ 为宜；而公司基地通常平均每天可有 $4\sim6$ 人工作，那么 $1.333\sim2hm^2$ 为

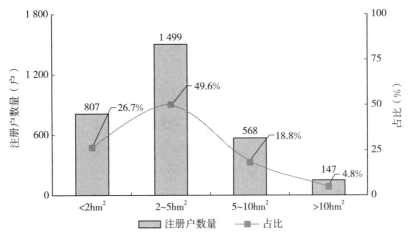

图 18-5 新西兰佳沛公司猕猴桃种植规模情况

宜。但随着果园机械化代替传统人工劳动力，如果果园生产效率提高 1～2 倍，那么，户均以 0.667～1.333hm² 为宜，公司基地以 2.667～4hm² 为宜。

（三）果园间套作种植

在猕猴桃种植未投产期间，为提高果园经济效益，以用地养地相结合为目标，可适当发展果园林下间套作种植。肖盛明（2016）对猕猴桃果园间套作栽培模式进行了总结分析，发现不同套作模式，其效益有所差异。猕猴桃-辣椒-莲花白模式，经济效益最好，每公顷可增加纯收入 63 375 元；猕猴桃-大豆-箭筈豌豆模式每公顷可增加纯收入 27 900 元，且每公顷生产优质绿肥 22 500kg，既能增加猕猴桃果园经济收入，又能培肥地力。

（四）智能化技术应用

智能化技术近年来发展迅速，与非智能化传统果园比较，尹恒（2017）分析了现代智能化技术应用的优势。研究结果表明，应用智能化技术的苍溪杨河猕猴桃产业园的综合效益评价指数高达 0.992 0，而两个非智能化的传统果园猕猴桃种植综合效益指数只有 0.745 8，可见智能化技术的应用可显著提高猕猴桃种植效益。

（五）农艺与农机结合，提高生产效率

为有效提高果园工作效率，降低劳动强度，节本增效，果园管理的机械化、自动化、智慧化研究进一步增强，具体表现在有机无机肥的机械施用、水肥一体化，病虫害防治、修剪枝还田、杂草控制等的机械化，病虫害预测预报、果园环境检测的自动化、智慧化。

国内陕西省、四川省等猕猴桃产区在水肥一体化自动系统的示范与推广方面取得很大效果，因地制宜的形式以及多样的实施方法在产业发展中发挥了重要作用。尤其在新建果园，特别是大的企业和合作社基本实施了水肥一体化，既简化了管理，又降低了生产成本。各种农业机械得到了广泛的应用，在建园栽培、土壤管理、施肥、病虫害防治、果园杂草管理方面应用得较多。

（六）拓宽供应链渠道

杨雪（2013）研究表明，建立高效畅通的流通渠道和一体化的结构模式，拓宽猕猴桃供应链渠道，能够降低成本、减少损耗、提高销售价格，进而提高猕猴桃综合效益。

（七）农产品地理标志等使用

基于陕西猕猴桃产区 645 个种植户的微观调查数据，李赵盼等（2021）运用倾向得分匹配法构建反事实框架，分析了农产品地理标志使用对农户收入的影响。研究表明，使用地理标志会同时增加猕猴桃生产过程中的生产成本、产值和纯收入，但收入指标的增长幅度更大，说明农产品地理标志的使用能够为猕猴桃种植户带来显著的经济效益。

五、提高猕猴桃生产环境效益的技术途径

随着全球气候变化和人口增长，传统猕猴桃生产模式已成制约其可持续发展的因素之一。研究表明，虽然猕猴桃生产的全球变暖潜力小于其他果园生产的全球变暖潜力值（ref），但其对所产生的环境代价亦不容忽视。当前，在不影响猕猴桃生产经济效益的前提下或者适当降低经济效益侧重追求品质的前提下，可采取以下技术措施来提高猕猴桃生产的环境效益。

（一）综合优化养分管理

综合猕猴桃养分综合管理技术和猕猴桃生产的生命周期环境评价结果，科学制定肥料管理策略，进行有效土壤地面管理的同时，优化有机肥的来源与用量，将施肥量控制在既能满足猕猴桃高产高品质的要求，又能减轻资源和环境负担，可以协同实现猕猴桃稳产和环境友好。

（二）优化种植模式

采用果园间作等生态栽培方式，利用猕猴桃枝蔓等农业废弃物堆肥并还田，均可有效增强土壤培肥能力、改善根际环境、防止地表水土流失和保护果园生态，进而提升猕猴桃果园环境效益。

参 考 文 献

李赵盼，郑少峰，2021. 农产品地理标志使用对猕猴桃种植户收入的影响 [J]. 西北农林科技大学学报（社会科学版）(2)：119-129.

任笔，2015. 基于猕猴桃产业发展的农地规模经营适宜度研究 [D]. 成都：四川农业大学.

王清清，2018. 陕西省猕猴桃种植成本与效益研究——基于猕猴桃主产区的调研 [D]. 杨凌：西北农林科技大学.

肖盛明，2016. 修文县猕猴桃果园（间套作）高效栽培种植模式效益探析 [J]. 农技服务 (33)：51-54.

杨雪，2013. 雅安市红心猕猴桃供应链模式的成本和效率研究 [D]. 成都：四川农业大学.

尹恒，2017. 智能化技术在苍溪杨河猕猴桃产业园中的应用效益评价 [D]. 成都：成都理工大学.

周胜男，2013. 陕西省猕猴桃产业投入产出分析—以主产区周至县、眉县为例 [D]. 杨凌：西北农林科技大学.

Allison, S. D., Wallenstein, M. D., Bradford, M. A., 2010. Soil - carbon response to warming dependent on microbial physiology [J]. Nature Geoscience 3, 336-340.

Alhajj Ali, S., Tedone, L., Verdini, L., et al., 2017. Effect of different crop management systems on rainfed durum wheat greenhouse gas emissions and carbon footprint under Mediterranean conditions [J]. Clean. Prod., 140：608-621.

Bai J，Li Y，Zhang J，et al.，2021. Straw returning and one - time application of a mixture of controlled release and solid granular urea to reduce carbon footprint of plastic film mulching spring maize [J]. Clean. Prod.，280：1 - 10.

Cui Z，Yue S，Wang G，et al.，2013. Closing the yield gap could reduce projected greenhouse gas emissions: a case study of maize production in China [J]. Glob Chang Biol，19：2467 - 2477.

Eriksson M，Strid I，Hansson P A.，2017. Carbon footprint and energy use of food waste management options in the waste hierarchy - A Swedish case study [J]. Journal of Cleaner Production，93：115 - 125.

Gao N，Wei Y，Zhang W，et al.，2022. Carbon footprint，yield and economic performance assessment of different mulching strategies in a semi - arid spring maize system [J]. Sci Total Environ，826：154021.

Lai R L，Long Y，Cheng C Z，et al.，2019. Model optimized construction and technology integrated application of intercropping in kiwifruit orchard [J]. Chinese Journal of Eco - Agriculture，27（9）：1430 -1439.

Lee E K，Zhang X，Adler P A，et al.，2019. Spatially and temporally explicit life cycle global warming，eutrophication，and acidification impacts from corn production in the U.S. Midwest [J]. Journal of cleaner production，242（1）.

Ye L，Qi C，Hong J，et al.，2017. Life cycle assessment of polyvinyl chloride production and its recyclability in China [J]. Journal of Cleaner Production，142：2965 - 2972.

Zhang WF，Dou ZX，He P，et al.，2013. New technologies reduce greenhouse gas emissions from nitrogenous fertilizer in China [J]. Proc Natl Acad Sci USA，110：8375 - 8380.

执笔人：刘艳飞，王琰，杨斌

附录

附录一 相关专业词汇

1-氨基环丙烷-1-羧酸 1 - aminocyclopropane - 1 - carboxylic acid

生育酚 tocomonoenol

S-腺苷甲硫氨 S - adenosylmethionine

差别定价策略 differential pricing strategy

差压预冷 pressure - difference precooling

赤霉素 gibberellins

低温 low - temperature

碘值 iodine value

冻害 freezing injury

负载量 loading amounts

干物质含量 dry matter content

高光谱图像 hyperspectral imaging

呼吸跃变型 respiration climacteric

花粉 pollen

环剥 girdling

激光拉曼光谱 laser Raman spectroscopy

激光诱导击穿光谱 laser induced breakdown spectroscopy

激光诱导荧光光谱 laser induced fluorescence spectroscopy

计算机视觉 computer vision

近红外光谱 near infrared spectrum

聚苯乙烯 polystyrene

聚苯乙烯树脂 poly (styrene - co - divinylbenzene)

二乙烯基苯 divinyl Benzene

聚丙烯 polypropylene

聚乙烯 polyethylene

可溶性固形物含量 soluble solids content

冷藏车　refrigerated truck

冷害　cold injury

冷库　cold storage room

离层　separation layer

离心风机　centrifugal fan

零头定价　odd pricing

美国食品药物管理局　Food and Drug Administration（FDA）

美国推荐每日摄取量　U. S. RDA（RDA，Recommended Dietary Allowance）

木栓化　corkification suberization

农超对接　agriculture‐supermarket jointing

气调贮藏　controlled atmosphere storage

人体每日需求量　daily value（DV）

色度角　hue angle

生理成熟度　physiological maturity

生长素　auxin

授粉　pollination

疏果　fruit thinning

疏花　flower thinning

霜冻害　frost injury

无氧呼吸　anaerobic respiration

细胞分裂素　cytokinin

相对湿度　relative humidity

消毒　sterilization

心理定价策略　psychological pricing tactics

修剪　pruning

需求弹性　demand elasticity of commodity

需求弹性系数　coefficient of demand elasticity

乙烯　ethylene

硬度　firmness

预冷　precool

运输　transportation

蒸腾　transpiration

坐果率　fruit setting percentage

附录二 中国园艺学会猕猴桃分会历届理事会主要成员

2002 年 第一届理事会主要成员

理 事 长：黄宏文（研究员，中国科学院武汉植物研究所）

副理事长：王明忠（研究员，四川省自然资源科学研究院）

刘旭峰（研究员，西北农林科技大学）

罗正荣（教授，华中农业大学）

龚俊杰（副研究员，常务副理事长，中国科学院武汉植物研究所）

韩礼星（副研究员，中国农业科学院郑州果树研究所）

谢　鸣（研究员，浙江农业科学院）

秘 书 长：姜正旺（副研究员，中国科学院武汉植物研究所）

2006 年 第二届理事会主要成员

理 事 长：黄宏文（研究员，中国科学院武汉植物研究所）

副理事长：王明忠（研究员，四川省自然资源科学研究院）

王中炎（研究员，湖南省园艺研究所）

刘旭峰（研究员，西北农林科技大学）

朱鸿云（教授级高工，河南西峡猕猴桃研究所）

龚俊杰（副研究员，常务副理事长，中国科学院武汉植物研究所）

梁　红（教授，仲恺农业工程学院）

韩礼星（副研究员，中国农业科学院郑州果树研究所）

谢　鸣（研究员，浙江农业科学院）

秘 书 长：姜正旺（副研究员，中国科学院武汉植物研究所）

2010 年 第三届理事会主要成员

理 事 长：黄宏文（研究员，中国科学院华南植物园）

副理事长：马锋旺（教授，西北农林科技大学）

王中炎（研究员，湖南省园艺研究所）

方金豹（研究员，中国农业科学院郑州果树研究所）

王仁才（教授，湖南农业大学）

李明章（研究员，四川省自然资源科学研究院）

钟彩虹（副研究员，中国科学院武汉植物园）

胡忠荣（研究员，云南农业科学院）

徐小彪（教授，江西农业大学）

　　　　龚俊杰（研究员，中国科学院武汉植物园）

　　　　梁　红（教授，仲恺农业工程学院）

　　　　谢　鸣（研究员，浙江农业科学院）

　　　　雷玉山（高级农艺师，陕西省农村科技开发中心）

秘书长（2010—2012年）：姜正旺（副研究员，中国科学院武汉植物园）

(2012—2016年代理秘书长)：钟彩虹（副研究员，中国科学院武汉植物园）

2016年　第四届理事会主要成员

名誉理事长：黄宏文（研究员，中国科学院华南植物园）

理　事　长：钟彩虹（研究员，中国科学院武汉植物园）

副理事长：陈庆红（研究员，湖北省农业科学院）

　　　　方金豹（研究员，中国农业科学院郑州果树研究所）

　　　　胡忠荣（研究员，云南农业科学院）

　　　　雷玉山（研究员，陕西省农村科技开发中心）

　　　　李明章（研究员，四川省自然资源科学研究院）

　　　　梁　红（教授，仲恺农业工程学院）

　　　　刘占德（教授，西北农林科技大学）

　　　　王仁才（教授，湖南农业大学）

　　　　徐小彪（教授，江西农业大学）

　　　　谢　鸣（研究员，浙江农业科学院）

秘　书　长：张　琼（副研究员，中国科学院武汉植物园）

2022年　第五届理事会主要成员

名誉理事长：黄宏文（研究员，中国科学院庐山植物园）

理　事　长：钟彩虹（研究员，中国科学院武汉植物园）

副理事长：陈庆红（研究员，湖北省农业科学院）

　　　　雷玉山（研究员，陕西省农村科技开发中心）

　　　　李洁维（研究员，广西壮族自治区中国科学院广西植物研究所）

　　　　李明章（研究员，四川省自然资源研究院）

　　　　梁　红（教授，仲恺农业工程学院）

　　　　刘占德（研究员，西北农林科技大学）

　　　　齐秀娟（研究员，中国农业科学院郑州果树研究所）

　　　　王仁才（教授，湖南农业大学）

　　　　徐小彪（教授，江西农业大学）

秘　书　长：张　琼（副研究员，中国科学院武汉植物园）

图书在版编目 (CIP) 数据

猕猴桃学 / 王仁才，刘占德，徐小彪主编. -- 北京 ：
中国农业出版社，2024.8. -- ISBN 978-7-109-32226-4

Ⅰ. S663.4

中国国家版本馆 CIP 数据核字第 2024P08U86 号

猕猴桃学

MIHOUTAOXUE

中国农业出版社出版

地址：北京市朝阳区麦子店街 18 号楼

邮编：100125

策划编辑：王琦瑢

责任编辑：李　瑜　陈沛宏　郭银巧　王琦瑢

文字编辑：王禹佳

版式设计：王　晨　　责任校对：吴丽婷

印刷：北京通州皇家印刷厂

版次：2024 年 8 月第 1 版

印次：2024 年 8 月北京第 1 次印刷

发行：新华书店北京发行所

开本：787mm×1092mm　1/16

印张：38　插页：30

字数：990 千字

定价：490.00 元

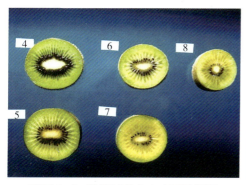

彩图 3-1　猕猴桃果心大小不同级别
（新西兰国际 DUS 测试标准）

彩图 3-2　猕猴桃果心红色分级 1~5 级
（李明章等，2011）

彩图 3-3　新西兰诱变的猕猴桃多倍体果实性状变异（Wu et al.，2013）

彩图 3-4　东红猕猴桃及诱变获得四倍体优系（L93、L107 和 L55）

彩图 4-1　红阳结果状和果实横切面（李明章　提供）

彩图 4-2　红实 2 号果实横切面
（李明章　提供）

彩图 4-3　东红结果状和果实横切面（钟彩虹　提供）

彩图 4-4　脐红结果状（李建军　提供）　　　彩图 4-5　红昇结果状（李洁维　提供）

彩图 4-6　赣猕 7 号结果状和果实横切面（黄春辉　提供）

彩图 4-7　桂红结果状和果实横切面（李洁维　提供）

彩图 4-8　金红 1 号结果状（杨声谋　提供）　　　　　彩图 4-9　金红 50 号结果状（杨声谋　提供）

彩图 4-10　楚红结果状（李洁维　提供）　　　　　彩图 4-11　红华结果状（涂美艳　提供）

彩图 4-12　湘吉红结果状和果实横切面（刘世彪　提供）

彩图 4-13　海霞结果状（张洪池　提供）　　　　彩图 4-14　晚红结果状（李建军　提供）

彩图 4-15（1）　平原红结果状和果实横切面（朱立武　提供）

彩图 4-15（2）　平原红（左）与红阳（右）果实对比（朱立武　提供）

彩图 4-16　金实 1 号结果状和果实横切面（李明章　提供）

彩图 4-17　金实 4 号结果状和果实纵横切面（李明章　提供）

彩图 4-18　金桃结果状（钟彩虹　提供）

彩图 4-19　金霞结果状和果实纵横切面（钟彩虹　提供）

彩图 4-20　翠玉结果状（李洁维　提供）

彩图 4-21　金玉 2 号结果状和果实横切面（索江涛　提供）

彩图 4-22　早鲜结果状（李洁维　提供）

彩图 4-23　魁蜜结果状（黄春辉　提供）

彩图 4-24　金丰结果状（李洁维　提供）

彩图 4-25　赣金 2 号结果状和果实纵横切面（徐小彪　提供）

彩图 4-26　金喜结果状（张慧琴　提供）

彩图 4-27　金丽结果状和果实纵横切面（张慧琴　提供）

彩图 4-28　金义结果状和果实横切面（张慧琴　提供）

彩图 4-29　庐山香结果状（李洁维　提供）

彩图 4-30　桂海 4 号结果状和果实纵横切面（李洁维　提供）

彩图 4-31 丰悦结果状（李洁维 提供）

彩图 4-32 金阳结果状和果实横切面（陈庆红 提供）

彩图 4-33 金农结果状（陈庆红 提供）

彩图 4-34 金怡结果状和果实横切面（陈庆红 提供）

彩图 4-35　金早结果状（李大卫　提供）

彩图 4-36　皖金结果状（李洁维　提供）

彩图 4-37　黑金结果状和果实纵横切面（刘艳飞　提供）

彩图 4-38　金辉 7 号结果状和果实横切面（杨声谋　提供）

彩图 4-39　贝木结果状和果实横切面（刘世彪　提供）

彩图 4-40（1） 皖黄结果状和果实横切面（朱立武 提供）

彩图 4-40（2） 皖黄（左）与黄金果（右）果实对比（朱立武 提供）

彩图 4-41 秦美结果状（李建军 提供）

彩图 4-42 哑特结果状（李建军 提供）

彩图 4-43 金香结果状（刘艳飞 提供）

彩图 4-44 翠香结果状（刘艳飞 提供）

彩图 4-45 徐香结果状（李建军 提供）

彩图 4-46 农大猕香结果状（李建军 提供）

彩图 4-47 农大郁香结果状（李建军 提供）

彩图 4-48 中猕 2 号结果状（齐秀娟 提供）

彩图 4-49 中猕 3 号结果状（齐秀娟 提供）

彩图 4-50 金美结果状和果实纵横切面（钟彩虹 供图）

彩图 4-51 瑞玉结果状（索江涛 提供）

彩图 4-52　米良 1 号结果状（李洁维　提供）

彩图 4-53　金魁结果状（陈庆红　提供）

彩图 4-54　华美 1 号结果状（李洁维　提供）

彩图 4-55　贵长结果状（李洁维　提供）

彩图 4-56　实美结果状（李洁维　提供）

彩图 4-57　海艳结果状（李洁维　提供）

彩图 4-58　皖翠结果状（李洁维　提供）

彩图 4-59　金硕结果状（陈庆红　提供）

彩图 4-60　和平 1 号结果状（李洁维　提供）

彩图 4-61　华美 2 号结果状（朱鸿云　提供）

彩图 4-62　红美结果状（李洁维　提供）

彩图 4-63　沁香结果状（李洁维　提供）

彩图 4-64　金福结果状和果实纵横切面（刘艳飞　提供）

彩图 4-65　米良 2 号结果状与果实横切面（刘世彪　提供）

彩图 4-66　湘碧玉结果状和果实横切面（刘世彪　提供）

彩图 4-67　丰绿结果状（秦红艳　提供）

彩图 4-68　魁绿结果状（秦红艳　提供）

彩图 4-69　桓优 1 号结果状（辛广　提供）

彩图 4-70　红宝石星结果状（齐秀娟　提供）

彩图 4-71　天源红结果状（齐秀娟　提供）

彩图 4-72　长江 1 号结果状（辛广　提供）

彩图 4-73　长江 2 号结果状（辛广　提供）

彩图 4-74　长江 3 号结果状（辛广　提供）

彩图 4-75　佳绿结果状（艾军　提供）

彩图 4-76　苹绿结果状（艾军　提供）

彩图 4-77　馨绿结果状（艾军　提供）

彩图 4-78　茂绿丰结果状（梁爽　提供）

彩图 4-79　紫猕 A12 结果状（王彦昌　提供）

彩图 4-80　红贝结果状（齐秀娟　提供）

彩图 4-81　丹阳结果状（张明瀚　提供）

彩图 4-82 延龙 1 号结果状（朴一龙 提供）

彩图 4-83 延龙 2 号结果状（朴一龙 提供）

彩图 4-84 绿佳人结果状（黄国辉 提供）

彩图 4-85 国心 A15 结果状（王彦昌 提供）

彩图 4-86 紫玉结果状（徐明 提供）

彩图 4-87 湘猕枣结果状（王仁才 提供）

彩图 4-88　华特结果状和果实横切面（张慧琴　提供）

彩图 4-89　玉玲珑结果状和果实纵横切面（张慧琴　提供）

彩图 4-90　甜华特结果状（张慧琴　提供）　　　彩图 4-91　桂翡结果状（张慧琴　提供）

彩图 4-92 赣猕 6 号结果状和果实横切面（徐小彪 提供）

彩图 4-93 赣绿 1 号结果状和果实纵横切面（徐小彪 提供）

彩图 4-94 赣绿 2 号结果状和果实纵横切面（廖光联 提供）

彩图 4-95 金圆结果状和果实纵横切面（韩飞 提供）

彩图 4-96 金梅结果状和果实纵横切面（韩飞 提供）

彩图 4-97 农大金猕结果状和果实纵横切面（李建军 提供）

彩图 4-98 华优结果状（李建军 提供）

彩图 4-99 金艳结果状和果实纵横切面（韩飞 提供）

彩图 4-100 璞玉结果状和果实横切面（索江涛 提供）

彩图 4-101 金奉结果状和果实纵横切面（徐小彪 提供）

彩图 4-102 满天红花序和果实纵横切面（韩飞 提供）

彩图 4-103 满天红 2 号花序和结果状（韩飞 提供）

彩图 4-104　江山娇花序和结果状（韩飞　提供）

彩图 4-105　中科绿猕 10 号花序和结果状（韩飞　提供）

彩图 4-106　中科绿猕 12 号花序和结果状（韩飞　提供）

彩图 4-107　RC197 花序和结果状（韩飞　提供）

彩图 4-108　中科绿猕 5 号花序和结果状（韩飞　提供）

彩图 4-109　中科绿猕 7 号花序和结果状（韩飞　提供）

彩图 4-111　M11 盛花（廖光联　提供）

彩图 4-110　磨山 2 号盛花（韩飞　提供）

彩图 4-112　磨山 4 号盛花（韩飞　提供）

彩图 4-113 磨山 5 号盛花（韩飞 提供）

彩图 4-114 赣雄 1 号盛花（徐小彪 提供）

彩图 4-115 YS1 盛花（廖光联 提供）

彩图 4-116 M12 盛花（廖光联 提供）

彩图 4-117 满天星花（韩飞 提供）

彩图 4-118 超红盛花（左）和花（右）（韩飞 提供）

彩图 4-119　绿王开花状（艾军　提供）

彩图 5-1　猕猴桃根系（涂美艳　提供）

彩图 5-2　红肉猕猴桃根系在土壤中分布情况（徐子鸿　提供）

彩图5-3　猕猴桃嫁接苗（左）和扦插苗（右）根系生长差异（徐子鸿　提供）

彩图5-4　不同土壤营养钵猕猴桃苗的根系生长状况（涂美艳　提供）

彩图5-5　猕猴桃的芽（廖明安　提供）

彩图5-6　红肉猕猴桃的营养枝（左）和结果枝（右）（涂美艳　提供）

红阳皮孔　　　　　红阳芽眼　　　　　红阳主干　　　　　海沃德皮孔　　　　　海沃德芽眼　　　　　海沃德主干

彩图5-7　红阳猕猴桃和海沃德猕猴桃的枝干形态特征（涂美艳　提供）

彩图5-8　红肉猕猴桃叶片叶面（左）和叶背（右）形态特征（徐子鸿　提供）

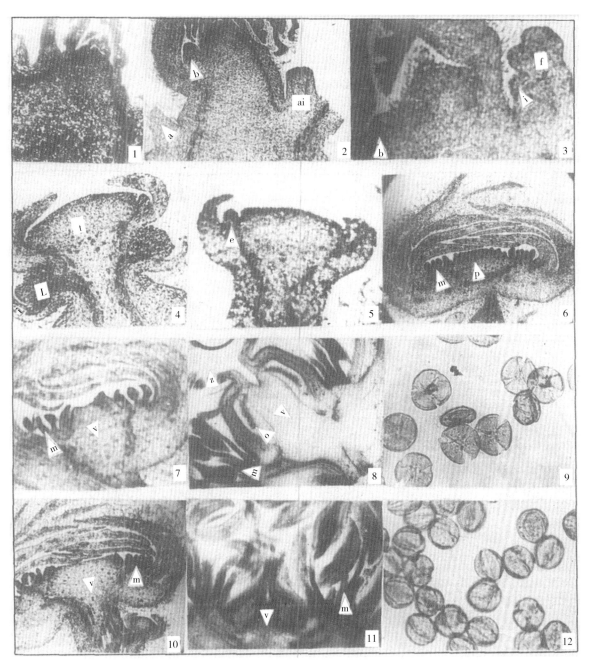

1.未分化期；2.腋花序原基分化期；3.花蕾原基分化始期；4.顶、侧花蕾原基分化期；5.花瓣原基分化期；6.雄蕊、雌蕊群原基分化期；7.雌花子房、雌蕊分化期；8.雌花子房室、胚珠开始形成期；9.雌花花粉粒外部形状；10.雄花的子房、雄蕊分化期；11.雄花的雄蕊迅速发育及成熟期；12.雄花花粉粒外部形状。

a.腋叶芽原基；b.腋花序原基分化始期；ai.腋花序原基苞片分化始期；f.花蕾原基；L.侧花蕾原基；t.顶花蕾原基；p.雌蕊群原基；m.雄蕊原基；e.花瓣原基；i.苞片原基；o.胚珠；v.子房；z.花柱。

彩图 5-9 猕猴桃花器官解剖结构与分化过程（许晖，1989）

彩图6-1 猕猴桃嫩枝扦插苗（王健，2022）

彩图6-2 传统组培（A，C）与光自养（B，D）繁育条件下脐红（A，B）和
郁香（C，D）根系发育情况（王中月，2022）

彩图6-3 猕猴桃容器苗（刘艳飞 提供）

彩图 7-1　条状雄株配置形式（徐小彪　提供）

彩图 8-1　猕猴桃叶片缺氮症状

彩图 8-2　猕猴桃叶片缺磷症状

彩图 8-3　猕猴桃叶片缺钾症状

彩图 8-4　猕猴桃叶片缺铁症状

彩图 8-5　猕猴桃叶片缺镁症状

彩图 8-6　猕猴桃叶片缺锌症状

彩图 8-7　猕猴桃叶片缺钙症状

彩图 8-8　猕猴桃叶片缺硼症状

彩图 8-9　猕猴桃果园行间排水沟（刘艳飞　提供）

彩图 9-1　猕猴桃单干两蔓树形（高志雄　提供）

彩图 9-2　猕猴桃单干单蔓树形（高志雄　提供）

彩图 9-3　猕猴桃单干多蔓树形（高志雄　提供）

彩图9-4　陕西眉县猕猴桃徐香摘心后架面情况
（刘艳飞　提供）

彩图9-5　红阳猕猴桃夏季零叶修剪
（刘艳飞　提供）

彩图9-6　捏尖及其控梢效果（高志雄　提供）

彩图9-7　猕猴桃主干和主蔓的培养（高志雄　提供）

彩图 10-1　蜜蜂授粉

彩图 10-2　花药与花粉分离装置

a. 花蕾生长期；b. 萼片分离期；c. 花冠球状期；d. 花瓣分离期；e. 花冠铃铛状期；f. 盛花期；g. 花瓣凋谢期；h. 花朵枯萎期。

彩图 10-3　猕猴桃花期阶段划分

彩图 10-4　对花授粉（左）和毛笔点授（右）

彩图 10-5　针管接触式授粉（左）和授粉器授粉（右）

彩图 10-6　QuadDuster 第 1 代和第 2 代授粉机械

彩图 10-7　拖拉机挂载的气流剪切式喷粉器和喷管式喷雾器

彩图 10-8　空气辅助授粉装置

彩图 10-9　智能化干粉对靶授粉装置　　　　彩图 10-10　空气辅助雾化对靶授粉装置

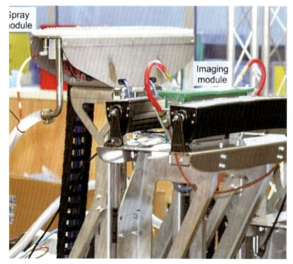

彩图 10-11　视觉定位与喷雾模块　　　　彩图 10-12　猕猴桃果实套袋（陕西眉县）

彩图 11-1　叶片感染溃疡病症状（左：初期症状，中：中期症状，右：后期症状）

彩图 11-2　枝干感染溃疡病症状（左：初期症状，中：中期症状，右：后期症状）

彩图 11-3　花感染溃疡病症状

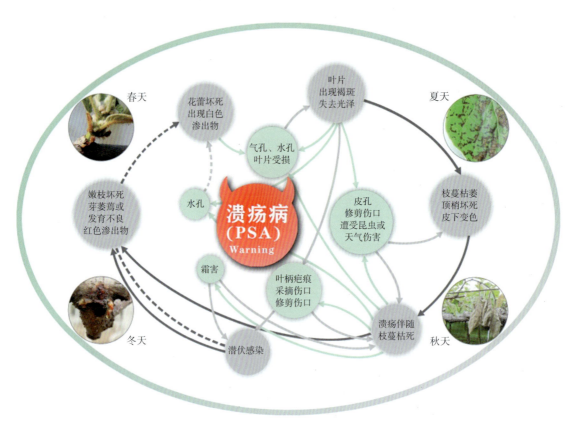

彩图 11-4　猕猴桃溃疡病周年发生示意图（杨斌　提供）

彩图 11-5　猕猴桃根腐病危害状

彩图 11-6　猕猴桃叶片褐斑病发病症状（左：早期症状，中：中期症状，右：后期症状）

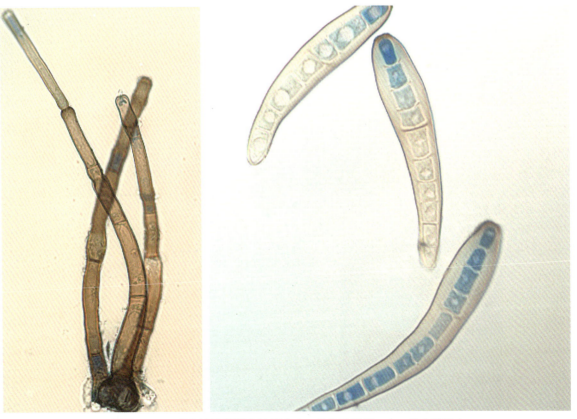

彩图 11-7　多主棒孢菌形态特征（左：分生孢子梗，右：分生孢子）

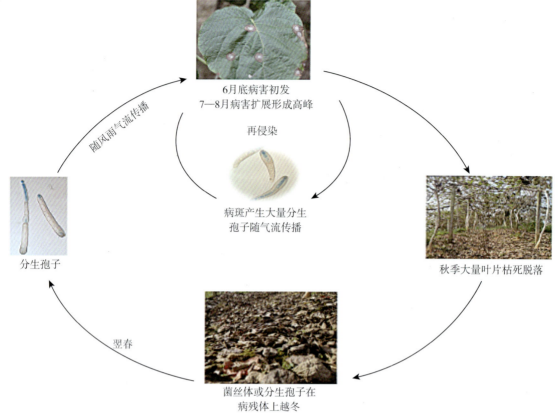

6月底病害初发
7—8月病害扩展形成高峰

再侵染

随风雨气流传播

分生孢子

病斑产生大量分生
孢子随气流传播

秋季大量叶片枯死脱落

翌春

菌丝体或分生孢子在
病残体上越冬

彩图 11-8 猕猴桃褐斑病病害循环

彩图 11-9 猕猴桃花腐病危害状

彩图 11-10 猕猴桃软腐病果实发病症状

彩图 11-11　猕猴桃软腐病枝条发病症状

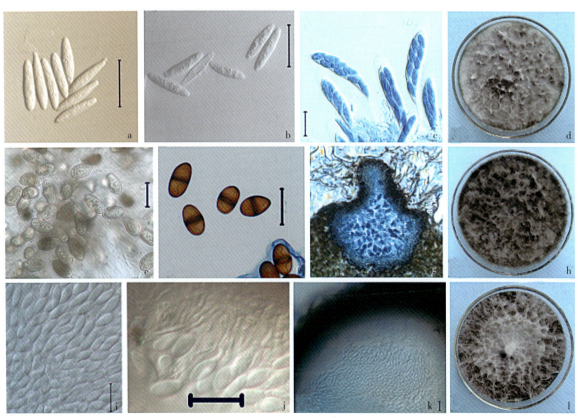

a-d：*Botryosphaeria dothidea*（a-b：分生孢子；c：子囊及子囊孢子；d：菌落形态）。

e-h：*Lasiodiplodia theobromae*（e-f：分生孢子；g：分生孢子器；h：菌落形态）。

i-l：*Neofusicoccum parvum*（i-j：分生孢子；k：分生孢子器；l：菌落形态）。

彩图 11-12　葡萄座腔菌可可球二孢新壳梭孢病原菌的形态特征

5—7月，枯枝上形成大量黑色点状物（子座），露出黑色的假囊壳，释放子囊孢子

子囊孢子

4—5月，子座突破表皮，露出假囊壳，开始释放子囊孢子

叶、枝、果发病

2—3月，在枯枝上形成凸起的子座

8—10月，子囊释放，假囊壳空洞或干瘪

11月至翌年1月，病菌在枯枝、腐烂组织上越冬

彩图 11-13　猕猴桃软腐病的病害循环

彩图 11-14　病原菌在枯枝上发育（左：受害的枯枝，右：枯枝上成熟的假囊壳）

彩图 11-15　灰霉病危害叶片典型症状（左：叶尖，右：叶缘）

彩图 11-16　花瓣病残体引起的幼果灰霉病

彩图 11-17　贮藏期果实腐烂症状

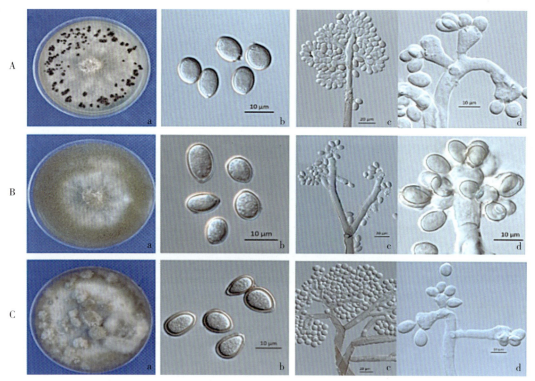

A. 菌核型；B. 分生孢子型；C. 菌丝型。

a. 菌落形态；b. 分生孢子形态；c. 分生孢子梗形态；d. 分生孢子梗放大图。

彩图 11-18　灰葡萄孢特征

彩图 11-19　猕猴桃灰霉病病害循环

a. AcVA 侵染；b. AcVB 侵染；c. AcCRaV 侵染；d. ASGV 侵染；e. PVX 侵染；f. CMV 侵染。

彩图 11-20　不同病毒单独侵染猕猴桃叶片的症状（引自 Lei et al., 2018）

彩图 11-21　华北大黑鳃金龟（左：成虫，右：幼虫）

彩图 11-22　铜绿丽金龟成虫　　　　　　彩图 11-23　棕色鳃金龟成虫

彩图 11-24　苹毛丽金龟甲成虫　　　　　　彩图 11-25　叶蝉危害状

彩图 11-26　小绿叶蝉（左：成虫，右：若虫）

彩图 11-27　大绿叶蝉（左：成虫，右：若虫）

彩图 11-28　单突膜瓣叶蝉（左：成虫，右：若虫）

彩图 11-29　发育中的猕猴桃果实受害状（左：绿色水渍状斑点，右：白色木栓化斑点）

彩图 11-30　茶翅蝽雌、雄虫背（左），雌、雄虫腹面（右）

彩图 11-31　未孵化的茶翅蝽卵块　　　　彩图 11-32　茶翅蝽 1 龄若虫聚集在卵壳周围

彩图 11-33　橘小实蝇的危害状

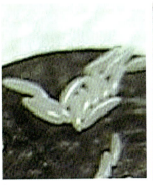

彩图 11-34　橘小实蝇（从左至右依次为成虫、卵、幼虫、蛹）

彩图 11-35　桑白蚧危害状

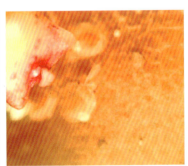

彩图 11-36　桑白蚧成虫（左：雄虫，中：雌虫，右：交配）

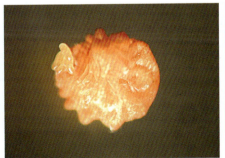

彩图 11-37　桑白蚧雌成虫（左：介壳，中：雌成虫，右：雌成虫及卵）

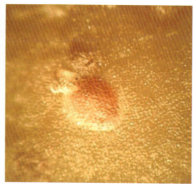

彩图 11-38　桑白蚧若虫（左：初孵若虫，中：2 龄雌虫，右：2 龄雄虫）

彩图 11-39　斜纹夜蛾危害叶片

彩图 11-40　斜纹夜蛾
（上：老熟幼虫；下：成虫）

中绿华夏有机认证

中国有机认证

方圆有机认证

中国有机转换认证

五洲恒通有机认证

万泰有机认证

北京陆桥有机认证

澳大利亚有机认证

欧盟有机认证

美国农业部有机认证

德国 BCS 有机认证

国际有机作物改良协会有机认证

澳洲 NASAA 有机认证

日本 JAS 有机认证

德国 demeter 有机认证

瑞士 IMO 有机认证

彩图 14-1 部分国家有机认证标志

彩图 14-2 中国有机产品和中国有机转换产品的图标

彩图 14-3 农产品地理标志

彩图 14-4 农事活动及六气与二十四节气时相

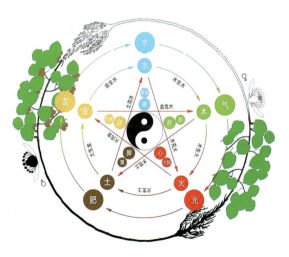

彩图 14-5 五行与环境

彩图 14-6　猕猴桃间作（左）、生草覆盖栽培（右）

彩图 14-7　绿僵菌（左）、白僵菌（右）

彩图 14-8　瓢虫（左）、草蛉（中）、寄生蜂（右）

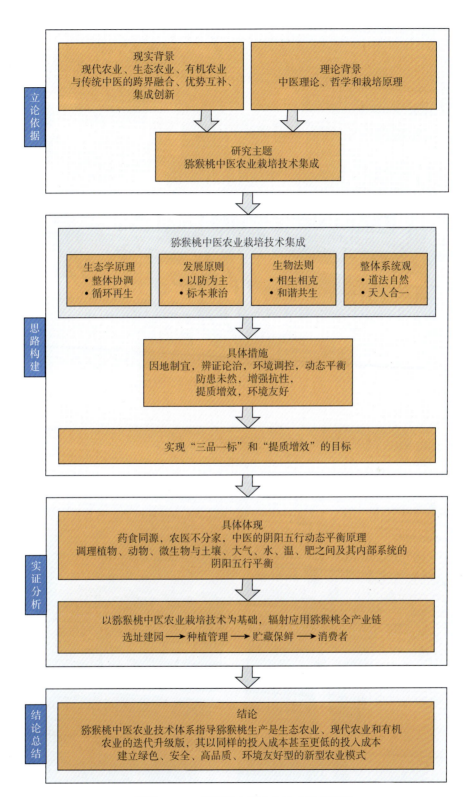

彩图 14-9　猕猴桃中医农业技术集成思路

彩图 15-1　猕猴桃树冠下的全自动采收机器人

彩图 15-2　猕猴桃机械分级（江西绿萌科技控股有限公司　提供）

彩图 15-3　猕猴桃视觉检测系统

彩图 15-4　夹臂式卸垛

彩图 15-5　C 形连续翻箱机

彩图 15-6　脱毛处理

彩图 15-7　猕猴桃检测装备

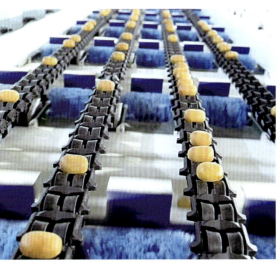

彩图 15-8　毛刷卸果

彩图 15-9　拖链式卸果　　　　　　　　　　彩图 15-10　自动柔性装箱

彩图 15-11　大数据追溯（江西绿萌科技控股有限公司　提供）

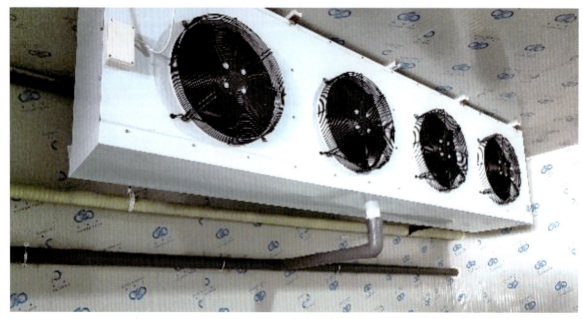

彩图 15-12　水冲霜式蒸发器

彩图 15-13　冷凝器（左：水冷式冷凝器，右：风冷式冷凝器）

彩图 15-14　冷库超声波加湿管道

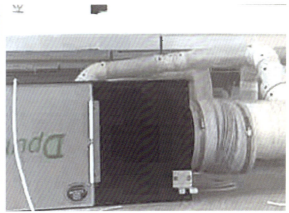

彩图 15-15　新风换气系统

彩图 15-16　气调库与气调大帐

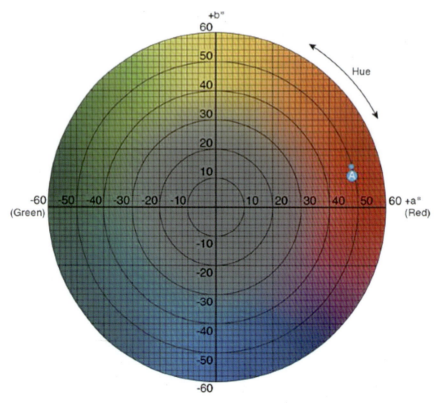

（+a* 是朝向红色，-a* 是朝向绿色；+b* 是朝向黄色，-b 是朝向蓝色）
［色度角（hue angle）定义为色度轴从 +a* 开始逆时针转的角度（Photonics，2022）］

彩图 15-17　彩度坐标图